Marine Biology (sixth edition)

海洋生物学

第 6 版

[美] Peter Castro Michael E. Huber 著

茅云翔 主译 隋正红 周红 胡景杰 朱明 孔凡娜 译

北京市版权局著作权合同登记号：01-2007-3417

图书在版编目(CIP)数据

海洋生物学：第6版/(美) Peter Castro，Michael E. Huber 著；茅云翔等译. —北京：北京大学出版社，2011.1

ISBN 978-7-301-16013-8

Ⅰ. 海… Ⅱ. ①P…②M…③茅… Ⅲ. 海洋生物学—教材 Ⅳ. Q178.53

中国版本图书馆 CIP 数据核字(2009)第187708号

Peter Castro, Michael E. Huber

Marine Biology, Sixth Edition

ISBN:0-07-321577-5

书　　名：海洋生物学(第6版)

著作责任者：[美] Peter Castro　Michael E. Huber　著　茅云翔　等译

责 任 编 辑：黄　炜

标 准 书 号：ISBN 978-7-301-16013-8

出 版 发 行：北京大学出版社

地　　址：北京市海淀区成府路205号　100871

网　　址：http://www.pup.cn

电 子 邮 箱：编辑部邮箱 lk2@pup.cn　总编室邮箱 zpup@pup.cn

电　　话：邮购部 62752015　发行部 62750672　编辑部 62764976　出版部 62754962

印　刷　者：天津和萱印刷有限公司

经　销　者：新华书店

889毫米×1194毫米　16开本　31.75印张　965千字

2011年1月第1版　2023年8月第7次印刷

定　　价：65.00元

献给所有未来的海洋生物学家

—Peter Castro—

感谢 Mason,Erin 和 Kerry 全心的帮助,感谢我父母的不懈支持

—Michael Huber—

作者简介

彼得·卡斯特罗(Peter Castro)博士

卡斯特罗博士的家乡是加勒比海岛国波多黎各,高中时代的一次珊瑚礁实地考察使他意识到自己志向是成为一名海洋生物学家。在波多黎各马亚古兹(Mayaguez)的波多黎各大学获得生物学理学学士学位后,卡斯特罗离开了温暖的加勒比海来到气候同样温暖的夏威夷,在位于檀香山玛诺亚(Manoa)的夏威夷大学从事海洋动物学研究并获得了哲学博士学位。随后,卡斯特罗博士来到加利福尼亚斯坦福大学霍普金斯海洋研究站(Hopkins Marine Station)从事博士后研究,在那里他首次体验到了寒冷的海水。目前,卡斯特罗博士在位于波莫纳(Pomona)的加利福尼亚州立工业大学(California State Polytechnic University)担任教授。其间,他历时18年利用业余时间获得了其家乡学校的历史与艺术史文学学士学位。卡斯特罗博士能流利地使用5种语言,曾作为富布赖特基金会专家(Fulbright Scholar)在前苏联用英语和西班牙语讲授海洋生物学课程。由于卡斯特罗博士的专业研究方向是珊瑚礁共生甲壳动物及其他无脊椎动物,在世界各地哪有温暖的海水,哪儿就可以见到他潜水的身影。在过去的10年中,卡斯特罗博士还致力于深海蟹类系统分类研究,其工作地点主要在法国巴黎。

迈克尔·胡伯(Michael Huber)博士

迈克尔两岁的时候从阿拉斯加的湖泊中抓到了他的第一条大马哈鱼,水生生物立刻迷住了他。在整个学生时代,他对海洋生物学的兴趣不断增加。进入位于西雅图的华盛顿州立大学后,他接连获得了动物学理学学士和海洋学理学学士两个学位。然后,他整个冬季在阿拉斯加管理一个与穿越阿拉斯加石油管道项目相关的实验室。随后,他进入了位于圣迭戈的加州大学斯克里普斯海洋研究所(Scripps Institution of Oceanography)研究生院。1983年,迈克尔获得博士学位,其研究内容是与珊瑚共生的蟹类。迈克尔博士留在斯克里普斯海洋研究所继续其生物学研究,这期间他研究的内容十分广泛,从单细胞藻类的遗传学、细胞生物学到中间水层生物的生物发光现象都有所涉及。1988年,他到了巴布亚新几内亚大学生物系并担任了该大学Motupore岛研究站的主任,并有机会研究世界上最蔚为壮观的珊瑚礁。他还逐渐涉入海洋环境科学的研究,尤其关注于珊瑚礁、红树林、海草床,以及其他热带环境系统。1994年,迈克尔博士离开巴布亚新几内亚,担任了澳大利亚詹姆士·库克大学(James Cook University)俄耳甫斯岛研究站(Orpheus Island Research Station)的科学指导,该站坐落于澳大利亚大堡礁,此时他对海洋环境科学的兴趣愈发浓厚。1998年,迈克尔博士成为一名专职的环境顾问,负责就海洋环境议题和制订环境保护计划向国际机构、各国政府和私人企业提供科学资讯和建议。迈克尔博士目前担任GESAMP主席,该机构是一个负责就海洋环境议题向联合国系统提供建议的科学组织。目前该机构正在协助建立一个常设的联合国机构,以便对全球海洋环境状况进行评估并向各国政府报告。

迈克尔博士现在与他的妻子和两个孩子居住在澳大利亚布里斯班。他兴趣广泛,喜欢垂钓、潜水、游泳、爵士和摇滚音乐,还喜欢阅读和园艺。

前　言

美丽神秘、汹涌澎湃的海洋使全世界的人为之着迷，其中当然也包括那些参与海洋生物学课程学习的大学生。海滨游览、器械潜水、休闲垂钓、水族观赏和观看关于海洋的优秀电视纪录片，引发了人们对海洋生物的兴趣，因此许多学生选修海洋生物学课程是这些兴趣的自然流露。许多学生还十分关注人类对海洋生态系统不断增加的影响。第六版《海洋生物学》的写作目的在于向读者提供严谨的海洋生物学科学知识介绍，同时巩固和提升读者们对海洋生物的兴趣。

本书的使用者是高中生、本科生、研究生、成教学生以及其他领域的不参加正规课程学习但也对海洋生物感兴趣的人们。令人欣慰的是，甚至一些专业海洋生物学家也发现了本书的价值。在满足这些读者需求的同时，我们的写作内容还尽量满足学院和大学中那些更低层面、非理科专业学生的需求。对这些学生而言，海洋生物学仅是一门第三层次的选修课程，常常是为了满足其通识教育的要求。因此，我们仔细筛选了一些可靠的基本科学知识，包括科学研究方法、物理科学和基础生物学的基本原理。本书目的是致力于将这些基本科学知识与激动人心、最新的海洋生物学进展有机结合为一个整体。我们希望这种方式能表明从物理科学到生物科学都是平易实用的，所有的学科都不令人望而生畏。为了达到这一目的，我们采用了一种通俗的写作风格，更着重于对概念的理解，而不过分强调对细节和术语的把握。

我们知道并不是所有海洋生物学课程都需要介绍一般的科学知识，要么是该课程不是为了满足通识教育的需要，要么就是学生们已经具备了相关的科学背景知识。有些海洋生物学课程要求先修生物学或其他课程，而有些则不必。为了平衡教师面对这两种情况时的不同需要，本书在基础科学材料的使用，标题呈现的顺序，以及重点内容和叙述方式等方面进行了最大限度的灵活设计。考虑到海洋科学相关职业的需要，我们努力满足从综合器械潜水专业到生物学专业等不同专业学生的需求和期望。当然除了大学生外，我们希望各类读者也能发现本书的价值并能从中享受到乐趣。

本书从前至后贯穿四大主题：第一个主题对海洋环境研究所需的基础科学进行了概述（前面已提到）；第二个主题关注于生命自身及广泛的多样性，这种多样性不仅体现在物种分类上，而且在于其结构和生态方面。第三个主题是关于生态系统方法，利用这种方法将生命形式多样性与自然环境和生物环境影响之间的关系有机结合为一个整体。最后一个主题是关于人类与海洋环境相互作用，不论这种作用是正面的还是负面的，但是两者之间的相互联系正逐年增强。

《海洋生物学》第六版强调了用全球化的视野来认识海洋，全世界的海洋是一个统一的整体，不能像看待自家后院那样理解这个整体。对许多学生而言，这是一种全新的视角。实现这一目标的整体策略之一就是书中包含了许多经过认真筛选的实例，这些实例来自全世界许多不同的地区和不同的生态系统，并不仅仅局限于北美洲，从而使尽可能多的学生能够在书中发现一些与他们本地区或曾去过的地方相关的事情。我们希望通过这种方式激发学习者思考这样一个问题，即自家所在的海边和对我们生活影响巨大的整个海洋之间所存在的千丝万缕的联系。

第六版中的变化

我们已经介绍过《海洋生物学》第六版中一个新的特点，即每章中都包含了一个“放眼科学”模块，这是一篇关于正在进行或计划进行的科学研究中某一特殊方面的小品文。这篇小品文并不是为了简单地呈现事实资料和总结性结论，其重点在于使学生能够管窥科学家们实际上是在做什么——所提出的科学问题、其重要性所在以及一个科学家或研究团队是如何着手解答这些问题的。我们希望通过这些小品文使科学不再显得遥不可及，并使学生们更好地了解科学探索的日常运作方式。

与以前的版本一样，为了反映最近的事件、最新的研究和观点的变化，也为了包含书评人要求添加的资料，我们对本书内容进行了全面的更新。以下列举了部分本书修订和添加的内容：

- 描述了美国探险行动（the United States Exploring Expedition），即威尔克斯探险（Wilkes Expedition）在海洋生物学上的重要性，这次探险比“挑战者”号探险还要早；
- 选用2004年12月发生在印度洋海啸的深度报道材料对“杀人浪”阅读模块进行了改写；
- 对叶绿体内共生起源的叙述进行了更新；
- 对表示原核生物代谢的表5.1进行了全面修改，使之更简洁、更宏观、更易理解；
- 一张新的脊椎动物和无脊椎动物两大类群内系统发生关系的分支图；
- 对表示不同种类鲸的图9.18进行了扩展；
- 一个关于深海珊瑚礁群落以及人类对其影响的新的阅读模块；
- 关于海葵-小丑鱼共生关系有益于宿主的新发现；
- 关于营养能级的补充信息；
- 描述了卡特里娜飓风的影响。

除此之外，我们还照常更新了论据和数据，改正了错误，将一些章节进行重组织，以使内容更加均衡，逻辑上更流畅。在每一次修订，我们都设法增加一些插图和照片，在第6版中，我们采用了更多开放式的内部设计，我们认为这将更好地吸引学生，使他们对海洋生物更加入迷。

内容组织

本书的所有内容被划分为四大模块。由第1章至第4章构成的第一模块向学生们概述了海洋生物学及其学科基础。第1章的内容是介绍海洋生物学的历史，同时阐述了科学研究的基本原则和方法。通过这样一种特定的方式，我们想强调科学是一种循序渐进，不断发展的人类事业。我们认为十分关键的一点，就是让学生们明白科学研究是怎样进行的，以及科学研究的目的是什么，同时还要了解科学的局限性，知道科学研究永无止境。第2章和第3章是对海洋地质、海洋物理和海洋化学等学科基本知识的介绍。《海洋生物学》中包含了大量的这些方面的信息，但与其他书相比，其重点是强调它们对理解海洋生态系统的重要性。在这两章中，我们尽可能言简意赅地系统概述海洋环境中与生物学最为密切的众多非生物因子。例如，将浪波折射现象与潮间带群落（第11章）有机联系，将河口循环作为河口生态系统（第12章）的一部分内容进行讨论。这种强调物理、化学环境对生物有机体重要性的撰写方式在本书中贯穿始终。同时，考虑到通识教育的需求，对先修课程的要求，以及学生知识背景等方面的因素，本书为教师有效地使用相关材料提供最大的灵活性。第4章“生物学基础”简要地回顾了一些生物学的基本概念。在概述基础生物学时，我们努力平衡不同知识背景学生的需要，因为有些学生可能对生物学知识知之甚少，未受过大学教育，而有些学生已经学过了多门生物学课程。根据学生水平的差异，教师们可以选择性地对第4章内容进行讲解，既可以全面讲授，也可以作为复习阅读材料，甚者省略本章内容而依靠后续章节中“正文术语”中的条目来让学生回忆一些关键词的定义。

第二模块（第5章至第9章）从有机体生物学的角度概述了海洋生物的多样性。与第一模块相似，我们首先提供了介绍性的信息，随之在后面的章节中对其进行了回顾和扩展。在讨论各种各样的分类单元时，我们着眼于功能形态学、生态与生理适应，以及经济上的重要性和其他对人类的意义方面。尽管在书中介绍了一幅为人们广泛认可的关于无脊椎动物和脊椎动物系统发生关系的进化分支图，但我们并未着力强调分类和系统发生。与书中其余部分相似，我们从世界各地选择生物用于照片、素描和彩图等图例，但更多的还是着眼于北美洲的生物。书中提到生物体时使用的是其最被广泛认可的普通名称。当一章中首次出现某一类群生物时，会在括号中注明一两个常见属或重要属的属名，我们并未尝试提供涵盖各属的目录表。本书所涉及的生物类群已被《FAO 物种目录》(FAO Species Catalog)以及《物种鉴定指南》(Species Identification Guides)等参考资料覆盖,因此书中物种命名绝大部分遵照这些资料。

本书的第三模块(第 10 章至第 16 章)以海洋生态学一些基本原理的介绍(第 10 章)为起点,带领读者对世界大洋主要环境进行了一次生态之旅。与第 4 章一样,第 10 章中一些重要的概念也在其他章节"正文术语"中进行回顾复习。在第三模块的其余六章中,从近岸到离岸,从浅海至深海,依次描述了每一种环境的物理特征以及生活其中的生物对环境的适应和环境与生物之间的相互作用。这种公认的、人为设定的顺序与绝大多数本书评阅人的授课顺序是一致的,但在设计章节时使其能够调整顺序,从而满足教师们的各种风格和需要。大多数章节都包括了用标准研究编码的一般性食物网,以表明营养关系的属性。

最后的第四模块(第 17 章至第 19 章)将着眼点放在了人类与全球海洋间相互作用的方方面面,即我们对海洋环境的利用和影响,以及海洋对人类经验的影响。这一部分针对许多学生共同关心和关注的问题,系统性地呈现了最新的、综合性的观点。第 17 章的内容是关于海洋资源利用,在其中我们不仅关注了传统的渔业和海水养殖资源,而且还包括了更加现代化的资源利用,例如海洋天然产物在药学上的应用,以及将基因工程技术应用于海水养殖等方面。第 18 章讨论了人类活动造成的海洋环境退化问题,同时探讨了海洋保护和生境恢复等应对策略。本书以一篇关于海洋与人类文明之间关系的短文(第 19 章)作为全部内容的结束,希望能够激发学生们认真思考整个海洋在过去和未来对于我们人类命运的重要性。

致谢

Bill Ober 和 Claire Garrison 为本书的插图带来了全新的面貌,感谢他们再一次的精彩工作。Jamie O'Neal 的全新设计使我们每个人都感到欣喜。还要感谢很多人为本书增添大量新图片所作出的贡献,特别是对提供了许多精彩照片的 A. Charles Arneson 表达谢意,同时感谢 LouAnn Wilson 在查找新图片时所付出的辛勤劳动。我们感谢 McGraw-Hill 出版社的全体本书编辑,特别是发行人 Margaret Kemp、策划编辑 Debra Henricks、项目经理 Joyce Watters 和校审编辑 Karen Dorman,感谢他们在处理本书大量细节时的耐心、帮助和有效的工作。

还要特别感谢我们的学生、朋友、同事、恩师和审稿人,他们帮我们解决疑难、指出错误、提出建议,大大提高了本书的质量。尽管如此,书中的错误和不足仍在所难免,我们愿意承担全部责任。

我们还要特别感谢提供资料和图片的科研人员,以及在本书的新模块"放眼科学"编辑过程中提供帮助的人们,他们是:

David Crewz 博士	佛罗里达圣彼得堡鱼类与野生生物研究所
Kerstin Fritsches 博士	澳大利亚昆士兰大学
Rebecca J. Gast 博士	马萨诸塞州伍兹霍尔海洋研究所
Roger Hanlon 博士	马萨诸塞州伍兹霍尔海洋生物学实验室
James Lindholm 博士	加利福尼亚州 Pfleger 环境研究所
Michael Moore 博士	马萨诸塞州伍兹霍尔海洋研究所
Peter Rona 博士	新泽西州罗格斯大学
K. Timmis 博士/教授	德国国家生物技术研究中心

评阅人

以下专家对本书的第五版进行了批评指正,并对第六版的编写提纲提出了宝贵的建议。他们是:

Claude D. Baker	印第安纳大学东南分校

Nancy Eufemia Dalman	Cuesta 学院
Jeremiah N. Jarrett	中康涅狄格州立大学
Robert D. Johnson, Jr	皮尔斯学院
Marjorie Reaka-Kudla	马里兰大学
Nan Schmidt	Pima 社区学院
Susan Schreier	Villa Julie 学院
Erik P. Scully	Towson 大学
Robert Whitlatch	康涅狄格大学
Mary K. Wichsten	得克萨斯 A & M 大学
Jennifer Wortham	坦帕大学
Jay Z. Zimmer	南佛罗里达社区学院

本书的学习体系

章：全书各章节被划分成四大模块。为使教师们在选择讲授的题目更加方便，各章节在写作时采用了短小精炼、便于利用的单元形式。

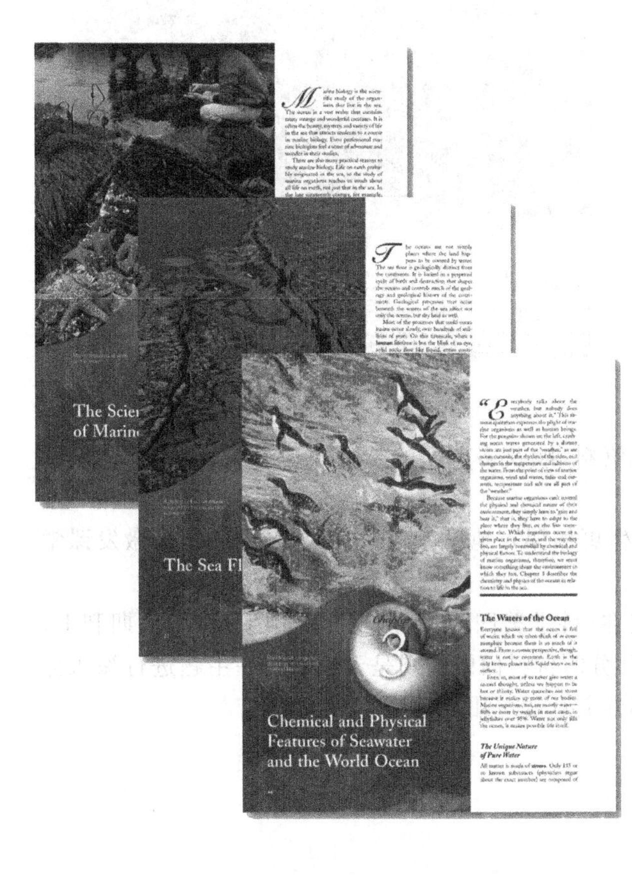

重要概念阐述：对最重要的术语和观点在各段落之后进行重点介绍。

文中术语表：对涉及其他章节的重要术语和概念进行简单的解释，注明了涉及该术语的章节和页码便于引导学生获得更加详细的资料。本书后附的扩展术语表，提供了完整的定义解释，并时常会涉及注释和其他重要术语以帮助阐释概念。

注释与图片：对材料精心审慎的设计和选择使本书的内容更加完善，第 6 版中包含许多新的注释和图片。

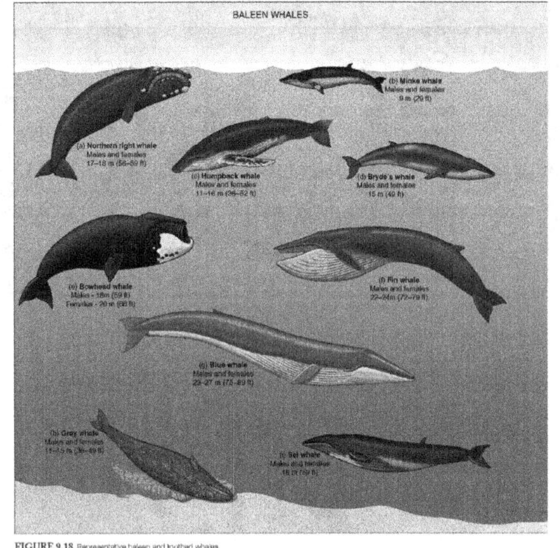

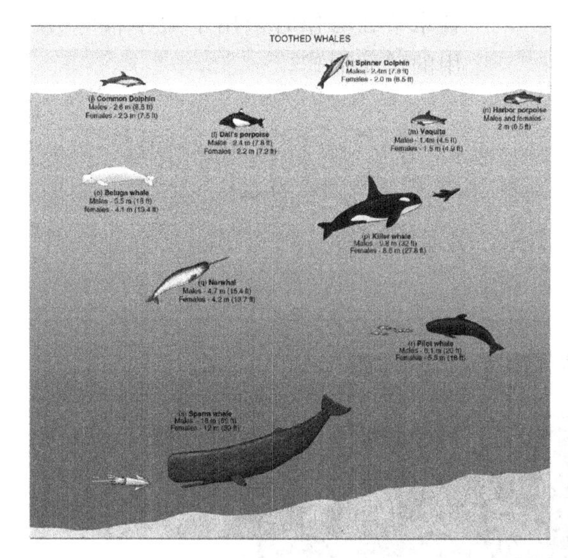

小品文模块：该模块提供了一些引人入胜的补充资料，涉及多方面的学科知识，例如深海珊瑚礁群落、海啸、赤潮等。

评判思考：这一模块的目的在于提出问题启发学生更加深入地思考各章节的内容，并帮助激发课堂讨论。

拓展阅读：“大众关注”部分所列的文章主要发表在《科学美国人》、《发现》和《国家地理》等期刊上，适合于已掌握初级科学背景知识的学生；“深度阅读”部分的材料面向的则是希望对某一主题进行深入详细研究的学生。海洋生物学在线学习中心可以提供部分文章的可用链接。

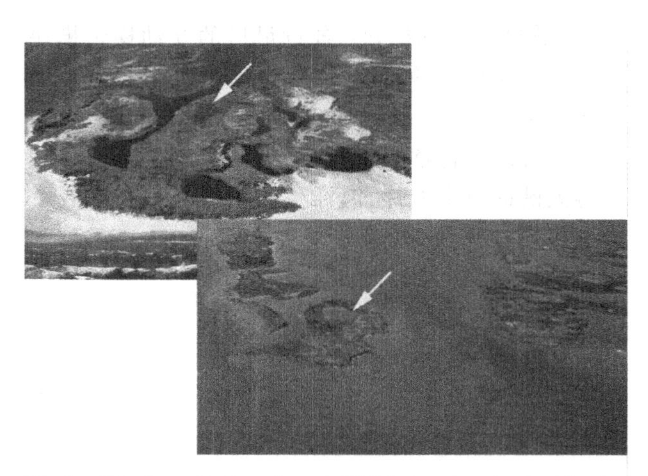

Effects of Hurricane Katrina, August 2005 (bottom) on barrier island off the Louisiana coast.

Deep-Water Coral Communities

The corals that build tropical coral reefs bask in the sunlight of shallow water, but more than 700 species of corals live in the perpetual cold and darkness of deep water. Deep-water corals occur in all the world's oceans to depths of over 6,000 m (20,000 ft). They do not harbor zooxanthellae, which in the absence of sunlight would be of no use to the host coral. They feed by capturing zooplankton with their tentacles, and generally grow where there are strong currents to bring in food.

About 20 deep-water coral species build or contribute to large mounds on the sea floor known as bioherms. The mounds are usually found on the continental slope or on seamounts and other underwater features at depths of up to 1,500 m (5,000 ft). In some places, Norwegian fjords for example, they occur in water as shallow as 40 m (130 ft). These structures are often called "coral reefs," but the term "reefs" was originally a nautical term for areas of hard bottom shallow enough for ships to run aground, and the geological definition of coral reefs refers to a solid calcium carbonate structure built by corals. Although deep-water coral mounds contain large amounts of calcareous coral fragments, they are mostly mud. It also appears that the mounds form not so much because of coral growth as because of water circulation patterns that favor sediment accumulation. Scientists have also speculated that the mounds might form around cold seeps and rely in part on chemosynthesis.

The largest known deep-water coral mounds, dominated by the branching coral *Lophelia pertusa*, are found in the northeastern Atlantic off the coast of Britain and Scandinavia. Individual mounds grow to a height of more than 300 m (1,000 ft) above the surrounding muddy bottom, with a base more than 5 km (3 mi) in diameter. Mound complexes can extend for as far as 45 km (30 mi). Whether you call them coral reefs or not, *Lophelia* mounds support rich and diverse communities. The coral branches and broken fragments provide shelter and a hard surface where other sessile species can attach. Relatively few fishes, about 25 species, are known to associate with *Lophelia* mounds, but so far biologists have found more than 1,300 invertebrates species. There could well be more. The *Lophelia* mounds in the northeastern Atlantic have been known since the nineteenth century but have been studied intensively only in the last two decades when improvements in deep-sea exploration technology revealed their true extent and diversity. Mounds made by *Lophelia* and other deep-water corals occur in many other parts of the ocean and support similarly diverse communities, and new mounds are regularly discovered as deep-sea exploration continues.

Like seamount communities (see "Biodiversity in the Deep Sea," p. •••), deep-water coral communities on the continental slope are increasingly threatened by trawl fishing. Many shallow-water fisheries are depleted, forcing trawlers into deeper water. The trawls shatter the fragile corals and dig great gouges in the sea bed. A number of countries have prohibited trawling in areas of known coral mounds, but unfortunately many of these diverse communities remain unprotected.

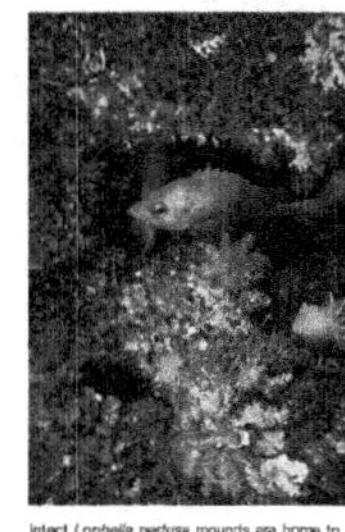

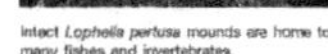

Intact *Lophelia pertusa* mounds are home to many fishes and invertebrates.

Trawl damage to a *Lophelia* mound.

新！ 放眼科学：这一模块介绍了海洋生物学领域的最新科学研究和技术进展。列举的题目包括：海洋观测系统，深海钻探，乌贼的雄性拟雌，海草床修复，寻找大王鱿等等。

EYE ON SCIENCE

Ocean Observing Systems

The ocean is constantly changing, and what happens in one place often has far-reaching influences on the rest of the ocean. Unfortunately, research tools like ships and submarines provide only snapshots of a particular time and place, and though repeated visits can give us a series of snapshots we still don't get an uninterrupted picture. Satellites provide a more continuous view, but only of the very surface. To really understand what is going on in the ocean we need an ongoing presence there, an integrated ocean observing system. Much of the necessary technology has already been developed. Satellites, moored and drifting instrument buoys, seafloor instruments, ROVs and AUVs, underwater cameras, and other devices are already in use (see "Marine Biology Today," p. 9). Some of these have been deployed on a very large scale. In the Argo system, for example, floats that measure water temperature and salinity are scattered throughout the ocean. Dropped from a ship or airplane, each float descends to a depth of 2,000 m (6,600 ft), drifts with the current for about 10 days, and surfaces to transmit data via satellite before sinking to start a new cycle. The first floats were launched in 1999 and some 3,000 floats will dot the oceans when the system is fully operational in 2006.

Most ocean observation systems so far, however, cover only a very small part of the ocean, and there are other limitations. Surface buoys can be powered by solar panels and transmit their data by satellite, but neither of these options work underwater. Subsurface instruments have to be regularly retrieved to recharge batteries and download data. Data can also be transmitted underwater by sound waves but only over relatively short distances, so instruments that communicate by sound must be tended by ships or located near hydrophones connected to shore. As one scientist has said, one of the big problems in studying the ocean has been the lack of "electrical outlets and phone jacks on the seafloor."

All that is set to change. Today marine scientists envision large-scale ocean observatories. Networks of cable will bring power and communications to a variety of equipment on the sea floor and in the water column. In addition to permanent instrumentation, there will be docking stations where free-ranging AUVs can charge batteries and download photographs and data, junction boxes where additional instruments can be plugged in as new experiments are designed and new technology becomes available, and hydrophones to gather data from buoys and even instruments attached to animals, all augmented by ship- and satellite-based systems.

Installation of one prototype, the Long-term Ecosystem Observatory (LEO-15) off the coast of New Jersey, commenced in 1994. Another, the Hawaii-2 Observatory (H2O), was established in 1998 when a junction box with several instruments was attached to a decommissioned telephone cable midway between California and Hawaii. Another example is the Monterey Accelerated Research System (MARS), established off Monterey, California, in 2005. These and other observatories at locations around the world cover relatively small areas but are the testing grounds for much larger systems being planned. The North East Pacific Time-integrated Undersea Networked Experiments (NEPTUNE) Observatory aims to establish a system off the west coast of North America from British Columbia to Oregon. Similar systems are being developed in Europe and Japan. Dozens of countries have agreed to one day network these larger systems into a single Global Ocean Observation System (GOOS) that will provide a continuous window on the entire world ocean.

These ambitious plans will take decades to come to fruition but ocean observing systems will greatly improve our understanding of the ocean and have many practical benefits. Students and teachers around the world will be able to learn firsthand what's going on in the sea. We will have much-improved weather forecasting and better warning systems for earthquakes, tsunamis, and storms. Ships of all kinds will have detailed, reliable forecasts of sea conditions. Scientists hope not only to monitor fish populations but also to predict their reproductive success and food supply. These and many other benefits of ocean observatories should one day save both lives and money, and help humanity make wiser use of the oceans—and indeed the entire ocean planet.

For more information, explore the links provided on the Marine Biology Online Learning Center.

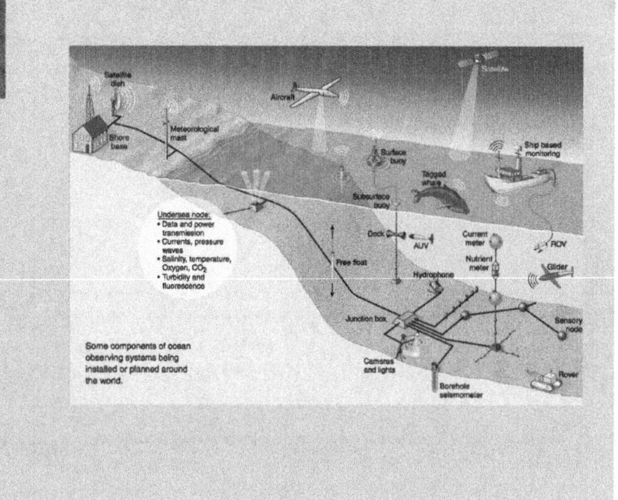

Some components of ocean observing systems being installed or planned around the world.

because they allow scientists to rapidly analyze huge amounts of information. Space technology has also aided the study of the sea. Satellites peer down at the ocean and because they are so far away can capture the big picture, viewing broad areas of the ocean all at once (**Fig. 1.14**).

With the aid of computers, scientists use the information gathered by satellites to measure the temperature of the sea surface, track ocean currents, determine the abundance and kinds of organisms present, and monitor human impacts on the oceans. Much of our knowledge of large-scale features like ocean currents has been provided by this **remote sensing** technology, or technology used to study the earth and its oceans from afar. The technology is also being applied at smaller scales. For example, satellites are used to track the migrations of whales, fish, and other organisms that have been fitted with miniature transmitters. Electronic buoys released at oil spill sites drift along with the oil and are tracked by satellite to monitor the path of the spill. These are just a few of the many and ever-increasing applications of remote sensing.

Marine biologists today use every available tool in their study of the sea, even some decidedly low-tech ones (**Fig. 1.15**). Information about the ocean pours in at an ever-increasing pace. Much remains to be learned, however, and the oceans remain a realm of great mystery and excitement.

The Scientific Method

Marine biology is an adventure, to be sure, but it is also a science. Scientists, including marine biologists, share a certain way of looking at the world. Students of marine biology need to be familiar with this approach and how it affects our understanding of the natural world, including the ocean.

We live in an age of science. Advertisers constantly boast of new "scientific" improvements to their products. Newspapers regularly report new breakthroughs, and many television stations have special science reporters. Governments and private companies spend billions of dollars every year on scientific research and science education. Why has science come to occupy a position of such prestige in our society? The answer, quite simply, is that it works! Science has been among the most successful of human endeavors. Modern society would be impossible without the knowledge and technology produced by science. The lives of almost everyone have been enriched by scientific advances in medicine, agriculture, communication, transportation, art, and countless other fields.

10 11

The *Marine Biology* Online Learning Center is a great place to check your understanding of chapter material. Visit **www.mhhe.com/castrohuber6e** for access to interactive chapter summaries, key terms, and quizzes! Further enhance your knowledge with marine biology videoclips and web links to chapter-related material.

Critical Thinking

1. In unusually cold winters the northern Black Sea sometimes freezes while the nearby Adriatic Sea usually doesn't even if it is just as cold. Freshwater runoff gives the surface of the Black Sea a low salinity of about 18‰. What would you guess about the salinity of the Adriatic?
2. Just for the fun of it, someone in Beaufort, South Carolina, throws a message in a bottle into the sea. Some time later, someone in Perth, on the west coast of Australia, finds the bottle. Referring to **Figure 3.20** and fold-out map of this book, can you trace the path the bottle probably took?
3. If you owned a seaside home and a bad storm brought heavy winds and high surf to your coastline, would you prefer it to be during a new moon or a quarter moon? Why?
4. Most tsunamis occur in the Pacific Ocean, as indicated by the map in the "Waves That Kill" boxed reading (see p. 62). How would you explain this?

For Further Reading

Some of the recommended reading may be available online. Look for live links on the *Marine Biology* Online Learning Center.

General Interest

Cromwell, D., 2000. Ocean circulation. *New Scientist*, vol. 166, no. 2239, 20 May, Inside Science supplement no. 130, pp. 1–4. A summary of what is known about ocean currents and current research efforts to learn more.

González, F. I., 1999. Tsunami! *Scientific American*, vol. 280, no. 5, May, pp. 56–65. Detailed explanations of how tsunamis form and behave, and a review of their worldwide impacts.

Krajik, K., 2001. Message in a bottle. *Smithsonian*, vol. 32, no. 4, July, pp. 36–47. An oceanographer studies ocean currents by tracking the paths taken by rubber duckies, tennis shoes, and other floating objects.

Kunzig, R., 2001. The physics of . . . deep-sea animals: They love the pressure. *Discover*, vol. 22, no. 8, August, pp. 26–27. Deep-sea organisms feel the squeeze under the pressure of the deep.

Linn, A., 1983. Oh, what a spin we're in, thanks to the Coriolis effect. *Smithsonian*, vol. 13, no. 11, February, pp. 66–73. A detailed explanation of the Coriolis effect and a look at some of its consequences.

Matthews, R., 1997. Wacky water. *New Scientist*, vol. 154, no. 2087, 21 June, pp. 40–43. Plain water, so familiar to us all, still holds secrets.

Stutz, B., 2004. Rogue Waves. *Discover*, vol. 25, no. 7, pp. 48–55, July. Rogue waves are almost impossible to catch in the real ocean so a team of oceanographers tries to understand them in the laboratory.

In Depth

Clark, P. U., N. G. Pisias, T. F. Stocker, and A. J. Weaver, 2002. The role of the termohaline circulation in abrupt climate change. *Nature*, vol. 415, no. 6874, pp. 863–869.

Johnson, G. C., B. M. Sloyan, W. S. Kessler and K. E. McTaggart, 2002. Direct measurements of upper ocean currents and water properties across the tropical Pacific during the 1990s. *Progress in Oceanography*, vol. 52, no. 1, pp. 31–61.

Koeve, W. and H. W. Ducklow, 2001. JGOFS synthesis and modeling: The North Atlantic Ocean. *Deep Sea Research Part II: Topical Studies in Oceanography*, vol. 48, no. 10, pp. 2141–2154.

新！ 交互探索：各章最后的互动探索模块可与海洋生物学在线学习中心链接。鼓励学生们访问网址 www. mhhe. com/castrohuber6e，在网站上可以进行章节测验、互动式章节总结，可以获得关键词教学卡片、海洋生物学视频剪辑和各章节相关材料的网络链接。

熟练运用《海洋生物学》在线学习中心

《海洋生物学》在线学习中心 www.mhhe.com/castrohuber6e 为教师和学生提供了丰富的学习和教学资源。采用该书作教材的教师可向 McGraw-Hill 公司北京代表处联系索取教学课件资料，传真：0086-10-62790292，电子邮件：instructorchiaa@mcgraw-hill.com。

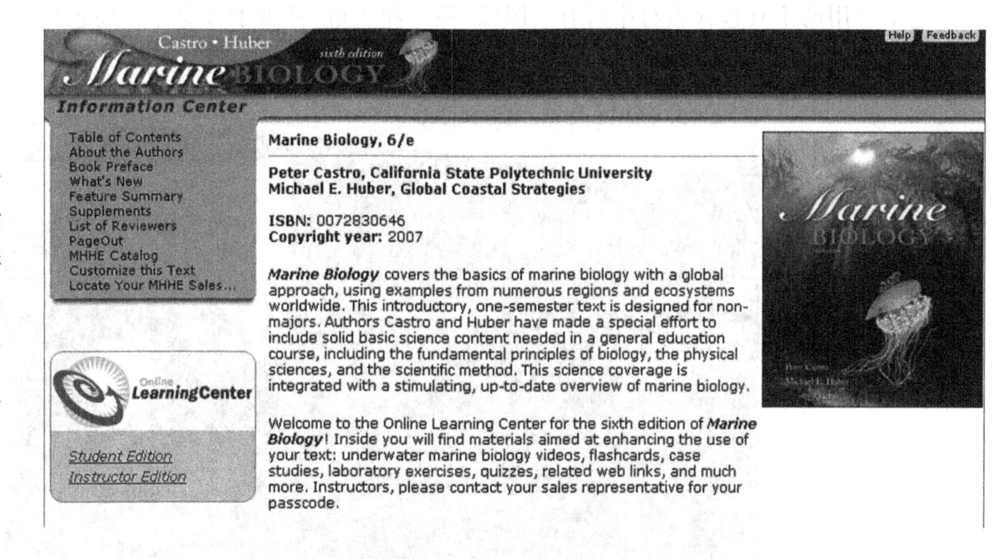

教师会很欣赏有密码保护的教师手册，含有书中所有照片和图像的 Powerpoint 图片库，实验练习以及其他许多东西。

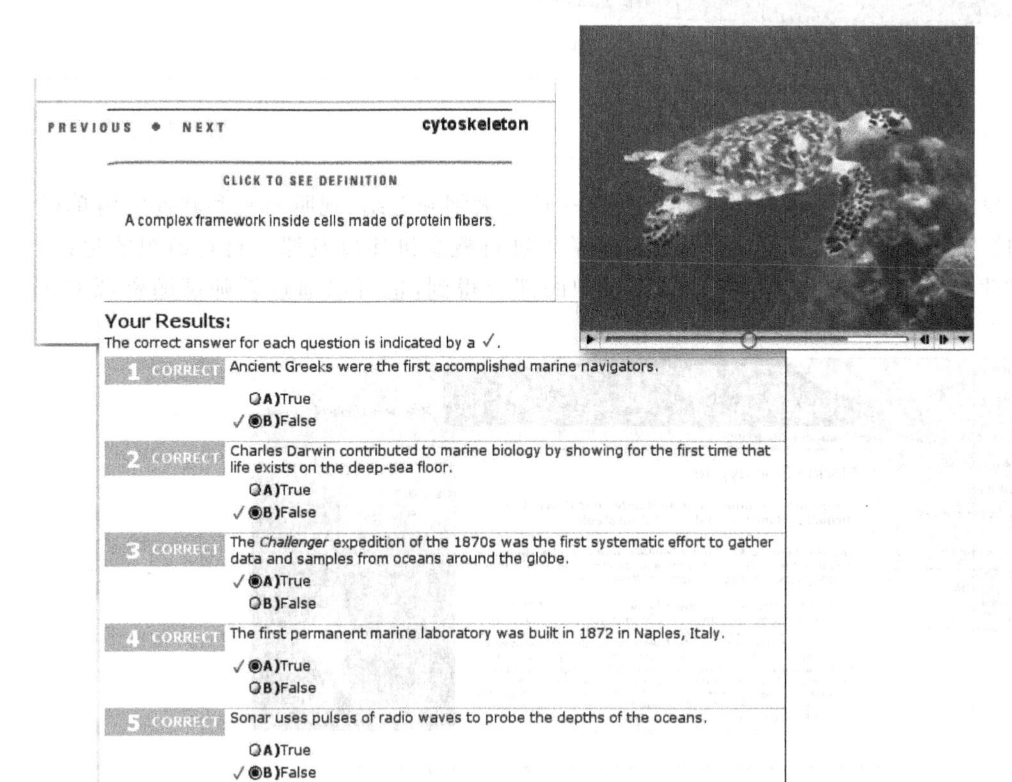

学生将从交互式测验、关键术语抽认卡和网上链接中受益。另外还有水下视频片段、海洋动物以及它们的行为和生态系统的特色镜头。

附属材料

数字媒体内容管理者 CD-ROM /DVD

这个有用的工具包含教材中所有的图像、照片和表格，可用于多媒体。还包括来自于 Scripps 技术研究所的视频片段，还有其他海洋生物学视频片段和照片。

教师手册

由彼得・卡斯特罗博士准备，这个有用的手册包含每一章的大纲和总结、视听材料和软件的清单以及对书中批判思考的答案。教师从中还可以得到关于向学生进行概念讲述以及课上材料组织的建议。教师手册可通过海洋生物学网上学习中心中有密码保护的部分得到，也可以通过教师试题资源 CD-ROM 获得。

教师试题和资源 CD-ROM

这个跨平台的 CD-ROM 包括利用麦格劳-希尔 EZ 考试软件开发的试题库和教师手册。EZ 考试是一种灵活的、易于使用的电子考试程序，教师可利用它产生各种各样问题类型的试卷。教师利用麦格劳-希尔提供的试题，自己添加试题，生成多个版本的试卷，还可将试题输出与课程管理系统，如 WebCT，BlackBoard 或 PageOut 一起使用。对于那些不用试题生成软件的教师，教师手册和试题库还可以生成 Word 或 PDF 格式的文件。

新！ 麦格劳-希尔：生物数字视频片段

麦格劳-希尔非常乐于提供 DVD 的数字视频片段。由世界上高水平的图像制造商特许，这些短小的片段长度从 5 秒到 3 分钟不等，涵盖普通生物学从细胞到生态系统各领域的内容。在描述重点生物学概念和过程时，麦格劳-希尔具有吸引力的、信息含量大的数学生物视频有助于捕捉学生的兴趣。视频片段内容包括：珊瑚礁生态系统，有丝分裂，蛤的运动，达尔文雀，浮游生物的多样性，盐沼的生态，慈鲷的口腔孵育，海绵的再生等。ISBN-13:978-0-07-312155-0(ISBN-10:0-17-312155-X)

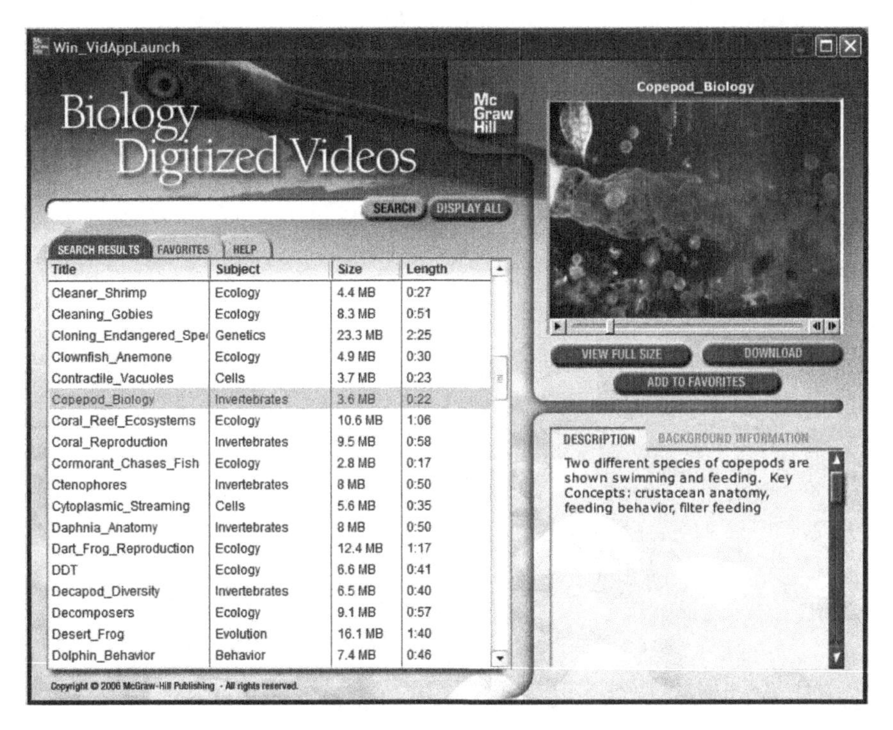

实验练习

这里收集了海洋生物学中 8 个实验室训练和野外调查内容，理想的是用四分之一学期和一个学期的课程时间。这些实验练习是专为第 6 版《海洋生物学》设计的。每个练习都包括将书本知识与实验室或野外学到知识相结合的复习题。练习题可以通过有海洋生物学在线学习中心有密码保护的部分得到。

幻灯片

幻灯片包括 75 幅教材中的插图，每一幅都进行了放大，可在教室里获得很好的视觉效果。

目　录

第一篇　海洋科学原理

第二篇　海洋生物

第三篇　海洋生态系统的结构和功能

第四篇　人类与海洋

Part One

第一篇

海洋科学原理

第 1 章

海洋生命科学

3

海洋生物学是研究生活在海洋中的生命有机体的科学。海洋是一个蕴藏着大量前所未知、绚烂多彩生命形式的巨大王国。正是美丽神秘、缤纷多彩的海洋生物吸引着学生们学习海洋生物学这门课程。就是对海洋生物学专家而言，海洋生物学科学研究依然充满了探险和奇妙的感觉。

开展海洋生物学研究还存在许多现实理由。地球生命很可能起源于海洋，因此研究海洋生物不仅仅可以告诉我们海洋里的奥秘，而且还可以告诉我们地球上所有生命形式的许多奥秘。例如，19 世纪后期俄国科学家 Ilya Metchnikof 在研究海星幼虫和海葵时发现了动物免疫系统细胞，这一发现为大量的现代医学研究奠定了基础。

海洋生物还是巨大的人类财富之源。它为人类提供了食品、药物和原材料，为数百万人提供休闲娱乐，支撑着全世界的旅游业。但另一方面，海洋生物也会带来一些问题。有些海洋生物会直接伤害人类，例如，有的会引起疾病，有的会攻击人类；还有一些海洋生物对人类的伤害是间接的，例如，它们会伤害或杀死有食用价值或其他用途的海洋生物。一些海洋生物还会侵蚀建造在海洋中的码头、堤岸和其他建筑，会附着在船底造成污损，还会堵塞管道。

在决定我们所在星球的自然状态方面，海洋生物发挥了十分基础而重要的作用：产生了大量我们呼吸所需的氧气，协助调节地球气候。至少部分地塑造并保护了海岸线，甚至还有助于新的陆地的形成。从经济角度估计，海洋生命系统每年的价值超过 20 万亿美元。

为了能充分而理智地利用海洋中的生物资源，解决海洋生物给人类带来的问题，也为了能预测人类活动对海洋生物的影响，我们必须系统全面地了解海洋生物。另外，海洋生物还提供了了解地球的过去、生命的历史，甚至我们自身的重要线索。这就是海洋生物学面临的挑战和冒险。

海洋生命科学

4

事实上，海洋生物学并不是一门孤立的学科，而是应用于海洋的高度综合的生命科学。几乎所有的生物学学科都在海洋生物学中有所体现。例如，有些海洋生物学家研究的是海洋生命的基础化学；还有一些学者则对作为完整个体的海洋生物感兴趣，如，它们的行为方式如何？它们生活在哪里？为什么会生活在那里？等等；还有一些海洋生物学家则从全球的视角，将整个大洋的运行视为完整的系统。因此，海洋生物学既是大跨度的海洋科学的一部分，就其自身而言，也是由许多不同的学科、方法和观点组成的。

海洋生物学与研究海洋的海洋学关系密切。与海洋生物学相类似，海洋学也有许多分支。地球海洋学家或海洋地球学家研究的是海底。化学海洋学家研究的是海洋化学，而物理海洋学家研究的是海洋的波浪、潮汐、海流及其他海洋物理现象。海洋生物学与生物海洋学关系最为密切，以至于事实上难以将两者区分开来。有时候认为海洋生物学家常常研究的是相对近岸的生物，而生物海洋学家关注于远离陆地，生活在大洋中的生物。另外一种常见的区别在于，海洋生物学家往往从生物体着眼来研究海洋生物（例如研究生物体如何生产有机物质），而生物海洋学家常常是从海洋的角度来研究（例如研究有机物质是如何在系统中循环的）。事实上，对于这些区分方式存在许多异议，因为许多海洋科学家认为海洋生物学与生物海洋学事实上是一门学科。

一名海洋生物学家的兴趣也许与研究陆生生物的学者们的很多兴趣有广泛交叉。例如,不论生物生活在陆地上还是海洋中,它们利用能量的基本方式都是相似的。然而,海洋生物学的确拥有完全属于自己的特色,这要部分归因于其发展历史。

海洋生物学发展历程

人类了解海洋生物也许是从第一次看到大海时开始的,毕竟海洋中满是美食。考古学家发现了远古时期海滨野餐的遗迹——堆积的贝壳,时间可以上溯到石器时代;还发现了骨质或贝壳做成的古代渔叉和简单的鱼钩。搜集食物的同时,人们通过经验来了解哪些是可口的食物,哪些口味不好甚至是有害的食物,例如,在古埃及法老墓中就记载着禁止食用有毒河豚鱼的警告。古人不仅将海洋生物用来做食物,至少在75 000 年前就有了用海螺壳做项链的历史。实际上,世界不同文明地区的沿海人民积累了大量关于海洋生物和海洋的实用知识。

对海洋与海洋生物的认识随着人们对航海和导航技术的掌握而不断拓展。太平洋的古代海岛居民拥有许多翔实的海洋生物知识,这些知识仍被他们的后人保留下来(图 1.1)。他们是技艺高超的航海者,他们运用风、浪和海流的特点进行超远距离的航行。腓尼基人是西方世界首批娴熟的航海家。大约公元前 2000 年,他们就在地中海、红海、东大西洋、黑海和印度洋上航行。

图 1.1　密克罗尼西亚联邦雅浦环礁萨他瓦尔岛的居民驾驶着图中类似的独木舟在太平洋上已航行了数千年。

古希腊人已经掌握了相当丰富的地中海近岸海域海洋生物的知识。生活在公元前四世纪的古希腊哲学家亚里士多德(Aristotle)是被许多人认可的首位海洋生物学家。他对许多海洋生物的形态进行了描述,并从众多的器官中辨认出鳃是鱼类的呼吸器官。

到了中世纪黑暗时代,在欧洲大部分地区,包括海洋生物研究在内的科学探索受到压制,被迫停止。古希腊的大量知识被遗失或被歪曲。但是,并非所有的海洋探险都停止了。在公元 9 世纪和 10 世纪,北欧海盗们仍在北大西洋探险。公元 995 年,一支由利夫·埃里克松(Leif Eriksson)带领的海盗队伍发现了温兰德(Vinland),即现在我们所称的北美洲。中世纪时,阿拉伯商人的海上航行活动仍十分活跃,他们到达了东非、东南亚和印度。在远东和太平洋地区,人们探索并研究海洋的努力仍在继续。

随着文艺复兴的到来,由阿拉伯世界保藏的古代文明重新被发现,成为欧洲人再次探索外部世界的动力之一。开始阶段的活动主要是航海探索。克里斯托夫·哥伦布(Christopher Columbus)在 1492 年再次发现了“新大陆”(之所以还用“新大陆”这一词是因为北欧海盗们的发现没有被传播到欧洲其他地区)。1519年,费迪南德·麦哲伦(Ferdinand Magellan)开始进行首次环球探险。许许多多史诗般的航海活动大大增加了我们对海洋的了解。当时的地图已相当准确,特别是地图中首次出现了欧洲以外的地区。

不久以后,航海家们对所航行的大洋和海洋中的生物表现出了极大的兴趣。英国海军舰长詹姆士·库克(Jame Cook)是最早沿着航行路线进行科学考察的人员之一,也是最早在团队中还拥有一名专职的博物学家。从1768年开始,经过连续三次伟大的远航,他对全世界的大洋都进行了勘察。库克是首位看到南极冰原的欧洲人,也是首位登陆夏威夷、新西兰、塔希提的欧洲人,同时也是一些太平洋岛屿的主人。他首次使用了计时器,这种精确的时间间隔记录器使他能够精确地确定其所处经度,从而绘制出可靠的海图。从北极到南极,从阿拉斯加到澳大利亚,库克船长不断拓展和重塑欧洲人对世界的看法。他带回了植物和动物标本,以及关于陌生的新大陆的传奇故事。尽管比较尊敬和欣赏原住民文化,但1779年在夏威夷基拉克库瓦湾的一次战斗中,库克船长死于夏威夷原住民之手。

到了19世纪,博物学家搭载航船沿途收集和研究所遇到的各类生物已十分常见。在这些搭船考察的自然学家中,最著名的是另外一位英国人,即查尔斯·达尔文(Charles Darwin)。从1831年开始,达尔文随“HMS小猎犬”号环球考察了5年,在航行的绝大部分时间里,达尔文忍受着严重的晕船。小猎犬号的首要使命是测绘海岸线,但达尔文利用这个机会对自然界进行了全方位的细致观察。这次航行所激发的思路导致在数年后达尔文提出了基于自然选择的进化理论(参见“自然选择与适应”,86页*)。尽管达尔文最为人们所了解的是其进化理论,但实际上他还对海洋生物学作出了许多其他贡献,例如他解释了形状特殊的珊瑚礁环,即环礁的形成过程(参见“环礁是如何形成的”,311页)。达尔文采用网具来捕获个体微小、漂浮生活的浮游生物,时至今日,海洋生物学家仍在使用这种网(图1.2)。达尔文的其他兴趣还包括对藤壶的研究,至今专家们仍常常查阅他的有关文献。

图 1.2　海洋科学家正在提升被称为“邦哥网”的网具,“邦哥网”可用于捕获微小的海洋浮游生物。其中一人正在通过手势信号指挥绞车操作手。

在美国,最重要的早期航海探索可能是1838—1842年的合众国探险行动,这次探险活动常被称做“威尔克斯探险”,其名字源于其领导者——美利坚合众国的海军上尉威尔克斯。探险队中只有11名博物学家和画家,这些人被队中的其他成员戏称为“挖蛤蜊的”。一些历史学家认为这次探险活动主要是为了彰显美国国家的影响力,其次才是科学发现。所有的历史记录都显示威尔克斯是一个虚荣而残暴的家伙。当船刚刚离开海港,他就将自己晋升为上尉;在回来后,由于肆意鞭笞船员而受到军事法庭的审判。探险行动起航时有6艘船,回来时仅剩下2艘船。然而,威尔克斯探险活动取得的成绩仍然给后人留下了深刻印象。通过探测绘制了2400 km南极洲海岸线的海图,并确证南极洲是一块大陆;同时还绘制北美洲西北太平洋海岸的海图。这次航海还探测了南太平洋上的280个岛屿,收集了关于这些海岛的居民、文化以及动植物的各种资料。采集的生物样品有10 000种,其中大约2000个物种是前所未知的。这次探险是由美国政府资助的第一个国际调查活动,也为政府给科学研究提供资助奠定了基础。

“挑战者”号科学考察　到了19世纪中叶,一些科学家已经能够进行专门的海洋科学考察航行,而不必再跟随从事其他工作的船只。爱德华·福布斯(Edward Forbes)就是其中的一位,他在19世纪40年代和50年代进行了大范围的海底挖掘工作,挖掘的地点主要是围绕着他的祖国——英国,但也在爱琴海等其他海域开展了工作。尽管福布斯在1854年其39岁时就英年早逝,但他仍然是那个时期最有影响的海洋生物学家。他发现了许多前所未知的生物,并且认识到随着深度的不同海底生物的种类也不同(参见“深海中的生物多样性”,372页)。但是,如果说他最重要的贡献,也许是激发了人们对海底生命的新的兴趣。

---

* 正文中出现的页码为英文原著页码,即本书中的边码。后同。——编者注

许多与福布斯同时代的科学家以及后继者，特别是来自英国、德国、斯堪的纳维亚和法国的科学家延续了福布斯所开创的海底生命科学研究。尽管考察船设备简陋、行程有限，但他们的研究仍然获得了许多有意义的结果。实际上，他们取得了极大的成功，英国科学家努力争取到了政府支持，出资支持了由查尔斯·怀韦尔·汤姆生(Charles Wyville Thomson)领导的首次大洋科学考察。为了能满足科学考察的需要，英国海军提供了一艘轻型战舰。这艘船被命名为“HSM 挑战者”号

“挑战者”号为准备这次航行进行了全面的更新改造。在船上为科考队员增添了实验室和研究空间，安装了底泥挖掘和深水水样采集的绞车。尽管以现代标准衡量这些船载科研设备依然十分简陋，但在当时已是最先进的了。1872 年 12 月，“挑战者”号终于起锚开航。

“挑战者”号及全体科考队员在随后三年半时间的环球航行中收集资料、采集样品(图 1.3)。所收集的全部资料数量浩繁。科学考察结束后，发表科考结果历时 19 年时间，整理的资料多达厚厚的 50 卷。“挑战者”号所带回的海洋资料超过了人类历史上以前所有的记载。

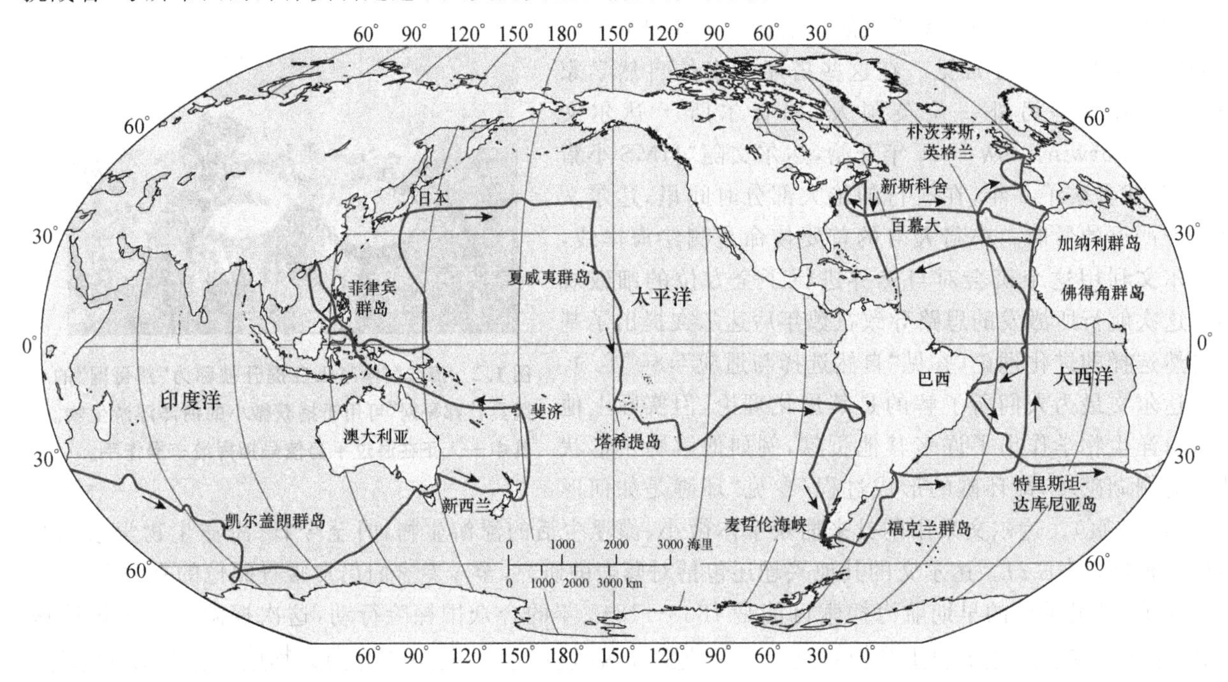

图 1.3 1872—1876 年“挑战者”号科学考察的航行路程，这次科考首次对世界大洋进行了系统调查。

“挑战者”号科学考察有别于之前的科考活动之处，不仅仅在于其航行持续时间之长和收集资料之多，更重要的是这次科考为海洋研究设立了新的标准。那就是系统与认真地测量，细心而精确地记录。全体科考队员以极高的效率全力以赴地投入考察任务。科学家们第一次获得关于海洋面貌的综合图像。“挑战者”号所带回的数千个前所未知物种的样品使科学家对海洋生物巨大的多样性有了更多的了解。从而，“挑战者”号科学考察奠定了现代海洋科学的基础。

在随后的岁月中，一系列其他的科学考察工作延续了“挑战者”号所开创的工作。时至今日，大规模的海洋科考航行仍在继续。尽管如此，从许多方面来看“挑战者”号环球航行依然是海洋学研究历史上最重要的科学考察活动之一。

海洋实验室的发展 即使在“挑战者”号科学考察之前，生物学家们已经对海洋考察所带回来的生物兴奋不已。可惜的是，由于考察船的舱位只能容纳少数科学家。因此大多数生物学家只能得到由船只带回港口的标本，这些都是被保存的死亡的标本。这类标本揭示了全球海洋生物的许多生物特性，却更加激发了生物学家对这些生物的实际生活情况的好奇心：这些生物如何发挥功能？它们作了一些什么？活体标本对研究这些方面的生物学问题十分必要，但是船只通常在一地仅停泊短暂的时间，从而难以进行长期的观察和实验。

与其说生物学家的海洋研究是从船上开始的，还不如说是从海边开始的。最早的一批研究者中有两位法国人亨利·米尔内·爱德华兹(Henri Milne Edwards)和维克托·安多兰(Victor Andouin)，大约从1826年开始，他们就定期地到海边去研究海洋生物。其他生物学家很快就效仿他们开展研究。这些野外考察为科学家提供了研究生物活体的机会，但是他们没有固定的研究设施，而且能够使用的研究设备也十分有限，这也限制了调查的范围。终于，永久性的实验室建立起来了。在这些实验室里，海洋生物学家能够使这些生物保持存活状态，以供他们长期研究。第一个这样的实验室是由德国生物学家于1872年在意大利那不勒斯建立的动物学研究站，也就在这一年"挑战者"号扬帆远航。1879年，英国海洋生物学会在英格兰普利茅斯建立实验室。

美国第一家大型海洋实验室是位于马萨诸塞州伍兹霍尔(Woods Hole)的海洋生物学实验室。很难准确地说出这个实验室建立的确切日期。第一个在伍兹霍尔的海洋实验室是1871年由美国水产捕捞委员会建立的，但只是昙花一现。之后的数年中，伍兹霍尔周边还陆续出现过一些实验室，但时间都不长。1873年，哈佛大学生物学家路易·阿加西(Louis Agassiz)在安角附近建立了一家实验室，他也研究过许多威尔克斯探险航行所收集的标本。1888年，实验室迁到了伍兹霍尔并正式挂牌"海洋生物学实验室"。时至今日，这个实验室仍然是世界上最负声望的海洋工作站。

在这些先行者之后，又陆续建立了一些海洋实验室。美国最早的实验室包括：位于加利福尼亚帕西菲克格罗夫(Pacific Grove)的霍普金斯海洋工作站、位于加利福尼亚 La Jolla 的斯克里普斯(Scripps)海洋研究所和位于华盛顿弗赖迪港(Friday Harbor)的弗赖迪港海洋实验室。此后，在世界范围内出现了许多海洋实验室；直至今日，新的海洋实验室仍在不断地建立。

第二次世界大战的爆发对海洋生物学产生了巨大影响。为了应对日益重要的潜艇作战的需要，研发出了一种称为声呐(sonar)的新技术，这项技术也叫做声波导航测距。声呐技术的原理基于水下回声探测——一种聆听大海的方法(图1.4)。很久以来，海洋一直被认为是一个沉寂的世界，但突然间发现它实际上充满了声音，其中许多声音是由动物发出的。在战争时期，研究这些动物已经不再是一些充满好奇的海洋生物学家无关紧要的探索，而已成为事关国家安全的事情。这种紧迫性的结果就是一些海洋实验室，例如斯克里普斯和伍兹霍尔海洋研究所(成立于1929年)的迅速发展。当战争结束后，这些实验室不仅仍是极重要的研究中心，而且还不断发展壮大。

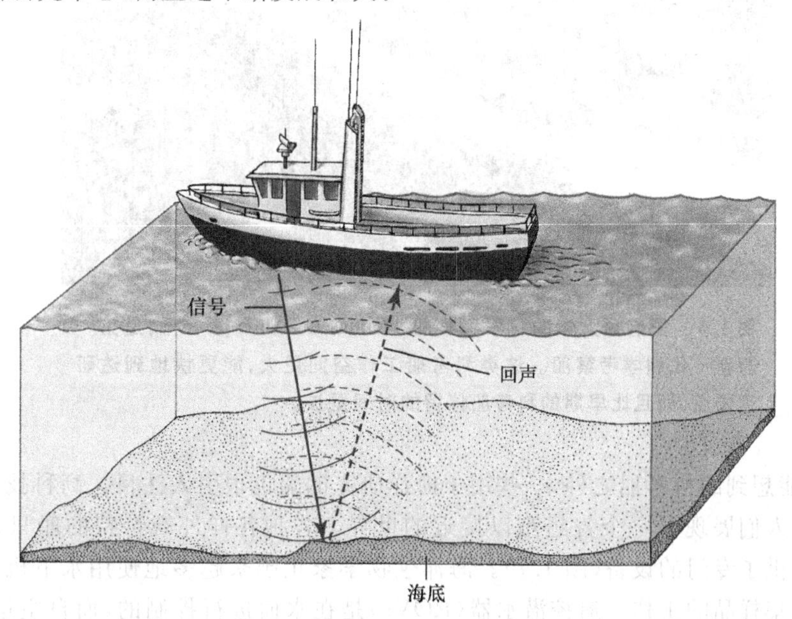

图 1.4　一艘船正在使用脉冲声呐，该仪器发射一束强烈的声波脉冲，然后测定海底回波返回的时间，水的深度可以通过声波反射的时间进行计算。这种最常见的声呐形式被称为"主动声呐"，因为声波是由仪器主动发射的。(参见"海洋中的眼睛(和耳朵)"，14页)

第二次世界大战结束后不久，出现了第一个真正实用的改进型水肺(scuba)，或称为自携式水下呼吸器。用于水肺的基本技术是由法国工程师爱米尔·加朗在法国被占时期研发的，这项技术原本是将天然气压缩后向汽车提供动力。二战之后，加朗与同事雅克·库斯托对装置进行了改造，使用这种装置的潜水者可以在水下呼吸压缩空气。库斯托将他的一生奉献给了水肺潜水和蔚蓝的海洋。他拍摄的电影、撰写的小说和制作的电视节目激发了全世界人们对蔚蓝海洋的神往，同时也提醒人们，海洋环境健康受到的威胁也正在不断增加。

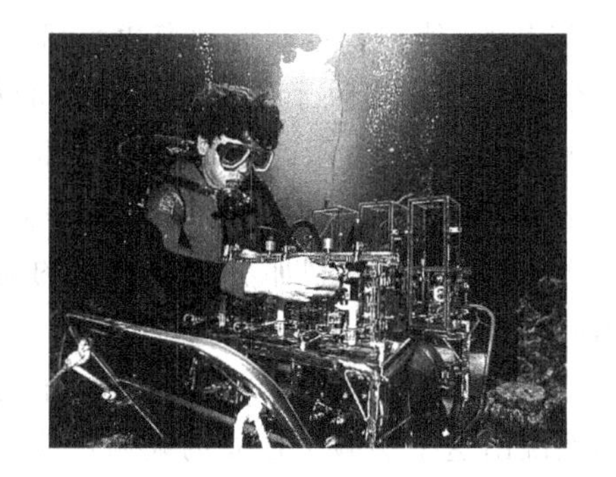

图 1.5　水肺是海洋生物学家开展研究工作的重要工具。图中的科研工作者正用一种被称为呼吸测量仪的设备测量生长在珊瑚礁上生物的产氧和耗氧量。

借助于水下呼吸器，海洋生物学家第一次能够潜到洋面下，观察自然环境中的海洋生物(图 1.5)。尽管只能待在相对较浅的水中，通常小于 50 m，但海洋生物学家现在可以在海洋中舒适地采集标本、开展实验工作了。

海洋生物学现状

无论过去还是现在，海洋科学考察船(科考船)和岸基实验室对于海洋生物学研究都是十分重要的。今天，许多大学和研究机构都拥有科考船(图1.6)。现代科考船已经装备了最先进的导航、采样和对采集的生物进行科学研究的设备。与"挑战者"号相似，许多科考船最初是为其他用途而建造的，但现在专为海洋科学研究生产的科考船也越来越多。

图 1.6　华盛顿大学的科学考察船 Thomas G. Thompson 号，是第一艘新一代科学考察船。这类科考船工作空间更大，能更快地到达研究位点，而且比早期的科考船停留的时间更长。

除了通常我们能想到的科考船之外，一些用于海洋研究的船也很引人注目。高科技的潜水艇能下沉到海洋的最深处，向人们展现了一个曾经难以接近的世界。各种各样外观奇特的船只在海洋中辛勤工作，为海洋科学家提供了专门的设备(图 1.7)。海洋生物学家正越来越多地使用水下机器人在海洋深处进行摄影、测量和收集样品的工作。遥控潜水器(ROVs)是在水面进行控制的，而自主运动潜水器(AUVs)则不需要人的直接控制，可按照输入的程序开展工作。这些机械设备甚至很快将可以对不同种类的鱼进行识别和计数。科学家还研发出各种类型的自动浮标仪，有些可以随海流漂移，有些则可以锚定在特定的位置对海洋学数据进行长期甚至永久的收集。还有的仪器装置可以搁置在海底。甚至海洋动物也可以被用做“自动收集器”。例如，在企鹅和南象海豹身体上安装电子传感装置后，就可以在动物常规的活动过程中记录海洋学数据。

(a)

(b)

图 1.7 斯克里普斯海洋研究所的流动设备平台，简称为 FLIP 科考船。它为海上研究提供了稳定可靠的平台。(a)船体大部分由中空管组成，在牵引到科考站点过程中可处于漂浮状态。当船体充水下沉后，FLIP 翻转到垂直位置。(b)在这种状态下，平台不再受到海浪涨落的影响。

同样的，海洋实验室从早期发展到现在，也走过了漫长的道路。今天，一家家海洋实验室分布在全世界的海岸线上，为国际性科学研究提供便利。一些实验室装备了最先进的设备；另外一些则是装备简单的野外工作站，为在偏远地区进行工作的科学家提供必备的条件。甚至还出现了水下实验室，科学家们可以在那里一次住上数星期，真正地沉浸于他们的研究工作中(图 1.8)。

图 1.8 “水瓶”号外面的一名潜泳者。“水瓶”号是世界上唯一的水下海洋科学实验室，它位于佛罗里达礁群海洋保护区约 20 m 深处的海底，容纳考察队员的生命保障区位于左上部的大圆柱体内，由于其位置较远，其实际大小比图片显示的要大。

图 1.9 杜克大学海洋实验室的一堂海洋生物学课程，该实验室位于北卡罗来纳州波弗特。

海洋实验室既是重要的科学研究中心，也是重要的教育中心。所提供的许多夏季课程使学生们能够直观地学习海洋生物学(图 1.9)。许多实验室为来自不同大学研究生的学习提供便利条件，而且有些还可以授予他们自己的海洋生物学的研究生学位。这样，海洋生物学实验室不仅要不断深化目前正在进行的科学研究，而且还承担着培养未来的专业海洋生物学家的重任。

新技术为海洋研究提供了令人兴奋的机遇。计算机的巨大影响在于科学家可利用它快速分析海量的信息。空间技术也为海洋研究提供了技术帮助。利用卫星观测海洋，由于距离遥远因此可以拍摄大面积的图片，一次就可以对海洋十分宽阔的区域进行观测(图 1.10)。

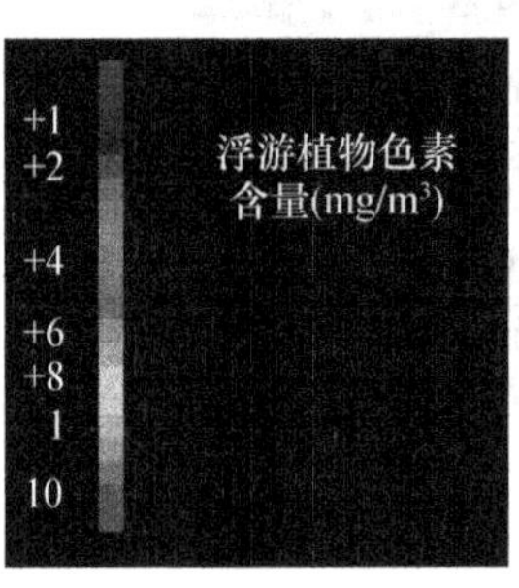

图 1.10　用水中的色素含量指示光合生物丰度的卫星图像。照片是由安装在"雨云 7 号"气象卫星上的海岸带水色扫描仪(CZCS)拍摄。实际上该图像是跨度近 8 年的观测期所收集资料的整合。能获得这一图像依赖于计算机技术和空间技术的进展。(参见彩图 1)

图 1.11　高技术配上低技术：Ventana 号遥控潜水器的机械手臂正用一个普通的厨用漏勺捕捉一只绒球海葵(*Liponema brevicornis*)。

在计算机的帮助下，科学家运用卫星搜集的资料来测定海洋表面的温度，追踪洋流，判定出现的海洋生物的种类和丰度，监测人类活动对海洋的影响。遥感技术或其他远距离研究地球和海洋的技术使我们对诸如海流这样的大尺度的海洋特征有了更多的了解。这一技术也可以应用在较小的范围，例如，用卫星可以追踪安装了微型发射器的鲸类、鱼群和其他生物的迁徙路径。将电子浮标释放在发生溢油的地点，让其与油一起漂流，然后就可以用卫星追踪监控溢油扩散的路径。遥感技术的应用领域广泛而且正不断增加，上述应用仅仅是其中的一部分。

今天，海洋生物学家们在研究海洋时运用了一切可以运用的工具，甚至包含一些明显技术含量很低的工具(图 1.11)。关于海洋的信息资料正不断加速涌现。但是，许多方面的研究仍在持续中，海洋仍然还是一个蕴藏着巨大秘密，令人神往的王国。

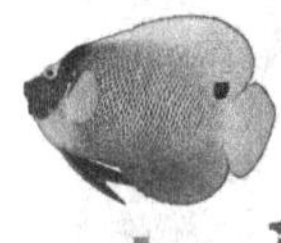

放眼科学

海洋观测系统

海洋处于不断的变化之中，在海洋的局部发生的事情常常会对其余部分产生深远的影响。令人遗憾的是，船舶和潜水器等研究工具只能提供特定时空不连贯的图像。尽管通过重复调查可以得到更多的图像,但依然是不连贯的。卫星可以提供更加连续的图片,但只能达到很浅的表层。现为了真正了解海洋中发生的情况,我们需要能在现场进行持续观察的工具,即集成的海洋观测系统。已开发成功许多必需的技术,人造卫星、定置或漂流浮标仪、海底设备、遥控潜水器(ROVs)和自主运动潜水器(AUVs)、水下摄影机以及其他设备已投入使用(参见"海洋生物学的今天",8 页)。有些设备已被大规模使用,如在全球布设了测量海水温度和盐度的剖面浮标,其目的是为了建立全球海洋实时观测系统(Argo)。这些浮标从船舶或飞机上投放,悬浮在海洋 2000 m 深处,随着海流漂流大约 10 天后浮出海面,通过卫星将数据资料传送出去。随后再下沉,开始新一轮的观测。该系统的首个浮标是在 1999 年投放的,至 2006 年系统满负荷运行时全球海洋中将点缀着大约 3000 个浮标。

迄今为止,大多数海洋观测系统覆盖的海区都很小,同时在其他方面也存在一些局限。漂浮在表层的装置可以用太阳能板供电,通过卫星传输数据,但在水下这些办法就不可行了。水下仪器必须定期取回以补充电力和下载数据。虽然在水下还可以通过声波来传输数据,但传输路程相当短,因此需要船舶来管护或者定位在与岸基相连的水听器附近。正如一位科学家曾经说过的,海洋研究的最大问题之一就是缺乏"固定在海底的电源插座和听筒插孔"。

值得高兴的是,今天的情况正在发生全局性的变化,海洋科学家对大规模海洋观测充满了期待。电缆网将给位于海底和水层中的各类设备提供电力和通讯。除了永久性设施,停靠站将为自主运动潜水器(AUVs)补充电力并为下载图片数据提供便利,接驳盒可以为新增设备提供连接,从而可进行新实验的设计和新技术的应用,水听器可以从浮标甚至固定在海洋动物身上的仪器收集资料,然后传送到船舶或卫星系统进行信号放大。

1994 年,第一个长期生态系统观测站(LEO-15)开始安装。在 1998 年建成使用的夏威夷 2 号(Hawaii-2,H2O)是第二个海洋观测站,海洋科学家将集成了多种仪器的接驳盒连接到一条位于夏威夷和加利福尼亚之间的废弃电缆上。另外,蒙特利加速研究系统(the Monterey Accelerated Research System,

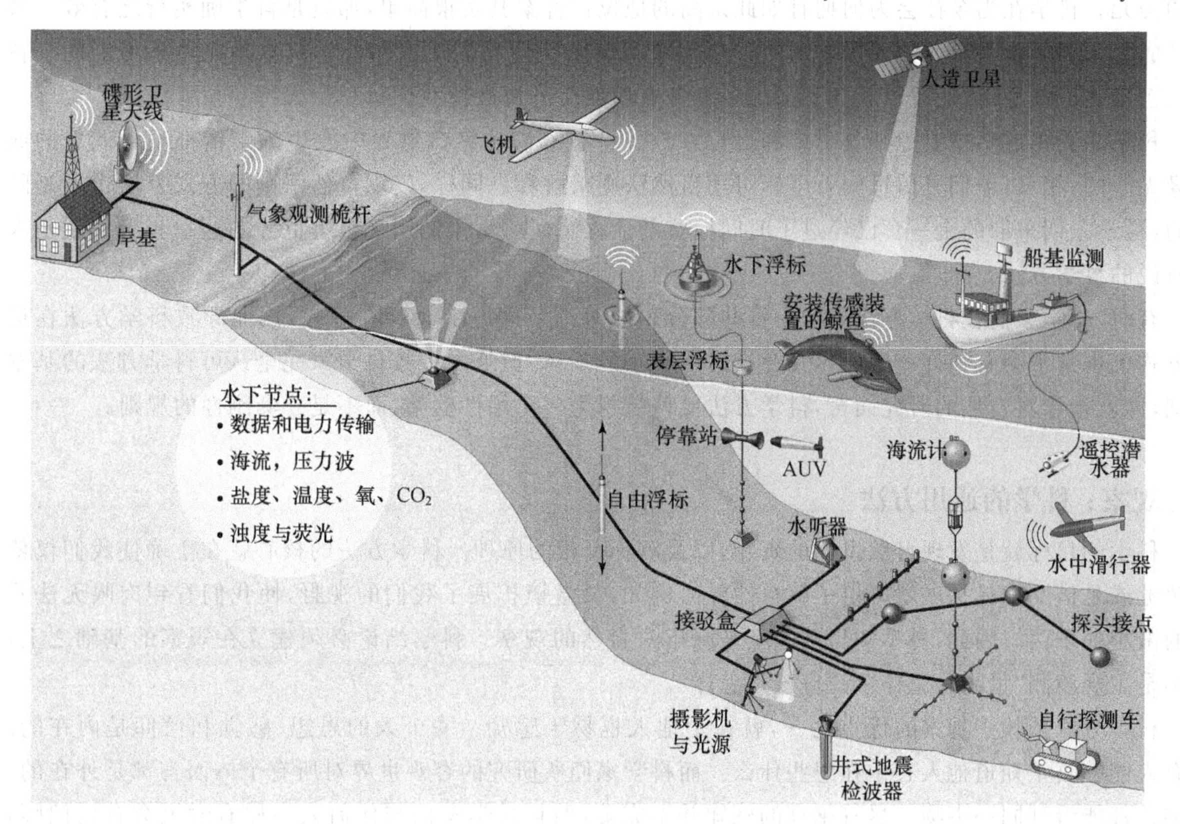

全球已建立或计划建设的海洋观测系统的部分构成

MARS)于2005年在加利福尼亚蒙特利建立。尽管目前这些观测系统以及分布在世界各地的站点所覆盖观测范围都比较小，但却成为规划中的大型观测系统的试验站。东北太平洋时间积分海底网络实验观测系统(NEPTUNE)的目标是要建立一个从加拿大不列颠哥伦比亚省至美国俄勒冈州覆盖整个北美洲西海岸的观测系统。在欧洲和日本，类似的系统也正在建设中。许多国家已达成了共识，将这些较大的观测系统通过网络构建成一个"全球海洋观测系统(GOOS)"，以为全球海洋观测提供窗口。

尽管这些雄心勃勃的研究计划需要数十年后才能结出硕果，但海洋观测系统将大大加深我们对海洋的了解，并带来许多实实在在的裨益。世界各地的学生和教师们将能够直观地了解海洋中正在发生的事情；天气预报系统的性能将大大提升，地震、海啸和风暴潮的预警体系也将更健全；所有类型的船舶都能得到详尽、可靠的海况预报；科学家们不仅能够对鱼群进行监测，而且能够预测其繁殖和食物供给情况。海洋观测系统终有一天会在拯救生命和节约成本上发挥作用，并帮助人类更加明智合理地利用海洋，乃至整个蓝色星球。

(更多信息参见《海洋生物学》在线学习中心。)

11

科学方法

海洋生物学研究固然涉及很多探险活动，但它是一门真正的科学。包括海洋生物学家在内，科学家们都运用一种共同的特定方式来观察世界。从事海洋生物学学习的学生们需要熟悉这种方法，并熟悉这种方法在了解包括海洋在内的自然界中是如何发挥作用的。

我们生活在科学时代。广告发布者不停地夸耀其产品中的最新"科学"进展。报纸会定期地报道新的科学突破，许多电视台有科学报道专栏。政府和私人机构每年在科学研究和科学教育上花费数以十亿计的美元。科学在当今社会为何拥有如此崇高的地位？答案其实很简单，那就是科学确实行之有效。科学已成为人类所奋斗事业中最为成功的一个领域。现代社会没有知识和科学技术是完全不可能的。科学在医药、农业、通讯、交通以及数不清的各行各业所取得的进展使我们每一个人都获益匪浅。

12

科学的真正成功主要源于其思维和运行方式。科学家们认为自然界中发生的事情都不是偶然的或无缘无故的；相反，他们坚信世间万事皆可用自然法则来解释。同样，发现自然法则的方式方法也不是随意的，科学家们采取的是一套已经过了时间检验的流程。而科学家们用来了解世界的这一套流程就是人们所说的科学方法。

有时，科学家们在科学方法确切由哪些部分组成等细节问题上会存在分歧，因而导致科学方法在运用方式上也常常会有稍许差别。尽管存在这些小小的差异，但绝大多数科学家完全认可科学方法的基本原则，即就指导对自然的研究而言，科学方法应该被视为一个柔性框架，而不是一套刚性的规则。

观察：科学的通用方法

科学的目标就是发现自然世界的真相，以及解释真相的原理。科学方法的核心就在于确使我们仅依靠感觉或是借助工具扩展就可以了解自然界。例如，显微镜扩展了我们的视野，使我们看到肉眼无法看到的微小的东西。因此，科学知识基本上来源于对自然的观察。科学结论必须建立在观察的基础之上，而不是主观臆测"世界是怎样"或"应该是怎样"。

科学方法依赖于观察的优点之一，就在于他人也易于感知。一个人的思想、感觉和信仰是内在的。没有人能够真正知道他人心中在想些什么。而科学家们所研究的客观世界对所有个体而言都是外在的。许多人都能看到同一事物。尽管感官的感知并不完美，而且科学家们与任何人一样有时也会有失偏颇，但客观事物都摆在每个人面前。因此，有办法对任何人的观察进行验证。

13

在科学方法实施的所有阶段，观察都十分重要。开始时，人们通过观察来描述自然世界。要了解海洋生物分布的特定区域，它们的数量、生长速度和个体大小、繁殖的时间与方式、摄食情况和日常行为等问题，都必须对海洋的局部区域以及其中生活的生物进行观察。科学考察和系统描述是海洋生物学的重要组成部分，它可以为我们不断地提供新的信息资料。实际上，每一次深海海底采样都能发现前所未知的新物种（参见“深海中的生物多样性”，372页）。新技术的应用使我们观察海洋的能力不断提升，也使我们不断有新的发现，水下摄影技术使我们对鲸类行为有了全新的了解（参见“海洋中的眼睛（和耳朵）”，14页），而遗传学技术让我们发现了数目极其众多的前所未知的海洋微生物（参见“小细胞、大惊奇”，97页）。每一个发现又成为新观察的开始，对全然未知、出乎意料的深海热泉生态系统的发现引导生物学家到其他海区去寻找和发现类似的生态系统（参见“热泉、冷泉和死体”，373页）。

随着对客观世界的观察越来越多，科学家们不可避免地要去解释其观察结果（为什么那种海藻只在特定的深度才能发现？）并做出预测（明年的渔业是否能获得丰收？）。对解惑和预测的渴望反过来又会引导科学家进行更多的观察。

海洋中的眼睛（和耳朵）

14

海洋生物学家常常为不能真切地看到海洋中正在发生的事情而感到沮丧。通过使用网具和采泥器收集样本，用自动化仪器进行测量，在实验室内开展实验研究等方法，海洋生物学家已经对海洋生物的方方面面有了深入的了解。然而，我们人类自身就具有视觉，再多的取样、测量或实验也不能完全取代对自然生境中海洋生物的实际观察。

一种解决办法就是潜到海洋中去看一看。水肺和科研潜水艇为研究海洋提供了极大的帮助，使我们不仅能看到我们所研究的生物，而且可以在自然环境下开展实验研究。但是，这些方法仍存在其局限性。相较于海洋的深度而言，水肺潜水所等到达的仅是海洋中最浅的部分，同时潜水持续的时间最多为数小时。水肺潜水对身体素质也有相当严格的要求。潜水艇一方面造价昂贵，另一方面空间狭窄，一次仅能容纳数量十分有限的科学家。与鱼类、鲸类、海豹和其他运动迅速的动物相比，水肺潜水和潜艇就显得又慢又笨重，而且会对海洋生物产生极大的干扰。

另一种解决办法就是使用自动操作或可在海面操控的照相机或摄像机。除非在偶然情况下，这些照相机或摄像机很可能所处的时间和地点都不是最合适的，因此经常要使用诱饵将我们感兴趣的动物引诱到摄像机前。使用这类观测系统，我们成功在胶片上捕捉到了未知的、罕见的深海动物，从而为研究其生活方式提供了有用的信息。

对海豹、海狮和鲸类等大型海洋动物的复杂行为进行观察一直就是一个难题。对潜水员来说，它们游得太快、太远、下潜得也太深，难以对其行为进行记录，对静止的摄像机而言那就更难做到了。即使人们能够紧紧跟随这些海洋动物，那么我们也可能成为一种现场干扰因素，很可能导致动物行为异常。那么，为什么不能让海洋动物自己给自己拍照呢？“动物随身拍”(Crittercram)是一种全密闭的水下摄像机，它可以固定在海龟、鲨鱼、鲸类、海豹和海狮等海洋动物的身体上。以前，我们对这些海洋动物行为的了解几乎全部都来自于在陆地和海面上对它们的观察。海洋动物的生活主要在水下度过，动物随身拍使我们能够从水下对它们进行观察，从而使我们对它们的生活有了全新的了解。最近，动物随身拍首次拍摄到驼背鲸奇特的捕食行为。驼背鲸先用气泡幕将鲱鱼鱼群紧紧聚拢成球，然后再冲入鱼群大快朵颐。与此相类似，利用固定在阿德利企鹅(*Pygoscelis adeliae*)和南极企鹅(*P. antarctica*)身上的微型摄像机，发现企鹅常常会加入到群体中。

我们致力于在海洋进行“观察”时，并非如我们通常所想的那样，完全依靠视觉。光在海水中并不能穿透很远(参见“透明度”，51页)，这就意味着不仅海洋的绝大部分是黑暗的，而且即使利用人工光源能见度也十分有限。而声音则可以在水下传播很远的距离，这也是声呐的基础。利用现代声呐技术和计算机数据处理技术，我们可以得到详尽的海底三维图像(参见图2.18和2.19)。被动声呐系统不发射声波，它利用的是海浪、船舶、动物和其他物体自身存在的背景噪音。正如物体反射光进入眼睛我们就能看到该物体一样，当鲸类等反射的声波被水下扩音器接受，通过计算机的处理我们就可以得到运动图像。这类系统可以在黑暗条件下工作，能够接受相当远的距离的信号，而且减少了对动物的噪声干扰。各种船舶很快就可使用这种被动声呐来避免与看不见的鲸鱼相撞。

新的技术也正被应用于搜寻和监测微小的浮游生物。浮游生物是地球上最重要的生物类群之一，但直到最近其研究方法主要还是依靠网具来拖网捕获，这常常会使这些浮游生物受到伤害甚至造成死亡。至少，拖网的研究方法使浮游生物脱离了其原来生存的环境，并彻底扰乱了它们的自然行为。想象一下，如果我们对鸟的了解也完全依赖于用飞机拖着网捕鸟，那会有多大的局限啊！

现在已出现了一些完全依靠视频来观察浮游生物的系统，由于三维空间缺少固定参照点，因此为了准确跟踪这些生物需要四台摄像机。另外，还出现了一些利用声呐的系统，或声呐与视频结合的系统。声呐被用于确定浮游生物的大小和位置，当浮游生物位于数码相机拍摄范围时，可以利用大多数生物看不到的红色闪光进行拍摄。还有一些系统利用激光来产生微小生物的三维全息图像，这些图像被保存在计算机中并在实验室中进行分析。所有这些系统向我们展示了海洋生物的有启迪作用的新的一面。

两种思考方式

为了对自然世界进行描述、解释和预测，科学家们采用两种基本的思维方式。归纳是由各个独立的观察结果而得到普遍性原理的过程，而从普遍性的原则推理出特定结论的过程则称为演绎。历史上曾经对应该采纳哪一种思维方式有过激烈的争论，但现在科学家们一般都赞成归纳法和演绎法是不可或缺的。

15

归纳法　当采用归纳法时，科学家是从一系列独立的观察出发，在观念上人们对结果没有设定目标或者预见，是完全客观的。在综合所有观察的基础上提出一个具有普遍性的结论。比方说一名海洋生物学家对一条旗鱼、一条鲨鱼(图1.12)和一条金枪鱼进行研究后，发现它们都有鳃。由于旗鱼、鲨鱼和金枪鱼都是鱼类，他可以得出“所有鱼类都有鳃”这一普遍性的结论，这就是一个归纳的例证。

在归纳过程中，一般性的结论是以特定的观察为基础的。

科学家必须谨慎地使用归纳方法。从各个独立的观察中得出普遍性的结论严格取决于观察的数量和质量，取决于对这些观察局限性的认识。如果一名生物学家在观察完旗鱼后就停止工作，他可能通过归纳得出错误的结论，即“所有鱼类都有剑状吻”。即使是观察了所有三种鱼，他也可能总结出“所有海洋动物都有鳃”的结论，而不仅仅是“所有鱼类都有鳃”的结论。在这里演绎法开始发挥作用。

演绎法　在演绎法中，科学家从一个关于事物本质的一般性概述出发，以此概述正确为前提，预测特定的结果可能会怎样。这种一般性概述可能是基于预感或直觉，但通常是观察的结果。设想我们的海洋生物学家采用归纳法得出了“所有海洋动物都有鳃”的一般性结论，随后他可能做如下推论：即如果所有的海洋动物都有鳃，而鲸类是海洋动物，那么鲸类也一定有鳃。生物学家采用了关于所有海洋动物的一般性概述来描述特定类型的海洋动物。

图 1.12 居氏鼬鲨(*Galeocerdo cuvier*)俗名虎鲨,其靠近胸鳍的前方可见五排垂直的鳃裂。

"鱼"这个词可以指单一的个体或指同一种的许多鱼,"鱼类"是指多于一种鱼。

演绎推理过程是运用一般原理进行特定的预测。

检验观点

16

科学家从来都不仅仅满足于对世界进行简单的描述,然后就听之任之。事实上恰恰相反,他们痴迷于对描述的真实性进行检验。归纳和推理使科学家们可能对世界做出正确的描述,这种可能正确的描述被称为假说。科学方法极其重要的特征就是通常会对所有假说进行反复检验。对检验的执著也成为科学方法最大的优势之一。不正确的假说通常很快就会被清除抛弃。

建立假说 科学的假说必须以一种可检验的方式进行表述。也就是说,如果假说真是错误的,就一定能够证明其错误,至少存在证明错误的潜在可能性。有时这种证明很简单,例如对鲸类有鳃的假说进行检验就十分简单。生物学家们所要做的工作就是对一条鲸进行检验,看其是否有鳃器官。检验之后就会发现,鲸类的呼吸器官是肺而不是鳃,这样他就证明了"鲸类有鳃"的假说是错误的,从而也否定了"所有海洋动物都有鳃"这一更一般性的假说。图 1.13 描述的就是海洋生物学家建立和检验假说的步骤。事实上,这一逻辑推理思路并不完全是空想的。最早期的海洋生物学家之一——亚里士多德在公元前 4 世纪就曾采用相似的逻辑推理。他不仅观察到鲸类是用肺而非用鳃呼吸,而且还观察到与大多数鱼类产卵不同,大鲸产下的是小鲸。但可惜的是,亚里士多德对鲸类和其他海洋哺乳动物不是鱼类的认识在两千多年中未被西方科学所了解。

很多假说常常比"动物是否有鳃"这样的问题复杂得多。海洋生物受到气候和海流模式、食物与捕食者丰度、繁殖与死亡的自然过程、人类活动以及许许多多因素的影响。海洋生物学家正愈来愈多地通过构建模型,采用数学公式和计算机程序来表达他们对这些复杂因子如何相互作用的理解,从而预测在特定环境条件下可能将发生的情况。尽管十分复杂,但这种用模型构建的假说能够通过比较预测结果和现实发生的情况来进行检验。

人们有时会提出一些错误的假说,因为这些假说没有适当的检验方法。有些相信美人鱼传说的人会说"海中的某个地方有美人鱼"。这一假说的问题在于永远都不能证明其错误。一大群海洋生物学家花费了他们毕生的精力寻找美人鱼却没有结果,但那些忠实的信徒总是会说,"美人鱼就在那里,仅仅是因

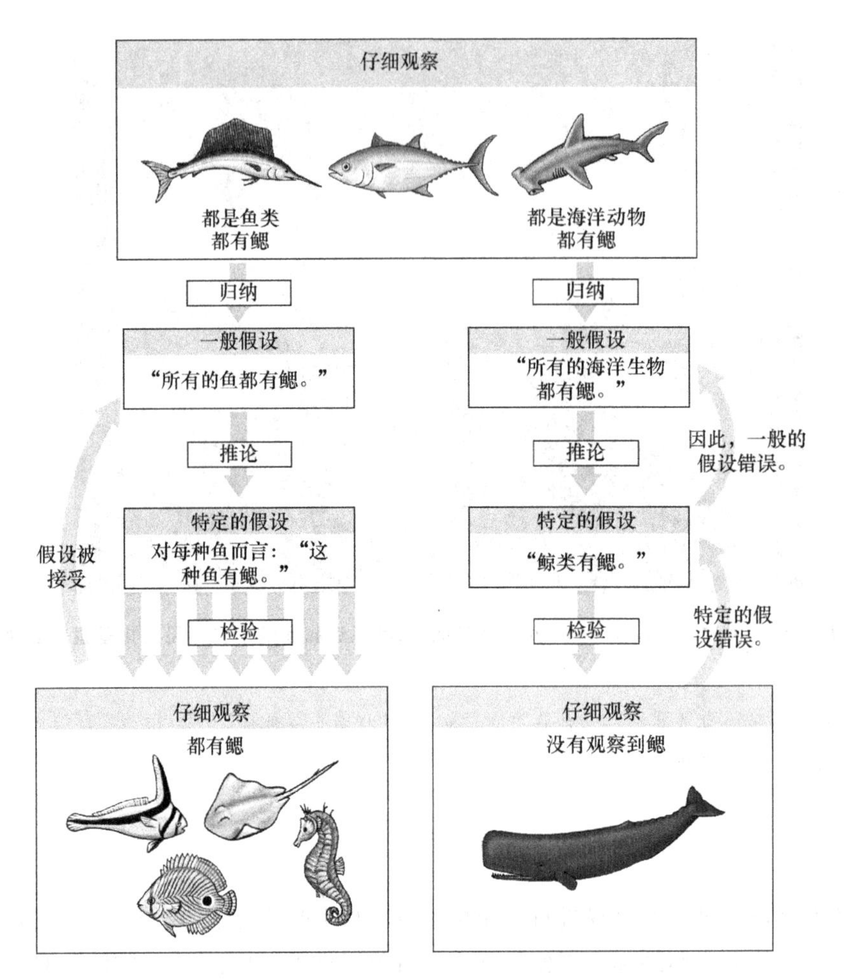

图 1.13　应用科学方法的一个实例。从同样的观察中产生了两个假说。一个假说(图左)被承认而另一个假说被否定(图右)。

为你没有发现她们"。不论付出多大的努力去搜寻，生物学家们可能永远都无法证明美人鱼不存在。因此，"海洋中有美人鱼"这一陈述并不是一个正确的科学假说，因为它不可检验。

科学的假说是对世界的描述，它也许是真实，同时也是可检验的。可检验的假说至少存在被证明为错误的潜在可能性。

科学证据的本质　在被证明具有科学性之前，一个假说必定存在被否定的可能，至少在原理上存在这种可能性。但如何能证明一个假说是真实的呢？这个问题一直困扰着科学家们，而且问题的答案也许会使你也感到困惑。一般而言，没有一个科学假说能够被证明是绝对正确的。以"所有的鱼都有鳃"这一假说为例，很容易发现只要你找到一条没有鳃的鱼就可以证明这个假说是错误的。尽管迄今为止检查过的每一条鱼都有鳃，但仍然不能证明所有的鱼都有鳃。可能在远处的某个地方就潜藏着一条没有鳃的鱼。恰如不能证明美人鱼不存在一样，你也不能证明所有的鱼都有鳃。

科学上没有绝对的真理。了解到这一点，科学家们可能会感到绝望并去寻找另外的研究方法路线。但幸运的是，对于缺乏绝对必然性这一科学所固有的事实，绝大多数科学家已经知道可以通过取得最佳的证据来接受和处理它。任何一个假说都要经过检查和验证、推敲和质疑，才能知道是否与对世界的实际观察相符合。当一个假说经受住了所有的检验，从其与已知资料相一致的角度而言，它可以有条件地被承认是"事实"。科学家们说他们承认假说，而不是证明假说。科学家承认所有鱼类都有鳃的假说，是因为所有否定这一假说的努力都失败了。至少在目前，这一假说与观测相符。但是一位好科学家从来都不会忘记，任何假说，即使是一个钟爱的假说，都有可能突然被新信息所否定。没有任何一个假说可免于验证，而且没有任何一个假说能在其与证据矛盾时可免于被抛弃。科学的底线是观察世界，而不是去证明人们先入为主的观点和信念。 17

没有一个假说能用科学的方法证明是真的，取而代之的是，只要有证据支持，假说就能被接受。

验证假说 通常将假说证明为事实是不可能的，因此多少有些令人意外的是，科学家们会花费大量的精力去推翻它，而不是去证明它。建立在艰苦验证基础上的假说比未经验证的假说更令人信服。由此而言，科学家的角色就是做一名质疑者。

科学工作者常常要努力在两个或更多的假说中作出判断。我们假设有这样一位海洋生物学家，他在看到旗鱼、鲨鱼和金枪鱼之后提出了两个可能的假说：一是所有的鱼都有鳃，二是所有的海洋动物都有鳃。从这一点上，两种假设和他的观察是一致的。但是当他对鲸进行研究后，他放弃了第二种假说，与此同时强化了第一种假说。通过排除的方法他获得了最佳的假说。

这位假设的海洋生物学家仅用少数简单的观测就构建并验证了他的假设，但现实中真正的海洋生物学家几乎不可能如此容易地得出结论。假说的验证常常需要周密计划的、不辞辛劳的观测。有时一个新的或一组观测就会彻底推翻一个已被接受的假说，这种情况被称为“科学革命”。这种发现是引起轰动的头条新闻，但在绝大多数情况下改变的过程是渐进的，假说不断被精炼和改进，新信息出现后还会有新的假说取而代之。

通常在正确的时间和地点，对自然界进行正确的观测可以对假说进行验证。但有时候验证假设所需要的条件无法自然发生，科学家就必须巧妙地调整自然条件，也就是通过实验来进行必要的观测。

由于难以在自然条件下实施必要的观测，科学家们在人工的实验条件下验证假设。

假设另有一位海洋生物学家想要研究水温对贻贝生长的影响。他可以去找一个温暖和一个寒冷的地方，然后测量在每个地方贻贝的生长速度。然而任何一个地方的温度都是一直变化的；而且他也可能很难找到两个地点，其中一个地点的温度总是比另一个地点高。即使他找到了，两个地点之间的温度差异也不是恒定的，而且还存在许多其他条件差异。比如，贻贝本身存在差异；贻贝摄食饵料的种类和数量可能存在差异；其中的一个地点可能有污染或暴发疾病。在任何自然状态下，可能还有无数的影响贻贝的生长的因素。这些可能对观测结果产生影响的因素被称做变量。 18

面对众多的变量，海洋生物学家决定开展实验研究。他从一个地方采集贻贝并将其随机地分为两组，现在他知道两组贻贝相当一致。他把两组贻贝分别放置到水温可控的水箱中，将一组置于高温下培养，另一组置于低温下培养。他在同一时间给贻贝饲喂等量的同种饵料，并保证贻贝免受污染和疾病，给两个培养箱中补充相同来源的海水，使两组贻贝的培养条件完全保持一致。由于两组实验的各项变量完全一致，因此他清楚这些变量与贻贝生长的差异无关。两组实验间的唯一差异就是温度。

为防止变量对实验产生影响，科学家有两种选择。一是通过人工控制防止变量发生改变，如，给贻贝喂完全相同的食物；另一个就是确保两个实验组的所有变化都是一样的。例如，向两个培养箱中提供同一来源的海水，我们的生物学家可以确保水质上可能发生的任何变化对两组贻贝的影响是等同的。受控变量就是可进行人工控制从而防止对实验产生影响的变量，这样的实验被称为受控实验(图1.14)。由于在不同温度下培养贻贝时，生物学家能够控制其他变量的影响，因此她可以有把握地确信两组之间在生长率上的任何差异都是由于温度造成的。 19

与此类似，生物学家还可以向培养在同样温度下的贻贝喂食不同数量的饵料，来研究饵料供给对贻贝生长的影响。这样可以区分不同变量的影响。同样，还可以研究变量的相互作用。例如，将贻贝培养在不同的温度和饵料组合条件下，以了解生长最快的温度是否与饵料摄食量有关。

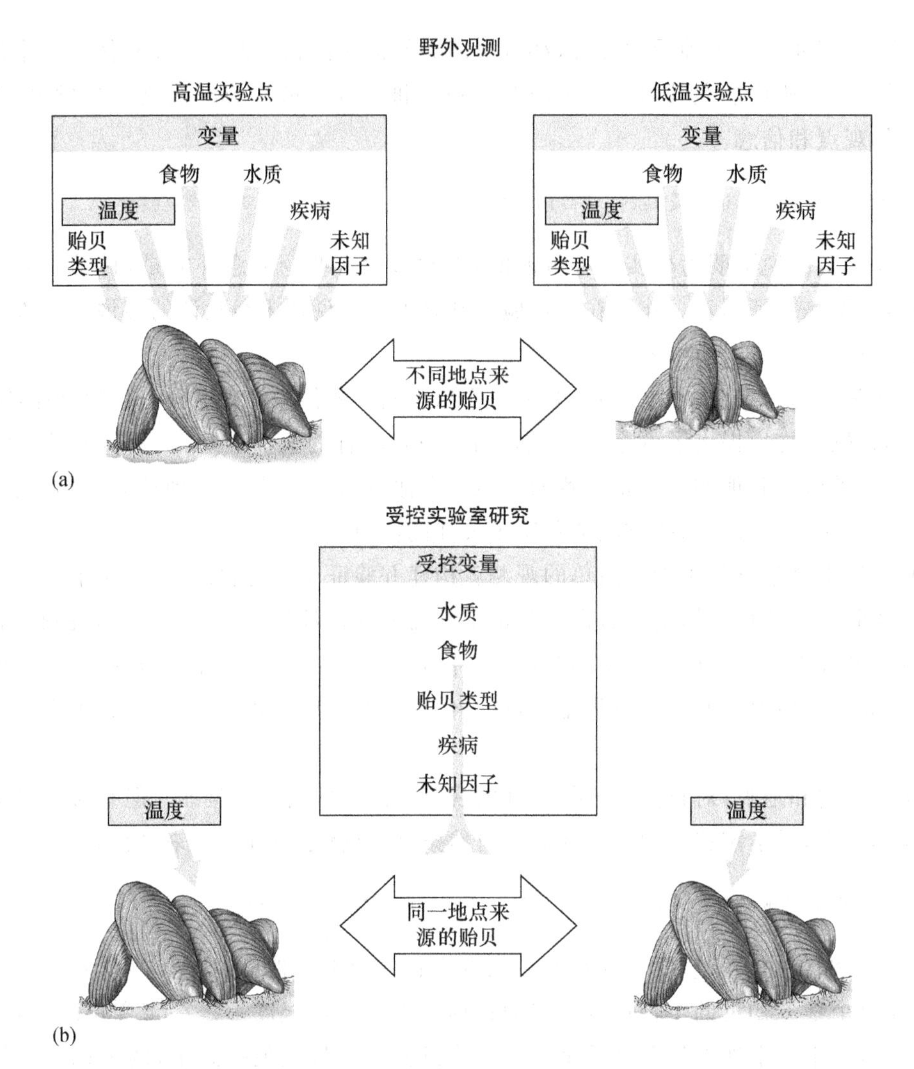

图 1.14　(a) 在两个不同地点进行实验观察，许多不同的变量可能造成贻贝群体间的差异；(b) 实验中通过控制变量可以对单一因子的效应进行检测，图例中的单一因子是温度。图例描述了一个实验室中的实验，但许多实验是在野外进行的(参见“移植、迁移与定植”，246 页)。

约翰·斯坦贝克(John Steinbeck)与艾德·里凯茨(Ed Ricketts)

许多人都知道美国作家约翰·斯坦贝克，他是《愤怒的葡萄》(*The Grapes of Wrath*)、《人鼠之间》(*Of Mice and Mice*)和《伊甸园以东》(*East of Eden*)等深受人们喜爱的小说的作者，但很少人了解斯坦贝克对海洋生物学的贡献。斯坦贝克与海洋生物学家艾德·里凯茨之间亲密的友谊激发了他对海洋生物学研究的极大兴趣。

据斯坦贝克记述，1930 年他与里凯茨在加利福尼亚帕西菲克格罗夫的一名牙医的办公室里首次相遇。斯坦贝克对海洋生物学的兴趣由来已久，并一直想认识里凯茨。里凯茨当时拥有太平洋海洋生物学实验室，位置就靠近霍普金斯海洋实验站与现在的蒙特里湾水族馆。里凯茨在太平洋沿岸收集海洋生物标本，然后将它们卖给大学和博物馆。他拥有别人所不具备的渊博的海洋生物学知识，在当地很受欢迎。

斯坦贝克与里凯茨两人几乎一见如故。不久以后，斯坦贝克，这个勉强糊口的作家就把大量时间泡在他的朋友的实验室里，参加标本采集旅行，并协助开展日常的工作。斯坦贝克对这项工作十分投入，甚至会为一台显微镜而激动不已。

斯坦贝克甚至还赞誉里凯茨塑造了他对人性和世界的看法。在斯坦贝克的小说中，至少有六部小说的人物是以里凯茨为原型的，其中最著名的是小说《罐头厂街》(*Cannery Row*)中的主角道克(Doc)，道克负责管理"西部生物学实验室"。

斯坦贝克与里凯茨深厚的友谊使海洋生物学和文学双双受益。《科特斯海》(The Sea of Cortez)是他们一起到墨西哥探险的成果，这是一份带有几分文学和游记色彩的科学报告。书中详细列出了两人所搜集的600个物种，其中有60种是科学上新的发现。然而，这次旅行并非总是工作，作者说他们还"收获了两种共2160瓶啤酒"。

艾德·里凯茨对海洋生物学不朽的贡献是1939年出版了《太平洋潮间带》(Between Pacific Tides)，本书的另一作者杰克·卡尔文(Jack Calvin)是里凯茨和斯坦贝克的朋友。《太平洋潮间带》是一本全面介绍北美洲太平洋沿岸海滨生物的导论性专著。经过不断的修订和更新，现在仍为生物学业余爱好者和专家们所使用。

尽管里凯茨是一位十分有才能的生物学家，而且是《太平洋潮间带》一书内容的主要负责人，但将所见、所闻和所思写出来却使他感到困难。斯坦贝克义不容辞地帮助里凯茨进行书稿的撰写并联系出版。当里凯茨感到出版商——斯坦福大学出版社在拖延出版时，斯坦贝克还给出版商写了一封充满讽刺意味的信件。

1948年，艾德·里凯茨在一次火车事故中意外身故。好友的离去使斯坦贝克十分悲伤，他写道："死去的是我所认识的最伟大的人和最好的老师"。

科学理论 许多人将理论视为一种相当不确定的命题，我们常常听到人们对这样或那样的观点进行讽刺，因为这个观点"仅仅是理论的"。公众通常对有争论或非主流的理论持讽刺态度，但是，很少有人批评万有引力定律"仅仅是一种理论"。事实上，建立一种科学理论所依靠的基础比许多人意识到的要稳固得多。对科学家而言，"理论"一词指的是一种经过大量检验，已作为正确的东西被广泛接受的假说。在科学研究中，理论的地位的确十分崇高，因为它已经过广泛的验证，并得到了科学工作者相当的信赖。科学工作者以其作为推测来指导他们的思考，并由此出发进行新的科学发现。

但是人们必须记住，理论虽然已被很好地验证，但仍然是一种假说。与其他假说一样，理论也不能被绝对证明，而且也只有在证据能支持的时候才能被当作事实。优秀的科学家能够暂时地接受某一理论是因为有最佳的证据在支撑着，但他们也承认任何理论在任何时候都可能由于新证据的出现而被推翻。 20

科学理论是一种已经过广泛检验的假说，通常被当作事实。但是，与任何假说类似，如果积累了足够的证据来否定它，就可能将其推翻。

科学方法的局限性

没有十全十美的人类事务，科学也是如此。恰如知道科学方法如何运作以及为何如此运作是十分重要的一样，了解科学方法的局限性也十分重要。只要记住一点，那就是科学家也是人，他们也会和其他人一样容易犯同样的错误。即使相反的证据就摆在面前，科学家有时也仍会坚持他们钟爱的理论，因为承认错误毕竟是一件困难的事。与其他人一样，有时科学家个人的偏见会影响他们的思考。没有人能够始终完全保持客观。幸运的是，真正的错误通常会被改正过来，因为不仅仅一个人，会有很多人来对假说进行验证。科学真正的成功之处在于证明了在大多数情况下科学研究方法的自我检查机制是行之有效的。

科学也具有内在的局限性。具有讽刺意味的是，这些局限也恰恰来自于给予了科学方法以强大动力的特性：即对直接观测和可验证假设的执著。这就意味着，科学不能对价值观、伦理观和道德观进行判定。科学可以揭示世界是怎样的，但不能揭示世界应该是怎样的，科学不能决定什么是美丽的，甚至科学也不能告诉人类怎样使用它所创造的知识和技术。而这些全部取决于价值观、情感和信仰等属于科学之外的东西。

21

《海洋生物学》在线学习中心是一个十分有用的网络资源，读者可用其检验对本章内容的掌握情况。获取交互式的章节总结、关键词解释和进行小测验，请访问网址 www.mhhe.com/castrohuber6e。要获得更多的海洋生物学视频剪辑和网络资源来强化知识学习，请链接相关章节的材料。

评判思考

1. 海洋生物学的大多数重要进展都是在近 200 年中取得的。你认为其原因是什么？
2. 在第一章中解释了"海洋中有美人鱼"这一判断不是一个科学假设的原因。那么是否能说"海洋中没有美人鱼"这一判断也不是一个科学的假设。为什么？
3. 设想一下，你作为一名海洋生物学家注意到某种螃蟹在当地海湾内一般比海湾外个体大。面对这种差别，你会提出怎样的假设来解释？你又如何去验证这些假设？
4. 许多种类的鲸鱼由于人类的捕杀已趋于灭绝的边缘。很多人认为我们没有权利捕杀鲸鱼，而且所有的捕鲸活动都应该停止。但另一方面，在许多文化中捕杀鲸鱼已持续了数个世纪，而且仍然具有文化上的重要性。源于这些文化的人们认为限制性的捕鲸活动仍应该被允许。在判断哪方正确的问题上，科学能够扮演什么角色？科学不能回答什么样的问题？

拓展阅读

网络上可能找到部分推荐的阅读材料。可通过《海洋生物学》在线学习中心寻找可用的网络链接。

普遍关注

Chave, A., 2004. Seeding the seafloor with observatories. *Oceanus*, vol. 42, no. 2, pp. 28—31. Networks of high-tech instruments being established on the sea floor will allow us to continuously monitor ocean conditions and the internal dynamics of the earth.

Clarke, T., 2003. Oceanography: Robots in the deep. *Nature*, vol. 421, no. 6922, 30 January, pp. 468—470. Autonomous underwater vehicles—AUVs—are coming of age.

Linden, E., 2004. The Vikings: A memorable visit to America. *Smithsonian*, vol. 35, no. 9, December, pp. 92—99. The story of the Vikings' discovery of North America—and where they went when they left.

Mayr, E., 2000. Darwin's influence on modern thought. *Scientific American*, vol. 283, no. 1, July, pp. 78—83. Darwin's ideas and writings had a profound influence not only upon science but also upon society at large.

Ocean observatories. *Oceanus*, vol. 42, no. 1, 2000. High-tech instrument packages stay deep in the oceans for months, even years, at a time, sending back key information to scientists on the surface.

Stone, G. S., 2003. Deep science. *National Geographic*, vol. 204, no. 3, September, pp. 78—93. *Aquarius*, the world's only live-in underwater laboratory, lies on the sea floor in the Florida Keys.

Tindall, B., 2004. Tidal attraction. *Sierra*, vol. 89, no. 3, May/June, pp. 48—55, 64. A look at the same tide pools studied by Ed Ricketts and John Steinbeck—but many aren't what they once were.

Wheelwright, J., 2003. Sea searchers. *Smithsonian*, vol. 33, no. 10, January, pp. 56—62. Scientists launch an unprecedented effort to track the movements of marine animals using the latest electronics and satellite technology.

第2章
海　底

海洋并不是简单地被水体覆盖的陆地。从地质学上而言，海底与大陆是完全不同的，海底始终处于诞生与毁灭的永恒循环中，它塑造了海洋的形态并控制着大部分陆地的地质结构和地质历史。海水下面发生的地质过程不仅影响着海洋，同时也影响着干燥的陆地。 22

海洋盆地的形成过程大都十分缓慢，通常要历经数亿年。在这样的时间尺度下面，一个人的寿命只是眨眼一瞬，坚硬的岩石像流动的液体，整个大陆横跨地表移动，山脉从平原上拔地而起。要了解海底，我们必须学会采用我们并不熟悉的地质学时间观。

乍看起来，地质学与海洋生物没有多大的联系，但实际上日复一日、年复一年，长期的地质作用深深地影响着海洋生境。地质过程塑造了海岸线，决定了水深，决定着海底是泥质、沙质还是石质，创造了有利于生物定殖的新岛屿和海底山脉，以难以尽数的方式决定着海洋生境的天然特性。的确，地质事件在海洋生命的大部分历程中起着决定作用。

水体星球

我们的星球很大程度上是一个水球，其独特之处就在于大部分表面是液态水——海洋。海洋不仅覆盖着地球表面的71%，同时也调节着气候和大气。

海洋盆地地理学

海洋不是按赤道均等划分的，大约三分之二的陆地位于北半球，海洋面积仅占61%，而南半球大约80%是海洋。

在传统上，海洋被划分为四个大型盆地(图2.1)。太平洋是最深最大的，其面积几乎是其他几个大洋之和(表2.1)。大西洋比印度洋略大，但二者平均深度相近。北冰洋是最小最浅的海洋。连接几大主要洋盆或在洋盆边缘的是许多浅海，比如地中海、墨西哥湾和南中国海。 23

表2.1　四大洋盆的平均深度与面积

大　洋	面积		平均深度		最深处
	$\times 10^6$ km^2	$\times 10^6$ mi^2	m	ft	
太平洋	166.2	64.2	4188	13 741	马里亚纳海沟 11 022 m
大西洋	86.5	33.4	3736	12 258	波多黎各海沟 8605 m
印度洋	73.4	28.3	3872	12 704	爪哇海沟 7725 m
北冰洋	9.5	3.7	1330	4364	莫里海沟 5608 m

尽管我们通常将海洋看成是四个分离的实体，但实际上它们之间是相互联系的。从南极来观察地球的时候，这种联系就非常明显了(图2.2)。从这个角度看，太平洋、大西洋和印度洋很明显是一个庞大体系的几大分支。几大洋盆之间的联系使海水、各种物质和一些生物可以在彼此之间移动。由于海洋实际上是一个巨大而互相连接的系统，因此海洋学家经常会用一体的世界大洋这样一种说法，他们还常常把环绕着南极洲的连续水体称为南大洋。

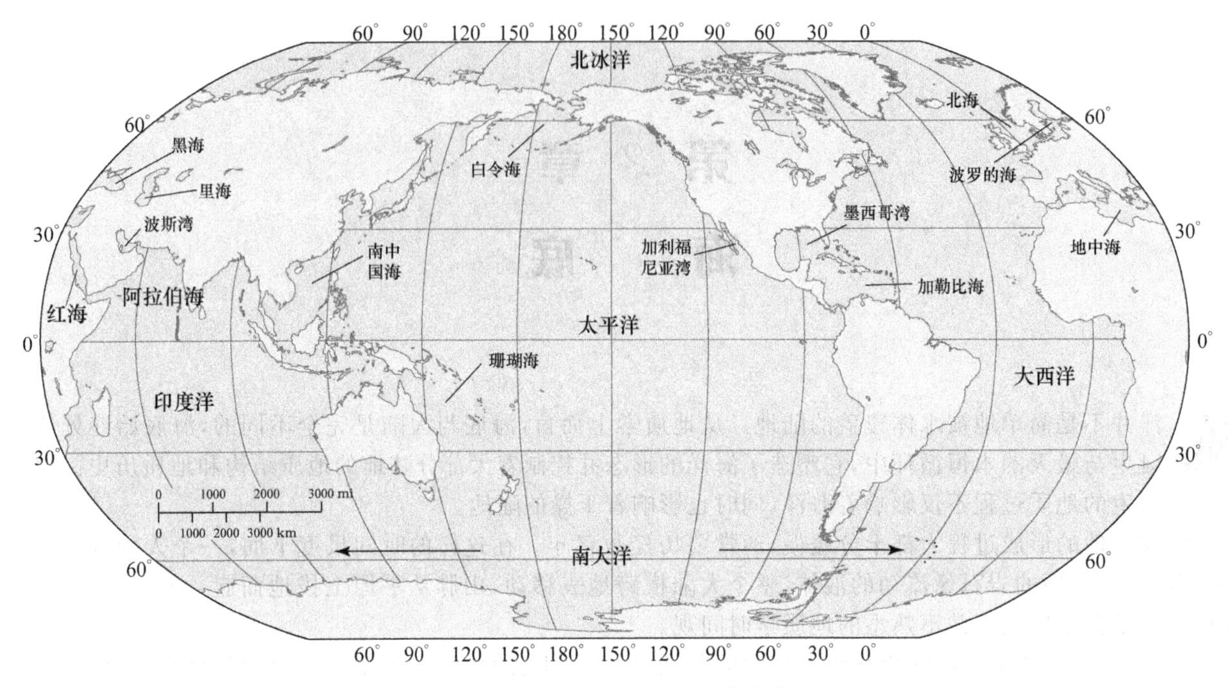

图 2.1　世界主要的洋盆和边缘海

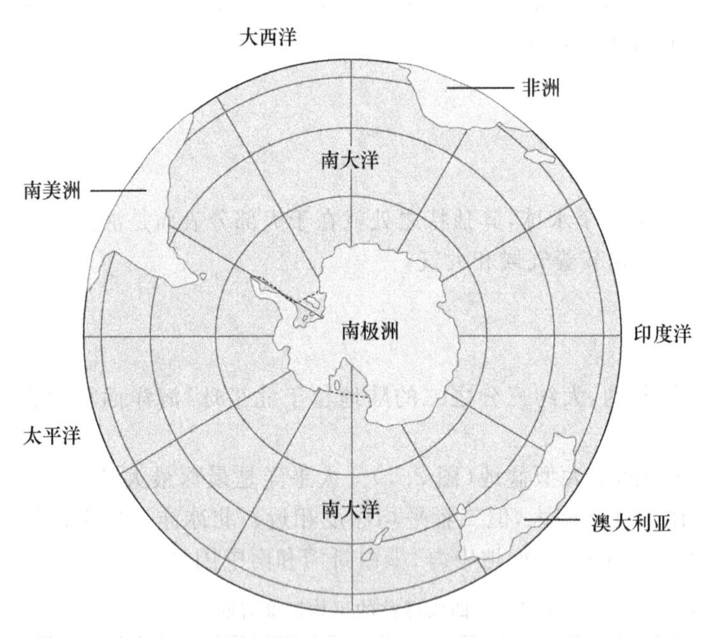

图 2.2　从南极看世界。几个主要的洋盆可以看做是一个相互连接的世界大洋的延伸。环绕着南极洲的大洋常常被称做南大洋。

海洋占地球表面的71%，被划分为四大洋盆：太平洋、大西洋、印度洋和北冰洋。

地球的结构

据认为，地球和太阳系其他星球大约在45亿年前起源于一片星云或星尘。这种尘云被认为是宇宙大爆炸的残留物，天体物理学家推测这次大爆炸发生在137亿年前。这些星辰颗粒互相碰撞结合形成较大的颗粒，然后再碰撞结合依次形成卵石大小的石块、更大的岩石等。这个过程一直在持续，最终形成了地球和其他的行星。

在地球形成初期产生了大量的热，以至于整个星球很可能处于一种熔融状态，这样各种物质在地球内部可按照密度进行分布。密度是指特定体积下物质的质量。很显然，一磅泡沫塑料要比一盎司的铅重，但是多数人认为铅比塑料泡沫"重"。这是因为在同样的体积下两者相比，铅比塑料泡沫重。换句话说，铅的密度比泡沫塑料大。计算一种物质的密度就是用其质量除以其体积。如果两种物质混合，密度大的会趋于下沉，而密度小的会上浮。

24

地球的早期处于熔融状态，密度最大的物质趋于向地心漂移，而密度小的则浮在地表。这些轻的表面物质慢慢冷却成为一层薄薄的地壳。最后，大气层和海洋开始形成。如果地球运行轨道再稍微靠近太阳一点，地球就会十分炽热，所有的水都将会蒸发掉；但倘若稍远一点，所有的水将会是持久的冰冻状态。十分幸运，我们的星球在狭窄的区域上绕太阳运行，因此正如我们所看到的，液态水得以存在，生命也得以存在。

一种物质的密度是单位体积中物质的质量。低密度物质将漂浮在较高密度物质的上面。
密度＝质量÷体积

内部结构　地球的内部结构可以反映其早期刚形成时的一些状况。当各种物质因密度不同而沉降或漂浮时，它们形成了类似于洋葱的同心层结构(图2.3)。最里层的地核基本上是由铁组成的。地心的压力要比地表大100万倍以上，估计温度超过4000℃。地核由固态的内地核和液态的外地核两部分构成。人们认为地球的磁场是由于富含铁元素的外地核中的液态物质漩涡运动产生的。

地核的外层是地幔。尽管大部分地幔被认为是固态的，但其非常热——温度已接近岩石的熔点。正因为如此，地幔的很多部分都像液体一样缓慢流动、旋转和混合，持续数亿年。

地球最外面的部分是地壳，也是人们最了解的一层地球构造。与更深层的地球构造相比，地壳很薄，就像漂浮在地幔上的一层坚硬的皮肤。海洋与大陆地壳的组成和特性有很大差别。

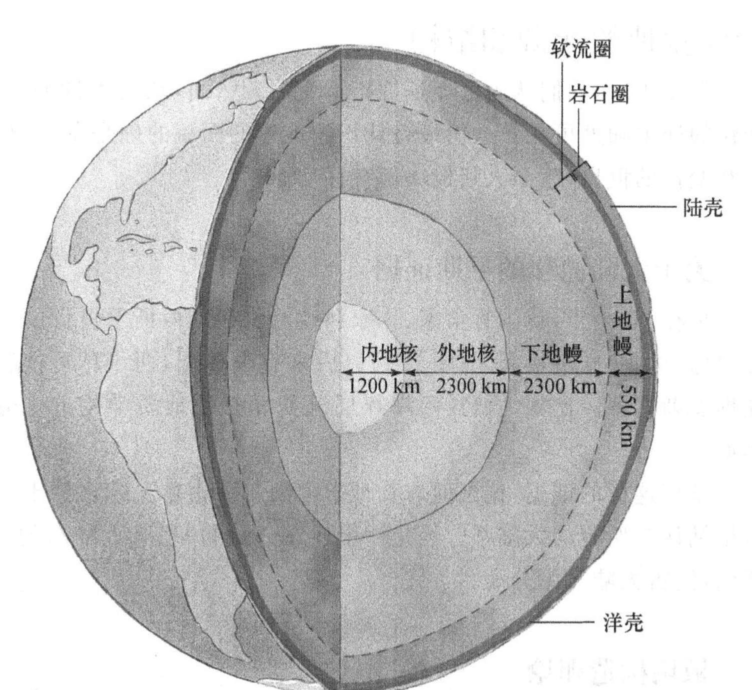

图2.3　地球内部被分为地核、地幔和地壳。地核可被细分为固态的内地核和液态的外地核。地幔也可被细分为上地幔和下地幔。上地幔的最外层是固体的，与地壳一起构成岩石圈。在岩石圈下面的地幔上层流动性很好，被称做软流圈。图中地壳和岩石圈厚度被放大了，而且在地球的不同地点各层的厚度也是不同的。

25

地球主要由三层组成：富含铁元素的地核，具有一定可塑性的地幔和薄薄的地壳。

陆壳与洋壳　海洋和大陆的地质学差别在于组成地壳的岩石其化学和物理性质不同(表2.2)。因此，不管岩石是否被水覆盖，它的性质决定了地壳某个特殊区域的抬升。

构成海底的洋壳是由一种叫做玄武岩的深色矿物质构成；而大部分陆地岩石属于花岗岩，其化学组成与玄武岩不同且颜色较浅。尽管两者都比地幔密度小。洋壳比陆壳密度大。大陆可以看成是漂浮在地幔上的厚且相对较轻的地壳板块，就像漂浮在水面上的冰山。洋壳也同样浮在地幔上，但因为其密度较大，所以不会浮得那么靠上。这就是为什么大陆高于海平面，位置高而且干燥；而洋壳在海平面以下，并被水所覆盖。同时，洋壳也比陆壳薄得多。

表 2.2 大陆地壳与大洋地壳比较

大洋地壳(玄武岩)	大陆地壳(花岗岩)
密度大约 3.0 g/cm^3	密度大约 2.7 g/cm^3
厚度仅有约 5 km	厚度 20～50 km
地质年代近	年代久远
颜色深	颜色浅
富含铁和镁	富含钠、钾、钙和铝

洋壳和陆壳的形成年代也不同。最古老的大洋岩石其年代不到 2 亿年，用地质学标准来看非常年轻；而另一方面，陆地岩石的年代可长达 38 亿年。

大洋盆地的起源和结构

数百年来，人们认为世界是静止不变的。然而，从灾难性的地震、火山爆发到河谷的缓慢侵蚀，地质变化的证据随处可见。人们最终认识到地球的面貌的确是变化的。今天，科学家们已把地球看做是一个不断变化的世界，甚至大陆板块都在移动。

关于大陆漂移的早期证据

早在 1620 年，英国哲学家、作家和政治家弗朗西斯·贝肯爵士就指出大西洋两侧相向的陆地海岸线可以像拼图一样拼接起来(图 2.4)。后来有人提出，西半球可能曾经与欧洲和非洲连为一体，这方面的证据逐渐增多。比如大西洋两岸煤层沉积和其他地质学构造十分匹配，而且从两岸采到的化石也十分相似。

基于这样的证据，德国地球物理学家阿尔弗雷德·魏格纳于 1912 第一次详细阐述了大陆漂移假说。魏格纳认为所有的大陆都曾经是一个连在一起的“超级大陆”，他将其称为“泛古大陆”，大约 1 亿 8 千万年前，泛古大陆开始分离。

板块构造理论

魏格纳的假说并没有被广泛接受，因为它不能解释大陆是如何移动的。后续一些关于大陆漂移的设想也未能提供合理的机制，但是证据却依然在增加。20 世纪 50 年代后期和 60 年代，科学家开始能够把所有的证据整合到一起。他们得出结论：大陆的确是漂移的！这是板块构造理论的一部分，这个过程涉及地球的整个表面。

发现大洋中脊 第二次世界大战后，声呐技术的发展首次使海底大面积细节勘测成为可能。勘测的结果就是发现了大洋中脊系统，这是一个环绕整个星球的连续海底火山链，就像篮球上的接缝一样(图 2.5 和 2.6)。大洋中脊系统是地球最大的地质特征。每间隔一定的距离，大洋中脊的一侧或另一侧就被断裂或断层所取代，在地壳中被称为转换断层。偶尔的，洋中脊的海底山脉由于太高而露出水面形成岛屿，比如冰岛和亚述尔群岛。

大西洋中的洋中脊被称为大西洋中脊，恰好沿着大西洋中心延伸，其曲线与相对两岸的海岸线十分吻合。印度洋的洋中脊形成了一个倒转的 Y 字形，并迅速向太平洋东岸延伸(图 2.5)。东太平洋洋脊的主要部分被称做为东太平洋海隆。

海底勘测还显示出在海底存在一个深深凹陷的海沟系统(图 2.5)。太平洋中海沟十分常见，它们是如何形成的将在“海底扩张和板块构造理论”中讨论(31 页)。

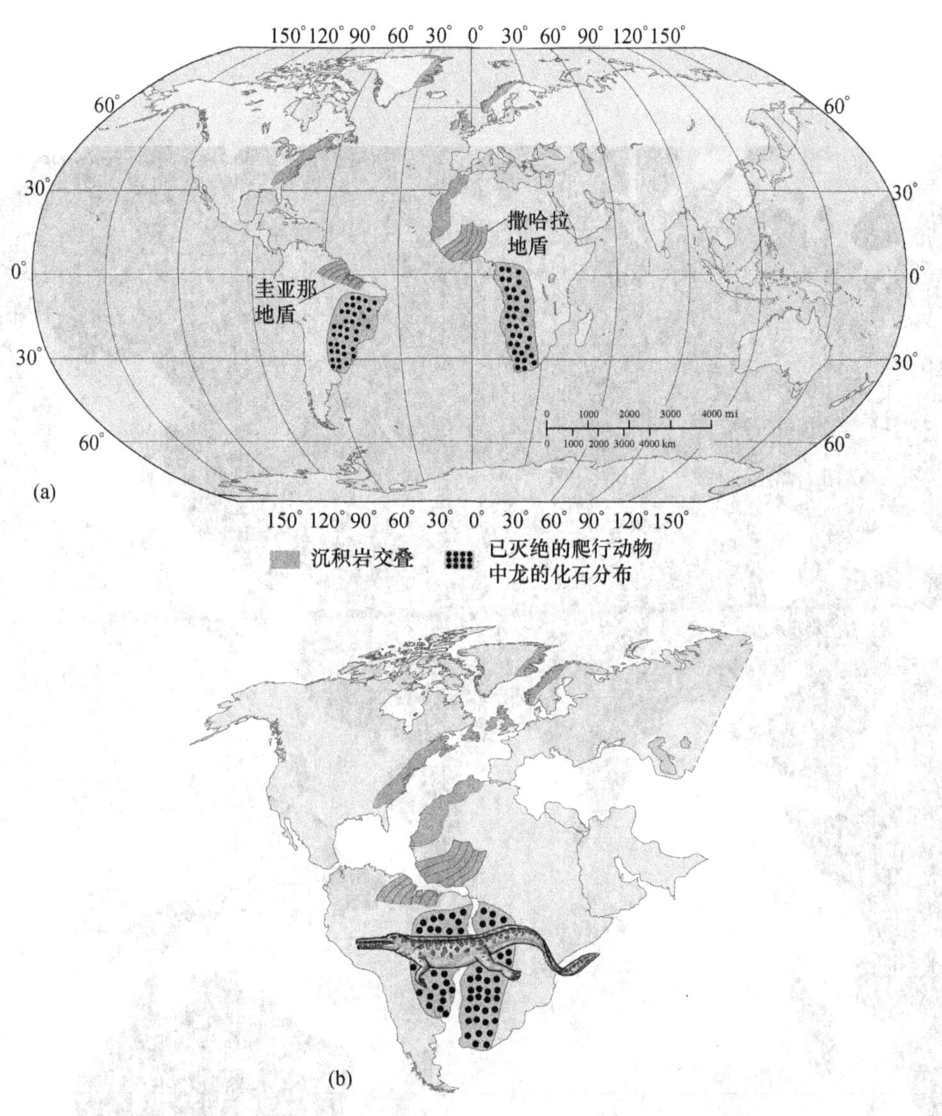

图 2.4　大西洋两岸陆地海岸线和地质特征(a)十分匹配，像拼图一样可以组装起来(b)。

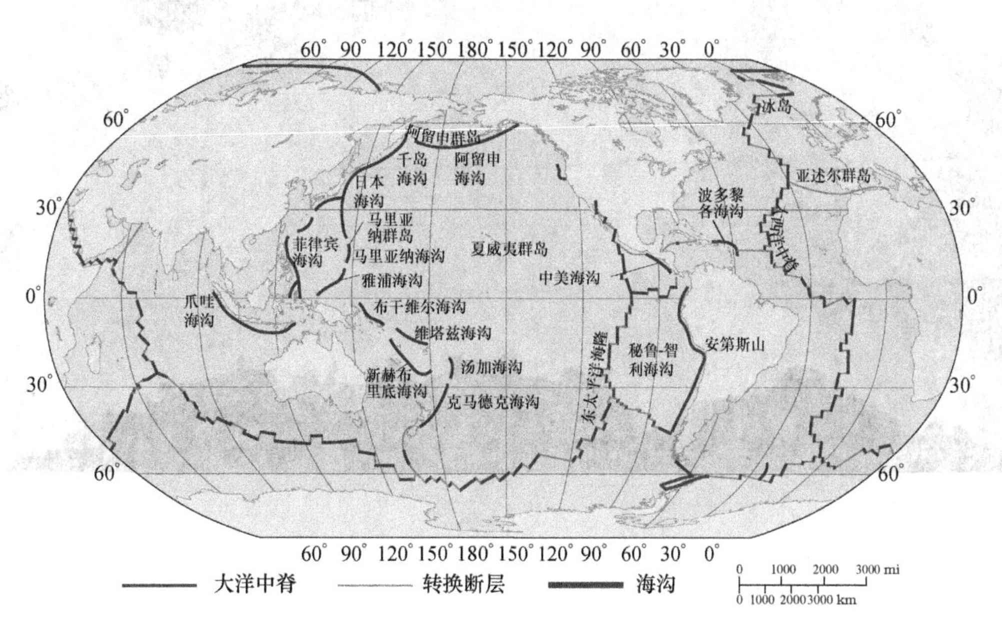

图 2.5　海底几大主要特征。将此图与图 2.6 作比较。(参见彩图 2)

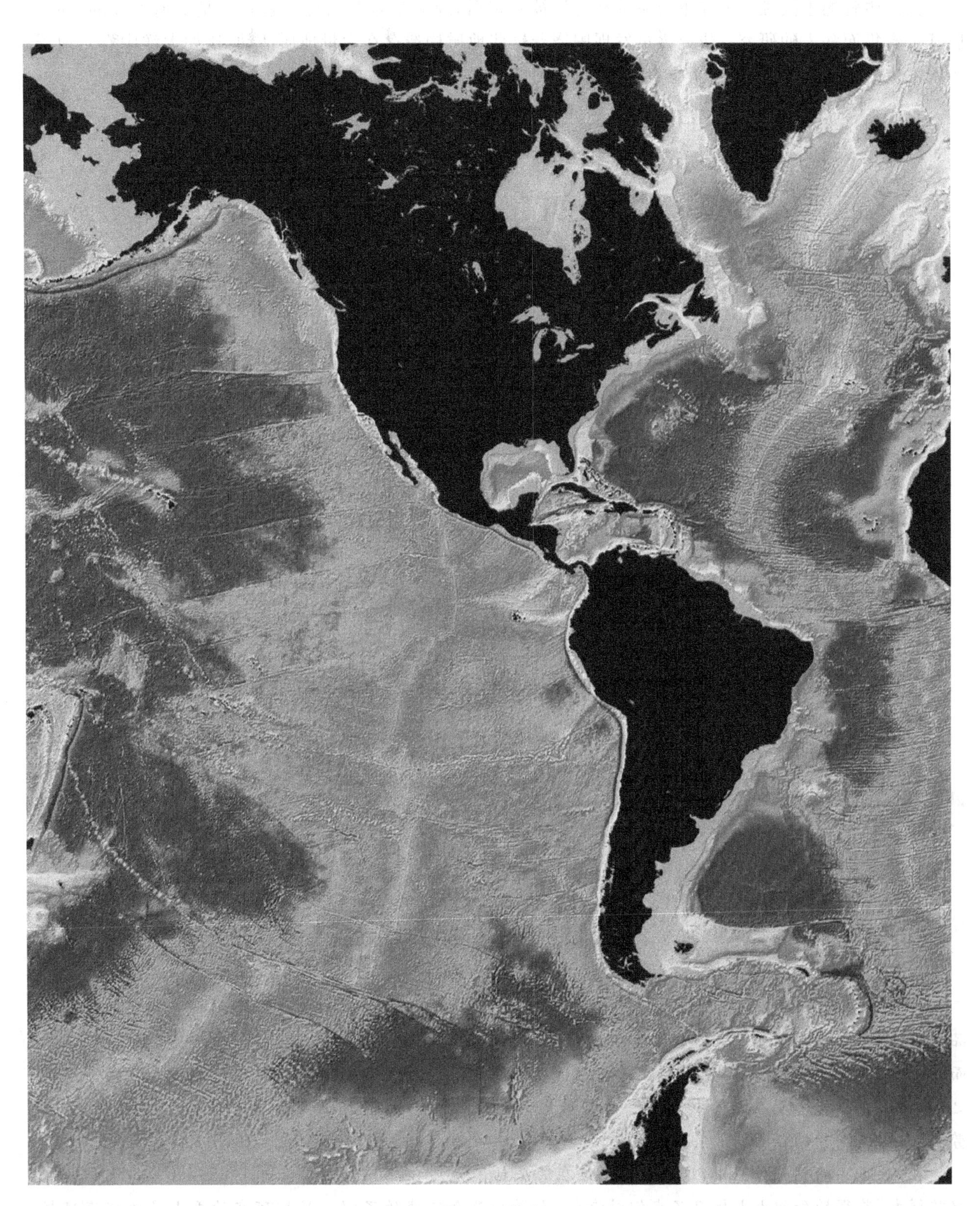

图 2.6　海底

大洋中脊系统是一个贯穿所有大洋盆地的连续海底火山链。

大洋中脊的重要性　大洋中脊系统和海沟被发现后，地质学家开始想了解它们是如何形成的，随后展开了密集而深入的研究。研究人员发现围绕着这些地质构造存在大量地质活动，比如大洋中脊是地震频繁发生的地区，而火山常常聚集在海沟附近(图 2.7)。

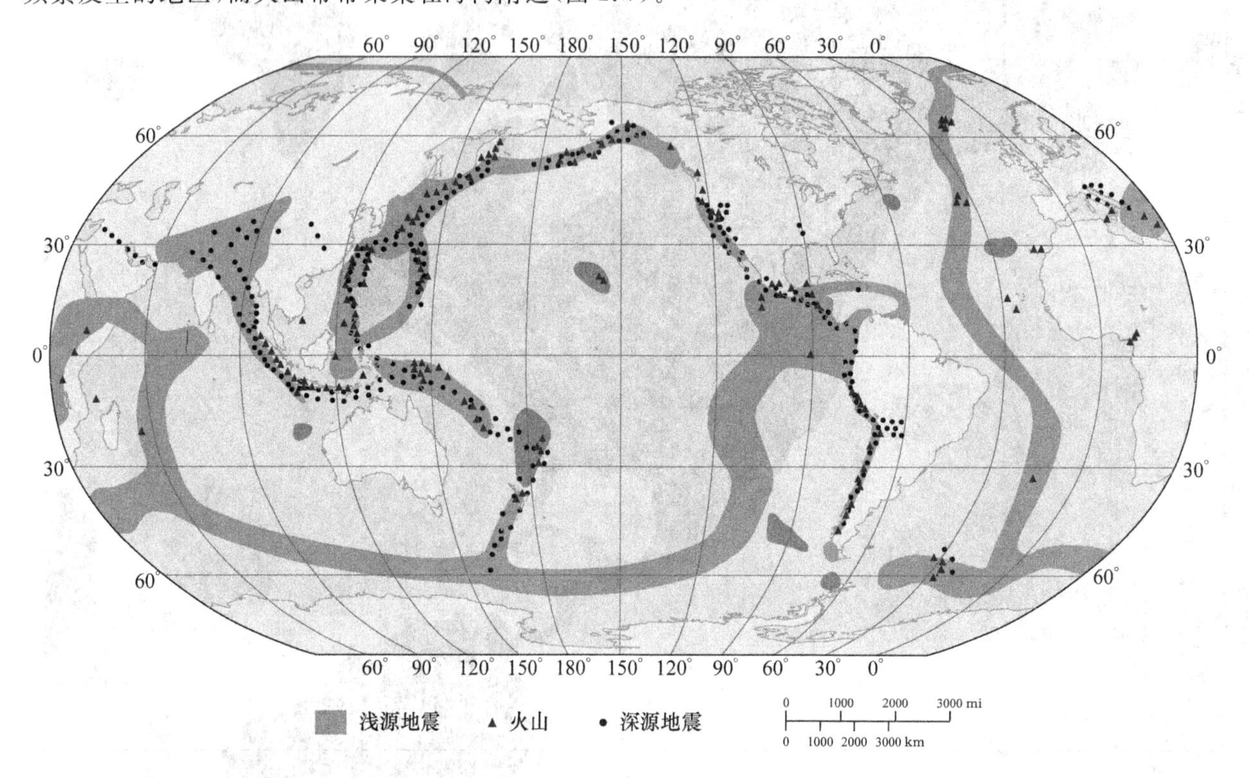

图 2.7　世界地震和火山分布图。请将此图与图 2.5 大洋中脊和海沟位置相比较。

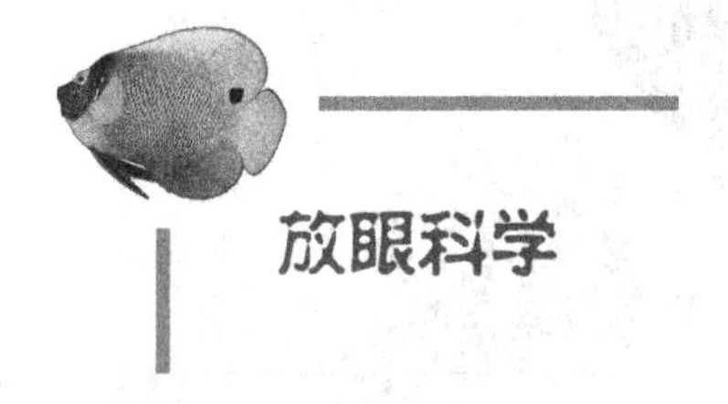

深海钻探

当大洋中脊、海沟和其他海底地形特征被发现之后，地质学家强烈希望能够得到一些真实的海底样品，这样就可以直观地了解并在实验室里进行分析。从深海钻取岩芯样本是一项令人望而生畏的技术，而“格劳玛·挑战者”号深海钻探船就是专门为了承担这一任务而建造的，1968 年该船投入使用。从此之后，深海钻探就一直在进行中。1985 年一艘更为先进的新钻探船“乔迪斯·决心”号下水，接替了“格劳玛·挑战者”号的任务。

在 40 多年的钻探作业中，这两艘船已经在海底钻了大约 3000 个探孔，获取了 35 000 多份沉积物和岩芯样本，获得的知识大大提升了我们对海底、大洋和整个地球的了解。早期研究的重点是验证海底扩张这一新的假说，而“格劳玛·挑战者”号采集的样本显示出从大洋中脊逐渐向外，海底的地质年代不断变得更久远。这一研究成果，以及岩石磁力特性和来自岩芯的其他信息验证了海底扩张学说。深海钻探还提供了全新的关于板块构造和地球构造的重要信息，同时也对其他科学研究提供了支持。深海钻探发现了在海底下面深度达 800 m 的岩石内生活的微生物群落;所提供的微体化石帮助科学家们重现了地球早期的气候和海洋循环的状况(参见“沉积物中的记录”,34 页);帮助我们更深入地了解地震,甚至为最终预测地震提供了可能;帮助确定了喜马拉雅山是何时出现的;揭示了世界范围内存在特征性的沉积物层,绝大多数科学家认为这一沉积物层是 6500 万年前小行星撞击地球的标志,也是导致恐龙灭绝的证据。

在今后的日子里,“乔迪斯·决心”号将进行翻新改建或者被一艘新船所替代,同时很快她也将会有一个伙伴。日本钻探船 CHIKYU 号(日语“地球”)正在进行试航,并将于 2007 年进行它的处女科考航行。与“乔迪斯·决心”号相比,CHIKYU 号可以适应更浅或更深的海域,钻探范围更广,其钻探深度也更深。“乔迪斯·决心”号钻探的深度已超过 1 英里(2111 m),这一深度已令人印象深刻,然而 CHIKYU 号钻探深度可达 7000 m。这个深度足以跨越地壳到达地幔,目前,在陆地上由于地壳太厚还无法实现。比“乔迪斯·决心”号更有优势的是,CHIKYU 号还能够在极少被探测的北冰洋开展工作(需要破冰船提供稍稍帮助)。在发展了 40 多年之后,深海钻探正掀起一轮新发现的浪潮。

(更多信息参见《海洋生物学》在线学习中心。)

海底的自然特性也与大洋中脊联系密切,紧靠洋中脊的海底岩石其年代都非常近,而距离大洋中脊越远则岩石的年代也越久远。大洋中脊顶部很少或者几乎没有沉积物。所谓沉积物就是常见于海底,类似于沙和泥土的松散物质。越是远离大洋中脊的地方,沉淀物就越厚。那些远离大洋中脊,直接覆盖在海底岩石上的最深处的沉积物其年代更加久远。 30

通过研究海底岩石磁性,人们发现地球的磁场方向时常会发生颠倒,这是最重要的发现之一。当磁罗盘的指针像今天一样指向北方的时候,可以主观地认为这是“正常”的;但磁场反转后,其方向就与目前方向恰好相反,磁罗盘的指针将指向南方。平均每隔 700 000 年磁场就发生一次反转,但间隔可能不到 100 000 年,也可能上亿年。磁场自身反转需要大约 5000 年,从地质学标准看这是十分突然的。据认为,磁场反转的起因与地球熔融的外地核内部的物质运动有关。

许多石块中含有微小的磁性粒子。当岩石受热熔融时,这些磁性粒子便可以自由活动,就像微型磁罗盘一样,指向北方或者南方则取决于地球磁场是正常还是反转的。当岩石冷却下来,这些粒子被井然有序地被固定下来,不论地磁场是正常还是反转其磁性方向保持不变。这样,就可能知道石块冷却时代的地球磁场方向。

地质学家在海底发现磁条带或“磁条纹”与大洋中脊平行延伸(图 2.8)。这些条带代表的是正常和反向磁场交替变化的岩石区域。中脊两侧的磁条带是对称的,因此中脊一侧的条带形式与另一侧的条带形式互为镜像。被称为磁异常现象的磁条带的发现十分重要,因为通常磁性的海底条带的形成(也就是从其熔化状态冷却固化)与磁性海底反转条带形成于不同时期。那么,海底便不是一次性形成的,而是以与大洋中脊平行条状形成的。

地震和火山与大洋中脊密切相关。距离中脊越远,沉积物越厚,海底岩石的年代也越久远。正常与反向磁性岩石带交替出现并与中脊平行。

海底的形成　海底磁异常现象的发现以及其他一些证据使人们最终理解了板块构造理论。从一系列的对海底和大洋中脊的现象观察上升到板块构造理论是将归纳法运用于科学研究的成功范例。

巨大的洋壳裂片在大洋中脊处分开,地壳中形成的裂缝被称做裂谷。当裂谷出现后,地壳对其下面地幔的压力得到部分释放,这就像打开了汽水瓶盖。压力下降使炙热的地幔物质熔融并从裂谷上升涌出,上升的地幔物质或岩浆将裂谷周围的洋壳向上推,从而形成大洋中脊(图 2.9)。这些熔化的物质到达地表后即冷却凝固,形成新的洋壳。这一过程周而复始,海底从大洋中脊也持续向两侧移动并形成新的海底,整个过程被称为海底扩张,洋脊也被称为扩张中心。

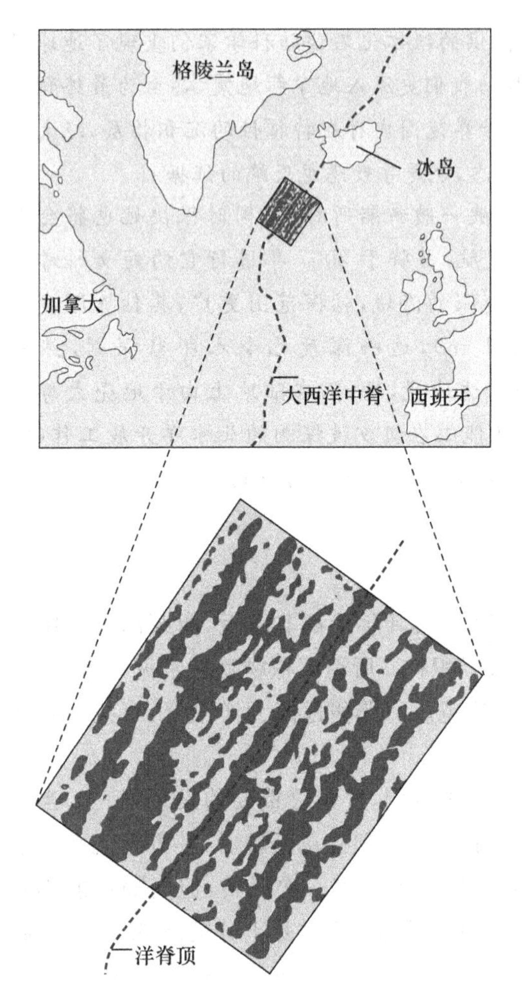

图 2.8　当地球磁场像现在一样处于“正常”状态时，由熔化状态冷却形成的岩石具有正常的磁性。如果将正常磁化(深色)和反向磁化(浅色)海底岩石的位置标在地图上，就形成了与大洋中脊平行延伸的条带。请注意洋脊顶部的岩石具有正常的磁性。

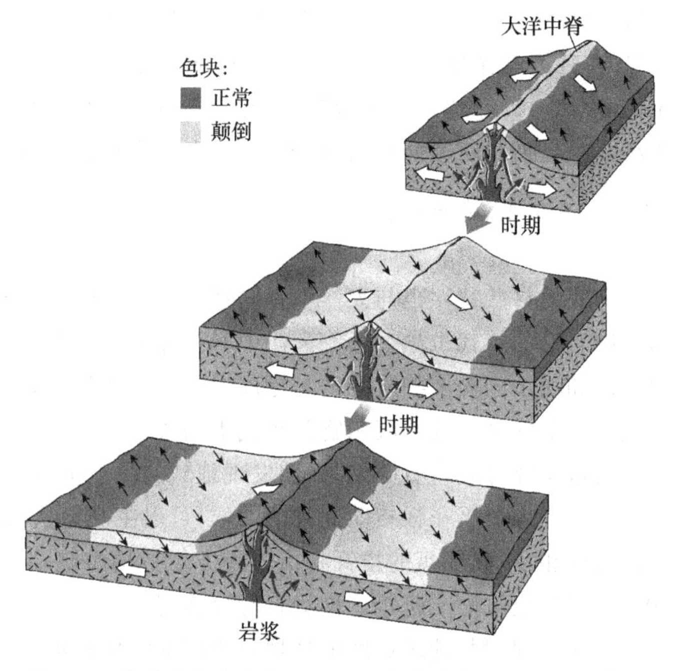

图 2.9　大洋中脊海底剖面图说明海底扩张机理。随着海底从裂谷向外移开，地幔中熔化的物质上升然后冷却下来形成新的海底。当岩石冷却下来，当时的磁极方向就被固定住，无论其磁性方向是正常或反转。整个海洋底部就是用这种方式在大洋中脊形成的。

海底扩张解释了许多有关大洋中脊的观测现象和观点。洋脊正顶部的地壳是新形成的且沉积层尚未形成；随着地壳逐渐远离中脊，其年代也逐渐久远，沉积物不断累积。这就解释了为什么从洋脊向远处延伸，沉积物越来越厚，岩石年代越来越久远。海底扩张同样解释了磁条带的模式。新的海底形成时，此时的主导磁场就被固定住，当其由中脊向外移动时，其磁性已被保存下来。最终，地球磁场发生反转，形成新的条带。

31

海底扩张与板块构造理论　海底扩张只是板块构造理论的一部分。地球表面被一层相当坚硬的物质覆盖着，是由地壳和地幔最外侧的部分所组成，被称做岩石圈。岩石圈的含义是“由岩石构成的部分”，其平均厚度为 100 km(参见图 2.3)。岩石圈被分为几个岩石圈板块(图 2.10)。一个板块可能会包括陆壳、洋壳或者两者兼有。岩石圈浮在地幔密度更大、可塑性更强的软流圈上，软流圈是上地幔的一部分。尽管可以根据化学成分来辨别地壳、地幔和地核，但区分岩石圈和软流圈主要依据的是岩石流动的难易程度。

地球表面被分为多个板块。这些构成岩石圈的板块是由地壳和地幔的上层部分组成的。板块的厚度大约为 100 km。

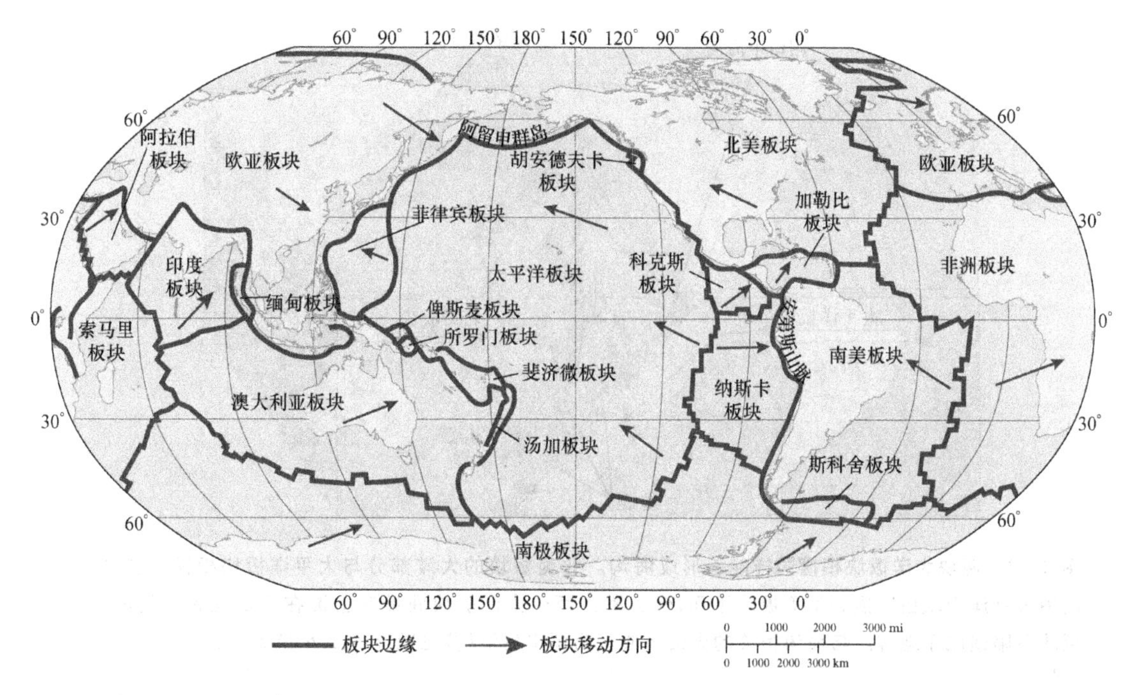

图 2.10　地球表面岩石圈板块划分。有些区域尚未充分了解，部分小板块就未显示。请将此图与图 2.5、图 2.7 做对比。

大洋中脊构成了许多板块的边缘，在此处岩石圈板块移动分离并通过海底扩张形成新的海底，即新的大洋岩石圈。如果板块包含了一大块大陆地壳，当它们离开中脊的时候，大陆会随着板块移动，这就是大陆漂移的机理。板块每年大约扩张 2～18 cm。相比较而言，人的指甲每年能长 6 cm。依时间和地点的不同，扩张的速率也不同。

当新的岩石圈形成时，旧的岩石圈就要在某处被毁灭掉。否则，为了给新的岩石圈提供空间地球将不得不一直扩展。岩石圈一般在海沟里被毁坏，海沟是板块之间另外一种重要的边界类型。当两个板块发生碰撞，其中一个倾斜插入另一板块下面，并重新下沉回到地幔时，海沟就形成了（图 2.11 和 2.12）。这一板块向下运动进入地幔的过程称为俯冲，而海沟也被叫做俯冲带。　32

归纳法　从一系列独立观测资料中提炼出一般性结论的方法。　第 1 章，13 页。

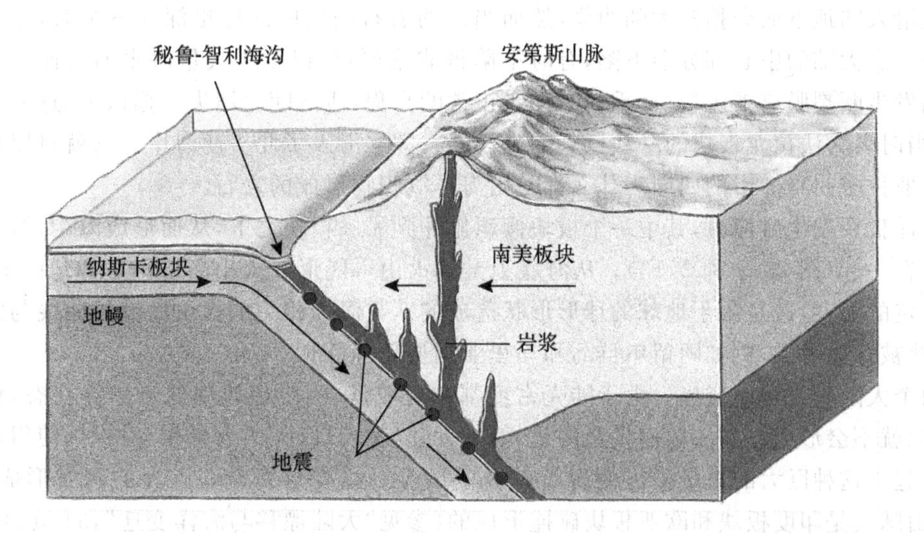

图 2.11　有些海沟是由于大陆和大洋板块的碰撞而形成的。在本例中，纳斯卡板块俯冲插入南美板块之下。当纳斯卡板块沉向地幔时，就会造成地震。下沉板块中较轻的物质熔化后会再次上升到表面，形成安第斯火山山脉。（参见图 2.5；2.6；2.7）

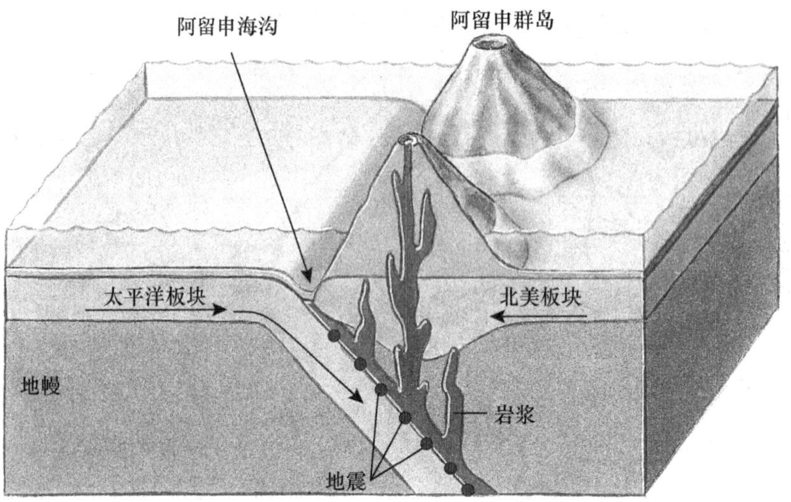

图 2.12　两块大洋板块相撞同样能够形成海沟。北美板块的大洋部分与太平洋板块相撞。在本例中太平洋板块俯冲插到南美板块下面，但实际上两个大洋板块间谁在上谁在下都是有可能的。板块下陷造成了地震。与海沟相关的火山构成了阿留申岛弧(参见图 2.5,2.6 和 2.7)。

随着下沉，在地幔加热和压力作用下板块逐渐变得脆弱并开始分裂，引起地震。最终，板块由于温度太高而被熔化。部分熔融的物质可以重新上升到地表形成火山，其余的不断沉入地幔中。部分物质也可能最终会再次循环，几亿年后重新上升形成另一个大洋中脊。

在海沟处，一个岩石圈板块降入地幔中并破裂熔融。在这一被称做俯冲的过程中形成地震和火山。

形成海沟的碰撞既可以发生在大陆与大洋板块之间，也可以发生在两个大洋板块之间。当大洋板块与大陆板块碰撞后，总是大洋板块沉入地幔。这是因为大陆板块密度比大洋板块低，所以浮在上面。这就是为什么总是在陆地上发现古老的岩石，这是因为大洋地壳最终会在海沟里消失，所以从地质学角度看不会变老；而另一方面，大陆地壳则不会毁坏于海沟中，可以存在数十亿年。

大洋板块和大陆板块之间发生的碰撞引起与海沟相关的大陆火山的形成。这些火山可能会形成海岸山脉，南美太平洋沿岸的安第斯山脉就是很好的例证(图 2.11)。

大洋板块滑入陆地下面会抬升大陆边缘，然而当冷的岩石圈层向地幔更深处下沉时，它会带动大陆内部一起向下沉。大陆的中心部分会下陷，有时下陷得非常严重，以至于大量海水涌入而形成浅海。数千万年后大陆发生断裂脱离下沉板块，重新漂浮于正常的高程，浅海随之消失。据认为，这一过程曾经在北美发生过，当时名为法拉龙板块的一块巨大的大洋岩石圈层滑入了北美西海岸。这就可以解释被称作“里高城”的科罗拉多州丹佛市的四周为什么都是由海洋沉积物形成的岩石。

当两个大洋板块发生碰撞时，其中一个板块倾斜俯冲到另一板块之下，从而形成海沟，海沟再次与地震和火山关联在一起(图 2.12 和 2.13)。从海底上升的火山可能形成火山岛链。正如地图上所看到的，海沟都带有一定的弧度，这是由于地球的球形形状造成的。与海沟相关的火山岛链的曲线与海沟的弧度十分一致，因此被称为岛弧，例如阿留申群岛和马里亚纳群岛等(图 2.5 和 2.6)。

有时候两个大陆板块发生碰撞。由于陆壳密度都相对较低，两个板块都处于漂浮状态，也不会发生俯冲现象，因此就不会形成海沟。取而代之的是，两个大陆板块以巨大的力量相互挤压，使得两者被紧紧地“焊接”在一起。这种巨大的力量最终使岩石就像手风琴一样变形折叠。巨大的褶皱形成了山脉，例如，喜马拉雅山脉就是印度板块和欧亚板块碰撞形成的(参见“大陆漂移与海洋变迁”，34 页。)。

除了海沟和大洋中脊，还存在第三种形式的板块交界。有时候两个板块以交错滑行的方式运动，既不形成新的岩石圈，也不破坏已存在的岩石层。这种形式的板块边界被称为剪切边界。在两个板块交错滑行的断裂地带，板块之间存在巨大的摩擦力，从而阻碍两个板块顺畅地滑过。这种摩擦力并不能使板块静止不动，相反，它会不断地积聚力量，直到将两个板块彻底撕裂开，迅速相对滑过，从而引起地震。位于加利福尼亚州的圣安德列斯断层就是最大、最著名的剪切边界(图 2.14)。

图 2.13　维尼亚米诺夫火山是一座位于阿拉斯加半岛上的活火山。从地质学上讲，阿拉斯加半岛是阿留申岛链的一部分，而后者形成晚于阿留申海沟。

图 2.14　位于加利福尼亚州卡利索平原的圣安德列斯断层。

地质学家们曾经认为，造成板块运动的最可能的解释是对流，来自地核的热量使得地幔就像汤锅中的浓汤一样不断地涡旋。据认为，就像海流中的冰山一样，对流携带着所覆盖的板块不断地运动(图 2.15)。然而从 20 世纪 90 年代开始，越来越多的地质学家们逐渐形成了这样一个观点，即地幔对流运动可能不是板块运动的主要原因。现在，最为大家广泛接受的假设是：海洋岩石圈随着时间不断地冷却，变得越来越密集，最终陷入地幔形成海沟，并拖拉着板块随后的其余部分继续运动。这种“板块拖拉”造成了板块在大洋中脊之处被分离，使得新岩浆从地幔中向上涌出。对流运动可能在板块运动中仍然有一定的作用，而且上涌的地幔物质可能也有助于板块的分离。

34

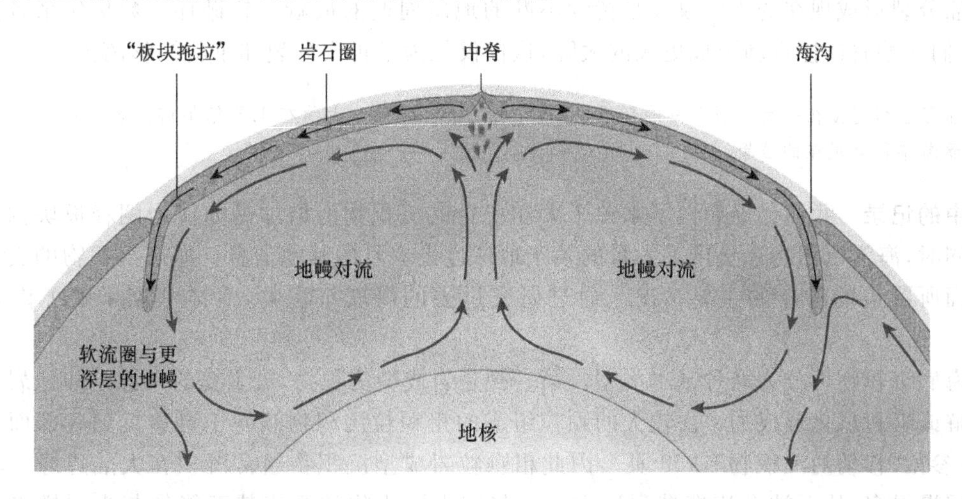

图 2.15　岩石圈板块的运动曾经长期被认为是由位于软流圈与更深层地幔中的大规模对流运动所推动的，而地幔对流则是由来自于地核的热量所推动的。但是，地幔对流实际比图中所示要复杂得多，目前流行的假说认为板块运动主要是由于“板块拖拉”，即年代久、温度低、密度高的岩石圈陷入地幔并牵引着板块其余部分运动。可能就是因为下沉的低温造成地幔搅动，而非来自地核的热量使然。

地球的地质历史

无论是什么原因驱动了板块构造运动，但我们知道地球表面已经历了巨大的变化。在海底运动的带动下，大陆已发生了长距离的移动，海盆的大小和形状也发生了改变。事实上，新的海洋已经诞生了。

大陆漂移与海洋变迁　大约2亿年前，所有的大陆都是连接在一起的超大陆，魏格纳称之为"泛古大陆"。那时的南极洲大致与今天处于同一位置，而其他大陆的位置则都与现在不同。印度板块与南极洲和非洲板块相连，并非像现在这样与欧亚板块相连。

泛古大陆被一个完整而巨大的海洋所包围，这个当时唯一的海洋被称为泛古大洋。泛古大洋是现在太平洋的祖先，在当时覆盖着除泛古大陆之外所有的地球表面。水深较浅的特提斯海将欧亚板块和非洲板块分离开来。特提斯海就是现在地中海的前身，世界上大部分的浅海生物也起源于此。另一处被称之为"北部海湾"的泛古大陆海岸凹陷演变成了现在的北冰洋。在泛古大陆分裂之前，现代大西洋和印度洋的痕迹尚没有出现。

大约1.8亿年前，连为一体的北美板块与南美非洲板块之间出现了新的断裂。这一断裂带是大西洋中脊的发端，其形成标志着北大西洋的诞生。至此，泛古大陆被分割成两个大陆，一个是包括现在的北美洲和欧亚大陆的劳亚古陆，另一个是包括现在的南美洲、非洲、南极洲、印度大陆和澳大利亚的位于南方的冈瓦纳古陆。

大约在同一时间，一个新的断裂带将冈瓦纳古陆分裂开，这标志着印度洋的形成。南美洲和非洲开始向东南方向移动，而印度大陆与其他大陆分离开来，开始向北移动。

大约1.35亿年前，在南美洲和非洲之间出现了新的断裂带，南大西洋形成。这条断裂最终与北大西洋的洋中脊结合，形成了完整的大西洋中脊。随着大西洋的扩展，美洲板块被逐渐带离欧亚板块和非洲板块。为了给大西洋新形成的海底提供空间，泛古大洋的后代——太平洋逐渐被压缩，直至现在大西洋仍在不断扩展，而太平洋仍在不断收缩。

构造了印度洋的Y字形洋脊逐渐延伸，最终将澳大利亚从南极洲分离出来。倒转的Y字形洋脊基部，延伸到非洲大陆形成了年轻的红海。印度板块继续向北漂移，直到与欧亚板块碰撞形成了喜马拉雅山。随着非洲板块及后续的印度板块向上移动深入欧亚板块，特提斯海封闭起来，随后消失了。许多曾经在特提斯海生活的生物现在只能通过化石才能了解，但今天在里海、黑海和地中海仍然生活着一些幸存生物的后代。

泛古大陆分裂形成现在的大陆仅仅是持续不断的地质周期的最新一轮循环。数亿年来各大陆板块随处漂移，它们交替着碰撞重新形成更大的大陆，这仅仅是为了再次分裂和重新漂移离去。

所有的大陆曾经都连接在一起形成单一的超级大陆，称之为泛古大陆。大约在1.8亿年前泛古大陆开始分裂。从此各个大陆板块逐渐漂移至现在的位置。

36　**沉积物中的记录**　我们已经明白了来源于大洋中脊的沉积物的增加是如何为阐释板块构造理论提供线索的。同时，海洋沉积物还提供了大量的关于地球过去岁月的其他信息。海底沉积物的类型常常能反映出其上面所覆盖的海洋的主要情况。通过研究过去的海底沉积物，海洋学家了解了许多地球的历史。

大部分海底沉积物可分为两种基本类型。第一种是岩成型沉积物，最主要的来源是陆地岩石发生物理和化学分解或岩石风化形成的。由较大的颗粒组成的粗颗粒沉积物倾向于迅速沉到底部而不是随海流被运送走(参见"移动的沉积物"，253页)，因此粗颗粒岩成型沉积物通常沉积在大陆边缘。较细的沉积物则下沉缓慢得多，从而被海流携带到远方。一些细小沉积物的漂流甚至能像灰尘一样受到风的影响。开放大洋海底最常见的岩成型沉积物是一种被称为红黏土的细小沉积物。

第二大类的海底沉积物是生源沉积物，是由硅藻、放射虫、有孔虫和球石藻等海洋生物的骨骼和外壳组成的。一些生源沉积物由矿物质碳酸钙($CaCO_3$)组成，这种类型的沉积物被称为钙质软泥；另一种生源型沉积物由二氧化硅(SiO_2)组成,与玻璃类似,被称为硅质软泥。

最丰富的两种海洋沉积物分别是岩成型沉积物和生源型沉积物,前者来源于陆地岩石的风化,而后者是由海洋生物的残骸组成的。生源型沉积物基本上是由碳酸钙或二氧化硅构成的。

尽管在沉积物中能够发现像鲸骨骼和鲨鱼牙齿等大型化石,但大多数生物体产生的生源沉积物是极小的。由于每个沉积颗粒代表的是一个死亡生物体的残骸,因此这些沉积物颗粒有时被称为微化石。微化石让科学家了解了过去海洋里存在的生命的情况,因为已了解一些生物体对水温的喜好,微化石又为我们提供了了解古代海洋温度的线索。海洋的温度是由地球大气温度和海洋洋流决定的。

地球过去的气候特征也可通过微化石的化合物组成来确定。可以用多种不同的方法来确定微化石的年代。放射性碳素断代法是其中一种,这种方法是根据不同碳同位素的比率来测定微化石的年代。另外,通过测定微化石中镁钙元素的比例以及不同氧同位素的比例,可以了解生物体生活的水温。以这种方式,微化石保存了地球过去气候的详细记录。尽管有时阅读这些记录还存在一些困难,但可以辅之以其他信息。例如,古珊瑚虫骨骼中锶(Sr)和钙(Ca)的比率也记录了过去岁月的海洋温度;格陵兰岛和南极洲钻取的极地冰芯,以及冰中的微小气泡所留存的古大气样本也保存了过去温度的记录。目前,各种各样的研究正在提供越来越详细的地球古代气候情况的图片。

气候和海平面变化 气候的节律性波动几乎贯穿于地球整个历史,冰川间期的暖期气候与冰川期的寒冷气候交替出现(图2.16)。目前的地球正处于冰川间期。在冰川期大陆上生成了巨大的冰川,由于大量河水被冻结成冰,无法流入海洋,造成海洋里的水量减少。因此,在冰川期海平面下降。 37

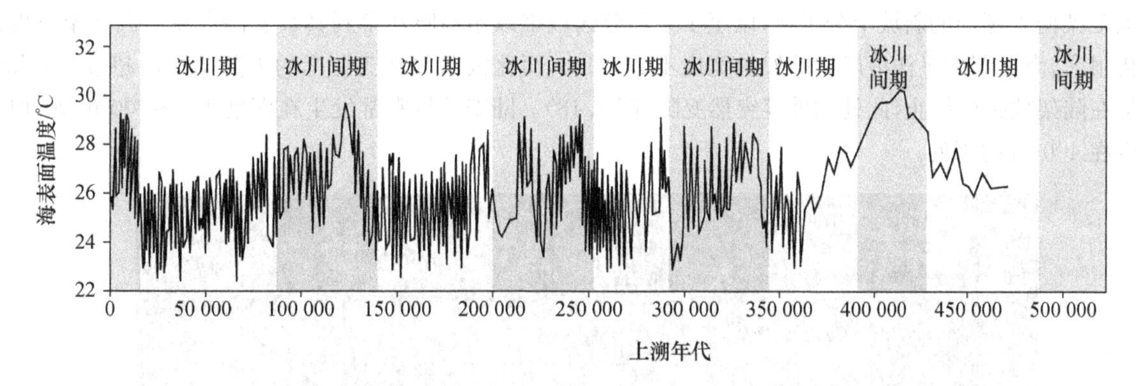

图2.16 通过有孔虫微化石所确定的过去五十万年地球气候历史。曲线表示的是通过微化石中镁元素与钙元素含量比例所确定的太平洋赤道海表面的平均温度。白色和灰色条带分别指示的是几个大的冰川期以及冰川间期。请注意在冰川期与间冰期发生转换时平均温度上有微小的变化。

最后一次大的冰川期发生在更新世,更新世起始年代距今近两百万年。在更新世,一系列的冰川期与短暂而温暖的冰川间期交替出现。大约在18 000年前,最后一次冰川期达到高峰。那时,巨大的冰盖覆盖着大部分的北美洲和欧洲,其厚度可达约3 km;海平面大约比现在的海平面低130 m。

在冰川期由于陆地上大量的水被冻结成冰,海平面会下降。最后一次大的冰川期大约发生在18 000年前。

尽管在过去3000年里冰川的融化速度变慢了,但是海平面仍持续上升。有些科学家认为如果没有人类的影响地球可能会进入另一个冰川期。但是人类对气候的影响加剧了温室效应。现在,全球温度和冰川融化速度都在上升,而且据预测海平面至少在未来一个世纪里都在持续上升(参见"生活在温室中:我们日益变暖的地球",406页)。

海洋地质区域

海底的结构是由板块构造运动所主导的。由于这是一个全球性的过程，因此世界上各地的主要海底构造特征都十分相似。海底被分成了两个主要区域：代表被淹没陆缘区域的大陆边缘和深海海底自身。

大陆边缘

大陆边缘是陆壳与洋壳间的交界区域。到达海洋的陆地沉积物中，绝大部分会迅速沉到海底并在大陆边缘逐步积累，陆缘沉积物的厚度可达 10 km。大陆边缘通常有三部分组成：一是浅而坡度平缓的大陆架，二是位于大陆架向海侧、较陡的大陆坡，三是位于大陆坡底部、坡度较平缓大陆隆(图 2.17)。

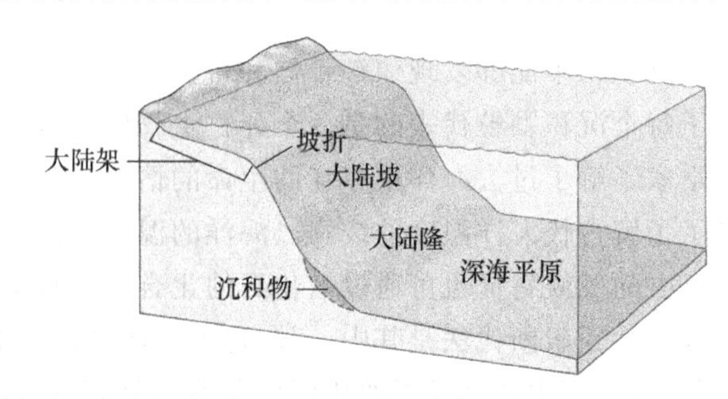

图 2.17　模式化的大陆边缘是由大陆架、大陆坡和大陆隆组成，大陆隆的向海面延伸到深海底或深海平原。但不同的地方这些基本特点有所不同。

大陆架　大陆边缘最浅的部分是大陆架。尽管它们仅占海洋表面的 8%，但大陆架是海洋中生物资源最丰富的区域，蕴含了绝大部分的生命和最大的渔获量。大陆架是由陆壳组成，事实上也是陆地的一部分，只是其恰好位于水下。在过去海平面较低的地质年代，大陆架的大部分区域实际上都暴露在海面之上。在这些时期，河流和冰川流过大陆架并侵蚀成深深的峡谷。当海平面上升后，这些峡谷被淹没并形成更大的海底峡谷。

大陆架向外延伸的斜坡十分平缓，以至于大部分区域难以用肉眼观察到其坡度的渐变。大陆架宽度范围变化很大，南美洲太平洋沿岸大陆架的宽度不到 1 km，而北极西伯利亚海岸的大陆架宽度超过 750 km。大陆架在陆架坡折处终止，此处的坡度突然变陡(图 2.18)。陆架坡折常常发生在深度 120～200 m 处，但也能发生在 400 m 的深处。

图 2.18　新泽西州大西洋城外侧大陆架(右上)的一段剖面，宽度大约 30 km。白色箭头表示的是陆架坡折；灰色箭头指的是一个被称为汤姆峡谷的海底峡谷顶部；陆架上的线性标志是在上个冰川期冰山冲刷的痕迹。这幅图像是由高科技的多波束声呐仪绘制的。大陆坡的陡峭程度被放大了。

大陆坡 大陆坡是紧邻大陆真正的边缘的部分，它开始于陆架坡折处并向下延伸到深海海底。起始于大陆架的海底峡谷纵贯大陆坡直至其深达3000～5000 m的底部(图2.19)。这些海底峡谷将大陆架的沉积物引送到深海海底。

硅 藻 具硅质外壳的单细胞藻类。 第5章，100页；图5.4。
放射虫 具硅质甲壳的单细胞原生动物。 第5章，105页；图5.10。
有孔虫 通常个体微小需显微观察、具碳酸钙甲壳的原生动物。 第5章，104页；图5.9。
球石藻 被碳酸钙甲板覆盖的单细胞藻类。 第5章，103页；图5.8。

图2.19 加利福尼亚大陆边缘的多波束声呐图像。一些海底峡谷将大陆架切断，并沿大陆坡向下延伸直至深海海床。最大的峡谷是蒙特里峡谷，几乎延伸到蒙特里湾海岸(箭头所指)。

大陆隆 沿海底峡谷向下移动的沉淀物在峡谷底部形成沉积，被称为深海海扇，类似于河口三角洲。如果相邻的深海海扇连接在一起就形成了大陆隆。大陆隆是由堆积在海底的一层厚厚的海底沉积物组成的。沉积物还可能沿着大陆坡的基部被海流携带运输，从而使大陆隆的范围从深海海扇向外扩展。 38

大陆边缘有三个主要的部分。大陆架是被海水淹没的陆地，十分平坦。比较陡峭的大陆坡是大陆板块的真正边缘。大陆隆是由大陆坡底部沉积物在海底不停地堆积形成的。

活动陆缘和沉寂陆缘 大陆边缘的自然属性，以及由此而产生的海岸线生境，在很大程度上依赖于这个区域所发生的大陆构造活动。南美洲大陆提供了一个很好的例子，展示了大陆边缘和板块构造的关系(图2.20)。南美板块(参见图2.10)是由南美洲和由大西洋中脊形成的大西洋海底的一部分组成。当新的海底在大西洋中形成后，南美洲就随着该板块向西漂移。南美洲西海岸与纳斯卡板块碰撞，形成了海沟(参见图2.5和2.11)。海沟区是火山和地震等地质活动十分激烈的地带，因此这种形式的大陆边缘就称之为活动陆缘。北美洲西海岸也是一种类型的活跃边缘，但要比南美洲复杂得多。

随着相撞的板块沉入海沟中，一些沉积物被刮起、折曲并“粘贴”到大陆边缘。当海洋板块在大陆板块下面移动时，大陆边缘被抬升(参见“海底扩张与板块构造理论”，31页)，而火山构成了海岸线。这些过程使得活跃陆缘具有陡峭、岩基的海岸线(图2.21)和狭窄的大陆架、陡峭的大陆坡这样一种形态。由于大陆坡基部的沉积物要么被带入了海沟，要么被刮起后堆积到陆地上，因此活跃陆缘通常没有发育良好的大陆隆。 39

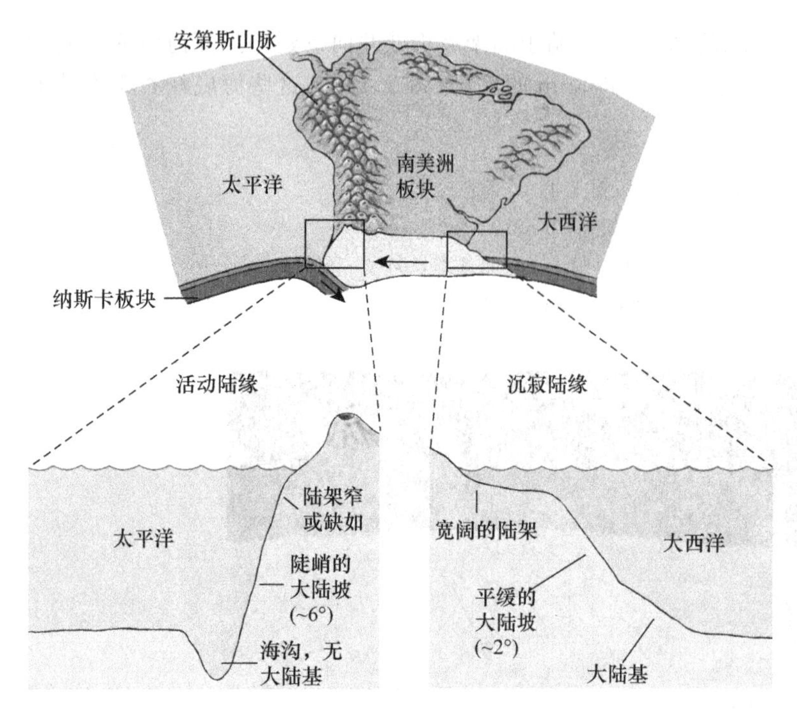

图 2.20　南美洲两侧陆缘十分不同。其前缘(西海岸)正在与纳斯卡板块发生碰撞，地貌特征是具有一个狭窄的大陆架和陡峭的大陆坡，具有海沟而不是大陆隆；后缘(大西洋海岸)有一个宽阔的大陆架，一个相对平缓的大陆坡以及一个比较发达的大陆隆。为了更利于说明，图中所有大陆坡的陡度都被夸大了。请比较此图与图 2.5。

图 2.21　尽管发生在其他地方，像图中这种位于北美洲加利福尼亚州蒙特雷湾的太平洋沿岸的陡峭岩石海岸，是一种典型的活跃边缘。在第 11 章中我们将讨论生活在此类海岸生物的一些特殊问题。

另一方面，南美洲东海岸不处于板块边缘，因此相对而言地质活动不活跃。这里的大陆边缘可以被认为是南美洲从非洲分离之后遗留的边缘，这种类型的陆缘被称为沉寂陆缘。典型的沉寂陆缘具有平坦的海岸平原、宽阔的大陆架和十分平缓的大陆坡。由于没有板块构造运动的移动，沉积物在大陆坡的基部逐步积累，沉寂陆缘因此常常有一个厚厚的大陆隆。

活跃陆缘具有狭窄的大陆架，陡峭的大陆坡，大陆隆很少或缺如；而沉寂陆缘则具有宽阔的大陆架、相对平缓的大陆坡，以及发育良好的大陆隆。

深海盆地

大部分深海海底的深度是从 3000～5000 m，平均深度约 4000 m。从深海海底或者深海平原向大洋中脊爬升的坡度十分平缓，还不到 1°。尽管比较平坦，但海底平原常常有海底沟壑、高度较低的深海丘陵、高原、台地和其他地貌特征。深海平原上还点缀分布着火山岛和被称为海山的海底火山。平顶海山是一种形态独特、顶面平整的海山，在太平洋部分区域比较常见。平顶海山和许多其他海山曾经是岛屿，但现在已沉入海面下数百米，一方面是由于在其自身重量作用下岩石层向下沉入地幔，另一方面是由于海面上升。深海平原和海山是大量不同种类的海洋生物的家园(参见“深海中的生物多样性”，372 页)。

在海沟中板块向下延伸进入地幔，海底斜坡向下急剧变陡。海沟是世界海洋中最深的地方。西太平洋中的马里亚纳海沟是地球上最深的地方，其深度达 11 022 m。

大洋中脊与热液喷口

大洋中脊自身就是海洋中一种特有的生态环境。根据前面的叙述，大洋中脊的形成是由于地幔物质上升向上推动大洋地壳造成的。但是恰好在脊的中央，地壳板块被撕裂开，形成了一个大的裂隙或下陷，这就是我们所熟悉的中央裂谷。裂谷的底面和侧面布满了裂隙和断层。海水从这些裂缝向下渗入，当其遇到炽热的地幔物质后被加热到很高的温度(图 2.22)。被加热的海水随后改变它的方向，顺着裂缝回流形成热液喷口或者是深海热泉。

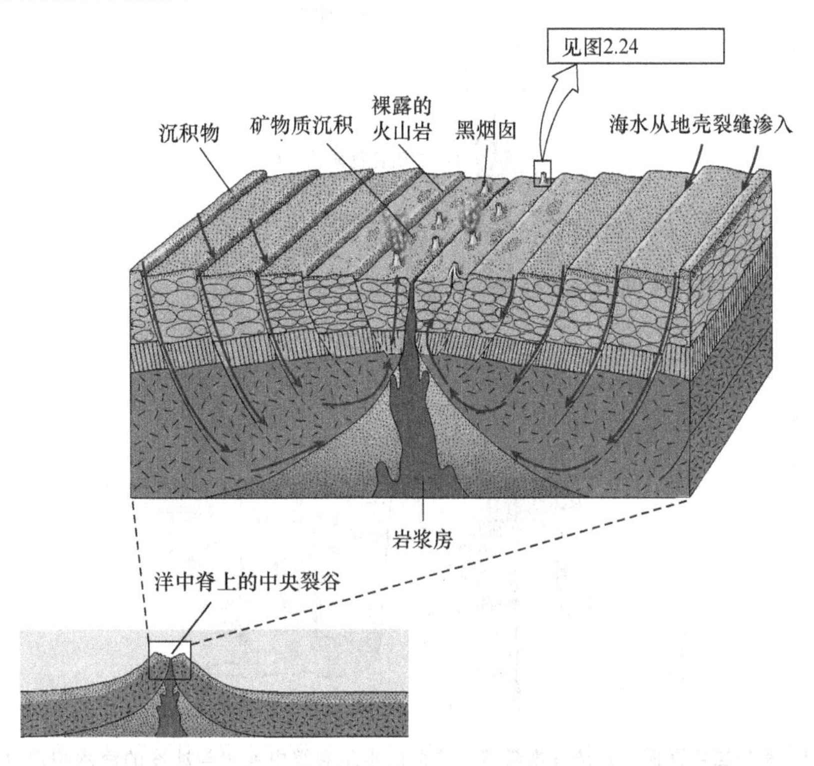

图 2.22　大洋中脊剖面图。图示海水是如何通过地壳裂缝渗入，随后被加热再向上涌出形成海底热泉。

许多热液喷口出来的海水是温水，温度大约为 10～20℃，比周围海水的温度高很多(参见“分为三层的海洋”，58 页)。但是，一些热液喷口处海水温度非常高，可达 350℃。海水温度如此之高，以至于当科学家们第一次测量其温度时，所使用的温度计开始融化。为了准确地读取温度值，科学家们需要再次使用特殊设计的温度计来测量水温。

随着高温海水从地壳裂缝中渗出，海水中溶解了多种矿物质，主要是硫元素。当夹杂着矿物质的海水到达热液喷口时，它与周围的低温海水混合并迅速冷却。使得许多矿物质固化，在热液喷口周围形成矿物质沉积。在热液喷口发现的黑烟囱(图 2.23 和 2.24)就是沉积物的一种形式。这些烟囱一样的结构就是当矿物质围绕热液喷口固化而逐渐形成的，“黑烟”事实上是一种浓浓的矿物质颗粒云。

当首次发现热液活动时，人们认为其主要的分布区域是洋中脊。但此后，在海沟的背面发现了热液喷口，包括黑烟囱和其他矿物质沉淀形式。形成这些热液喷口的火山活动同样也参与了建造岛弧(参见“海底扩张和板块构造理论”，31 页)。在附近

图 2.23　黑烟囱在热液喷口区域很常见。黑烟实际是由矿物质颗粒组成，其向上升腾是由于黑烟囱涌出的水温度比周围水温高很多。这张照片拍摄于加拉帕戈斯热液喷口，这是东太平洋海隆的一部分。图片前景中的设备属于“阿尔文”号科考深潜器，照片是从“阿尔文”号上拍摄的。

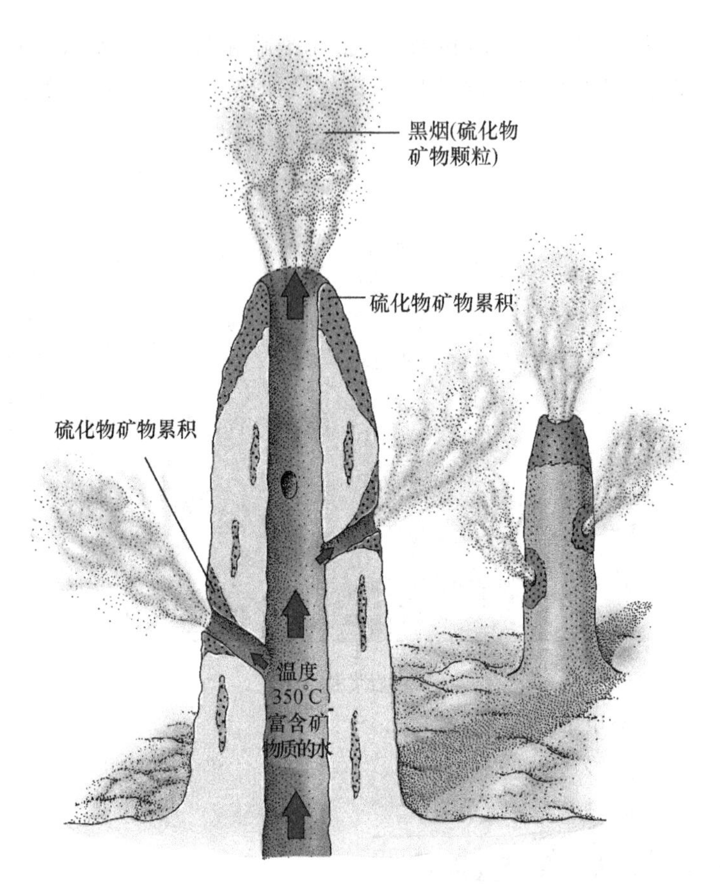

图 2.24　黑烟囱剖面图。炽热并携带着矿物质的水从裂缝中涌出与冰冷的海水相遇，矿物质以沉积物的形式沉淀下来，天长日久这些矿物质沉积物造就了黑烟囱。

还发现了温度较低的喷口(40～75℃)，但这类喷口在大洋中脊却没有发现。这些喷口所产生的是碳酸盐42烟囱而不是硫化物，其成因是由于海水与新形成的大洋地壳之间的化学反应，而不是火山活动。其中一个烟囱的高度从海底一直向上延伸达 60 m，是目前已知最高的热液喷口。

深海热泉不仅对地质学家而且对生物学家充满了吸引力。在热液喷口周围出乎意料地发现了大量海洋生物，这是海洋生物学史上最激动人心的发现之一。我们将在第 16 章中论述这些生物(参见“热泉、冷泉与死体”，373 页)。

40

在板块构造理论的一系列核心概念中，夏威夷群岛始终处于其中心位置，现在也是最主要的焦点之一。夏威夷群岛是由火山链组成的夏威夷海岭的一部分，它与由一连串海山组成的、向西北方向延伸的皇帝海山链相连。沿着这一岛链，火山的年代越来越久远。洛尹黑是一座年轻的海底火山，位于夏威夷群岛中最年轻的夏威夷岛的东南方向，洛尹黑可能会成长为新的岛屿。夏威夷岛开始形成还不到 100 万年，而且仍在喷发。该岛许多地方是裸露的火山岩，这是由于其年代太短尚未被侵蚀，不适于植被生长。考艾岛的年龄已超过 500 万年，是夏威夷群岛主要岛屿中最古老的。考艾岛上植被茂密，岩石被风化形成了陡峭的悬崖和参差的峭壁。这一链条中其余的岛屿和海山不断向西北方向移动，年代逐渐久远。中途岛大约位于夏威夷海岭西北侧三分之二位置处，其地质年代约有 2500 万年，而整个岛链最北端的明治海山的年代已有 7000 万年。

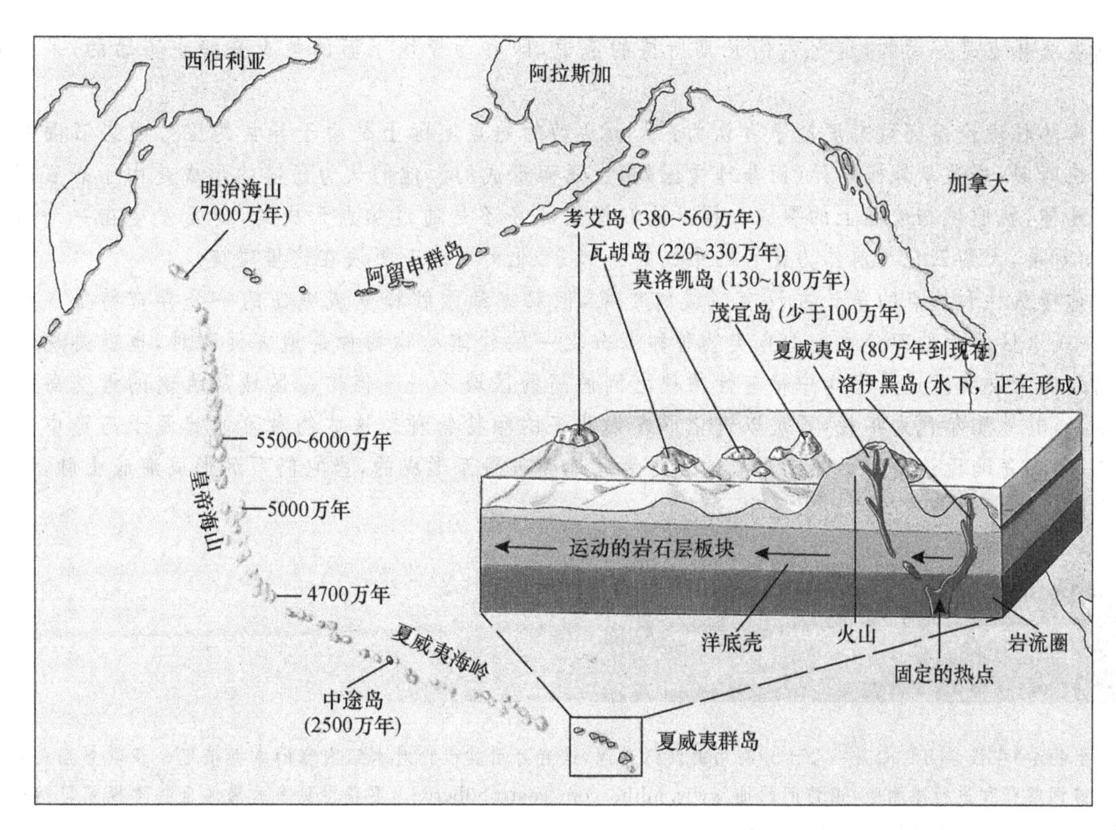

皇帝海山与夏威夷群岛链。部分地质学家认为岛链的形成并不是如图所示的热点作用，而是由于岩石圈的断裂。

人们将这一模式的形成归因于热点，热点之处炽热的岩浆柱从地幔深处上升，强大的推力穿透岩石圈而喷发，形成火山活动。随着太平洋板块在固定的热点上移动，每一次新的岩浆喷发都发生在位置略有不同的新地点，形成的火山呈线形排列。据认为，夏威夷海岭与皇帝海山之间的弧线是由于太平洋板块改变了运动方向而造成的。

在全世界，地质学家还发现了另外大约50个热点，绝大多数在大洋板块的下面。热点也是太平洋其他一些岛屿-海山链条形成的原因，吉尔伯特和托克劳岛链之间的弧线形状甚至都与夏威夷海岭-皇帝海山岛链相似。与洋中脊相关的热点并不位于运动板块的下面，所形成的是单独的岛屿或岛屿群而不是岛链。这些岛屿包括冰岛、亚述尔群岛和加拉帕戈斯群岛。还有一些热点位于大陆的下面，其中最著名的就是与黄石公园的间歇喷泉、气泡池塘以及向西北方伸展而逐渐年代久远的火山链相联系的热点。地质学家的假说认为，被称为超级地幔热柱的体积更巨大的炽热岩浆也能从地幔深处上升，甚至能抬升大面积的岩石圈。例如，幅员辽阔的南非高原被认为就是超级地幔热柱抬升的结果。

有关地幔热柱和热点的观点虽为大多数地质学家所接受，但少数科学家持怀疑态度，而且人数在逐渐增加。一些人认为目前关于地幔热柱和热点的观点需要进行重大的修正，而另外有些人干脆否认存在地幔热柱和热点。他们坚持认为在地幔深处的压力非常非常大，所以不可能允许地幔热柱上升；同时他们还指出并未发现地幔深处存在异常的热能，而从理论上说热点的下面应该存在异常的热能。如果按照热点假说，夏威夷-皇帝海山链、吉尔伯特链和托克劳链弧线的形成是由于太平洋板块运动方向改变而形成的，那么它们的地质年代应当是相同的，然而对这三个岛链的地质年代估测结果分别是6700万年、5700万年和4700万年。这一结果和其他

夏威夷群岛基拉韦厄火山喷发。

一些证据表明热点是移动的，这与人们长期所持的假说，即移动板块下面的热点是静止不动的，是相对立的。

对地幔热柱理论持怀疑态度的学者认为：火山活动的热点实际上是由于异常的压力或岩石圈的脆弱造成板块断裂，岩浆从地幔浅处（而非地幔深处）上涌而形成的。他们认为岛链的形成是由于岩石圈断裂并逐渐延伸，就像风挡玻璃上的裂缝一样。他们提出冰岛不是通过热点形成的，而是发生在一个脆弱的、古老的断层，大约四亿年前作为泛古陆形成的一部分，北美与欧亚板块在这里碰撞。

关于地幔热柱和热点的争论并没有减缓的迹象，但双方都能解释夏威夷岛的一个异常特征。在那里，生活在浅水区的大约四分之一的鱼类物种和五分之一的软体动物物种是地方性物种，也就是说这些物种在别处尚未发现。这是海洋中特有性物种比例最高的区域之一。但这一区域最古老的考艾岛也只有五百万年，其地质年代太年轻，不足以进化形成如此多的独特物种。这些物种可能起源于岛链中更古老的岛屿，这些岛屿无论是由于热点形成的还是海底地壳破裂而形成的，当它们下沉形成海底山脉，动物就迁徙到附近出现的新岛屿的浅水区中。

《海洋生物学》在线学习中心是一个十分有用的网络资源，读者可用其检验对本章内容的掌握情况。获取交互式的章节总结、关键词解释和进行小测验，请访问网址 www.mhhe.com/castrohuber6e。要获得更多的海洋生物学视频剪辑和网络资源来强化知识学习，请链接相关章节的材料。

评判思考

1. 地球板块现在和过去以相同方式运动。你能通过地图中各大洲和大洋中脊现在的位置（图 2.5）来设想出各大洲将来的位置吗？哪一个大洋在变大，哪一个在萎缩？在哪儿会形成新的大洋？
2. 为什么大多数海沟都在太平洋？
3. 科学家要研究 2 亿年前的海洋生命类型，他们通常不是从海底，而是从曾经在海下，后抬升为大陆的地方得到化石，为什么？
4. 板块构造理论的主要证据有哪些？理论是怎样解释这些证据的？

拓展阅读

网络上可能找到部分推荐的阅读材料。可通过《海洋生物学》在线学习中心寻找可用的网络链接。

普遍关注

Battersby, S., 2003. Eat your crusts. *New Scientist*, vol. 179, no. 2410, 30 August, pp. 30—33. Water not only forms the oceans, it may also be the key ingredient in the water planet's unique plate tectonics.

Cohen, P., 2005. Journey to the centre of a quake. *New Scientist*, vol. 185, no. 2485, 5 February, pp. 42—45. Geologists are preparing to drill to the very heart of where earthquakes occur on the San Andreas fault.

Detrick, R., 2004. The engine that drives the earth. *Oceanus*, vol. 42, no. 2, pp. 6—12. A description of motion in the mantle by a "pro-plume" geologist.

Glatzmaier, G. A. and P. Olson, 2005. Probing the geodynamo. *Scientific American*, vol. 292, no. 4, April, pp. 50—57. Studies of the earth's interior may soon explain why the earth's magnetic field reverses.

Jones, N., 2003. Volcanic bombshell. *New Scientist*, vol. 177, no. 2385, 8 March, pp. 32—37. A look at the other side of the mantle plume debate.

Lineweaver, C. H. and T. M. Davis, 2005. Misconceptions about the big bang. *Scientific American*, vol. 292, no. 3, March. Almost all of us find the idea of the big bang confusing. This article may help.

The mid-ocean ridge, parts 1 & 2. *Oceanus*, vol. 41, nos. 1 & 2, 1998. A series of articles devoted to mid-ocean ridges, hot spots, hydrothermal vents, and related topics.

Murphy, J. B. and R. D. Nance, 2004. How do supercontinents assemble? *American Scientist*, vol. 92, no. 4, July-August, pp. 324—333. Pangaea was only the latest in a long line of supercontinents.

Normile, D. and R. A. Kerr, 2004. A sea change in ocean drilling. *Oceanus*, vol. 42, no. 2, pp. 32—35. A description of the history and future of scientific deep-sea drilling.

深度学习

Cañón-Tapia, E. and G. P. Walker, 2004. Global aspects of volcanism: The perspectives of "plate tectonics" and "volcanic systems." *Earth-Science Reviews*, vol. 66, pp. 163—182.

Jacobs, D. K., T. A. Haney, and K. D. Louie, 2004. Genes, diversity, and geologic process on the Pacific coast. *Annual Review of Earth and Planetary Sciences*, vol. 32, pp. 601—652.

Kelley, D. S., J. A. Baross, and J. R. Delaney, 2002. Volcanoes, fluids, and life at midocean ridge spreading centers. *Annual Review of Earth and Planetary Sciences*, vol. 30, pp. 385—491.

Lieberman, B., 2003. Paleobiogeography: The relevance of fossils to biogeography. *Annual Review of Ecology, Evolution, and Systematics*, vol. 34, pp. 51—69.

Porbski, S. J. and R. J. Steel, 2003. Shelfmargin deltas: Their stratigraphic significance and relation to deepwater sands. *Earth-Science Reviews*, vol. 62, nos. 3—4, pp. 283—326.

第 3 章

海水的物理化学特性与世界大洋

“人人都谈论天气，但却无能为力”，这句人们常常引用的名句表达了海洋生物和人类面临的境况。对于企鹅而言，远方暴风雨掀起的汹涌海浪仅是“天气”的一部分，海流运动、潮汐涨落、海水温度和盐度变化也是天气。从海洋生物的角度来看，风与浪、潮汐与海流、温度与盐度都是天气的组成部分。

由于海洋生物不能控制自然状态的物理和化学环境，那就只能“逆来顺受”了。换句话就是，海洋生物必须适应其生活的环境，否则就要迁移到他处生活。海洋生物生活于海洋的何处，以及如何生活，在相当大程度上是由化学和物理因素控制的。因此，要了解海洋生命的生物学，我们就必须了解其生活的环境。本章着重叙述了海洋的化学和物理环境与海洋生命的关系。

海洋中的水

人人皆知海洋中充满了水。对于我们来说，水是如此的普通，因为水随处可见。但是从宇宙的视点来看，水并不是普通的物质。地球是已知的唯一一个在其表面有液态水的星球。

即便如此，除非我们感觉燥热和干渴，否则绝大多数人从未认真思考过水的问题。水能够止渴是因为我们的身体中绝大部分是水。同样绝大多数海洋生物组成其身体大部分的也是水，可占体重的 80%，水母甚至可占体重的 95%。水不仅充满了海洋，而且使生命自身充满了活力。

纯水的独特属性

所有物质都由原子组成。由单一类型原子组成的物质大约仅有 115 种(其确切数目物理学家尚存争议)，这些物质被称为元素；而由两种或更多原子通过化合而成的较大粒子叫做分子。水分子是由 1 个相对较大的氧原子和 2 个小的氢原子组成。在相邻的水分子间，氧原子和氢原子所携带的弱的相反电荷产生电荷引力形成氢键(图 3.1)。氢键的作用力并不很强，但却使水与地球上其他任何物质区别开来。

水的三态　任何物质都能以固态、液态或气态三种状态(或称为相)存在，但水是地球上唯一一种在自然条件下存在三种状态的物质。

在液态下，氢键将绝大多数水分子聚集在一起形成众多的小分子群(图 3.2)。但由于分子的持续运动，加之氢键作用力较弱，分子群间持续地分离和再组合。温度能够反映分子的平均运动速度——运动越快，温度越高。当运动速度达到一定程度，水分子摆脱了氢键的束缚，从液相中逃逸出来成为气态或蒸汽相，这一过程就是蒸发。

蒸汽中的水分子间没有氢键联结，分子间相互分离，间距远大于液体状态(图 3.2)。温度升高、分子运动加快，更多的分子摆脱了氢键的束缚，使蒸发率上升。当水足够热，几乎所有的氢键断裂，大量分子立即进入蒸汽状态；换句话说，水沸腾了。

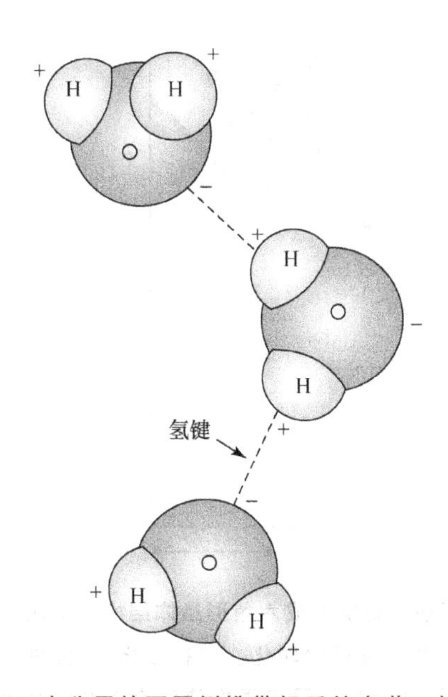

图 3.1　水分子的不同侧携带相反的电荷。氧原子(O)一侧带弱的负电荷，氢原子(H)一侧是弱的正电荷。相反电荷间类似于磁体两极一样相互吸引，因此一个分子的氧原子一侧与相邻分子氢原子一侧相互吸引。这种水分子间弱的吸引力就是所谓的氢键。

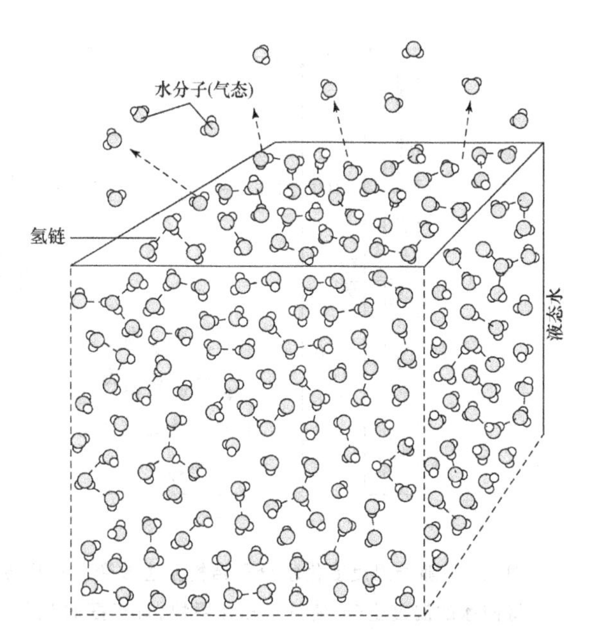

图 3.2　在液态水中，分子之间通过氢键形成不同规模的分子群。分子的快速运动使其不能固定在特定位置，分子群间持续地分离和再组合。蒸发就是分子摆脱氢键束缚而成为气体状态。水蒸气中分子间距远大于液体状态，而且没有氢键束缚，也不形成分子群。

当液态水冷却时，不仅分子运动变慢，而且聚集更紧密，占据空间变小，水的体积会变小。由于体积变小而质量未变，因此水变得更致密了。同样，温度下降也会使海水变得更致密。我们看到，海洋中的低温海水趋于下沉。在大约 4℃以上，淡水的密度会随着温度下降上升；但是在 4℃以下，淡水的密度却随着温度下降而下降。

水冻结时水分子运动十分缓慢以至于完全被氢键束缚，此时的水分子被锁定在凝固三维结构中，这种结构就是晶体。冰晶体中的水分子间距略大于液态水，因此水结冰后会膨胀。同样质量的水在结冰后其体积大于液态水，因此冰的密度较小且能漂浮。固态水比液态水密度低是一种十分不同寻常的特性，这种特点对生活在淡水和海水中的水生生物十分重要。漂浮冰层的下面是大量的水，不仅为生物的生存提供了空间，而且漂浮的冰层也具有保温作用，使大部分水不被冻结。到了春天，由于冰漂浮于水表面其融化也会十分迅速。如果冰比液态水致密的话，在冬天新冻结形成的冰会不断下沉，从而在水底堆积，就会导致许多湖泊和部分海洋在冬天完全冻结，甚至到了夏天也仅有很薄的表层冰能融化。这样的水域将不适于生命的生活。

46

密度　单位体积下一种物质的质量。密度＝质量/体积。　第 2 章，24 页。
结冰之前，随着温度下降海水密度会上升。冰比液态水的密度的低。

热与水　冰中振荡的水分子通过氢键被束缚在冰晶体的固定位置。融化时，水分子间的氢键被打断，水分子开始自由运动(图 3.3)。由于氢键的作用，冰融化——或者其相反的过程，水结冰——的温度都大大高于那些不能形成氢键的类似物质。如果不是因为氢键作用的话，冰的融化温度大约是在－90℃，而不是 0℃。

不仅冰融化的温度较高，而且在融化时吸收了大量热量。熔化潜热是指一种物质熔化所需要的热能。水的熔化潜热比其他任何一种常见的物质都高。相反，水的冻结过程也是如此：液态水变成冰需要去除大量的热量。因此，即使在很冷的天气下，水体的冻结仍需要相当长的时间。

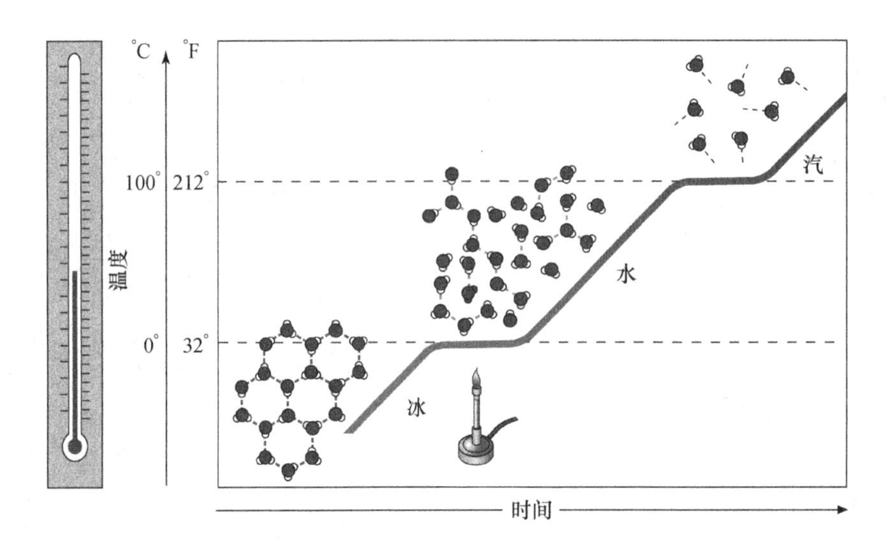

图 3.3　随着温度变化水分子结构发生改变。冰中振荡的水分子通过氢键形成六角形晶体结构。加热将使冰的温度上升，使分子振荡更快，直至摆脱晶体结构的束缚，此时冰开始融化。冰在融化时，提供的热量被吸收用来破坏氢键，而温度并不上升。当冰完全融化后，提供的热量将再次使温度上升。某些水分子获得了足够的速度摆脱氢键束缚而蒸发。在 100℃ 时，几乎所有的氢键断裂，水就沸腾了。

冰融化时，外加热是用来断裂更多的氢键而不是加快分子运动速度，因此冰-水混合物的温度会恒定在 0℃，直至冰完全融化。这就是为何冰可以使饮料保持低温：加热用于融化冰，而不是提升温度。

一旦所有的冰完全融化后，再加热将使分子运动加速并使水温上升。但是，由于部分热能仍被用于断裂氢键而不是加快分子运动速度，因此需要大量的热量来提升温度。热容是指一种物质温度升高一个单位所需要的热量，能够反映出该物质储存热量的能力。在所有天然物质中，水是热容最高的物质之一。水吸收大量热量后温度上升幅度较小，由于具有这种能力，因此水可被用做冷却液，例如用于汽车引擎的冷却。更重要的是，水的高热容意味着绝大多数海洋生物不必经历温度的快速甚至急剧变化(图 3.4)。

图 3.4　在灼热的阳光下，生于新西兰海岸的一种褐藻(*Hormosira banksii*)失水皱缩。与完全水下生活的生物相比，海滨生物由于在低潮时暴露于空气中，常遭受更加极端温度的影响。

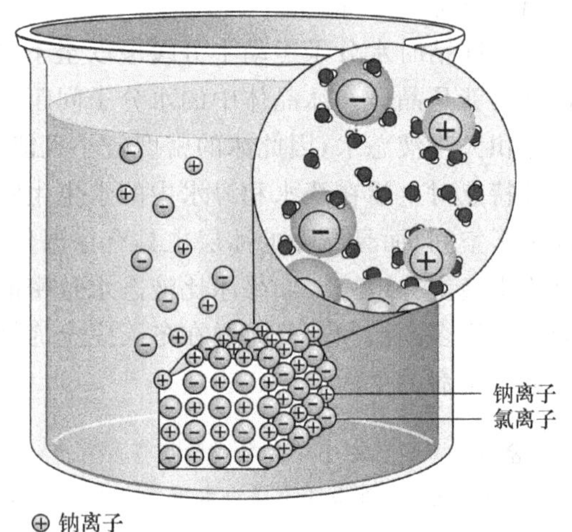

图 3.5　在食盐或氯化钠晶体中，离子通过相反电荷吸引而结合。由于离子电荷比水分子电荷更强，因此离子键比氢键更强。当盐置入水中，电荷稍弱的水分子被吸引到强电荷离子上。水分子呈簇地围绕着离子，从而减弱了离子键的作用，离子分离或游离出来。

水蒸发时也会吸收大量热量，也就是说水还具有高蒸发潜热。这同样是由于氢键的作用：只有那些能量最高、运动最快的分子才能挣脱氢键束缚成为气态。运动最快的分子从液相离开，剩余分子的平均速度较慢而导致温度较低。这种现象就是蒸发冷却，我们身体通过蒸发排汗降低皮肤温度就是这一原理的应用。

水具有最高的熔化潜热和蒸发潜热，而且是天然物质中热容最大的物质之一。

作为溶剂的水　与任何天然物质比较，水能溶解的物质更多，因此被称为通用溶剂。水对盐的溶解能力特别强。盐是由带有相反电荷的粒子组成。这些带电的粒子既可以是单个原子，也可以是原子团，就是人们常说的离子。例如，普通的餐盐，也就是氯化钠(NaCl)是由带正电荷的钠离子(Na^+)与带负电荷的氯离子(Cl^-)结合而成。电荷相反的离子通过电荷引力结合，这种引力与水分子间的氢键引力是一样的。但是，与水分子两侧的电荷相比，离子的电荷更强，因此，离子键比氢键更强。如果没有水，离子之间会紧密地结合在一起形成盐晶体(图 3.5)。

47

将盐结晶置于水中，强电荷离子会吸引带弱电荷的水分子，就像铁屑被吸引到磁铁上一样。在每个离子周围都形成一层水分子，从而将其与其他离子隔离开(图 3.5)，从而使形成盐结晶的离子键被大大减弱，离子被拉开或游离，盐就溶解了。

海水

海水的特性是由纯水的自然属性与其溶解物质的性质共同决定的。海水中溶解的固态物质，部分是陆地岩石化学侵蚀产物通过河流输送到海洋，其他物质则来自于地球内部(图 3.6)。地球内部物质大部分是从热液喷口释放到海洋中，部分则是通过火山喷发到大气中再通过雨雪回到海洋。

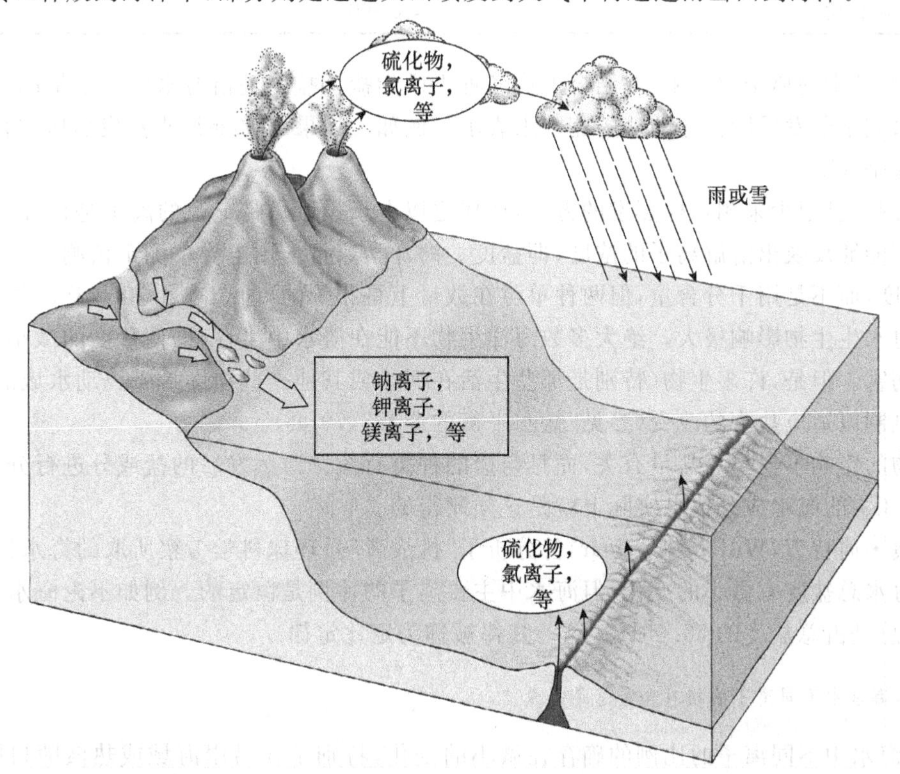

图 3.6　并非所有海水离子都在相同地点进入海洋。钠、镁等阳性离子主要是岩石侵蚀后由河流输送入海；氯离子和硫酸根等阴离子则是通过海底热液喷口或火山喷发降水后进入海洋。如果海洋混合不充分的话，沿岸水中钠和镁的比例会相对较高，而受热液输入影响的深层海水则氯离子和由硫化物形成的硫酸根含量较丰富。实际上，河口和热液喷口附近的离子比例确实有微小变化，但大部分海洋混合充分，遵循定比定律。

侵蚀 岩石的物理或化学分解。 第 2 章，36 页。

热液喷口 与大洋中脊相关的海底热喷泉。 第 2 章，40 页。

盐的组成 海水中几乎含有所有物质，尽管有些成分含量很少。海水中的绝大多数溶质(或溶解物)是少数几种离子，实际上仅海水中所溶解固形物的99%以上由6种物质组成(表3.1)。海水之所以像食盐一样咸，是因为其中钠离子和氯离子的含量约占海水溶解固形物的85%。

表 3.1 盐度35‰海水的化学组成

(尽管盐度在不同的海区会有微小的变化，但每种离子在总盐度中的百分比是恒定的)

离子	浓度(‰)	占总盐度百分比
氯离子(Cl^-)	19.345	55.03
钠离子(Na^+)	10.752	30.59
硫酸根离子(SO_4^{2-})	2.701	7.68
镁离子(Mg^{2+})	1.295	3.68
钙离子(Ca^{2+})	0.416	1.18
钾离子(K^+)	0.390	1.11
碳酸氢根离子(HCO_3^-)	0.145	0.41
溴离子(Br^-)	0.066	0.19
硼酸根离子($H_2BO_3^-$)	0.027	0.08
锶离子(Sr^{2+})	0.013	0.04
氟离子(F^-)	0.001	0.003
其他溶解物质	<0.001	<0.001

海水蒸发时，其中的离子留下来，并结合形成各种不同的盐。盐度是指海水中所溶解的盐的总量，通常用1000 g海水完全蒸发后所留存的盐的克数来表示。例如。如果1000 g海水蒸发后所留存35g盐，那么海水的盐度就是35‰。

今天，盐度测定已很少采用水样蒸发的方法，而代之以电子设备。带电荷的离子是良好的导电体，因此海水的电导率能够反映出溶解离子的浓度，即盐度。海洋学家常常用电导率测定仪测定的实际盐度单位(psu)表示盐度，而不是用千分含量，但两种单位在数量上是相等的，即35 psu相当于35‰。

水的盐度对水生生物影响极大。绝大多数海洋生物不能在淡水中生存，即使盐度的微小变化也会对一些生物产生伤害。但是，许多生物(特别是那些生活在河口或其他一些盐度易于波动水域的生物)已进化形成特殊的机制以适应盐度的改变(参见"盐水平衡的调节"，79页)。

盐度对生物的影响不仅与总盐量有关，而且与盐的种类有关。对蒸发后的盐成分进行分析可以确定海水的组成，表3.1的海水成分信息实际上就是这样测得的。

化学家威廉·迪特迈(William Dittmar)曾分析了"挑战者"号环球科学考察所取的海水样品，发现尽管不同地点的海水总盐度有微小的变化，但海水中主要离子的比例是恒定的。例如不论海水中盐度是多少，氯离子几乎总是占总盐度的55.03%。这一规律被称为定比定律。

定比定律是指海水中不同离子的相对含量总是一致的。

但事实上，海水中不同离子的比例的确存在微小的变化，特别是在沿岸海域或热液喷口附近。河流会将大量的阳离子带入海中(图3.6)。在某些地区，强烈的生物活动也会影响离子的比例。但是在广阔的海洋中，离子的比例仍保持非常恒定。上述情况表明，海洋中绝大部分区域化学混合充分，而盐度的变化几乎可全部归因于纯水的注入或减少，而非盐分添加或减少。如果盐度的变化是由于某种特殊盐类的添加或去除，那么海水中各种离子的相对含量就会改变，例如添加氯化镁($MgCl_2$)会使海水中镁离子和氯离子的比例上升。因此，尽管海洋生物会面临总盐度的变化，但几乎不必应对各种离子比例的改变，因而它们可以比较容易地控制自身体内水盐的平衡。

海洋中水分减少的主要途径是蒸发，其次是结冰。当海水结冰时，离子不参与冰的形成，而留在未冻结的海水中使其盐度升高。冰几乎是纯水，这就是冰山没有咸味的原因。雨和雪等降水会为海洋增添水分，冰川和极地冰层的融化也会在短时期内为海洋增添水分。

海洋的平均盐度值为 35‰。开阔大洋的盐度变化相对较小，一般在 33‰～37‰之间，这主要取决于蒸发和降水的平衡。在特定的封闭海区，可能出现极端盐度。以高温干燥的红海为例，该区域蒸发量远远高于降水量，因此红海海水很咸，盐度达 40‰。在靠近海岸的海域或内海，河流径流也可能对盐度产生强烈的影响，径流使波罗的海表层海水的标准盐度仅为 7‰。

表 3.1 中列出的“其他溶解物质”包括一些必需营养成分，尽管其含量很少，但对于海洋生命是十分重要的。含有氮(N)、磷(P)、铁(Fe)的化合物具有十分重要的作用，对这些物质的利用能力决定了海洋大部分区域的生物生产力(参见“营养物质的重要性”，74 页和“营养物质”，343 页)。

盐度，温度与密度　我们已经看到了温度对水的密度产生的显著影响。盐度也会对海水的密度产生影响：盐度越高，密度越大。因此，海水的密度是由其温度和盐度共同决定的。

温度和盐度决定了海水的密度：盐度越高，温度越低，则密度越大。

开阔大洋的温度变化范围大约是在－2～30℃之间。由于盐水比纯水冰点低，因此海水温度可以低于 0℃。这是海洋比湖泊和河流不易结冰的原因之一。

由于海洋的温度变化较盐度变化明显得多，因此，从实际情况来看，温度对海水密度的影响要比盐度大得多。尽管如此，除非特殊情况，在确定海水的密度时，温度和盐度都必须测量。

测量特定深度海水的温度和盐度，可以使用特殊设计的取水器和温度计(图 3.7)。将这些装置固定在绳索上下沉到设定的深度，然后沿着绳索释放下去，一种被称为信使锤的重物，触发瓶口关闭，所汲取的海水样品可供盐度分析。同样，温度计的读数也可以通过触发开关而被锁定，从而在温度计提升过程中读数不会不发生改变。

“挑战者”号环球科学考察(1872—1876)标志着现代海洋科学的开端。　第 1 章，5 页。

图 3.7　尼斯金(Niskin)采水瓶是众多类型的采水器中的一种。这种采水器固定在线缆上并两端开口下沉到设定深度。一种被称为信使锤的重物从表面释放下去，触发两端弹簧底盖关闭，汲取海水样品。

缆绳上可以固定一系列的取水器，从而一次性测量不同深度海水的温度、盐度和密度(图 3.8)。温度剖面图表示的是温度随海洋深度变化的图谱。某个特定地点的温度剖面图显示了从水面向下延伸的垂直水柱的温度情况。同样，也可以绘制盐度、密度或其他任何海水特征的剖面图。如图 3.8 所示，海水剖面图的垂直轴是倒置的。

50

剖面图是一种显示垂直水柱的不同深度的海水温度、盐度和其他任何特征的图谱。

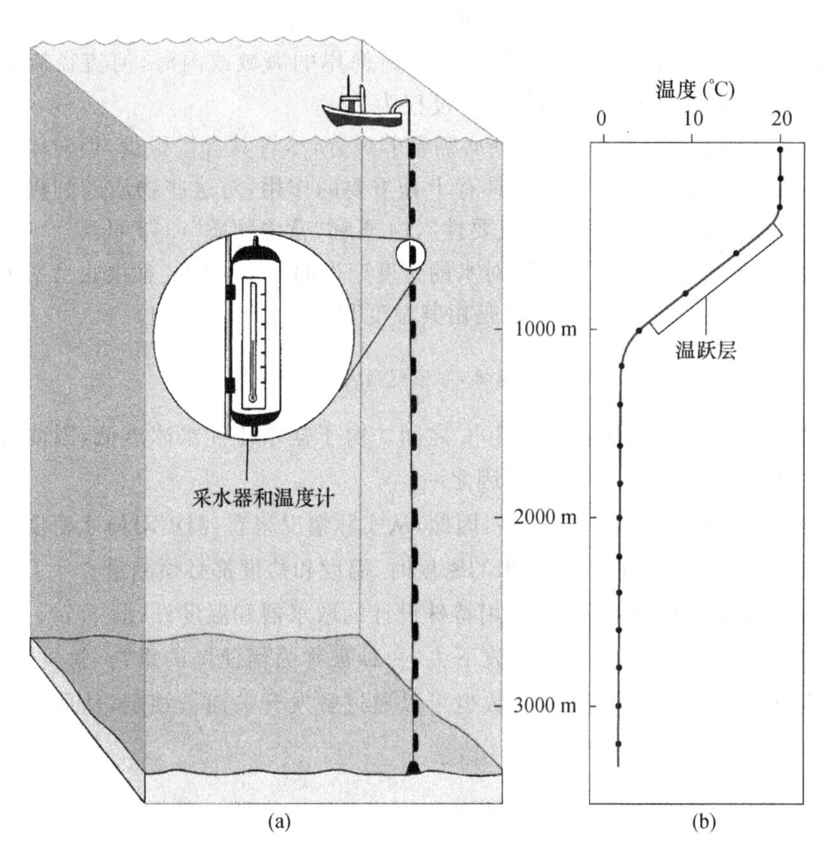

图 3.8　(a) 使用采水器同时测量不同深度的温度和盐度。(b) 测量结果可绘制成剖面图，显示随着深度的变化，温度、盐度或其他海水特性的变化。本图例是温度剖面图。所测温度是采水器到达位置的温度(点)，点之间的温度是推测的。图中随深度加深而温度快速下降的区域被称为温跃层。

使用采水器和温度计耗时而且费用较大，如今海洋学家已常常采用电子传感器对水体的盐度、温度和深度进行快速、准确的整体测量，而不再仅限于对某个特定深度的测量。温深电导测量仪 CTDs 与其他仪器结合起来得到广泛的使用(图 3.9)，甚至已使用一次性的用于测量温度的投弃式深度温度探测器(XBTs)(该设备不能绘制盐度剖面图)。

尽管用电子设备可以测量温度、盐度和其他不同的海水特征，但其他许多方面的测量仍然需要水样，因此尼斯金采水瓶和其他类似的设备仍被使用。今天，海洋学家除了采用沿绳缆固定采水器的方式外，还常常将一个个敞口的采水器固定到一个架子上来使用。在不同深度采集水样时，随着固定架的下沉每个采水器可以在不同的时间关闭。采用固定架采水的方式比用一系列单个采水器的方式更便捷。

即使使用电子设备，考察船也只能一次在一个地点进行测量。要研究大范围的海域，考察船要一个站位一个站位地循序调查，但在站位转换期间，海流和天气原因可能造成环境条件改变。解决的办法之一就是一次使用多艘考察船，但昂贵的费用决定了这种方式不能经常采用。现在，海洋学家正越来越多地使用自动化仪器进行测量(参见“科学观察：海洋观测系统”，10 页)。

(a)

(b)

图3.9 与绳缆悬挂单个采水器的传统方法不同，现在常常将采水器(黑色箭头)像花瓣一样成束安装在固定架上(a)。固定架上还可以安装各种测量温度、盐度、光照、透明度和其他因子的电子设备(白色箭头)(b)。许多设备可以向海面上的计算机提供实时数据。

另外一种能获得大范围图像的方法就是卫星遥感技术。尽管卫星技术测量的仅是近表层海水的情况，但能对大面积海域实现瞬时覆盖(图3.10)。不仅如此，还可以在短时间内完成一系列的测量。这一技术特性使卫星技术能够追踪海流、天气等原因造成的表层海况的快速变化。

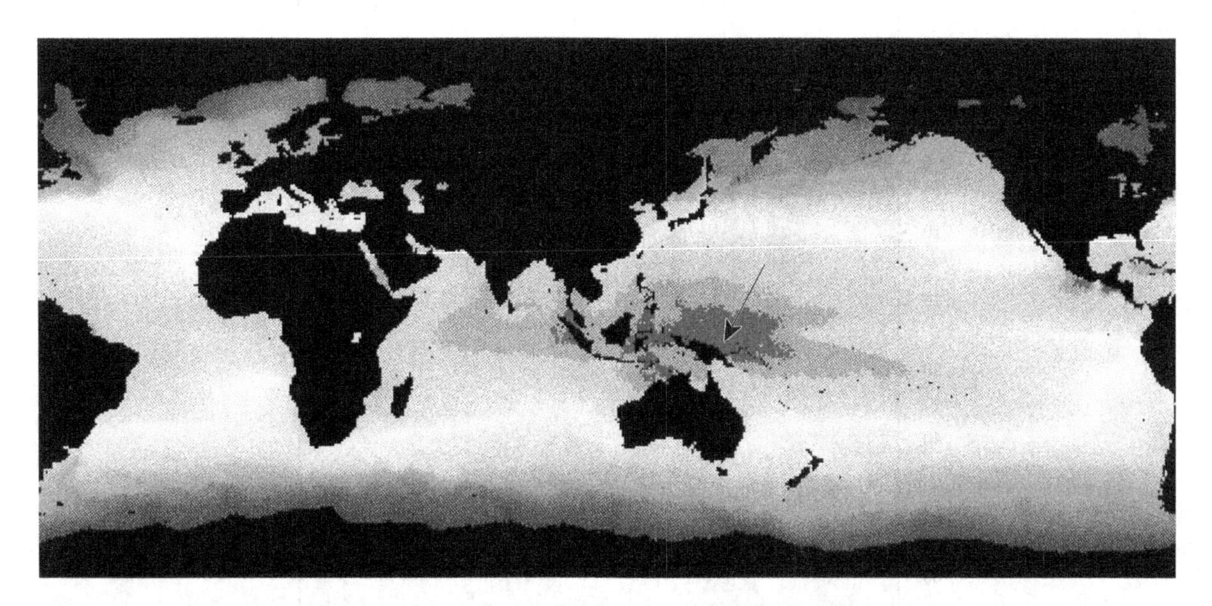

图3.10 卫星遥感图显示了海洋表面温度。蓝色表示最冷的水域，红色表示最热的水域。紧靠新几内亚岛北侧的大片高温(29.5℃)水域是海洋中最大的热库，对全球气候影响强烈。例如在厄尔尼诺发生的年份，暖水团会东移至太平洋中部(参见“厄尔尼诺—南方涛动现象”，349页)。(参见彩图3)

溶解气体　与固态物质一样，海水中还有溶解的气体。对生物而言，海洋中最重要的气体是氧气(O_2)、二氧化碳(CO_2)和氮气(N_2)。这三种气体都存在于大气中，并溶解于表层海水中。有时还会出现相反的过程，即气体从海洋表面释放到大气中。这一过程就是海洋与大气之间的气体交换。

与固体物质的溶解不同，气体在低温水中的溶解要好于高温水，因此极地海域中溶解的气体浓度要高于热带海域。氧气不易溶于水中，海洋中每升海水溶解的氧气在0～8 mL之间，但通常为4～6 mL/L；比较而言，每升空气大约含有210 mL的氧气，即占总体积的21%。水中氧含量还受到水生生物光合作用和呼吸作用的强烈影响。在海洋中光合作用产生的大量O_2被释放到大气中。由于海水中溶解氧相对较少，因此呼吸作用的氧消耗对海水的影响要大于空气(参见"最低含氧层"，364页)。

CO_2溶解时会与水发生化学反应，因此其溶解性远好于O_2。而相对于空气中低于0.04%的CO_2而言，海洋溶解的气体中80%是CO_2，海洋中储存的CO_2超过了大气中CO_2总量的50倍。因此，海洋成为了解人类活动对地球气候影响的关键(参见"生活在温室中：我们日益变暖的地球"，406页)。

光合作用　CO_2+H_2O+太阳能$\longrightarrow$有机物(葡萄糖)$+O_2$　　第4章，72页。

呼吸作用　有机物(葡萄糖)$+O_2\longrightarrow CO_2+H_2O+$能量　　第4章，73页。

透明度　海水最为重要的生物学特性之一就是具有较高的透明度，阳光能照射进海洋，由于光合生物的生长都需要光，因此阳光对于维持生命十分重要。如果海水是不透明的，那么海洋中的光合作用就仅限于表面，显得十分有限。

52

阳光中包含着彩虹的各种颜色，但各种颜色的光穿透海水的能力是不一样的。清澈的大洋主要透入的是蓝光。其他颜色的光要比蓝光被吸收得多，因此随着深度增加，其他颜色的光被滤掉，很快就只剩下蓝光了(图3.11)。在表层看是红色的东西到了海水深处，看上去是灰色或黑色，这是由于红光不能反射，所以无法看到(图3.12)。在更深处——大约1000 m深度，即使在最清澈的海水中，蓝光也被吸收了，只留下了黑暗。

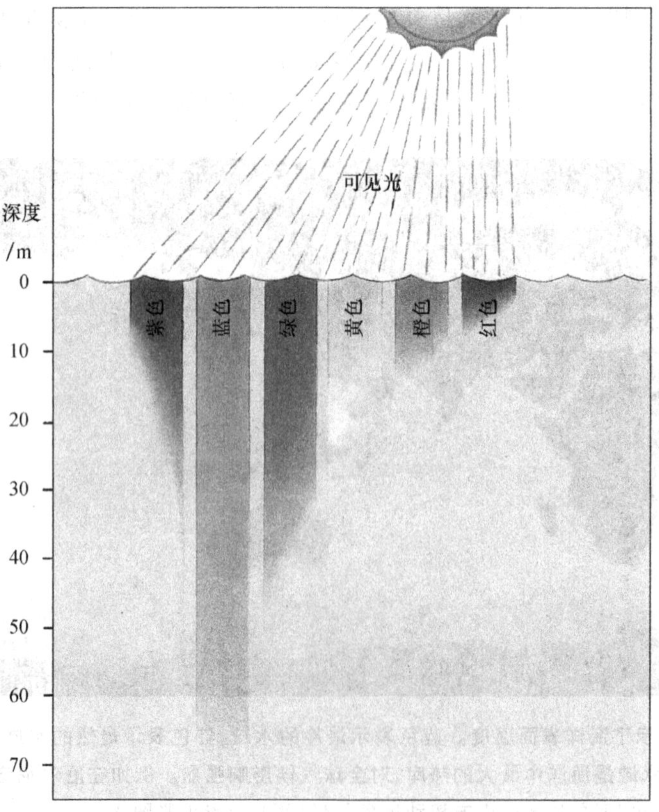

图3.11　不同颜色的光在海洋中穿透深度不同。清澈的海水中蓝光穿透得最深，红光最浅。近岸水常常含有能够吸收蓝光的物质，因此绿色穿透得最深。

(a)　(b)

图 3.12　30 m 深处的海洋仅剩下蓝光，在自然光下海星(*Thromidia catalai*)呈现亮蓝色，腕尖近乎黑色(a)。用闪光灯拍照显示海星的真实色彩(b)。(参见彩图 4)

水中的悬浮物和溶解物对水的透明度有极大影响(图 3.13)，泥浆水显然不如净水清澈，大量浮游生物也会降低水的透明度。河流常常给近岸水体带来大量的物质，使水色呈现浅绿色，使近岸水体比公海的深蓝水域透明度低。

图 3.13　安装在固定架上的尖端电子设备(如图 3.9 所示)可以精确地测量海水的透明度和光的穿透情况。但在测量表层水的透明度时，被称为赛克板的简单设备非常实用。板慢慢地下沉至不能看见的位置，深度越大则表示水越清澈。

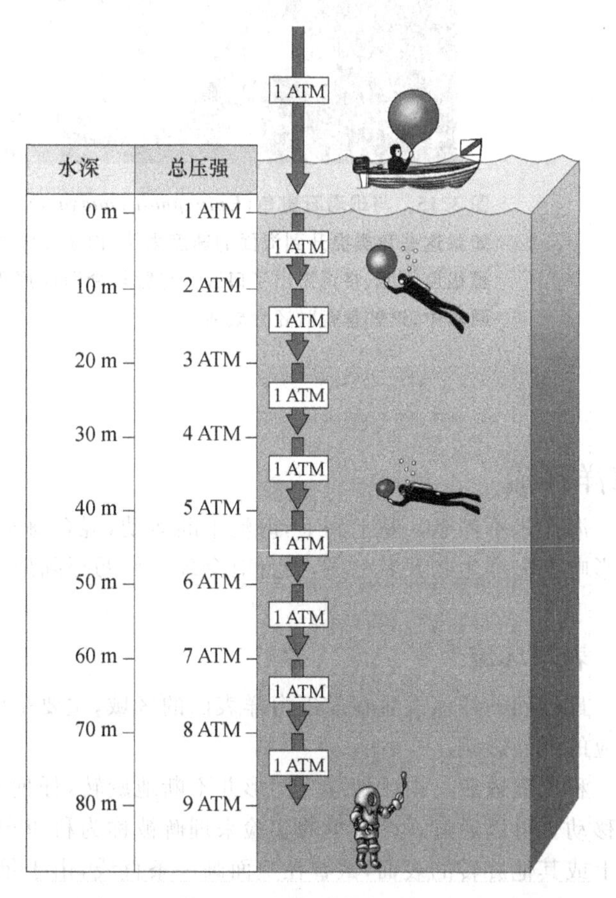

图 3.14　某一地点的压强取决于其上面施加的重量。在海面或陆地上，上面仅有大气压。但潜水员或海洋生物还承受着水体的压力。潜水员下潜越深，上面压迫的水量越大，压强也越大。随着压强的增加，像气球一样有弹性的充气构造被压缩。

压强　压强是另外一个随水深度变化而剧烈变动的因子。陆地生物承受的压强是1个大气压(每平方英寸14.7磅),即整个空气施加在海平面的重量。但是,海洋生物除了空气外还承受着水的重量。水的重量远大于空气,因此海洋生物所承受的压强远远大于陆地生物。随深度增加上层的海水量不断增大,因此压强也急剧增加(图3.14)。深度每增加10 m,压强就增加一个大气压。

53
气体随着压强的增大会被压缩。生物体内一些充满气体的结构,如鱼鳔、气囊和肺等会被压缩或压扁,因此许多海洋生物的生活区域受到限制。这同时也意味着装载科学仪器的潜水器和固定架必须进行特殊的抗压工程设计。海水压力大大增加了进行海洋科学研究的难度、成本,甚至危险程度。相反的过程也会带来问题:具有气囊结构的生物被从海洋深处带出来时可能会受到伤害(图3.15)。

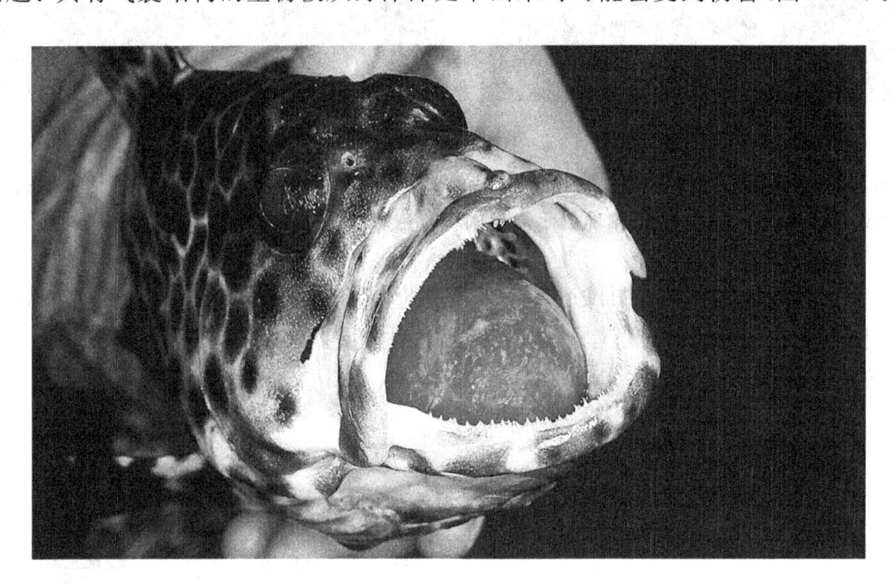

图3.15　与玳瑁石斑鱼(*Epinephalus quoyanus*)相似,许多鱼类体内有被称为鱼鳔的气囊。如果这些鱼类提升到海面的速度太快,由于压强的降低鱼鳔会像气球一样爆裂。图中鱼的鳔极度膨胀,将胃挤出了口腔。尽管常会造成严重的内伤,但如果将鳔小心地扎个孔并放回水中,这些鱼有时还会成活。

海洋环流

海洋永不停歇。从上到下,海流不断运动,混合海水,传送着热量、营养、污染物和生物。海洋环流不仅影响着海洋生物及其生境,而且对全球气候乃至陆地上的所有的生境都具有深刻的影响。

表层环流

最强烈的洋流发生在靠近海洋表面的区域,主要是由风驱动的。不论是表面流还是风都受到科里奥效应的强烈影响。

科里奥效应　由于地球为圆形并不断地旋转,任何在其表面移动的物体都会稍改变方向,而不是直线移动。可以通过一个简单的实验来理解被称为科里奥效应的这种弯曲现象。将一张纸放在唱片机转盘上或其他旋转的表面,试着在上面画一条直线,由于笔下的纸是旋转移动的,画出来的线将是弯曲的。图3.16显示的一些方法也能帮助理解科里奥效应。

对于行走或驾驶汽车,科里奥效应的影响很小,因此大多数人并未意识到它的存在。但是,科里奥效应对风和洋流等长距离运动的事物则十分重要。在北半球,科里奥效应使东西向右偏转;而在南半球,则向左偏转。

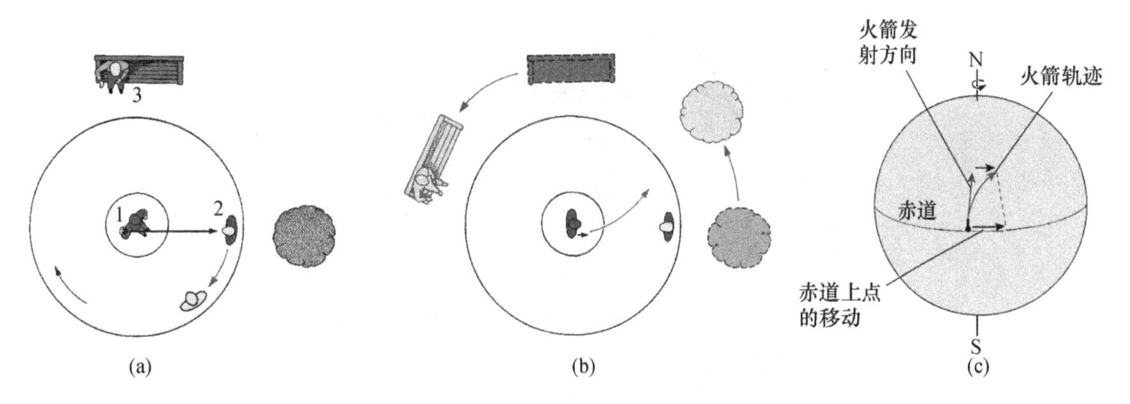

图 3.16　可以通过旋转木马来理解科里奥效应。(a) 想象一下，位于中心的人(1)向外侧的人扔一个球(2)。地面上的观察者(3)可以看到当球在空中时，外侧的骑马者已移动到新的位置(以浅灰色表示)。(b) 但是对于在旋转木马上的人来说，看上去球好像向一侧转向了。请亲自试试！(c) 赤道上的地点比靠近极地的地点移动得快：每天这两个地点都会旋转一周，但赤道上的地点运动的距离更远。如果一枚火箭从赤道发射，持续以发射时的速度运动，这意味着在其向极地运动过程中比地面物体运动更快。这样相对于地球表面，火箭呈曲线运动。

科里奥效应使风和环流等长距离运动在北半球向右偏转，在南半球向左偏转。

风的型式　大气层中的风是由太阳提供热能驱动的。赤道周边吸收了大部分太阳能，因此比两极温暖。在太阳能的加热下，赤道周围空气的密度降低，气流上升。周围区域的空气被吸入以取代上升的赤道空气，从而产生风(图 3.17)。风并不是直线向赤道运动，而是在科里奥效应的影响下发生弯曲，吹向赤道的角度大约是 45°，这些风被称做信风。由于没有陆地的影响，海洋上的信风是地球上最稳定的风。　54

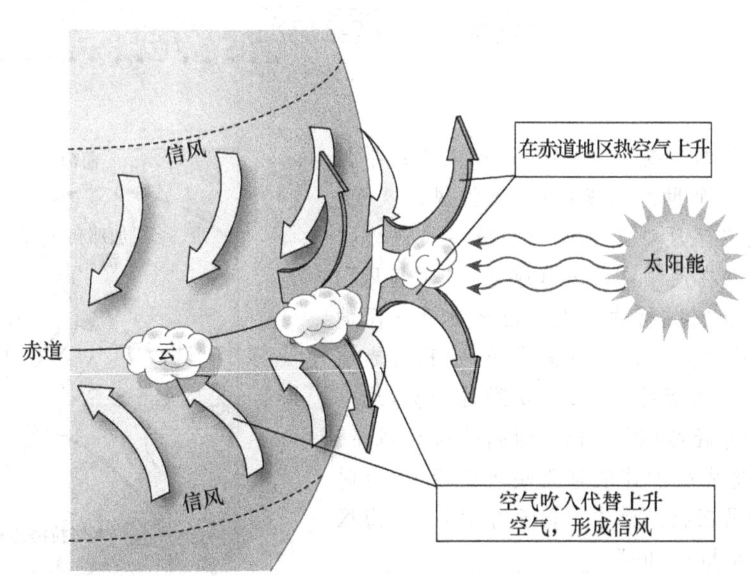

图 3.17　靠近赤道的空气被太阳加热并上升，高纬地区的空气沿着地球表面移入取代上升的空气形成风。这些信风在科里奥效应影响下偏转，以大约 45°到达赤道。

其他的风也是由太阳能驱动的，但与信风相比更易发生变化。在中纬度区域存在西风带(图 3.18)，其运动方向与信风相反；在高纬度区域有极地东风带，是所有风中最易变的。

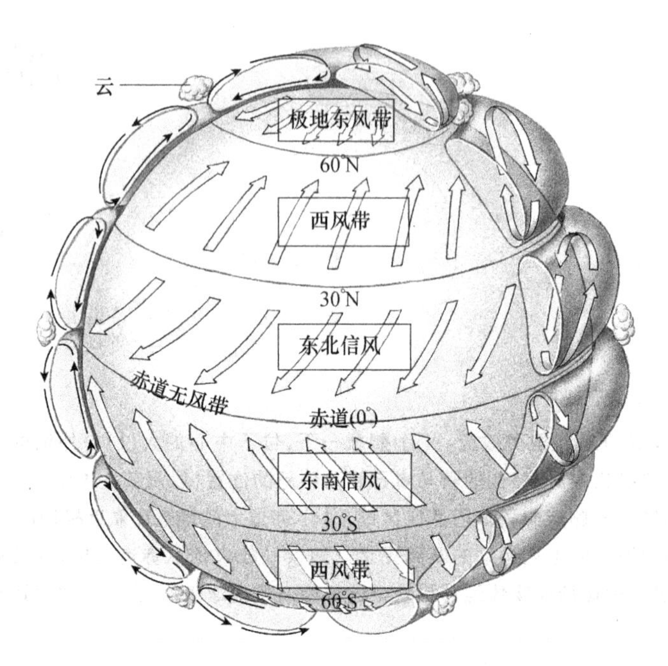

图 3.18　地球上的主要风模式的形成是太阳加热空气上升和冷空气下降的结果。信风位于南北纬 30°之间，是所有风模式中最稳定的；大约从 30°至 60°是西风带；高于 60°是最易变的极地东风带。这些主要风带的转换区域或边界区域风力轻微，风向易变(参见“高桅帆船与表层流”，54 页)。图中所示的风场是将地球想象成全部被水覆盖。但真实情况是，在陆地的影响下风场会发生改变。

高桅帆船与表层流

54

完全是出于实际应用的需要，风和表层海流成为最早被观测记录的海洋现象。几个世纪以来，船一直被风所支配。航海者给不同地区起的名字反映了他们对全球各类风模式的了解。许多名字至今仍在使用，“信风”(原意为“贸易风”)这个名字就是来源于依赖它航行的商人。由于上升气团的存在(图 3.17)，赤道区域风力轻微且风向多变，被称为赤道无风带。信风带和西风带在南纬和北纬 30°附近分离，这一区域也是风向多变而风力轻微(图 3.18)，即副热带无风带。在这些纬度，由于无风造成船舶停航甚至缺乏饮用水，有时水手们不得不将垂死的马匹扔到海中。时至今日，这一海区在英语中仍被称为“horse latitudes”。

航海者也早已知道了表面流。一名聪明的航海者可以通过借助顺流、避开逆流，将旅程缩短数周甚至数月。15 世纪，在亨利王子的指导下，葡萄牙航海家对非洲西岸的海流进行了认真观察，并很快将这些海流知识应用到贸易航行中。向南航行时，在北半球航船靠近海岸可以顺着加那利海流行驶，穿越赤道后航船应侧转向西以避开本格拉海流；回航时则完全相反。从而画出一个完整的“8”字形。

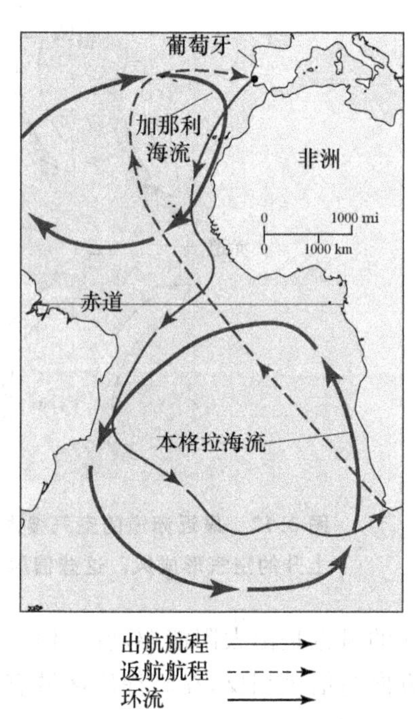

早期葡萄牙商船到非洲西海岸进行商贸旅行的线路。实线表示向南的航线，虚线表示向北的航线，粗箭头表示的是主要的海流。

早期的水手们对其他一些海流也已经有所了解。克里斯托夫·哥伦布在其第三次新大陆航行中曾记录了北大西洋赤道流。西班牙探险家胡安·庞塞·德·莱昂(Juan Ponce de Leon)在其寻找“青春之泉”的旅程中曾描述了佛罗里达海流。在太平洋,渔民们记录了他们对秘鲁海流和黑潮的了解。

谈到这些早年发生的事情,还不得不提到本杰明·弗兰克林。在担任北美殖民地邮政局副局长时,他注意到邮船驶往欧洲的旅程比返程通常短两周。通过询问船员,他了解到了强大的湾流,并要求一位做船长的堂弟在海图上简要标示出来。以此为基础,弗兰克林经过进一步订正印发了第一张十分精确的湾流海图。他已经知道湾流是一股巨大的暖水流,穿越被冷水环绕的大西洋。在向东航行时,他指示船只一直在湾流暖水中航行,而向西航行时则避开它。后来在其作为特使前往英格兰的旅程中,他系统地测量了海水温度,并在一篇关于湾流的报告中公布了他的发现。

表层流　表层流是由大气的主要风场推动海水表面而产生的,事实上公海中所有的主要表层流都是由风驱动的。

在风的推动下,最上层的表面海水开始运动。由于科里奥效应的影响,表层流的方向并不与风向一致,而是与风向呈 45°(图 3.19)。上层的海流又会推动其下层的水,科里奥效应也同样发挥着作用:与上层方向不同,第二层海流的方向稍微向右,同时流速也稍慢。这一过程在水体中自上向下传递,每一层都是由上一层推动并进而推动其下一层,该模式是由瑞典海洋学家埃克曼(Ekman)发现的,因此被命名为埃克曼螺旋。随着海水深度的增加,风的影响减弱,因而海水运动的速度也更加缓慢。最后在至多几百米深处,风的影响就消失殆尽。受到风影响的上部水体被称为埃克曼层。尽管海水每一微层其方向都不同,但埃克曼层整体的运动方向与风向呈 90°。这一过程被称为埃克曼输送。

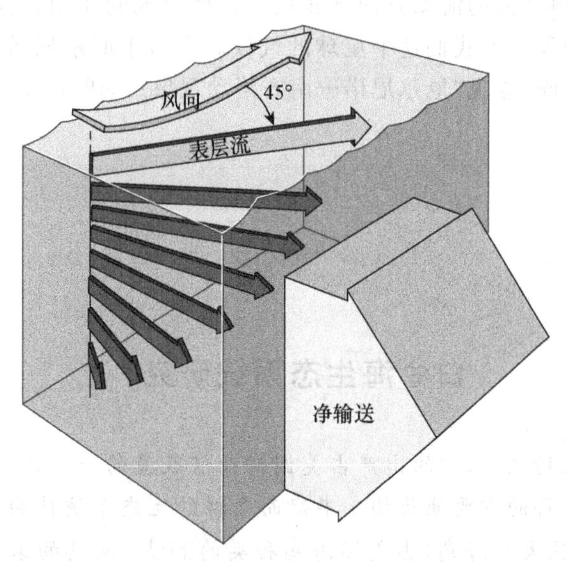

图 3.19　当稳定风吹过海面,最上层海水的运动方向与风向呈 45°。在北半球,水层越深其运动方向向右偏转角度越大(如图所示),在南半球则是向左偏转越大。将各个深度的海流方向绘成图,其结果是一螺旋形,即埃克曼螺旋。风所能影响到的水层被称为埃克曼层。这一过程的最终结果就是埃克曼层的输送方向与风向呈直角。

科里奥效应引起表层流的运动方向与风向呈 45°角。随着深度不断加大,水层运动方向与风向的角度也逐渐增大,这种模式被称做埃克曼螺旋。由埃克曼螺旋导致埃克曼输送,即水体上部的运动方向与风向呈 90°,在北半球是向右,而在南半球是向左。

通过比较风的型式和表层流的型式可以证明科里奥效应的结果。例如,尽管信风的运动方向是朝向赤道的,但由其引起的赤道流运动方却与赤道平行(图 3.20)。在科里奥效应的影响下,一些风生表层海

流结合在一起形成一些被称为海洋环流的巨大环流系统。

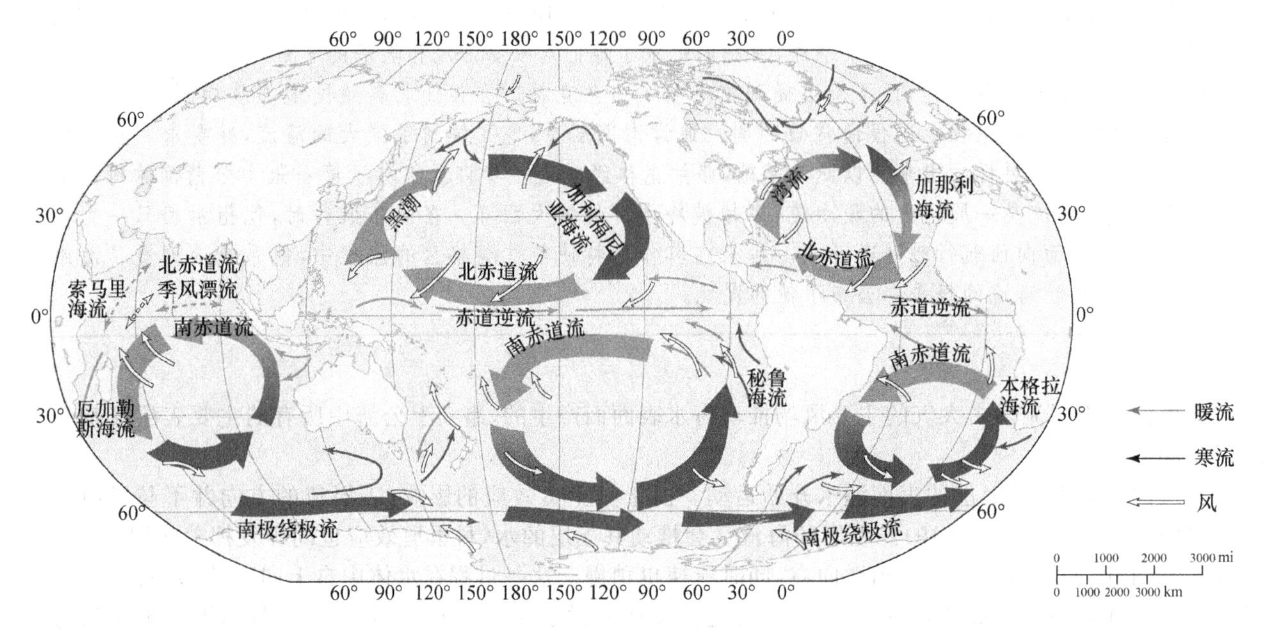

图 3.20　海洋主要的表层流。表层流在一些主要的洋盆汇集成大的圆形系统，被称做涡流。

前面曾提到水具有高热容，因此十分擅长转送热量。环流的西侧通常为暖流，从赤道将巨大的太阳热量传送到高纬度地区，而东侧寒流的流动方向则相反。这样海流的作用就像一个巨大的恒温器，加热两极地区，冷却热带地区，从而调节着我们这个星球的气候。类似于厄尔尼诺现象的大尺度海流型式波动会对全球气候产生剧烈的影响（参见“厄尔尼诺—南方涛动现象”，349 页）。

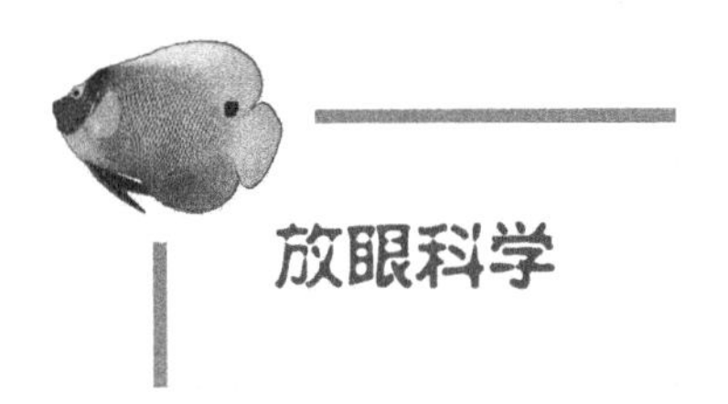

放眼科学

白令海生态系统研究

白令海是世界最丰饶的渔场之一，它的出产占美国商业渔获量的一半以上。同时，白令海还为北美洲和亚洲原住民供给了赖以生存的重要渔获物。丰饶而多样的生态系统使白令海成为鲸、海豹、海象及其他海洋哺乳动物，以及数量巨大的海鸟（占美国海鸟种类的 80%）栖息的家园。一股来自于太平洋的海流穿越白令海后到达北冰洋，协助调节北极气候，进而影响全球气候系统，因此这一区域的海洋学研究十分重要。

但是与世界大洋的其他一些地区一样，在白令海面也已出现令人担心的变化征兆。自 1990 年达到最大渔获量后，渔获量持续下降；到 20 世纪 90 年代后期，许多鲑鱼洄游种群严重衰退。海鸟种群和包括北海狗（*Callorhinus ursinus*）、北海狮（*Eumetopias jubatus*）在内的海洋哺乳动物种群数量正在减少。水母的数量在 90 年代急剧增加，但在本世纪初却突然直线下降。从 1997～2001 年，浮游生物每年均大规模暴发，然后消失，显示出相似的规律。整个生态系统在未知因素的作用下似乎正在经历着一场根本的改变。

“白令海生态系统研究（BEST）”项目的目的在于探索并揭示引起上述变化的原因，预测变化的结果。主要的着眼点集中于驱动整个生态系统的海洋物理学特性研究。BEST 项目希望能够提供一幅更加清晰的本地区复杂海流的图谱(包括海流是如何随温度变化的),明晰河流径流和潮汐如何对环流产生影响,了解哪些因素控制冬季海冰范围。但迄今为止,对这些以及其他一些被认为对生态系统的生物学十分重要的物理学特征尚缺乏深入了解。

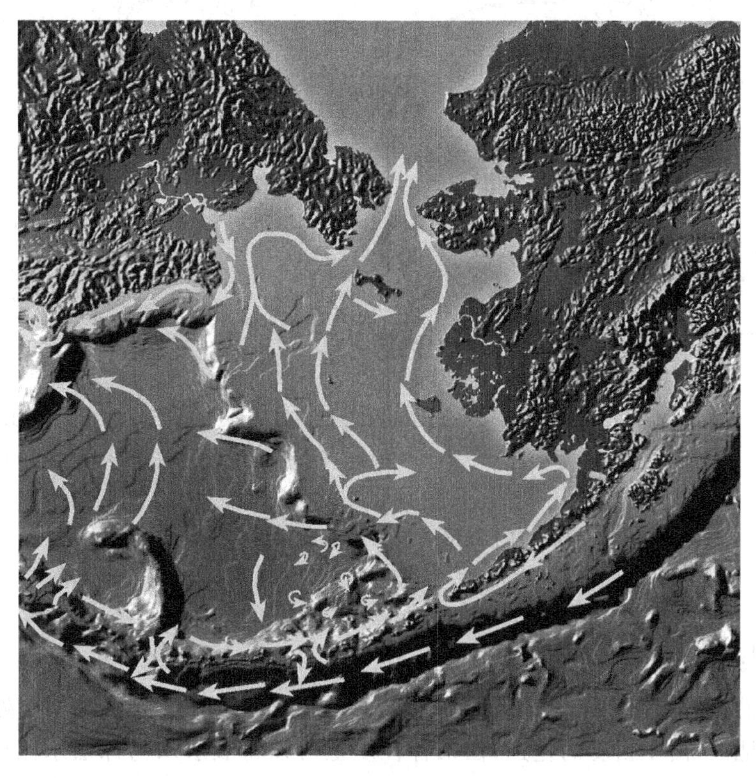

白令海峡的洋流模式

BEST 项目将进行立体观测,不仅需要多艘调查船,长期使用不同的船载观测设备,还需要与遥感技术、数值模拟和实验室分析有机结合。来自不同国家、不同研究机构的海洋学家、气象学家、化学家、生物学家,以及其他领域的科学家将通力合作。这样,在项目实施中不仅有大量的科学问题需要解决,还会面临许多后勤保障问题。一个主要的信息障碍就是缺乏冬季资料,这样在冬季的海冰上、严寒下和肆虐的暴风雪中工作将成为极大的挑战。BEST 项目正在调试运行中,通过调试来解决调查船从何而来,何人在何时将作何事,如何更好地储存与分享信息,以及如何支付整个费用等一系列问题。人们满怀希望,BEST 项目将在2006年起航。

(更多信息参见《海洋生物学》在线学习中心。)

海洋表层的温度反映出表层流在热量输送中所起的作用(图3.21)。大洋西侧的海水温度较东侧高,这是由于西侧海流是从赤道携带热量后流出的,而东侧则是流向赤道的寒流。因此,珊瑚等热带生物在大洋的西侧能延伸分布到较高纬度(参见"珊瑚礁生长的条件",302页)。而另一方面,巨藻等嗜冷生物却能在大洋东侧紧靠赤道的海域生活(参见"巨藻群落",290页;图13.11)。 58

在全球的风模式和科里奥效应的共同作用下形成了海洋环流,这是一种巨大的环形表层流系统。通过将热量从热带输送到极地,这些海流调节着全球气候,并对海洋生物的地理分布产生深刻的影响。

图3.20中所示的是长距离、长时间跨度海流的一般模式图。由于海流会随着季节和天气而改变,因此某个特定日期和特定地点的海流常常会发生变化。在大陆架区域,海流受到海底、海岸的形状和潮汐的极大影响(参见"潮下带环境的物理特征",277页)。

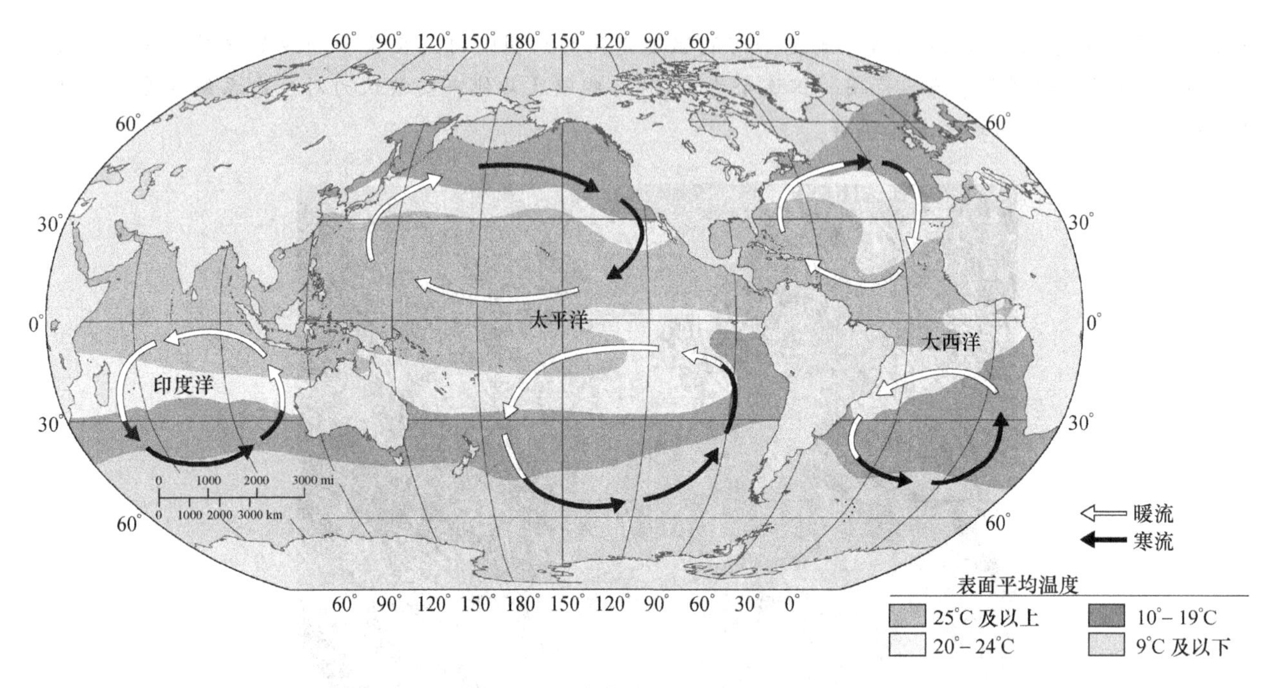

图 3.21　海洋的平均海表温度受海洋环流的强烈影响。

热盐环流系统与大海洋输送带

海洋是一个三维的生境，而图 3.20 中显示的主要海流仅反映了表层流，对更深处的情况则没有反映。在海洋的大部分地区，由于密度的差别，在某种程度上可以将表层水与深层水区分开来。这也是为何海洋学家煞费苦心地对温度和盐度进行测量，因为这两个因子决定了海水的密度。

由于密度最大的水会下沉，因此海洋通常是分层或成层的，密度最大的水在底层，密度最小的在表面，这可在盐度、温度和密度典型剖面图(图 3.22)中看到。深层水一般冷而致密，而表层水则相对温暖且“轻”。

海洋水体通常是成层的，密度最小的在表面，密度最大的水在底层。

分为三层的海洋　尽管海洋中存在着许多密度略有差异的薄层水，但将海洋看作大致是三个主要水层的观点基本上是正确的(图 3.22a)。表层的厚度大约是 100～200 m。在很多时候，表层在风、浪和流的作用下被混合，因此又被称做混合层。但是，表层有时也会出现混合不均匀的情况。通常在春季或夏季的温带和极地海域，表层水中最上层的部分会被太阳加热。温暖的海水像薄“镜片”一样漂浮在最上层，而向下过渡至较低温度则十分迅速。这种深度间隔很小而温度变化迅速的即为温跃层，潜水员经常能注意到。当天气变冷，风和浪再次使水体混合时，温跃层被破坏。

中间层位于表层之下，其深度通常在 1000～1500 m。主温跃层即位于中间层，是位于温暖的表层水和下层冷水之间的过渡区域。请注意不要将主温跃层与位于表层的季节性温跃层混淆。在时间和空间上，主温跃层都很少被破坏。主温跃层的存在是公海的一个特点。大陆架之上的海水的深度不足以形成主温跃层；在大陆架海区，表层水的混合会一直延伸到海底。

从 1500 m 再向下是深层和底层。从理论上来讲，深层水与底层水是不同的，但其均一的低温情况是相似的，其温度通常都低于 4℃。

海洋主要分为三层：表层或混合层、中间层以及深层。

稳定性与反转　除非水体受到风或浪能量的扰动，在大部分时间里，温暖而密度低的表层水会漂浮在密度较大的深层水的上面，人们通常认为这类水体是稳定的。水体的稳定程度依赖于不同水层间密度

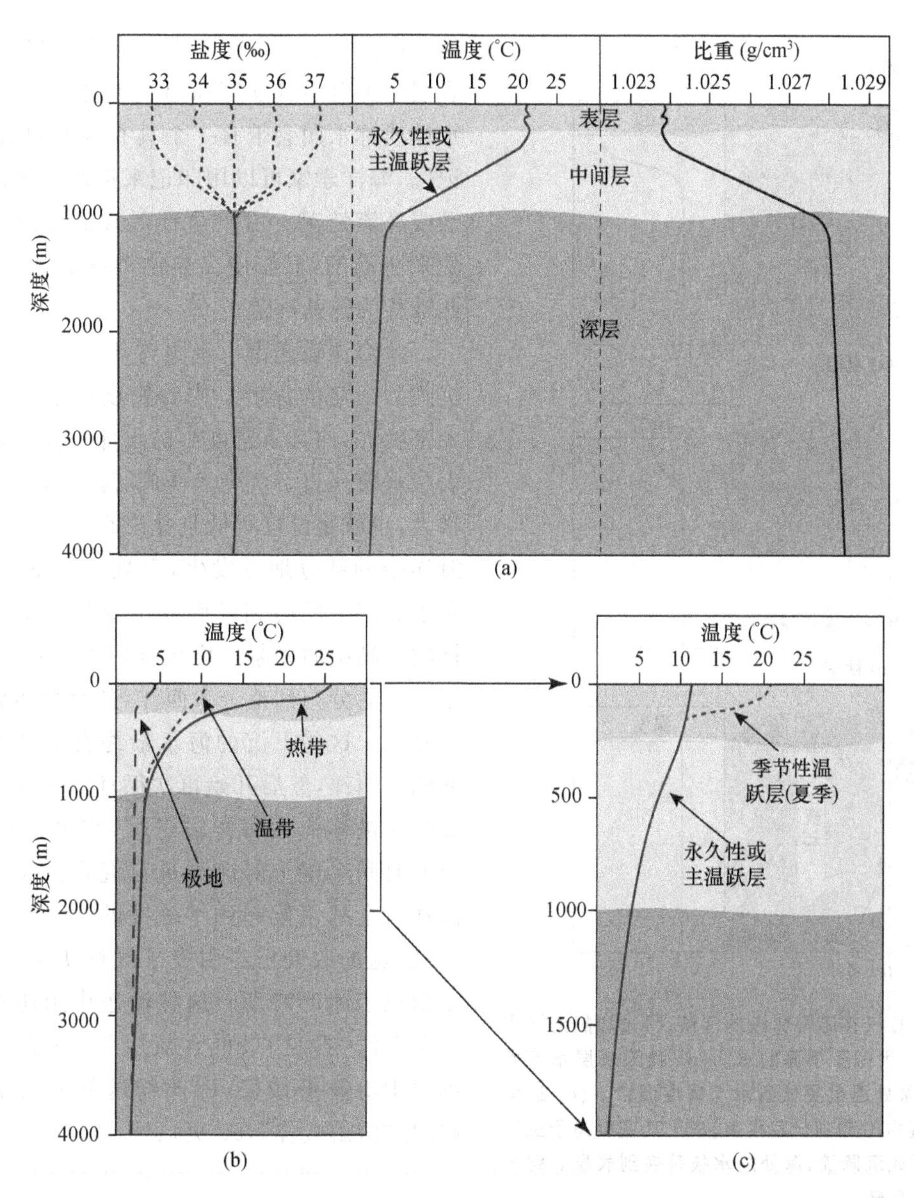

图3.22 开放大洋的盐度、温度和密度典型剖面图(a)。由于降水、蒸发和径流的影响,剖面图显示近表层盐度变化显著。由于温度是影响海水密度的主要因素,因此温度和密度的剖面图通常互为镜像。表层水通常更温暖,因此比下层水密度轻。正如所预料的,表层温度随纬度而变化,最高的表层温度出现在热带区域(b)。深层水的温度和盐度十分一致。在温带和极地海区,夏季太阳加热了水体最上层从而在表层形成了季节性温跃层(c)。注意图c的深度刻度与a和b不同。

的差异。如果表层水密度仅比其下水层略低,那么仅需很少的能量就将两层水混合,这种水体稳定性低。如果深层和浅层水密度差异大,混合这些水体需要更多的能量,水体的稳定性就高。

有时水体变得不稳定,意味着表层水比下层水密度更大。表层水下沉形成沉降流,会取代深层水并与之混合。这一过程就是水层反转(图3.23)。当温度和密度完全一致的表层水下沉穿过整个水体,绘制的温度和密度剖面图就会呈现为垂直的直线,这样海洋学家就可以通过寻找这种直线形的剖面图来确定水层反转的情况。冬天在温带和极地区域,随着表层水温度下降常常会发生水层反转现象。

当水层反转仅发生在小区域内或表层水密度仅比下层水略高,沉降水会与更深的水进行简单混合,导致水体混合层向更深处延伸。这种混合对于温带和极地海域的生产力十分重要(参见"生产的模式",342页)。但是,当沉降剧烈时,大块的水团未与其周围的水混合即离开了表层。在开阔大洋中,降水、蒸发和冰冻等使盐度发生改变的过程都只发生在表层。同样,蒸发冷却、阳光加热或与大气热交换等方式

18

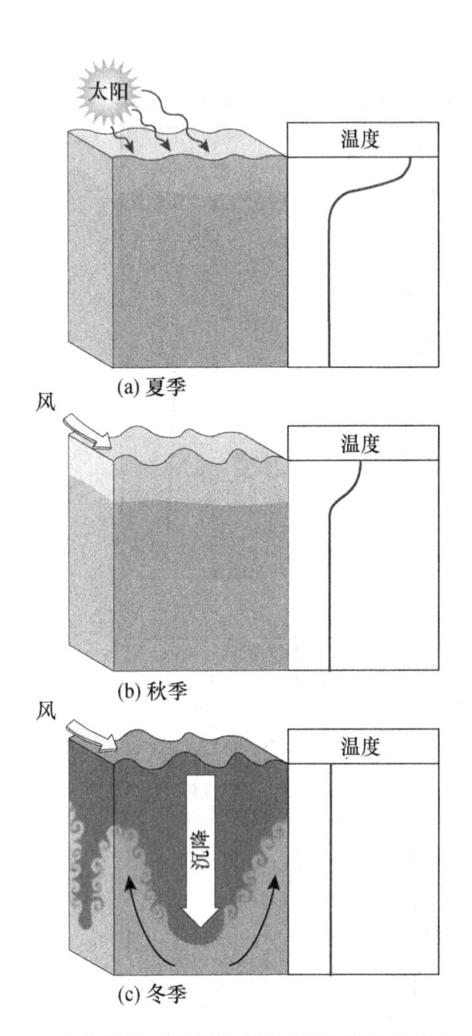

图 3.23　(a) 夏天在温带和极地区域,阳光加热海洋表层,使其密度大大低于下面的水。(b) 秋天表层水开始冷却,暴风使深处温度更低的水与表层混合。(c) 通常在冬天当表层水冷却到一定程度,由于其密度高于更深处水而下沉形成沉降流,深处的水被替换到表层。整个过程称为水层反转。

61

使温度改变的过程也主要发生在表层。因此,一旦表层水下沉后其盐度和温度不再改变。由此,一个水体或称水团会带有一个具有温度和盐度特征"印记"。海洋学家可以用印记来追踪水团的远距离运动或环流情况。由于这种形式的环流是由密度改变来驱动的,而密度又是由温度和盐度决定的,因此被称为热盐环流。

大海洋输送带　水团离开表层后,依据其密度沉降到一定的深度。中等密度的水会沉降到比其上密度大,比其下密度小的水体中间的位置。如果表层水要一直下沉到大洋底,那就必须变得密度非常大,也就是温度很低且盐度很高。这种情况仅在海洋中的部分地点发生,而且其分布是不连续的。发生表层水反转到洋底的主要位置是在大西洋的格陵兰岛南面和紧靠南极洲的北面(图 3.24)。海水下沉后分布到整个大西洋,甚至分布到其他的大洋盆地。这些下沉的海水最终会上升到表面并流回到大西洋,然后开始再次循环。这种全球性的热盐环流被称为大海洋输送带,它可以在大约 4000 年的时间尺度上对海洋进行混合。大海洋输送带同样对全球气候起到了关键的调节作用。有人认为,输送的改变已经引发了气候快速变化,过去甚至形成了冰河时期。这种输送作用还将溶解氧带到了深海(参见"最低含氧层",364 页),由于氧在冰水中溶解得最好,因此输送氧的效果会被增强(参见"溶解气体",50 页)。

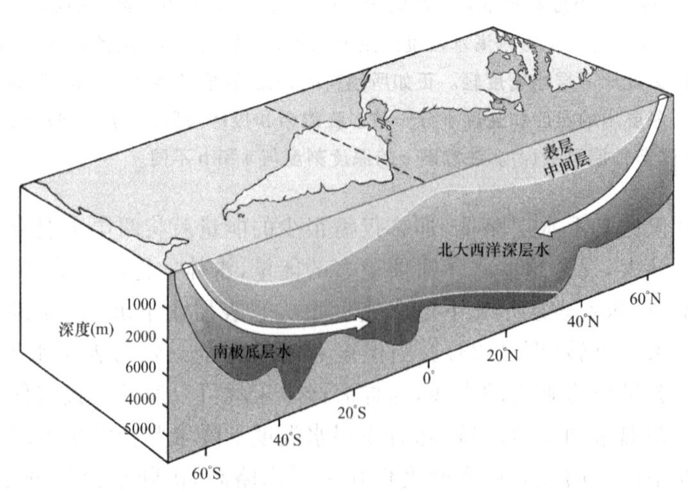

图 3.24　位于大西洋深层和底层的最深海水主要由两大水团组成,分别被称为北大西洋深层水和南极底层水。这些水团分别来源于大西洋最北侧和最南侧的表层,然后下沉并在海底分布。源于大西洋的深层水还会分布到其他大洋盆地。

波浪与潮汐

如果不留意的话，巨大的洋流和它的重要作用通常并不为人们所注意。但另一方面，波浪与潮汐是所有海洋现象中最显而易见的。任何在海中游泳、在海上航行、甚至在海边散步的人都十分熟悉波浪和潮汐。

波浪

风不仅会产生表层流，还会掀起波浪。波浪的最高处被称为波峰，而最低处被称为波谷(图 3.25)。通常用浪高来表示海浪的大小，浪高就是从波峰到波谷之间的垂直距离。波峰之间和波谷之间可以紧靠在一起，也可以相距很远，它们之间的距离被称为波长。一个波浪通过任一固定地点所需的时间称为波浪周期。

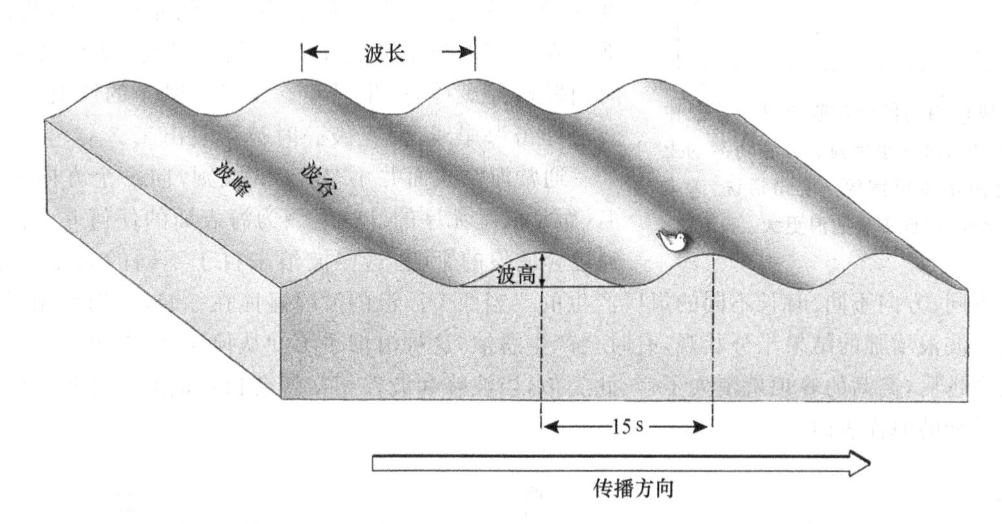

图 3.25　理想化的波浪簇(或称同向波列)。波浪的最高点被称为波峰，最低点被称为波谷；波长是波峰之间的距离；波浪周期是指波浪通过所需的时间。在本例中，波浪周期是 15 s，指的是下一个波峰到达小鸟时所需的时间。

在波峰下面，水的运动方向是向上向前；在波谷下面，运动方向则是向下向后。总体而言，波浪通过后水质点不会移动到别的地方，仅在原来的位置上进行圆周运动(图 3.26)。尽管波浪携带着能量越过海表面，但实际上并不输送水。

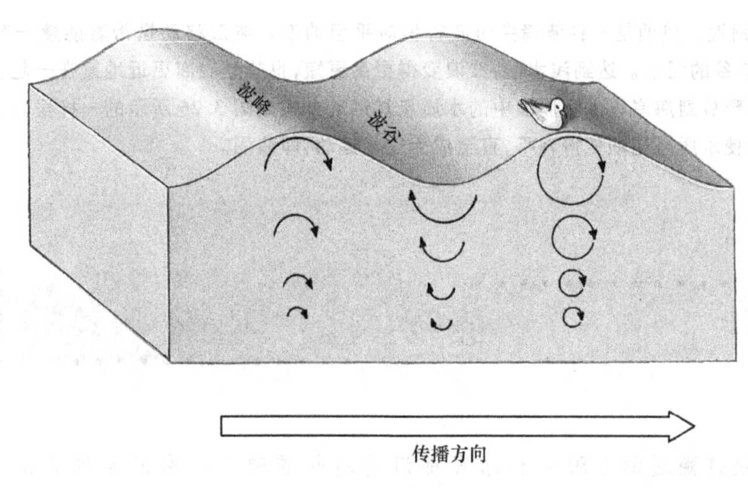

图 3.26　水质点不与波浪一起运动而是进行圆周运动。在波峰，质点向上向前运动，然后又被向下向后拉。当波浪滚滚向前，水和漂浮在其中或其上的物体进行的是圆周运动。

64

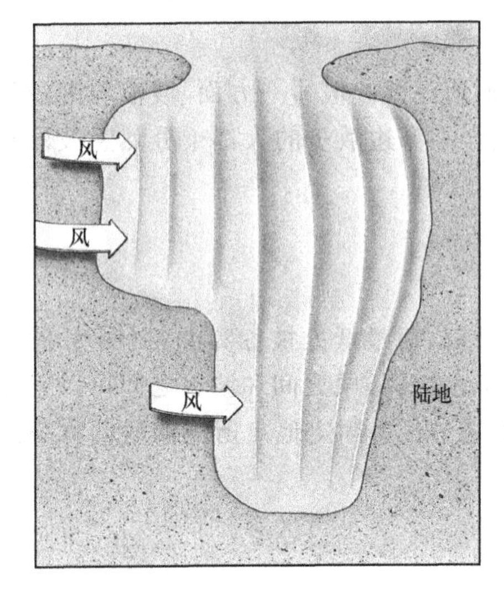

图 3.27 风以相同的速度吹过这个想象中的海湾，吹拂的时间也相同。但在海湾的上侧，风吹过的水体更宽阔。换句话说，湾上侧的吹程更长，因此那里的浪更大。

当风吹过水面，波浪就开始形成了。风速越快、时间越长，形成的浪越大。由风所形成的波浪大小还取决于吹程，即风所吹过的开阔水面的跨度（图 3.27）。

当海风刮过海面，它推动波峰向上形成尖锐的峰顶，同时使波谷伸展（图 3.28），这种浪被称为风浪。波浪从其产生的地方向前运动，而且其速度比风速略快。一旦没有了风，浪就稳定下来成为涌浪。涌浪具有平滑匀称的波峰和波谷，与完美的波浪模式十分相似（图 3.25 所示）。

涌向海岸达到浅水区的波浪开始“触及”海底。海底作用迫使水质点由圆形运动变为长椭圆形运动，波浪运动速度变慢。后浪追赶上来使浪相互之间靠得更近，波长更短。堆积在一起的波浪变得更高更陡。最终，又高又陡的波浪向前跌落并破碎，产生激浪。由风所赋予的波浪的能量，在波浪冲击海岸线、浪花破碎时被释放出来。

通常海洋表面并不是完美、规则，向一个方向运动的海浪，而是混乱无序的。这是因为海表面的任何一个位置都受到混合波浪的影响，这些波浪来自于不同的地点，而这些波浪又由速度不同、方向不同、时长不同的风所产生的。当两个波浪的波峰碰撞在一起，它们会相互叠加形成更高的浪。波浪增强的结果十分壮观，有时会产生恶浪，这种浪似乎不知从何而来，但可达 10 层楼高。当波峰相互穿越后，高高的峰顶就消失了；与此类似，当波峰和波谷相交就会相互抵消。许多类似的相互作用造成了复杂的海洋表面。

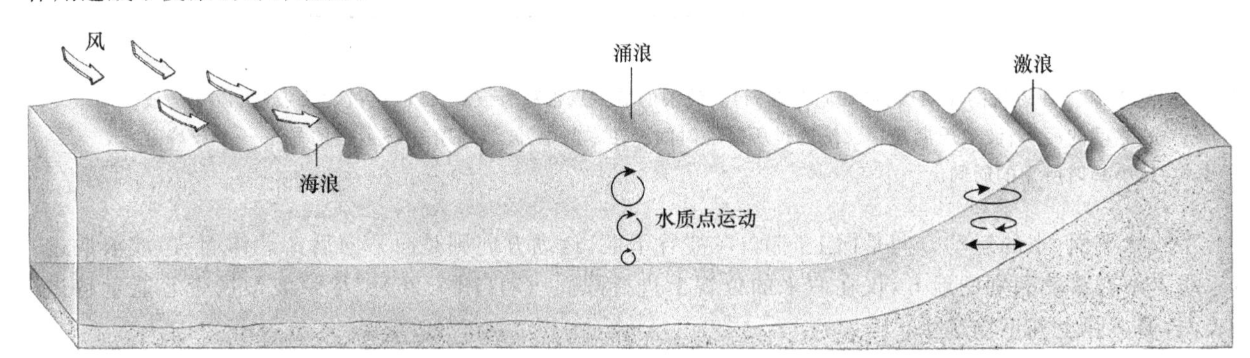

图 3.28 暴风引起的海浪。风浪是一种波峰尖而波谷相对平坦的浪。波浪移动携带着能量一起离开暴风区，成为具有匀称的波峰和波谷的涌浪。达到浅水区，波浪变得更高更短，也就是距离更近地靠在一起。最终，波浪变得不稳定并破碎，将能量释放到海岸线上。涌浪中的水质点其运动方式如图 3.26 所示的一样呈现完美的圆周运动。在浅水区，海底的影响使水质点运动变得扁平，直至成为往复运动，即浪涌。

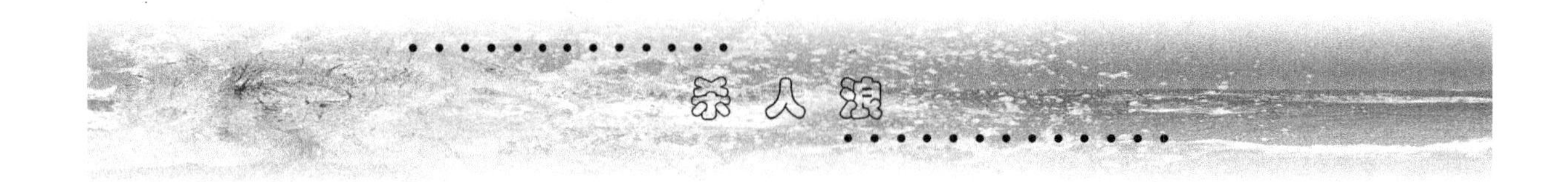

杀人浪

62

每一个曾经被海浪打翻过的冲浪者和泳客都清楚地知道破碎的海浪能释放出多大的力量，不过波浪通常不会造成什么伤害。但偶尔地，杀人浪释放出了大海令人恐惧的力量。每一年，猛烈的风暴潮都会使一些沿海地区受到破坏，有时甚至夺人生命。恶浪（参见“波浪”，61 页）已造成了数目不详的人员伤亡事故。海洋学家们曾经一度拒绝对其进行研究，认为恶浪极度稀少甚至根本不存在，甚至认为船员们用其作为对自身工作失误的借口。但2004年卫星观测首次确证了海洋中确实存在恶浪。观测结果显示恶浪比以前所知道的更加常见，并且可能是造成相当一部分大型船只沉船事件(每年100艘左右)的原因。

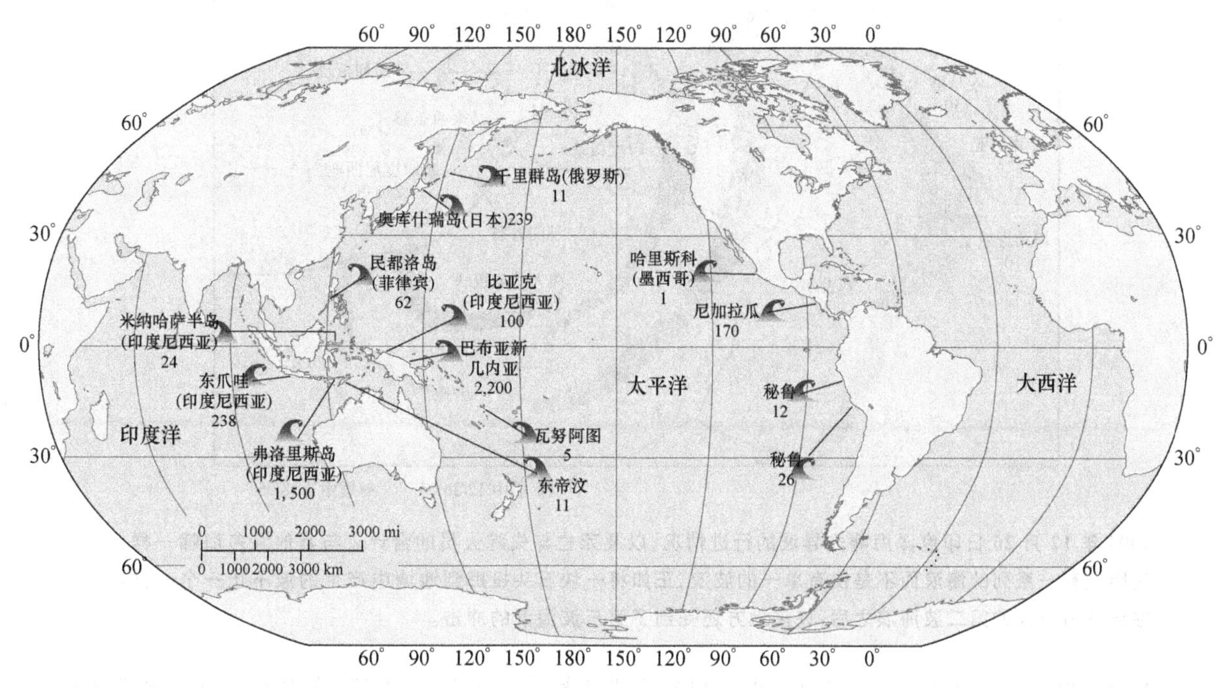

从1992年至2002年的10年间世界范围内海啸造成的人员死亡情况。与2004年印度洋海啸的情况相同，这些数据可能被低估了。

迄今为止最为致命的波浪是海啸，海啸的英语名称tsunamis来源于日语，其含义是“港湾海浪”。尽管有时被称做“潮汐海浪”，但实际上海啸与潮汐没有任何关系。海啸是由地震、山体滑坡、火山爆发，以及其他海底地震扰动产生的，因此又被称做地震海浪。与普通的风浪相比，海啸的波长要长得多，速度也快得多。其波长可达240 km，传播速度可比喷气飞机的速度，超过700 km/h。在开阔大洋，海啸的波高并不高，通常小于1 m，因此很难观察到。随着向海岸的靠近，波高会不断增加，但是高度的增加一般都较小，因此大部分海啸不会造成太大的破坏。

尽管如此，偶尔形成的巨大海啸会造成巨大的伤亡和破坏。1883年，位于印度洋的喀拉喀托岛火山爆发，引起的海啸覆盖了半个地球，使35 000人丧生。平均每1～2年就会发生一次致命的海啸，特别是由于环太平洋区域地震活动，使85%的海啸发生在太平洋。夏威夷在1946年遭受海啸，夺走了159条生命；1960年又受到智利地震引起海啸的影响，61人丧生。1960年的智利地震和1964年阿拉斯加大地震造成的致命海啸袭击了美国的西海岸。世界上许多其他地区也遭受过海啸的打击。

但是，历史所记载的最为致命的海啸发生在印度洋。2004年12月26日，巨大的印度板块在缅甸板块下面滑动，脱离了印度尼西亚苏门答腊岛东北海岸，从而导致了里氏9.0级以上的地震，这是自1964年阿拉斯加地震以来最强的地震。随后，由地震所产生的海啸高速向印度洋各处传递。数分钟之内，至少高达10 m(有人估计其高度可达30 m)的巨浪完全摧毁了靠震区最近的苏门答腊岛亚齐海岸，亚齐遭受了最为严重的破坏和最严重的人员伤亡。在8小时之内海啸袭击了整个印度洋海岸，在12个国家夺走了大约300 000人的生命。真正的代价也许高得多，因为许多伤亡情况发生在缺乏通讯和基础设施的偏远地区。数十万失踪的人估计已经死亡，真实的伤亡人数将永远无法了解。在一些地方，政府为了集中精力帮助生还者，不得不停止统计死亡人数。除了可怕的人员死亡情况，数以百万计的家庭流离失所。学校、医院，甚至整个城镇消失。宝贵的赖以谋生的度假村、商店、酒店、工厂和其他生意被狂浪卷走，港

63

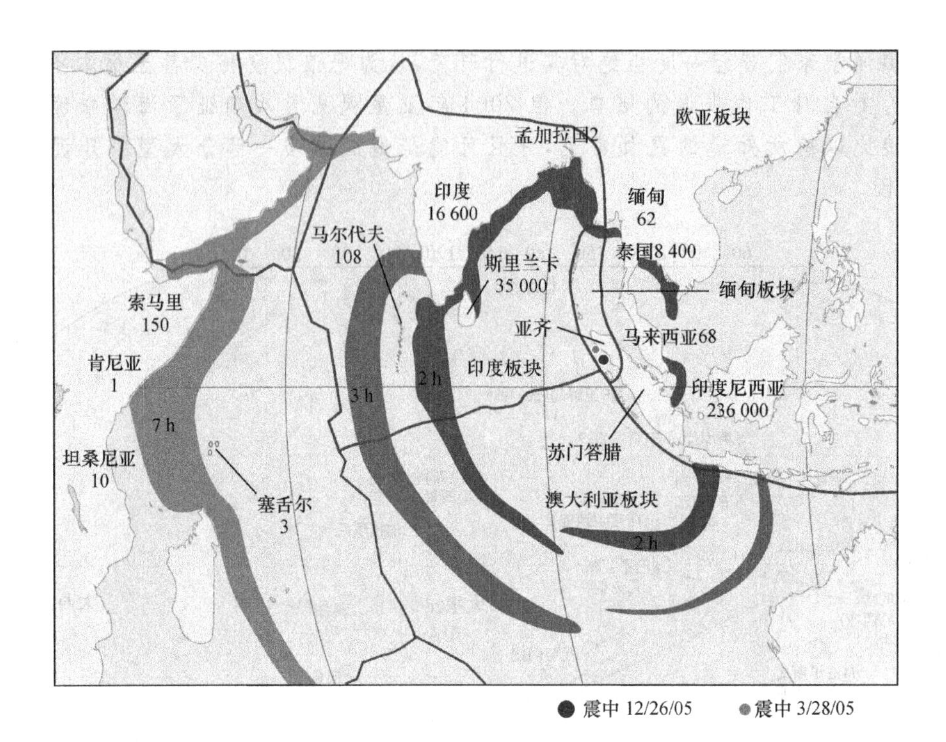

2004 年 12 月 26 日印度洋海啸先导波的行进情况，以及死亡与失踪人员的合计。与其他许多海啸一样，实际上有一系列的海浪而不是仅有单一的波浪，正如将一块石头投掷到池塘中产生的波不止一个一样。在破坏力最大的第二波海浪之后，许多地方还受到了第三波海浪的冲击。

口和船舶被摧毁，公路、供水、电力、通讯、水利和其他城市管网荡然无存，农田、水井和地下供水设施被海水淹没，这种可怕的破坏还可以列出很多很多。这场海啸的冲击十分残酷，因为受影响的许多地区原本就处于令人绝望的贫困状态，哪怕是恢复一点点的繁荣可能也需要数十年的时间。

这场海啸还对包括珊瑚礁、红树林和海草床在内的沿岸海洋生境造成了相当大的破坏。如果在自然状况下，这些生境可能会逐渐恢复，但不幸的是，由于人类活动许多生境已严重退化（参见“人类对河口群落的冲击”，273 页和“珊瑚礁”，403 页）。这是多么大的讽刺啊！因为红树林和珊瑚礁的存在有助于保护海岸线，一些红树林和珊瑚礁保护完好的地方海啸的破坏程度就明显减轻。

在泰国的游客逃避海啸

面对海啸人类还没有更多的办法来防止物质上的损失，但如果能及时向易受海啸侵害地区的人们发出警告，使人们转移到高处，那么就可以挽救许多生命。在1960和1961年发生致命的海啸后，一个面向整个太平洋的海啸预警系统已建立起来了，但世界其他地区的预警系统仍然还停留在口头。造成印度洋海啸的地震几乎在发生的同时就被位于夏威夷的地震监测站探测到，但是却没有办法将消息通知到所需要的地方。有些人恰巧看到了互联网上的公告或得到了电话通知，这些零星的情况挽救了数以千计的生命，但总体而言这些还是太少了。

在几周之内，国际社会开始认真思考并着手建立全球的海啸报警系统，促使人们采取行动的不仅是12月26日发生的海啸，而且由于沿着板块边缘的持续压力，科学家预测该地区可能会发生更多的地震。实际上，仅仅3个月后在临近区域又发生了第二个大地震(8.7级)。这一次，政府迅速地发布了警报，而且在某些地方政府命令居住在低洼地区的居民撤离。地震本身造成了大约2000人死亡，但是没有引发海啸。这表明了海啸报警系统存在的一个主要缺陷，即地震监测站几乎马上就能监测到大地震，但科学家仍然不能准确地预测哪次地震将产生海啸，而且经常会有错误警报。尽管如此，计划将在2006年运行的国际海啸报警系统将会帮助拯救大量的生命。

抵御海啸的最佳保护措施也许是教育。以12月26日海啸为例，海啸的第一波海浪较小，如果人们能够意识到这可能是后续更具破坏力波浪到来的信号，他们就可能转移到内陆上。在许多地方，破坏性的第二波海浪到来前海水会后退，这是另一个常见的海啸迫近的信号。据报纸报道，一名10岁的孩子从课本上学习并记住了这一现象，从而挽救了泰国一处海滩上数百人的生命。但是在大多数地方，这些警告信号未引起人们的注意。事实上，常常发生的却是许多人向海滩更深处走去，想一探究竟，从而决定了他们可悲的命运。

潮汐

65

数十亿年来，海面按照其固有的节奏模式上升下降，这种现象被称为潮汐。潮汐是近岸海洋生物的主要影响因素。潮汐使海滨生物交替地暴露或浸没在海水中(参见第11章)；潮汐驱动了海湾和河口的环流(参见第12章)；潮汐诱导生物产卵(图3.29)，并以其他各种各样的方式影响海洋生物的生活。

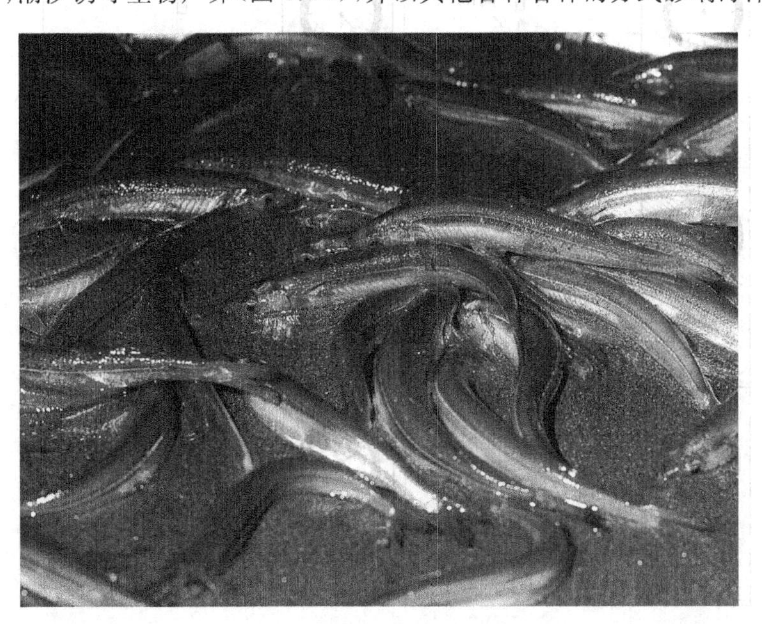

图3.29　银汉鱼(*Leuresthes tenuis*)正在加利福尼亚海滩高潮带产卵。银汉鱼产卵时间十分准确，与最高潮达到最高点时的时间一致，此时鱼能够到达海滩的最高位置。将近一个月后，当高潮再次来临时由卵孵化的鱼苗可以随潮水游走。

为什么会有潮汐？　月球、太阳的引力和地球、月球、太阳的旋转是引发潮汐的原因。月球和地球靠万有引力维系在一起的。地球上靠月球最近的一侧，受到的月球引力也最强。在这一侧，引力将海洋中的水引向月球的方向，因此如果地球完全被水覆盖，那么海洋会向月球隆起（图 3.30）。而在远离月球的地球另一侧，由于月球引力的牵引作用较弱，因此水不会向月球方向运动。实际上，由于离心力的作用，水会向相反方向（即背离月球的方向）隆起。严格来讲月球并不是围绕地球旋转，正是这种情况形成了上述离心力。地球和月球是围绕它们共同的质量中心旋转，该中心位于地球内部，略微偏移地球的实际中心（图 3.30）。这种偏移使地-月系统像不平衡的轮胎一样轻微摇摆，并产生离心力推动海水背离月球。因此，被水覆盖的地球会形成两个方向相反的隆起，其中一个在月球吸引下朝向月球，另一个在离心力主导下背离月球。隆起之下水相对较深，而隆起以外的地方则水较浅。

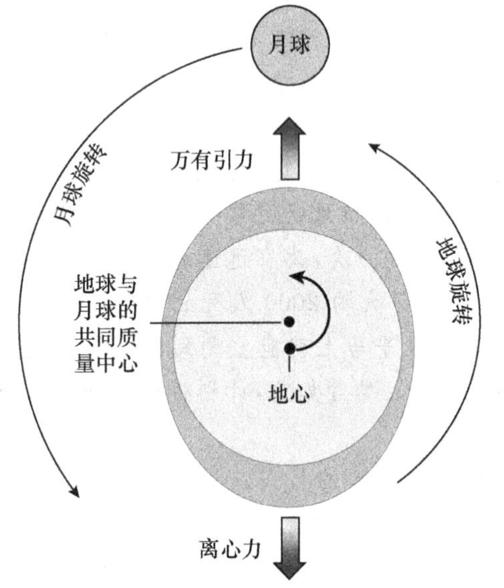

图 3.30　月球并不是精确地围绕地球旋转，而是围绕着它们共同的质量中心旋转，质量中心位于地球内部。因此，实际上地球会有点“摇摆”，类似于不平衡的轮胎。地球运动产生的离心力会引起地面水向外隆起，远离月球。但是在地球靠月球最近的一侧，月球的引力牵引克服了离心力的作用将水拉向月球，形成隆起。

地球和月球的旋转运动除了如图 3.30 所示的情况外，地球还像陀螺一样绕着自身的地轴旋转。正因为这样，地球表面的任一特定点将会交替地出现在隆起的下面，随后离开（图 3.31）。当该点位于隆起下面时，就是高潮。由于地球完成一圈自转的时间是 24 h，这个点每天都会有两次高潮和两次低潮。实际上，经过 24 h 运行，月球在其自身轨道上会略微前移。地球上的上述点需要多花 50 min 赶上并再次与月球排列成直线。因此一个完整的潮汐周期是 24 h 50 min。

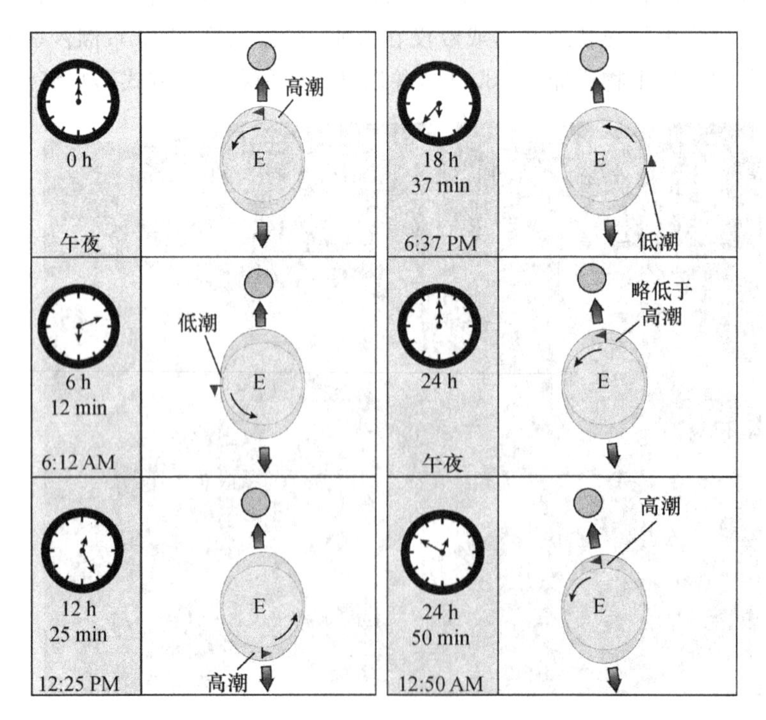

图 3.31　由于自转，地球上的特定点（图中用小旗标注）就在潮波下和潮波间交替出现，在潮波下就是高潮，在潮波间就是低潮。当地球旋转时月球也在运动，因此一个完整的潮汐周期要比地球完成自转所需要的 24 h 还要多 50 min。

太阳引发潮波的方式与月球是相同的。尽管太阳体积远大于月球，但是太阳与地球的距离比月球远400 倍，因此太阳的作用力大约仅是月球的一半。在望月或朔月时（图 3.32），太阳、月球和地球彼此呈直线排列，相互间的作用就会叠加。此时潮差（即连续的高潮和低潮之间的水位差）最大。这种潮汐被称为朔望大潮，英语称为"涌潮"，因为此时的潮水像喷涌的泉水一样。实际上与季节无关（spring 还有"春天"之意——译者注），因为一年四季均会发生。

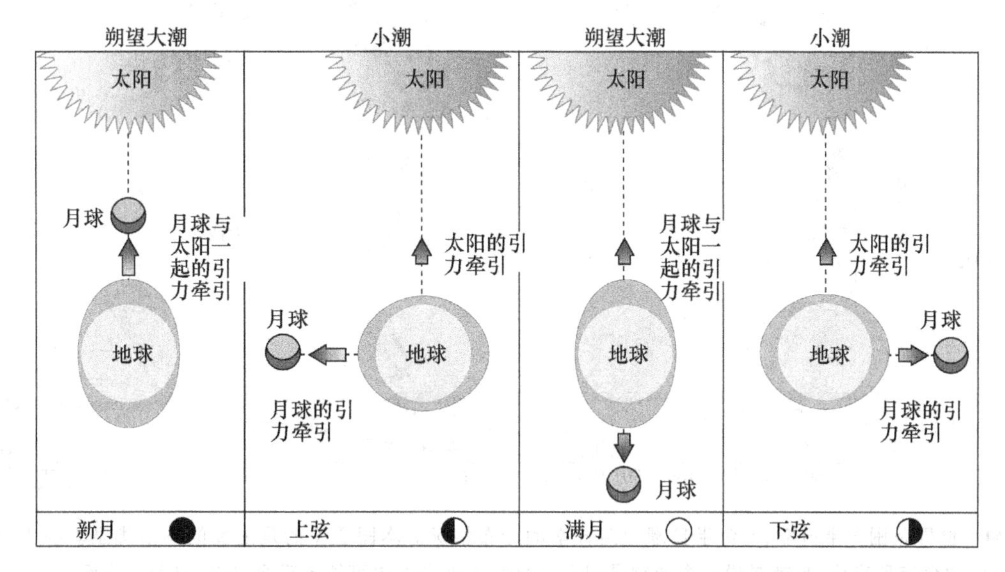

图 3.32　当月球与太阳直线排列并共同作用时，潮波最大，潮差也最大，此时恰好是新月和满月。当月球和太阳以直角的角度相互牵引时，潮波和潮差都是最小，此时是弦月。

当太阳和月球之间呈直角时，相互间的作用部分抵消，此时为小潮，潮差小。月球在上弦和下弦时出现小潮。

潮汐是由太阳、月球引力和地球、月球、太阳旋转产生的离心力的共同作用引起的。

潮汐的现实情况　十分幸运的是，地球并不是全部被水覆盖。主要由于大陆和海底形态的影响，实际的潮汐变化与全部被水覆盖地球的潮汐情况有所不同。潮汐因地而异，这主要取决于所处的位置以及港湾的形状和深度。

与预测相一致的是，大多数地方确实存在半日潮，也就是每天有两次高潮和两次低潮（图 3.33a 和 b）。北美洲东岸以及欧洲和非洲的大部分沿海地区都是半日潮（图 3.34）。但有些地方是混合半日潮，这种潮汐的特征是连续出现两次潮高不同的高潮（图 3.33b）。美国和加拿大西海岸的大部分地区是混合半

68

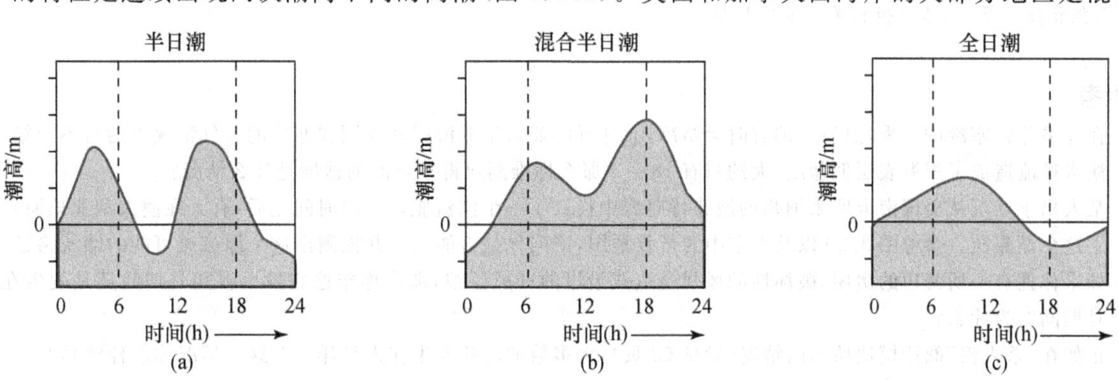

图 3.33　潮汐类型。大多数地区的潮汐是半日潮，也就是每天有两次高潮和两次低潮。(a) 在某些地区，连续两次高潮的潮高基本相等；(b) 在其他许多地区，一次高潮的高度显著高于另一次高潮，被称为混合半日潮；(c) 一些地方是全日潮，即每天一次高潮一次低潮。

日潮。每天只有一次高潮和一次低潮的潮汐就是全日潮(图 3.33c)。全日潮很罕见,仅发生在南极洲沿岸和墨西哥湾、加勒比海和太平洋的部分地区(图 3.34)。

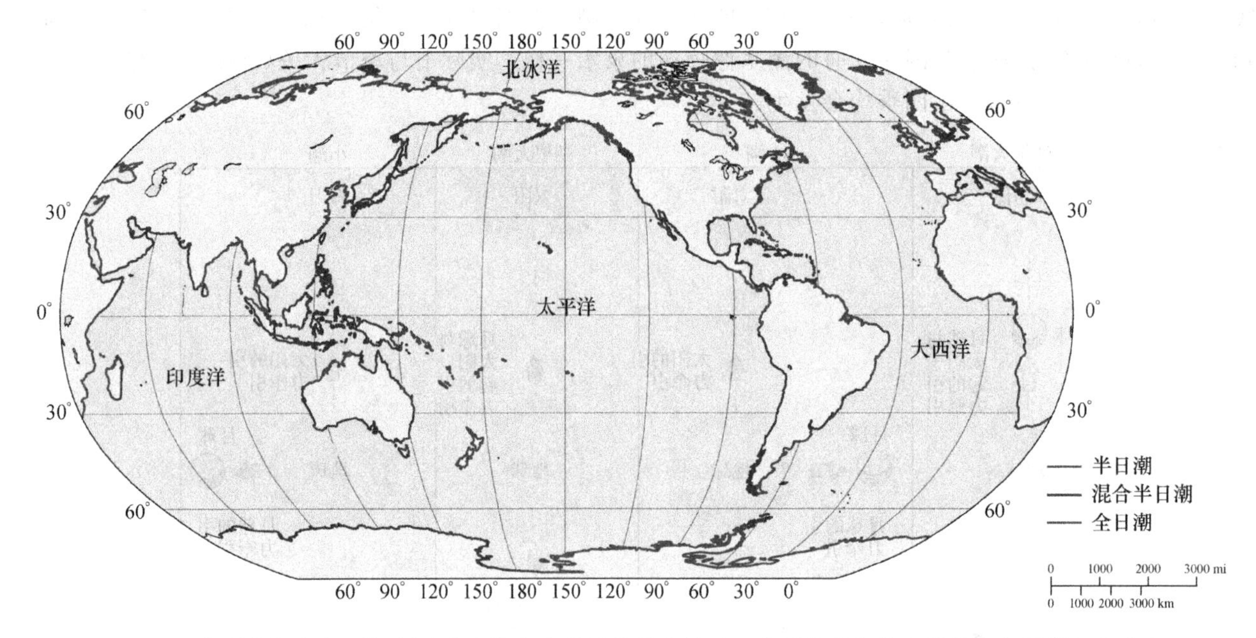

图 3.34 世界范围内半日潮、混合半日潮和全日潮的分布情况。本图显示的是主要的潮汐类型。在大多数地区潮汐会有所变化,也就是说一个通常是混合半日潮的地方偶尔可能出现全日潮。(参见彩图 5)

大部分沿海地区都有潮汐表,潮汐表标示出了高潮和低潮的时间和潮高。潮汐表提供的是某个特定地点的潮汐数据。该地区其他地点的潮汐可能有些许差异,这取决于两地间隔的距离,以及海峡、岩礁、海盆以及其他局部特征的影响。天气模式也会对潮汐产生影响。例如,强风能引起海水在岸边叠加,会产生高于预期的潮汐。但是总体来看,潮汐表是十分准确的。

69

《海洋生物学》在线学习中心是一个十分有用的网络资源,读者可用其检验对本章内容的掌握情况。获取交互式的章节总结、关键词解释和进行小测验,请访问网址 www.mhhe.com/castrohuber6e。要获得更多的海洋生物学视频剪辑和网络资源来强化知识学习,请链接相关章节的材料。

评判思考

1. 在异乎寻常寒冷的冬季,黑海北部有时会结冰,而邻近的亚得里亚海即使在同样寒冷的天气情况下通常不会结冰。淡水径流造成了黑海表层低盐度,大约只有 18‰。那么你推测亚得里亚海的盐度是什么情况?
2. 某人出于好玩从美国南卡罗来纳州的波弗特向海中投放了一个漂流瓶。一段时间之后,有人在澳大利亚珀斯发现了这个漂流瓶。参考图 3.20 以及本书中的折叠地图,请问你是否能追踪并推测出这个漂流瓶可能的漂流路径?
3. 如果你拥有一所海边的房屋,破坏性的风暴会造成沿岸的狂风巨浪,那么你宁愿它发生在朔月期间还是发生在弦月期间?为什么?
4. 正如在"杀人浪"阅读模块所示的情况(参见 62 页),大多数的海啸发生在太平洋。对这一情况你怎样解释?

拓展阅读

网络上可能找到部分推荐的阅读材料。可通过《海洋生物学》在线学习中心寻找可用的网络链接。

普遍关注

Cromwell, D. , 2000. Ocean circulation. *New Scientist*, vol. 166, no. 2239, 20 May, Inside Science supplement no. 130, pp. 1—4. A summary of what is known about ocean currents and current research efforts to learn more.

González, F. I. , 1999. Tsunami! *Scientific American*, vol. 280, no. 5, May, pp. 56—65. Detailed explanations of how tsunamis form and behave, and a review of their worldwide impacts.

Krajik, K. , 2001. Message in a bottle. *Smithsonian*, vol. 32, no. 4, July, pp. 36—47. An oceanographer studies ocean currents by tracking the paths taken by rubber duckies, tennis shoes, and other floating objects.

Kunzig, R. , 2001. The physics of... deepsea animals: They love the pressure. *Discover*, vol. 22, no. 8, August, pp. 26—27. Deep-sea organisms feel the squeeze under the pressure of the deep.

Linn, A. , 1983. Oh, what a spin we're in, thanks to the Coriolis effect. *Smithsonian*, vol. 13, no. 11, February, pp. 66—73. A detailed explanation of the Coriolis effect and a look at some of its consequences.

Matthews, R. , 1997. Wacky water. *New Scientist*, vol. 154, no. 2087, 21 June, pp. 40—43. Plain water, so familiar to us all, still holds secrets.

Stutz, B. , 2004. Rogue Waves. *Discover*, vol. 25, no. 7, pp. 48—55, July. Rogue waves are almost impossible to catch in the real ocean so a team of oceanographers tries to understand them in the laboratory.

深度学习

Clark, P. U. , N. G. Pisias, T. F. Stocker, and A. J. Weaver, 2002. The role of the termohaline circulation in abrupt climate change. *Nature*, vol. 415, no. 6874, pp. 863—869.

Johnson, G. C. , B. M. Sloyan, W. S. Kessler and K. E. McTaggart, 2002. Direct measurements of upper ocean currents and water properties across the tropical Pacific during the 1990s. *Progress in Oceanography*, vol. 52, no. 1, pp. 31—61.

Koeve, W. and H. W. Ducklow, 2001. JGOFS synthesis and modeling: The North Atlantic Ocean. *Deep Sea Research Part II: Topical Studies in Oceanography*, vol. 48, no. 10, pp. 2141—2154.

第 4 章

生物学基础

70 在上述三个章节的内容中，我们论述了海洋环境的一些主要特征，这一章我们可以将注意力转到海洋生命中来。可能多数人都会问的一个最基本的问题是：生命是什么？很多人对生命这个词的意义有美好的感觉，但生物学家对生命的解释从来没有达成一个准确的定义。我们能做得最好的就是描述生物共有的特征。

所有的生物依靠能量工作、维持自身的存在和生长。而这需要通过大量的化学反应来完成，这一过程称为新陈代谢。生物的内部条件与其周围环境不同，因此也需要利用能量来维持自身内部条件的稳定，这个过程称为体内平衡。生物能感应外部环境的变化并做出相应反应。此外，所有的生命形式都能繁殖以延续生命，并将各自的特征传给下一代。

所用的生物都生长，代谢，调节它们的内部环境，对外界环境做出反应，繁殖后代。

包括海洋生命在内的所用生物都具有最基本的共同特征。本章节特别关注海洋生物。

生命的要素

生命过程涉及数量庞大的化学物质的一系列错综复杂的化学反应。其中最重要也最简单的化学物质是水。作为一种万能溶剂，水是所有分子溶解及发生反应的介质。所有的生物体代谢的化学反应都发生在一个复杂的“化学羹”中，而水就是这个“化学羹”的基础。

建筑材料

除了水之外，大多构成生命的化学物质是有机71 化合物，即含有碳、氢、氧原子的分子。有机物为高能量分子，制造时需要能量（图 4.1）。利用能量来制造或合成有机物的能力是生物最重要的特征。生物体内过多的有机物容易发生降解，释放能量，用于自身的重建。常常为了利用释放出来的能量，生物发展了一套控制有机物降解的能力。

碳水化合物 大多数有机分子都属于四类主要的有机分子中的一类。碳水化合物为其中的一类。碳水化合物由碳、氢、氧组成，这三种元素也是其他几大类有机分子的基本元素。最简单的碳水化合物为葡萄糖和其他的一些单糖。多数复杂的碳水化合物由单糖连接而成，如，普通食糖由两个

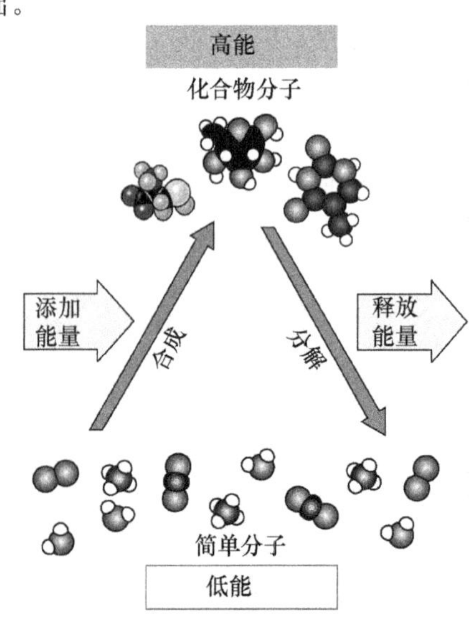

图 4.1 化学反应分为需能反应和放能反应。生物需要能量将单个分子合成复合分子，富含能量的化合物的降解就像“下山”一样释放能量。

单糖分子组成,淀粉和其他复杂的碳水化合物由更长的链组成,其中除了单糖外还含有其他的成分。

生物以多种途径消耗碳水化合物。下面我们将要看到,单糖在最基本的代谢过程中起主要作用,像淀粉那样复杂的碳水化合物经常用于储存能量。

一些碳水化合物为结构分子,它们提供支持和保护作用。如几丁质为一种被修饰的碳水化合物,某些动物利用它作为骨架材料。植物和许多藻类产生的结构性碳水化合物称为纤维素,它是木头和植物纤维的主要成分(见表6.1,108页)。其他碳水化合物在繁殖、代谢、细胞间相互作用中发挥作用。事实上,科学家们刚开始认识到,碳水化合物在几乎所有的生物功能中都发挥着作用。

蛋白质 蛋白质是另一类主要的有机分子。与碳水化合物类似,蛋白质是由较小的亚单位组成的链。蛋白质的亚单位为氨基酸,含有氮以及所有典型有机物含有的碳、氢、氧。

蛋白质有非常多的功能。肌肉主要由蛋白质组成。酶是催化、加速化学反应、使反应具有专一性的蛋白质。没有酶,大部分代谢反应的进程将变得缓慢或者根本无法进行。还有许多结构蛋白质,如皮肤、毛发和一些海洋生物的骨架。具有信使作用的一些激素也是蛋白质,它们可以使肌体不同部位协同工作。一些蛋白质在血液和肌肉里携带氧。蛋白质的功能数不胜数,可以作毒素、可产生化学信号、可以发光,还可以存在于一些南极鱼类血液里发挥抗冻因子的作用。

脂质 脂质是另一类有机化学物,如脂肪、油和蜡。脂肪通常用来储存能量(图4.2)。脂类另一个有用的特性是排斥水。比如,许多海洋哺乳动物和鸟类利用身体表面的油脂来保持毛皮或羽毛干燥。一些在低潮时暴露于空气中的海洋生物有一层蜡质的外层,帮助它们在空气中防止水分流失。另外脂类有利于漂浮,因为它们能浮在水面上,还有利于御寒。某些激素是脂类而非蛋白质。

72

水称为万能溶剂是因为它比其他溶剂能溶解更多的不同物质。 第3章,46页。

分子 由两个或多个原子组成,大多数物质都是由分子而不是单个原子组成的。 第3章,45页。

图4.2 厚厚的鲸脂层几乎全部由脂质组成。鲸利用鲸脂储存的能量,长时间不吃东西还能四处游动。鲸脂还能帮助鲸避寒,给它浮力。人们以前燃烧鲸油,用来照明和取暖。多数工业捕鲸已经禁止,但这种传统的捕鲸在某些地方是合法的。如图所示,这些阿拉斯加的因纽特人正在捕鲸。

核酸 核酸储存和传递所有生物的基本遗传信息。核酸分子是由核苷酸重复亚单位组成的链。核苷酸由一个单糖与含有磷酸和氮的分子连接而成。含氮分子称为核苷酸的含氮碱基。一类核酸为DNA(脱氧核糖核酸)。一个生物的DNA分子为该生物指定了"食谱"——一份所有重建和维持生存的指令。

一个生物的全部基因信息叫基因组。生物以DNA的形式将遗传信息从亲代传到子代。DNA链的长度通常为几十到几百万个核苷酸,但是核苷酸只有四种含氮碱基：腺嘌呤,胞嘧啶,胸腺嘧啶和鸟嘌呤。核酸链上不同碱基的排列次序,也称序列,形成一组含有遗传信息的密码,就像4个字母的拼音。听起来4个字母不算多,但莫尔斯电码仅用两个"字母"点和线就能表达任何文字信息。DNA的"单词"就是基因,基因的DNA序列决定了一个蛋白质特定的氨基酸序列。

另一类核酸为RNA(核糖核酸)。与DNA类似,RNA链也由四种核苷酸组成,其中三种与DNA的一样,但是RNA中的第四种核苷以尿嘧啶代替DNA的胸腺嘧啶。很多RNA分子将DNA编码的遗传信息转化为蛋白质。一些RNA像酶一样催化化学反应。生物学家最近发现RNA有一些前所未知的功能,如以自己的方式储存遗传信息,帮助控制DNA中的基因翻译为蛋白质,帮助抵抗病毒的感染。

核酸决定了生物诸多的性质,因此核酸序列测定——即确定核苷酸的顺序成为生物学一个最热门的研究领域。只有很少数生物的全基因组序列得到测定,但被测定的基因组数目正在增加,其中最引人注目的就是人类的基因组测序。很多生物只有一部分核酸序列已知,这部分序列含有生物学家刚开始学会应用的大量信息。正如知道几个音符就可以识别一首歌曲,看到一个经典的片段就可了解一部电影一样,通过了解部分DNA或RNA的某些特征,科学家们就能够揭示它们代谢的详细过程(参见"小细胞,大惊奇",97页)。

有机物为含有碳、氢和氧(通常情况)的化学物。有机物的主要类型为碳水化合物、蛋白质、脂质和核酸。

生命的动力(燃料)

组成生物的分子在许多复杂的化学系统中相互作用。这些分子最基本的功能是参与捕获、储存和利用能量,或简单地说参与食物的生产和利用。这些系统以ATP(三磷酸腺苷)为共同的"能量货币"储存和转移能量。ATP是含有腺苷(核酸中的一种核苷酸)的高能分子。能量以化学能的方式储存,将较低能量的ADP(二磷酸腺苷)转化为ATP。当ATP分解为ADP时,释放的能量用于新陈代谢。每人每天要循环消耗57 kg的ATP,而鲸鱼则要消耗几吨的ATP!

生物以ATP(三磷酸腺苷)为能量货币,在不同的分子间转换能量。

微生物利用各式各样的代谢途径处理能量(参见表5.1,99页)。然而大多数的生物主要依靠两种方式：光合作用和呼吸。

光合作用：制造燃料 多数生物最终要从太阳获取能量(图4.3)。藻类、植物和其他一些生物在光合作用中捕获太阳能,用来制造葡萄糖(一种单糖),有的转化成其他有机物。大多数的生物利用这些有机分子作为能源。有机物含有大量的能量,作为食物,它给我们的身体和大多数的生物提供燃料;作为油、气、煤,它给我们的家庭提供温暖,使工厂运转,为车提供动力。

图4.3 生活在温和的太平洋的一种大型褐藻(巨藻,*Macrocystis*)捕获穿越海水的太阳光线进行光合作用。海带利用光能生长,而其他生物以吃海带的方式来利用最初来自太阳的能量。

当太阳能以光的形式被生物体内一种叫做光合色素的化学物质吸收时,光合作用就开始了(图4.4)。最常见的光合色素是叶绿素。叶绿素的存在使植物呈现绿色的特征。很多藻类还有其他的色素，这些色素常常掩盖了叶绿素的颜色（表6.1，108页）。含有这些色素的藻类不是绿色，而呈现褐色、红色，甚至黑色。

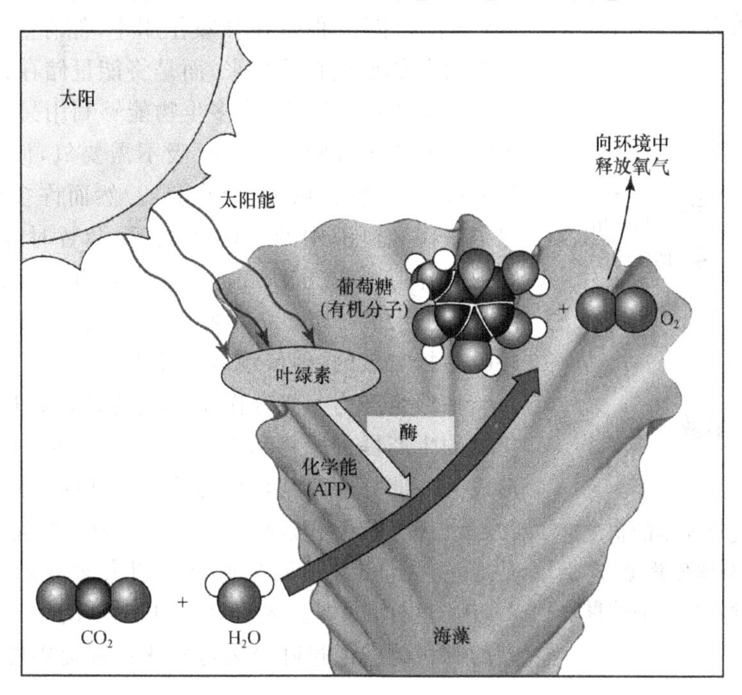

图 4.4　光合作用中，二氧化碳和水用来生产葡萄糖。这个过程的能量来自太阳光。氧气作为副产品被释放出来。

在一系列酶控反应中，太阳能被叶绿素和其他色素捕获，转化为 ATP 形式的化学能，然后以二氧化碳（CO_2）和水（H_2O）为原料制造葡萄糖。只有少数几种含碳的分子不属于有机物，二氧化碳是其中的一种。光合作用将无机碳转化有机碳，这个过程称为固定碳，或碳固定。被叶绿素吸收的太阳能以化学能的形式储存在葡萄糖里。然后葡萄糖用于制造其他的有机物（参见“初级生产力”，74页）。另外，光合作用产生一个副产品——氧气（O_2）。地球上所有的氧，即我们呼吸的空气中的氧和海洋中的氧，都由光合生物连续不断地产生和补充。由此，光合作用不仅供给我们赖以生存的食物，还供给我们呼吸的空气。 73

光合作用从太阳中捕获光能制造葡萄糖。二氧化碳和水用来制造葡萄糖。氧气作为一个副产品释放出来。

$$H_2O + CO_2 \xrightarrow{\text{太阳光}} \text{有机物（葡萄糖）} + O_2$$

能进行光合作用的生物不需要吃东西，就可以从太阳光获取它们需要的能量，这样的生物叫自养型生物（“自养者”）。植物是为大家所熟悉的陆地上自养生物，而海洋中细菌和藻类是最重要的自养生物。

许多生物自己不能生产食物，必须从现有的有机物中获取能量。这些包括所有动物在内的生物称为异养生物。

呼吸：燃烧能量　自养和异养生物通过呼吸作用利用光合作用储存在有机物中的太阳能。尽管化学反应不同，呼吸作用为依赖氧或需氧的反应，从根本上说，呼吸作用是光合作用的逆过程（图 4.5）。在有氧条件下糖被分解，释放出二氧化碳和水。为了区别于身体的呼吸动作，这个过程有时被称为细胞呼吸。呼吸动作为细胞呼吸提供氧，因而这两个过程是有关联的。

呼吸作用，几乎发生在所有生物中，它分解葡萄糖，释放其中含有的能量。呼吸作用消耗氧，产生二氧化碳和水：

$$\text{有机物（葡萄糖）} + O_2 \xrightarrow[\text{产生化学能}]{} H_2O + CO_2$$

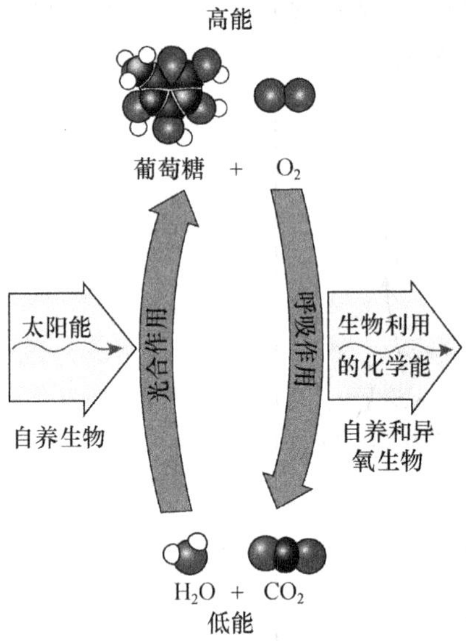

图 4.5　呼吸作用是光合作用的相反过程。呼吸作用利用氧分解葡萄糖，产生二氧化碳和水。最初来自太阳的能量为生物利用。

呼吸作用与燃烧木材和石油相似，都分解有机物，消耗氧，将储存在有机物中的能量释放出来。这就是节食者们为什么说“燃烧卡路里”。但是在呼吸作用中，储存在有机物中的能量不是以火苗的形式释放出来，而是将能量储存在 ATP 中。

如果没有氧可用，许多生物能够利用另一种形式的呼吸，这种呼吸叫厌氧呼吸。厌氧呼吸不需要氧，但它不如需氧呼吸的效率高，为生物提供较少的能量。然而许多动物在极端劳累耗尽了肌肉和血液中的氧的情况下，会暂时地转换到厌氧呼吸。在缺氧环境，如在沉积底泥和鱼类肠道生活的某些生物，所有时间都进行厌氧呼吸。需氧呼吸比厌氧呼吸普遍。本章节提到的呼吸是指需氧的，即依赖氧的呼吸。

初级生产力　光合作用产生的糖，通过呼吸作用为其他有机物的生产提供原料和能量。通过精细的化学过程，光合作用形成的一部分葡萄糖转化为其他类型的有机分子——碳水化合物、蛋白质、脂类和核酸（图 4.6）。为这些转化过程提供能量的是通过“燃烧”或者说是通过代谢大多数剩下的葡萄糖得到的 ATP。这样，大多数光合作用中产生的葡萄糖，转化为其他类型的有机物或通过呼吸为这转化过程提供燃料。

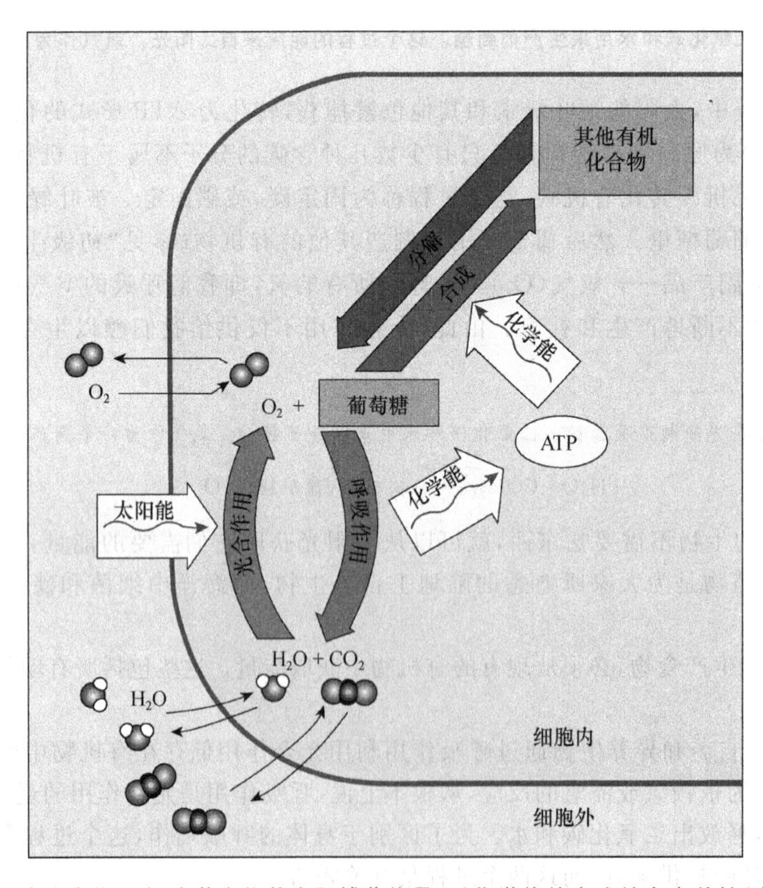

图 4.6　在光合作用中，自养生物从太阳捕获能量，以化学能的方式储存在单糖（葡萄糖）中。在呼吸作用中，一些糖分解，以 ATP 方式储存能量。这种方式产生的能量被其他动物的代谢途径利用，如利用剩余的葡萄糖生产有机物。如果没有太阳光，自养生物可以像动物和其他异养生物一样只进行呼吸作用。小的黑色箭头表示分子进出细胞。

当自养生物生产的有机物多于其呼吸所消耗的有机物时，有机物为净增长，称为初级生产力。自养生物利用盈余的有机物进行生长和繁殖。也就是说，盈余的有机物形成了更多的生命物质，也意味着为动物和异养生物提供更多的食物。进行食物初级生产的生物称为初级生产者，有时也称为生产者。

当自养生物生产的有机物（通常利用光合作用）多于它们的呼吸消耗时，有机物就产生了盈余。

营养物质的重要性　光合作用生产葡萄糖时，只需要二氧化碳、水和阳光，但将葡萄糖转化为其他的有机化合物则需要其他的物质。这些原料称为营养素，它包括矿物质、维生素和其他物质。初级生产者用大量的氮来生产蛋白质、核酸和其他的化合物。虽然氮也以其他的形式被利用，但硝酸盐（NO_3^-）是海洋中最重要的氮源（参见“必需营养物质循环”，229 页）。用来制造核酸和其他化合物的磷是另外一种重要的营养物质，它的主要来源是磷酸盐（PO_4^{3-}）。硅藻、放射虫和硅鞭藻需要大量的二氧化硅来制造它们的壳。另外一种重要的营养物质是以多种形式存在的铁。虽然生物对铁的需要量比氮、磷或硅要少得多，但是极大部分的海洋环境都不能满足生物的需要（参见“营养物质”，343 页）。

由光合作用进行的初级生产需要营养素和光。氮、磷、硅和铁是海洋世界里最重要的营养物质。

生命机器

新陈代谢中的化学反应使生命成为可能，但化学反应不是活的生物，生物也不是一锅“化学羹”。比方说，如果你用搅拌机制作肉酱，得到的都是同样的分子，但肯定得不到活的鱼。组成生物的各种分子被有组织地安排成协调工作的结构性和功能性的单位，正是这生命机器赋予生物体许多特性。　75

细胞和细胞器

生命的基本结构单位是细胞。所有的生物由一个或多个细胞构成。细胞含有生命所需要的全部分子，这些分子被细胞膜或细胞质膜所包裹。细胞膜将胶状的细胞内容物（即细胞质）与外部世界分隔开。细胞膜允许某些物质出入细胞，而阻止其他物质的出入。

细胞质内有许多结构，最重要的是与细胞外膜类似的膜。这些内膜是光合作用和呼吸作用的场所。膜也可以将细胞分成不同的间隔，这些间隔将更复杂的具有特定功能的结构包围起来。这些被膜包围的结构称为细胞器。

细胞内还有由蛋白纤维构成的复杂的内部结构——细胞骨架。细胞骨架支撑细胞，允许细胞运动、改变形态，帮助细胞分裂。

结构简单的细胞：原核生物　从某种程度上说，原核细胞很原始。在现有的两种主要类型的细胞里，原核细胞是最古老的细胞类型。它们也是最简单、最微小的细胞。原核细胞区别于其他细胞的特征是缺少某种细胞器（图 4.7），但一些原核生物的确存在某种细胞器或细胞器样结构。具有原核细胞的生物叫做原核生物。大多数原核生物（极少数除外）需用显微镜才能看见（参见图 5.2）。甚至在一般的显微镜下，多数的原核生物

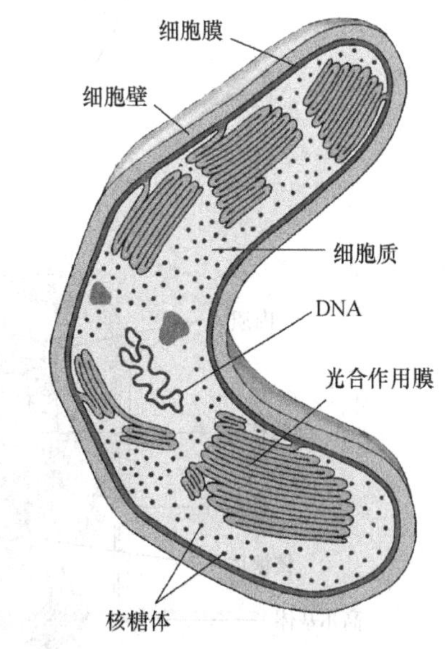

图 4.7　原核细胞外被细胞壁，内有细胞膜。细胞膜是呼吸作用发生的场所，可以向细胞内折叠。在光合细菌中细胞膜折叠特别显著，如该图所示。折叠膜含有叶绿素，是光合作用的场所。原核细胞还有分散的核糖体和环状的 DNA。另外细胞内还有一些较小的结构。

仍然很小。细菌是众所周知的原核生物。

原核生物细胞膜的外围是起支撑作用的细胞壁。胞内有一条环状的DNA分子。附着在细胞质膜上、分散在细胞质中的由蛋白质和RNA组成的结构叫做核糖体。细胞的蛋白质是由核糖体制造的。光合原核生物的折叠状细胞质膜分布着光合色素。一些原核生物还有一根或多根鞭子样的延伸物，称为鞭毛。鞭毛像小小螺旋桨，驱动细胞的运动。

最原始的细胞为原核细胞。它们具有相当小的内部结构，缺乏多数由膜包围的细胞器。

结构复杂的细胞：真核生物　真核细胞是第二种主要的细胞类型，比原核细胞更有组织、更复杂（图4.8）。在真核生物发现的各种膜包裹的细胞器在胞内执行专门的功能。核内有携带大多数细胞DNA的染色体。因此核持有细胞的遗传信息并指挥细胞的绝大多数活动。可以认为核是细胞的司令部。

真核细胞有两个高度膜折叠结构的"工厂"，分别为内质网和高尔基体。这些细胞器生产、包装和转运细胞所需的许多有机分子。核糖体位于某些内质网上。

真核生物的呼吸发生在一个叫线粒体的特殊细胞器上。线粒体是细胞的发电厂，能够降解有机物提供能量。植物和藻类有两个动物所没有的重要结构，一是叶绿体，它们是含有叶绿素，能进行光合作用的

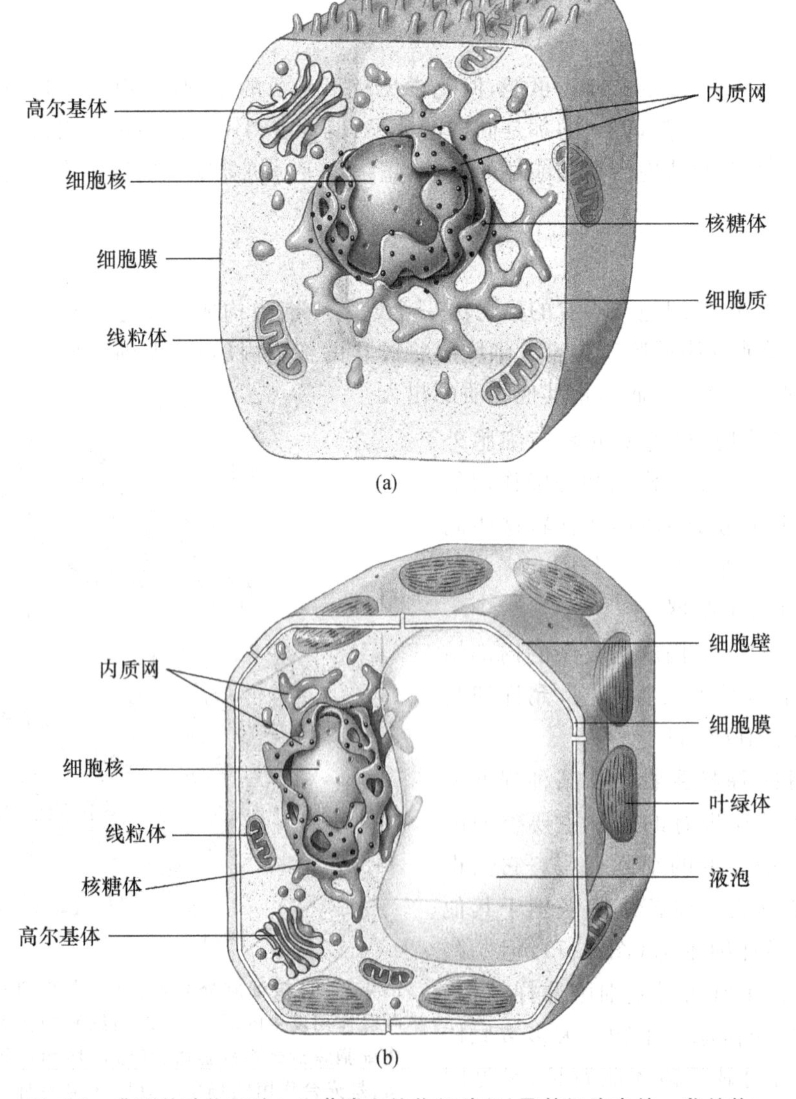

图4.8　典型的动物细胞(a)、藻类和植物细胞(b)及其细胞内的一些结构。

细胞器，二是细胞壁（一些单细胞藻类除外）。

真核细胞通常有鞭毛。短而多的鞭毛也叫纤毛，两者结构基本一样。与原核生物一样，真核生物常用鞭毛或纤毛来游动，它们常用纤毛和鞭毛推动水或颗粒物通过它们的身体，而不是推动身体通过水。例如，许多海洋动物利用纤毛将食物颗粒送入嘴中。我们肺里的纤毛用于清除灰尘和其他刺激物。

真核生物的细胞比原核生物的细胞结构更完整。它们的细胞器有膜，有一个携带染色体 DNA 的核。

硅藻　有壳的单细胞藻，壳由二氧化硅组成。　第 5 章，100 页，图 5.4。

放射虫　有壳的单细胞原生动物，壳由二氧化硅组成。　第 5 章，105 页，图 5.10。

硅鞭藻　有骨骼的单细胞藻，骨骼由二氧化硅组成。　第 5 章，103 页，图 5.7。

机体组织层次

76

细胞是一个能够完成生命所必需的全部功能的独立单元。实际上，很多单细胞有机体过得不错。单细胞有机体叫单细胞生物。所有的原核和一些真核生物由单细胞组成。然而大多数真核生物的细胞多于一个，因此为多细胞组成的，比如，人的身体就有 100 万亿个细胞。

多细胞生物的细胞在功能上有所分工，不同的细胞有不同的功能。执行相同功能的特化的细胞群可以组成为更复杂的结构。这种专门化和组织化的程度就是机体组织层次（表 4.1）。

表 4.1　生物系统有机体的组织层次

	层次	特征描述	实例	
逐渐复杂↑	生态系统	在一个大面积区域里的一个或几个群落以及群落的物理环境	近海生态系	一个或多个有机体
	群落	在一个特定栖息地的所有种群	岩礁群落	
	种群	一起共同生活的相同物种的集合	在一块岩礁生活的所有贻贝	
	个体	一个独立的有机体	一个贻贝	在有机体个体中
	器官系统	能够相互协调工作的一组器官	消化系统	
	器官	具有结构的组织	胃	
	组织	多组细胞聚集一起，行使相同的特别功能	肌肉组织	
	细胞	独立细胞，组成生命的基本单位	肌肉细胞，单细胞有机体	在细胞内
	细胞器	细胞内部的一种复杂结构，外被一层膜	细胞核，线粒体	
	分子	多种原子连接在一起的复合体	水，蛋白质	
	原子	所有物质的基本单位	碳，磷	

在细胞水平的组织层次上，每个细胞本质上是一个独立的、自给自足的单位。每个细胞可以完成维持生存和繁殖的所有功能，细胞之间很少甚至没有合作。

只有少数多细胞生物仍然停留在细胞水平（图 4.9）。在多数情况下，某个细胞群在一起执行某个特定的功能，这些特化的、协调的细胞群称为组织。比如，一些专门做收缩运动的细胞结合在一起形成肌肉组织；再如，神经是专门收集、处理和输送信息的组织。

多数动物的组织构成不会停留在组织水平上，它们的组织进一步形成器官，器官是能完成特异功能的结构。比如，心脏是一个由不同组织构成的器官，肌肉组织使心脏收缩泵出血液，而神经组织控制肌肉的运动。

图 4.9　海绵是唯一的处于细胞水平的多细胞动物（参见“海绵”，121 页）。虽然海绵有专门的细胞，但不形成组织。

77

图 4.10 生活在新西兰一个岩礁上的紫贻贝(*Mytilus edulis*)是群落的一部分。

器官系统中的不同器官一起行动。比如消化系统有口、胃、肠等很多器官。通常动物有许多的器官系统,包括神经、消化、循环和生殖系统。

有机体之上还存在复杂的构成。生活在一个地方的相同物种的生物组成一个种群。比如,生活在岩礁一段水域的贻贝组成了一个种群(图 4.10)。

生活在同一地方的不同物种组成的种群形成群落。一个群落不仅仅是碰巧生活在同一区域生物的组合。群落的特征在很大程度上决定于生物之间的相互影响,包括生物之间的捕食、生存竞争和相互依赖(参见“物种相互作用的方式”,217页)。比如,岩礁不仅是贻贝的家园,也是其他许多生物诸如海藻、蟹、附着甲壳类、海螺、海星等动物的家园(图 4.11)。正是这些生物的相互作用赋予了岩礁群落本身独特的结构。

一个或通常几个群落与物理的或非生命的环境组成一个生态系统。如一个大生态系统由潮汐、海流、溶于水中的营养素,以及这个地域的其他物理和化学结构组成,而岩礁群落只是这个生态系统的一部分。

图 4.11 生活在这片岩礁的群落由紫贻贝、附着甲壳类、海藻和许多其他物种组成。

海洋生命面临的挑战

每个栖息地有其独特的特征,对生存于此地的生物提出了特殊的挑战。因此,海洋生物必须应对那些与陆地生物不同的困难。即使在海洋环境中也有不同的栖息地,每个栖息地都呈现不同的问题。比如,那些漂浮在水中的浮游生物和那些生活在海底的底栖生物或那些具有很强游泳能力的游泳生物,要面对的就是非常不同的生活条件(图 10.7)。生活在海洋的各种生物已经进化出五花八门的招数来适应各自栖息地的环境。

栖息地 一个生物生存的自然环境。 第2章,22页。

海洋生物的许多适应性必须与维持体内平衡相关。多数生物体内的生命机器相当敏感,只能在一个相当小的范围内严格地应对环境的变化。因此无论外界环境怎么变化,生物必须在这个范围内想方设法维持内部环境的稳定。 78

盐度

许多酶和其他的有机分子对细胞质内的离子浓度非常敏感。海洋生物完全沉浸在能深刻改变它们新陈代谢活动的海水介质中。为了完全理解盐度引起的问题,我们必须了解一些可溶性离子和分子是如何工作的。

扩散和渗透 在溶液中,离子和分子像水分子一样到处运动。这个随机运动将集中在溶液某处的分子均匀分散到溶液中(图4.12),结果是分子从高浓度的地方向低浓度的地方运动。这个过程叫做扩散。

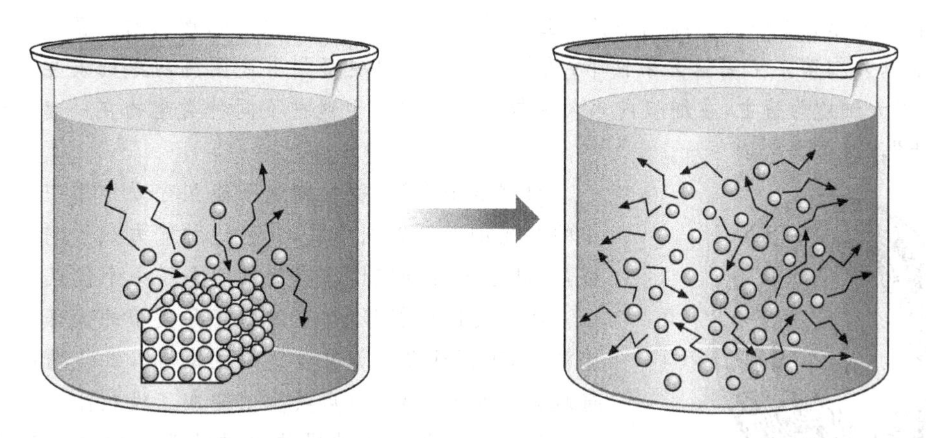

图4.12 像水分子一样,溶解在水中的离子和分子倾向于随机运动。当盐晶体溶解于水时,由于随机运动,刚开始聚集在一个地方的离子会逐渐分散到溶液中,这个扩散过程使离子从高浓度流动到低浓度。

无论怎样,一个细胞的内部组成与外部不同。各种物质倾向于通过扩散进出细胞。如果海水环境的钠离子多于细胞内部,钠离子就会扩散进入细胞内。如果机体对钠离子敏感,就会出现问题。同样地,细胞内高浓度的物质也会扩散到细胞外。细胞内许多宝贵的分子,像ATP、氨基酸和营养素,它们在细胞内的浓度比海水环境要高得多,因而,它们会扩散而渗漏到细胞外。

解决这个问题的一个方法是用某种屏障阻止物质在细胞内外扩散。细胞膜就是这样一个屏障,它阻断海水中一般离子和许多有机分子的进出。但是细胞需要与环境交换氧和二氧化碳等许多物质,因而膜不能是一个完全的屏障。细胞膜是选择性渗透膜,它允许某些物质进出细胞,但阻止其他物质的进出,如水和其他一些小分子可以容易地通过细胞膜,而ATP和许多蛋白质则不行。

细胞膜的选择性渗透解决了离子和有机分子扩散的问题,但也带来一个新的问题。像其他分子一样,水也会从浓度高的地方扩散到浓度低的地方。如果细胞内溶质的总浓度比细胞外的高,则水的浓度将会较低。由于水分子可以自由穿过细胞膜,它们将流入细胞内,引起细胞膨胀(图4.13)。另一方面,如果细胞外总的盐离子浓度高于细胞内,细胞将会失水而发生皱缩。水通过选择性渗透膜进行的扩散就是为大家所知的渗透作用。

从零食到仆人：复杂细胞的起源

原核生物是地球上最早出现的生命。最早的细菌化石发现于38亿年前，几乎和海洋的年龄一样老。十亿年之后，真核细胞才出现。奇怪的是，由原核细胞推进到真核细胞，这个多细胞生命共有的细胞特征，可能始于简单的“一餐饭”。

生物学家相信细胞的“动力工厂”——线粒体(图4.8)曾经是自由生活的细菌。它们与许多细菌的大小一样，长约1～3 μm。细菌和线粒体的呼吸作用均发生在膜上。与许多细菌相似，线粒体也有折叠的内膜。多数真核细胞的DNA包含在核内，而线粒体只有少量的DNA，形成单个环状的分子，就像细菌的染色体。当细胞需要新的线粒体时，不需要从零开始生产；相反，细胞内的线粒体通过分裂产生新的线粒体，就像细菌繁殖分裂一样。线粒体和细菌在其他一些方面也很相像。

因为这些相似的特征，生物学家相信线粒体就是进入其他细胞内生活的细菌。一个较大的原核细胞可能吞噬了一个较小的原核细胞而小细胞不被大细胞消化。或者一个可以引起疾病的细菌侵入了一个较大的细胞但又不能杀死细菌。在实验室条件下，已经在活细胞中观察到上述两种现象的发生。无论哪种途径，小细胞最终以大细胞为宿主，在细胞内永久定居下去。类似于这种不同种类生物在一起生活的现象叫共生(参见“共生”，221页)

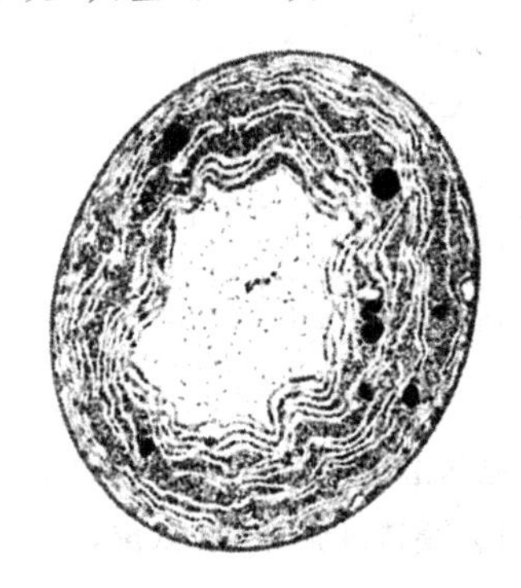

原绿蓝细菌。该细菌曾经被认为与叶绿体的起源——共生光合菌的亲缘关系很近。但遗传学研究表明一个与共生光合菌稍有不同的细菌参与了叶绿体的起源。

根据这个理论，宿主细胞不能在呼吸作用中利用氧。而较小的共生细菌可以利用氧，并将这种能力赋予它们的宿主。这样，有共生菌的细胞比没有的细胞多了一个优点。

随着时间的推移，宿主细胞将共生菌的大部分基因转到细胞核上，进而逐渐成为共生菌的主宰者。共生菌和宿主细胞变得越来越相互依赖，最后共生菌变成了线粒体。

进行光合作用的叶绿体也被认为来源于共生的细菌。与线粒体类似，叶绿体大小适中，有环状DNA分子，能自我繁殖。与那些光合细菌非常相像(参见图4.7和5.1)，叶绿体也有折叠的膜。当带有线粒体的真核细胞吞噬了光合细菌而且没有消化，它们又成为共生体，这个共生体的确切性质最受争议，它看起来像是生活在海鞘和其他无脊椎动物里的一种共生菌，叫原绿蓝细菌(*Prochloron*)。获得共生菌光合作用能力的真核宿主细胞为最早出现的藻类。藻类最终进化出不同类型的叶绿体。当后来一种藻类吞噬了另外一种藻类，叶绿体也相互进行了交换。

关于线粒体和叶绿体来源于细菌的假说曾经一度遭到极大的反对，现在已经普遍被生物学家接受。一些生物学家甚至将线粒体和叶绿体归为共生细菌而不是细胞器。或许由于这种古老的吃零食的方式，使得包括人在内的所有多细胞生物体内的每个细胞都携带着这些与细菌成为伙伴关系的烙印。

扩散和渗透常常将物质从高浓度的地方移到低浓度的地方。细胞膜的选择性渗透可以使物质从高浓度移向低浓度地方，但不能逆向移动。然而，细胞经常需要将物质从低浓度的地方移到高浓度的地方。如，即使海水环境的钠离子的浓度高于细胞内的，它们需要将体内多余的钠离子排除体外；或者是，即使体内的糖和氨基酸已经很多，它们还需要从周围的海水环境中吸收这些物质。主动运输过程是细胞膜中的蛋白质将物质朝扩散的相反方向，即由浓度低的方向向浓度高的方向移动。这个过程需要ATP提供能量。一个细胞的主动运输消耗了超过细胞总能量的三分之一，主动运输非常重要。

79

扩散是离子和分子从浓度高的地方向浓度低的地方的运动。渗透作用是水以扩散的方式穿过选择性渗透膜的过程。主动运输是细胞利用能量将物质由低浓度地方向高浓度地方，即与扩散相反的方向运送的过程。

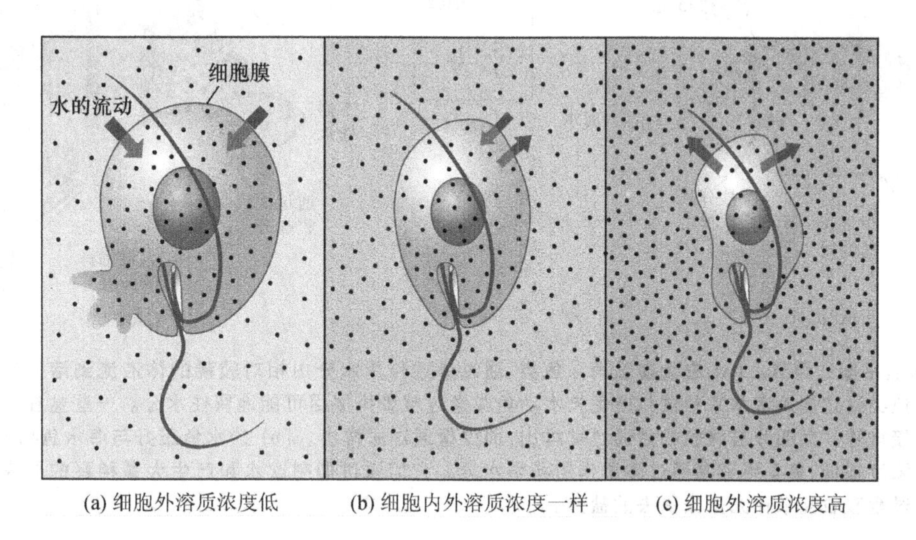

图4.13 渗透作用。(a) 如果细胞内比细胞外有更多的溶质，则有较少的水，通过渗透作用(一种特殊的扩散)，水就会进入细胞内，细胞最终会肿胀破裂。(b) 如果细胞外部和内部的溶质浓度一样，水进出细胞一样多，则细胞保持在平衡。(c) 当外部溶质浓度较高而水较少时，细胞通过渗透作用而失水，则细胞皱缩。

盐水平衡的调节 海洋生物已经习惯用各种不同的方法维持合适的水盐平衡。实际上，一些生物并不主动地维持水盐平衡；它们体内的盐浓度随着水体浓度的变化而变化(参见图12.6)。这样的生物称为变渗生物。许多的变渗生物只能在一个窄的盐度范围内生活。另外一些能耐受海水环境(或组织周围环境)相对较大的盐度变化。但这些变渗生物的能力也是有限的，也会遭遇超过它们耐受能力的问题。而在公海，盐度的浮动不会很大，它们经历的麻烦则少些。 80

其他的海洋生物通过调节渗透压，或者控制它们体内的溶质浓度来回避渗透带来的麻烦。渗透压调节能力也是有限的，但它们通常比变渗生物能耐受更高的盐度变化。一方面，渗透压调节者通过调节体液的溶质浓度，使体液的整体浓度与外界水体环境的溶质浓度相称。只要溶质的总浓度一样，溶质是否一样都没关系。因此，一些生物通过改变一种特定的化学成分来与外界的盐度变化相匹配。比如，鲨鱼通过增加或减少血液中的尿素来适应海水盐度的变化(参见图8.14)。一种叫杜氏藻(*Dunaliella*)的单细胞藻类则用另外一种物质——甘油，来调节渗透压。杜氏藻可谓是渗透压调节的佼佼者，它可以在从淡水到大于正常海水9倍的盐度范围内维持水盐平衡。

相反的，许多恒渗生物保持不同于海水环境的血液浓度。许多海洋鱼类的体液浓度要比海水稀得多(图4.14a)，因此在渗透作用下容易失去水分。它们通过吞咽海水的方式来补充体内水分的流失，也通过减少尿的产生来保持体内的水分。它们绝对不吸收随着饮用海水摄入的过量的盐，而将其随消化道排除。海洋鱼类确实吸收一些随水饮进的盐分，但是很快地将过量的盐分排泄出去。一些盐排放到尿中，但因为产生的尿很少，这种排泄方法很有限。大部分过量的盐通过鳃分泌出去(参见"内部环境的调整机制"，167页)。 81

淡水鱼则面临相反的问题：血液渗透压浓度高于水体环境，并且通过渗透作用吸收水分。它们的适应性与海水鱼正好相反(图4.14b)。

海鸟和海里的爬行动物，以及一些海洋植物，也有特殊的细胞或腺体以清除体内过量的盐(图4.15)。海洋植物和多数的藻类还多了一个有利条件，就是具有相当坚硬的细胞壁，来帮助它们对抗由于渗透作用吸入过多的水引起的膨胀。

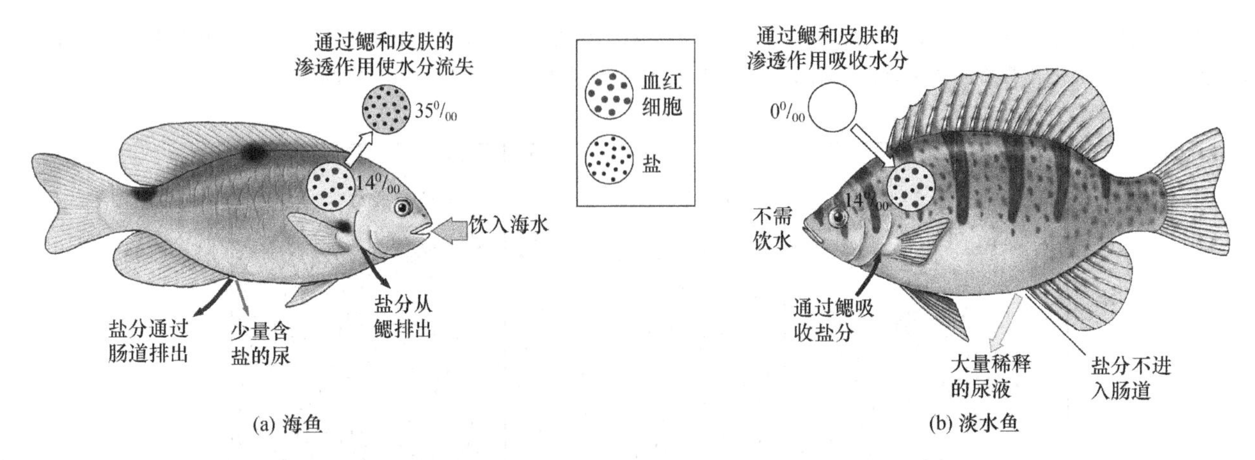

图 4.14　水盐平衡的调节。(a) 在大多数海洋鱼类，通过渗透作用水分由相对较稀的体液流到溶质浓度较高的海水中。鱼类通过饮入海水来补偿和避免失水。鱼类通过减少排尿尽可能地留住水分。一些盐在消化道不被吸收而直接排除。大部分被吸收的盐通过鳃排出，而少量通过尿排出。(b) 淡水鱼正好与海水鱼相反：外界水环境的盐浓度很低，鱼类更容易通过渗透作用获得水分。它们通过抑制饮水和产生大量稀释的尿来避免身体肿胀。通过鳃吸收盐来补充排尿失去的盐分。

图 4.15　海龟眼睛周围有腺体，用于产生含盐的"眼泪"，分泌体内过量的离子。这是玳瑁(*Eretmochelys imbricata*)。

离子　具有正电荷或负电荷的原子或原子的集合。海水中最常见的离子为氯离子和钠离子。　第 3 章，46 页。
溶质　离子，有机分子或溶于溶液的任何物质。
盐分　溶于水的盐的总量。盐是离子复合物。　第 3 章，47 页。

温度

有机体极易受温度的影响。高温条件下，代谢反应过程较快，而低温条件下则变得很慢。一般规则是：当温度提高 10℃时，多数的化学反应速度增加 2 倍。而在极端的温度条件下，大多数的酶失去了正常的功能。

大多数的海洋生物适于生活在特定的温度范围里。比如，许多极地物种体内的酶在低温下能最好地发挥功能，但都不能耐受温暖的水温。而热带物种体内的酶正好相反。因此，确定不同海洋环境生长的不同生物，温度起了重要的决定作用(图 4.16)。

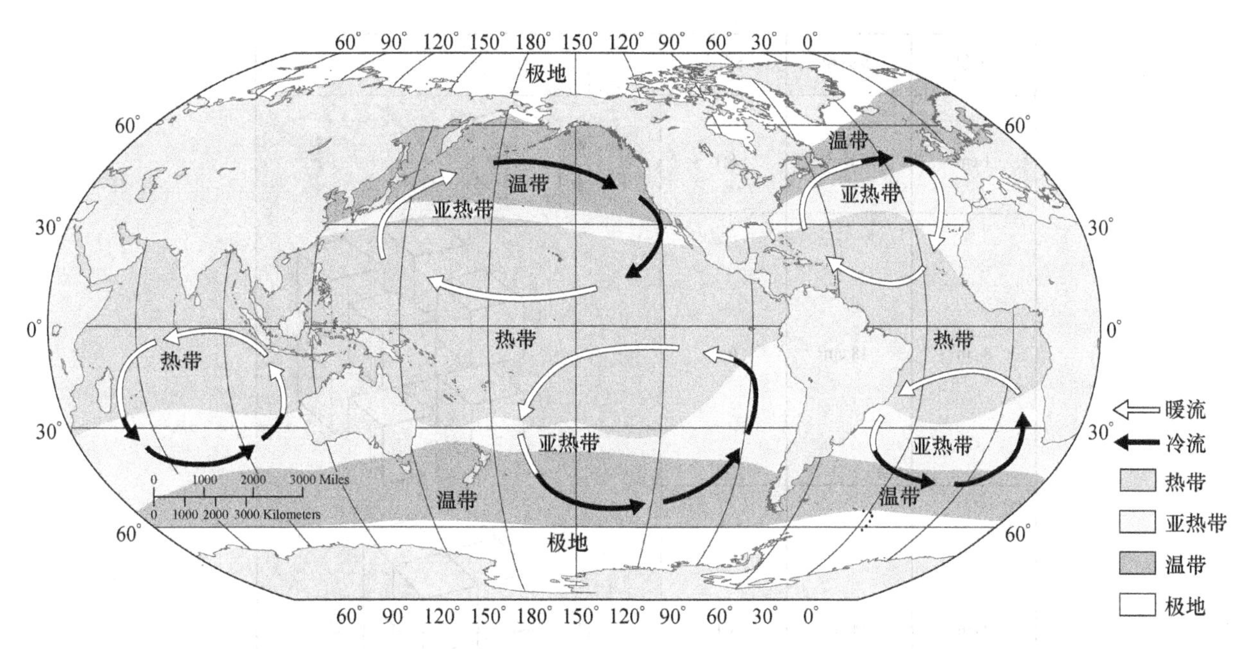

图 4.16　海洋生物通常生活在平均水温相对一致的区域。主要的区域划分为极地、温带、亚热带(暖温带)和热带。这些区域的边界不是绝对的,并随着季节和气流的变动而稍有变化。这张地图只显示了表层水的变化;深水的水温较平稳,均为冷水。

通常根据生物以新陈代谢活动影响自身体温的方式对生物进行分类。所有的生物都产生代谢热,但是大多数生物的产热很快被释放到环境中,而不能用来提高自身的体温。这些生物是变温动物,常称为"冷血动物"。而恒温动物则保留了代谢热,并将它们的体温提高到比环境高的温度。恒温动物通常称"温血动物"。恒温动物有哺乳动物、鸟类和一些大型鱼类,如金枪鱼和鲨鱼(参见"游泳:速度的要求",338 页)。

另一种将动物进行归类的方法是根据它们是否不受环境温度的影响,即或多或少地能保持体温的恒定。变温动物的体温随环境温度的变化而变化。所有的冷血动物都是变温动物。变温动物的体温随着水的温度上下波动,它们的代谢速率也随着波动。如果水温比正常的温度低,变温动物就会无精打采。温血或恒温动物、金枪鱼和鲨鱼也是变温动物。尽管它们能够保留肌肉产生的代谢热,保持体温比水环境高,但它们的体温依然随着环境的变化而上下波动。

哺乳动物以及比它稍低等的鸟类能够调节体温,即外界环境温度变化,它们的体温也能保持基本恒定。这些动物为恒温动物。恒温动物不仅保留热量,也能控制它们的新陈代谢,根据实际需要以燃烧脂肪和其他高能分子的途径产生更多的热能。这使得它们不管水温怎么变化,都能保持旺盛的活力,这样,它们也就需要更多的能量,需要吃比变温动物更多的食物。为了减少用于维持体温的"热量费用",哺乳动物和鸟类用羽毛、毛发或油脂来保温。

表面积和体积的比例

由于盐分和热能在生物的体内流进流出,因此它们必须适应盐度和温度的变化。如果生物不受环境的影响,就不必要适应盐度和温度的变化。生物也和环境交换营养素、废物和气体。这些物质经常在海洋生物的体表出入,因此,体表面积量显得非常重要。更精确地说,生物的体表面积与其总体积的相对量,即面积与体积比(S/V),决定了热量和物质进出的速度。

决定 S/V 比的一个因素是生物的大小。体型越大的生物,其体积的增加比面积的增加要快。小体型生物的S/V 比大于大体型的生物(图 4.17)。小体型的,尤其是单细胞生物,能依赖简单的体表扩散进行物质交换。体型大的生物必须建立像呼吸和分泌系统那样的补充机制来进行物质交换。

体积	表面积	S/V 比	
1 cm^3	6 cm^2	6:1	
8 cm^3	48 cm^2	6:1	
8 cm^3	24 cm^2	3:1	

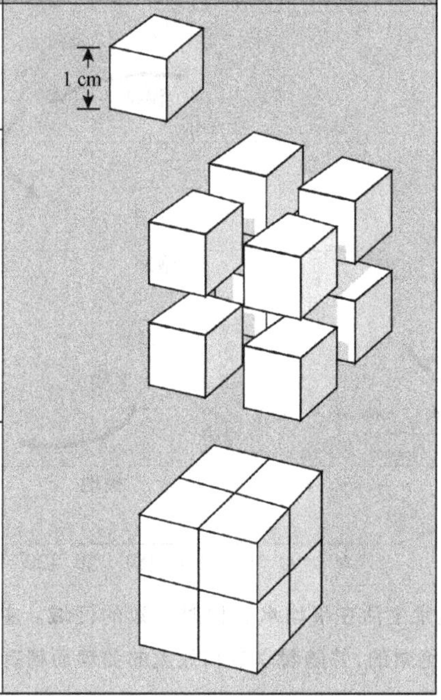

图 4.17 图上方有一个边长为 1 cm，体积为 1 cm^3 的方块，因为它有 6 个面，因此总的表面积为 6 cm^2。8 个这样的方块（中）就有 8 倍的体积和面积，表面积和体积的比例，即面积/体积（S/V）比依然保持 6∶1。如果 8 个方块组成一个大的方块（下），有一半的面积掩盖在方块里面。则 S/V 比也和表面积一样减少一半，即为 3∶1。这样，一个大的方块比一个小的方块有更小的 S/V 比。

生命的延续

生物一个最基本的特征是能够繁殖，产生和它们相似的后代。任何不能以新个体取代自己的生命形式都将很快从地球上消失。只有通过繁殖，一个物种才能确保自身的存在。

生物繁殖必须要做两件事。一是它们必须产生新的个体来保证物种的延续；二是它们必须以遗传信息的方式将物种的特征传给新一代。遗传信息从上一代传给下一代的过程叫遗传。

生物要实现的第一个目标就是以多种不同的方式产生后代，而遗传信息的传递方式则相对要少。这种遗传机制的相似证明了所有生物在本质上有相同的起源。

83

繁殖的方式

单细胞生物繁殖的主要方式是通过分裂形成子代细胞（图 4.18）。原核生物携带遗传信息的 DNA 没有核包裹着，一个细胞通过简单的细胞裂殖一分为二。分裂前，细胞拷贝或复制自身的 DNA。每个子细胞均获得一份 DNA 和生存所需要的细胞器。

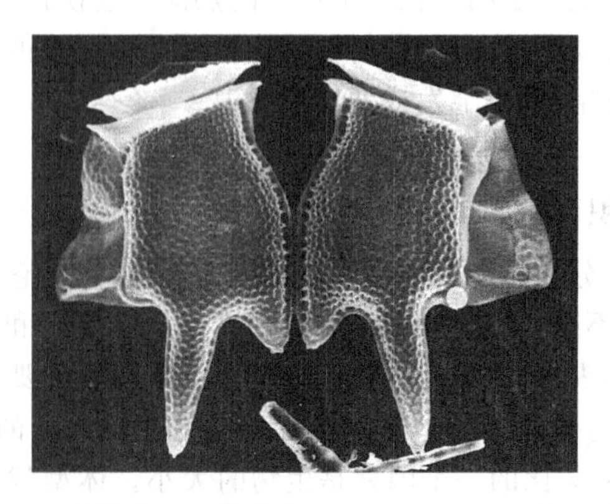

图 4.18 一种微藻——甲藻（*Dinophysis tripos*）的两个细胞。这些细胞由一个细胞分离得到。这两个并排的细胞将要分开。

真核生物的 DNA 存在于许多不同的染色体上。在细胞分离前，每条染色体都要复制。真核细胞常见的细胞分裂方式为有丝分裂，它是一个发生在细胞核上的复杂过程。有丝分离保证每个子代细胞获得一套全部染色体的拷贝。细菌细胞分裂的最终结果是母代准确复制两个具有相同遗传信息的子代细胞。

无性繁殖　细胞分裂是单细胞生物繁殖的主要方式。一个个体不需要另一个同伴参与而繁殖后代的方式称为无性繁殖。所有无性繁殖的相同点在于后代遗传了母代的所有遗传特征。实际上它们是精确的拷贝或克隆。

许多多细胞生物也进行无性繁殖。比如，一些海葵简单地分裂成两部分产生两个小海葵。这个过程叫裂殖。另一种常见的无性繁殖方式为出芽。与一分为二形成两个大小相同的新个体不同，母代细胞产生小的生长体，即芽胞，芽胞脱落变成单独的个体(图 4.19a)。许多植物进行无性繁殖的方式是从母体长出各种各样带根的匍匐茎，然后与母体断开连接(图 4.19b)。因为无性繁殖在植物中很普遍，因此在植物中也叫营养生殖，甚至当其发生在动物中亦如此。

无性繁殖，也叫营养生殖，它可由单个个体完成，产生的后代与亲本基因是等同的。

(a)

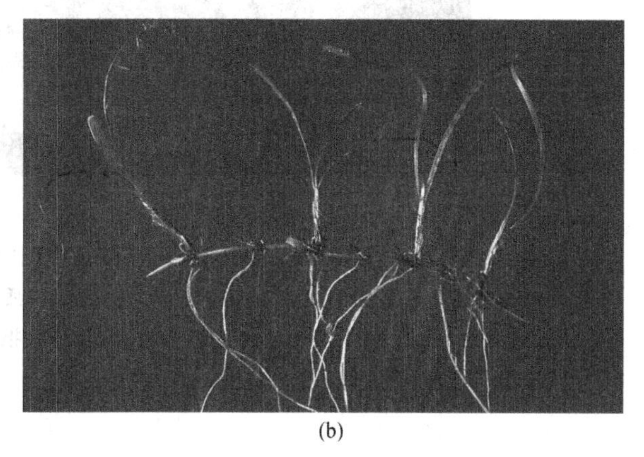

(b)

图 4.19　(a) 出芽生殖是普遍存在于海洋生物的一种繁殖方式，包括图示的石芝珊瑚(*Fungia fungites*)。母珊瑚即将死亡，但它表面的许多芽孢将脱离母体形成自由生活的成体(参见图 14.2a)。(b) 图示的海草(圆头二药藻，*Halodule pinifolia*)通过伸出根状茎，即有根的匍匐茎进行无性繁殖，形成新的个体。

有性繁殖　多数多细胞和一些单细胞生物在一生中的某个阶段或全部时间以有性繁殖的方式进行繁殖。有性繁殖过程中，两个独立的配子细胞结合在一起，产生新的后代。通常两个配子分别来自不同的亲本。

进行有性繁殖的生物产生一种特殊的生殖组织。其他体细胞的分裂以有丝分裂进行，而生殖细胞的分裂采用另一种细胞分裂方式——减数分裂。

真核生物多数细胞的染色体成对出现，每个染色体对都携带同样的遗传信息，这样的细胞叫二倍体细胞，定为 $2n$。减数分裂产生的子代细胞的染色体拷贝数只有亲本的一半——即来自每对染色体中的一条。只有正常染色体一半数目的细胞叫单倍体细胞，定为 n 或 $1n$。减数分裂产生的单倍体子细胞就是配子。在一些海藻和微生物中，所有的配子都是一样的，而多数生物有两种配子：雌性配子称为卵子，雄性配子称为精子(图 4.20)。动物的生殖组织通常含有产生配子的生殖腺。产生卵子的为雌性生殖腺，也叫卵巢；产生精子的为雄性生殖腺，也叫睾丸。海藻也有产生精子的生殖腺，而陆地有花植物的精子在花粉里，花粉由花的一个叫花药的器官产生。

84

卵细胞很大，通常为生物体最大的细胞。卵子含有所有正常细胞的结构特征，即有细胞器和细胞质。许多物种的卵子含有大量高能量的卵黄。相比之下，精子通常是生物体里最小的细胞，几乎没有细胞质，只有几个典型的细胞器。精子就像是小包装的染色体，配备了以线粒体为动力装置的鞭毛，以保证精子的游动。

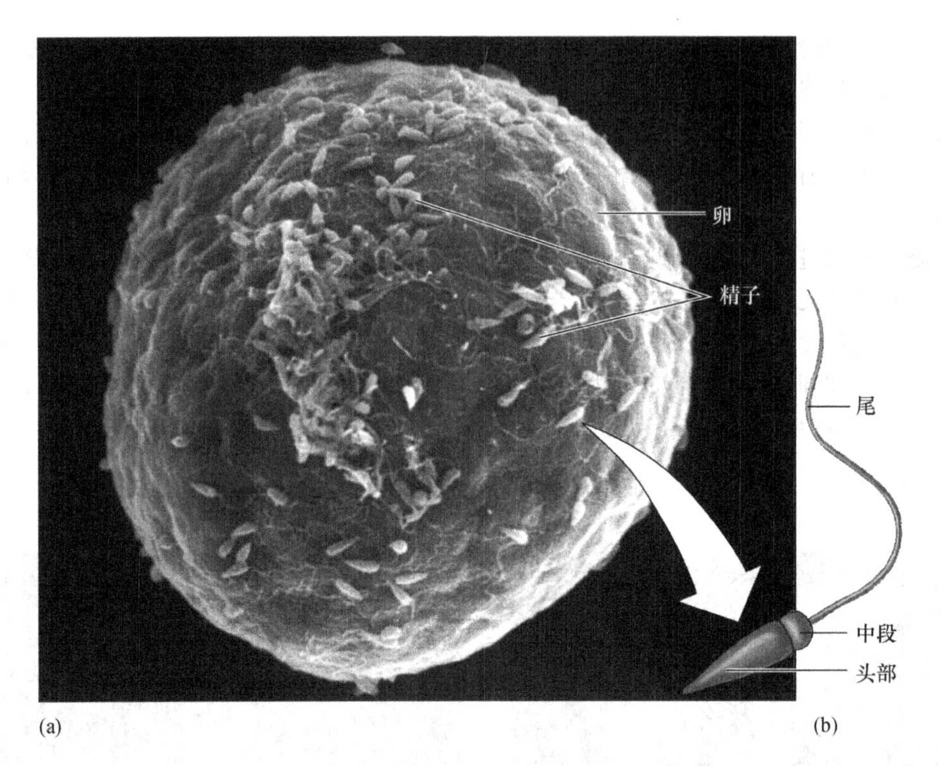

图 4.20 (a) 杂色海胆(*Lytechinus variegatus*)的卵比精子大得多。虽然有很多精子黏附在卵子表面,但只有一个精子有授精的机会。卵子含有大量的细胞质和典型的细胞器,还含有为胚胎提供营养的卵黄。(b) 精子的头部几乎大部分由细胞核构成,该细胞核携带遗传物质。中部有线粒体,为精子尾部的鞭毛提供能量,驱动精子游动。

有丝分裂为最普遍的细胞分裂方式,产生与母代细胞同样的两个子代细胞。另一方面,减数分裂产生的子代细胞的染色体数为正常的一半,称单倍体细胞;这些子代细胞为配子。卵子和精子分别为雌性配子和雄性配子。

同一物种的精子被卵子吸引,卵子和精子一接触即发生融合,即受精开始了。两个配子携带的遗传物质联合在一起。因为每个单倍体配子的染色体只有 $1n$,即只有正常染色体数的一半,因此受精卵——合子的染色体数恢复到正常的二倍体数目,$2n$。合子的 DNA 来自两个亲本,但又与它们不同。遗传物质重组产生的后代与亲本有轻微的区别,这个区别是有性繁殖最重要的特征。

有性生殖的两个配子,通常为卵子和精子,融合一起产生遗传差异的个体。

受精卵开始以普通的有丝分裂方式进行细胞分裂。分裂后的细胞叫胚胎,以卵黄为营养。经过一个异常复杂的胚胎运动过程,胚胎最终变成一个物种的新个体。沿着成长的道路,多数海洋生物要经历未成熟的幼虫阶段,这是一个看起来完全不同于成体的阶段(参见图 7.30 和 15.9)。

繁殖策略

任何生物繁殖的目的都是将遗传特征传递到新一代。为了达到这个目的,生物有数不清的方法。一些物种将成千上万的卵子和精子释放到水中受精,与它们的后代不发生进一步的联系,这种叫散播式产卵。有的生物只生产几个后代,但花很多的精力和时间照顾它们。一些物种有许多不同的幼体阶段,一些则直接从卵到成体。一些生物进行无性繁殖,一些进行有性繁殖,一些则两者皆有。进行有性繁殖的物种,雌性和雄性通常为分离的个体;但也有雌雄同体,即雌性和雄性繁殖器官在生命的同一时期或不同时期同时存在于一个个体上。

一个特定的物种使用的各种繁殖方式的组合叫繁衍策略。某个物种使用的繁衍策略依据生物本身及其生活环境而定，包括生物的大小、生活的地点和方式以及生物的种类。

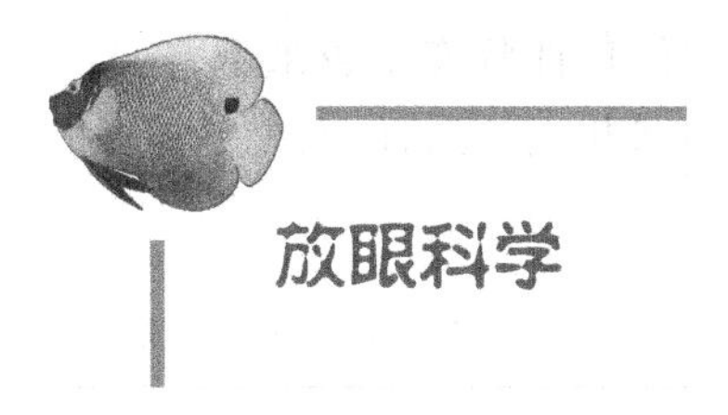

放眼科学

乌贼的雄性拟雌

由于自然选择导致的进化就是人们常说的“适者生存”，但它实际上是关于繁殖的进化。一个不能繁殖的个体，无论它能活多长，不可能将它的基因传递到下一代。性选择是自然选择的一种表现形式，它对那些成功获得最好的交配伙伴的个体，而不是身体强壮或跑得最快的个体青睐有加。比如，性选择的结果有可能促成招潮蟹(参见“泥滩上的招潮蟹”，268页)有一把大钳子，而性也可能促使许多雄鱼的体色比雌鱼的更明亮。具有这些适应特征的雄性成为更具吸引力的交配者，当然也存在类似于容易被捕食者发现的缺点。

无论是外表丑陋或是漂亮的动物，性选择对它们均有帮助。澳大利亚巨乌贼(*Sepia apama*)(一种与鱿鱼亲缘关紧较近的物种)聚集一起进行交配时，通常寻找交配的雄乌贼数量比雌乌贼要多。一些雄乌贼为了达到独占的企图，就守护某个雌乌贼，驱赶其他的雄乌贼。这个战术相当有效，因为有64%的守护者依靠这种策略成功地与雌性交配，但也很花费精力，其他的雄乌贼有时候也会偷偷地潜入与雌乌贼交配。当一个守护者忙于驱赶其他雄性竞争者时，潜入者在一块岩石下，或者猛冲进来，就会独自获得一个雌乌贼。最近研究人员潜水时发现乌贼另外一个策略：雄性拟雌。利用这个策略，一些雄性将它们区别于雌性的特殊长臂隐藏起来，一些则将能改变颜色，使之与雌性的色彩和图案匹配，有些甚至采取雌性产卵的姿势。这些雌性模仿者模仿得那么像，以至于其他雄性设法和它们交配。因此这些雄性拟雌者可以毫不费事地欺骗其他的雄性竞争者，并更容易接近雌性。

研究者们想了解这些不同的雄性策略是如何在这种乌贼以及其他种类的乌贼和鱿鱼中维持的。如果一种策略一直能保持最好的应用效果，那么其他乌贼将由于性选择的原因而面临灭绝。每种策略肯定存在依赖于环境条件、雄性的年龄和身体大小或其他因素的优点和缺点。由于雌性经常拒绝雄性的交配要求，因此它们对一种策略能否维持也起着主要的选择作用。在现场研究中，科学家们进行了详细的行为观察，如计算使用不同策略的数量，交配成功和未成功的数量。他们也采集雄性样品和受精卵进行DNA分析，以确定亲本来源。毕竟在进化中基因是十分重要的。

(更多信息参见《海洋生物学》在线学习中心。)

海洋生物的多样性

海洋生物种类繁多，眼花缭乱。从微观世界的细菌到体形庞大的鲸，形态、大小迥异，颜色五彩斑斓，生活方式变化多端。也许很难理解海洋生物的这种多样性的意义。庆幸的是，进化论这个观念可以帮助人们更好地理解多样性的含义，请记住，科学家们不会轻易用“理论”这个专门术语。这是因为进化代表一个物种遗传组成的渐渐变化，一方面需要有大量的证据来支持，另一方面，科学家们对进化发生路径的探索从未停止过。　86

自然选择与适应

由于生物个体在捕食与逃避捕食、成功地产生后代，在新陈代谢以及数不尽的其他性状方面存在遗传差异,进化就发生了。最适应环境的个体就是那些能够成功应对环境挑战的个体,总体上它们比不能适应环境的个体产生更多的后代。这个过程就是达尔文的自然选择。达尔文是19世纪英国的自然学家,他与另外一名英国人艾尔弗雷德·华莱士首先提出了现代进化理论。

最适应环境的个体不仅产生更多的后代,还将最优良的性状传给后代。优良性状变得越来越普遍,经过几个世代的传递,种群获得的优良性状逐渐与那个最适应环境的个体性状相近。这样,自然选择的结果就是种群不断地适应环境,即进化。

当一个种群的某些成员生存下来,并比别的成员成功地繁殖更多的后代,自然选择就发生了。进化是种群遗传变化的结果,因为更成功的个体将有利的性状传给了年轻的一代。

每个种群不断地适应其周围的环境。世界在不停地变化,生物总是面临新的挑战。种群要么适应环境的变化,要么灭绝,为其他的生物让路。因此,进化是个无穷无尽的路程。

生物的分类

各种各样的种群对不同环境的适应产生了众多奇异的生命形态。如果不先将它们进行归类,或分组,要对地球上成百上千的生命形态进行研究和论述是非常困难的。生物学分类的目的之一是为不同类型的生物起一个为大家普遍接受的名字,这样来自世界各地的科学家用同样的名字称呼同一个物种。

生物学的物种概念 我们已经将一个生物物种不严格地定义为"种类",那么其精确的定义是什么?虽然鱼类是所有相同类型动物的总称,但客观地说,旗鱼与金枪鱼不是同一物种的鱼。没有一种定义是精确无误的。这里我们将物种定义为具有共同特征,可以成功繁殖后代的生物种群。这个定义就是经常提到的生物物种定义。

成功的繁殖是指产生的后代可育并能繁殖自己的物种。我们熟悉的狗都是同一物种,所有品种的狗,不管它们长得怎样,它们之间的杂交均产生可育的后代。生物体之间不管长得多像,只要不能培育后代就不属于同一物种。当两个种群不能成功杂交时,人们称之为生殖隔离。

物种是具有共同特征,可以繁殖后代的生物种群,与其他种群是生殖隔离的。

生物学系统命名法 生物学用双命名法确定一个生物,即属名加种名,精确地说是种名加词。属是一群非常相似的物种。如,狗的学名为 *Canis familiaris*。它们与犬属的其他物种,如狼(*Canis lupus*)和郊狼(*Canis latrans*)的亲缘关系很近。同样的,须鲸属(*Balaenoptera*)有好几个亲缘关系很近的鲸种,包括蓝鲸(*Balaenoptera musculus*),长须鲸(*Balaenoptera physalus*)和小须鲸(*Balaenoptera acutorostrata*)。这个双名系统叫双命名法,它是18世纪瑞典生物学家卡尔·林奈首次提出的。那时候的拉丁语是学术语言,现在仍将拉丁语和希腊语用于科学命名。按惯例,双命名始终需加下划线或斜体。属名的第一个字母大写,种名不大写。当前面提到过属名时,以后出现的属名可以缩写。因此,蓝鲸可以写成 *B. musculus*。种名单独用时绝不能用斜体,只有与属名全称或大写首字母一起用时才写成斜体。

学生们经常问为什么生物学家必须用复杂难讲的拉丁语或希腊语而不用俗名来命名。用俗名遇到的麻烦是它们不很精确。同样的俗名可以用于不同的物种,而同样的物种也可以有不同的俗名。比如,"大螯虾"用于称呼许多不同的物种,这些物种甚至属于不同的属。如澳大利亚人将大螯虾称为"小龙虾",美国人则将淡水龙虾称为"小龙虾"。当人们使用不同的语言时,事情则变得更加混乱。西班牙将大龙虾称为 *langostas*,而 *langostas* 也指蚱蜢。另一个例子,"dolphin"(海豚)不仅用于称呼鲸那些可爱的近亲,也用于称呼一种美味的供垂钓用的鱼。海豚在拉美称为 *dorado*,在夏威夷则称为 *mabimabi*。在吃海鲜的地方,这样的混淆只会造成一点小麻烦。而对生物学家来说,精确地鉴定每个他们谈论的物种是最基本的要求。在世界上使用可接受的科学名称可以避免混乱。

87

俗名的混淆也有其他实际的含义。本书的一位作者曾经到澳大利亚附近的一个珊瑚礁潜水，对他的潜水伙伴提到见过一种黑尾真鲨。黑尾真鲨有攻击性，虽然不至于危险到让你逃离海水，但也需要小心和注意。他的伙伴对这片海域很熟悉，认为那不是黑尾真鲨，而是一个“优雅的捕鲸者”。“我看到的只是像黑尾真鲨。”作者说，他消除了疑虑，继续快乐地在“优雅的捕鲸者”之间穿梭。后来他惊异地发现“优雅的捕鲸者”是当地人称呼黑尾真鲨(*Carcharhinus amblybynchos*)的名字(参见图 8.5a)!。

系统发生学：重建进化 生物分类的目的不仅包括对生物取得一致的命名，还根据它们的亲缘关系分类。比如，多数人本能地知道海豹和海狮亲缘关系较近，而牡蛎和蛤蜊亲缘关系近。然而还是很难精确地解释它们之间的相关性。对生物学家来说，两个物种“有关系”意味着它们有共同的进化历史，即系统发生，特别是指两个物种由一个共同的祖先进化而来。亲缘关系密切的物种是从相对较近的共同祖先进化来的，而亲缘关系较远的物种由距离较远的祖先进化而来。研究这种进化关系就叫系统发生学。

在生物间确定系统发生关系总是很困难的。只有极少数的物种有完整的化石记录，可以追溯它们的进化史。通常多数生物的化石记录不完整或几乎不存在。生物学家不得不以其他的证据来尽量拼凑一个生物的进化史。身体结构、繁殖、胚胎和幼体发育以及行为都可以提供线索。生物学家越来越依赖于分子生物学研究，特别是 DNA 和 RNA 序列。因为从定义上来说，进化就是遗传变化，研究储存生物遗传信息的核酸在很大程度上揭示了进化。遗憾的是，不同的研究系统发生的方法经常得到不同的结果，即使某个特定研究领域的专家也经常得到不同的结果(图 4.21)。当得到新的信息时又会引起分类方案的改变，引起新的争论。

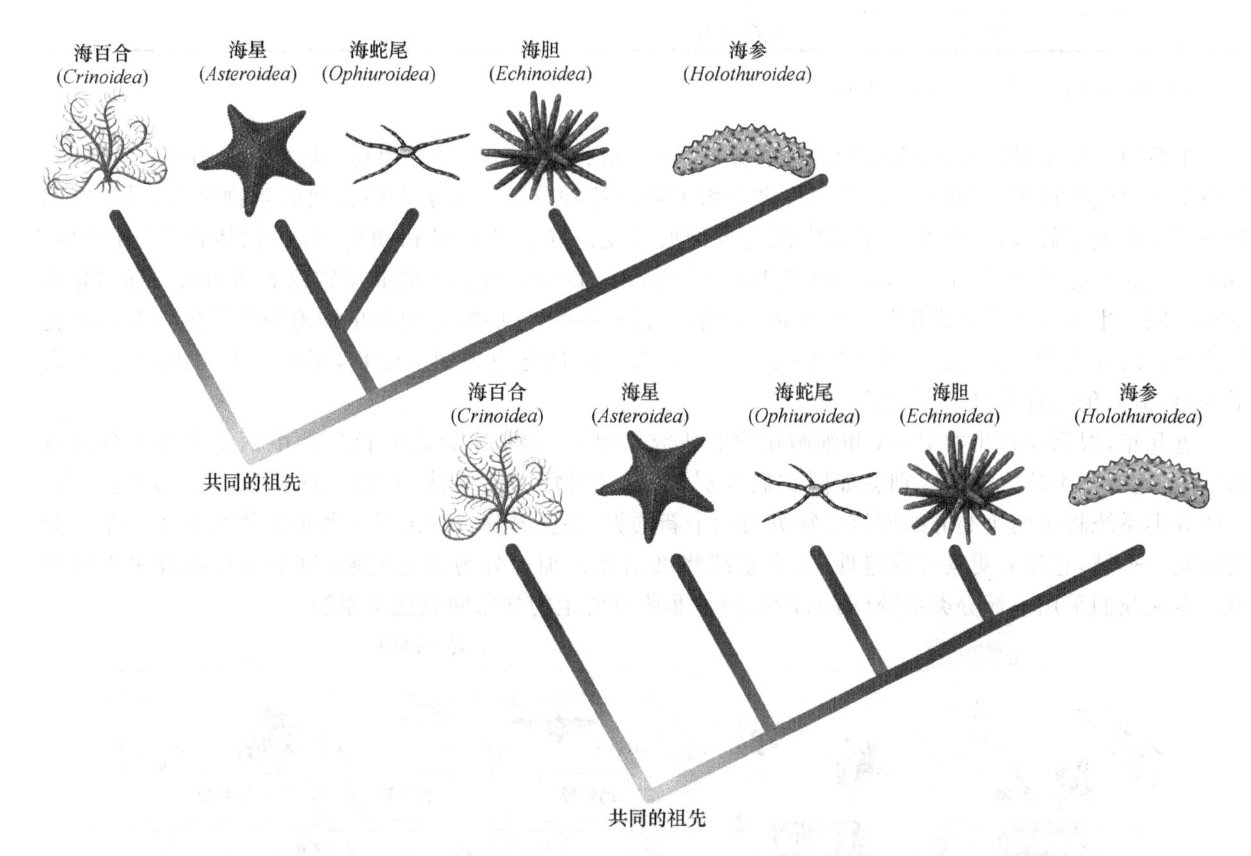

图 4.21 棘皮动物主要类群的两种系统发生学图谱。两种方案均认为海百合很早从棘皮动物共同的祖先分开，海胆和海参之间的亲缘关系较近。两者不同的是：海星和海蛇尾的进化地位不同。系统发生学中相互矛盾的现象比比皆是。

如前所述，生物学分类试图根据亲缘关系来对生物进行归类。比如，亲缘关系很近的物种归为同一属。具有相近发生史的属归为一个大类，称为科。按照这种方法可以继续将各类生物逐步归为更大的类别。一类或一个分类阶元(单数 taxon，复数 taxa)的所有成员具有某些共同的特征，被认为拥有一个共同的祖先。分类就是从最普遍的分类阶元——域开始，逐级向下系统地安排各个层次，直至到种(表 4.2)。

表 4.2　人类(*Homo sapiens*)和宽吻海豚(*Tursiops truncates*)的生物学分类

	分类水平	实例
人类		
	域	真核域
	界	动物界
	门	脊索动物门
	纲	哺乳动物纲
	目	灵长目
	科	人科
	属	人属
	种	智人
海豚		
	域	真核域
	界	动物界
	门	脊索动物门
	纲	哺乳动物纲
	目	鲸目
	科	海豚科
	属	海豚属
	种	宽吻海豚

宽吻海豚(*Tursiops truncates*)

注,在植物分类中,门用 division 取代 phylum。

生命树　几个世纪前,所有已知的生物分成植物(植物界 Plantae)或动物(动物界 Animalia)。随着生物学家对生命世界更多的了解,发现许多生物不适合这种分类。为了识别其他的生物界别,科学家们对分类方案做了修改,五界系统现已广泛为人们所接受。除了植物界和动物界,还包括真菌(真菌界,Fungi),细菌(无核界,Monera),和原生生物(原生界,Protista)。真菌为既非植物也非动物的多细胞异养生物。原生生物为极其多样化的一类生物,一些像植物,一些像动物,它包括单细胞的真核生物和多细胞的藻类。现在生物学家认识到原生生物界集合了具有不同进化史类别的生物,不是一个真正的界,但为了方便,他们仍然称为"原生生物"。

88

近几年,根据原核生物 RNA 和细胞化学的研究结果,生物学家做出原核生物由两个主要类群组成的结论,这两个类群之间的区别就如同它们有别于真核生物(参见"原核生物",94 页)。认识到这一点,一些分类系统将这两个类群的原核生物分为两个新的界,细菌界和古细菌界。其他系统承认了一个新分类阶元——域,它比界更具有普遍性;这个系统将细菌和古细菌分为独立的域,每个域包含许多不同的界。本文我们采用三域分类系统(图 4.22),但并非所有的生物学家同意这个系统。

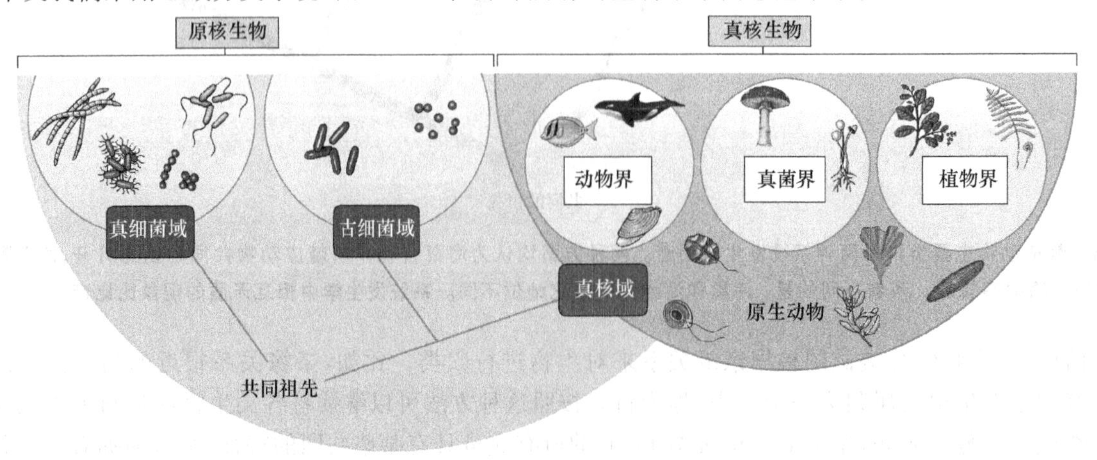

图 4.22　生物的主要类群

病毒没有包括在这个系统中，因为生物学家不确定它们是否是活的生命。病毒含有极少数由 RNA 或 DNA 编码的基因，被一个蛋白囊膜包围。在与宿主孤立的情况下，病毒基本上无活动力、没有新陈代谢。当一个病毒粒子与合适的宿主细胞接触时，病毒的蛋白囊膜与宿主细胞膜结合，将病毒核酸注入细胞内。然后细胞复制病毒基因产生许多病毒，病毒穿越细胞膜回到环境中，或宿主细胞裂解时，病毒也释放到环境中。大家都知道，病毒可以引起人类和包括海洋生物在内的其他生物的疾病，它们在海洋生物链中也起着关键性的作用(参见“营养等级与能量流动”，339 页)。

科学理论 被大多数证据所支持，并通过检验，当前被认为是“真实”的假说。 第 1 章，19 页。

《海洋生物学》在线学习中心是一个十分有用的网络资源，读者可用其检验对本章内容的掌握情况。获取交互式的章节总结、关键词解释和进行小测验，请访问网址 www.mhhe.com/castrohuber6e。要获得更多的海洋生物学视频剪辑和网络资源来强化知识学习，请链接相关章节的材料。

评判思考

1. 白天，藻类同时进行光合作用和呼吸作用，而晚上没有光线的时候则只能进行呼吸作用。由于潮汐作用在海岸岩礁上形成隔离的小水洼，这些水洼常常生长着厚厚的藻类。请问水体里的氧含量在白体和黑夜有变化吗？为什么？
2. 已经知道一些海洋生物的细胞含有很高的离子浓度，而在海水中的含量很低。这些生物是通过扩散来聚集离子的吗？说出一种假设来说明这种聚集是如何完成的。如何检测你的假设？

拓展阅读

网络上可能找到部分推荐的阅读材料。可通过《海洋生物学》在线学习中心寻找可用的网络链接。

普遍关注

Allen, W., 2005. Challenging Darwin. *Bioscience*, vol. 55, no. 2, February, pp. 101—105. A dissident biologist offers controversial views of Darwin's theory of sexual selection.

Cohen, P., 2003. Renegade code. *New Scientist*, vol. 179, no. 2410, 30 August, pp. 34—37. Dogma has it that the genetic code has been handed down virtually unchanged to all living organisms, but this genetic operating system may have had some upgrades along the way.

Couzin, J., 2002. Breakthrough of the year: Small RNAs make big splash. *Science*, vol. 298, no. 5602, 20 December, pp. 2296—2297. Long thought to have a relatively mundane role in the biology of cells, RNA turns out to hold big surprises.

Foer, J., 2005. Pushing Phylocode. *Discover*, vol. 26, no. 4, April, pp. 46—51. A controversial group of biologists wants to overturn the system of biological nomenclature that has lasted for centuries.

Mattick, J. S., 2004. The hidden genetic code of complex organisms. *Scientific American*, vol. 291, no. 4, October, pp. 60—67. New evidence suggests that RNA may control genetic information in eukaryotes in previously unsuspected ways.

Quammen, D., 2004. Was Darwin wrong? *National Geographic*, vol. 206, no. 5, November, pp. 2—35. Yes, evolution is a theory—that means it is the best available explanation for a vast body of evidence.

Schmidt, K., 2002. Sugar rush. *New Scientist*, vol. 176, no. 2366, 26 October, pp. 34—38. Carbohydrate molecules are vastly more varied and important to metabolism than was dreamed of only a few years ago.

Villarreal, L. P., 2004. Are viruses alive? *Scientific American*, vol. 291, no. 6, December, pp. 100—105. There is still no consensus among biologists on the answer to this question.

Wills, C., 2003. The trouble with sex. *New Scientist*, vol. 180, no. 2424, 6 December, pp. 44—47. Asexual reproduction is less complicated, more efficient, and delivers offspring that are just like the parent, so why do so many species bother with sexual reproduction? We still can't say for sure.

深入读物

Bell, S. P. and A. Dutta, 2002. DNA replication in eukaryotic cells. *Annual Review of Biochemistry*, vol. 71, pp. 333—374.

Brommer, J. E., 2000. The evolution of fitness in life-history theory. *Biological Reviews*, vol. 75, pp. 377—404.

Costa, D. P. and B. Sinervo, 2004. Field physiology: Physiological insights from animals in nature. *Annual Review of Physiology*, vol. 66, pp. 209—238.

Dahlhoff, E. P., 2004. Biochemical indicators of stress and metabolism: Applications for marine ecological studies. *Annual Review of Physiology*, vol. 66, pp. 183—207.

Kassen, R. and P. B. Rainey, 2004. The ecology and genetics of microbial diversity. *Annual Review of Microbiology*, vol. 58, pp. 207—231.

Storz, G., A. Altuvia, and K. M. Wassarman, 2005. An abundance of RNA regulators. *Annual Review of Biochemistry*, vol. 74, pp. 199—217.

Woese, C. R., 2002. On the evolution of cells. *Proceedings of the National Academy of Sciences of the USA*, vol. 99, no. 13, pp. 8742—8747.

Part Tow

第二篇 | 海洋生物

第 5 章

微生物世界

在本章中，我们首先将视线移向海洋微生物——海洋生命最丰富的类群。微生物生活在大洋的任一角落，从最深的海沟到最高潮位带，微生物世界种类多得令人难以置信，并且不断有新种被鉴定出来。本章中要谈到的微生物除了小之外，几乎很少有共同之处。生物的三域中，最基本的划分单位（参见“生命树”，87 页）就有微生物。微生物世界的种类繁复甚至连生物学家也叹为观止，实际上，科学家常常为将微生物置于微生物域的哪个界而争论不休。 93

虽然海洋微生物包含了那些最小和结构最简单的类型，它们却在这个星球的生物进化过程中扮演了重要角色，没有微生物就没有地球上的生命。不仅我们目前所知的生命起源于微生物，地球其他的生命形式也依赖于它们。

微生物是海洋环境中最重要的初级生产者，它们直接或间接地供养着大多数的海洋动物。一些微生物通过初次合成或循环利用的方式给其他初级生产者提供必需营养成分，还有一些则游弋在水中，像动物那样摄取食物，在海洋食物链中发挥了巨大作用。

初级生产者 通常通过光合作用利用二氧化碳合成有机物质的生物。 第 4 章，74 页。

原核生物

原核生物是最小、结构最简单、地球上最古老的生命形式，但是，它们完成了几乎所有的、一般由更复杂生命进行的化学反应，而且还有许多是原核生物特有的（参见表 5.1），实际上这些化学反应中大多数最初从原核生物演化而来。 94

原核生物细胞由保护性细胞壁包围，里面紧贴着质膜或细胞膜（参见图 4.7），原核生物不仅缺乏核和大多数被膜分隔的细胞器，它们在编码遗传信息的 DNA 分子的存在形态、核糖体的大小和其他多个方面也与真核生物不同。

尽管原核生物的两大域——细菌域和古细菌域，有相似之处，但在细胞壁和质膜化学（参见表 6.1，108 页）及产生蛋白质的细胞工厂等方面也有很大区别。实际上遗传分析显示，如同它们与人类的差异一样，细菌和古细菌之间也存在很大的差异。

细菌

细菌（细菌域）在生命树中分支较早，与古细菌和真核生物有较远的遗传距离，因为它们结构简单，细菌被归为原核生物。但它们进化出广泛的代谢类型，在大洋的各地方普遍存在。

细菌细胞有很多形态，对于不同的种类有球形、螺旋形、杆状和环状（图 5.1），细菌细胞壁的特有的化学成分形成了刚性而坚固的细胞壁（参见表 6.1，108 页），细胞壁外包裹的刚性或黏性物质可为细胞提供额外保护或作为黏附介质发挥作用。细胞很小（见附录 A 相对大小），比单细胞的真核生物要小得多。在句子句点上就可以放上 250 000 个细菌细胞。但也有例外，如从非洲西南部发现的沉积物细菌细胞宽达 0.75 mm，大到肉眼可见(图 5.2)！另在珊瑚礁鱼的肠道内发现了另一巨大细菌(0.57 mm)，很多的海洋细菌有时在腐烂海草上形成可见的白发状结构，或在泥滩和盐沼表面形成闪光或粉红色斑块。

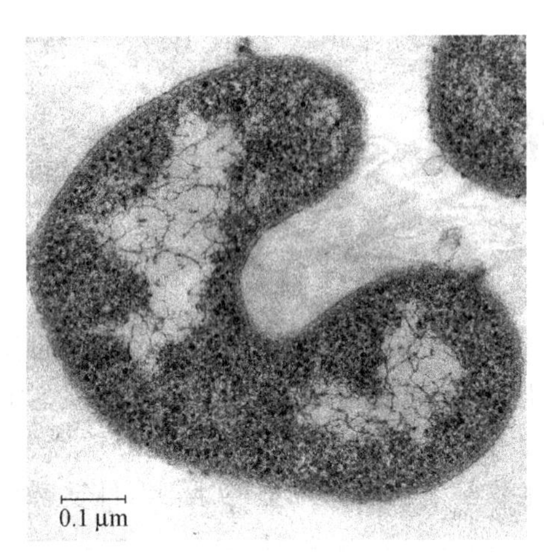

图 5.1　高倍电镜图片显示一种环形的海洋圆杆菌(*Cyclobacterium marinus*)。

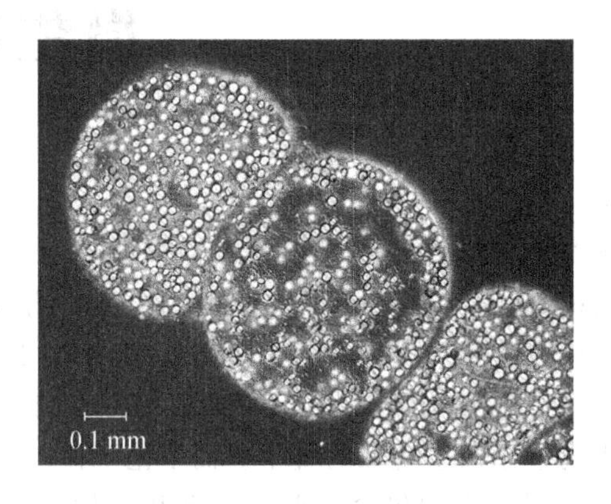

图 5.2　纳米比亚珍珠硫细菌(*Thiomargarita namibiensis*)的三个细胞，它是已知的最大的细菌，细胞可达 0.75 mm。圆的黄色结构是硫颗粒，*Thiomargarita* 生活在缺乏氧气的水中。

细菌在适宜的环境比如腐质中可以大量繁殖，腐生菌降解废弃物及死亡的有机质，向环境释放营养元素。它们对于地球至关重要，因为它们确保必需营养物质的循环，就像海洋食物网的可溶性有机质的循环(参见“微生物环”，342 页)。大多数有机物质或早或晚被降解，虽然这过程在深海冷水区域会比其他地方慢一些(参见“深海细菌”，371 页)，腐生菌和其他细菌，还扮演了另一个重要角色，因为是它们构成了供养无数底栖动物的有机质的主要部分，甚至水体中的一些有机颗粒的大部分都是细菌。一些海洋细菌参与了石油及其他毒素的降解，然而遗憾的是，同样的分解作用也使珍贵鱼类和贝类感染，另有一些海洋细菌则导致海洋动物和人类疾病(参见“沿岸水域的病原体”，275 页)。

细菌在海洋环境中，存在于所有的表面和水体中，可谓无处不在。实际上，在这个星球上最广泛存在的生命可能是一种小的、最近刚发现的细菌，遍在远洋杆菌(*Pelagibacter ubique*)。在大洋中发现其可达到极高的数量，基于对其存在环境中极高数量的推测，其作用可能极其重要，但这个作用目前一无所知。在严酷的环境，如在太平洋底下 300 m 深处的沉积物中也发现了细菌。

细菌是结构简单的微生物，它作为重要的物质分解者降解有机物为营养物质而被其他生物利用，它也是极重要的初级生产者。它们还是重要的食物来源。

原核生物　不具核和大多数其他细胞器的生物。　　第 4 章，75 页，图 4.7。

真核生物　具有核及其他膜结构细胞器的生物。　　第 4 章，75 页，图 4.8。

腐殖质　死亡有机物质的颗粒。　　第 10 章，226 页。

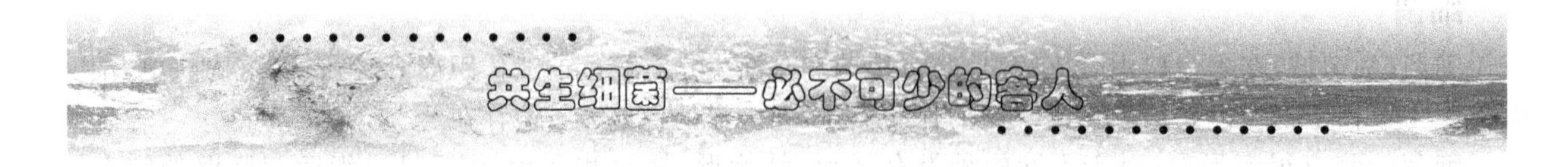

共生细菌——必不可少的客人

95　有些细菌与其他海洋生物密切生活在一起，或称共生。一些共生细菌是可以导致疾病的寄生物，其他的则对宿主有利。这些共生细菌开始时与宿主在一起增加宿主生存机会，然后进一步演化得对宿主必不可少——离开它宿主就不能生存。在许多时候，共生细菌甚至寄居在宿主体内的一些特殊的组织或细胞器中。

所有的真核生物，包括人类，没有寄居的细菌它们就无法生存。真核细胞的叶绿体和线粒体从共生细菌演化而来（参见“从零食到仆人：复杂细胞的起源”，79 页），这些细菌成为所有复杂细胞的一个完整部分。

海洋生物有许多共生细菌，例如，共生细菌参与了双壳类软体动物船蛆（*Teredo*）（实际上是双壳类软体动物，而非蠕虫）摄取的木材的消化。像所有的食木动物，船蛆没有用以消化纤维素（木材的主要成分）的纤维素酶，木质材料是海洋环境中很多生物的共同栖息地，从浮木到船底的每个地方成为船蛆的居所，这要感谢它的共生菌。

共生细菌还是一些深海鱼类、鱿鱼、章鱼和动物的发光源，被称为“生物发光”（参见“生物发光”，362 页）。细菌常寄居在特殊的发光器官中，这些深海动物生活在黑暗中，使用光与它们的其他同类交流、作为诱饵、与从表面滤过的光混合，还执行一些其他的功能。生活在热带浅层水域的闪光鱼（*Anomalops*）将细菌固着在眼下的一个器官中，用一种开关机制控制发光，所以这种鱼可以在晚上“闪烁”！一群鱼同步“闪光”可引诱猎物。

与软体动物、蛤和生活在深海热液口的管蠕虫共生的化能共生细菌具有非常特殊的作用：用热液口产生的丰富的 H_2S 和 CO_2 合成有机质，共生细菌生活在巨型管蠕虫（*Riftia*）的一个特殊的器官——饲喂体中。

海洋共生细菌也影响人类健康，河豚储存一种对捕食者（包括人类）致命的毒素，河豚在日本是一道美味，必须经注册厨师小心处理，否则未处理好的毒素（河豚毒素）对食用者是致命的。河豚毒素是一种致命的神经毒素（影响神经系统），实际上，它是已知的最毒的毒素之一，并且无解药。毒素主要储存在河豚的肝脏和性腺中，所以必须小心移除内部器官，但每年在日本都会有这方面的错误及无数的死亡事故发生（包括名誉受损厨师的自杀行为）。应该内疚的是厨师，而不是河豚：现在已知毒素不是由鱼，而是由共生细菌产生的，没有人知道鱼又是如何对细菌毒素免疫的。

河豚毒素及其他类似的毒素还在包括涡虫、蜗牛、螃蟹、海星和几种鱼在内的一系列的海洋生物中发现，也存在于蓝环章鱼和著名的毒性动物中。在死亡的海胆中还存在一种未知来源的河豚毒素，怀疑可能是它导致了海胆的死亡。我们还不知道这些生物中的毒素是如同河豚一样由共生细菌产生，还是从食物中获得。然而在箭虫口部的共生细菌的确产生河豚毒素来麻醉猎物。

日本河豚（星点东方鲀，*Takifugu niphobles*）

作为神经毒素，河豚毒素阻断人类疼痛信号的传递，其衍生物正在尝试作为癌症和其他患者的疼痛舒缓剂，它不会像吗啡和类似药剂那样使使用者上瘾。

威力巨大的毒素产品被其他生物利用只是细菌惊人能力的一个例证，即肉眼不可见但在环境中威力巨大。

---

96 蓝细菌曾被称为蓝绿藻，是一群光合细菌(参见“自养”，98页)。除了像真核光合生物那样有叶绿素a，它们大多还有一种称为藻蓝胆素的蓝色色素(参见表6.1，108页)，大多数海洋蓝细菌还有一种红色色素——藻红胆素。生物体的颜色决定于这两种色素的相对含量。藻蓝胆素占主要时，细菌呈蓝绿色；藻红胆素主要时，呈红色。

蓝细菌是最早出现在地球的光合生物，对大气环境中氧气积累起着重要作用。叠层石化石中，大量由蓝细菌形成的钙质层形成于3亿年前，在热带海洋中叠层石还在生成。

蓝细菌广泛分布在海洋环境中，很多可以耐受宽泛的盐度和温度，另有一些则生活在意想不到的地方，如北极熊的毛发中！一些蓝细菌称石内生物，可以钻入如钙质岩石和珊瑚礁内部，还有一些在岩石海岸带海浪触及处形成厚厚的黑色的硬壳，有的可在污染地带的贫氧沉积物中存活。浮游物种可快速繁殖并改变水体的色泽，一些所谓赤潮(参见“赤潮和危害性藻华的暴发”，330页)是由具有红色色素的蓝细菌引起的，有几个物种能引起游泳者和潜水者皮疹。

一些蓝细菌生活在海藻和海草的表面，附着在藻类或植物上的光合生物称为附生植物。有生物学家采用这一名词泛指附着在藻类或植物上的所有生物，另外生活在藻细胞内部的蓝细胞，称为内生生物。

蓝细菌是光合细菌，属于最早出现在地球的光合生物之一。

古细菌

古细菌(古细菌域)是最简单、最原始的生命形式，一些与已发现的最古老的化石很相似，那些细胞至少有3.8亿岁了。古细菌在生命的早期进化中具有重要作用，它们的细胞像细菌一样很小，可能是球形(图5.3)、螺旋形或杆状的。实际上，在这之前，古细菌一直被认为是细菌。除了是原核生物，有证据表明古细菌与真核生物的关系比与细菌的关系更近。

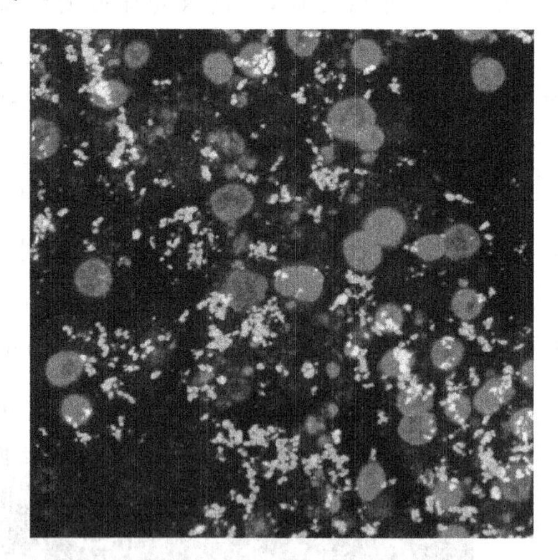

图5.3 与一种加利福尼亚的亮红色海绵(墨西哥海绵，*Axinella mexicana*)共生的古细菌(*Cenarchaeum symbiosium*)，许多古细菌细胞染成绿色，正在分裂，大的橙色点是海绵细胞的核。(参见彩图6)

一些古细菌最近才发现，首先是在陆地的极端环境中发现的，如热硫泉、盐湖或高酸碱环境等，古细菌因此被命名为“嗜极生物”，意思是“喜欢极端”。陆续在极端海洋环境，如需承受300～800个大气压的深海中发现古细菌，一些古细菌生活在热液口的高温环境中，有的在低于70～80℃的温度中不能生存，一种热液口古细菌可在121℃的高温中生活，这是已知生物中最高的可生存温度；另有古细菌依赖于极端的高盐环境，如海岸盐沼或深海海盆(参见“放眼科学：高盐海盆的原核生物”，98页)；还有的出现在极酸或极碱的条件下。

因为首先被分为古细菌的微生物是嗜极的，有人认为所有的古细菌都是嗜极的。确实，这两个名词97 几乎成为同义词。然而基于检测核酸序列的新技术却显示古细菌在海洋环境中，无论是水体(参见“小细胞，大惊奇”，97页)还是沉积物都普遍存在，因此，古细菌仅局限在极端环境中的假设是错误的。

石灰质的　由碳酸钙构成($CaCO_3$)。　第2章,36页。

浮游生物　随海流漂流的初级生产者(浮游植物)和消费者(浮游动物)。　第10章,223页。

热液口　在大洋中脊及其他地质活跃环境中的海底热泉。　第2章,40页。

核酸　DNA和RNA,储存和传递遗传信息的复杂分子。　第4章,72页。

古细菌是曾经被认为是细菌的原核微生物,但它们更接近于真核生物。它们最先从极端环境中发现,目前已知在海洋环境中普遍存在。

人们惊讶于生物学家对海洋微生物了解的匮乏,我们知道它们无处不在,但却不知到底有多少种、有多普遍及到底它们达到了怎样的程度,而由于采用了新技术和方法,这种情况很快就会发生改变,人们可逐渐了解被称为海洋之家中的海洋微生物的秘密生活。

传统上,人们从水样中筛选微生物,然后在人工条件下培养来获得关于海洋微生物的信息(其生长所需营养,产生的化合物的类型等)。不幸的是很多微生物不能在实验室中培养,因此在培养样品中检测不到它们的存在。不过海洋生态学家至少可利用这些信息来推测在海洋世界中微生物的作用——如腐生细菌在营养释放中的作用,以及细菌在将游离氮转化为可被更大型动物利用的硝酸盐或可溶性有机物质(DOM)过程中的作用。不过,对细菌和其他海洋微生物仍然知之甚少,很多类群在很长时间内不为所知,比如大多数的古细菌直到1970年才被认识到。

微小的原核细菌和古细菌细胞、一些藻类最小的真核细胞,还有一些其他生物似乎无处不在,但却非常难于被收集及显微观察。现在可不再考虑培养或将它们滤出来,而是从水体中直接获得它们的核酸片段(参见"核酸",72页)并进行测序,通过对特征性DNA或RNA序列的测定就可检测出这些微生物的存在,而且,即使无法获得完整的细胞或全部的核酸,部分序列的分析也提供了这些微生物特有的信息。

在海水和沉积样品中,古细菌特征性RNA序列的存在说明古细菌非常多。2001年,在透光层以下很深部位的水样中发现了两群极端丰富的古细菌,那儿光很难穿透(参见第16章)。这一从太平洋的夏威夷南部采到的水样显示古细菌在表层很稀少,在250 m以下急剧增加,在1000 m以下,古细菌像细菌一样普遍,从它们的数量和在海洋的巨大容量来看,古细菌应该属于海洋中最丰富的生命形式。从马尾藻海样品的DNA序列分析来看,至少存在1800种,也可能达到50000种新的微生物。

基于检测核酸的类似技术识别了以前未知的真核微生物。这些真核微生物比原核的大,但仍然很小(小于2～3 μm),导致对它们的收集和研究都很困难,这与浮游生物中的其他较大真核单细胞形成鲜明对照,那些细胞可以用浮游生物网采集(参见"浮游生物:一种新的认识",325页)。2001年,在南极海域250～3000 m深的海域发现了两群新的甲藻类生物,同时另一研究团队也报道了在热带太平洋75 m深度海域发现了相似而独特的真核微生物(包括另一群新的甲藻类生物),这些从光线可穿透的相对浅水区发现的微生物中,有一些可进行光合作用,从而为这些发现拓展了新的空间,它们代表了在典型的产出匮乏的热带海域中以前未知的初级生产力来源,近几年还发现了其他的微藻,包括三群甲藻类的,还有则属未知。

原核生物的代谢

98

原核生物显示了纷繁复杂的与能量传递及产生化学物质有关的化学反应,代谢这个词指的是发生在生物体内的所有化学反应。

自养生物　自养细菌和古细菌制造它们自己所需的有机物质,因此是初级生产者。能量来源则有不同。一些自养细菌,像前面提到的蓝细菌,可进行光合作用或光能自养,它们含有叶绿素或其他光合色素

(参见表6.1,108页)来捕捉光能,利用二氧化碳(CO_2)产生有机物质,蓝细菌在这一过程中释放氧气(表5.1)。光合作用发生于细菌细胞折叠内膜结构(参见图4.7),而并非像在藻类和植物那样发生在叶绿体中。

光合细菌在许多大洋中是初级生产力的主要贡献者。甚至生活于深海中的细菌,在没有表层光线透入的情况下,使用热液口的微弱光线进行光合作用。虽然最终的产物可能是相似的,但细菌光合作用的生化过程与藻类和植物是不同的,甚至不同细菌类群间也存在很大差异。比如,一些光合细菌具有一种细菌特有的叶绿素,不产生氧而产生硫(表5.1),还有的细菌使用称为类视紫红质的色素捕捉光能并将其储存在ATP中,它们没有叶绿素或使用能量将二氧化碳合成有机物质,因此不是光合作用。一种古细菌(*Halobacterium*)同样缺乏叶绿素,但含有一种色素——细菌视紫红质,它能将光能直接转化为ATP。

其他的细菌自养,称为化能合成,或化学自养,它们获得的能量不是来源于光,而是包括硫化氢(H_2S)和其他硫、氮和铁离子在内的化合物(表5.1)。一些化能古细菌(甲烷菌)可产生甲烷(CH_4),比如一种从热液口沉积物中分离的古细菌 *Methanopyrus*。

假说　一种可能正确的关于世界的言论。　第1章,16页。
自养生物　能使用能量(通常是太阳能)产生有机物质的生物。　第4章,73页。
ATP　在代谢反应中储存和传递能量的分子。　第4章,72页。

放眼科学

高盐海盆的原核生物

最近一个国际海洋生物学考察队利用DNA和RNA测序(参见"小细胞,大惊奇",97页)在目前已知的最荒凉的海洋环境(称为高盐海盆的深底水域)中检测细菌和古细菌,该区域具有非常高的盐度,另外一个极端条件是这些盆地中的水几乎不含氧。

在地中海东部至少存在4个这样的海盆,它们是在地质构造活动中(参见"海床延伸和板块构建",31页)将地下的盐分沉积暴露于海水中,随后沉积物溶解而形成的。这些沉积物形成于几百万年前,但实际的海盆是在更近的时期形成的,也许是几千年前。高盐海盆的盐度平均是普通海水的十几倍,远远超过了大多数生物所能耐受的限度,水体中还含不同的金属离子,其浓度对生命体来说一般是有害的——一个海盆的氯离子浓度达到了一般海水的18倍,镁离子超过100倍。

高盐度意味着高密度,所以高盐水保持在水底,与上面的较低盐度水体分离。没有光合作用产生的氧,因为在这样的深度缺乏光能,也没有氧从上层水体穿入水底。

在这样的海盆中进化出许多不同的细菌和古细菌,它们不仅同水体的其他部分隔离,彼此间也相互隔离,结果每一海盆都含有一个独特的微生物群体,细菌和古细菌在所有的4个海盆中都存在,但其中的三个是细菌类群占多数,而另一个是以古细菌为主,目前鉴定的原核生物包括硫酸盐代谢菌、产甲烷生物及厌氧异养生物(参见表5.1)。虽然海盆中的水体高度隔离,甲烷气体和一些硫化物可以进入到上层水体中。

研究这些海盆的原核生物具有重要意义,因为科学家推测地球最早的生命形式是生活在高盐水体的原核生物,假如发现地球外生命,这类的研究将为所期待的外星生命形式提供线索,因为地球外一些地方与地球上高盐海盆中类似。

几个欧洲实验室对高盐海盆原核生物的研究仍在继续,他们在对这些微生物的基因组进行研究,寻找编码特殊蛋白基因,科学家们已经发现了一种酶,可不同寻常地耐受高盐和压力胁迫,研究还对可在高镁离子浓度下生存的物种感兴趣,因为这是与火星和木星卫星欧罗巴(Europa)类似的环境。

(更多信息参见《海洋生物学》在线学习中心。)

表 5.1 海洋原核生物代谢反应实例

99

反应名称	能量来源	其他材料	副产物	是否有有机碳产物	主要类群	注释
光合作用	光	二氧化碳，水	氧	是	蓝细菌	光由叶绿素捕获，多数的藻类和植物进行的类似过程
	光	硫化氢	硫或硫酸盐	是	紫或绿色细菌	光由细菌叶绿素捕获
化能合成						能量由不同的无机分子提供，这儿仅提供了几个例子
硫氧化	硫化氢	氧	硫酸盐	是	硫氧化细菌	在湿地沉积物中的细菌，泥滩，深海热液口细菌
耗氧铵氧化	铵	氧	亚硝酸盐	是	亚硝酸细菌	在湿地沉积物中的细菌，泥滩，深海热液口细菌
亚硝酸氧化	亚硝酸盐	氧	硝酸盐	是	亚硝酸细菌	在湿地沉积物中的细菌，泥滩，深海热液口细菌
铁氧化	还原铁离子	氧	氧化铁	是	离子氧化细菌	深海热液口细菌
耗氧呼吸	有机物质	氧	二氧化碳，水	否	异养，耗氧细菌和古细菌；腐生细菌和古细菌	利用氧分解有机物质释放能量
厌氧呼吸						在缺氧条件下降解有机物质释放能量；比耗氧呼吸效率低
硫酸盐还原	有机物质	硫酸盐	硫化氢	否	硫酸盐还原细菌和古细菌	
硝酸盐还原，反硝化作用有机物质	硝酸盐，亚硝酸盐	氮		否	反硝化细菌	
甲烷生成	有机物质	氢，二氧化碳	甲烷	否	甲烷菌	许多环境中的古细菌
氮固定	ATP	氮	铵离子	否	氮固定细菌和古细菌	铵离子和从铵离子产生的其他化合物，可被初级生产者使用的营养物质
厌氧铵氧化（铵同化反应）	铵	亚硝酸盐	氮	否	铵同化细菌	铵在缺氧条件下转化成氮释放能量
光介导 ATP 合成	光		ATP	否	水体表层的一些细菌，高盐池古细菌	光被类视紫红质（细菌中）或细菌视紫红质（古细菌中）捕获

原核生物呈现了相当多样的代谢过程，许多细菌（包括蓝细菌）和古细菌是自养的，贡献了海洋初级生产力的大部分。

100

异养 大多数海洋细菌，像动物那样是异养的，即通过呼吸作用从有机物获得能量（表 5.1）。一些异养细菌和古细菌是腐生生物，耗氧细菌和古细菌的呼吸作用和很多其他类群的生物一样使用氧气，而在厌氧物种中呼吸作用不需要氧气。当有氧气存在时，厌氧细菌不生长，而在氧气缺乏时则生长旺盛。

如在无氧或缺氧的沉积物中，不用氧气而用硫酸盐(SO_4^{2-})进行呼吸作用的细菌就是这样，它们产生有臭鸡蛋气味的二氧化硫(H_2S)(图 11.23)。

异养原核生物从有机物质获得能量，很多是腐生细菌。

氮固定 许多底栖和浮游蓝细菌进行氮固定，将气体形式的氮气(N_2)转化为铵离子(NH_4^+)，也是硝酸盐(NO_3^-)及其他氮化合物的转化产物(表 5.1)，该产物可被初级生产者作为氮源利用(参见“必需营养物循环”，229 页)。另外一些还有细菌和一些古细菌也可进行氮固定，氮固定需要的能量是由光合作用或其他反应产生的 ATP 提供的。

一些原核生物，特别是蓝细菌，是氮固定者，它们将气体形式的氮气转化为铵，被初级生产者利用。

单细胞藻

藻是一群多种多样的、简单的、大多水生(海洋或淡水)、大多能进行光合作用的生物。作为真核生物，它们的细胞含有核和其他膜包裹的细胞器。光合作用发生在叶绿体上——具有内部膜结构、包含光合色素(参见图 4.8b)的绿色、褐色或红色细胞器。藻的颜色由色素及色素的浓度所决定，与我们熟悉的陆地植物相比，藻缺乏开花过程，具有相对较简单的繁殖结构。它们的非生殖细胞也大多简单而非特化，藻缺乏实际的根、茎和叶。

生物学家过去称藻为植物，但很多单细胞藻显示了动物的特性。有的靠鞭毛游动，乍一看，想把这些自由游动的藻与一些结构简单的动物区分开来是很困难的，一些物种像植物那样可进行光合作用，而另有非常相似的物种，则像动物那样运动、摄食食物颗粒，一些种这两种特性兼具。同时被植物学家和动物学家声称是他们各自的研究类群！虽然多数生物学家不再将传统的原生动物界认为是单独的界，因为很多原生动物被认为有不同的进化历史，但为了方便起见，这些单细胞生物还是通称为原生动物。多细胞海藻仍被认为是原生生物，大多是因为它们缺乏植物的特有组织，海藻同其他的多细胞初级生产者——海洋植物将在第 6 章讨论。

藻类是原生生物，它们大多是水生初级生产者，缺乏植物的特有组织，它们从单细胞到大的多细胞海藻，大小和复杂性变化较大。

硅藻

硅藻(异鞭藻门 Heterokontophyta，硅藻纲 Bacillariophyta)是单细胞的，有许多种聚集成链状或呈星状。硅藻细胞被多由二氧化硅(SiO_2)(一种玻璃状材料)(参见表 6.1，108 页)构成的细胞壁包裹，这一种玻璃质的壳，或称为硅质壳。它们由两个紧密吻合部分构成，通常像平而圆或狭长的盒子(图 5.4)。外壳通常有复杂的孔和诸如刺或脊的修饰，使硅藻在显微镜下异常美丽，光能透过外壳，因此金褐色藻的叶绿体可以捕获光能进行光合作用。溶解的气体和营养物可通过小孔进出，在大洋上，硅藻细胞内的油滴和细胞膜上的脊刺可减缓，它沉到光照良好的海面之下(参见“保持漂浮”，333 页)。

101

除了两种叶绿素 a 和 c 之外，硅藻的典型色泽还取决于黄色和褐色的胡萝卜素(参见表 6.1，108 页)的存在。硅藻是高效的光合工厂，为其他的生命形式制造很多必需的食物(硅藻本身就是食物)以及氧气。硅藻在温带和极地区域宽阔的海洋上都是非常重要的初级生产者(参见表 15.1，328 页；“海水上层区的食物网”，339 页)，实际上，海洋中大量的硅藻细胞为地球贡献了相当分量的有机碳和氧。

大约 12 000 种硅藻中有一半是海生的，大多数是浮游生物。很多硅藻具有一个柄状结构以便于在浅水中附着在岩石和其他东西的表面，在那里贡献大量的初级生产力。有时在泥滩或玻璃水族缸中的褐

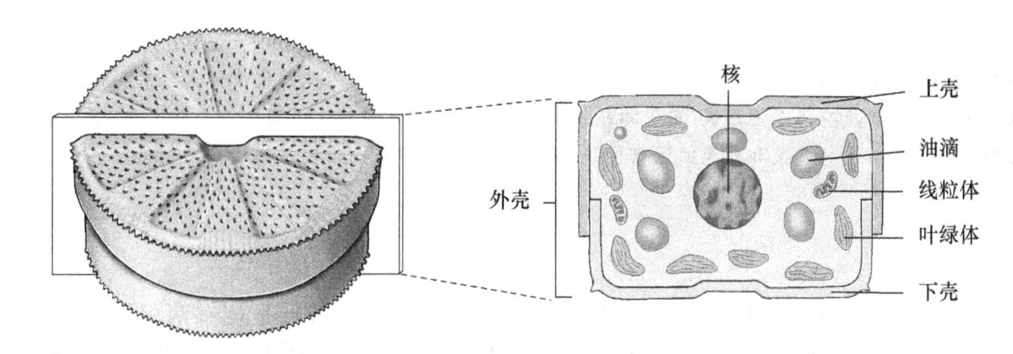

图 5.4　一个硅藻细胞示意图(参见图 15.3)

色泡沫中就含有数以百万的硅藻细胞。一些硅藻可以在表面缓慢滑动,有的没有颜色,没有叶绿素,以异养形式生活在海藻表面。一些浮游硅藻制造潜在毒素多米尼克酸,毒素可在食硅藻贝类和食浮游生物鱼体内富集,当人类和海洋动物吃了被污染的贝类和鱼后,可导致严重的有时是致命的神经系统疾病。

硅藻是多数营浮游生活的单细胞生物,硅质壳是它们最具特色的特征,它们是冷水中重要的海洋初级生产者。

硅藻多通过细胞分裂繁殖,这是一种无性繁殖方式,重叠的硅质壳两部分分离,每一半分泌产生一个新的、较小的一半,亲代细胞较小的底层外壳变成一个子细胞的较大的外壳,然后由它再分裂出新的较小的外壳(图 5.5)。休眠阶段的复大孢子发育可再形成原来大小的细胞。复大孢子最终成为较大的细胞,显示物种特征外壳结构。

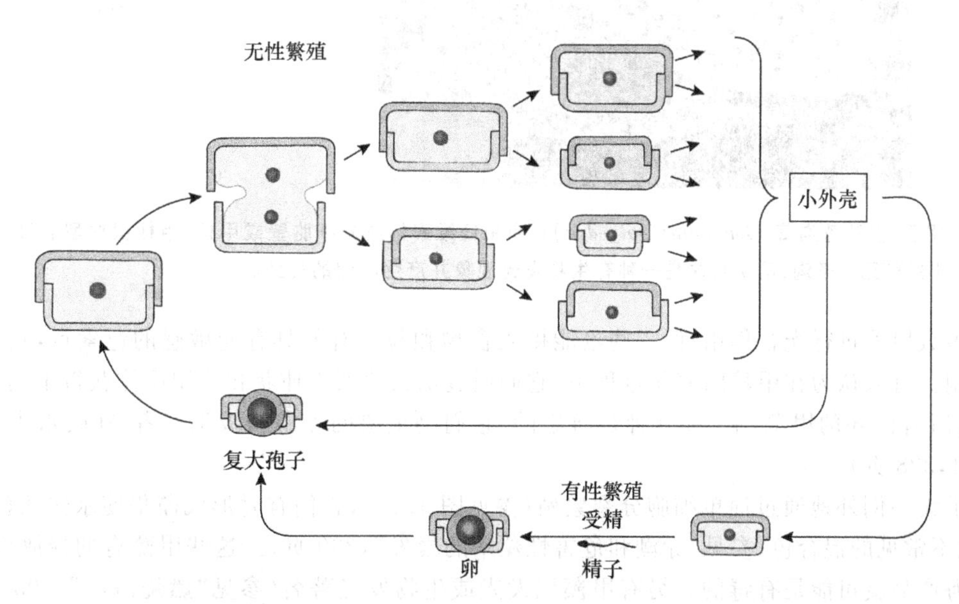

图 5.5　硅藻通常的繁殖方式是细胞分裂,大多数外壳在持续分裂后变小,休眠细胞称复大孢子,它由两种途径产生,或来自于一个小外壳膨胀或来自于不同细胞产生的卵子与精子结合的有性繁殖。

合适的环境条件,如合适的营养和光照,触发称为"爆发性"的快速复制阶段,这种现象在其他藻类中也会发生。在爆发时,大多数硅藻细胞越来越小,不仅因为无性繁殖,也因为群体生长水体中硅质的匮乏。

死亡硅藻的玻璃状外壳最终沉到海底,它们会形成厚厚的硅质沉积覆盖海底的大片区域,这样的生物沉降称为硅藻土,是一种硅质软泥。这些巨大的化石沉积物在世界各地随处可见,硅质材料或硅藻土被开采并用作泳池、澄清啤酒的滤过材料;用作保温和隔音材料及牙膏中的温和研磨剂。

102

异养　不能自己生产所需的食物,必须利用自养生物产生的有机质的生物。　第 4 章,73 页。

繁殖类型

无性繁殖(或营养生殖)　由简单分裂(或其他方式)产生后代,不涉及配子,因此后代遗传上与亲代相同。

有性繁殖　新个体的产生有配子的形成(精子和卵子),因此子代与亲代遗传上不同。　第4章,83页。

生源沉积物　含有海洋生物骨架和外壳的沉积物,硅藻土由硅构成,钙质土由碳酸钙构成。　第2章,36页。

甲藻

甲藻(甲藻门)组成了另一庞大的浮游单细胞家族,它们最突出的特点是拥有两根鞭毛,一根缠绕在细胞中部沟,另一根自由摆动(图5.6)。这些鞭毛可使其在任何方向上移动,大多数的甲藻具有被纤维素板覆盖的细胞壁,这是海藻和陆地植物的典型细胞壁成分(参见表6.1,108页),甲板有的有刺、孔或其他的修饰。

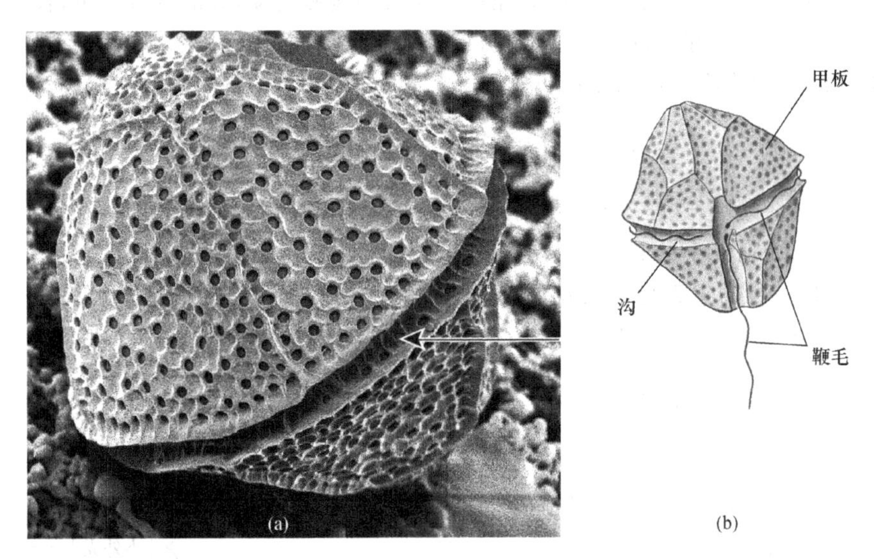

图5.6　甲藻(多边膝沟藻,*Gonyaulax polyedra*)具有由纤维素构成的细胞壁或甲板,甲板很典型的具有鞭毛沟,这儿只可见一条沟(箭头),这是一种有生物发光现象并产生赤潮的类型。

虽然大多数甲藻进行光合作用,但一些也能摄入食物颗粒。有的具有光敏感的色素点,具有简单的"眼睛"的作用。有人认为在甲藻的演化过程中,它们通过从其他藻类捕获和使用质体获得了初级生产者的能力,目前所有已知的甲藻,有1200种是海生的,它们是重要的浮游初级生产者,在暖水中更是如此(参见表15.1,328页)。

甲藻几乎无一例外地通过简单细胞分裂繁殖(参见图4.18),它们有时形成藻华使水体颜色变红、红褐、黄或其他不常见的混合色(参见"赤潮和危害性藻华的暴发",330页)。这些甲藻有的释放毒素,赤潮期间捕获的海产品就可能是有毒的。另有甲藻以发光或生物发光著名(参见"燃烧海湾",103页),虽然在一些细菌和许多动物中也发现了发光现象,甲藻却是有时看到海面生物发光现象的主因,这种效应一般在夜间可见,尤其是水体被船激扰或海浪冲刷海岸的时候。一群圆形的金黄色的甲藻叫动鞭虫,它与几种动物共存。寄生了动鞭虫的动物有海绵、海葵和巨蛤,可能在珊瑚礁环境中动鞭虫也占据主要地位。它们通过光合作用固定二氧化碳,释放珊瑚可用的有机物质,协助形成珊瑚骨架(参见"珊瑚的营养",299页)。

有几种高度特化的甲藻是海藻和一些海洋动物的寄生体。像虫黄藻这种高度特化的形式只有在它们的生活史中与典型的甲藻相似的自由游动生活阶段,才体现出它的本性。

有一个这种类型的费氏藻(*Pfiesteria*),有时称它为"幽灵甲藻",因为它生命的大多数时间以无害的囊胞形式存在于沉积物中,处于一种休眠状态。有人认为海岸营养过剩导致的污染引起费氏藻藻华,费氏藻与类费氏藻微生物引起鱼类致命的开放性溃疡,费氏藻导致的溃疡,并非像最初所认为的那样是毒素引起的，而是由于其对鱼类组织的蚕食。这些寄生生物对螃蟹、牡蛎和蛤类也是有害的，还有报道它们也与人类溃疡和暂时性记忆丧失等症状有关。

甲藻是具有两个不等长度鞭毛的单细胞生物，一些以发光著名。虫黄藻是与海洋动物，特别是珊瑚虫共生的甲藻。

其他的单细胞藻

在一些海域中另外还有三个非常丰富的生物类群，是浮游生物中非常重要的初级生产者（参见表15.1，328页）。其一是硅鞭藻（异鞭藻门 Heterokontophyta，盆藻纲 Chrysophyta），具有典型的由硅质构成的星型内骨骼（图5.7）和两条不等长鞭毛，在海洋沉积物中普遍存在硅鞭藻化石，可以用来计算沉积物的年龄；其二是球石藻（异鞭藻门，定鞭藻纲 Haptophyta），它具有鞭毛，细胞球形，表面覆盖按钮状称为球石的装饰结构，由碳酸钙构成（图5.8），在化石中可见球石藻；其三为隐藻（隐藻门），具有两根鞭毛，而无骨架。和其他的真核生物一样，隐藻有从原核生物衍生而来的叶绿体（参见“从零食到仆人：复杂细胞的起源”，79页），但叶绿体位于一个退化的真核细胞中，而这个真核细胞共生于隐藻细胞中，这三个类群的成员个体很小，一个大的硅藻或甲藻细胞就可以容纳上百个。

103

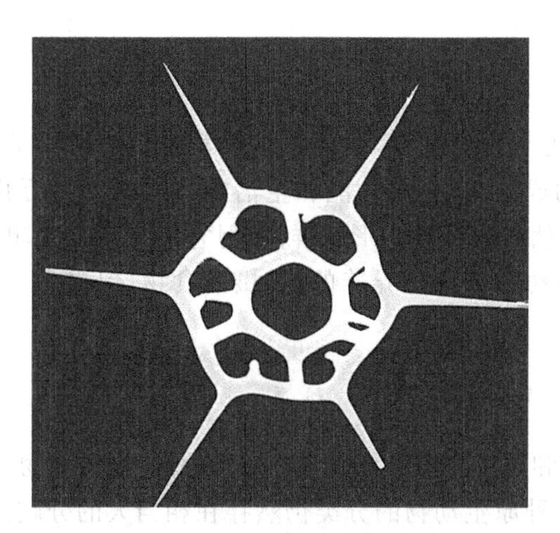

图5.7 一种硅鞭藻（镜面等刺硅鞭藻，*Dictyocha speculum*）的骨架

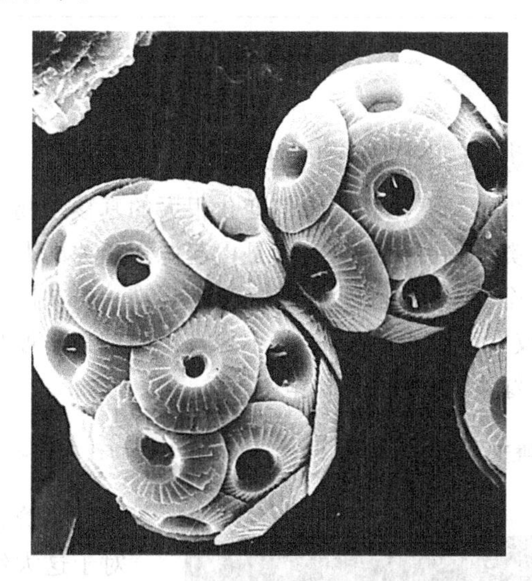

图5.8 球石藻。产于澳大利亚的 *Umbilicosphaera sibogae*，是一种小的单细胞浮游植物，它是海洋中重要的初级生产者。盖住细胞的盘状物由碳酸钙构成。

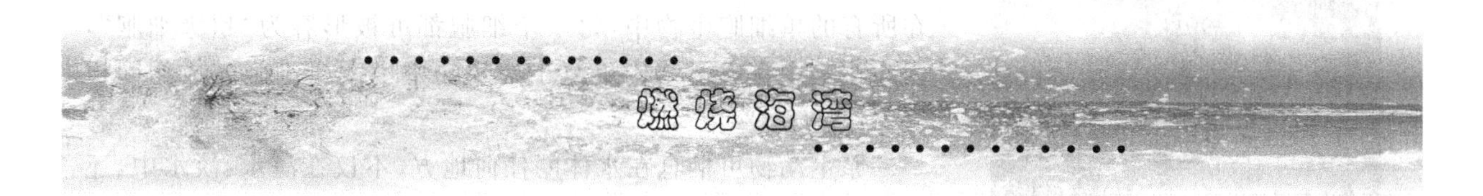

设想在夜晚走近一个安静的热带海湾，没有月光，海滨已没有灯光，这样的景象是令人难忘的。当船的螺旋桨搅起深色的海水，浓重的蓝绿色光团追随船尾，就像一条怪诞的冷光尾巴。在海湾之外，当你靠近时，能看到一些发光点。但在海湾内就不同了，闪烁在船尾的许多长条的光就像焰火一样，是由逃逸的鱼群引起的；在海湾中畅游则更令人惊叹，你伴随着眩目亮光潜入水中，挥动的胳膊激起星光点点。

这样的发光效应来源于高度聚集的能生物发光的甲藻，这自然的、永恒的现象只出现在几个极好的地方，如波多黎各西南的 Bahia Fosforescente 或 Phosphorescent 海湾。

生物发光海湾可能是一个更贴切的名字，因为这是由活体生物产生的现象。海湾最主要的生物发光源是巴哈马梨甲藻（*Pyrodinium bahamense*），一种单细胞行光合作用的甲藻，直径大约 40 μm(0.004 cm)，在 1 加仑水样中可有多至 720 000 个个体，比海湾外多得多。海湾很小，大约 90 英亩，呈扇形，水深不超过 4.5 m，甲藻在这儿高密度聚集的主要原因是海湾与大洋通过一个浅而狭窄的海峡相连。当含有甲藻的海水涌入海湾时，由于浅水区的海水的蒸发，导致表面水因为盐度和密度升高而沉降。干燥和晴朗气候使蒸发加强，麦甲藻（*Pyrodinium*）待在水面，因而不能随着密度大的海水沿浅窄海峡的底部流出去。潮汐到这最多也就 1 英尺深，所以与外界的水交换很有限，因此海湾就像一个陷阱困住了甲藻。

在所有进入海湾的浮游生物中，为什么只有麦甲藻受到青睐呢？可能一个关键的因素是沿着海湾生长的茂密的红树林，它们沿泥质海岸生长，在其根部附着各种各样的生物。当红树植物叶子落入水中，强烈的细菌腐生作用使水体中有机质增加，一些由细菌或其他微生物释放的营养元素，如可能是维生素，对麦甲藻的生长是必需的。

Bahia Fosforescente 海湾被保护起来，以保持海湾的天然平衡能完好无损，但生物发光现象近几年已显著减少。这样的现象在巴哈马的一个海湾已经消失，这是因为为了让运输更多游客的更大的船通过，浅窄海峡进行了疏浚。

原生动物：类似动物的原生生物类

原生动物是结构简单但变化很大的真核生物，过去认为与动物类似，大多数生物学家认为原生动物（“第一类动物”的意思）实际是由起源不相关的几个类群构成。在结构、功能和生活方式方面千变万化，具有一个单一的细胞似乎是原生动物唯一的共同之处。虽然有部分种类形式群体，但它们大多数是单一细胞，仅在显微镜下可见，都不像真正的动物。原生动物与动物一样是异养的，能摄取食物，但也有一些含有叶绿素，能进行光合作用。

104

纤维素　复杂的碳水化合物，植物和其他初级生产者中的特征性物质。　第 4 章，71 页。

尽管它们通常和单细胞藻和海藻一起被看做是原生生物，但对于这大约 50 000 种原生动物的分类仍然存在相当大的分歧。

原生动物是最像动物的原生生物，它们是真核的和单细胞的，同时也像动物那样是异养的及摄食食物。

图 5.9　有孔虫。有孔虫的典型特征是具有螺线形分布腔室的钙质外壳。其薄而长的纤毛是用于捕捉食物的伪足。

原生动物微小的体型和简单的外观掩饰了其复杂的本性。在所有的单细胞生物中，每一个细胞都可被形容为“超级细胞”，因为在其中完成了结构更复杂的生物中由大量细胞完成的同样的工作。

原生动物可栖息在水体的任何地方，不仅在海水、淡水中，还可在生物内部。从富含有机碎屑的沉积物中、海藻的表面、动物的内脏及浮游水样中都可以很方便地收集到多种海洋原生动物。

有孔虫

有孔虫（粒网虫门 Granuloreticulosa），是通常具有碳酸钙构成的壳或介壳的海洋原生动物。壳通常极小，有几个腔室（图 5.9），并随着有孔虫生长而增大。有孔虫具有长的、薄的、可回收的伪足——它是细胞质的延伸,伪足穿过壳上的孔,形成网状构造以捕捉硅藻和其他悬浮在水中的生物(参见图 15.5),食物随后像在传送带上一样运入细胞内。

大多数有孔虫以自由或附着方式生活在水底。附着有孔虫可出现显著的生长,直径可达 5 cm。每一次生长中一个单细胞形成壳,虽然一些细胞表面可能覆盖着沙粒或其他材料。底栖有孔虫的壳对珊瑚礁和沙岸的钙质组成有重要的贡献,相对而言,很少种类是浮游的,但却可能数量巨大。它们的壳比底栖类的小而薄,并具有纤细的刺以辅助漂浮。浮游有孔虫的壳最终大量沉积到水底,海底因此大面积地被有孔虫泥(一种钙质软泥)所覆盖。像英格兰多佛的白色峭壁,世界各地的一些石灰质地貌是由从海床上浮的有孔虫沉积物产生的。

有孔虫是具有特征性碳酸钙质外壳的原生动物,大多数生活在水底,浮游类型的壳是重要的海洋沉积物组成成分。

人们熟知的有孔虫的大多数物种仅仅是其微化石。对地质学家来说,在沉积物中的这些微化石的分布具有重要意义。暖水物种的壳比冷水种的稍大些,孔多些,因此当时的水温可从某一标志性物种的分布情况估计出来。它们的分布是石油形成适宜环境及沉积物年龄的很好的指示。

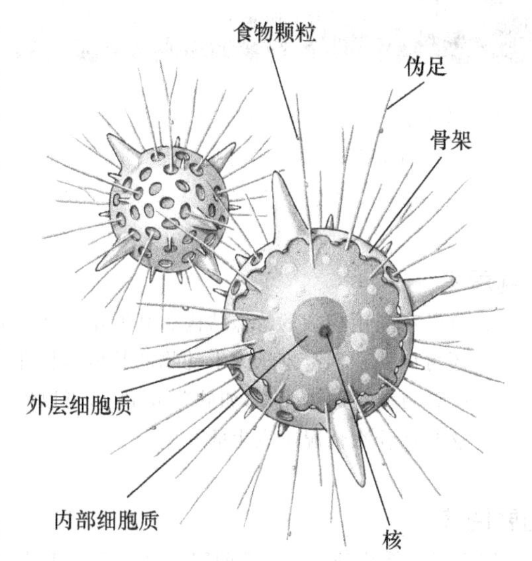

图 5.10 一个典型的放射虫细胞。由它致密的中心部分和外部环绕的较松散结构组成,外部结构参与了食物颗粒的捕获和上浮。

放射虫

105

放射虫(多囊虫门 Polycystina)是一类浮游海洋原生动物,其外壳由硅质(玻璃)及其他材料构成,精致而有弹性。尽管结构千变万化,典型的外壳是球形,具有放射状刺(图 5.10)。它像有孔虫一样,用细小而针状的伪足捕获食物。

大多数放射虫是微小的,但一些形成长达 3 m 的腊肠状集群,使它们成为原生动物中的大家伙。放射虫栖息在大洋中。在它们非常繁盛时,其外壳残余沉积到海底形成硅质软泥称为放射虫软泥。这样的软泥在深水中存在更加广泛,因为放射虫外壳在有压力条件下比有孔虫的外壳更不易被溶解。

放射虫的外壳基本上由硅质(玻璃)构成,这些外壳形成硅质沉积覆盖海床的大部分区域。

纤毛虫

纤毛虫(纤毛虫门 Ciliophora)是具有一些发状纤毛的原生动物,纤毛用来运动和摄食。最为熟知的纤毛虫是淡水型的,如草履虫(*Paramecium*),一些海洋纤毛虫在海藻和底泥上爬行,一些生活在蛤的腮内、海胆肠内、鱼的皮肤及其他不寻常的地方。另一些纤毛虫生存于表面,并进一步构成由微小的个体构成的具有分支的群体。砂壳纤毛虫是漂浮在水中的常见的纤毛虫,呈花瓶状或兜甲状的松散外壳漂浮于水中,外壳可以是透明的或由块状颗粒组成。浮游纤毛虫在大洋食物链的微生物食物环中具有重要作用,它促进能量从可溶性有机物向较大的浮游生物的流动(参见图 15.17)。

真菌

真菌(真菌界)是真核生物。虽然有一些如霉菌和酵母是单细胞的,但大多数是多细胞的。真菌缺少叶绿体和叶绿素,不能进行光合作用,是异养生物。

至少有500种已知的海洋真菌，大多数都很微小。许多像细菌一样营腐生生活。

它们是最重要的红树林落叶的分解者，在红树林营养循环中发挥着重要作用（参见“红树林”，270页）。一些真菌是海藻的寄生者或钻入软体动物壳内，另一些则引起重要经济海藻、海绵、甲壳类和鱼的寄生性疾病，一些海洋真菌因可生产医药应用的抗生素而被广泛研究。还有一些与海藻共生，形成特殊的类型——苔藓，在苔藓中，真菌形成长的、丝状生长物以提供支持，而海藻利用光合作用提供食物，海洋苔藓在岩石海岸的海浪飞溅区形成很厚的、深褐或黑色块状体，尤其在北大西洋可看到这种现象。与陆地上的大量苔藓相比，海洋苔藓的种类非常少。

《海洋生物学》在线学习中心是一个十分有用的网络资源，读者可用其检验对本章内容的掌握情况。获取交互式的章节总结、关键词解释和进行小测验，请访问网址 www.mhhe.com/castrohuber6e。要获得更多的海洋生物学视频剪辑和网络资源来强化知识学习，请链接相关章节的材料。

评判思考

1. 科学家利用核酸的特殊结构和其他化学性质的不同来区分细菌与古细菌，你能不能想到不仅可以区分这两个域，还可以使它们有别于原生动物的其他的特性？
2. 一种自养的原生生物，如硅藻或甲藻，可以简单地通过失去叶绿体进化为异养的原生生物（因而为原生动物），那么这是在什么情况下发生的？

拓展阅读

网络上可能找到部分推荐的阅读材料。可通过《海洋生物学》在线学习中心寻找可用的网络链接。

普遍关注

Cohen, P., 2004. Natural glass. *New Scientist*, vol. 181, no. 2430, 17 January, pp. 26—29. Diatoms could have useful applications in nanotechnology by serving as inexpensive, easy-to-get microscopic devices and material.

DeLong, E. F., 2003. A plenitude of ocean life. *Natural History*, vol. 112, no. 4, May, pp. 40—46. Bacteria, archaea, and some groups of planktonic protists are by far more abundant and more significant in the ocean than was previously predicted.

Falkowski, P. G., 2002. The ocean's invisible forest. *Scientific American*, vol. 287, no. 2, August, pp. 54—61. Phytoplankton has a crucial role in the marine environment and in the regulation of the earth's climate. Enhancing phytoplankton, however, may have some unpredictable consequences.

Kasting, J. F., 2004. When methane made climate. *Scientific American*, vol. 291, no. 1, July, pp. 78—85. Methanogens, a large group of archaea, were responsible for the methane-rich, oxygen-poor atmosphere of the early earth. It all changed with the appearance of photosynthetic cyanobacteria, which gradually replaced methane with oxygen.

Lee, R. F. and M. E. Frischer, 2004. The decline of the blue crab. *American Scientist*, vol. 92, no. 6, November-December, pp. 548—553. A parasitic dinoflagellate that develops in the tissues of the blue cab has brought about a decline in the number of blue crabs on the east coast of the United States.

Mlot, C., 2004. Microbial diversity unbound. *BioScience*, vol. 54, no. 12, pp. 1064—1068. Molecular techniques demonstrate the amazing diversity of prokaryotes.

Niklas, K. J., 2004. The cell walls that bind the Tree of Life. *BioScience*, vol. 54, no. 9, pp. 831—841. Symbiosis appears to have played an important role in the evolution of cell walls in prokaryotes and eukaryotes.

深度学习

Canfield, D. E. , E. Kristensen and B. Thamdrup, 2005. Aquatic geomicrobiology. *Advances in Marine Biology*, vol. 48, pp. 1—636.

Curtis, T. P. , W. T. Sloan and J. W. Scannell, 2002. Estimating prokaryotic diversity and its limits. *Proceedings of the National Academy of Sciences of the USA*, vol. 99, no. 16, pp. 10494—10499.

D'Hondt, S. , B. B. Jørgensen, D. Jay Miller, A. Batzke, R. Blake, B. A. Cragg, H. Cypionka, G. R. Dickens, T. Ferdelman, K. Hinrichs, N. G. Holm, R. Mitterer, A. Spivack, G. Wang, B. Bekins, B. Engelen, K. Ford, G. Gettemy, S. D. Rutherford, H. Sass, C. G. Skilbeck, I. W. Aiello, G. Guèrin, C. H. House, F. Inagaki, P. Meister, T. Naehr, S. Niitsuma, R. J. Parkes, A. Schippers, D. C. Smith, A. Teske, J. Wiegel, C. Naranjo Padilla and J. L. Solis Acosta, 2004. Distribution of microbial activities in deep subseafloor sediments. *Science*, vol. 306, no. 5705, 24 December, pp. 2216—2221.

Fernández, L. A. , 2005. Exploring prokaryotic diversity: There are other molecular worlds. *Molecular Microbiology*, vol. 55, no. 1, pp. 5—15.

Finlay, B. J. , 2004. Protist taxonomy: an ecological perspective. *Philosophical Transactions of the Royal Society, Biological Sciences*, vol. 359, no. 1444, pp. 599—610.

Shao, P, Y. Chen, Z. Hui, Q. Lianghu, M. Ying, L. Heyng and J. Nianzhi, 2004. Phylogenetic diversity of Archaea in prawn farm sediment. *Marine Biology*, vol. 146, no. 1, pp. 133—142.

Taylor, M. W. , P. J. Schupp, I. Dallhöf, S. Kjelleberg and P. D. Steinberg, 2004. Host specificity in marine sponge associated bacteria, and potential implications for marine microbial diversity. *Environmental Microbiology*, vol. 6, no. 2, pp. 121—130.

Ward, B. B. , 2005. Molecular approaches to marine microbial ecology and the marine nitrogen cycle. *Annual Review of Earth and Planetary Sciences*, vol. 33, pp. 301—333.

Whitehead, J. C. , T. C. Haab and G. R. Parsons, 2003. Economic effects of *Pfiesteria*. *Ocean and Coastal Management*, vol. 46, no. 9, pp. 104—111.

第 6 章

多细胞初级生产者：海藻与海洋高等植物

107 作为陆地居住者，我们对世界上的光合生物的感知大多数来源于植物，如树、蕨类植物和苔藓，一些令人着迷的光合生物居住在海洋中，但它们中的大多数与我们周围的陆地植物有很大不同。实际上大多数根本不能看做是植物，因此也不是植物界的成员。非植物型光合生物包括光合细菌、单细胞藻（已在第 5 章中描述）以及本章讨论的海藻。但是，也有一些生物学家将一些或所有的海藻归为植物。

之所以说本章包括的所有生物都为"类植物"，就在于它们都是可利用光能进行光合作用的初级生产者，就像光合细菌和单细胞藻一样。当然也有例外，有几种藻不是初级生产者，而是其他海藻的寄生者！

海藻在一些海岸环境中发挥着重要的作用，它们将光能以有机物质的形式转化为化学能，并最终变成许多饥饿生物的食物，当然也包括人类。其他的生物以其为生，甚至居住在海藻组织中，海藻也生产了陆地和海洋生物赖以生存的氧气。

初级生产者 通过光合作用由二氧化碳合成有机物质的生物。 第 4 章，第 74 页。

108 多细胞藻：海藻

海洋藻类最典型的类型就是海藻，其实这不是一个很恰当的名词，一个原因是，名词"藻"并没有真实反映这些引人注目的和优雅的海岸岩石及其他海洋环境定居者的特性，一些海洋生物学家选择更正式的名称"大型藻"。而另一方面，在与第 5 章中提到的单细胞藻及以后章节的海草和盐沼草相区分时，名词"海藻"又是有用的。从定义上讲海藻都是多细胞的，单细胞绿藻和红藻不包括在海藻内，海藻的分类考虑了结构和其他诸如色素和储存物类型等特性（表 6.1）。

表 6.1 海洋光合作用及其他光捕获生物的特征性化合物

类群	光合成及其他光捕获色素	主要的食物储存	主要的细胞壁成分
光合细菌(除蓝细菌)	细菌叶绿素 a,b,c,d,e	多种类型	含胞壁酸的肽聚糖
光捕获细菌*	变形菌视紫质	多种类型	含胞壁酸的肽聚糖
蓝细菌	叶绿素 a	蓝藻淀粉	氨基糖和氨基酸链
	藻胆素(藻蓝胆素,藻红胆素及其他) 类胡萝卜素	蓝藻素(蛋白)	
光捕获古细菌*	细菌视紫质	多种类型	很多种,无胞壁酸
硅藻	叶绿素 a,c 类胡萝卜素	Chrysolaminarin,油	硅,胶质
甲藻	叶绿素 a,c 类胡萝卜素	淀粉,油	纤维素
绿藻	叶绿素 a,b 类胡萝卜素	淀粉	纤维素,在含钙藻中的碳酸盐
褐藻	叶绿素 a,c	海带多糖,油	纤维素,藻酸盐

续表

类群	光合成及其他光捕获色素	主要的食物储存	主要的细胞壁成分
红藻	类胡萝卜素(墨角藻黄素及其他) 叶绿素 a 藻胆素(藻蓝胆素,藻红胆素) 类胡萝卜素	淀粉	琼胶,卡拉胶,纤维素,珊瑚藻中的碳酸盐
有花植物	叶绿素 a,b 类胡萝卜素	淀粉	纤维素

* 利用光能生产 ATP,而非有机物质的原核生物(参见表 5.1,99 页)。

像单细胞藻一样,海藻是真核的。不管怎样,海藻的结构比单细胞藻复杂得多,繁殖也更为复杂。尽管比单细胞藻复杂,它们仍然缺乏高度特化结构及大多数陆地植物的繁殖机制。

海藻中观察到的变异令人惊叹,我们在低潮带海岸岩石上见到的海藻通常小而强健,以适应潮来潮往;一些小而纤弱的物种则依赖于其他海藻。在近海冷水区域的大型海藻则是"真正的巨人",它们形成茂密的水下森林。

海藻的多细胞条件赋予不同于单细胞形态生物的更多的适应机制,海藻可以长高,远离海底的能力给予了它们生存的机会和考验,特别是海浪对它们的影响。

一般结构

海藻显示了多种多样的生长形式和结构的复杂性,几个普遍的特征值得提一下。它们缺少植物的根、茎和叶的结构,无论它们是薄叶片丝状的还是巨大叶片状的,整个个体称为叶状体。

一些海藻的叶状扁平部分称为叶片(图 6.1),虽然只要有叶绿素及光,叶片的所有部分都可以进行光合作用,但拥有较大的表面积的叶片是主要的光合作用区域。因为没有叶脉结构,叶片不能称为真正的叶子。另一个不同于真正的叶子的区别是,叶片的上下表面是相同的。充满气体的叶片称为气囊(图 6.1),它使叶片漂浮在海水表面,从而增大了它们暴露在阳光下的机会,一些海藻气囊的混合气体中含有对人类有害的气体一氧化碳。

109

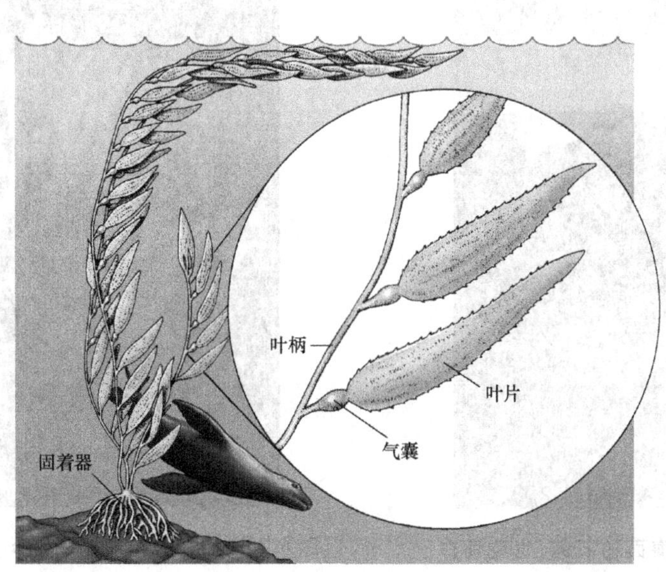

图 6.1　大藻(*Macrocystis*)

一些海藻具有特征性的类似茎的结构——叶柄,它是叶片发生之处,提供支持作用。这一结构在大型褐藻中长而坚硬。一种看上去像根的结构——固着器,其作用是将叶状体固定在海底,固着器在大藻中发育良好(图 6.1),但它们并不像真正的根那样穿透泥沙,不参与任何有关水和营养物质的吸收。大多数海藻不会锚定在软质沉积物中,一般是在硬的底面上。充满了整个叶片的水和营养物质不需要根而是从叶片表面直接吸取。同样,不同于植物的叶子和茎,叶柄和固着器一般缺乏运输水和营养的组织分化。

海藻典型地由叶状体构成,有时以类似叶子的叶片的形式存在,并有一个根状的固着器,它们缺乏叶子、茎或根。

海藻类型

海藻有三种类型:绿藻、褐藻及红藻。通过它们天然的色泽来分辨不同群体并不总是很容易的,因为它们有着不同含量组成的叶绿素及其他色素(表 6.1),而化学分析可以揭示每一群体的特征性色素。

绿藻　大多数绿藻(绿藻门,Chlorophyta)生活在淡水和陆地环境中,约 7000 种中只有大概 10%是海生的,其中,许多海生种是单细胞的,但这并不是说多细胞绿藻在海洋中不常见。一些物种在盐度变化较大的环境,如海湾、港湾和岩石海岸的独立的潮间带水坑中占支配地位。

与另外两类海藻相比,大多数绿藻具有简单的叶状体,它们的色素和食物储存方式与植物相同(表 6.1)。因此有人认为,陆地植物由绿藻进化而来,绿藻和植物中的叶绿素并不被其他色素掩盖,绿藻具有典型的亮绿色叶片。

多细胞绿藻在很多海洋环境中普遍存在,因为叶绿素没被其他色素掩盖,因此具有典型的亮绿色。

丝状的绿藻可能在岩石上的浅水中很普遍,而其他藻类则存在于岩石海岸的潮间带水坑中,这些物种的丝状体是分支的或非分支的,浒苔属(*Enteromorpha*)的物种具有很薄的中空结构的叶状体,它们有时在污染海域生长繁茂。海白菜(石莼,*Ulva*,图 6.2)形成纸一样薄的结构,其形状根据环境因子的不同而变化,海白菜的不同种分布于从极地到热带水域的广泛地区,法囊藻(*Valonia*)在热带和亚热带区域形成大的球形或古怪的球形簇状结构。

110

图 6.2　一直延伸到海面的石莼,也称海白菜,它是普遍存在于含有充足营养的淡水的岩石上。

图 6.3　松藻(刺松藻,*Codium fragile*)在岩石海岸形成分支丛。部分藻体被海蛞蝓(无壳腹足动物)吃掉后,其叶绿体仍能进行光合作用。

其他的一些绿藻有薄的丝状或管状结构,这些结构由单个多核巨大细胞构成。如仅生存在热带和亚热带地区的蕨藻(*Caulerpa*)就是这种情况,该属的许多种形态多样,松藻(*Codium*;图 6.3)是一种从热带到温带水域，包括北美两侧海岸广泛存在的绿藻，它由有分支的叶状体缠绕成海绵状的多核丝状体构成。一种钙质绿藻仙掌藻（*Halimeda*）的叶状体具有很多碳酸钙沉积物的节段（参见图 14.8）。其死亡钙化节段的堆积在珊瑚礁形成中发挥重要作用（参见“其他的珊瑚礁建造者”，301 页）。

褐藻　褐藻（异鞭藻门 Heterokontophyta，褐藻纲 Phaeophyta）的颜色由从橄榄绿到深褐色的各种颜色构成，其颜色取决于黄褐色素，尤其是墨角藻黄素相对于叶绿素所占的优势（表 6.1）。几乎所有已知的大约 1500 种都是海生的，褐藻经常是温带和极地岩石海岸的主要初级生产者，包含了最大及最复杂的海藻种类。

褐藻除了叶绿素外还有黄褐色素，它们包括了最大以及结构最复杂的海藻种类。

最简单的褐藻具有细的丝状叶状体，如分布广泛的水云（*Ectocarpus*）。网地藻（*Dictyota*）叶状体是平的、有分支的；而团扇藻（*Padina*）是扇状的及轻微钙化的（图 6.4），它们都是热带和亚热带物种。酸藻属褐藻（*Desmarestia*）的大多数种的叶状体有很多形式的分支，它生活于冷水中，分布于南极到温带海岸的各个地方，在南极它是优势物种之一。

图 6.4　来自夏威夷岛的团扇藻（*Padina*），具有卷成圈的扁平叶片簇。

对于褐藻我们所熟知的是暴露于低潮带岩石海岸中高位置的那些种，它们厚厚的叶状藻体能够忍受在空气中暴露（参见“暴露低潮时”，236 页）。一些物种具有充满气体的漂浮结构。墨角藻（*Fucus*）（图 6.5）被称为岩石海藻，存在于北美的大西洋和太平洋海岸及其他温带海岸。结节状的海藻（泡叶藻，*Ascophyllum*；图 6.6）出现在温带大西洋海岸。在包括墨西哥湾和加利福尼亚湾的温暖水域中，温带物种被马尾藻（*Sargassum*）所取代。马尾藻具有球状空气囊，能使得这小的叶状藻片漂浮在海面上。大多数的物种生长在岩石上，但至少有两种在近海地区飘浮，大规模生长。马尾藻海是在大西洋西印度群岛北部的一个区域（参见图 8.16），由于马尾藻的存在而得名，这种海藻在世界的其他地区也存在，而以墨西哥湾最为常见。

巨藻是最复杂、最大的褐藻类群，大多数的大型褐藻出现在温带和亚极地潮下带。在这些环境中它们的数量极大，为其他的许多生物提供食物和避难所。

一些大型褐藻由单一的大的叶片构成，长达 3 m，海带（*Laminaria*）中的一些物种也是这样（参见图 13.14）。在世界的很多地方以此为食（参见“海藻美食”，115 页）。从一个单一的固着器可长出几个叶片。海带（*Laminaria*）一些种的叶片是裂开或分支的。在孔叶藻（*Agarum*）和翅藻（*Alaria*）中，单个叶片中间有明显的中脊，翅藻的叶片可长达 25 m，海棕榈（*Postelsia*）生长在海浪冲击的潮间带岩石上，因其外形而得名，其呈丛簇状，分布于加利福尼亚中部到不列颠哥伦比亚地区。两种分支形态海藻——羽巾海藻（*Egregia*，参见图 13.14）和南海棕榈（*Eisenia*）广泛分布于太平洋岩石海岸。

111

图 6.5　螺旋状的岩石海藻(旋叶墨角藻,*Fucus spiralis*)常见于温带北美和欧洲的大西洋海岸的岩石状海岸上,它的叶片缺乏另一类似物种——囊状岩石海藻(墨角藻,*Fucus vesiculosus*)的特征性的空气囊。

图 6.6　具结节的岩石海藻(泡叶藻,*Ascophyllum*)出现在北大西洋的北美和欧洲海岸

太平洋最大的海藻出现在低于最低潮位的深水中,腔囊藻(海囊藻,*Nereocystis*),由一个可达 30 m 的鞭子样的叶柄及在上顶端的大的球状气囊构成(参见图 13.14);另一大型海藻是浮叶藻(*Pelagophycus*)(参见图 13.14),它与腔囊藻相似,但拥有鹿角状的分支。

巨藻(*Macrocystis*)(图 6.1)是最大的海藻,其巨大的固着器附着于坚固的海底,从固着器长出几个长叶柄,再由长叶柄发育出细长的叶片,每一叶片的基底最后会发育出一充满气体的气囊,它可使叶片接近水面。这种海藻有记录的长度可达 100 m。据估计这些海藻在最佳条件下每天可生长 50 cm 或更多。一些个体具有快速生长并缠绕在一起的叶柄,在太平洋北部和南部(参见图 13.11 地图)的冷水水底形成致密及多产的海藻床或海底森林。海藻床的巨藻从顶部被采割下来提取几种天然产物(参见"经济意义",114 页)。海藻床常存在于海洋王国最富饶、多产的环境中,这将在 290 页的"巨藻群落"中讨论。

红藻　海洋红藻(红藻门,Rhodophyta)的种类超过海洋绿藻和褐藻的总数,它们具有称为藻胆素的红色色素,该色素超过了叶绿素的含量(表 6.1)。虽然有一些可能因每日暴露于光线下时间的不同而有不同的颜色,但大多数物种实际上都是红色的。这一类大多海生,在大约 4000 种中只有少数生活于淡水或土壤。红藻着生于大多数海洋浅水环境中,有一些可作食用及提取各种产物(参见"经济意义",114 页)。

红藻是海藻最大的类群,其叶绿素常被红色素遮盖。

红藻叶片的结构不像褐藻那样显示出广泛的复杂性和大小差别。一些红藻至少在结构上高度简化而成为其他海藻的寄生物,还有一些叶绿素消失殆尽而营异养生活,完全依赖于它们的宿主获取营养。大多数的红藻是丝状的,但其厚度、长度和丝状体的排列方式迥然不同,暴露于低潮带上层岩石的种类常是致密团块状,而较少暴露于空气和深水区域的种类则是长及扁平状分支,这样的变化常在世界各地的石花菜属(*Gelidium*)和江蓠属(*Gracilaria*)物种中存在,*Endocladia* 在从阿拉斯加到加利福尼亚南部的岩石海岸上形成尖细的团块。

112

一些杉藻(*Gigartina*)物种具有长达 2 m(6 ft)的巨大叶片,它们属于红藻中最大的类型。紫菜的很多物种生活在从极地到热带海岸的最低潮位带上(图 6.7),最通常的生长形式是具有薄的大叶片的叶状体。红皮藻(*Rhodymenia*)在北大西洋普遍存在,其叶片可达 1 m 长,爱尔兰苔藓(角叉菜 *Chondrus*)是北大西洋另一类红藻,可忍受大范围的温度、盐度和光照的变化,其形状会因这些物理因子的不同而不同。

珊瑚藻是在其细胞壁沉积碳酸钙的红藻，它们在几种海洋环境中都非常重要。钙化的叶片具有多种形态：长在其他海藻上的薄盘状；具有很多节结的分支状；长在岩石上的光滑或粗糙的薄壳状。活珊瑚藻的颜色是从浅到鲜艳的紫红色；死亡的则是白色。温暖水域的珊瑚藻对珊瑚礁的形成和发育有重要作用（参见“其他的珊瑚礁建造者”，301 页），其他的物种生活在温带和极地水域，并达到很大的规模。

图 6.7　一类红藻——紫菜的许多种栖息在世界各地温带、极地和热带岩石海岸，有的具有重要的经济价值

生活史

海藻的繁殖是一个复杂的事件，无性繁殖比较常见。对大多数物种而言，它可能比有性繁殖更重要。叶状体的片段常可长成新的个体，如在马尾藻海漂浮的马尾藻。一些海藻产生孢子，是一种为扩散到新的居住地或抵抗不良环境条件的特化细胞结构。一些孢子由抗性细胞壁保护；还有一些具有鞭毛可运动，称为动孢子。

配子的产生是有性生殖的关键事件，两个不同个体来源的配子融合，从而使子代具有双亲的遗传信息。遗传变异因此可以代代相传。一种海藻产生的所有配子在外形上可能是相似的，或可能形成较大的不动卵和可用鞭毛游泳的较小的精子。红藻中的雄配子缺少鞭毛，是不动的，它们可以黏液团的形式释放。雌雄配子体可在一叶状体上形成，而来自不同叶状体的雌雄配子体融合的机会更多。

海藻细胞（及我们所有的生物——蛤、鱼和人类）通过有丝分裂产生相同的细胞，通过减数分裂产生单倍的孢子或配子，二倍和单倍细胞的存在是理解复杂的海藻生活史的基础。它们的生活史可被分成四个基本类型。

第一个类型是在三类海藻中最普遍的，包括两种叶状体。首先是二倍（$2n$）的孢子体世代。通过减数分裂产生单倍孢子（n）而非配子，除了红藻，这些孢子一般是可动的。它们分裂并发育成第二种叶状体，单倍的配子体世代。配子体产生单倍配子，在一些物种中有雌（产生卵）雄（产生精子）叶状体之分，在另外的物种中，则每一叶状体都可产生这两种配子。配子释放，并受精产生二倍（$2n$）合子以发育成二倍孢子体。具有两个世代的生活史——孢子体世代和配子体世代，是世代交替现象的范例，在一些海藻，如石莼（*Ulva*）和网地藻（*Dictyota*）中，孢子体和配子体在结构上是相同的。另一方面在一些大型褐藻中（海带，巨藻 *Macrocystis* 及其他）我们看到的大的植株是孢子体，而配子体很小，很少见到（参见图 13.13）。在有花植物中存在一种相似的世代交替类型，其中，孢子体比小的配子体占优势。

113

生活史的第二个类型是红藻特有的，它更复杂，包括三个世代的交替，它与第一个类型所描述的生活史相似，但第三个世代，一个单倍的果孢子体由配子融合产生，由果孢子体产生的二倍的果孢子，发育为孢子体。

第三个生活史类型可能最容易了解，因为它与动物以及人类的相似。它没有世代交替，因此只有一种叶状体，是二倍的。叶状体通过减数分裂产生单倍配子，受精后合子发育成新的二倍叶状体。这种生活史在一些褐藻，如墨角藻及其他岩石藻类和绿藻如，松藻(*Codium*)、仙掌藻(*Halimeda*)中可观察到。

第四种生活史存在于一些绿藻中，占优势的叶状体是单倍体，产生单倍体配子。受精时配子形成二倍体合子。在合子中发生减数分裂，产生单倍体孢子。这些孢子发育成单倍个体，是生活史中唯一的叶状体。

海藻的繁殖有有性和无性方式，有性繁殖包括单倍体(或配子体)和二倍体(或孢子体)世代的交替。

细胞分裂的类型

有丝分裂　细胞分裂产生与原始细胞相同的细胞，具有成对染色体(二倍细胞或 $2n$)，与我们身体细胞的情况相同。

减数分裂　细胞分裂产生单倍细胞(n 或 $1n$)，如同配子(海藻中的孢子)，因为它们含有亲本染色体数目的一半。第 4 章，83 页。

114　这些基本生活史类型中，还有许多已知的变化，以及还有待于发现的类型。海藻生活史的其他方面也很有意思。例如，配子或孢子的发育受水体中营养物含量、温度或日照时间的影响，水体中高水平的氮营养浓度导致石莼无性孢子的发育，而低水平则刺激配子的发育。配子和孢子的释放可能是由于涨潮海浪的拍击(因此受地月周期的影响)，或受来自异性细胞的化学信号影响，在一些海藻中雌雄配子的释放会定在大致相同的时间发生。

经济意义

人们从很久以前就利用海藻了，在世界各地，工人们收获海藻赋予其很多用途，最明显的是用做食物，不同民族的人们都发现许多海藻可食，特别是一些红藻和褐藻，它们可通过不同的方式加工(参见"海藻美食"，115 页)，海藻栽培在中国、日本、韩国和另一些国家是重大产业(参见表 17.2，393 页)。

海藻产生几种胶质化学物质称为藻胶，它可应用在食品加工及不同的产品生产过程中，即使在低温下藻胶也可形成黏性悬浮物或凝胶体，因而具有重要价值。

褐藻胶(组成褐藻酸及其盐，褐藻酸盐)是一种重要的藻胶，在乳制品如冰激凌、奶酪和配料生产中被广泛用作稳定剂和乳化剂，这些产品往往需要滑爽的口感，而且不易分散开。褐藻胶还用于焙烤以防止糖霜和馅饼过干。作为增稠剂和乳化剂，还可用在医药和化学工业各种产品，如香波、剃须膏、塑料和杀虫剂，另外还用在橡胶制品、纸张、油漆和化妆品中。它的一个最大用途是在纺织工业中，褐藻胶使印制糨糊增稠，防止印染点扩散。商业用途褐藻胶的主要来源是巨藻(*Macrocystis*)。温带北美西海岸，特别是加利福尼亚有丰富的巨藻资源，从而成为重要的褐藻胶生产区。人们可从加利福尼亚获得采收权，采用配备旋转刀片的巨大驳船切割和收获水面以下 1～2 m 的叶片(图 6.8)，而巨藻会很快生长重新达到水面，褐藻胶的另一来源是在北大西洋收获的海带。

第二种藻胶是卡拉胶，从北大西洋爱尔兰苔藓(角叉菜)和热带的麒麟菜属(*Eucheuma*)等红藻中获得。在菲律宾养殖了几种麒麟菜属。卡拉胶的主要意义在于作为乳化剂，用于奶制品成型及种类繁多的包括即食布丁在内的食品生产。

还有一类胶是琼脂，它可形成果冻。琼脂被广泛用于火腿、鱼和肉罐头加工中的保护剂；用于低热量食品(因为不被人体吸收)；还可用做增稠剂。它还被用于缓泻剂和其他医药制品及化妆品中，生物学家使用琼脂制作培养细菌和霉菌的培养基，还广泛应用于蛋白和 DNA 的分析研究中，琼脂可从红藻，特别是石花菜、凝花菜(*Gelidiella*)和翼枝藻(*Pterocladiella*)中获得。

海藻还可用于肥料、动物饲料添加剂和医院的创伤敷料中，珊瑚藻在欧洲有时用于降低土壤的酸度，一些红藻还用于营养添加剂。

图 6.8　在加利福尼亚圣地亚哥的 Kelstar 号海藻采收船，长 55 m，载重量 600 t。

115

许多民族采用生食、烹饪或干制等多种方式食用海藻，海藻是一些维生素和矿物质的良好来源，有的据说还有相当高的蛋白质含量。可惜的是，我们不能消化海藻中许多复杂的碳水化合物，这对热量很在乎的人来说这是件好事。海藻可以给平淡无奇的食物增加点变化，比如可用来包裹大米。在烹饪书中会见到吸引美食家胃口的海藻食谱。

石莼称为海白菜不是无缘无故的，它可以在色拉中生食，夏威夷人酷爱海草(*limu*)，包括 *limu' ele' ele*(一种叫浒苔 *Enteromorpha prolifera* 的绿藻)和 *limu manauea*(一种叫伞房江蓠 *Gracilaria coronopifolia* 的红藻)，大不列颠岛上部分地区食用以不同方式制备的紫菜(一种红藻)，在清洗并煮沸之后，制成薄饼，卷在麦片中煎炸，称为紫菜面包。紫菜还作为热菜或与熏肉一起油炸。在加拿大东部、新英格兰和欧洲北部的一些地区将爱尔兰苔藓(角叉菜)晒干后用于制备牛奶冻及其他甜食，另一种红藻(红皮藻 *Rhodymenia*)，在加拿大和欧洲北部的大西洋海岸地区晒干后食用。掌状红皮藻，有时还被用于制作面包及几种甜食。对于节食的人们，掌状红皮藻还可像烟草那样嚼食(当然是不含尼古丁的)。

但是在东方，制备海藻食品达到了艺术水平。几个品种广泛种植，撑起上百万美元的加工业。海藻文化在日本具有悠久的历史，日本烹饪中广泛使用海藻，海带和叶翅藻(*Alaria*)被收获后晒干、粉碎，再用不同的方法制成成品。日本栽培大量海带，加工后称为昆布，海藻甚至被用来制备茶和糖果。裙带菜(*Undaria*)是另一种可食用海藻，尤其生食或轻微烹制后非常美味。红藻紫菜被制成薄片状的海苔，用在汤食、包裹寿司(煮熟的米饭塞入生鱼片、海胆卵或其他配料)。

可食海藻的栽培在世界各地是发展中的产业(参见表 17.2，393 页)，它们用手工收获，在水中清洗，成排地晒干，在健康食品商店或通过网络销售。内行将其用于沙拉、汤、煎蛋卷、沙锅菜和三明治中使用，海棕榈(*Postelsia*)也叫“海面条”卖得最好，据称它们在蜂蜜或黄油和咖喱中微煎一下最为鲜美。沿岸的印度人将其烹调一下并制成蛋糕。而乱采滥取亦威胁到它的生存，对其他的可食海藻也遇到相同情况。腌制腔囊藻(*Nereocystis*)的味道甚至比腌制的黄瓜更好，具有气囊的岩生海藻(墨角藻属的一类)可沏出很好的茶，你是否准备好品尝羽巾海藻的馅饼、法式炸海棕榈和裙带菜奶昔？

在其他能想到的食品中：海藻是最好的。

收获海带(日本)

有花植物

250 000 种有花植物，或称被子植物(Magnoliophyta)是陆地上的主要植物类型，很少种类生活在海洋中，像其他的陆地植物(蕨类、松类及其他类群)一样，它们具有实际的叶、茎和根，这些叶、茎、根上都有运输水分、营养和光合作用产生的食物的特化器官。它们归属于植物界，繁殖过程有孢子产生，并以精细的繁殖器官——花为其特征。

116

很少有这些"高等"植物可以在海洋中生长，在所有的有花植物中，只有海藻是真正海生的，它们通常半浸没在海水中，很少暴露于低潮带。盐沼海草和红树林定居在不受海浪影响的河口和海岸，它们并不完全栖息于海水中，通常在高潮期仅仅根部被海水浸没。还有一些有花植物，虽然不能忍受浸没在海水中，但也适应了暴露于富含盐分的风中和偶见海水飞溅的区域化海岸，这些植物可在沙丘或盐沼边缘部分见到。

海草

海草极像草，但实际上根本不是草。与某些海草最近缘的可能是百合家族成员，所以我们认为海草从陆地植物进化而来。

海草已经适应了海洋环境，它们拥有称为根状茎的水平茎，通常生长在沉积物下面(图 6.9)。根和直立分支从茎发出(参见图 4.19b)，海草花通常非常小而不明显，因为没有必要用它来吸引昆虫传粉。含有精子的花粉由水流带走，它们通常以线串状释放，一些海草的花粉颗粒很长，线状，而不像陆地植物中那样是小而圆的。一些种类种子受精后，在花的小果实中发育，这些种子被水流分散，或可能存在于以这种植物为食的鱼或其他动物的排泄物中。

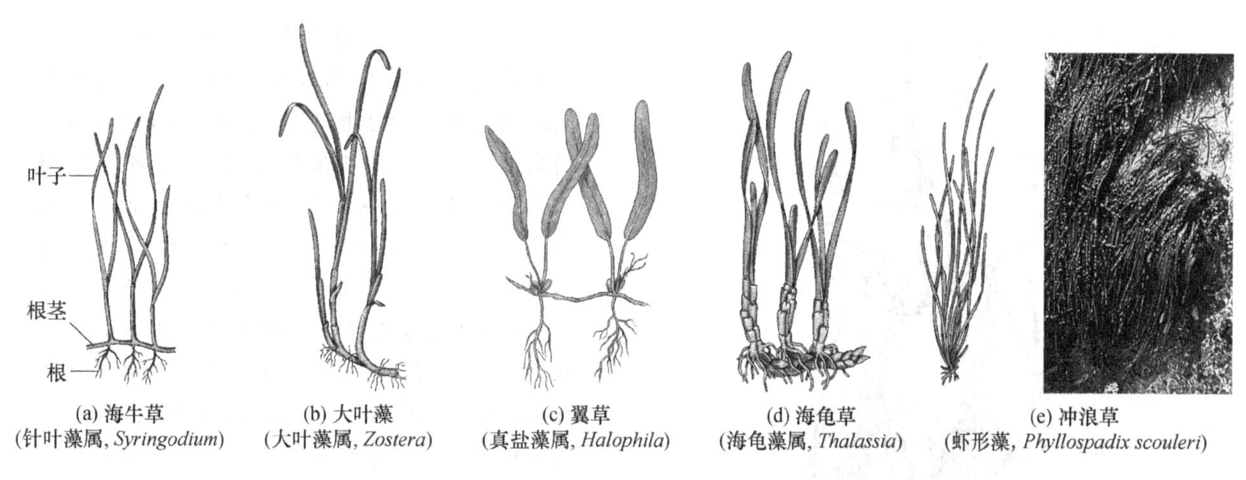

图 6.9　一些普通的海草

大叶藻(*Zostera*)在已知的近 60 种海草中是分布最广泛的，存在于世界上很多温带和热带地区，它们定居在浅水、防护良好的海岸水域中，如海湾和河口等。它们具有特征性的扁平、带状叶片(图 6.9b 和图 13.9)，在贫氧沉积物中广泛存在。厚的大叶藻床生产力很高，它给很多具有重要经济价值的动物提供庇护和食物。冲浪草(虾海藻属，*Phyllospadix*；图 6.9e)不是普通的海草，正如它们的名字所暗示的，它们定居在暴露于海浪冲击的岩石海岸。一些物种可能在低潮带，它们存在于太平洋和北美海岸。

更多有关海草生物学和经济意义的信息见 286 页的“海草床”(也参见“放眼科学：海草床的恢复”，117 页)。

盐沼植物

大米草(*Spartina*；参见图 12.7)是草类植物真正的成员，它们不是真正的海洋物种，而应该是耐盐的陆地植物。不像真正的海洋物种海草，大米草不能忍受完全浸没在海水中。它们居住在整个温带的盐沼和其他软底海岸区域，有大米草的盐沼极高产，为一些重要渔业物种提供栖息地和繁殖场所。它们同样可防侵蚀，并提供天然的水纯化系统。

大米草定植在泥滩带之上，只在高潮时浸润于海水中，所以它们的叶子总是部分暴露于空气中。叶子中的盐腺排泄多余的盐分。其他的耐盐植物，如海篷子(*Salicornia*；参见图 12.8)可见于湿地高潮带，盐沼植物及它们对河口环境的适应在“盐沼”中讨论(268 页)。

放眼科学

海草床的恢复

在世界许多地方海草床以及由它们所支撑的富饶的生物环境正在消失。挖填工程、污染、淡水引流、船桨损伤及其他人类活动是造成这一现象的原因，还有不明原因的大面积死亡事件也在影响着某些地区的海草。海草床的消失令人担忧，是因为海草为濒危物种，如海牛、儒艮和海龟提供食物，为具有重要经济价值的甲壳动物和鱼类提供栖息场所。它们还维持水体质量并保持它们所定植的软土层的稳定(参见“海草床”，286 页)。

117

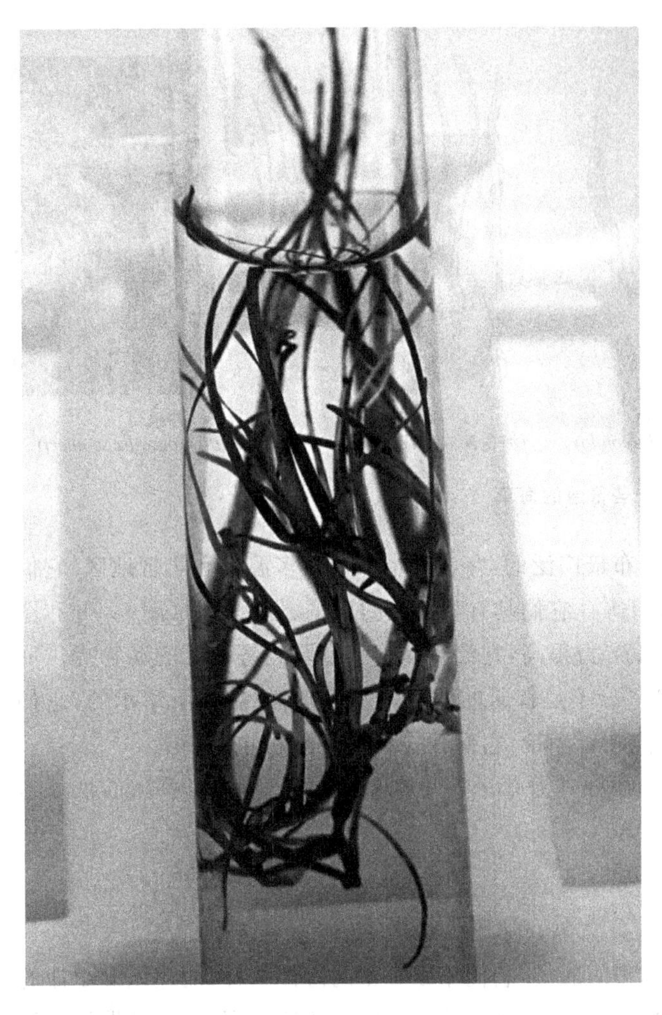

恢复或修补是逆转海草损失的一类方式。一种方法是从健康草床人工移植海草到附近衰退的地方。对于根部裸露的植株，可以将其固定在海床，或固定在筏架、椰棕垫或可降解纸张上。此类方法的问题是收获海草时可能会损害海床。另一种可选择的办法是收集海草种子撒到需要修复的地方，或使种子发芽后移植，但要获得足够多的种子是很困难的。因此，人们正在试验一种称为微繁育的组织培养技术，就是从健康成熟的植株采集嫩芽，在实验室中将每一嫩芽的多个克隆在无污染的培养基中培养（见图），直到克隆植株可以被移植到欲修复的海床上。现在，佛罗里达的研究人员已经能够实现川蔓藻（*Ruppia maritima*）移植；在美国和澳大利亚，另有几种海草，如，波喜荡（*Posidonia*）和喜盐草（*Halophila*）已实现了成功移植；还有几种海草如海龟草也正在进行这样的尝试。

另一个问题是人工移植费时费力，因而正在尝试用机械进行移植。澳大利亚开发了一种可沉入水中的移草机（ECOSUB），在佛罗里达使用一种驳船系统（GUTS）可以实现大面积移植。在船上操作的播种轮可以大约 2.5 秒每棵的速度种植幼苗或凝胶化的种子。

在海草场恢复方面，人们正在取得进步，但至今尝试的所有海草修复技术的结果很不一样。只有等到海草长出根，而且根茎能很好地长出并稳定在底部，海草才不能经受海浪和洋流冲刷。移植本身就是充满压力的。当然，如果导致海草床受损的原因消失了，也就不用考虑去恢复海草床了。

（更多信息参见《海洋生物学》在线学习中心。）

118

红树植物

红树是适应生活在全世界各热带和亚热带海岸的林木和灌木，它们未来就是耐盐陆生植物，繁茂的红树林生长在泥质和沙质海岸，保护这些地方免受海浪的冲刷（图 6.10）。

红树植物至少包含 80 种多半不相关的有花植物，它们以不同的方式适应高盐环境。在这个环境中水分从叶子大量蒸发丧失，沉积物软而缺乏氧气。对于生活接近岸边的红树植物而言，适应是非常关键的，如红树林的一些种（*Rhizophora*），在整个热带和亚热带地区都存在。红树林的最南、北生存限在霜冻开始的地方，有霜的地区由盐沼代替了红树林。

红树的叶子很厚，以减少水分散失。几种红树植物的种子还黏附在母体上时就已开始萌发，它们在从母体脱落前，发育成细长的、铅笔形状的幼苗，长达 30 cm。幼苗就像刀子插在草坪上一样插入到软泥沉积物中，或随水流漂移定居到一个新的地方。红树植物的类型和分布及其对海洋环境的重要性将在 270 页的“红树森林”中讨论。

有花植物，主要生长在陆地上，很少海生，但真正的海洋物种海草以及耐盐植物，如盐沼植物和红树植物则是例外。它们成功适应了软底海岸区域，发育成丰产的草场，红树则形成海岸森林。

图 6.10　美洲红树(*Rhizophora mangle*)在佛罗里达、加勒比、加利福尼亚和西半球的其他热带区域及西非形成繁茂森林。注意，它们长长的根深入泥沼，在低潮位暴露出来。其他的红树物种可在更内陆的地区见到。

《海洋生物学》在线学习中心是一个十分有用的网络资源，读者可用其检验对本章内容的掌握情况。获取交互式的章节总结、关键词解释和进行小测验，请访问网址 www.mhhe.com/castrohuber6e。要获得更多的海洋生物学视频剪辑和网络资源来强化知识学习，请链接相关章节的材料。

评判思考

1. 一些科学家将海藻放在植物界，另一些则认为是原生生物。假设将绿藻、褐藻和红藻归为一界，称之为大型海藻，请给予其分类描述：首先描述其特征，然后给出其与原生生物和真正植物的区别，务必考虑主要的异同。
2. 只有很少的有花植物侵入海洋，却非常成功。那么这很少的海洋有花植物存在的可能原因是什么？它们是如何采取措施以适应生存环境的？

拓展阅读

网络上可能找到部分推荐的阅读材料。可通过《海洋生物学》在线学习中心寻找可用的网络链接。

普遍关注

Glenn, E. P., J. J. Brown and J. W. O'Leary, 1998. Irrigating crops with seawater. *Scientific American*, vol. 279, no. 2, August, pp. 76—81. Pickle weed and other salt-tolerant plants irrigated with seawater may one day be used to feed farm animals and humans.

McClintock, J., 2002. The sea of life. *Discover*, vol. 23, no. 3, March, pp. 46—53. The floating mass of Sargasso weed in the Sargasso Sea is truly an oasis in the middle of a desert, providing a home to many forms of life.

Pain, S., 2004. Riddle of the fronds. *New Scientist*, vol. 181, no. 2439, 17 April, pp. 50—51. Scientist in England figures out how to grow *Porphyra*, making its culture possible.

Vroom, P. S. and C. M. Smith, 2001. The challenge of siphonous green algae. *American Scientist*, vol. 89, no. 6, November-December, pp. 524—531. Siphonous green algae, one—cell giants, have a remarkable capacity to regenerate, and as a result, some become pests.

深度学习

Clayton, M. N. , J. A. Raven, M. Vanderklift, A. M. Johnston, S. Fredriksen, J. E. Kübler, K. H. Dunton, R. Korb, S. G. Mcinroy, L. L. Handley, C. M. Scrimgeour, D. I. Walker and J. Beardall, 2002. Seaweeds in cold seas: Evolution and carbon acquisition. *Annals of Botany*, vol. 90, no. 4, pp. 525—536.

Lüning, K. and S. Pang, 2003. Mass cultivation of seaweeds: Current aspects and approaches. *Journal of Applied Phycology*, vol. 15, no. 2—3, pp. 115—119.

Santelices, B. , 2002. Recent advances in fertilization ecology of macroalgae. *Journal of Phycology*, vol. 38, no. 1, pp. 4—10.

Smit, A. J. , 2004. Medicinal and pharmaceutical uses of seaweed natural products: A review. *Journal of Applied Phycology*, vol. 16, no. 4, pp. 245—262.

Steinberg, P. D. and R. de Nys, 2002. Chemical mediation of colonization of seaweed surfaces. *Journal of Phycology*, vol. 38, no. 4, pp. 621—629.

第 7 章

海洋无脊椎动物

生活在我们地球上的大部分多细胞生物是动物(动物界)。与藻类和高等植物等光合生物不同,动物不能制造自己所需的营养物质,需要从其他来源获得食物。对摄食的需求进化出了各种获取和处理食物的方法,同时也进化出避免被吃掉的多种方法。 120

色彩斑斓的黄斑梯形蟹(*Trapezia flavopunctata*)就是一个很好的例子。它栖息于造礁珊瑚,依靠珊瑚获取食物并且以珊瑚礁作为庇护场所。珊瑚分泌黏液,以保持表面不堆积残骸碎片,而螃蟹则以黏液为食。虽然看起来不像一个生物个体,但珊瑚本身也是一种动物。珊瑚可通过共生在其体内的虫黄藻获取一部分食物。同时,珊瑚也通过触手上的刺细胞来捕食小型浮游生物。某些螃蟹偶尔因为心不在焉被鱼或章鱼吃掉,但通常它们躲藏在珊瑚枝里,是安全的。对于珊瑚的庇护,螃蟹们报答的方式是挥舞着大螯来赶走那些觊觎珊瑚美味的动物。

根据传统分类,我们将众多海洋动物主要分为两类:脊椎动物(在背部有一列骨骼,称为脊椎)和无脊椎动物。

至少97%的动物为无脊椎动物,主要的无脊椎动物类群都具有海洋代表物种,并且其中很多是海洋特有种,只有小部分营陆栖生活。如果不是存在营陆栖生活的昆虫,我们可以毫不犹豫地说绝大多数的无脊椎动物,换句话,也就是绝大多数的动物,都是生活在海洋中的。

海绵

121

海绵,确切地可以认为是多细胞形成的聚合体。它是由细胞构成的集合体,也就是说细胞之间互相独立而没有形成真正的组织和器官(图 7.1)。海绵是最简单的具有多细胞结构的动物。

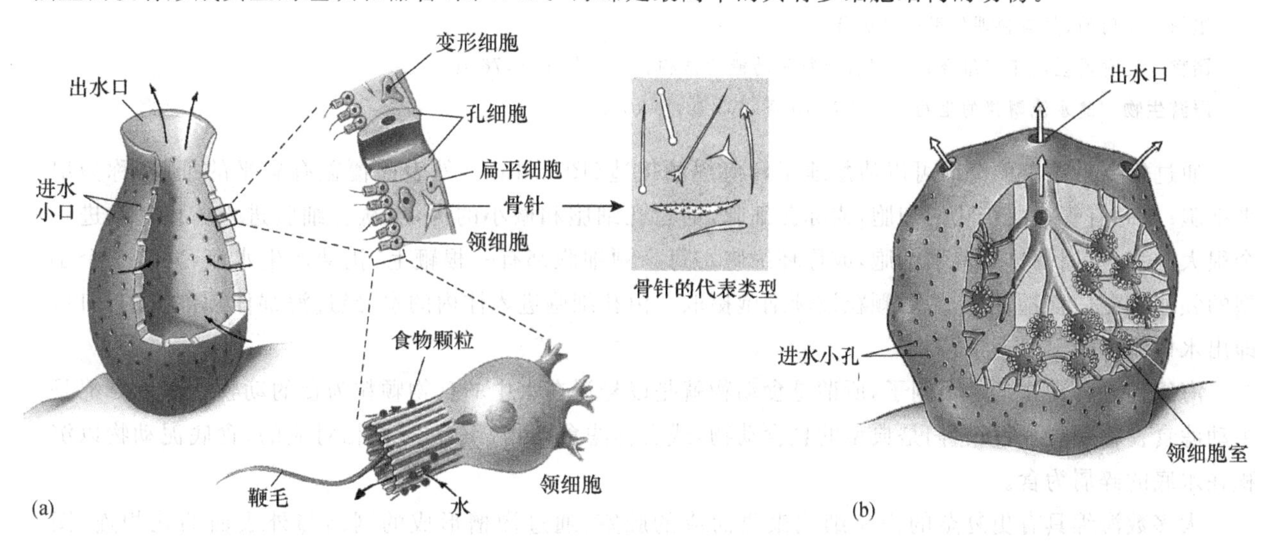

图 7.1 海绵由行使具体功能的复杂细胞聚合体组成。图示简单海绵(a)和复杂海绵(b)的领鞭毛细胞吞噬食物颗粒。

差不多所有的海绵动物都是海洋生活的。海绵一生营固着生活，附着在(礁石的)底部或者某些物体的表面。它们在形状、大小和颜色上具有令人惊异的变化，但都拥有相对简单的机体构造。海绵表面有无数微小的孔，或者称进水小孔，能够允许水进入，并在一系列沟槽内循环，在沟里浮游生物和有机颗粒被细胞通过渗透吞噬吃掉(图 7.1a)。这种沟槽形成的网状结构以及相对有弹性的骨骼框架赋予大多数海绵具有特征性多孔的结构。正因为海绵这种独一无二的机体设计，被单独列为海绵动物门，或者称有孔动物。

海绵也许同最早的多细胞动物相似，都是简单的细胞群体，其内有些细胞特化出摄食、保护等功能。海绵细胞非常有可塑性，可以很容易地从一种形态变成另一种。如果在实验中将海绵细胞分离，它们甚至可以重新聚集形成一个新的海绵(图 7.2)。

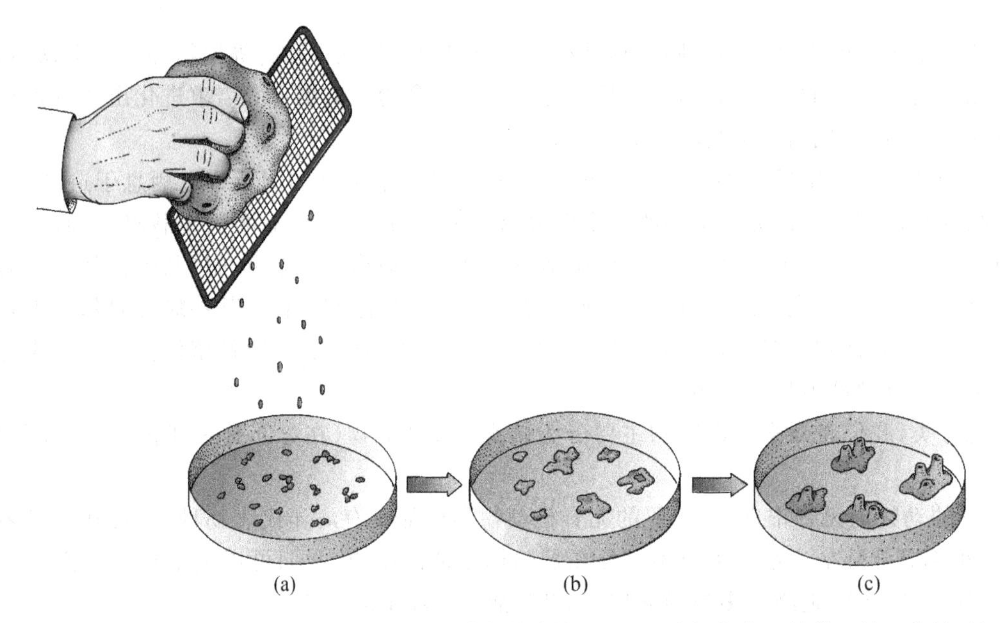

图 7.2　当一些海绵的细胞被分离之后，它们还能形成新的个体。(a) 用孔径非常细的筛子挤压海绵，使一些细胞被分离出来。(b) 大约几小时之后，这些细胞开始聚集并重新组合。(c) 最终形成新的海绵。通常当不同种类海绵的细胞被混合之后，同种细胞聚合形成各自种类的海绵。

虫黄藻　生活在动物组织中的甲藻(单细胞藻)。　第 5 章，102 页。

组织　专门的、具有协调作用的细胞群。

器官　几种类型的组织组合在一起行使特别功能的结构。　第 4 章，76 页。

浮游生物　随水流飘浮的生物。　第 10 章，223 页，图 10.7。

通过研究最简单的海绵可以清楚地了解海绵的构造(图 7.1a)。外表面覆盖有扁平的细胞，称为扁平细胞；有时有管状的带孔的细胞，或称孔细胞，通过孔细胞和微小的沟，水从孔细胞进入体内。水进一个很大的室，室周围排列着领细胞，或称环细胞。每个领细胞都有一根鞭毛，扰动产生水流，并有一个小型的领能够黏住食物颗粒，然后颗粒被领细胞摄取。由孔细胞进入体内的水，经过海绵体顶部大的开口，即出水口流出。

122

海绵是悬食动物的一个例子，所谓悬食动物就是以悬浮在水中的食物颗粒为食的动物。因为海绵是主动滤食食物颗粒，所以它们是典型的悬食动物，或者称滤食动物(图 7.3)。相对应的，食底泥动物以沉积在水底的碎屑为食。

大多数海绵具有更复杂的由领细胞聚集而成的腔室，通过沟槽形成的网络与外表面的孔相连(图 7.1b)。水不是通过单一的出水口排出，而是通过这些沟槽从多个排水孔排出。这种复杂性的增加是与

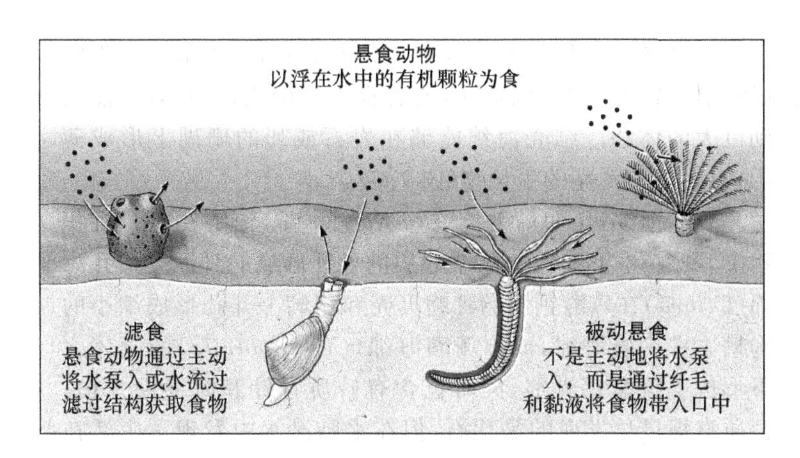

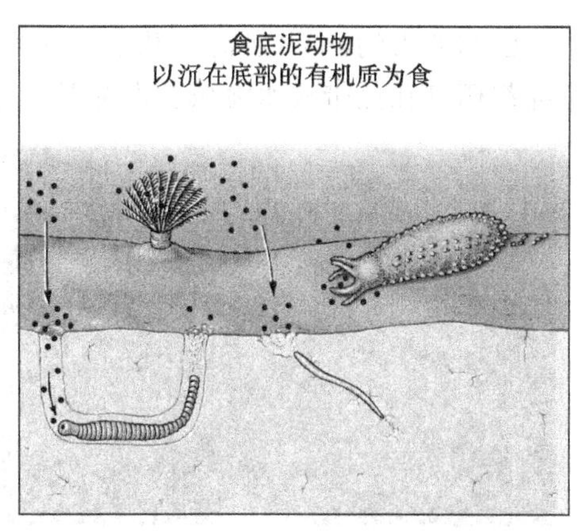

图 7.3 取食分为悬食的和食底泥的。这两种取食的方式并不总能很好地界定。例如，一种管居多毛类动物缨鳃虫根据水流强度来决定悬食还是食底泥。

增大的形体相关的，因此需要更多的水流过海绵，也因此需更大面积的领细胞。

海绵是结构最简单的多细胞动物，缺乏真正的组织和器官。它们大多是海洋性的，作为附着滤食动物生活。

当海绵逐渐长大时，它们需要结构性的支持。大多数具有透明的矽质或钙质支撑结构形成的、不同形状和大小的骨针(图 7.1a)。许多海绵还有由海绵硬蛋白形成的较硬且有弹性的纤维骨架。海绵硬蛋白也许是支撑的唯一方法，或是和骨针一起起支撑作用。当其存在时，海绵硬蛋白和骨针位于内外细胞层之间。游走细胞，或称变形细胞，能够分泌海绵硬蛋白和骨针，有些游走细胞还能够移动和贮存食物颗粒。有些甚至能够变成其他类型细胞的形态，来迅速修补海绵身体的损害。

许多海绵的枝或芽从母体脱落下来(参见图 4.19a)并逐渐成熟为同原来母体一样的个体时，即完成无性繁殖。海绵也会产生配子进行有性生殖。与大多数动物的配子由性腺产生所不同的是，海绵的配子由专门的领鞭毛细胞或变形细胞分化而来。配子的形态同其他动物的相似：大的、富含营养的卵和小的带鞭毛的精子。大多数海绵为雌雄同体，个体同时具有雄性性腺和雌性性腺；而有些种类的雄性和雌性是分开的，许多其他无脊椎动物也是如此。通常海绵是将精子排到水中，这种排出配子的方式称为撒播。而卵，通常保留在体内，当精子进入海绵时在体内完成受精。

发育的早期是在海绵体内进行的。当在体内发育到一定阶段时，一个微小的、生有鞭毛的球形细胞团释放到水中(图 7.4)。这种浮游幼虫，在大多数海绵中称为实胚幼虫，它被水流带着，直到接触到海底并定居长成一个微型海绵。大多数海洋无脊椎动物都有典型的幼虫，最终变成与成体相似的幼体。这种从幼虫到成体剧烈的变化叫做变态(图 7.4)。 123

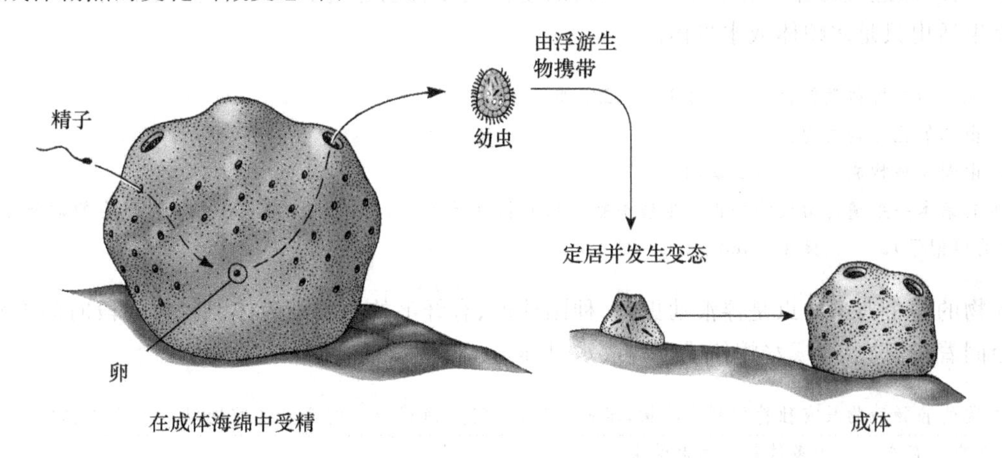

图 7.4 许多海洋海绵的有性生殖包括受精，幼虫发育，浮游幼虫的释放，最终定居海底，发生变态几个阶段。

已知的大约6000种海绵几乎所有的都是海洋性的。它们从两极到赤道都有分布,但大部分种类的海绵都栖息在热带浅水海域。海绵群体可以形成树枝状、管状、圆盘状,或者火山状聚集,并且有时能达到巨大的体积。结壳海绵能够在岩石或死的珊瑚上形成薄的,有时颜色鲜亮的生长物(图7.5)。

图7.5　夏威夷的结壳海绵。

玻璃海绵,比如偕老同穴(*Euplectella*)锚定在深海沉积物上,具有花边式的、由熔融矽质的骨针形成的骨骼。钻孔海绵(*Cliona*)在碳酸钙质的牡蛎贝壳和珊瑚上开孔形成细小的沟槽。在钙质海绵,或称珊瑚海绵(*Ceratoporella*)的身体之下形成了碳酸钙骨骼,同时也含有矽质骨针和海绵硬蛋白。钙质海绵最早发现的是化石,但在水肺潜水中发现了生活在水下洞穴和陡峭珊瑚礁斜面的活样本。

有些海洋海绵具有商业意义。在墨西哥湾和东地中海的一些地方现在仍在采收浴海绵(*Spongia*),而这项工业过去曾一度繁荣。浴海绵,不要与人造海绵混淆在一起,它是由细胞和残骸碎片被洗掉后的海绵硬蛋白纤维做成的。有些海洋海绵还能合成有潜在应用价值的化学物质(参见"拿两块海绵在早晨叫醒我",396页)。

腔肠动物:辐射对称

腔肠动物在动物中的组织复杂性达到新的水平,相比海绵又进化了一大步:组织进化具有特定功能。这种进化使生物的一些功能变得可能,如游泳、应激性、吞噬猎物等等。腔肠动物,有时也叫刺胞动物,包括海葵、水母、珊瑚及它们的亲缘动物。

除了具有在组织水平的结构之外,腔肠动物呈辐射对称,即身体的每一相同部分围绕着中心轴重复排列(图7.6和7.12)。如果一个辐射对称的动物像比萨饼一样被切开,结果每一片都是相似的。辐射对称动物无论从哪个角度看都是一样的,没有头部、前部和后部之分。但是,它们有一个口面,即有口的一面,相对的为反口面(图7.6)。

腔肠动物的口的四周环绕触须,细丝般像手指一样的延伸,用来捕获和抓住食物。口的下端是消化循环腔的开口,食物在这里被消化。腔肠动物的消化循环腔一头是盲端,另一头为开口,即它的口。腔肠动物通过触须细胞里独特的像刺一样的刺细胞(或称刺丝囊)刺入小型猎物来摄食(参见图7.8)。

腔肠动物有两种基本形式(图7.6):水螅体,口和触须都向上的囊状体;钟形的水母体,就像把水螅体倒置过来一样,以适应游泳。在有些腔肠动物的生活史中具有水螅体和水母体两个阶段,而有些的腔肠动物整个生活史只是水螅体或水母体。

腐殖质　死亡的有机体颗粒物。　第10章,226页。

硅质的　由二氧化硅构成的。

钙质的　由碳酸钙构成。　第2章,36页。

配子　带有亲本一半遗传物质的特化的生殖细胞。通常由性腺产生。配子包括精子(由睾丸产生的雄配子)和卵子(由卵巢产生的雌配子)。　第4章,83页。

腔肠动物的一个典型幼虫是浮浪幼虫,一种圆柱形、有纤毛的两层细胞体。经过一段时间的浮游期,浮浪幼虫会固着于海底,变成水螅体或发育成水母体。

124

呈辐射对称的腔肠动物具有独特的刺状结构,即刺细胞,它们是捕获猎物的武器。腔肠动物以水螅体或水母体的形成存在,或二者交替存在。绝大多数都有浮浪幼虫。

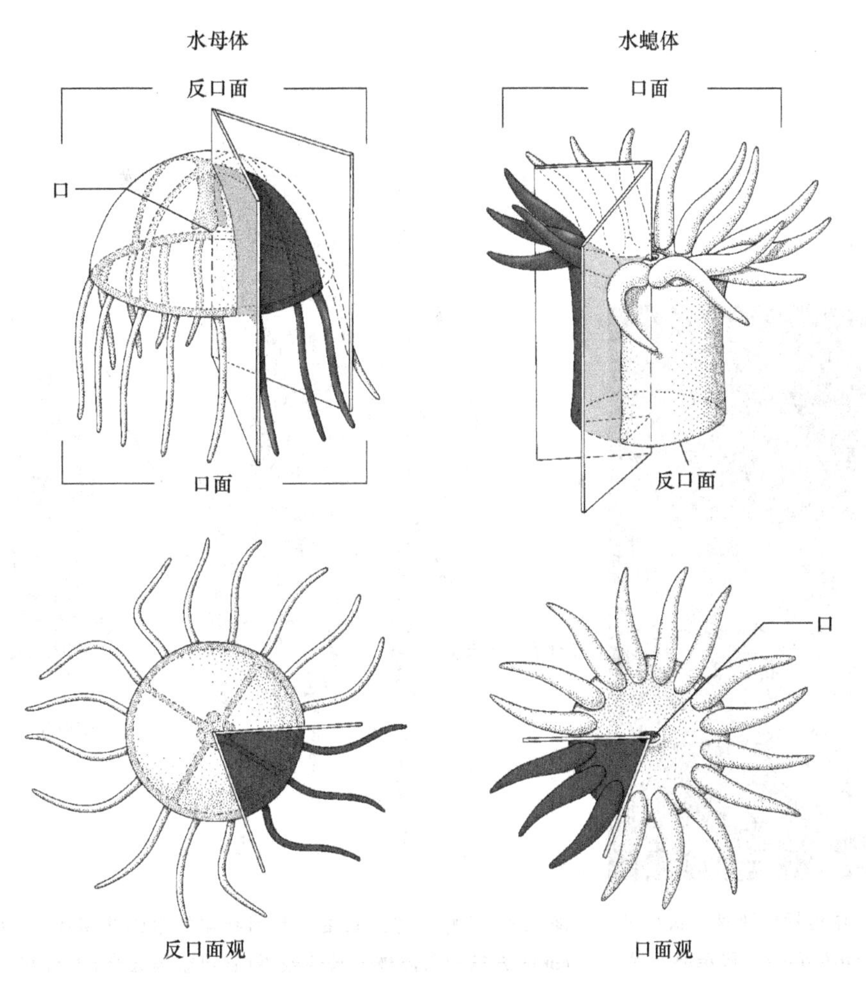

图7.6 许多腔肠动物花一样的外观是呈辐射对称的结果。在水母体和水螅体中,触丝围绕通过口的中轴重复排列。

腔肠动物的身体有两层细胞组成。一层是表皮(图7.8),向外;另一层是胃皮,包裹一周即形成消化循环腔。同时还有一个狭狭的凝胶状的中间层(图7.8),或者称中胶层,中间层通常是不含有细胞的。在水母体中,这一层会扩张形成凝胶状的半球钟形,所以它们通常称为水母。

腔肠动物的类型

腔肠动物基本体制尽管结构简单,但却非常繁盛。现已知大约10 000种,这其中几乎全部都是海洋性的。

水螅纲 水螅具有多种形式和生活史。许多水螅由像羽毛或灌木一样密集的小水螅群体组成。它们吸附在船桩、贝壳、海藻以及其他物体表面(图7.7)。水螅体特化出摄食、防御和繁殖等方面的功能。

繁殖期的水螅会产生微小透明的水母体。这些水母体,通常是浮游性的,向水中释放配子。受精卵发育成自由游动的浮浪幼虫。每个浮浪幼虫固居在底部,发育成水螅体。这样,第一个水螅体不断重复分裂,发展成互相连接的水螅克隆群体。有些水螅类动物没有水螅体阶段,取而代之的是,它们的浮浪幼虫发育成水母体。有一小部分则没有水母体阶段,而是由水螅体直接产生配子。

管水母目 管水母目是形成漂浮水螅体群体的水螅。在这个群体中,有些水螅体可能专门负责使整个群体漂浮,它们体内可能充满气体,比如僧帽水母(*Physalia physalis*,图7.8);或者含有油滴。其他的管水母水螅体具有长的触须用于捕食。从刺细胞释放的毒素使游泳者或潜水者感到疼痛难忍。

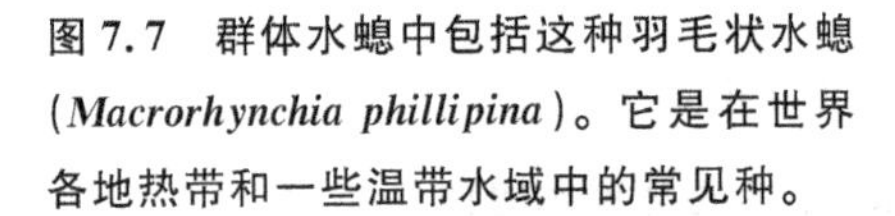

图 7.7 群体水螅中包括这种羽毛状水螅(*Macrorhynchia phillipina*)。它是在世界各地热带和一些温带水域中的常见种。

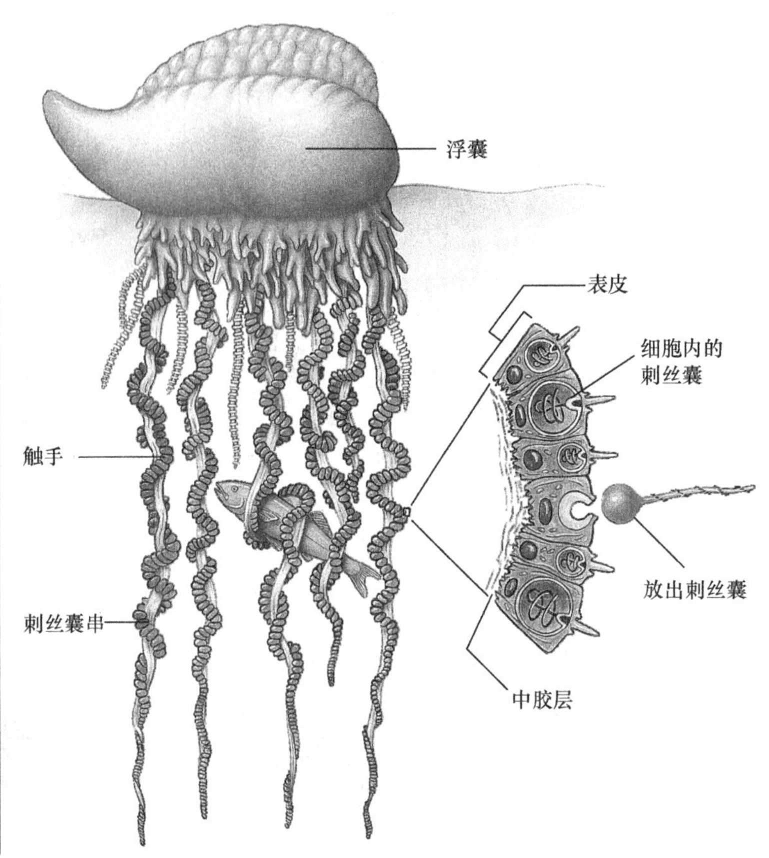

图 7.8 僧帽水母。它由一系列特化的水螅体组成,一个形成长达 30 cm 的充气的漂浮体。长的触手(它已收缩起来)上有刺丝囊,可蜇伤游泳者。

钵水母纲 大洋中常见的大型水母,与水螅纲细小的水母体很不相同。这些大型钵水母生活史中占统治地位的是水母体,水螅体不发达,可产生幼年水母体。有些则没有水螅体时期。它们呈圆形,或钟形,直径有时可达 2 m,但最近发现的深海种直径有达 3 m 的。钵水母通过钟罩型的身体有节奏的收缩来游泳,但它们的游泳能力是有限的,并且很容易被水流带走。有些钵水母种类是令人闻之色变的危险海洋动物,被刺伤后具有强烈的疼痛感,有时甚至是致命的。尤其是立方水母目的,它们曾作为钵水母纲下属的一个目,但现在形成独立的立方水母纲(参见“腔肠动物中的杀手”,126 页)。

125

珊瑚纲 单体或群体生活,全部为水螅型,无水母型。是腔肠动物中最大的一个类群。珊瑚纲的水螅体要比水螅纲和钵水母纲的复杂得多。比如内脏腔道有分区,或者称隔膜(参见图 14.1),这为消化大型食物提供了额外的消化面积。同时隔膜的存在也使得其水螅体比其他细胞动物的水螅体大。海葵是常见的颜色多样的珊瑚纲动物,通常具有大型水螅体(参见图 11.20)。群体珊瑚纲动物能够形成各式各样形态。

珊瑚包括群体珊瑚形成的各种各样的类群(参见表 14.1,298 页)。这其中很多种珊瑚都有碳酸钙骨骼,虽然它们可以生活在冷水中,但在热带海域它们常形成珊瑚礁。柳珊瑚目,如柳珊瑚,是能分泌部分由蛋白组成的分支状的、较硬骨骼的群体腔肠动物。柳珊瑚目中的宝石珊瑚除了蛋白质骨骼外,还具有熔红色或粉色的石灰质骨针。黑珊瑚,既不属于柳珊瑚目,也不属于石珊瑚目,能够分泌硬的黑色骨骼蛋白。宝石珊瑚和黑珊瑚都能用来雕刻珠宝。有些珊瑚纲动物能够形成具有大型水螅体的肉质群体,没有硬质骨骼,这类的例子有软珊瑚、海笔、海肾等。

腔肠动物生物学

由于组织的出现，腔肠动物比海绵动物具有更复杂的功能。特别的，腔肠动物在摄食上更为进步，并且可以感觉，能够对外界环境做出反应。

摄食和消化　事实上，所有的腔肠动物都是肉食动物，以其他动物为食。很多腔肠动物能够捕食和消化比滤食动物（如海绵）的猎物还要大很多的猎物。腔肠动物主要利用刺丝囊来捕获猎物。每个刺丝囊充满液体，含有能够快速射出的刺丝（图7.8）。刺丝具有黏性或带有突刺，或呈长管状用来卷住猎物。有些刺丝囊含有毒素。

126

摄食之后，食物从消化循环腔流过并在其中被消化。最初的消化阶段在胞外进行。因而称为胞外消化，在沿肠道排列的细胞内进行的胞内消化完成食物的分解。

行为　虽然腔肠动物没有脑和真正的神经，但它们具有特别的神经细胞。这些细胞相互连接形成一个神经网，能够向各个方向传递冲动。这个简单的神经系统能够产生相对复杂的行为。某些海葵能够辨别同种的其他海葵是不是同一克隆体的成员，即遗传上同样的个体。它们会用特别的刺丝囊攻击和杀死不是来自同一克隆群体的海葵！有些水母型有原始的眼。水母型还有平衡囊，囊腔内充满液体，四周环绕敏感的毛，其中还有钙质体，平衡囊赋予水母型个体平衡的感觉。

大多数腔肠动物的叮蜇对人类都是无害的，但也存在例外的情况。有些腔肠动物看起来软弱、无害的样子，然而它们却是海洋中最危险的动物，危险的一面在于它们的刺细胞能放出有毒物质。

一种管水母目动物，僧帽水母（*Physalia*）在世界各地的暖水海域都能看到。尽管是蓝色的，它像帆一样的浮囊很容易看见，不过长长的触须就看不到了。它们的触须由一排排刺细胞武装起来，伸长可达50 m。僧帽水母可以数以千计地出现，有时使得海滩不得不关闭。被冲到岸上的刺细胞片段和僧帽水母本身一样可怕。

被僧帽水母蜇伤是很痛苦的，感觉就像反复被热的木炭烧灼一样。疼痛能持续几个小时，尤其在身体的敏感部位则更是如此。触须碰到的皮肤会出现一条条红色，然后出现伤痕。本书两位作者都遇到过僧帽水母，非常痛苦，幸运的是没有像其他人经历的那么严重。我们还有一位作者看到一位男士的手被蜇了，当强烈的痛感到达腋窝时，他晕了过去。甚至还会有呕吐和呼吸困难等更严重的情况发生。触须碰到眼睛会伤害眼角膜。对毒素的过敏反应会导致休克甚至死亡，游泳者也会应为休克或疼痛而溺水身亡。

如果你被蜇到了，最好不要恐慌。仔细用海水洗伤口，但不要揉搓或用淡水洗伤口，因为这样会促进刺细胞放出毒素。醋和酒精可以使刺细胞钝化。如果手边没有别的东西，小便也可以。因为毒素是一种蛋白，有人推荐使用木瓜蛋白粉（一种用在嫩肉粉中的蛋白消化酶）。然而，嫩肉粉没有什么作用，因为毒素已经注入皮肤内，而嫩肉粉只能停留在皮肤的表面。若有严重的反应就得到医院进行处理。

立方水母甚至能产生更厉害的毒素。在印度洋、东南亚和澳大利亚北部，海黄蜂或称为箱形水母（*Chironex fleckeri*）与很多已知的死亡有关。被它蜇到会迅速引起疼痛，数分钟后，尤其是儿童，会因心力衰竭而死。皮肤接触触须后很快就肿起来，留下的紫色或深棕色的条痕很慢才能消下去。值得庆幸的是，这种毒素的抗毒血清已经研发出来了，除此之外，首推用醋浇淋蜇伤的地方。

还有其他一些热带立方水母会产生严重的蜇伤，尤其在澳大利亚和西印度洋。最近几年，澳大利亚北部的一种箱形水母——伊鲁康吉水母（*Carukia barnesi*）导致了多起死亡。与海黄蜂不同，伊鲁康吉水母通常离岸生活，但近来偶尔在浅水处也能见到它。

夏天，沿着海岸经常能见到箱形水母。它们透明的方形身体在水里几乎看不见。箱形水母大多都很小，但海黄蜂的钟形身体直径可达 25 cm，触须伸展开来可达 4.5 m；伊鲁康吉水母身体直径只有 2.5 cm，四个触须也有相同的长度，因此，它们在水中很难看到。

栉水母—辐射对称再探

栉水母（栉水母动物门）是大约包括 100 个物种的独特的海洋动物类群。它们与水母相似呈辐射对称，身体凝胶状，但仔细观察它们还是有自己的特征。栉水母用八排纤毛状的栉板游泳，栉板上的纤毛摆动，拍打水流。纤毛连续的摆动能够折射光，看起来像棱镜产生的多彩效应。栉水母的大小可以由几毫米（球栉水母，*Pleuro brachia*）到 2 m（带栉水母属 *Cestum*，参见 15.12c）不等。

127

栉水母，呈辐射对称，外形上与腔肠动物相同，但有八排栉板。

栉水母是温水和冷水中都常见的种类。它们是食性繁杂的肉食动物。成群的栉水母可以吃掉大量的幼鱼或其他浮游动物（参见“生物入侵：不速之客”，416 页）。许多栉水母武装有黏细胞，用黏细胞两根长长的触须来捕获猎物。少部分种类具有刺丝囊，可能以水母或管水母目为食。

两侧对称的蠕虫类

对于吸附在物体表面或营漂浮生活的动物而言，辐射对称是十分适合的，但对于向某一确定方向爬行或游泳的动物却有不同需求。绝大多数的动物都是两侧对称的，这种身体的安排方式使得只能有一种切法将身体分成完全相同的两半（图 7.9b）。包括人在内的两侧对称动物，有前面，或者称前端；相对的是后面，或后端。前端是头，头有脑，或至少聚集有神经细胞，感觉器官，比如眼。相似地，两侧对称动物有背面，与之相区别的是腹面。两侧对称动物在追逐猎物时能够更加主动，比辐射对称动物具有更复杂精细的行为。

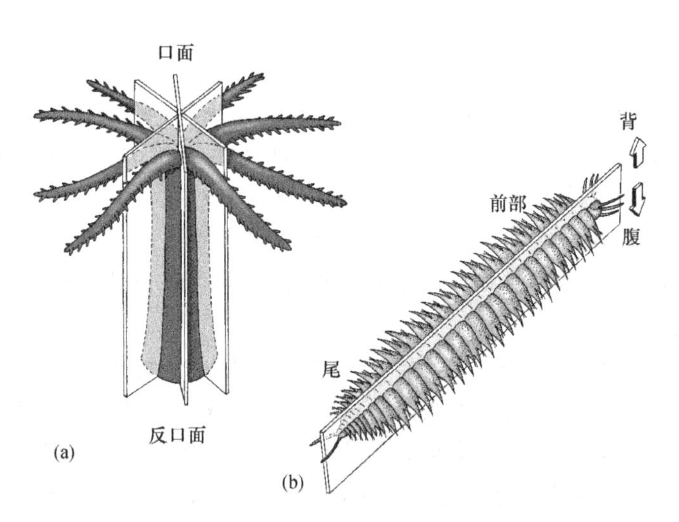

图 7.9　软珊瑚水螅体的辐射对称（a）与蠕虫两侧对称的比较（b）。两侧对称说明了具有头、脑和眼睛的前端发育以及其他特征是更复杂的行为所要求的。

扁形虫

最简单的两侧对称动物是扁形动物（扁形动物门），之所以这样叫是因为它们背腹扁平，即它们拥有平的背面和腹面。扁形动物同时也是组织形成真正器官和系统的动物中最简单的。

能够储存和加工处理信息的中枢神经系统的出现具有特殊意义。在扁形动物中，中枢神经系统为一个简单的脑，也就只是神经细胞在头部的聚集。同时还有几条从脑出发沿身体长轴分布的神经索。神经系统能够协调相对发达的肌肉系统的运动。同腔肠动物和栉水母一样，扁形动物的肠道只有一个开口，即口。外组织层和内组织层之间不再像腔肠动物和栉水母那样很薄，或是凝胶状的，而是充满组织。在胚胎发育过程中，这个中间组织层，即中胚层，能够发育成肌肉、生殖系统和其他器官——不只是扁形动物，在其他结构上更复杂的动物中也是这样。

扁形动物是两侧对称的无脊椎动物，其外表呈典型的扁平状，它们有真的器官和包括中枢神经系统在内的系统。

已知大约有 20 000 种扁形动物。最常见的海洋扁形动物是涡虫，为营自由生活的肉食性动物。大多数小型，有些却因为引人注目的颜色模式而变得很明显。有些涡虫生活在如牡蛎、螃蟹及其他无脊椎动物的体内或表面。

吸虫纲是扁形动物中种类最多的一个纲，超过 6000 种。所有的吸虫纲都为寄生的，生活在其他动物体内，靠吸食组织、血液和肠道内物质为生。同其他的寄生动物一样，吸虫有复杂的生活史及惊人的繁殖能力，这也是它们成功生存的关键之处。成年吸虫都是寄生在脊椎动物体内。它们的幼虫可能寄生在像蜗牛、蛤等无脊椎动物或寄生在鱼这类脊椎动物体内。幼虫必须被脊椎动物吃入才能发育为成体。吸虫常见于鱼类、海鸟和鲸的体内。 128

绦虫也是寄生的扁形动物，除了少数例外，它们长长的身体由重复的单元组成。这些独特的虫类生活在大多数脊椎动物，包括海洋脊椎动物的肠道内。绦虫通过吸盘、钩或其他结构吸附在肠壁上。绦虫没有肠道或口。它们通过体壁，直接吸收利用寄主肠内的营养物质。它们的幼虫寄生在无脊椎动物或脊椎动物体内。绦虫可以非常长，已有记录是寄生在抹香鲸的某种绦虫，竟达到 15 m！

图 7.10　纽虫用它的吻来缠住猎物。吻可以分泌毒素，可能在末端还有刺。一旦抓住猎物，吻就卷回来开始享受它的大餐。

纽虫

虽然它们看起来像长的扁形动物，但纽形动物具有一些特征，表明它们有更复杂的组织水平。它们的消化管是完整的，有口和肛门之分，肛门用来排泄未消化的食物。它们还有循环系统，通过这个循环系统，血液将养分和氧气送到各组织。但纽虫最显著的特征是它们的吻（图 7.10），一种长长的、肉质的、用来缠住猎物的管子。这个吻是口上部的腔向外翻转形成的，就好比是手套中的一根手指。纽虫动物都是肉食动物，以扁形动物或甲壳类动物为食。 129

大约有 900 种纽虫动物，大多数为海洋类。在全球所有海域都可发现纽虫，但大多数常见于温带浅海区。一部分种类为夜间活动，不容易看见，而其他的则有明亮的颜色，在低潮时的岩石底下可见。纽虫具有难以想象的弹性，它的吻能够伸长到 1 m 甚至超过身体。其中一种能够达到 30 m，使它成为地球上最长的无脊椎动物。

线虫

线虫动物门，如蛔虫，一般难以看到，但它们在沉积物，尤其是那些富含有机物质中的数量是惊人的。多数种类为寄生，在大多数海洋动物体内都有线虫寄生。线虫类已经适应寄生在沉积物或其他动物的组织中。它们大多数很小，身体呈细圆柱形，两头尖（参见“泥和砂中的生命”中的图，285 页）。生活在沉积物中的线虫多以细菌和有机物质为食。它们的肠道位于充满液体的体腔中，体腔液帮助运送营养物质。肠道的一端为肛门。体壁坚韧而富有弹性的中肌肉层，能够挤压体腔内的液体，而这液体扮演流体静力学骨骼的角色，起着支撑和帮助运动的作用。

线虫常见于海洋沉积物中，并且是很多海洋动物体内的寄生物。

关于线虫动物的种类有多少目前还存有争议，估计在 10 000～25 000 种，但生物学家相信仍约有 50 万种有待于去发现。

异尖线虫(*Anisakis*)及一些近缘种类的成体生活在海豹和海豚的肠道内。然而,它们的幼虫可在许多鱼的肌肉内被发现,如果人吃了这些未做熟的鱼而被感染。通常幼虫会通过呕吐或咳嗽排出体外而不会导致更严重的后果。但有时幼虫却能钻入胃壁或肠壁,引起类似溃疡的症状。这是那些生鱼片和腌鱼爱好者需要承担的风险。

分节的蠕虫

分节的蠕虫,即环节动物(环节动物门),包括蚯蚓和很多海洋性的蠕虫类,大约有 20 000 种之多。它们身体构造的进化之处也是很多之后更复杂动物所具有的。它们的身体包括一系列的体节,称为分节现象。分节现象在蚯蚓身上的环可以很明显地看到。肠道贯穿所有的体节,位于体腔内。体腔由一种不同类型的组织完全包裹,由中胚层发育而来,这与线虫相对简单的体腔是不同的。体腔中充满体腔液,并且根据外面的分节也分为几部分。体节作为一种流体静力学的骨骼,能够通过体壁肌肉顺次收缩。这些运动,加上分节所带来的灵活性,使得环节动物是很有效率的爬行者和穴居者。

多毛纲 几乎所有的海洋环节动物都是多毛纲的,它们在多种环境中很常见并扮演着重要的角色。许多多毛纲种类的每个体节都有一对扁平的突出,称为疣足,上面着生着较硬、有时是尖细的刚毛(图 7.11)。

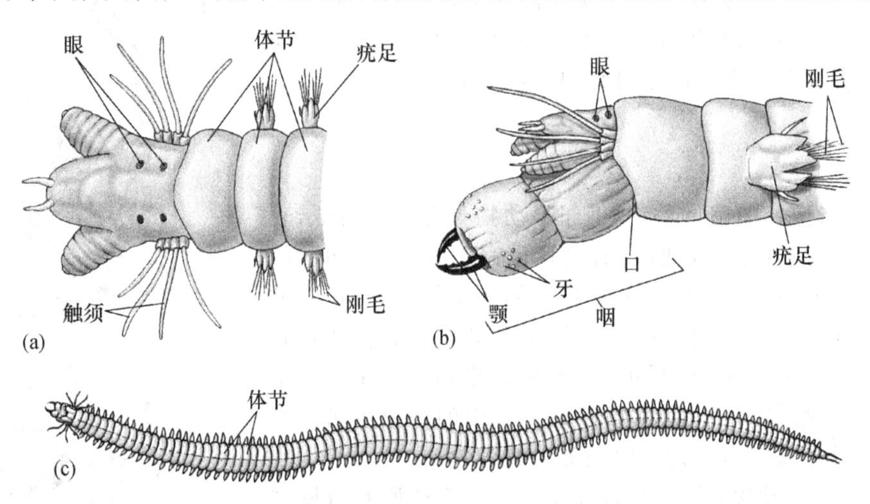

图 7.11 这个沙蚕(*Nereis*)说明了多毛类这个名字的含义——"有很多刚毛"。(a) 头部的背面观,有收缩的咽,显示感觉触须和眼。(b) 头部侧面观,显示伸展状态的咽。(c) 虫体腹面观。

环节动物身体由相同的体节和体腔构成,大多数海洋环节动物为多毛纲的,即有疣足的分节蠕虫。

同所有的环节动物一样,多毛纲有一套循环系统来运送营养物质、氧气和二氧化碳。血液在分支的血管中循环,形成一个闭合的循环系统。血管壁肌肉的收缩有助于血液的循环。

对于小型动物,氧气在呼吸作用产生能量中起重要作用,能够从水透过体壁到达各个组织。在较大的、相对更活跃的多毛纲动物中,从水中获得足够的氧气却是个潜在的问题。它们是通过疣足或其他部位衍化出来的腮来解决这个问题的(图 7.12a)。这种腮是体壁的薄壁突出,有许多微血管,能够吸收氧气。在吸收氧气的同时排出二氧化碳,这就是多毛纲的气体交换。

130

呼吸

有机物质(糖)$+O_2 \longrightarrow CO_2+H_2O+$能量。 第 4 章,73 页。

许多多毛纲动物的生活史包括一个浮游幼虫期叫担轮幼虫,其身体周围有一排排纤毛(参见图 15.9d)。十分有意思的是,担轮幼虫也是其他一些无脊椎动物的幼虫阶段。在各种特征中,幼虫的不同类型被生物学家用来推测不同的无脊椎动物类群之间的进化关系。

(a)

(b)

图 7.12　多毛类大部分海洋底部常见的居民。(a) 一种自由生活的多毛类肉棍刺虫(*Hermodice carunculata*)的前端，它以珊瑚为食，其中亮红色的结构为鳃。(b) *Sabella melanostigma*，是一种帚毛虫，栖居在皮质管中。(参见彩图 7)

多毛纲有超过 10 000 种，几乎所有的都是海生。它们的长度有很大差异，但大多数典型的种类都在 5～10 cm。许多多毛纲动物为底栖爬行，藏匿于岩石或珊瑚下。这种爬行的蠕虫，例如很多沙蚕属(*Nereis*)，都是肉食性的。它们头部具有特征性的几对眼和其他感觉器官(图 7.11)，能够搜寻小的无脊椎动物。带有颚钳的吻用于捉住猎物。疣足很发达，在移动中起重要作用。

其他多毛纲动物在泥质或沙质土壤中挖洞穴居(参见图 11.24)。很多种类，例如红蚯蚓(*Glycera*)捕食小的猎物；其他的，如沙蠋属(*Arenicola*)为食碎屑动物(图 7.3)。

许多多毛纲动物居住在暂时性的或永久的管中，或独居或群居(参见图 12.11 和 13.5)。这种管可能是由黏液、蛋白、一些海藻、黏固的泥土颗粒、沙粒或贝壳碎片做成。居住在管中的多毛纲动物通常疣足退化。有一些，如蜇龙介等相关种类吃悬浮生物，它们的触须上有纤毛和黏液，能够捕捉到水中的有机颗粒，然后将其送到口中(图 7.3)。帚毛虫，或称毛掸虫(*Sabella*；图 7.12b)用带羽毛状纤毛的触须捕捉、分拣和输送颗粒。龙介虫和 spirorbid 也是悬食生物，它们羽毛状的触须从它们构筑在岩石或其他物体表面的碳酸钙质管子伸展出来(参见图 13.9)。

多毛纲动物还有其他生活方式，比如浮蚕属(*Tomopteris*)为终身浮游动物。它们的疣足扁平展开有利于游泳(参见图 15.10d)。在热带太平洋，矶砂蚕的身体可周期性地一分为二，尾部的一段会游到水面产卵。这种叫做群浮行为，在某些海区伴随着月相的变化定期出现，在满月之后达到高峰。这类信息对有些地区的人们有用，因为他们以这些虫类为食。

有些多毛纲动物生活在海星和海胆等无脊椎动物的外表面，有些种类则生活在其他无脊椎动物的洞穴或寄居蟹的壳里。

须腕动物是高度特化的环节动物，它们没有口和肠道。除了海绵和绦虫之外，这种现象在动物中并不常见。由一个到数千个触须构成触须丛(就像它们的名字一样)(图 7.13)，用来吸收溶于水的营养。有些须腕动物的共生的细菌，能够利用营养制造食物供须腕动物食用。

131

已知大约有 135 种须腕动物。它们大多数限于深海之中，这也可以解释为什么直到 1900 年才发现它们。须腕动物曾作为一个独立的门(参见“如何发现一个新门”，132 页)。须腕动物的总长度从

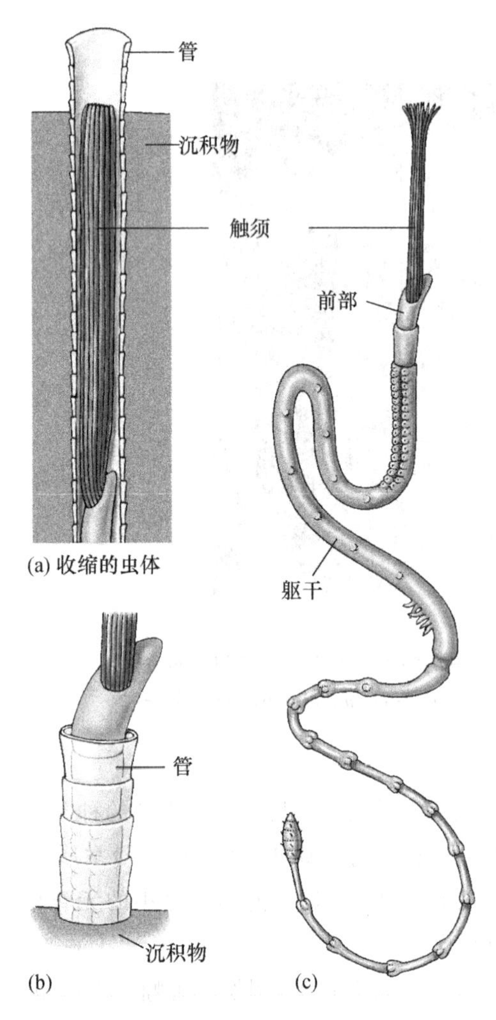

图 7.13　须腕动物图示。(a) 大多藏匿或生活在埋在软质沉积物的管子中。(b) 仅仅显示管子伸出部分的上末端，可看到从中伸出的触须。(c) 移出管子的虫体。

10 cm～2 m 不等。与须腕动物相近的一个类群 vestimentiferan 甚至要更长。它们大量生活于热液喷口附近(参见图16.14)。

寡毛纲　寡毛纲动物是泥沙中的小型环节动物(参见"泥和砂中的生命"，285 页)，以碎屑为食。它们是蚯蚓在海洋中的近亲。有些种类数量非常丰富。与大多数多毛纲不同的是，寡毛纲没有疣足。

蛭纲　水蛭是蛭纲，能够吸血，多半生活在淡水中，海洋中的种类吸附在鱼类和无脊椎动物身上。水蛭是高度特化的环节动物，在头尾两端都有吸盘，没有疣足。

星虫动物

星虫动物，通常被称为星虫，具有柔软不分节的身体。它们穴居在泥质的海底、岩石和珊瑚礁中，或隐藏在空的贝壳里。所有的种类都生活在海洋浅水区。长长的身体前端有一个口和一组体褶或分支的触须，能够缩回躯干，然后整个虫体像个大花生。星虫动物长度 1～35 cm。已知种类大约为 320 种，都为食沉积动物。

螠虫动物

已知的 135 种螠虫动物都为海洋动物。它们看起来就像埋在泥里或珊瑚中的柔软而不分节的香肠。除了有伸缩自如、像勺子或叉子一样的吻以外，在外形和尺寸上同星虫动物相似。有些生物学家认为它们应该归类到环节动物。螠虫为沉积取食，用吻来收集有机物质。北美西海岸的"胖旅馆主人"(美洲刺螠，Urechis caupo)居住在泥中 U 型的管子里(参见图 12.11)。

软体动物——成功的软体

蜗牛、蛤、章鱼和许多其他熟悉的动物都属于软体动物门。软体动物是非常成功的：海洋中的软体动物要比其他任何种类的动物都要多。它们大约有 200 000 种，仅次于最大的门——节肢动物门。

大多数软体动物都有一个柔软的身体和一个碳酸钙质的外壳(图 7.14)。它们的身体被外套膜包裹着，这层膜是一层薄薄的组织，可分泌产生贝壳。身体不分节，为典型的两侧对称。腹部有带肌肉的足，是运动器官。大多数软体动物都有头，包括眼和其他的感觉器官。软体动物有特有的齿舌，由一排小齿片组成，能够将表面的食物磨碎来取食(图 7.14)。肉食性软体动物齿舌有相应的改变(参见图7.15)。齿舌大部分为几丁质，这是一种在其他无脊椎动物中也常见的较硬的碳水化合物。气体交换在成对的腮中进行。

共生　两种不同种的生物严密联系地生活在一起。　第 10 章，221 页。

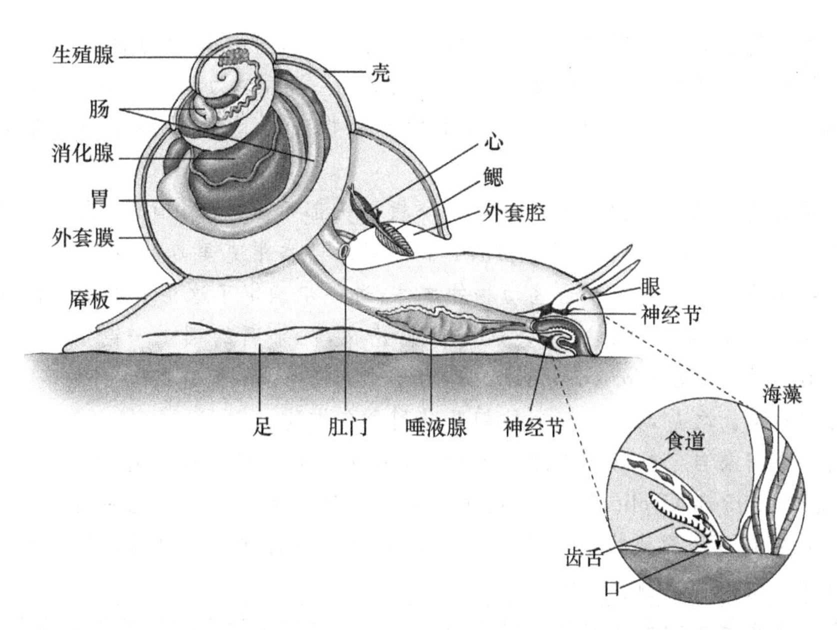

图 7.14　腹足动物常见的体制，显示出其非常重要的内部结构。很多的种的头和足能缩到壳里，坚硬的厣板可挡住壳的开口。

如何发现一个新门

132

想要发现一个海洋无脊椎动物的新物种并不是十分困难。岩石岸边的水藻里，珊瑚小洞和裂缝里，或者较深水层沉积物中生活着一些小动物，从它们之中发现一个新的物种可能性比较大。然而在无脊椎动物中要发现一个新的门则是另外一回事了。

直到最近才对发现的三个门中的模式种进行了描述，这三个门全是海洋类的。

第一个最终变成新门的颚口动物门直到 1956 年才有正式的描述。颚口动物是一类包含大约 80 个物种，生活在沉积物颗粒中的微小蠕虫类群遍布世界（参见“泥和砂中的生命”里的图，285 页）。它们跟扁形虫差不多，但是有独特的特征，包含一套有牙齿的上颚，用来从沙粒中刮食微生物、硅藻以及其他的有机物。

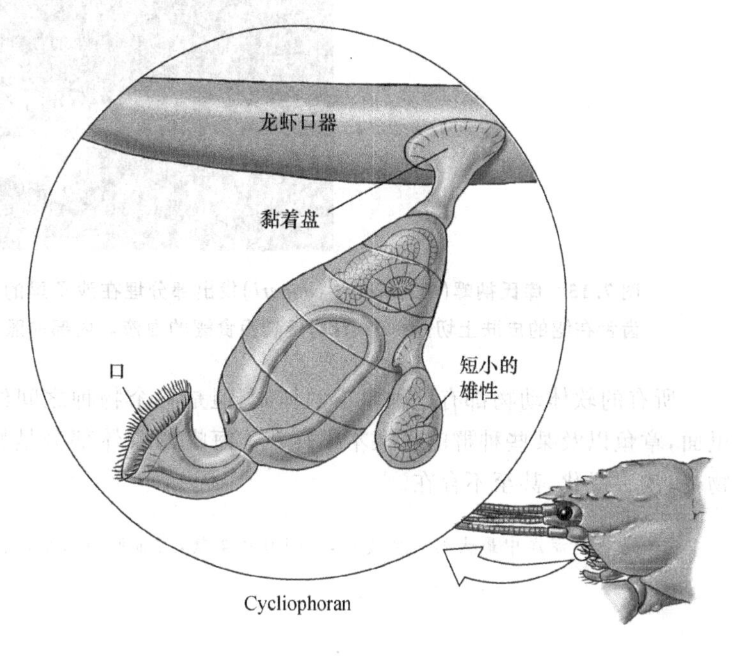

第二个新门的发现有一段比较短而曲折的历史。那是在 1961 年，当时华盛顿史密森尼博物院的罗伯特·希金斯预言在深海清澈的粗砂沉积物里生活着一个群体，并确于 1974 年发现了一个样本。但是很遗憾，他没有认识到这是一个新门。

一年以后，也就是 1975 年，丹麦哥本哈根大学的赖因哈特·克里斯滕森（Reinhardt Kristensen）采集到一个样本，但是不幸在准备显微镜检查时被毁坏了。之后克里斯滕森从来自西格陵兰岛和珊瑚海的粗砂沉积物中发现了这种未知动物的幼虫。1982年他在法国布列塔尼半岛海滨处理大量的样本。在洛喀夫生物所的最后一天，他为了节约时间，没有用传统耗时的方法清洗样品，而是用淡水。碰巧把沉积颗粒上附着的小动物洗脱下来，得到了一套完整的幼虫和成虫样本。

克里斯滕森发现的这种微小动物身体外被有六个板。头部可以收缩，有刺，头锥后部有嘴。克里斯滕森找到了希金斯，他们得到了结论：希金斯1974年得到的样本跟克里斯滕森随后发现的样本属于一个新的门类。他们在佛罗里达又发现了这些动物的成体，进一步确定了这个种群的新的地位。

1983年克里斯滕森在德国科学杂志上发表了一篇论文，一个新的门——铠甲动物门正式诞生了。这个门第一个被命名的种是 *Nanaloricus mysticus*，为了纪念希金斯，把它的幼虫命名为希金斯幼虫，这确实是一个很好的安慰奖。之后，大约10个种相继得到命名描述。

最近新发现的一个门来自于难以想象的一个地方，那就是龙虾口周围的虾须。尽管60年代就已经首先观察到，但是直到1995年 Cycliophora 才被正式命名描述。到目前它包含一个种，为潘多拉共生虫(*Symbion pandora*)，它是一个囊状物，体形微小，瓶状，还有一个盘状口。口周围的纤毛可在龙虾吃东西时将从龙虾嘴里出来的微小食物颗粒清除。

这种奇怪的生活方式与一种奇异的生活周期相一致。这种微小的多细胞动物大多数依靠龙虾为生，营有性生殖和无性生殖相交替的生活史。雄性个体小，附着在雌体上，唯一的功能就是提供精子。雌体当然也进行无性生殖，但是它们仅生殖出雌体，这些子代雌体生活在母代体内的盒状结构内，当体内盒子破裂后，新的雌体从中游离出来。古希腊神话中潘多拉打开了盒子让所有的人类疾病逃逸出来，这种情况又再次发生在了龙虾口周围。

图7.15　库氏衲螺(*Cancellaria cooperi*)找出部分埋在沙子里的电鳐，然后伸出长长的吻，用吻末端的齿舌在鳐的皮肤上切开一个小口，接着吸食鳐的血液。内部的照片是高度放大的齿舌上的齿。

133　所有的软体动物都有这种基本的体制，但是各个物种之间经常会有大的改变，比如鱿鱼的壳在身体里面，章鱼以及某些种群的壳根本不存在。海螺的身体部分是蜷缩的，并且是不对称的。在某些软体动物中，齿舌退化，甚至不存在。

软体动物是海洋中最大的一个类群，它们身体柔软，有带肌肉的足，它们通常有壳和齿舌——这个类群特有的锉舌。

软体动物类型

软体动物具有结构和生活习惯的多样性。整个海洋环境从岩石岸边溅泼区到深海热泉都是它们的势力范围。它们会以任何能想象到的东西为食。尽管软体动物差异性很大，但它们绝大多数都属于三大类群之一。

腹足类 腹足纲是最大、最普遍、种类最丰富的一类软体动物。海螺是大家最熟悉的一类腹足纲动物，但是还有其他类，比如帽贝、鲍鱼以及裸鳃亚目动物。腹足纲大约有75 000种，基本都是海洋种类。典型的腹足纲动物身体的重要部分都蜷缩在背壳里（图7.14）。而背壳以可以蠕动的腹足为支撑，一般是螺旋形的。

大部分腹足纲动物用齿舌从岩石上刮食藻类，比如滨螺（*Littorina*；见图11.2），帽贝（*Fissurella*，*Lottia*），以及鲍鱼（*Haliotis*）。某些种类比如田螺（*Hydrolia*）把进食的部位放到柔软的底部。蛾螺（*Nucella*，*Buccinum*；见图11.15），海蜗牛（*Murex*，*Urosalphinx*）还有芋螺（*Conus*）都是肉食性的，它们以蛤、牡蛎、蚯蚓，甚至小鱼为食。紫螺科海蜗牛有一个比较薄的壳，同时分泌出黏液形成泡筏，漂浮在上面寻找管水母目动物为食。海兔（*Aplysia*）的贝壳很小，很薄，并且被包在组织里，以海藻为食。

裸鳃亚目动物或海蛞蝓是软体动物中失去贝壳的种类。五彩斑斓的内脏分支以及裸露的腮令它进入最美海洋生物之列。它们以海绵、水螅虫以及其他的无脊椎动物为食。裸鳃亚目动物有一套自我保护机制，会产生毒素，抑或用刺丝囊猎取食物。

双壳类 双壳类是蛤蚌、贻贝、牡蛎一类的软体动物。它们的身体压缩成扁平状，外面有两个贝壳包被（图7.16）。它们没有头，也没有齿舌。它们的鳃扩充并且折叠起来，并不单为了呼吸，也用来从水中过滤和分离出食物颗粒。贝壳的内侧有外套膜，外套膜会把整个身体包裹在外套腔里，外套腔是在两个贝壳之间的较大的空间。还要有相对强大的肌肉来开闭这两个贝壳。 134

蛤蚌（*Macoma*，*Mercenaria*）用铲状的足在沙泥里挖洞。当蛤蚌被掩埋在泥沙里时，就会通过呼吸管将水吸入或排除外套腔，呼吸管是由外套膜边缘融合形成的（图7.16a和d）。这就能使蛤蚌在泥沙沉积物里呼吸和摄食。

不是所有的双壳类都是穴居者。比如说贻贝（*Mytilus*；参见图11.4）分泌强有力的足丝，用来附着在岩石或者其他物体的表面上。牡蛎（*Ostraea*，*Crassostrea*；图7.17a）一般左壳紧紧地黏附在一个比较坚硬的平面，经常是黏在另一个牡蛎的壳上。甭管你是不是喜欢，它们已经被美食爱好者垂涎好几千年了。珍珠贝（*Pinctada*）是最具商业价值的珍珠的来源。当贝不断分泌闪亮的碳酸钙质薄层包裹进入外套层和贝壳内表面之间的珠母层的刺激性颗粒或寄生物，珍珠就形成了。人工培养珍珠是通过在套膜里加入小块的贝壳或者塑料获得的。一些扇贝（*Pelten*，如图7.17b）自由地生活，并且可以通过外套腔向外喷水、两壳相互拍打而进行短距离的游泳。最大的双壳类大概是砗磲（*Tridacna*）能够长到1 m长。 135

很多双壳类会在珊瑚、岩石和木头上钻孔。船蛆在红树林的根、浮木以及船、桩等木质结构里钻孔。它们用小小的壳瓣挖孔，导致木头被侵蚀，其内脏里的共生菌就把木头消化。用来钻洞的贝壳在由碳酸钙包被的管道的靠里一端，而细小的呼吸管则从另一端的入口处突出出来。船蛆是典型的污损生物，这是一类寄生在船底、木桩跟其他水下结构上的生物类群。

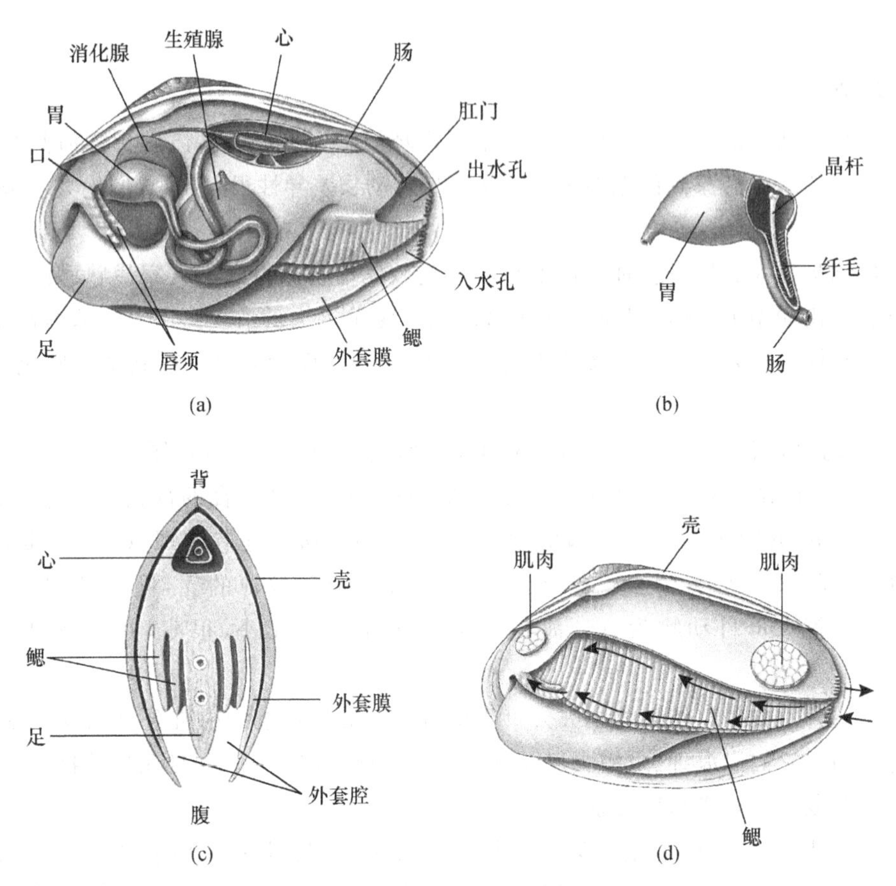

图 7.16 双壳类最与众不同的特征是身体侧扁,这里给出的是蛤类。身体两侧的鳃(a,c)将食物颗粒分选出来,在黏液和纤毛的帮助下将其送到口边,然后触须将食物推入口中。食物在晶杆的帮助下在胃中消化(b)。箭头所示为颗粒由入水孔到嘴的过程。

图 7.17 牡蛎(如 *Crassostrea virginica*,a)在全世界范围内被商业采集。有一些双壳类,如扇贝和粗糙锉蛤(*Lima scabra*, b)它们自由地生活在海底,其他的则将自己埋在沙里或淤泥里。

头足类 头足类(头足纲)是肉食性的,因此运动性比较强。包括章鱼、鱿鱼、乌贼以及其他迷人的生物。头足类柔软的身体适应更积极的生活方式。几乎所有的头足类都是灵活的游泳者,壳基本退化或者消失。所有 650 个种都是海生的。头足类就好像是腹足类把头推到足部形成的生物。它们的足退化成腕和触须，通常还配有吸盘用来捕获猎物（图 7.18）。大大的眼睛一般在头的旁边，跟我们的差不多，很醒目。很厚很结实的外套膜包被着章鱼圆圆的身体和鱿鱼长长的身体。外套膜在头后面形成一个外套腔，里面有两到四片鳃。水从外套膜开口端进入，然后从水管（又称为漏斗管）离开，漏斗管是足根部形成的一个肌肉管，从头部底端突出。外套腔中的水从水管喷出使头足类获得游泳的动力。而水管也可以很灵活地调整位置，使得它们可以向任何方向运动，这简直就是自然界中的一架喷气式飞机。

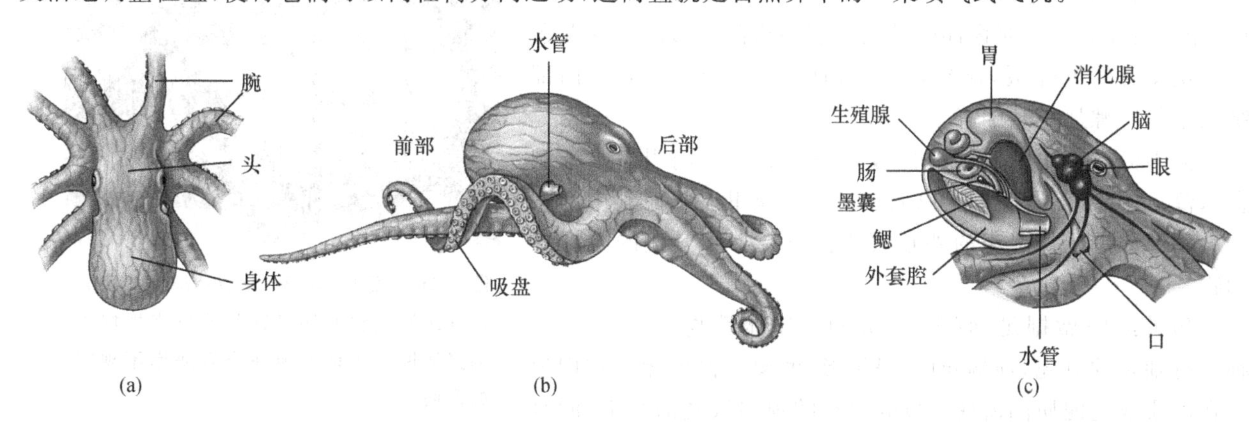

图 7.18　章鱼的外部(a,b)和内部(c)结构。雄性章鱼右侧第三只腕发生特化，将精包从它的吸管直接放到雌性的外套腔内。在交配之前的求偶行为包括错综复杂的颜色变化。

章鱼（*Octopus*）有 8 只长腕，没有壳。它们是海底的居民。比较矮小的章鱼，如大西洋侏儒章鱼（*Octopus joubini*）的足只有 5 cm 长，而太平洋的巨型章鱼的足可达 9 m（图 7.19a）。

章鱼捕食很有效率，它们最爱吃螃蟹、龙虾、小虾。它们用一对颚咬食猎物，用齿舌来帮助咀嚼猎物的肉。它们也分泌麻痹剂，有些还有剧毒，不过大多数情况是无毒的。它们把岩石的裂缝或者废弃的瓶瓶罐罐当作家。有了岩石或者是螃蟹的壳，它们就会放弃原有的遮蔽处。和其他的头足类一样，它们能从墨囊里喷射出一股墨汁一样的液体来迷惑潜在的捕食者（图 7.18c）。

枪乌贼（鱿鱼）（*Loligo*；图 7.19b）比章鱼更适合游泳。身体修长，外面由外套膜包裹，外套膜有两个三角形的鳍。鱿鱼可以在一个地方保持静止不动，也可以通过改变水管的方向向前后移动。8 只腕，两条触须，围在口周围，它们都有吸盘。触须很长，也可以收缩。吸盘只在加宽的尖端存在，它们可以迅速地伸出以捕食食物。壳退化成一个坚硬的笔状物，包裹在上层外套膜里。成体鱿鱼小的仅有几厘米长，巨型深海鱿鱼（大王酸浆鱿 *Mesonychotedthis*）可以称得上是最大的无脊椎动物。很少逮到巨型鱿鱼的标本，最大的雌性的雏鱿鱼有 6 m 长。成熟的有 9～12 m 长。巨型鱿鱼（*Architenthis*）是另一种深海鱿鱼。它们能长到 20 m 长，但是体重比大王酸浆鱿轻。

136

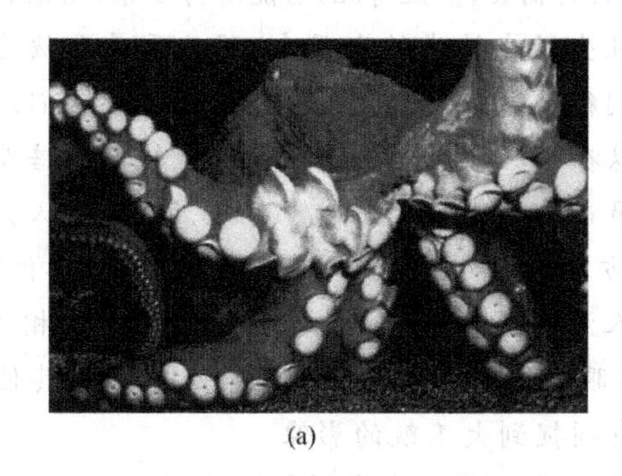
(a)

(b)

图 7.19　(a) 太平洋巨型章鱼（*Enteroctopus dofleini*）。(b) 正在交配的鱿鱼（乳光枪乌贼，*Loligo opalescens*），注意在底部的一团团的白色、胶质的卵块。

乌贼和鱿鱼长得很像，都有8只腕，2条触须，但身体是平的，沿着边有一圈鳍。乌贼不是鱼，它内部有一个钙化的壳帮助身体漂浮。这壳就是市面上卖的墨鱼骨，它买来作为观赏鸟的钙质来源。

鹦鹉螺(*Nautilus*，参见“带腔室的鹦鹉螺”，357页)有个螺旋状的外部壳，壳里包含着一系列充满气体的小室，如同一个漂浮器官。贝壳直径可达25 cm。外面最大的一个室被身体占据，有60～90条短的、没有吸盘的触须用来捕获猎物。

其他的软体动物 已知大约有800种石鳖(多板纲，Polyplacophora)，都是海洋生活的。它们略微弓形的表面覆盖着8块交叠的贝壳板，很容易被识别(图7.20)。它们的内部结构不像海螺那样蜷缩着。

图7.20 石鳖，如 *Tonicella lineata* 用它们发达的足和8块覆瓦状的贝壳板提供的灵活性牢牢地附着在岩石海岸不规则的表面。

大多数石鳖生活在浅海比较硬的海底。它们用齿舌来刮食海藻，大部分石鳖吃饱了以后就会回到家里。然而其中的一种会用口周围延伸出来的外套膜捕食甲壳类和其他的无脊椎动物。

角贝或叫做掘足纲(Scaphopoda)软体动物，大概有350种。有细长的贝壳，顶端开口，呈锥形，就像一根象牙。它们生活在沙质或是泥质的海底。贝壳窄小的顶端从底部突出，同时足从较宽的一端伸出。许多物种都有细触须，顶端有黏性。触须用来捕食有孔虫幼小的双壳类，还有其他沉积物中的有机体。角贝在深海中最常见，有时候空的贝壳会冲刷到岸边。

放眼科学

寻找大王鱿

杜克斯大王鱿(*Architeuthis dux*)是一种充满神秘感的动物，是神话和传说中的主角。有许多关于船只遭遇到大王鱿袭击的描述，有的可信，有的不可信，甚至还有水手被大王鱿吃掉的令人置疑的故事。这些遭遇是古代传说中海怪的原型。由于很少看到活着的大王鱿，对科学家而言它也非常神秘。我们对它的了解最多来自于抹香鲸胃中的喙状口和身体片段。只是偶尔在鲸的胃里，或从冲到岸上、从深海拖网的渔获中看到完整的或几乎完整的个体。还有大王鱿和抹香鲸在海面大战的报道，但科学家还从没看到过活着的大王鱿。人们猜想它们可能生活在200～1000 m深的海里，但我们不了解它的捕食、繁殖情况，它能潜得多深，究竟能长到多大。

大王鱿的幼体可能在数量上要比成体多得多，而且生活在较浅的水层中，因此更易于被逮住进行研究。新西兰的研究人员成功地逮到了一些幼体，但它们很快就死了，可能因为没有喂给它们正确的食物吧。现在科学家正致力于饲养容易培养的鱿鱼种类，以在下次捕获大王鱿之前掌握较好的培养技术。

国际考察队在1996，1997和1999年着手试图拍摄在生境中的大王鱿。1996年，考察队去大西洋东部的亚速尔群岛，1997和1999年去新西兰，这几个地方在近几年用渔网逮到的大王鱿比其他地方要多。考察队采用了各种技术：自动水下机器人(AUV)、载人潜水器和悬挂在绳上的带诱饵的照相机。他们甚至将动物摄影机固定在抹香鲸的背上(参见“大洋里的眼(和耳)”，14页)。考察队得到了其他深海动物的精彩镜头和抹香鲸行为的有价值的信息，但还是没有捕捉到大王鱿的影像。

耐心总会有回报的。2004年，日本研究人员将一台摄像机悬挂在带诱饵的多钩钓线上，在900 m深处拍到了一只8 m的大王鱿。大王鱿消失了，不过留下了一条触须作纪念。

(更多信息参见《海洋生物学》在线学习中心。)

软体动物生物学

软体动物的身体结构和组织系统的复杂性与它们的繁盛及多样性是相一致的。

饮食和消化　软体动物有分离的口和肛门。消化系统包括唾液腺和消化腺(图7.14),它们分泌的消化酶可以将食物分解成简单分子。消化系统的其他方面根据食性和类群的不同而不同。

137

素食性的软体动物,如石鳖、帽贝以及很多海螺都有齿舌用来刮食表面上的藻类,或者是直接切取大宗海藻。它们相对简单的消化系统,可以有效地消化大量的难以消化的植物性材料。消化一部分是在内脏腔里的细胞外消化,一部分是消化腺里的细胞内消化。一些没有贝壳的腹足类动物,吃海藻的时候不破坏其中的叶绿体,叶绿体在消化腺里可以进行光合作用,给腹足类动物提供营养。

肉食性海螺有一个进化了的齿舌,可以钻、切,甚至是捕食猎物。齿舌和口在吻里,吻可以伸出来捕食猎物(图7.15),甚至可能有颚片。这些海螺,一般在胃中进行细胞外消化。

双壳类只摄取由鳃纤毛过滤和分选出来的食物颗粒。它们没有齿舌,食物进入嘴后遭遇一连串的黏液。胃里有能分泌消化酶的晶杆(图7.16b),可持续翻动食物促进消化。胃里的食物最后进入一个大的消化腺进行细胞内消化。身体巨大的砗磲不仅进行滤食,而且还通过寄生在内脏上的虫黄藻获得营养。这种额外的营养方式使得砗磲可以长得很大。

所有的头足类动物都是肉食性动物,它们需要消化大型猎物。有时它们的胃连着一个囊,在囊里消化过程可以迅速有效地完成。整个过程完全是细胞外消化。

软体动物通过循环系统运输养料和氧气。背部强健的心脏能够把血液输送到身体的各个组织。大多数软体动物都是开放式循环系统,血液从血管中流出进入开放的血腔。头足类动物是闭合式的循环系统,血液一直在血管中流动,由此可以更有效地到达需氧的器官,比如脑。

神经系统和行为　软体动物的神经系统各不相同。腹足类和双壳类没有单独的脑,而是一些神经节,它们分布在身体不同部位(图7.14)。

头足类的神经系统在软体动物中,甚至所有无脊椎动物中是最复杂的。其他的软体动物一般都是好几个神经中枢组合成一个简单的大脑,然后互相协作、贮存来自外部环境的信息。而头足类和人类的大脑差不多,大脑的不同区域控制不同功能和行为。巨型神经纤维能够快速地传递神经冲动,使头足类能以惊人的速度捕食和逃生。头足类醒目的大眼睛就能反映出它们神经系统的进化。章鱼、乌贼有明显的学习能力。大多数头足类的动物,尤其是乌贼,从进行敏感的性行为到伪装自己,根据不同的行为和感情会有不同颜色变化(参看"乌贼的雄性拟雌",86页)。有些乌贼故意让两个类似眼睛的大黑点发光,用以迷惑他们的天敌。甚至有些章鱼会通过改变颜色或行为方式来模仿有毒的鱼和海蛇。

生殖和生活史　大多数软体动物为雌雄异体;有个别也是雌雄同体,既有雄生殖腺又有雌生殖腺。双壳类的石鳖、角贝还有一些腹足纲的动物将精子、卵子排到水中进行体外受精。头足类和大多数腹足纲动物都是体内受精。当头足类交配时,雄性会用特化的腕把精荚(精荚为包有精子的细长状物)送入雌体。进行交配的腹足纲雄性有一个长而灵活的阴茎。

有些软体动物像多毛类一样具有担轮幼虫,常常在软体动物、环节动物和其他种群之间作为鉴定亲缘关系的依据。腹足纲和双壳纲的担轮幼虫常常发育成面盘幼虫,这是一种具有微小壳(参见图15.9a)的幼虫。很多腹足类在卵囊里面进行部分或者全部的发育。头足类没有幼虫,由充满黄囊的大卵发育成幼体。雌章鱼保护贴在岩石缝里或者洞里的卵免受伤害,直到它们孵化出来为止。通常雌体为了保护自己的卵,很少进食,最终饿死。

节肢动物:身披盔甲的成功者

节肢动物门是动物界中最大的门,含有一百万种已知的种以及几百万种未知的种。地球上所有的动物中,有3/4是节肢动物。节肢动物中最大的类群就是昆虫,它们几乎称霸陆地,但是在海洋中鲜见。海洋中占统治地位的节肢动物是甲壳类，它们包括藤壶、小虾、龙虾、螃蟹以及很多大家不太熟悉的种类。

节肢动物的身体分节，并且两侧对称。除了有灵活的、分节的身体，它们还有具关节的附肢，比如说腿和口器，它们都有相应的肌肉牵拉运动。节肢动物另一个特征就是它们有一层粗糙的、无生命的外骨骼，外骨骼由几丁质构成，由内层组织分泌产生。外骨骼和具关节附肢为其提供了保护、支持和灵活性，增加了肌肉的贴附面积。

138

为了适应生长，节肢动物需要蜕皮(图 7.21)。蜕皮之前在旧的壳下会长出新的壳，旧的壳脱落之后，新壳会硬化。一般它们通过吸水来使身体膨大，以破除旧壳。大多数节肢动物很小，就是因为外骨骼限制它们的大小。我们不可能看到像鲸或大王鱿一样的节肢动物，但是蜘蛛蟹(巨螯蟹 *Macrocheira*)的附肢可以长达 3 m。

图 7.21　这不是真正的活着的加拉帕戈斯岩蟹(白纹方蟹 *Grapsus grapsus*)，而是它的外骨骼，或称为蜕皮。旧的外壳覆盖蟹的整个外表面，甚至它的口器和眼。要由激素控制的蜕壳发生后，软壳、无助的蟹要找个隐蔽的地方待上几天，直到它的新的要大的壳变硬为止。

节肢动物的物种要比其他任何动物类群多。在陆地上最多的节肢类动物为昆虫，而在海洋中占据优势地位的为甲壳类。节肢动物身体分节，两侧对称。它们成功地适应各种类型的环境部分归功于它们具有保护作用的外骨骼和具关节的附肢。

甲壳类

大约有 68 000 种已知的甲壳类，还有 150 000 种没有分类描述，大部分都是海洋种类。

甲壳类专营水生生活，绝大多数用鳃获取氧气。几丁质外骨骼一般被碳酸钙硬化。附肢特化，适应于游泳、爬行、贴附其他动物、交配和摄食。甲壳类有两对触角(图 7.22 和 7.26)，主要用来感受环境。无论熟悉的，还是不太熟悉的，甲壳类的身体结构在众多的甲壳动物类群中都是一样的。

甲壳类是适于水中生活的节肢动物。它们有两对触角、鳃和钙化外骨骼。

小型甲壳动物　小型甲壳动物到处都是，有的浮游，有的底栖，有的在沉积物中，有的在动物身上或体内，还有的在海藻间爬行。

桡足类的动物在浮游动物里是数量较大并且是极其重要的一类(参见“桡足类”，328 页)。它们用口器部滤食或捕食。有些种太普遍了，可以跻身于地球上最丰富的动物之列。许多浮游桡足类依靠自己的第一对加长的触角游动，避免下沉(图 7.22)。许多种营寄生生活，有些身体非常简化，以至于看起来就像是一团组织而已。

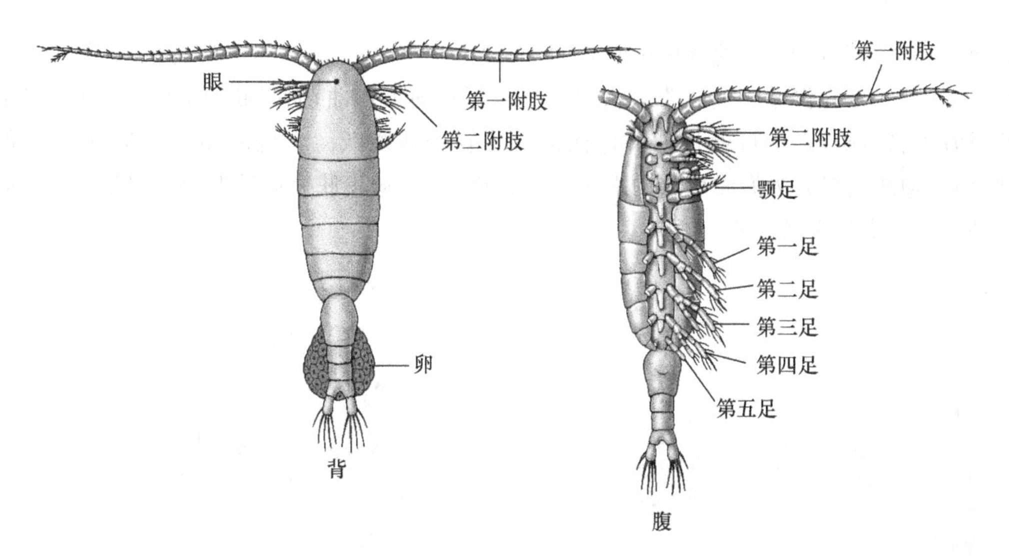

图 7.22　结构最简单的甲壳类动物，如这种浮游桡足类通常较小，而且它们的附肢通常彼此相同，也就是说，缺乏特异性。唯一的例外就是第一对附肢，它已特化用于游泳（参见图 15.6，15.7）。所有的附肢都是成对的，不过腹面观只显示出一边的。

藤壶是滤食性动物，经常贴附在鲸、螃蟹的身体表面。有些对自己贴附的地方很挑剔，有些是污损生物的重要类群。

普通的藤壶看起来和软体动物差不多，它们的身体由厚重的钙化板包被（图 7.23）。上表面的板是开口的，可以让滤食性的附肢伸出来在水平方向搜寻食物，这个附肢实际就是腿。有些藤壶已经高度特化寄生，而且没有板。然而，所有的藤壶类有典型的甲壳幼虫，在变态或成体前，游动并吸附到其他生物体表面（图 7.30）。 139

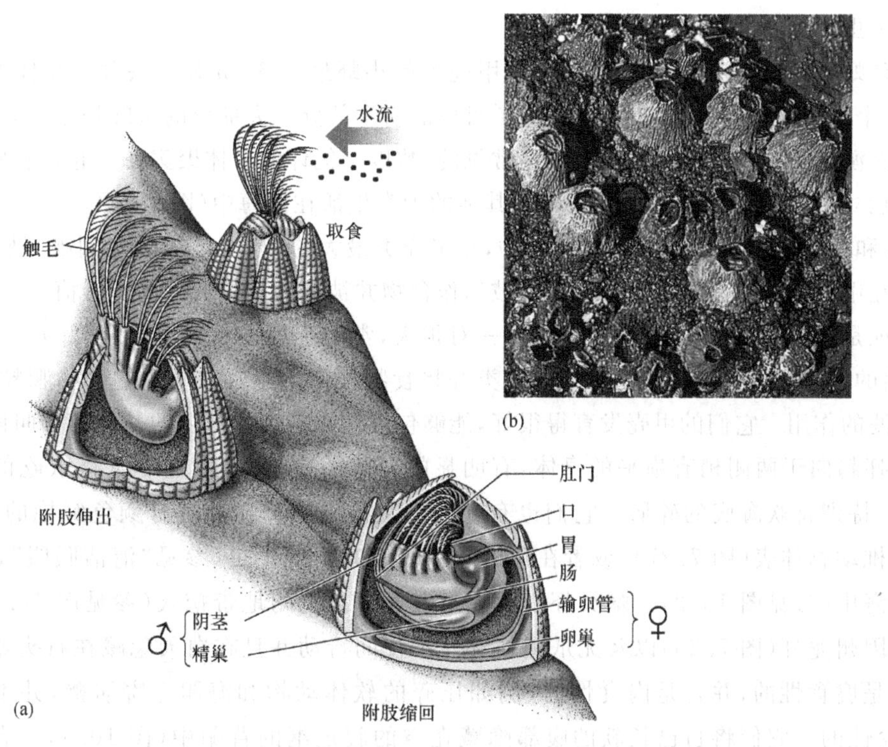

图 7.23　(a) 藤壶将自己的甲壳类身体隐藏在厚的板下，它们躺在自己的背上并用它们的足过滤食物。藤壶是雌雄同体的，个体间进行交配，交换着担任不同的性别任务。一个个体为“雄性”并将它的阴茎插入相邻的“雌性”。然后它还可以转变为“雌性”接受来自相邻的“雄性”的阴茎。(b) 北美太平洋沿岸的茅草藤壶（*Tetraclita squamosa*）。

端足类动物是小的甲壳类，它的身体中间卷曲，而边上扁平(图 7.24)。大部分的端足类动物长度小于 2 cm，但也有一些生活在深水中的种类大得多。头和尾都向下弯曲，而附肢的形状依据它的功能而定。跳钩虾常见于海边腐殖质，它们可通过伸展弯曲的身体轻轻地跳跃。其他的端足类动物在海草之间爬行。对超过 5000 种的大部分为海洋生物的端足类动物而言，在鲸皮肤表面钻洞(称为鲸虱)，作为浮游生物的一部分是一些种类的生活方式。

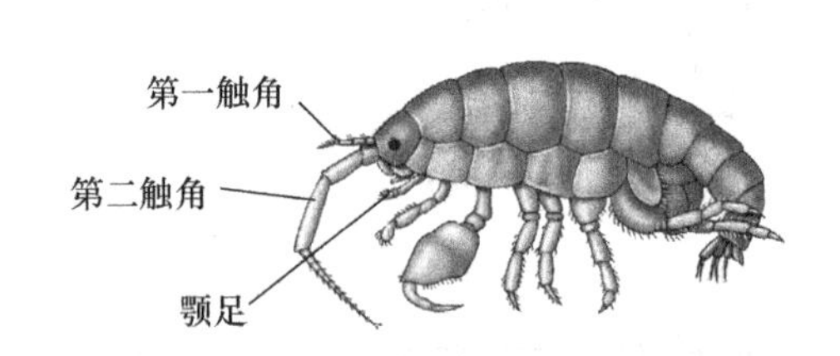

图 7.24 大部分端足类动物，如这种跳钩虾，它们的身体是卷曲的并在边缘扁平。然而，在海草和水螅虫中常见的麦秆虫是有着奇异外骨骼的端足类。图 16.24 介绍了一种巨大的深海端足类动物。

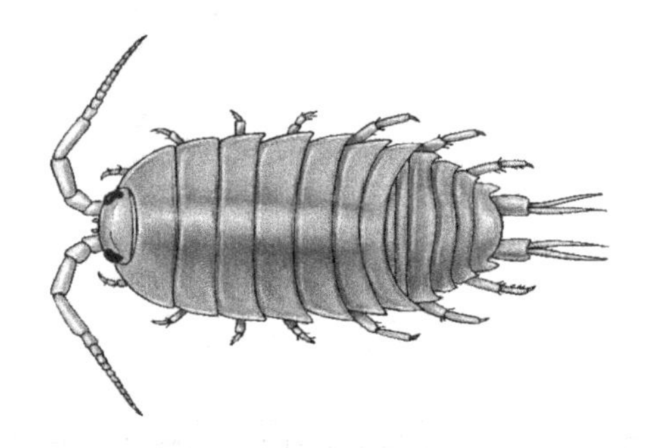

图 7.25 海虱，或称为海蟑螂(*Ligia oceanica*)，既不是一种虱子也不是一种蟑螂，而是一种等脚类动物。它们主要是以被海浪冲到岸边的腐烂的海草为食。有的等脚类动物是鱼类身上的寄生虫。

等脚类动物在与端足类相似的生活环境中生存。它们与端足类动物的大小差不多，但是等脚类动物是很容易确认的，因为它们身体的主要部分都有相似的足，并且有背腹性的扁平身体，因而有一个扁平的背(图 7.25)。臭虫是一种常见的陆生等脚类动物，与许多生活在海洋中的种类相似。鱼虱(与鸟类以及其他的陆地哺乳动物身上的虱子没有关系，那些虱子是昆虫)和其他的等脚类动物都是鱼类以及其他甲壳类身上的寄生虫。

磷虾或者磷虾目甲壳类动物都是浮游的，像甲壳类的小虾最多 6 cm 长。头部与身体的部分阶段融合，从而形成一个独特的背甲，像盔甲一样覆盖了身体的前半部分。大部分的磷虾是滤食者，主要摄食硅藻以及其他的浮游生物。在两极海洋中磷虾是常见的，数以十亿计的个体聚集在一起。它们是南极的鲸类、企鹅以及鱼类主要的食物(图 10.10)。磷虾其他的种类生活在深海中(图 16.2)。

小虾，龙虾和螃蟹 十足类大约有 10 000 种，是甲壳类最大的一群。它们包括小虾、龙虾以及螃蟹。十足类的体型在甲壳类中也是最大的。许多都被当作食物并被认为有重要的商业价值。

十足类特征是有五对足，或者说有步足。第一对很大，常用于捕食和防卫(图7.26)。十足类还有三对颚足，位于嘴的周围，向前伸着，用于将食物分类并将食物推向嘴里。在吃小的食物颗粒的时候，十足类的颚足起过滤的作用。它们的甲壳发育得很好，能够包被住头胸部。身体的其余部分叫做腹部。

小虾和龙虾趋向于两侧稍有扁平的身体，有明显的较长的腹部，即我们非常喜欢吃的“尾部”。小虾是腐食性的，特别喜欢海底的碎屑。它们也有其他的生活方式。在热带有颜色鲜艳的小虾，它们生活在其他无脊椎动物体表(图 7.27)，或者在鱼的身体表面赶走寄生虫(参见“清洁联盟”，222 页)。还有的生活在深海中(参见图 16.2)。幽灵虾以及泥虾在底部多泥的地带挖穴(参见图 12.11)；龙虾，如美洲龙虾或缅因州龙虾(图 7.26)以及无爪刺虾都几乎夜间行动并且在白天隐藏在石头或者珊瑚的夹缝中。它们也是腐食性的，并且是肉食性的，例如压碎的软体动物和海胆。寄居蟹，并不是真正的螃蟹，它也是腐食性的。它们将自己长软的腹部隐藏在空的腹足纲的背鞘中(图 10.4)。有的寄居蟹用海葵或者海绵将自己的甲壳盖起来从而获得额外的保护和伪装。然而，也有一种寄居蟹并不将自己的腹部隐藏起来(图 7.28)。

140

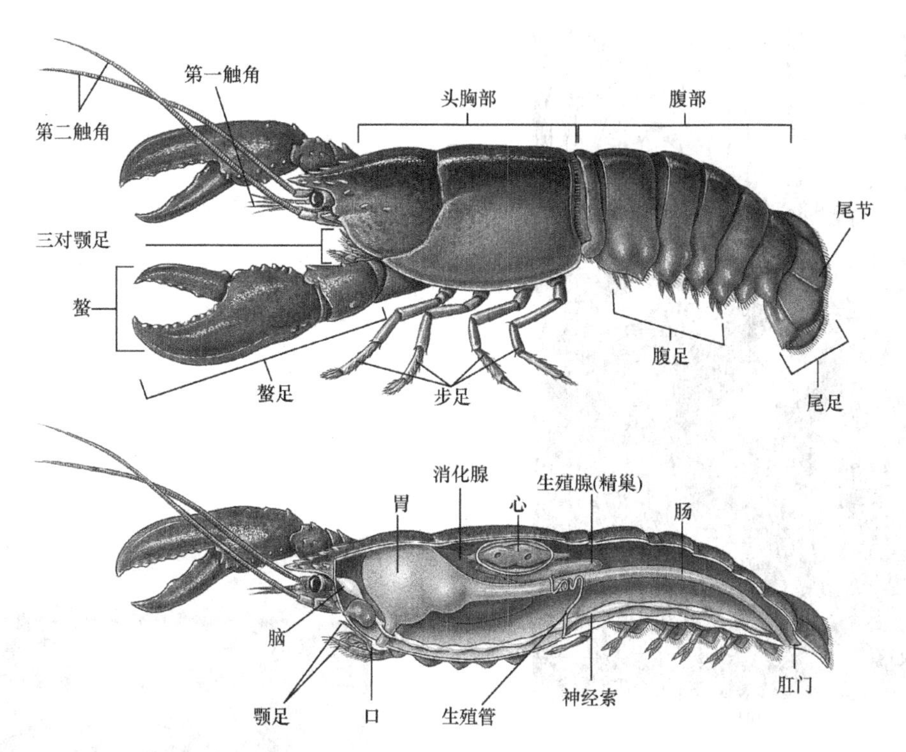

图 7.26　美洲龙虾(美洲巨螯龙虾,*Homarus americanus*)显示了十足甲壳类的基本体制。这幅图中明显省略了在头胸部两侧室中的脉状鳃。从性腺伸出的生殖管开口于雄性最后一对步足的基部以及雌性第二对步足基部。在下一次吃龙虾的时候可以注意观察一下。

在真正的螃蟹中,腹部很小并卷曲在结实、宽阔的头胸部下。可见的腹部是扁平的,V 形的是雄性,雌性大些,U 形的以携带卵(图 7.29)。螃蟹的活动范围很广,并在着急的时候很容易侧着走。它们可以形成十足类中最大的、最具有多样性的一群,超过 4500 种。大部分是腐食性的或者肉食性的,但有的有自己特殊的食物,比如海草、泥土中的有机质甚至是某种黏液。许多螃蟹沿着岩石海岸或沙滩栖息,大部分时间暴露在空气中。陆生的螃蟹大部分时间在陆地上,只有在产卵的时候才会回到海洋中。

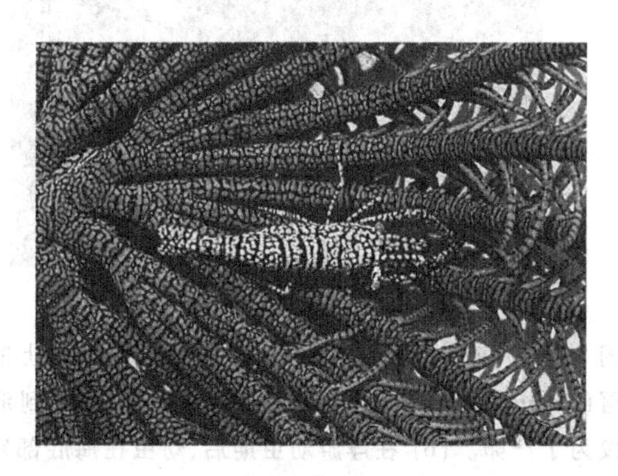

图 7.27　热带太平洋的这种虾(*Periclimenes*)进行伪装生活在海百合分支腕中。

甲壳类动物的生物学

甲壳类动物形态的多样性与自身功能特点的多样性是有关的。

摄食和消化　在桡足类动物和大部分的小浮游甲壳类动物中滤食是十分常见的(参见图 15.7)。附肢上坚硬的、像头发一样的短毛用于捕捉水中的食物颗粒。由于其他附肢的摆动而带起的水流将食物颗粒带到短毛上,并且其他特化的附肢将食物颗粒由短毛送到口中。在寄生性的桡足类和等足类动物中,其附肢适于刺穿和吸吮。 141

食物送到胃中,胃中或有几丁质的牙,或有碾磨用的脊和筛选用的短毛。十足目中的胃有两个腔,连接着可以分泌消化酶和吸收营养的消化腺。这是一种基本的细胞外消化,肠最终通到肛门。

(a)

(b)

图 7.28　(a) 椰子蟹是一种大型的生活在陆地上的寄生蟹(*Birgus latro*),成年后不需要贝壳。雌性回到海中仅仅为了产卵。(b) 在浮游幼虫期后,幼虫在海底部定居并在爬出海洋将要生活在陆地上之前把自己的壳当作家。之所以将其称为椰子蟹是因为它们经常吃椰子,它们主要分布于太平洋和印度洋的热带地区。它们重量达到 13.5 kg,因此是陆地上最大和最重的节肢动物。

图 7.29　雄性蟹腹部是 V 形的(上),而大的 U 形的腹部是雌性的(下)。这是欧洲蟹或者海滨蟹,对于北美大西洋和太平洋沿岸以及世界的其他地区则为引入的有害物种。

和软体动物一样,在开放式循环系统作用下吸收的营养被分布到各个部位。由与附肢连着的鳃进行气体交换。在大部分的十足目动物中,鳃位于甲壳内的一个腔中,在那里鳃不停地被水浸泡着。然而,在陆生的螃蟹中,鳃室虽然是湿润的,但是充满空气,就如同我们的肺一样。

神经系统和行为　结构简单的甲壳类的神经系统是呈梯形的,但十足目更加集中。甲壳类动物有一个小的、相对简单的脑(图 7.26),但感觉器官发育得非常好。大部分都有复眼,由一束多达 14 000 个感光单位组成的嵌合体构成。在十足目动物中,这个复眼在一个可以活动的柄的末端,可以用作潜望镜。甲壳类动物有敏锐的"嗅觉",它们对水中的化学物质非常敏感。许多的甲壳类动物都有一对用于保持平衡的平衡器。

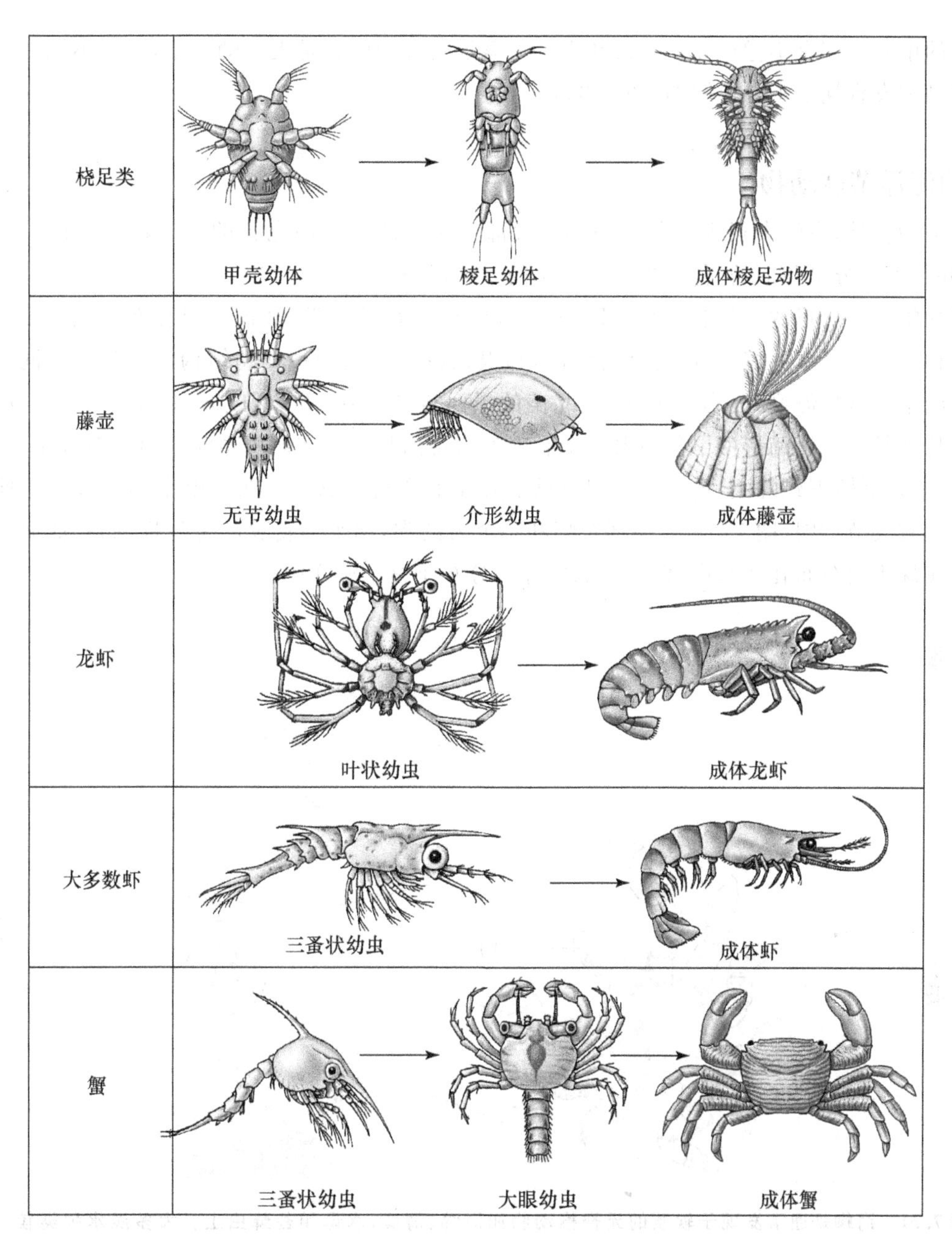

图 7.30 海洋甲壳类动物的卵孵化成为浮游幼虫要经历一系列连续的蜕皮。每一次蜕皮都会添加一对新的附肢，之前已经存在的附肢变得更加特化。最终，幼虫的最后阶段变态为幼态(参见图 13.4)。这儿显示的幼虫和成体并没有按比例来描绘。在大多数的情况下，每个箭头都代表着几次蜕皮，其他的甲壳类幼虫显示在图 15.11 中。

甲壳类是无脊椎动物中行为最复杂的一种。它们用各种各样的信号来彼此交流。这些信号包括特殊的身体姿势以及腿和触角的运动，甚至被做上标记或颜色，使得信号显眼。这种联系方式在同伴间解决纠纷以及求偶行为中是十分重要的。求偶行为是特别精巧的(参考“泥滩上的招潮蟹”，268 页)。

繁殖和生活史 在大部分甲壳类动物中，性别是分开的。配子很少产在水中，雄性有一种特殊分化的附肢，能够直接将精子传给雌体。甚至雌雄同体的种类也是直接在个体间传递精子的。例如，藤壶有阴茎可以直接伸到其他的藤壶那儿。十足目动物的交配通常是紧接着雌性蜕皮之后，当外骨骼还很软的时候进行。许多种类中，雌性可以将精子保存很长一段时间，并且用自己保存的精子让不同批次的卵受精。在端足类和等足类动物中，卵是在身体后部膨大形成的腔中孵化的。在十足目以及其他的种类中，雌性可以用自己的腹足或者游泳足，身体下部特化的附肢来携带着自己的卵(图 7.26)。

大部分的甲壳类都有不像成体的浮游幼虫。大概最为典型的就是无节幼虫了，但是不同的甲壳类无节幼虫的类型和发育期是十分不同的(图 7.30)。

其他的海洋节肢动物

除甲壳类动物外，海洋中很少有节肢动物。大部分属于两个小而完整的海洋动物群体。第三个群体，大型的并且大部分是陆栖的，包括少量的胆小的海洋侵略者。

马蹄形的鲎　马蹄形的鲎是肢口纲(Merostomata)中仅存的种类，其他广泛存在于化石中。马蹄形的鲎的五个种类并不是真的螃蟹，而是“活化石”，和很久以前灭绝的种类的结构没有什么不同。马蹄形的鲎生活在浅水的软质海底，分布于大西洋、北美的墨西哥湾(*Limulus*)和东南亚(*Carcinoscopins*)。它们最显著的特点是一个马蹄形的甲包被着一个有着五对足的身体。它们繁殖时才出现在海滩上。

143

海蜘蛛　海蜘蛛(海蜘蛛纲，Pycnogonida)只是表面上像真的蜘蛛。在一个小小的身体上伸出四对或更多对的具有关节的腿(图 7.31)。头部有嘴和一个大的吻，用来捕食软的无脊椎动物，如海葵和水螅纲动物。海蜘蛛主要分布在冷水中，但是它们实际上分布于整个海洋中。

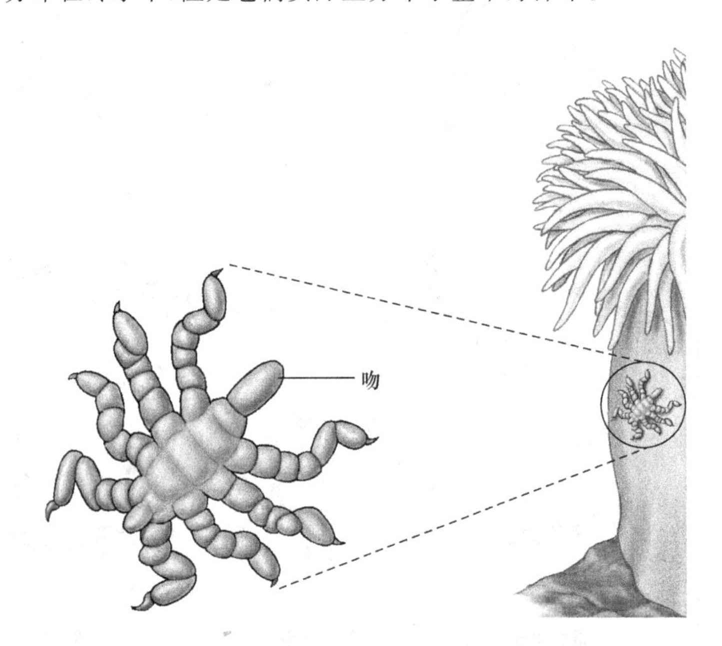

图 7.31　海蜘蛛通常发现于软质的无脊椎动物如海绵、海葵、水母和苔藓虫上。大多浅水种类较小，体长很少有超过 1 cm 的，一些深海种海蜘蛛，如生活在北极和南极水域中的种类就大一些。

昆虫　昆虫和其他的节肢动物的区别在于成虫只有三对足。它们是陆生动物中种类最多的，但在海洋中却很少。大部分的海洋昆虫生活在海边，它们是水草、藤壶以及石块间的食腐者。有的摄食高潮时留下来的腐烂的海草。在远离海岸的地方发现一种海洋昆虫海水黾(*Halobates*，参见图 15.12)。

触手冠动物

海洋无脊椎动物的三个种群有着特殊的摄食结构——触手冠。它包括一系列有纤毛的触手，以马蹄形、环形以及卷曲排列。触手冠类动物是悬食动物。它们用纤毛制造摄食水流。它们还有其他重要的共同点：缺少有丝分裂，两边对称，一个体腔以及一个 U 形肠道。

苔藓虫类

苔藓虫是生活在水草、石块以及其他物体表面的一个种群。大约4500个种类，几乎全部生活在海洋中，属于外肛亚纲。苔藓虫群体由一些存在微小联系的个体形成，这些个体叫做苔藓虫，这些苔藓虫可以分泌形成各种各样形状的外骨骼。可能呈薄壳状或直立的形式，看起来像硬边的灌木丛(图7.32)。仔细观察可看到苔藓虫待在长方形、圆的或花瓶样的虫室中(参见图13.9)。触手冠是可以缩回的。U形的消化道最终以肛门开口在触手冠外。

图7.32 *Canda simplex* **和其他许多苔藓虫形成硬边样群体。**

帚虫

第一眼看去，帚虫(帚虫动物门，Phoronida)可能会和多毛纲的动物混淆。它们像虫子一样，并且分泌的管子含部分砂粒。它们有一个马蹄形的或者环形的触手冠。然而，它们的肠道是U形的，而多毛目环节动物的肠道是直形的。已知的20多种都是生活在海洋中，并在沙中穴居或者将它们的沙质管附着在岩石或者浅水中其他坚硬的物体表面上。虽然一个加利福尼亚的种类可以达到25 cm，大部分的帚虫只有几厘米长。

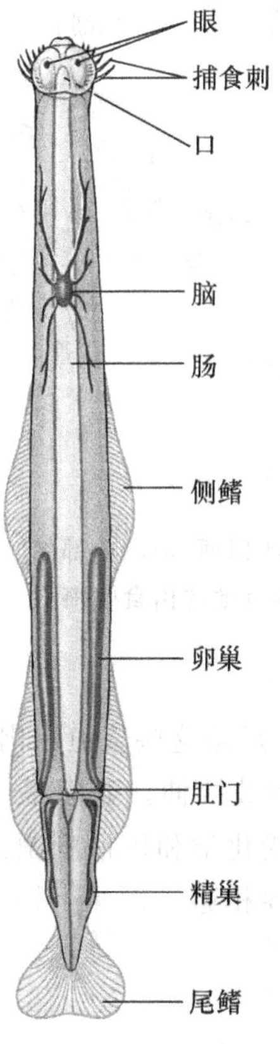

海豆芽

大约有350种生活的海豆芽，或者腕足动物(腕足动物门)。数以千计的其他的种类只是被认为是化石。海豆芽有一个有两瓣的壳，像与其不相关的蛤。相对于蛤的壳侧生瓣(左和右)，海豆芽的壳有背腹之分。一旦壳张开，可看到在海豆芽和蛤之间最明显的不同。海豆芽有一个明显的触手冠，它由至少两个弯曲的、有纤毛的腕构成，占据了两个壳之间大部分空间。大部分的腕足类动物都附着在岩石上或者在软底穴居。

眼
捕食刺
口
脑
肠
侧鳍
卵巢
肛门
精巢
尾鳍

图7.33　箭虫或者毛鄂类动物有一透明的、像鱼一样的身体，这与它们以浮游动物为食相适应。这里介绍的 ***Sagitta elegans*** **分布广泛。注意每个个体是雌雄同体的。**

箭虫

按照种类数量，箭虫，或毛颚动物(毛颚动物门)属于最小的动物门。仅有100种，已知全为海生。然而，它们是浮游动物中最普通、最重要的成员。它们几乎是透明的，流线型，有鱼一样的鳍和尾巴(图7.33)。它们头部有眼睛、捕食刺和牙齿。身体的整个长度从几微米到10厘米不等。

144

箭虫是贪婪的肉食动物，它们有探查到食物的有效的感觉器官，捕食甲壳类、鱼类和其他动物的卵和幼虫、其他箭虫，尤其是那些小的生物。它们在水中大多数时候都处于静止状态，但可飞快地游动捕食猎物。

棘皮类动物：五辐射对称

海星、海胆、海参和几个其他形态的五辐射对称的动物组成了棘皮类动物(棘皮动物门)。像腔肠动物和栉水母一样，棘皮动物是辐射对称的。然而，棘皮类动物的辐射对称仅仅是次生性的。它们的幼体是两侧对称的，仅仅成体发育成辐射对称。与腔肠动物、栉水母不同，棘皮动物有五辐射对称，也就是基于五部分的对称(图7.34)。正如对辐射对称动物所预料的一样，棘皮动物没有头部。它们没前部、后部，也没有背部和腹部。将棘皮动物有口的一面看做口面，与之相对的一面为反口面(图7.34a和b)，这种划分方式是很有用的。

棘皮动物有典型、完整的消化管道，发达的体腔和内骨骼。和人类一样，它们的骨骼系统是内骨骼形式的。不像节肢动物的外骨骼系统，棘皮动物的骨骼是被隐藏在组织里面。虽然有时候看起来骨骼好像在外面，但是像在海胆棘里的骨骼一样，内骨骼是被一薄层有纤毛的组织所覆盖。棘和尖锐的突起使棘皮动物的表面很粗糙，因此棘皮动物中棘皮的意思便是棘状的皮肤。

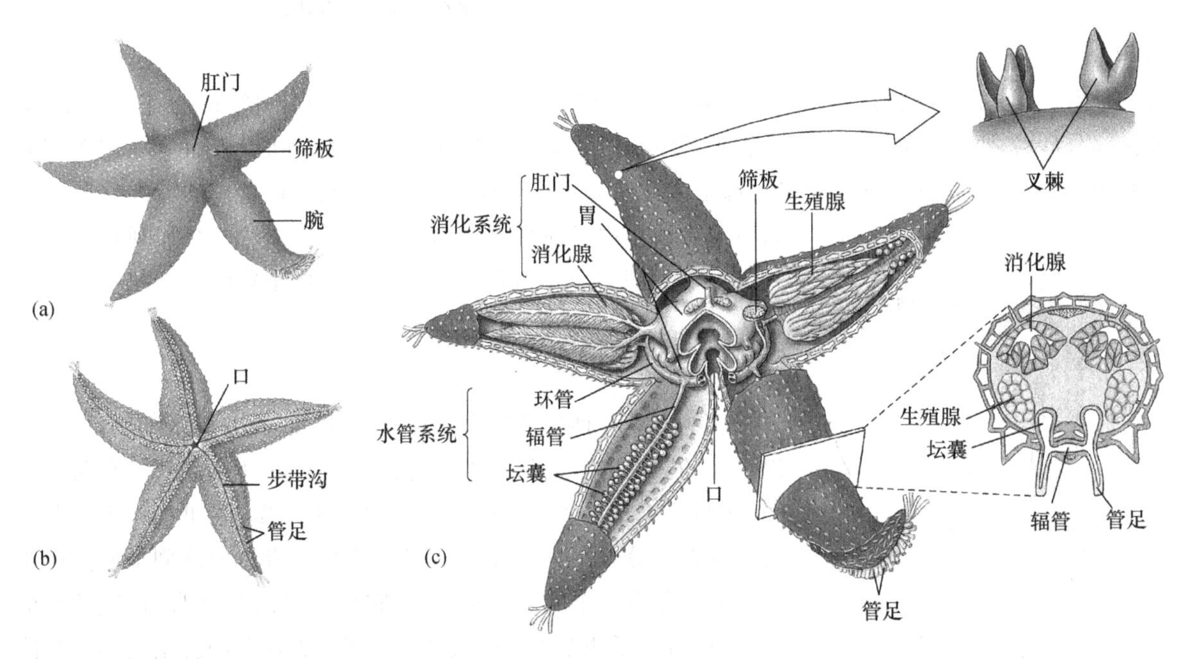

图7.34　北美大西洋和墨西哥湾常见的海星(*Asterias vulgaris*)的反口面(a)和口面(b)。内部结构(c)，一个腕纵切以显示管足、坛囊和组成水管系统的沟道之间的联系。它和其他的肉食性海星将它们的薄壁的胃翻出来，猎物无须吃掉即可开始消化。

145　棘皮动物所特有的是它的水管系统，一充满水的管状网络(图7.34c)。管足是这些管道肌肉的延伸。当管足充满水的时候就会被延伸，有时候管足也可因壶腹反向延伸的牵引而被拉伸。壶腹是一种肌肉囊，位于身体内部。管足的末端经常有吸盘，它起附着、运动作用并且可以接受化学和机械刺激。在海星和海胆中，它们的水管系统通过位于反口面的多孔渗水的圆板(即筛板)与外界相通。

成年棘皮动物是辐射对称的。它们的特征是有内骨骼系统和独特的水管系统。

棘皮动物的类型

目前已知的棘皮动物有7000种，都是海生。它们是从极地到热带各个海底群落的重要成员。

海星　海星(海盘车纲)有时候被称做星鱼，清晰地显示了与众不同的棘皮动物身体平面体制(图7.34)。虽然有些种类多于5个，有时甚至接近50个，但是大部分种类从中央盘辐射出5条腕。上百只管足沿每个腕的辐射状的管道从口面突出，这管道称为步带沟(图7.34b)。虽然很慢，但是海星可以伸出它们的管足牵引它们的身体向任何方向移动。

海星的内骨骼由彼此相连的碳酸钙质的圆盘组成，这些圆盘形成了相当灵活的框架。这使它们的手臂更灵活。许多海星的反口面经常被微小的钳状器官——叉棘(图 7.34c)所覆盖，这有助于保持身体表面清洁。

大部分海星捕食双壳类、蜗牛、藤壶和其他附着或者运动较慢的动物。典型种有经常出现在北大西洋到墨西哥湾之间的岩石岸边的 *Asterias*(图 7.34)、北太平洋的 *Pisaster*(图 7.35)。

图 7.35 来自北美太平洋海岸的巨大的刺海星(*Pisaster giganteus*)。

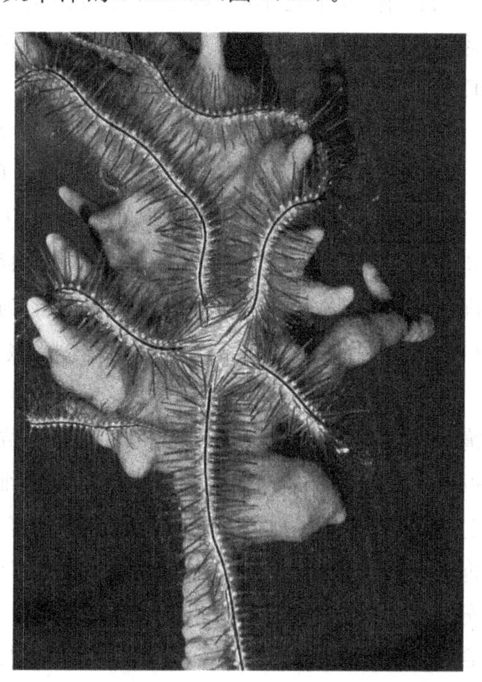

图 7.36 在加勒比海中 *Ophiothrix oerstedii* 是一典型种，它栖息于海绵上的海蛇尾和其他的栖息生物上。

海蛇尾 海蛇尾(海蛇尾纲)也有一星状的身体构型。然而它的五个腕很长，很灵活并且从中央盘开始就分界明显(图 7.36)。腕敏捷的、像蛇一样的运动帮助海蛇尾移动。缺少吸盘的管足用来捕食。

大部分海蛇尾以水底的碎屑和小动物为食。管足收集小颗粒，然后由一管足传递至另一管足，最终传递到口中。它们没有肛门。海蛇尾的种类相当多，比其他棘皮动物多大约 2000 种。海蛇尾的分布范围很广，但是并不总是能看到，通常隐藏在岩石，珊瑚下面或将自己埋藏在泥沙的下面。

海胆 在海胆中(棘皮纲)，内骨骼形成了一圆形的、刚硬的、像贝壳一样的壳，上面附有可移动的刺和叉棘(图 7.37)。可移动的刺牵引海胆运动，这些刺与壳上的孔以及顶尖有吸盘的管足相连。通过收手臂以及拉伸口面和反口面使其形成一个球状结构，海星平坦的放射状的身体形态，可以转化成海胆。带有管足的五排步带沟沿球状体的外表面延伸，口在底部，肛门在顶部。组成壳的圆盘可以在清除了棘和组织的海胆中看到。沿着步带沟的数排小孔与管足一一对应。

图 7.37 马粪海胆(北方球海胆，*Strongylocentrotus droebachinensis*)发现于大西洋、北极、以及北美太平洋沿岸的岩石性岸边和海藻林中。

海胆以漂流的或者附着的海草和海藻为食。在这个过程中，它们也会摄食碎屑和表面有硬壳的动物，比如海绵和苔藓虫。海胆朝下的口有一个复杂的颚和肌肉系统,被称为亚里士多德提灯,它用来咬碎海藻,从水底获取其他食物。

海胆在全世界的岩石海岸中都可看到。来自于大西洋和墨西哥海湾的 *Arbacia* 和北大西洋和太平洋海岸的大部分地区的 *Strongylocentrotus* 就是很常见的海胆种类。在热带水域中生活,尤其是生活在珊瑚礁上的海胆有更多的形状和大小(棘皮动物,*Diadema*;参见图 14.26)。

146 在棘皮动物纲,并不是 1000 种中所有的种类都有带有突出的棘的圆壳。心形海胆和饼海胆因为有平坦的身体和短的棘而适应于软质海底的生活。它们用管足吸附沉积物或有时用胶来黏附有机颗粒作为它们的食物。

海参 另一棘皮动物变形的体制是海参(海参纲),它表面很像虫子。它们没有棘而且没有明显的辐对称系统。海参似乎是海胆的身体沿垂直于口面和反口面的轴被拉长,如同从嘴到肛门被拉伸后形成的。它以五排管足聚集的一面附着于其他的物体上。口面和反口面位于身体的两头。内骨骼由微小的钙质骨片构成,这些骨片分散在粗糙的皮肤中。像海胆一样,大部分种类有五排从嘴延伸到肛门的管足。

许多海参以沉积物为食。口周围的管足变形为有分支的触手,用来捕食水底有机物质或者将沉积物送入口中(图 7.3)。一些海参穴居或将身体隐藏起来,而仅仅通过伸长触手的方式直接从水中捕获食物。

许多海参已经进化出新颖的防御机制来弥补壳和棘的不足。一些分泌有毒的物质。当被打扰的时候,一些种类由肛门分泌黏性的、有时候是毒性的细丝阻挠潜在的捕食者。有的种类会产生令人惊讶的反应,如突然间由嘴或肛门将内脏和其他内部器官排出体外,这就是众所周知的内脏切除。人们认为排出内脏是海参转移冒犯者的注意力,然后逃跑的方法,最终丢失的器官还会再长出来。可能有些混乱,但是却是十分有效的。

海百合类 海百合(海百合纲)是悬食动物,它们用伸出来的羽毛状的触手捕食水中的食物。海百合分为海羽星和海百合两属,目前为止已知将近有 600 余种。海百合生活在深海中,并且永久性地附着在水底。海羽星栖息并在浅水和深水中坚硬的水底缓慢爬行,尤其在热带太平洋和印度洋海域。它们还会游泳,并且姿势非常优雅。

海百合的体制简直就是海蛇尾的颠倒,它们的步带沟和嘴巴朝向下方。嘴巴和较大的器官位于一小的杯状的身体里,手臂由身体向外呈辐射状分布。一些海百合仅有 5 个腕,但是大部分有高达 200 个腕,大概是由 5 个腕不断分支而形成的。腕也有小的侧支(图 7.27)。沿侧支分布的细小的管足分泌黏液,可以帮助捕获食物颗粒。食物通过步带沟中的纤毛被送入口中。这些附器使身体倾斜以使延伸的手臂可以朝着水流的方向更有效地获取食物。

棘皮动物生物学

放射对称性与它们不移栖的生活方式有关。除了一些海羽星和一些深海中的海参外,成年的棘皮动物都是水底的缓慢爬行者。但是它们需要快速运动吗? 当然不。

捕食和消化 棘皮动物的消化系统相当简单。大部分海星是肉食性的。许多通过延伸或者部分胃

147 从嘴部外翻出来包裹食物的方式捕食。然后胃中消化腺分泌消化酶,这腺体很大,甚至延伸到腕(图 7.34c)。消化后的食物被送入腺体中由机体吸收,与此同时胃被拉回体内。肠子短或者没有。海蛇尾和海百合也有简单的、短的肠道。海蛇尾缺少肛门。

海胆和海参的内脏长而弯曲盘旋。在海胆中,这有利于进行长时间的植物性食物的消化。对海参而言,长内脏是非常有利的,因为它们需要加工大量的沉积物来获得充足的有机营养物。

在所有的棘皮动物中,营养成分以液体的形式运输,它们填满了整个体腔。这种液体被称为体腔液,因为棘皮动物有体腔。

因为大部分棘皮动物缺少一独立的循环系统，所以体腔液也运输氧气。在海星和海胆中，气体交换发生在体壁中小的带分支的管中，这些管底部与体腔相通。在海参中，水由泄殖腔吸入一对薄而有分支的管中，该管被称为呼吸树。呼吸树是由内脏延伸而来的，并且悬浮在充满体腔液的体腔中。它与体腔液接触的表面积很大，大大加大了气体交换的进程。

神经系统和行为　关于棘皮动物神经系统的知识我们知道得很有限。神经系统从腔肠动物门开始出现。没有大脑，神经系统调节管足和棘的运动。然而更复杂的行为，如被颠倒后身体的正位以及海胆用大量碎片进行伪装，证明它们的神经系统并不像我们所看到的那样简单。

繁殖和生活史　大多数棘皮动物是雌雄异体的。在大部分群体中，5个、10个或更多的性腺将精子或卵子直接排入水中。性腺通常位于体腔中，并且通过排泄管开口于体外(图7.34c)。配子在水中不会存留很长时间，因此，许多种类的个体马上排卵以确保受精。

浮游生物卵发育到一定阶段后成为纤毛幼虫(参见图15.9b和c)。棘皮动物幼虫是两侧对称的，直到幼体变态后辐射对称就形成了。一些棘皮动物幼虫没有浮游幼虫，而是在育儿袋或身体底部抚育它们的后代。

(a)

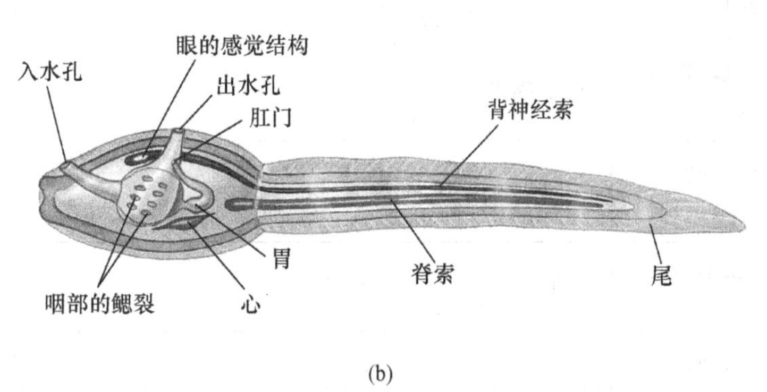

(b)

图7.38　(a)皮克特柄海鞘(*Clavelina picta*)是一海鞘。它的外衣包含纤维素，这是植物所特有的。(b)海鞘的蝌蚪状幼虫展示了脊索动物所特有的特征。然而，一些特征在成体中却消失了。

一些海星、海蛇尾和海参是无性繁殖，它们将中央盘或身体分成两部分。这两部分最终发育成完整的个体。再生就是身体受损的或缺失部位重新生长出来的能力。棘皮动物的再生能力很强。海星、海蛇尾和海百合能够再生缺失的腕。在一些海星中，一个切断的腕可以发育成一完整的个体。然而，在大部分海星中，仅仅包含有中央盘的切断的手臂才可能再生。

半索海生动物纲：缺失的一环？

寻找脊索动物、人类和其他动物之间进化的联系是具有刺激性的挑战。人们已提出几种解释。令人们奇怪的是棘皮动物和脊索动物也存在与人类胚胎发育相关的几个特征。然而棘皮动物和脊索动物之

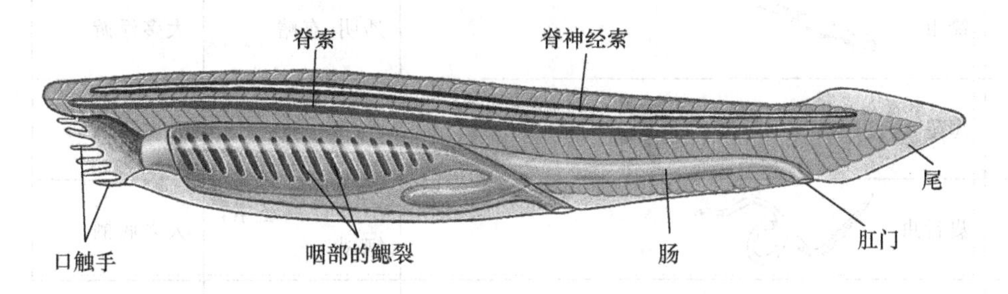

图7.39　虽然它看起来像条鱼，但是由于缺少脊柱，所以文昌鱼(*Branchiostoma*)是无脊椎动物。脊索、背部神经索和鳃裂表明它是脊索动物。

表 7.1　主要动物门的一些重要特征

门	代表类群	区分特征	通常栖息地	组织水平
多孔动物门（海绵）	海绵 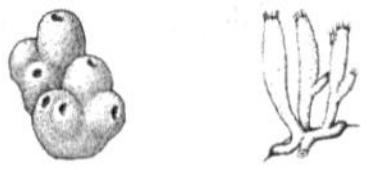	领细胞（choanocytes）	底栖	细胞水平
腔肠动物门（腔肠动物）	水母，珊瑚，海葵 	刺丝囊	底栖浮游	组织水平
栉水母动物门（栉水母）	栉水母 	栉板，黏细胞	大多数浮游	组织水平
扁形动物门（扁虫）	涡虫，吸虫，绦虫 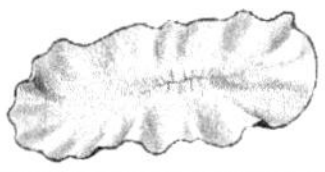	扁平身体	大多底栖，许多寄生	器官系统
纽形动物门（纽虫）	纽虫 	长的吻	大多底栖	
线虫动物门（线虫）	线虫，蛔虫 	横截面是圆的	大多底栖，许多寄生	
环节动物门（环节虫）	多毛类，寡毛类，蛭类 	出现体节	大多底栖	
星虫动物门（星虫）	星虫 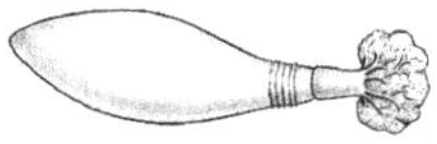	长，可收缩的前端	底栖	
螠虫动物门（螠虫）	螠虫 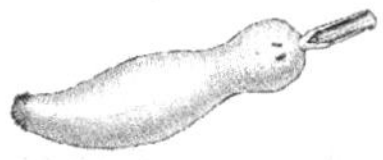	不能收缩的吻	底栖	
软体动物门（软体动物）	蜗牛，蛤蚌，牡蛎章鱼，石鳖 	足，外套膜，齿舌（有些种类没有）	底栖，浮游	
节肢动物门（节肢动物）	甲壳类动物（蟹，虾）昆虫 	外骨骼，具关节的足	底栖，浮游，一些寄生	
外肛动物门（苔藓虫）	苔藓虫 	触手冠，群居生活	底栖	
帚虫动物门（帚虫）	帚虫 	触手冠，蠕虫状身体	底栖	
腕足动物门（海豆芽）	海豆芽 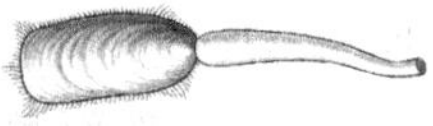	触手冠，蛤状壳	底栖	
毛颚动物门（箭虫）	箭虫 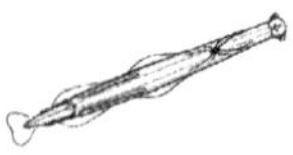	透明，有鳍	大多浮游	
棘皮动物门（棘皮类动物）	海星，海蛇尾，海胆，海参 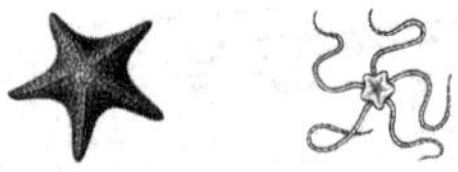	管足，五辐射对称，水管系统	大多底栖	
半索动物门（半睡物类）	囊舌虫 	中空背神经索，鳃裂	大多底栖	
脊索动物门（脊索动物）	被囊类，脊椎动物（鱼，爬行动物，鸟，哺乳动物） 	中空背神经索，鳃裂，脊索	底栖浮游	

续表

对称性	分节	体腔	消化系统	呼吸交换	循环系统
不对称的	否	（无）	无	体表	无
辐射对称	否	（无）	不完全	体表	无
辐射对称	否	（无）	不完全	体表	无
两侧对称	否	（无）	不完全或缺失	体表	无
两侧对称	否	吻腔	完全	体表	封闭式
两侧对称	否	假体腔	完全	体表	无
两侧对称	是	体腔	完全或（缺少）	鳃或体表	封闭式
两侧对称	否	体腔	完全	体表	无
两侧对称	否	体腔	完全	体表	封闭式
两侧对称	否	体腔	完全	鳃	开放式或封闭式
两侧对称	是	体腔	完全	鳃（在许多甲壳类动物中）	开放式
两侧对称	否	体腔	完全	体表	无
两侧对称	否	体腔	完全	体表	封闭式
两侧对称	否	体腔	完全	体表	开放式
两侧对称	否	体腔	完全	体表	无
辐射对称（成体） 两侧对称（幼虫）	否	体腔	完全	体表	无
两侧对称	简化	体腔	完全	体表	部分封闭式，部分开放式
两侧对称	简化	体腔	完全	鳃，肺	封闭式

间的巨大进化鸿沟可能被小而不易见到的虫子填满，它们属于半索海生动物(半索海生动物门)。半索海生动物与脊索动物和棘皮动物有同样的基础的发育特征。一些脊索动物幼虫的形态也和棘皮动物幼虫的形态相似。半索动物也有用来界定脊索动物门的特征。这些特征，如背部中空的神经索和内脏前部分的开口将会在接下来的章节中讨论到。

目前已知的半脊索动物共有85种。大部分是柱头虫或者肠鳃类；它们是像蠕虫一样的食沉积动物，有的在水中自由生活，有的定居在U形管道中。经常在热水出口处可以发现大量的柱头虫。大小为8～45 cm，有的可达2.5 m。如海参一样，事实上所有的柱头虫都用一较厚的、分泌黏液的吻收集有机沉积物，然后送进嘴里。

148

没有脊柱的脊索动物

脊索动物(脊索动物门)分成3个主要的群或者亚门。两个群缺少脊椎，在这儿将和无脊椎动物一块讨论。没有脊椎的脊索动物都称为原脊索动物。第三个群是迄今为止最大的脊索动物亚门，它由脊椎动物组成，这将在后面的第8章和第9章中论述。

估计49 000种脊索动物拥有许多共同的特征，但是其中四点是很突出的。(1) 至少在它们发育期间，包括人类在内的所有脊索动物都有一沿身体背部的单一的中空的神经索；(2) 鳃裂，咽前部的小开口；(3) 脊索，在内脏和神经管之间起支撑作用的灵活的小棒；(4) 肛门后的尾巴，在肛门附近延伸的尾巴(图7.38b和7.39)。所有脊索动物在腹侧有一心脏。在脊椎动物中，脊索被一系列关节骨，即脊椎或称脊柱所围绕或者被替代。

至少在它们生活史中的一部分时间里，所有的脊索动物都有背部神经索、鳃裂、脊索和肛门后尾巴。脊椎动物也有脊柱。

被囊动物

原脊索动物中最大的一群是被囊动物(尾索动物亚门)。已知的3000种都是海洋动物。我们最易看到的是海鞘(海鞘纲)。它们像囊一样的身体附着在坚硬的物体表面或者锚定在软的沉积物上，是一种污损生物(图7.40)，是终生固着的脊索动物。对于没有经验的人，通常会把海绵和海鞘弄混，因为它们的外貌很相像。然而，海鞘的身体被一囊状结构保护着，这囊是一皮革质的或凝胶质的被囊，与海绵的外套有纹理上和结构上的差距。

149

海鞘是滤食性的动物，通常水从进水孔或嘴中流入，经过纤毛质囊状咽过滤。咽壁开口由鳃裂进化而来。水中的食物过滤后，进入U型的内脏。过滤后的水经过第二个开口(即出水孔)流出。当海鞘向外排碎屑时，体内的水分从两个孔射出，向水枪一样，故海鞘英文名为“海喷水”。一些群居生活；一些由单独的个体丛集组成(图7.38a)；还有一些则聚集在一起组成花环状结构，它们有共同的外套和出水孔(图7.40和13.9)。

如果不是海鞘有浮浪幼虫，这种无头的、附着的生物决不会被归为脊索动物。成熟的海鞘既没有脊索也没有背部的神经索。海鞘的幼虫因其外表很像蝌蚪，所以被称为蝌蚪幼虫(图7.38b)。蝌蚪幼虫有最基本的脊索动物特征。它们有鳃裂、背部的神经索、脊索和发育很好的臀后尾及眼睛。蝌蚪幼虫不需要进食，它们存在的唯一目的是找一个适合它们附着的表面。在从幼虫向成体转变的过程中，脊索和尾巴渐渐消失，个体间也不再自由地存在。

一些背囊动物终生浮游生活。樽海鞘(Thaliacea纲)身体透明桶状，靠肌肉带运动(图15.8)。水从前面的嘴或进水孔进入，然后从后面的出水孔流出。樽海鞘在热带海域中广泛分布。有些像浮游的海鞘一样群居生活，很多可以到达水中的很多不同深度。附着幼虫是另一种有背囊的幼虫。它们终生保持着背囊幼虫的外形。每一个小的个体都隐藏在一个复杂舒适的房间里觅食，躲避敌害。

图7.40　玻璃海鞘(*Ciona intestinalis*)是生活在浅水域中的海鞘,它已经成为世界许多地方的污损生物。在Ciona的被囊中可看到海鞘群(史氏菊海鞘,*Botryllus schlosseri*)。

文昌鱼

已知的23种文昌鱼(头索动物亚门)是无脊椎动物的第二大类群。它们最长达7 m,身体像鱼一样为细长的侧扁形(图7.39)。文昌鱼有典型的脊索动物的特征。与脊椎动物的唯一不同是文昌鱼没有脊椎。文昌鱼栖息在软质海底。它们是滤食性动物,通过鳃裂捕捉食物,聚集有机质颗粒。

《海洋生物学》在线学习中心是一个十分有用的网络资源,读者可用其检验对本章内容的掌握情况。获取交互式的章节总结、关键词解释和进行小测验,请访问网址 www.mhhe.com/castrohuber6e。要获得更多的海洋生物学视频剪辑和网络资源来强化知识学习,请链接相关章节的材料。

评判思考

1. 如果两侧对称的体型是从腔肠动物进化而来,你认为它是从哪一类群或哪几类群开始发生的?为什么?
2. 头足类动物鱿鱼、章鱼和其他同类的软体动物在结构和行为上要比其他软体动物复杂。是什么因素引起这些进化呢?大量头足动物的化石表明它们曾经在某些海洋环境中很普遍,甚至处于优势地位。现存的头足类动物只有650种,远远少于腹足动物。头足类动物最终胜利了吗?你认为期间又发生了什么事?

3. 1968年人们又发现了一个棘皮动物的新纲——海菊花。它们是深海动物，生活在沉没的木头上。海菊花身体扁圆，看起来很像没有腕的小海星。它们还缺乏内脏。人们以前从未见过这一类群，为什么将其归为棘皮动物，而不是一个新的门？假想一下它们又是如何觅食和运动的？

拓展阅读

网络上可能找到部分推荐的阅读材料。可通过《海洋生物学》在线学习中心寻找可用的网络链接。

普遍关注

Bottjer, D. J., 2005. The early evolution of animals. *Scientific American*, vol. 293, no. 2, August, pp. 42—47. The discovery of an invertebrate fossil pushes back the origins of complex animals by at least 50 million years.

Dennis, C., 2003. Close encounters of the jelly kind. *Nature*, vol. 426, 2 November, pp. 12—14. Deep-diving submarines discover amazing jellyfishes and comb jellies.

Duffy, J. E., 2003/2004. Underwater urbanites. *Natural History*, vol. 112, no. 10, December/January, pp. 40—45. Snapping, or pistol, shrimps that live in sponges have evolved complex societies similar to those of bees.

Fortey, R. A., 2004. The lifestyles of the trilobites. *American Scientist*, vol. 92, no. 5, September—October, pp. 446—453. A surprisingly high number of species of trilobites, a group of extinct arthropods, inhabited the oceans 450 million years ago.

Levy, S., 2004. Crabs in space. *New Scientist*, vol. 181, no. 2438, 13 March, pp. 42—43. Cells in the blood of horseshoe crabs help space scientists detect earth microbes in space probes.

McClintock, J., 2004. This is your ancestor. *Discover*, vol. 25, no. 11, November, pp. 64—69. Molecular biologists have provided additional evidence that sponges are close to the ancestors of all animals, including us.

Raffaele, P., 2005. Killers in paradise. *Smithsoman*, vol. 36, no. 3, June, pp. 80—88. Box jellyfishes are considered the most venomous organisms on the planet.

Scigliano, E., 2003. Through the eye of an octopus. *Discover*, vol. 24, no. 10, October, pp. 46—51. The fascinating behavior of octopuses never fails to amaze, including evidence of mental suffering and the ability to solve puzzles.

Summers, A., 2004. How a star avoids the limelight. *Natural History*, vol. 113, no. 4, May, pp. 32—33. The eyes of echinoderms, though seemingly simple, have a vital function.

Summers, A., 2004. Knockout punch. *Natural History*, vol. 113, no. 6, July/ August, pp. 22—23. The claws of mantis shrimps are powerful weapons that conceal an intricate mechanism.

Wheelwright, J., 2003. Squid sensibility. *Discover*, vol. 24, no. 4, April, pp. 42—49. The Humboldt, or jumbo flying, squid is a large, aggressive squid that is being studied in the Gulf of California.

深度学习

Boletzky, S. V., 2003. Biology of early life stages in cephalopod molluscs. *Advances in Marine Biology*, vol. 44, pp. 143—203.

Brooke, N. M. and P. W. Holland, 2003. The evolution of multicellularity and early animal genomes. *Current Opinion in Genetics and Development*, vol. 13, no. 6, pp. 599—603.

Burke, W. A. B., 2002. Cnidarians and human skin. *Dermatologic Therapy*, vol. 15, no. 1, pp. 18—25.

Corson, T., 2004. *The Secret Life of Lobsters: How Fishermen and Scientists Are Unraveling the Mysteries of our Favorite Crustacean*. HarperCollins, New York.

Fautin, D. G., 2002. Reproduction of Cnidaria. *Canadian Journal of Zoology*, vol. 80, no. 10, pp. 1735—1754.

Halanych, A. M., 2004. The new view of animal phylogeny. *Annual Review of Ecology, Evolution, and Systematics*, vol. 35, pp. 229—256.

Hart, M. W., 2002. Life history evaluation and comparative developmental biology of echinoderms. *Evolution and Development*, vol. 4, no. 1, pp. 62—71.

Lawrence, A. J. and J. M. Soame, 2004. The effect of climate change on the reproduction of coastal invertebrates. *Ibis*, vol. 146 (suppl.), no. s2, pp. 29—39.

Martin, V. J., 2002. Photoreceptors of cnidarians. *Canadian Journal of Zoology*, vol. 80, no. 10, pp. 1703—1722.

Rhode, K., 2002. Ecology and biogeography of marine parasites. *Advances in Marine Biology*, vol. 43, pp. 1—86.

Rouse, G. W. and F. Pleijel, 2003. Problems in polychaete systematics. *Hydrobiologia*, vol. 496, no. 1—3, pp. 175—189.

Thurman, C., 2004. Unravelling the ecological significance of endogenous rhythms in intertidal crabs. *Biological Rhythm Research*, vol. 35, no. 1—2, pp. 43—67.

Watson, G. J., M. G. Bentley, S. M. Gaudron and J. H. Herdage, 2003. The role of chemical signals in the spawning induction of polychaete worms and other marine invertebrates. *Journal of Experimental Marine Biology and Ecology*, vol. 294, no. 2, pp. 169—187.

第 8 章

海洋鱼类

距今约 500 万年以前，鱼类出现，它是第一种脊椎动物。鱼最先可能起源于脊索动物，脊索动物与现在依然栖息在海洋中的文昌鱼和海鞘蝌蚪幼虫较为相似。 154

鱼类一出现就对海洋环境产生了巨大的影响。它们几乎以所有的海洋生物为食，而自身除了可作为从细菌到甲壳类中一些生物的寄居场所外(这在第 5～7 章中已作介绍)，还成为很多动物的食物。

鱼类是最重要的海洋经济生物，也是人类重要的蛋白来源。有些可研碎作为肥料和鸡饲料，还有一些可以作为皮革、胶、维生素及其他产品的来源。很多海洋鱼类成为钓鱼爱好者追逐的对象，并被用来作为居室中增添海洋生物景观的观赏宠物。

脊椎动物：介绍

脊椎动物(脊椎动物亚门)和脊索动物门的原索动物文昌鱼、海鞘等无脊椎动物有四个共同的基本特征。脊椎动物有一个不同于其他脊索动物的背骨，也称为脊柱或脊骨。脊柱由背上一排中空的骨骼组成。脊椎闭合以保护神经索，也称为脊索。脊索终止于大脑，大脑由软骨或骨骼组成的头骨保护着。脊椎动物有两侧对称的体型。出现内骨骼。

脊椎动物是一类有脊柱的脊索动物，脊椎包裹着神经索，或称为脊索。

鱼的种类

鱼类是现存的最古老、结构最简单的脊椎动物，也是种数和数量最丰富的脊椎动物。在 30 000 多种的鱼类中，科学家已了解的约有 24 000 种。鱼类约占地球上脊椎动物种数的一半。至今发现的绝大多数鱼，约有 15 300 种属于海生，另外每年还不断发现新的种类，所以预计到 2010 年会增加 2000～3000 种新的物种。 155

在如何划分鱼的主要类群上还存在一些分歧。普遍认为可以将鱼分为三大类群。图 8.1 显示了鱼的三大类群与其他脊椎动物的关系。

无颌鱼类

现存的最原始的鱼是无颌鱼(无腭纲)，它们缺乏颌，依靠圆形的肌肉质的嘴和一排排的牙齿吮吸进食。身体像鳗鲡和蛇一样为长圆柱状(图 8.2)。与大多数鱼不同，它们没有成对的鳍和鳞片。因为无颌鱼缺乏真正的脊椎，所以一些生物学家认为无颌鱼不属于脊椎动物。

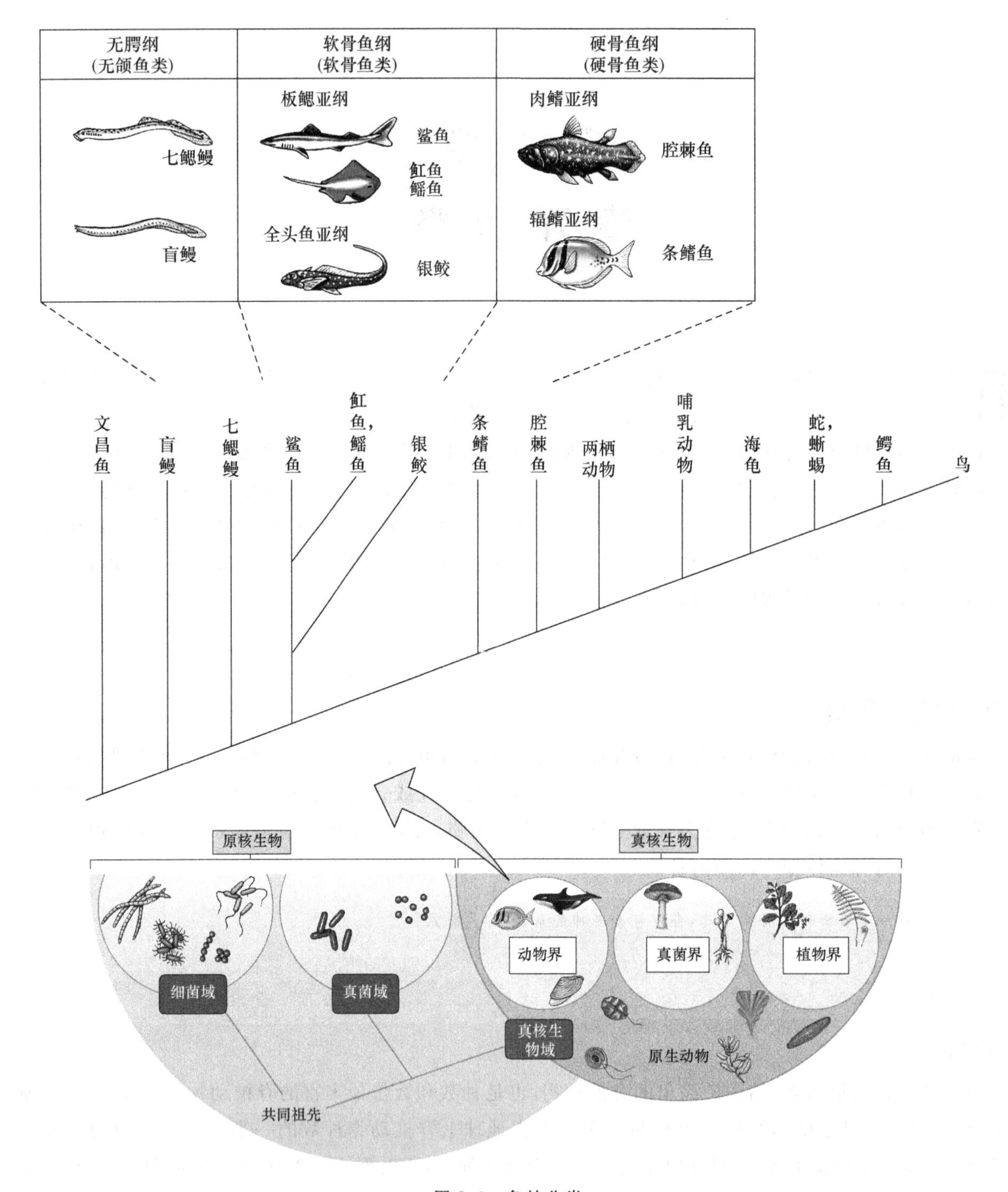

图 8.1　鱼的分类

盲鳗或称黏盲鳗(*Myxine*，*Eptatretus*)，多以死亡的或将要死亡的鱼为食。有时会钻入猎物体内吃它们的血肉和内脏。盲鳗生活在沙质底部的洞穴中，大多数分布在中等深度的冷海水中。目前我们知道的仅有 20 种。它们的体长最大可达 80 cm，表皮可以用来做皮革制品，但更多被用作绳钓、围网或陷网捕捞时中的鱼饵。

七鳃鳗(*Pretromyzon*)分布在大多数气候温和的地区，是最主要的淡水鱼类。它们在河流湖泊中繁殖，一些会在成熟后回到海洋中。七鳃鳗附着在其他鱼的表面靠吮吸它们的血为生或者以底部的无脊椎动物为食。现今发现的七鳃鳗约有 30 余种。

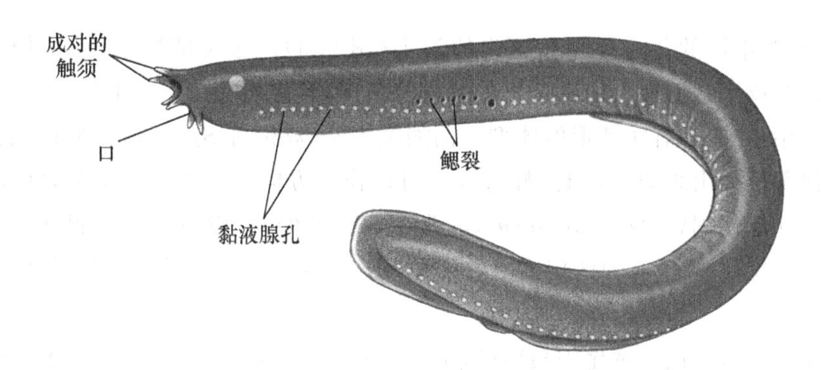

图8.2 太平洋黏盲鳗(*Eptatretus stoutii*)在吻周围有4对感觉口须,12对鳃孔。盲鳗因身体的腺体排出大量的黏液也被称为黏鳗。当它们把头埋入死亡的鱼或鲸体内觅食时,黏液可以起到保护作用。注意盲鳗缺乏成对的鳍。

盲鳗和七鳃鳗缺乏颌,是现存最古老的鱼。

软骨鱼类

软骨鱼类(软骨鱼纲,Chondrichthyes)是一类吸引人的古老类群,包括鲨鱼、鳐鱼、魟鱼和银鲛等。软骨鱼的骨骼为软骨。这种骨骼比硬骨更加轻便灵活。虽然无颌鱼的骨骼也为软骨,但是鲨鱼及相关鱼类更进化。软骨鱼的颌可以活动,颌内有发育完全的牙齿(如图8.3),嘴常位于腹部,即头的下方。另一个进化特征是出现了成对的侧鳍,这更有利于它们游泳。软骨鱼因体表有微小的盾鳞,所以表皮粗糙呈砂纸状。盾鳞的顶端很尖直指后方(如图8.8a),成分与牙齿相同。

鲨鱼、鳐鱼、魟鱼和银鲛的特征是骨骼为软骨,表皮粗糙覆盖有小盾鳞,有可活动的颌和成对的鳍。

鲨鱼 鲨鱼以其游泳速度快和肉食性而著称。人们常用"神秘的","邪恶的",或者"可怕的"来形容鲨鱼——这是人们迷恋鲨鱼的写照。

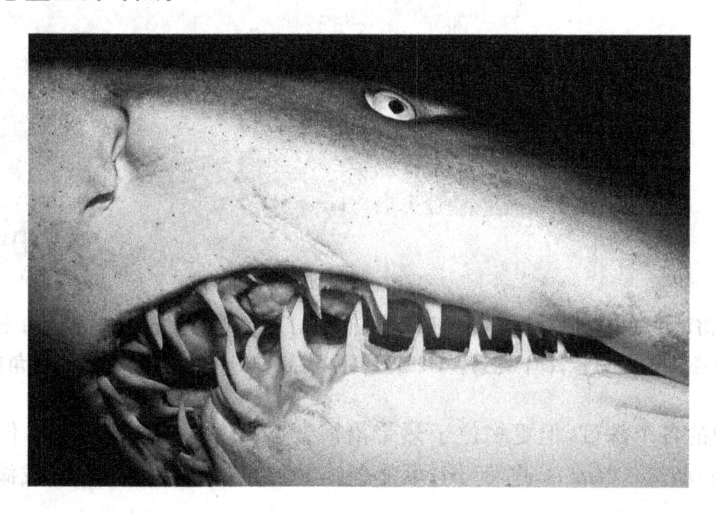

图8.3 鲨鱼的颌中有很多排锥形的牙齿。每个牙齿的边缘常有更小的锯齿或小齿。一只虎鲨(居氏鼬鲨 *Galeocerdo cuvier*)在10年内可能更换24000颗牙齿。图中所示为金牛锥齿鲨(*Carcharias taurus*)的颌,位于眼睛和鼻孔间的小洞是劳伦斯氏壶腹。

因为鲨鱼中的很多种类与100万年以前生活在海洋中的类群很相似,所以有时称鲨鱼为"活化石"。它们的身体呈纺锤形,中间圆,两头渐细。这使它们更容易在水中游泳。尾部(或称尾鳍)发育得很好且很有力。尾鳍的上叶比下叶长(图8.8a),称为歪尾型。身体的上表面通常有两个背鳍,第一个背鳍常比较大且接近三角形。在大多数种类中成对的胸鳍大而尖。头后方两侧各有5~7个鳃裂(图1.12)。

一排排锋利的,常为锥形的牙齿排列在有力的颌中(图 8.3)。牙齿植根于包围颌的坚硬纤维质膜中。很多破损的牙齿被位于它们后方的新长出的牙齿替换掉,就像是在传送带上的情形一样。

近 350 种的鲨鱼中,并非都有纺锤形的体型。例如锤头鲨(双髻鲨 *Sphyrna*),它的头部扁平,眼睛和鼻孔位于头前端向侧部延伸出来的位置上(图 8.4a),可以作为方向舵。大大的头部将眼睛和鼻孔分开,这提高了鲨鱼的感觉功能。锯鲨(*Dristiophorus*)的头部向前延伸,呈扁平的有背腹性的刀刃状结构,牙齿位于其两侧边缘。长尾鲨(*Alopias*)的尾鳍上叶很长(图 8.4k),它们用尾巴将鱼群赶到一起其打晕进行捕食。

成年鲨鱼的大小也各有不同。宽尾拟角鲨(*Squaliolus laticaudus*,图 8.4l)长度不超过 25 cm。鲸鲨(*Rhiniodon typus*,如图 8.4i 和 10.5)却是最大的鱼,它们广泛分布在热带海域中,尽管长度超过 12 m 的标本很少见,但最长可达 18 m。鲸鲨是滤食性动物,以浮游生物为食,对游泳者不构成威胁。姥鲨(*Cetorbinus maximus*,如图 8.4h)长度仅次于与鲸鲨,是第二大的鱼,它也是植食性的。有报道说姥鲨可达 15 m 长,但大多不超过 10 m。另一种大型的也是最危险的鱼是大白鲨(噬人鲨 *Carcharodon carcharias*,如图 8.4g),长度可达 6 m。

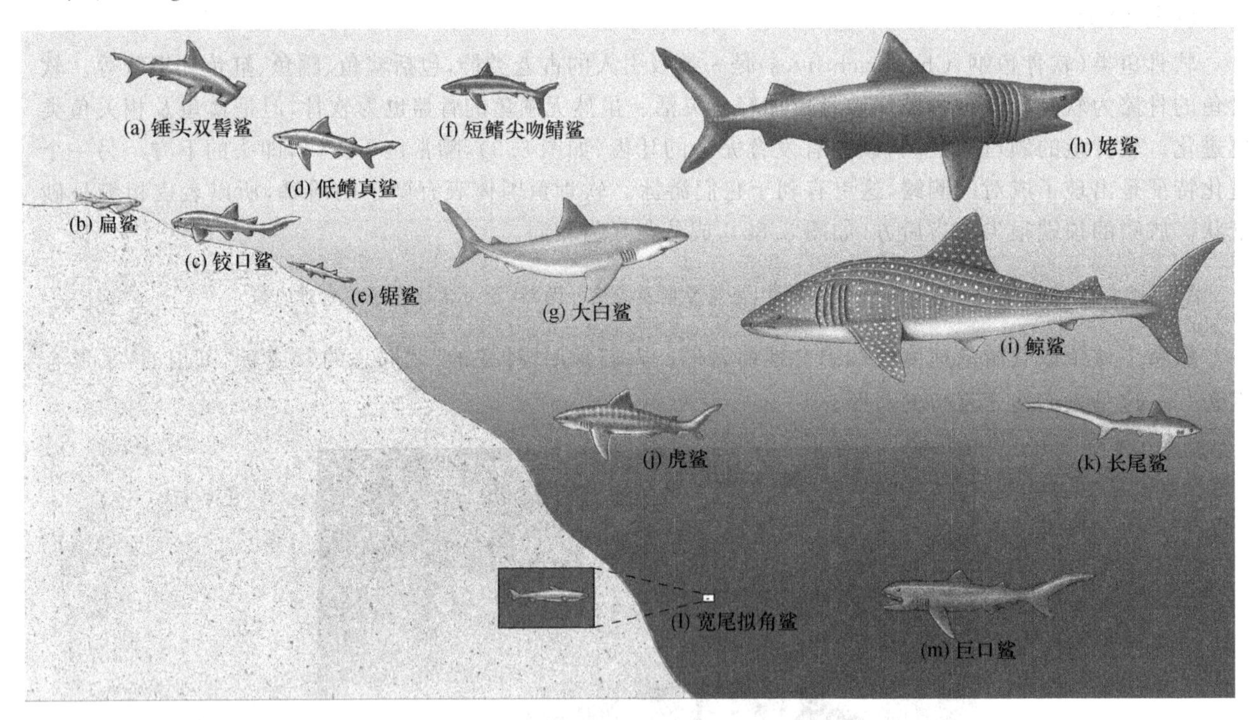

图 8.4　鲨鱼几乎生活在海洋中的各个角落。文中提到一些包括(a) 锤头双髻鲨,(b) 扁鲨,(c) 铰口鲨,(d) 底鳍真鲨,(e) 锯鲨,(f) 短鳍光吻鲭鲨,(g) 大白鲨,(h) 姥鲨,(i) 鲸鲨,(j) 虎鲨,(k) 长尾鲨,(l) 宽尾拟角鲨,(m) 巨口鲨。

鲨鱼分布于海洋中的各个深度,但更多位于热带沿海。多数鲨鱼是海洋性的,但也有一些会游到河流中。低鳍真鲨(*Carcharhinas leucas*,图 8.4d)可能会临时的定居在热带的河流或湖泊中。一些鲨鱼多生活在深海中(图 8.5b)。

156

鲨鱼肉受到大众的喜欢。但有些人在接触鲨鱼的同时却并不了解鲨鱼,错误地把它们当成普通的鱼或扇贝一样出售。我们对于鲨鱼的享用使鲨鱼遭到灾难性的过度捕捞。正是如此,在世界上很多地区,这些生长速度慢、繁殖速度慢的鲨鱼数目急剧下降。例如,墨西哥海湾长鳍真鲨(*Carchirhinus longimanus*)的数目降至 19 世纪 50 年代的 1%。鲨鱼油曾经被广泛的应用于各种产品中,其皮肤可以用来加工成鲨革,或是砂纸。在东方,人们还用鲨鱼的鳍做汤。当鲨鱼的鳍被割下后(即鱼翅),它们有时会沉入深海等待死亡。人们认为鲨鱼的软骨很有营养,并且可以治疗关节炎,也使得更多的鲨鱼被捕捞。基于这种情形,美国及很多其他国家对捕捞鲨鱼制定了更严格的限制。

157

(a)

(b)

图 8.5　(a) 黑尾真鲨(*Carcharhinus amblyrhynchos*)在热带的太平洋和印度洋海域的浅水中很常见,(b) 奇异的尖吻鲨(欧氏尖吻鲛,*Mitsukurina owstoni*)常活跃在深海中。

脊椎动物的四大基本特征：
1. 一个单独的,位于背部的,中空的神经管；2. 有咽鳃裂；3. 脊索；4. 肛后尾。　第 7 章,148 页。

魟鱼和鳐鱼　大约 450～550 种鳐鱼和魟鱼有扁平的背腹,且多生活在底部(图 8.6)。生活在底部的鱼称为底栖鱼。像扁鲨(*Squatina*),锯鲨(*Pristiophorus*)之类的鲨鱼也有扁平的身体(图 8.4b 和 e)。更复杂的是,一些真正的鳐类,如犁头鳐(*Rhinobatos*)却有着和鲨鱼几乎一样的体型。但不同的是,魟鱼、鳐鱼及相近鱼类的鳃(一般 5 对)位于它们身体的下方,即位于腹部而非身体的侧面(图 8.6)。鳐鱼和魟鱼的胸鳍扁平且极大的扩展,看起来像翅膀一样。胸鳍与头部融合,眼睛位于头部的顶端。 158

热带的锯鳐外表很像锯鲨,但因为它的鳃裂位于腹部,所以将其同鳐鱼和魟鱼归为一类。它们在鱼群中穿梭,通过来回挥动锯片损伤猎物进而捕食。热带锯鳐可以长到 11 m 长。

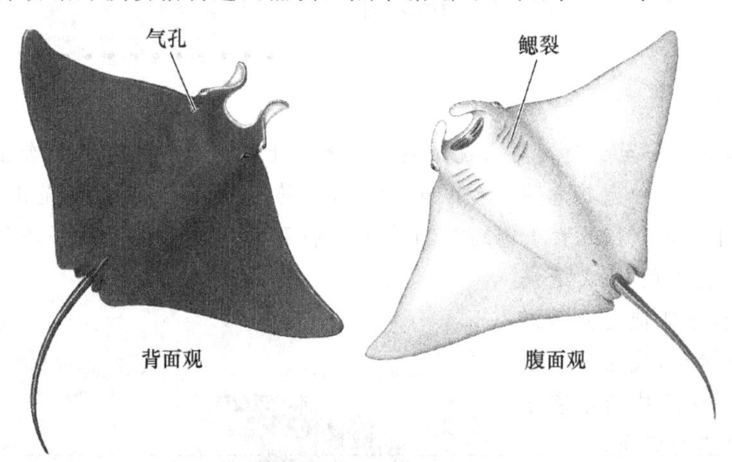

图 8.6　鳐鱼和魟鱼有扁平的身体和位于腹部的鳃裂。常见种类有蝠鲼(双吻前口蝠鲼 *Manta birostris*)。

很多种类的魟鱼及它们的近亲——鳐鲼、蝠鲼、牛鼻鲼都有鞭子一样的尾,尾巴的底部还有用来防范的刺。任何人踩在或落在它身上都会被它身上毒腺分泌出的毒液弄得伤痕累累。当人们处理用网捕捞的魟鱼时,常会被它伤害到腹部,这可能会使人致命。很多魟将自己埋藏在沙子中隐藏起来。它们以底部沉积物中的蛤、螃蟹、小鱼以及其他的一些小动物为食。魟会损害珍贵的贝床,它们用胸鳍挖掘底部沉积物中的食物,其牙齿呈磨板状,可以磨碎食物。

电鳐　电鳐(*Torpedo*)在头的两侧有可以放电的特殊器官,能产生达 200 V 的电压来击昏被捕食的鱼类或是打击捕食者。古希腊人和古罗马人用电鳐产生的电来治疗头痛及其他的一些疾病,这是最原始的电击疗法。

159

并非所有的魟都终生生活在海底。鳐鲼(*Aetobatus*),及日本蝠鲼(*Manta*, *Mobula*)会舞动它们翅膀一样的胸鳍在水中穿梭。鳐鲼在底部觅食。蝠鲼在水的中部以浮游生物为食。两种鱼都会跳出水面。双吻前口蝠鲼(*Manta birostris*,图 8.6)会长得特别巨大,曾有人发现某些个体有 7 m 宽。

鳐属(*Raja*)与魟在外观和食性上很相似,但缺乏鞭状尾和刺。一些鳐鱼有产电器官,鳐以产卵的方式产生后代,魟则直接产生幼体。鳐的数量巨大,在一些地区大的种类被用来作为食物。

银鲛 约有 30 种外观奇特、位于深海的软骨鱼,因其外形独特而被单独地划分出来。例如银鲛(如图 8.7)只有一对被皮肤覆盖的鳃裂。一些有像老鼠一样长长的尾巴。它们以居住在底部的甲壳类和贝类为食。

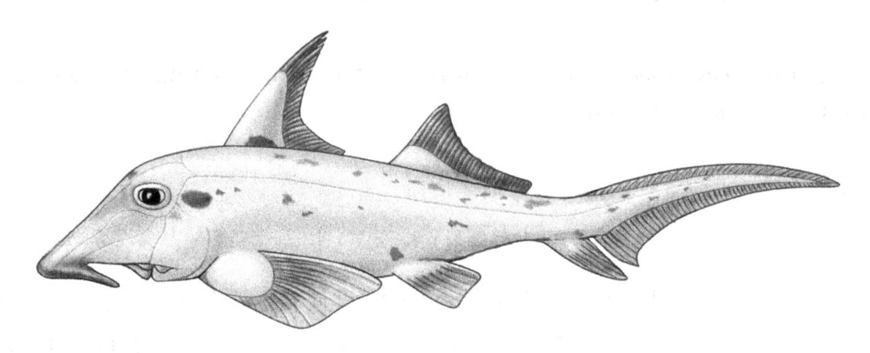

图 8.7 象鱼(叶吻银鲛 *Callorhinchus*),属于银鲛的一种,在南半球人们主要是为获取它的肉而对其进行捕食。象鱼因其吻部垂下看似象鼻而得名。

大多数鲨鱼是无害的——至少对人类来说是这样。然而已知有 25 种鲨鱼曾袭击过人类,还怀疑至少有 12 种攻击过人类。有三种尤其危险:大白鲨,虎鲨,低鳍真鲨(8.4)。世界范围内无缘无故被鲨鱼袭击的事件 2003 年发生过 55 例(死亡 4 例),2004 年 61 例(死亡 7 例),90 年代平均每年 54 例(死亡 12.7 例)。发生袭击事件最多的国家是美国,其次是澳大利亚。但是即使是众多游客去很少被破坏的地区游玩,发生鲨鱼袭击事件的概率也很小。我们被闪电袭击的概率要大于被鲨鱼袭击的概率。

然而,这么多年来,许多鲨鱼袭击事件都有记载。1963 年一位美国陆军军官在处女岛游泳时被撕咬而死;人们在南加利福尼亚看到了一个潜水捉鲍鱼的人最后在鲨鱼口中挣扎的样子;有人在澳大利亚被鲨鱼致死性伤害后,人们在捕捉的虎鲨腹中发现了死者残缺的胳膊和腿;在夏威夷也发生了一系列的虎鲨袭击事件;在西南太平洋,一位作者看到了一个年轻人在虎鲨的颌中结束生命的可怕场面。

圆齿锤头鲨(路氏双髻鲨 *Sphyrna lewini*)对人类没有危险

第二次世界大战期间被鱼雷击中船只中的船员及坠落飞机中的乘客遭到了鲨鱼的袭击。之后又流传出很多可怕的关于身体受伤后遭到鲨鱼攻击的故事。这促进了人们对于鲨鱼攻击性行为及导致鲨鱼攻击的环境因素的研究。

大白鲨攻击猎物(如海豹和海狮)时先在它身上咬多个伤口,然后将它释放,等到猎物没有力气挣扎时才冲上前去将其捕杀。大白鲨在攻击穿着湿衣服的人类时,判断力会有差错,这使得人们在被鲨鱼咬第一口后有逃脱的机会。有报道说,小的但很危险的灰礁鲨(图 8.5a)会在进攻时先发出进攻信号——与觅食无关的警告。展示出鲨鱼可能会攻击靠近的人。

直到现在还没有发现能够完全防止鲨鱼的措施。第二次世界大战期间,人们用醋酸铜来驱逐鲨鱼,但最终没有起到作用。人们也尝试用一种黑色染料,但也仅仅起到迷惑鲨鱼视线的作用。现在美国可以买到一种驱逐鲨鱼的化学物质。锁子甲衣服可以有效地防御鲨鱼,但因太昂贵并且很笨重而不能得到广泛使用。对于一些人,像潜水员和海难船员,能使他们在里面漂浮的一个足够大的黑塑料袋子可能是最好的防护措施。

那么如何避免被鲨鱼袭击呢?首先,不要在有危险鲨鱼经常出没的地方游泳、潜水或冲浪。第二,海豹和海狮群居点,沿岸倾倒的垃圾、血液、尿液、粪便都会引起鲨鱼的注意,因而要远离肮脏的水域。第三,鲨鱼在夜间很活跃,所以不要在夜间游泳。第四,你也不能以任何方式去挑逗鲨鱼,即使正在休息的铰口鲨也会掉头来攻击你。第五,当你发现水中突然有大量鱼并且在无规律的游动时,要尽快离开那里,因为这很可能是附近有鲨鱼的信号。第六,如果你看见一条大的鲨鱼,尽可能悄悄地离开水面。

实际上,我们对鲨鱼造成的威胁远大于鲨鱼对我们造成的威胁。鲨鱼繁殖得很慢,它们的数目正随着许多地区的过度捕捞而逐年减少。我们看待鲨鱼的目光很短浅,没有认识到鲨鱼在海洋社会中起着重要的作用。在加勒比海的珊瑚礁上,对鲨鱼的过度捕捞导致其附近鮨科鱼和其他一些小的以鹦嘴鱼和海藻为食的捕食者的数量急剧增加,这样藻类过度繁殖,进而对造礁珊瑚产生了危害。一些人专门为了得到鲨鱼的鳍和颌而捕捞鲨鱼。另外一些人则把捕捞鲨鱼作为一项运动,鲨鱼在被捕捞后就丢弃了。鲨鱼是一个杰出的捕食者,但在被人类这种最凶猛的捕食者面前却面临着灭绝的危险。

硬骨鱼类

160

绝大多数鱼为硬骨鱼。正如其名字一样,它们身体的骨骼中至少一部分为骨头。大约有 23 000 种硬骨鱼,约占鱼总数的 90%,脊椎动物的一半。每年约有 75～100 种新种被发现。一半多一点的硬骨鱼生活在海洋中,它们是迄今为止数量上占有优势的脊椎动物。

骨骼成分并不是唯一区分硬骨鱼的特征。软骨鱼的鳞为盾状,而且很小,与之相反,硬骨鱼的鳞为圆鳞或栉鳞,薄而灵活,且重叠在一起(图 8.8b)。圆鳞很光滑,栉鳞在其暴露的边缘却有很多小刺。鳞为骨质,由一薄层皮肤和一层保护性黏液覆盖;然而有些硬骨鱼没有鳞片。硬骨鱼的另一个特征是鳃盖的出现,鳃盖是一片可活动的骨片和组织。

硬骨鱼为正型尾,即尾鳍的上片和下片几乎相同(图 8.8b)。相对于软骨鱼坚硬而肉质的鳍。硬骨鱼的鳍由硬刺或鳍条支撑的薄膜组成,鳍条由硬刺组成,起方向舵或保护作用,有些很灵活可以作为推进器,增加灵活性。

软骨鱼的嘴在腹部,大多数硬骨鱼的嘴则在身体最前端。与鲨鱼相比,硬骨鱼的颌可以更灵活地活动。据说硬骨鱼的颌是可向前突出的,因为它可以从嘴向外伸出。牙齿一般与颌骨相连。虽然硬骨鱼的牙齿也经常更换,但并不像鲨鱼一样,成排地向前移动。

在很多硬骨鱼中另一个重要的特征是出现了鱼鳔,即位于腹部和肠道上方的一个气囊(图 8.10b)。它使得鱼可以在水中自由沉浮(参看“增加的浮力”,334 页)。这个有意义的进化弥补了硬骨鱼相对较重的硬骨的影响。

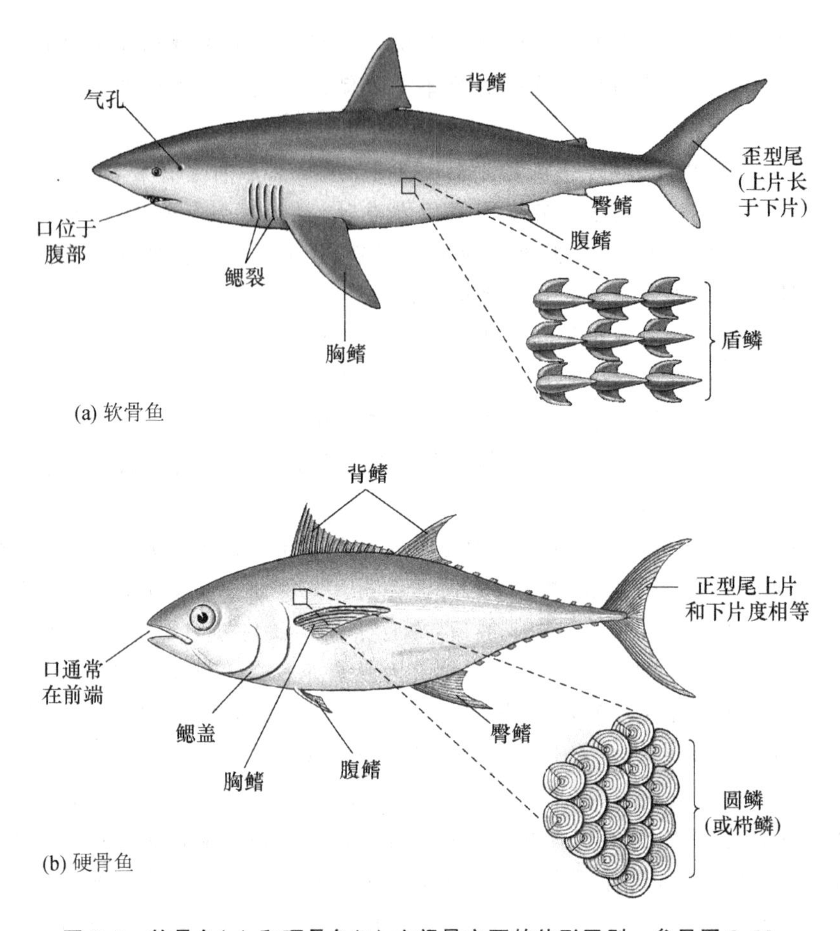

图 8.8　软骨鱼(a) 和硬骨鱼(b) 之间最主要的外形区别。参见图 8.10。

硬骨鱼是现存的种群数最大的脊椎动物，除了骨骼为硬骨外，硬骨鱼有被鳃盖覆盖的鳃，高度灵活的鳍，可向前伸出的颌并常常有一个鱼鳔。

161　正如我们将在下一部分中看到的，硬骨鱼在外形、大小、颜色、食性、繁殖方式、生活习惯等方面出奇的多样。它们几乎适应了所有的海洋环境。大部分的陆生脊椎动物都是从早期的硬骨鱼进化而来的。

鱼类生物学

鱼类学是研究鱼类的科学，它的一个重要目的是探究硬骨鱼和软骨鱼是如何成功地适应周围的环境的。

体型

鱼的体型与它的生活方式有直接关系。像鲨鱼、金枪鱼(金枪鱼 *Thunnus*，鲔鱼 *Euthynnus*)、鲭鱼(鲭鱼 *Scomber*，马鲛 *Scomberomorus*)和枪鱼(*Makaira*)之类的游泳速度很快的鱼，其流线型的身体对提高游泳速度有很大帮助(图 8.8，参见“游泳机器”，340 页)。很多近海的鱼，像笛鲷(*Lutjanus*)、隆头鱼(裂唇鱼 *Labroides*，锦鱼 *Thalassoma*)、雀鲷(双锯鱼 *Amphiprion*，*omacentrus*)、蝴蝶鱼(*Chaetodon*，图 8.18)都有侧扁的身体，这可以使它们自由地穿梭在珊瑚礁、海藻礁、石礁中，而且这种体形还可以使它们爆发出足够的速度来躲避敌害，捕捉食物。很多生活在底部的鱼，如魟，鳐，及海蛾鱼(*Pegasus*)都是背腹扁平的。比目鱼类如鲆鲽鱼(江鲽 *Platichthys*)、鳎鱼(*Solea*)、庸鲽(*Hippoglossus*)却以扁的体形优雅地适应了海底的生活，它们的身体实际是双侧扁平的，它们侧躺着，眼睛都位于上方。比目鱼刚出生时也和其他鱼一样，眼睛在头两侧，但发育之后，眼睛就迁到同一侧。裸胸鳝(*Gymnothorax*)、管口鱼(*Aulostomus*)、海龙(*Sygnathus*)和其他鱼的最大不同点在于有很长的身体。体型像鳗的鱼常生活在岩石、珊瑚礁或长满植物的很狭窄的地方。很多硬骨鱼如海马(*Hippocampus*)等，它们的体型与通常的鱼的体型不同。箱鲀(*Ostracion*)的身体是平头状的，相对比较短。

体形可作为很好的伪装武器。例如，海龙生活在与它们身体形状相似的大叶藻中。管口鱼身体长而瘦，它们常垂直的悬挂在柳珊瑚中，或是管状的海绵中，有时在捕食猎物时偷偷地跟在其他鱼的后面。奇特的外形通常是伪装的最好方式。生活在底部的鱼像鳚(*Blennius*)、杜父鱼(*Oligocottus*)的外形也因不规则的生长而不同寻常，其头部酷似海草。毒鲉(玫瑰毒鲉 *Synanceia verrucosa*，图 8.9)的外形与石头非常相似，以至于它的猎物和人类都无法察觉。不幸的是这种来自于热带太平洋和印度洋的浅水鱼有剧毒，一旦踩在它身上你将会疼痛得难以忍受，甚至会导致死亡。

颜色

一些硬骨鱼利用颜色来伪装，但另外一些鱼，特别是热带鱼却有着色彩斑斓的体色。展现这些体色的成分是皮肤上的色素细胞。这些细胞形状特异，呈辐射分支状。不同的色素成分以及各种色素不同比例的结合使海洋鱼类呈现出缤纷的色彩。很多鱼通过色素细胞不断吸收和扩散色素成分来变换体色。有些鱼还通过身体外表面反射一定色彩的光而表现不同的体色，这称之为结构色。在特殊的称为彩虹色素细胞的色素体中存在一类特殊的晶体，它们的作用就像小镜子一样。结构色通过色素的不同组合使鱼呈现出炫目的多彩的体色。

162

鱼类利用不同的体色来传递信息。一些鱼的体色随着其心情、繁殖环境的变换而改变。它们也常通过体色来表明自己是危险的、有毒的或是味道不好的——这种现象称为警戒色。鱼类利用隐蔽色和环境相混合来迷惑猎物或捕食者，这是一种常见的适应性(图 8.9)。比目鱼、部分鳚鱼、杜父鱼以及平鲉(*Sebastes*)等鱼类可以改变体色来适应当时的环境。颜色的另一个用途是混隐色，条状、带状、斑点状颜色破坏了鱼原有的轮廓。这种现象在生活在珊瑚礁附近的鱼群中很常见(图 8.18 和 14.25)。

另一方面，一些海洋中的鱼以及浅滩的鱼的体色却很单调。它们绝大多数有着银白的腹部和黑色的背部(图 8.8)。这种与众不同的色彩图案被称为反荫蔽，也是一种生活在大洋的鱼的伪装色(参见“变色和伪装”，337 页)。深海中的鱼也利用颜色来伪装。它们的体色趋近于黑色或红色，这两种颜色在深海中均不易被看到(参见“着色与体形”，361 页)。

图 8.9　海洋硬骨鱼的体形和生活习性非常多样。玫瑰毒鲉通过石头一样的外形掩饰致命的毒液。

运动

鱼多数时间都在游泳。它们通过游泳来获取食物、躲避敌害和寻找配偶。很多软骨鱼及一些硬骨鱼还通过游泳冲洗腮部以获得氧气。

多数鱼通过身体或尾部从一侧到另一侧的有节律的摆动来游泳。从头到尾的 S 形收缩运动将水流推向身体后方，进而推动身体向前运动。

分布在身体两侧的肌肉束进行有节奏的收缩，这些肌肉束称为肌节(图 8.12)。在鱼片中很容易看到这些有特色的肌肉束。肌节黏附在脊椎骨上。肌肉束占鱼体总重量的很大一部分，如在金枪鱼和其他快速游泳鱼类得很快的鱼中占 75%。 163

鲨鱼由于缺少大部分硬骨鱼拥有的鳔而易于下沉。为了弥补，它们进化出大而坚硬的胸鳍来使身体上浮，胸鳍有点像机翼(图 8.12a)。尾鳍上部较长的部分使鱼的身体向上翘，这也产生一些浮力。鱼油的密度比水小，所以软骨鱼肝脏中大量的鱼油也提供了浮力。在鳐鱼和魟鱼中，尾鳍很大程度上已经退化，因此胸鳍成为它们前进和漂浮的主要动力来源，就像鸟类的翅膀一样。

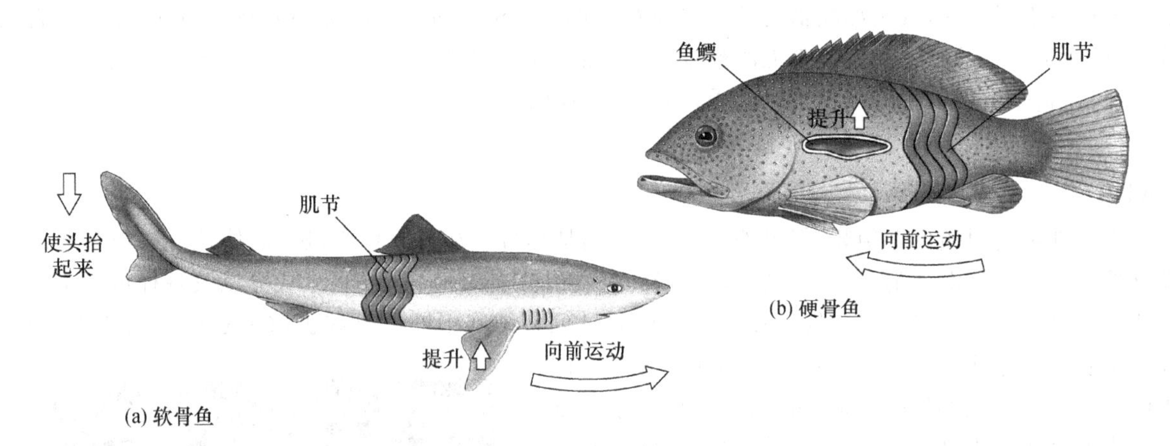

图 8.10　软骨鱼和硬骨鱼用不同的适应方式来保持其在水中的位置。(a) 鲨鱼用鳍支撑整个身体在水中漂浮。(b) 许多硬骨鱼已经进化出鳔补偿他们较重的骨质来适应水中的生活，鳔中充满气体。这使它们的鳍更自由，有较强的可操纵性，而且导致多种多样的游泳形态。

因为大部分硬骨鱼有鳔，因此它们不必依靠胸鳍提供浮力。它们的胸鳍有其他的作用。这使硬骨鱼有更大的自由性。一些硬骨鱼可以在水中盘旋或者倒泳，这些事情鲨鱼是不可能做到的。硬骨鱼的其他鳍也增强的了它们的自由活动能力。至少在部分时间里，背鳍和臀鳍(图 8.8b)被用作舵来掌控方向并保持鱼体的稳定性。成对的腹鳍(图 8.8b)也帮助调节鱼的游泳方向、身体平衡和游泳速度。

鳍的灵活性使许多硬骨鱼可以脱离标准的波浪形游泳形态。一些大洋中的硬骨鱼，比如金枪鱼，强调绝对速度(参见"游泳机器"，340 页)。许多鱼，尤其是生活在珊瑚礁、岩石、或海藻床附近的，主要通过摆动它们的鳍而不是身体来游动，特别是在它们捕食的时候，需要精确的移动。它们的尾鳍几乎独自地行使船舵的作用。生活在珊瑚礁附近的隆头鱼、刺尾鱼(*Acanthurus*)，鹦嘴鱼(*Scarus*，*Sparisoma*)和生活在海藻床中的加利福尼亚羊头鱼(美丽突额隆头鱼 *Semicossyphus pulcher*)主要靠胸鳍游泳。扳机鱼(鳞鲀 *Balistes*)为了适应游泳，背鳍和臀鳍成波浪形。当猎食螃蟹和海胆的时候，这种鳍形非常有利于在海底盘旋。飞鱼(燕鳐 *Cypselurus*)已经很大程度上扩大了它们的胸鳍，目的是更好地在空中滑翔。各种各样的底栖鱼类(虾虎鱼，杜父鱼，和其他)用它们的胸鳍和(或)腹鳍在水底缓慢爬行或者休息。一种小型的附着鱼(喉盘鱼 *Gobiesox*)的腹鳍变化为吸盘，使它们能够黏附在岩石表面。鲫鱼(*Echeneis*)用它们头顶上的大吸盘吸附到鲨鱼、鲸、海龟等许多大型生物体上，其吸盘由部分背鳍衍化而来。

鱼类通常通过身体和尾部的横向摆动来游动。鲨鱼的胸鳍和尾部在浮力调控方面起了重要的作用。硬骨鱼的鳍和尾部通常不用来调控浮力，而是在调控游泳方面起着操纵性的作用。

捕食

大部分鲨鱼是肉食性的，但与典型的肉食动物捕食比自身小的动物相反，一些鲨鱼通过强大的下颚，并撕咬捕食比它们大的猎物。在鲨鱼的胃中几乎能发现任何东西，它们基本都是这样。从南非海域捕获到的一条虎鲨的胃里发现鳄鱼的前半个身体、一只羊的后腿、三只海鸥、两罐豌豆。铰口鲨主要以底栖无脊椎动物为食，包括龙虾和海胆。一些深水鲨鱼主要以鱿鱼为食。雪茄蛟(达摩鲨 *Isistius*)是一种小的深海鲨鱼。它黏附在比它大的鱼和海豚上，并且用像剃刀一样锋利的牙齿和吸唇切下一块块肥厚的肉。甚至核潜水艇的橡胶声呐圆顶都没有逃过它们的撕咬。这些鲨鱼用生物体发光技术模仿鱿鱼来引诱它们的猎物。

一些软骨鱼是滤食动物：鲸鲨、姥鲨、蝠鲼和巨口鲨(*Megahasma pelagios*；图 8.4m)，巨口鲨是1976年在夏威夷群岛发现的巨大的深水鲨，并且不久在加利福尼亚南部和全世界几个其他的地方也发现了。像其他的滤食鱼类一样，姥鲨用鳃耙将水过滤，鳃耙位于鳃弓的内表面上，成纤细的放射状排列(图 8.13b)。鲸鲨由特化了的盾鳞组成的滤板。三种滤食鲨的大嘴里有许多小的牙齿，并且除了大嘴之外，还有很长的鳃裂。鳃耙或滤板之间空隙的宽度取决于它们所捕获的食物的大小。水通过鳃耙，鲨鱼咽下过滤下的食物。生活在暖水中的鲸鲨以小鱼群、鱿鱼和浮游甲壳类生物为食。生活在冷水中的姥鲨通过张开嘴巴慢慢地在水中游动的方式猎取浮游生物(图 8.4h)。

164

蝠鲼用鳃耙过滤水，滤食浮游生物和小型鱼类。蝠鲼口的边缘长有一对肉质的角状突出吻，这有助于将食物拨入似巨穴一样的嘴巴里(参见图 8.6)。

硬骨鱼捕食的方式也是多种多样的。它们可伸展的下颚使其在捕食方式上比鲨鱼和鳐鱼更灵活。大部分硬骨鱼是肉食性的；一些硬骨鱼的食谱非常广泛，它们可以捕食大部分的海洋动物。硬骨鱼从沉积物、水体、岩石表面获取猎物，或者以其他水生生物为食，其中包括其他的鱼类。一些鱼主动追捕它们的猎物，另外一些鱼在一旁等着它们猎物的到来。

典型的肉食性硬骨鱼有非常发达的牙齿，用来捕获它们的猎物，而且猎物通常被整个的吞下。在硬骨鱼嘴的顶部、鳃耙和咽部可能也有牙齿来帮助捕获猎物。深水鱼经常有较大的嘴巴和牙齿，并且有少量的深水鱼捕食比它们大的猎物。

每种鱼各自都有不同于其他鱼的食物。一些鱼偏好以海绵为食，海绵是很少被其他肉食性动物捕食的。一些鱼偏好以海胆、海鞘或者其他表面上风味欠佳或坚硬的食物为食。虽然仅有活的组织能被消化，但是一些鱼，包括一些蝴蝶鱼和一些鹦嘴鱼(图 8.18)仍摄食珊瑚礁、动物骨骼或者两者皆食。许多种类鱼的食谱是广谱性的，它们捕食猎物的种类很广泛。一些鱼以小的无脊椎动物和水底的动物尸体为食。这些底栖的鱼类有一个向下的嘴巴，以适应吸吮水底食物的捕食方式。蛙鱼(躄鱼 *Antennarius*)和鮟鱇(*Gigantactis*，图 16.11)用头上的刺来引诱小鱼，以捕获它们。

那些主要以海草和植物为食的鱼被称为素食性鱼类。比如，鹦嘴鱼以坚硬岩石表面生长的小型海藻为食。它们前面的牙齿已经融合形成类似于鸟喙的结构。一些种类用它们的“喙”去刮食活珊瑚。

像鲱鱼(*Clupea*)，沙丁鱼(*Sradinops*)，鳀鱼(*Engraulis*)和油鲱(*Brevoortia*)用它们的鳃耙滤食浮游生物。它们是典型的张开嘴巴游泳滤食猎物的鱼类。这些以浮游生物为食的鱼，体形比以浮游生物为食的大型鲨鱼要小，它们通常大群出现。以浮游生物为食的鱼类在海洋中占的比例特别大，并且是许多肉食性鱼类的重要食物来源，同时也占据世界捕鱼量的绝大部分(参见“主要食用鱼类”，381 页)。

消化

食物被吞咽后，穿过咽和一段短的食管进入胃中(图 8.11)。胃通常是食物被初始消化的场所，它通常是J形弯曲的或细长的，但也可能特化为研磨的结构，或甚至完全消失。食物经过胃到达肠。大多数硬骨鱼肠的前半部分有许多纤细的盲管，称为幽门盲囊。幽门盲囊分泌消化酶，其他的消化酶由肠子内壁和胰腺分泌。在消化过程中起重要作用的另一个器官是肝脏，它分泌胆汁分解脂肪。鲨鱼的肝脏特别大，并且含有丰富的油类，有时候达到体重的 20%。

少数鱼没有胃，肠的一部分膨大来消化食物。肉食性鱼类的肠短而直；海草很难被消化，所以以海草为食的鱼类的肠弯曲盘旋，可能比鱼体长度还要长好多。软骨鱼和一些原始硬骨鱼的肠包含一段盘旋的部分，被称为螺旋瓣，这增加了肠内表面积(图 8.11a)。肠吸收食物被消化后的营养物质，这些营养成分通过血液循环被运送到全身；没被消化的食物残渣通过肛门或者泄殖腔排出体外。泄殖腔是软骨鱼消化、排泄和生殖系统的共用通道(图 8.11a)。

165

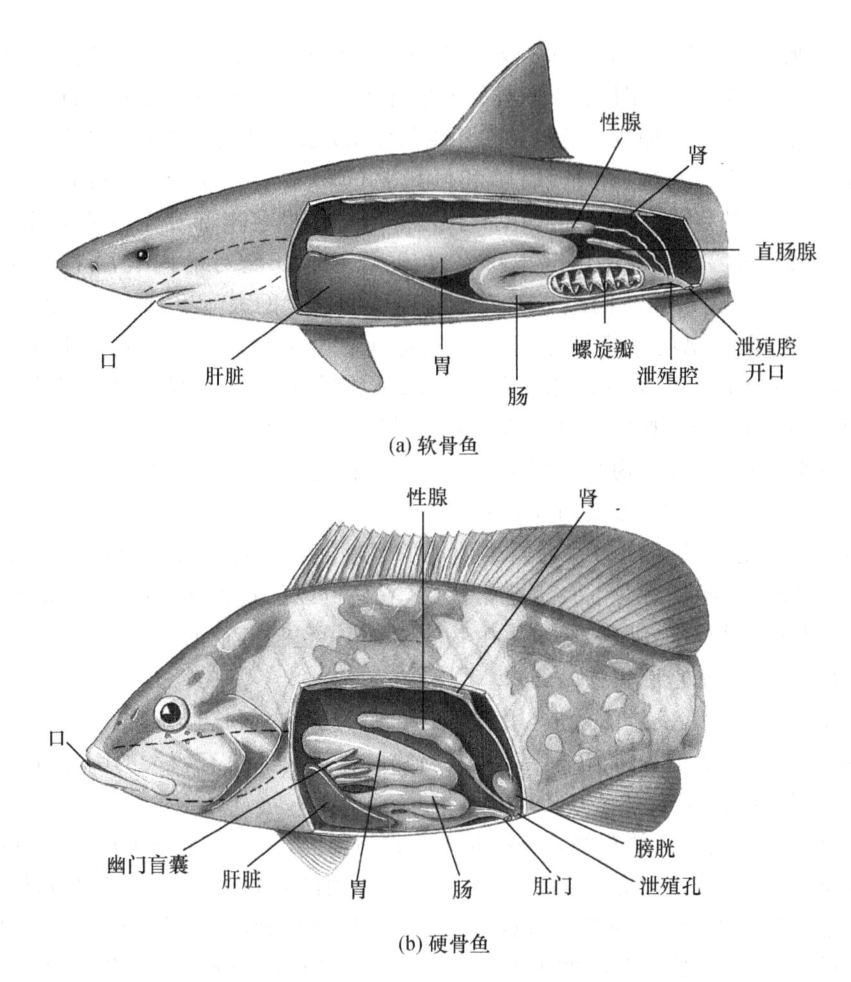

图 8.11　软骨鱼和硬骨鱼的消化系统显示了许多在所有脊椎动物中共有的基本特征。

循环系统

所有的鱼都有一个两心室的心脏,它位于鳃的下面(图 8.12)。来自于身体的无氧静脉血进入第一个心室,然后血液被泵到第二个心室,接着被泵到鳃部,在那里进行气体交换。随后含有丰富氧气的血通过动脉血管被运送回鱼体。动脉血管分支成许多薄壁的毛细血管,通过毛细血管,氧气和营养物质进入每个组织细胞。而后这些毛细血管汇成许多较粗的血管,称为静脉,氧含量较少但二氧化碳丰富的静脉血通过静脉血管流回心脏,完成整个循环。

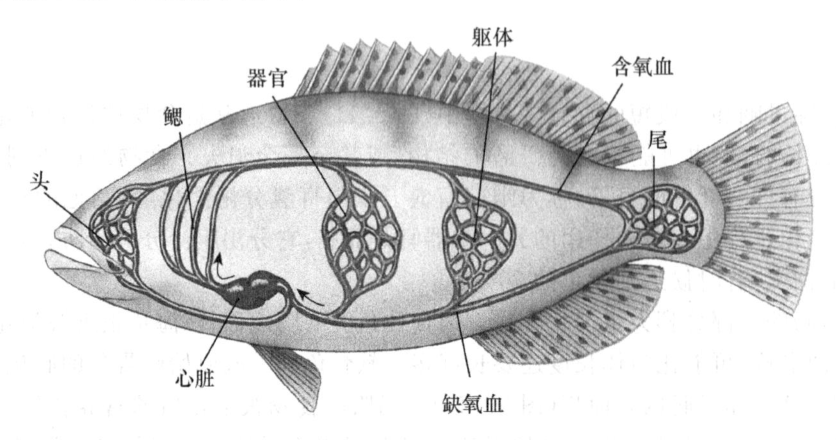

图 8.12　鱼类的循环系统包括携带缺氧的静脉血(蓝色)的静脉血管,将血液泵到鳃部获取氧气的两个心室,和携带氧含量丰富的动脉血(红色)的动脉血管。(参见彩图 8)

呼吸系统

鱼获取水中溶解的氧气并在成对的鳃处释放血液中的二氧化碳。鳃位于咽部,咽腔紧接在作为消化道前端部分的口的后面。

鱼鳃的换气作用　鱼从水中获取它们需要的氧气。因此,它们必须确保水从鳃部流过,也就是必须用鳃换气。

大部分鲨鱼连续不断地游泳。鱼一边游泳,一边不断地张合嘴巴,迫使水进入嘴巴,流经鳃部,最后从鳃裂处流出。当鲨鱼被渔网捕到的时候,它们不能游泳,因此水不能进入鳃部,这样它们就会“溺水”而死。然而并不是所有的鲨鱼都需要游泳。铰口鲨(*Ginglymostoma*)和许多其他的鲨鱼白天都在海底休息(图 8.4c)。它们通过嘴的张合迫使水流经鳃部。

鲨鱼咽壁的膨胀和收缩,以及鳃裂在鳃的换气过程中起了很大的作用。每片鳃都在各自的小室里,并且每个鳃室通过一独立的鳃裂与外界相通。软骨鱼的第一对鳃已经特化成呼吸孔,恰好位于眼睛后的一对圆圆的小洞。在鳐鱼和魟鱼中,呼吸孔位于背部表面(图 8.6),这样那些底栖的鱼即使它们位于腹部的嘴埋藏在沉积物中也能正常的呼吸。当七鳃鳗和其他无颚鱼类吸附到其他的鱼体上时,虽然进入鱼口水的通道被阻塞,但是它们可以将水通过鳃裂泵进体内。

大部分硬骨鱼有更有效的使水进入鳃部的机制。身体每侧的鳃拥有一共同的鳃室,鳃室随着头两侧开孔的开启而打开,通向外界。每个开放的孔腔被一片鳃盖覆盖。当鱼嘴张开的时候,鳃盖关闭,同时咽膨胀,迫使水进入体内,按相反的机制可将水泵出体外:嘴闭上,同时咽收缩,鳃盖张开。一些快速游泳的鱼类则更简单,仅仅将它们的嘴巴张开,就迫使水进入鳃部。　166

鳃部结构　鱼鳃被软骨或硬骨结构,也就是鳃弓(图 8.13b)支撑着。每个鳃弓有两排薄薄的肉质的突起,即鳃丝组成。鳃耙沿着鳃弓的内表面凸起,它们阻止食物颗粒进入和损伤鳃丝,或者在滤食性鱼类中可以特化为过滤水的结构。

鳃丝中有丰富的毛细血管(图 8.13c),含氧丰富的血液使毛细血管呈现鲜红的颜色。每个鳃丝含有许多排薄板一样的结构,称为鳃瓣,鳃瓣中含有丰富的毛细血管。鳃瓣的存在大大加大了气体交换的表面积。善于游泳的鱼含有较多的鳃瓣,因为它们需要更多的氧气。

气体交换　溶解在水中的氧气扩散到鳃丝毛细血管为血液充氧,扩散只发生在水中氧气浓度大于血液氧气浓度的时候。通常情况下,血液里的氧气浓度小于水中的,因为流到鳃部的血液是来自于身体的其他部分,在那里血液中的氧气被耗尽(图 8.12)。当氧气从水中扩散到毛细血管血液中的时候,水中氧气浓度下降,与此同时血液里氧气增加。这将降低氧气的交换效率,因为只有水中氧气的浓度大于血液里的时候,交换才发生。然而鱼类已经进化出一个非常精明的机制来适应这种情况,称为逆流系统,这可以提高交换效率。鳃中的血液与流经鳃部的水流方向相反(图 8.13d)。当水流经鳃部释放大量氧气的时候,与刚刚来自于体内的血液相遇,这样的血液含氧量很低,它们就会如饥似渴地从水中“吸收”氧气(图 8.13e)。到血液已经携带一定氧并流经鳃的大部分地方的时候,又与刚刚进入鳃的含有丰富氧气的水相遇,因此水中氧气的浓度总是大于鳃部血液氧气的浓度。这种逆流系统使鱼捕获氧气的能力大幅度提高。如果没有逆流系统,返回体内血液中的氧含量会大大降低。

血液排除二氧化碳与吸收氧气机制是一样的。流进鳃部的血液含有呼吸作用产生的浓度较高的二氧化碳。依据浓度扩散机制,血液里的二氧化碳很容易扩散到水中。

鱼鳃部气体交换是非常有效的。由于鳃瓣的存在使鳃的表面积大大增加,而且鳃部血流方向与水流的方向相反。

一旦氧气进入血液,便与血红蛋白结合流遍全身,血红蛋白是一种红色的蛋白质,它决定血液的颜色。含有血红蛋白的细胞称为红血球,或者血红细胞。当组织需要氧气的时候,血红蛋白便释放氧气。

当血红蛋白释放氧气后，便与组织中的二氧化碳结合并将其带到鳃部，在那儿将其扩散到水中。

运动期间，肌肉需要大量的氧气。肌肉中含有类似于血红蛋白的蛋白，称为肌红蛋白，它可以贮存氧气。运动多的肌肉含有许多肌红蛋白，使肌肉呈现暗红色。善于游泳的鱼，比如海洋的鲨鱼和金枪鱼，相对于其白色肌肉，红色肌肉的比例更高（参见“游泳：速度的需要”，338 页）；其他许多鱼类红肌的位置较集中在大量运动的鳍处。

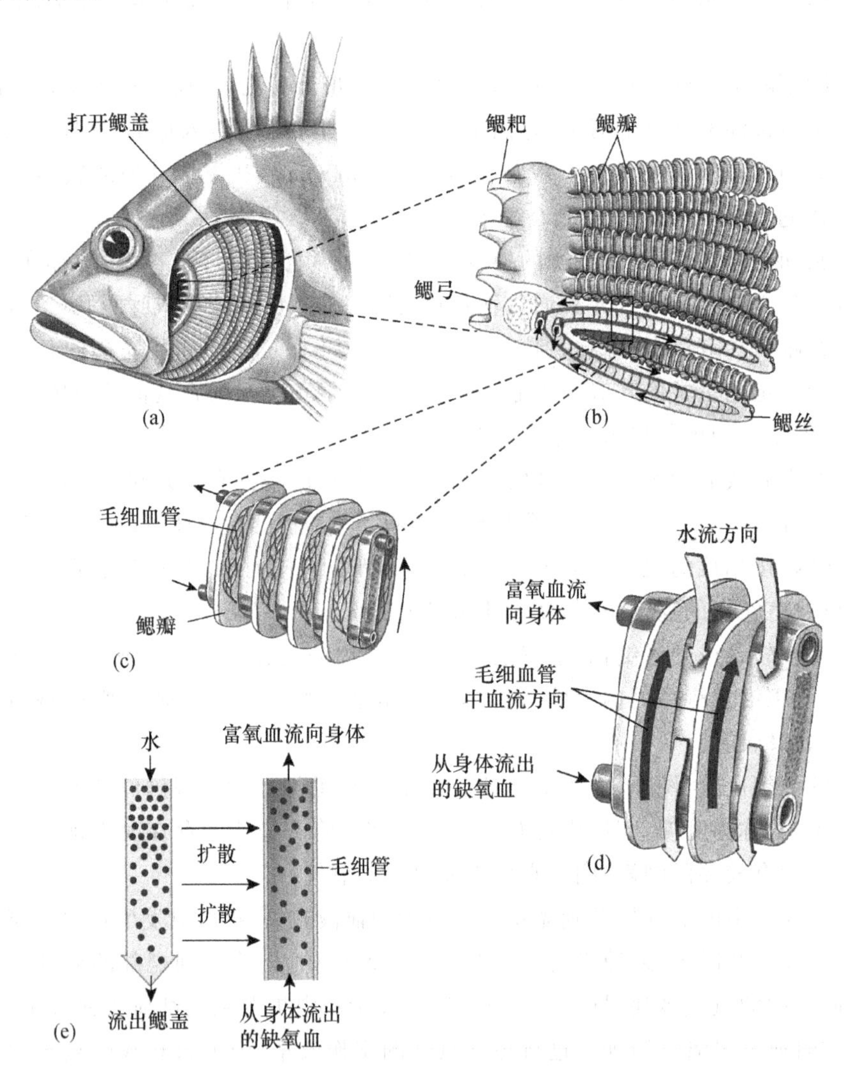

图 8.13 鱼鳃是非常有效的气体交换结构。硬骨鱼有四对鳃(a)，每个含有两排数量众多的鳃丝(b)，鳃丝中的鳃瓣(c)，增加了鳃丝的表面积，由于流经鳃部的海水方向与血液的方向相反，所以从海水融入血液中的氧气量大大提高了(d)，水中氧气的浓度（图中圆点表示氧分子）总是大于血液中(e)。如果循环不是逆流的，那么进入血液中的氧气浓度会大大下降。

167

内环境的调整机制

与大部分海洋生物相比，海洋硬骨鱼血液中盐分含量要比海水中的少（图 4.14）。由于渗透作用鱼体会失水，为此海洋硬骨鱼需要渗透调节机制来阻止体内水分向外渗透。为了弥补丢失的水分，它们不断吞饮海水（图 8.14b）。海水中含有很高的盐分，一些盐分没有被吸收而是直接经由内脏排出体外。被吸收的盐分由肾脏和一些鳃部特殊的氯细胞排出，肾脏是脊椎动物最重要的排泄器官。肾脏通过产生极少量的尿液来保持水分。

软骨鱼调节体内盐分的机制与硬骨鱼不同（图 8.14a）。它们通过增加溶解分子的含量使血液的浓

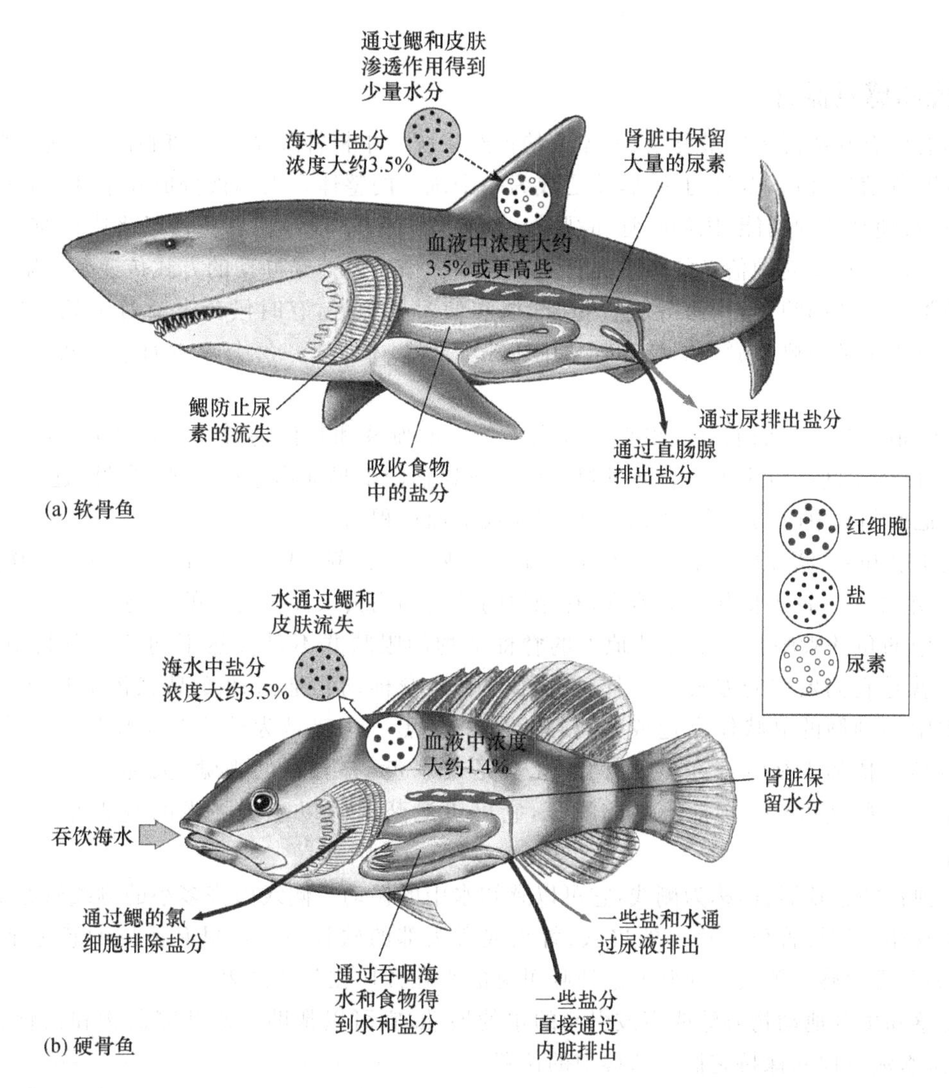

图 8.14　海洋鱼类生活在比它们体内盐分高的水中。因此，体内的水分有向体外渗透的倾向。(a) 为了阻止水分向外渗透，鲨鱼和其他软骨鱼浓缩体内的尿素，通过鳃和皮肤吸收水分，并且通过尿液和粪便排出体内多余的盐分。直肠腺这种特殊的腺体也可以排出多余的盐分。血液中溶解物的浓度等于或高于海水中溶解物的浓度。(b) 海水硬骨鱼不浓缩体内的尿素，因为尿素对它们是有毒的。与此相反，它们通过肾脏和吞饮海水保存体内的水分，与此同时像软骨鱼一样它们向体外排放盐分，但是用的器官并不一样。与图 4.14 比较。

度与海水的浓度接近的方式来降低水分的渗透。它们保存蛋白质的分解产物尿素，使血液的浓度与海水的浓度接近。血液中尿素的含量由肾脏来调控。在大多数动物中尿素是有毒的，它是被排除体外的代谢产物，但是鲨鱼和其他软骨鱼中仅排放少量的尿素。尿素和相关的化合物对软骨鱼是没有毒性的。在它们的血液里含有大量的尿素；在阻止尿素排出体外的过程中，鳃也起了一定的作用。

软骨鱼也吸收一定量的水来弥补水分的缺失，这些水主要来自于鳃和食物。过多的盐分由肾脏、肠和位于肛门附近称为直肠腺的特殊腺体排出体外(图 8.14a)。

海洋鱼类保持恒定的内环境，通过肾脏、鳃和其他的渗透调节机制来调整水分的缺失。

气体交换　用相同的方式在呼吸作用中的吸收氧气(分解葡萄糖释放能量)和排出二氧化碳。　第 7 章，130 页。

扩散　分子从高浓度的区域向低浓度区域的运动。

渗透作用　水通过一个选择性渗透膜，比如细胞膜进行扩散。　第 4 章，78 页。

渗透调节机制　通过主动调节生物体内部溶解物浓度来避免渗透问题的机制。　第 4 章，80 页。

神经系统和感觉器官

脊椎动物有所有动物群体中最复杂、最先进的神经系统。中枢神经系统是核心部分，包含脑和脊髓。中枢神经系统贮藏信息，协调全身的活动，使之成为一个统一的整体。大脑被分成几个区域，它是神经系统的中心部位，行使特殊的功能，比如嗅觉和视觉。脑被硬骨和软骨保护着。神经将中枢神经系统和身体各部位的器官以及接受周围信息的感觉器官联系起来。信息以神经冲动的方式传递到大脑。

168

大部分鱼类有发达的嗅觉，用来寻找食物、配偶和侦察捕食者，有时候鱼类通过嗅觉来探测回家的路。鱼类通过位于头部两侧嗅囊中的特殊感觉细胞来行使上述功能。每个嗅囊通过一两个鼻孔与外界相同。

鲨鱼的嗅觉最发达。它们能分辨出百万分之一浓度的血液和其他物质。鲑鱼(*Oncorhynchus*)幼体生活在淡水中，成体生活在海水中。它通过嗅觉可以找到它们很早前出生的小溪(参见“迁移”，171 页)。它们是通过记忆回归大海时的沿途气味的顺序来完成上面过程的。

鱼通过位于嘴和唇、鳍和皮肤里的味蕾来感知化学刺激。海鲇(*Arius*)等许多底栖鱼类嘴附近的触须上也有味蕾，触须是一种类似胡须的器官，有触须的鱼类利用其来探测海底的食物。

生活在水中的鱼的眼睛与生活在陆地上的脊椎动物的眼睛并不是截然不同的。但其中一个很重要的不同之处就是它们聚焦的方式不一样。大部分陆地脊椎动物通过改变晶状体的形状聚焦，但鱼类是通过将眼睛中圆圆的晶状体靠近或远离目标物来聚焦。这就是为什么鱼类眼睛是向外凸出的。硬骨鱼比软骨鱼更依赖于视觉。许多硬骨鱼，尤其是浅水鱼，有五彩的视觉，大部分软骨鱼有很少的或者没有色觉。一些鲨鱼有一与众不同的瞬膜，它可以遮蔽眼睛以减少强光的刺激并且还可以在捕食时保护眼睛。

鱼类有一独特的感觉器官，称为侧线，它可以感知水中的振动。侧线由许多小的侧线管组成，这些侧线管贯穿整个身体。侧线管位于鱼类的皮肤、骨头或者头部的软骨中。这里有成群的感觉细胞或神经节，它们对振荡非常敏感。侧线管通常通过清晰可见的小孔开口在鱼的体表。

侧线系统感知由其他动物游泳或声波引起的水的振动，它可以帮助鱼避开障碍物和捕食者，还可以侦探猎物，分辨水流方向和保持它们在鱼群中的位置。

在软骨鱼的头部也有感觉器官，称作罗伦氏壶腹(图 8.3)，它能感知弱的电场。这个系统可以帮助它们定位猎物，可能还可以在鱼迁徙过程中用做电磁指南针或者水流探测器。

鱼类也可以用它们的内耳来感知声波。内耳是一对听觉器官，恰恰位于眼睛后面大脑两侧。内耳是一套填充有液体的管道，内有感觉细胞，类似于存在于侧线中的感觉细胞。

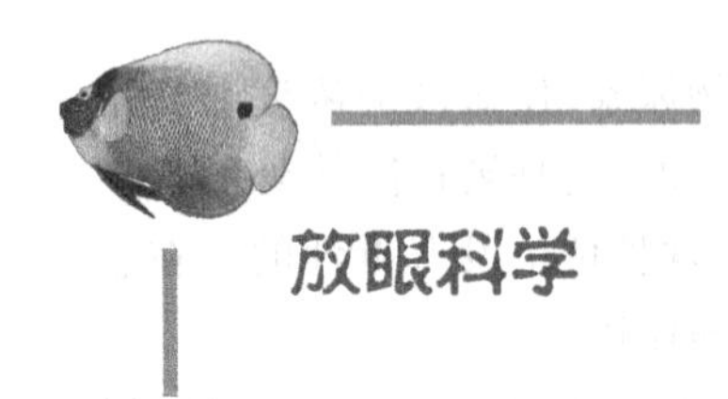

放眼科学

长嘴鱼的视觉

169

在海洋中，众所周知的长嘴鱼，如枪鱼(*Makaira*)，旗鱼(*Istiophorus*)，和箭鱼(*Xiphias gladius*)都是大型的快速游泳的捕猎者。流线型的身体和强壮而有力的肌肉使它们拥有得天独厚的快速游泳条件(参见“游泳机器”，340 页)。长嘴鱼依靠它们的视觉捕食。在海洋中，有时候在非常深而且又黑又冷的水域里，它们必须定位并快速追踪快速游泳的猎物——鱿鱼和鱼。在所有的脊椎动物中，长嘴鱼的眼睛最大，显示了视觉对于它们的重要性。令人惊讶的是在长嘴鱼和其他海洋捕食者，比如说金枪鱼的视觉器官是怎么起作用的，目前知道的还不是很多，但是近来的研究显示一些迷人的细节。

枪鱼几乎 1/3 的大脑用来分析来自于眼睛的信息。长嘴鱼眼睛不适合看更多的细节，正如人们预料的一样，但是它增加了对光的敏感性，可以使长嘴鱼在深水的弱光中区分猎物。枪鱼和其他许多鱼的视觉敏感性都很高。和许多其他鱼相比，它们眼睛的构造表明它们可以从 50 m 深的水域中分辨 10 cm 大小的物体。然而，枪鱼的眼睛对光尤为敏感。位于眼睛后方的视网膜包含有许多可以将信息传到大脑中的神经节细胞。在视网膜中的两个区域集聚有丰富的神经节细胞：一个区域收集来自鱼前方区域的信息，另一个区域帮助枪鱼不需要转动眼睛或身体就很好地看清身体后方的区域。枪鱼对光敏感性的关键原因是神经节中的每个细胞接受的不是单一的而是存在于视网膜中许多光敏感细胞的信息。

箭鱼将它们的眼睛升温到 19～28℃之间，这比周围的水温要高 15℃，目的是进一步提高它们在冷水中用眼睛追逐猎物的能力。一条肌肉束的一部分牵动眼球产生热量，加热眼球中的血液，正如在大脑中一样。澳大利亚昆士兰大学研究血管的科学家们将刚刚抓到的箭鱼视网膜摘掉来调查这种温热的眼睛是怎么起作用的。将视网膜保存在不同的温度下，并且用不同频率的光进行照射。检测分析那些被光照射的视网膜的神经冲动。结果表明，视网膜在箭鱼眼睛那样的高温下要比在低温，尤其在深水中的温度下，神经冲动传递得更快些。当温度随着深度的增加而下降的时候，高的眼睛温度可能会减少视网膜传递效率的下降幅度。当箭鱼在 300 m 深水域中寻找食物的时候，此时周围水温 3℃，而鱼视网膜温度为 20℃，视网膜中视神经细胞的传递效率是那些体温与周围环境相差不多的普通鱼的 7 倍多。

将来的研究将试图查找出深水中被长嘴鱼捕食的一些鱿鱼和鱼是否已经进化出可以看清正接近它们的长嘴鱼的适应机制。关于长嘴鱼的视觉研究可能有大的应用价值。如果其他海洋中的鱼和海龟可以发现特殊的光的色彩，那么这些色彩可被用来阻止这些鱼被长长的沿绳钓钩抓住和杀害，这种捕鱼方式是无用的副渔获产生的主要来源(参见“最适产量与过度捕捞”，385 页)。

(更多信息参见《海洋生物学》在线学习中心。)

在一些鱼中，鳔可以通过振动将声音放大并且将声波传输到内耳。内耳与鱼体平衡有关，许多鱼通过感觉毛感知钙质耳石的移动来察觉身体位置的改变，这种机制类似于无脊椎动物的平衡囊。　170

鱼的感官包括眼睛、嗅囊、味蕾、内耳、侧线和其他感知水中振动和电刺激的特殊器官。

行为

几乎鱼类生活的所有方面都牵涉到复杂的行为来适应光和水流、发现食物和隐避所、逃避敌害。行为也是鱼类求爱和繁殖的很重要的一部分，这在下一节中将要谈到。这一节仅描述鱼类行为的几个方面；一些其他的重要行为将在其他章节中讲述。

领地行为 许多海洋鱼类，尤其是大洋中的种类，不会在任何特定的水域居住，然而其他鱼类都会建立自己的领地并且防御其他的入侵者。有些鱼仅仅在繁殖期保卫自己的领地；其他大多数鱼类或多或少都有自己永久性的领地，它们在那里捕食、休息或者用做避难所来躲避敌害。鱼类经常保卫它们的领地来确保它们有足够的食物和其他资源。因此，领地行为在拥挤的环境中是最常见的，比如海藻床和珊瑚礁，因为在那里资源比较短缺。珊瑚礁雀鲷就以拼命保卫自己的领地而出名，通常入侵者比它们大好多倍，甚至还包括潜水员。

鱼会用各种各样的攻击性的行为来捍卫它们的领地，但是事实上战争却是罕见的。相反，鱼类通常会通过诈唬来避免直接性的危险性伤害，如抬起鱼鳍、张大嘴巴和快速乱窜是鱼类受到威胁时常有的行为。领地的保卫方式也包括声音，海洋硬骨鱼可能会通过牙齿研磨或将骨、鳍棘在另一块骨上摩擦发出声音。一些鱼通过迁拉鱼鳔上附着的肌肉引起振动，声音通过被气体填满的鳔得到放大。

有时候单独一条鱼占领并保卫它自己的领地，其他的种类如蝴蝶鱼，领地由雌雄夫妻建立。领地也可能由属于同一种类的一群鱼共同建立，许多居住在珊瑚枝空隙中的雀鲷、海葵鱼、小丑鱼（双锯鱼 *Amphiprion*）就是这种情况。这种鱼群中的成员经常将领地划分成许多小的领地。

群体性 许多鱼类形成非常固定的群体。像鲱鱼、沙丁鱼、鲻鱼（*Mugil*）此类的鱼和一些鲭鱼终生群居生活。其他鱼类营间歇性群居生活，通常在幼年时期或者捕食的时候聚集在一块。大部分软骨鱼是独立生活的，但是少数的，比如锤头双髻鲨、蝠鲼和其他的鳐鱼，有时候也会营群居生活。估计大约 4000 种海水和淡水鱼成年时期群居生活。鱼群可以很大，如大西洋鲱鱼（*Clupea harengus*）集群可达 4 580 000 000 m^3。在一个鱼群中，鱼体大小基本相同。然而那些在珊瑚礁、海藻床、岩石和船的残骸附近的稳定鱼群的鱼体大小不同，甚至鱼的种类也不同。

虽然在鱼群中好像没有统一的领导者，但却是相当协调的。鱼群的每条鱼之间都有恒定的距离，以使它们相当一致地转身、停止和出发。在群体中，视觉在鱼的定位方面起了很重要的作用。一些种类，虽然它们视力并不是很好，但是却能以很协调的方式营群居生活。这些鱼可能用侧线、嗅觉和发出的声音来感知彼此的位置。当它们捕食或者被其他捕食者袭击时，它们的协调性可能会被打破。

171

为什么鱼类要群居呢？一种解释是群居可以抵御敌害。例如，群居鱼群围绕捕食者旋转或者分成几个小群体，这样可以使捕食者混乱，这样快速的变动使捕食者很难对准一个目标。但另一方面，一些捕食者，如鲹（*Caranx*）袭击群居生活的鱼群比追逐单个的鱼捕获效率要高得多。另一种解释是群居生活可以增加鱼的游泳速率，因为前面的鱼形成的漩流，可以降低后面鱼游泳的阻力。然而，实验证据表明并不总是这样的，并且鱼群不总是排列成高效的符合流体力学的方式游泳。至少在一些鱼中，群居在捕食和求偶方面是很有优势的。鱼为什么要群居生活，这可能不是单一的原因造成的，不同的鱼有不同的原因。

迁移 海洋鱼类另一个令人着迷的行为便是迁移，鱼群大规模地从一个地方游到另一个地方，可能一天一次，也可能一年一次，还有可能一生就一次。鹦嘴鱼和其他的鱼群为了摄食在岸边和离岸之间迁移，许多海洋中的鱼每天在水体中上上下下迁移几百米（参见“垂直迁移，”338 页）。然而最壮观的迁移运动要数金枪鱼、鲑鱼和其他鱼类的越洋旅行。我们对鱼类迁移运动的原因并不清楚，但是大部分迁移运动都与捕食和繁殖有关。

海洋中鱼类迁移的最主要的原因无疑是捕食，比如金枪鱼。回捕的标记鱼提供了关于迁移距离、速度和金枪鱼迁移时间的许多信息（参考“游动，对速度的要求，”338 页）。虽然本质上是热带鱼，但一些种类会迁移很长的距离去温水中捕食，飞鱼（*Katsuwonus pelamis*；图 8.15）和其他的金枪鱼就是这样的。

从海水到淡水的迁移运动令人惊奇，因为一些鱼需要在淡水中繁殖。溯河产卵的鱼大部分时间生活在海水中，但会迁移到淡水中繁殖后代。卵被用来做鱼子酱的鲟鱼（*Acipenser*）、一些七鳃鳗和胡瓜鱼（*Osmerus*）都是这种情况。然而，迄今为止最为人们所了解的溯河性鱼类是鲑鱼。

平衡囊　许多无脊椎动物的感觉器官，包括一个或多个被敏感性的软毛包围的颗粒或坚硬的囊体，通过重力来调整动物的方位。　第 7 章，126 页。

太平洋中有 7 种鲑鱼，每一种都有多个为人所知的常用名字。它们在北太平洋的广阔海域度过成年时期，为此沿着海岸游过数千英里，经过阿留申群岛和开阔的海洋（图 8.15），有的甚至冒险进入了白令海和北冰洋海域。它们是如何在海洋上导航仍不为人知。有种假说认为它们是利用陆地的一些特点，至少它们的部分旅途是这样的。水流、盐度、温度以及其他的一些水文特征也许为它们的旅行提供了线索。另一种可能性就是它们是依靠极化光、太阳以及地球磁场来定向的。 172

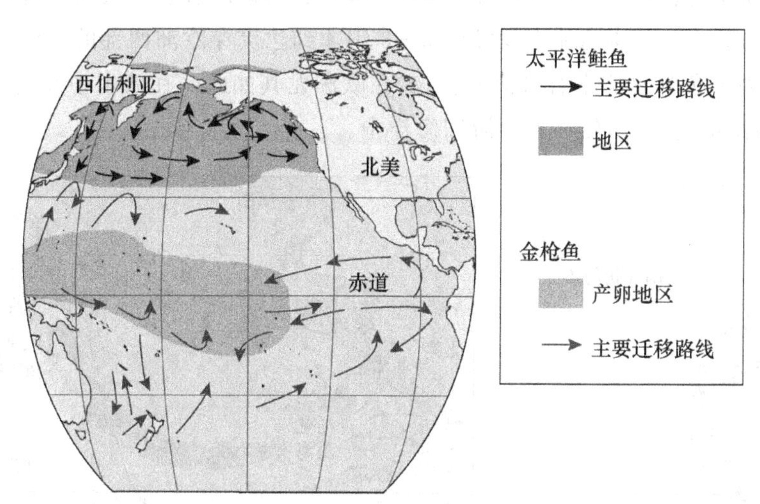

图 8.15　飞鱼金枪鱼（*Katsuwonus pelamis*）是商业捕捞中最主要的一种金枪鱼，每年都要通过远距离的迁徙，穿越半个地球。太平洋鲑鱼为了产卵一生中仅仅迁徙一次。图中显示 7 种鲑鱼迁移路线和分布的大致范围。

在海洋中生活几年，这是每种鲑鱼的阶段性特征，随后性成熟并开始向河中迁徙。开始时它们可能是由地球磁场引导。一旦进入淡水，它们便不再进食而是靠储存的脂肪生存，它们的肾也必须适应这种由盐水到淡水的转变。最终它们来到了它们出生的那条溪流，有的在很靠上游的地方。大鳞鲑鱼（*Oncorhynchus tschawytscha*）和鲑鱼（*O. keta*）能深入内陆，到达远至爱达荷州以及育空河的源头。

鲑鱼通过一种化学记忆可以非常精确地找到它们出生的溪流，不仅能"闻"出自己出生的溪流，而且可以认出自己中途游过的溪流，甚至有证据证明它们可以辨认出同种的其他同伴所释放的化学气味。动物的这种能够找到回家之路的能力就是归巢行为。

鲑鱼将卵产在干净沙砾层表面，雌鱼将会挖一个浅的"巢"，弄整洁，将卵产在里面，雄性将卵受精后用沙砾浅浅地盖在卵上。鲑鱼在保护自己的巢一段时间后就会死去。

细鳞鲑鱼（*O. gorbuscha*）卵孵化后，幼鱼将会马上回到海洋中，而其他种的鲑鱼，如红鲑鱼（*O. nerka*）的幼鱼，将仍然待在淡水中长达 5 年。红鲑鱼的一个群体被陆地所包围着，再也不能游回海中了。

太平洋鲑鱼所经历的最大的危险就是人类破坏了自然生长环境。迁徙的路被水坝堵住了，产卵地由于伐木以及牲畜吃草等原因造成泥沙覆盖，河流被杀虫剂（在其他毒性作用外，杀虫剂被认为可以破坏鲑鱼的嗅觉）、肥料以及动物粪便所污染。这些问题十分严重，以至于在美国太平洋沿岸严格限制了对鲑鱼的捕捞。有的种类，如红鲑鱼、大鳞鲑鱼以及马苏鲑鱼在某些河流中已处于濒危状态。曾经有 11 000 000～

15 000 000 条鲑鱼在美国西北部的哥伦比亚河流系统中产卵，然而今天这个数字已经降低了 90%，并且大部分返回的成鱼是人工孵化的。

173 大西洋鲑鱼(*Salmo salar*)在北大西洋的两岸都可以繁殖。在它们返回分布于新英格兰到葡萄牙的河流之前要越洋迁徙，主要是在格陵兰岛的外海。大西洋鲑鱼有时在产卵后可以存活并且回到海洋中。有的雌鱼可以来回往返四次。就像太平洋鲑鱼一样，野生大西洋鲑鱼也在严重减少。

降海性鱼不同于鲑鱼，有自己的迁徙模式。它们在海洋中繁殖并回到河流中生长和成熟。我们已经知道有多种降海性鱼类，然而其中迁徙时间最长的是淡水鳗鲡(*Anguilla*)，包括美洲鳗(*A. rostrata*)和欧洲鳗(*A. anguilda*)在内，该类群共有 16 个种。

美洲和欧洲的鳗鱼都是在马尾藻海大约 400～700 m 深的地方产卵，然后死去(图 8.16)。它们在海洋中的不同时间以及地点产卵，尽管有重叠。卵孵化成为小的透明的幼体并慢慢长成长的、叶子形状的柳叶状幼体。美洲鳗幼体变态前在海洋中漂浮至少一年，然后幼鱼沿着北美大西洋海岸游入河中。欧洲鳗的柳叶状幼体被认为顺着墨西哥湾流至少漂浮 2～3 年才到达贯穿欧洲西部的河流。两种成鱼最终长度都超过 1 m，幼鱼以及成鱼都是非常有价值的食物，在欧洲尤其如此。在淡水中经过 10～15 年后，成鱼变成银色的，它们的眼睛也会变大，然后就会游回海洋中。

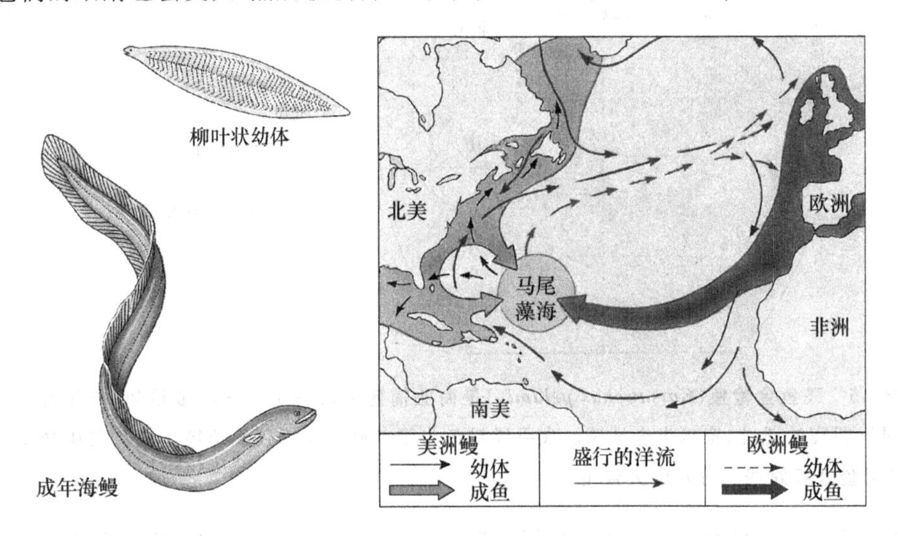

图 8.16 淡水鳗鱼的两个种类，美洲鳗鱼和欧洲鳗，在马尾藻海繁殖并迁徙到北美和欧洲的河流中。幼体的返回旅程还不太清楚，所以箭头所表示的仅仅是最可能的路程。

我们并不十分了解鳗鱼迁徙回到马尾藻海的过程，它们是怎样回到这么远的地方的呢？有实验证据显示它们利用地球的磁场来作为迁徙的引导。有种假设，欧洲鳗最初是沿着非洲的西北，顺着自己最喜欢的海流航行的，就像旧时的葡萄牙航海者一样(参见“高桅帆船和表层流”，54 页)。

有的生物学家曾经认为欧洲鳗的成体最终并没有回到马尾藻海，而是在海洋中死去了。依照这种观点，美洲鳗与欧洲鳗其实是一个种类。幼鱼由于在海洋中漂流的时间太长最终漂去了欧洲。不过现在我们知道了这不是事实，美洲鳗与欧洲鳗是不同的物种。

繁殖与生活史

鱼类的繁殖包括对生殖系统的一系列适应性以及能够让雌鱼和雄鱼配对并保证最终繁殖成功的行为。

生殖系统 鱼类的生殖系统相对比较简单，雌雄通常是分开的，两种性别的鱼在体腔中都有成对性腺(图 8.11)。

在软骨鱼中，从卵巢以及睾丸到开向体外的泄殖腔有管道相通(图 8.11a)，无颌鱼以及硬骨鱼有另外的孔使尿液以及配子排出，这个孔即尿殖孔，它在肛门的后面(图 8.11b)。

在许多海洋鱼类中，性腺只在一定的时期产生配子，而且是有周期的。两种性别的鱼必须都准备好在同一时间产生配子，产卵以及幼鱼的生长都必须在最适宜的条件下。对于需要长途迁徙繁殖的鱼类，繁殖时间的精确性尤为关键。

繁殖时间很大程度是由性激素控制的。性激素产生由性腺分泌并有少量释放到血液中，它能够刺激配子的成熟，并引起交配前鱼的颜色、形状和行为的改变。

性激素的分泌可以由一些环境因素催发，例如日照长度、温度以及食物的获取情况。如果改变这些环境因素或者给它们注射激素，即可人为地诱导鱼类产卵，这种技术用来提高鱼类的繁殖从而为人们提供食物(参见“海水养殖”，391 页)。

有的海洋鱼类是雌雄同体的。例如鮨鱼(*Hypoplectrus*)就是长期雌雄同体，因为它可以同时产精子和卵子。虽然它们可以自我受精，但同步雌雄同体的鱼类经常与一个或者多个其他个体共同繁殖从而保证能够杂交。例如，一对交配的鮨鱼中的一个成员扮演雄性的角色，那么它精子使另外一个个体所排出的卵子受精；受精过后，两者的性角色发生翻转，“雌性”所产的精子使“雄性”产的卵子受精。雌雄同体的现象也在几种深水鱼类中发现，这是对海洋深水区较难找到异性的一种适应(参见“深海中的性”，366 页)。 174

鱼类中雌雄同体的一个变异就是性反转，或者叫顺序雌雄同体，这类个体开始是雄性但转变成了雌性(雄性先熟)，或者雌性转变成了雄性(雌性先熟)。这种改变是由性激素控制的，但是由社会因素激发的，例如，处于主导地位的雄性的缺失。性反转这种现象在多个类群海洋鱼类中存在，但在鲈鱼、鮨鱼(*Serranus*, *Epinephelus*)、鹦嘴鱼以及隆头鱼中最为普遍。在这些鱼中有的已经发现相当复杂的繁殖方式。

至少海葵鱼(双锯鱼 *Amphiprion*)的一些种类中，所有的个体开始都是雄性的。每个海葵都定居着一条大型的雌鱼，它与一条处于统治地位的大型雄鱼交配，所有其他生活在海葵中的都是一些小的没有繁殖行为的雄性。如果这个雌鱼消失了或者试验性地被移走，那么它的配偶转变成为雌性，并且最大的、没有繁殖行为的雄鱼转变成为新的处于主导地位的雄鱼。这雌鱼可以在它性别转变 26 天后开始产卵。 175 一些隆头鱼是一个雄性动物控制许多雌性，如果这个雄性消失了，最大的处于主导地位的雌性将立即开始扮演雄性的角色，并且在一个相对较短的时间内改变颜色转变成为一个可以产精子的雄性。

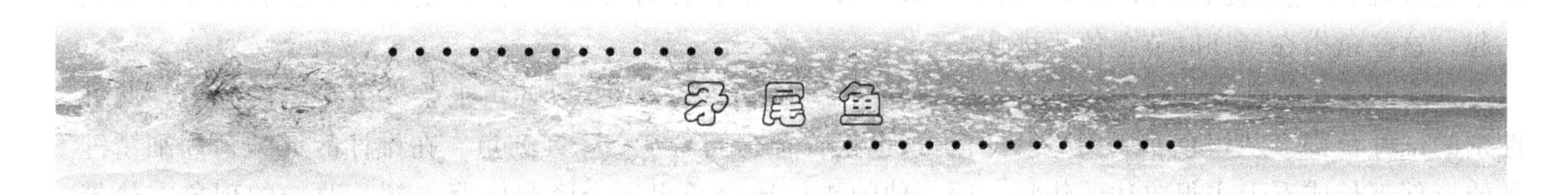

矛尾鱼

1938 年 12 月，一位拖网渔船的船长在南非查鲁妈纳河(Chalumna)外的深水区作业时，捕获一条很奇怪的鱼。他将鱼带给当地博物馆的年轻馆长玛丽·考特内·拉蒂曼迈姆，她意识到这条鱼不同寻常。她将这个 1.5 m 标本的素描寄给附近罗德兹大学的 J. L. B. 史密斯教授，历史就这样产生了。

的确，这条鱼是一个巨大收获。它是腔棘鱼，一种被认为在 6000 万年前就已灭绝的鱼类。在此之前，仅在化石上了解腔棘鱼，有些化石至少 4 亿年了。它们属于总鳍鱼，总鳍鱼是进化到陆地脊椎动物的一支鱼类。大约3.5 亿年前，一支总鳍鱼类用它们桨一样的鳍爬出水面来到陆地，永远地改变了地球的生活。

史密斯博士正式地描述了这条鱼并命名为矛尾鱼(*Latimeria chalumnae*)，以纪念鱼的发现者以及捕获这条鱼的河。遗憾的是，当史密斯博士拿到鱼时，鱼的内脏已腐烂，因而无法知道其内部结构。于是他们悬赏征集这种不可思议的活化石标本。一直到 1952 年，才在马达加斯加和非洲大陆间的科摩罗岛

腔棘鱼(*Latimeria chalumnae*),一种活着的化石

附近捕到了第二条鱼。令人啼笑皆非的是,这个岛上的原住民非常熟悉这种鱼,他们将这种鱼富含脂肪的肉晾干,盐渍后食用,并将粗糙的鱼皮来做砂纸。

这种鱼依然十分罕见,没有一条逮上来的鱼活过 20 h,对它们的习性也一无所知。1987 年,科学家用小型潜水艇第一次在矛尾鱼的生活环境中对其进行观察和拍照。这种鱼只有夜晚在 117～200 m 水深的地方才能观察到。2000 年,潜水员在南非东北海岸拍到几条活着的矛尾鱼,当时水深只有 104 m。

矛尾鱼是大型鱼类,长 1.8 m,重 98 kg。身体覆盖大型蓝色鳞片。它们以鱼和鱿鱼为食。这种活化石在很多方面是很独特的,它有厚的柄状鳍,内有骨骼,就像陆地脊椎动物一样。鱼可以是用鳍站立,而不是曾认为的那样在地上爬。胸鳍可旋转近 180°,使鱼能在海底缓慢游动,有时用头立着或腹部朝上。

关于这个神奇的生物还有许多方面有待于发现,头部充满胶状物的器官,可能用于探测电场,因而有助于对猎物进行定位。关于矛尾鱼的繁殖还知之甚少。雌鱼产下幼鱼,巨大的卵(直径大约 9 cm)在生殖系统中发育。

矛尾鱼仍然是极贵重的捕获物,世界各地的一些水族馆都希望捕到活的标本。它的价值一直在上升,因此,大家都关注仍生活在科摩罗的 200 条鱼。国际贸易已被正式取缔。然而,最近沿着印度洋海岸的捕捞显示出比原来所想的更为广泛的分布。2003、2004 年在莫桑比克、坦桑尼亚和肯尼亚都有渔民用刺网捕到矛尾鱼。

1997 年,令大家惊讶的是,矛尾鱼出现在苏拉威西岛的鱼市场上,而这个岛是距科摩罗 10000 km 的印尼群岛中的一个岛屿。1998 年,在这个岛又发现一条活的矛尾鱼。虽然在外观上和印度洋中的种类很像。但 DNA 证据显示,印尼的腔棘鱼和印度洋的不是同一种。发现者马克・埃德曼(Mark Erdmann)博士和研究这个样本的印尼研究队伍准备正式在科学杂志上发表对这个新种的描述。然而,一队由法国科学家牵头的研究队伍在没有得到埃德曼的消息时,正式将印尼的腔棘鱼描述为一个新的种 *Latimeria menadoensis*。

在哪还有新的腔棘鱼在等待着我们去发现呢?

繁殖行为 潜在的配偶必须在一个正确的时间聚集在一起进行繁殖。许多种类迁徙并聚集在特定的繁殖区,例如先前提到的鲑鱼以及淡水鳗鱼。鲨鱼经常是独自行动的,但在繁殖季节也有可能聚集在一起。这些鱼类在产卵时节会停止进食。

许多硬骨鱼类改变颜色来表明自己对于繁殖已准备就绪。大多数鲑鱼也会发生显著的改变。两种性别的红鲑鱼都会从银色变成明亮的红色,这也正符合它们名字——红鲑鱼。在雄性的红鲑鱼和细鳞鲑鱼的口部都长成看上去很凶猛的钩状。后一种的雄性还会长出一个隆起的背。颜色改变的现象在热带鱼中也存在,许多雄性隆头鱼所有时间都是多彩的,然而在繁殖前会变得更加绚烂多彩。

繁殖的第一步就是求爱,这是一系列用于吸引配偶的行为。这种行为会用一个主动的行为表现出来,例如"跳舞",显示自己色彩的特别姿态,以及上下游动。每一种鱼都有自己特殊的求偶行为,可以认为这有助于防止与其他种类的个体错配。

鱼类的繁殖与许多的适应相关,从而帮助个体聚集在一起进行交配。这种适应包括迁徙,显示出作为性信号的特殊的色彩以及求爱行为。

马尾藻海 位于西印度群岛北部大西洋中,以漂浮大量的褐藻——马尾藻为特征。 第 6 章,110 页。

激素 体内作为化学信使的分子。 第 4 章,71 页。

某些鱼类有体内受精的行为,在这种行为中,精子通过交配直接由雄性传给雌性。然而将配子产入水中或者散播出去的体外受精行为在鱼类中更加普遍。

体内受精主要发生在软骨鱼中。但令人遗憾的是我们对它们的性行为知道得并不多。雄性的鲨鱼、魟鱼以及鳐鱼都有一对交配的器官叫做鳍脚，位于腹鳍的内侧边缘(图 8.17)。多情的雄性鲨鱼其典型方式是去咬住潜在配偶的背部，然后将它的鳍脚插入雌性的泄殖孔中进行交配。雄鱼咬住并悬挂在雌鱼上或者绕在雌鱼的中部。有的鳐鱼在雄鱼咬住雌鱼的胸鳍后进行交配，雄鱼将自己的腹部贴在雌鱼的腹部上，然后将鳍脚插入。

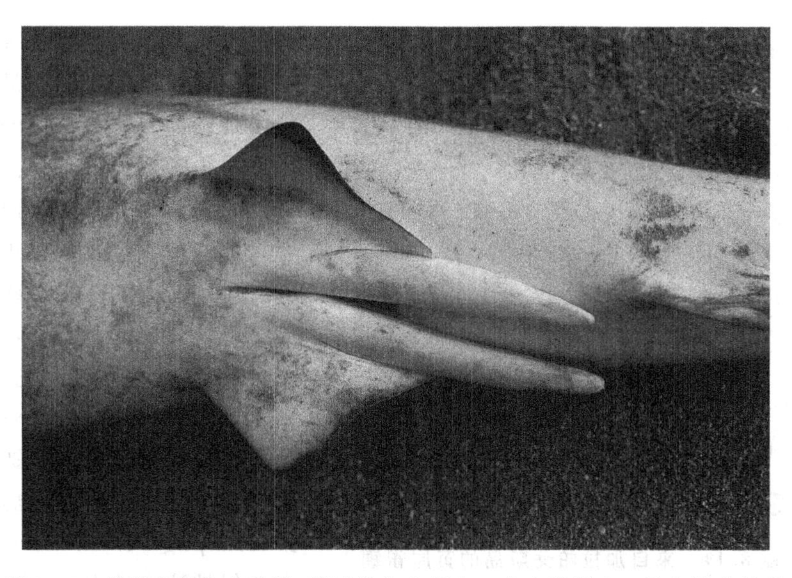

图 8.17　软骨鱼是体内受精，所以雄鱼必须有一个交配器官。这个器官就是鳍脚，位于腹鳍的内侧边缘。鳍脚上有沟以供精子通过。一次只有一个鳍脚插入雌鱼体内。这些就是圆齿的锤头双髻鲨(*Sphyrna lewini*)的鳍脚。

大洋中的鱼(沙丁鱼，金枪鱼，鲹等)以及那些在珊瑚礁以及近岸环境的鱼(例如刺尾鱼、鹦嘴鱼以及隆头鱼)在求偶后直接将卵产在水中。雌鱼通常可以产很多卵，例如一个 1 m 长的雌性大西洋鳕(*Gadus morhua*)，可以产五百万枚卵，大西洋大海鲢(*Magalops atlanticus*)的产卵量超过了一亿枚。 176

有些鱼，例如蝴蝶鱼，一对一对地产卵(图 8.18)，其他的是一群一群地产卵。单个的雄鱼可能会自己占领一个领地，也可能聚集成群，一个或者一群雌鱼可能会靠近这群雄鱼。通常雄鱼寻找雌鱼并通过求偶行为诱导雌鱼产卵。两个个体有可能仅仅在产卵季节凑成对，如蝴蝶鱼；也可能长久地在一起。

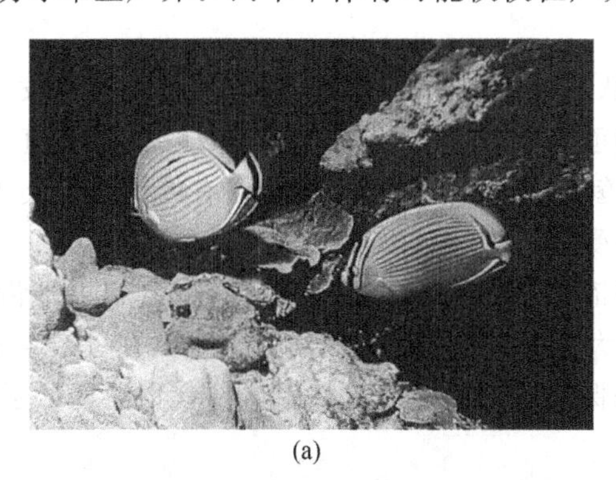

(a)

(b)

图 8.18　蝴蝶鱼是非常美丽的珊瑚礁鱼类。某些种类的成鱼雌雄成对生活。(a) 三带蝴蝶鱼(*Chaetodon trifasciatus*)成对的围绕着珊瑚建立领地。这些鱼用它们的小嘴在珊瑚上取食。(b)用一个透明的塑胶笼做实验，用来研究蝴蝶鱼的行为。这里，一个笼内卵圆形的三带蝴蝶鱼引起一个川纹蝴蝶鱼(*Chaetodon trifascialis*)的攻击性的反应，显示笼里的鱼闯入了后者的领地。这种技术可以用来绘制蝴蝶鱼的领地。有领地的蝴蝶鱼是成对存在的，例如三带蝴蝶鱼，各对鱼之间会发生争斗，但争斗仅发生在各对鱼中同性鱼之间。因此，通过用笼装的已知性别的鱼，实验者就可以确定这个区域其他野生鱼的性别，而这在野外情况下是不可能知道的。

在水体中受精的卵随波逐流，并成为浮游生物的一部分。许多卵含有油滴，是漂浮的；其他的卵则沉到底部。鲱鱼将它的卵产在海草、海藻以及石头的表面，七鳃鳗以及鲑鱼在产卵后将它们的卵埋起来。加州滑银汉鱼(*Leuresthes tenuis*)在高潮时将它的卵埋在沙滩上，并直至下一次高潮到来时卵才孵化出来(图 3.29)。

图 8.19　来自加拉帕戈斯岛的黄尾雀鲷(*Stegastes arcifrons*),像其他的雀鲷一样,占领并积极的保护雌鱼产卵的地方。该物种是生活于东太平洋原有物种。

浮游的绝大多数卵是无法存活的。这种卵漂浮在海中的鱼类以及海洋动物是一种散播式的产卵者,它们尽可能多地产卵,从而保证至少有些卵能够孵化出来并长大。卵需要很多的能量,因为它们必须含有足够的卵黄为幼鱼提供营养,直到小鱼被孵化出来自己进食。

那些产少量较大卵的鱼类已进化出保护自己的卵的方式。雄性雀鲷在岩石或珊瑚间的洞中、空的软体动物的壳中以及其他的掩蔽处,甚至是丢弃的轮胎中建立繁殖区或巢(图 8.19)并保卫它。产卵后,卵被保存在巢中并且由雄性保护,雌性在产卵后就离开了。由于雄性可以与多个雌性交配,因而它们要保护所有雌性产的卵。在虾虎鱼、鳚鱼、杜父鱼中,巢也是由雄性来保护的。南极的尖棘鲈(*Harpagifer hispinis*),雌鱼在产卵前准备一个繁殖地点并保护这个地点 4～5 个月,如果雌鱼后来消失了或者被移走了,它的工作就被其他的尖棘鲈来替代,而且通常是雄性的。

有些鱼更进一步,用身体携带着受精卵。雄性海龙将卵放在自己的腹部整齐地排成行。雌海马将卵产在雄海马腹部特殊的育儿袋中,雄性海马就事实上是怀孕了。在一些天竺鲷、海鲈以及其他的群体中,雄性在自己的嘴中孵化受精卵。

177

早期发育　大部分的鱼产卵,是卵生的。在卵生的鲨鱼、魟鱼以及其他的软骨鱼中,胚胎被一个大的、坚韧的卵鞘包围着(魟鱼中的“美人鱼的钱包”),在产卵后卵沉到海底。大约 43% 的软骨鱼是卵生的,卵鞘很大并且有薄的延伸组织将卵固着在物体表面。每次产卵很少。连接胚胎腹部的卵黄囊中有大量的卵黄,能够为胚胎几个月的发育提供能量。按鱼的标准来说是很长一段时期了,结果当小鱼最后孵化出来时已发育得很好了。

有些软骨鱼雌鱼会将卵保存在自己的生殖道中,从而给予额外的保护。卵在雌性的体内发育并最终以小鱼的形式产出,这就是卵胎生。大多数卵胎生的鱼是软骨鱼。在一个雌性的鲸鲨生殖道中有大约 300 个准备出世的胚胎(尚处于卵子阶段)。海洋硬骨鱼中卵胎生的种类很少,但有的岩礁鱼类可是卵胎生的。大部分的硬骨鱼是卵生的并在产卵后进行体外受精。

在一些卵胎生的鲨鱼中,一旦卵黄消耗后胚胎将依靠其他来源的营养。在虎鲨(金牛锥齿鲨 *Carcharias taurus*)中(参见图 8.3)一次只有两条个体大(大至 1 m)、有活力的幼鲨出生。在母亲生殖道的两个分支中存活的幼鲨都是通过吃掉其他的兄弟姐妹来保证自己的生存。如果这种食物消耗尽了,它们将摄食由母亲子宫产出的未受精卵。

有些鲨鱼和魟鱼的胚胎实际上是从母亲生殖道的管壁吸收营养。这是值得注意的,因为它与哺乳动物的胚胎发育方式十分相似,这些鲨鱼被认为是胎生的。它们不仅直接以小鱼的方式产出,并且它们胚胎出生前的营养是直接通过与雌性的生殖道的联系来提供。硬骨鱼中的海鲫(*Embiotoca*)也是胎生的,它们的幼鱼有大的鳍并通过母亲的子宫壁吸收营养。

178

大部分硬骨鱼的胚胎发育非常快。卵通常是球形的。卵外围透明的绒毛膜很薄,可以保证氧气的渗入。

胚胎由卵黄提供营养,在发育了一天或几天后,卵孵化成可以自由游泳的幼体或者鱼苗。当它们刚孵化出来时,幼虫仍然在卵黄囊中带着卵黄。卵黄最终被耗尽,幼体开始觅食。大部分的幼体,例如鳗的柳叶状幼体(图 8.16),一点儿也不像它们的父母,在经历变态后才长成像成鱼的幼鱼。

大部分的海洋鱼类是卵生的并且把卵产在水中。一些鱼,尤其是软骨鱼中,体内受精导致了卵胎生或胎生。

《海洋生物学》在线学习中心是一个十分有用的网络资源，读者可用其检验对本章内容的掌握情况。获取交互式的章节总结、关键词解释和进行小测验，请访问网址 www.mhhe.com/castrohuber6e。要获得更多的海洋生物学视频剪辑和网络资源来强化知识学习，请链接相关章节的材料。

评判思考

1. 盲鳗和七鳃鳗是唯一的仍生存着的有代表性的古老种类。那你认为为什么在我们周围仍存在一些无颌鱼类？
2. 第一次采集到深海鲨鱼的标本。仔细地分析样品，但它的胃里是空的。那么你是如何对这种深海鲨鱼的摄食行为有个大致的了解的呢？这个样品是雌性的，并且它的生殖道内发现有20个卵。你能说出这一种类的发育特征类型吗？
3. 某些硬骨鱼的个体可以改变性别，有的保持雌性多于雄性，其他的雌性多于雄性。这两种情况各有什么优点和缺点呢？如果雌性和雄性个体的数量相同的话又有什么优缺点呢？

拓展阅读

网络上可能找到部分推荐的阅读材料。可通过《海洋生物学》在线学习中心寻找可用的网络链接。

普遍关注

Brown, C. ,2004. Not just a pretty face. *New Scientist*, vol. 182, no. 2451, 12 June, pp. 142—143. Behavior among fishes is more complex and sophisticated than previously believed.

Kemper, S. ,2005. Shark. *Smithsonian*, vol. 36, no. 5, August, pp. 42—52. The survival of sharks is threatened by overfishing.

Lee, H. J. and J. B. Graham, 2002. Their game is mud. *Natural History*, vol. 111, no. 7, September, pp. 42—47. The specialized mouths and gill chambers of mudskippers allow them to "breathe" both in water and, at low tide, on land.

LePage, M. , 2005. Shark shifter. *New Scientist*, vol. 185, no. 2488, 26 February, pp. 40—43. A new shark repellent is on trial.

Levin, P. S. and M. H. Schiewe, 2001. Preserving salmon biodiversity. *American Scientist*, vol. 89, no. 3, May-June, pp. 220—227. The loss of genetic biodiversity appears to be a more serious threat to the survival of the Pacific salmon.

Moore, K. D. and J. W. Moore, 2003. The gift of salmon. *Discover*, vol. 24, no. 5, pp. 44—49. Eggs and live or dead salmon provide food to many species on water and land.

McGrath, S. ,2003. Spawning hope. *Audubon*, vol. 105, July-September, pp. 60—66. Several groups are fighting for the recovery of the chinook salmon in the Pacific northwest of the U. S.

Pain, S. ,2000. Squawk, burble, and pop. *New Scientist*, vol. 166, no. 2233, 8 April, pp. 42—45. Sound is a common behavior among reef fishes.

Parfit, M. , 2002. Lost at sea. *Smithsonian*, vol. 33, no. 1, April, pp. 68—77. Once abundant, the Atlantic salmon is now in rapid decline.

Summers, A. , 2004. Slime and the cytoskeleton. *Natural History*, vol. 113, no. 8, October, pp. 38—39. The mucus produced by hagfishes, or slime eels, helps elucidate cell structure.

深度学习

Campana, S. E. , L. J. Natanson and S. Myklevoll, 2002. Bomb dating and age determination of large pelagic sharks. *Canadian Journal of Fisheries and Aquatic Sciences*, vol. 59, no. 3, pp. 450—455.

Chandroo, K. P. , S. Yue and R. D. Moccia, 2004. An evaluation of current perspectives on consciousness and pain in fishes. *Fish and Fisheries*, vol. 5, no. 4, pp. 281—295.

Freedman, J. A. and D. L. G. Noakes, 2002. Why are there no really big bony fishes? A point-of-view on maximum body size in teleost and elasmobranchs. *Reviews in Fish Biology and Fisheries*, vol. 12, no. 4, pp. 403—416.

Goodwin, N. B., N. K. Dulvy and J. D. Reynolds, 2002. Life-history correlates of the evolution of live bearing in fishes. *Philosophical Transactions of the Royal Society*, *Biological Sciences*, vol. 357, no. 1419, pp. 259—267.

Heupel, M. R., C. A. Simpfendorfer and R. E. Hueter, 2004. Estimation of shark home ranges using passive monitoring techniques. *Environmental Biology of Fishes*, vol. 71, no. 2, pp. 135—142.

Learning in fishes. Nine papers in *Fish and Fisheries*, vol. 4, no. 3, 2003.

Southhall, E. J. and D. W. Sims, 2003. Shark skin: a function in feeding. *Biology Letters*, vol. 270, suppl. 1, pp. 47—49.

Takemura, A., M. S. Rahman, S. Nakamura, Y. J. Park and K. Takano, 2004. Lunar cycles and reproductive activity in reef fishes with particular attention to rabbitfishes. *Fish and Fisheries*, vol. 5, no. 4, pp. 317—328.

Whiteman, E. A. and I. M. Côté, 2004. Monogamy in marine fishes. *Biological Reviews*, vol. 79, no. 2, pp. 351—375.

第 9 章

海洋爬行动物、鸟类和哺乳动物

脊椎动物从海洋起源并从此繁衍生息。大约 3.5 亿年前，脊椎动物侵入陆地，这是一个从此改变地球生命的事件。陆地脊椎动物从硬骨鱼类衍生而来，需要适应严苛的陆岸条件。它们失去了水环境提供的结构性保护，不得不进化出蠕动或步行的移动形式。它们从具有两对肢体的像鱼一样的脊椎动物进化而来，作为在底部或两潭水间陆地“行走”的适应机制。因此，陆地居住的脊椎动物——甚至是蛇——都称为“四足动物”，意思是“有四只脚”。 180

住在陆地上，也意味着不得不呼吸空气，四足动物从具有肺的鱼类进化而来，这种肺是一种中空的气囊，允许直接从空气中吸收氧气。四足动物必须进化出可以避免干燥致死的方法，脆弱的卵尤其敏感，第一个陆地四足动物是两栖类（两栖纲），也没有根本解决这一问题，现在具有代表性的两栖类有青蛙、蝾螈和其他近缘物种。两栖类必须保持湿润，绝大多数将卵产于水下，它们严格来讲不是海生的。

四足动物的其他类群解决了失水问题，真正适应了陆地生活，爬行动物（爬行动物纲，图 9.1）从现已灭绝的两栖类进化而来，在很长的一段时间是陆地脊椎动物的主宰。鸟（鸟纲）和哺乳动物（哺乳动物纲）都是从现已灭绝的爬行动物的不同群体进化而来的。

适应了陆地后，不同种类的爬行动物、鸟类和哺乳类可以随意活动，也可以重新回归海洋，本章讨论这些海洋四足动物。有一些，没有完全完成这样的转变，它们还需要到陆地上产卵，如海龟。其他的一些，则完全生活在海洋中，如座头鲸，它们已经完全适应了海洋生活，流线型的身体外形也像鱼了。这种像鱼一样的外观掩盖了大约在 5500 万年前它们的祖先曾在陆地上行走的事实（参见“走向海洋的鲸”，193 页），它们的胚胎甚至还有陆地脊椎动物特有的四肢结构（图 9.14）。

本章涉及的海洋动物包括这个星球上最神奇、最令人生畏的物种，但不幸的是由于人类的贪婪，其中一些物种面临着灭绝的危险，有些物种已经灭绝了。 182

海洋爬行类

现存的爬行动物大约有 7000 种，其中包括蜥蜴、蛇、龟和鳄，它们干燥的皮肤上覆盖着鳞片以防止水分散失，它们的卵有坚韧的外壳保护，所以爬行类可将卵产在陆地上。与大多数的鱼相似，爬行类是变温动物（poikilotherms 或 ectotherms），通常被称为冷血动物。与其他的冷血动物一样，爬行动物的代谢速率以及代谢活动水平随温度而变化，低温时活动迟缓。这一特点使爬行动物往往远离寒冷的区域，特别是寒冷的陆地，因为气温的变动幅度比海洋更大。

爬行动物是呼吸空气的、冷血的变温脊椎动物，它们的皮肤覆盖着干燥的鳞片，几乎都在陆地上产卵。

爬行类最早出现在 3 亿年前，几种爬行动物类群侵入了海洋。在所谓的爬行世纪，鱼龙等爬行动物曾经在地球上兴旺繁衍，但其中一些很早就灭绝了。现在只有几种爬行类还漫游在大海中，一些已经罕见并濒临灭绝，但有一些种类还十分常见并广泛分布。

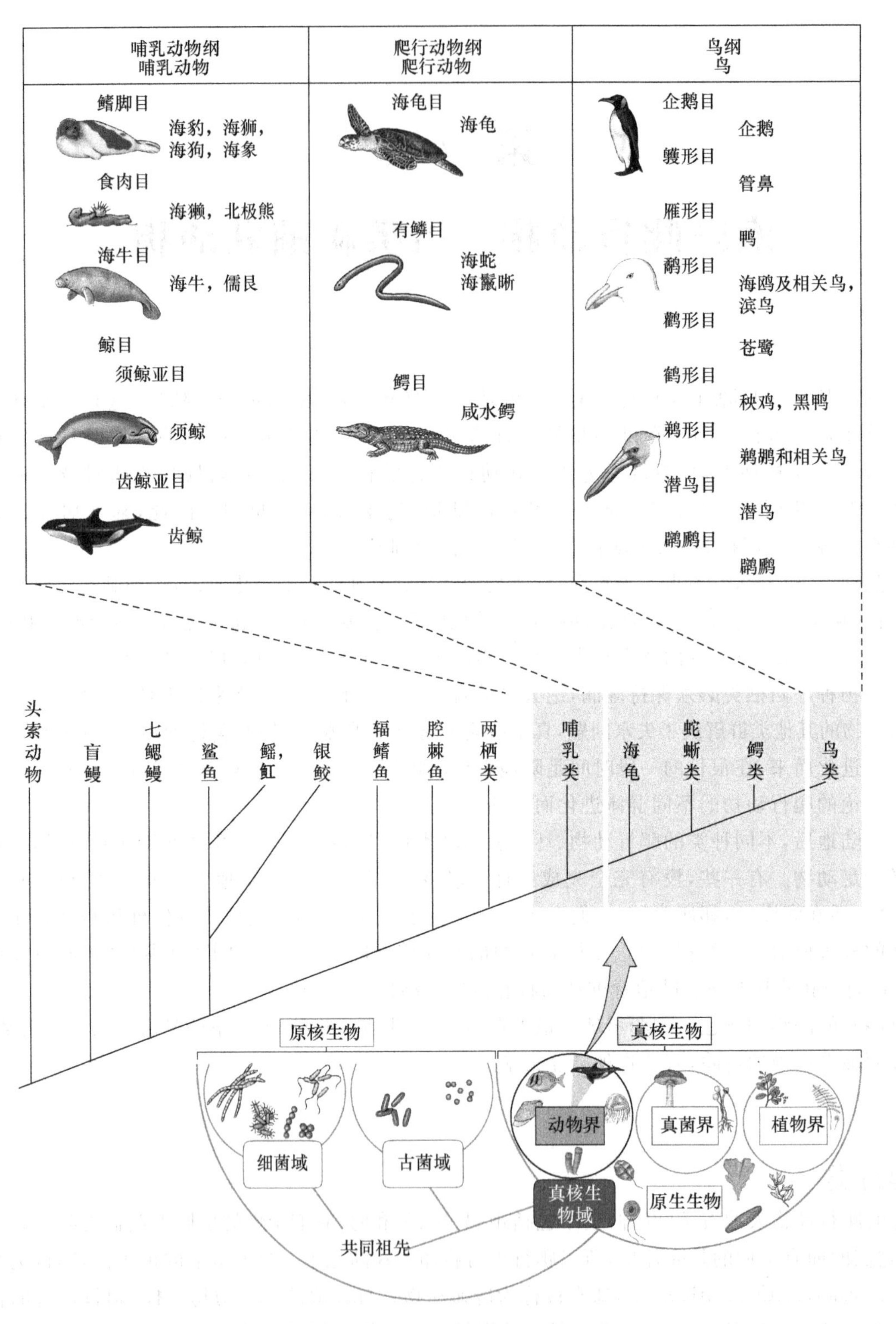

图 9.1　海龟、鸟和哺乳动物分类体系

海龟

海龟属于爬行类中古老的一群，它们的身体被盔甲一样的龟甲所包围，龟甲与脊骨是融合在一起的。与陆生龟不同，海龟不能将头缩进壳内；它们的腿，尤其是较大的前肢进化成鳍状肢以适于游泳。

海龟只有 9 种，主要生活在温暖水域。绿海龟(*Chelonia mydas*，参见 183 页照片)曾经在整个热带的沿岸水域繁衍生息。它们的龟甲长达 1 m。大多以海草和海藻为食。与所有的龟一样，绿海龟没有牙齿，但拥有强有力的咬腭。玳瑁（*Eretmochelys imbricata*，图 9.2）个体较小，甲壳红褐色，具有黄色条纹，它会用喙状嘴来摄食外被硬壳的动物（海绵、海鞘和藤壶）和海藻。

图 9.2　玳瑁，俗称鹰嘴龟，由其下颌的外形而得名（参见图 4.15），它们是色彩斑斓的玳瑁的来源。

最大的海龟是棱皮龟（*Dermochelys coriacea*），个体长度可达 2 m，重量至少 540 kg。它们没有坚固的龟甲，而在深色的皮肤下埋着一系列小的骨骼，形成清晰的纵向脊。棱皮龟是远洋物种，是所有海洋爬行类中分布范围最广的。除非在产卵地否则很难见到棱皮龟，它们是深潜者，曾追踪发现其潜入深度达 640 m。它们主要以水母为食。与其他的海龟物种一样，棱皮龟已经到了濒临灭绝的边缘（参见“濒危的海龟”，183 页）。

所有的海龟必须返回到陆地繁殖。它们长距离迁移，在遥远的沙滩上产卵，当人类出现在这个星球之前，海龟已按照其特定的生活方式生活了数百万年。现在，绿海龟仍然在中美洲东海岸、澳大利亚北部、东南亚、阿森松（Ascension）岛（位于南大西洋中部）海滩及其他的几个地点聚集产卵。海洋生物学家对阿森松岛的成年海龟进行标记，发现它们规律性地穿越 2200 km 的开阔大洋到达巴西沿岸（见折页地图），耗时大约两个多月。虽然我们仍然不很清楚它们是如何找到行动路线的，但有证据显示它们可通过感受地球磁场寻找路线。

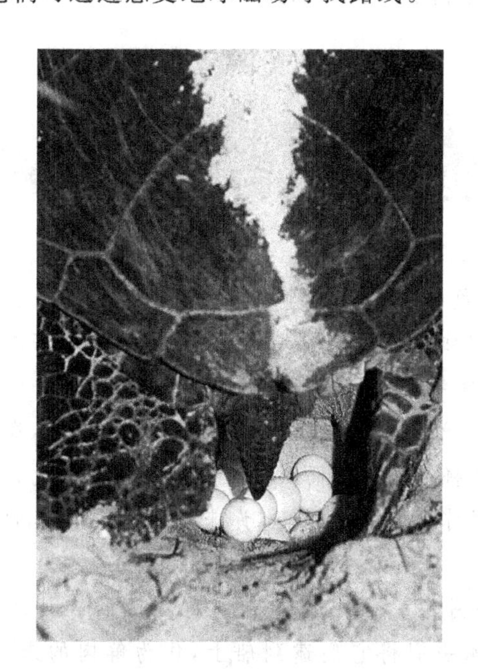

图 9.3　绿海龟（*Chelonia mydas*）产卵常要经历长时间而危险的历程，对拾卵者来说它们这时是最脆弱的，这张照片摄于 Sipadan 岛，它是马来西亚婆罗洲东北海岸龟岛之一。

对海龟繁殖的认识大多基于绿海龟。每 2～4 年绿海龟返回一次产卵地，常常是逆流而行。通过分析世界各地繁殖群体的 DNA，证明雌海龟会返回它们出生的海滩。不同海域交配繁殖的海龟其 DNA 是不同的，证据显示海龟总是执著地一代一代地返回相同的地点。

在近岸的海面上常常会看到海龟交配的情景，但只有雌龟冒险上岸，通常是在晚上。由于在陆地上的海龟可以很方便地被做上标记，因此生物学家标记的绝大多数是雌龟。雌龟聚集在沙滩上，每只龟用两对鳍肢在沙地上挖巢（图 9.3），然后在巢内产下 100～160 个大的革质卵。在返回大海前，雌龟用沙将卵掩盖起来。它们在繁殖季节可能几次返回沙滩，每次都产卵。

183

在沙滩中孵化大约 60 天后小海龟就孵了出来。小龟必须自己把沙子挖开，如果幸运的话在黑暗的保护下，小龟会一路爬回大海。绿海龟和其他海龟有很多敌人，它们的卵常常被狗、幽灵蟹、野猪和其他动物吃掉。孵出的小龟在白天很容易成为陆地螃蟹和鸟的猎物。甚至很多的幼龟在水中丧命，它们被形形色色的鱼类和海鸟所捕食。

在印度洋和太平洋的热带海域中大约有 55 种海蛇（图 9.4）。它们的身体侧扁，为了便于游泳，尾部呈桨状，长度大多数是 1～1.3 m（3～4 ft）。实际上，所有的海蛇一生都生活在海洋中，它们在海中交配，繁殖方式是卵胎生。但仍有少数种到岸上产卵。

图9.4 从南非的印度洋海岸到美洲的热带太平洋海岸,从加利福尼亚海峡到厄瓜多尔都发现了海蛇,它们常隐藏在漂浮碎片下,以引诱来的鱼为食。它们斑驳的色彩也许是对潜在捕食者的警告,因为很多鱼类常将亮色与危险联系在一起。在大西洋没有海蛇,但穿越中美洲的大运河可以使它们迁移到加勒比。

濒危的海龟

迄今为止,人类是最令海龟生畏、最具毁灭性的敌人。海龟的许多产卵地成为人类的度假地或公共浴场。光线会给寻找产卵海滩的雌性海龟造成麻烦,因为地平线上的黑暗区域表示陆地,而沿着海滩的光线看上去像星空的地平线。人工灯光也会误导孵化出来的幼龟,使它们因不能爬向大海而死去。海龟还会陷入渔网,特别是流网中;有时将塑料袋误当成水母吞食后海龟会因梗阻而死。几个世纪以来,海龟被当作食物。它们的卵被一桶一桶地取走,确定龟卵的位置是将一根木棍插入沙滩直至其泛出黄色。海龟卵被食用或用于喂猪、喂牛。海龟卵,尤其是棱皮龟的卵据称是壮阳药,这也许来源于一个荒诞的说法,就是因为人们看到成年海龟在海中能够长时间地交配。

绿海龟(*Chelonia mydas*)

海龟可以几个月不吃不喝而存活。在冷藏储存技术还没有发明的时代,水手们将它们逮到船上,作为鲜肉的来源,将它们背向下反放可以储存几个月。产卵时,成千上万只雌海龟爬上岸来,因此,逮它们是举手之劳的事。过去和现在的方法都是将它们背面向下反放着,不让其移动,不给产卵的机会,然后被拉走。绿海龟以肉味美而著称,其软骨被制成龟皂。在墨西哥西北部,每年大约有35 000只绿海龟和红蠵龟(*Caretta carettea*)被非法捕杀。有些人把肥腻的棱皮龟肉当作一种美食。

玳瑁龟的抛光龟甲是贵重的玳瑁的来源，可用来制造珠宝、梳子及其他物品（参见图 18.9），在日本尤其如此。柔软而耐用海龟皮是制作价格昂贵的皮鞋、手提包和钱包的好材料。非法捕猎的动物皮制品从墨西哥和其他国家流入美国。一些海龟油还具有商业价值。甚至幼海龟也有可利用之处，它们被杀后进行填充处理作为纪念品出售。

由于对龟卵和龟肉的无节制的过度开发，曾经非常普遍的绿海龟已在许多地方消失。绿海龟是所有海龟中分布最广泛、最常见的，而现在世界各地大约只剩下 50 万只。

由于数量很少，所有的海龟都已被划定为受威胁的物种（参见 415 页表 18.1）。例如，太平洋大约只剩下 4000 只雌性棱皮龟。在许多国家海龟还完全没有受到保护，在那儿强制保护很困难。在东南亚，捕虾网每年大约杀死 4000 只海龟。更多海龟则是被刺网及流网缠绕窒息而死。要保护所有的海岸及产卵地免受渔民和龟卵掠夺者的骚扰是不可能的。只有世界范围采取更严格的强制保护措施、控制污染、控制龟制品交易及恢复原产卵地才可能拯救它们。

在美国，所有 6 种海龟都受到 1973 年颁布的《濒危物种法案》的保护。其中的三种被定为受威胁的物种；而另外三种则被划分为濒危物种，也就是面临消失的物种，即棱皮龟、玳瑁和肯普氏丽龟（*Lepidochelys kempii*）。棱皮龟的数量从 20 世纪 80 年早期开始已经减少了 95%，大多数是延绳捕鱼的牺牲品。墨西哥湾的捕虾网对肯普氏丽龟尤其致命，它们曾经非常普遍，而现在大约只剩下几百只繁殖雌龟，它们已成为所有海龟中最濒危的物种。一段时间以来，美国的捕虾网设置了海龟脱逃的装置（TED），使它们在不幸被网缠住后可以逃脱。

与所有的蛇一样，海蛇是食肉动物，大多数以底层鱼类为食，也有的以鱼卵为食。它们与眼镜蛇等毒性最大的类群亲缘关系最近。海蛇属于所有有毒蛇中最普通的类型，被它们咬伤是会致命的。幸运的是它们很少具有攻击性，嘴太小而不能很好地噬咬。在东南亚偶有报道它们与人类的接触，如泳者踩上它们，或者渔民将它们从网中放出去。海蛇也是过度开发的牺牲品，它们因皮肤的利用价值而被捕杀，一些物种已经很稀少了。　184

变温动物　体温随环境温度变化的生物。

冷血动物　代谢热量散失到环境中，不依靠其维持体温的动物。　第 4 章，82 页。

DNA　携带细胞遗传信息的复杂的核酸。

卵胎生动物　卵在雌性的生殖道中发育和孵化的动物。　第 8 章，177 页。

其他海洋爬行类

184

在南美洲太平洋沿岸的加拉帕戈斯群岛，居住着一种不同寻常的蜥蜴，海鬣蜥（*Amblyrhynchus cristus*）（图 9.5）将大部分时间用于在海边岩石上晒太阳，用于在冷水中游泳后的取暖上。它们以海草为食，可潜到深达 10 m 的水下觅食。

另一种海洋爬行类是湾鳄（*Crocodylus porsus*，参见图 17.14），栖息在印度洋东部、澳大利亚和一些西太平洋海岛的红树沼泽和河口地区。湾鳄大多沿岸居住，也冒险进入外海。曾有记录有 10 m 长的个体，但超过 6 m 的非常罕见。它们是所有海洋动物中最具攻击性的，会袭击人、吃人。在它们出现的地方，远比鲨鱼骇人。

海洋爬行类包括海龟、海蛇、海鬣蜥和湾鳄。

图 9.5 虽然在陆地上很可怕,加拉帕戈斯岛的海鬣蜥(*Amblyrhynchus cristus*)在水下是优雅的泳者,它们摆动身体及横向扁平的尾巴(在图的左下部可见尖部)。

海鸟

185 鸟类相比爬行类有一些突出的优势,包括可以飞翔。鸟类是恒温的,也就是通常所指的"温血",因而它们是温血动物。这允许它们可以生活在各种各样的环境中,它们的身体被防水羽毛所覆盖,用来保持身体的热量。防水能力是由在尾基部上的腺体分泌的油脂导致的,它们用嘴梳理羽毛的方式将油脂擦在羽毛上。因为它们具有轻质的中空骨骼,因而飞行变得更加容易,并且它们的卵因为有坚硬外壳的保护而比爬行类更抵抗失水作用。

鸟类是恒温(温血)的脊椎动物,它们具有利于飞行的羽毛和轻质的骨骼。

海鸟将大部分的时间花费在海上,以海洋生物为食。海鸟在陆地筑巢,多数营群居生物,具有长期的生活伴侣,并照顾子代,真正的海鸟具有蹼状足以便于游泳。

海鸟从陆地鸟类的几个不同群体进化而来,结果,它们在飞行技巧、谋生方式及远离陆地生活能力方面有很大的区别。

海鸟在陆地筑巢但全部或部分在海上捕食。

虽然只占了大约 9700 种鸟类中的 3%,海鸟分布于两极之间,它们对海洋生命的影响深远,大多数是鱼类、鱿鱼和底栖无脊椎动物的捕食者,有的以浮游生物为食。海鸟有令人惊叹的胃口,它们需要大量的食物来提供能量以维持体温。

企鹅

企鹅不能飞翔(图 9.6),它们的翅膀演变成短而粗硬的"鳍状肢",使它们可以在水下"飞行"。它们的骨骼比其他的鸟类致密,以降低浮力便于潜水。

企鹅是出色的游泳健将,它利用翅膀的强力拍打推动流线型身体的前进。它们也能跳出水面,有时靠游水和跳跃交替行进很远的距离。而在陆地上又是另外一回事:它们笨拙而滑稽。企鹅是近视眼,但它们的眼睛适合水下观察。

企鹅适于冷水环境，皮下厚厚的脂肪起到御寒的作用。致密和防水的羽毛包裹着空气，并被体温加热后像羽绒大衣一样起到御寒作用。18 种企鹅中除了一种外都主要生活在南极及南半球其他的寒冷地区，唯一的例外是加拉帕戈斯企鹅（*Spheniscus mendiculus*），它们生活在赤道地区。即使如此，它们也是生活在有寒流经过的地区。

恒温动物　不管环境温度，可以维持体温大抵不变的生物。

变温动物　利用代谢热量提高体温的动物。　第 4 章，82 页。

磷虾　浮游的，像虾一样的甲壳动物。　第 7 章，139 页。

较大的企鹅，像帝企鹅（*Aptenodytes forsteri*，图 9.6）以鱼和鱿鱼为食，阿德利企鹅（*Pygoscelis adeliae*）及其他小企鹅大多以磷虾为食，企鹅有强壮的喙，这是以鱼和大型浮游类磷虾为食的海鸟的典型特征（图 9.7b），一些海鸟在陆地或冰原的巢穴与海上捕食场间季节性迁徙，它们形成繁殖群体，如在阿德利可超过 100 万对。

图 9.6　帝企鹅及幼子。帝企鹅是最大的企鹅，高达 115 cm。

186

图 9.7　鸟喙的形状与其觅食的种类及捕食类型有关。(a) 如海燕(*Pterodroma*)的管状鼻类，其喙相对短、重，带钩——这是衔住和撕咬不能一次性吞食的大猎物的最理想形状，此类鸟喙最适宜于浅层觅食，因为鸟喙的大小和形状不利于其水下快速追击。(b) 海雀(*Alca*)、企鹅(*Aptenodyte* 等)及其他海鸟的喙重但更具有流线型，适宜于深潜，以甲壳类和其他猎物为食。(c) 燕鸥(*Sterna*)、鲣鸟(*Sula*)和其他跳跃潜水者拥有直而窄的喙，适宜于吞食鱼类。(d) 剪嘴鸥(*Rynchops*)是唯一具有下长上短型喙的海鸟，可以在飞行的时候捕食。在泥滩觅食的海岸海鸟具有长而薄的喙，使它们可以获取埋在泥沼中的猎物。

帝企鹅成对生活，雄性在南极黑暗的冬季孵化着唯一的一枚卵，雌性一产完卵就离开觅食。雄性必须站在冰上，将卵放在脚上和身体之间保温，孵育 64 天。雄性挤在一起取暖，抵御可怕的冬季风暴。

你可能奇怪企鹅为什么将卵产在一年中最寒冷的时期，其实这样的繁殖方式是为了使卵在丰产的南极夏季——食物最丰富的季节孵化出来。卵孵化后，雌企鹅回来，将食物反刍给毛茸茸的幼仔。随后，双亲轮流饲喂幼仔，当双亲觅食时，快速成长的幼仔围成群，由几个成年"保姆"护卫着。返回的双亲通过声音和外形从成千幼仔中辨别它们自己的孩子，双亲持续喂养孩子 5 个半月，直到孩子足够强壮可以自己到海中觅食。

管鼻类

管鼻类是一群具有突出的管状鼻孔和通常在尖部弯曲的重喙的海鸟(图 9.7a)，它们成年累月地待在海上，像其他的海鸟和海龟一样，它们拥有盐腺，可以排出多余的盐分，全部排入鼻孔。管鼻类包括信天翁(*Diomedea*)，剪嘴鸥(*Puffinus*)和海燕(*Pterodroma*)。

管鼻类是技艺高超的飞行者，大多在海面捕捉鱼类(图 9.7a)，也有的以死鸟或鲸鱼为食。鲸鸟亦称为锯鹱(*Pachyptila*)，以磷虾和其他浮游生物为食。信天翁是拥有巨大翅膀的高贵的滑翔者，几乎见不到它们拍打翅膀。漂泊信天翁(*D. exulans*)和皇家信天翁(*D. epomophpra*)的翼展可达 3.4 m，是所有鸟类中最大的。

管鼻类的雌雄个体对它们的伴侣很忠诚，具有精细复杂的求偶和问候行为，它们大多在遥远的海岛中捕食者难以企及的悬崖上筑巢，它们通常需 8 个月时间孵育和照看唯一的幼仔，有的种类甚至更久。管鼻类演绎了所有动物中最壮观的迁徙，它们有的在南极周围的岛屿繁殖，然后穿越广阔的大洋到达夏季的北极捕食区。漂泊信天翁就是由于在返回南极附近筑巢地前要花费两年或更久的时间在南半球旅行而得名，一些没有哺育任务的个体甚至飞至加利福尼亚和地中海。

鹈鹕和相关鸟类

一些外观有很大不同的海鸟聚类为一群，因为它们所有的四个脚趾间都有蹼。它们分布广泛，是体型相对较大的鱼类捕食者。

鹈鹕(*Pelecanus*)在它们的大喙下有一个很独特的袋子，一些种类，如褐鹈鹕(*P. occidentalis*)会钻入水中用袋捉鱼(图 9.8)。褐鹈鹕曾经在美国沿海很常见，但后来因杀虫剂污染而锐减(参见"持久的有毒物质"，410 页)，随着杀虫剂 DDT 生产和使用的限制，其数量有所恢复。鸬鹚(*Phalacrocorax*)是黑色的长颈海鸟，可以潜入水中追逐猎物，它们很易辨认，因为它们在水面低空飞行，而在水中只露出脖子来游动。军舰鸟(*Fregata*)有窄窄的翅膀和长长的分叉尾巴，它们沿海岸高空飞行，迫使其他的海鸟在半空中放弃猎物或到水面捕取猎物(图 9.8)。这些敏捷的掠夺者几乎从不进入水中，甚至也不休息，因为它们的羽毛不是很防水。

187

鹈鹕和相关的种类在海岸以很大的群体筑巢，它们用细枝条及其他任何可找到的东西构筑杂乱的鸟巢，成百万鲣鸟、鸬鹚、鹈鹕和其他海鸟的排泄物累计起来形成海鸟粪，鸟粪堆积在丰产水域的干燥海岸和海岛地区，如秘鲁、智利和非洲西南海岸尤其厚。这些沉积鸟粪被开采作为肥料(参见"鱼类和海鸟，渔民和禽类"，387 页)。

海鸥和相关鸟类

海鸥(*Larus*)及其家族构成了海鸟中种类最为多样的一群，它们十分常见而且分布广泛，海鸥是捕食者和腐食者，可以吃任何东西(图 9.8)。它们与人类成功共处，聚集在码头、垃圾场或任何我们倾倒垃圾的地方。贼鸥(*Stercorarius*, *Catharacta*)长相像海鸥，它们是从其他鸟类那里偷食的捕食者(图 9.8)，它们在企鹅和其他海鸟的聚集地附近筑巢，以这些鸟的卵和幼仔为食。

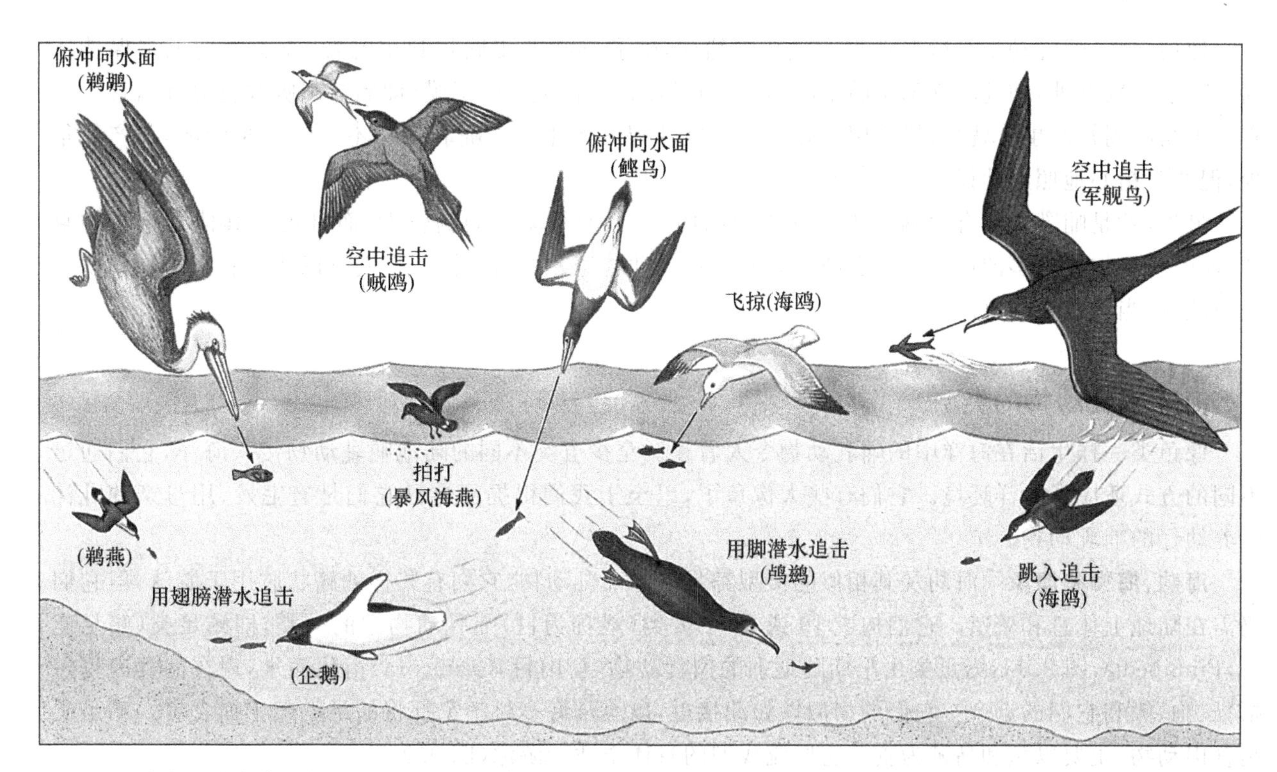

图9.8　海鸟的捕食策略有很大的不同。鹈鹕和鲣鸟从空中穿入水中觅食；贼鸥追逐其他的海鸟，迫使其放弃食物；军舰鸟从水面获取及从其他海鸟偷来食物；海鸥很少从空中俯冲；暴风海燕(*Oceanodroma*)鼓翼掠过海浪；像鸬鹚这样的潜水者则在水下追逐猎物，用脚或翅游水，泥滩海岸鸟也有不同的捕食策略(见图12.12)。

燕鸥(*Sterna*)是优雅的飞行者，在获取猎物前先在它们头上盘旋，其修长的喙适宜于捕捉小鱼，可以将整条鱼吞食下去(图9.7c)。北极燕鸥(*S. paradisaea*)是另一神奇的漫游者，它们在北半球夏季时到北极捕食，到了南半球夏季时则飞行16000 km到南极，然后再返回北极。

与海鸥近缘的还有几种冷水潜水海鸟，角嘴海雀(*Fratercula*)有像鹦鹉一样厚厚的喙，尖嘴海雀(*Alca torda*)像企鹅那样身上有黑白相间的条纹(图9.7b)。实际上这些鸟类可能会填补企鹅的空缺，因为在北半球没有企鹅。像企鹅一样，它们用翅膀在水下游水，大海雀(*Pinguins impennis*)是它们已灭绝的近亲，其外形以及行为都像企鹅。大海雀曾经大规模生活在大西洋北部，但却因其卵、肉和羽毛遭到捕杀，最后一只大海雀死于1844年。

滨鸟

在海鸟中还有一些涉水滨鸟，它们没有带璞的脚。由于很少游水，因此从严格意义上讲它们不属于真正的海鸟，很多居住在内陆水系。有些种类在河口和海岸湿地十分常见，例如，与海鸥近缘的珩、鹬和类似鸟类(图9.1)。其他一些滨鸟可以生活在海岸上，如秧鸡、骨顶鸡、苍鹭、白鹭甚至鸭子，关于滨鸟在河口的分布和重要意义将在第12章中讨论。

海洋哺乳动物

大约2亿年前，另一个主要的呼吸空气的脊椎动物类群，即哺乳动物(哺乳动物纲，Mammalia)从现已灭绝的爬行类进化而来，在很长时间内，哺乳动物笼罩在爬行动物恐龙的阴影之下，大约6500万年前，恐龙灭绝了，从此哺乳动物繁盛起来，取代了恐龙的地位。现在包括人类在内，大约有4600种哺乳动物。鱼类、爬行类和鸟类在物种数量上都超过了哺乳动物。　188

像鸟一样，哺乳动物有恒温动物的优势。然而，哺乳动物的皮肤是利用毛发，而不是羽毛来保持体温。除了少数例外，哺乳动物都是胎生的，胚胎通过连在子宫上的一层膜，即胎盘来吸收营养和氧气。还有一个众所周知的事实就是，母亲用乳腺分泌的乳汁喂养新生仔。哺乳动物不产生大量的卵，其产仔很少，但非常精心地照顾幼仔。

另外，就是哺乳动物有大脑。从与身体的比例上看，哺乳动物的脑较大，而且远比其他脊椎动物复杂，能贮存和加工更多的信息。这也部分说明了哺乳动物惊人的适应性。它们可以待在有空气和食物的任何地方，当然也包括海洋。

海洋哺乳动物的类型

像鱼类一样生活在海洋中的哺乳动物令人着迷。至少五类不同的陆地哺乳动物侵入海洋，它们通过不同的方式适应了海洋环境。它们有些太像鱼了，以至于我们得提醒自己它们是有毛发、用母亲的乳汁喂养幼仔的哺乳动物。

海豹，海狮和海象 海豹及其相似的类型都是海洋哺乳动物，它们有桨样的鳍状肢用于游泳，但它们仍需在陆地上休息和繁殖。它们构成19或20个大类（或称为目）哺乳动物中的一类，即鳍足类（鳍足亚目，Pinnipedia，图9.1），鳍足类由早期陆地上的肉食动物（食肉目，Carnicora）衍化而来，现在的食肉目包括猫、狗、熊和它们的近亲。它们的相似性如此接近，以至于许多科学家都将鳍足类归于捕食者。鳍足类是食肉动物，主要以鱼和乌贼为食。它们流线型的身体很适于游泳（图9.9）。

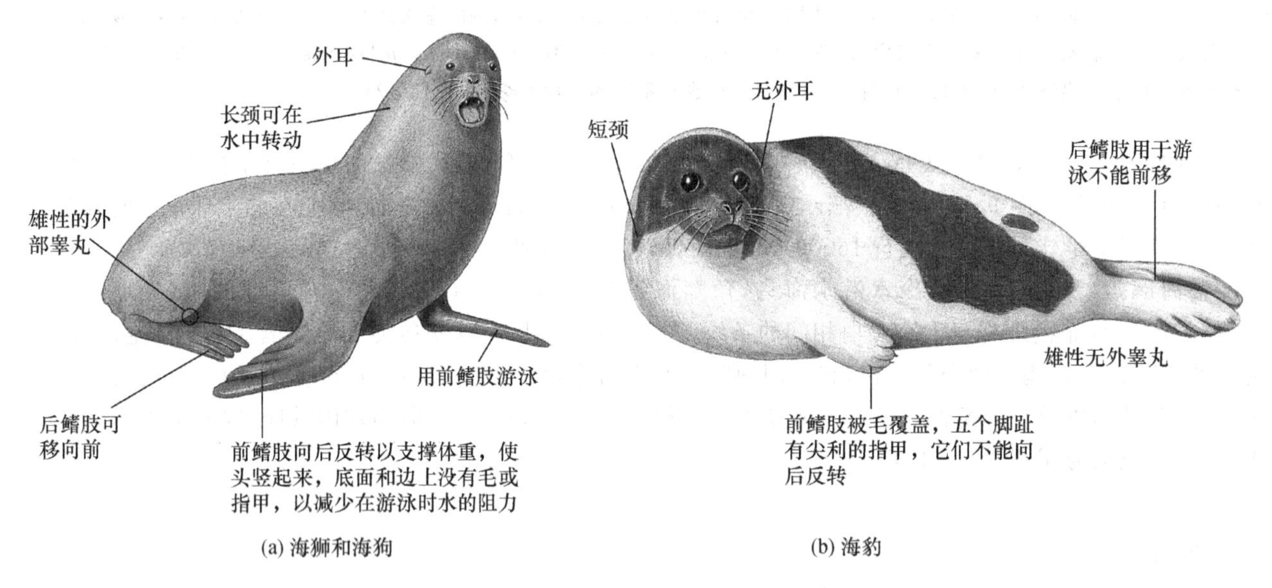

图9.9 虽然在结构特征、游泳和在陆地上移动方式不同，海狮、海狗(a)和海豹(b)如今被认为从同一类陆地食肉动物进化而来。

许多鳍足类生活在冷水中。为了保暖，它们的皮下有厚厚的一层脂肪，脂肪除了具有保温作用，还可以作为能量贮备，同时还能产生浮力。鳍足类还有短而硬的毛以增加其抵御寒冷的能力。它们大多身体很大，相对于小动物而言，它们这样的大动物比表面积相对要小些，有利于它们保持体温，减少身体热量的散失。

鳍足类包括海豹及近缘物种，是拥有鳍状肢和海兽脂的海洋哺乳动物，需要在陆地上繁殖。

鳍足类中最大一群是海豹，包括19个种。海豹的特征在于后鳍肢，不能向前移动（图9.9b）。在陆地上，它们必须用前鳍状肢移动身体，游泳时候靠后鳍的有力的划动。

斑海豹(*Phoca vitalina*,图 9.9b)普遍存在于北大西洋和北太平洋;象海豹(*Mirounga*)是最大的鳍足动物,雄性长达 6 m,重达 3600 kg,一种不常见的海豹是食蟹海豹(*Lobodon carcinophagus*),它们实际上是以南极磷虾为食,它们用复杂精致的、尖尖的、筛状牙齿滤食磷虾。和大多数海豹不同,僧海豹(*Monzchus*)居住在温水区域,地中海僧海豹(*M. monachus*)和夏威夷僧海豹(*M. schauinslandi*)已成濒危物种,第三个物种加勒比僧海豹(*M. tropicalis*)最后一次见到它是在 1952 年。

海豹因皮、肉及从可从其脂肪中获取的油,而遭猎杀。1972 年的"海洋哺乳动物保护法案"将保护范围扩大到所有海洋哺乳类,并限制在美国销售其制品。对于一些海豹,这种保护还是不够的(参见表 18.1,415 页)。 189

海狮及其近缘的海狗与海豹相似,不过它们有外耳(图 9.9a),它们还能将它们的后鳍肢移向前,所以它们可以用四肢在陆地上走或奔跑。前鳍肢可向后旋转支持身体,支撑动物坐在陆地上,将脖子和头部抬起来。海狮是优雅而机警的游泳者,这多依仗于它们宽阔的前鳍肢,成年雄性比雌性大得多,头较大,有鬃毛(图 9.22a)。

有 5 种海狮和 9 种海狗。最为熟知的是北美太平洋海岸和加拉帕戈斯岛的加州海狮(*Zalophus californianus*,参见图 9.23),这些海狮是马戏团中训练有素的会叫的"海豹",常为了一条或两条鱼表演。海狗(图 9.10)如北方的北海狗(*Callorbinus ursinus*)曾因其厚厚的皮毛而几乎灭绝。虽然还有一些种类被捕杀,但它们现在在世界各地被普遍保护起来;海狮就幸运一些,因为它们没有它们的伙伴那样的软毛。但是,海狮和海狗还是会与渔民发生冲突,它们有时会因出名的偷鱼本领而落入网中或被射杀。

图 9.10　海豹。新西兰软毛海豹(*Arctocephalus forsteri*),如其他的软毛海豹一样,以厚厚的软毛而著称。

海象(*Odobenus rosmarus*,图 9.11)是大鳍足类,它一对突出的长牙从嘴中向下伸出,它大多以底栖无脊椎动物,特别是蛤为食。海象曾被认为用长牙挖取食物,但没有这方面的证据。实际上,这些鳍足动物显然是在水底前进时吸取食物。它的嘴上直硬的胡须可能扮演了感觉器官的功能,长牙用于防卫或在冰面上起稳定作用。

胎生动物是胚胎在母体身体内发育,从母体血液系统获得营养的动物。　第 8 章,178 页。

图 9.11　海象居住在北极的浮冰边缘,它们向南迁移可达加拿大的阿留申岛和哈得逊湾,它们拥挤在孤立小岛的海滩休息,对阿拉斯加原住民和西伯利亚人来讲猎杀海象是合法的。

海獭和北极熊　虽然对海獭(*Enhydra lutris*)是否属于鳍足类存在争议,但无疑它们是食肉目动物。海獭是最小的海洋哺乳动物,雄性的平均体重在25～35 kg。它与其他海洋哺乳动物的区别还在于缺少海兽脂。它利用包裹在浓密毛皮下的空气来御寒。很不幸的是其华贵的、黑褐色的毛皮吸引着捕杀者。海獭被屠杀,几乎濒临灭绝。直到1911年受到国际公约的保护,海獭的数量才慢慢从偏远地区勉强幸存的几只开始增长起来。但近几年,其数量又有所减少,特别是在阿留申岛。在加利福尼亚它们于1995年达到高峰期,由于疾病(参见"污水的影响",405页)现略有减少,海獭仍然是受威胁物种(参见表18.1,415页)。

190

海獭是好玩而又聪明的动物,它们大部分时间待在水中,繁殖和哺育时也如此。毛茸茸的幼仔由妈妈照顾和喂养,海獭每天需要吃下它们体重25%～30%的食物,所以它们大部分时间在觅食,它们用海胆、鲍鱼、贻贝、螃蟹和其他无脊椎动物,甚至鱼类满足贪婪的胃口。它们居住在从西伯利亚的太平洋海岸到加利福尼亚中部的海藻床周围,帮助海藻床免受海胆破坏(参见"巨藻群落",290页)。

北极熊(*Ursus maritimus*)是居住在海洋环境中的食肉目的第二类成员,它们是半海洋性生物,相当多的时间生活在北极的浮冰上。主要以海豹为食,会在海豹浮到水面呼吸或休息时悄悄靠近捕获它们。

海牛和儒艮　很难相信大象的亲戚会生活在海中,海牛和儒艮属于海牛类(海牛目),有一对前鳍足,没有后肢(图9.12)。它们通过桨状的水平尾上下击水前进,圆锥形的身体充满海兽脂,皱褶的皮肤上覆有稀疏的毛发。这一类群是以歌声使船员发狂的美人鱼或女妖莎琳的名字命名的。

儒艮是温顺的生物,通常群居生活,它们是海洋哺乳类中唯一的严格素食者。它们巨大的嘴唇用来摄食海草和其他海洋植物。海牛类生物都很大,儒艮可达3 m,体重420 kg,海牛可达4.5 m,体重600 kg。海牛中最大的种类是现已灭绝的斯特勒海牛,据推测长达7.5 m(参见图18.8)。

图9.12　估计大约有1000只美洲海牛(*Trichechus manatus*)生存在佛罗里达海岸和河流中。一些集中在电力工厂的温水排出区,它们受到严格保护,但与通行的船只冲突。海牛被认为可控制造成水道堵塞的杂草,也有人建议将它们养殖来作为食物。

人们猎取海牛类生物为了获取它们的肉(尝起来像小牛肉味道)、毛皮和含油量丰富的海兽脂,像大象和其他的大型哺乳动物一样,它们繁殖很慢,一般每三年一仔。海草床是它们的食物来源,现正被铁锚、船运以及对森林过度砍伐和过度放牧导致的来自陆地的过多淤积物和营养物所破坏,其速度令人警惕。海牛类现仅存四个种,而且都濒临灭绝(参见表18.1,415页),三种海牛(*Trichechus*)生活在大西洋,一个局限在亚马孙流域,另外的居住在从佛罗里达到非洲西部的浅海水域和河流中。儒艮(*Dugong dugon*)是严格的海洋生物,生活于从东非到西太平洋的一些海岛,其数量极低。

191

鲸鱼、海豚和鼠海豚　海洋哺乳动物中最大的群体是鲸类(鲸目):鲸、海豚和鼠海豚。没有哪个类群像海豚和鲸这样激发我们的想象,它们是无数传奇、艺术和文学作品的源泉(参见"海洋与文化",425页)。营救搁浅在海滩的鲸或在水族馆虎鲸的出生在我们所有人的心中产生了强烈的感情。

在所有的海洋哺乳类中，鲸类及海牛类已经完全转变成水生生活方式，完全生活在水中，而其他大多数海洋哺乳类至少部分时间返回陆地。鲸类是流线体型，看起来特别像鱼，这是趋同进化的生动的例子：不同物种因为相似的生活方式发展出相似的结构。虽然它们在表面上与鱼类相似，但鲸类呼吸空气，假如被限制在水面下会溺水而亡。它们是温血的，有毛发（虽然很稀疏），以乳汁哺育后代。

鲸类拥有一对前鳍状肢（图 9.13），但后鳍状肢消失了。实际上，后鳍在胚胎时期还存在，只是不再发育（图 9.14），成年后它们仅留下很小的无用的骨骼结构。和鱼类一样，许多鲸类有背鳍，这是另一个趋同进化的例子。肌肉质的尾部末端为一对鳍状、水平的尾片。鲸脂（参见图 4.2）具有保温作用并产生浮力，没有体毛。鲸类鼻孔与其他哺乳类不同，它不是位于头的前部，而是在顶部，形成一个或一对开口，称为喷水孔（图 9.13）。

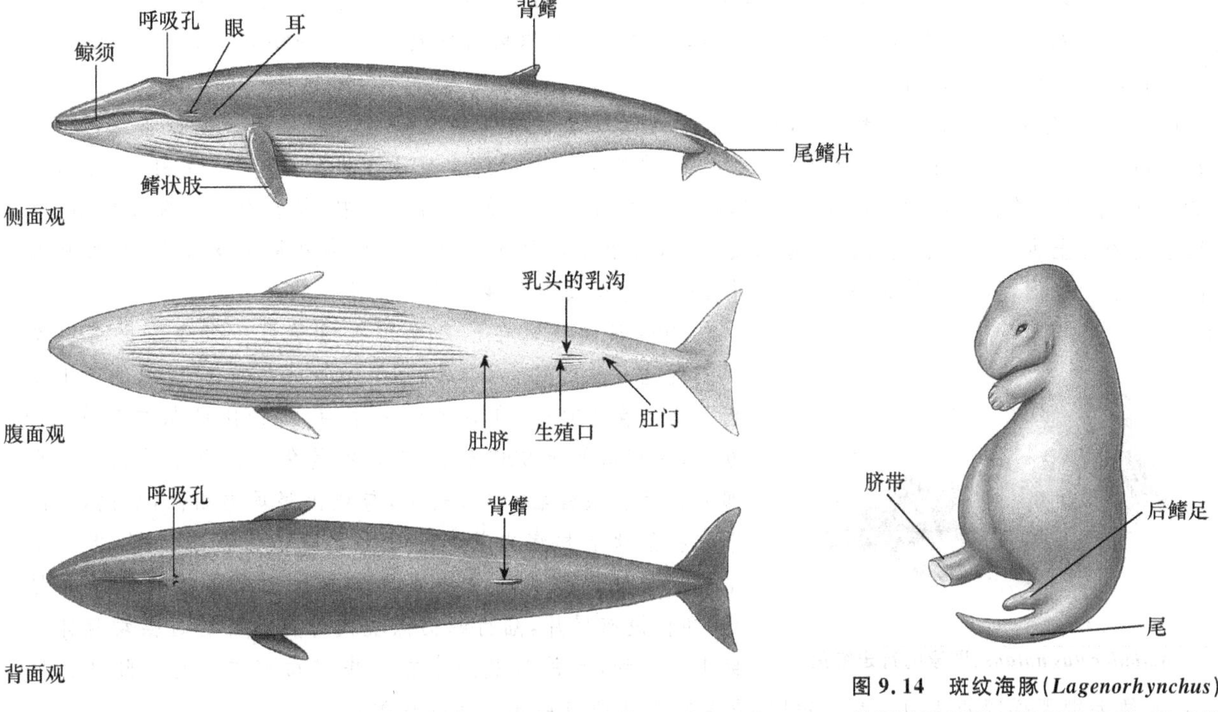

图 9.13　蓝鲸（*Balaenoptera musculus*）的外部形态，显示的是雌性；雄性在其肛门和肚脐之间有一个生殖沟，但缺乏乳沟。

图 9.14　斑纹海豚（*Lagenorhynchus*）的胚胎显示两对明显的鳍足，后对最终将消失，脐带连接胚胎与胎盘。

大约有 90 种鲸类，除了 5 种淡水豚，其余都是海生的，鲸类被分为两个群体：(1) 无齿的，滤食性鲸；(2) 有齿的，肉食性的鲸，包括海豚和鼠海豚。　192

无齿鲸比较有名的是须鲸。它们没有牙齿，而是一排排柔软的、角质的结构称为鲸须，从上颌垂下。鲸须与我们的头发和指甲的材料一样，由角蛋白构成。每一须板的内边缘由毛发状的刚毛构成，在嘴部的顶端重叠并形成致密的垫子。鲸鱼滤食的方法是吸入大口水，从鲸须挤压出来，然后鲸鱼就舔食、吞下留在刚毛后的食物。　193

很明显鲸类是哺乳动物。即使它们呈流线型的身体，缺乏后腿，尾叶和呼吸孔的结构也很难掩饰其与陆地哺乳动物的亲缘关系。然而，不同于海獭和鳍足类动物，很难想象第一批鲸的容貌，人们从化石资料可以获知已经灭绝但完全海生的鲸类。连接行走的哺乳动物和游水的鲸之间的桥梁的缺口是怎样的？

这一环节一直缺失，直到最近发现明显是陆地哺乳动物和鲸类的过渡或中间环节。

令人激动的发现最终使科学家再现鲸类最可能的起源。那是在1979年，一个地质队在巴基斯坦北部发现了可能是迄今为止最古老的鲸化石，化石被正式命名为巴基原鲸以纪念该化石的发现地，该化石嵌在5200万年前河流沉积形成的岩石内，实际上该河离古地中海海岸(参见“大陆漂移与海洋变迁”，34页)不远。

化石由完整的原始动物的颅骨构成——这是一种已灭绝的现代鲸类的祖先，虽然只是一个颅骨，巴基原鲸化石提供了极其珍贵的鲸类起源的信息。这个头骨与鲸类似，但颚骨缺少现代鲸在水下接受声音的充满脂肪或油脂的空间(参见“回声定位法”，202页)，巴基原鲸可能是通过像陆地哺乳动物那样张开耳朵感知声音，头骨也没有呼吸孔这种对鲸类来说适应潜水的结构，其他的特征也显示其是一群已经灭绝的肉食性哺乳动物中兽类与鲸类的过渡类型，据推测巴基原鲸可能还没有适应海洋生活，以浅水区的鱼类为食，它可能在陆地繁殖。

1989年在埃及又有另一重大发现，在古地中海沉积遗留中发现几具另一种早期鲸鱼械齿鲸(*Basilosaurus*)的骨骼，这几具骨骼，现今暴露在撒哈拉沙漠中。这些鲸鱼生活在大约4000万年前，比巴基原鲸晚1200年间。尽管发现的骨骼并不完整，但第一次在一个原始动物标本中，包含有一个完整的后肢，并且原肢的足上带有三个小足趾。这些原肢很小，太小了以至于远远不足以在陆地上支撑50英尺长的械齿鲸。毫无疑问，械齿鲸是完全海生的，并且带有可能没有功能的或退化的后肢。

***Ambulocetus natans*，游泳的行走鲸鱼**

1994年同样是在巴基斯坦报道了另一个令人兴奋的发现。现已灭绝的陆行鲸(*Ambulocetus natans*)(“游泳的行走鲸鱼”)生活在4900万年前的古地中海，大约比巴基原鲸晚300万年，比械齿鲸早900万年，幸运的是化石保存了后肢的很大部分。后肢很强壮，并有长足，与现代鳍足类相似，显然，它的下肢在陆地上和海中都能使用。化石仍保留了尾部，但没有尾片这种现代鲸类的主要运动方式。然而脊椎骨的结构显示，即使没有尾片，陆行鲸仍像现代鲸鱼一样通过摆动身体后部上下浮动，大的后肢用来在水中推动前进。它在陆地上繁殖，可能像海狮那样四处活动。毫无疑问，它是联系陆地与海洋生活的鲸类物种。

2001年在巴基斯坦又有了更激动人心的发现——一些其他的化石骨骼，这些化石将鲸类和有蹄类，如牛、羊、猪和河马等联系在一起。一些最古老的骨骼化石(至少5000万年)是陆地生活的、像狼一样的有蹄动物，这些鲸鱼化石的发现是海洋生物学近期最激动人心的发现之一。一旦有了重要发现，预示着一个重要的开始，它往往激起新的兴趣，而且由此提出比得到的答案更多的问题。

须鲸是用筛板滤食的鲸类动物。

须鲸不仅是最大的鲸，它们还是至今生活在地球上的最大的动物。这些巨大的动物有13种，它们曾经广泛分布于所有海域，但过度捕杀已经使一些物种到了灭绝的边缘。蓝鲸(*Balaenoptera musculus*)实际上是蓝灰色的，是最大的一种(图9.15g)。雄性平均25 m，雌性曾有长达33.5 m的记录。那么蓝鲸有多重呢？——平均80 000～130 000 kg，而记录大约为178 000 kg。

蓝鲸、长须鲸(*B. physalus*，图9.15f)和小须鲸(*B. acutorostrata*，图9.15b)和其他5种近缘种被称为须鲸，它们中的两种在2003年被分为另外的物种，须鲸和常被包含在须鲸中的座头鲸(*Megaptera novaeangliae*，图9.15c，9.20)一般大量吞食鱼类和磷虾，其咽喉的下面部分扩张，在下侧形成独具特色的风褶状沟槽，磷虾是须鲸最重要的食物，特别是在南半球，座头鲸常在鲱鱼和鲭鱼群中吹起泡泡墙而将它们赶在一起。

194

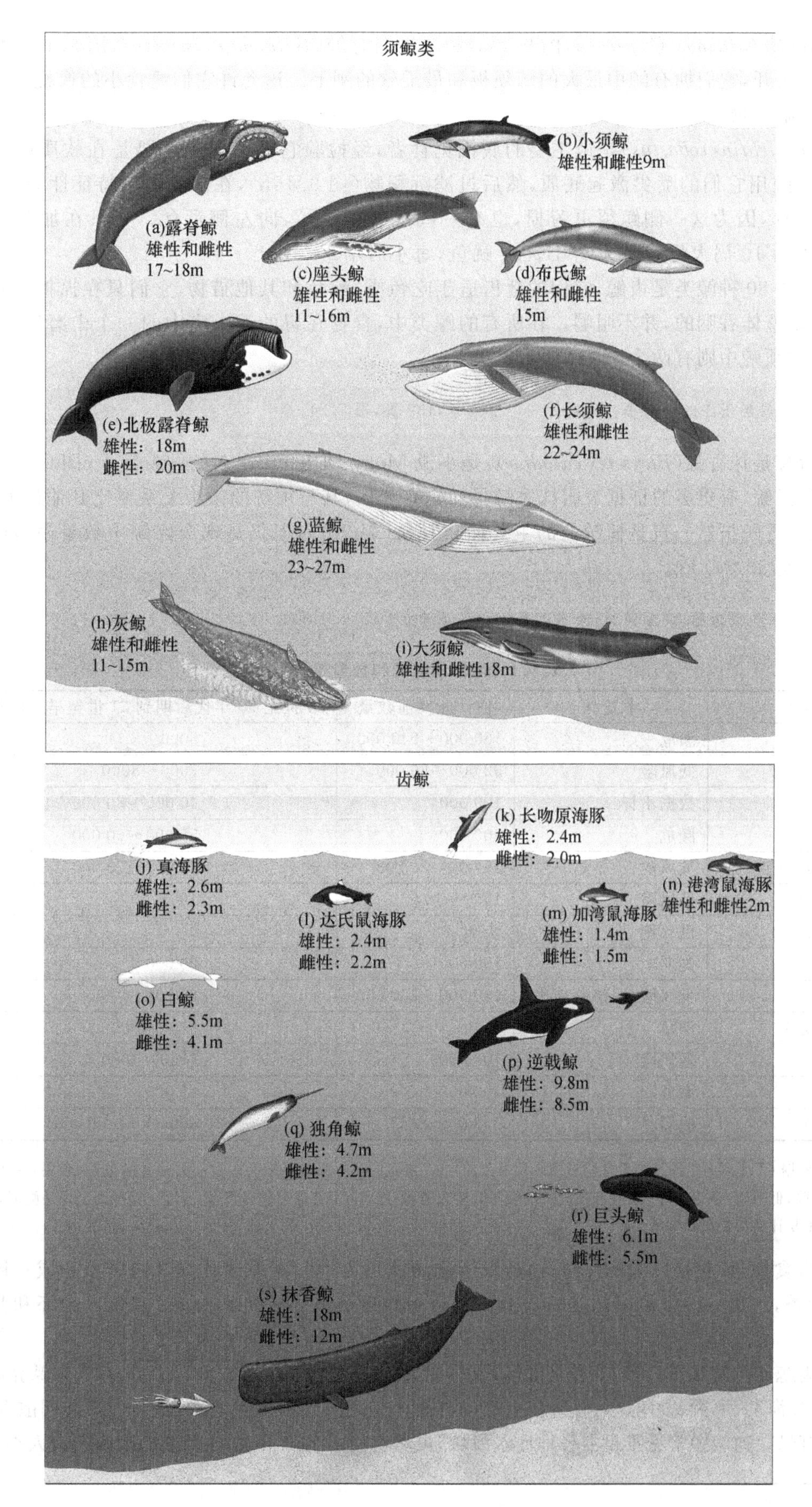

图 9.15　代表性须鲸和齿鲸

黑露脊鲸(*Eubalaena*, *Caperaea*,图 9.15a)和北极露脊鲸(*Balaena mysticetus*,图 9.15e)觅食时是在水面将大嘴张开,它们拥有鲸中最大的鲸须板和最柔软的刚毛。这允许它们滤食小的像桡足类及一些磷虾一样的浮游生物。

灰鲸(*Eschrichtius robustus*)是最主要的底栖觅食者,经检验它们的胃中主要是在软质底栖息的端足类动物。灰鲸用它们的嘴尖激起底质,然后过滤沉积物(图 9.15h),在海底留下特征性的小坑,可能大多以右侧觅食,因为这一侧鲸须更劳损,也有一些是"左撇子",向左侧觅食。一只在加利福尼亚圣地亚哥洞穴中的 10 周大母鲸每天吃 815 kg 鱿鱼,每小时增重 1 kg!

195

现存的大约 80 种鲸类是齿鲸,它们的牙齿适于吃鱼类、鱿鱼和其他猎物,它们只在抓持猎物时才使用牙齿,食物是整体吞咽的,并不咀嚼。在所有的鲸类中,食物在胃的三个室中的一个中磨碎,呼吸孔有一个出口,而在须鲸中则有两个。

端足类　身体层层压缩的小的甲壳动物。　第 7 章,139 页,图 7.24。

196

最大的齿鲸是抹香鲸(*Physeter catodon*),是小说 Moby Dick* 中出名的钝鼻巨人(图 9.15s)。抹香鲸和须鲸合称巨鲸,有更多的证据表明抹香鲸虽然也有牙齿,其与须鲸的亲缘关系要比其他齿鲸更近些。几个世纪来,抹香鲸虽然一直是捕鲸业的主要捕获对象(表 9.1),但仍是现今巨鲸中数量最多的。抹香鲸最重的纪录是 38 000 kg。

齿鲸,包括海豚和鼠海豚,缺少鲸须,大多以鱼类和乌贼为食。

表 9.1　巨鲸的状况和数量统计

鲸的种类	状况*	估计开发前数量	20 世纪 90 年代后期到 21 世纪早期的估计数量
蓝鲸	濒危	160 000～240 000	5000
北极露脊鲸	低风险	52 000～60 000	7000～8000
布氏鲸(猎杀)	数据不详	100 000	40 000～80 000
长须鲸	濒危	300 000	55 000～60 000
灰鲸(东太平洋)(猎杀)	低风险	15 000～20 000	22 000～26 000
灰鲸(西太平洋)	低风险	1500～10 000	100～200
灰鲸(大西洋)	已灭绝	未知	0
座头鲸	脆弱	150 000	20 000
小须鲸(猎杀)	低风险/受濒临威胁	130 000～250 000	850 000
北露脊鲸(猎杀)	濒危	未知	870～1000
南露脊鲸	低风险	100 000	1500～4000
大须鲸	濒危	100 000	55 000
抹香鲸(猎杀)	脆弱	＞2 000 000	400 000～500 000

* 状况等级根据 CITES(野生动植物濒危物种国际贸易公约)——濒危:在不久的将来有非常高的绝种的危险;脆弱:在中长期有非常高的灭绝的危险;低风险/濒临威胁:没有濒临危险或脆弱但接近脆弱;低风险:在保护程序下,但若停止保护则至少是脆弱;数据不详:因资料不合适,不易评估灭绝危险等级。

197

抹香鲸喜食鱿鱼,包括巨大的深海鱿鱼,未消化的鱿鱼齿舌和其他碎片在其内脏累积成一团黏性物质,称为龙涎香,这是一种非常好的香料成分。抹香鲸也吃各种各样的鱼(包括鲨鱼)、龙虾和其他海洋动物。

其他的齿鲸比巨鲸都小得多,一种是虎鲸,或称逆戟鲸(*Orcinus orca*,图 9.15p),具有非常漂亮的黑白相间的颜色,掠食海豹、海狮、企鹅、鱼、海獭甚至鲸鱼,它们用白色的肚皮惊吓青鱼鱼群,使鱼群四散奔逃,再用尾叶将它们打晕。逆戟鲸常见于世界各地冷水海域,虽然它们的名声不太好,但它们很少袭击人类。

* Moby Dick 是著名小说 Moby Dick 中白鲸的名字。——译者注

虽然大多数小的齿鲸都是鲸类,但叫它们海豚或鼠海豚,实际上,鼠海豚仅包含钝鼻鲸的一小群(图 9.15n),在一些地区"鼠海豚"的名字也用来称呼一些海豚。

很多种海豚拥有典型的吻突或喙,和永恒的"微笑"。顽皮、高度社会性和易于训练,海豚赢得了人类的欢心。它们常以大群体形式旅行,喜欢在船舷或伴随巨鲸前行。宽吻海豚(*Tursiops truncates*)是世界各地水族馆和海洋主题公园常见到的海豚,长吻原海豚(*Stenella longirostris*,图 9.15k 及 9.16)因其在空中壮观的盘旋跳跃而得名,它是在金枪鱼渔网中被捕获的海豚物种之一,这是因为它们同金枪鱼有同样的捕食种类,往往同时出现。

海豚不是唯一受到威胁的鲸类,捕鲸具有悠久的历史,是古老的商业行为。早在公元前 6000 年的石器时代,人类就开始捕食鲸类,美洲原住民在史前时代就捕食灰鲸,爱斯基摩人捕鲸依然还是合法的行为。巴斯克人在哥伦布前就在纽芬兰捕鲸,直到 1600 年,欧洲人在北美开始大规模捕杀巨鲸。美洲人于 1600 年晚期在新英格兰开始捕鲸,最终主宰了世界捕鲸业,他们从小船上用叉子捕鲸,这是从原住民学来的技艺。虽然并不为获得食物,但这是一个报酬丰厚的行业。鲸油可以提炼油来制造肥皂和灯油,鲸须用作胸衣支架和其他商品,还可从这个巨大的动物身上获得肉和其他有价值的产品。捕鲸业由于蒸汽船和 1800 年毁灭性的鲸叉的使用而快速发展起来,像蓝鲸和长须鲸这样最大及游泳最快的鲸,从此也需要倚仗捕鲸人的怜悯。

图 9.16 太平洋东部的长吻原海豚(*Stenella longirostris*)在船侧前进。

鲸是低生育率的长寿哺乳动物,巨鲸一般只生一头发育良好的幼仔,由母亲照看一年或更久。雌鲸在生育后 1~2 年内不再怀孕,由于低生育能力,鲸无法承受密集捕鲸的压力,一些渔场崩溃,几乎所有的巨鲸现在都被归为濒危物种(表 9.1)。 198

第一个处于危险之中的是缓慢游动的北大西洋露脊鲸(*Eubalaena glacialis*,图 9.15a),它们是被捕杀的"合适"的物种,因为据捕鲸者说,它们在被鲸叉袭击后会浮到水面上。19 世纪早期,捕鲸转移到南极的富渔场,在那里可以捕到其他的鲸类,这一地区是真正的发财之地。捕鲸国开发出可加工完整鲸体的工厂化船只。1930 年南极渔业达到高峰,二战期间,鲸暂时得到了解脱,但已经太晚了,据估计单在南极地区就有超过 100 万头鲸被捕杀。

蓝鲸,鲸中最大的一种,是捕杀的重点,一条大的蓝鲸可产生超过 9000 加仑的油,据估计 1924~1971 年间,全世界超过 20 万头蓝鲸被捕杀,单在 1930~1931 年间的捕鲸季节,就有接近 3 万头被捕杀,捕杀量超出了可持续的产出水平,在 1936 年后,"每个工作日捕杀鲸鱼的数目"的效率指数每年下降,到 1963 年捕杀的蓝鲸中有 80%都未性成熟,因此,可延续物种的个体就更少了。

长须鲸是第二大鲸类,成为蓝鲸后的又一个目标,它们也越来越稀少。19 世纪 50 年代和 60 年代早期长须鲸每年的产量是 2000~32 000 头,大多来自南极地区,随着存量的减少,在 60 年代中期捕鲸者将目标转向了较小的大须鲸(鳁鲸,*Balaenoptera borealis*,图 9.15i),其大小平均 13 m,而长须鲸平均 20 m。

更多的有经济价值鲸类的锐减意味着捕鲸业利润的减少。1946 年,20 个捕鲸国建立了国际捕鲸委员会(IWC),试图规范捕鲸行为,防止过度捕杀。该委员会负责收集鲸数量信息,以设定每年可捕杀的限额。不幸的是委员会没有约束力,也不能强制实施,并且一些捕鲸国不属于 IWC。直到 1965~1966 捕鱼季前,蓝鲸没有完全被 IWC 保护,这时其数量已急剧减少,很难见到了,因此捕杀蓝鲸已无利可图。即使在 IWC 的保护下,在 1971 年之前蓝鲸还是被不属于 IWC 的国家捕杀。

密集捕鲸已经导致巨鲸大多数物种几近灭绝，实际上所有的这些物种现在都是濒危物种。

基于环境保护主义者的巨大压力，IWC逐渐禁止对其他鲸鱼的捕杀。对鲸产品的需求，如大多鲸油用于人造黄油和润滑剂用油的生产，现由于替代品的开发而正在减少。然而鲸肉，主要在日本仍然作为宠物食物，也供人类食用，而IWC的较低的配额常常并不被所有国家所接受。

1972年美国国会通过了"海洋哺乳动物保护法案"，禁止在美国水域对所有海洋哺乳类的捕杀（阿拉斯加当地的传统渔业区除外，参见图4.2），禁止进口海洋哺乳动物的产品。到1974年IWC保护了世界各地的蓝鲸、灰鲸、座头鲸和露脊鲸，但也仅仅是在其储量已不再具有经济开发价值之后才这样。抹香鲸、小须鲸、长须鲸和大须鲸还在被大规模捕杀，但世界范围的捕杀正在减少。对鲸的捕杀从1965年的64 418头减少至1975年的38 892，到1985年则为6623头。1985年IWC宣布所有商业捕鲸暂停，这正是保护组织长期的追求。苏联在1987年终止了所有捕鲸活动，但日本、冰岛和挪威选择在1988年继续捕杀小须鲸、长须鲸和大须鲸，这是在IWC允许的有争议的"科学捕鲸"名义下进行的。

1994年IWC在南极水域开辟了一个巨大的鲸避难所，这是80%残存的大型鲸的主要栖息地，但日本宣布继续在南极捕鲸。从1997～1998年开始，日本每季从南极捕杀440头小须鲸，从北太平洋捕杀100头小须鲸。2002年捕猎季日本在北太平洋的捕杀增加到150头小须鲸、50头布氏鲸（*Balaenoptera edeni*，图9.15d）、10头抹香鲸及自1987年起首次的50头大须鲸。1997年挪威藐视IWC的规定，在北海开始商业捕鲸，为2005～2006年设定了796头小须鲸的限额。1989年就不再捕鲸的冰岛，2005～2006年亦允许捕38头小须鲸，日本自己设定的2005～2006年度的配额是850头小须鲸、50头座头鲸和50头长须鲸。

北极地区从格陵兰岛到西伯利亚及加勒比的小安地列斯群岛地区的当地居民仍维持了传统渔业部分的小规模捕鲸活动。北极露脊鲸是北极地区捕杀的鲸类，座头鲸是小安地列斯群岛地区捕杀的鲸类，它们是濒危物种。仍在北极地区被捕杀的还有其他的小型鲸鱼——逆戟鲸、独角鲸（*Monodon monoceros*，图9.15q）和白鲸（*Delphinapterus leucas*，图9.15o和9.19）。

199

没有人知道什么时候巨鲸才能成群地像大规模捕鲸前一样游弋在大洋中。一些专家担心几个严重受威胁的物种恐怕永远也不会完全恢复了，不过一些物种正在恢复中。加利福尼亚灰鲸自1947年开始保护，已出现恢复的迹象，从1994年起就将其移出了濒危物种目录。1997年IWC允许西伯利亚当地渔民捕杀600头灰鲸，华盛顿州的马卡印第安部落到2004年捕杀20头灰鲸。而该部落在1999年仅捕获了一头灰鲸。即使像蓝鲸，因是呈世界性分散的小群体而繁殖深受限制，其数量也呈恢复趋势，它们已经回到了挪威北部的北冰洋南部区域，一个曾经繁荣的栖息地，由于捕鲸它们在该地区几近灭绝。在加利福尼亚海域观察到它们数量在快速增加，但在南极的数量却低于初步估计：有500头左右或只有捕鲸前的0.2%。

自从"2003柏林动议"后，IWC已从专门的捕鲸规划组织变成了一个保护组织，同意帮助解决巨鲸还有海豚和鼠海豚们遇到的威胁。海豚也处于巨大危险中（参见表18.1，415页），它们已经取代较大鲸鱼成为鲸类动物中最受威胁的动物。多达28种小的鲸类动物处于灭绝的直接危险中，只剩下不到600头海湾鼠海豚（*Phocoena sinus*，图9.15m），这种害羞的、铲状鼻子的鼠海豚只在加利福尼亚海湾北部发现，直到1958年才被科学界所知。海豚赖以生存的鱼类和乌贼储存正因渔业开发而枯竭，海豚也被作为食物捕杀。所有海豚中最稀有的是白鱀豚（*Lipotes vexillifer*），一种只在中国河流中发现的淡水豚，它处于灭绝的边缘，数量不到100头。

渔民采用巨大的围网（参见图17.5b）在东太平洋捕获黄鳍金枪鱼（*Thunnus albacares*）群，这样常会溺杀一些游在金枪鱼群上方的海豚。渔民常在看到海豚后发现渔获物，称为"金枪鱼背景法"。在19世纪70年代早期，估计每年有200 000头海豚死亡，大多死在美国渔业船队的手中。屠杀在美国激起公愤，在1972年美国通过了"海洋哺乳动物保护法案"，要求降低海豚的事故性死亡，对美国船队强制性设定了20 500头的海豚死亡限额。强制使用特殊渔网，并配置了登船观察员保证法案的实施。

到 1990 年估计在实施的西太平洋水域被美国金枪鱼船队杀死的海豚为零。环境保护者在 1990 年获得了一个很大的胜利，因为美国三个最大的金枪鱼加工厂保证不买卖使用会伤害或杀死海豚的方法捕获到的金枪鱼。金枪鱼罐头开始使用“海豚安全”标签，在美国，未使用海豚安全方法捕获的进口金枪鱼被禁止销售。在 1997 年禁令在一些国家实行，特别是在墨西哥，渔民们改进了他们的方法。

海豚曾经深受数以千计的流网之害(见图 17.5a)，这种网也威胁鲨鱼、海龟、海豹、海鸟和其他海洋生物。该网长达 60 km，深至 15 m，用来捕鱼和乌贼，但实际上它们可以捕获任何游过的生物，它们不仅会枯竭有价值的商业鱼类，如青花金枪鱼和鲑鱼，也捕获一些非经济物种。流网非常浪费，因为起网时很大一部分猎物会落掉。它们在北太平洋鲑鱼渔场的使用对达氏鼠海豚(*Phocoenoides dalli*，图9.15l)是致命性的伤害。成百的渔船在南太平洋使用流网捕获金枪鱼导致灾难性后果，国际社会敦促日本和台湾地区的船队终止使用流网，日本拥有在太平洋地区使用流网的最大船队。

海洋哺乳动物生物学

对海洋哺乳动物了解的缺乏是一件令人吃惊的事，大多数海洋哺乳动物很难或不可能通过饲养或在海中长时间观察。一些鲸和海豚很难见到，我们所了解的点滴来自被捕捉或搁浅的个体及捕鲸者多年收集的信息。

游泳和潜水　适于游动的流线型身体是海洋哺乳类的特点，海豹、海狮和其他鳍足类大多通过活动鳍肢来游泳。海牛类和鲸类却通过尾部和尾叶的上下移动游泳(图 9.17)，而鱼类则将尾部左右摆动。海狮的速度记录是 35 kph，蓝鲸和逆戟鲸是 50 kph(30 mph)，一群普通海豚(*Delphinus delphis*，图 9.15j)的速度记录是 64 kph(40 mph)！　200

图 9.17　鲸类利用尾部和尾叶强有力的上下活动而前进。

鲸类的优势在于出气孔在头的顶端，这使它们即使大部分身体在水下也可进行呼吸，而一些鳍足类和海豚快速游动时，需要跳出水面喘口气。这也意味着，鲸鱼可以吞食而不会溺水。为防止吸入海水，海洋哺乳类非常快地呼吸，一头长须鲸用肺完全呼出再重新吸满只用 2 秒，是我们人类所用时间的一半，而鲸可吸入比人类多 3000 倍的空气！

大型鲸温热的呼气中的湿气在遇到空气后浓缩，夹杂着一点黏液和海水，这种水蒸气形成特征性的水柱，在很远的地方也可见，其高度和角度可作为物种识别的依据，比如说蓝鲸的水柱大约高度在 6～12 m。

为在冷水中保持温度，大型鲸要依赖于很厚的一层鲸脂(参见图 4.2)。但觅食导致它们的嘴部暴露在低温下，这是它们在觅食时遇到的主要问题。最近发现它们舌头上的血管网络可通过将温暖血液中的热能转移到将血液运回身体中心的血管中而降低热量散失。

海洋哺乳类掌握潜水艺术，大多潜入深水觅食，它们的潜水能力有很宽的范围。海獭只可潜 4～5 min，达到55 m 的深度；鳍足类可达 30 min，深达 150～250 m；雌性北方象海豹(*Mirounga angustirostris*)可连续潜水 400 m，曾有达 1500 m 的记录；威德尔海豹(*Leptonychotes weddelli*)被记录可潜水达 1 h 13 min，深达 575 m。　201

以浮游生物为食的长须鲸不需要深潜，一般在 100 m 以内。齿鲸却是出色的潜水者。海豚可潜至 300 m，潜水冠军是抹香鲸，可在水下待至少 1 h。抹香鲸可潜 2250 m 或更深。海洋哺乳类长时间潜水需要几个方面的条件，一是可以长时间不呼吸，这不仅要求它们屏住呼吸，还要求它们可以为重要器官提供氧气。为在潜水前储存足够的氧气，鳍足类和鲸类在 15～30 s 时间内屏住呼吸，然后很快地呼出并重新呼入新的空气，在每次呼吸过程中，在肺中高达 90%的氧气进行了交换，而在人类中只有 20%。

海洋哺乳类从空气中吸收氧气并将它们储存在血液中的能力也比其他哺乳动物强。相比不潜水的哺乳类，它们拥有相对多的血液，血液中含较高浓度的红血球或血红细胞，这些细胞携带更多的血红蛋白。而且，它们肌肉内的肌红蛋白特别丰富，表明肌肉本身就可储存很多氧气。

除了增加氧气供应之外，海洋哺乳动物还有一些减少氧气消耗的适应。当它们潜水时，其心率显著减慢。例如，北方象海豹的心率从大约每分钟跳动 85 次减少至 12 次，血液流向非关键器官（如末梢和肠道）的量减少，但仍维持在大脑和心脏等重要器官的供应。这样当在潜水中氧气供应切断时，可保证最需要的地方氧气供应。

呼吸空气的潜水动物（包括人类的潜水）面临的另一个潜在问题是来自于空气中存在的大量氮气（占总体积的 70%），氮气在高压下溶解更多，这就是深潜时遇到的问题。水肺潜水者的血液在水面下加速溶解氮气，假如压力突然减小，一些氮气不再维持溶解，而在血管中形成小的气泡，当你打开一瓶苏打水时会发生类似的现象。只要瓶盖在，压力就在。碳酸饱和，实际是二氧化碳气体，保持溶解的，当你打开瓶盖时，压力释放，就形成气泡。潜水后氮气气泡在血液中形成，它们可以聚集在关节处或阻断血液流向大脑和其他器官。这会导致可怕的疼痛症状，称为弯曲症或减压症，为避免这一现象，人类潜水者会小心注意潜到怎样的深度、待在水下的时间和返回水面的速度。

202

血红蛋白 一种在一些动物中运输氧气的血蛋白；在脊椎动物中包含在红血球内。

肌红蛋白 在一些动物中一种储存氧气的肌蛋白。 第 8 章，166 页。

海洋哺乳类比人类潜得更深，在水下待的时间更长，那么它们也会得减压症吗？它们其实是拥有可以防止氮气溶解于血液的适应机制，人肺在陆地上工作的原理和戴着水肺在水下是一样的。当海洋哺乳动物潜水时，它们的肺部实际上是可塌陷的，它们拥有一个灵活的肋骨栅，在水的压力下被推入，因此空气被挤出肺部的外围区域，那儿是空气溶入血液的地方，空气从而进入肺部的中心区域，这儿只有很少的氮气被吸收。高浓度的血红蛋白和肌红蛋白储存潜水时海洋哺乳动物血液和肌肉需要的氧气。肺部需要的空气减少，从而减少了氮气的吸收。一些鳍足类在潜水前先排出空气，因此减少肺部空气的量，进而减少氮气的量。

长期观察发现海洋哺乳类不会得减压疼可能根本不准确，近期的证据表明深潜鲸类也得忍受减压疼的一些影响（参见“放眼科学：鲸类减压症”）。

海洋哺乳类对深度、长期潜水的适应包括在水面进行充分空气交换，在血液和肌肉中储存更多的氧气，减少对末梢的血液供应及有可塌陷的肺，这些有助于防止减压疼。

回声定位法 海洋哺乳类对嗅觉的依赖较小，而这对它们的陆地同类却很重要。它们有非常好的视觉，还发展出了另一基于听觉的感受体系——回声定位。回声定位是声呐的天然版本，大多数齿鲸，包括海豚和小型鲸及一些鳍足动物采用回声定位，至少部分须鲸可能使用回声定位。海洋哺乳类不是唯一采用回声定位的，例如蝙蝠就采用该法在夜间飞行时发现昆虫和其他猎物。

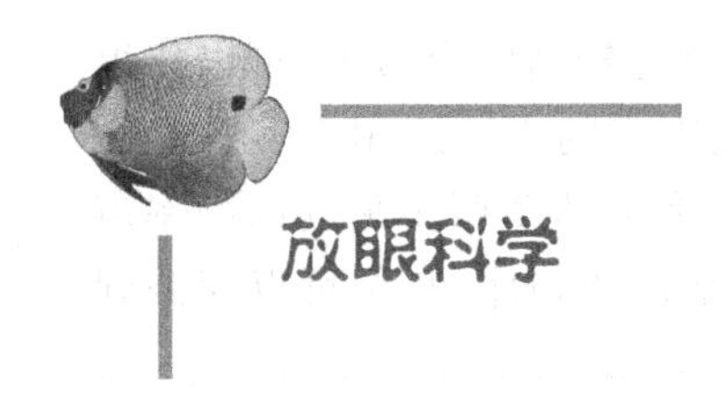

放眼科学

鲸类减压症

鲸类及其他海洋哺乳类多是深潜者，人们一直认为它们拥有在潜水时减少血液中氮气溶解的适应特征，因此可防止减压症(参见“游水和潜水”，199 页)。科学家最近获得的资料表明至少在鲸类潜水最深的一员——抹香鲸中，这可能根本不正确。

美国马萨诸塞州的伍兹霍尔海洋学研究所研究了收集自 100 年前的大西洋和太平洋抹香鲸骨骼。与遭受减压症的人类的情况一样，它们显示了同样的损伤及骨组织丧失特征。肋骨及身体其他部位的骨骼有明显的侵蚀和退化情况，上面有小的空洞。弥散在骨骼中细血管内的氮气气泡导致血管膨胀，造成了骨组织最终的侵蚀和退化。同样的变化也发生在软骨中，没有证据表明损伤由微生物感染导致，而这种损伤的严重程度与鲸的大小即年龄有关。

学者们认为骨和软骨损伤是由普通潜水行为的变化累积效应引起的，因为鲸鱼有时被迫很快地返回水面。对于需要潜入深水觅食，又受军事声呐惊扰而快速返回遥远水面的一些鲸，会发生对内部器官的伤害。这样的伤害似乎也是由氮气气泡的形成引起的，这是另外一个鲸并不完全能摆脱减压疼的例证。

伍兹霍尔团队正在对其他的抹香鲸标本进行研究，也期望检查搁浅的鲸骨骼和组织，特别是新鲜的组织。他们也计划调查其他海洋哺乳类，以寻找在抹香鲸中发现的损伤，他们还希望通过研究鲸和海豹的潜水行为来推测是否特殊的行为方式可以避免减压症。

(更多信息参见《海洋生物学》在线学习中心。)

海洋哺乳类的回声定位是通过声波发射，声波在水中传播的速度比在空气中快 5 倍，然后倾听从周围物体反射回来的回声(图 9.18)。回声经大脑分析，回声返回的时间告诉它们物体的远近。

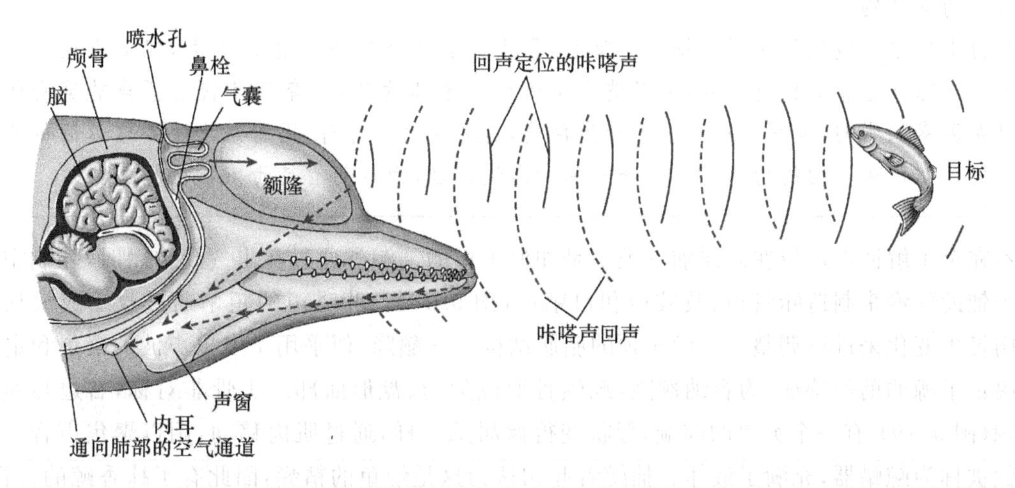

图 9.18　海豚将空气在内部空气通道中推进而发射声波脉冲或咔嗒声进行定位，两个肌肉鼻栓起阀门的作用，关闭及打开通道。鼻栓的组织拍击可能因使运动中的空气产生振动而发出声音，额隆使咔嗒声形成波束。为能覆盖较宽的区域，海豚会将头部摇来摇去。额隆据认为可接受回声，并将回声传递到耳部，但大多数回声由下颌接收。

一些海洋哺乳类回声定位是通过分析它们发射声波的回声。
回声定位用来发现周围的猎物和定向。

回声定位中的声音包括以不同频率重复的尖锐的短脉冲，低频率的咔嗒有较高的穿透力，可以传得更远。它们可反应大体的地貌，用来获得周围地貌信息。在一些齿鲸中低频率的声波还用来震昏猎物(参见“另一种‘大爆炸理论’”)。为分辨得更清晰及定位附近的猎物，它们还使用人类听不见的高频率声波。实验显示蒙住眼睛的宽吻海豚可以分辨有细微大小差别及不同材料制作的物体，甚至可以探测到电线。

另一种“大爆炸理论”

齿鲸利用声音进行定位及相互间交流，最近发现了鲸类使用声波的不同方式。

这一假说用来解释最大的齿鲸抹香鲸的觅食习惯，从捕获或搁浅的鲸胃中见到的鱿鱼没有任何牙齿咬过的痕迹或各种伤痕。实际上有报道鱿鱼从刚被捕获的鲸胃中游了出来！似乎抹香鲸捕获鱿鱼的——包括巨鱿鱼的方式并不是使用它们的牙齿，它们的牙齿实际上也没有什么用处，因为牙齿只出现在下颌上。另一个困惑就是抹香鲸体重超过 36 000 kg，而且平均速度 2～4 海里/时，是如何捕获游速为 30 海里/时的乌贼的。

是否可以用鲸鱼和海豚使用强大的声波来捕获食物来解释？这一富于创造性的假说被称为另一种“大爆炸理论”。原来的理论用来解释我们宇宙的起源(参见“地球的结构”，23 页)。假如鲸用声波击晕猎物，然后整个吞下，则可以解释猎物被捕获时还是活着的。

由齿鲸已灭绝的祖先可得到一些间接的证据。已知最早的齿鲸的化石拥有布满尖齿的长吻(参见“走向海洋的鲸”，193 页)，像梭鱼一样，牙齿可能用来捕捉小鱼和其他猎物。然而长吻在大多数现代鲸类中消失，牙齿变得更宽更短。是不是现代齿鲸演化出新的捕获食物的方法，还是它们的食谱变了呢？

声呐觅食包括强大的低频声波，足以击昏鱼或鱿鱼，尽管还不是很清楚鲸类的声音产生机制，但抹香鲸确实能产生所需要的声波，这声波在动物中是最强和最巨大的，声呐觅食在早期鲸类中可能是回声定位演化过程中的副产物。

要想获得支持这一假说的必要证据并不容易，很大的噪声确实可以击昏鱼类，但很难重现鲸类产生的声音。野生海豚产生类似枪响声音，可以被人类听到。不幸的是，研究天然状态下声呐觅食的详细情况受很多复杂因素的影响，捕获的海豚不再产生巨响，这并不令人惊奇，因为从水池四壁返回的声音对海豚是很痛苦的。鲸产生巨响的功能是一个令人惊奇的适应性，而这仍有待于人们的探索。

我们不完全了解回声定位在海洋哺乳类中是如何工作的。鲸类通过在出气孔关闭时，强制空气通过气道和几个辅助气囊来制造咔嗒声、吱吱声和口哨声(图 9.18)。咔嗒声的频率通过收缩或放松气道和气囊的肌肉发生变化来进行调整。齿鲸头顶的脂肪结构——额隆，似乎用于发出声波的聚焦和定向。

额隆决定了鲸的前额特征，为容纳额隆，鲸颅骨形成尖的、盘形面部。头骨非对称，右边与左边稍微不同。白鲸(图 9.19)有一个突出的前额，形状变得像甜瓜一样，通过肌肉移动，用以聚焦声音。抹香鲸的巨大前额被称为鲸蜡器，充满了液体。捕鲸者起初认为这是鲸鱼的精囊，因此有了抹香鲸的奇怪名字。该器官充满了蜡质油——鲸油，被用来做蜡烛，现在还被用作精密仪器的润滑剂。鲸蜡器的确切功能存在争议，曾有人认为深潜的抹香鲸利用鲸蜡器调节浮力或吸收额外的氮气，使之排出血液系统。

在齿鲸中，声波最初被下颌接受(图 9.18)，联系内外耳的耳道在大多数鲸类中缩小或阻滞。颌骨充满了脂肪和油脂，将声音传递到两个非常敏感的内耳。每一耳独立接受声音，耳部由骨框保护，嵌在油性混合物中。油性混合物具有使耳部绝缘的作用，但允许声波从下颌通过。声音信息发送到大脑，形成目标或周围状况的“图片”。实际上，视觉和听觉在大脑中的处理过程相似，捕获的海豚可以通过回声定位识别它们见到的物体，通过视觉识别它们以前回声定位确定的物体。

行为　回声定位仅仅是海洋哺乳类智力的一个方面，哺乳动物的大脑已经演化出复杂的学习行为，而非本能反应占支配地位的联络中枢。与鱼类、鸟类和其他脊椎动物相反，哺乳类对环境的反应极大地依赖于过去储存及经大脑加工的经验(参见“鲸类有多聪明?”，205 页)。

大多数海洋哺乳类是高度社会性动物，至少在部分时间内群居生活。许多鳍足类在繁殖季节以大的群体形式生活，大多数鲸类的整个生命活动都是在由几个(图 9.19b)到成千个个体构成的高度组织群体中度过的。一些群体包括以年龄和性别区分的小的集群，为保持联系，一些高度复杂的行为都是针对同种成员的。

(a)

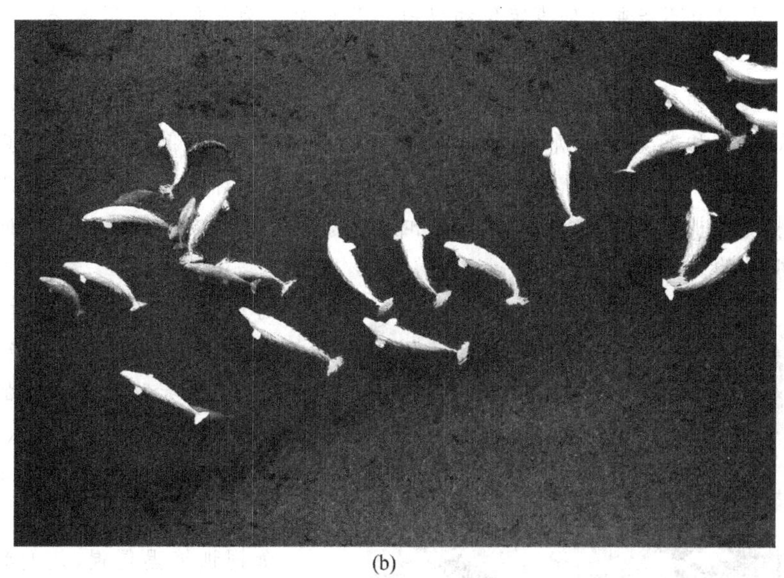
(b)

图 9.19　(a) 白鲸(*Delphonapterus leucas*)是白色的北极鲸(beluga 在俄语中的意思是“一个白色的”)拥有明显的额隆。(b) 在自然环境中白鲸以小集群形式存在。

声音或发声在交流中扮演了重要的角色。海狮和海狗通过大声吠叫和呜咽声交流，海豹采用沉稳的呼噜、口哨和吱喳声交流。鳍足类的发声对于在繁殖季节的领地维持很重要(参见“繁殖”，209 页)，雌性和它们的幼仔通过声音相互识别。

鲸类还能产生与回声定位声音不同的变幻多样的声音，两种声音可以同时产生，这进一步证明了海洋哺乳类声音产生方式的复杂性。社交性发声是低频声音，人类可以听到。声音的变化令人称奇，包括呼噜、吠叫、尖叫、喳喳叫甚至哞哞叫。不同的声音与不同情绪有关，用于社交或与异性交往。以不同方式和音调发出的口哨声具有每一物种的特征，一些声音具有“标签”的作用，有助于同种个体相互识别。雄性长须鲸发出高强度的声音吸引雌性，在逆戟鲸已识别的 70 多种叫声中，一些是所有个体中都有的，而另外的则是识别一些小团体的“方言”。

205

我们经常听说鲸、海豚和鼠海豚和人类一样聪明，甚至更聪明，它们真的那么聪明吗？毫无疑问，鲸类是属于动物中最聪明的。捕获的海豚、逆戟鲸和巨头鲸很快学会技巧。宽吻海豚被用来在黑暗的海底探测矿藏。

这种学习称为条件性的，动物仅仅在进行某一行为后获得报酬（如奖赏一条鱼）才会学习。许多动物，包括老鼠、鸟甚至无脊椎动物也可以条件性地表演技巧。我们当然不会认为它们在智力上与我们相匹敌。

和大多数其他的动物不一样，海豚可通过观察很快学习，会自然地模仿人类活动。一只驯服的海豚看到潜水者清洁水下观察窗，便会用嘴抓住羽毛开始模仿潜水者，完全达到很好的效果！人们还看到海豚模仿海豹、海龟甚至冲浪者的行为。

考虑到鲸类的机智，人们总是试着去将它们与人类及其他动物相比较。例如，通过对宽吻海豚分辨和解决困难能力的研究发现，它们的智力"介于狗和黑猩猩之间"。

这样的比较是不公平的。需要认识到，智力是非常人类化的概念，而我们却拿它去评价动物。毕竟不会有人因为不能通过回声定位和识别一条鱼而认为他们自己很愚蠢。那为什么我们要用能不能解决人类的问题来判断鲸类呢？

人类和鲸都有一个很大的脑，大脑表面为扩展的，有特别的折皱的皮层。皮层是脑的重要联络中枢，诸如记忆和感觉中心所在。鲸类比我们有更大的大脑，但其脑与身体重量的比值低于人类。直接的比较再一次地误导，在鲸类中大脑主要一部分用来听及对声音信息进行加工。我们人类大脑的扩大部分大多用来处理视觉及手—眼协调，鲸类和人类感受世界的方式几乎完全不同，它们的世界是听觉的，而我们的是视觉的。

宽吻海豚（*Tursiops truncates*）参与声音交流试验研究，将设备用吸盘固定在它们头上，当海豚发出口哨声时，灯就会亮。

与电影和电视上的描述不同的是，对海豚来说，"说话"的想法也是误导。虽然它们能产生丰富的复杂的声音，但它们缺乏声带，而且大脑加工声音的方式也与我们的不同。宽吻海豚被训练通过气孔发出类似人类的声音，但更像是人类的喊叫。同样地，人类不能产生鲸类的声音，如果没有帮助我们可能永远也不能与鲸鱼交流。

如同训练黑猩猩，人们教捕获的海豚美洲手势语言。这些海豚可与训练者用手势语言进行简单问题的交流，海豚会用鳍做出是或否的信号。它们也可以做出非训练者教给的自发反应。有证据显示这些海豚可以只通过词的顺序区别不同的命令，这是一个了不起的进展。但海豚似乎并不像人类这样有真正的语言，和人类不一样，它们可能不能传递非常复杂的信息。

通过在自然环境中观察鲸类，对它们学习能力有了一些认识。例如，西澳大利亚的几只宽吻海豚会用嘴叼着巨大的锥形海绵，它们可能是在海底觅食时用它来防御黄魟及其他危险物。只有雌性用海绵作为工具，似乎这一特性由母亲传递到雌性下一代。这是在野生海洋哺乳类中首个使用工具及文化传承的记录。

有些人不是用"聪明"，而是用"机警"来描述鲸类。在任何情况下，鲸类对外部环境有完全不同的感知力，也可能有一天我们会用鲸类的方式而不是我们的方式来理解它们，也许就会发现一个与我们的智力相匹敌的对手。

声音还用来维持个体间距离，在小集团结构中发挥重要作用。在繁殖、觅食、警告和生产时会发出特殊的声音。灰鲸妈妈发出呼噜声保持同鲸宝宝的联系；长须鲸发出低沉的声音，可能与远距离通讯有关；露脊鲸至少可发出6种声音，每种具有不同的作用。

206

座头鲸以深情的歌声闻名，繁殖季节的雄性发出这样的声响以吸引雌鲸，宣告自己已做好交配的准备。这种声音由短语和主旋律组成，规律性地重复半个小时或更久，也可能会一遍又一遍地重复几天！歌声会不断变化。雄性会以在前一个繁殖季节末咏唱的歌曲开始新的繁殖季节。从新来者学到的新歌很快在鲸群中普及开来。研究者通过记录歌曲跟踪鲸每年的迁移。

鲸类间的交流并不局限于发声。研究者还发现不同的姿势和移动方式表示了动物的情绪。海豚轻拍下颌或张开嘴转圈表示威胁。海洋哺乳类拍打尾叶发出巨大的噼啪声及在水面上露出鳍肢则是发出警告。

鲸类以它们的游戏行为出名,似乎这玩乐并没有什么特别的目标。一些鲸,包括巨鲸和逆戟鲸,把食物或像木棍、海藻和羽毛等漂浮物拿来玩,它们将这些东西抛到空中或衔住用鼻子推进。有些喜欢头向下或用背部游水,而这也仅仅是为了好玩。海豚爱玩自己创造的环状水泡,还喜欢冲浪和飞行(*Globicephala*;参见图 9.15r),露脊鲸将尾叶伸出水面航行以追逐海风。交配嬉戏时,常见它们摩擦和触摸生殖孔。

巨鲸跳出水面,在空中翻跃,然后很响地落到水面上是非常壮观的(图 9.20)。人们对鲸跃有各种各样的解释,如警告信号、用来对水面或海岸线进行观察、摆脱体外的寄生物或狂热的求爱,也可能仅仅是为了好玩。深潜后,抹香鲸会跳出水面,以背部落水,水花溅出的声音在 4 km 外都可听见,溅出的水花在28 km 外都可看见!一些鲸鱼从水中探头观察周围环境。

图 9.20　驼背鲸(*Megaptera novaengliae*)的全身旋转腾跃

鲸类行为的复杂性还表现在其他方面。当同伴遇到困难时,其他的鲸会赶来援助。群体成员会拒绝离开受伤或濒死的伙伴,捕鲸者知道被鲸叉捕获的鲸鱼会将其他的鲸鱼从周围几英里吸引过来。海豚会将受伤者托出海面呼吸,还有海豚将死产的幼仔驮着直至其腐烂。

一些齿鲸捕猎是集体活动,一些则是一对对的。有时鲸在其伙伴将鱼群聚在一起后轮流捕食。一个成员可能在前面探路,其他的则等待侦察员的"报告"。对自然生活的海豚的研究显示其具有复杂社会结构,是一个在同性别成员的长期伙伴关系在两性行为、亲代照顾和日常生活的其他方面扮演重要角色的社会。鲸类的社会行为最终可能与拥有较大大脑的哺乳动物,如猿和人类的社会行为相似。

一些哺乳动物,特别是鲸类,使用类型丰富的发声法、触觉及视觉信号彼此交流,游戏行为和相互协助是它们行为复杂性的间接证据。

海豚和人类之间的关系是有争议的,有人宣称在度假宾馆提供的"邂逅海豚"活动中,在与海豚共游过程时体验到一种灵感。前苏联海军为军事目的训练的海豚已用于治疗遭受行为紊乱困扰的儿童。另一些人认为这完全是对捕获动物的剥削。有结果显示捕获海豚所受到的压力减少了它们的寿命。虽然有很多夸张,但海豚确实对游水时陷于困境的人施以援手。一个世纪以前,巴西南部的渔民与海豚建立了特殊的伙伴关系。海豚探测到鱼群,将它们驱赶到张网的渔民那儿。渔民掌握海豚所给予的暗示,由此知道鱼群的位置和鱼量的多少。一代代的海豚知道尽管它们得和这些可笑的、两条腿的哺乳动物分享,但这些在浅水中张网的渔民对它们就意味着可以较轻松地得到食物。

207

鲸鱼和海豚行为的神秘性还在于几个或很多个体在海滩上搁浅。它们拒绝移动,将它们推向深水的努力通常是失败的。即使被推回了大海,它们还会重新游向海滩,鲸鱼会由于内部器官缺水而衰竭死亡。很多种类都有搁浅现象,但有一些,如巨头鲸和抹香鲸,比其他的更容易搁浅。鲸鱼似乎是在跟随风暴中迷失方向的或患病的、受伤的伙伴时搁浅的。这也体现了这个群体强烈的凝聚性和群体本能。

最近鲸鱼搁浅被归因于高强度声呐的使用。美国和其他国家的海军使用声呐探测敌方潜水艇。海军使用声呐演练的地方搁浅的鲸的大脑和内耳有出血现象，并由此导致定向紊乱和死亡，组织损伤也可能是由于氮气气泡的形成或减压症(参见“放眼科学：鲸类减压症”，202 页)导致的。2002 年，法院裁定暂时禁止美国海军在世界范围内使用高强度声呐。轮船螺旋桨、深度探测仪和用于科学研究的声呐的噪声也扰乱了鲸类，当捕鲸船接近时，海豚会更多地待在水面而不休息，逆戟鲸会叫得更久。

迁徙　一些鳍足类和鲸类会季节性迁徙，从觅食地到繁殖区域旅行上千海里。雄性南象海豹(*Mirounga leonine*)可以游 8000 km 去交配。但另一方面，大多数齿鲸虽然会有觅食的活动，但却根本不迁徙。

巨鲸的迁徙是最壮观的，许多须鲸在夏季两个半球极区的富饶水域聚集觅食，那儿有丰富的硅藻和磷虾资源。在冬季，它们迁徙到温暖水域繁殖。季节在南北半球是颠倒的，所以当一些座头鲸在夏威夷岛或西印度群岛过冬时，另一些座头鲸在南半球的南极附近觅食，这时正是南半球的夏季(图 9.21)。

208

大多数巨鲸从在热带的冬季繁殖海域迁徙到冷水水域的夏季觅食区。

灰鲸的迁徙路线是所有巨鲸中最为人熟知的(图 9.21)。从 5 月末到 9 月下旬，灰鲸在白令海北部、波弗特海和东西伯利亚海的浅水区域觅食；在 9 月下旬，冰开始形成，它们开始南迁；到 11 月，它们穿越东阿留申群岛。在迁移时，它们吃得很少，要消耗掉接近体重的 1/4，每天穿行 185 km。它们独自或成小群在阿拉斯加海峡沿岸旅行，然后沿北美西海岸下行，途经墨西哥的下加利福尼亚半岛。迁徙时它们常很警觉，将头部探出水面。这提高了它们借助于陆地标记记住航向的可能。它们在 11 月末或 12 月早期

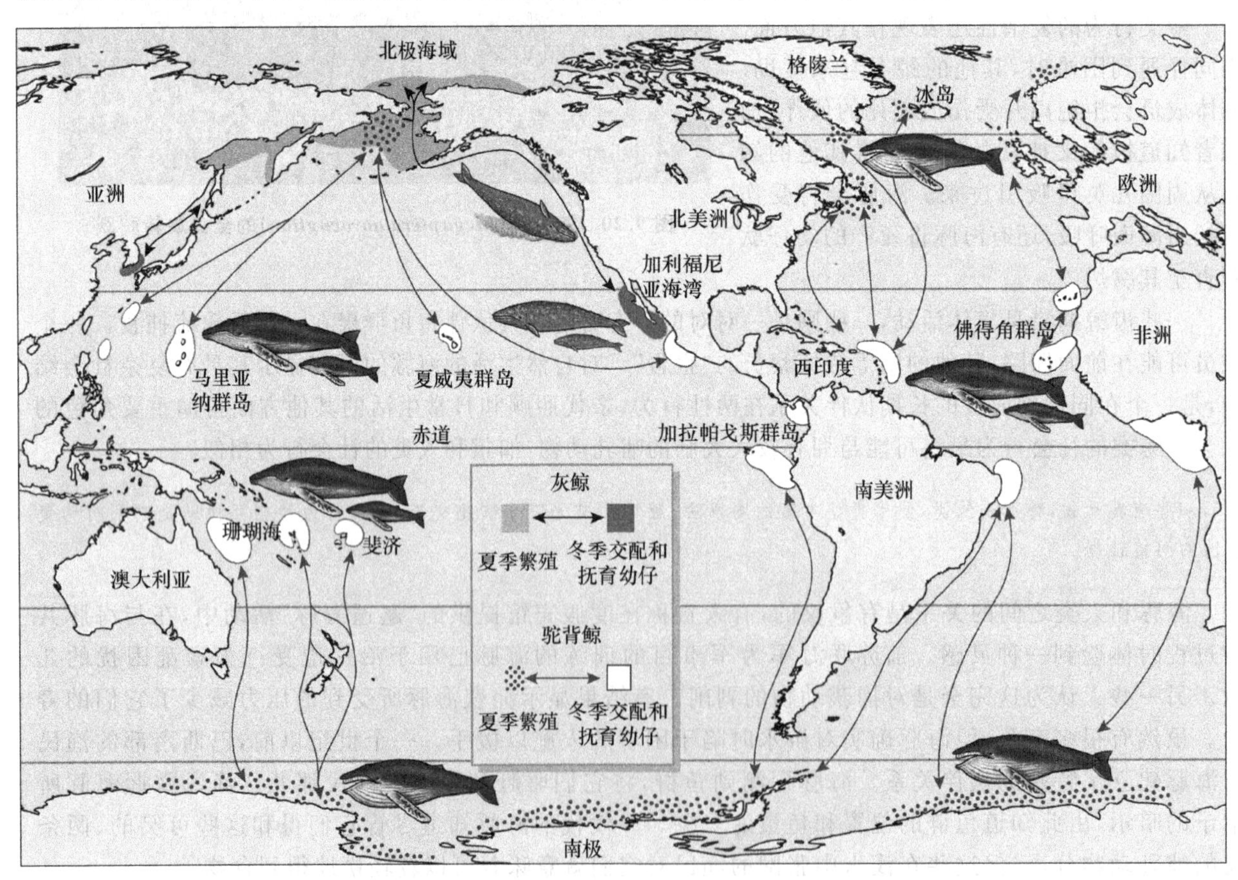

图 9.21　座头鲸(*Megaptera novaeangliae*)和灰鲸(*Eschrichtius robustus*)的迁徙路线，两类鲸鱼都倾向于接近海岸迁徙和繁殖，在那儿它们很易被捕获。两种鲸的数量都在恢复。1994 年灰鲸从受威胁物种中移了出来，在韩国南部繁殖的灰鲸，其西太平洋种群的数量似乎也有复原，居住在北大西洋的灰鲸在上世纪灭绝。

抵达俄勒冈，12 月中旬到达圣弗朗西斯科。雌性一般迁徙得早些，在 12 月末怀孕的雌性就出现在下加利福尼亚南部和加利福尼亚海峡南部主要岛屿沿岸的浅水区和泻湖中，在这儿雌性生育，雄性同还未怀孕的雌性交配。

在生下 700～1400 kg 的幼仔后，3 月开始北行迁徙。雌性每两年交配一次，最初北行迁徙的是没有生育的刚怀孕的雌性，它们将在 12 个月后返回产仔。有了幼仔的母亲最晚离开。北行路途中，鲸倾向于远离海岸，并且因为不利洋流和新出生幼仔的影响，它们比南行时的迁徙速度慢，平均每天 80 km（参见图 3.20）。鲸最晚在 5 月初离开华盛顿州海岸，在 5 月末开始抵达觅食区域，完成令人惊叹的 8 个月长达 18 000 km 的路程，这在所有动物中是最长的迁徙。

209

关于灰鲸和其他鲸的迁徙还有很多需要了解的，一个困扰就是鲸如何导航。可能使用地球磁场，在鲸体内可能存在内部罗盘用来定向。

科学家采用新的方法研究鲸的迁徙。他们将小型发射机固定在鲸鱼身上，然后通过卫星追踪其移动，希望能揭示令人兴奋的细节。比如，曾经发现在迁徙路线上，灰鲸一些孤立的群体根本不迁徙，有一个群体定居在远离大不列颠哥伦比亚海岸的夏洛特女王岛，灰鲸会游离海岸避免接近城市。雌性和年轻海豚会减慢返回北极的步伐，在海藻森林中躲避逆戟鲸。夏威夷群岛的座头鲸群体的 DNA 分析显示，如同在绿龟中那样，它们总是返回它们母亲的觅食海域。

繁殖　海洋哺乳类的繁殖系统与陆地哺乳类相似，然而它们拥有在水中生活的独特的适应机制。为保持身体流线型，雄性鲸类及大多数其他的哺乳类的阴茎和睾丸都在体内。蓝鲸的阴茎有 3 m 长，因有骨结构一直保持坚挺。它在交配时从生殖裂缝——肛门前的开口伸出（图 9.13）。

鳍足类在陆地上或冰上繁殖，一些则远距离迁移至孤岛上进行繁殖。海豹的大多数物种中，每一成年雄性只与一个雌性交配。附带在野生动物身上的可携式摄像机（见“海洋中的眼睛（和耳朵）”，14 页）显示雄性斑海豹制造隆隆噪音，颤抖脖子，释放一串空气气泡，可能是为了吸引雌性。而在海狮、海狗和象海豹中，雄性与很多雌性交配。在繁殖季节，这些物种的雄性，往往比雌性大得多，也重得多，它们会到岸上建立繁殖领地，停止进食，不停地用武力护卫它们的领地。它们会将多达 50 只雌性集中到自己的领地，并将其他的雄性赶得远远的（图 9.22）。只有最强壮的雄性才能拥有自己的领地进行繁殖，其他的则聚集成“单身汉团伙”，大部分时间花费在试着偷偷摸摸溜进雌性群体中快速进行交配。保护雌性群体是一件疲惫的事情，处于统治地位的雄性往往在一两年后衰竭而死，给新来者让路。相比那些从未处于主宰地位的雄性来说，这是它们留下大量后代的代价，而处于次要地位的会活得更久！

(a)

(b)

图 9.22　(a) 雄性北海狮（*Eumetopias jubatus*）在阿拉斯加海岸的岩礁上护卫雌性群体。(b) 在南加利福尼亚圣巴巴拉岛的一群雌性加州海狮（*Zalophus californianus*）。雌性（中心位置）被一只大的、暗色的雄性（左上方）看护，大的雌性象海豹（*Mirounga angustirostris*）在附近休息，似乎忘了发生在雌性群周围的雄性对手之间偶然的战斗。

图 9.23　加利福尼亚海狮(*Zalophus californianus*)和哺育期的幼仔。

雌性鳍足类在海滩上产仔,它们似乎对生产过程漠不关心,但随后会建立起同幼仔的亲密关系(图 9.23)。因为雌性继续到水中觅食,它们必须学会如何通过声音和嗅觉从所有幼仔中识别自己的宝宝。幼仔生下来后通常不能游泳,它们的哺育周期从四天到两年,这因种而异。大多数鳍足类有两对乳腺,分泌富含脂肪的乳汁,对于幼仔脂肪的积累非常有利。

雌性鳍足类在排卵后很短的时间内怀孕,而且在幼仔出生后的几天或几周后就可怀孕。大多数雌性鳍足类每年只返回繁殖海域一次。相对地,孕期却少于一年,这一差别会导致幼仔在雌性返回繁殖海域前过早地出生。为了防止这一现象发生,新形成的胚胎会停止发育,在母体子宫内呈休眠状态。经过四个月的延迟,胚胎最终在子宫内膜着床并继续它的发育。这一现象称为延迟着床,它使得鳍足类胚胎延长发育时间,从而生产时间与雌性抵达安全海岸相一致。

延迟着床允许怀孕的鳍足类将生育时间定在到达繁殖区域后。

相对而言,我们对鲸类繁殖行为了解甚少。我们知道鲸类是性情热烈的动物,性嬉戏在被捕获到的海豚中是重要的日常行为。像人类一样,性对它们而言不仅仅是为了繁殖,也为了快乐。鲸类性成熟相对较早,在大型鲸类中平均为 5～10 岁。性行为不仅在潜在的伴侣之间,而且在所有个体间建立和维持纽带的过程中也发挥作用。鲸类在还很幼小的时候就有了性别分化,雄性上演精心制作的求爱戏以引起可能的雌性伴侣的注意。在雄性竞争者之间常发生战争,但有时也有合作。灰鲸就需要借助第三者,一个雄性将雌性托起进行交配,在座头鲸和白鲸中有群交的现象。在交配前有相当多的接触和摩擦,实际上交配只持续不到一分钟,但频繁重复。

大多数鲸类的孕期长达 11 或 12 个月,抹香鲸更长,孕期为 16 个月。大多数须鲸的发育对于这么大的哺乳类来说是较快的,这与到暖水海域的年度迁徙是同步化的。3～7 kg 的人类婴儿的孕育需要 9 个月,而 2700 kg 重的蓝鲸幼仔孕育只需 11 个月!

鲸类宝宝诞生时尾部先出来(图 9.24),这使它们仍与胎盘连在一起,可以得到来自母体的富含氧气的血液,以尽可能久地防止缺氧。幼仔出生后立即游上水面。在捕获的海豚中,母豚或护理雌性海豚会

图 9.24　人工饲养的黑白驼背豚(*Cephalorhynchus commersoni*)在生产。人们对只在南美南部发现的这种海豚了解得不多。

帮助幼仔浮到水面。富含脂肪的乳汁对幼仔的快速发育有重要作用，对大型鲸尤其如此。它们出生时鲸脂尚不充足，因此必须在同母鲸迁徙到极区海域觅食地前增重。据估计蓝鲸宝宝在它们生命的前 7 个月里，每天增重 90 kg，增长 4 cm！母乳由两乳腺产生，在生殖开口的两侧有乳头(图 9.13)。乳汁喷进幼仔的嘴中，幼仔在水下即可喝到乳汁。至少在一些大型鲸中，雌性在哺乳期间不怎么觅食，幼仔在抵达觅食海域前不会断奶，有一些种在它们出生后要继续喂养一年多的时间。 211

哺乳期母亲和幼仔的关系非常亲密，它们用频繁的接触和发声进行交流。有危险时母鲸会保护幼仔，曾有报道雌性灰鲸将幼仔举到鳍状足上以躲避逆戟鲸的袭击。母鲸和幼仔的联系可能持续几年，被捕获的年幼的海豚会在危急或胁迫时返回到母亲身旁以获得安慰。

大型鲸估计平均存活 30～40 年，座头鲸至少 50 年，而北极露脊鲸可活 150 年。

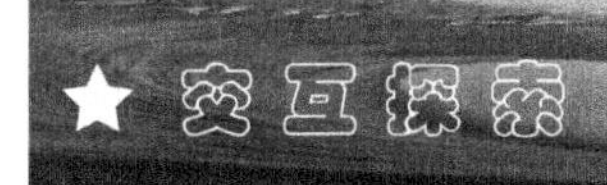

《海洋生物学》在线学习中心是一个十分有用的网络资源，读者可用其检验对本章内容的掌握情况。获取交互式的章节总结、关键词解释和进行小测验，请访问网址 www.mhhe.com/castrohuber6e。要获得更多的海洋生物学视频剪辑和网络资源来强化知识学习，请链接相关章节的材料。

评判思考

1. 海龟从一些地区消失了，一个试图拯救的办法是将它们重新引入消失的区域，这可通过在海滩上埋卵或释放新出生小龟的方法实现。为什么是在海滩上埋卵或释放新出生的小龟，而不是完全长大的龟呢？
2. 大多数海鸟是以特定类型鱼类和其他猎物为食，有些时候，这可能降低同其他海鸟争夺有限资源的机会，但有时我们发现，两种或多种海鸟以同一种鱼类为食，它们演化出怎样的机制来防止直接竞争呢？
3. 鲸类以相当长的间隔时间产下很少的、发育良好的幼仔，它们还长期哺育和保护幼仔，这与大多数鱼类形成鲜明的对比。鱼类产下很多卵，然后根本不去哺育和保护它们的后代。你认为哪种方式更好？在巨鲸中这样的策略是不是付出了代价？

拓展阅读

网络上可能找到部分推荐的阅读材料。可通过《海洋生物学》在线学习中心寻找可用的网络链接。

普遍关注

Brownlee, S., 2003. Blast from the vast. *Discover*, vol. 24, no. 12, December, pp. 50—57. The sperm whale uses blasts of sound to stun its prey.

Chadwick, D. H., 2005. Orcas unmasked. *National Geographic*, vol. 207, no. 4, April, pp. 86—105. Killer whales show many identities and unpredictable behaviors.

Conover, A., 2003. To catch a thief. *Smithsonian*, vol. 34, no. 9, December, pp. 82—86. The endangered roseate tern uses ingenious behaviors to steal food from neighbors.

Curtsinger, B., 2003. Swimming to safety. *National Geographic*, vol. 203, no. 6, June, pp. 70—79. Biologists and fishers save harbor porpoises that get trapped in fish weirs and at the same time tag the animals to gather valuable information about the cetaceans.

Dowling, C. G., 2002. Incident at Big Pine Key. *Smithsonian*, vol. 33, no. 4, July, pp. 44—51. Efforts of humans to help stranded cetaceans are highly controversial.

Ellis, R., 2003. Terrible lizards of the sea. *Natural History*, vol. 112, no. 7, September, pp. 36—41. Before the emergence of marine mammals, several groups of giant reptiles ruled the seas.

Geber, L. R., D. P. DeMaster and S. P. Roberts, 2000. Measuring success in conservation. *American Scientist*, vol. 88, no.

4, July-August, pp. 316—324. Some species of whales may not need help from conservation efforts.

George, A. ,2002. Go with the flow. *New Scientist*, vol. 176, no. 2374/5, December 21/28, pp. 36—39. Ice is crucial for the existence of Adélie penguins, at least during part of the year. Global warming may thus affect their future survival.

Gerstein, E. R. ,2002. Manatees, bioacoustics and boats. *American Scientist*, vol. 90, no. 2, March-April, pp. 154—163. Experiments have shown that manatees have difficulty in hearing and locating boats that have slowed down.

Harden, B. ,2004. Wild ones. *Discover*, vol. 25, no. 4, April. pp. 52—59. Killer whales are feeding more on protected seals, sea lions, and sea otters, perhaps as a result of a decline in the number of fish.

McCarthy, S. ,2002. Do we kill whales with sound? *Discover*, vol. 23, no. 4, April, pp. 60—65. There is growing evidence that noise made by sonar, underwater drilling, and other sources is harming whales.

McClintock, J. ,2003. The virus, the manatee and the biologist. *Discover*, vol. 24, no. 8, August, pp. 42—47. A cancer-causing virus is spreading among West Indian manatees.

Parfit, M. ,2004. Whale of a tale. *Smithsonian*, vol. 35, no. 3, November, pp. 64—71. Drama surrounds a killer whale that was adopted by boaters and fishers on Vancouver island, Canada.

Pitman, R. L. ,2002. Alive and whale. *Natural History*, vol. 111, no. 7, September, pp. 32—36. A species of beaked whale, previously known from only a few skulls, is rediscovered alive in tropical waters.

Pittman, C. ,2004. Fury over the gentle giant. *Smithsonian*, vol. ,34, no. 11, February, pp. 54—59. Controversy surrounds efforts to protect the manatee in Florida.

Rosing, N. ,2001. Walruses. *National Geographic*, vol. 200, no. 3, September, pp. 62—77. The Atlantic walrus, though less numerous then the Pacific populations, is grouping in numbers thanks to protection.

Step, D. ,2002. Living on the edge. *Audubon*, vol. 104, no. 2, March-April, pp. 56—62. The protection of estuaries and other wetlands is crucial for the survival of many shorebirds.

Summers, A. ,2004. As the whale turns. *Natural History*, vol. 113, no. 5, June, pp. 24—25. The hydrodynamic lift produced by the humpback whale's flippers helps in the making of bubble nets that are used to catch prey.

Warne, K. ,2004. Harp seals. *National Geographic*, vol. 205, no. 3, March, pp. 50—67. Harp seal pups are still hunted for their skins.

Weimerskirch, H. ,2004. Wherever the wind may blow. *Natural History*, vol. 113, no. 8, October, pp. 40—45. Miniature electronic trackers show where albatrosses and frigate birds wander.

Williams, T. M. ,2003. Sunbathing seals of Antarctica. *Natural History*, vol. 112, October, pp. 50—55. The Weddell seal rapidly warms up while sunbathing but radiates excess heat to prevent overheating.

Wong, K. ,2002. The mammals that conquered the seas. *Scientific American*, vol. 286, no. 5, May, pp. 70—79. Recently discovered fossils and DNA analyses help us understand how cetaceans evolved from land-dwelling mammals.

深度学习

Croxall, J. P. ,J. R. D. Silk, R. A. Phillips, V. Afanasyev and D. R. Briggs, 2005. Global circumnavigations: Tracking year-round ranges of nonbreeding albatrosses. *Science*, vol. 307, no. 5707, 14 January, pp. 249—250.

Goerlitz D. S. ,J. Urbán, L. Rojas-Bracho, M. Belson and C. M. Schaeff,2003. Mitochondrial DNA variation among Eastern North Pacific gray whales (*Eschrichtius robustus*) on winter breeding grounds in Baja California. *Canadian Journal of Zoology*, vol. 81, no. 12, pp. 1965—1972.

Griebel, U. and L. Peichl, 2003. Colour vision in aquatic mammals—facts and open questions. *Aquatic Mammals*, vol. 29, no. 1, pp. 18—30.

Hays, G. C. ,S. Åkesson, A. C. Broderick, F. Glen, B. J. Godley, F. Papi and P. Luschi,2003. Island-finding ability of marine turtles. *Biology Letters*, vol. 270, suppl. 1, pp. 5—7.

Richard, P. ,K. L. Laidre, R. Dietz, M. P. Heide-Jørgensen, J. Orr and H. C. Schmidt, 2003. The migratory behaviour of narwhals (*Monodon monoceros*). *Canadian Journal of Zoology*, vol. 81, no. 8, pp. 1298—1305.

Schneider, V. and D. Pearce, 2004. What saved the whales? An economic analysis of 20th-century whaling. *Biodiversity and Conservation*, vol. 13, no. 3, pp. 543—562.

Shreer, J. F. ,K. M. Kovacs and R. J. O'Hara Hines, 2001. Comparative diving patterns of pinnipeds and seabirds. *Ecolog-*

ical Monographs, vol. 71, pp. 137—162.

Thewissen, J. G. M. and E. M. Williams, 2002. The early radiations of Cetacea (Mammalia): evolutionary pattern and developmental correlation. *Annual Review of Ecology and Systematics*, vol. 33, pp. 73—90.

Van Dyke, J. M., E. A. Gardner and J. R. Morgan, 2004. Whales, submarines, and activ sonar. *Ocean Yearbook*, vol. 18, pp. 284—329.

Watanuki, Y., Y. Niizuma, G. W. Gabrielsen, K. Sato and Y. Naito, 2003. Stroke and glide of wing-propelled divers: Deep diving seabirds adjust surge frequency to buoyancy change with depth. *Proceedings of the Royal Society, Biological Sciences*, vol. 270, no. 1514, pp. 483—488.

Whitehead, H. and C. A. Ottensmeyer, 2003. Behavioural evidence for social units in long-finned pilot whales. *Canadian Journal of Zoology*, vol. 81, no. 8, pp. 1327—1338.

Wiebke, F. and J. Higham, 2004. The human dimensions of whale watching: An analysis based on viewing platforms. *Human Dimensions of Wildlife*, vol. 9, no. 2, pp. 103—117.

Part Three

第三篇

海洋生态系统的结构和功能

第 10 章

海洋生态学简介

海洋中你所见之处都有生物存在。不同的地方生物的类型和数量都不一样，这取决于生境的特性。每一生境有其特征，能够帮你确定能够生长的生物的类型。例如，光量决定藻类和植物能否生长。底质类型、水的温度和盐度、波浪、潮汐、洋流及环境的许多其他方面因素深深地影响着海洋生命。一些物理和化学特征已在第 2 和第 3 章作了介绍。 215

同样重要的是生物彼此影响的方式。它们相互摄食、相互排挤、为其他生物提供生境，甚至彼此合作。生物以复杂和迷人的方式相互影响着。本书的第二篇，第 5～9 章介绍了海里生活的生物。这一部分，即第三篇，着眼于这些生物是如何生活和相互影响的。我们将探索构成海洋世界中，从海的边缘直到最黑暗的深处的不同生境；考虑每种生境特有的理化特征；讨论生物怎样适应每种环境以及它们是如何相互影响的。

在本章中我们首先介绍几个应用于所有生境的基本原理。比如，无论在哪儿，藻类和植物都需要光，动物都需要食物。这只是两个例子，然而却是生物和其环境相互作用的最基本的例子。研究生物和环境相互作用及它们如何影响生物的丰度和分布的科学称为生态学。认识到生态学是一门科学很重要，它是研究生物彼此间及与其环境间如何以及为何发生相互作用的生物学分支。与该词经常被媒体使用的方式相反，生态学不等同于环境保护，它在环境保护方面并不那么重要。

生境 生物生活的自然环境。 第 2 章，22 页。

群落的组织

216

特定生境中的生命特征很大程度上是由环境的无生命的或非生物部分，即盐度或底质类型等环境的理化特征所决定的。每种环境具有不同的特征，对于在那里生活的生物来说既是挑战也是机遇。

生物也受其他生物——有生命的或生物环境的影响。生物种群以复杂的方式相互作用，使一个群落中的生物彼此依赖。

群落的性质取决于生物的或有生命的、非生物的或无生命的两方面因素。

生物必须适应其环境的生物和非生物特征。生物体能够通过改变行为、代谢或其他特征做出不同程度的适应。如海草能通过增加叶绿素含量，更有效地捕捉弱光来适应低光照水平，而在这方面珊瑚常常通过它们的生长型来适应(图 10.1)。在这些生理学适应中，生物个体的基因未发生改变，这种适应不能传给它的后代。相比之下，使某些个体更好地适应环境的遗传差异能够传递给它们的后代。经过几代，物种通过对这种优势特征的自然选择而适应环境，这个过程称为进化适应。

(a)

(b)

图 10.1　这两个珊瑚属于同一种，皱褶陀螺珊瑚(*Turbinaria mesenterina*)。(a)"正常"生长型出现在较浅的水中，那里光线充足。(b)在弱光的较深水中，珊瑚长成一种扁平的形状。这种扁平形，正如一个太阳板，是珊瑚用来增强捕捉生长需要阳光能力的一种适应(参见"光照和温度"，302 页)。生长型的变异体现出一个个体群落对光的反应，而不是由群落之间的遗传差异造成的。

种群如何增长

当条件合适时，生物能够产生比其自身多得多的后代。如果每个个体有一个以上的后代，或每对有两个以上的后代，则后代的总数每代都会增加(图 10.2)。种群增长越来越快，种群就会"暴发"。假如对繁殖不加抑制，任何物种都有可能在短时间内覆盖地球。

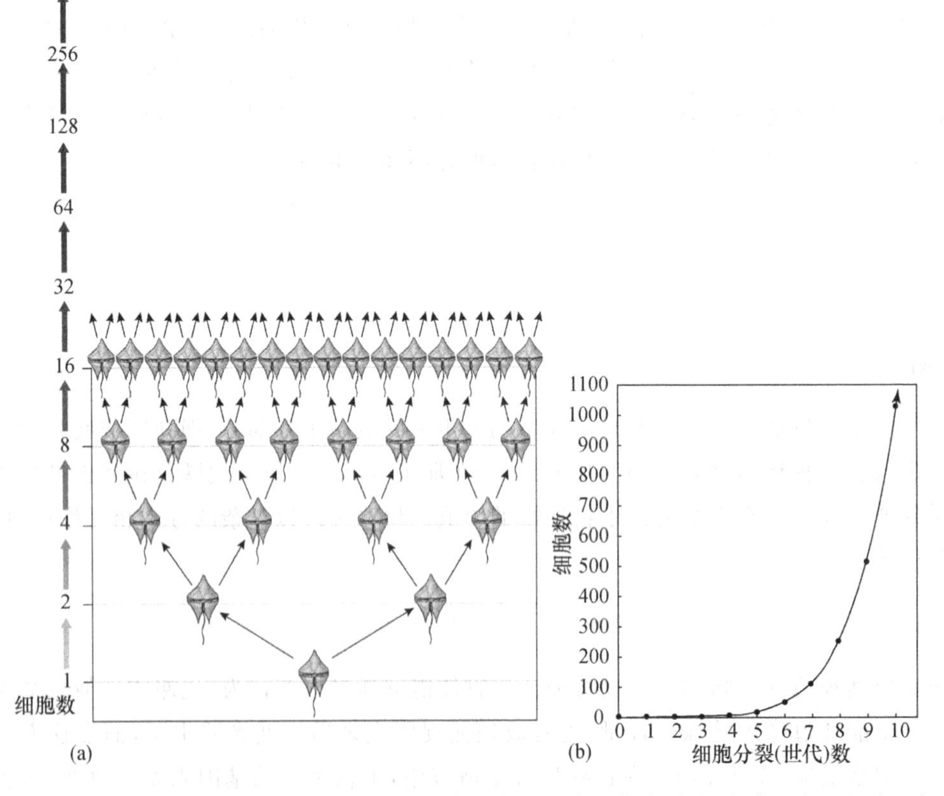

图 10.2　所有物种都能经历种群暴发。(a) 例如，当一个单细胞甲藻分裂时，生成两个子细胞。每个子细胞也依次产生两个新的可分裂的子细胞，如此等等。每一代细胞数加倍，而种群以不断增加的速率增长。如果这一种群的增长不受制约，甲藻加起来的重量将很快超过宇宙的重量。想象一下当生物能够产生不止两个而是数以千计后代的情况下种群的增长潜力。(b)将每代细胞数目绘制成一条 J 形曲线，这是无限增长的种群所特有的曲线。

幸好甲藻没有没过我们的脖子。尽管许多生物偶尔经历剧烈的种群暴发，繁殖显然并非永远不受抑制。许多因素能控制或调节种群的增长。首先，暴发式种群增长只能出现在最适条件下。当非生物环境改变时，种群可能停止增长甚至下降。某些环境波动，如季节，是规则而可预测的。比如，在温带和两极地区，藻类在冬季的增长常显著地放慢，因为可用于光合作用的光较少。其他的变化，如暴风骤雨或漂浮的圆木将岩石海岸上的生物碾碎，这就是不可预测的。无论是可预测还是不可预测的，大的还是小的，环境变化都能减缓种群的增长甚至使种群消亡。当然，使一个物种消亡的条件对另一物种来说或许恰恰是适宜的。

既使非生物环境没有波动，也有其他限制种群增长的机制。当某些动物的栖息地变得过于拥挤时，它们会放慢或停止繁殖。其他种类发生种内争斗甚至相互残杀。当种群变大时，可引来天敌，或在拥挤条件下疾病的传播速度加快。大种群能因其自身产生的废物而污染环境。

随着越来越多的个体加入种群，它们用尽资源，而这是它们赖以生存和繁殖的东西，如食物、营养盐和生活空间。最终没有足够的资源支持更多的个体，种群稳定下来(图 10.3)。可获得资源所能维持的最大种群大小称为容纳量。

生物利用许多不同的资源。其中任何一种资源的缺乏都会减缓或阻止种群的增长和繁殖。如生活在大洋中的甲藻由于缺乏硝酸盐(NO_3^-)，既使具有充足的光照、水、二氧化碳和硝酸盐以外的营养盐，仍可能受到限制。在两极地区的冬季，可能具有充足的硝酸盐，但光照却不足。另外，生长在岩岸的海藻或许具有充足的光照和营养盐，但却因为没有剩余空间而无法生长。限制性资源是指其短缺能够制约种群增长的资源。

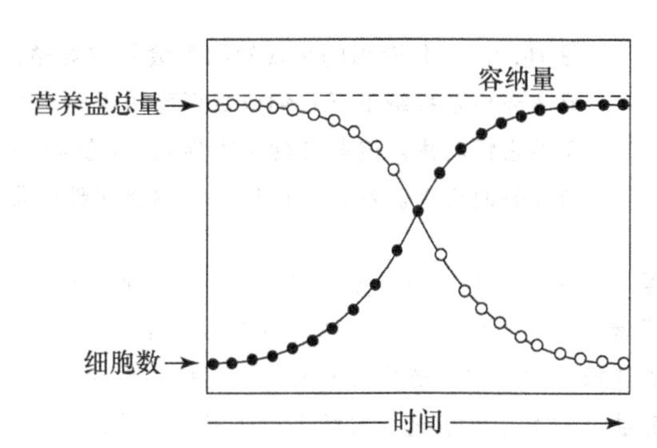

图 10.3　图 10.2 所示的暴发式种群增长不会永远持续下去。随着甲藻数量的增多，它们耗尽营养盐和其他用于生长和繁殖的资源。营养盐供给所能支持的最大细胞数量称为该系统的容纳量。这样的曲线可经常在实验室实验中观察到，但在现实世界曲线很少如此平滑。

由于资源被耗尽或其他拥挤效应，种群不会永远增长。随着种群变得越来越拥挤，它的增长速率下降。从这个意义上讲，种群是自我调节的；也就是说，它的增长速率取决于其自身数量。然而非生物因子如天气能够影响任何大小的种群，而自我调节只有当种群较大时才起作用。

217

种群能够暴发式增长。然而，种群的增长往往受到无生命环境或生物自身活动的制约。

随着资源的枯竭，没有足够的资源可以利用。每个个体为了剩余的资源不得不与其他生物竞争。竞争是当资源短缺并且一个生物体以牺牲另一生物体为代价而利用资源时所产生的相互作用(图 10.4)。同种成员的竞争称为种内竞争。

那些成功的竞争者能够通过繁殖后代取代自身而生存下来。弱者不能成功繁殖并最终被淘汰。因此自然有利于种群中对环境的最佳适应者。因为这种自然选择，平均而言，种群整体上每一代都能更好地适应。换言之，种群在进化。

物种相互作用的方式

物种并非生活在真空里，与其他种相隔离。不同物种的成员间可能发生强烈的相互作用。物种有许多相互作用的方式，所有方式都会对群落的组织产生影响。

竞争　生物必须为资源与同种成员和非同种成员进行竞争。种与种之间的竞争称为种间竞争。

种群　*一群生活在一起的同种个体。*

图 10.4　任何资源的供应短缺都会导致竞争。寄居蟹以被遗弃的螺壳作保护。当它们长大而旧螺壳再也容纳不下它们或当螺壳用破时，它们必须迁入新的螺壳中，有时附近没有足够的螺壳供它们利用。这些左撇子寄居蟹（光螯硬壳寄居蟹 *Calcinus laevimanus*）正为它们都想得到的螺壳而打斗。左边的这只已经驱逐顶部的那只并准备接管螺壳。

群落　生活在一处的不同种群的生物。　第 4 章，77 页。

叶绿素　吸收光能进行光合作用的绿色色素。　第 4 章，72 页。

自然选择　种群中在遗传上能最好地适应环境的个体能产生更多的后代。　第 4 章，86 页。

营养盐　初级生产者进行初级生产所需要的、除水和二氧化碳以外的原材料。　第 4 章，74 页。

进化　一个种群遗传组成的改变，往往在自然选择对某些个体特征比对其他特征更有利时发生。　第 4 章，86 页。

218　当两个物种利用同样的资源并且资源稀少时，这两个物种就如同它们是同一种群的成员一样发生竞争。通常的结果是其中一个物种是更好的竞争者。例如，如果两个物种恰好吃同样的食物，其中一个物种将能更好地捕获食物。除非有其他因素介入，否则弱者就会输掉，而竞争力强的物种就会取而代之。当一个物种通过竞争胜出而使另一种数量减少时，就发生了竞争排斥。

当两个物种利用同一稀缺资源时就会发生种间竞争。在竞争排斥中，一个种赢得竞争而将另一种从群落中排除。

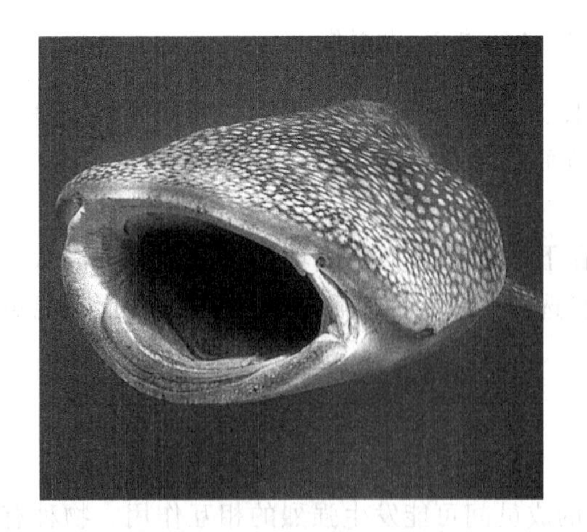

图 10.5　鲸鲨（*Rhiniodon typus*）以吞饮海水中包含的浮游生物为食。作为对有效摄食浮游生物的适应，它已经进化出一张大嘴和巨大的牙齿，而这些牙齿是其他鲨鱼相互竞争所必需的。

有时强竞争者对弱竞争者的排除可能受阻。周期性的扰动如强风暴、被漂浮的圆木压扁或水下滑坡都能减少优势竞争者种群而为其他种提供机会（参见图 11.18）。而且，哪一种是竞争优势种有时取决于条件。如在热带香港的岩石海岸，叶状藻（皮丝藻 *Dermonema*，鸡毛菜 *Pterocladia*）在水温较低时是优势海藻。这些类型在夏季受热死掉并由更具耐受性的呈薄壳状的藻类（褐壳藻 *Ralfsia*）所取代。季节变化因此阻止了任何类群对其他类群的排除并在竞争种之间存在一种动态平衡。

如果每一物种能够专一地利用资源的一部分，达成有限资源的共享，物种就可以避免相互排除。例如，两种吃海藻的鱼可以通过专门摄食不同类型的海藻而划分资源。吃同种食物的动物可能生活在不同地方或摄食时间不同,互相避让对方。生态学家称这种分享资源的方式为资源划分。

因竞争而相互排除的物种有时能以资源划分的方式共存。

资源划分允许相互排除的物种得以共存,但它确实是有代价的。一个物种以特化的方式放弃某些资源。比如,特化只摄食一种海藻的鱼类要比吃所有海藻的鱼类可获得的食物少。如果可获得的资源较少,种群大小就会变小。另一方面,物种通过特化或许能比"万事通"更有效地利用资源,如不同滨鸟种类特化的喙形使它们能更有效地摄食特定类型的泥滩动物并减少竞争。然而并不是所有的特化都是种间竞争的结果(图10.5)。 219

要想在竞争中长期取胜,一个物种必须在特化和泛化之间找到适当的平衡。从所有不同种生物来看,对这个问题没有一个最佳答案。在群落中,每个物种有其独特的角色或生态位(ecological niche)。一个种的生态位定义是它生活方式各个方面的组合:吃什么,在哪生活,何时及如何繁殖,它的行为,等等。

生物多样性:所有的大的和小的生物

从细菌到须鲸,我们的星球是至少几千万种生命形式的家园;生物学家只能猜测实际的物种数。生命的丰富度和多种多样被称为生物多样性。近年来生物多样性不但在科学界,而且在新闻媒体和政府及国际事务的最高层中已经成为讨论的焦点。不幸的是这种关注是由地球生物多样性正在消失引起的。灭绝是自生命在地球上最初出现以来就有的一种自然事件,但污染、生境破坏、过度利用和人类的其他愚蠢行为使物种以生命史上前所未有的速度灭绝。以这样一种灭绝速度,大多生物都将从地球上永远消失,许多物种甚至早在我们知道它们的存在之前就已经消失了。

决策者、保护组织和普通公众习惯把保护的重点放在我们认为美丽或引人注目的生物上。白头鹰、鲸和红杉树容易引起大部分人强烈的正面反应;而微小的蠕虫和底栖真菌则不会。蠕虫、真菌和数百万的其他看似不起眼的物种对地球的生存,并因此对人类自身来说,至少与那些引人注目的较大生物同样重要。对保护地球生物多样性必要性认识的不断提高逆转或起码减缓了物种大量灭绝的进程。在这方面的新进展是保护的焦点已经由对特定物种的拯救转向对物种总数的维持上。

那么只要我们关心的那些种类还在,为什么我们还要那么在乎有多少不同种类的生物存在呢?首先,任何生物都不能孤立于环境以及环境中的其他生物而生活。像鲸、熊猫、海龟、老虎这样的生物和其他"旗舰物种",如果没有无数别的种类是无法存活的。生物被束缚在一起形成复杂的食物网、营养盐循环、共生和其他生态相互作用。即使是最低等物种的损失都能对其他许多物种产生深远的影响。只是生物学家对生态系统还不够了解,还不能预测这会是些什么样的影响。

保护生物多样性的另一个原因是它代表蕴藏着的一笔财富。很多药品都是从生物体内的天然化学物质提炼来的,但只对一小部分的物种做过试验。培育出农作物的那些野生植物含有防虫、快速增长和其他优良品质的基因,能用来使我们的粮食作物增产或培育新品种。作为汽油、工业化学物质替代品或更好纺织纤维的新型材料也有待于被发现。生物的种类如此之多,以至于科学家们还没有时间对大部分的物种做出鉴定,更别说评估它们的价值了。或许下一个即将灭绝的物种能够治癌、解决饥饿问题或只是产生一种新的气味优雅的香水——这将是一个永远消逝的秘密。

不断增加的证据表明有许多不同物种存在对物种自身是一件好事。物种多样性高的群落在利用可获得资源方面似乎要比多样性较低的群落更有效。高度多样的群落产生更多食物和氧气,对废物的分解更快,更有可能在自然灾害中存活下来。多样性高的群落也更容易从如疾病暴发或极端气候事件等自然扰动以及包括污染、捕捞压力和外来物种引入在内的人类干扰中恢复过来。物种的损失可能正使生态系统处在一个越来越大的危险中，不只因为某个物种的价值，也因为有许多物种是重要的，无论它们是什么物种。人类基本上已经成了一个城市物种，时常忘记我们的生存仍然要靠自然生态系统来制造氧气、干净的水和我们的大部分的食物和材料；处理我们的废物；甚至维持我们的气候。

我们能做什么？一些科学家担心已经太迟了，地球已经不可逆转地走向灾难。另一些人则较为乐观，但大家一致认为我们起码应该尝试去维持地球的生物多样性。政府和决策者已经开始听取科学家们的意见。1992年在里约热内卢举行的地球峰会上，来自几乎所有国家的领袖们在一起讨论了威胁地球，进而对人类构成威胁的关键环境问题。会议的一个主要结果是《生物多样性公约》。与会者一致认为保护多样性需要为贫穷国家寻找到一条既能发展经济又不破坏自然生物多样性的途径，一种被称为“可持续发展”的观念。这继而要求发达国家承担科学研究和对发展中国家提供技术援助的主要义务。各国已经采取了一些重要步骤，比如建立全球计划监测海洋的健康状况，资助可持续发展项目以及减少污染。在2002年的可持续发展世界峰会上，各国政府同意2010年前达到“显著减少”生物多样性损失速率的目标。这是个雄心勃勃的目标，但是对什么是“显著”并没有界定，科学家们还无法实际地测定生物多样性消失的速度，而且到目前为止，政府还没有真正将钱用在需要的地方并承担达到目标所需的资助。保护地球的生物异质性使它不受我们活动的蹂躏对世界各地的人民和他们的政府将会是一种挑战。我们只能希望这不是无法超越的。

一个物种在群落中所扮演的角色称为它的生态位。生态位包括摄食习性、栖息地使用及该物种生活方式的其他各个方面。

捕食者—猎物相互作用 物种并不总是为资源而竞争，有时它们彼此利用作为资源。换言之，它们互相以对方为食。捕食就是一个生物摄食另一个生物的行为。吃的生物称为捕食者，而被吃者称为猎物。捕食者一词常用于肉食动物，也即吃其他动物的动物。生物吃藻类或植物是捕食的一种特殊情况，通常称为植食而非捕食，而这类生物称为植食动物。无论怎么称呼，总之，它们都是吃藻类或植物的。

捕食显著地影响被捕食的生物个体，它也通过减少猎物总数来影响猎物种群。如果捕食者吃得不多，猎物种群的繁殖可以替代已经被吃掉的个体。但是如果捕食作用很强烈，它会大大地减少猎物种群。

捕食者和猎物之间的相互作用并不是单向的。毕竟捕食者要依靠猎物作为它的食物供给。一旦恶劣的天气或疾病使猎物消亡，捕食者也会受到损害。如果有太多的捕食者或捕食者吃得太多，猎物种群也会下降。这种情况下，由于用尽了食物供给捕食者种群很快会开始下降。

当一个动物吃另一个生物体时就发生了捕食作用。捕食作用对捕食者和猎物的数量都有影响。

捕食者往往影响到它们猎物以外的种类。例如，在温带的岩石海岸，海星选择性地摄食贻贝，这就为贻贝的竞争者开辟了空间，否则它们会被贻贝排挤掉（参见图11.16）。在这样的摄食或营养相互作用中，由于一个物种对另一个物种的影响而造成对第三个物种的影响称为间接相互作用。间接相互作用有时导致种间关系与预期的相反。如在加勒比海珊瑚礁上，一种牧食的石鳖（*Choneplax lata*）实际上会增加一种珊瑚藻（*Porolithon pachydermum*）的丰富度，而这种藻是这类石鳖的主要食物。石鳖只刮取藻类表面的薄薄一层，这不但留下了大部分的藻体，而且也刺激了它的生长。石鳖也去除了比珊瑚藻长得更快的优势竞争藻。这些快速生长的藻类会吸引牧食者鹦嘴鱼，而它们的深层咬食能彻底地移除珊瑚藻。因而往往存在一个间接相互作用网络，即对一个物种的影响可以传播到整个生态系统，称为营养级联（trophic cascade）。例如，在西北太平洋，作为海豹和海狮猎物的鱼类数量下降的影响会传播给虎鲸、海獭、海胆和整个巨藻床（参见“巨藻群落”，290页）。

捕食者—猎物相互作用也会造成在群落中级联传递的物理效应。比如，一种生活在泥滩的鳎螺（*Hydrobia ulvae*）是北海海草场海草附植生物的主要牧食者。附植生物与海草竞争光和营养盐，减慢海草的生长。螺的牧食使海草叶子保持干净的地方,海草场长得厚且茂盛;然而在暴露的地点,海流将螺冲走,附植生物长得茂盛,而海草床则较为稀疏。

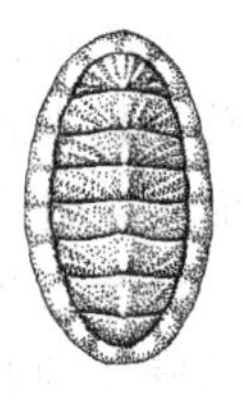

石鳖 外壳由位于身体上面或背面的8块覆瓦状排列的壳片构成的软体动物。 第7章,136页。

附植生物 生活在藻类或植物表面的光合生物。 第5章,96页。

生物已经进化出多种多样的捕食方式。鲨鱼和金枪鱼都是高效的杀戮机器,敏捷而有力;其他捕食者则会悄悄地接近它们的猎物,趁猎物没有察觉的时候捕获它们。像鮟鱇鱼一样的捕食者更进一步,能引诱它们的猎物。很多螺能在它们猎物的外壳上钻孔,许多海星甚至将胃翻出在体外消化猎物(参见“捕食和消化”,146页)。许多捕食者只吃掉猎物的一部分,留下其余活的部分继续生长。在以下章节中,我们将介绍捕食者捕食猎物的多种方式。

最成功的捕食者个体能捕获更多的食物,因此能活得更为长久,长得更快,产生更多后代。故而自然选择有利于种群中更有效的捕食者,每代捕获食物的能力都会更强一些。

自然选择也有利于那些成功逃脱的猎物个体。因为有捕食者的存在,生物至少已经进化了许多逃脱捕食者的方法。有些生物跑得快难以捕捉,有些利用伪装(图10.6)。许多生物有保护刺、壳或其他防御结构。很多海藻和动物用难吃的甚至是有毒的化学物质保护自己。

图10.6 叶海龙(*Phycodurus eques*)的叶状突起使这些鱼类看似一些漂浮的海藻。这不仅使它免遭鲨鱼和别的捕食者的捕食,也使它能悄悄地接近自己的猎物小虾。它们还有锋利的保护棘以备万一捕食者不受伪装蒙蔽时使用。

生物还可以利用其他生物进行防御。如许多海蛞蝓或裸鳃类以从它们的猎物处获得的有毒化学物质或刺细胞来保护自己免遭捕食者捕食(参见“腹足类”,133页)。在加利福尼亚北部,一种褐藻(悬疣子尾藻 *Sargassum filipendula*)与一种红藻(沟沙藻 *Hypnea musciformis*)竞争,而当二者同时出现时,生长会减慢。尽管如此,当牧食性鱼类丰富的时候,这种红藻只有与这种褐藻共存时才能生存,因为褐藻味道差,所以就帮助阻止鱼类吃掉它们爱吃的红藻。 221

有些生物只在必要时才使用防御。例如,加利福尼亚湾的藤壶(*Chthamalus anisopoma*)正常时直立生长,但当捕食性的螺丰富时,它会弯曲生长,这使螺更难穿透藤壶上表面的盖板。一些利用化学防御的海藻,只有当它们受损时才产生令人厌恶的化学物质。因此,除非迫不得已,否则它们不会浪费能量产生化学物质。只对捕食者做出响应时才使用的防御机制称为诱导防御。

因而在捕食者和其猎物之间不断地存在着“军备竞赛”。捕食者在追捕猎物和战胜其防御方面的能力总是越来越强。作为响应，猎物也会变得更善于逃脱或发展出更好的防御机制。每个种对其他物种响应而发生进化的这样一种交互作用称为协同进化。

共生　当物种之间相互作用更为密切时，协同进化甚至会变得更加重要。不同种的成员可能生活在非常密切的共生体中，一个种甚至生活在另一种体内（参见“从零食到仆人：复杂细胞的起源”，79 页）。如此密切的关系是共生的例子，它字面上的含义就是“生活在一起”。共生关系中个体较小的伙伴常被称为共生物，而较大者被称为宿主，不过有时这种分别并不清楚。

生物学家习惯上根据共生生物从这种关系中获利或受害而将共生分成不同类型。在偏利共生关系中，一个种在不影响另一种或不受另一种影响时获得避难场所、食物或某种别的利益。例如，某种藤壶只在鲸鱼身上生活。藤壶得到栖居地和免费乘载，它们通过滤水而摄食。据了解，鲸鱼既不受藤壶伤害也得不到什么帮助。共生物在宿主体上或体内生活，但显然宿主既不受到伤害也没有得到共生物的帮助，像这类共生生物的例子还有很多（参见图 7.27）。

另一方面，有时共生物的受益是以牺牲宿主的利益为代价的，这被称为寄生。大绦虫生活在鲸鱼的肠道中获得食物和避难所（参见“扁形虫”，127 页），由于它们可以削弱鲸鱼宿主，所以被看做寄生物。海洋寄生物非常普遍。实际上，多数海洋种类都被至少一种寄生物寄生。

并非所有的共生关系都是单向的。在互利共生中，两个伙伴都从共生关系中受益。在许多地方，小清洁鱼或虾和较大的鱼类形成互利关系，称为清洁共生体（参见“清洁共生体”）。

在清洁共生体中，两个伙伴如有必要，都可以离开对方而生活，这叫做兼性共生。在专性共生中，一方或双方必须依靠对方生活。如在形成地衣的共生中（参见“真菌”，105 页），真菌和藻类都是没有对方不能存活的专性共生物。

清洁共生体

222

有些小鱼和小虾与身体较大的“客户”组成清洁共生体，其中清洁者靠拣拾寄生物和从其客户身上脱落的死亡或病组织为生。清洁鱼包括隆头鱼、蝴蝶鱼和虾虎鱼，而樱花虾（猬虾 *Stenopus hispidus*）是最有名的清洁虾。鱼类常常是客户，但也曾见过章鱼利用这种服务。清洁行为可以是一项全职或兼职工作。某些种类终生都是清洁者，另一些只在幼体时期从事清洁工作。清洁共生体在珊瑚礁、巨藻床和其他浅水、硬底群落中尤为常见。

为了吸引客户，清洁者建起一个清洁站，通常以显著的特征，如大的海绵或显眼的珊瑚丘或珊瑚石作为标志物。清洁者也经常以特有的鲜艳色彩和明显的斑纹给它们的服务做广告。清除寄生物是一项受欢迎的服务：客户鱼有时不得不在清洁站排队等候。客户鱼记得清洁站的位置，即使在清洁者被实验者人为移除后仍然不时地光顾。

有些客户是肉食动物，能够很轻易地蒙骗这一体系并把清洁者一口吞下。可能是为了表示它们良好的意图，许多客户鱼游得极其缓慢，在中途盘旋。有些客户鱼能改变体

一条清洁者隆头鱼正在一条裸胸鳝（*Gymnothorax*）身上做清洁。

色或摆出不寻常的姿势。清洁鱼能游近它的顾客侦察一下。作为礼节的一部分有些清洁者会翩翩起舞，或许是为了提醒客户它们是清洁者而不是食物。清洁虾用它们的触角拍打客户。一旦清洁开始，客户保持不动让清洁者检查和清洁它们的鳃。清洁者甚至能游到客户鱼嘴里而平安无事，至少大部分时间都是这样。

不过，的确有几种鱼一贯欺骗这个体系。这些鳚鱼（盾齿鳚 *Aspidontus*，短带鳚 *Plagiotremus*）具有彩色图案并能逼真地模仿本地清洁者隆头鱼的行为。鳚鱼用这种诡计来接近潜在的客户，然后飞快地进去咬一口皮肤、鳞或鳍，再匆忙回到安全地带。

清洁者自己偶尔也有欺骗行为，从客户鱼身上咬下一片鳞或一些保护黏液。但是欺骗在任何一方都不常有，说明二者是相互信任的。清洁者有效地控制它们客户鱼身上的寄生物，而这从长期来看带给客户鱼的好处要比一顿容易得来的美餐更值。然而，移除清洁者的实验似乎并没有伤害到居住的鱼类，所以这种好处仍是不确定的。虽然清洁者偶尔也会被它们试图吃掉的真正的寄生物感染，但清洁者还是受益于提供给他们的可靠食物供应。

客户鱼是具有识别力的顾客，如果清洁者欺骗或使它们等得太久，它们能使用其他清洁站而使清洁者保持诚信。研究表明，清洁者学会认识每一位客户，甚至给那些能够自由选择清洁站因而可能寻找更好服务的客户鱼以优惠待遇。有趣的是，没有迹象表明客户鱼能认出它们的清洁者——可能它们需要记住的只有清洁站的位置。

在共生关系中，不同种的成员生活在密切的共生体中。共生包括共生物对宿主有害的寄生、宿主不受影响的偏利共生和双方都受益的互利共生。

现实中，很难说清两个伙伴的共生关系是有益的还是有害的。一些生物学家喜欢把重点放在双方能量或食物或其他物质的移动上，而不考虑可能有害或有益。

像其他种间相互作用一样，共生会有间接效应。120页上所示的彩色蟹类为交换避难所和食物，以黏液将其珊瑚宿主的捕食者海星赶走。这能够保护附近其他珊瑚及宿主珊瑚，因为这避免了海星爬过宿主珊瑚到达其他珊瑚体上。 223

幼虫生态学　物种间和物种与环境间的相互作用出现在生物的一生中。多数海洋动物具有幼虫阶段（参见图15.9），而海藻具有孢子。在幼虫和孢子阶段发生的事件比在生命晚期发生的事件更为重要。

很多因素都能影响到幼虫存活的数量。有些幼虫对温度、盐度和其他因子的变化很敏感，因此幼虫的存活率可因海洋学条件的不同而不同。幼虫可能还有一个临界期，其间它们必须得到合适的食物才能存活。例如，新斯科舍省沿岸黑线鳕幼体的存活与它们在初春的关键几周内浮游生物食物的可获得性关系密切。在天气和海洋学条件都有利于浮游生物丰度的年份，幼体存活得特别好，并且在后续年份有更多的成体。捕食者、污染和许多其他因素也对幼体的存活有着强烈影响。

假如幼体存活下来，它们仍然需要到达它们成体生活的栖息地。有些幼体待在离其双亲不远的地方，但许多海洋种类的飘浮幼体则要依靠有利的海流将它们带到合适的地点。长期以来人们一直假定海流使多数幼体扩散到远而宽广的范围，但最近发现至少一些种类的幼体能够停留在靠近其双亲生产它们的栖息地，使它们更容易返回。例如，某些珊瑚礁鱼类的幼体是惊人的游泳健将，它们能够待在离珊瑚礁的“家”不远的地方，通过声音或气味找到回家的路。其他种类的幼体倾向于留在没有多少海流的水层中，以便不被海流带到远处。如果幼体确实能够到达合适的栖息地，它们得识别并在合适的地方定居下来。许多底栖种类的幼体定居前先测试海底，其他种类则受到其宿主或同种成体产生的化学物质的吸引（参见图13.4）。

在许多海洋群落中，对于生物的丰富度是主要取决于栖息地定居幼虫的供应（这种思想被称为“供应方生态学”）还是取决于幼虫定居后的竞争、捕食和其他相互作用（参见“竞争”，217页）还不十分清楚并且常有争议。正如海洋生态学中的许多争论一样，答案或许是折中的。

主要的海洋生活方式与环境

人们已经注意到，由于物理和化学条件因地而异，海洋的各个部分栖息着非常不同的群落，因而海洋生物学家根据生物在哪里生活和怎样生活将群落进行分类。或许最简单的分类与生物的生活方式有关，即是生活在海底还是上部的水体中。底栖生物是那些生活在海底表面或埋栖在海底中的生物(图 10.7)。有些底栖生物是固着的，或者附着于某处；另一些则可以到处活动。另一方面，水层生物生活在离开海底的上部水体中。

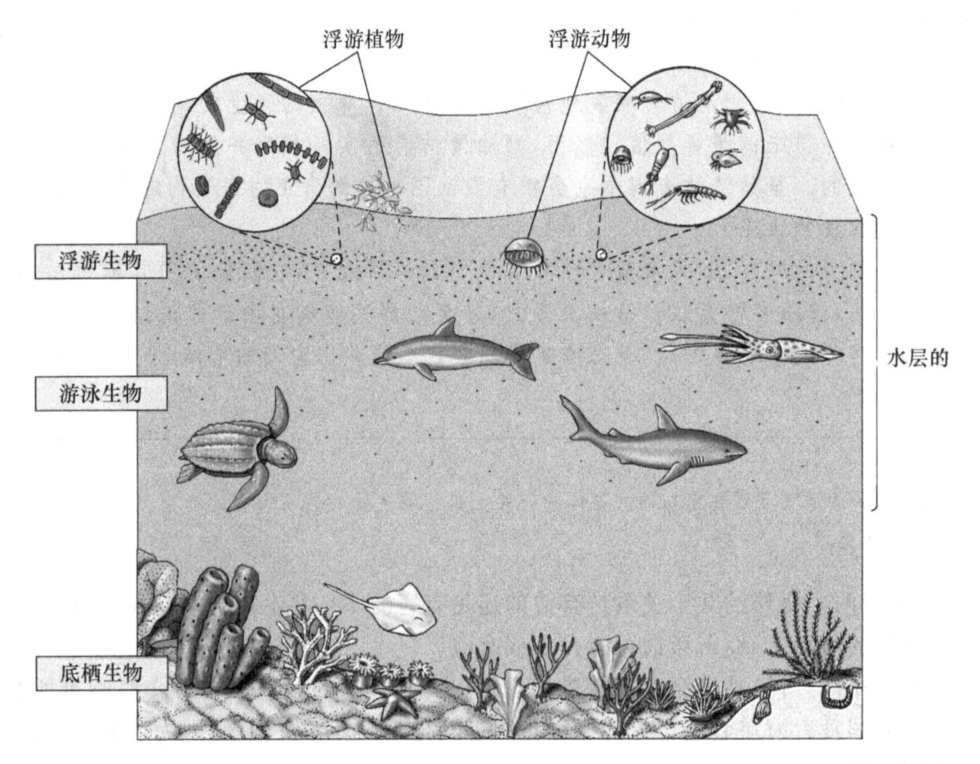

图 10.7　海洋生物按生活方式可划分为底栖生物、游泳生物和浮游生物三个主要类群。

浮游生物可根据游泳能力作进一步划分。某些海洋生物游泳能力弱或完全不会游泳。这些被称为浮游生物的生物受海流支配，被海流从一处带到另一处。“浮游生物”一词来自希腊语“漂流物”。浮游藻类和其他自养生物统称为浮游植物，它们是许多海洋生态系统最重要的初级生产者。异养浮游生物称为浮游动物。浮游生物还可按大小、根据它们生活在海洋表面还是表面以下，或者根据它们是全部还是部分生命周期营浮游生活来进行划分(参见“大洋表层生物”，325 页；“漂浮者”，335 页)。

224

能够逆流游泳的动物称为游泳生物。多数游泳生物是脊椎动物，主要是鱼类和海洋哺乳类。不过也有一些能游泳的无脊椎动物，如鱿鱼。并非所有的游泳生物都是水层生物。比如图 10.7 中的鳐因为能游泳所以是游泳生物的一部分，然而它不是水层生物，因为它大部分时间都待在海底上或海底附近而不在上部水体中度过。

另一种划分海洋群落的方法是根据它们生活的位置。例如，底栖生物的分带与水深和大陆架有关(图 10.8)。海陆交界处是大陆架最浅部分，为潮间带，这是介于潮汐之间的区域，即当低潮时暴露在空气中，而在高潮时被浸没的区域。潮间带只占大陆架的一小部分。大陆架的绝大部分从不暴露于空气中，即便是在最低潮时也是如此。栖息于大陆架潮间带以下的底栖生物生活在潮下带。远离大陆架的底栖环境，按照水深划分为半深海、深渊和超深渊带。为了简单起见，我们将这些不同的带合称为“深海底”。

水层环境也可根据大陆架来划分，位于陆架上方的水层环境称为浅海带，陆架坡折以外的水层环境为大洋带。

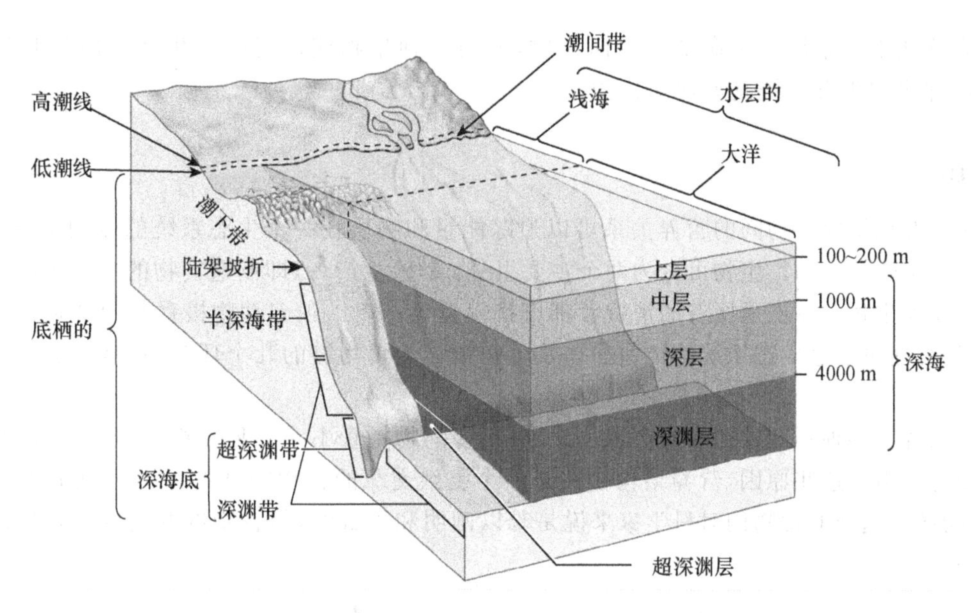

图 10.8　对海洋环境的主要划分是基于与陆地的距离、水深和生物是底栖的还是水层的。

水层环境除了可分为浅海带和大洋带外，在垂直方向上又分为与光量对应的不同深度层。在最浅的上层，至少在一年的部分时间具有充足的用于光合作用的光照。如果有营养盐供给，浮游植物能旺盛生长，为生态系统的其他部分生产食物。上层往往可向下延伸到 100～200 m 的深度。由于这接近于大陆架的深度，因此几乎所有的浅海水域都位于上层中。

其他水层位于陆架以外的大洋深水海域。在上层之下是中层。在中层没有足够的光供光合作用，所以初级生产者无法生长。不过有足够的视觉光线。即使在晴朗的日子，中层也是一个弱光区。弱光层一般可向下延伸到 1000 m 左右的深度。

没有光能穿透海洋的最深部分，即半深层、深渊层和超深渊层。尽管这些层中的每一层都支持不同的动物群落，但它们拥有共同的相似性。我们把所有的这些层统称为"深海"环境。

能量和物质的流动

所有生物都利用能量来制造和维持生命必需的复杂化学物质。自养生物通常是以太阳光的形式从无生命环境得到能量。它们利用能量从二氧化碳、水和营养盐这样的简单分子中制造它们自身的食物。随着自养生物生长和繁殖，它们便成为异养生物的食物(图 10.9)。当一个生物吃另一个生物时，贮存在它体内的有机物质和能量便由一个生物体传递给另一个生物体。所以，能

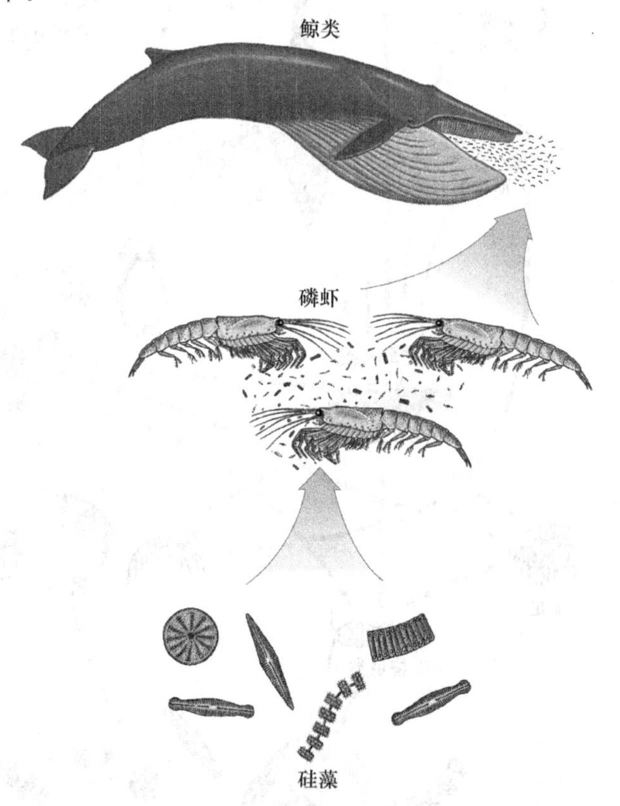

图 10.9　这样的三级食物链在南极海域是很典型的。硅藻是捕捉阳光固定碳的初级生产者。能量从硅藻传递到摄食它们的磷虾，再从磷虾到吃磷虾的蓝鲸。虽然它只是复杂食物网的一部分(图 10.10)，这个简单的食物链在鲸类被猎捕濒临灭绝之前占南极水域总生产力的很大部分。

量和化学物质就从生态系统无生命部分流向生物,又由一种生物流向另一种生物。能量和物质流动的途径可以告诉我们生态系统是如何运作的。

营养结构

通过观察生态系统内生物间的营养关系可以追踪能量和物质在一个生态系统的流动情况：由谁制造食物以及由谁来吃掉食物。生物可分为两个主要组分：初级生产者,即制造食物的自养生物;消费者,即吃掉食物的异养生物。并不是所有的消费者都直接摄食生产者。很多动物摄食其他消费者而不是初级生产者。因此,能量通过生态系统的传递往往发生在被称为食物链的几个环节中,食物链的每个环节称为营养级。

多数生态系统有多种不同的初级生产者。此外,很多动物摄食不止一种食物,并随着年龄和身体的增长而改变食物。由于这些原因,营养结构往往是一个复杂交织的食物网(图 10.10),而并非一个简单的、直线的食物链。这样的食物网对科学家来说是难以阐明和了解的,但食物网的复杂性是生命极其多样的原因之一。

225

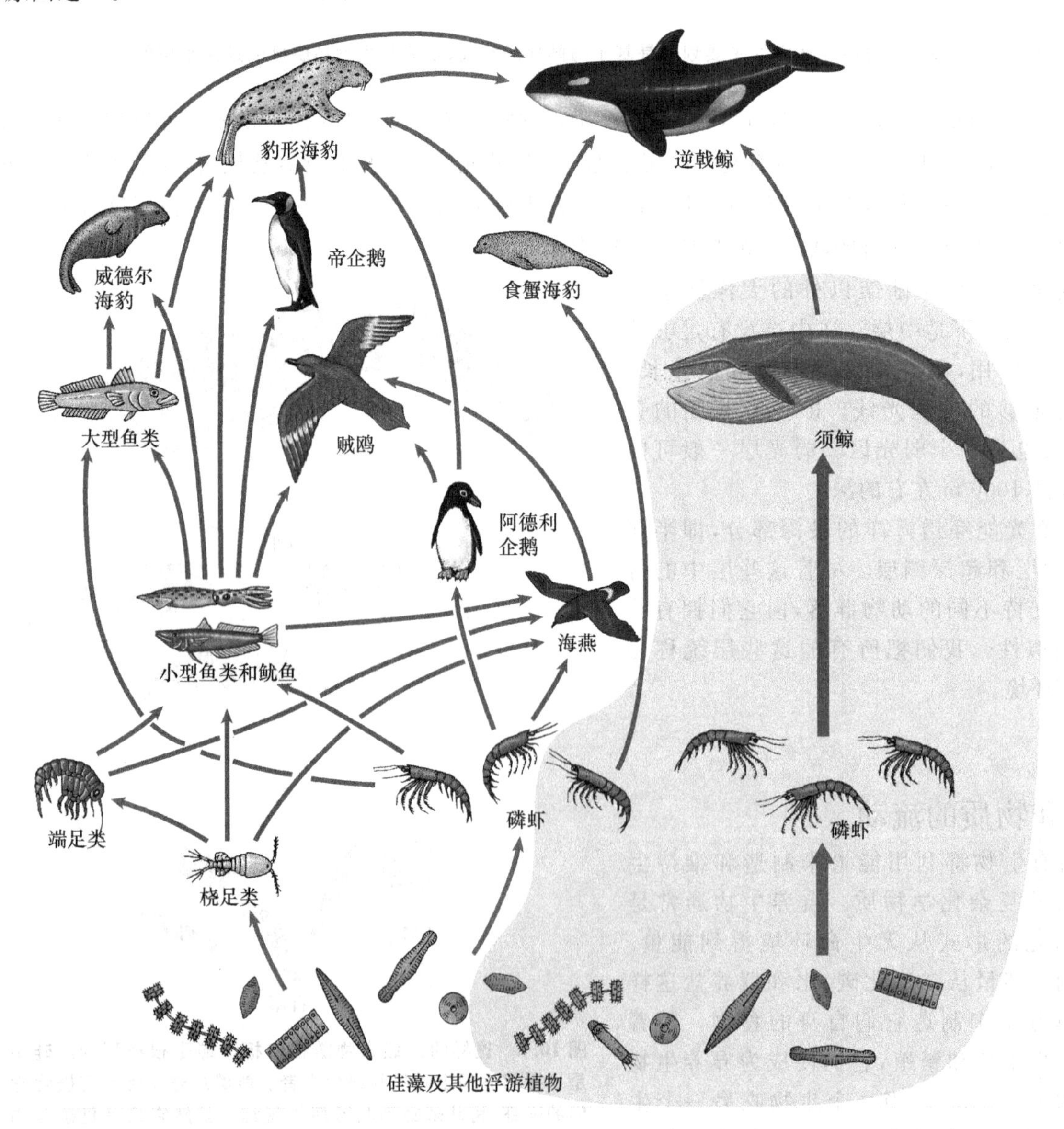

图 10.10　简化的南极食物网。图 10.9 中所示的那条简单的硅藻—磷虾—鲸类食物链是该食物网的一个重要部分(由阴影表示)。

能量和物质沿食物链或食物网从一个营养级传递到另一营养级。第一营养级被初级生产者占据，其余营养级由消费者占据。

营养级 如果我们考虑能量传递的几个步骤或营养级，就更容易理解食物链和食物网(图 10.11)。能流的第一步，因而也是第一营养级由最初捕获能量并贮存于有机化合物中的初级生产者占据。图 10.10 和图 10.11 所示的食物网中，硅藻是主要的初级生产者；直接以生产者为食的消费者为第一级或初级消费者，占据第二营养级；再往上一级为第二级或次级消费者，即摄食初级消费者的捕食者；摄食次级消费者的是第三级或三级消费者；依此类推。每一营养级依赖于低一营养级的物质。食物网的末端是诸如逆戟鲸这样的顶级捕食者。

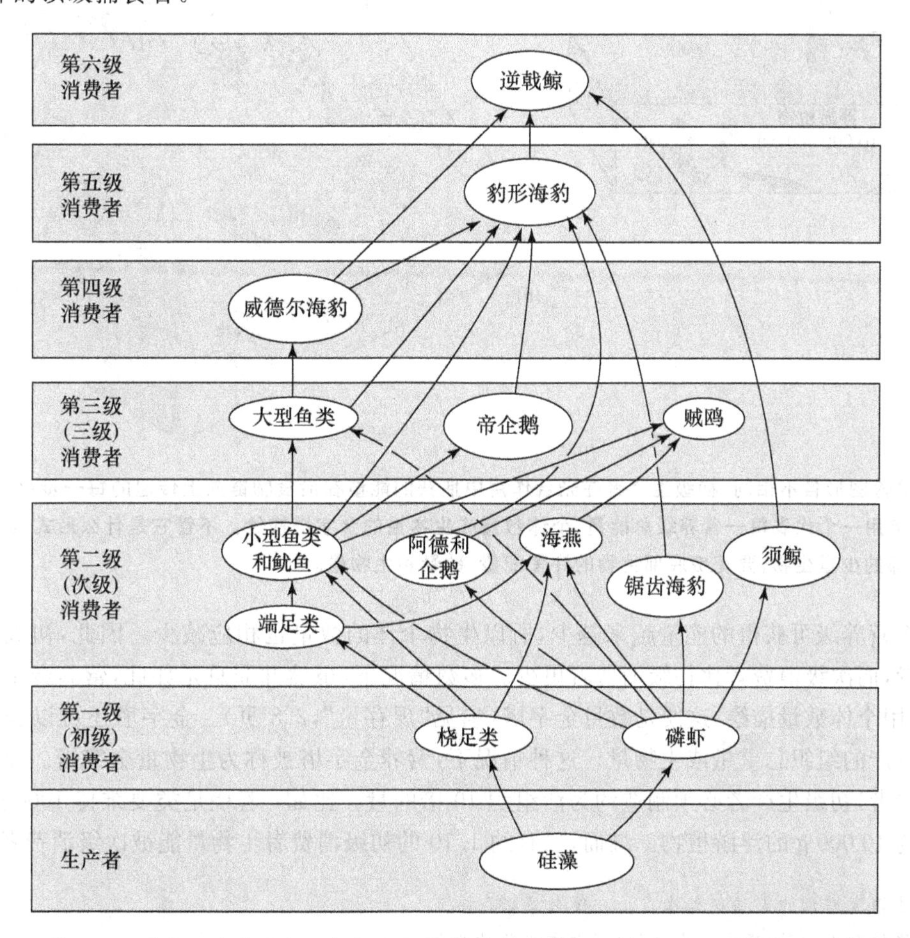

图 10.11 图 10.10 食物网中的生物可根据它们的营养级来归类。然而，同一生物可以在不同的营养级摄食。比如海燕，当它们摄食桡足类时，可作为第二营养级的消费者，但当它们摄食端足类时，就成为第三营养级的消费者。在这个简化的图中，它们被表示为第二营养级的消费者。这里所示的食物网比一般的长些；三或四个营养级更为常见。

营养级的概念有助于我们了解能量是如何在生态系统中流动的，但这个概念并不关心生物本身在哪一营养级摄食。例如，捕食者往往从不同的营养级摄食猎物。

营养金字塔 很多包含在某个营养级中的能量并不向下一个较高的营养级传递，而是被生物的活动消耗掉。能量和有机物也以废物的形式损失。一个营养级中的能量大约只有 5%～20%向下传递，这取决于不同的生态系统；平均约 10%。例如，假设图 10.9 所示的南极食物链中硅藻包含的总能量为 1.0×10^{7} cal。根据 10%法则，只有大约 1.0×10^{6} cal 的能量被初级消费者磷虾获得，而鲸类只能得到大约 1.0×10^{5} cal。生态系统的营养结构可以用一个能量金字塔表示(图 10.12)，能量在各营养级中逐级递减。

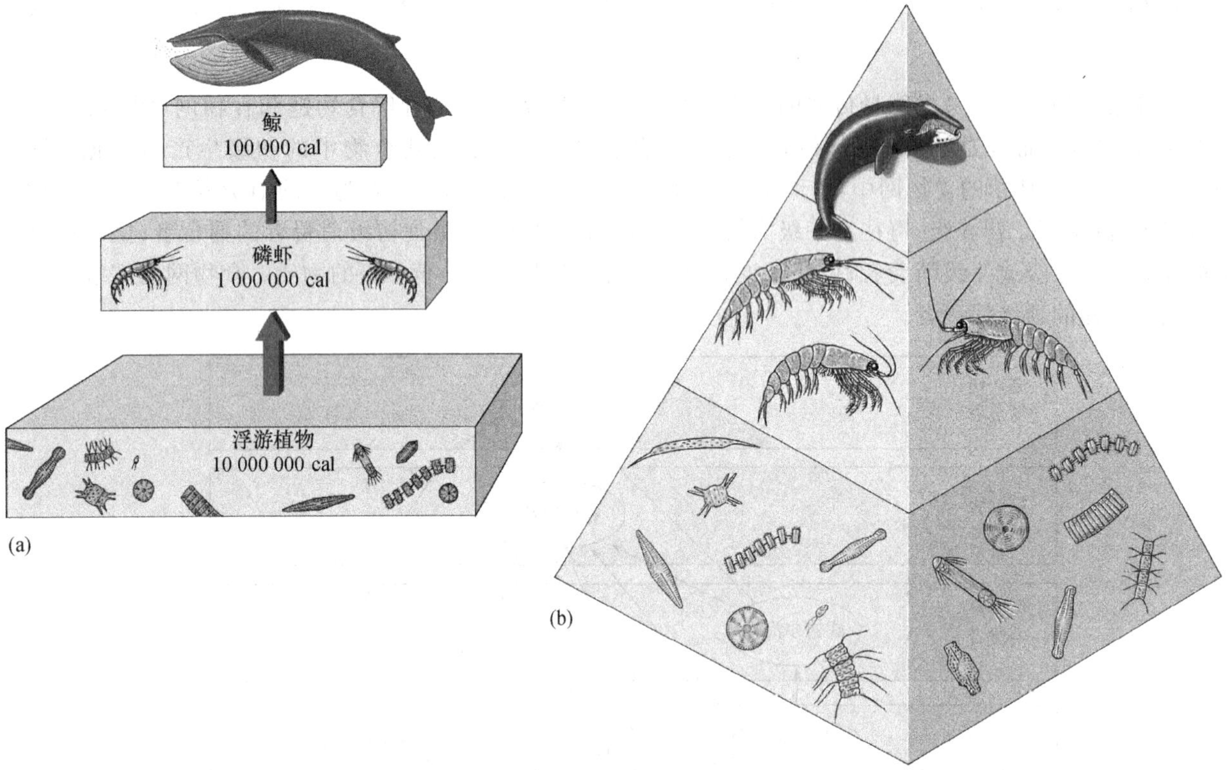

鲸
100 000 cal
磷虾
1 000 000 cal
浮游植物
10 000 000 cal
(a)

(b)

图 10.12　(a) 尽管图形各不相同，初级生产者在光合作用中捕获的能量在沿食物链向上传递的每一步平均损失 90%。(b) 这种关系通常用一个代表每一营养级总能量、个体数量或生物量的金字塔描绘。不管它是什么形式，其含义都是相同的：为支持顶部的少量生物，要花费底部生物的许多能量、数量和生物量。

由于在每个营养级可获得的能量越来越少，所以生物个体的数量也相应减少。因此，初级消费者的数量要少于生产者，而次级消费者比初级消费者更少。多数情况下，虽然并非总是如此，营养金字塔除了可用能量描述，也可用个体数量描绘，这便是数量金字塔(参见“现存量”，228 页)。金字塔还可以表示为生物在每个营养级所生产的组织总重量或生物量。这种情况下，营养金字塔被称为生物量金字塔。要维持一定生物量的初级消费者，初级生产者必须制造约为活组织 10 倍的量。比如：若桡足类要维持 1000 g 的生物量，它需要吃掉大约 10 000 g 的浮游植物。继而，只有约 1/10 的初级消费者生物量能被次级消费者利用。

226

陆架坡折　陡峭度增加的大陆架外缘。　　第 2 章，37 页。
自养生物　能够利用能量(通常是太阳能)制造有机物的生物。
异养生物　不能够自己合成食物，而必须摄食由自养生物制造的有机物的生物。　　第 4 章，73 页。
初级生产　自养生物将二氧化碳转化为有机物，即食物的生产。　　第 4 章，74 页。

平均而言，一个营养级中只有大约 10% 的能量和有机物传递到下一个较高的营养级。

在食物网的每一环节，有一部分有机物丢失了而没有被处于较高营养级的消费者摄食。不过这部分物质并没有从生态系统损失掉。腐败的细菌、真菌和其他分解者将无生命的有机物分解成它的原始成分：二氧化碳、水和营养盐。一些有机物作为废物被排泄，在摄食的过程中撒落，或通过扩散渗漏到细胞外。这种物质可溶于水，故称为水溶性有机物(DOM)。还有许多以固体形式存在的死有机物，如腐烂的海藻、脱落的海草和红树叶子、被丢弃的外骨骼、粪球和尸体，这种物质称为碎屑。碎屑是海洋生态系统重要的能量通路，因为许多海洋生物都以它为食。大量的微型分解者种群与碎屑密切结合生活，食碎屑者通常从分解者获得与碎屑本身同样多或更多的营养。类似地，很多生物摄食分解 DOM 的微生物。因而，分解者通过将死的有机物引回食物网而在海洋中起到至关重要的作用。

溶解于水的废有机物称为水溶性有机物。碎屑组成了无生命的固体有机物。分解者有助于将DOM和碎屑引回食物网。

如果没有分解者，废物和尸体将会累积而不会烂掉，这不但会造成相当的麻烦，而且营养物也会被锁定在有机物中。当分解者分解有机物时，在初级生产过程中结合到有机物中的营养素就被释放出来，使得营养素可被光合生物再次利用。这个过程叫做营养再生。如果没有营养的再生，营养素将无法循环并被自养生物再次利用，而初级生产也将受到极大制约。 228

初级生产力的测定　由于初级生产提供了营养金字塔基部的食物，知道一定面积内存在多少生产量是有用的。初级生产的速率或生产力，通常表示为每天或每年每平方米海面下所固定的总碳量(图10.13)，它既包括水体中浮游植物的生产量，也包括海底生活的初级生产者的产量。

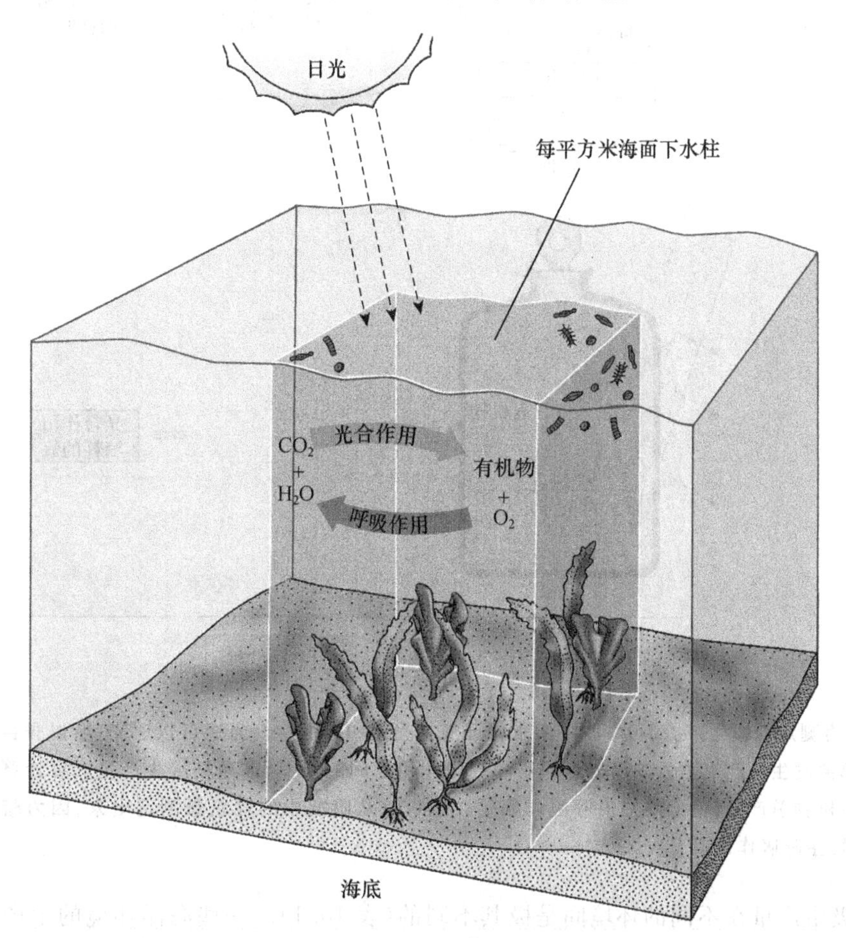

图10.13　为描述初级生产力，海洋生物学家测定在一定时间内，每平方米海面下的水柱中最终被固定或由二氧化碳转化为有机物的碳量。总初级生产量指生产的有机物总量；净初级生产量是初级生产者用于自身呼吸后剩余的初级生产量。初级生产力表示为每天或每年每平方米固定碳的克数($gC \cdot m^{-2} \cdot d^{-1}$或$gC \cdot m^{-2} \cdot a^{-1}$)。

初级生产者制造的有机碳总量称为总初级生产量。然而初级生产者紧接着就呼吸消耗掉它们制造的有机物以满足它们自身的能量需求，所以这部分有机物就无法作为食物被其他生物获得。剩下的有机物或净初级生产量形成了营养金字塔的基部。

由光合作用产生的净初级生产可以通过测定光合生物在日光中用掉的原材料数量或释放的终端产物量来估计。传统的做法是测定产氧量(图10.14)，但现在常测定的是消耗的二氧化碳量。这种方法使用非常精确的碳同位素(isotope)(^{14}C)测定法。要测定总初级生产量，初级生产者的呼吸作用可以通过将它们保留在没有光合作用发生的黑暗条件下来估计。其他估计初级生产量的方法包括测定生产者吸收的光量以及测定叶绿素吸收日光时发出的光或荧光。

初级生产的速率通常用光瓶和暗瓶测定。光瓶中氧或二氧化碳水平的变化同时代表光合作用和呼吸作用，而暗瓶中的变化只反映呼吸作用。

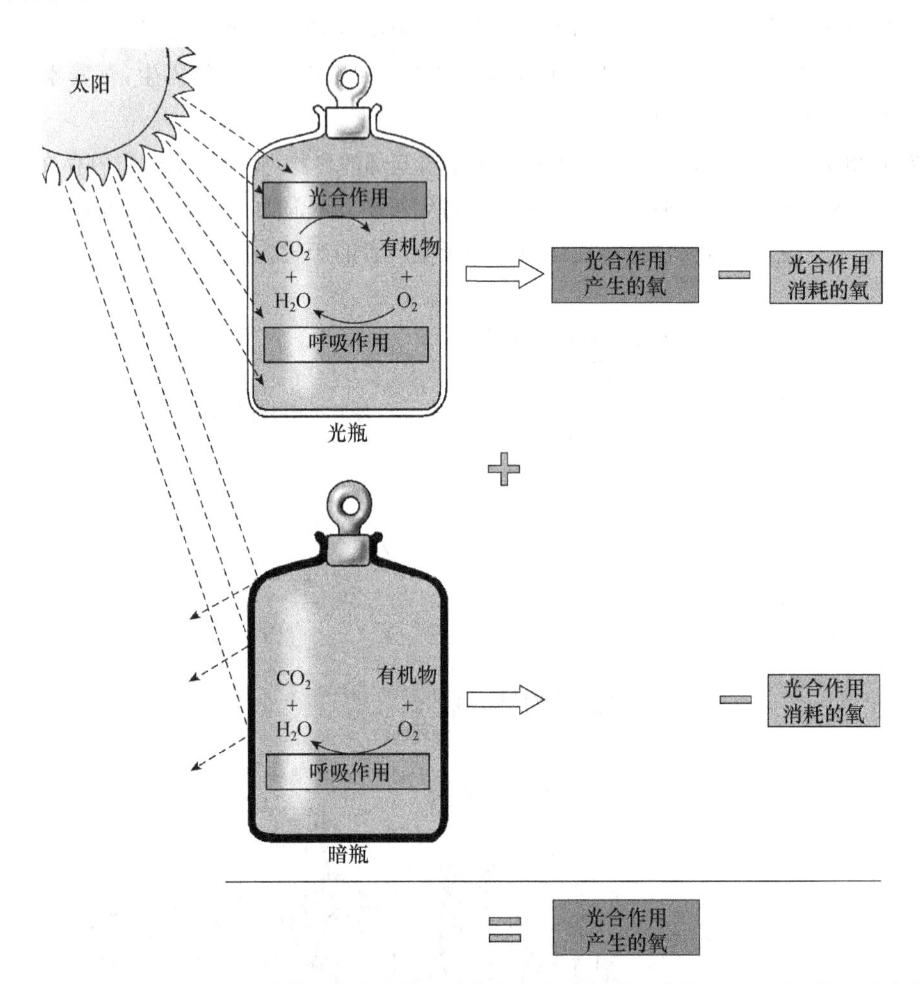

图 10.14　为测定初级生产力，科学家将海水样品放在光瓶和暗瓶中。光瓶可以透光，所以光合作用和呼吸作用都会发生。产氧量反映了光合作用和呼吸作用之间的平衡，或净初级生产量。要计算光合作用形成的有机物总产量，就必须知道呼吸作用量。这可以从暗瓶中的耗氧量测定出来，因为暗瓶不透光，所以只发生呼吸作用。

海洋中的初级生产量在不同的环境间是极其不同的（表 10.1）。一些海洋环境的生产力可与地球上任何环境相匹敌。而另一些则是生物的荒漠，有着如同陆地荒漠一样低的生产力。海洋中的生产力很大程度上取决于环境的物理特征，特别是可获得的光和营养盐量。这些特征我们将在以后的章节中探究。

表 10.1　各种海洋环境中典型的初级生产速率

环境	生产速率($gC \cdot m^{-2} \cdot a^{-1}$)
水层环境	
北冰洋	<1～100
南大洋（南极洲）	40～260
亚极地海域	50～110
温带海域（大洋）	70～180
温带海域（沿岸）	110～220
大洋中央涡流*	4～40

续表

环境	生产速率($gC \cdot m^{-2} \cdot a^{-1}$)
赤道上升流区*	70～180
沿岸上升流区*	110～370
底栖环境	
盐沼	250～2000
红树林	370～450
海草床	550～1100
巨藻床	640～1800
珊瑚礁	1500～3700
陆地环境	
极端荒漠	0～4
温带农田	550～700
热带雨林	460～1600

注：在特定时间或地点，特别是高纬度海区，生产速率可能高得多。一些陆地环境的值供比较。

* 参见第342页“生产的模式”。

现存量　水体中浮游植物的总量称为浮游植物现存量，它与初级生产力有关，但二者并不完全相同。现存量指水体中现有多少浮游植物，初级生产力指正在产生的新有机物的量。例如，在一片草坪上，现存量相当于草的长度，初级生产力是每天修剪草坪使之保持同样长度时所剪下的草量。

初级生产力与现存量之间的差别解释了为什么营养金字塔不能总以数量金字塔来反映(参见“营养金字塔”，225页)。长得快的草坪尽管一直保持很短却能产生很多剪下的草。换言之，它具有高的生产力但低的现存量。在海洋中，经常出现的情况是初级生产者生长很快，也被很快吃掉。由于食物很多，植食动物种群增长，使初级生产者保持低的数量。结果，当植食动物比初级生产者多时，数量金字塔就完全颠倒了。生物量金字塔指生产力，而不指现存量，因而像能量金字塔一样，生物量金字塔总是真实的。

229

浮游植物含有叶绿素，所以水体中叶绿素含量是浮游植物丰度的很好指标。的确，测定浮游植物现存量的最常用方法是测量水体中叶绿素浓度。

水体中浮游植物的总量是浮游植物的现存量。现存量常通过测叶绿素浓度来测定。

叶绿素可用化学法将其从水体中抽提出来测定，但这种方法耗时并且昂贵。替代的方法是使用荧光计以叶绿素发出的荧光来测定存有的叶绿素含量。

浮游植物现存量也能从太空测量。配备了特殊相机的卫星拍下海面的彩色照片并把图像发送到地面。科学家利用计算机仔细分析照片，特别留心叶绿素特有的绿色。通过应用各种校正因子，考虑照片拍摄时的天气状况并将结果与在调查船上测定的实际叶绿素含量进行关联，浮游植物的现存量就能够在大面积的海面上(图10.15)被估算出来。卫星是估测浮游植物大尺度分布的唯一手段；调查船只能用来测定某个时刻一个地方的现存量。

必需营养物质循环

一旦贮存在有机化合物中的能量在新陈代谢过程中被利用或作为热量散发，它就从系统中永远消失了。不同于能量，组成有机物的物质可以在重复的循环中一次又一次地被利用。像碳、氮、磷这样的物质，最初来源于大气、地球内部或岩石的风化。以简单的无机分子开始，它们被转化为其他形式并被结合到自养生物的组织中。当这种有机物通过消化、呼吸和分解而被降解时，原材料就被释放回到环境中重新开始循环。人类对这些自然地球循环的改变能够对地球上的生命产生我们还无法预测的深远影响。

图 10.15　地球初级生产者分布的全球观。浮游植物色素含量最高的海洋部分呈红色和黄色；深蓝和紫色代表浮游植物浓度低的海域。注意大部分海面浮游植物都很稀少。在陆地，荒漠和结冰地区呈现黄色，而最高产的森林为深绿色。（参见彩图 9）

光合作用　CO_2 + H_2O + 太阳能 ⟶ 有机物（葡萄糖）+ O_2。　第 4 章，72 页。
呼吸作用　有机物（葡萄糖）+ O_2 ⟶ CO_2 + H_2O + 能量。　第 4 章，73 页。
同位素　元素的不同原子形式。　第 2 章，36 页。

碳循环为这个过程提供了一个很好的例子（图 10.16）。构成所有有机分子骨架的碳始于大气中的230二氧化碳，然后溶解于海洋。这种无机碳通过光合作用转化成有机化合物。消费者、分解者和生产者本身的呼吸将有机化合物分解并使二氧化碳再次被生产者获得。有些碳也以碳酸钙的形式沉积在生源沉

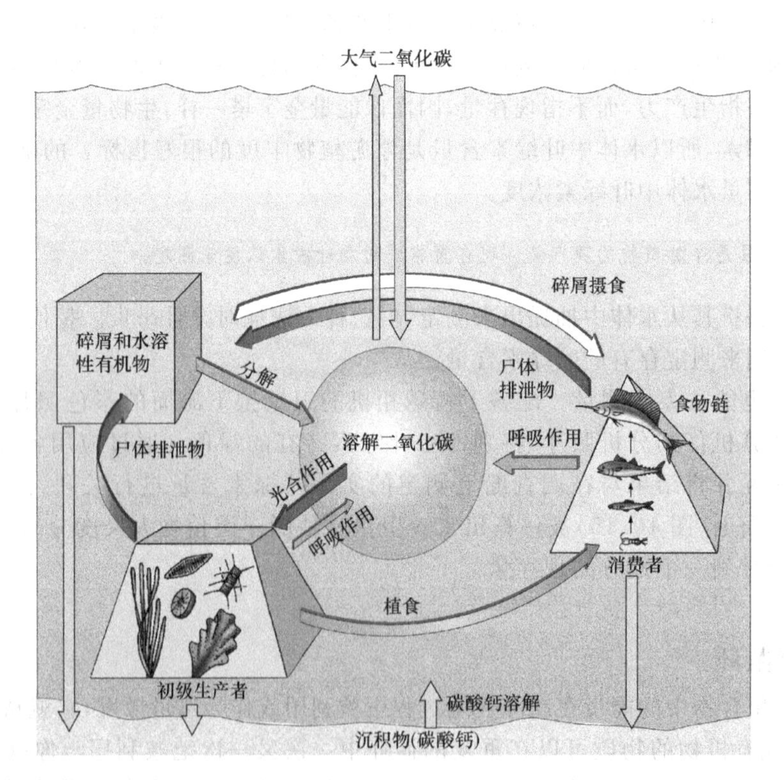

图 10.16　海洋中的碳循环。大气中的二氧化碳溶于海洋。在光合作用中，初级生产者将二氧化碳转化为有机物，有机物又被传递给食物网中的动物和其他消费者。作为它们的呼吸产物，生产者和消费者向大气中释放二氧化碳。由自养生物固定碳的余下部分最终以废物形式排泄掉或以尸体的形式终止。这种无生命的有机物形成碎屑和水溶性有机物（DOM）。细菌和其他分解者将这种有机物分解，释放二氧化碳并重新开始循环。

积物和珊瑚礁中。在特定条件下,有些碳酸钙溶解回到水里。人类通过燃烧化石燃料,增加大气中二氧化碳含量而极大地影响了全球碳循环(参见“生活在温室中:我们日益变暖的地球”,406 页)。

正如二氧化碳一样,氮也存在于大气中。然而大气中的氮元素是以大部分生物都无法利用的氮气(N_2)形式存在的。只有几类蓝细菌,一些细菌和古细菌能够进行固氮作用。如果没有这些固氮者,藻类和植物将不能得到它们生长和繁殖需要的氮。固定的氮也会进入河流。部分固定氮的输入是自然的,但现在绝大部分都来自农业化肥、污水,还有的来自于人类。固定的氮也从大气进入海洋,大部分是化石燃料燃烧释放的氮。现在,人类活动向海洋供给的固定氮比自然过程还多。

固氮作用是将大气中的氮气转化成生物可以利用的形式。这个过程可通过某些蓝细菌、一些细菌和古细菌自然地进行,但是现在海洋中固定氮的绝大部分来自人类活动。

生源沉积物　由海洋生物的骨骼和外壳组成。　第 2 章,36 页。

固氮作用　氮气(N_2)被转化成可被初级生产者用作营养盐的氮化合物。　第 5 章,100 页;表 5.1。

氮一旦被固定下来,它就作为氮循环的一部分在生态系统内部循环(图 10.17)。有几种氮的营养盐形式,最重要的是硝酸盐(NO_3^-)。硝酸盐和其他氮化合物在初级生产过程中被吸收并通过分解而再生。用于初级生产的大部分含氮营养盐来自氮化合物的再循环,而非最初的固氮作用。

232

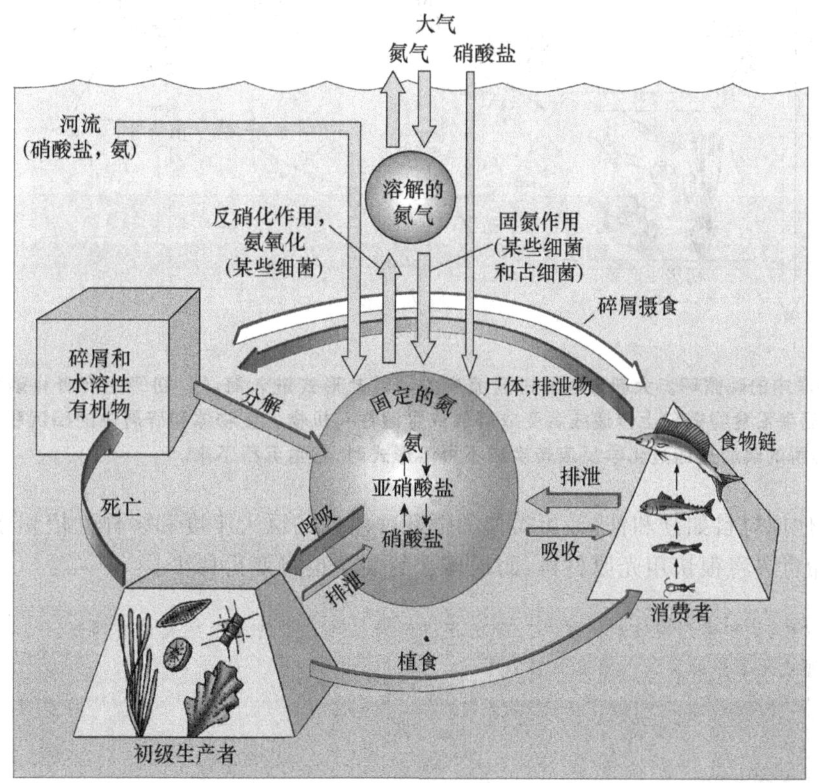

图 10.17　海洋中的氮循环。大气富含多数生物无法利用的氮气(N_2)。某些蓝细菌、其他细菌和古细菌通过固氮过程把 N_2 转化为氮的可用形式。有几种不同形式的可用氮;各种细菌和古细菌将氮从一种可用形式转变成另一种形式(参见表 5.1)。初级生产者吸收可用氮制造有机物,氮于是被传递给摄食有机物的动物和其他消费者。可用氮也可作为废物被生产者和消费者排泄或通过细菌分解而再生。

进入海洋的大部分磷是以磷酸盐(PO_4^{3-})的形式由河流带入的,尽管有一小部分是从大气中沉降来的。很多磷酸盐是通过自然的岩石风化和陆地上的鸟粪衍生来的,但大部分来自化肥和人类。另一方面,人类有时也减少磷酸盐向海洋的输入,因为磷酸盐也能被束缚在堤坝后面堆积起来的沉积物中。在初级生产者吸收磷酸盐并把它结合进有机物之后,磷就以有机物形式通过食物网开始循环(图 10.18)。磷要么以生源沉积物沉积下来,要么通过化学沉降,利用化学反应将磷转化为不可溶解形式沉积在海底。

部分磷通过海鸟和沉积的鸟粪从海洋返回陆地(参见“鱼类和海鸟，渔民和禽类”，387 页)，但磷的流动基本是由海洋通往沉积物的单行线。不过，经过几百万年，磷可以通过像海洋沉积物的抬升这样的地质循环过程回到陆地。

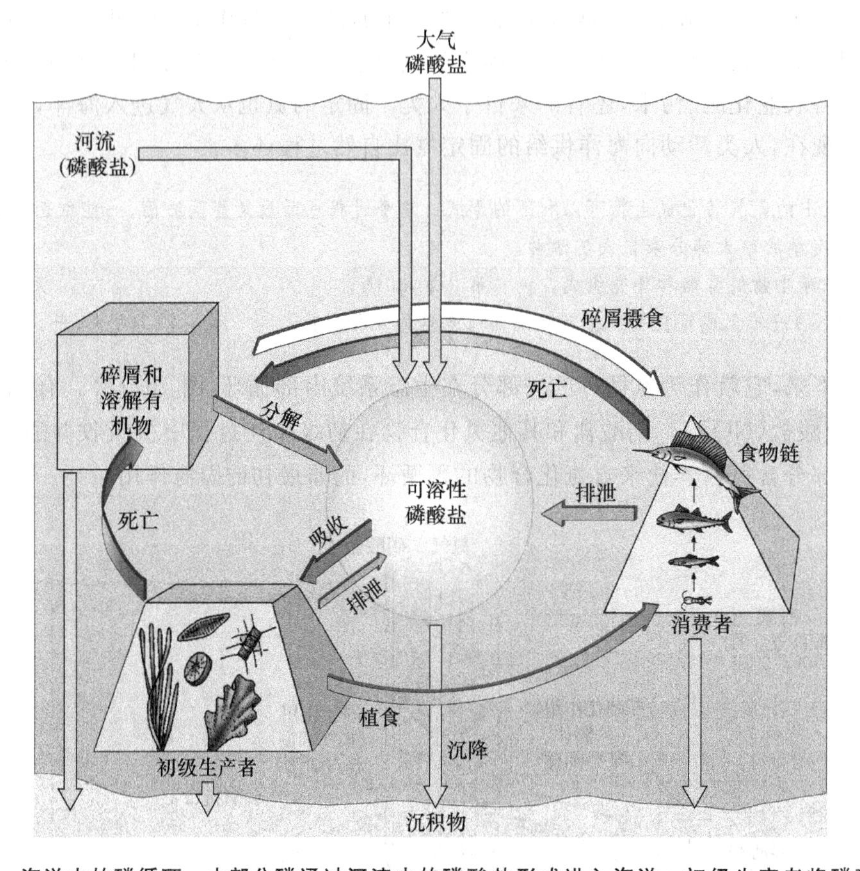

图 10.18 海洋中的磷循环。大部分磷通过河流中的磷酸盐形式进入海洋。初级生产者将磷酸盐结合到有机物中，后者沿食物链向上传递或者变成碎屑或可溶性有机物。生物体和碎屑中的磷沉积在生源沉积物中。当溶解的磷酸盐通过化学反应转换成不可溶形式时，它也沉积下来。

生物需要的其他原材料如硅和铁，经历类似的循环。生物的巨大丰度和多样性依赖于这种循环。如果没有再循环，生命世界将很快用光原材料，而地球上的生命也将变得稀少。

生命世界依赖于像碳、氮和磷这类物质的循环。分解作用是该循环过程的一个至关重要部分。

风化 岩石的物理或化学分解。 第 2 章，36 页。

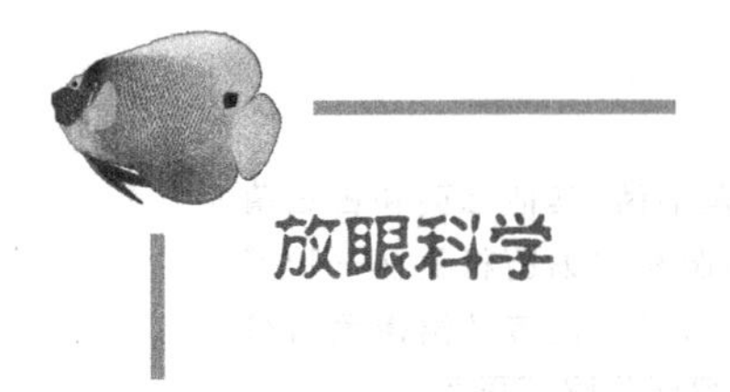

放眼科学

海洋生物普查

233 越来越多对海洋生物多样性可能丧失的担忧使海洋生物学家痛苦地意识到他们真的所知甚少。被探查过的海洋还不到 1%，因此数百万的海洋物种还没有被发现。多数已经发现的物种很大程度上仍然是一个谜——我们对它们的丰度和地理分布所知甚少，更谈不上了解它们的生态学或人类是如何影响它们的。为了评估海洋生物多样性的现状并建立保护目标，我们显然需要了解更多。2000 年科学家们着手启动为期10年的海洋生物普查(COML)。该普查提出三个问题：在人类开始显著改变海洋生态系统之前，海洋中有什么生物？现在有什么生物？将来海洋中会有什么生物？

尽管这些问题看起来简单，但COML涵盖非常广，它包括了海洋的所有部分以及其中的生物，这单靠一个团队或一个项目是永远不可能完成的。COML是由超过70个国家的数百名科学家组成的一个拓展网络，他们共同进行一整套合作项目的工作。例如，“海洋动物史项目”(HMAP)研究过去什么生物生活在海洋里。这个问题之所以重要，其中一个原因是消除“基线漂移问题”。比如，如果一个特定的鱼类种群崩溃了，恢复该种群到20世纪50年代的水平听起来似乎是一个合理的目标，但假如这个种群早在1950年就已经枯竭了呢？当然任何复原都是好的，但适当的基线是在人类影响之前种群的自然大小。HMAP聚焦在渔业，因为捕捞是人类对海洋最持久并且恐怕也是最重要的影响。大部分关于种群大小和捕捞压力的可靠记录是最近才建立的，但过去的种群有时可以通过生态学数据，如沉积物中存留的鱼鳞数量来估计。历史学家、考古学家和古生物学家已加入到海洋生命普查项目中：许多关于过去渔获量和捕捞压力的信息可以从历史资料，如旧海洋记录和税收档案中收集。这个工作揭示了人类影响的真实程度。例如，COML的科学家们最近估计，新斯科舍省沿岸的鳕鱼种群自1850已经下降了96%。

通过一系列对特定地点(如北冰洋)、生活方式(如浮游动物)或生境(如海山)的野外研究，COML迅速了解了今天生活在海洋中的生物。每个项目使用所有手边可用的研究方法和技术，包括采集浮游动物的海洋学航行，探测深海的深潜器，了解水层鱼类去向的电子标记以及加强对沿岸生物的收集和鉴定。生物学家还返回博物馆和图书馆重新检查被遗忘的标本，发展的DNA“条形码”技术使新标本的鉴定和编目几乎成为像商店结账一样的常规程序。效果已经十分显著：2004年，COML全体科学家一天发现的新种就超过35个！

在我们预测未来之前仍有许多关于过去和现在的东西需要了解，但是COML的“海洋动物种群的未来”项目已经发展了计算机模型来预测海洋种群的健康。为此，COML数据需要一个使用者容易进入的友好途径，这就是海洋生物地理信息系统(OBIS)的使命。OBIS将把COML收集的所有信息汇集到一个在线数据库，并且还将把几个已有的特定生物类群数据库汇合在一起。OBIS已包括了超过五百万个物种的分布记录，而且已经开始记录截止到2007年的每个已知海洋种类的已知分布情况。

当2010年COML结束的时候，我们能否了解有关海洋的全部呢？当然不能！但是我们知道的要比计划开始时多很多，每个人都将很容易得到这些信息，并且探测海洋生态系统的方法和技术也会有大幅度的进步。同样重要的是，我们会更加清楚什么是我们不知道的以及什么是我们终究都无法知道的。

(更多信息参见《海洋生物学》在线学习中心。)

《海洋生物学》在线学习中心是一个十分有用的网络资源，读者可用其检验对本章内容的掌握情况。获取交互式的章节总结、关键词解释和进行小测验，请访问网址 www.mhhe.com/castrohuber6e。要获得更多的海洋生物学视频剪辑和网络资源来强化知识学习，请链接相关章节的材料。

评判思考

1. 两种海胆紧挨在一起在沙滩上生活。这两个种似乎食性相同：都摄食漂浮的海藻和其他小块有机物。它们能够生活在同一环境中而彼此不发生竞争。它们是如何共享它们的栖息地和食物资源的？

2. 将一种特定的共生归类往往并不容易。假定发现有一种螺总是生活在某种珊瑚上。没有发现螺有害于珊瑚的证据，因此这种关系被当作偏利共生的一个例子。你怎样来验证这个假说？何种观察可以得出这种螺是寄生物或者它与珊瑚有互利关系的结论。

拓展阅读

网络上可能找到部分推荐的阅读材料。可通过《海洋生物学》在线学习中心寻找可用的网络链接。

普遍关注

Appenzeller, T., 2004. The case of the missing carbon. *National Geographic*, vol. 205, no. 2, February, pp. 88—117. The global carbon cycle and how humans are changing it.

Gibbs, W. W., 2001. On the termination of species. *Scientific American*, vol. 285, no. 5, November, pp. 40—49. Steps are urgently needed to conserve biodiversity, but it can be hard to convince politicians of why and how.

Nybakken, J. W. and S. K. Webster, 1998. Life in the ocean. *Scientific American Presents*, Vol. 9, no. 3, Fall, pp. 74—87. An excellent summary of the ecology of the seas and life in different environments.

Zimmer, C., 2000. Do parasites rule the world? *Discover*, vol. 21, no. 8, August, pp. 80—85. Parasites are more than a nuisance; they may be one of the most powerful forces shaping the evolution of life on earth.

深度学习

Abrams, P. A., 2000. The evolution of predator-prey interactions: Theory and evidence. *Annual Review of Ecology and Systematics*, vol. 31, pp. 79—105.

Arrigo, K. R., 2005. Marine microorganisms and global nutrient cycles. *Nature*, vol. 437, no. 7057, pp. 349—355.

Benitez-Nelson, C. R., 2000. The biogeochemical cycling of phosphorus in marine systems. *Earth-Science Reviews*, vol. 51, no. 1—4, pp. 109—135.

Canfield, D. E., E. Kristensen, and B. Thardrup, 2005. The nitrogen cycle. *Advances in Marine Biology*, vol. 48, pp. 205—267.

Côté, I. M., 2000. Evolution and ecology of cleaning symbioses in the sea. *Oceanography and Marine Biology: An Annual Review*, vol. 38, pp. 311—355.

Hay, M. E., J. D. Parker, D. E. Burkepile, C. C. Cuadill, A. E. Wilson, Z. P. Hallinan and A. D. Chequer, 2004. Mutualisms and aquatic community structure: The enemy of my enemy is my friend. *Annual Review of Ecology, Evolution, and Systematics*, vol. 35, pp. 175—197.

Rhode, K., 2002. Ecology and biogeography of marine parasites. *Advances in Marine Biology*, vol. 43, pp. 1—86.

Smith, S. V., D. P. Swaney, L. Talaue-Mcmanus, J. D. Bartley, P. T. Sandhei, C. J. McLaughlin, V. C. Dupra, C. J. Crossland, R. W. Buddemerier, B. A. Maxwell and F. Wulff, 2003. Humans, hydrology, and the distribution of inorganic nutrient loading to the ocean. *BioScience*, vol. 53, no. 3, pp. 235—245.

第 11 章

在潮来潮往之间

在辽阔的海洋中，潮间带（有时也称为滨海带），是最为海洋生物学家和同行们所了解的。该区是位于最高和最低潮之间沿着海岸线分布的狭窄地带。潮间带是我们无须离开所处的自然环境而能够直接经历的海洋世界的唯一部分。游览海滨时我们不需要船，至少在低潮时，不用氧气面罩我们就能看见它，不用游泳脚蹼我们就能在它上面来回走动。或许从科学家的角度更为重要的是，无须借助于笨重且昂贵的设备我们能在潮间带工作，而且很容易多次地回到同一地方。因而潮间带群落是所有海洋群落中研究得最多和最好的。尽管潮间带只占海洋环境的一小部分，在潮间带学到的内容确实极大地丰富了我们的海洋生态学和普通生态学知识。 235

在海洋环境中潮间带的独特之处在于它定期地暴露在空气中。生活在潮间带的生物必须有一种方法应对这种暴露，即使这意味着放弃在潮汐之下生活的有利特征。浮出水面并暴露于空气称为浮出——相反被淹没叫做浸入。

由于潮汐的影响，因而群落的性质很大程度上依赖于底质的类型。底质——生物生活其上或其内的物质——称为基底。岩石硬底与由泥或砂构成的软底是非常不同的生境。在本章中，我们从岩石潮间带开始考虑两种基底上的潮间带群落，北美主要的沿岸群落在本书最后的折叠地图中有所显示。 236

群落 生活在一个限定区域内所有不同种群的生物。 第 4 章，77 页。

潮间带是位于高潮线和低潮线之间的海岸线。它是唯一有规律地暴露于空气或浮出的海洋世界的部分。潮间带群落因其生活在岩石底还是软底而具有很大差别。

岩石海岸潮间带群落

岩石海岸一般出现在没有大量沉积物的陡峭岸边。这样的区域作为地质事件的结果往往是新近隆起的，并且仍然在上升过程中，这些隆起的沿岸没有太多时间发生侵蚀和累积沉积物。例如，美洲西岸大部分是岩石海岸，因为它的主动陆缘由于地质过程而隆起。在上一冰川期，加拿大东部和新英格兰（参见“气候和海平面变化”，36 页）被巨大的冰原所覆盖。冰原刮掉了大陆架上的沉积物，暴露出下面裸露的岩石。在冰的巨大重力作用下，部分沿岸实际上已沉入地幔；当冰融化时，沿岸缓慢上升或回弹，留下岩石暴露的岸线。不过，海平面开始升高，升高的海平面最终追上了沿岸的回弹。海淹没了岩石海岸，形成在科德角以北所见到的漂亮的、深度蚀刻的海岸线。这个区域是北美大西洋沿岸仅有的有很多岩石的海岸。南大西洋和北美的墨西哥湾沿岸正在被动大陆边缘上积累的大量沉积物的重压下缓慢下沉或下陷。岩石区在这些沿岸基本上是不存在的。

并非所有的岩石海岸都由隆起形成。海浪和海流能将沉积物带走，留下裸露的岩石。类似地，岩石周围较软的物质侵蚀掉后可能留下坚硬的耐侵蚀的岩层。夏威夷岛的大部分沿岸都是岩石的，这是因为它在地质学上还非常年轻。通过熔岩不断地流入大海而形成的沿岸都没有时间积累沉积物。事实上，由于基拉韦厄火山（图 11.1）的周期性爆发，夏威夷海岸还在形成过程中。

图 11.1　熔岩流在夏威夷岛上产生新的岩石海岸线。

岩石海岸往往出现在最近隆起或地质学上还很年轻的沿岸或在侵蚀将沉积物和软岩石移除的沿岸上形成。在北美洲，岩石海岸在西岸和科德角以北的东岸是常见的。

在岩石中钻穴是非常困难的，不过海笋(沟海笋属 *Zirfaea*，宽柱海笋属 *Penitella*)能够在砂岩一类的软岩石中穴居。多数岩石潮间带生物生活在岩石的表面。生活在基底表面的动物——不论是岩石也好，还是沙、泥甚至其他生物的表面也好——都称为底上动物。有些底上动物在岩石上四处活动，但很多则是固着的或附着在岩石上。岩石潮间带生物生活在岩石的表面上，充分暴露于自然环境中，这使它们受到很大的物理胁迫。

暴露在低潮时

低潮给岩石潮间带生物带来许多问题。它们暴露于空气中，位于高处而且干燥，这是一种比在水中要严酷得多的环境。这种暴露对于生活在潮间带高处的生物来说更成问题。潮间带上部在高潮时仅部分且短时被浸没。最上缘除了在特别高的溯望大潮期间，可能不是每天被淹没。其实，潮间带的最高部分几乎从来不被淹没。它靠浪花保持潮湿。

相反，生活在潮间带下部的生物大部分时间都被浸没，只有很短的时间才需要应对浮出；或在潮间带的最下缘，只有在极低潮时生物才需要应付浮出。生物在潮间带生活的位置越高，那么它们在水外度过的时间就越多。

浮出时间，或在水外度过的时间随着在潮间带的位置升高而变长。

237

失水　当暴露在空气中时，海洋生物容易变干或失水。要在潮间带生存，生物必须能够防止失水、耐受失水或二者兼备。多数潮间带生物以两种基本方法中的一种应付干燥问题：它们要么跑去隐藏起来，要么就"拒不开口"。

"逃跑隐藏"策略再简单不过了。当潮水退去时，生物跑到潮湿地方并等待潮汐返回。不难见到岸蟹、寄居蟹、螺和其他岩石海岸生活的动物在潮湿的、遮阴的岩洞或石缝内挤作一团(图 11.2)。潮潭，是退潮之后盛满海水的岩石低洼处，是动物最喜欢的藏身之处(图 11.3)。有些区域通过飞溅的海浪或由缓慢漏出潮潭的水保持湿润。藏身处甚至可能由其他生物提供(图 11.4)。

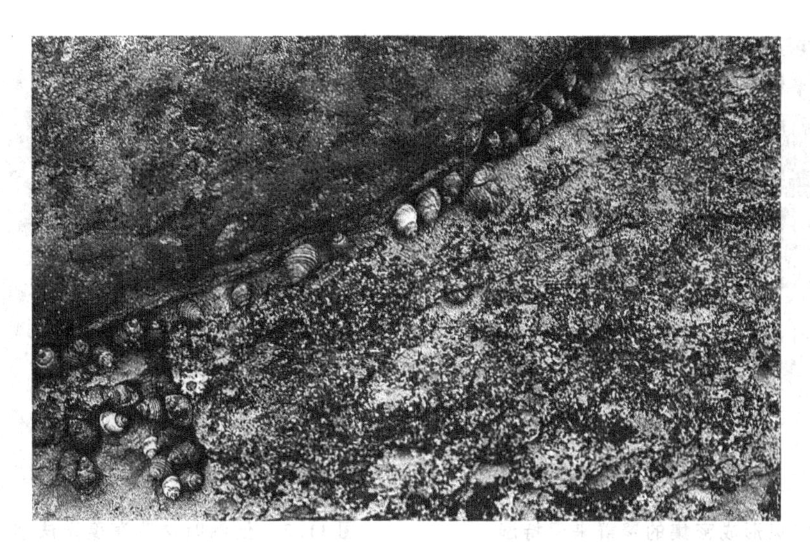

图 11.2　这些滨螺(*Littorina cincta*)聚集在潮湿、遮阴的石缝内度过低潮时段。它们也能紧贴在岩石上来保持水分。

图 11.3　退潮时,留在这个新西兰海岸小潮潭里的一丁点海水。石鳖(*Sypharochiton pelliserpentis*)和螺(墨绿钟螺,*Diloma atrovirens*)这类动物移到这样的潮潭中保持湿润。然而即便是在潮潭内,生活也是很艰苦的。这里水的盐度、氧含量和温度经常发生剧烈变化。

海藻和固着的动物不能够跑动,但很多能躲藏起来。它们一直在湿润区域内生活(图 11.5),而不是在退潮时移到潮湿的区域。这可能是因为幼虫和孢子只在潮湿、遮阴的地方定着,或是因为那些在别处定着的个体干掉并死亡了。

利用"拒不开口"策略的生物具有某种保护性遮盖物如贝壳,当它们关闭时可封存水分。某些动物如藤壶和贻贝,是完全封闭的,并能通过闭合壳的方式封存水分。其他像帽贝有一个不能完全关闭的开口。这些生物时常将自己紧紧地固定在岩石上以密封开口。有的用黏液来更好地封口。为使密封更加有效,它们也能用壳或齿舌刮擦岩石,慢慢地磨掉岩石并在岩石内刻出浅的低洼或"印痕"。

某些生物利用组合策略。图 11.2 所示的滨螺能将自己紧紧地固定在岩石上以封存水分。它们还能关闭厣板,一种大小与壳口相符、好像门一样的硬板来封住壳口。然而滨螺还是无法避免干燥,所以低潮时,尤其是在炎热的晴天,它们就聚集在潮湿、遮阴的地方。在炎热的热带气候中,干燥是个特别严重的问题,那里潮间带生物经常局限于潮潭或潮湿、遮阴的地方。

图 11.4　贻贝形成密集的聚群来保持湿润。这能够保护贻贝自己并为各种较小的生物提供生境。

图 11.5　低潮时这些海藻无法移动到潮湿的低洼处，因此它们永久生活在那里。它们不在周围岩石上生长因为那里会变得干燥。

最后，有些潮间带生物既不利用“逃跑隐藏”策略，也不利用“拒不开口”策略。相反，它们只是任由自己变干。有些潮间带石鳖组织失水达75%时仍能存活。某些潮间带海藻，像岩藻（墨角藻属 *Fucus*；参见图 6.5），能忍受 90%的失水，变得几乎完全干燥并且事实上很易碎了。涨潮时它们的组织能迅速变湿并恢复到原来状态。

生境　生物生活的自然环境。　第 2 章，22 页。

主动大陆边缘　与另一板块碰撞因而有许多地质活动的大陆边缘。

地幔　地球三个主要内层之一。地幔位于最外层的地壳之下，覆盖最内层的地核。　第 2 章，24 页；图 2.3。

沉寂大陆边缘　大陆后缘，因而地质活动很少。　第 2 章，39 页；图 2.20。

大潮　在满月或新月附近时间出现的潮差很大的潮。

小潮　在弦月时出现的潮差很小的潮。

潮差　一个高潮和下一个低潮之间的高度差。　第 3 章，67 页。

某些潮间带生物通过移动到或在潮湿地点生活来躲避干燥。另一些生物则能关闭外壳以保持水分。还有一些生物能够干掉并在潮水返回后恢复原状。

温度和盐度　浮出给海洋生物带来的问题不仅仅是干燥。海水温度由于水的高热容量是相对稳定而柔和的，但气温的变化可能剧烈得多。低潮时，潮间带生物受太阳热度和冬季严寒的左右。由于潮潭很浅，生物也经历极端的温度，只不过通常不像在气温中那么极端罢了。

多数潮间带生物能耐受宽的温度范围。例如，潮潭中的鱼类，要比生活在潮下带的鱼类更能耐受极端的温度。某些生活在潮间带高处的滨螺种类显示非凡的耐热性。一种滨螺在实验室条件下能在 49℃的高温下存活。

生物对付极端温度除了高耐受性以外，还有其他方法。例如，那些移动到潮湿藏身处以躲避干燥的方法也能躲避高温，因为这种地方倾向于凉爽而潮湿。有些螺类，特别是热带的螺类，其贝壳上具有明显的螺肋。这些螺肋就像汽车散热器的散热片，有助于螺散失过多的热量（图 11.6）。

图 11.6　热带螺类（白肋蜒螺 *Nerita plicata*）贝壳上的螺肋有助于它通过散热保持凉爽。螺的白色可能有助于反射太阳光。

螺壳的颜色也有助于其耐受高温。经常遭受极端高温的螺类颜色较淡。淡色有助于反射太阳光而使螺保持凉爽。例如，在大西洋沿岸狗岩螺（*Nucella lapillus*）有两种色型：白色壳和褐色壳。在暴露于强烈波浪作用的海岸，褐色狗岩螺占优势；而在隐蔽的海岸，白色型最为常见。这种差异似乎与温度有关。褐色狗岩螺比白色狗岩螺吸收更多热量并在对白色螺没有伤害的温度死去。在褐色螺生活的暴露沿岸，有着密集的贻贝床，较为湿润和较为凉爽（图 11.4），海浪也有助于螺的降温。隐蔽的沿岸只有少量的贻贝和飞溅的浪花，所以那里更热，白色狗岩螺在那则更为有利。

潮间带盐度的波动也很大。降雨时，暴露的潮间带生物必须忍耐淡水，而这对大部分海洋生物来说是致命的。许多种仅仅通过闭合外壳而将淡水挡在外面——这是“拒不开口”策略的另一种好处。即便如此，低潮时的暴雨时常引起潮间带生物的大量死亡。

239

潮潭的居民同样也面临盐度的剧烈变化。在低潮时，潮潭中的海水会因降雨而被稀释，盐度降低。在热而干燥的天气，由于蒸发，盐度会升高。为了应对这样的变化，潮潭中的生物通常能忍受盐度和温度的大范围变化。它们可以钻到洞穴中或减少活动，以安全度过极端条件，等待高潮的到来。

潮间带由于暴露在空气中，比其他海洋环境面临着更加极端的温度和盐度。潮间带生物已进化出各种机制以躲避或忍耐这些极端条件。

摄食限制　由于在岩石潮间带积累的沉积物很少，食底泥的动物并不常见。多数固着的动物为滤食动物。当潮水退去时它们无法摄食。首先，它们必须在水下过滤食物。此外，低潮时它们中的许多“拒不开口”以避免水分丢失，这时它们也无法将其过滤或泵取器官伸到闭合的壳外。

即使是非滤食性动物在低潮时也有摄食困难。岩石潮间带很多活动的动物是从岩石上刮取藻类、细菌和其他食物的植食者。许多潮间带动物摄食海藻碎片和其他自深水漂来的较大碎屑。另一些动物则是捕食者，能在岩石上到处移动寻找猎物。在低潮时，活动的动物往往寻觅隐蔽处或固着在岩石上来避免水分丢失。这妨碍了它们四处移动去寻找食物。

退潮时不能摄食对于生活在潮间带低潮区的动物来说不是什么问题。因为一天中的大部分时间它们都被水没过，所以仍有足够的时间摄食。而在高潮区，动物在水下的时间长度可能不够用来摄食。这使它们比有更多摄食时间的情况生长得更慢。这甚至可能妨碍它们在高潮带的生活。

许多潮间带动物在低潮暴露时无法摄食。这可能妨碍它们生活在海岸的较高处。

海的威力

甚至在涨潮时，潮间带的生活也并不一定容易。海浪碰撞海岸时释放巨大能量。任何一个曾被拍岸浪击倒的人都知道波浪所携带的能量有多大。岩石潮间带生物暴露在海的全部威力之下（图 11.7）。

图 11.7　海浪碰撞海岸时释放巨大的能量。

浪能的顺岸分布　浪的冲击力沿岸线方向而有所不同。有些区域隐蔽于拍岸浪，而另一些则是完全暴露的。如封闭的海湾通常免于波浪作用，这就是它们被用作港口的原因。不过要预测哪些区域会是隐蔽的，而哪些会是暴露的并不总是那么容易。

回顾第 3 章（参见“波浪”，61 页），当一个波浪进入浅水时它“感知”海底并放慢速度。因此同样的波浪在深水比在浅水走得快。

波浪几乎从不是笔直的而是以一定角度接近海岸。波浪的一“端”在另一端之前到达浅水，处于浅水的这端慢下来，但深水的另一端继续按其原有速度前行，结果波浪弯曲，就像一个二轮马车一样，如果一个轮子卡住了，整个车子就会翻向一侧。波浪的这种弯曲，称为折射，使波浪变得几乎与海岸平行（图 11.8）。不过，从来不是完全平行。

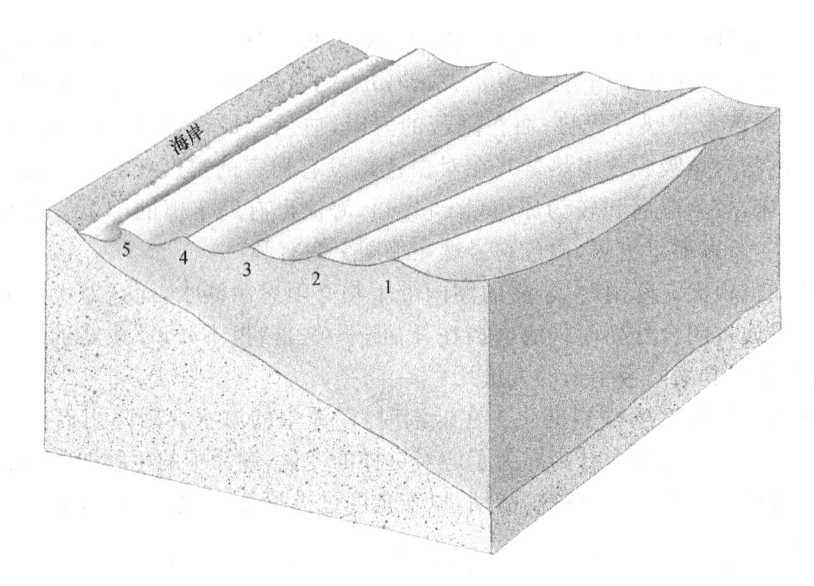

图 11.8　波浪折射。波峰可用图中线条表示。这里线条表明一个波浪在连续不同时刻的波峰。时刻 1,整个波浪在深水中。时刻 2,波浪的左端已进入浅水并慢下来,但右端仍在深水中。结果波浪弯曲变得与海岸更加平行。这个过程继续下去,所以当波浪破碎的时候已几乎与海岸平行了(时刻 5)。

齿舌　存在于大多数软体动物中的锉刃状小齿。　第 7 章,131 页;图 7.14。

石鳖　外壳由位于身体上面或背面的 8 块覆瓦状排列的壳片构成的软体动物。　第 7 章,136 页。

热容　用来升高物质温度所需的热量,它也是物质吸纳热的能力。水是自然界热容最高的物质之一。　第 3 章,46 页。

食底泥动物　摄食沉积在海底的有机物质的动物。

滤食动物　主动在水中滤食食物颗粒的动物。它们是悬食生物中常见的类型。　第 7 章,122 页,图 7.3。

碎屑　死亡有机物质颗粒。　第 10 章,226 页。

240　当海岸不是直线时折射形成复杂的波浪格局。波浪作用特别倾向于集中在海岬(图 11.9)。海湾,即使不能完全隐蔽于进来的波浪,海浪的能量一般也会减少。

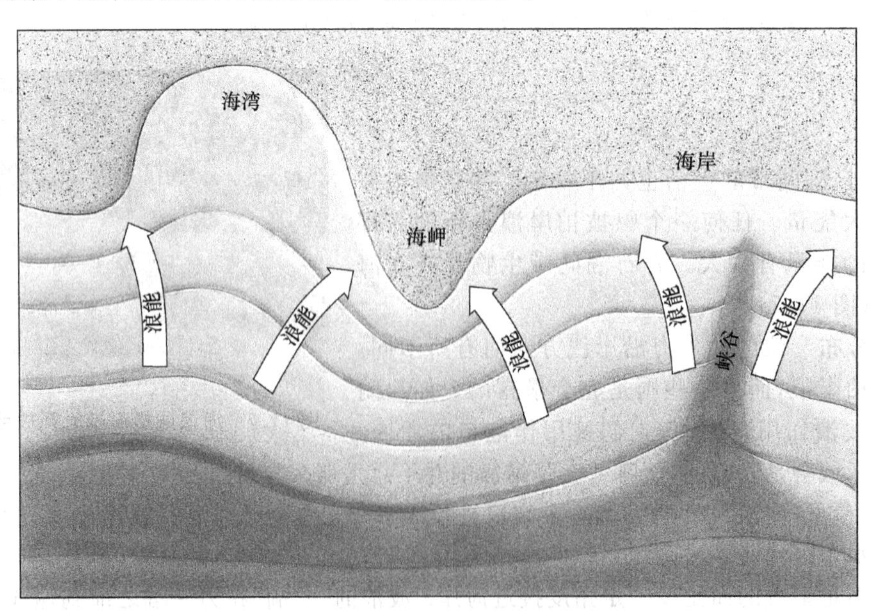

图 11.9　岸线和海底都影响波浪的折射。比如,一个进来的波浪首先直接在海岬处遭遇浅水。这部分波浪速度慢于其两侧部分。结果是波浪环绕海岬,使其受到大部分的波浪打击。发生在海湾或水下峡谷的情况刚好相反:波浪的中央部分处于深水,而波浪转向两侧。这使浪能偏离海湾或峡谷后面的海岸。

近海海底的特征能够影响到波浪对海岸的作用。如水下峡谷可以引起波浪折射。波浪还常常在暗礁或沙丘上破裂并在到达海岸之前消耗掉能量。

所有这一切的结果是波浪的冲击强度或冲击波,沿着海岸从一处到另一处存在极大变化。暴露于波浪中强烈影响着潮间带生物(图 11.10)。

进来的波浪折射或弯曲,变得与海岸更加平行。这增加了波浪对海岬的冲击并减少了它对海湾的冲击。

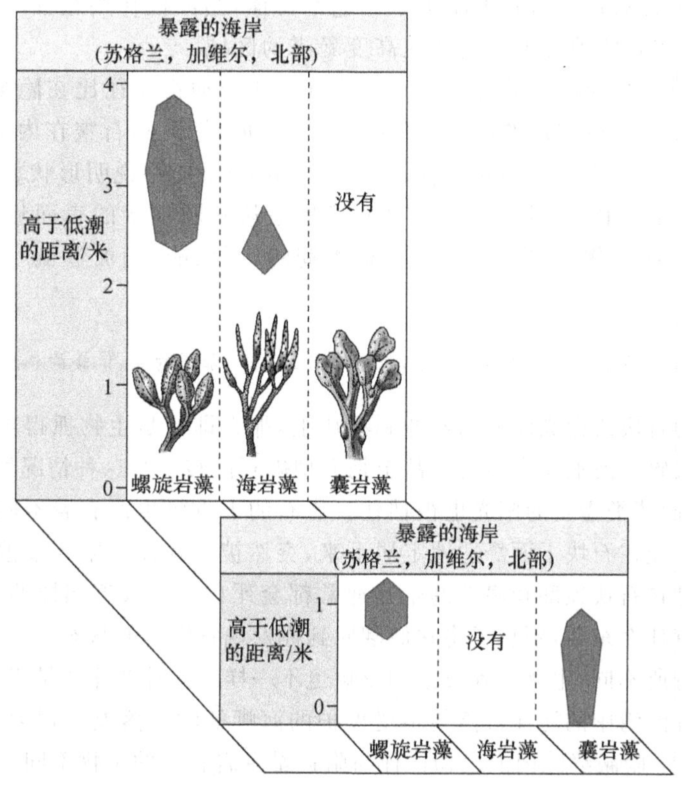

图 11.10　即便是亲缘关系接近的种类受波浪暴露的影响也可能不同。在苏格兰沿岸,囊岩藻(*Fucus vesiculosus*)只出现在隐蔽地方,而海岩藻(*F. inflatus*)只在暴露的地点出现。螺旋岩藻(*F. spiralis*;参见图 6.5)在两种环境中都有,但生活在暴露沿岸的较高处。这可能是因为飞溅的浪花能到达暴露地点的较高位置。这种差异可能是由波浪对竞争和捕食作用的影响引起的,而与波浪打击的直接影响无关。这种图被称为"风筝图"。较宽的灰色"风筝"表明那个种的更多个体位于低潮线之上的某高度处。

对付海浪冲击　有些潮间带生物因无法承受海浪冲击,因而只有在隐蔽的地方才找得到。它们往往很脆弱或不能够牢固地抓住岩石。因为沉积物易于在它们生活的隐蔽地点积累,这些生物对付沉积作用的能力要好于那些生活在暴露海岸的种类。

能直接面对波浪冲刷力的生物需要某种应对波浪冲击的方法。固着生物将自己牢固地锚定在岩石上以避免被冲走。海藻则利用它们的固着器或是在岩石表面形成硬壳。藤壶分泌"胶水"将自己牢牢地黏住,几家公司曾试图复制这种胶水但都没有成功。贻贝以其足丝附着,足丝是贻贝足内一种特殊腺体产生的由蛋白质组成的很结实的纤维。正是这些丝构成了贻贝的"胡须"。虽然我们常把它们看成是固定不动的,但贻贝能够通过解开旧丝并形成新丝而慢慢地从一处移动到另一处。

活动的动物也常常牢固地附着在岩石上。例如,帽贝和石鳖把它们的肌肉足当作强有力的吸盘。潮潭内常见的鰕虎鱼(*Gobius*)和喉盘鱼(*Gobiesox*)也有变形腹鳍构成的吸盘。这些鱼类黏附得并不像帽贝那么牢固,但与帽贝不同的是,它们一旦被移开,就能够游回栖息地去。此外,潮间带鱼类倾向于缺少鱼鳔,所以它们下沉,停留在基底上。

241　**固着器**　很多海藻用来将自己锚定在基底上的结构。　第6章,109页;图6.1。

鱼鳔　为许多硬骨鱼类提供浮力的充满气体的囊。　第8章,160页;图8.10。

当波浪作用很强时,许多潮间带动物并不抵抗波浪,而是寻找隐蔽所。像岸蟹(原纹蟹 *Pachygrapsus*,方蟹 *Grapsus*)这类高度活动的动物尤其如此。实际上,在能够快速移动和紧紧吸住岩石这二者之间可能存在权衡。抓得紧容易使动物移动速度变慢。许多潮间带螺类在它们四处移动时要比它们停止并吸紧时更容易被从岩石上敲下来。毫不奇怪,当波浪作用很强时它们常常停止不动。这限制了它们觅食,进而使有些种类无法生活在高度暴露的区域。

潮间带生物还有其他承受冲击波的适应。暴露地点生活的动物往往比在隐蔽处生活的动物有更厚的壳。紧凑的形状有助于减少波浪的冲击。包括藤壶、贻贝、帽贝和石鳖在内的很多潮间带动物有着接近岩石的低矮外形。沙堡虫(*Phragmatopoma californica*)是能够说明形状重要性的另一个例子。这些生物群体并不特别牢固,很容易被压垮,但水能轻易地从其圆顶状的表面流过去,所以它们能够承受相当大的冲击波。有些生物,特别是海藻,是很柔韧的,所以能"随波逐流"。多个生物在一起可能更为安全。

在暴露沿岸生活的生物以各种方式应对波浪的冲击,包括牢固的附着、加厚的壳、低矮的外形和柔韧性。

如果波浪打碎松动的石块或把漂浮的圆木冲到石块上,那么即便是生物抓得再牢也无济于事,那里的生物无论如何都会被碾碎。波浪还会将石块甚至是大型砾石翻转。当这种情况发生时,石块顶上的生物可能会被压碎或掩埋,而藻类需要的阳光也被挡住。岩石的下方较顶部有着不同的生物,而这些生物过得也不会更好。它们已经在石块下面舒适地定居下来,突然被暴露在太阳和波浪下,更不用说还有饥饿捕食者的威胁了。被翻转石块顶部和底部的生物通常都会死亡。人有着同样的作用。如果你偶尔想在海边看看石头的下面有什么东西,别忘了将它们翻回到你发现它们时的状态。

242　不但波浪作用各处有所不同,生物受到波浪的影响也不一样。这种变化的结果是隐蔽和暴露区域有着明显不同的群落。宁静海湾中的海洋群落与不受保护的海岬处的群落差别很大。在较小的范围内也可以看出波浪作用的影响:隐蔽缝隙内的生物往往与附近暴露岩石上的生物不同。

为空间而战

尽管潮间带极端的物理条件,潮间带生物一般都有充足的食物。高光照水平和富含营养的沿岸水域为光合作用提供了基本条件,因而藻类生长旺盛。高潮带还带来丰富的浮游生物以及漂浮海藻碎片和其他碎屑(图11.11),这些其实就是许多岩石潮间带群落最重要的食物来源。帽贝、螺类和其他从岩石上啃食藻类的动物经常在食物的获得上受到限制。对大多数其他潮间带生物而言,尤其是固着的种类,食物往往不是一种限制性资源,虽然摄食时间被局限在动物可承受范围的上限附近。

另一方面,未被占据的空间经常是供应短缺的。即使在隐蔽的区域,假如潮间带生物无法附着到基底上,它们会漂走或是被粉碎在礁石上。固着生物需要一个永久的附着场所,但周围往往没有足够的空间,而空间的可获得性常常限制了岩石潮间带种群的量。潮间带空间几乎全部被占据(图11.12),而拓殖者能迅速接管开放的空间。由于空间十分稀缺,所以生物可能附着到彼此身上而不是附着到岩石上。

岩石潮间带种群往往受到空间,而非食物或营养的限制。

丝毫不令人吃惊的是,空间竞争在岩石潮间带是一种最重要的生物因素。竞争空间的途径有很多,一种途径是第一个到达开放地点。对潮间带生物而言,这意味着具有有效的扩散手段,也即依靠最先到达占据新的小片开放空间的生物及其后代一定是善于从一处移到另一处的生物。多数岩石潮间带种类通过幼虫或孢子扩散,幼虫或孢子在岩石上定居而占据开放空间。接管空间之后,生物要么必须善于紧紧抓住岩石,要么能够迅速繁殖将其后代扩散到相邻的开放空间。这两种策略在潮间带都有所使用。

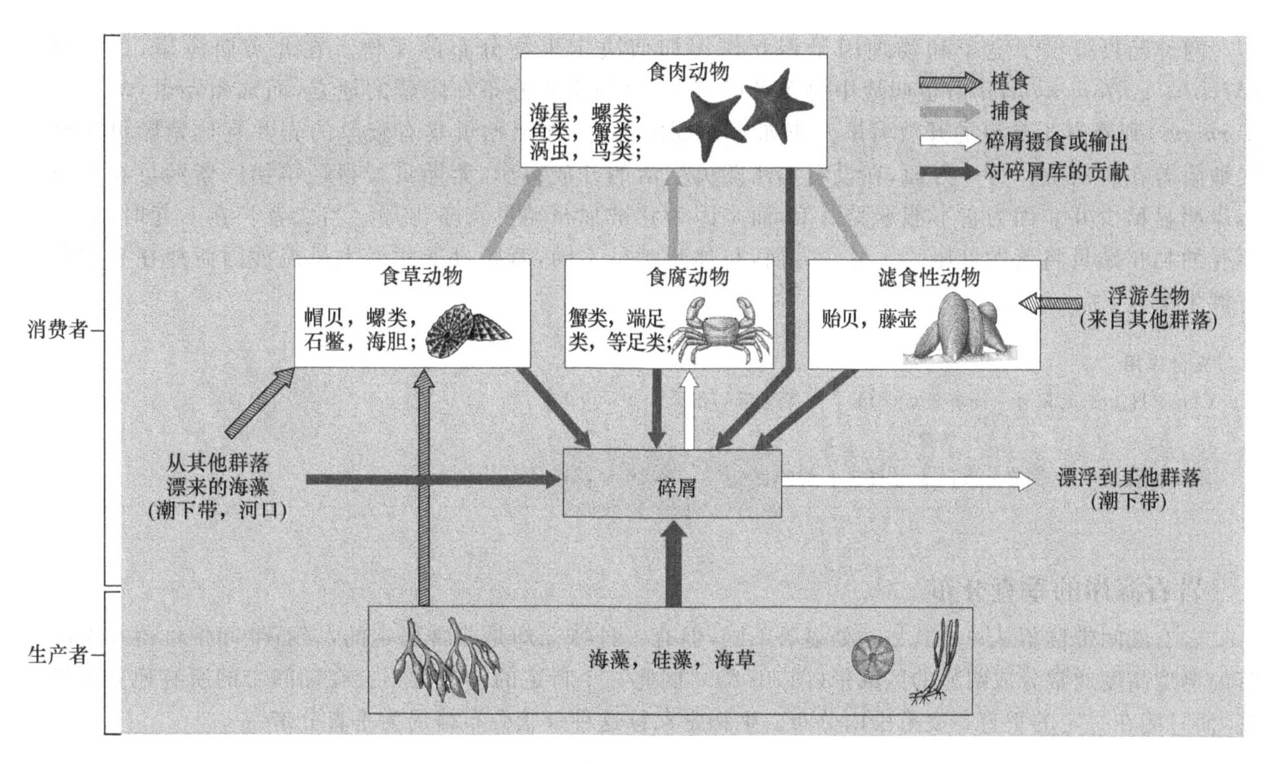

图 11.11　岩石海岸的模式食物网

图 11.12　多数潮间带生物生活时附着到岩石上，而可获得的空间大部分都被占据了。这小块石头支持着两种贻贝和两种藤壶，加上帽贝和海葵。一丁点开放空间存在不了多久：一小块裸露的空间(箭头处)已经被新定居的藤壶所占据。

有些潮间带生物接管已被占据的空间，而不拓殖小片开放空间。如藤壶从底部切断它们的近邻，使其从岩石上松开。鹰帽贝(霸王莲花青螺 *Lottia gigantea*)通过压迫入侵者来保护领地。动用较少武力的方法也能奏效。许多潮间带生物只是在其竞争对手之上生长，使对手更易受到波浪的冲击，使它们窒息，或者如果是海藻，阻挡珍贵的阳光。有些种类群体生长，随着群体长大逐渐增加它们所占据的空间的大小。

两种贻贝提供了竞争和物理因子相互作用如何决定生物分布的实例。在北美西海岸，紫贻贝(*Mytilus galloprovincialis*；也叫地中海贻贝或海湾贻贝)主要分布在隐蔽的地方，而加州贻贝(*M. californiaus*)则暴露于波浪的开放海岸。正如所预期的那样，加州贻贝具有较厚的壳并且比紫贻贝更结实地附着在岩石上。另一方面，在没有加州贻贝生活的开放海岸，紫贻贝长得还不错。紫贻贝在开放海岸明显稀少并非因为它不能承受海浪，而是因为它被加州贻贝竞争出局。当二者长在一起时，有着厚壳的加州贻贝将紫贻贝压碎。另一方面，与加州贻贝不同，紫贻贝能耐受大量泥沙因而能在平静的海湾生活。

243
244

光合作用
CO_2 + H_2O + 太阳能 ⟶ 有机物 + O_2 第4章，72页。
(糖)

限制性资源 由于贫乏而阻止种群生长的资源。 第10章，216页。

岩石海岸的垂直分布

岩石潮间带群落从一处到另一处显著不同，但有一种特征却是非常稳定的，岩石潮间带群落在潮间带的典型高度通常分成明显的区或带(图11.8)。因此一个特定的种通常不会在潮间带的所有地方被发现，而只能在一定的垂直高度范围内分布。生物学家称这种带状分布格局为垂直分带。

图 11.13 潮间带生物常常在海岸的不同高度处形成明显的区或带。

当海岸由坡度均匀的岩相组成时，带和带之间的界限往往很清晰并能很容易地由生物的颜色加以区分(图11.13)。很多海岸因具有分散的砾石、沟槽和岩沟而十分不平坦，在这样的区域，分带可能不明显，但通常仍然存在。

海洋生物学家花费了大量时间和精力研究垂直分带的原因。尽管仍有许多需要了解的，但现在我们知道分带是由物理和生物学因子复杂的相互作用引起的。一般的规律是一个种出现的上限常常主要取决于物理因子，而下限通常由生物学因子特别是捕食和竞争决定。

多数岩石海岸具有显著的垂直分带格局。带的上限常由物理因子决定，下限则取决于生物学因子。

这一规律对理解垂直分带的成因是一个有用的出发点。不过，正像所有的一般规律一样，它也存在例外。比如，当一个种的幼虫只定着在海岸的某一特定高度时也能产生分带。不能只是假定某一个种的上限由物理因子决定，相反，这个假设必须通过实验进行验证(参见“移植、移除和围笼实验”，246～247页)。而且，各种因子常相互作用来决定界限，有时物理和生物学因子之间的界线是模糊的。如前面提到

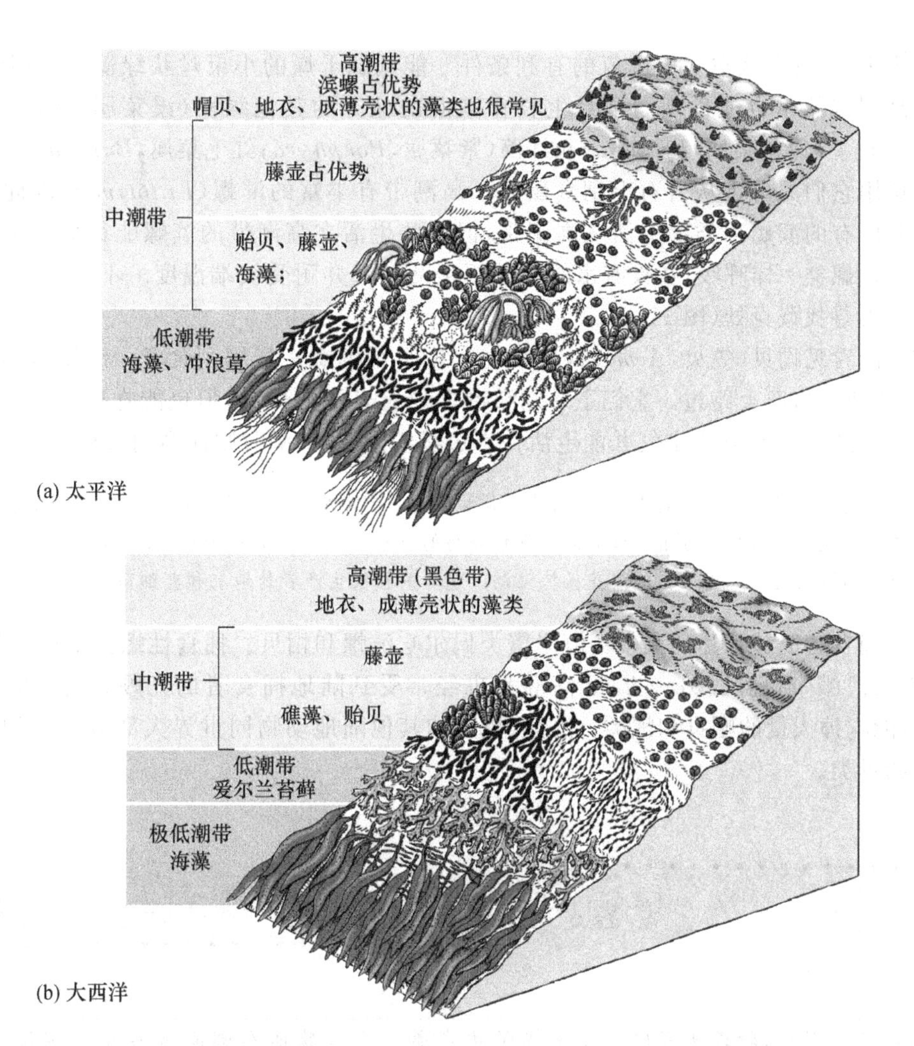

图 11.14　温带岩石海岸的一般带状分布格局。(a) 太平洋；(b) 北美大西洋沿岸。在沿岸的任何一个具体地方，精确的格局可能有所不同。图中只显示了在各个带中明显占优势的生物种类。另有几百种生物生活在潮间带。

的，有些滤食动物不能生活在潮位很高的地方，因为它们需要足够的被浸没时间来摄食。这个上限究竟是物理因子——潮水浸没，还是生物学因子——摄食呢？

世界各地很多岩石海岸垂直分带格局的一般性质都很相似，但在细节上则高度变化。研究一个区域的生物学家时常以优势生物来命名分带，如“帽贝带”或“贻贝带”。其实这些带也包括各种生物。比如“贻贝带”也栖息着蠕虫、蟹类、螺、海藻和许多其他种类。在潮间带发现的具体生物种类也因地而异。在北美东海岸，贻贝往往被岩石海藻带所取代。

用生物来命名分带，倒不如简单地将潮间带划分为高潮、中潮和低潮带。虽然这些名称并不包含很多的信息量或富有创造性，但它们至少随处可用！需要记住的是以下部分是对“典型”潮间带群落的一般描述，并不能准确地适用于任何具体地点。并且，分带之间的界限也不是绝对的，一些种出现在一个以上的分带中。下次你去海滨时，想一想这些描述是如何应用的。或许更为重要的是，想一想你访问的地点有什么不同。差别的原因是什么？　245

高潮带　由于很少被浸没，高潮带的栖息者必须很好地适应于暴露在空气中。该带实际上大部分位于高潮线之上，而生物由溅起的浪花所湿润，常称为“浪溅带”。与隐蔽沿岸相比，在具有更多浪溅的暴露沿岸，其高潮带在高潮线之上更向上延伸。

在许多地方，地衣(瓶口衣属，*Verrucaria*)在高潮带的岩石上形成黑色、柏油样的斑点，地衣的真菌部分吸收并储存水分来度过漫长的干燥期。深绿色的蓝细菌垫(眉藻属，*Calothrix*)非常丰富。它们以一凝胶层来防止干燥，具有从空气中固氮的有利条件。能抵御干燥的小束丝状绿藻(丝藻属，*Ulothrix*)四处生长。在高潮带偶尔也能发现通常是生长在潮湿的地方的其他绿藻(溪菜属，*Prasiola*；浒苔属，*Enteromorpha*)、褐藻(鹿角菜属，*Pelvetia*)和红藻(紫菜属，*Porphyra*；红毛菜属，*Bangia*)。

246 大量的滨螺用它们的齿舌从岩石上刮食藻类。高潮带有丰富的滨螺(*Littorina*)，因此高潮带常叫"滨螺带"。并非所有的滨螺种类都生活在高潮带，但那些生活在高潮带的滨螺能很好地适应那里的环境。它们能像陆地螺类一样呼吸，在没有水的条件下生活数月并耐受极端温度。不过它们还是有极限，在炎热的天气还得寻找藏身处(图 11.2)。

在高潮带也能看见帽贝(笠贝，*Acmaea*，*Lottia*)。帽贝同滨螺一样属刮食者。海岸蟹类偶尔也会冒险进入高潮带，快速从岩石上跑过。它们主要以螯刮取岩石表面的藻类，但也能吃死或活的动物。海虱或海蟑螂(*Ligia*；见图 7.31)呼吸空气并能生活在水边缘的上方，低潮时则向高潮带移动。

地衣　真菌和微藻之间紧密的互利共生体；互利共生是共生的一个类型。　第 5 章，105 页；第 10 章，222 页。

固氮　氮气转换为能被初级生产者用作营养的含氮化合物的过程。　第 5 章，100 页；表 5.1。

高潮带大多位于高潮线之上并由飞溅的浪花保持湿润。优势的初级生产者是地衣和蓝细菌。滨螺是最常见的动物。

极少的海洋捕食者能够到达高潮带。海岸蟹类偶尔吃滨螺和帽贝。捕食性螺类如刺岩螺(*Acanthina*)不时冒险进入浪溅带摄食。另一方面，高潮带也经常受到陆地捕食者的光顾。食牡蛎的鸟类蛎鹬(*Haematopus*)能吃掉大量的帽贝和螺类。浣熊、鼠类和其他陆地动物同世界大部分地区的人一样也能享用这些美味的贝类。

移植、移除和围笼实验

潮间带的一般原则是，物理因子特别是干燥常决定着一个生物能在潮间带多高的潮位生活，而像竞争和捕食这类的生物因子决定其分布下限。这个原则从何而来？你如何解释某种藤壶或海藻会在什么地方被发现？

就像许多科学问题一样，回答该问题的最好办法是通过实验——改变自然条件来看看会发生什么情况。在潮间带，三个一般类型的实验特别奏效。一个实验是将生物从一个地方移植到另一个地方，看看它们能否在新的条件下存活。在这个实验中，藤壶生长在挂板上，而挂板能够放在潮间带码头桩柱各种高度。如果挂板被移到高于藤壶通常生活的高度之上，这些藤壶很快就会死掉。对藤壶体液的测定表明它们大量失水，因此死亡的原因可能是在低潮时干掉。实验显示藤壶不能在超过其正常分布范围上限存活。因而它们的分布上限是由物理因子——干燥决定的。

移植还能告诉我们何时物理因子并不重要。当藤壶被移植到低于它们正常生活的潮间带潮位时，它们生活得很好。许多其他的潮间带种类包括一些贻贝、螺类和海藻也都是这样。其实，当有些种类被移植到它们正常分布范围下限时能够长得更快，所以它们的分布下限并非由物理环境所决定。

既然生物能在潮间带较低处生活，为什么它们却不在那里生活呢？实验表明，其他生物，竞争者或捕食者常常决定一个种的分布下界。在移除实验中，将一个种从一个区域移除，然后将它与未改变的对照区作比较。经典的实验是检查石藤壶(*Semibalanus balanoides*)与小藤壶(*Chthamalus stellatus*)之间的竞争，后者通常生活在海岸较高的位置。将两种藤壶幼体新定着的石块收集起来并放在不同的高度。从其中的一些石块上移除石藤壶，而另一些石块仍保持原状。

在潮间带的高处，小藤壶比石藤壶存活得更好。显然它们对干燥的耐受性更好。在潮间带的较低处，石藤壶能够存活，而小藤壶却竞争不过石藤壶。只要将石藤壶移除，小藤壶也能长得很好，但当两种长在一起时，较大、长得更快的石藤壶会将小藤壶压碎、底切或使其窒息。因此小藤壶的下限是由生物因子：竞争所决定的。

移除实验还表明植食和捕食的重要性。比如，当将帽贝从实验区移除时，通常导致海藻的大量生长。而当帽贝存在时，藻类无法建立起自己的种群，因为帽贝从岩石上刮食了幼藻。由于成体海藻能抵御这些植食动物，一旦海藻得以固着，它们便能存活下来。另一个涉及海星的移除实验在图11.16中作了概括。

在加州这些笼子用来验证潮间带刺龙虾(*Panulirus interruptus*)的影响。下方的笼子两端封闭，将龙虾阻挡在外。上方的笼子两端敞开允许龙虾自由进入，作为对笼子本身影响的对照。

深色斑块内的贻贝已经占据了一个封闭笼子内部的空间(已拿走)。周围的岩石上红藻占优势，就像两端敞开的笼子内的区域一样(照片中未显示)。实验的结论是如果不被龙虾吃掉，贻贝将在群落中占有优势。

有时要从感兴趣的区域移除所有生物可能很花时间、难度很大或是完全不可能，它们可能会在移除后很快就移回到原来区域，而筑笼实验能用来将它们排除在外。在南加州沿岸外海的海峡群岛，潮间带被海藻所覆盖，像一片几乎不间断的毯子。海洋生物学家发现大量的刺龙虾(*Panulirus interruptus*)在晚上高潮时进入潮间带，他们想知道龙虾有什么影响。他们安装塑料笼子将龙虾挡在外面。为了确保海藻不受笼子阴影的影响，他们还安装了有顶盖但两端不封闭的对照笼，允许龙虾不受妨碍地进入。海藻在这些对照区内继续繁盛，但在完全封闭的笼子里，海藻很快被贻贝所取代。这说明海藻能够占优势是因为龙虾吃掉了优势竞争者贻贝。

围笼实验不一定使用真正的笼子，只要用某种屏障将动物挡在外面即可。如塑料环或人造草皮条都可以阻挡不能爬过草皮的海星、帽贝和螺类。也可以用笼子将动物控制在一个区域内，而不是将它们排除在外，来测定它们的影响。

移植、移除和围笼实验在阐明潮间带物理和生物相互作用网方面格外有用。这种实验十分有用，所以实际上它们已成为研究潮间带和研究许多其他环境的生态学家们的重要工具。

中潮带　不同于只受飞溅浪花和最高大潮影响的高潮带，中潮带被潮汐定时地淹没和暴露。全日潮使生物每天暴露一次，半日潮每天两次。如果潮汐是混合的，两个相继的高潮中的较低者可能无法浸没中潮带的上部，而两个低潮的较高者或许不能暴露出中潮带的下部。因而，即便在具有半日潮的地方，部分中潮带一天可能只淹没或暴露一次。由于浮出时间变化很大，中潮带内的不同高度往往维持着不同的生物。换句话讲，中潮带往往由几个分离的垂直带组成。

中潮带的上界几乎总是以一条藤壶带为标志。很多地方至少有两种不同的藤壶形成明显的条带，如小藤壶(*Chthamalus*)和石藤壶(*Balanus*，*Semibalanus*)，小藤壶生活在较高处。 247

实验(参见“移植、移除和围笼实验”)表明这种带状分布是藤壶幼体定着格局、对干燥耐受性及竞争和捕食综合作用的结果。两种藤壶的幼虫定着范围要比成体占据的范围更大。两个种的分布上限似乎与浮出度有关，因为在潮间带过高处定着的幼虫会死掉。小藤壶比石藤壶能更好地耐受干燥，因而能在较高处生活。在石藤壶能存活的较低处，它们将小藤壶竞争出局。于是成体小藤壶生活在它们的竞争对手上方的狭窄地带内，在那里它们能够在浮出海水的状态下存活。

石藤壶的分布下限，像小藤壶一样，是由生物因子决定的，这里包括捕食和竞争。岩螺是藤壶的主要捕食者(图 11.15)。这些螺类用它们的齿舌在藤壶壳上钻孔。它们还分泌化学物质来软化藤壶壳。如果以钢丝笼保护藤壶免受螺类捕食，石藤壶能够在其正常分布下限以下繁盛起来，而未受保护的藤壶则因螺类捕食遭受严重损失。唯一能够拯救石藤壶的是狗岩螺的摄食时间主要在高潮期间。当浮出水面时，如果它们四处移动寻找藤壶就会丢失很多水分，而为了避免在低潮时干燥，它们停止摄食或向潮间带的较低处移动。在高潮带，螺类在高潮时没有足够的时间摄食藤壶。摄食藤壶的海星有着同螺类一样的问题。石藤壶也会面对贻贝的竞争。事实上在某些地方，藤壶的分布下限不是由狗岩螺的捕食，而是由贻贝的竞争决定的。同小藤壶一样，石藤壶生存在它们可能干死的潮位与它们的天敌能够得着它们的潮位之间的一条窄带内。

248

初级生产者　通常利用光合作用，将 CO_2 合成有机物的生物。　第 4 章，74 页。

半日潮　每天有两次高潮和两次低潮的潮汐形式。　第 4 章，67 页，图 3.34。

全日潮　每天只有一次高潮和一次低潮的潮汐形式。

混合潮　两次连续的高潮的高度不同的潮汐形式。　第 4 章，68 页，图 3.34。

图 11.15　在缅因州的岩岸上，狗岩螺(*Nucella lapillus*)正在捕食石藤壶。在这种潮湿的情况下，岩螺能够在低潮时摄食，但一旦石头变干，它们就会停止活动。

藤壶常占据中潮带的顶部。它们的分布上限取决于它们能够存活而不会干掉的高度。它们的分布下限由与其他藤壶或贻贝的竞争或由捕食者螺类或海星决定。

很多其他生物生活在中潮带的藤壶之间或其下方。有哪种生物，有多少及它们在哪里出现都取决于那个地点的物理和生物因子的独特组合。潮汐的类型、海岸的陡峭度、对波浪的暴露程度以及当地的天气都有影响。捕食、竞争和幼虫定着格局也总是有关系的。考虑这些因子发生相互作用的所有可能途径会让你明白其中的复杂程度。

249

依赖于所有这些因子，贻贝(*Mytilus*)、茗荷(*Pollicipes*)和褐藻，特别是岩生海藻(墨角藻 *Fucus*，鹿角藻 *Pelvetia*)往往在中潮带藤壶的下方占据优势。许多礁藻具有称为气胞的气囊，它能使叶状体浮起到更接近光照。它们可形成繁茂的丛林或藻垫，为许多小动物提供保护。贻贝在多风暴的、暴露的海岸特别常见。它们在海岸生活的位置不能像藤壶那样高，因为它们会干燥失水，也因为在高处它们没有足够的水下滤食时间。但在它们能够生活的潮位，贻贝是优势的竞争者，能让其他生物窒息或将其排挤出去。

海星（海星属 *Pisaster*，海盘车属 *Asterias*）是贪婪的贻贝捕食者。与普遍的看法相反，海星并不强行打开贻贝的壳去吃它，而是将它们的胃插入贝壳并开始从内部消化贻贝。海星只需贝壳上的一个小裂缝来插入它们的胃——如对于赭石海星（*Pisaster ochracues*），只要 0.2 mm 就足够了。贻贝衰弱后，贝壳就张开了。

尽管海星能在潮退去之后吃完一餐，但它们不能很好地耐受干燥，并需要在水下寻找食物。在中潮带的下部这不成问题，海星会让贻贝付出沉重代价。因此贻贝只能在海星捕食严重的潮位之上被发现。像其他潮间带种类一样，贻贝的分布下限也是由生物因子：海星的捕食所决定的。

贻贝是许多岩石海岸空间的优势竞争者。它们的分布上限取决于干燥和滤食时间，它们的下限由捕食性海星所决定。

在有些地方，贻贝的主要捕食者是刺龙虾（*Panulirus*）而不是海星。龙虾几乎能将潮间带的贻贝消灭殆尽。

海星和其他的贻贝捕食者即便是在它们能彻底消灭贻贝的潮位之上也具有强烈的影响。它们在高潮期间冒险进入贻贝床并在随潮水撤退前吃掉一些贻贝。这为其他生物如藤壶、茗荷和海藻开拓了空间，否则这些生物就会被贻贝排挤出去。海星也吃狗岩螺，这帮了藤壶另一个忙。如果藤壶能够活得足够长，它们能够长得大到狗岩螺无法吃掉它们。通过减少狗岩螺的数量，海星再次为藤壶提供了在岩螺把它们吃掉之前长大的机会。

海星不会出现在波浪很强的区域。在这些区域内，或者在实验中将捕食者移除（图 11.16），贻贝就会接管过来。它们将其他固着生物竞争排挤出局。因而唯有当海星使贻贝数量得到控制时，很多种类生物才能在中潮带生活。

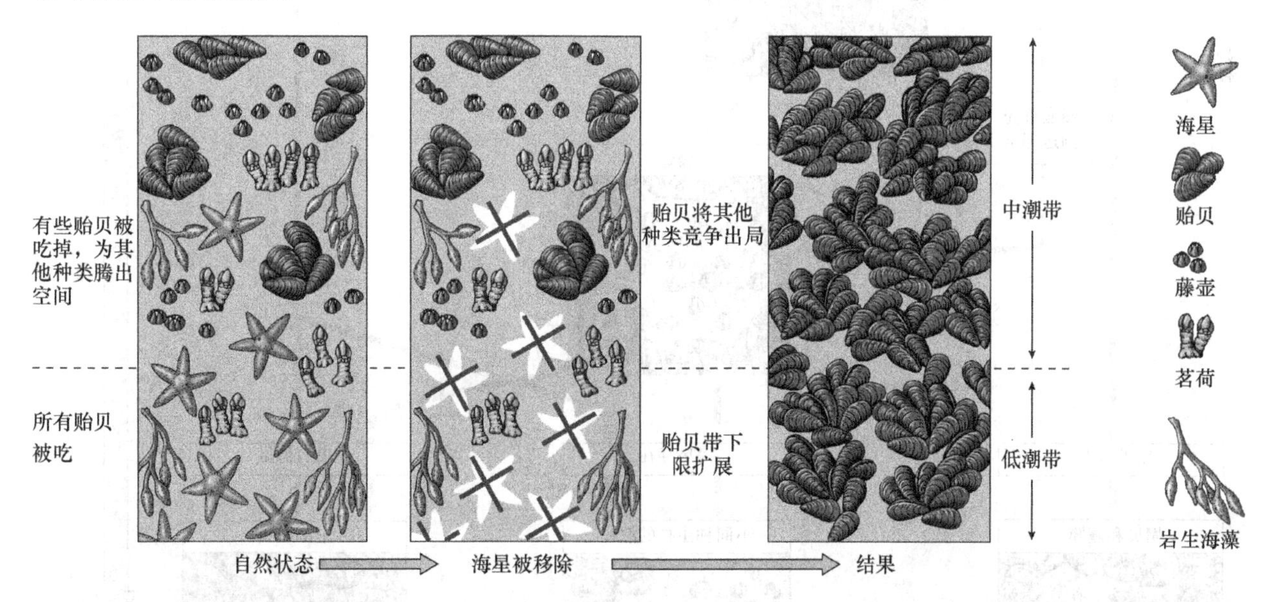

图 11.16　移除捕食性海星或将它们挡在围笼外面显示它们如何影响中潮带群落。在某一潮位之下，海星能轻易够着它们最喜爱的食物贻贝并把它们全部吃掉。在该潮位之上，海星无法吃掉所有贻贝，但它们能吃掉足够多的贻贝来为其他种类创造可用空间。当周围没有海星时，贻贝能够在较低潮位生活，它们通过过度生长独占可利用空间，并将其他种类排挤出去。海星因而维持了中潮带群落的多样性。

注意有许多潮间带种类比海星更加丰富，但海星对整个群落有深刻的影响。这表明生物群落的一个共同特征：不能仅仅因为一个种较不常见就说明它不重要。对群落产生的影响程度远远超出其丰度比例的捕食者称为关键捕食者。

自然干扰能产生与那些捕食作用相似的效果。当贻贝床变得过密时，贻贝簇会被波浪打碎而暴露出裸岩。撞击岩石的漂浮圆木、在寒冷地方的冰蚀和冰冻具有开拓新空间的同样效果。这防止了贻贝独占可利用的空间，使其他生物得以持续。

250

当一块空间被清空时，新的生物往往移入该地盘，并被其他生物按一定的顺序取代(图 11.17)。生态演替一词用来指这种有规律的再生长格局。在岩石潮间带，第一个阶段往往由细菌和微藻(如硅藻)形成一层薄膜覆盖岩石。这层膜能调节岩石表面，因为有些种类的定着幼虫更喜欢有膜的岩石而不是裸岩。接下来移入的常是海藻，接着是藤壶，最后是优势竞争者贻贝。一个生态演替的最后阶段称为顶级群落。

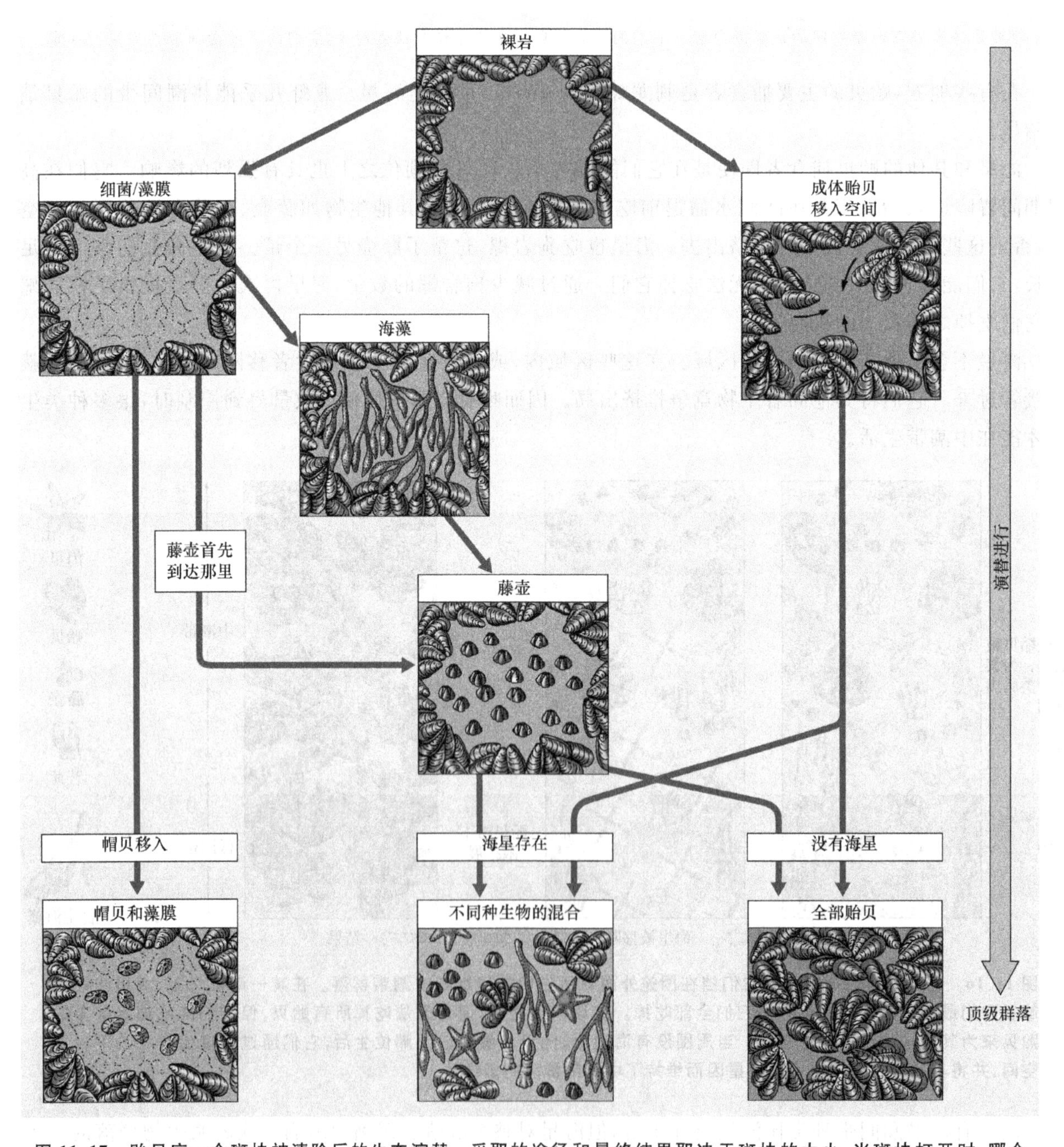

图 11.17　贻贝床一个斑块被清除后的生态演替。采取的途径和最终结果取决于斑块的大小，当斑块打开时，哪个生物首先到达那里仅凭运气。

许多岩石海岸中潮带的典型生态演替步骤，首先是细菌和藻膜，然后是海藻、藤壶，最后是顶级的贻贝群落。

演替的实际图型因很多原因可能偏离"典型的"图型。像帽贝和石鳖这样的植食者可以移除刚定着的幼虫和孢子。如果植食者较早移入一个斑块，演替可能永远不能通过细菌和藻膜阶段，在有些地方植食者甚至限制藻膜的生长。捕食者和其他干扰有助于决定演替的最后阶段是一个坚固的贻贝床还是不同种的混合。 251

此外，演替的步骤可以跳过。比如，如果藤壶幼虫首先到达，海藻或许永远不能拓殖一个斑块（图 11.12）。斑块在一年中产生的时间很重要。如果在藤壶幼虫丰富而海藻孢子稀少时出现斑块，藤壶占上风。因此，在群落发育过程中有一个机会因素。如果裸露的斑块很小，演替的阶段可能被略过。在贻贝床中央清空的斑块可以在演替开始前被其他从侧面移入的贻贝占据。

如果没有捕食和其他干扰，最强的竞争者将占据一个区域，而许多种类会从该区域消失。干扰能防止这种情况发生。比如贻贝常常无法完全覆盖中潮带岩石，就是因为它们或被海星吃掉或被海浪打碎，这为其他种提供了一个机会。通过干涉竞争排除，干扰能增加生活在一个区域内的种数，也即多样性。有些地方的岩石潮间带可以被看成是在不同时间被清空和处于不同演替阶段的斑块镶嵌体。每个斑块支持着不同的生物集合，所以一个区域内的种数总的来说是增加了。另外，如果捕食和其他干扰发生得太过频繁，群落就会不断返回到起点，它永远没有机会发展，而且没有很多种能在那里生活。最丰富的多样性出现的条件是有足够的干扰来防止优势竞争者完全占据，但干扰又不能太多以至于群落不能发展（图 11.18）。

缺乏干扰时，几种优势竞争者，尤其是贻贝，就会占据中潮带的空间。中等程度的捕食和其他干扰防止了这种情况出现，并让其他种得以在那里生活。但是太多的干扰则会移除大部分种类。

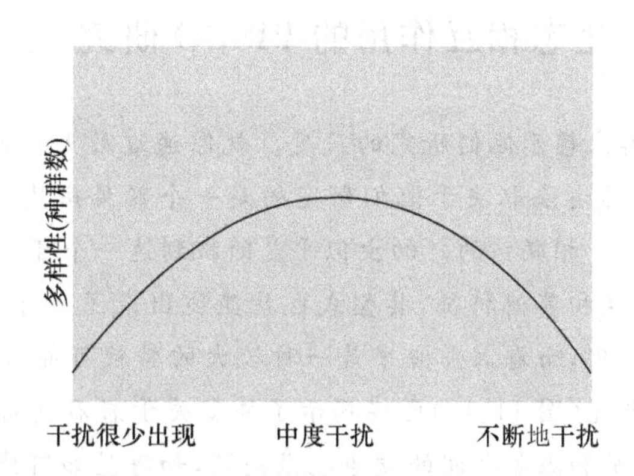

图 11.18　其他条件相同时，物种数量取决于干扰出现的频率。因此，对优势竞争者的捕食也可视为一种干扰。当干扰很少时，优势竞争者占据并排除其他种类。中等程度的干扰防止这种情况的发生并为其他种类提供了一个机会。所以中等程度干扰时物种数量最高。如果干扰发生得过于频繁，多数种无法立足而物种数就会下降。

低潮带　低潮带大部分时间都被浸没，这使得像海星和狗岩螺这样的捕食者容易摄食，因而贻贝和藤壶稀少。海藻在低潮带占有优势，在岩石上形成厚厚的一层藻皮。这些海藻包括红藻、绿藻和褐藻，它们不能忍受干燥，在低潮带能大量生长。植食和竞争在低潮带显然也很重要。光照及空间是重要的资源。海藻经常通过过度生长遮光的方式竞争。

在低潮带占优势的是红藻、绿藻和褐藻。

竞争和植食相互作用的一个很好的例子来自新英格兰沿岸。那里两种常见的海藻是一种浒苔属（*Enteromorpha*）绿藻和一种称为爱尔兰苔藓（皱波角叉菜 *Chondrus crispus*）的红藻（不是苔藓）。当两种海藻一起长在潮潭中时,浒苔通过生长优势超过爱尔兰苔藓(图 11.19)而占据主寻地位。然而,令人吃惊的是,爱尔兰苔藓却是许多潮潭中最常见的海藻。

竞争排除　作为竞争结果,一个种被另一种所消除。　第 10 章,218 页。

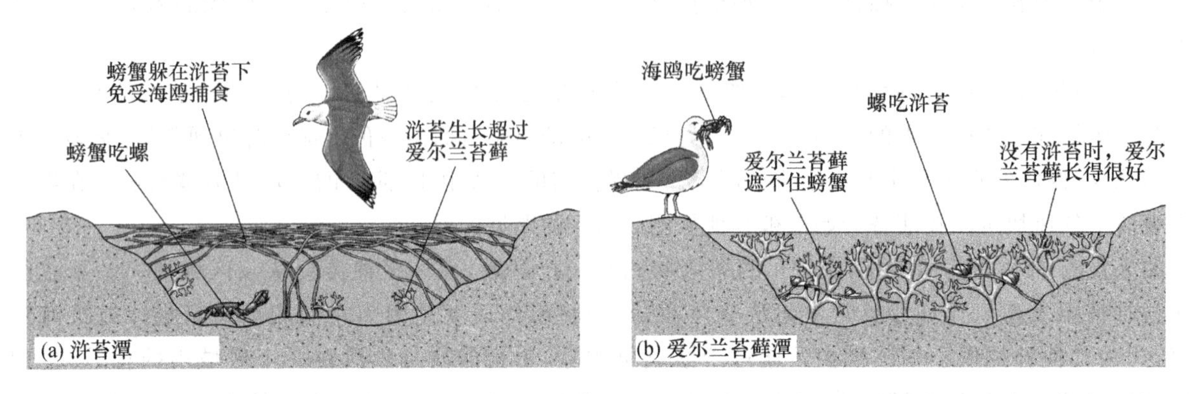

图 11.19　在新英格兰潮潭,生物相互作用决定何种海藻占优势。除非有某种干涉,否则两种潮潭都能自我维持。

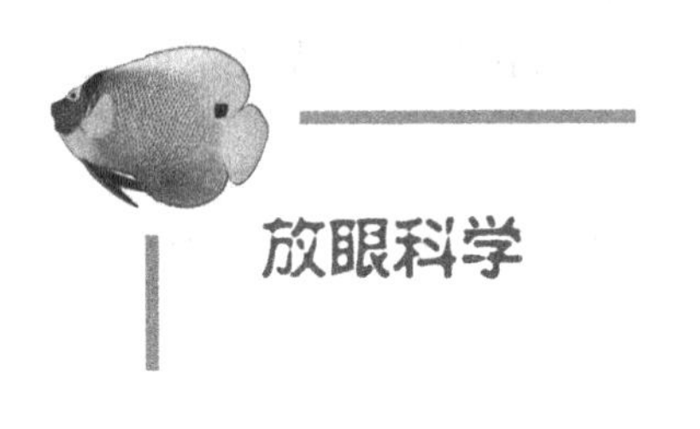

放眼科学

生态相互作用的 PISCO 研究

252　生态学家对生态系统的了解依赖于他们研究的尺度。就像通过放大镜看一张新闻照片效果会非常不同一样,科学家对潮间带群落的看法取决于他们研究的是一个贻贝斑块、一片海湾还是整条海岸线。岩石潮间带与其他沿岸生态系统是相联系的。幼虫似乎是随机到达一个裸岩斑块,但如果知道邻近沿岸水域的海洋学条件、浮游生物丰度和其他特征,其型式也就显现出来了。时间尺度也非常关键:一两年的研究不可能探测群落的长期变化,而看上去似乎是一种较大的转换可能只不过是自然变异。类似地,尽管对单个因子如海星捕食的研究(图 11.16)已经揭示了许多关于岩石潮间带的问题,而了解不同因子如何发生相互作用,如何影响贻贝和海藻之间的竞争也很关键,如海星如何捕食,贻贝和藻类的生长率及幼虫定着。

大地理尺度、长时间段以及多个因子的综合研究所需要的时间、财力、专家和其他资源通常超出个人调查者或研究团队力所能及的范围。海洋生态学家正在不断地将他们的专家和资源整合在一起。"沿岸海多学科交叉研究伙伴关系"(PISCO)是由超过 100 位科学家联合对美国太平洋长达 2000 km 沿岸进行的大尺度综合研究。这项研究在许多地点进行了多年,包括对海洋学、分子生物学、遗传学、生理学和生态学的研究,并提供了迄今为止对沿岸海洋学、10 km 以外的潮下带群落和潮间带群落之间关联的最综合的观察。

在岩石潮间带,一些 PISCO 科学家在沿岸上下多个地点定期测定主要固着种类的幼虫生长和定着速率。另一些科学家则对生物进行鉴定和计数。还有一些科学家研究海星和岩螺的捕食强度及其对被捕食者种群和它们的竞争者、竞争强度和其他过程的影响。所有研究利用同样地点并将邻近水域浮游生物和营养盐的丰度、碎屑的运输和循环型式及其他特征相联系,以揭示各种因子之间的相互作用及其空间(沿着海岸)和时间上的变化。在初期的研究结果中,PISCO 揭示出:单个种的分布比以前想象的变化更大，幼虫定着在各个地方显著不同，沿岸上升流（参见“上升流与生产力”，347 页）影响捕食、植食和岩石潮间带的其他过程。还发现了这样一种图型，即：沿岸群落可被划分成几个小的“相邻群落”而并非像曾假设的那样是一个在一定程度上同质的群落。有些相互作用，比如，贻贝幼虫定着和生长之间以及与海星对贻贝种群的捕食效应之间的关系更加复杂，地理变异也超出了预期。PISCO 的科学家们仍有大量的工作要做。

（更多信息参见《海洋生物学》在线学习中心。）

发生这种情况的原因是植食有时会阻止浒苔的占领。在该区域内一种丰度很高的植食者是普通滨螺（*Littorina littorea*），它与生活在潮上带的滨螺亲缘关系密切。浒苔是其最喜爱的食物，它很少碰爱尔兰苔藓。如果一个潮池有很多滨螺，它们吃掉浒苔，让爱尔兰苔藓有了生长的机会。假如滨螺被移植到浒苔池里，浒苔会迅速消失而爱尔兰苔藓就会占上风。另一方面，当从爱尔兰潮潭移除滨螺后，浒苔很快就会移入。

故事到此还没有结束。既然滨螺这么喜欢浒苔，你或许认为它们会进入浒苔池，但它们没有。首先，大型滨螺不是到处移动而喜欢待在一个潮潭里。幼体滨螺被同样生活在潮池中的三叶真蟹（*Carcinus maenas*）吃掉，继而三叶真蟹又被海鸥（*Larus*）吃掉。浒苔为螃蟹提供遮盖，保护它们免遭海鸥的捕食。螃蟹于是吃掉滨螺幼体，阻止它们占据潮潭。而在爱尔兰潮潭，螃蟹缺少覆盖并被海鸥吃掉。没有螃蟹存在时，滨螺幼体能在潮潭中存活下来。因此，种间正、负相互作用的结果是两种类型的潮潭群落都能自我维持。

潮下带除了浒苔和爱尔兰苔藓外还维持着许多其他海藻。从小型的红藻和绿藻到大而坚韧的巨型藻（*Egregia*，海带属 *Laminaria*）。巨型藻是潮间带下限的标志，并继续向下分布到潮下带。所以在潮间带的下段和潮下带的上缘之间没有明确的界限。珊瑚藻（珊瑚藻属 *Coralline*，石藻属 *Lithothamnion*）也很丰富。一种有花植物冲浪草（虾形藻属 *Phyllospadix*）在北美太平洋沿岸低潮带也很常见（参见图 6.9e）。

生活在海藻丛间的许多小动物在极低潮时躲避捕食者并保持潮湿。海胆（球海胆属 *Strongylocentrotus*，长海胆属 *Echinometra*；参见图 13.10）是海藻的常见植食者。低潮带还有海葵（指海葵属 *Metridium*，侧花海葵属 *Anthopleura*；图 11.20）、多毛类蠕虫（旋管虫属 *Spirorbis*，*Phragmatopoma*）、螺类（黑钟螺属 *Tegula*.，岩螺属 *Nucella*）、海蛞蝓（海兔属，*Aplysia*；枝背海牛属，*Dendronotus*）和许多其他种类。

图 11.20　北美太平洋沿岸的黄海葵（*Anthopleura xanthogrammica*）用触手抓住小猎物，但也从其组织内共生的虫黄藻处获得营养。

多数岩石潮间带鱼类生活在低潮带或潮潭中。鲉虎鱼、喉盘鱼、杜父鱼（寡杜父鱼属，*Oligocottus*）、棘鱼（猿鳚属，*Cebidichthys*）和锦鳚（爬鳚属，*Xererpes*）是其中最常见的。这些都是小型鱼类，能适应潮间带的极端环境，多为肉食性。

253

软底潮间带群落

与岩石相对，由沉积物构成的海底被看做软底，但界限并不总是那么清楚。砾石地常被当作岩石底，但石块小到什么程度时的海底才算是软底，其定义不很明确。因此，如果生物能够容易地在上面钻穴，我们就把这样的底叫软底。

软底出现在有沉积物累积的地方。在北美洲，科德角南部的东岸以及几乎整个海湾沿岸都以软底占优势。西岸的岩礁常被沙滩和泥滩分隔开，特别是在河口内和河口附近。在一个区域内沉积物是否累积、何种沉积物累积取决于有多少水的运动以及沉积物的来源。沉积物的类型反过来又强烈地影响着群落。

移动的沉积物

软底不稳定并经常随浪、潮汐和洋流发生移动，所以软底生物没有结实的固着地。极少有海藻适应这种环境。海草是软底上最常见的大型初级生产者，而它们只在某些地方生活。然而在合适的条件下，在潮间带会形成致密的海草床。在这一章，我们只涉及缺乏海草的潮间带软底群落。海草群落将在第13章讨论（参见“海草床”，286页）。

在软底上生活的动物也缺少结实的固着地点。尽管有几种动物是底上动物在沉积物表面生活，但多数都钻入沉积物内寻求保护以免被冲走。钻入底质内的动物称为底内动物，因为它们生活在沉积物内。

海底沉积物的类型尤其是粒度大小是影响软底群落最重要的物理因子。大部分人没有多想“砂”、“粉砂”、“黏土”和“泥”这些词的差别。对地质学家而言，这些词指的是具有特定颗粒大小的沉积物（图11.21）。

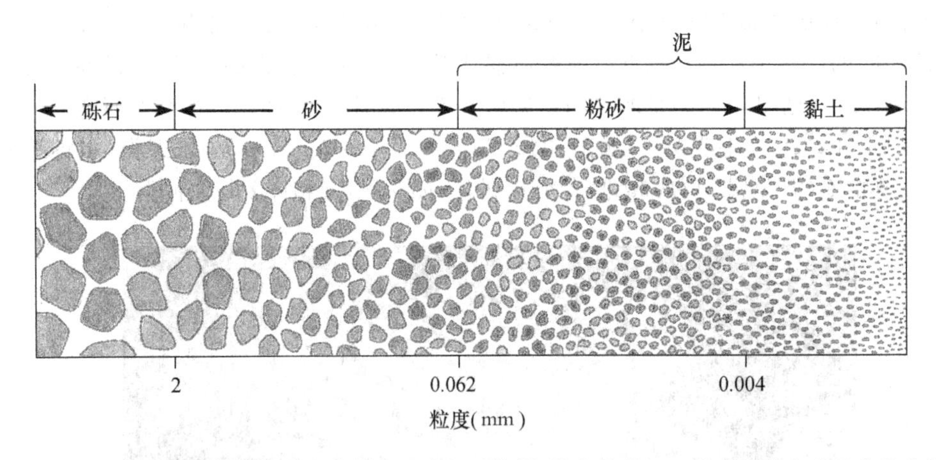

图 11.21　沉积物可根据颗粒大小来划分。砂相对较粗；黏土非常细。粉砂和黏土合起来称为泥。

潮下带　大陆架中在低潮时从不会暴露的部分。　第10章，224页，图10.8。
珊瑚藻　在组织中沉积有碳酸钙（$CaCO_3$）的红藻。　第6章，112页。

要精确地测定粒度大小需要详细分析，但一种“快速而粗糙”的测试方法也能告诉你沉积物的不同类型。在你的手指间搓一点沉积物或土壤，沙子搓起来会有砂粒感，粉砂和黏土合称泥，感觉光滑。最细的砂粒也是能看见的最小颗粒。要分出粉砂和黏土，在你的牙齿间摩擦一下。粉砂有砂感，而黏土仍然光滑。

254

“砂”、“粉砂”和“黏土”这些词指特定的沉积物粒度。砂最粗，接下来是粉砂，然后是黏土。粉砂和黏土合称泥。

沉积物多数由不同大小的颗粒混合而成。按照最常见的颗粒大小来描述沉积物，比如沙滩，主要由粒径为砂的颗粒组成，但也有少量的泥或一些大石头。

沉积物的组成与海水运动的程度直接有关。想象一下或是最好做做以下实验，拿含有从大鹅卵石直到黏土的不同粒度大小的少量沉积物或土壤，把它放在一个盛水容器内摇晃，一旦停止摇晃，鹅卵石就会沉底。当水渐渐停止运动时，首先是粗砂，接着是较细的颗粒开始下沉。非常细的物质会保持悬浮很长时间，使水看起来很混浊。你或许得让容器静止数周才能让最细的黏土完全沉降下来。只要轻微移动容器，细物质将永远沉不下来。

这表明一个普遍规律：即使少量的海水运动，细沉积物也会保持悬浮，而除非有明显的水流，否则粗沉积物就会下沉。所以海底沉积物反映了当时占主流的水文条件。平静的隐蔽区域具有泥底因为细沉积物能够下沉。有机质颗粒的下沉速率大致与黏土颗粒相同，因此二者倾向于一起下沉；黏土沉积物因而含有丰富的有机质。有强浪和海流的地方沉积物颗粒较粗。如果水的运动足够强烈，它会把所有疏松的物质带走，而留下裸岩或大砾石。

细沉积物可在平静的区域如海湾和泻湖处发现。粗沉积物则出现在受海浪和洋流影响的区域。

在我们的沉积物实验中，如果容器保持不动，所有颗粒最终都会下沉。但是不断保持有水流通过容器，细颗粒会被带走而只有一些粗的颗粒保留。粗颗粒就与细颗粒分开了。

在沉积物内生活

在潮间带，生活在沉积物内具有优越性。软底在退潮后仍然潮湿，所以干燥的问题不像在岩石潮间带那么关键。不过这要取决于粒度大小。粗砂排水，所以干得很快(图11.22)。部分由于这个原因，粗砂沙滩的动物较少。

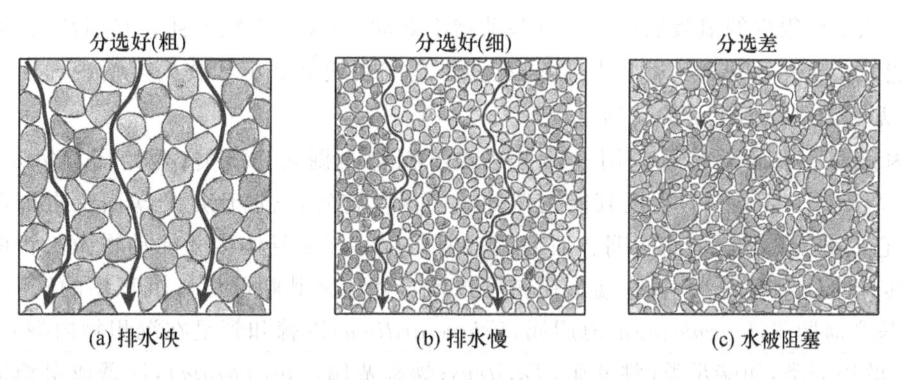

图11.22　“分选”指沉积物颗粒大小的均匀性。分选好的沉积物(a和b)颗粒差不多一样大。颗粒之间有很多空隙，因而海水可以流过。粒度和分选影响水分的循环程度；较大的颗粒有较大的空隙，所以是更加疏松。分选差的沉积物(c)由许多大小不同的颗粒组成。小颗粒填在较大颗粒的空隙之间，使水难以流过。

氧的获得　海底沉积物的有机物含量对食底泥动物极其重要。因为初级生产者比较少，碎屑是潮间带软底群落的主要食物来源。食底泥动物从沉积物中提取有机物。碎屑的量与粒度大小有关(参见图13.7)。粗砂含有很少的有机物。这就是我们认为沙很干净的原因。而粉砂和黏土往往含有丰富的碎屑，这是它们常很难闻的原因。

粒度也会影响沉积物中氧的含量。沉积物内的氧被动物呼吸所消耗，而更重要的是腐败细菌。沉积物表面之下没有光，因此也没有光合作用，所以底内动物依靠通过沉积物的水分循环来补充氧的供给。粒度和分选程度对沉积物的可渗透性有很大影响(图11.22)。任何一个后院园丁都知道水流过砂比流过黏土更容易。通过细沉积物的水循环大大受限。

于是，泥底有双重问题。首先，它们因含有较多的腐败有机物而消耗氧。其次，水流带来的新氧量减少。除了上面几厘米，间隙水或颗粒之间的水是缺氧的。如果向下很深，氧完全被消耗。绝对没有氧的

图 11.23　沉积物的黑色层显示氧完全被消耗并通过厌氧细菌产生硫化氢。

沉积物被称为缺氧沉积物。

无氧条件对能够进行厌氧呼吸的细菌来说不成问题，它们可在无氧的条件下分解有机物，有毒气体硫化氢(H_2S)即是分解的副产物(见表 5.1)。如果你曾不得不疏通你家厨房的下水管，你可能会遇到硫化氢。它把东西变成黑色并且闻起来像坏鸡蛋。就像你家的下水道一样，在沉积物中的全部氧被消耗之后，细菌不断降解有机物产生硫化氢。沉积物中开始出现无氧情况的地方会有明显的黑色层(图 11.23)。

沉积物中有机物的腐败消耗了氧。因此，在沉积物，特别是在细沉积物表面以下的间隙水往往是缺氧的。

255

底内动物必须适应氧供应短缺的条件，尤其是在泥底内生活的底内动物。许多动物以它们的水管或通过其穴道从沉积物表面泵取富含氧的海水(图 12.11)。这类动物实际上从不暴露于低氧条件下。它们的洞穴和生物扰动者的影响，如底内动物对沉积物掘穴、翻动和其他类型的干扰，有助于为沉积物充氧。

不过，泥质沉积物经常是缺氧的。生活在其中的动物已经适应了低氧环境。它们经常含有特殊的血红蛋白和其他的适应机制以将间隙水中很少的氧吸取出来。有些动物不好动，可以减少氧消耗。它们甚至具有有限的进行厌氧呼吸的能力。有几种动物具有共生细菌，有助于它们在低氧的沉积物内生活。即便如此，硫化氢毒性很高，所以无氧沉积物内生活的动物比较少。

在沉积物内移动　软底动物可采用多种方法在沉积物内掘穴。蛤类(樱蛤属，*Macoma*；斧蛤属，*Donax*)和鸟蛤(鸟蛤属，*Cardium*)利用其能变形的肌肉足。首先，它们让足变薄而探得更深。然后，足的末端变厚，在它们向下拉动其余部分身体时起到锚的作用。许多身体柔软的动物做法相似，像蛤类利用足一样利用其身体(图 11.24)。有些蠕虫在向后拉动身体前将其咽部压入沉积物的缝隙内以扩大缝隙。心形海胆(拉文海胆属，*Lovenia*；心形海胆属，*Echinocardium*)以棘和管足在沉积物内掘穴或耕犁。很多在软底上生活的甲壳类，如端足类(跳虾属，*Talitrus*；蜾蠃蜚属，*Corophium*)，沙蟹或鼠蝉蟹(*Emerita*)以及沙虾(美人虾属，*Callianassa*)和泥虾(蝼蛄虾属，*Upogebia*)用它们有关节的附肢挖掘。

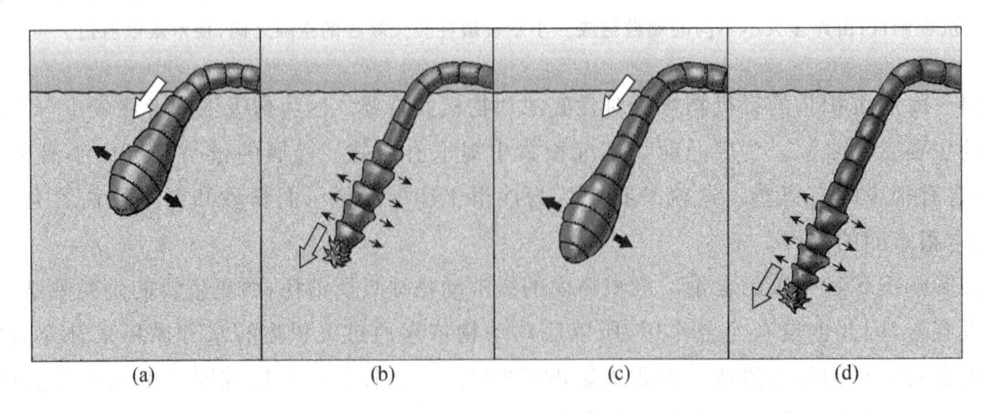

图 11.24　沙蠋(*Arenicola*)的掘穴过程。(a) 蠕虫伸展其体末端(黑箭头)。伸展的体末端作为锚，而身体的其余部分向后拉(白箭头)。(b) 随后蠕虫展开其体节(黑箭头)，可避免当它向前拉动吻部时(灰箭头)身体回滑。随着该过程的反复进行，蠕虫就可在沉积物内向前移动。

相当多的食底泥动物通过摄食沉积物当即就解决了两个问题。海参、某些蠕虫和其他动物，采用与尺蠖相同的运动方式，如同前面描述的蛤类和蠕虫，只有一个重要的例外。它们不是挤入沉积物中，而是将沉积物推到它们身后。它们消化有机物并将残余的沉积物留在身后(图 11.25)。

一些身体很小的软底生活动物不在沉积物中穴居，而是生活在颗粒的间隙中。这些动物被统称为小型底栖动物。在小型动物中存在许多不同类型，但大部分都独立进化成蠕虫状的体形(参见“泥和砂中的生命”，285 页)。

图 11.25 热带海参(红黑海参 *Holothuria edulis*)消化掉有机物后，留下一堆未消化的沙团。

摄食 前面已经说过，碎屑是软底潮间带主要的食物源(图 11.26)。硅藻有时在沉积物表面形成高产的藻垫，但大多数时间它们的初级生产量所占的密度并不大。不管怎样，多数动物对硅藻和碎屑不加区分。潮汐带入的浮游生物对食物供给也有少量的贡献。

海洋动物进化出很多摄食沉积物的方法。我们对较常见的方法之一已经作了描述：海参和各种蠕虫动物掘穴时摄入沉积物，消化碎屑和小生物，而在其行迹里留下剩余的沉积物。这种方式在泥底比在沙底更为常见，可能是因为泥含有更多有机物。而沙子对消化系统有磨损作用而且过于坚硬。

呼吸作用 有机物(糖)＋O_2 ⟶ CO_2＋H_2O＋能量 第 4 章，73 页。

血红蛋白 脊椎动物和一些无脊椎动物血液中用来运输氧的红色蛋白。 第 8 章，166 页。

硅藻 具有硅质壳的单细胞藻。 第 5 章，100 页，图 5.4。

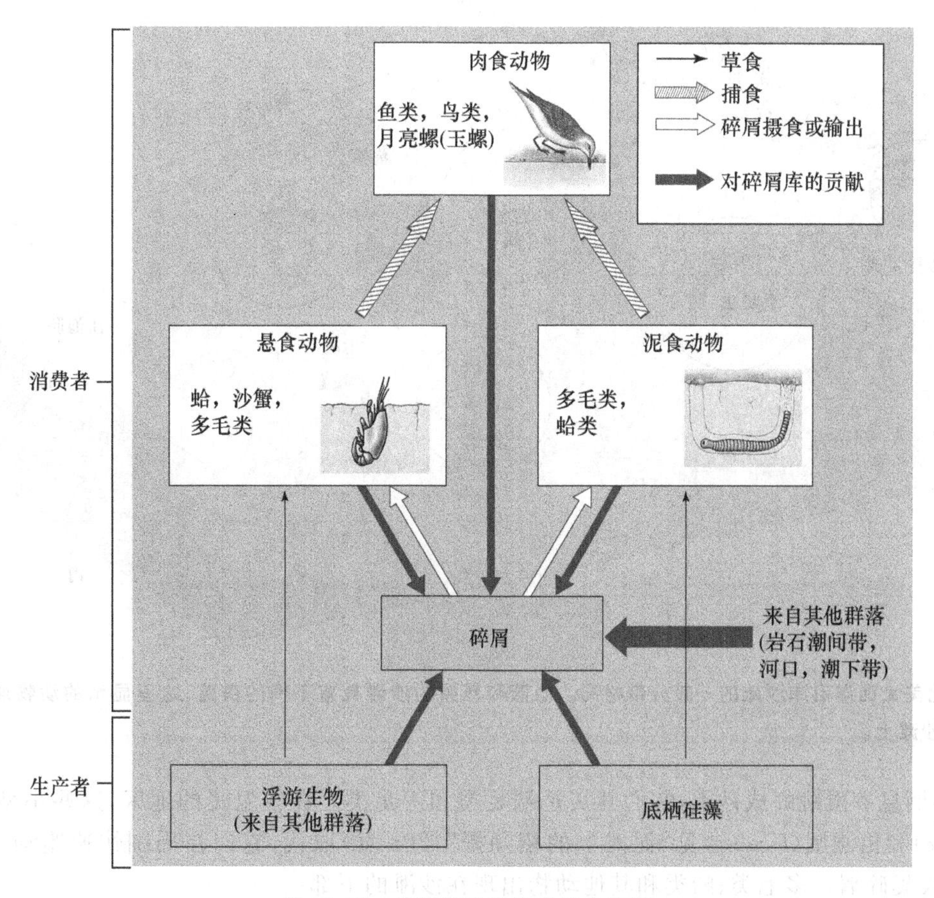

图 11.26 沙滩海岸的最常见食物网。

饼海胆(也称为沙钱,*Mellita*, *Dendraster*)更具选择性。它们用其管足捡食有机颗粒。饼海胆在沉积物近表面穴居,那里碎屑仍在积累因而更丰富。白樱蛤(樱蛤属 *Macoma*;参见图 12.11)也集中在沉积物的上层。它用一根长水管从沉积物表面吸入食物颗粒。别的动物捕获下沉颗粒,因此介于悬食动物和食底泥动物之间。一些多毛类蠕虫(蛰龙介属 *Terebella*)有着长而黏的触手,它们能够在海底上展开收集食物。其他多毛类产生黏液网来代替触手的作用。

这里也有悬食动物,不等着碎屑下沉就进行摄食。一种中美洲的橄榄贝(榧螺属 *Olivella*)制造黏液网,但并不在海底上展开,而是将网举在水中过滤食物。沙蟹或蝉蟹则在水里举着一对大而多毛的触角来捕获食物。通过迅速埋入或钻出,它们将摄食和运动结合起来。涨潮时它们向沙滩上方移动,恰好在一个浪打来之前钻出来,乘浪而上并高举其触角。然后它们钻入沉积物以免被冲回去。退潮时它们的做法相反,在浪到来之前钻入,然后突然钻出来乘着回流向沙滩下方移动。

软底也有在这里分享食物的捕食者。玉螺(玉螺属 *Polinices*)钻入沉积物的上层寻找蛤类。当螺发现了一个蛤时,就在蛤的壳上钻一个孔并把它吃掉。几种多毛类和其他蠕虫也是重要的捕食者。鸟类成为低潮期间的主要捕食者。高潮时,鱼类能够进来。鱼类往往不吃整个动物,而是咬掉蛤的水管或其他伸出的部分。

257

成带现象　由于生物生活在沉积物内无法被看见,软底潮间带的分带现象不像岩石潮间带那么明显。但成带现象确实存在,尤其是在沙滩(图 11.27)。水很快从沙中排走,而且因为沙滩的坡度,沙滩上部比下部更干。

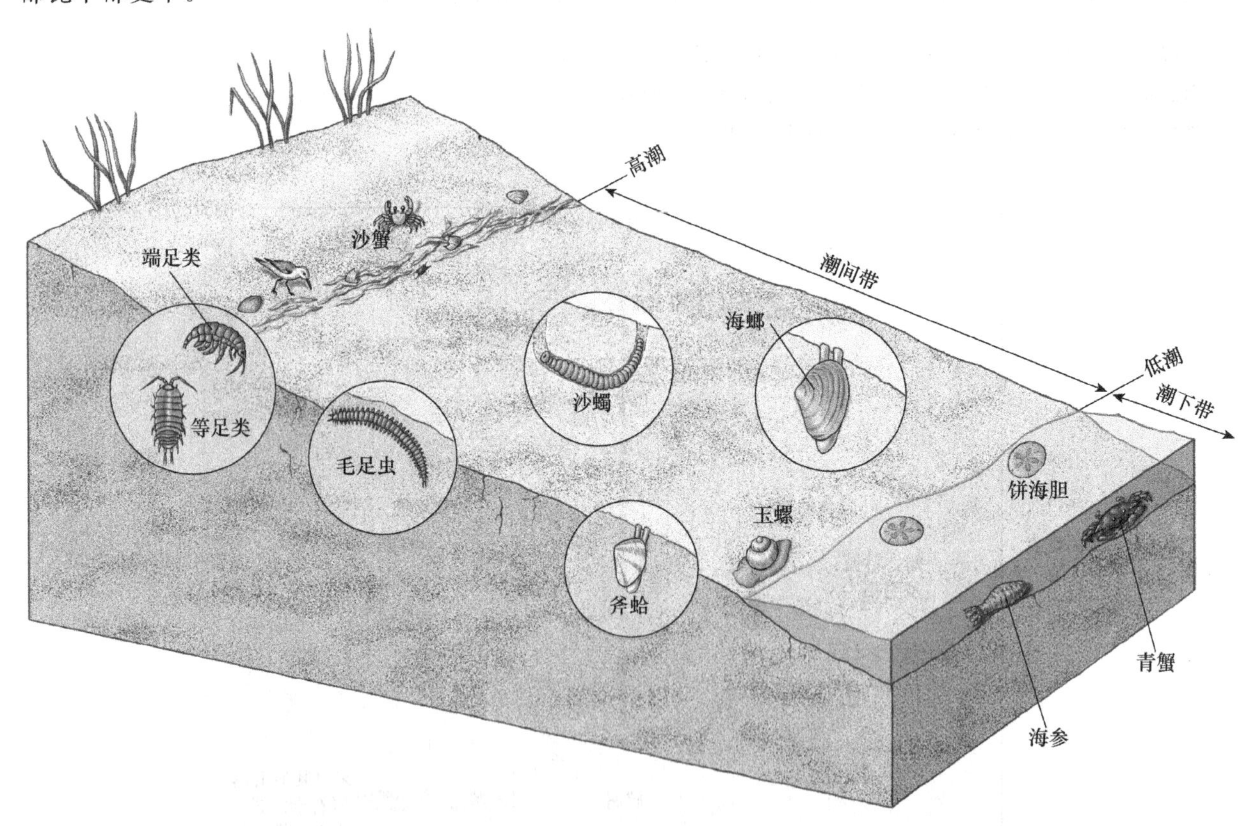

图 11.27　北美大西洋沿岸沙滩的一般分带格局。隐蔽和暴露的沙滩具有不同的群落,这里显示的动物通常不全出现在同一沙滩上。

沙滩上部栖息着滩跳虾或沙蚤,它们其实是端足类和等足类。在较温暖的地区,这些小型甲壳类被沙蟹(*Ocypode*)和招潮蟹(*Uca*;参见“泥滩上的招潮蟹”,268 页)取代,它们在周围快速跑动,捕捉小动物、吃腐肉并收集碎屑。多毛类、蛤类和其他动物出现在沙滩的下部。

成带现象在泥滩甚至更不明显。这种地方的底部平坦，而且细沉积物能保留水分，因而这种生境在高潮和低潮线之间没有显著的变化，而泥底上的潮间带群落与第12和13章中将要描述的潮下带群落很像。

浮游生物　随波逐流的初级生产者（浮游植物）和消费者（浮游动物）。　第10章，223页；图10.7。

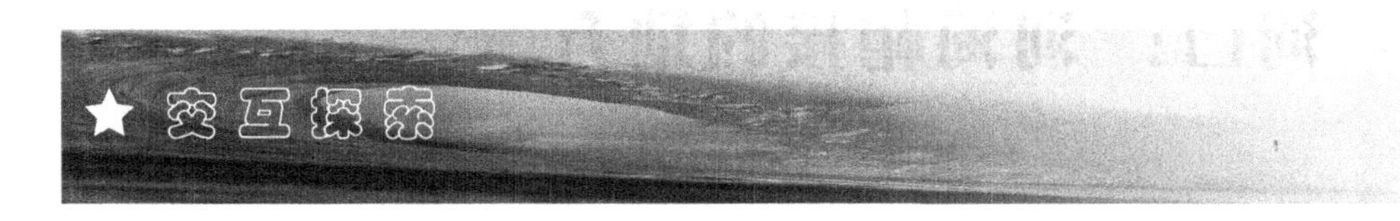

《海洋生物学》在线学习中心是一个十分有用的网络资源，读者可用其检验对本章内容的掌握情况。获取交互式的章节总结、关键词解释和进行小测验，请访问网址 www.mhhe.com/castrohuber6e。要获得更多的海洋生物学视频剪辑和网络资源来强化知识学习，请链接相关章节的材料。

评判思考

1. 一个岩石海岸相同潮高的四个不同地点生物的类型显著不同。不同的原因是什么？至少提出三种可能的解释。
2. 多数海洋生物学家认为是空间而不是食物限制了岩石潮间带种群。要验证该假设可进行什么类型的实验？

拓展阅读

网络上可能找到部分推荐的阅读材料。可通过《海洋生物学》在线学习中心寻找可用的网络链接。

普遍关注

Chadwick, D. H., 1997. What good is a tidepool? *Audubon*, vol. 99, no. 3, May-June 1997, pp. 50—59. Tide pools are a microcosm of the oceans and a great place to learn about nature.

Holloway, M., 2002. Ancient rituals on the Atlantic coast. *Scientific American*, vol. 286, no. 3, March, pp. 94—97. In early summer, hordes of horseshoe crabs spawn on beaches of the North American Atlantic coast during spring tides. Hungry shorebirds follow to feast on the eggs.

Mangin, K., 1990. A pox on the rocks. *Natural History*, vol. 99, no. 6, June, pp. 50—53. In Mexico a recently discovered hydroid, a relative of jellyfishes, kills young barnacles, which makes way for seaweeds and limpets.

Robles, C., 1996. Turf battles in the tidal zone. *Natural History*, vol. 105, no. 7, July, pp. 24—27. During their nighttime forays into the intertidal zone, spiny lobsters bobble up mussels and make way for a luxurious carpet of seaweeds.

Tindall, B., 2004. Tidal attraction. *Sierra*, vol. 89, no. 3, May/June, pp. 48—55, 64. A look at Californian tide pools—and how humans are affecting them.

Winston, J. E., 1990. Intertidal space wars. *Sea Frontiers*, vol. 36, no. 1, January/February, pp. 46—51. An examination of the battle for space among intertidal invertebrates.

Wolcott, T. G. and D. L. Wolcott, 1990. Wet behind the gills. *Natural History*, vol. 99, no. 10, October, pp. 46—55. Land and shore crabs carry salt water with them in order to breathe.

深度学习

Booth, D. J. and D. M. Brosnan, 1995. The role of recruitment dynamics in rocky shore and coral reef fish communities. *Advances in Ecological Research*, vol. 26, pp. 309—385.

McLachlan, A. and E. Jaramillo, 1995. Zonation on sandy beaches. *Oceanography and Marine Biology: An Annual Review*, vol. 33, pp. 305—335.

Menge, B. A. and G. M. Branch, 2001. Rocky intertidal communities. In: *Marine Community Ecology* (M. D. Bertness, S. D. Gaines, and M. E. Hay, eds.), pp. 221—251. Sinauer, Sunderland, Mass.

Power, M. E., D. Tilman, J. A. Estes, B. A., Menge, W. J. Bond, L. S. Mills, G. Daily, J. C. Castilla, J. Lubchenco and R. T. Paine, 1996. Challenges in the quest for keystones. *BioScience*, vol. 46, pp. 609—620.

第 12 章

河口：河海相接的地方

259 在淡水自河入海的地方产生了一种独特的环境：河口。河口是半封闭的、淡水与海水相遇并混合的区域。它们代表了陆地和海洋之间的密切相互作用。河口的栖息种类一般要少于岩石海岸。不过，它们是地球上生产力最高的环境之一。盐沼草或红树林沿着海岸繁茂地生长。海藻和蓝细菌可能常见于盐沼草中或泥滩上。众多的蠕虫、蛤类和虾穴居在泥底内。螺类和螃蟹沿岸爬行。鱼类在混浊的、浮游生物丰富的水中游泳。

河口也是受人类影响最大的环境之一（参见“人类对河口群落的冲击”，273 页）。大部分的天然港口在河口，而世界上许多大城市，尤其是纽约、伦敦和东京是沿河口发展起来的，而这只不过刚刚开始。

河口的类型和起源

河口分散在所有大洋的沿岸，起源、类型和大小变化很大。它们可被叫做泻湖、沼泽甚至海湾，但共性都是淡水在沿岸的部分封闭区与海水混合。有的海洋学家的范围则更大，他们将具有有限循环的封闭海，如波罗的海、黑海也划为河口。

河口是沿岸地区部分封闭的，来自河流的淡水与海水混合的地方。

许多河口是在约 18 000 年前的上个冰期末 260 期由于冰的融化导致海平面升高形成的，在这个过程中，海水侵入洼地及河流的开口处。这些河口被称为沉溺河谷或沿岸平原河口。它们是最常见的河口类型，例如，位于北美东海岸的切萨皮克湾、特拉华河河口和圣劳伦斯河口以及英格兰的泰晤士河河口。

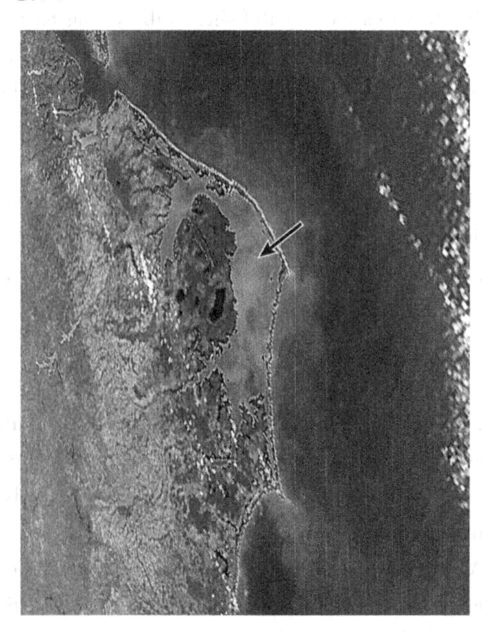

图 12.1　在美国东部北加利福尼亚沿岸哈特勒斯角堰洲岛附近形成的筑沙洲河口（箭头）的卫星图片。

第二种类型的河口是筑沙洲河口。沉积物沿着海岸的积累筑起了沙洲，在海洋与来自河流的淡水之间起到一堵墙作用的堰洲岛（参见“游走的沙滩，面对萎缩的沙滩我们该怎么办”，419 页）。在墨西哥湾的得克萨斯州沿岸、受外滩群岛和哈特勒斯堰洲岛（图 12.1）保护的北卡罗来纳州的部分沿岸以及荷兰和德国的北海沿岸都能见到筑沙洲河口。

其他河口的产生，如加利福尼亚的旧金山湾，不是由于海平面上升，而是因为地壳运动导致的陆地下沉或下陷。这些河口被称为构造型河口。

另一种类型的河口是当退缩的冰河沿着海岸切割出很深的、经常是很壮观的峡谷时形成的。当海平面升高时，峡谷部分被海水浸没，河流从中流入。这些河口或狭湾常见于阿拉斯加东南部、不列颠哥伦比亚、挪威、智利西南部和新西兰的南岛(图12.2)。

图12.2 位于新西兰南岛西南沿岸的米尔福德湾是一个狭湾。它是一个指状的小湾，被海拔1200 m高，500 m纵深的峭壁所包围。它的入口处只有55 m深。如同在其他狭湾一样，浅的入口限制了狭湾与外海之间的水交换，形成不流动的、缺氧的深水。

河口按其起源可分为四种基本类型：沉溺河谷型、筑沙洲型、构造型和冰川切割型河口或峡湾。

开阔的、发育良好的河口在具有平坦沿岸平原和宽阔大陆架，即具有典型被动陆缘特征的地区特别常见。北美大西洋沿岸就是这种情况。相反的情况出现在北美太平洋沿岸的陡峭海岸和狭窄的大陆架以及其他主动陆缘，此处沿着陡峭海岸切割出的狭窄河口限制了河口的形成。

河口的物理特征

受到潮汐和淡、咸水混合的影响，河口具有独特的物理和化学特征组合。这些因子支配着生活在那里的生物。

盐度

河口的盐度随时随地发生显著的波动。当平均盐度大约为35‰的海水与淡水(接近0‰)混合时，混合水体的盐度介于二者之间。混入的淡水越多，盐度越低。所以盐度向上游方向递减(图12.3)。

在河口，盐度随着深度的不同而不同。咸的海水密度大，沉在下面(看“盐度，温度与密度”，49页)，它沿着底部流入，形成我们常说的盐楔。同时，密度小的淡水由河从表面向外流出。

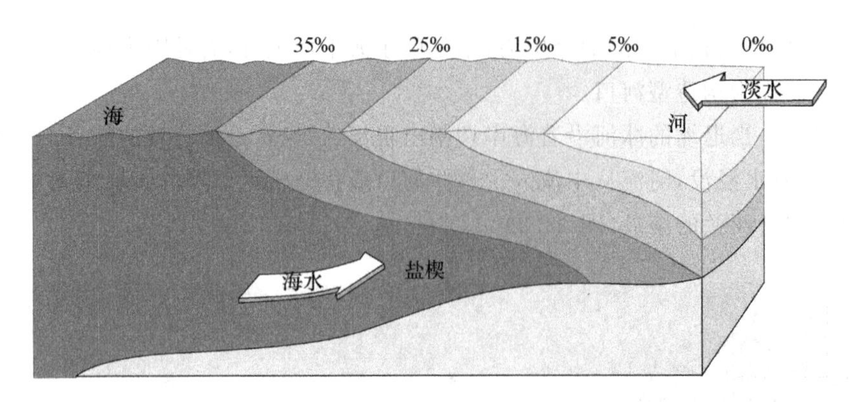

图 12.3 一个理想的河口段面。穿过河口连接相似盐度各点的线称为等盐线。

261 盐楔随着潮汐的日节律前后移动(图 12.4)。涨潮时它向河口上游移动,退潮时后退。这意味着待在一个地方的生物面临巨大的盐度波动。高潮时它们被淹没在盐楔之下,低潮时又处于低盐度水之中。如果该区域具有全日潮,则生物每天就要承受两次盐度的改变:一次是当潮汐向上游移动时,另一次是当潮退时。在一个具有半日潮的河口内,盐度一天改变四次。

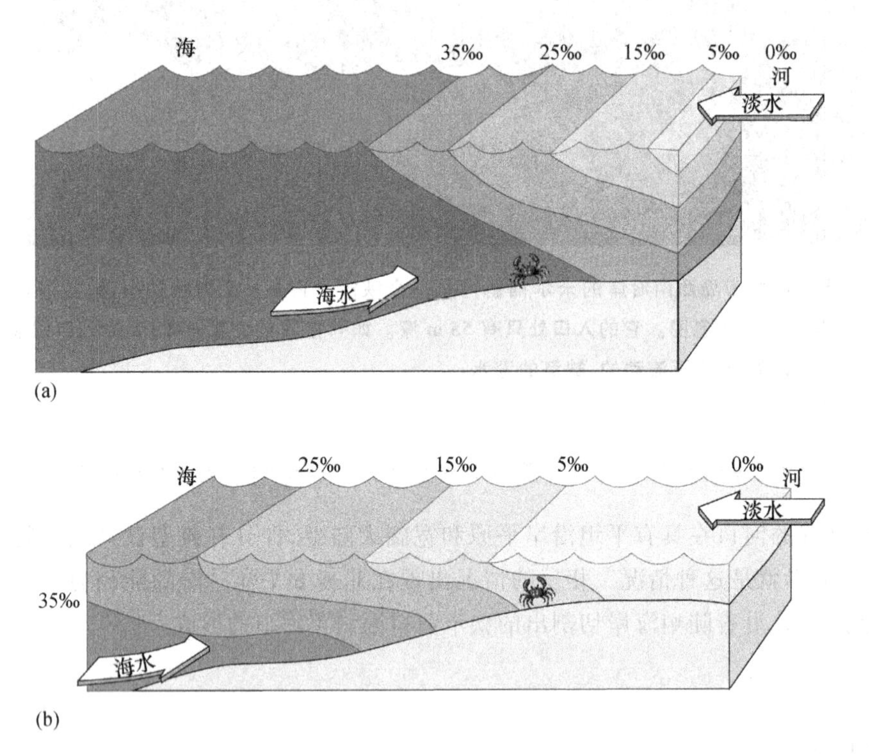

图 12.4 一个典型河口的盐楔随潮汐移进移出。(a) 高潮时,螃蟹处于盐度为 35‰的水中。(b) 低潮时,螃蟹介于 5‰和 15‰之间的低盐度水中。

河口盐度的波动范围很大。

河口水团的行为并不总是这么简单。河口的形状和它的底质、风、表面水分的蒸发和潮汐的变化都会影响到盐度的分布。降雨格局或融雪水量引起的来自河流的淡水径流量的季节变化也有重要影响。海流尤其重要。因为多数河口长而窄,潮水不只升高,它还冲入,常产生强的潮流。在有些地方,潮汐犹如一堵直立的水墙一样涌入,称为涌潮。这种强烈的水的运动对河口的盐度格局产生极大的影响。

另一个影响河口水循环的因素是科里奥效应。在赤道以北,自河流向海的淡水折向右。在赤道以南，水流折向左。这意味着生活在北半球河口的海洋生物当它面向海时能更加深入到河的上游左侧。在南半球，它们的分布向上游右侧延伸。 262

在很少淡水径流和高蒸发的地区，水的盐度增加。如，马德雷泻湖，它是一个浅水的筑沙洲型河口，与得克萨斯州 185 km 的海岸平行，与外海连接有限。有些区域平均盐度超过 50‰，而干旱期间，盐度可达 100‰或更高。这些高盐度河口称为负向河口。

板块构造理论　地壳几大板块漂移过程的学说。　第 2 章，25 页。

沉寂陆缘　是一类在大陆分离后遗留的大陆边缘，因此地质活动不活跃。　第 2 章，39 页，图 2.20。

活动陆缘　与其他板块碰撞的大陆边缘，因此地质活动剧烈。　第 2 章，38 页，图 2.20。

半日潮　每天有两次高潮和两次低潮的潮汐类型。　第 3 章，67 页，图 3.33。

全日潮　每天有一次高潮和一次低潮的潮汐类型。

混合半日潮　连续出现两次潮高不同的高潮的潮汐类型。　第 3 章，67 页，图 3.33。

科里奥效应　是地球旋转的结果，任何在地球表面长距离运动的东西，在北半球向右偏转，在南半球向左偏转。第 3 章，53 页。

底质

河流将大量的沉积物和包括污染物在内的其他物质带入多数河口。在河的水流缓慢时，砂和其他粗颗粒物在河口的上游下沉，但细的泥粒被携带到河口的更下方。当水流更慢时，许多泥粒也沉降下来，而最细的颗粒可被向外带得更远直到海洋。因此，多数河口的底质或底的类型是砂或软泥。

实际上是由粉砂和黏土组合而成的泥（参见图 11.21）富含有机物。如同在其他有机物丰富的沉积物中一样，腐败细菌的呼吸消耗掉间隙水，即沉积物颗粒之间的水中的氧。水不易流过细沉积物来补给氧。其结果是河口沉积物的上面几厘米之下经常是缺氧或无氧的（参见图 11.23）。它们具有典型无氧沉积物的黑色，并具有臭鸡蛋味，其中累积了对大多数生物有毒的硫化氢（H_2S）。无氧沉积物内并不是完全没有生命存在。不需氧气进行呼吸作用的厌氧细菌在这种条件下十分繁盛。

被河流带入河口的细的泥质沉积物在相对平静的水域下沉。在这些富含有机物的沉积物中，细菌的呼吸作用消耗掉其中的氧气。

在潮流不受阻碍的河口，包括多数浅水河口在内，水中具有充足的溶解氧。但有些深水河口如峡湾（图 12.2），在入口处的一个浅的"门槛"限制了水循环。低盐度水在表面不受阻碍地流出，而这个门槛阻止海水沿底部流入。有机物下沉并在底部累积，由于与有机物分解有关的细菌呼吸作用，不流动的深层水可能变得缺氧。

其他物理因子

除了盐度的极度波动和泥质基底以外，其他物理因子对河口生物也特别重要。除了峡湾，由于水浅和大的表面积，河口的水温具有明显的变化。低潮时暴露的生物不得不面对甚至更加剧烈的季节的和每日的温度波动。

代表河口特征的大量悬浮沉积物大大降低了水的透明度。因而只有很少的光能穿过水体。水中的颗粒物质也堵塞了某些滤食动物的摄食表面，甚至将海绵这类对沉积物敏感的生物杀死。

河口生态系统

对不知情的人来说，河口一开始看上去就像一片不毛之地。这种印象远不够真实。河口是极其高产的并且是大量生物的栖息地，其中许多生物具有重要的商业价值。河口还为许多鸟类、鱼类、虾类和其他动物提供了必不可少的繁殖地和摄食场所。河口生态系统由几个不同的群落组成，每个群落都有自己的生物组合特征。

在河口生活

一个河口的生命很大程度上围绕对极端盐度、温度和其他物理因子的适应。虽然其他海洋环境可能更加极端——比如或许更冷或更咸——但没有像河口一样有如此迅速和如此多种方式的变化。在河口生活不容易，所以只有为数不多的种类成功地适应了河口条件。

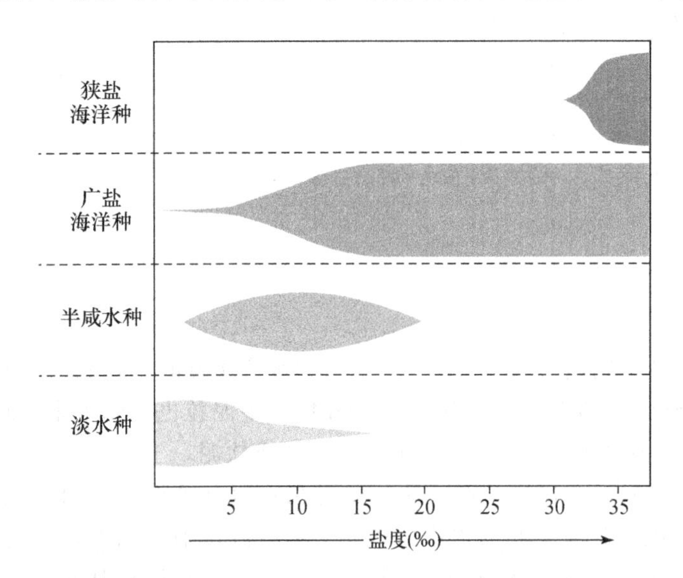

图 12.5　生活在一个理想河口的种的类型与盐度的关系。条的宽度表示相对的种数。

263

应对盐度波动　对河口生物来说，维持细胞和体液的适当的盐和水平衡是最大的挑战之一（参见“盐水平衡的调节”，79 页）。多数河口生物是已经进化出耐受低盐度能力的海洋种类（图 12.5）。生物能够向河口上游移动多远取决于它们的耐受性如何。多数河口生物是广盐种，也就是说，它们耐受的盐度范围宽。狭盐性种相对较少，这些种对盐度的耐受范围窄并局限在河口的上端或下端，而极少真正进入到河口。狭盐种可能起源于海洋或淡水。有些种适于生活在半咸水或中等盐度的水中。这些种类一些是狭盐性的，而其余是广盐性的。

由于它们的海洋背景，多数河口生物都会面临河口水被淡水稀释的问题。那些体内盐度高于周围水盐度的生物通过渗透作用倾向于吸收水分。有些动物通过简单的行为改变来适应。一旦盐度下降，它们可以躲在泥穴内，将壳闭合或游走。这些对策在河口用得并不广泛，多数生物依靠其他机制。

软体的河口动物，如很多软体动物和多毛类蠕虫，仅凭允许其体液随周围水的盐度变化的方式就能维持渗透平衡。它们被称为变渗动物（图 12.6）。许多鱼类、蟹类、软体动物和多毛类相反是渗透调节动物。无论水的盐度如何，它们能将体液的盐度水平保持得比较稳定。当水的盐度低于体液时，它们通过主动运输排除过多的水分，从周围水中吸收部分溶质来补偿排水过程中丢失的溶质。这项工作由鳃、肾和其他结构完成。

栖息在河口的硬骨鱼类也需要渗透调节，因为它们的血液比海水更淡（参见图 4.14 和“内环境的调整机制”，167 页）。鲑和淡水鳗鲡在河流和海洋之间往返迁移，但通过它们肾和鳃对溶质的主动运输，仍然能够维持稳定的内环境。

河口生物以各种方式适应盐度波动。变渗动物允许其体液的盐度随周围水的盐度而改变。渗透调节动物保持其体液的盐浓度恒定。

能被清楚地归属为理想的变渗动物或渗透调节动物的动物为数不多。比如，许多无脊椎动物在低盐度时进行渗透调节，而在高盐度时则改变渗透压。即使是像鲑和淡水鳗鲡这样能进行有效的渗透调节的动物，当盐度变化时，也不能将其血液的盐浓度和其他溶质浓度保持完全一致。

河口植物也必须应对盐度的变化。草和其他盐沼植物是已经进化出高度耐盐性的陆地植物。这些植物部分主动吸收盐分并浓缩无害的溶质如糖来保持与外界浓度一致，并防止水从组织流失。注意这是与生活在河口的海洋生物相反的情况，后者不得不适应降低的而不是升高的盐度。

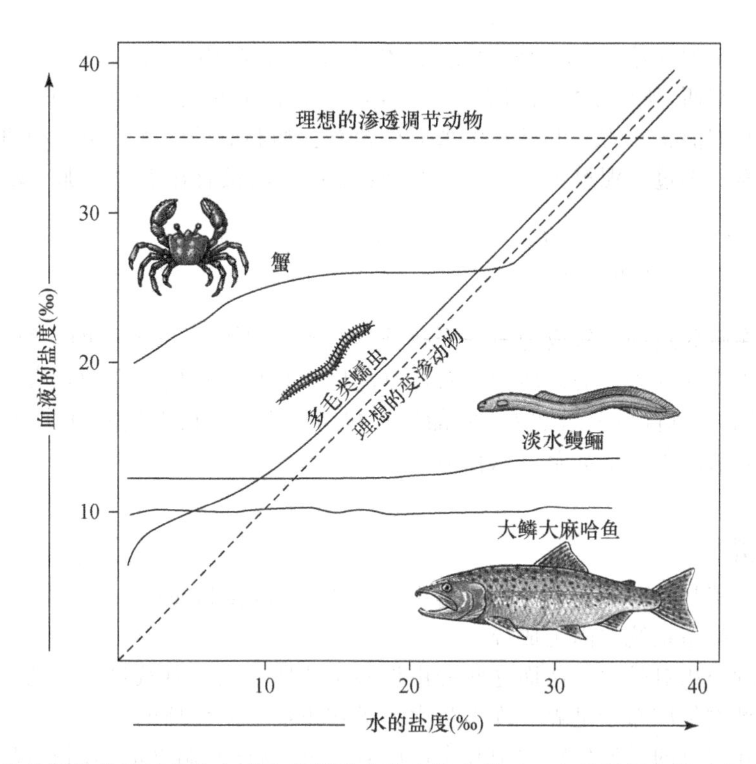

图 12.6 河口动物体液的盐度以各种方式响应周围水盐度的变化。一个理想的变渗动物，血液的盐度与水的盐度完全吻合。一个理想的渗透调节动物，无论水的盐度如何，血液的盐度始终不变。我们在盐度为 35‰ 处为一个想象中的理想的渗透调节动物画了一条线。尽管鲑和淡水鳗鲡的血液更稀，它们是接近理想的渗透调节动物。重要的不是血液的实际盐度而是它保持相对恒定的事实。注意有些生物，如图中的蟹，只能在一定的盐度范围内进行渗透调节，超过该范围它们就是变渗动物。

在一些河口植物中进化出了各种适应性。沼草(大米草属 *Spartina*；图 12.7)、其他盐沼植物和有些红树实际上能通过其叶子内的盐腺排除多余的盐分。某些河口植物，如海篷子(*Salicornia*)积累大量的水分来稀释吸收的盐分(图 12.8)。这类植物被称为多浆植物。

图 12.7 在北美太平洋和大西洋沿岸和世界其他温带海岸，沼草是盐沼的重要组成部分。

图 12.8 海篷子是世界盐沼中的常见的多浆植物。

适应于泥内生活　正如在第11章中所讨论的(参见“在沉积物内生活”,254页),生活在泥里有其问题。因为没有可抓住的东西,所以多数动物要么穴居,要么生活在沉积物表面以下固定的栖管中。蛤类适于这样的生活因为它们能将水管从泥里伸出来取得含有食物和氧的海水。由于很难在泥里穿行,栖息者趋于静止或移动缓慢。不过在泥里生活有一个好处:盐度波动没有在水体中那么剧烈。

264

渗透　水通过膜由高浓度向低浓度的运动。　第4章,79页。

主动运输　物质在细胞中逆浓度梯度的跨膜运输。　第4章,79页。

由泥内有机物的腐败导致的缺氧成为另一个挑战。这对于能将含氧丰富的水泵入它们洞穴的穴居动物来说不成问题。没有这种条件的穴居动物对低氧环境具有特殊适应。有的具有含血红蛋白的血液。此外,血红蛋白本身具有特别高的氧亲和力:它能持有和携带即便是很少量的可获得氧。有些蛤类和另外几种泥栖动物在没有氧的条件下甚至可以存活几天。

河口群落的类型

几种显著不同的群落与河口有关。一种群落由浮游生物、鱼类和随潮汐出入的其他大洋生物组成。其他几种群落是该河口生态系统的固定成分。

组成河口群落的种类相对较少。然而这些种由许多个体所代表。有数量惊人的河口种类,特别是那些栖息在温带河口的种类是广布于世界。许多是由人类在不经意间传播的。

开阔水域　栖息在河口的浮游生物类型和丰度随着海流、盐度和温度的不同有很大变化。浑浊的水限制了光的透入并可以限制浮游植物的初级生产。在小河口,多数浮游植物和浮游动物是由潮汐冲进冲出的海洋种类。较大河口可有其自己严格的河口种类。

许多世界大城市在河口周围发展的一个原因是在河口内或其附近鱼和贝的供应十分丰富。许多具有重要商业价值的鱼、虾类,利用河口食物丰富和相对远离捕食者的有利条件,把河口作为其育幼场所。例如,在墨西哥湾的北部,大约90%的海洋商业捕捞种类在其生命中的某个阶段需要依靠河口度过。

在多数河口生活着相当丰富的鱼类。许多是海洋种类的稚鱼,它们在海里繁殖但利用河口作为育幼场,而许多在世界范围内具有巨大的商业价值。例如油鲱(图12.9)、鳀、鲻、黄花鱼和许多种类的鲽。有

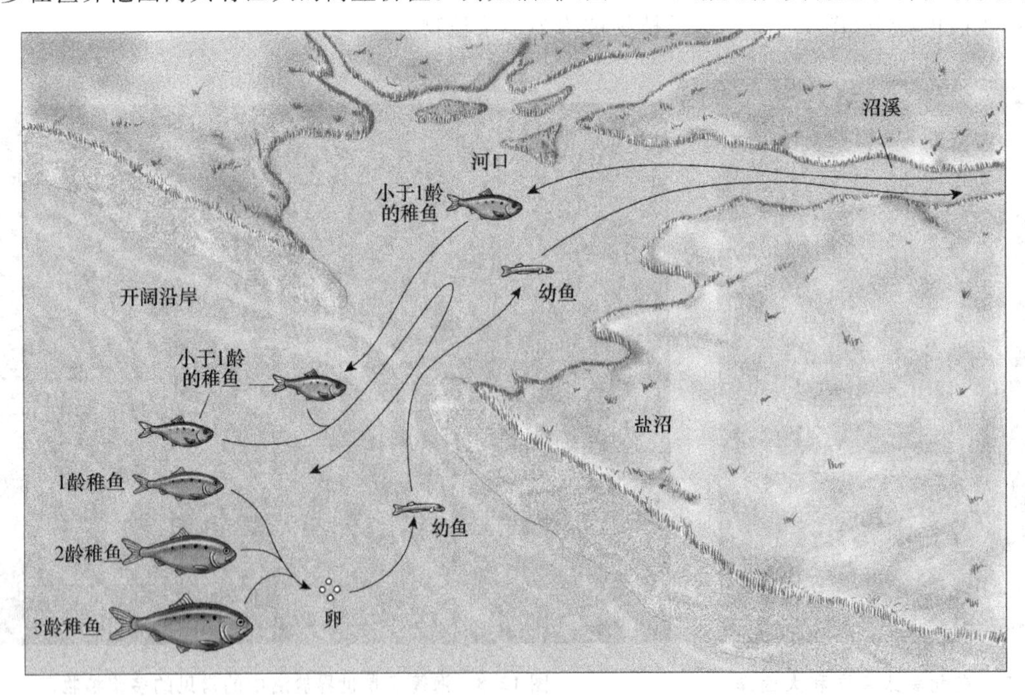

图12.9　大西洋油鲱(*Brevoortia tyrannus*)是美国最重要的商业鱼类之一。成体鱼(1～3年)在外海产卵而幼鱼则随潮水和海流漂入河口,移到盐沼内的浅水区中生长。

些鱼类在其洄游期间游过河口。这种鱼或是溯河性的，如鲑鱼、香鱼和鲥鱼；或是降河性的，如淡水鳗鲡。极少的鱼类在河口度过其整个一生，鳉科鱼类（底鳉属 *Fundulus*）是其中一例。

虾和蟹在河口较常见，而且许多具有商业价值的种类将河口作为育幼场所。

泥滩　在低潮时暴露出来的河口底部往往形成泥滩（图 12.13）。泥滩在潮差大和底部坡度平缓的河口延伸范围特别大。虽然所有的泥滩看起来很像，但它的颗粒大小变化很大。砂能够在河口附近和在随潮水变化形成的潮溪内累积并产生砂质滩。在泥滩较为平静的中央部分则含有更细的粉砂质。

图 12.10　加州拟蟹守螺（*Cerithidea californica*），一种食底泥动物，在泥滩上很丰富。绿藻是浒苔，它能耐受盐度、温度的大幅度波动以及污染。它可在岩石海岸以及河口沿岸被发现。它在夏季长的晴朗的日子生长茂盛，此时它能将泥滩变成翠绿的“草地”。

265

河口泥滩群落与那些位于泥质海岸的群落相似（参见“软底潮间带群落”，253 页）。低潮时生物暴露于干燥、温度的大幅度变化和捕食之下，就像其他任何一个潮间带群落一样。然而在河口，泥滩群落还必须经受盐度的规律性变化。

初级生产者　在泥滩上并不多见。有几种比较有抗性的海藻，如绿藻浒苔（*Eneromorpha*）（图 12.10），海生菜和石莼（*Ulva*），江蓠属 *Gracilaria* 的红藻能够在小块贝壳上生长。这些藻类和其他的初级生产者在温暖的月份尤其常见。大量的底栖硅藻长在泥上并常常出现大范围的藻华，形成金黄色的斑块。在退潮后留下的潮潭中，由于阳光下发生强光合作用，这些斑块上覆盖了一层氧气泡。

细菌在泥滩上极其丰富。它们分解由河流和潮汐带入的大量有机物。在腐败过程中当氧被耗尽时，有些细菌产生硫化氢。这继而又被硫细菌，能通过分解硫化合物如硫化氢获得能量的化能合成细菌所利用（参见表 5.1，99 页）。硅藻和细菌，包括光合作用细菌，实际上占泥滩初级生产量的绝大部分。

血红蛋白　许多动物具有一种运输氧的血蛋白；在脊椎动物中，它包含在红血球或红细胞内。　第 8 章，166 页。
浮游生物　随波逐流的初级生产者（浮游植物）和消费者（浮游动物）。　第 10 章，223 页；图 10.7。
初级生产　自养生物将无机形式的二氧化碳转换为有机物，即食物的生产。　第 4 章，74 页。
溯河鱼类　那些从海洋洄游，在淡水产卵的鱼类。　第 8 章，171 页。
降河鱼类　那些从淡水洄游，在海洋产卵的鱼类。　第 8 章，173 页。
潮差　在相继的高潮和低潮之间的水位差。　第 3 章，67 页。
化能合成细菌　利用包含在无机化合物中的能量而不利用阳光生产有机物的自养细菌。　第 5 章，98 页；表 5.1。

266

在泥滩上，穴居在沉积物内的动物占优势，它们被称为底内动物（图 12.11）。尽管这些穴居动物的种类不多，但它们常以巨大的数量出现。在低潮带，顶上有一小洞的沉积物堆、粪堆或其他废物可以显示它们的存在。它们摄食沉积物和水中丰富的碎屑。这些动物的大部分食物是由河流和潮汐带入的，而并非在泥滩上产生的。极少的泥滩动物属于底表动物，即那些或在沉积物表面上生活或以固着形式附于沉积物表面的动物。

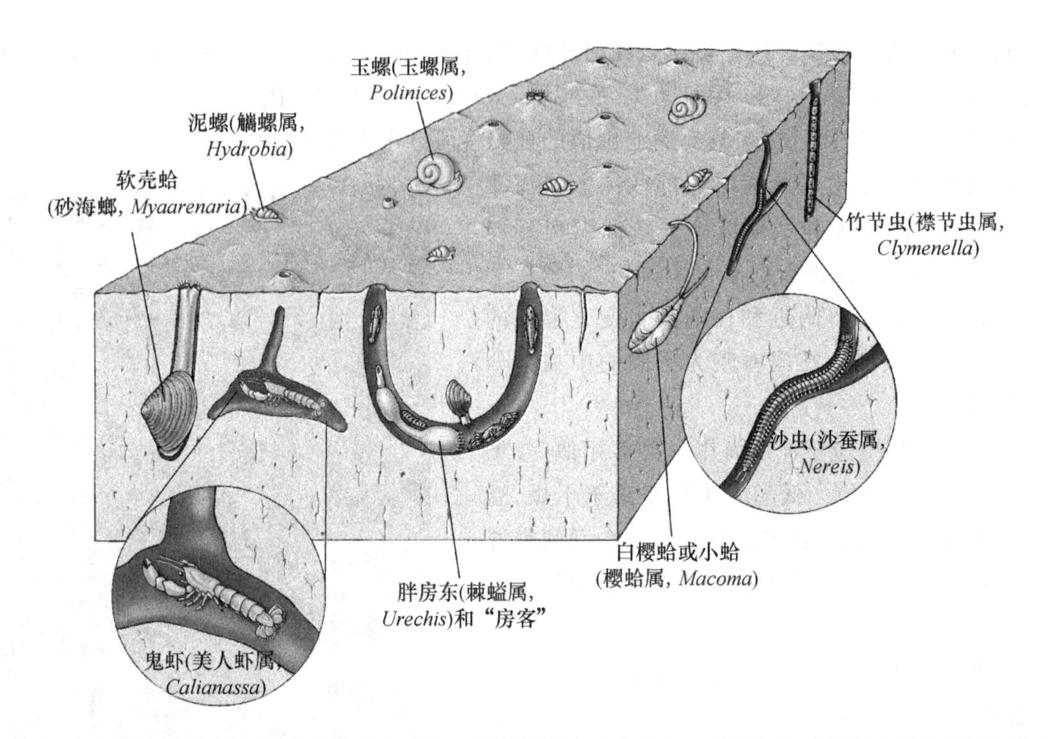

图 12.11　温带河口泥滩具代表性的栖息动物。很多泥滩生物也能在河口以外的泥底上找到(另见图 13.5)。

摄食碎屑的泥滩栖息动物为食底泥动物和包括滤食动物在内的悬食动物。泥滩和其他泥底上的食底泥动物比悬食动物更常见(参见图 13.7)。悬食动物的一个缺点是它们的过滤机制容易被大量沉降到海底的沉积物堵塞。此外,食底泥的动物实际上通过干扰沉积物,造成悬食动物的摄食结构堵塞以及埋葬它们新固着的幼虫而使很多悬食动物出局。

另一方面,悬食动物在砂质沉积物中更占优势。较大砂粒之间更宽的间隙空间为食底泥的动物保留的碎屑更少,而磨损性的砂对它们的消化系统来说太硬。

泥滩上优势的初级生产者是硅藻和细菌。多数动物都是穴居的食底泥动物和摄食碎屑的悬食动物。

原生动物、线虫和许多组成小型动物的其他微小的动物(参见“泥和砂中的生命”,285 页)也能靠碎屑生活。小型动物也称为间隙动物。较大的穴居动物或底内动物包括许多多毛类(见图 11.24 和 12.11),多数是食底泥动物。其他多毛类为悬食动物,能过滤海水或伸出触手收集从水体下沉的碎屑。然而在某些多毛类中的另一种碎屑摄食策略是根据水中悬浮物的数量在悬浮物摄食和沉积物摄食之间来回变换。

泥滩上往往有丰富的双壳类。很多是在河口以外的泥质和砂质海岸也能看到的滤食动物。来自温带水域的种类有圆蛤或硬壳蛤(圆蛤,*Mercenaria mercenaria*)、软壳蛤(沙海螂,*Mya arenaria*,图 12.11)和剃刀蛤(刀蛏属,*Ensis*)。其中的一些具有重要的商业价值。白樱蛤或小蛤(樱蛤属,*Macoma*,图 12.11)是食底泥动物,利用其长的入水管吸取表面沉积物。

鬼虾(美人虾属,*Callianassa*,图 12.11)和泥虾(蝼蛄虾属,*Upogebia*)营造一个精致的洞穴,其负效应有助于使沉积物充满氧气。这些虾摄食它们从水里过滤来的和从泥里筛分出来的碎屑。招潮蟹(*Uca*)也生活在洞穴内,但在低潮时能在泥滩上四处活动(参见“泥滩上的招潮蟹”,268 页)。它们处理软泥并提取所食的碎屑。

在北美太平洋沿岸,一种叫胖房东(棘螠属,*Urechis caupo*)的螠虫,能分泌漏斗形的黏液网。它能将水泵过这个网来过滤食物(图 12.11)。因为它与一种多毛类(夜鳞虫属,*Hesperonoe adventor*)、一种蟹(*Scleroplax granulata*)、一种或更多种的鱼(*Clevelandia ios*)以及其他房客共用其 U 形穴道而得此俗名。

267

有些动物在泥的表面生活或随着潮汐钻入钻出。这些动物包括像泥螺（拟蟹守螺属，*Cerithidea*，觿螺属，*Hydrobia*；图 12.10 和 12.11）这样的食底泥动物、端足类和虾类。肉食动物包括多毛类蠕虫（沙蚕属，*Nereis*；图 12.11）、玉螺（玉螺属，*Polinices*；图 12.11）和其他捕食性螺类（蛾螺属，*Busycon*）以及游泳蟹类（*Callinectes*）。

泥滩群落的最重要捕食者是鱼类和鸟类。鱼类在高潮时侵入泥滩，而鸟类在低潮时集群摄食。河口对许多迁徙鸟类来说是重要的中途停留区和越冬区。开阔的空间食物相当充足，也为它们提供了躲避天敌的安全地。泥滩上最重要的捕食者是涉水岸鸟（图 12.12）。这些鸟类包括鹬类、塍鹬、半蹼鹬和许多种类的鸻及矶鹞。它们摄食多毛类、鬼虾和其他小型甲壳类、蛤类和泥螺。蛎鹬专门摄食蛤类和其他双壳类动物。

图 12.12　摄食行为在岸鸟之间也不相同。(a) 鹬用喙搜寻食物并走直线。(b) 鸻依靠其视觉，一边走一边将头转向两边。

这些鸟类并不都捕捉同样类型的猎物。它们喙的长度变化可能表示对捕捉猎物的特化，因为不同类型的猎物生活在不同深度的泥内。另外，岸鸟采用不同的策略对食物进行定位。像鹬这样的鸟类大多依靠其喙，边走边将喙探进泥里（图 12.12a）。其他鸟类，像鸻，利用它们的视觉探测出现在泥表面上的细微移动（图 12.12b）。有的生物学家认为摄食习性的这些差异是资源划分的一个方法。 268

然而，苍鹭和白鹭组成了另一类涉水鸟。它们专门捕捉鱼、虾和其他小的游泳猎物。经常能看到通过游泳或潜水在河口摄食的鸟类，如鸭、燕鸥和海鸥在泥滩上休息。

碎屑　死亡有机物质颗粒。　第 10 章，226 页。
食底泥动物　以沉积物中的有机物质为食的动物。
悬食动物　以悬浮在水体中的颗粒为食的动物，包括滤食动物。　第 7 章，122 页，图 7.3。

什么动物在泥里生活，以泥为食，在泥滩以鸣叫和招手的方式发现配偶？当然是招潮蟹，一类在许多方面都不同寻常的生物，但最终以泥内能手而闻名。

许多种类的招潮蟹栖息在河口和其他隐蔽沿岸的泥滩或砂质潮滩。它们多数发现于热带和亚热带，但有的种在远至南加利福尼亚和波士顿港也有发现。招潮蟹是食底泥的动物。它们在低潮时摄食，用螯将泥铲到口附近的摄食附肢上。它们借助于刷状的口器提取泥里的碎屑。水从鳃室泵入口里以使较轻的碎屑浮起，从而有助于将它与泥分离。碎屑被吞下，而干净的泥以光滑的小球形式被吐在基底上。

招潮蟹在低潮时活动，高潮时隐退到洞穴里。每个洞穴有个入口(可从泥周围的光滑小球辨认出来)，当潮水上涨时，住在里面的蟹将口堵住。在下一个低潮时，蟹从洞穴出来摄食并做任何一只健康活跃的招潮蟹所喜欢做的事情。潮周期对它们意味着一切。潮汐是如此重要以至于如果将螃蟹拿走并隔离在光和温度都稳定的环境中，在低潮发生的相应时间它们会继续活动，而在应该待在洞穴内时间它们则静止不动。在隔离状态下，不但能继续观察到它们在正常自然环境条件下的活动方式，还能观察到它们的体色变化(白天体色深，晚上色浅)。这些是生物钟的范例，即与时间同步的重复节律。在招潮蟹中，活动方式和体色变化与依赖于月亮周期的潮汐同步，也与依赖太阳的昼夜变化同步。

招潮蟹还具有有趣的性生活。雄性以左侧或右侧的一个特别大的螯为特征。很多种的螯颜色鲜艳或具有突出的斑纹。雌性有一对用来摄食的小得多的螯，与雄性的小螯同样大。雄性用它们的大螯炫耀性别——告诉雌性它们是认真的并威胁任何其他可能碍事的雄性。在低潮时它们在洞穴附近已建立的领地上挥动大螯。一种招潮蟹的雄性在其洞穴附近建起一个泥质隐蔽所来加强效果。挥螯的动作有时十分热烈以至整个泥滩似乎在随着几百只炫耀的雄性而上下移动。雄性将任何有兴趣的雌性吸引到它们的洞穴，而雌性在决定选择某个洞穴前可能会拜访几个洞穴。雄性经常为未来的配偶而打斗，但也会与雄性邻居建立伙伴关系来防御它们的领地受到入侵者的入侵。与更强壮的雄性邻居打斗可能使一只招潮蟹以失去一只螯而告终，这要比和平协作付出更大的代价。失去大螯意味着灾难。需要很多次的蜕皮才能产生一只足够大的螯使招潮蟹能重新投入战斗，而螯太小或螯活动不正常的螃蟹可能会变得相当孤独。

在那些几种招潮蟹共同栖息的区域，螯的挥动可用来防止一只雄性吸引错误种的雌性。有些种上下挥动，有些种则左右晃动。挥动的角度和频率也有变化，而且鞠躬、新奇的踏步和其他身体运动可形成部分固定程序。有些招潮蟹在地面拍打大螯，而有些雄性甚至通过振动大螯的一个关节制造声音。它的付出是为了展现自己。

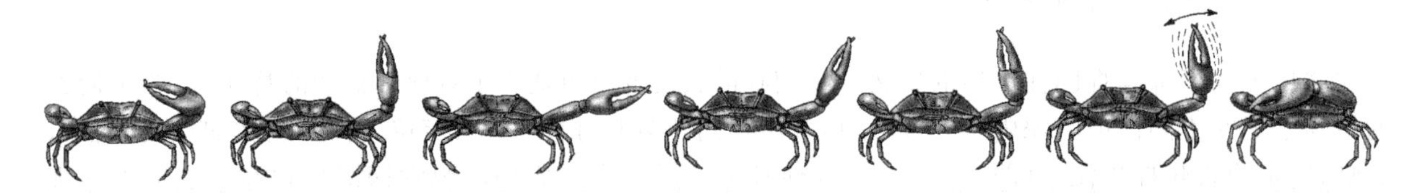

一种雄性招潮蟹的手势信号。

盐沼　温带和亚北极地区河口边上往往有广阔的绿地，它从泥滩向内陆延伸。这些区域在高潮时部分被淹没，因而称为盐沼或潮沼(图 12.13)。它们有时被划归为高潮时被淹没并具有淡水沼泽的，统称为湿地的沿岸环境中。尽管多数与河口有关，盐沼也能沿隐蔽的开阔沿岸发育。只要波浪的干扰小得足以让泥沉积物累积，它们就能发育。潮溪、淡水溪流和浅池频繁穿越盐沼。

在北美，沿大西洋和墨西哥湾沿岸有特别广阔的盐沼(参见图 2.22)。这些坡度平缓岸线的宽广的河口和浅湾为盐沼的发育提供了最适条件。另一方面，北美太平洋沿岸一般更陡，而多数河口沿狭窄的河谷形成。这导致盐沼的发育范围较小。在北半球，与在右侧相比，盐沼往往是在河口的左侧更加广阔，因为由于科里奥效应，来自河流的淡水水流引起的湍流在右侧更强些。

269

盐沼和泥滩一样，同样受到盐度、温度和潮汐的极端波动影响。它们也有泥底，但被沼泽植物的根把持在一起，所以更加稳定。

在盐沼群落中几种抗盐的草和其他耐盐陆地植物占有优势。尽管环境对于其他多数陆地植物来说过于严峻，但这些植物却能在盐沼中茁壮成长。盐沼中植物有明显的成带现象。一个给定带的位置与相对于潮汐的高度有关，但它也随着地理位置、底质类型和其他因素的不同而变化。例如，在距热而干的地区较近的盐沼中，土壤盐度由于较高的蒸发作用可能在中等高度变得特别高。这可产生草木不生的区域。

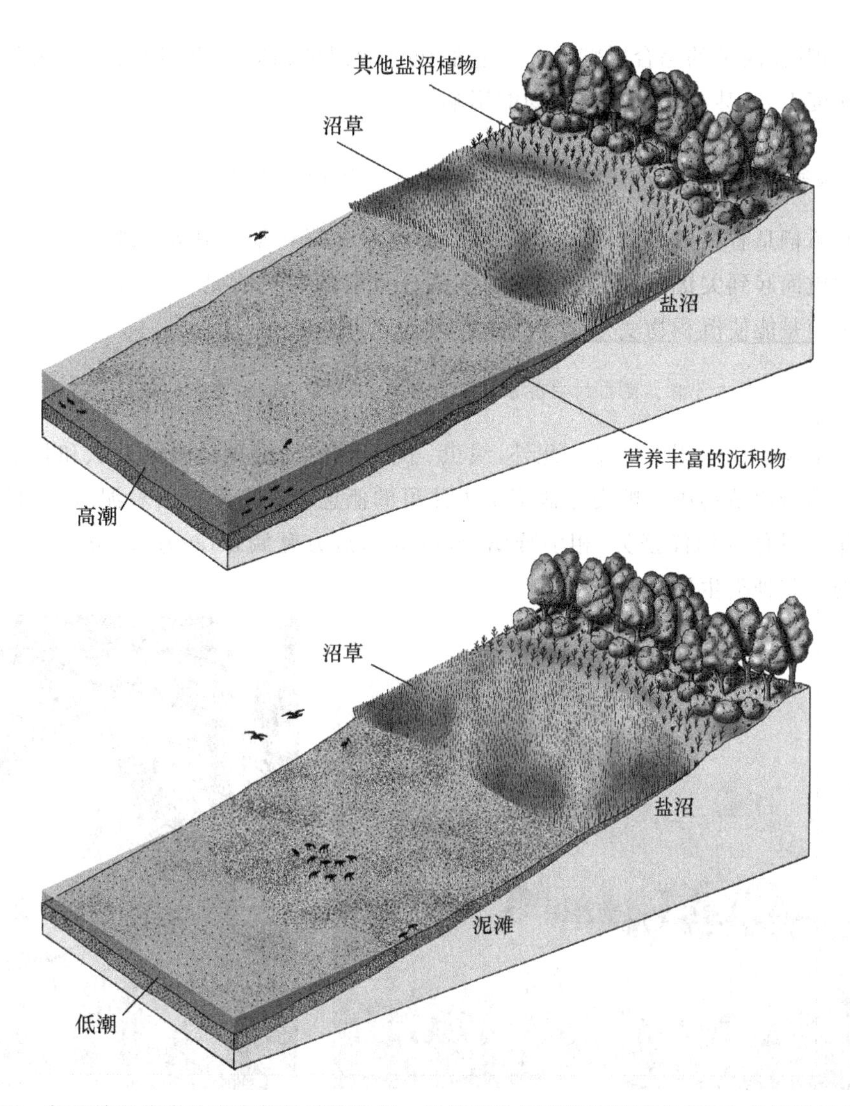

图 12.13　每日的潮汐在盐沼中起关键的作用。它们有助于碎屑和营养盐循环，并将泥滩生物暴露在岸鸟和其他动物的捕食之下。

沼草（在大西洋沿岸为互花米草 *Spartina alterniflora*；在太平洋沿岸为大米草 *S. foliosa*；图 12.7）在盐沼向海一侧与泥滩分界处是最典型常见的植物（图 12.13）。这些草总是占据平均低潮水位以上的边缘。植物在这里生活得更好，因为土壤排水良好，所以更富含氧而且含泥较少。即使高潮时底部被海水覆盖，它们长在高处叶子的顶部仍然露在空气中。植物具有水平扩展的树干在地下伸展。从树干发育出叶和根。土壤下面的根能从空气中吸收氧气。

沼草是逐渐侵入泥滩的，因为植物减缓了潮水的流动，因而增加了根驻留在根周围的沉积物的量。盐沼的陆地的扩展最终受到最高潮的高度的限制。

除了为河口群落提供很大一部分初级生产量外（参见“河口生物的摄食相互作用”，273 页），像沼草这样的盐沼植物通过减少波浪作用有助于稳定土壤。为了保护海岸线，一种来自北美大西洋沿岸的沼草互花米草已被引入世界的许多地方，有时带来负面影响（参见“生物入侵：不速之客”，416 页）。

在沼泽的较高部分，沼草让位于其他植物。在大西洋沿岸（图 12.14），另一种沼草（狐米草，*S. patens*）占优势，但灯芯草（*Juncus*）、盐角草和其他几种植物常形成明显的带。在太平洋沿岸盐沼的较高位置往往是盐角草占优势（图 12.8）。盐沼朝向陆地一侧的界限是与邻近的陆生或陆地群落之间的一个过渡带。它的特点是具有很多抗盐沫种类，像盐草（*Distichlis*）和几种盐角草。多数盐沼的分带似乎并不只受潮汐淹没的影响，也与其他因子的综合影响有关。它们包括盐沼植物间对空间的竞争，在温暖区域由于蒸发而导致的土壤盐度上升，甚至还有掘穴动物的影响。

270

资源分区　为了避免竞争，两个或多个种类对资源的共享。　第10章，218页。

泥质的盐沼底质栖息着腐败的细菌、硅藻和厚厚的丝状绿藻和蓝细菌垫。细菌通过分解在盐沼中产生的大量死植物物质而起到关键作用。这些细菌和部分分解的有机物是很多河口栖息动物所食碎屑的主要来源。有的细菌是能使沉积物变得肥沃的固氮菌。

盐沼中，草和其他盐沼植物占优势。泥内的细菌分解死植物物质，这是河口内很大一部分碎屑的来源。

某些泥滩穴居动物也在盐沼中栖息。此外，线虫、小型甲壳类、陆地昆虫的幼虫和其他小无脊椎动物生活在藻垫和腐败的盐沼植物中。蟹类是盐沼引人注目的栖息者。招潮蟹沿着泥滩的边缘筑穴，增加了那里土壤的含氧量。其他的沼泽蟹类（相手蟹属，*Sesarma*；近方蟹属，*Hemigrapsus*）是吃死亡有机物的食腐动物。其中的一些种类生活在洞穴内。

图12.14　北卡罗来纳大西洋海滩附近的一个盐沼。像其他的大西洋盐沼一样，沼草（互花米草，*Spartina alterniflora*）占据最能被海水淹没的沼泽边缘。在沼泽的上部，它被一种短而细的，可形成大片草地的盐沼干草（狐米草，*Spartina patens*）取代。它生长在盐沼仅在高潮时被淹没的位置。这些沼泽许多已被填充或破坏。

图12.15　大西洋罗纹贻贝半埋在泥内生活。它具有不同寻常的能力，在低潮时微张瓣壳并从空气中吸入氧气。

沼泽植物为很多海洋和陆地动物提供了隐蔽场所和食物。咖啡豆螺（巫螺属，*Melamppus*）和沼泽滨螺（*Littorina*，*Littoraria*）是呼吸空气的螺类，它们摄食碎屑、微藻和长在盐沼植物上的真菌。它们在高潮到来时向植物上方移动。虽然它们呼吸空气，却将卵产在水中而且孵化的幼虫在浮游生物中发育。罗纹贻贝（*Geukensia demissa*）是悬食动物，它半埋在沼草间的泥内生活（图12.15）。例如，鲹和幼年银汉鱼（*Menidia*）在低潮时栖息在盐沼潮溪和潮潭中，它们在高潮时进入盐沼草中躲避蟹和较大鱼类这些随上涨的潮水进入潮溪的捕食者。蟹类和小型鱼类在低潮时隐退到潮潭或潮溪内。秧鸡和美国黑水鸭也在这里摄食和筑巢。很多其他陆地鸟类和哺乳动物，从鱼鹰到浣熊都是常见的到访者。

红树林　红树林不仅局限于河口，但它们在某种程度上是盐沼在热带的对应者，不过两者在许多地方可共存。红树是适于生活在潮间带的陆地有花植物（参见“有花植物”，114页）。这些乔木和灌木常形成茂密的森林，称为红树林，以区别于植物本身的红树（参见图6.10）。红树是热带和亚热带地区的代表，在那里它们取代温带的盐沼（折页地图）。据估计大约75％的全部隐蔽热带海岸曾生长过红树，这个数字说明了它们的重要意义。然而红树林正被人类迅速破坏（参见“人类对河口群落的冲击”，273页）。

红树林是由红树,适于生长在潮间带环境的热带和亚热带乔木和灌木组成。

红树生长在有泥质沉积物累积的隐蔽沿岸。虽然红树长在河口,它们并不局限于此。如同在盐沼植物中一样,各种红树忍受被高潮浸没的能力各不相同。部分由于这些耐受力的差别,它们在潮间带呈现出明显的从海洋到陆生环境的分带。 271

有些红树的生长需要淡水。由于它们生活在海的边缘,红树必须排除根从水中吸收的盐分。实际上大部分盐并没有被根部吸收,一些种类的叶上的盐腺可排除盐分。

印度西太平洋地区具有世界上最广阔的红树林和最多的红树种类。在新几内亚南部和印度尼西亚的一些群岛,红树林延伸至 320 km 的内陆,那里潮汐的影响可达远离河口的上部。

大西洋和东太平洋红树林,尽管不像在印度西太平洋地区的红树林那样宽阔和多样,却有着极大的生态学意义。沿南佛罗里达、加勒比海及加利福尼亚和墨西哥湾沿岸,红树(*Rhizophora mangle*)是最常见的种类。它生活在岸的右侧并很容易从其独特的支持根辨认出来,支持根向下分支,并像支架一样支持着树干(参见图 6.10)。具有弹性的气生根从较高的树枝上垂下,有助于红树向侧面伸展。树高可达 9 m。在最适条件下,它们形成茂密的树林,因其很高的初级生产力而著名。 272

固氮作用 氮气转换为能被初级生产者用作营养的氮化合物。 第 5 章,100 页,表 5.1。
印度西太平洋地区 热带印度洋和中西太平洋。 第 14 章,310 页。

红树属(*Rhizophora*)的其他种类在世界各地的热带沿岸也能被发现。沿加勒比海和西半球的大西洋沿岸,黑红树(亮叶白骨壤,*Avicennia geminans*)和白红树(拉贡木,*Laguncularia racemosa*)生活在红树向陆地的一侧。黑红树幼苗能在被高潮淹没之后的高盐度水中存活。结果是,在潮间带,黑红树长在比大红树更高的位置。黑红树像其他几种生长在印度西太平洋的红树一样,发展了引人注目的呼吸根,这呼吸根是从氧贫乏的泥中向上长出的浅根的不分支延伸,作用是帮助植物组织通气(图 12.16)。白红树幼苗不能忍受被海水淹没,结果是可见到白红树沿着红树林向陆地的一侧边缘分布。它的叶子基部有两个清晰可辨的用来排盐的盐腺。黑红树的叶子也可排出盐分。

图 12.16 在杯萼海桑(*Sonneratia alba*)这样的红树中,呼吸根,即浅根的垂直延伸部分,可获得额外的氧气。在西太平洋的帕劳,该种沿红树林向海一侧的边缘分布。

许多海洋和陆地动物生活在红树林中。蟹类尤其常见。如相手蟹属(*Sesarma*)和圆轴蟹属(*Cardisoma*)的很多种类摄食红树下积累的丰富落叶。这些蟹在陆地上度过其生命的大部分时间,但在卵即将孵化时,雌蟹必须将幼虫释放到海里。有几种招潮蟹(参见"泥滩上的招潮蟹",268 页)在泥内挖穴。正如在温带泥滩和盐沼一样,穴居蟹类有助于为沉积物充氧。

弹涂鱼(*Periophthalmus*;图 12.17)是发现于印度西太平洋红树林中的独特鱼类。它们虽在泥内有洞穴,但大部分时间都离开水,在泥上蹦跳并爬到红树根上捕捉昆虫和蟹类。离开水时,它们的鳃从其口吸入的空气中获得氧。

许多生物附着或隐藏在被浸没的红树林根中。生活在根上的较大的海绵能为红树植物提供数量可观的氮。它们还有助于保护树根免于被等足类穴居,否则会引起显著的损害。

红树周围的泥底像泥滩一样栖息着各种沉积物和悬浮物摄食者。这些包括多毛类、泥虾和蛤类。穿过红树林的河道对许多具有重要商业价值的虾、刺龙虾和鱼类来说都是富饶的繁殖地。它们也是珊瑚礁鱼的繁殖地。

鸟类栖息在红树枝上并摄食鱼类、蟹类和其他猎物。蛇、青蛙、蜥蜴、蝙蝠和其他陆地动物也在红树林中生活。

图 12.17　一个新几内亚红树林泥滩上的弹涂鱼(*Periophthalmus*)。它突出的眼适于在空气中观看。每只眼能缩入湿润的袋中以避免干燥。

红树林中积累了大量的树叶和其他死植物物质。很大一部分被蟹类吃掉，部分到了其他的生态系统中。不过有很多碎屑被细菌分解。这使得红树根间的泥变黑和缺氧，与在盐沼中的情形一样。由于缺氧的沉积物和树叶释放的有毒物质，在红树林泥底上生活的生物比在其他类似泥底上的生物数量要少。

其他河口群落　低潮位以下的泥底有时覆盖着海草场或海草地，这是由一种叫做海草的草样有花植物组成的。它们包括局限于温带水域的大叶藻(大叶藻属，*Zostera*；参见图 6.9b)和一种在红树林周围常能见到的暖水种海龟草(泰来藻属，*Thalassia*；参见图 6.9d)。海草的根有助于稳定沉积物，它们的叶为许多生物提供了隐蔽处，并成为碎屑的另一个来源。海草场不局限分布于河口，在第 13 章对它将做更详细的讨论(参见“海草床”，286 页)。

273

牡蛎(牡蛎属，*Ostrea*；蛎属，*Crassostrea*)在温带河口的泥底上能形成广阔的牡蛎床。这些牡蛎礁随着牡蛎壳的世代积累而逐渐发展(图 12.18)。它们为很多生物提供了一个复杂的三维表面。牡蛎礁群落包括海藻、海绵、管栖蠕虫、藤壶和其他附着于硬壳上的生物。其他动物隐藏在壳间甚或在壳内。尽管贻贝需要硬的基底附着，一个与贻贝(*Mytilus*)床一致的类似河口群落也发育出来。

图 12.18　北加利福尼亚波弗特海附近由东方牡蛎(美洲牡蛎 *Crassostrea virginica*)形成的牡蛎礁在低潮时暴露出来。

河口生物的摄食相互作用

尽管与岩石海岸相比，生活在河口的种类较少，但它们因生活在一个非常高产的生态系统而获益。图 12.19 所示的一般食物网概括了河口生态系统中不同生物间的摄食关系。

河口为什么具有高的生产量？有几个原因。由潮汐和河口带来的，加上那些固氮生物及碎屑降解所产生的营养物被植物、藻类和细菌这些初级生产者利用。在河口周围的群落中初级生产量特别高。茂密的沼草丛和其他盐沼植物(或热带的红树)特别适于生活在泥里，因而利用了沉积物中高浓度的营养。泥里的硅藻和细菌以及水中的浮游植物也对初级生产量有显著贡献。

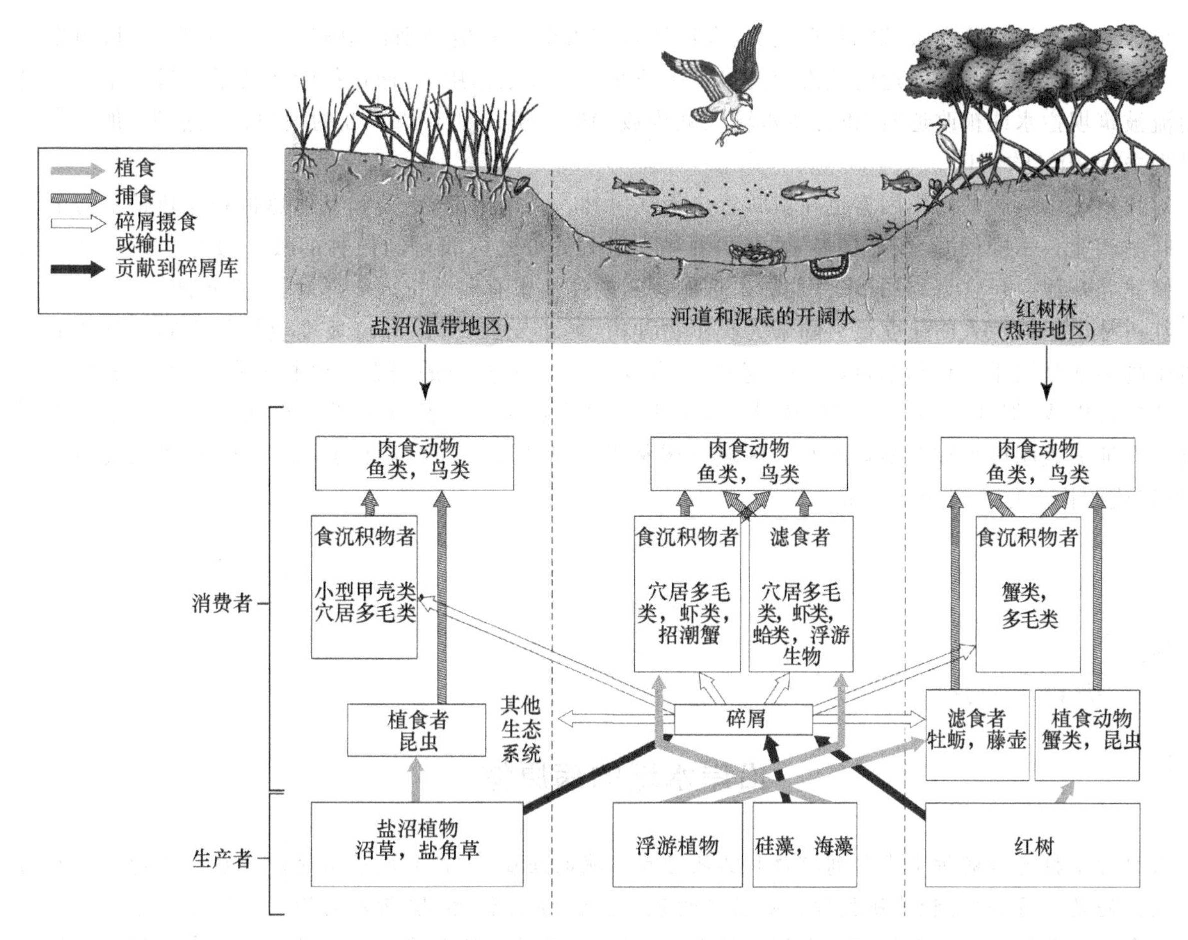

图 12.19　河口生态系统的一般食物网。盐沼(左)出现在温带地区,红树(右)出现在热带地区。

碎屑还易于沉到海底。底层水比浅水有更高的盐度和密度,因此在深的河口,底层水就起到捕获营养的作用。已知一些浮游植物在夜间能沉入深水中吸收营养并在次日上移到有阳光的浅水中行光合作用。

河口植物和其他生物的初级生产随地理位置和季节的变化而变化,它们整体上对生态系统的相对贡献也有所不同。在美国大西洋沿岸的盐沼中,沼草的初级生产量估计值每年在 130 g 干重/m^2～6000 g 干重/m^2 之间。参见表 10.1(第 230 页)对盐沼、红树和海草场典型初级生产率的总结。

植物和藻类产生的有机物主要以碎屑的形式被消费者获得。河口生态系统的一个显著特点是多数动物摄食死亡的有机物。除昆虫、鹅和一些河口边缘上的陆地动物外,实际摄食盐沼植物的植食动物很少。很多碎屑摄食者从细菌和其他碎屑降解者处获取的能量要超过从死亡有机物本身获得的能量。它们排泄任何未消化的碎屑并将它们返回碎屑库。过剩的碎屑通过一个称为外涌的过程输出到海洋和邻近生态系统中。输出的碎屑成为其他生态系统的重要食物和营养盐来源。输出的碎屑量在河口之间变化很大,有些河口实际上只有净输入。尽管如此,外涌在河口具有重要作用,这是河口应该受到维持和保护的另一个原因。

河口包括有极高初级生产量的植物占优势的群落。这些植物生产的食物很多以碎屑的形式被消费者获得。

人类对河口群落的冲击

人类闯入河口群落,特别是生产力很高的盐沼和红树林所带来的环境后果是灾难性的。无数盐沼和红树林消失(参见图 18.1),且许多幸存者也处于濒危状态。

全球的所有河口都在被挖掘建造码头、人造港口和海港。其他的则被填充用于从工业园、城市发展到垃圾堆填的所有目的。航道的疏浚使河口更多地暴露于波浪作用下，而往往毁坏盐沼。另一个问题是当河流被筑坝拦水或被改道时，正常淡水输入减少或消除。美国共有约 1/3 的河口已经消失；加利福尼亚已失去近 70%的河口。

274

对盐沼产生威胁的同样因素也在威胁着热带红树林。在东南亚、南美和其他热带和亚热带沿海的一种兴旺的产业——虾的海水养殖(参见“海水养殖”，391 页)，已构成对红树林的极大破坏。红树林被破坏来修建养虾池。包含废物、过多营养和未吃完食物的虾池水有时被排入海洋，引起严重的污染。

红树林也正以惊人的速度被清除来为农作物种植、城市发展、修路和垃圾堆填提供空间。红树的木头越来越多地被用于燃料和木材，这在一些区域是又一个令人担心的问题。红树林曾一度覆盖了 75%的隐蔽热带岸线，但 35%～50%的红树林已遭破坏。这个数字对于高度多样的东南亚红树林来说还要更高。有证据表明假如在东南亚的有些区域红树林没有被清除，2004 年印度洋海啸(参见“杀人浪”，62 页)所造成的损失也不会如此严重。

放眼科学

沿岸水域的病原体

来自污水排污口的污染威胁到河口和其他沿岸水域的渔业、水产和娱乐用途。污水污染对于人类的最严重问题是病毒、细菌和其他被称为病原体的致病生物的传播(参见“污水的影响”，405 页)。

加拿大和美国的科学家目前正在调查贝类分布区、岸鸟筑巢地和海洋哺乳动物的器官和组织受细菌和其他病原体污染的程度。他们利用 DNA 测序(参见“小细胞，大惊奇”，97 页)鉴定这些生物。研究人员想看看这些病原体是海洋环境独有的，因而可能发展为人类潜在的新寄生物，还是它们未来就是人类的病原体，通过污水途径进入沿岸水域的。由于暖水增加了细菌的存活力，对热污染的潜在影响研究也在进行(参见“热污染”，414 页)。通过雨水径流和冲入抽水马桶的猫砂的途径进入沿岸水域的宠物粪便也给人类和海洋动物带来健康危害。

细菌中弧菌属(*Vibrio*)的两个种受到特别关注。人们如果吃了污染的海鲜，特别是未煮熟或未适当加工的贝类，会引起疾病甚至死亡。创伤弧菌(*Vibrio vulnificus*)引起腹泻和呕吐这些与食物中毒有关的常见症状。创伤弧菌也是温带地区与海鲜消费有关的一个主要死亡原因。它还引起伤口感染，多发生在夏季月份。在艾滋病人和其他免疫力低下的人群中，细菌可以侵入血液并引起发烧、发冷和血压下降及皮肤损害。创伤弧菌引起的血液感染大约一半是致命的。这些致命的感染是细菌通过暴露于温暖海水的开放伤口感染血液之后发展的。2005 年在新奥尔良卡特里娜飓风之后，在洪水中发现了创伤弧菌时，人们最担心发生这种感染。

除了病毒和细菌，人类和其他动物的原生动物寄生物也在牡蛎和其他食用贝类中发现。如贾第虫 *Giardia*，一种寄生于人、狗、猫和其他动物的肠道寄生物。它引起腹泻但并不致命。弓形虫(*Toxoplasma*)，另一种由猫传播的原生动物寄生虫已经与海豹、海狮、海豚和加州海獭的致命脑部感染联系起来。对艾滋病人来说它也是致命的。尚不知道吃了携带这些寄生虫的贝类和其他海洋动物后寄生物是否能传染给人类。无论如何，贾第虫、弓形虫和其他病原体对圣劳伦斯河河口和北美洲及亚洲的北极地区原住民来说都是很重要的，因为这些人可能常吃生的海豹肉或鲸肉。

(更多信息参见《海洋生物学》在线学习中心。)

《海洋生物学》在线学习中心是一个十分有用的网络资源，读者可用其检验对本章内容的掌握情况。获取交互式的章节总结、关键词解释和进行小测验，请访问网址 www.mhhe.com/castrohuber6e。要获得更多的海洋生物学视频剪辑和网络资源来强化知识学习，请链接相关章节的材料。

评判思考

1. 有人提议加深一个河口的入口和主要河道。你认为河道周围的盐沼会发生什么变化？你预计整个河口的初级生产量会发生什么变化？
2. 河口生物群落制造的有机物一部分输出到其他生态系统中。什么类型的生态系统接受这些物质？这些物质是如何被运输的？

拓展阅读

网络上可能找到部分推荐的阅读材料。可通过《海洋生物学》在线学习中心寻找可用的网络链接。

普遍关注

Bertness, B. R. Sillman and R. Jeffries, 2004. Salt marshes under siege. *American Scientist*, vol. 92, no. 1, January-February, pp. 54—61. The disappearance of nearly 70% of saltmarshes along some stretches of coastline threaten the entire Atlantic shore of North America.

Glenn, E. P., J. J. Brown and J. W. O'Leary, 1998. Irrigating crops with seawater. *Scientific American*, vol. 279, no. 2, August, pp. 76—81. Some salt-marsh plants may be cultivated and used as animal feed or for human consumption.

Horton, T., 2005. Saving the Chesapeake. *National Geographic*, vol. 207, no. 6, June, pp. 22—45. Chesapeake Bay, on the east coast of the United States, faces the problem of pollution by excess nutrients.

Rapport, D. J. and W. G. Whitford, 1999. How ecosystems respond to stress. *BioScience*, vol. 49, no. 3, March, pp. 193—203. An estuary is compared to two terrestrial ecosystems, all three of which are impacted by humans.

Step, D., 2002. Living on the edge. *Audubon*, vol. 104, no. 2, September, pp. 62—77. The preservation of estuaries and other wetlands is crucial for the survival of many shorebirds.

深度学习

Barbier, E. B. and M. Cox, 2003. Does economic development lead to mangrove loss? A cross-country analysis. *Contemporary Economic Policy*, vol. 21, no. 4, pp. 418—432.

Green, E. P. and F. T. Short, 2003. *World Atlas of Seagrasses*. University of California Press, Berkeley.

Haertel-Borer, S. S., D. M. Allen and R. F. Dame, 2004. Fishes and shrimps are significant sources of dissolved organic nutrients in intertidal salt marsh creeks. *Journal of Experimental Marine Biology and Ecology*, vol., 311, no. 1, pp. 79—99.

Hughes, R. G., 2004. Climate change and loss of saltmarshes: consequence for birds. *Ibis*, vol. 146(suppl.), no. s2, pp. 21—28.

Kathiresan, K. and B. L. Bingham, 2001. Biology of mangroves and mangrove ecosystems. *Advances in Marine Biology*, vol 40, pp. 81—251.

Nordlie, F. G., 2003. Fish communities of estuarine salt marshes of eastern North America, and comparisons with temperate estuaries of other continents. *Reviews in Fish Biology and Fisheries*, vol. 13, no. 3, pp. 281—325.

Pennings, S. C., M. Grant and M. D. Bertness, 2005. Plant zonation in low latitude salt marshes: disentangling the roles of flooding, salinity, and competition. *Journal of Ecology*, vol. 93, no. 1, pp. 159—167.

Thurman, C., 2004. Unravelling the ecological significance of endogenous rhythms in intertidal crabs. *Biological Rhythm Research*, vol. 35, no. 1—2, pp. 43—67.

Uncles, R. J., 2002. Estuarine physical process research: some recent studies and progress. *Estuarine, Coastal and Shelf Science*, vol. 55, pp. 829—856.

Watts, R. J. and M. S. Johnson, 2004. Estuaries, lagoons, and enclosed embayments: habitats that enhance population subdivision of inshore fishes. *Marine and Freshwater Research*, vol. 55, no. 7, pp. 641—651.

第 13 章

大陆架上的生命

大陆的被浸没边缘，大陆架曾经被认为是未知的蓝色海洋的起点。但当上世纪人们开始研究大陆架时，未知的秘密开始被揭开。由于水肺的使用，我们对大陆架的了解越来越多，而水下生境使我们获得第一手研究和观察资料(图 13.1)。从生物学角度来说，大陆架是海洋最富饶的部分。它包括世界上最重要的渔场，年产量占全球总捕捞量的 90%。在大陆架上还发现有石油和矿产资源，而各国为保护他们新发现或有待发现的资源都扩大了边界。大陆架由于接近海岸，因而受到陆地污染和其他人类活动的深远影响。 277

图 13.1　水肺潜水显著地扩展了海洋生物学家研究潮下带环境的能力。

本章主要介绍大陆架上的生命，特别是海底的生物。陆架以上水体中的生命在第 15 章讨论，而有关陆架的渔业将在第 17 章中讨论。很多发现于陆架上的珊瑚礁，在第 14 章中单独学习。

潮下带环境的物理特征

大陆架在低潮时从不暴露的部分构成潮下带海洋环境。潮下带，有时称为亚滨海带，从海岸的低潮位一直延伸到陆架坡折，即大陆架的外缘(参见图 10.8)。陆架坡折的深度有所不同，但平均在 150 m 左右。陆架的宽度也是高度变化的，从小于 1 km 到超过 750 km，平均约 80 km。大陆架的底栖生物生活在潮下带，而在潮下带之上的水体中的浮游生物和游泳生物栖息在浅海带(参见图 10.7)。 278

潮下带由从低潮位直到大陆架外缘的陆架坡折的大洋底构成。

影响潮下带生物的物理因素与大陆架的两个基本特征有关：相对浅的水和它与陆地接近。因为海底浅，所以温度变化在潮下带各地方要比在大陆架外的较深海底大。因为温度是影响海洋生物分布的最重要因素之一，因此就显得有意义。在潮下带发现的生物种类从赤道到两极有显著的变化。热带生物与温带和极地水域相比，不只是种类不同，而且种数也更多。然而北极和南极冰下的海底也远不是沙漠(参见“南极冰之下”，280页)。

浅水底受到波浪和海流的影响也要比深水多一些。潮汐的涨落能在陆架上，特别是在海湾和狭窄的海峡产生极强的潮流。风浪甚至能够影响到200 m深的海底。水的运动或湍流将水体搅动起来，阻止了水的分层。因而，除了季节和短期变化外，底部水的温度和盐度与表面没有太大的区别。更重要的是，营养物质不再因集中在底层而使表层的初级生产者无法获得，就像发生在深水的情形一样(参见“营养物质”，343页)。营养物质也可由河流带入，有时是作为沿岸高生产力的盐沼或红树林的副产物。结果，大陆架上方的水比海洋中要高产得多并含丰富的浮游生物。高浓度的浮游植物，加上河流带入的腐败有机物使沿岸水呈绿色，与海洋中的深蓝色截然不同。

显然，河流带来了大量的淡水，稀释了海水，降低了它的盐度，像密西西比河和亚马孙河这样的大河的影响往往在海中延伸好几英里。若没有河水的影响，沿海的海水盐度和远离大陆架的海水盐度应该是一样的。

与陆地接近以及与浅水的结合大大地影响沉积作用，即沉积物颗粒在水里的下沉过程。陆架上的大部分沉积物是岩源的，而且河流从大陆带入大量沉积物。特别是在陆架的较浅部分，水的运动按大小和密度分选了颗粒。大颗粒物质如砾石和砂在甚至具有强波浪和水流的区域沉降下来。另一方面湍流使粉砂和黏土这样的细颗粒保持悬浮。细颗粒只在平静的区域或在湍流达不到海底的较深水中沉积。

丰富的浮游植物和由河流带入以及被波浪和海流搅动的沉积物使陆架水比海洋中的水更混浊。光不能穿透深处，这就减小了包括浮游植物和附着的海藻在内的植物和其他初级生产者能进行光合作用及生长的深度。

基底的类型、深度、湍流、温度、盐度和光是影响大陆架上生命的最重要的物理因子。

底栖生物　生活在海底上的生物。

浮游生物　随波逐流的生物。

游泳生物　能逆流游泳的生物。　第10章，223页；图10.7。

分层　水体分层，最密的、最冷的水在底部，这阻碍了富营养的深层水与密度较小的温暖上层水之间的混合。第3章，58页；图3.22。

岩源沉积物　来自物理或化学破碎的陆地岩石的沉积物。

生物源沉积物　由海洋生物的骨骼和壳组成的沉积物。　第2章，36页。

大陆架海底群落

基底的类型对于决定具体哪种生物栖息在大陆架的海底是非常重要的。基底的类型也决定了海洋生物学家如何在海底上取样(图13.2)。事实上，潮下带群落常按照基底的类型来划分。这些群落中最常见的是与软底有关的群落。硬底或岩石底群落组成了第二种类型。

279

软底潮下带群落

砂质和泥质基底在世界大陆架上占据优势。软沉积物覆盖了从海岸到陆架边缘的大片区域。即使沿着岩石海岸，在较深水中，岩石最终也会让位于砂或泥。砂或泥底上栖息的生物看起来往往是扁的，而在看似匀质的海底上生物不一定是随机分布的。很久以前就认识到这些生物形成不同的群落，这些群落的分布很大程度上受到粒度、沉积物稳定性、光和温度这些因子的影响。

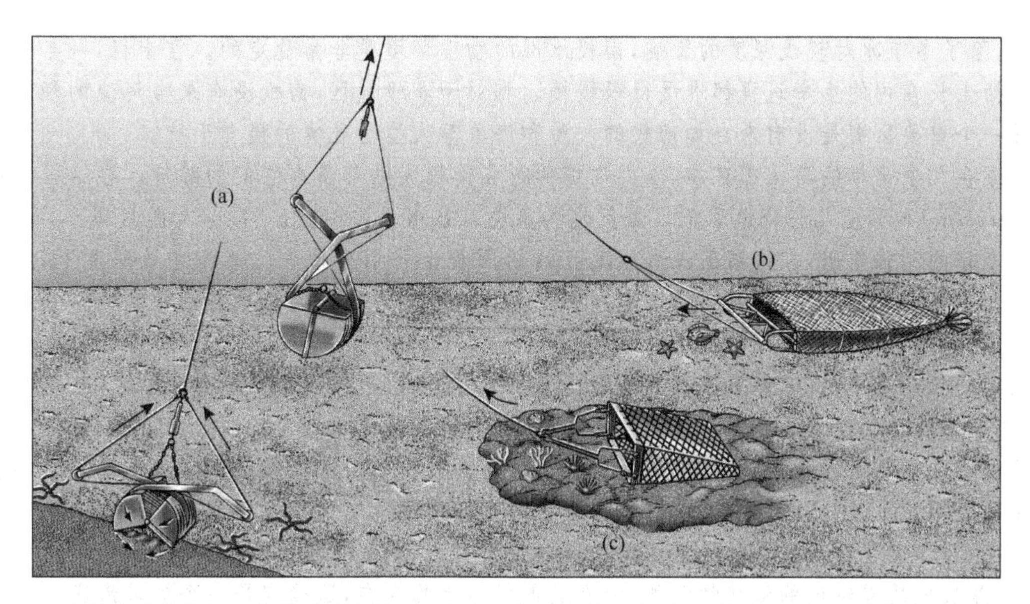

图 13.2 虽然水肺潜水是一种优秀的取样和研究潮下带环境的方法，但它的使用局限在浅的水深。在更深的地方，软底可通过使用各种取样工具来研究。(a) 海底采泥器，如范文采泥器从表面放下。颚口闭合，随着拖绳回收挖取海底沉积物样品。(b) 不同类型的底拖网，用于采集软底较大的栖息生物。它们和渔民使用的底拖网相似(参见图 17.4d)。(c) 具有沉重金属框架的拖曳式采泥器，用来从岩石海底刮取生物。

陆架的软底群落与第 11 和 12 章中介绍的沙滩和泥滩群落有许多共性。底内动物，即在沉积物中穴居或挖掘的动物，在这些群落中占有优势。但也有底上动物，即生活在沉积物表面的动物。由于软底没有可以把持的东西，所以固着或附着形式很少。

多数大陆架被泥和砂覆盖。在这些区域的潮下带群落中，底内动物占有优势。

生活在潮下带软底上的种数往往高于潮间带软底上的种数，这主要是因为在低潮线以下的物理条件没有那么极端。干燥不是问题。而且，也不会因为暴露于低潮之下引起剧烈的温度改变或河口泥滩的盐度变化。稳定的环境允许更大范围的生物能在潮下带生活。

颗粒大小和生物分布之间的密切关系在底内动物中特别明显，大部分底内动物对在哪里生活都很有选择。不同种类可能在不同片区的环境中生活并通过生活在基底内的不同深度来减少竞争。不过，因为只有上层沉积物才含有足够的氧，因此底内动物所能生活的深度是有限的。在富含有机物的泥中，氧很快被分解作用消耗掉。相反，砂包含的有机物通常较少，有更好的渗透性，所以水能通过沉积物循环并补充氧(参见图 11.22)。因而，底内动物在砂中比在泥中能穴居得更深。不过即便在泥中，洞穴的存在有助于循环，帮助生物获得氧。 280

南极冰之下

南极洲，地球上最后未受污染的原生态环境之一，对于我们许多人来说，是梦想中令人生畏的鲸鱼、欢快的海豹和嬉戏的企鹅的家园。在南极陆架上的生命同它上面冷水中的生命一样迷人和原始。

在南极，冰是陆架生物的一种主要物理因素。在冬季形成的一层几米厚的冰使海底部生活的任何生物都会结冰并最终被压碎。风和海流推动冰，刮擦海底并压碎更多的生物。在深度达 30 m 或更深的水中，冰也可在生物附近形成。密度比水小的冰，经常漂浮到表面，携带着这些被俘获的，往往已被冻死的生物。然而,除了冬季冰对较浅深度的影响,南极水域的物理环境是非常稳定的。在南极,一年到头的低温意味着包括生长在内的生命过程都进展得很缓慢。相对于北极地区,南极没有来自河流的径流。北极与南极的另一个重要区别是没有来自如南极的灰鲸和海象等大型哺乳类的摄食干扰。

尽管巨藻在几个离岸的岛上都存在,令人吃惊的是在南极大陆却没有它们的踪迹。在这里它们被酸藻属(*Desmarestia*)和其他几种褐藻取代。虽然这些藻类可能很大,但它们不被认为是巨藻。

由于冬季冰的刮擦作用,在大陆架浅水深度生活的固着生物十分稀少。然而在该深度下,底栖无脊椎动物很多。南极洲的无脊椎动物丰富、多彩并高度多样。许多种类是南极独有的。它们与其他大陆的大陆架隔离,在南极洲经过了长期的进化。

在日照时间长的夏季,富营养水域形成非常高的初级生产量。丰富的浮游植物藻华(硅藻甚至生活在冰内)为许多悬食动物提供了食物。海绵特别常见,它们覆盖了许多地方的海底。

海绵不仅有许多不同的种类,还有多种生长型。巨大的火山状海绵能长到 2 m 或更高。这些大型个体可能长了几百年了。其他的还有扇形的、刷子形或分支的珊瑚。它们和海绵像别的地方的巨藻或珊瑚一样,为许多鱼类和其他活动的动物提供了庇护所和栖息处。海绵如此常见以至于在 30 m 左右以下的海底,除了一厚层硅质或玻璃的海绵骨针外,没有其他任何生物存在,这确实是一个玻璃海底。

玻璃骨针在一些具有共生藻的南极海绵中扮演着重要角色。绿藻可为海绵提供部分营养,但必须获得光照以便进行光合作用。生活在水中的海绵被一厚层冰所覆盖,而这些共生藻如何在这些海绵体内生存是让海洋生物学家们感到困惑的难题。答案似乎在玻璃骨针中。它们将到达海绵的微弱光照有效地传送给藻类,这是一个真正的光纤网络。

附近其他的无脊椎动物有:海葵、软珊瑚、海星、裸鳃类和海胆。其中的许多种类,与海绵一样是悬食动物,而有些则摄食海绵。为了免遭捕食者的捕食,许多海绵生成有毒物质。这些化学防御在具有鲜艳色彩的海绵中特别常见。另有一些动物是食海绵动物的捕食者,它们能有助于保护生长缓慢的海绵,以免被消灭。并非所有这些潮下带无脊椎动物都是南极洲独有的。有些种在其他地方也有发现,但越靠近赤道,其分布的深度也越深。

南极鱼类本身是不同凡响的,因为它们能在接近海水冰点的温度保持活跃。许多鱼类的血液内含有一种"防冻"剂。海水能保留很多溶解氧,因而像冰鱼这样的鱼类因缺乏血红蛋白而看似无色。

不幸的是南极洲冰下和冰上的奇特生命正受到威胁。由 45 个国家签署的《南极条约》,其目的是为了治理和管理南极大陆,现要求污染制造国修复他们引起的损害或被罚款。乘游轮的游客、捕鱼船只、石油和污水污染、残余的垃圾、对石油和矿物资源的潜在利用以及南极大陆上方的臭氧空洞(参见"生活在温室中:我们日益变暖的地球",406 页)最终将使这荒无人烟的南极大陆无法承受并伤害其独特的生命。

软基底常包含不同沉积物类型的斑块。结果,生物沿海底的分布是典型斑块状的,也即生物是以明显的群或斑块出现的(图 13.3)。有的种类具有斑块分布是因为它们的浮游幼虫得选择一定的环境定着并经历变态。据知有些幼虫能推迟变态,并"体验"海底直到它们找到特定类型的基底为止。变态可通过特定的化学、物理和生物学因素触发(图 13.4)。一些种的幼虫能感知到成体的存在并喜欢在其附近定着。即便在均匀的海底上,这仍能引起种的成群分布。新个体通过幼虫定着或幼体或成体的迁移形成一个种群,称为补充。

281

现在很多海洋生物学家认为潮下带和其他海洋群落的建立受随机或偶然因素的影响。这说明每当因为成体的死亡或摄食的鳐引起的干扰使得基底出现一块空间时,幼虫将基于"先到先得"的原则定着。换句话说,群落的发展存在一种不可预见性或"运气":这取决于哪种幼虫碰巧在附近,或取决于随机干扰以及其他事件。

不长植物的软底群落 大多数的陆架软底群落没有大量的海藻或海草生长,它们因而被称为不长植物的群落。大型海藻和植物的缺乏是定义这些群落的特征。海生菜(石莼,*Ulva*)和其他绿藻(如浒苔,

Enteromorpha)能在浅水生长，但只能长在岩石和贝壳碎片这样的硬表面上。在浅水，许多初级生产者是长在砂或泥粒上硅藻、几种微藻和细菌。几乎完全不存在海藻和植物，这意味着像在沙滩一样，底栖初级生产者的初级生产量通常很低。几乎所有的初级生产量都来自不属于海底群落的浮游植物。

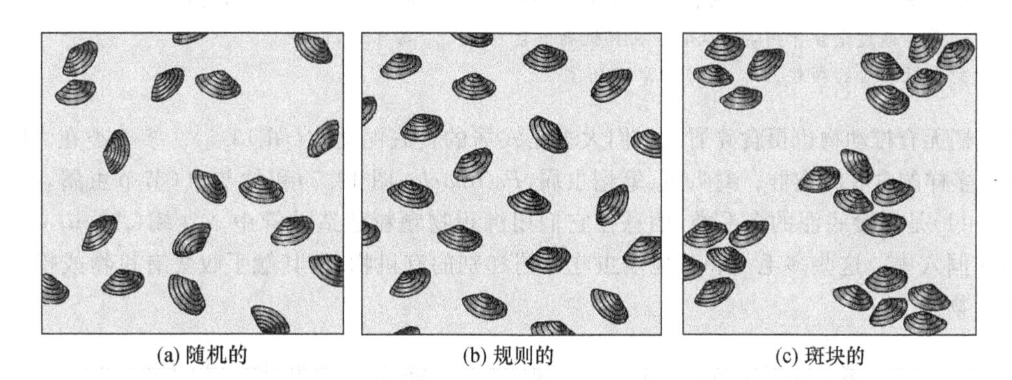

图 13.3　生物的空间分布可分为三种基本类型：(a) 随机分布，动物的分散没有特定的分布格局；(b) 规则分布，动物的间隔均匀；(c) 斑块或成群分布，动物聚集成群。许多海洋种类显示斑块分布。你能想到蛤类这样的生物呈现规则分布的原因吗？

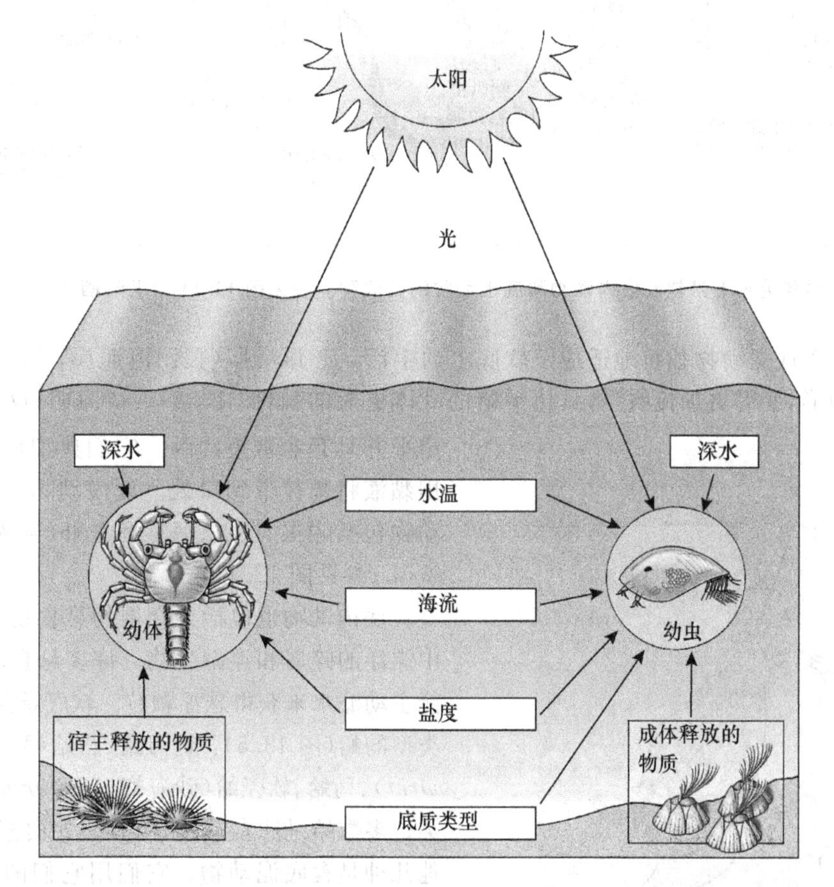

图 13.4　据知许多因子能影响浮游幼虫的定着和变态。左侧所示的大眼幼体属于蟹类(五角海胆蟹 *Echinoecus pentagonus*)，它的成体生活在热带海胆上。右侧是一种藤壶的介形幼体(见图 7.30)。许多藤壶幼体在其同种成体的附近定着。

由于底栖生物的初级生产量很少，对许多栖息动物来说，碎屑是一种非常重要的食物来源，它由水流从河口、岩石海岸和其他更高产的沿岸群落带入。它还可能是粪便、死亡个体和来自水体中浮游生物和游泳生物的其他残骸，也可由海底栖息者自己产生。

碎屑被细菌和许多类型的生活在沉积物颗粒间的微型动物，即间隙动物或小型动物（参见“泥和砂中的生命”，285 页）所利用。

282

变态　在生活史中，当幼虫变化成虫时由一种形态向另一种形态的转化。　第 7 章，123 页。

初级生产者　通常通过光合作用，将 CO_2 合成有机物的生物。　第 4 章，74 页。

碎屑　死亡的有机物质的颗粒。　第 10 章，226 页。

较大的底栖无脊椎动物也摄食碎屑。它们大多是穴居的食底泥动物（图 13.5）。多毛类在大陆架的软沉积物中是最多样的食底泥类群。喇叭虫（笔帽虫属，*Pectinaria*；图 13.5）和竹节虫（节节虫属，*Clymenella*；参见图 12.11）是摄食底泥的多毛类，栖息在它们用沉积物颗粒建造的管中。沙蠋（*Arenicola*）和其他多毛类生活在洞穴中。这些多毛类和其他蠕虫吃碎屑和别的有机物，以其触手收集有机物或摄入沉积物并从中提取食物。

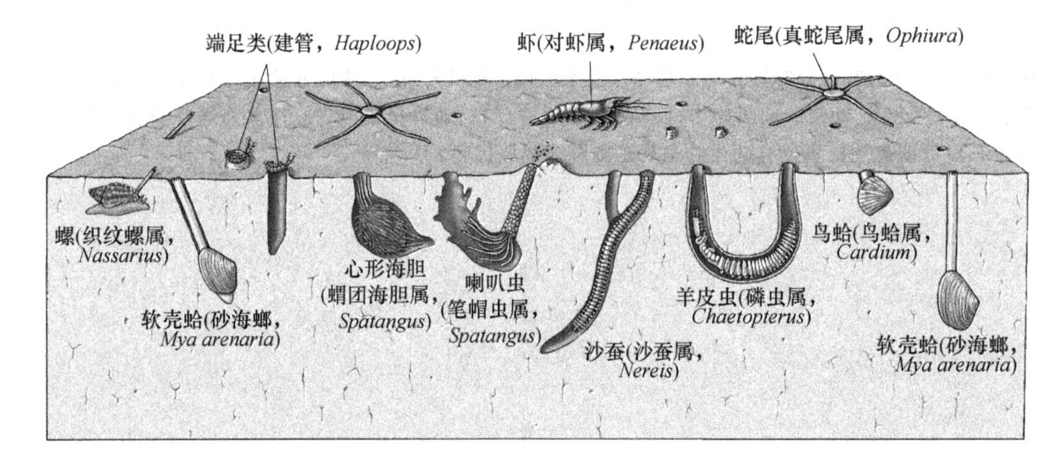

图 13.5　世界各地潮下带软底底内动物和底上动物的代表种。参见图 12.11 中泥滩栖息动物的例子。

有些海胆作为食底泥动物独特地适应于软底上的生活。心形海胆（猥团海胆属，*Spatangus*）放弃了多数海胆具有的圆形，变得更加流线型，具比平躺的身体更短的棘（图 13.5）。饼海胆（*Dendraster*）完全扁平并具有非常短的棘。它们典型地摄食碎屑并利用黏液将颗粒带到口处。底内动物中的其他食底泥动物包括螠虫、星虫、海参和鬼虾（美人虾属，*Callianassa*；参见图 12.11）。

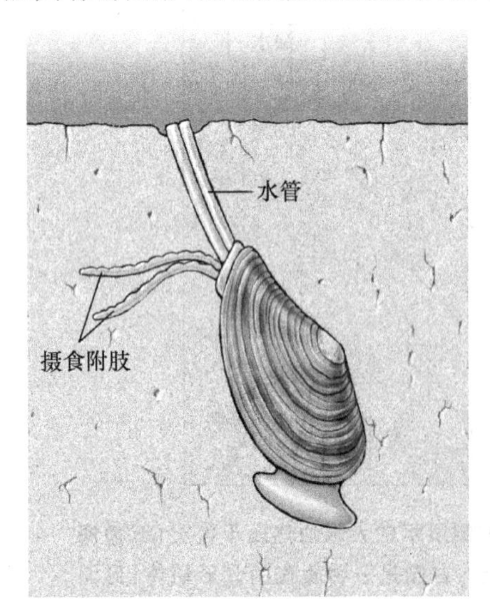

图 13.6　云母蛤（*Yoldia limatula*）栖息在北美大西洋沿岸的浅水到 30 m 深的泥和泥沙中。水管将水带进来，但它不是像多数其他蛤类一样被用来摄食。这种蛤靠两条有沟的触手状附肢摄食。每条沟含有纤毛，可将小生物送到口中。

底内动物也包括无脊椎的悬食动物，它们吃水体中漂浮的碎屑和浮游生物。许多悬食动物是滤食者，能主动滤水来获得悬浮颗粒。软底悬食动物包括许多类型的蛤（图 13.5）：剃刀蛤、圆蛤（*Mercenaria mercenaria*）、鸟蛤、软壳蛤（砂海螂，*Mya arenaria*）和其他蛤类。多数蛤是滤食动物，但有些如白樱蛤或小蛤和其他几种是食底泥动物。它们用它们的水管或特化的附肢（图 13.6）收集碎屑和微型生物（图 13.6）。端足类（图 13.5）和像羊皮虫（图 13.5）和蛰龙介这样的多毛类也属于滤食动物。

穴居的食底泥的动物和悬食动物的分布受到几种因子的影响。前面已经提到的基底的类型。食底泥动物倾向于在泥质沉积物中占优势，因为在低湍流区会有更多的碎屑沉降下来，并且碎屑也会在泥粒间的较小空隙中被最终保留下来(图 13.7)。另一方面，悬食动物在砂底上更为常见。悬食动物如海鳃(*Stylatula*)和海紫罗兰(*Renilla*)常以密丛出现。

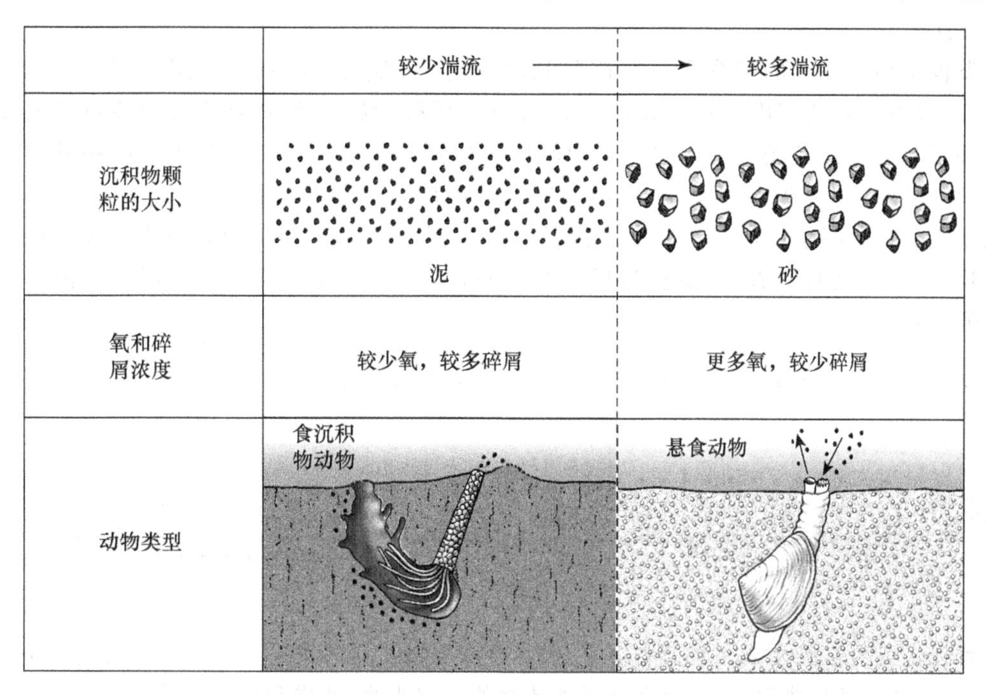

图 13.7　食悬浮物者和食沉积物者在软底内的分布很大程度受沉积物颗粒大小的影响。不过，这种关系也不是很清晰。比如，已在沉积物中安置下来的动物，可影响其他生物的侵占。

食底泥动物　定着在沉积物内摄食有机物的动物。
悬食动物　包括滤食者在内的摄食水体中悬浮颗粒的动物。　第 7 章，122 页；图 7.3。

已有的生物类型也影响到其他生物的安置。比如，已知食底泥动物能排挤悬食动物(参见“泥滩”，264 页)。一些食底泥动物和底内动物的其他成员是生物扰动者，因为它们在掘穴和摄食的过程中移动了沉积物。它们揭开深层沉积物使其补充氧气，并将表面的沉积物埋入深层。海参(参见图 11.25)、螠虫、星虫、某些鱼类甚至鲸类都是重要的生物扰动者。284

很多建管动物是食底泥动物，但它们有助于稳定基底，使其更适合于悬食动物。它们的栖管可能干扰掘穴的食底泥动物的活动。这些管子减慢了沉积物上方的水流，从而减少了颗粒悬浮的速率。食底泥动物，尤其是生物扰动者对环境的改造和管子的影响，说明了一些种如何能间接地影响其他生物的补充和存活。

很多底表无脊椎动物是食底泥动物。这些动物包括多数端足类和其他小型甲壳类以及许多种海蛇尾(参见图 13.5)。这些海蛇尾大多利用它们的管足从海底收集碎屑。其他海蛇尾是悬食动物，它们将腕伸到水里用管足捕获悬浮颗粒。有的海蛇尾是食腐动物，摄食死亡的动物。虾，包括有商业价值的种类(对虾属，*Penaeus*)是另一类底表食腐动物。

多数软底潮下带群落缺少大型海藻和植物，那里栖息的大多是食底泥动物和悬食动物。

有些软底底表动物是捕食者。它们可钻到沉积物中或在表面捕捉其猎物。正如在其他群落中一样，捕食者对调节海底栖息动物的数量和类型十分重要。它们移除个体并产生干扰，允许不同类型的生物再繁衍。像岩螺(织纹螺属，*Nassarius*；图 13.5)和玉螺(玉螺属，*Polinices*；参见图 12.11)，这类的螺类通过在贝壳上钻孔并将肉锉掉的方式摄食蛤类。海星(槭海星属，*Astropecten*)捕食蛤类、海蛇尾、多毛类和其他动物。捕食性端足类通过捕食其他种类的定着幼虫而能对潮下带群落产生影响。蟹类是软底上常见285

的捕食者和腐食者,如青蟹(*Callinectes sapidus*)和其他的游泳蟹类、娘子蟹(眼斑圆趾蟹,*Ovalipes ocellatus*)以及其他部分埋栖在砂或泥内的种类。其他捕食性蟹类、寄居蟹、龙虾和章鱼隐蔽在岩石海底,但移动到软底摄食。

许多鱼类也是值得注意的捕食者。在这些软底群落中,多数的底栖或底层鱼类是食肉动物。鳐和魟铲取蛤类、蟹类和其他底内和底上动物。比目鱼如牙鲆、鲽、鳎和大菱鲆以伪装色趴或盖在海底上并袭击多种猎物。水层鱼类和鱿鱼也以陆架软底的栖息动物为食。有些鱼类只咬掉软体动物的水管,而不把整个动物吃掉。灰鲸(*Eschrichtius robustus*)的确是一种大型捕食者,它过滤沉积物中的端足类和其他小动物(参见图 9.15h)。大型捕食者如鲸类、海象和鳐对软底群落具有重要影响。它们不但移除其猎物,也是生物扰动者,在摄食过程中在海底挖坑,杀死大量没有被吃掉的底内动物并且改变了沉积物的特征。

水层的 属于远离海底或其他结构的水体。 第 10 章,223 页;图 10.7。

沉积物颗粒之间的空间大部分我们是看不见的,但它却是海洋环境一个活跃而重要的部分。这个微观世界从沙滩、河口一直延伸到深水,栖息着高度特化的间隙生物,通常称为小型动物。

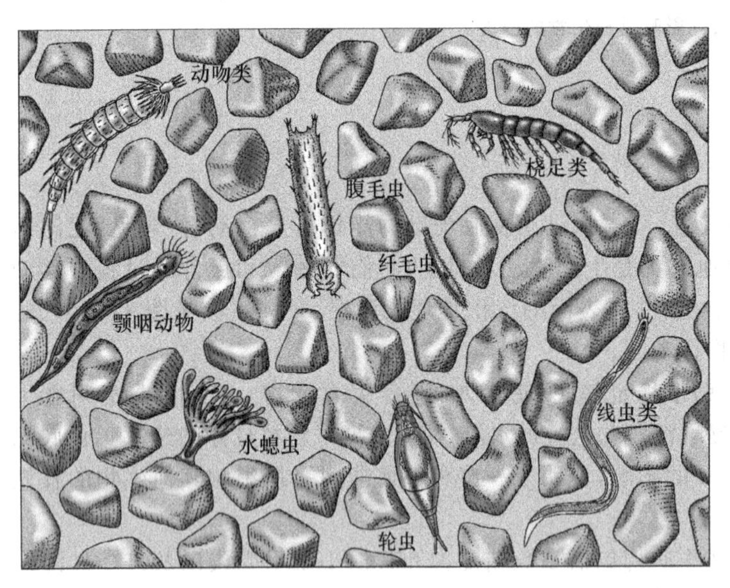

砂内的小型动物。

小型动物以几种方式适应于它们的独特环境。其体型细长呈蠕虫状,这是对在沉积物颗粒间有效移动并增加表面积以更好地吸收氧(沉积物中氧趋于不足)和溶解有机物的适应。有些小型动物在沉积物颗粒间自由滑动,而其他的则附着在颗粒上。尽管碎屑可能是一种重要的食物来源,许多小型动物却是捕食动物或腐食动物。还有的小型动物是植食动物,吃生活在上层几厘米的沉积物中的硅藻和其他微小的藻类。小型动物,继而又成为很多食底泥动物的部分食物。

小型动物生活的地下世界充满了奇异的生物。有原生动物、扭动的线虫、能以蛇样的触手捕获食物的附着生活的小水螅和吸尘器清洁虫。有的成员只是扁形动物、多毛类、桡足类和更多生活在其他地方的熟悉动物雏形。有的动物在别的地方都看不到,颚咽动物(颚咽动物门 Gnathostomulida;参见"如何发现一个新门",132 页)就属这种情况。

已知的动吻类只有 150 种(动吻动物门,Kinorhyncha),全部局限在海洋的泥和砂中。它们的身体分为一系列的带刺体节。头部也有刺环绕,能够缩入身体内。

腹毛虫(腹毛动物门,Gastrotricha)吸食碎屑和小型动物的较小成员。它们的头上和身体腹面具有短的毛样纤毛。在已知的 450 种中约有一半是海生的。它们虽然看上去像原生动物,腹毛动物具有很多细胞和真正的组织及器官系统。

轮虫(轮虫动物门,Rotifera)已知有近2000种,其中只有大约100种是海洋生活的。在海洋种类里,几种属小型动物。它们因头部有一纤毛冠而被叫做“轮子动物”。这一结构被用于运动和摄食。

原环虫(环节动物门,Annelida)是分节蠕虫,在小型动物中非常常见。它们结构简单,体形微小。这个类群常被归入多毛类,但与多毛类不同的是,原环虫典型地缺少明显的体节、疣足或刚毛。

寡毛类是身体分节的蠕虫,广泛分布于陆地和淡水中。它们包括蚯蚓和相关的种类。寡毛类在海洋不常见,但它们存在于小型动物中,特别是在污染的海湾和港口。

采集和提取活的小型动物是非常困难的。最容易的做法是采来潮湿的泥或砂并让其在容器内静置一个小时左右。小型动物因缺氧会移动到砂的顶层。用一个滴管在沉积物靠表面处取样并在解剖镜或显微镜下观察。接下来就可以看到小型动物的表演了。

海草床 沿岸的软底偶尔铺盖着海草。这些有花植物外表像草,但实际与真正的草无关,它们已经在海洋环境中安置下来(参见“有花植物”,114页)。海草场在隐蔽的沿岸浅水区发育得最好。它们在河口和与河口相关的红树林中也有发现(参见“其他河口群落”,272页)。 286

现已知的海草只有50~60种。多数是热带和亚热带种,但有几种在较冷水域也常见。海草大多局限于低潮位以下的泥或砂质海底。海草的不同种类在分布的最大深度上有所不同,但全部受到穿透水体的光的限制。

印度—西太平洋地区有最多的海草种类。该地区典型的海草场由几种生活在一起的海草组成。最常见的是海龟草(泰莱藻属,*Thalassia*),浆草(盐藻属,*Halophila*;见图6.9c),绳藻(根枝草属,*Amphibolis*)和带藻(波喜荡草属,*Posidonia*)。

在热带和亚热带大西洋,海龟草(参见图6.9d)是最常见的海草。草地可伸展到约10 m的水深,在清澈的水中还要更深。海牛草(针叶藻,*Syringodium*;见图6.9a)常与海龟草一起出现。

大叶藻(大叶藻,*Zostera marina*;见图6.9b)广泛分布于太平洋和北大西洋的温带和冷水海域。它在浅水最常见,不时在低潮时暴露出来,但已在深达30 m的水深处发现。另一个温带种大洋洲波喜荡草(*Posidonia oceanica*)在地中海特别重要。

海草能长成厚厚的、繁茂的草场,它常由一种以上的海草和多种海藻组成。它们的根和地下茎网络(参见图6.9)使它们能面对湍流保持不动。根和茎还有助于稳定软底,而叶能减少波浪和海流作用。湍流的减少使得更多和更细的沉积物沉积下来,这继而又影响到其他生物的侵占。海龟草在加勒比海珊瑚礁中特别重要,它有利于稳定珊瑚礁朝陆地的、浅水的一侧。减少的湍流还提高了水的透明度,因为水体中保持悬浮的沉积物更少了。

海草场含有非常高的植物生物量,海龟草的生物量可高达1 kg干重/m^2。以如此高密度的光合作用植物,海草场比其他任何地方的软底都具有更高的初级生产量。事实上,它们在整个海洋中是生产力最高的群落。所记录的生产力值仅海草就高达8 gC/(m^2·d)(其中,gC是固定碳的克数)。如此高生产量的原因部分是海草不同于海藻,它有真正的根,因而能从沉积物中吸收营养。相比之下,浮游植物和海藻必须依靠溶解在水体中的营养。海草场和其他海洋环境的典型初级生产率在表10.1(230页)中作了总结。

许多小型藻类生长在海草叶的表面。这些被称为附生植物的藻类,进一步增加了海草群落的初级生产量。微型硅藻特别丰富,有些附生的蓝细菌还进行固氮作用并且以氮化合物的形式释放营养。

食植动物或食草动物的数量随地理位置而变化。吃海草叶的食草动物并不很多,直接消费的海草量还远不到海草初级生产量的一半。不吃海草的食草动物包括:海龟、海牛、海胆(冠海胆属,*Diadema*,*Lytechinus*)和某些鹦嘴鱼(鹦鲷属,*Sparisoma*)。海草在有些鸟类的饮食中也很重要,如北极和其他地区的鸭和鹅。

其实动物即便不吃海藻本身(图13.8),它们仍能以几种方式利用海草的很高的初级生产量。许多动物摄食大量的腐叶和海藻。食底泥的多毛类、蛤类、海参生活在富含碎屑的沉积物内或沉积物上。碎屑也输出到其他群落,如不长植物的深水软底。 287

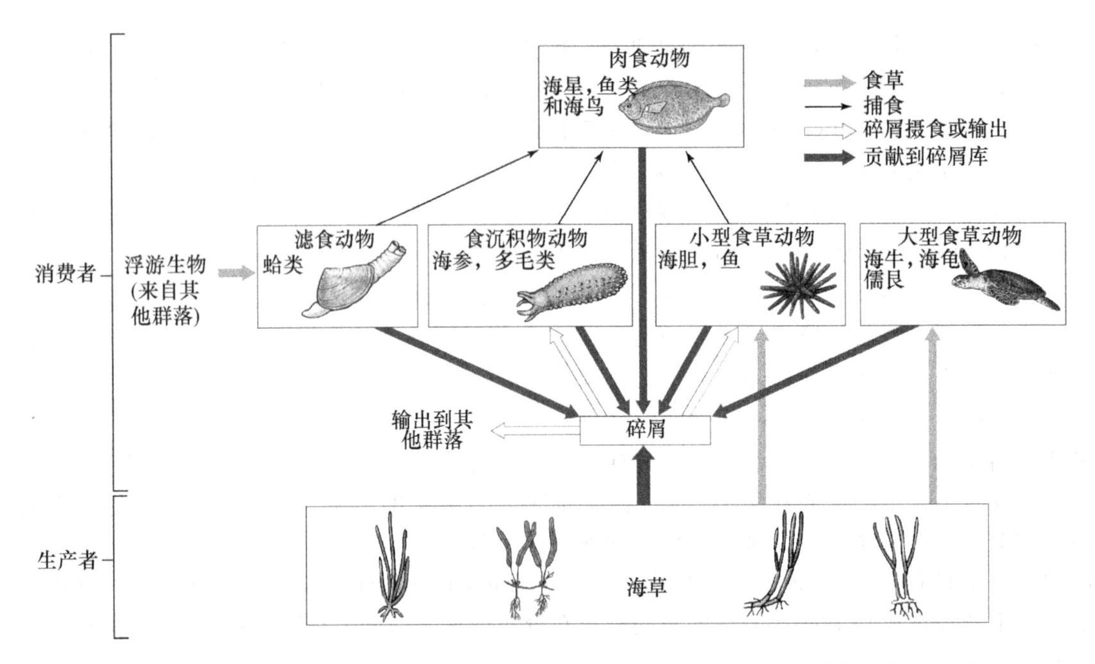

图 13.8 海草群落的一般食物网。如同在河口(参见图 12.19)，由死植物产生的碎屑对许多动物来说是一种重要的食物来源。

茂密的海草也为许多不以碎屑为食的动物提供了庇护所。生活在海草场的沉积物内和沉积物上的动物要比生活在附近不长植物的沉积物中的多。各种小的固着或爬行动物生活在叶上，如水螅、螺、小管栖多毛类、端足类、虾及类似动物(图 13.9)。较大的动物像大凤螺(*Strombus gias*)栖息在植物间。生活于沉积物内的滤食者包括蛤和笔贝(琥珀江珧，*Pinna carnea*)。几种鱼类和西印度洋海星(网瘤海星，*Oreaster reticulatus*)是食肉动物。海草场也是具有商业价值的种类，如大西洋海湾扇贝(*Argopecten irradians*)和虾(参见“放眼科学：海草床的恢复”，117 页)的育幼场。

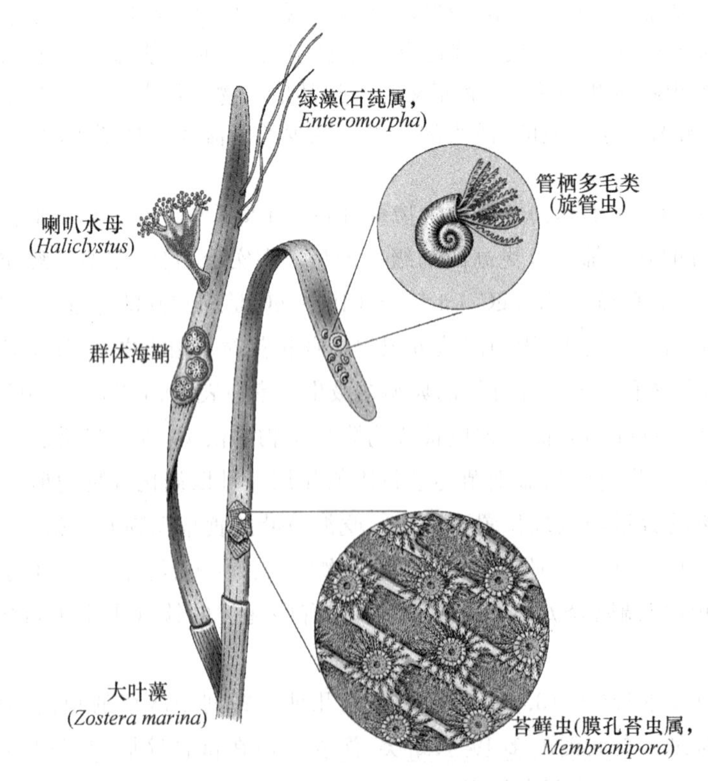

图 13.9 大叶藻叶上常栖息着固着的或附着的生物。

生产力很高的海草群落限于分布在隐蔽水域的浅海软底。植物受植食动物的摄食并不严重，而是产生大量可被食底泥动物利用的以及输出到其他群落的碎屑。

硬底潮下带群落

硬底占大陆架的一小部分。它们通常是被浸没的岩石海岸的延伸部分。还有一些是不同大小的潮下带岩石露头。有些情况下硬基底的重要部分来源于钙藻、多毛类蠕虫的栖管和牡蛎壳(参见图 12.18)。这些三维的复杂的硬底常被称为礁，但不应该把它们与暖水的珊瑚礁相混淆。

印度一西太平洋地区　印度的热带地区和太平洋的中西部地区。　第 14 章，310 页。

生物量　生物体的总重量。　第 10 章，225 页。

氮固定　将 N_2 转化为含氮化合物，使初级生产者能作为营养加以利用。　第 5 章，100 页；表 5.1。

岩底　与潮间带群落不同，在潮下带岩石海底上发育的群落从来不会遇到干燥的问题。这意味着相比潮间带，这里能有更多的生物生活。

浅水的岩底群落丰富而高产。海藻是浅水硬基底上最显著的栖息者，特别是在平坦或坡度平缓的海底。它们以多种色彩、生长形态、纹理和大小出现，多数是褐藻和红藻。它们可能是丝状的(松藻属，*Chordaria*；仙菜属，*Ceramium*)，分支状的(*Agardhiella*；酸藻属，*Desmarestia*)，薄叶状的(紫菜属，*Porphyra*；杉藻属，*Gigartina*)或呈薄壳状(石枝藻属，*Lithothamnion*)。这些种很多都能在潮间带发现。　288

潮下带海藻在它们生命的不同时期可能具有不同的生长型。几乎所有的海藻都有一个固着器用来锚定在基底上。

正如在潮间带，对潮下带的海藻和固着动物来说，主要的一个问题是找到一个地方附着。即使用我们的肉眼来看好像没什么，但每一点空间都被占据。因而，它们对岩石上的生活空间存在强烈的竞争。不同种的海藻具有不同的竞争力。它们对波浪作用、海胆和其他食草动物的摄食、温度、光照和基底的稳定性也有不同的耐受性。光的影响特别重要。随着深度的增加，可用于光合作用的光量减少，使海藻更难在那里生活。不过有些种对深水的适应比其他种要好。有几种在清澈的水中能生活在超过 200 m 的深度。深水海藻提高了叶绿素和其他用于捕捉光能的色素水平(参见表 6.1，108 页)。这些适应性在所有的海藻类群中都能发现，而并不只限于曾被认为最能适应深水的红藻。在任何情况下，深度分带都不只取决于光照，还受到植食、对空间的竞争和其他因素的影响。

海藻的生活史对策也不尽相同。有些是多年生的，一年四季都能发现，而另一些只在特定时间出现。尽管有的长得快且生长时间短，有的则生长缓慢、强壮并能生存很长时间。长得快的海藻一般最先侵占刚被植食动物、湍流和其他现象干扰的表面。有些海藻具有快速生长、短命和慢速生长、多年生两个阶段的交替。两个阶段属于同一物种，但在生物的形态和功能上都有所不同。

海藻不但必须在彼此间为空间而竞争，而且也与大量的固着动物发生竞争。无脊椎动物倾向于在坡度陡的海底和垂直峭壁上占据优势，在那里光照限制了海藻的生长。硬基底为生物提供了一个好的附着地，但比砂和泥更难穴居。结果是硬底群落倾向于具有丰富的底表动物和贫乏的底内动物，与软底群落相反。海绵、水螅、海葵、软珊瑚、苔藓虫、管栖多毛类、藤壶和海鞘是最为常见的类群。很多种类形成群落并通过简单的生长超过其他生物的方式将其他种竞争出局。有几种如海笋(海笋属，*Pholas*)嵌在岩石内生活。　289

在潮下带岩石底上的植食者通常是小型的、运动缓慢的无脊椎动物，最重要的可能要属海胆(阿巴契斯海胆属，*Arbacia*；冠海胆属，*Diadema*；球海胆属，*Strongylocentrotus*)。石鳖、海兔、帽贝、鲍鱼(鲍属，*Haliotis*)和其他腹足类软体动物也是重要的植食者。有的海藻已进化了防御植食的机制，包括产生能使海藻不好吃的化学物质，如硫黄酸和酚，以及受到植食者摄食后损失组织的迅速再生能力。有些海藻甚至具有钻入软体动物贝壳内的生活史对策，这是一种避免被饥饿的海胆吃掉的良好防御措施！直立的海藻趋于坚韧而呈革质。包括珊瑚藻(石枝藻属,*Lithothamnion*,*Clathromorphum*)和钙质绿藻(仙掌藻属,*Halimeda*;参见图14.8)在内的钙藻,在其细胞壁内沉积碳酸钙,使它们特别抗植食。

包括裸鳃类和其他腹足类及海星在内的食肉动物以附着的无脊椎动物为食。海胆(图13.10)不但吃海藻,也吃一些附着不牢的无脊椎动物。其他食肉动物如蟹类、龙虾和许多类型的鱼类捕食植食动物、较小的食肉动物甚至其他鱼类的外寄生物(参见"清洁共生体",222页)。

图13.10 海胆,像这些来自北美太平洋沿岸的紫色球海胆(*Strongylocentrotus purpuratus*)对硬底潮下带群落的组成有重要影响。它们摄食海藻和一些呈薄壳状的动物,因而揭开了新的表面以便其他固着生物能够定着。

植食和捕食动物能对硬底群落的组成产生强烈的影响。它们从岩石上移除栖息生物,为其他生物打开了空间。定着的幼虫和海藻孢子侵占被植食者和食肉动物清空的斑块。由于浮游阶段常是季节性的,在不同时间形成的斑块可被不同种侵占。这就增加了一定区域内的物种多样性。食肉动物还有阻止植食者的作用,有助于使硬底群落保持相对稳定。不过这种平衡很容易被推翻。例如,海胆种群的暴发性增长和大量死亡已在几个潮下带群落中被报道。像所有海洋群落一样,潮下带群落是不断变化的。

放眼科学

海胆的受精

海胆很久以来已被用于受精和胚胎发育的研究,因为它的成熟个体很容易在实验室被诱导产生卵子和精子(参见图4.20)。在海里,雄性和雌性几乎同时产卵以确保卵被同种的精细胞受精,从而防止种间杂交。然而,故事远不是这么简单。

在有些区域，生活在潮下带相同深度的不同种海胆实际上是同时产卵的，不过种间杂种不存在或很少。在北美和南美以及欧洲的海洋实验室正在进行的研究中，已经发现了一些有助于解释防止海胆不同种间杂交的关键因素。海胆的精子含有一种叫做结合素的蛋白质，它能与卵表面发现的种特异蛋白结合。海胆的卵覆盖了一层由碳水化合物或多糖组成的胶状物质。当精子穿透被膜到达卵子表面受精时，这些碳水化合物激活精子中的结合素。例如，来自北美太平洋沿岸的马粪海胆（*Strongylocentrotus droebachiensis*）胶质被膜中的碳水化合物，不能激活栖息在同一潮下带海底的近缘种白海胆（*S. pallidus*）精子中的结合素。这些海胆胶质被膜中的碳水化合物在一般结构上是相似的，但在构成每个碳水化合物分子糖链上的一个小的变化可作为防止被错误种受精的第二道屏障。

对热带海胆的调查显示，在北美太平洋沿岸潮下带相同深度彼此靠近生活的亲缘种，已进化出不同的结合素分子。相反，在巴拿马的太平洋和加勒比海沿岸，彼此隔离生活在不同地区的海胆亲缘种，相比那些生活在同一地区的亲缘种，具有更相近的结合素。这些结果为化学结构在受精中的重要性和它在新种进化过程中的作用提供了进一步的证据。

人卵像其他哺乳动物的卵一样，没有海胆卵所具有的厚胶质被膜。不过人卵的表面的确具有复杂的碳水化合物分子。像海胆一样，碳水化合物分子在使精子细胞与卵受精方面可能具有重要作用。了解人类和其他哺乳动物中这些碳水化合物链是如何工作的可能在治疗不育症或发展新的避孕法方面具有潜在应用价值。

（更多信息参见《海洋生物学》在线学习中心。）

呈薄壳状的海藻　那些长在岩石上面的一薄层海藻，如某些珊瑚藻。　第6章，112页。

阳光穿透水体到达的深度取决于水的透明度。不是所有颜色的光能穿透相同的深度。在清澈的大洋水中，蓝光穿透得最深，红光最浅。　第3章，51页；图3.11。

岩底潮下带群落的种类组成受到诸如光照、对空间的竞争、植食和捕食这类因素的影响。

巨藻群落　巨藻群落是最迷人的和生产力最高的海洋群落。巨藻是一类大型、快速生长的褐藻，生活在较冷的水中并局限于温带和亚极区（参见“褐藻”，110页）。与其他潮下带海藻或海草相比，它们是真正的庞然大物，形成繁茂的森林，并成为众多各类生物的栖息地。　290

巨藻有几种。在北大西洋和北太平洋的亚洲沿岸，不同种的海带属（*Laminaria*）巨藻占优势。它们的简单或半裂的叶片有3 m长。在北美和南美的太平洋沿岸和南半球的其他部分，巨大巨藻（巨藻属，*Macrocystis*）在巨藻群落中占有优势（图13.11）。每个巨藻个体以一个大固着器附着在岩石海底（参见图6.1）。几根长叶柄，互相盘绕形成一个树干样的根基，并从固着器上长出。叶状体，即叶子状的叶片，从叶柄上长出。仅叶柄就可达20～30 m或更长。在南半球的一些巨藻群落中，主要的种类是昆布属（*Ecklonia*）而不是巨藻属。北美太平洋沿岸的巨藻群落极其多样，包括腔囊藻（海囊藻属，*Nereocystis*）、麋鹿巨藻（浮叶藻属，*Pelagophycus*）、翅藻属（*Alaria*）和 *Pterygophora* 在内的几种巨藻可能很重要，甚至可能取代巨藻属。腔囊藻由许多叶片组成，每个叶片可达5 m长，它们靠位于长叶柄末端的充气气囊悬浮在水面之下。裙带菜与许多其他巨藻种类一样都是可食的，在北大西洋也很重要。

大型茂密的巨藻斑块称为巨藻床。当叶柄以厚垫状漂浮在海面时，就称为巨藻林（图13.12）。这种漂浮的冠层是巨大巨藻和腔囊藻占优势的太平洋巨藻林的特征。昆布属和海带属以及翅藻属的某些种也形成冠层。

物理因素对巨藻群落有主要影响。因为巨藻限于冷水中生长，因此，温度是特别重要的一个因素。这部分是由于巨藻在暖水中生长不好，也由于暖水中无法大量供给巨藻所需的营养（参见“生产的模式”，342页）。这种对冷水的依赖反映在巨藻的地理分布上（图13.11）。海洋表层水的流动在北半球形成顺时针方向环流，而在南半球形成逆时针环流（参见图3.21）。在大洋西侧海流携带来自赤道地区的暖水流向两极。因此，巨藻局限于在大洋西侧的高纬度。另一方面，巨藻沿东岸向低纬延伸，在那里冷的、富　291

营养的海流自高纬流向低纬。昆布属出现在沿阿拉伯半岛南岸离赤道不远的低纬度地区(图 13.11)。它只在夏季出现在那里,那时向东北方向吹过阿拉伯海的夏季季风引起的强上升流使水温下降(参见图 15.21)。冬季当风转向时,季风消失并引起水温升高时,巨藻就会死亡。

292

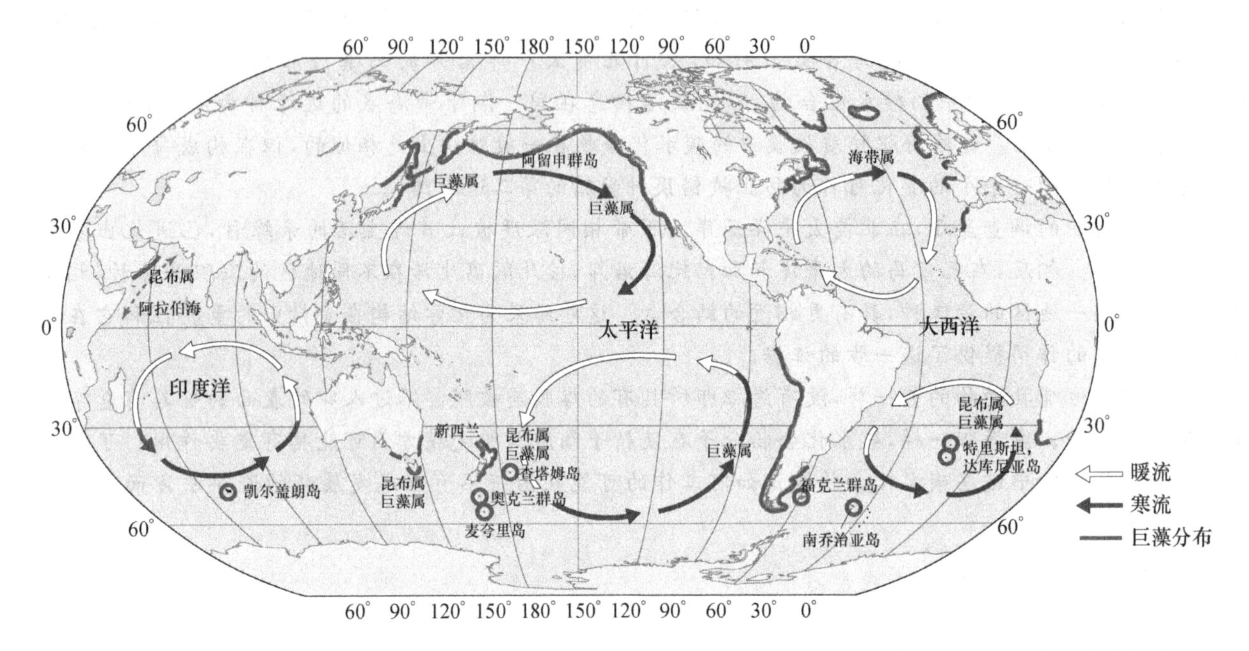

图 13.11　巨藻的地理分布很大程度受到表层水温的影响,而表层水温又受大洋表层环流的影响。海流沿大陆架的西侧从极区输送冷水;在大陆架的东侧,海水离开赤道。结果巨藻沿大陆架西侧比在东侧更进一步向赤道延伸。需要暖水的造礁珊瑚的分布与巨藻正好相反。

图 13.12　墨西哥下加利福尼亚塞德罗斯岛的巨藻(*Macrocystis pyrifera*)森林。

除了几种巨藻外,所有的巨藻都局限于硬表面,这硬表面可能包括像蠕虫管和其他海藻固着器这样的基底。如果有合适的地方附着,巨藻就会生长在光照允许的深度内。有些种的生长深度可能相当深,达到 40 m。它们的叶状体浮在水面,沐浴在阳光下,而叶柄则将叶状体与下面的海底相连。

巨藻对于其庞大的体积而言，其实是相当脆弱的；它们的脆弱很大程度上是由于它们的体积。叶状体产生大量拖力，但长而薄的叶片容易断裂，巨藻常被从底部撕裂。漂浮的巨藻由于与其他叶状体纠缠更容易受损。巨藻在有强波浪作用和灾害性风暴的地方长得不好。尽管它们必须将叶片伸向水面，许多种喜欢附着在较深的水底，因为那里波浪作用较弱。因而，真正的适应使得这些巨藻种类得以在深水生活，体积大且漂浮的叶状体也倾向于将它们限制在那里。

巨藻生长迅速，巨大巨藻的生长速率可达 50 cm/天。巨藻群落毫不意外地非常高产。澳大利亚和南非的昆布属初级生产量达到 1000 gC/(m^2 · a)，加利福尼亚巨大的巨藻初级生产量约为 1500 gC/(m^2 · a)，而北大西洋的海带属 *Laminaria* 可接近 2000 gC/(m^2 · a)(参见表 10.1，230 页)。

巨藻群落局限于富营养的冷水的硬基底上。

我们见到的大型巨藻只是它们生活史的一个阶段。所有巨藻都经过两个阶段：一个大型的产生孢子的孢子体和一个微型的产生雌、雄配子的配子体(图 13.13)。孢子体即是我们看见的生物。

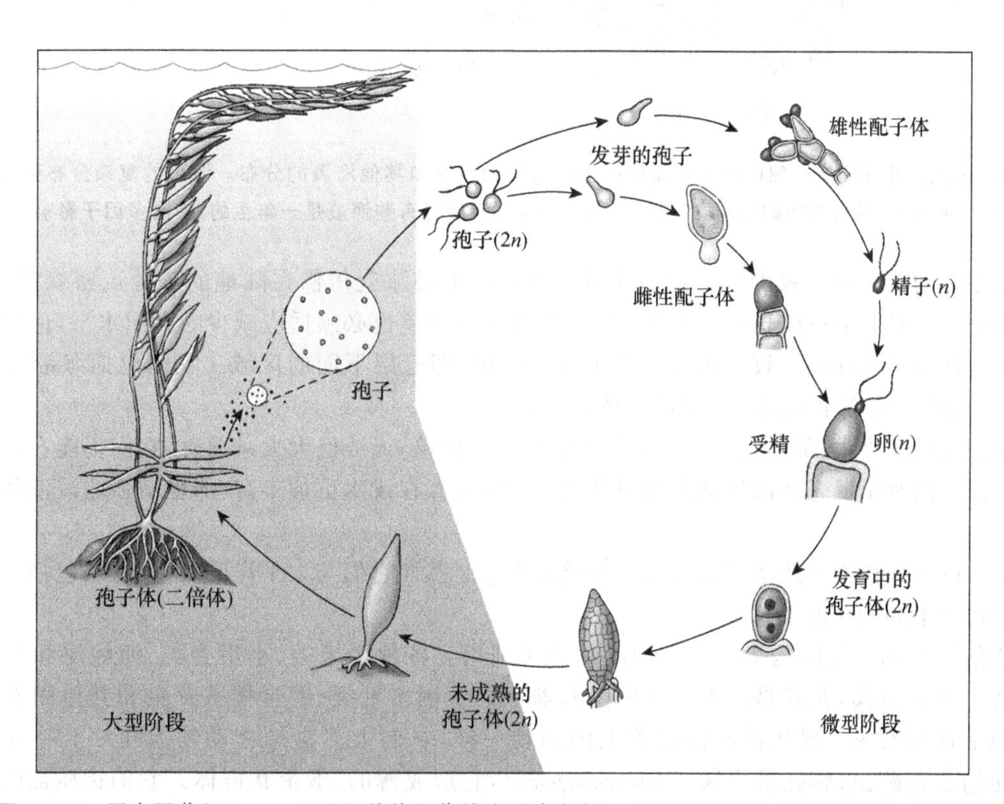

图 13.13　巨大巨藻(*Macrocystis*)和其他巨藻的生活史包括一个产生孢子的大型孢子体。孢子在海底定着并发育成微小的雄性或雌性配子体。每个配子体释放雌、雄配子，它们经过受精发育成孢子体而完成整个生活周期。

在有些巨藻中，孢子体是一年生的。与此相反，巨大巨藻和其他巨藻是多年生的，能存活几年。这些长寿的巨藻常因植食动物、风暴和波浪而失去叶状体。不过，它们能够重新长出来，因为与很多海藻不同，巨藻的生长发生在固着器以及叶柄的末端。

北美太平洋沿岸的巨藻林排列成不同深度的区带，每一区带由生长在海底之上特定高度处的种类组成(图 13.14)。这种结构是几种物理和生物因素相互作用的结果。如巨大巨藻漂浮的冠层，只分布在水深足以减弱波浪作用但又能使光到达海底，允许自固着器生长的深度带。其他巨藻对表面冠层也有贡献。这些包括发现于近岸的腔囊藻和生活在波浪作用下较浅水中的羽巾巨藻(*Egregia*)。麋鹿巨藻在较深水中沿巨大巨藻的外缘形成中层水冠层。

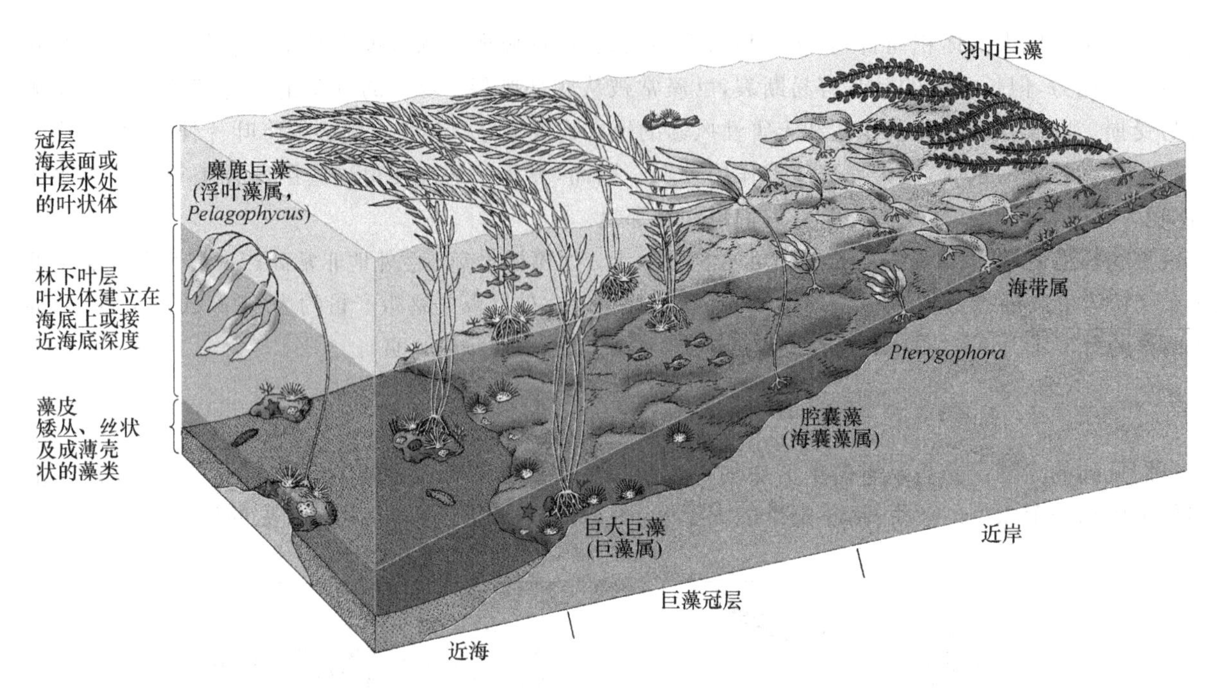

图 13.14　北美太平洋沿岸一般的巨大巨藻林中主要类型的巨藻和其他海藻的分布。海藻的复杂分布受光照、基底类型、波浪作用、植食者的数量和类型以及一年中的时间(因为有些海藻是一年生的)等诸多因子影响。

巨大巨藻林的茂密冠层减少了下面的光量。在冠层下潜泳就仿佛在陆地的一片茂密森林中漫步:你的眼睛需要花点时间去适应昏暗的光线。生活在那里的巨藻也必须适应减少的光照水平,但冠层下的生命却是丰富而多种多样的。较小的巨藻利用林下叶层,即冠层下面的区域。它们包括海带属 *Pterygophora* 及其他在海底以上或海底建立叶状体的巨藻。

有各种较矮的藻类,大部分是红藻。即使上面有两层海藻,光线已大大减弱时,它们仍能在这样的海底上生活。分支的和呈薄壳状的珊瑚藻也很常见。有些海藻在浅水更加丰富,那里增强的波浪作用减少了冠层。

北大西洋巨藻床由不形成冠层的海带属种类占优势。然而它们与太平洋巨藻林相似,包括许多海藻种类并且排列成不同的深度带。

巨藻群落复杂的三维结构为很多不同的动物所利用。各种多毛类、小甲壳类、海蛇尾和其他小型无脊椎动物生活在巨藻,尤其是巨大巨藻的固着器上。管栖多毛类、缎带样苔藓虫和其他固着生物在叶片和叶柄上都很常见。像生活在固着器上的动物一样,它们大多是悬食动物。叶片上一种显而易见的栖息动物是苔藓虫(膜孔苔虫属,*Membranipora*),它形成薄的、缎带状群体。它的钙质被壳使叶片下垂并覆盖了光合作用组织,但它们的影响似乎很小。巨藻附近的岩石底栖息着海绵、海鞘、龙虾、螃蟹、寄居蟹、海星(参见图 7.43a)、鲍鱼和章鱼等。

293

季风　在北印度洋夏季自西南方向吹而冬季自东北方向吹的风。　第 15 章,348 页。
上升流　冷的、富营养的深层水向上流到海表面。　第 15 章,347 页。

294

鱼类在巨藻群落中十分常见。它们以多种方式利用巨藻群落提供的食物资源和隐蔽场所,因而占据很多不同的生态位。例如,鱼类经常通过摄食和占据巨藻林不同区域的隐蔽场所来利用可用资源。一些种在接近海底的深处摄食。在北美太平洋沿岸的巨藻床,底栖摄食者包括多种岩鱼(平轴属,*Sebastes*)和巨藻鲈(副鲈,*Paralabrax clathratus*)。加利福尼亚隆头鱼(美丽突额隆头鱼,*Semicossyphus pulcher*)用其犬形齿粉碎海胆、螃蟹和其他底栖无脊椎动物。海鲫(粗唇海鲫属,*Rhacochilus*;短鳍海鲫属,*Brachyistius*)和其他鱼类可在巨藻固着器附近或在海洋的巨藻丛中摄食冠层的不同部分。香鱼(拟银汉鱼属,*Atherinops*)是食浮游生物者,它能利用大群的糠虾和巨藻附近发现的其他浮游动物。鱼类通过在昼夜的不同时间活动来确定其他的生态位。

螺类、螃蟹、海胆和鱼类摄食小型藻类，但令人吃惊的是，很少有植食动物吃大型的巨藻。一种巨大巨藻的植食者，斯特拉海牛现在已经灭绝了（参见图 18.8）。等足类（*Phycolimnoria*）是小型甲壳类，能钻入巨藻固着器内而使其衰弱。有几种鱼类啃食巨藻，但它们似乎不会引起大量死亡。相反，动物不以附着的、主动生长个体为食，而以漂浮的巨藻碎片形式利用巨藻的巨大生产量，这些碎片掉下来并沉至海底或被冲上岸。正如海草、盐沼植物和红树林一样，这些碎屑很多都输出到其他群落。

巨藻床形成一个多层的复杂环境。漂浮的巨藻和林下叶层海藻是植食动物的主要食物来源，而活的巨藻本身却不是。

海胆显然是巨藻群落中最重要的植食动物。其中特别重要的是北美太平洋沿岸的红海胆（巨紫球海胆，*Strongylocentrotus franciscanus*）和紫海胆（紫色球海胆，*S. purpuratus*）以及北大西洋和太平洋的马粪海胆（*S. droebachiensis*；参见图 7.37）。海胆种群有时会"暴发"。这些暴发已经对世界几个不同地方的巨藻群落产生破坏性影响。海胆正常情况下以漂浮的巨藻为食。但在种群暴发或"灾害"发生期间，海胆也吃活的巨藻和其他海藻。当海胆吃固着器或叶柄时，巨藻就会脱离、漂走、死亡。海胆甚至可以爬上巨藻，使叶片下垂并允许其他海胆爬到上面。海胆可能彻底清空大片区域，称为"海胆荒漠"或"海胆沙漠"。呈薄壳状的珊瑚藻几乎是在这些荒漠上留下的唯一的海藻。

海胆的这种暴发原因尚不清楚。在北太平洋，一种可能的原因是海獭（*Enhydra lutris*）数量的减少。海獭是海胆的捕食者，它已从以前分布的大部分范围内消失。在对阿拉斯加阿留申群岛的几个岛屿的研究中发现，巨藻林在海獭常见的地方很健康。相反，在没有海獭的岛上有很多海胆和很少的巨藻。有证据表明，海獭种群由于受到原本喜食海豹和海狮的逆戟鲸的捕食而下降。海豹和海狮自 20 世纪 80 年代后期开始变得越来越少，可能是由于过度捕捞导致其食物供应减少。当多数商业捕鲸被禁止后，逆戟鲸的一种重要食物来源，绑在捕鲸船上被渔叉刺死的鲸鱼尸体减少，它们似乎也改变了食性。因而过度捕捞可能已经通过海豹、海狮、逆戟鲸、海獭和海胆这一连串事件对巨藻林产生影响。

然而在阿留申群岛的观察并不能解释南加利福尼亚的状况，那里海獭在大约 200 年前就被消灭了，但巨藻被海胆的破坏直到 20 世纪 50 年代才观察到。对包括龙虾、螃蟹和鱼类在内的其他海胆捕食者的严重捕捞可能对南加利福尼亚和其他地方海胆种群的增加起到重要作用。

另一种可能是南加利福尼亚漂流藻的数量的减少可能引起海胆改成以活巨藻为食。污水污染和温度升高可能是导致漂流藻数量下降的因素。其中的某些因素还可能刺激海胆的生长和存活。比如，污水中释放的某些有机化合物可被海胆的幼龄个体用作营养。

有人提出南加州食用太平洋鲍鱼的采集是海胆灾害的一个可能原因。这些大型软体动物为隐蔽场所与海胆竞争岩石缝隙。移除鲍鱼可为海胆提供更多空间。

海胆数量的波动还有可能是由浮游幼虫的较高存活率引起的，而这或许又与适宜的温度或更丰富的食物有关。有可能是多种因素的组合导致了海胆灾害。在某种程度上，"灾害"也许是种群大小的自然波动。

除了受到海胆植食外，另一种影响巨藻林健康的因素是气候。1983 年的强厄尔尼诺（El Niño）引起猛烈风暴和不同寻常的暖流，导致巨藻的高死亡率。1997～1998 年的厄尔尼诺也同样具有破坏性。但 1997～1998 年厄尔尼诺之后发生的拉尼娜（La Niña）为加利福尼亚沿岸带来冷的、富营养的海流，刺激了巨藻林的恢复。

强波浪作用、海胆植食、暖流和污染可严重破坏巨藻群落。

南加利福尼亚巨藻林的恢复在有些区域进展良好。通过将绑在石块上的健康巨藻移植到贫瘠区域（参见"生境的恢复"，419 页）帮助巨藻林的恢复。在 20 世纪 80 年代后期进行的一个实验中，140 头海獭被移植到南加利福尼亚外海海峡群岛的一个岛上。不过由于多数被移植的动物消失了，因此实验没能继续进行。为了安抚那些愤怒的渔民，因为海獭吃掉有价值的贝类，同意阻止海獭从加州中部向南部的自然迁移。不管怎样，多数是由于疾病，加利福尼亚沿岸的海獭数量已经下降，由 1995 年的高峰值 2377 头下降到 2003 年的 2100 头。刺激巨藻床恢复的措施将会对巨藻床产生影响吗？没有人知道。但有一件事是可以肯定的：南加州的某些巨藻林没有被恢复而且可能永远也无法恢复了。

类似的具有不同特点的情形在美国大西洋沿岸的缅因湾也有描述。对鳕鱼（鳕属，*Gadus*）和其他底栖摄食鱼类的过量捕杀减少了对龙虾（巨螯龙虾属 *Homarus*）幼体、螃蟹和海胆的摄食压力。海胆的数量稳定增加，它们吃掉被龙虾当作隐蔽场所的巨藻。在 20 世纪 90 年代初，为出口，日本对海胆的严重捕捞导致它们的数量减少。这种情况的进一步发展和对底栖鱼类的连续过捕使龙虾数量急剧增加。共有价值约 2 亿美元，重 2470 0000 kg 的龙虾在 2003 年的捕捞季节被捕捞，是 1945～1985 年间平均值的 2.5 倍还多。

然而，来自世界其他地方的证据似乎表明，对巨藻群落灾难性的干扰之后往往伴随着恢复期，这全都有循环的周期。海胆和巨藻显然保持了一种微妙的平衡，由于受气候波动、营养污染对海胆幼虫存活率的影响以及对海胆捕食者的移除这类因素的影响，这种平衡以这样或那样的方式发生倾斜。

生态位　一个种吃什么、在哪儿生活、其行为和其生活方式的其他方面的综合。　第 10 章，219 页。

厄尔尼诺　东太平洋表层水温变暖的现象，属于大气和海流格局大尺度变化或厄尔尼诺—南方涛动的一部分。第 15 章，350 页。

拉尼娜　东太平洋表层海水变冷的现象。　第 15 章，352 页。

《海洋生物学》在线学习中心是一个十分有用的网络资源，读者可用其检验对本章内容的掌握情况。获取交互式的章节总结、关键词解释和进行小测验，请访问网址 www.mhhe.com/castrohuber6e。要获得更多的海洋生物学视频剪辑和网络资源来强化知识学习，请链接相关章节的材料。

评判思考

1. 欧洲和北美东海岸的大叶藻群落受到一种未知疾病的严重影响。20 世纪 30 年代这种所谓的大叶藻枯萎病或消瘦病，导致许多大叶藻场消失。如果一个大叶藻群落从一个给定区域消失，你预期会发生什么变化？考虑基底、底栖生物和其他类型海洋动物的改变。陆地生活的动物中有没有可能发生变化？你认为在大叶藻群落消失后，什么类型的群落会取代大叶藻群落？
2. 巨藻的生活史由一个非常大的孢子体和一个很小的配子体组成。然而海生菜和一些别的海藻具有与孢子体等大的配子体。你知道巨藻具有这样一个不显眼的微小配子体的好处吗？

拓展阅读

网络上可能找到部分推荐的阅读材料。可通过《海洋生物学》在线学习中心寻找可用的网络链接。

普遍关注

Smith, R., 2001. Frozen under. *National Geographic*, vol. 200, no. 6, December, pp. 2—35. The unique marine life of Antarctica meets new challenges, from melting ice to increased tourism.

Solomon, C., 2003. An underwater ark. *Audubon*, vol. 105 no. 3, pp. 26—31. The role of eelgrass in shallow-water and even deep-water communities is much more important than once thought.

Stone, G., 1999. A week beneath the waves. *New Scientist*, vol. 164, no. 2212, 13 November, pp. 34—37. Scientists live and work in an underwater habitat.

Warne, K., 2002. Oceans of plenty. *National Geographic*, vol. 202, no. 2, August, pp. 2—25. The coasts of South Africa are rich in marine life, in part because it is the meeting place of cold and warm waters.

深度学习

Bell, S.J. and J.R. Turner, 2003. Temporal and spatial variability of mobile fauna on a submarine cliff and boulder scree complex: a community in flux. *Hydrobiologia*, vol. 503, no. 1—3, pp. 171—182.

Covich, A.P., C.A. Austen, F. Barlocher, E. Chauvet, B.J. Cardinale, C.L. Biles, P. Inchausti O. Dangles, M. Solan, M.O. Gessner, B. Statzner and B. Moss, 2004. The role of biodiversity in the functioning of freshwater and marine benthic ecosystems. *BioScience*, vol. 54, no. 8, August, pp. 767—775.

Dernier, K. M., M. J. Kaiser and R.M. Warwick, 2003. Recovery rates of benthic communities following disturbance. *Journal of Animal Ecology*, vol. 72, no. 6, pp. 1043—1056.

Estes, J.A., E.M. Danner, D.F. Doak, B. Konar, A.M. Springer, P.D. Steinberg, M.T. Tinker and T.M. Williams, 2004. Complex trophic interactions in kelp forest ecosystems. *Bulletin of Marine Science*, vol. 74, no 3, pp. 261—638.

Harley, C.D.G., K.F. Smith and V.L. Moore, 2003. Environmental variability and biogeography: the relationship between bathymetric distribution and geographical range size in marine algae and gastropods. *Global Ecology and Biogeography*, vol. 12, no. 6, pp. 499—506.

Hay, M.E., J.D. Parker, D.E. Burkepile, C.C. Caudill, A.E. Wilson, Z.P. Hallinan and A.D. Chequer, 2004. Mutualism and aquatic community structure: The enemy of my enemy is my friend. *Annual Review of Ecology, Evolution and Systematics*, vol. 35, pp. 175—197.

Jorgensen, N.M. and H. Christie, 2003. Diurnal, horizontal and vertical dispersal of kelp-associated fauna. *Hydrobiologia*, vol. 503, no. 1—3, pp. 69—76.

Nichols, F.H., 2003. Interdecal change in the deep Puget Sound benthos. *Hydrobiologia*, vol. 493, no. 1—3, pp. 95—114.

Raffalli, D., M. Emmersson, M. Solan C. Biles and D. Patterson, 2003. Biodiversity and ecosystem processes in shallow coastal waters: an experimental approach. *Journal of Sea Research* vol. 49, no. 2, pp. 133—141.

Thiel, M. 2003. Rafting of benthic macrofauna: important factors determining the temporal succession of the assemblage on detached macroalgae. *Hydrobiologia* vol. 503, no. 1—3, pp. 49—57.

第 14 章
珊 瑚 礁

297 热带的珊瑚礁有其与众不同的特点。温暖干净的海水，令人眼花缭乱的色彩和繁杂多样的生物迷住了几乎所有见过珊瑚礁的人。就其美丽迷人、富饶多产和复杂多样而言，在大型热带生物群落中只有热带雨林可与珊瑚礁相媲美。热带雨林和珊瑚礁两大生物群落在其基本物理结构上也颇为相似，两者都是由生物有机体构成的。雨林中的大树和造礁珊瑚都建造了一个三维立体空间，成为各种各样生物的“家”，其种类之多令人难以置信。事实上，由于珊瑚礁十分巨大，人们认定它是一种地质结构，是生物所建造的最大的地质结构，而不仅仅是一个生物群落。

牡蛎、多毛类蠕虫和红藻也可以形成珊瑚礁，深海中的珊瑚虫也能在海底缓慢的建造土墩（参见“深海珊瑚礁群落”，312 页）。但就分布之广泛、规模之巨大、结构之复杂的特点而言，它们都不能与珊瑚礁相比。

造礁生物

珊瑚礁由大量的碳酸钙（$CaCO_3$）石灰石组成，是由生命有机体沉积而成的。在珊瑚礁群落数以千298 计的物种中，只有一小部分能产生建造珊瑚礁的石灰石。正如你所想到的，这些造礁生物中最重要的是珊瑚虫。

造礁珊瑚

“珊瑚虫”是对一些不同类群的刺胞动物的统称，珊瑚虫中只有部分类群能帮助建造珊瑚礁（表 14.1）。在造礁过程中，珊瑚虫能制造碳酸钙骨架，数十亿个微小的骨架就构成了巨大的珊瑚礁。最重要的珊瑚礁建造者是石珊瑚类群，这一类群的珊瑚有时也称为“石头”珊瑚或“真”珊瑚。

表 14.1　主要的珊瑚种类和珊瑚礁上的腔肠动物

普通命名	作为珊瑚礁建造者的重要性	备注
珊瑚虫纲（缺少水母阶段，只以水螅型生活；和海葵为同一类型）		
石珊瑚	主要的珊瑚礁建造者	产生一个碳酸钙的骨架；几乎都含有虫黄藻。
软珊瑚	不是珊瑚礁建造者	珊瑚礁上较为常见（图 14.23）；多数有虫黄藻，但是不产生坚硬的碳酸钙骨架。
笙珊瑚（*Tubipora*）	次要的	因管状的骨架结构而得名；有虫黄藻，产生碳酸钙骨架。
蓝珊瑚（苍珊瑚 *Heliopora*）	在一些地方是重要的	因独特的蓝色骨架而得名；有虫黄藻，产生碳酸钙骨架。
柳珊瑚	不是珊瑚礁建造者	柳珊瑚和海鞭；坚硬的骨架主要由蛋白质而不是碳酸钙组成，少数有虫黄藻。

续表

普通命名	作为珊瑚礁建造者的重要性	备注
稀有珊瑚		粉色、红色或者是金黄色的柳珊瑚的骨架，用来制造珠宝；经常出现在深水中而不是珊瑚礁上，对珊瑚礁的生长没有贡献；缺少虫黄藻。
黑珊瑚	不是珊瑚礁建造者	经常用来制造珠宝，有时被称为“稀有珊瑚”，但是与稀有柳珊瑚不是同一种类；坚硬的骨架主要是由蛋白质而不是碳酸钙组成；通常出现在深且冷的表面水层中，也出现在珊瑚礁上。
水螅类 （有水母型和水螅型两个阶段，但是在珊瑚礁上只能看见水螅型；和水母是同类）		
火珊瑚（*Millepora*）	在某些地方是重要的	这样命名是因为当碰触它们时，它们强大的刺丝囊会让人产生一种燃烧的感觉；有虫黄藻并产生碳酸钙骨架。
柱星珊瑚	不重要的	由精巧的分支而得名；缺少虫黄藻但是能够产生碳酸钙骨架；通常出现在深的和冷的表层水或者珊瑚礁上。

几乎所有的造礁珊瑚都含有共生的虫黄藻，它帮助珊瑚虫建造碳酸钙骨架。没有虫黄藻，珊瑚虫也可以形成骨架，但速度非常缓慢，难以形成珊瑚礁。虫黄藻和与其数量一样多的珊瑚虫一起，才能构建珊瑚礁结构，没有虫黄藻也就没有珊瑚礁。非造礁珊瑚虫不能建造珊瑚礁，往往也缺少虫黄藻。

珊瑚礁主要的建筑师是建造珊瑚礁的珊瑚，它们在共生虫黄藻的帮助下产生碳酸钙骨架。

珊瑚水螅体　你必须通过显微观察才能看清楚这些个体微小的、建造珊瑚礁的珊瑚水螅体。水螅型珊瑚不仅小，而且其形态也出奇简单。它们看上去更像小海葵，由一个向上直立的圆柱组织组成，顶部有环状触手（图 14.1 和 14.2）。像海葵和其他腔肠动物一样，水螅型珊瑚用带刺细胞的触手去捕获食物，特别是浮游动物。触手围绕着口，口是袋状肠腔的唯一开口。

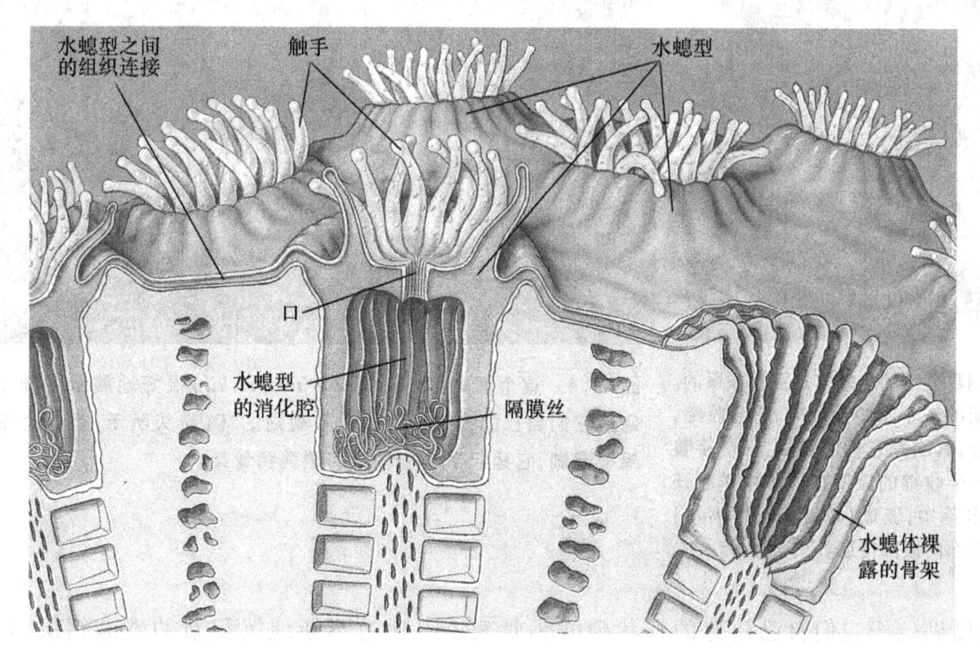

图 14.1　在一个珊瑚礁群落中的一种水螅型珊瑚及其下的碳酸钙骨架的横截面图。水螅型珊瑚由一层很薄的组织在内部连接在一起。

(a)

(b)

图 14.2　水螅型珊瑚。(a) 一些珊瑚由单个的水螅型组成，它们在石芝珊瑚(*Fungia*)状态下可以自由生活，不与底部连接。多数是独立的水螅型群落。(b) 在这种珊瑚中，像大杯状的石珊瑚(*Montastrea cavernosa*)来自于加勒比海，每个水螅体都有它们自己独立的杯状体，称为珊瑚朵。

绝大多数造礁珊瑚是由许许多多水螅型珊瑚群体构成，所有个体由一薄片组织连接在一起。当被称为浮浪幼虫的浮游珊瑚幼虫定殖在坚硬的固体表面后，开始形成珊瑚群体。珊瑚幼虫通常不会定居在松软的底质上。定居之后，幼虫马上变态，发育成为水螅型珊瑚。单个的水螅型珊瑚如果幸存下来就成为"奠基人"，个体不断分裂形成群体。水螅型珊瑚的消化系统通常保持连接，它们还共同分享一个神经系统(图 14.3)。有些造礁珊瑚仅由单个水螅型珊瑚组成(图 14.2a)。

299

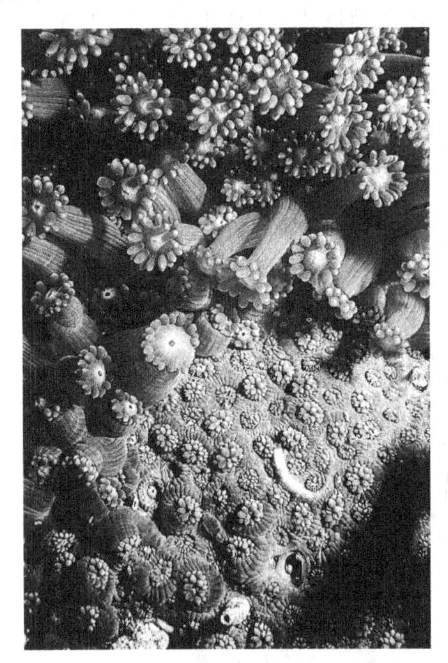

图 14.3　珊瑚群落中的水螅体是互相联系的。当你碰触外面的一个水螅型珊瑚，它会收缩，它的邻居也会，其次是它们的邻居，一个接着一个。因此一个收缩的波浪在群落中扩散开去。在这个群落中，珊瑚(*Gonioporal lobata*)收缩波浪从底部向顶部传递。

图 14.4　这个珊瑚(*Lobophyllia hemprichii*)很好地展示了珊瑚是怎样建造它们自己的骨架的。每个不规则的环(箭头所示)是一个单个的水螅型珊瑚，它建起了一个柱状的碳酸钙骨架。

水螅型珊瑚位于它们自己建造的杯状碳酸钙骨架内。通过不断地沉积新的碳酸钙层，建造位于其下的骨架，珊瑚虫不断向上、向外生长(图 14.4)。珊瑚群体几乎全部由骨架构成(图 14.5)，这些骨架的形态多种多样。真正的活组织只是表面的一薄层。正是石灰质的珊瑚骨架形成了珊瑚礁的基本构造。

珊瑚的营养　虫黄藻滋养着其寄主——珊瑚,同时还帮助其沉积碳酸钙形成骨架。虫黄藻能进行光合作用并将其合成的一些有机物传送给珊瑚(图 14.6)。这样,虫黄藻从内部饲育着珊瑚。只要虫黄藻能获得足够的光照,许多珊瑚可以在不摄食的情况下生存和生长。

300

尽管珊瑚从虫黄藻获得了大量营养,但一旦有机会它们绝大多数会照样摄食。它们贪婪地捕食浮游动物。珊瑚礁上数以十亿计的珊瑚连同所有其他饥饿的珊瑚礁生物,在捕获被水流带入的浮游生物上是非常有效率的。事实上,珊瑚礁被称为是一个"满是嘴巴的墙"。

水螅珊瑚用其触手或是其群体表面分泌的黏液层来捕食浮游动物。细细的、发丝一样的纤毛与黏液结合形成细丝,并把它们一路传递到口中。一些珊瑚很少使用触手,主要依赖黏液的方法摄食。还有一些珊瑚甚至已经完全失去了触手。

图 14.5　碳酸钙骨架形成了多数珊瑚群体。在右边的是一个活的珊瑚群落(*Pocillopora verrucosa*)。左边的是一个活体组织被拆除的群落。主要的区别是颜色;活的部分只是表面一层薄的组织。在水族馆里出售的珊瑚,实际上只是从珊瑚礁上取来的活珊瑚的骨架。采集者为了养活自己家庭而大量采集珊瑚提供给商店,已经使一些珊瑚礁遭到了严重的破坏。

301

腔肠动物　腔肠动物门中的动物;它们有辐射对称的组织水平的构造,带刺丝胞(特殊的刺状结构)的触手。腔肠动物的生活阶段:

水螅型　固着的袋状阶段,嘴和触手位于其顶部。

水母型　游动的钟形的阶段,嘴和触手位于底部。　第 7 章,123 页。

浮游生物　随波逐流的主要生产者(浮游植物)和消费者(浮游动物)。　第 10 章,223 页;图 10.7。

虫黄藻　甲藻(单细胞,能够进行光合作用的藻类),生活在动物组织中。　第 5 章,102 页。

共生关系　两种不同的生物紧密联系在一起生活,经常分为寄生,一个物种以牺牲另一个生物为代价获得利益;偏利共生,一个物种获利,而又不影响另一生物;互利共生,两物种都受益。　第 10 章,221 页。

光合作用　$CO_2 + H_2O +$ 光能 $\longrightarrow$ 有机物 $+ O_2$　第 4 章,72 页。

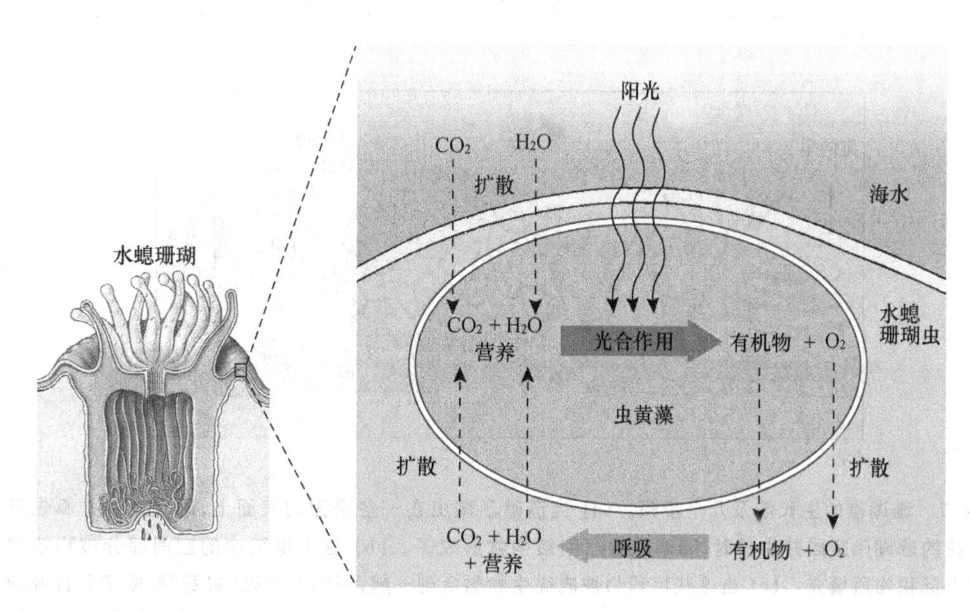

图 14.6　在珊瑚组织中的虫黄藻进行光合作用,将自己产生的有机物传递给寄主珊瑚虫。二氧化碳和营养物质在珊瑚和虫黄藻之间连续循环。

珊瑚还有其他滋养自己的方式。珊瑚体内有一些长且卷曲的管子，称为隔膜丝，它们与肠道壁联结（图 14.1）。隔膜丝能分泌消化酶。水螅型珊瑚可以通过口或者体壁伸出隔膜丝去消化吸收身体外部的食物颗粒。珊瑚也可以用隔膜丝从沉淀物中消化有机物。另外，珊瑚还可以吸收溶解有机物(DOM)（参见“营养金字塔”,225 页）

珊瑚通过很多方法营养自己。虫黄藻是最重要的营养来源。珊瑚虫可以通过触手或黏液网捕获浮游动物，通过隔膜丝在体外消化有机物，或者吸收溶解于水中的有机物。

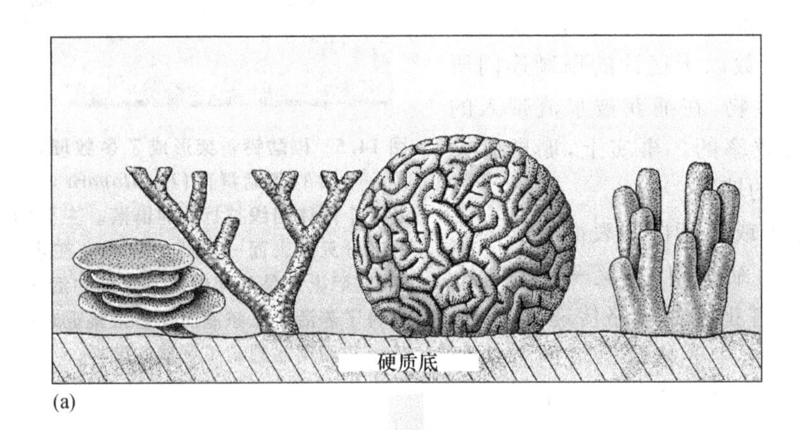

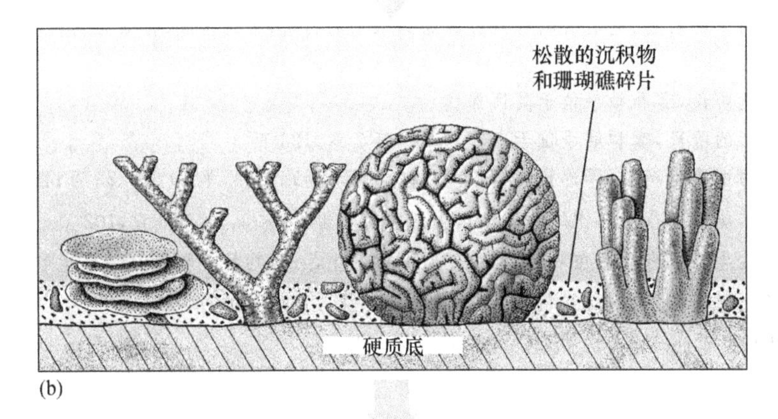

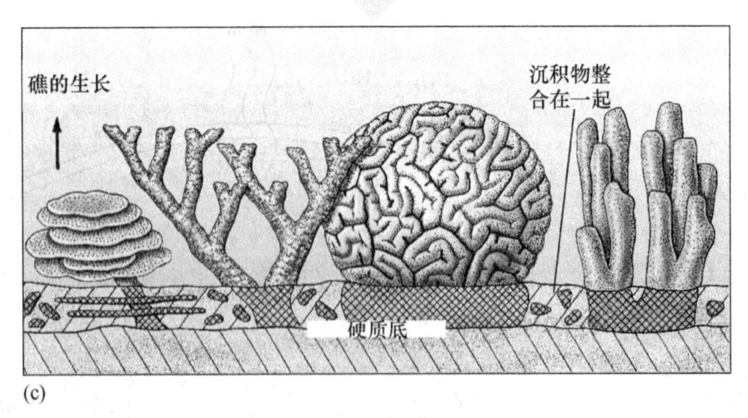

图 14.7　珊瑚礁的生长涉及几个步骤。(a) 当造礁珊瑚虫在一些坚固的表面上，通常是一些事先已经存在的珊瑚礁定居并生长时，珊瑚礁的框架结构就形成了。(b) 这个框架中的空间部分被粗糙的碳酸岩沉积物所填充。(c) 当这些沉积物被成壳生物黏合到一起，新的珊瑚礁“岩石”形成了并且珊瑚礁开始生长。在一个真正的珊瑚礁上，所有的这三个步骤是同时进行的。珊瑚礁并不是像这里所描述的一样完全是实心的，而是多孔的，有许多可以被大量生物当作居所的孔和缝隙。

其他的珊瑚礁建造者

尽管是主要的建筑师，但珊瑚虫并不能独立建造珊瑚礁，许多其他生物在帮助建造珊瑚礁。这些生物中最重要的是藻类。藻类对于珊瑚礁的生长是最基本的要素。事实上，一些海洋生物学家认为珊瑚礁应该被称为"藻礁"，或者从对双方都公平起见该称为"生物礁"。一个原因是由于虫黄藻是一种藻类，而其对珊瑚礁生长是必需的。不仅如此，还有一些藻类在珊瑚礁建造的过程中也起着关键作用。*Porolitbon* 和 *Lithothamnion* 等外被薄壳的珊瑚藻类生长在珊瑚礁表面，形成如石头一样坚硬的薄层。它们参与了相当数量碳酸钙的沉积，甚至有时比珊瑚虫还要多，因此对珊瑚礁的生长具有贡献。珊瑚藻在太平洋珊瑚礁形成上的作用比在大西洋中更为重要。

具有薄壳的珊瑚藻不仅帮助建设珊瑚礁，而且还保证它不被冲走。由这些藻形成的石头一样的表面坚硬到足以抵挡可以打碎最坚固的珊瑚礁的浪。这些藻在许多珊瑚礁的最外一层上形成一个奇特的背脊，在太平洋尤其如此。这个藻脊吸收浪的冲击力，并防止因侵蚀而毁坏珊瑚礁。

成壳的藻还做了另外一份工作，它对于珊瑚礁的生长是有益的。珊瑚骨架和碎片产生了一个开放的网络状结构，有很多空间，粗糙的碳酸类沉积物可沉入其中(图 14.7)。沉积物，特别是细的沉积物，当它们直接沉积于珊瑚上时，会对珊瑚虫产生危害，但是在珊瑚礁的框架中粗糙沉积物的积累在其生长过程中是不可或缺的部分。一个珊瑚礁结构是由石灰质的沉积物的积累和珊瑚虫的生长所共同形成的。成壳的藻在沉积物形成过程中在其上生长，并把沉积物固着在原来的位置上。因此，形成壳状的珊瑚状藻是把珊瑚礁稳固在一起的"胶水"。一些无脊椎动物，较为常见的如海绵动物和苔藓动物，也帮着把沉积物结合起来。

成壳的珊瑚藻通过沉积的碳酸钙，抵制波浪侵蚀，并固化沉积物，帮助建造珊瑚礁。

几乎所有积累并帮助建造珊瑚礁的沉积物都来自于珊瑚虫和其他生物的贝壳或骨架。换句话说，几乎所有的沉积物是由生物产生的。珊瑚碎石——打碎的珊瑚的碎片，是珊瑚礁上的一个重要的沉积物来源。另一个重要的形成沉积物的生物是一个被称为 *Halimeda*(图 14.8)的石灰质的绿藻。*Halimeda* 将碳酸钙沉积在组织中，起到支撑作用，也使植食动物感到沮丧——满嘴的石灰石实在不好吃。大量的 *Halimeda* 在珊瑚礁上聚集，并被成壳生物黏合在一起。

图 14.8　这种含钙的绿藻(*Halimeda*)是许多能在珊瑚礁上形成沉积物的主要生物中的一种，这种植物重量的 95%是碳酸钙，只在其表面有一层很薄的活组织。当组织死亡时，每个片段分离且只留下石灰石。

许多其他生物也形成碳酸钙沉积物，所以也对珊瑚礁的生长有贡献。有孔虫、蜗牛、蛤和其他软体动物的贝壳是其中非常重要的部分。海胆、苔藓动物、甲壳动物、海绵动物、细菌和其他生物的寄主都增加或帮助结合碳酸盐沉积物。珊瑚礁的生长确实是一个真正的团体合作的成果。

珊瑚藻　在组织中有碳酸钙沉积的红藻。　第 6 章，112 页。

苔藓虫　小的、薄壳状的动物，它能产生纤细的、通常像花边样的骨骼。　第 7 章，143 页；图 7.32。

原生动物　通常很微小，有碳酸钙质壳。　第 5 章，104 页；图 5.9。

碳酸钙沉积物的积累在珊瑚礁的生长中扮演了一个重要的角色。一种含钙的绿藻 *Halimeda* 和珊瑚碎石占了沉积物的大部分，但是其他许多生物也对沉积物有贡献。　302

礁石上的大量沉积物来自于生物分解固体礁石的活动，而不是它们自己沉积碳酸钙。许多生物用一些更坚硬的结构从礁石上刮取或咬食食物。例如，鹦嘴鱼，因为它们融合的牙齿形成了一个鹦鹉样的喙而被命名。海胆用它们的亚里士多德提灯从礁石上刮取藻类。在这个过程中，这些海胆和其他的许多食藻动物从礁石上去除一些碳酸钙而形成沉积物。尽管这些生物所创造的一些沉积物事实上被再次融合到珊瑚礁的结构中，但它们导致的侵蚀，或者生物侵蚀倾向于把这些礁石磨损掉，其他许多生物，包括海绵、蛤、多毛目环节动物和其他的蠕虫，甚至藻类都可以通过在礁石的石灰石打洞或穿透而导致生物侵蚀，它们或者将礁石刮走而形成沉积物，或者将其溶解。

在珊瑚礁群落中，生物侵蚀者还有其他的主要作用，它们的钻孔行为为珊瑚礁的框架结构制造了空间、隐匿处和裂缝，其他的生物可藏身其中。事实上，更多的生物生活在珊瑚礁框架结构的内部，而不是在其表面上。只有在珊瑚虫、珊瑚藻和形成沉积物、结合沉积物的生物形成石灰石的速度快于生物侵蚀的速度时，珊瑚礁才会生长。

珊瑚礁生长的条件

其他的生物可能很重要，但是珊瑚礁的发育离不开造礁珊瑚虫的参与。珊瑚虫有其特殊的条件要求来决定在哪里建造珊瑚礁。比如说，在软底质上很少有珊瑚礁，因为珊瑚虫需要在硬底质上才能附着。

光照与温度　珊瑚虫只能在浅水中生长，那里光可以穿透，而珊瑚虫所依赖的虫黄藻需要光才能生存。钙化藻同样也需要光。特定的珊瑚虫和海藻有不同的深度限制，有些可以比其他的种类生活得更深——但是珊瑚礁很少在超过 50 m 的水中发育。正因为如此，珊瑚礁只在大陆架、海岛周围和海底山丘的顶部才能被发现。很多类型的珊瑚虫生活在深水区，而且不需要光照，但是这些珊瑚虫不含有虫黄藻，也不能够建造大型的珊瑚礁构造(参见“深海珊瑚礁群落”，312 页)。珊瑚虫还喜欢清澈的海水，因为被沉积物和浮游生物所遮蔽的海水减少光线的通透。

303

珊瑚虫是具有极强适应力的动物。它们有各种各样的形状、大小和许多种取食的方式。所以，它们有不止一种的生殖方式也就不足为奇了。

珊瑚的一种生殖方式和生长一样重要。当作为个体的水螅体通过无性生殖的方式分裂产生新的水螅体时，作为整体的珊瑚虫群体获得了生长。当一部分珊瑚断裂下来并长成一个新群体时，这个过程获得进一步的发展。通过碎片进行生殖对一些珊瑚种类来说尤为重要，它们可以更加适应于轻易地产生更多的碎片。破碎的珊瑚碎片长成一个新的群体是珊瑚礁从风暴造成的损伤和其他干扰中恢复的重要步骤，移植珊瑚碎片也是科学家和环境保护组织帮助恢复受损珊瑚礁的一种方法(参见“生境修复”，419 页)。一些珊瑚，特别是自由生活的种类，通过出芽的方式进行无性生殖(参见图 4.19a)。

珊瑚也进行有性生殖。它们产生卵子和精子，随后融合并发育成浮浪幼体，这是一种腔肠动物的典型幼虫。一些珊瑚是雌雄异体的，但是大约 75% 是雌雄同体的，可以同时产生精子和卵子。受精的方式同样有所不同。一些珊瑚不论是雌雄同体还是异体，卵细胞都在体内受精和发育。但是，大多数珊瑚种类是开放式生殖，它们将精子和卵子释放到水中。

珊瑚有性生殖中最壮观的方式是集体排放精卵，同一个珊瑚礁上的不同种类的珊瑚虫同时排放精卵。第一次有关集体排放精卵的报道是在大堡礁，通常在每年 10 月和 12 月上旬月圆后的几个夜晚中进行。在一个给定的地点，集体排放精卵现象发生时间通常可以被预测到某个夜晚。自从在大堡礁发现这种集体排放精卵现象以后，在全球的其他许多地方也发现了这种现象。

繁殖的珊瑚从它们的口中排出精子和卵子。在一些珊瑚种类中,配子被包装在一个小包囊中,其中可能含有精子和卵子或只含其中一种。包囊在水面上漂浮,卵子和精子得以混合在一起。

没人知道珊瑚虫为什么要集体排放精卵。可能是这样可以使捕食者吃饱而使得大部分的卵子得以保存,还可能与潮汐有关。也有可能是因为我们不知道的原因。另一个有意思的事情是若群体排放精卵出现在一个珊瑚礁上就不会出现在其他的珊瑚礁上。是否这些珊瑚礁有什么不同呢?找到这个问题的答案可能需要研究珊瑚的生物学家花费一段时间。

造礁珊瑚虫被限制在暖水地区,只要当平均水温在20℃以上时,珊瑚虫才能生长和繁殖。大部分的珊瑚礁生长在相当温暖的水域里。说明了珊瑚礁和水温之间的关系。

珊瑚虫需要光照和温暖的温度,所以珊瑚礁只能在温暖的浅水中生长。

海水过于温暖同样对珊瑚礁有害,虽然上限温度有波动,但通常在30～35℃之间。珊瑚对热或其他压力的第一个外部信号是白化,这时珊瑚排出了它体内的虫黄藻(参见图18.2)。它之所以被称为白化是因为金黄褐色或淡绿色的虫黄藻赋予了珊瑚大部分的颜色;当没有这些虫黄藻时,珊瑚的组织是几乎透明的,并且因为里面的石灰石骨架而使珊瑚看起来是白色的。当有环境压力时,珊瑚也会分泌大量黏液。通过剩余的少量虫黄藻的再生长或者从水中获得新虫黄藻而重新获得共生体,珊瑚虫可以从白化状态中恢复过来。可是,如果温暖的环境持续时间太长或者温度太高,珊瑚将会死亡。 304

亚里士多德提灯 在海胆中存在的一种复杂的、由碳酸钙质($CaCO_3$)的牙和相关肌肉组成的结构。 第7章,145页。

温度的界限随珊瑚种类和地域的不同而不同,例如,生活在温暖地区的珊瑚比生活在凉爽地区的珊瑚更能耐高温(图14.9)。珊瑚也能适应环境的波动。例如,在波斯湾的某些珊瑚礁地区,那里的温度变化在16～40℃之间。其共生的虫黄藻的不同种类或株系有不同的温度适应的能力,这可能有助于珊瑚对温度的适应。白化可能仅仅是因为两个共生者中任一个因环境压力而被削弱或受损,也可能是由病毒或其他致病微生物导致。但是有越来越多的证据表明珊瑚可能通过白化排出适应能力差的虫黄藻是为了获得适应能力更好的共生生物,尽管这一假设还有争议。

无论什么情况下,珊瑚耐热的上限通常不会比它生活环境中的正常温度范围高很多。当珊瑚暴露于正常温度范围之外将会受到损伤。这种情况可能在极低的潮位时发生,当珊瑚中的浅水洼被从海水的环流中分离出来时,因为被太阳所加热,那里的水便可能高到致命的温度。通过排放受热的水,核发电站也能杀死珊瑚。

厄尔尼诺(参见"厄尔尼诺—南方涛动现象",349页)通常将温暖的海水带到海洋的许多地方,当厄尔尼诺现象发生时,通常会有大范围的珊瑚白化和死亡现象。在1997～1998年那次强烈而不寻常的厄尔尼诺现象中,世界上的许多珊瑚礁发生了严重的白化现象。这可能是由于不正常的温暖海水引起的直接结果。在一些地方,包括加勒比海和大堡礁的许多部分,白化并没有杀死许多珊瑚,并且珊瑚礁在海水冷却后很快恢复。在另一些地方,例如,印度洋、东南亚和遥远的西太平洋,许多珊瑚在白化后死亡,一些珊瑚礁甚至被严重破坏。这其中的许多珊瑚礁已经缓慢恢复或者再也无法恢复。

自1997～1998厄尔尼诺现象之后,几乎每年高水温都导致其他一些更加区域化的白化事件的发生。研究珊瑚礁的科学家越来越关注由于全球气候变化而导致的越来越频繁和严重的白化事件(参见"生活在温室中:我们日益变暖的地球",406页)。另一方面,白化是自然现象,这一现象可能在过去经常发生,但由于许多珊瑚礁处于偏远的地区而无法发现。今天,科学家利用卫星不断监测海面表层水温,并且能运用互联网在白化事件发生时及时进行报道。厄尔尼诺也是一个自然事件,最近的这些强烈而不寻常的厄尔尼诺导致如此大范围的白化现象,从某种程度上说可能也是正常和随机的波 305

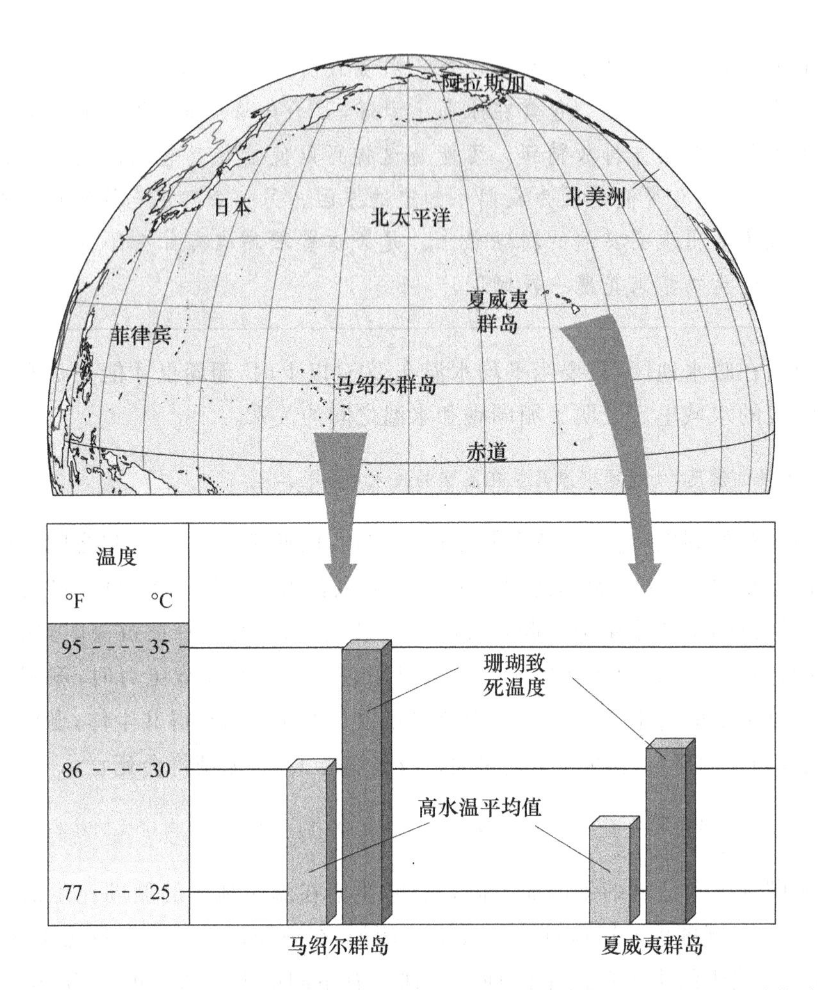

图 14.9 珊瑚温度的上限与它们所处位置有关。如,马绍尔群岛平均水温比夏威夷高。在一年中最热的几个月里,马绍尔群岛平均高温都要高好几度。在马绍尔的珊瑚相应地就能忍受较高的温度。为什么你会认为珊瑚能忍受的最高温度会高于当地的平均高温呢?

动。事实上,储存在珊瑚化石氧同位素中的温度记录表明,在过去的1000年中,最强烈的厄尔尼诺现象发生在17世纪中期,早在工业革命的大烟囱开始排放大量的二氧化碳和温室气体之前。但是至少在过去的50～100年间,许多珊瑚礁海域的海水在稳定地变暖,并且气象学家预计,随着全球气候变暖这一趋势仍将持续。与其他的人为导致的环境压力一起(参见"珊瑚礁",403页),这种海水升温现象将威胁到全世界的珊瑚礁。

盐度,沉积物和污染 大多数珊瑚对盐度的降低很敏感,例如,许多珊瑚在河口会长得不好,那里有大量的淡水输入。这并不仅仅是因为盐度的降低,同时也由于河水带来了大量的粉沙沉积物,它通常是对珊瑚不利的。沉积物使海水变得浑浊,减弱了虫黄藻所需要的光照。尽管珊瑚能够通过分泌黏液带走沉积物,从而在一定程度上实现自我清洁,但珊瑚表面的沉积物可将珊瑚闷死或导致病害。

一些珊瑚能忍受大量的沉积物,甚至利用富含有机物的沉积物颗粒,在泥沙的环境中形成珊瑚礁。然而大多数珊瑚是生活在干净、沉积物少的水中的,并且易受到大量沉积物的伤害,除非有足够的波浪或水流运动将沉积物冲走(参见图14.10)。世界上许多珊瑚礁受到诸如开矿、采伐、建设和疏浚等人类活动的损害,这些活动大大增加了流到珊瑚礁上的沉积物。

珊瑚对各种各样的污染也很敏感。甚至像低浓度的杀虫剂和工业废水这样的物质都能伤害它们,珊瑚的幼虫则尤其敏感。如果浓度过高,营养物质同样对珊瑚礁的生长有害。人类在污水中排放的大量营养物质,以及农田冲刷带走的肥料都一并运送到海中。这些营养物质可以直接通过干扰珊珊瑚礁骨架的形成而损伤珊瑚，更重要的是，营养物质改变了群落的生态平衡。大多数珊瑚生活在天然的低养分环境中，在这种贫营养水体中，水草不会长得很快，而且还处于食草动物控制下，这样可以使珊瑚成功地竞争到空间和光照。当养分增加时，水草生长加快，遮蔽光照并且使生长缓慢的珊瑚得不到充足的氧气。当捕鱼减少了食草鱼类和其他生物种群时，这就成了一个特别的问题。

珊瑚对淡水、细微的沉积物、包括高浓度的营养物质在内的污染很敏感。

图 14.10　在有许多波动作用的地方，珊瑚通常很繁盛，水的运动能够避免沉积物沉积在珊瑚上，还可以带来食物、氧气和营养。

卡内奥赫(Kāne'ohe)海湾的故事　富营养化会产生有害的影响，其中一个著名的例子发生在夏威夷岛的一个封闭的海湾。卡内奥赫海湾位于O'ahu岛的东北海岸，曾经拥有夏威夷最绚烂夺目的珊瑚礁。一直到20世纪30年代海湾附近的区域很少有人居住。在二战之前的一段时间，随着军队在O'ahu岛的驻扎，人口开始增加。人口增加一直持续到战争之后，该岛屿的海岸被开发为民用住宅区。

日益增加的人口产生的污水处理后排放到这个海湾，到1978年，大约每天约有20 000 m^3 污水进入海湾。在那之前很久，实际上是在20世纪60年代中期，海洋生物学家开始注意到了海湾中部不寻常的变化。含有丰富的营养物质，污水充当了海藻的肥料。这种环境很适合一种绿藻——气泡藻(*Dictyosphere cavernosa*)的胃口，所以它们生长得极快，覆盖了海湾许多区域的底部。气泡藻开始过度生长并使珊瑚窒息死亡。浮游植物群落也随着营养的增加而成倍增加，将水体遮盖住。卡内奥赫海湾的珊瑚礁开始死亡。这种因为营养物质的加入而引起的藻类加速生长被称为“富营养化”，(参见“富营养化”，404页)。

306

暂时，故事似乎有了一个满意的结局。当曾经一度很美丽的珊瑚礁窒息而死的时候，科学家和公众开始呼吁。经过一段时间后，直到1978年，公众的压力最终使向海湾排放的污水大大减少，污水被转移离开海岸。结果是戏剧性的，海湾里大部分的球藻死了，海湾里的珊瑚开始恢复且速度比任何人想象的都要快。到20世纪80年代早期，球藻已经很少了，珊瑚又重新开始生长。虽然珊瑚礁并不是像以前一样，但好像已经开始恢复了。

后来污染的恶魔显露出了它丑陋的嘴脸。在1982年1月，Iwa飓风袭击了卡内奥赫海湾。由于在污染时珊瑚礁的一层骨架被削弱了，所以变得脆弱和易碎。当飓风来袭时，这脆弱的一层坍塌了，许多珊瑚礁被严重地破坏。幸运的是，珊瑚礁已经开始恢复，断裂的碎片还能长成原来的样子。如果飓风在受污染期间来袭的话，卡内奥赫海湾的珊瑚礁和它给捕鱼、旅游、娱乐带来的好处可能就永远消失了。

在20世纪80年代早期看到的卡内奥赫海湾珊瑚礁的快速恢复没能够持续下去，到了90年代，恢复已经趋于平稳。随着球藻的再一次大量生长，某些区域甚至又开始倒退。对于这一点有许多可能的解释，尽管大部分的污水现在排放到海湾的外面，但是一些营养物质仍从船、各家的化粪池、污水沟和其他一些来源进入海湾。不仅如此，从原来的老排水沟排出的污水中的营养物质被贮存于沉积物中，它们甚至到30年后仍可以释放出来。也有证据表明，捕鱼业减少了吃球藻的鱼的种群数量。除此之外，食草的鱼更喜欢吃其他从夏威夷岛外引进的海藻，而不再吃球藻。因此，球藻可能大量增加，因为它们不再像以前一样那么快地被吃掉。其他引进的像球藻一样不受食草鱼欢迎的海藻，也开始大量增殖，使海湾里的珊瑚窒息(图14.11)。而恢复卡内奥赫海湾的珊瑚礁花园将比破坏它们困难得多。

图 14.11 红藻 *Eucheuma denticulatum* 被引种到卡内奥赫湾进行试验性的栽培的红藻之一，后来失去控制。这种藻过渡生长并且在海湾的很多地方令珊瑚窒息。

卡内奥赫海湾的故事绝不是个别现象。世界上大多数的热带海岸正经历过度开发和人口增长。结果就是越来越多的营养物质被排放到珊瑚礁赖以生存的海水中，许多报告表明珊瑚礁正在受到富营养化的威胁。然而最新的研究表明，增加营养物质对珊瑚礁的影响远比我们想象的复杂。实验结果显示，至少在某些珊瑚礁地区，营养并不是海藻生长的限制因素。甚至有迹象表明添加营养物质有时可能会有利于虫黄藻，使珊瑚长得更快。但是大量证据表明，富营养化是有害的，特别是当藻类捕食者减少时尤其如此。许多研究珊瑚礁的科学家把它看作是对珊瑚礁的所有威胁中最为严重的一种。

珊瑚礁的种类

珊瑚礁通常可以分为三类：岸礁、堡礁、环礁。许多珊瑚礁并不完全是其中一种或是出于两者之间。不管如何，把珊瑚礁分成这三类在大部分情况下是管用的。

307

珊瑚礁的三种主要的类型是岸礁、堡礁、环礁。

岸礁

岸礁是最为简单也是最为常见的珊瑚礁。只要硬质的表面让珊瑚幼虫附着，它们就可以在热带的近岸地带遍布发育。岩石的岸线为岸礁提供了最好的条件。只要那里有一小块硬质的底质让珊瑚虫站稳脚跟，岸礁也可以生长在柔软的底质上。一旦它们开始发育，珊瑚虫便可以制造自己的硬底质，于是珊瑚礁进行缓慢地扩张。

正像它们的名字所暗示的那样，岸礁生长在沿岸带的狭长地带或边缘地带(图 14.12)。岸礁的出现非常接近于陆地，因此它们易于受到泥沙的沉积、淡水的注入和人类活动干扰的影响。无论如何，在合适的条件下，岸礁将是非常壮观的。事实上，世界上最长的珊瑚礁(虽然不是珊瑚最大面积的地区)并不是有名的澳大利亚的大堡礁，而是在红海沿岸绵延 4000 km 的一段岸礁。这个岸礁发育如此良好，其部分原因是干燥的气候和没有河流带入泥沙和淡水。

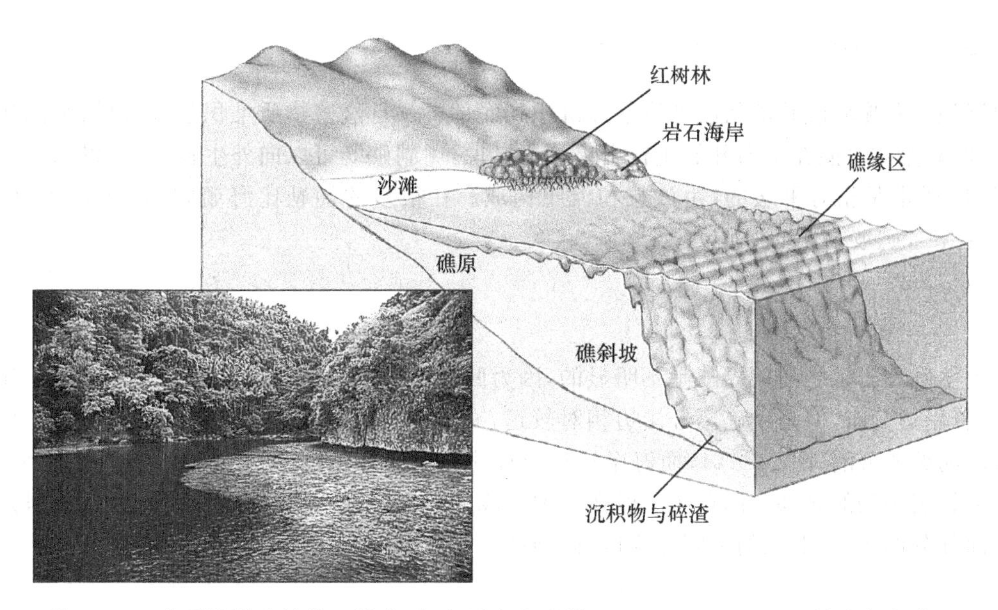

图 14.12　典型的岸礁结构。岸礁，如在西南太平洋 Bismarch Archipelago 的这个岸礁一样，可以一直生长到岸边。

在图 14.12 中显示出典型的岸礁结构。根据地方的不同，海岸可能是陡峭的和多岩石的，或者有红树林和海滩。珊瑚礁自身由一个内面的礁坪和外面的礁坡组成。礁坪是珊瑚礁宽度最大的部分。它很浅，有时候会暴露在低潮带(图 14.15)，并且缓慢地向海洋倾斜，因为更加接近于陆地，它是岸礁中最容易受到沉积物和淡水径流强烈影响的部分。它的底质原先是沙粒、泥土或者珊瑚礁碎片。在这里有一些活的珊瑚虫，但是与礁坡相比既没有很多的群落也没有很多不同的种类。海藻、海草和软珊瑚虫有时也会占据礁坪，有时形成很厚的覆盖层。

礁坡非常陡峭，实际上几乎是垂直的。它是岸礁中珊瑚虫种类最为丰富和覆盖最为密集的地方(图 14.13)，因为礁坡远离岸边，所以受到沉积物和淡水的影响最小。另外，冲刷礁坡的波浪提供了很好的环流，并带来了营养和浮游动物，把细小的沉积物冲走。礁顶是礁坡位于浅水区的上边缘。与礁坡相比，礁顶的珊瑚虫的生长更为繁盛。如果那里的波浪作用强烈的话，礁顶可能会含有藻脊，在其下生长着丰富的珊瑚。因为在深水区的光线很少，礁顶的深水区的部分只有很少活的珊瑚虫，珊瑚虫的种类也很少。 308

图 14.13　鹿角珊瑚(掌状鹿角珊瑚，*Acropora palmata*)是加勒比海和佛罗里达岩礁礁坡上的优势珊瑚。它的宽阔的分支平行地伸展到水面以收集光照。这个群落受到叫做白带病的疾病的侵害。(参见“珊瑚礁”，303 页)

岩礁生长在近岸，由内部的礁坪和外部的礁坡组成。

大量的沉积物和珊瑚礁碎渣从礁坡滚落并沉积到底部。一旦这些物质堆积起来，根据水深和其他的因素的情况，珊瑚生物可能在上面开始生长出来。所以说，珊瑚礁既可以向外生长，也可以向上生长。在礁坡之外，海底通常是相对平缓的，由沙粒和泥土构成。在很多的加勒比海珊瑚礁，乌龟草(*Thalassia testudinum*)主宰了礁坡之外的海底。

堡礁

有些时候堡礁和岩礁之间的界限是不明显的，因为两种类型都可能会过渡到另一个类型。和岩礁一样，堡礁也沿着岸边分布，但是堡礁离开岸边相对较远，有时甚至超过 100 km 或者更多。堡礁与海岸被一个相对深的泻湖所分隔(图 14.14)，而海岸边很可能也有岩礁。由于极少受波浪和海流的影响，泻湖通常有一个柔软沉积物的底部。海草床一般在泻湖较浅的部分生长。散落分布的珊瑚礁，根据其生长靠近海洋的表面部分的大小、形状的不同分为斑礁、珊瑚丘、尖礁。

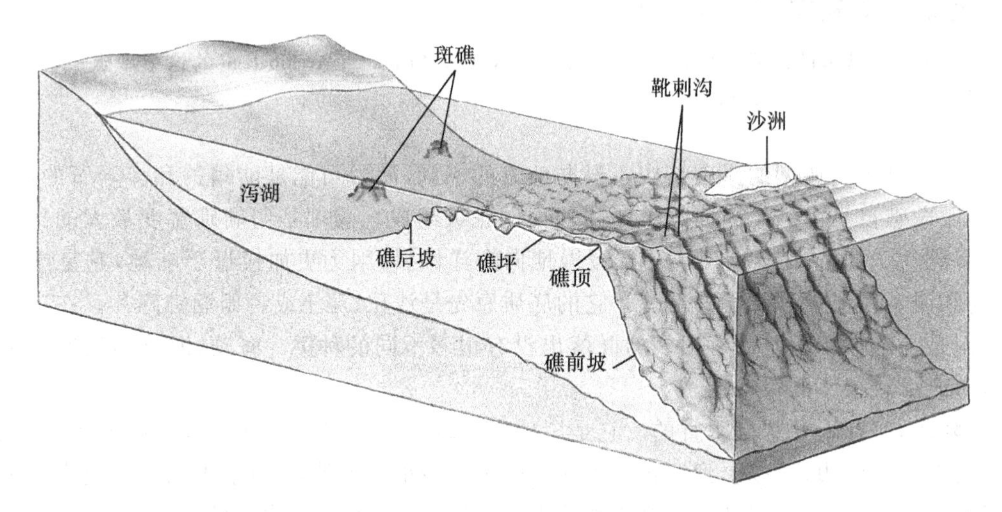

图 14.14　典型的堡礁结构。

堡礁由背礁边坡、礁坪、礁前坡组成，它与岸礁的礁坡相对应，还有一个礁顶。后坡可以很缓也可能与礁前坡一样陡。受到堡礁的其他部分的保护，它免受波浪的冲击，但是波浪把大量的沉积物从珊瑚礁上冲刷到斜坡里。结果是，在礁后坡上的珊瑚虫通常没有在礁前坡上的珊瑚虫生长旺盛。情况也不完全如此，有些礁后坡，特别是较缓的类型，珊瑚虫也可以获得繁茂的生长(图 14.15)。

礁坪和岩礁的一样，是一个浅的近乎平的平台。沙子和珊瑚碎渣斑块中点缀着海草、海藻床、软珊瑚虫以及紧密的珊瑚斑块。波浪和海流可以把沙子堆积而形成小的沙岛，叫做沙洲，在美国又叫 key。

最为繁盛的珊瑚生长一般位于外侧礁顶。如果珊瑚礁暴露在波浪作用下的话，在礁顶上会有一个非常发达的藻脊，而就在礁顶之下珊瑚的生长最为丰茂。暴露的前礁通常有一系列的指状突起与沙沟交替排列(图 14.14 和 14.16)。是什么导致它们的形成一直存在争论，它们叫做脊-槽或者礁脊。风、波浪或者二者一起肯定在参与其中了，脊-槽的构造起初是从礁坡开始发生的，而礁坡暴露在连续不断的强风之下。这些构造在堡礁，环礁，有时候在岩礁也可以看到。

309

礁前坡的变化可以从相对的缓坡到几乎垂直。坡度取决于风和波浪的作用、沿着坡滑落的泥沙的量、珊瑚礁底部的底质和深度以及其他的因素等。和其他的珊瑚礁一样，在礁前坡上的珊瑚虫的丰度和多样性随着深度的增加而下降。珊瑚虫的生长状况也在礁前坡上有所变化。在礁顶的珊瑚虫，因为受到海浪的拍打，通常都是矮胖的和结实的，很多的是又大又重的。在礁顶之下，珊瑚形状的变化则非常丰富。无论它们形成枝状的、柱状的还是螺旋状的，在这个地带的珊瑚一般都是垂直向上生长。这可能是

图 14.15　在一个太平洋堡礁上的一个种类丰富的礁后坡。

图 14.16　在西北夏威夷群岛 Kura 环礁上的脊-槽的形成。隆起的是珊瑚的脊；浅色的槽（箭头）把沙子向礁坡下运送。西北夏威夷群岛上包括了美国水域 70% 的珊瑚礁，也是世界上最大的相对原始的珊瑚礁地区。

对竞争的一种适应吧。像摩天大楼一般向上生长而不是向外生长的珊瑚需要更少的空间来附着。它们也不容易被遮阴，而且一旦它们伸展到顶部就可以遮住相邻的珊瑚和藻类。在较深的礁坡，珊瑚喜欢生长在平的层面上，这样可能帮助它们获得光线（图 10.1）。

最大也是最为著名的堡礁是大堡礁。它在澳大利亚的东北沿海地区绵延超过 2000 km，宽度变化在 15～350 km 之间，所覆盖的面积超过 225 000 km^2。虽然不是世界上最长的珊瑚礁，但是大堡礁覆盖着如此巨大的地方，而且如此复杂和发育完美，所以大堡礁一般被认为是最大的珊瑚结构。实际上，大堡礁不是一个单独的珊瑚礁,而是一个由2500个小的珊瑚礁、礁湖、通道、岛屿和沙洲组成的系统。

加勒比海最大的堡礁位于中美洲伯利兹城(洪都拉斯首都)之外的海岸带。其他比较大的堡礁包括佛罗里达珊瑚礁地区以及与新喀里多尼亚(南太平洋)、新几内亚、太平洋的斐济等诸岛屿相连的堡礁。另外还有其他很多小的堡礁,在太平洋尤其如此。正像大堡礁一样,这些堡礁通常不是单独的珊瑚礁而是由小珊瑚礁组成的复杂系统。

环礁

310

环礁是一个环形的珊瑚礁,通常由沙洲或岛屿围绕着一个中心的泻湖组成(图14.17和14.18)。绝大部分的环礁位于印度西太平洋地区,也就是热带印度洋和西太平洋地区。环礁在加勒比海和热带大西洋的其他地方分布很少。与岩礁和堡礁不同,环礁可以在远离陆地的地方,从数千米或者更深的地方生长出来。实际上四周没有陆地,所以也没有来源于河流的粉沙,极少淡水流入。沐浴在纯蓝色的海水中,环礁展示着壮观的珊瑚生长图景和绝佳的清澈水质。真是潜水者梦寐以求的地方啊!

图14.17 Fulanga环礁,位于斐济的南太平洋区域。

环礁结构 环礁大小从直径小于1英里的小环到超过30 km的完好的系统。两个最大的环礁是Suvadival,在印度洋的马尔代夫群岛的苏瓦地瓦,和中太平洋的马绍尔群岛的夸贾林环礁。这些环礁覆盖的水域超过1200 km^2。环礁可能包括十几个或者更多的岛屿,是成千上万人的居住之所。

一个环礁的礁坪与岩礁和堡礁的礁坪很相似:是一个平的而且浅的地区。礁前坡、礁后坡可以分别被当作外坡和内坡,因为它们在环状环礁的四周一路延伸。

环礁的礁顶受到风和海浪的强烈影响。因为大部分的环礁位于季风带,通常风持续从一方向上吹来。结果,风以不同的方式影响着环礁的各个部分。可以抵抗海浪连续拍打的成壳的珊瑚藻,在环礁迎风的一面的礁顶上,形成一个明显的藻脊。在加勒比海少数的环礁上,珊瑚藻可能被特别抗风浪的珊瑚所代替。藻脊在下风或者受保护的环礁一侧不是很明显或者缺乏。脊槽的形成也是在迎风的一面得到更好的发展。

前礁,或者外坡几乎是垂直的,虽然还有一系列的突出和悬挂结构。珊瑚礁岩石质的壁向下延伸到非常深的地方,远远超过活着的珊瑚自身的分界线。水可以是数百米,甚至数千米深,但仅仅从珊瑚礁向

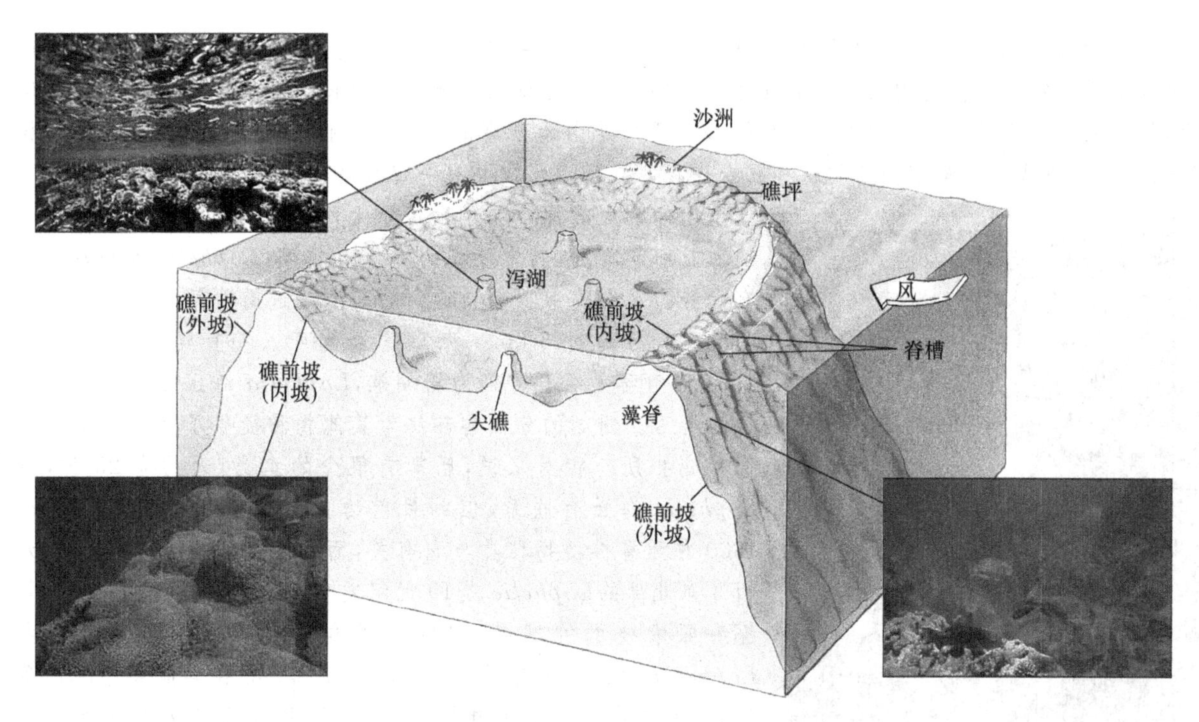

图 14.18 环礁的典型结构。

下悬垂了一块石头而已。

另一方面，泻湖相对要浅，通常只有 60 m 深。泻湖底部非常不平坦，有很多凹陷和小尖塔。有些小尖塔几乎伸出水面，然后形成"小小环礁"——在泻湖之内的小的珊瑚环。

环礁是围成环形的珊瑚，由陡峭的外坡围绕着一个浅的泻湖。 311

环礁是如何形成的 当环礁被发现的时候，科学家难以对它们作出解释。人们都知道珊瑚只能生长在浅水中，但环礁却生长在大洋的中央，在非常深的海水中。所以，环礁不可能从大洋的底部生长出来。如果珊瑚从某些已经存在于那里的接近于水面的结构上，比如说一个海底山脉，生长出来，那么为什么没有关于它的任何迹象？在环礁之上的岛屿只是简单的沙洲，它们是由珊瑚沉积物的积累而形成的，而且不会离开珊瑚礁而存在。它们是环礁的产物，而不能够为珊瑚的生长提供原始的基础。最后，为什么环礁总是形成环形？

季风 地球上最稳定的风，从大约 30°的纬度吹向赤道。 第 3 章，54 页，图 3.18。

沉降 地壳的一部分缓慢沉入含有一块大陆的地幔的过程。 第 11 章，236 页。

深海珊瑚礁群落

那些建造热带珊瑚礁的珊瑚虫沐浴在浅水区的阳光下，但是有超过 700 个种类的珊瑚虫常年生长在寒冷漆黑的深水区。深水珊瑚分布在世界各大洋超过 6000 m 深的海里。它们并不含有虫黄藻，因为在没有光线的海底，虫黄藻对众多珊瑚虫来说是毫无用处的。它们以用触手捕获来的海洋浮游生物为食，通常生长在有强对流的海域以获得食物。 312

大约有 20 种深水珊瑚直接参与或者有助于被称为生物岩礁的海丘的建造。这些海丘通常形成在大陆斜坡、海岭或水下深达 1500 m 的其他结构上。在一些地方，以挪威海湾为例，它们出现在水下 40 m 深处。这些结构通常被称为“珊瑚礁”,但是礁这一个词最早是一个航海术语,表示海上足以让船搁浅的地区,它的地质学定义是由珊瑚虫形成的固体碳酸钙结构。尽管深水珊瑚海丘包含了大量的石灰质的珊瑚碎片,但它们几乎都是泥浆。似乎这种丘的形成不只是由于珊瑚的生长,同时更是因为有利于沉淀物积累的水流循环方式。科学家们猜测这些丘或许在寒流附近形成并且一定程度上依赖化合反应。

未受扰动的 *Lophelia pertusa* 是很多鱼类和无脊椎动物的家

已知最大的深水珊瑚丘位于大西洋东北大不列颠和斯堪地纳为亚海岸附近,其中分支的冷水石珊瑚(*Lophelia pertusa*)占有优势。个别的海丘生长达到的高度超过周围泥质海底 300 m,其基础直径超过 5 km。海丘复合体可以一直延伸到方圆 45 km。不管你是否称它们为珊瑚礁,*Lophelia* 海丘维持了丰富多样的群落。珊瑚的分支和碎片为其他物种提供了坚硬的附着表面和庇护所。相对来说,已知有很少的鱼类,大约有 25 种,与 *Lophelia* 海丘有联系,但到目前为止科学家已经发现了多达 1300 种无脊椎动物种类与它有关,而且应该还有更多。位于大西洋东北部的*Lophelia* 是19 世纪发现的,但直到 20 年前,随着深海探索技术的发展,它的全景和多样化才显露出来。由 *Lophelia* 和其他深海珊瑚形成的海丘也分布在其他大洋的许多地方,维持着类似的多样性生物群落,并且随着深海探索的继续,越来越多的海丘正在被发现。

像其他海岭生物群落(参见“深海中的生物多样性”,372 页)一样,在大陆斜坡上的深海珊瑚群落受捕鱼拖网的威胁也正在增加。很多浅水渔场已经耗尽,迫使捕鱼者将拖网抛向深海。拖网能粉碎易碎的珊瑚并且在海床上挖出巨大的弧口凿。很多国家已经禁止在已发现珊瑚海丘的地方使用拖网,不幸的是这些多样性群落仍然得不到保护。

环礁的形成之谜已经被达尔文在 19 世纪中叶揭开。达尔文以他的自然选择进化论而闻名,环礁形成理论是他对科学的又一重要贡献。

达尔文推断环礁的形成可以解释为珊瑚礁在下陷海岛上的形成。当一座海底火山爆发形成一个火山岛时,环礁就开始形成了。珊瑚迅速占领这个新海岛的沿岸,一个岸礁群逐渐形成(图 14.19a)。对于大多数岸礁来说,外围的珊瑚生长是最茂盛的,而内部的珊瑚则强烈地受到来自岛屿的沉淀物和径流的影响。

令人惊奇的是,整整一个世纪都没人理睬达尔文的环礁形成假说。而当时很多别的科学家提出的各种各样的假说都行不通。最后,科学家们发现了决定性的证据证明:达尔文是正确的。与其他假说不同,达尔文推测在珊瑚礁形成的厚厚的碳酸钙帽子下面应该会有火山岩石——最初的岛屿。19 世纪 50 年代,美国地质调查局在位于马歇尔岛的埃尼威托克环礁上钻了一些很深的洞,取出的岩芯准确地证明了达尔文的预测:在远离碳酸钙表面的底下是火山岩石。碳酸钙的厚度给人留下了深刻的印象,位于埃尼威托克之下的火山岛上竟覆盖了厚达 1400 m 的碳酸钙!

现在几乎所有的科学家都认为达尔文的假说是正确的。当然还有许多细节需要完善,特别是海平面变化的影响(参见“海平面的气候和变化”,36 页)。当海平面太低,环岛可能露出表面,珊瑚就会死亡,珊瑚礁将被风雨侵蚀;如果海平面上升太快,环礁将会被淹没,而珊瑚不能在深海中生长。在上述两种情况下,只有当海平面恢复正常后珊瑚重新占领环礁。

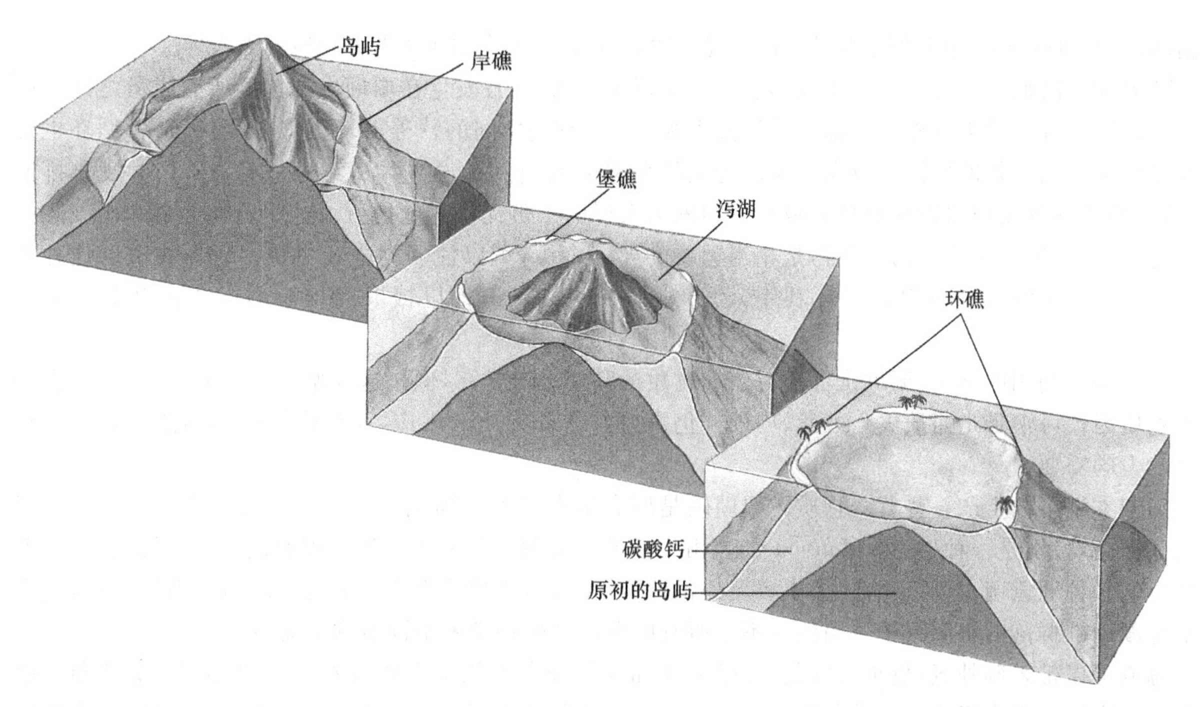

图 14.19　(a) 环礁的形成是从围绕着火山岛岸礁开始的；(b) 随着岛屿缓慢下沉，礁坪变得越来越宽、越来越深，最终形成一个泻湖。在这一阶段，岸礁演化为堡礁；(c) 最终岛屿完全下沉，仅仅留下一圈活的生长的珊瑚礁——环礁。

珊瑚礁生态

珊瑚礁或许给地质学家留下了深刻的印象，但对于生物学家来说它们简直是令人敬畏的。它们轻而易举地就成为所有海洋生态系统中最富饶多产和最复杂多样的生态系统。毫不夸张地，在一片珊瑚礁上就可以生活着成千上万的物种。这些不同的物种怎样生存？怎样相互影响？在珊瑚生态系统中扮演怎样的角色？这些问题以及其他难以计数的问题强烈吸引着研究珊瑚礁的生物学家们。

但是，我们回答这些问题的能力极其有限。部分原因是由于珊瑚礁是如此的复杂。仅仅持续追踪其中的各种生物就已十分艰难了，想查清它们在做什么则更是难以想象的艰巨任务。再者而言，直至上世纪后半段，大多数科学家还生活在北半球温带地区，远离珊瑚礁。结果，研究珊瑚礁的生物学家很少。直到最近数年，研究工作才有了长足的进步，但仍有许多东西需要研究。本章余下的部分将总结人们已经了解的关于珊瑚生态学的知识，并指出尚未解决的一些重要问题。

珊瑚礁的营养结构

存在珊瑚礁的热带水域通常缺少养料（参见“生产的模式”，342 页），所以只有很少的浮游植物或者初级生产力。在这些贫瘠的水域中，珊瑚礁是充满生命的绿洲。为什么周围环境毫无生机，而珊瑚礁确有如此丰富的生物群落生长呢？　314

珊瑚和虫黄藻之间的共生关系部分解答了这一问题。我们已经知道虫黄藻帮助着珊瑚：它们为珊瑚提供食物，并且帮助它们建立碳酸钙骨架。作为回报，虫黄藻又可以得到保护从而生存下来，同时有了一个稳定的二氧化碳和氮、磷等营养物质的来源。大多数珊瑚含氮、磷的废物不是直接释放到水中，而是被虫黄藻作为营养物质利用。虫黄藻利用光能，把这些营养物质合成有机化合物，然后又把这些物质传递给珊瑚。珊瑚分解利用这些有机物后，又将释放出虫黄藻的营养物质，整个过程又重新开始（图 14.6）。营养物质进行循环，一遍遍被重复利用，所以与其他的情况相比，这种机制大大减少了营养物质的需求量。

营养物质的循环不仅发生在珊瑚和它们的虫黄藻之间，而且发生在珊瑚礁群落的所有成员之间。海绵、乌贼、巨蛤等其他无脊椎动物都有共生藻类和细菌，它们之间的营养循环类似于珊瑚，这种循环也发生在珊瑚礁生物以外的群体。以靠食海藻为生的鱼类为例，它们将氮、磷和其他营养物质作为废物排泄出来，这些营养物质很快被其他藻类吸收。珊瑚为大群的小鱼提供了庇护所。这些鱼晚上离开珊瑚礁寻找食物，白天返回。鱼产生的排泄物是相当重要的营养资源，可以使珊瑚生长更快。营养物质以这种方式从以珊瑚为生的鱼那里得以循环利用，营养物质一遍又一遍地以摄取和排泄的方式在群落中不断循环。

由于循环利用的结果，珊瑚礁群落对营养物质的利用率非常高，但是这种循环不是完美的，仍然有些营养物质因被海浪带走而损失。因此，珊瑚群仍需要新营养物质的供应，仅仅依靠循环不能满足珊瑚礁高生产力的需要。

珊瑚本生可以生产一些营养物质。珊瑚礁是所有生态群落中固氮效率最高的群落之一。主要固氮者是蓝细菌，特别是一种称为 *Calotbrix* 的自由生活的固氮菌和与海绵共生的固氮菌。有证据表明，与珊瑚共生的某种固氮菌也可以固氮，为虫黄藻提供营养，不过是哪种共生菌还不清楚。因为固氮作用，氮应该不是珊瑚礁群落的限制因子。当然并不是所有的珊瑚礁生物学者都同意这个观点。

海流可以带来额外氮，更重要的是，还带来磷和其他珊瑚不能生产的营养。珊瑚、细菌、藻类和其他生物体可直接从水中吸收这些营养物质。水中只含有少量的营养元素，但只要有足够水通过，营养物质就逐渐增加。用商业术语就是"薄利多销"。重要的是流水可以带来浮游动物：一种丰富的营养资源。当浮游动物被"满是嘴的墙"捕获，浮游动物的营养物质就会传到珊瑚礁生态群落。实际上，许多生物学家认为，珊瑚捕食浮游动物为它的虫黄藻提供的营养物质与给自己的一样多。海鸟、海豚和一些大的鱼类等动物也会在珊瑚礁周围停留一段时间。它们在广阔的海洋中寻找食物，同时也把一些营养物质带给珊瑚礁生态群落。

尽管周围海水中缺少营养物质，珊瑚礁的生产力还是很高。因为营养被高强度地循环，氮在珊瑚礁上被固定，浮游动物和产生于水中的营养物质被高效地利用。

珊瑚礁生态群落营养物质的生产和高效利用导致高的初级生产力，这在珊瑚生态群落的异常丰富上得以反映出来。但是，科学家们不确定珊瑚礁上的初级生产力到底有多少，哪种生物是最重要的生产者。毫无疑问，虫黄藻是非常重要的，但它们生活在珊瑚的内部，很难测算多少有机物是它们生产的。有一段时间人们认为没有动物可以捕食珊瑚，因为在珊瑚的群体上的活组织太少。但是人们相信，尽管虫黄藻可以产生大量有机物，但大多数都被珊瑚消耗，很少一部分传递给了群落中的其他部分。一些生物学家经过仔细观察，发现越来越多的动物可以捕食珊瑚和它们的产物(图 14.20)。珊瑚虫黄藻的初级生产物不仅只对珊瑚重要，而且对整个群落都非常重要。珊瑚和它们的虫黄藻的准确初级生产量仍然未知。

海藻也是珊瑚礁生态群落中的重要初级生产者(图 14.21)，特别是那些小的、新鲜的或者细线状的类型，它们被称为地皮藻，因为它们又矮又厚地覆盖在珊瑚礁的表面。很多鱼类、海胆、蜗牛和其他动物取食海藻。地皮藻或许产生比虫黄藻更多的光合作用产物，但生物学家还不确定。

虫黄藻和地皮藻可能是珊瑚礁上最重要的初级生产者。

蓝细菌和珊瑚藻也是珊瑚礁上的初级生产者。它们可能生产的初级产物比地皮藻和虫黄藻少。

珊瑚礁生态群落

在珊瑚礁有很多的物种，它们的关系是相当复杂的。已知的它们之间的相互影响是非常吸引人的，留待我们继续研究的内容将更加精彩。

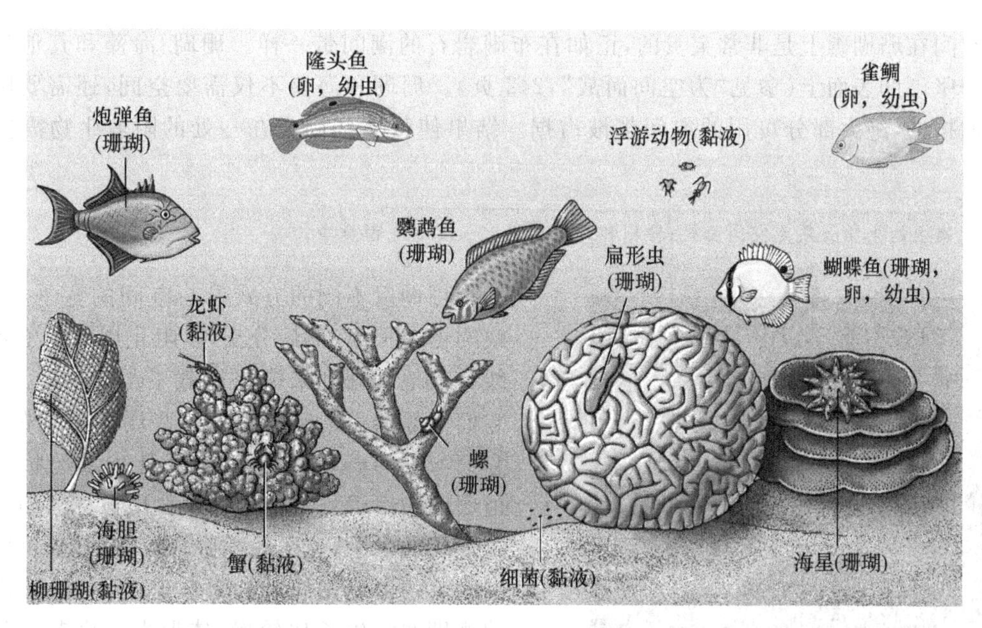

图 14.20　很多动物直接取食珊瑚,其他很多的种类食用珊瑚分泌的黏液或者它的卵和幼虫。珊瑚所含的虫黄藻产生的初级生产量以这种方式传递给珊瑚取食者,然后传递给吃它们的动物。

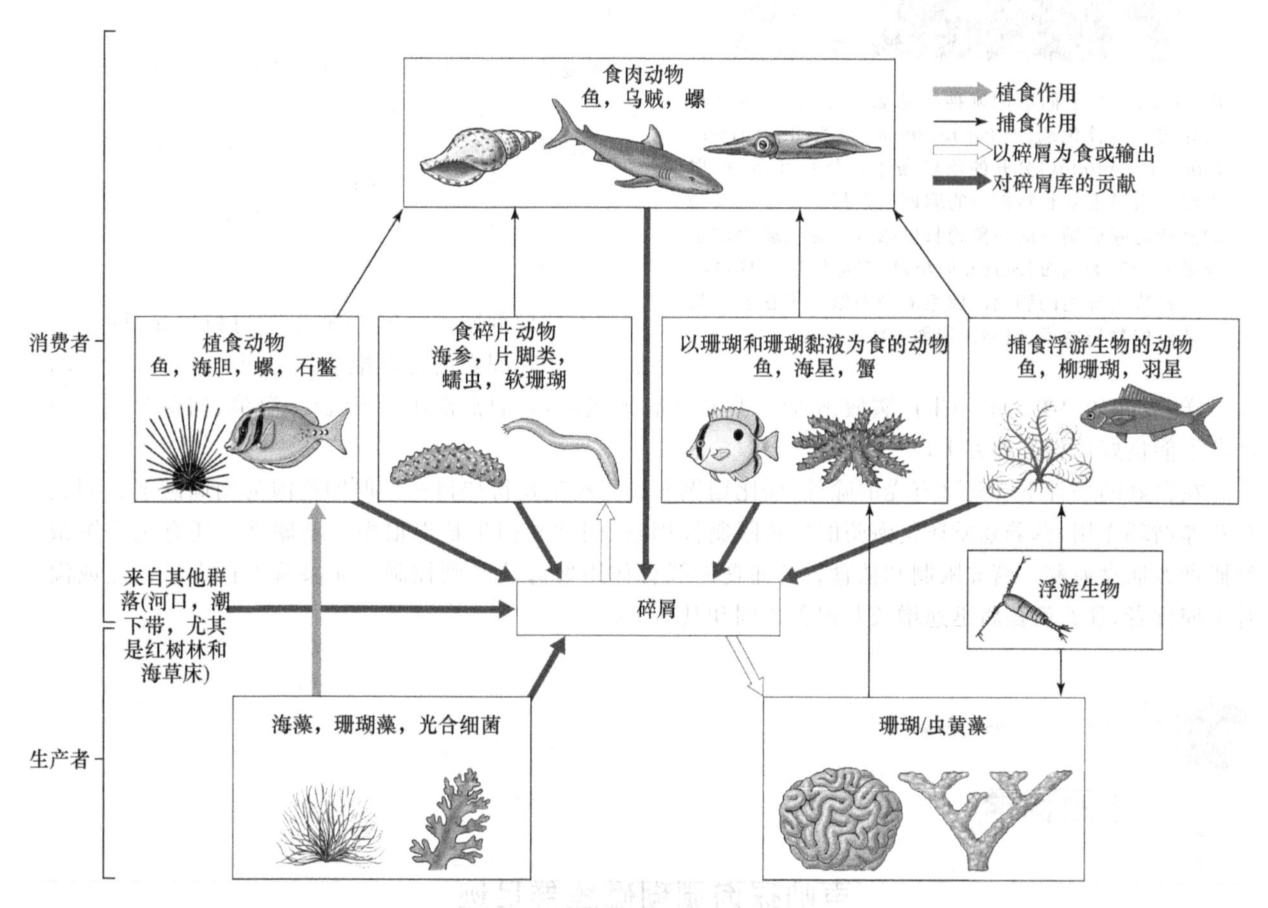

图 14.21　一个常见的珊瑚礁食物网。珊瑚礁是极端多样化的,大多数的珊瑚礁组分还包含着除了这里列出来的其他很多生物。

竞争 空间在珊瑚礁上是非常宝贵的，正如在布满岩石的潮间带一样。珊瑚、海藻和其他生物都需要附着在一个坚硬的表面上（参见“为空间而战”，242 页）。珊瑚和海藻不仅需要空间，还需要阳光。珊瑚礁是非常拥挤的，绝大部分可用的空间都被占据。结果使得那些固定在一处的附着生物需要为空间而战。

固着在珊瑚礁上的生物必须为空间而战；珊瑚和海藻则同时还要为光而竞争。

315

316

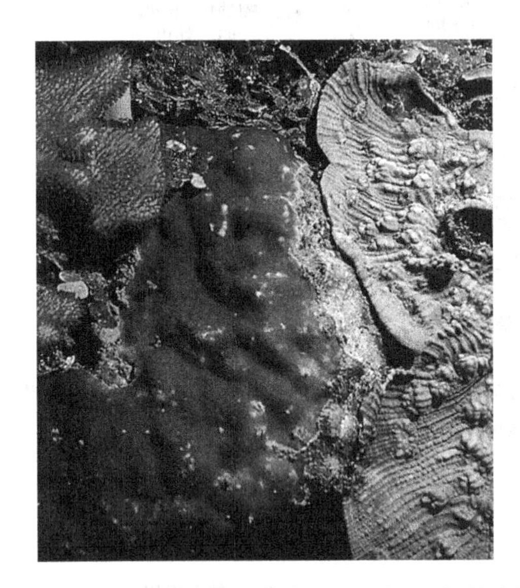

图 14.22 当不同的珊瑚种类遇到一起，它们就会相互攻击。将棕色珊瑚（*Porites lutea*）和苍珊瑚（*Mycedium elephantotus*）分开的粉红条带是死亡地带，那里苍珊瑚虫过度生长将棕色的珊瑚虫杀死。粉红色条带的宽度与苍珊瑚虫的触角的长度相当。棕色珊瑚左上角是一种软珊瑚虫（*Sarcophyton*），它可能通过释放毒素正在攻击棕色的珊瑚。棕色的珊瑚似乎卡在岩石与一块软的物质之间。（参见彩图 10）

珊瑚以不同的方式参与空间的竞争，生长速度快的迅速长高，然后分支，以阻止周围竞争者得到光线。其他珊瑚则采取更直截了当的措施，直接攻击它们的邻居（图 14.22）。一些珊瑚采用隔膜丝，当它们与别的珊瑚相接触时，就伸出细丝状来消化其他珊瑚的组织。其他珊瑚发育出被称为扫帚触手的特殊长的触手，这些触手中含有刺细胞，可以蜇伤周围的生物。珊瑚的攻击能力有所不同。攻击力最强的珊瑚通常生长比较慢，体形大。攻击力弱的珊瑚一般生长较快，垂直生长，且产生分支。这两种战略各有它们的长处，两种类型的珊瑚也都在珊瑚礁蓬勃生长。

初级生产力 通过自养作用将 CO_2 形式的无机碳转化为有机物，也就是生产食物。 第 4 章，74 页。

氮固定 将氮气转化为可作为初级生产者营养的含氮有机物。 第 5 章，100 页；表 5.1。

珊瑚虫两种主要的空间竞争方式是通过生长超越和主动攻击其邻居来实现的。

不仅珊瑚同类之间要争夺空间和阳光，同时它们与海藻和固着的无脊椎动物之间也有竞争。像珊瑚一样，成壳的藻类也必须生产碳酸钙骨骼，所以生长比较慢，它们常常在由于沉淀、海浪、捕食等原因使珊瑚不能良好生长的地方出现。

在良好的条件下，海藻（有壳的除外）要比珊瑚和成壳藻生长得快得多。但即使因为珊瑚礁上有固氮和营养循环作用，营养物质还是海藻的生长限制性因素，因此它们生长得很慢。珊瑚礁上还有很多饥饿的捕食者捕食海藻。营养限制和捕食者的捕食的联合作用使海藻受到控制。如果营养再丰富一点或没有了捕食者，那么海藻将迅速增长并覆盖珊瑚和其他生物。

放眼科学

声呐探询珊瑚礁鱼群足迹

禁渔保护区（NTRs），即那些禁止捕鱼的地区，已经被广泛地作为重建和管理过度捕捞珊瑚礁渔场的手段而推广。但这些保护区对于频繁进出的种类提供的保护是微不足道的。另外，就提高毗邻地区渔获量而言,NTRs更多的好处取决于“溢出”,即一些幼体和成年鱼从保护区移动到渔场的量。因此,保护区的最适大小和位置取决于相关的种类相对于保护区大小的运动形式,以及目标是为了保护禁渔区内的种群还是为了促进保护区外的渔获量。

从2001年开始,研究者就随垂钓者一起在佛罗里达国家重点海洋保护区追踪鱼群移动路线。这些鱼用一种声学标签标记,这些标签可以发出能被布置在海底的声呐装置探测到的“呯、呯”声波。刚开始这些鱼是从船上被标记的,从2002年开始,研究小组就在水下基地宝瓶宫(Aquariu)中进行为期10天的标记工作(参见图1.12)。他们用陷阱捕到鱼后,首先将其麻醉,然后通过小的外科手术将标签放到鱼体内。因为不离开水面,这种做法将鱼的痛苦降到最低,并且研究者亲自操作确保鱼不会受到其他伤害并且可以正常活动。被标记后,它们的活动在次年的大多数时间将被跟踪。

第一轮被标记者显示疾鲷(*Ocyurus chrsurus*)和黑鲉鮨(*Mycteroperca bonaci*)有很高的地点依恋性,这意味着在研究期间它们没有移动到很远。在后续的每一轮测试中,研究者都完善了声波接收器的位置,以获取更多关于鱼群运动的详细信息。某些新品种,如蓝色鹦嘴鱼(*Scarus coeruleus*)和金鳍锯鳃石鲈(*Lachnolaimus maximus*)也被纳入标记的计划。有关鱼类运动的频率、时间、地点、距离等方面的详细信息可以帮助禁渔区的管理者优化NTRs的规划,以便既有利于鱼群也有利于垂钓者。

(更多信息参见《海洋生物学》在线学习中心。)

在珊瑚礁上,软珊瑚也是非常重要的竞争者(图14.23),有些地方它们几乎占据了一半的活的组织。像多数海藻一样,软珊瑚缺少碳酸钙骨骼而生长得比其他珊瑚快。一些软珊瑚含有又细又尖的刺或者是骨针,这可以使捕食者望而生畏。它们中许多含有毒素或难吃的化学物质。因为有了这些防御机制,仅仅有很少的特殊捕食者能捕食软珊瑚。这些防御性的化学物质也可以释放到海水里,它们可以杀死靠得太近的硬质珊瑚(图14.22)。软珊瑚的另一个竞争优势在于,它们不是完全固着的。虽然它们绝大多数时间是待在同一个地方,但它们能缓慢地四处移动。这有助于它们侵略和占领珊瑚礁上的可用空间。 317

软珊瑚是珊瑚礁空间的重要竞争者,它们迅速地生长,能够抵抗掠食者,并且偶尔四处移动。

图14.23 软珊瑚会在珊瑚礁上形成密集的斑块,如同在这块巴布新几内亚的珊瑚礁上的一样。

有这些有竞争力的武器在握，为什么软珊瑚没有成为统治者呢？对于软珊瑚是如何与造礁珊瑚以及其他珊瑚礁生物竞争的，目前了解的非常少。虽然有的软珊瑚能活数十年，但软珊瑚看起来比造礁珊瑚的寿命要短，它们也更容易被风浪冲走，像造礁珊瑚一样，它们有共生体——虫黄藻，但光合作用效率却大大降低。它们看起来似乎依赖于某些物理条件。对于这些因素是如何作用来决定软珊瑚在何时以及何地取得竞争珊瑚礁空间的胜利的，目前还不了解。

像软珊瑚一样，海绵用骨针和令人讨厌的化学物质来保护它们不受掠食者的侵害。它们也能成为珊瑚礁空间的重要利用者，这种情况在加勒比海比在太平洋和印度洋更甚。造成这种情况的一部分原因可能是因为加勒比海的珊瑚种类比环西印度洋—太平洋区域的种类要少，这是地质历史的结果。在最近的冰河时期，表面海水变冷。珊瑚在绕着新几内亚和印度尼西亚的西印度洋—太平洋中心区域幸存了下来，但是在其他海域，许多珊瑚种类灭绝了。当冰河时代结束，珊瑚再一次横穿太平洋地区扩散开来，并重新占领它们曾经灭绝的地方。不过，加勒比海没有被占领，因为巴拿马地峡阻断了它们的扩散。现在认为加勒比海只存在那些设法从冰河时期幸存下来的珊瑚种类。

珊瑚礁鱼是另一组重要的竞争生物，和珊瑚一样，鱼可能是珊瑚礁上最引人注目而且种类丰富的动物(图 14.24)。这些鱼中有许多都有相同的食性，比如说，有的吃珊瑚，有的吃海藻，有的是食肉的。同种食性而不同种的鱼之间，或多或少彼此会存在潜在的竞争。

图 14.24　在珊瑚礁中潜水就像在热带鱼水族馆一样——到处都是色彩鲜艳的鱼。对各种各样的鱼之间的竞争关系现在还不甚明了。

318

有许多关于竞争是如何影响珊瑚礁鱼的争论，其中一个假说认为，竞争相对来说是不重要的，某个种类的丰度主要决定于它们的幼体有多少能从浮游生物中定着下来。在有利的波浪和其他的条件下，许多幼体能够定着下来，然后种类变得越来越丰富。如果幼体的供给很少，比如说，波浪把幼体从珊瑚礁上带走了，这些种就变得稀少。这被称为“预先决定”假说，因为该假说认为珊瑚礁鱼的自然群落是决定于在幼体成熟前不同种类的幼体。

另一个对立的假说，“之后决定”(post-settleman)假说，认为大多数种类有充足的幼体。那些幸存下来并发展壮大的种类是那些幼体定着后(稚体和成体)在空间、食物和其他资源的竞争取得胜利的种类。这个假说认为这么多种类的鱼能够在珊瑚礁上生存是因为它们彼此有少量的区别，从而避免了竞争和竞争排斥的风险。换句话来说，每一个种类有它们独特的生态位。从这个观点上来看，鱼群落的结构是由珊瑚礁能提供的资源范围来决定的，珊瑚礁上的鱼类结构的变化是因为不同的珊瑚礁提供不同的资源。

对于到底是幼体的供给还是后天的竞争在珊瑚礁鱼的群落结构中起着更重要的作用，现在还不清楚。它们间的相对重要性可能随着不同种和不同珊瑚礁之间存在差异。另外一些因素，比如竞争和自然分布也很重要。

在到底是什么控制了珊瑚礁鱼的群落结构上，存在两种对立的学说。一种认为珊瑚礁鱼的数目决定于到底有多少幼体能够从浮游生物中定着下来。另一种学说则主张，大多数种类都有充裕的幼体供给，而珊瑚礁鱼的群落结构是由幼体定着后的稚鱼和成体间的竞争来决定的。

珊瑚上的捕食　和其他群落中一样，捕食和啃食在构建珊瑚礁群落上起着重要的作用。各种动物都吃珊瑚，但大多捕食者只吃单个的珊瑚虫，或者在这、在那啃掉一片，而不是杀死和吃掉整个珊瑚(图 14.25)。珊瑚群以一个整体的形式幸存下来，那些被吃掉的部分能够重新长起来。从这一观点来说，捕食珊瑚和草食动物吃植物很相似。

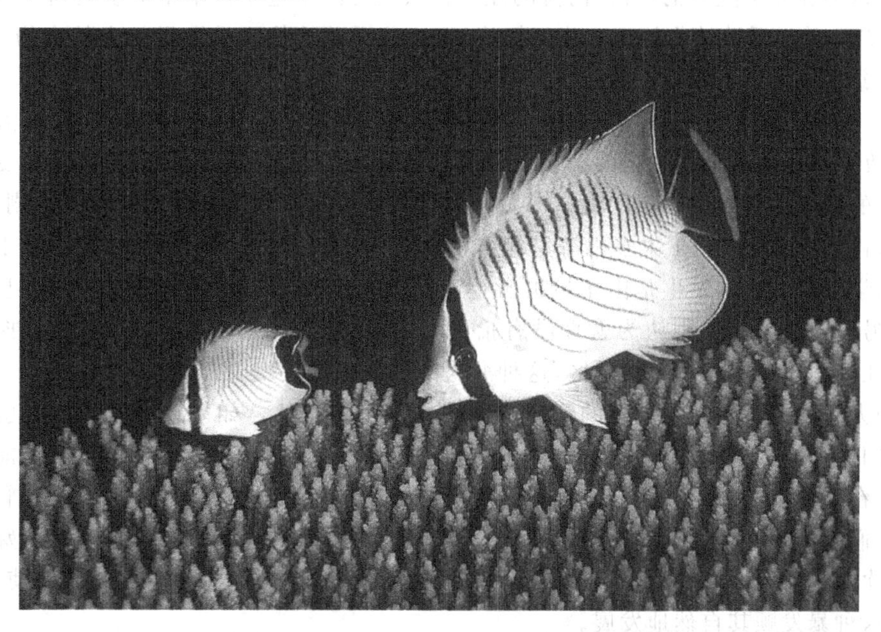

图 14.25　臂肩蝴蝶鱼(*Chaetodon trifascialis*)是许多依靠吃珊瑚生存却并不杀死整个珊瑚的鱼类之一，它的嘴很适合于吸取单个的珊瑚。

珊瑚捕食影响了在珊瑚礁上生存的珊瑚的数目和种类，同时也影响了它们作为一个整体的生长速度。比如说，在卡内奥赫海湾，一种蝴蝶鱼(*Chaetodon unimaculatus*)使它喜欢吃的一种珊瑚(*Montipora verrucosa*)的生长速度变慢了。当珊瑚被保护在笼子里，不被鱼捕食的时候，它们的生长速度要快得多。如果没有鱼的话，这些迅速生长的珊瑚可能远远超过了海湾里的其他种类的珊瑚。吃珊瑚的蜗牛(*Coralliophila*，*Drupella*)在珊瑚礁上也有类似的效果。

皇冠—长棘大海星　另一个珊瑚捕食者的例子是皇冠—长棘大海星(*Acanthaster planci*)。皇冠—长棘大海星把自己的胃从口中翻出来，用胃盖住整个或者部分珊瑚群体，然后把活的珊瑚组织消化掉。皇冠—长棘大海星偏爱某些种类而避开另一些种类的珊瑚——有些珊瑚尝起来味道应该很差。有些珊瑚庇护着蟹、虾以及鱼类等共生体，它们靠钳或咬住海星的管足来阻止海星的猎食。

皇冠—长棘大海星在有些珊瑚礁上有相当的影响力。从 20 世纪 50 年代末开始，人们注意到大量的、有时是数以千计的海星，散落在太平洋的珊瑚礁上。这些海星形成巨大的集群覆盖了全部的珊瑚礁，吃掉了它们经过道路上的几乎所有的珊瑚。珊瑚礁需要 10～15 年才能恢复过来，某些长得慢的种类可能需要更长的时间。

人们对这个问题的第一反应就是恐慌，珊瑚礁是有价值的资源：它们支撑着渔业、旅游观光业，并且支持和保护海岸线不被腐蚀。当皇冠—长棘大海星已明显地威胁到珊瑚礁时，人们决定采取一些措施控

319

制海星的数量。但第一个努力就帮了倒忙。因为对于动物生物学知识的缺乏，人们把海星切成了碎片然后倾倒回海洋中。因为海星能够再生，这些碎片又变成了新的海星！人们还尝试过一些更复杂的措施，比如给海星下毒，但这些措施要消耗大量的时间并且很昂贵，不过效果并不好，而且有时候是更加有害而不是有益。幸运的是，这个突然爆发的噩梦自己消失了。是这些海星饿死了吗？还是它们迁走了？没人知道。皇冠—长棘大海星现在依然是出现然后又消失，没人能够解释。

是什么导致了这种暴发的，在这个问题上人们依旧争论不休，有时候这种争论甚至很情绪化。一开始看起来这种暴发显然是非自然的，人类应该自责，毕竟这种灾难以前从未发生过。或许它们曾经发生过？人们在海星灾难暴发前不久才刚开始使用水肺。就算这灾难已经发生很久时间了，周围也没科学家能够发现它们。地质学家找到几千年前的皇冠—长棘大海星暴发的化石证据，而且某些地区，还流传着过去的海星暴发一些古老的故事和历史依据。因此，这种暴发可能是珊瑚礁生态系统的一个自然部分。一个主导的假说认为在异常湿润的年份，河流的注入自然向海洋带进了比平常更多的营养。这个假说是这样的：过剩的营养使得浮游植物的生长速度加快，而这些浮游植物又是海星幼虫的食物。也可能：这种周期性的种群暴发是海星生物学中的一种自然部分。

但是，皇冠—长棘大海星过去暴发的证据一直处在激烈的争论之中。一些科学家坚信这是一场灾难，是人类活动改变了珊瑚礁生态平衡的结果。就算过去曾暴发过，现在的发生的频率也变高了。如果营养注入的偶然的高峰而引起了自然的海星暴发，那么肥料、废水等人为来源的营养更加剧了这一现象。另一个假说是这样的：渔民捕捞了太多以海星幼体为食的鱼，这使得更多海星幼体能幸存下来并发育为成体。一些生物学家认为灾难发生是由于拾贝者捡走了梭尾螺——一种大型的捕食成体皇冠—长棘大海星的蜗牛，而另一些反对观点则认为就算没有拾贝者，梭尾螺在自然界也很少，不足以控制海星的种群。他们指出，在禁捕梭尾螺若干年的地区，这种海星的暴发也持续发生。

皇冠—长棘大海星的问题对珊瑚礁的管理和保护具有实用价值。如果这暴发是人类引起的并威胁到珊瑚礁，那我们应该尝试着采取一些措施来阻止它们。从另一方面来说，这个“灾难”可能是生态系统中自然和具有潜在重要性的部分。我们干扰一个并不了解的系统将弊大于利。大堡礁的管理者采取了中立的措施。他们发明了一种通过注射毒素消灭海星的有效方法。但他们只在某些有特殊价值的珊瑚礁，比如一个受欢迎的潜水区或一个科学研究基地受到皇冠—长棘大海星暴发威胁时才使用毒素，否则的话，他们会让这种暴发顺其自然地发展。

在许多太平洋的珊瑚礁中，皇冠—长棘大海星会经历种群大暴发。对于是什么导致这种暴发和究竟应该如何对待它们的问题上还存在着争议。

竞争排斥　一种生物由于竞争被另一种生物淘汰。　第10章，218页。

生态位　一个物种吃什么，生活在哪里，如何行为以及其他一些生存方式的综合。　第10章，219页。

管足　只存在于棘皮动物的一种充满水的管子，大部分的端部有一个吸盘，并可以被伸长和收缩，用以抓住东西移动自己。　第7章，144页。

植食动物能够帮助防止海藻过度生长而超过其他固着的珊瑚礁生物。

320

图 14.26　棘冠海胆(*Diadema antillarum*)是加勒比海珊瑚上最重要的刮食者之一。世界其他地方的珊瑚礁也有发现与其亲缘关系很近的种。

植食　在珊瑚生态系统中，吃海藻的植食性生物起着至少和珊瑚捕食者一样的重要的作用。许多鱼，特别是双斑栉齿刺尾鲷(*Acanthurus*)、鹦嘴鱼(*Scarus*，*Sparisoma*)和雀鲷(*Pomacentrus*，*Dascyllus*)，在珊瑚礁上有强烈的植食性。在无脊椎动物中，海胆特别重要。许多小型的植食动物和小型的无脊椎动物，比如蜗牛、石鳖、甲壳类动物和沙蚕等也吃海藻。

许多海藻能迅速生长，并且具有胜出珊瑚的潜能。在自然条件下，它们因为植食动物和营养的限制，数量被控制在一定范围内，笼子实验(参见“移植，去除和笼子试验”，246—247页)被用来评估植食动物的重要性。比如，在加勒比海珊瑚礁附近平坦的沙地上，海藻数量很多，但在珊瑚礁上面数量却相当少。为了证明珊瑚礁鱼类对此负责的假说，生物学家们把海藻从沙地上移植到了珊瑚礁上。如果把它们放在那不受保护，海藻很快被鱼类吃到了，但若被笼子保护起来，海藻却比在沙地上生长得更迅速！海藻完全适合生长在珊瑚礁上，之所以少是因为它们被吃掉了，在大堡礁做的笼子实验也显示了相似的结果。

一定是我吃了什么东西

啊！在热带地区的一个温暖的晚上，享用过一顿美味的鱼宴之后，你感到很放松。棕榈树轻轻地摇曳，一阵温暖的风吹过——突然，肠道剧烈地翻涌起来，不久嘴唇发烫并刺痛起来，手脚像被钉住一样并有针刺感，走到厨房去喝水，凉水喝起来都像是暖的！冰冷的地板和寒冷也变得压抑，把手放在前额上，摸起来也很温暖。你现在感到非常不舒服，咕哝着：“一定是我吃了什么东西。”对冷热的感觉完全反了，当想走到浴室时，胳膊和腿却变得沉重又虚弱。

你猜对了，这种情况就是中了雪卡毒——一种热带鱼毒素。如果知道你不是唯一的受害者，或许会好受一点。每年有数十，甚至是成千上万的人中雪卡毒。请放心，你可能不会死，虽然可能在几个月或几年之内都有点不舒服(如果不走运的话，会非常不舒服)。不要指望能治好，虽然可能会有许多传言说能起到一点效果。有时候通过静脉注射一种挺便宜的叫甘露醇的糖可能会有一点帮助。

那究竟什么是雪卡毒呢？人们在几百年前就知道了这种病，这名字来源于西班牙语中一种加勒比海的蜗牛：你也可能因为吃了软体动物或海胆而中雪卡毒，当然，鱼宴是最通常的原因。雪卡毒在珊瑚礁中的大型食肉鱼类中最为常见，比如刀鱼、长梭鱼和石斑鱼，但它也有可能是因为吃了植食性的鱼类而引起的，比如鹦嘴鱼和刺尾鱼。一种鱼可能在许多地方是完全安全的，但在某些地方却是有毒的。让事情变得更复杂的是：雪卡毒可能在一个地方消失而在另一个地方暴发。所有这些都让鲜珊瑚礁鱼爱好者很为难。

雪卡毒是由生活在珊瑚礁上的甲藻引起的，植食性的鱼类吃掉了甲藻，毒素被传递到了吃植食鱼类的食肉鱼体内。随着甲藻的生长和死亡，雪卡毒在各地方出现和消失，大的食肉鱼可能在大范围内活动，并吃掉许多含有少量毒素的小鱼，因此它们是最有可能引起雪卡毒中毒的原因，植食鱼类只在甲藻大面积暴发的时候才可能带有毒素。

要想知道一条鱼什么时候带有毒素是个大问题，你只能避免吃所有的珊瑚礁鱼。但如果你住在热带地区，这就意味着你将错过许多美味大餐。有一个鉴别鱼是否有毒的方法就是喂一些给猫吃：猫对雪卡毒高度敏感。如果手边有蒙哥的话，它们也是不错的尝试者。当然，这对动物来说可并不友好：如果鱼带了雪卡毒的话，它们很可能会死掉，对雪卡毒进行化学测试是一个可行的办法，但还没有被广泛采用。而且事实上由多种不同的甲藻毒素会引起雪卡毒中毒，把它们全部测出来是很难的。我们甚至不能肯定它们都是什么。至少在目前看来，最好的策略就是避免吃高度危险的可能带雪卡毒的鱼。否则的话，就只能饿肚子或碰运气了。

如果植食动物被移走了，海藻能很快发展并占据珊瑚和其他动物的空间，比如说，在加勒比海许多地区，植物性的珊瑚礁鱼因为捕捞缘故变少了。当这些发生的时候，另一个重要的植食动物海胆(*Diadema antillarum*，图14.26)变得更为常见。海胆显然是在减弱的竞争中得利。年复一年，看起来海胆似乎要取代鱼的空缺，海藻的数量仍然或多或少地稳定下来。但是在1983年的时候，一场疾病扫荡了占据了大

部分加勒比海域的海胆。海藻在海胆的植食压力下解脱出来，在许多珊瑚礁变得越来越繁茂——当然这是以珊瑚为代价的。在牙买加，从植食压力下解放出来的海藻几乎占据了所有珊瑚礁。原先珊瑚丰富的珊瑚礁现在更多的是海藻床而不再是珊瑚礁。

许多珊瑚礁科学家担心，因为人口增加和对美味的珊瑚礁鱼的需求增加会使得渔业对珊瑚礁鱼的捕捞压力越来越大，从而使海藻泛滥的情况加剧。这经常有双面的危害性，海岸的发展不但带来了更高强度的捕捞，也带来了更多下水道的污水和农业肥料中的营养。因此，在控制海藻数量的植食动物被去掉的同时，海藻富营养化会显著促进海藻的生长，这是全球珊瑚礁面临的主要威胁之一。

321

除了控制海藻的数量外，植物动物也会影响到哪些特定的藻类应该生长以及在哪儿生长。比如说珊瑚藻，它们的数目非常庞大，因为它们组织中碳酸钙使植物动物不愿意吃它。其他的一些藻产生一些有毒的难吃的有害化学物质，这些藻的数量也很多。而缺乏这些防御机制的藻被大量的鱼吃掉了，因此数量稀少。尽管如此，它们大部分都生长得非常迅速，而且是一个重要的食物来源。

雀鲷提供了一些有趣的植食生物对珊瑚礁的影响的例子。许多雀鲷只在它们大力保护的领域内摄食，它们赶走了那些时不时想入侵的鱼。许多这样的雀鲷实际上是在"耕种"它们的领地。它们拔掉那些难吃的藻并把该藻搬到领地外。留在领地内的就是一些美味的藻，通常都是一些柔软的丝状的藻。由于受到了雀鲷的保护，这些藻迅速地生长起来并超过了珊瑚和珊瑚藻。在领地外面，鹦嘴鱼和尾鲷啃掉了这些藻，又为其他生物的生长腾出了空间。因此领地内的群落与领地外的完全不一样。另外有趣的一点在于，蓝细菌——一种固氮生物，它们在雀鲷领地内的数量比在领地外的多。因此，雀鲷在珊瑚礁的营养平衡中间接扮演了一个重要的角色。

共生 在众多生活在珊瑚礁的生物中，有许多物种之间都发展出特别的共生关系。由于这些共生关系太多，我们无法在这里一一讨论。事实上，珊瑚礁可能比地球上其他任何栖息地都有更丰富多样的共生关系，在这里讨论的少数几个例子可能会让你稍稍了解这些关系有多么的迷人。

共生关系在珊瑚群落中有非常重要的地位，珊瑚礁比其他任何生物群落都有更多的共生的例子。

我们都已看到珊瑚和虫黄藻的互利共生在珊瑚礁形成中是多么重要。许多其他生物也有能进行光合作用的共生生物。海葵、蜗牛和砗磲(*Tridacna*)都庇护着虫黄藻。双方之间的"利益关系"和在珊瑚中一样：虫黄藻获得营养以及一个安全的生存场所，寄主获得食物。砗磲能够长得如此之大是因为它们的虫黄藻提供了稳定的食物来源。

除了虫黄藻外还有其他的初级生产者生活在珊瑚礁动物体内。正如前面所提到的，一些海绵与蓝细菌共生，蓝细菌还进行光合作用，另外，还能固氮。某些枪乌贼体内还存在一种光合作用的细菌 *Prochloron*。这种细菌被特别关注是因为它们和最终变成植物叶绿体的生物很相似(参见"从零食到仆人：复杂细胞的起源"，79 页)。

珊瑚礁上另一个重要的互利共生关系的例子是珊瑚和那些保护它们不被皇冠—长棘大海星及其他生物所捕食的蟹、虾及鱼的关系。许多珊瑚礁上寄生着一定数目的兼性或专性的共生生物，特别是甲壳类的。许多的专性共生生物都是寄生并对珊瑚有害。有一些是偏利共生，对珊瑚没有什么影响；而另一些是互利共生，对珊瑚有益。它们通常难以分辨，因为自然界大多数的珊瑚与共生者的关系现在还不是很了解。那些研究这些关系的人们经常因为获得了新的信息而要修正他们的原来的观点。例如，保护珊瑚不被捕食的蟹就曾经被认为是寄生者。

小丑鱼(*Amphiprion*)和数种海葵之间存在许多有趣的关系。小丑鱼栖息的海葵有着能够将鱼杀死的有力触手。但是小丑鱼有一种保护性黏液，能保护它不被蜇到。目前还不清楚这种黏液是由小丑鱼自身分泌的或是由海葵分泌的，抑或两者都有。当小丑鱼被重新引进到新的海葵中时，它们会在海葵的触手上来回摩擦并迅速游动。它们可能在往自己身上涂海葵的黏液，如果想搞清楚这样做的好处在哪，你就得记得海葵是没有眼睛和大脑的，它们只有许多触手。如果海葵只是简单地蜇一切它碰到的东西，那么它最后一定会在每一次触手相互碰撞的时候把自己蜇死。海葵会依靠"尝"自己的黏液来辨别自己。

322

当一条触手碰到另一条触手时，海葵会察觉到触手上的黏液层从而不蜇伤自己。小丑鱼可能利用了这一点。从另一方面来说，有证据显示鱼类有它们自己的黏液层能保护它们不受海葵伤害。有时候鱼类能在之前从未接触过海葵的情况下安然无恙地进到一个海葵中去。

小丑鱼被海葵有刺的触手保护着，并在海葵底下孵卵。这对海葵也有好处。小丑鱼赶走其他吃海葵的鱼而且在营养上似乎对它们的寄主有益。与被人为将小丑鱼移走的海葵相比，有小丑鱼的海葵能存活得更久、长得更快、并且无性生殖的频率更高。水族馆中的小丑鱼有时候会喂养它们的寄主，但在自然界中没发现这种情况，但海葵可能从它们的共生小丑鱼那里获得食物残渣。海葵也有共生的虫黄藻，它们可能从小丑鱼的排泄废物中获得营养，并传递一部分好处给海葵。也有人猜想，因为小丑鱼保护海葵不被捕食者吞掉，因此海葵能占领更多暴露的空间来给虫黄藻提供充足的光线。在珊瑚礁生态学上，仍然还有许多需要学习。

石鳖　外壳由位于身体上面或背面的 8 块覆瓦状排列的壳片构成的软体动物。　第 7 章，136 页。

兼性共生体　共生体并不完全依赖于它的伙伴，还可以在其伙伴外生存。

专性共生体　依赖于伙伴而不能在外生存的共生体。　第 10 章，222 页。

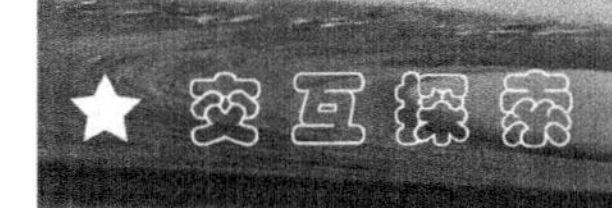

《海洋生物学》在线学习中心是一个十分有用的网络资源，读者可用其检验对本章内容的掌握情况。获取交互式的章节总结、关键词解释和进行小测验，请访问网址 www.mhhe.com/castrohuber6e。要获得更多的海洋生物学视频剪辑和网络资源来强化知识学习，请链接相关章节的材料。

评判思考

1. 在印度洋和太平洋中大量存在的环礁在北冰洋中却十分罕见，这种现象是什么因素造成的？
2. 科学家预测随着温室效应的加剧，海洋会变得更温暖，海平面会升高（参见“生活在温室内：我们正在变暖的地球”，406 页），这将会对珊瑚礁产生什么影响？
3. 巴西东北部位于热带，但其沿岸只存在少量的珊瑚，你怎样解释这种现象？

拓展阅读

网络上可能找到部分推荐的阅读材料。可通过《海洋生物学》在线学习中心寻找可用的网络链接。

普遍关注

Benchley, P., 2002. Cuba reefs. *National Geographic*, vol. 201, no. 2, February, pp. 44—67. The reefs and coral keys of Cuba are home to spectacular gardens of sponges, fishes, and other organisms.

Chadwick, D. H., 2001. Kingdom of coral: Australia's Great Barrier Reef. *National Geographic*, vol. 199, no. 1, January, pp. 30—57. A fabulous tour of the earth's largest reef area.

Freiwald, A., J. H. Fosså, A. Grehan, T. Koslow, and J. M. Roberts, 2004. Coldwater coral reefs: Out of sight—no longer out of mind. UNEP-WCMC, Cambridge, 84 pp. Descriptions and photos of deep-water coral communities.

Maragos, J. and D. Gulko (Editors), 2002. Coral reef ecosystems of the northwestern Hawaiian Islands: Interim results emphasizing the 2000 surveys. U. S. Fish and Wildlife Service and the Hawai'i Department of Land and Natural Resources, Honolulu, Hawai'i, 46 pages.

Pain, S., 1997. Swimming for dear life. *New Scientist*, vol. 155, no. 2099, 13 September, pp. 28—32. The tiny larvae of coral reef fishes are champion swimmers. They have to be.

Ross, J. F., 1998. The miracle of the reef. *Smithsonian*, vol. 28, no. 11, February, pp. 86—96. Scientists study mass coral spawning on reefs in Florida.

深度学习

Baker, A. C., 2003. Flexibility and specificity in coral-algal symbiosis: Diversity, ecology, and biogeography of *Symbiodinium*. *Annual Review of Ecology and Systematics*, vol. 34, pp. 661—689.

Coles, S. L. and B. E. Brown, 2003. Coral bleaching—capacity for acclimatization and adaptation. *Advances in Marine Biology*, vol. 46, pp. 183—223.

Hedley, J. D. and P. F. Sale, 2002. Are populations of reef fish open or closed? *Trends in Ecology and Evolution*, vol. 17, pp. 422—428.

Kennedy, D. M. and C. D. Woodroffe, 2002. Fringing reef growth and morphology: A review. *Earth Science Reviews*, vol. 57, pp. 255—277.

McManus, J. W. and J. F. Polsenberg, 2004. Coral-algal phase shifts on coral reefs: Ecological and environmental aspects. *Progress in Oceanography*, vol. 60, nos. 2—4, pp. 263—279.

Spalding, M. A., C. Ravilious and E. P. Green, 2001. *World Atlas of Coral Reefs* University of California Press, Berkeley, 424 pages.

Wilkinson, C. (Editor), 2004. *Status of Coral Reefs of the World*: 2004. Australian Institute of Marine Science, Townsville, 301 pages.

第 15 章

近表面海洋生物

对绝大多数人而言，提到海洋，唤起的印象就是海岸和悬崖、汹涌的波浪，或宁静的海湾。但这类我们所熟悉的近岸水域，只是海洋的一小部分而已，余下的是广大的开阔海区——大洋深海区。虽然大洋遥远而陌生，但它影响着我们每一个人。辽阔的大洋调节我们的气候，调和我们的大气，并提供食物以及其他资源。对我们大部分人来说，很难真正领会到大洋的浩渺，它几乎蕴藏了地球这颗带水的星球上所有的液态水。

324

大洋远离海岸和海底，其环境就是水体自身。毫无例外地，大多数区域缺少固体物理结构，如海底或珊瑚、褐藻等大型生物拥有的其他结构。大洋区生物在液体环境中漂浮生活，没有附着的地方，没有可以掘洞的海底，也没有东西能够提供掩护。想象一下，你的一生都以失重的状态漂浮在空气中，从来不曾接触地面，这就是生活在远洋区的生物的感觉。

第 15 章的内容是关于大洋的表面环境：大洋表层，或称大洋上层区域。大洋表层的定义通常是指从海洋表面到某个固定深度之间的区域，通常是 200 m。作为大洋深海区最浅层的部分，表层通常是最温暖，当然也是光照最好的区域，因此表层和真光层类似。真光层是指从海表到光线不足以使光合作用生物生长的区域。真光层的深度差异很大，主要是受海水的清澈程度和阳光量的影响。实际上，真光层和大洋表层区基本是一致的，本章不强调二者的差异。

325

大洋表层区可被划分为两个主要部分。位于大陆架上方的表层水体称为近岸区(图 10.8)。近岸区只占海洋表层区的一小部分，但对人类却非常重要，因为它更靠近海岸，并提供了大部分的海洋渔业产量(参见“世界主要渔场”，379 页)。大陆架之外的表层水体称为大洋区。

大洋表层是从海洋表面到 200 m 之间的海水层，它可被划分成覆盖在大陆架之上的近岸区和大陆架之外的大洋区。大洋表层和真光层很相似，真光层是指从水体表面到光合作用受限深度之间的区域。

大洋表层生物

与几乎所有生态系统一样，海洋表层生态系统是依靠光合作用生物捕获的太阳能来驱动的。但与大多数浅海生态系统不同，大洋表层的初级生产几乎全部发生在表层生态系统内部，沿海的生态系统则经常从其他地方获得大量的食物，比如潮间带，从近海获得浮游生物和漂浮的海藻，河流也会带入大量的有机物注入河口。大洋水体远离海岸和海底，几乎没有外来有机物的注入。

大洋表层向其他生态群落提供食物。大量的有机物从表层区下沉，喂养下层的生物(参见第 16 章)。海流会将大洋表层的浮游生物带到浅水区域，为其中的大量滤食生物群落提供食物。海洋表层区的鱼和浮游生物不仅为其他海洋生态群落提供食物，也为陆生的鸟类和包括人类在内的哺乳动物提供食物。

海洋沉积物富含有机质，但大洋表层不能提供沉积物聚积的底面，因此海洋表层区缺乏食底泥动物，而悬食动物却非常多，毕竟食物是悬浮在水体中的。另外，大洋表层还有一些大型捕食者，如鱼、乌贼和海洋哺乳动物。

浮游生物：一种新的认识

一个多世纪以来，科学家们研究浮游生物的主要方法是用拖网从水中捞取或有时用泵过滤水样（图15.1）。这种依赖于浮游生物网的方法深深地影响了我们对大洋表层区的看法。想象一下，如果我们仅仅使用网具来研究飞行生物，如果网具太小、太慢的话，我们可能从来都无法知道有鸟的存在，而如果网孔太粗的话，则可能对蚊子的存在一无所知。再设想一下，如果有生物像云一样稀松，能够滑过任何网子，那又会是怎样的结果！海洋学家们依赖浮游生物网对海洋表层区的研究也会导致相似或更严重的误会。

(a)

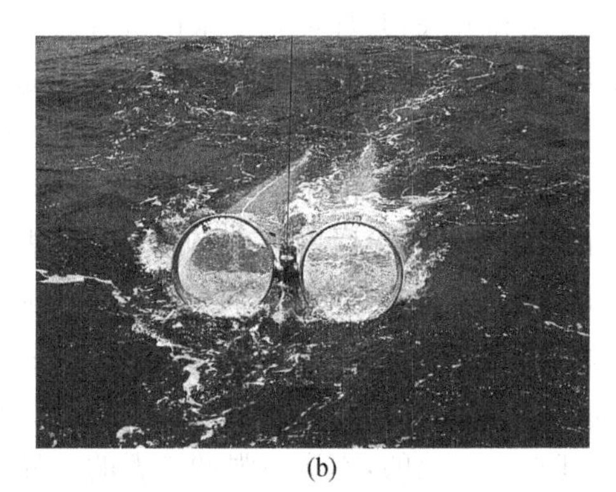

(b)

图 15.1　(a) 一个典型的浮游植物网，相对较小，并且有非常细的网眼，能够阻止许多微小的浮游生物从中通过。(b) 一个鼓网，这样叫是因为支持网口敞开的两个环，它是用来采集浮游动物样本的。浮游动物网相对较大并且有较粗的网孔。这些较粗的网孔能让小一点的浮游植物通过但能留住大一点的浮游动物。

近几十年来，新技术的应用使我们对海洋表层区的了解发生了变革，这些技术包括更好的显微镜技术、水下摄影技术、卫星技术、化学分析流程，当然也包括改进的网具和过滤设备。新发现层出不穷，随之新问题也不断涌现，我们越来越清楚地认识到对浮游生物的了解并不像我们曾经以为的那么清楚。

尤其重要的是我们发现了大量用标准浮游生物网无法捕获的浮游生物，因为它们太微小了。按照大小我们分别称之为超微型浮游生物或微型浮游生物（图15.2）。大多数微型浮游生物是由古菌或细菌构成的。我们将一些能被网具捕获的大一点的浮游生物称为网采浮游生物，按照大小可分为小型浮游生物、中型浮游生物、大型浮游生物和巨型浮游生物，但这种分类方式不是本书介绍的重点。即使按照个体大小分类也不应该将浮游植物和浮游动物混为一谈。浮游植物是能进行光合作用的浮游生物，其中就包括了从超微型到巨型所有规格。

326

初级生产　自养生物把二氧化碳转化为有机物，即食物的生产。　第4章，74页。

浮游生物　随海流漂浮的初级生产者（浮游植物）和消费者（浮游动物）。　第10章，223页；图10.7。

食底泥动物　依靠沉淀在底部的有机物为食的动物。

悬食动物　依靠水体中悬浮物为食的动物，包括滤食生物。　第7章，122页；图7.3。

古细菌　一种单细胞的原核生物。过去人们曾把它当成是细菌，但现在认为它和细菌之间的区别正如细菌和人的区别一样。　第5章，96页。

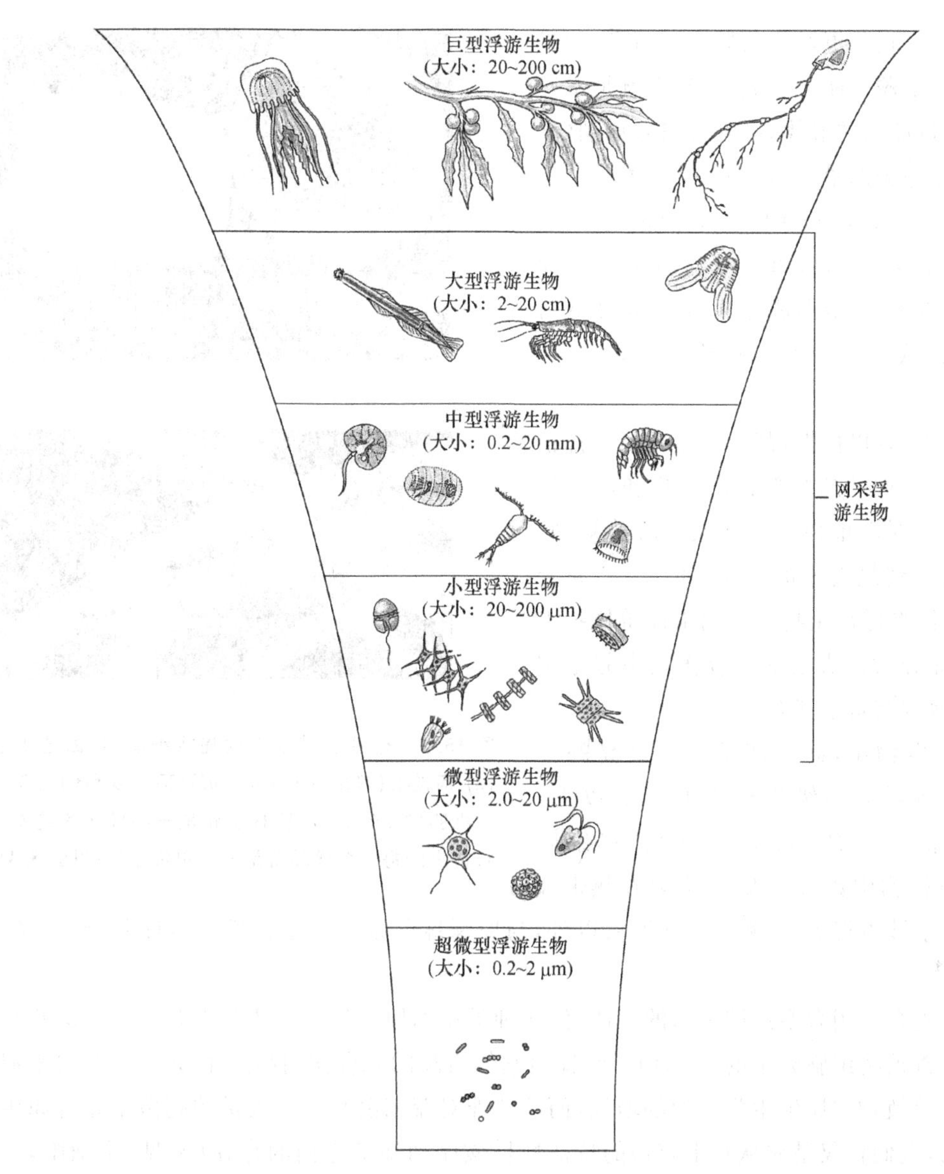

图 15.2　浮游生物经常被按照大小来分类(参见附录 A)。图中每一类的大小是呈指数级增加的，也就是说，每一类的大小都是下一个更小类的 10 倍。

浮游植物

在大洋表层基本没有海藻、海草等大型生产者，因为缺少可供其附着的地方。漂浮大型海藻在部分海区发挥着重要的作用，如马尾藻海(参见图 8.16)；但在大部分大洋表层，单细胞或简单的链状细胞生物是唯一的初级生产者。实际上在大洋表层，这些组成浮游植物的微小生物随处可见，常常数量巨大。海洋中有 95%的光合作用是浮游植物实现的，这几乎占据了全世界初级生产力的一半，它们还制造了大气中所有氧气的一半。

因为网采浮游生物相对来说较容易被捕获，因此其重要性很早以前就被认识到了。最重要的是硅藻(图 15.3)和甲藻。在微型和超微型浮游生物发现之前，硅藻被认为是浮游植物的主体，并且是海洋表层光合作用主要实现者。尽管现在我们已知道这并不符合事实，但硅藻仍然极为重要。硅藻在温带和两极以及其他富营养水体中极为常见，它们的丰度在近岸和远海都很高。

甲藻是网采浮游生物中的另一个主要类群。像硅藻一样，它们不论在近岸区还是远洋区都非常重要，但它们更喜欢温暖的海域，在热带代替了硅藻成为网采浮游生物中丰度最高的成员。在低营养环境中,甲藻一般比硅藻长势更好。从另一方面讲,如果给以足够的营养,甲藻可能会形成藻华,也就是暴发性增殖而成为数量庞大的群体,有时会引起赤潮(参见“赤潮与危害性藻类的暴发”,300~331 页)。

束毛藻(*Trichodesmium*)是蓝细菌的一个类群,以丝状群体的形式生长,可以被浮游生物网捕获。有时其丰度极大,并能形成赤潮,尤其是在低营养水域非常丰富,或许是因为它们可以固氮(参见“营养”,343 页)。

由于个体微小、难以捕捉,甚至在显微镜下都很难观察到,行光合作用的超微型浮游生物和微型浮游生物并不如网采浮游植物那样被人们所熟知,它们巨大的重要性直到最近才被认知。但是,行光合作用的微型和超微型浮游生物要比网采浮游植物丰富得多,在绝大部分大洋表层的光合作用中起了主要作用,在有些地方其贡献甚至超过了 90%。

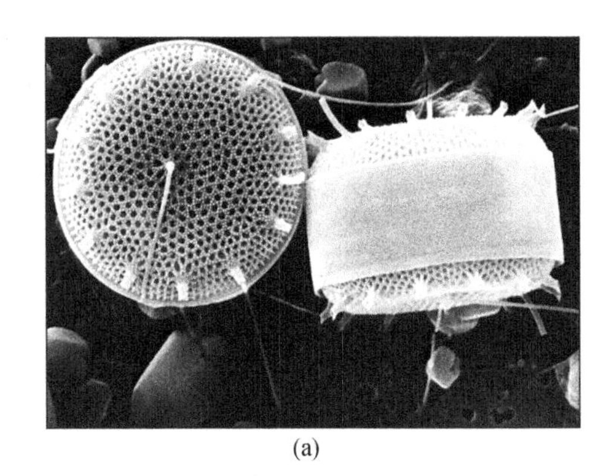

(a)

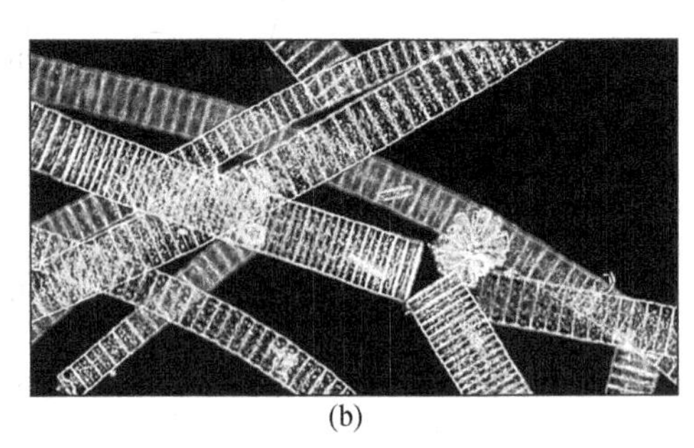

(b)

图 15.3 硅藻有带纹孔的壳或细胞,是由硅组成的。(a) 海链藻(*Thlassiosira allenii*)(顶面观和侧面观)是由单细胞构成的。(b) 脆杆藻属是一种成链的硅藻,绿色长链上的每一个横隔就是一个单细胞(参见图 5.4)。

在微型浮游生物中,蓝细菌是丰度最高的类群,至少贡献了海洋总初级生产力的半数以上。一类被称为原绿球藻(*Prochlorococcus*)的单细胞生物是所有浮游植物中数量最大的,尤其在热带和亚热带贫营养的水域占据优势;除了极地海域以外,与原绿球藻亲缘关系很近的聚球藻(*Synechococcus*)数量也很丰富。

蓝细菌是行光合作用微型浮游生物的主体,但各种类型的原生生物也非常重要。尽管这些真核生物通常只占微型浮游植物细胞数量的 5%,但已经知道它们贡献的光合作用超过了 30%。看起来似乎富营养有利于微型浮游植物中原生生物数量的增加,而贫营养对蓝细菌有利。大量的超微型光合原生生物还没有被分离出来,人们仅仅是靠从水中获得的特征性核酸序列知道它们的存在(参见“小细胞,大惊奇”,97 页),而在浮游植物中的生态作用则鲜为人知。

尽管在超微型浮游生物中扮演的角色尚不确定,原生生物却成为微型浮游生物的主体,并且它们中的许多是可以进行光合作用的。球石藻是最丰富的类群之一,而且大概也是最为人们熟知的。它们在广袤的大洋中生长得最好,但也能在沿岸水体中存在。

在沿岸海域,还有一类被称做隐藻的微小浮游植物非常丰富,它们对海洋经济起着十分重要的作用,但人们对它们了解不多。硅鞭藻(参见图 5.7)偶然会暴发而成为重要的初级生产者。在大洋表层,还有几种真核的微型浮游生物也可能成为重要的初级生产者。尽管绝大多数硅藻和甲藻属于网采浮游生物,但还有一些不太常见的个体微小的物种是微型浮游生物的成员。

浮游植物是海洋表层最主要的初级生产者。最为丰富的浮游植物是蓝细菌和不同类群的微型和超微型原生生物,包括球石藻、隐藻和硅鞭藻。网采浮游植物个体较大,其中硅藻和甲藻是主体。

表 15.1 列出了海洋浮游植物的主要类群,还有许多其他类群也可能形成藻华,但此类情况是罕见的,对于整个海洋系统来说也是次要的。

表 15.1　海洋浮游植物的主要类群

大小分类	种群	近海或远洋	纬度/温度	注释
网采浮游生物	硅藻	皆可	任何地方，但在温带的和极地海域最常见	重要的初级生产者
	甲藻	皆可	任何地方，但在温暖的海域最常见	常规赤潮生物
	群体蓝细菌(*Trichodesmium*)	远洋	主要是热带地区	可以固氮，在红海地区引发赤潮
微型浮游生物	球石藻	远洋	任何地方，但在热带水域最常见	在贫营养的海域是重要的初级生产者
	金藻	皆可	任何地方，但在温带的和极地海域最常见	非常重要的初级生产者；知之甚少
	硅鞭藻	近海	温带和极地海域	有时会形成藻华
超微型浮游生物	单细胞的蓝细菌(*Prochlorococcus*，*Synchococcus*)	皆可	任何地方，但在温暖的海域最重要	优势的初级生产者，尤其是在贫营养海域
	各种各样的原生生物	不清楚	不清楚	近来发现很多种类

浮游动物

浮游植物构成了食物网的基础，它们吸收的光能以有机物的形式储存，并且传递给海洋表层区的其他生物：从微小的浮游动物到巨大的鲸类。食物网能量流动的第一步就发生在植食性动物摄食浮游植物之时，植食性动物成为浮游植物等初级生产者与群落中其他成员之间关键的联系枢纽。海洋表层的大型动物不能直接摄食微小的浮游植物，但可以摄食浮游动物，因此它们要依赖浮游动物。由此，能量从浮游植物到植食性浮游动物的传递是海洋表层食物网的基础。

浮游动物很少是专一植食性的，那些摄食浮游植物的浮游动物偶尔也会捕食浮游动物。大多数浮游动物种类主要是肉食性的，几乎完全不摄食浮游植物。这些肉食性浮游动物可以直接捕食植食性浮游动物，这样在食物网中浮游植物的能量只经过一个中间媒介或者营养级就被它们收获。同时，它们也摄食别的食肉动物，从而增加了食物网中的环节(图 15.4)。

浮游原生动物　对大多数多细胞动物而言，微型和超微型浮游植物由于个体太小而难以被捕食，但是原生动物就可以捕捉到它们。当我们发现微型和超微型光合浮游生物是最丰富的浮游植物时，原生动物的重要性也就体现出来了。没有浮游动物，海洋表层区的很多初级生产力就没法被利用。这些原生动物中最重要的是各种各样的鞭毛虫，它们利用鞭毛四处运动。纤毛虫、有孔虫(图 15.5)和放射虫(参见“原生动物”，像动物的原生生物，103 页)也是非常重要的原生生物捕食者，捕食网采浮游生物，也捕食微型和超微型浮游生物。很多捕食性的原生动物也具有光合作用的能力，所以它们也扮演着浮游植物的角色。

甲藻　用两条鞭毛游动的单细胞生物。　第 5 章，102 页。

固氮作用　把氮气(N_2)转化为含氮化合物，含氮化合物可用作初级生产者的营养物质。　第 5 章，100 页；表 5.1。

真核生物　细胞中含有膜包被细胞核和其他细胞器的生物。　第 4 章，75 页；图 4.8。

原生生物　单细胞生物，像动物一样可以摄取食物，通常可以在四处运动。　第 5 章，103 页。

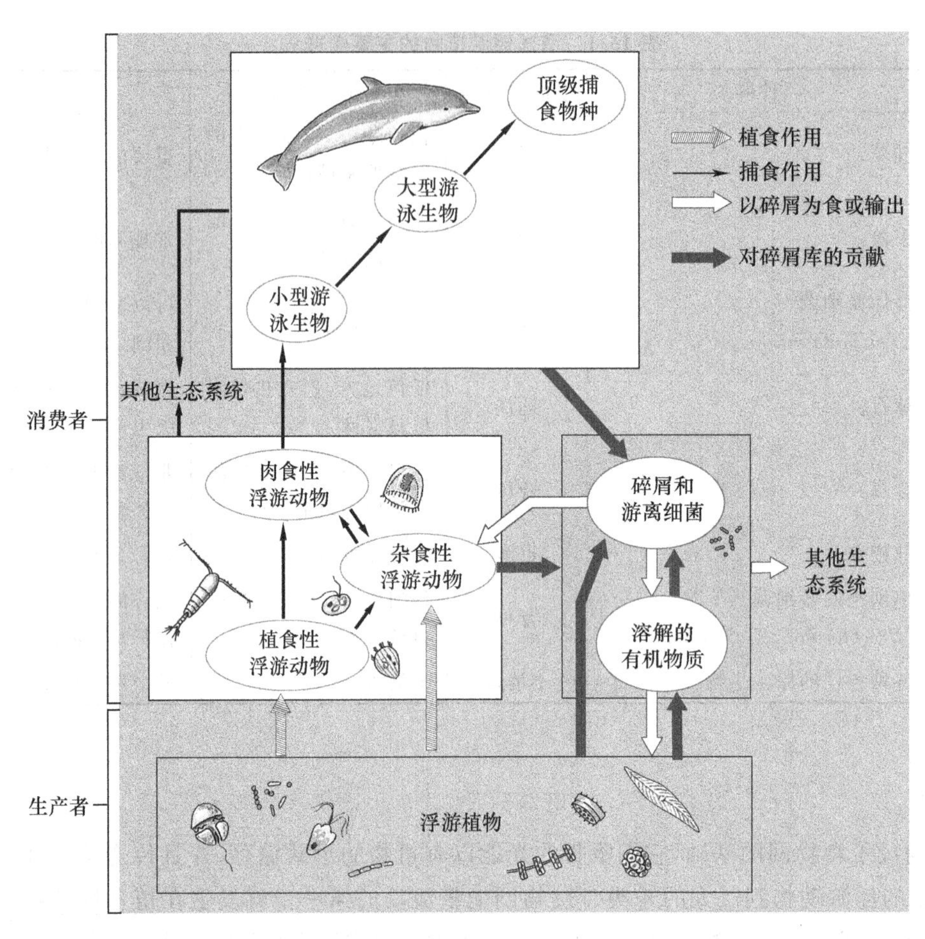

图 15.4 简单的大洋表层食物网

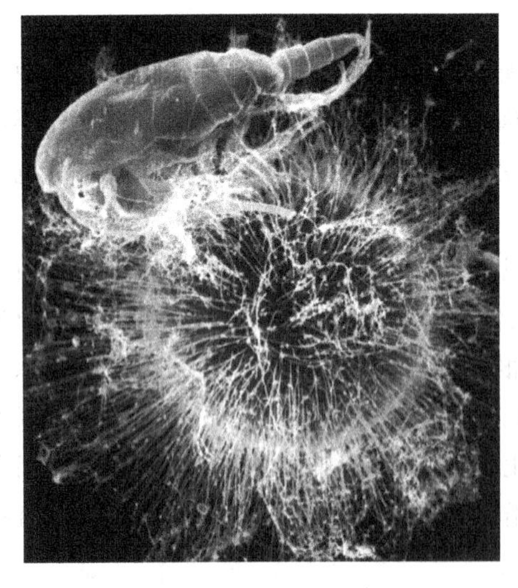

图 15.5 一种漂浮有孔虫(*Orbulina universa*)用它长长的、黏性的伪足逮住桡足类动物。桡足类被吸在有孔虫的表面,被消化。壳直径为 0.5 mm。

图 15.6 一种大洋表层的桡足类。粘在尾部的橘黄色的球为它的卵(参见图 7.22)。

328

桡足类 在网采浮游动物中,小型甲壳纲动物,特别是桡足类(图 15.6)是主体。事实上在海洋中所有地方,桡足类都是网采浮游动物中最丰富的类群,其数量通常占据了整个群落的 70%,甚至更高。这可能使它们成为世界上数量最多的动物。

几乎所有海洋表层的桡足类都至少摄食一些浮游植物。人们曾经认为它们用口器和触角上的刚毛(图 15.7a)从水中过滤出浮游植物细胞,摄食恰好卡在刚毛上的、大小合适的所有颗粒。但事实并不是这样。对于像桡足类这样的微小生物来说,水要比我们看起来更有黏滞性或稠度。它们带刚毛的附肢在水中更像是划桨而不是过滤,这种运动带动水流,从而把浮游植物个体拉近使桡足类能够捕获它们。至少有一些桡足类可以用视觉和“嗅觉”感受浮游植物个体,然后主动地选择吃哪一种,而不是被动地吞噬所有它们用附肢捕获到的东西。 329

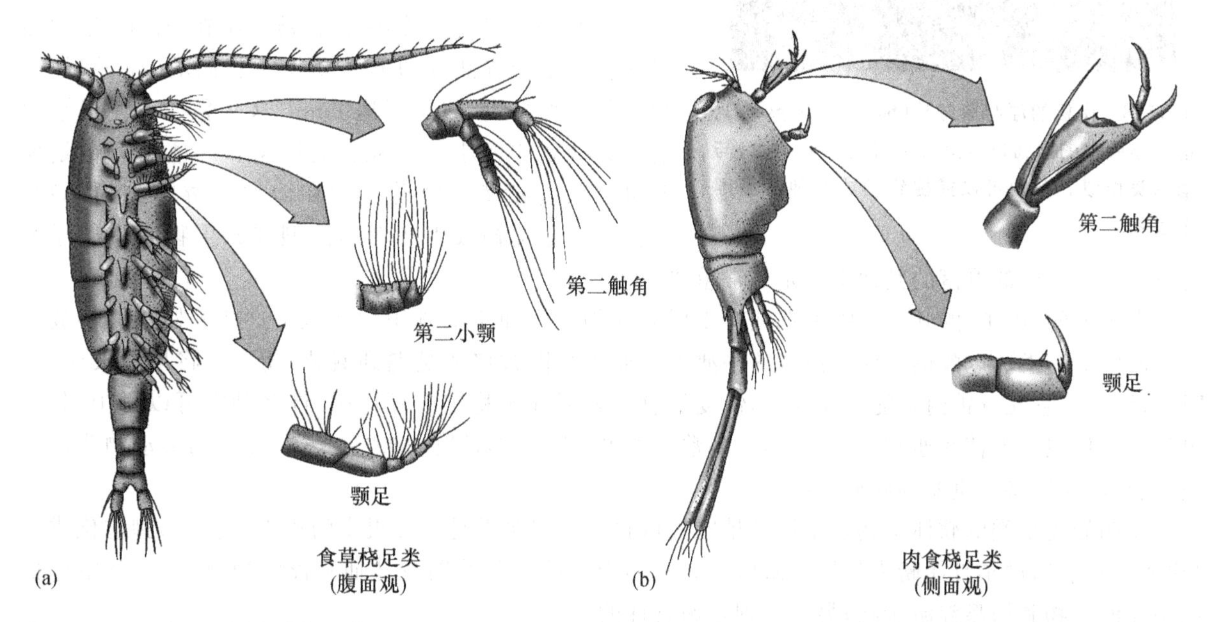

图 15.7　(a) 主要以浮游植物为食的桡足类,如哲水蚤属(*Calanus*),它们的口部和附肢都有许多长的刚毛。(b) 捕食浮游动物的桡足类,如大眼水蚤属(*Corycaeus*),它们的附肢含有较少、较短的刚毛,它们的附肢更适于抓捕。

桡足类也是主要的肉食性动物。尽管大多数桡足类至少要摄食一些浮游植物,但如果可能的话许多桡足类也捕食其他的浮游动物,包括别的桡足类。一些桡足类是专一肉食性的,它们通常用像爪子一样的附肢捕获猎物。

其他甲壳动物　还有一些甲壳动物也是浮游动物的重要成员。尽管在世界范围内不如桡足类数量丰富,但像虾一样的磷虾经常聚集成庞大而密集的群体。由于适应低温海水,磷虾有时会成为极地海洋中浮游动物的主体。它们是高效的滤食者,用带刚毛的附肢捕获小的微粒。浮游植物,特别是硅藻是它们最喜欢吃的食物。磷虾还摄食碎屑,包括其他浮游动物排泄的固体废物——粪便颗粒。它们也吃很小的浮游动物。

桡足类的个体极小,使得大多数大型动物无法捉到它。相比之下,南极磷虾(*Euphausia superba*)相对较大,体长可达 6 cm。鱼类、鸟类,甚至巨大的鲸类都能够吃到它(参见图 10.10)。

桡足类和磷虾是浮游动物中最为丰富的甲壳动物,但还有其他很多的甲壳动物,既有草食性也有肉食性的。在某个特定的时间或地点,这些甲壳动物群中的某种或许数量非常高。端足类和大多数其他浮游甲壳动物都非常小,与桡足类相似。在网采浮游生物中还发现了一些类似于磷虾个体较大的甲壳类,包括虾、蟹等十足目动物和它们的近亲(参见“小虾,龙虾和蟹”,139 页)。十足目动物基本上都是专性的食肉性动物。

桡足类、磷虾和其他的甲壳动物构成了网采浮游动物的主体。桡足类是海洋表层水体主要的植食性动物,也是数量最丰富的浮游动物类群。

非甲壳类浮游动物　除甲壳动物外,人们还在浮游动物中发现很多其他类群的动物。非甲壳类植食性浮游动物中最重要的是通体透明、浮游生活的樽海鞘(图 15.8),它与生活在海底的被囊动物海鞘亲缘 330

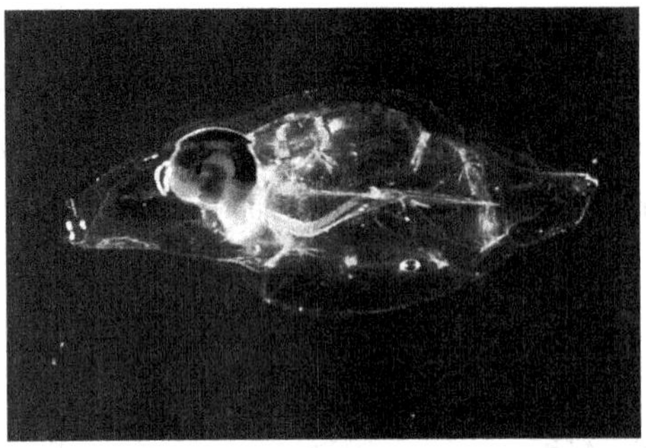

图 15.8　南极的浮游槽海鞘(*Salpa thompsoni*)，这种凝胶状的动物以过滤出的浮游植物为食，与幼形类相似。有的可以捕捉细菌或其他小型浮游生物。

关系密切(参见“被囊动物”，148 页)。它用筛网一样的囊或黏膜过滤泵入的海水，将浮游植物滤出。

幼形类也是海鞘的近亲，尽管它们除了幼体的时候其他时候完全不像。海鞘幼体也叫做蝌蚪幼体，与幼形类动物的幼体非常像(参见图 7.38b)。幼形类漂浮生活在其黏液制成的“屋子”里。通过摆动尾巴，幼形类将水泵进它的“屋子”里，食物颗粒就被分泌在“屋子”里的黏膜捕获。至少有部分幼形类动物在它们的“屋子”外面也制作这种黏膜，网长可达 2 m。这些黏性网使得它们有能力捕获非常小的颗粒。幼形类和一些樽海鞘是少数可以取食超微型浮游生物和微型浮游生物的动物。它们对于连接初级生产者超微型浮游生物和微型浮游生物与海洋上层区的群落的其他组分是非常重要的。

331　在水进入的“屋子”的开口滤除掉那些对于甲壳动物太大而不能食用的颗粒。这些滤器最终将被阻塞。它们中的一类可以颠倒水流以清洗这些滤器。如果孔隙被堵或是遇到威胁，幼形类将果断放弃“屋子”然后游走。它几分钟内就能重建新房，恢复捕食。如果在不稳定的环境中，许多种类可以每 10 分钟就更新一次住屋。即使在通常的环境下，大多数种类也每隔 4 小时换一次“屋子”。如果幼形动物非常丰富，它抛弃的住屋将是重要的碎屑资源。

一类叫做翼足类的软体动物也是浮游植物的取食者。翼足类是一种很小的蜗牛，它们的脚进化成一对“翅膀”，它们通过拍打翅膀来保持浮游状态。它们中一些以黏性网或丝捕获浮游植物为生，其中包括超微型浮游生物和微型浮游生物；另一些则是肉食性的。

桡足类　通常是浮游的小型甲壳动物。　第 7 章，138 页。

磷虾　浮游的、像虾一样的甲壳动物。　第 7 章，139 页。

碎屑　死亡有机物颗粒。　第 10 章，226 页。

幼形类、樽海鞘和一些翼足类利用黏性的网或丝捕食，它们是少数的能吃超微型和微型浮游植物的浮游动物。被废弃的幼形类的屋子是大洋表层一种重要的碎屑来源。

赤潮和危害性藻类的暴发

时不时地，特别是在近海岸地带，海水会一夜之间变成红色。这种现象被称为赤潮，数千年来一直发生着。《旧约全书》(出埃及记 7：20—21)在描述尼罗河水暴涨时曾记载了人们最早所知的关于赤潮的知识。红海就是因为经常发生赤潮而得名的。

这里我们用“赤潮”这个词或许让人们混淆。首先，赤潮与潮汐无关。它们是浮游植物突然大暴发引起的。在赤潮的巅峰时刻，每一滴海水中就会含有成千上万甚至几十万的细胞。另外，赤潮并不一定是红色的，也许会是褐色、黄色或者绿色。事实上，“赤潮”指的是有害浮游植物的大暴发，甚至有时它们不会改变海水的颜色。“褐潮”也有时会被用来描述由浮游植物金藻所引起的藻华，它们的基本现象是一样的。

赤潮不同于一般的浮游植物暴发。例如，冷水水域中发生的浮游植物在春天暴发的现象(参见“季节形式”，346 页)。春天的藻华现象包括许多种类并且是可预测的，是由于光照和营养物质水平的增加而发生的。相反的，赤潮常发生于单一的种类，并且不可预知，因为我们并不知道它是由什么原因引起的。

全世界都会有赤潮发生。仅仅约6%的浮游植物会引发赤潮，听起来不多，但也至少有200种。约半数是甲藻，但也还有其他生物，包括蓝细菌、硅藻、金藻都可以引起赤潮。

这些异常的浮游植物的暴发经常只不过是海洋生物奇特现象而已，但有时它们也会引起麻烦。危害性藻类(HABs)越来越多地受到社会和科学家的关注。当然，对于什么是有害的，不同人会有不同的观点。如果你正在海滨度假，赤潮黄色泡沫带来的难闻气味，无非是让你缩短旅程的一个原因。但对于靠游客来维持生计的汽车旅馆来说无疑是一场灾难。

在墨西哥由一种叫做夜光藻(*Noctiluca*)的甲藻所引起的赤潮。该生物是生物发光的，像这样的藻华在夜里产生明亮的蓝绿色的光。

许多这样的暴发远不仅仅是一件令人厌恶的事情，它们可能是致命的。大约1/3的赤潮生物都会产生毒素，有些属于是世界上最毒的。平常这些生物太少而不必但心，但当它们暴发的时就会引起严重的问题。贻贝、蛤蜊、螃蟹和其他有壳的水生动物通常可以忍受这些毒素并将它们储存在消化腺、肾脏、肝脏和其他组织中。当人们吃了这些有壳的水生动物就会遭受恶心、腹泻、呕吐、麻木和刺痛、失去平衡和记忆、语言迟钝、疼痛难忍、瘫痪甚至死亡。毒性海藻每年会引发100 000～200 000包括雪卡毒在内的严重的中毒事件(参见“一定是我吃了什么东西”，320页)。这使得10 000～20 000人死亡，还有大约同样数目的人瘫痪或是罹患其他的后遗症。你并不一定要吃这些有壳的水生动物才会中毒。在受到感染的海水中划船、游泳甚至呼吸一下从海上吹来的雾气，就会引起喉痛、眼睛疼痛、皮肤过敏等症状。有迹象表明这些毒素还可以致癌。

HABs的影响不仅仅局限于人类。HABs有时会使海上漂满死鱼，并能产生另一种健康灾难。近几年一种有毒赤潮甲藻*Pfiesteria*已经在美国东部到海湾一带引起了巨大的麻烦(参见“甲藻”，102页)，同时还有很多其他的有害藻类的藻华造成鱼类的死亡。吃这些鱼类的鲸类和海鸟也会被杀死。甚至食草动物也会受到影响，尽管它们只是吃水生植物，佛罗里达州的海牛类曾多次被赤潮杀死。它们仅仅是因为在水中就中毒了，可能仅仅是呼吸了海洋表面的雾气。1996年大约150头海牛，或者说这一已经很少存活的类群的10%被赤潮所杀死。

藻类暴发带来的危害不仅仅是毒素。举例来说，*Pfiesteria*不是用毒素，而是通过侵蚀鱼类的皮肤来杀死它们。硅藻类的暴发杀死鱼类是因为它们的尖刺伤害了鱼类的鳃。即使这些藻类不直接伤害鱼类，赤潮使大量浮游植物死去，也耗尽了水中的氧，导致鱼类窒息而死。浮游植物或许藏匿着霍乱病菌，它们的暴发与霍乱的流行存在着关联。甚至还有关于HABs甚至能影响到全球的气候的担心。

赤潮给旅游业，特别是渔业带来了上亿美元的损失。有价值的贝类水生动物养殖基地常常因为赤潮，或者在赤潮可能出现的季节关闭。如果公众意识到它是危险的，那么即使是再安全的食品也会变得毫无价值。渔场和其他水产工厂是非常脆弱的，因为鱼类和其他海生生物根本不能游走，而且它们通常处于较高的密度。据估算，HABs每年在美国造成的损失可达0.49亿美元，且在世界范围内这一数字将成倍增加。

HABs在圣经时期就发生了，或许时间还要早。有化石遗迹表明在1亿年前就有赤潮发生。科学家认为它发生的频率越来越快。这其实很难确定，也或许是人们给予更多关注的原因。越来越多的人居住在海岸，人们因为HABs而得病的可能性就增加了。科学的发展使得我们可以查明这些人得病的原因。如果是一个孤立的未被开发的海湾，那里的一场赤潮将不会引起人们的关注，而一旦一个水产养殖场建起来，它就会受到令人震惊的注意。

无论如何，至少在一些地区，有明确的证据表明由于人们的活动赤潮增加了。如，在香港和日本的濑户岛海，由于人口的增加和海水污染的严重，HABs变得越来越频繁。在濑户岛海这种现象更明显：因为污染的控制，HABs发生率又减下来了。

如果是人类引起了更多的HABs，最有可能的原因是富营养化作用。藻类生长的加速归咎于营养性的污染。这可能会引起更频繁的赤潮，有些将是HABs。更深一步地，富营养化作用也许能选择性地支持有害的藻类。人类不会向自然界所做得那样排入相同的营养物质到海水中。我们把大量的氮而少量的磷和硅排入海中。大坝也会减少硫和硅的补充。但多数海洋生态系统是氮限制型的，如果氮含量增加，许多浮游生物将会疯长直到它们用光其他物质。特别是硅藻类会用完硅元素，而硅是制造硅藻外壳的必需元素，这将使平衡转向更有利于甲藻。如果硅藻产生毒素，那么甲藻有过之而无不及。不仅这样，如果磷的供应减少，一些甲藻将产生更多的毒素，当我们排入氮而不排入磷的时候这种情况就会发生。

HABs也会扩散到新的地区。船的压载仓的水就可以携带HABs生物。一艘船可以携带3亿个有毒的甲藻孢囊！例如，有证据显示，澳大利亚和新西兰的HABs生物就是船的压载仓的水带来的。当然，赤潮生物的自然运动也起着重要的作用。澳大利亚和新西兰的贝类水生动物基地的关闭是从一场飓风带来相当数量的有毒甲藻孢囊开始的。从那以后，赤潮毒素就常常出现在那里的贝类水生动物中。

箭虫，或称毛颚类，是浮游动物中十分重要的肉食者。它们最主要的食物是桡足类，这大概不是因为它们喜欢吃桡足类，而是因为周围有太多的桡足类。箭虫也吃其他一些它们能够得到的食物搭配。它们有时非常丰富，在海水上层区食物网中扮演重要角色。 332

并不是所有的肉食性浮游动物都体积微小，举例来说：水母和管水目，就可以长得非常大，但作为浮游体系的一员具有很弱的游泳能力，只能随波逐流。水母是肉食性动物，主要食物是小鱼和其他浮游动物。有些类似的栉水母也属于肉食性动物。翻车鲀(*Mola mola*)可以长到2300 kg，它游泳速度很慢，也被认为是浮游动物的一员。

箭虫或毛颚类 小的、蠕虫样的肉食动物，有侧鳍，头上有刺。 第7章，143页。

暂时性浮游生物 除了少数水母，在这里所谈到的浮游动物的整个生命过程都是浮游的，被称为终身浮游生物。除了这些浮游动物的永久成员，也有大量的生物拥有浮游的幼体。这些动物——不论来自河口地区、岩石质的潮间带、藻床、珊瑚礁、甚至是深海——都把它们的卵或者幼体释放到水中，然后它们的下一代生命初始阶段就开始了浮游生活。这样浮游动物中的临时成员被称为暂时性浮游生物。暂时性浮游生物在沿岸的水域尤为丰富。

无脊椎动物通常都有一个特别的幼体类型，并且是该种群的特性之一(图15.9)。一些无脊椎动物会经历一个完整系列的不同的幼体阶段(图7.30)。几乎所有的海洋鱼类都有浮游的幼体。

暂时性浮游生物是无脊椎动物和鱼类的幼体阶段，它们花费生命过程中的一段时间作为浮游动物存在。

小的幼体主要是以浮游植物为食，大一点的可以捕食浮游动物。如果存在不同的幼体阶段，就像甲壳类一样，幼体会先吃浮游植物，然后再转向浮游动物。鱼的幼体在生长发育过程中也会从草食性向肉食性转化。

游泳动物

333 浮游生物虽然是海洋中最丰富的生物，它们是海水上层区食物链的基础。但是我们中的大多数却对游泳动物更加熟悉。它们是那些体积大而强壮的游泳者。鱼类、海洋哺乳动物、枪乌贼是最丰富的游泳动物，海龟、海蛇和企鹅等也包括在内。

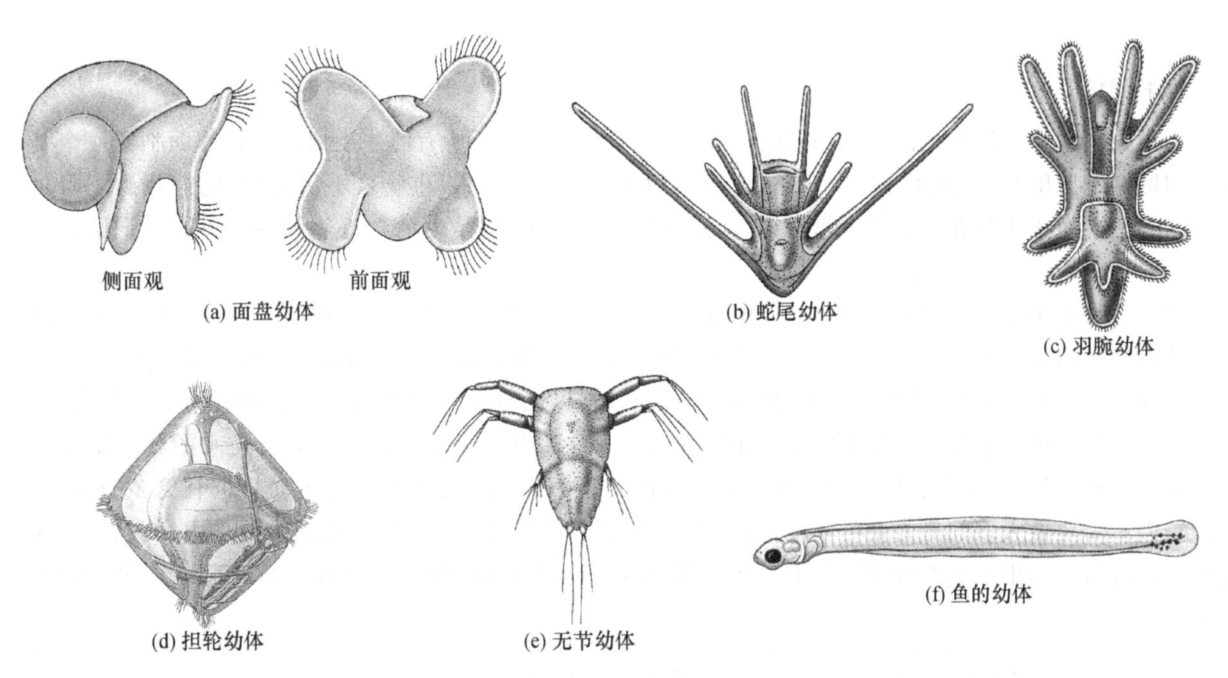

图 15.9　在暂时性浮游生物中的幼虫有着巨大的多样性。例如，(a) 贝类的面盘幼体；(b) 海蛇尾的蛇尾幼体；(c) 海星的羽腕幼体；(d) 多毛纲和一些软体动物的担轮幼体；(e) 甲壳类的无节幼体；(f) 鱼的幼体。

所有的游泳动物都是肉食性的。取食浮游生物的游泳生物，那些只捕食浮游动物的游泳者，包括像鲱鱼、沙丁鱼和凤尾鱼这样的小鱼，也包括世界上最大的鱼类鲸鲨(*Rhiniodon typus*)和姥鲨(*Cetorbinus maximus*)。最大的游泳动物，长须鲸，也捕食浮游动物，主要是磷虾。海豹、企鹅、枪乌贼和一些鱼类如鲑鱼、金枪鱼和飞鱼也吃磷虾。

一些鱼类如灯笼鱼，白天待在深水中，晚上游到海水上层区，吃掉大量的浮游动物(参见“垂直迁移与深层散射区”，360 页)。这些鱼类是一些大型游泳动物的主食，就像金枪鱼和海豚，它们潜到深水中取食。

游泳动物的大多数种类捕食其他的游泳动物而不是浮游生物。鱼类、乌贼和其他的甲壳纲动物是主要的食物。海水上层区中的肉食动物通常不会挑食，它们会捕食许多不同的种类，只要大小合适即可。通常的，捕食者体积越大，它们的食物就越大，尽管也有例外，如蓝鲸和鲸鲨。那么，小的鱼类，如鲱鱼捕食小的生物，主要是浮游动物。大鱼吃小鱼，同时也会被更大的鱼捕食。在食物链的顶端是最大的捕食者，终级捕食者或者说最终肉食者，它们捕食最大的猎物。抹香鲸(*Pbyseter catodon*)是除长须鲸以外最大的游泳动物，它吃巨大的乌贼(超过 10 m 长)。还有其他的终极捕食者，捕食巨大的猎物。肉食者中如逆戟鲸(*Orcinus orca*)是体型第二大的，仅次于抹香鲸。它们不仅吃小海豚、海豹，而且会成群结队地猎杀长须鲸。大型鲨鱼如大白鲨(*Carcbarodon carcbarias*)和尖吻鲭鲨(*Isurus*)捕食海豹和喙鱼，如枪鱼和旗鱼，甚至是其他鲨鱼。

几乎所有的海水上层区游泳动物都是肉食性的，很少的一部分吃浮游动物，大多数都吃其他的较小的游泳动物。

生活在海水上层区

每个生态系统都对生活在这里的生物有特殊的要求，海水上层区也不例外。海水上层区的生物适应性以两点为中心：停留在海水上层区的需求，捕食和躲避被捕食的需求。

保持漂浮

为了在海水上层区中生活，生物必须首先停留在海水上层区。所有海水上层区生物都面临着一个基本的问题：细胞和组织的密度比水大，外壳和骨骼的密度更大。结果生物会下沉，除非它们找到了阻止下沉的方法。对于生活在底部的生物来说，这并不是一个问题，但是生活在近表面的生物必须设法防止下沉以停留在它们的栖息地。

浮游植物必须生活在相对较浅的水体中以获得足够的光照来进行光合作用。一旦浮游植物下沉或被水的运动带出了透光层，它们就要死亡，除非它们可以通过某种方式重新回到透光层。动物也一样，不论浮游动物还是游泳动物，都必须能够停留在表层，不是因为它们需要光照而是它们的食物分布在表层。

不会游泳的生物通过两种基本的方法来防止自己从上层区下沉：一是增大它们与水的摩擦阻力使下沉速度减慢；另一条是使它们本身变得浮力更大以趋于不下沉。浮力对于游泳动物也有更多的好处，这样它们不需要做太多的努力就可以停留在一定的深度。这些技巧不仅被游泳动物所采用，而且浮游动物甚至浮游植物如甲藻都有应用。尽管它们的游泳能力不足以强到可以逆流游动，它们可在水中游上游下。

生物必须阻止下沉并停留在海水上层区。它们透过增大水的阻力和浮力来做到这一点。

增大阻力 在一定重力下生物下沉的速度取决于水对它的阻力。而阻力取决于运动的生物前面的排开的水量以及水与生物表面的摩擦力的大小。对于小的生物，如浮游生物，阻力主要取决于表面积。表面积越大，水的阻力就越大，下沉速度就越慢。这也是浮游动物为什么体积微小的原因：体积越小，比表面积就越大，所以下沉得越慢。(参见"面积和体积的比例(面积比)",82 页)

生物的形状也可以增加表面积从而使下沉减慢。伞状的外形帮助水母减缓下沉。许多浮游动物有非常扁的外形(图 15.10)。一个简单的实验就能够让你明白这为什么会降低下沉的速度。拿两张相同重量的纸，一张团成球状，从相同的高度释放。你会发现平的那张落到地面的时间明显要长，因为它受到更大的空气阻力。在水中也存在相同的规律。扁形对于浮游植物还有另一个好处，我们注意到那张平的纸下降时呈"Z"形的路线，扁形的浮游植物细胞也会做类似的运动。前后运动使得海水流过表面，更新的水层便于细胞的气体、营养物质和废物的交换。

334

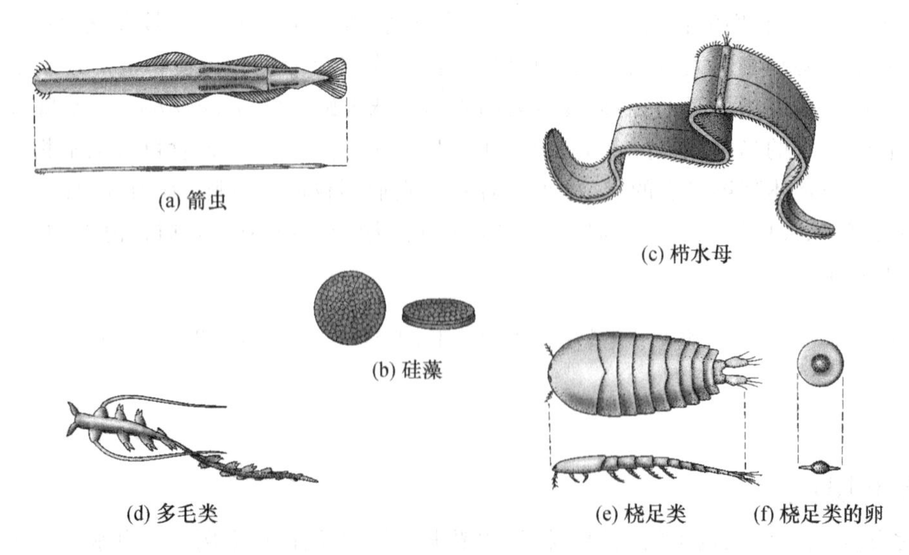

图 15.10 具有扁平形状的浮游生物包括(a) 一些箭虫(*Sagitta*)，(b) 许多硅藻，(c) 带栉水母，一种高度改变的栉水母，(d) 浮蚕，一种浮游多毛类蠕虫，(e) 一些桡足类，如 *Sapphirina*，(f) 一些桡足类的卵。

管水母 漂流群集的刺丝胞动物;群体中不同成员有着不同的任务。第7章,124页。

栉水母类 类似于水母的放射状对称动物,但是有8排纤毛,没有刺丝囊。第7章,126页。

长的突出物或刺毛在浮游生物中是另外一个常见的增加表面积的方法(图15.11)。刺毛的另一个益处是使得生物本身难以被捕食。许多浮游植物结成链状,这是另一条减慢下沉速度的措施。链状群体下沉速度要比单个细胞慢得多。

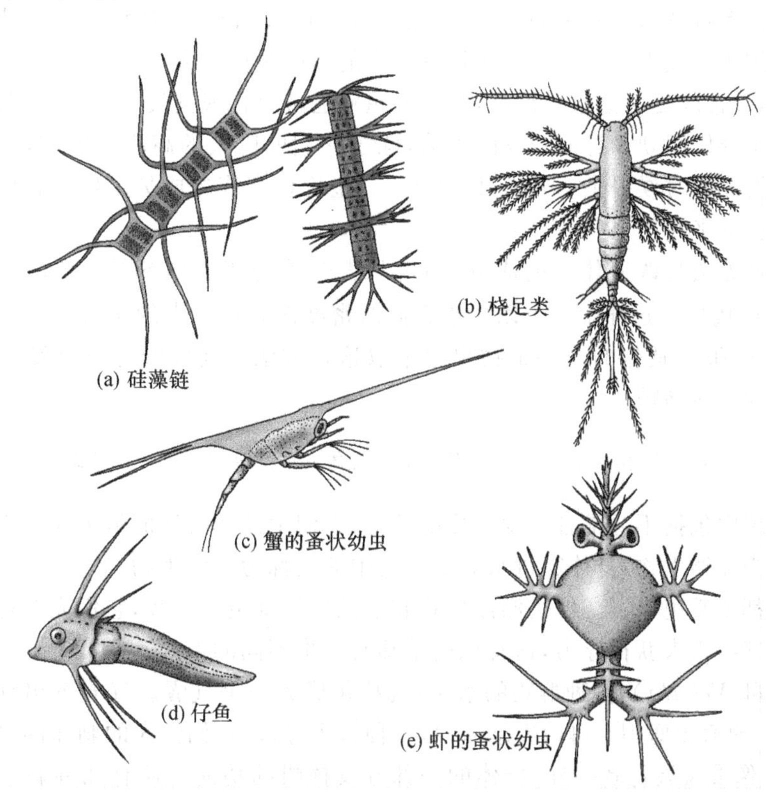

图15.11 一些浮游生物拥有长的突出物或刺毛。它们还可以形成链。如(a) 硅藻,(b) 桡足类,如 *Augaptilus*,(c) 磁蟹的蚤状幼虫,(d) 仔鱼(*Lophius*),(e) 一种虾 *Sergestes* 的蚤状幼虫。

游泳的生物很少有刺毛或者其他增加表面积的特征,因为这样会增加水的阻力,使游泳变得更困难。它们通常有减少阻力的适应方法以便在水中运动更加容易。

增加浮力 海水上层区生物停留在表面的第二种方法是变得更加有浮力。与阻止下沉的适应方式不同,浮力首先减小了下沉的趋势。

一种增加浮力的方法是在体内储存脂质,如油和脂肪。因为比水的密度小,脂质可以漂浮。许多浮游生物——特别是如硅藻、桡足类、鱼卵和幼体——都含有油滴。许多成年的海水上层区鱼类也通过储存脂质以获得浮力。对于鲨鱼、金枪鱼和它们的近亲,以及其他种类的鱼鳔不发育或者完全消失的尤其如此。海水上层区鲨鱼有增大的肝脏,含有很高的油脂的含量。鲸、海豹和其他海洋哺乳动物都在皮下脂肪层储存有厚厚的脂肪(参见图4.2)。

油和脂肪是很好的增加浮力的方法,因为它们同时可以承担其他的作用,例如,脂质是最高效的储能方式。海洋哺乳动物的脂肪层增加了浮力的同时解决了隔开寒冷的问题。对于温血动物来说保温是非常重要的,必须燃烧能量来保持体温(参见"温度",81页)。

气囊是增加浮力的另一种适应方法。蓝细菌细胞内有许多小气泡或空泡,它们可以改变气泡的数量和浮力,这使得它们可以调节自己所处的深度,通过增加浮力来上浮,减少浮力来下沉。其他的浮游生物，特别是体积较大的，也有特别的充气浮囊，这样的浮囊对于生活在表层水中的生物是非常常见的，下一节中将详细介绍。绝大多数多骨鱼都有鱼鳔来提供浮力。

一个充满气的鱼鳔或气囊要比脂质产生的浮力大得多，但是也有一个很大的缺陷。随着鱼类的游上游下，压力发生变化时，气体膨胀或者收缩。充气的体积发生变化，鱼鳔会收缩或膨胀，浮力就会发生变化。为了控制浮力的大小，鱼类必须能够控制鱼鳔内气体量的变化，大多数鱼类可以做到这一点，但实际的机制却多种多样。一些鱼类通过特殊的导管将气体泵入或泵出鱼鳔，它们能够迅速地随着压力的变化而变化。其他鱼类鱼鳔内气体量的控制则变化得非常缓慢，不能随着深度而及时变化。许多垂钓者钓上来的鱼会有眼睛突出或者胃从口中吐出的现象，这是因为鱼被带到水面，鱼鳔气体迅速膨胀造成的。平时这些鱼类根本不会到表面或者上升的速度比被钓上来的速度缓慢得多。

335

游得很快的鱼类，经常改变生活水层深度，它们的鱼鳔通常退化或消失了，如金枪鱼。鲨鱼的鳔也没有进化。这些鱼类必须补偿因缺少鳔而减少的浮力，除了它们的巨大的高脂的肝脏，鲨鱼利用坚硬的鳍和不对称的尾在它们游泳的时候提供上升力（图 8.10）。金枪鱼家族的成员也依靠它们坚硬的和几乎像翼一样的鳍和不停的游动来获得上升力。

另一种获得浮力的方法是改变体液的成分，通过除去较重的离子如 SO_4^{2-} 和 Mg^{2+}，而用较轻的离子，特别是 NH_4^+ 和 Cl^- 代替。这样生物可以减小它们的密度而获得更大的浮力。据说一些甲藻是这样做的。同时有证据表明，很多其他的浮游植物也会采取这种方法。同样的适应也发生在许多浮游动物中，如樽海梢、栉水母和一些乌贼。

海水上层区生物增加浮力的机制有储存脂质、充气的浮囊和将体液中的重离子替换成轻离子。

漂浮者　浮游系统中包括不寻常且高度特化的群体，它们生活在海洋的最表面。生活在海洋表层但还在水面以下的被称为漂浮生物，身体穿过水面到空气中的被称为水漂生物。

所有的浮游生物都要避免下沉。但是漂浮生物和水漂生物则更近一步，它们完全地保持漂浮。最常见的方法是用一些充气结构来获得浮力，这看似简单却有很多不同的形式。

在水面上的帆水母（*Velella*），一种群集的水母，就特化成为一个气囊。气囊突出到空气中就像帆一样，随风拉动着群体。葡萄牙僧帽水母（*Physalia*），一种管水母，以它们强大的刺而闻名（参见“腔肠动物中的杀手”，126 页）。像乘风旅行者一样，群体的一部分发挥帆的功能。还有几种刺细胞动物也生活在海水的表面，一些甚至可以控制它们的浮力，当风暴来临时，它们还可沉到水下躲避。

鱼鳔　一个充气的气囊，位于大多数硬骨鱼类的体腔内。　第 8 章，163 页；图 8.10。

336

尽管它们有强大的刺细胞，这些水母仍然有天敌。紫蜗牛（*Janthina*）用分泌黏液制成的充气水泡当做筏子，它们的身体挂在这些筏子下面。这些一英寸长的蜗牛就可以四处漂流，一有机会，它们就会捕食僧帽水母和其他一些美味的食物。另一种软体动物，被称为 *Glaucus* 的海水蛞蝓，用吞食气泡的方法来保持漂浮。它以乘风旅行者和它们的同类微小碟形的银币水母（*Porpita*）为食。银币水母的刺细胞仍然能弹射，同时可以固定在海蛞蝓的侧翼，并从其背部穿出来，以蜇伤打扰它们的动物。所以说，银币水母不仅为海蛞蝓提供食物而且还为它提供了保护。

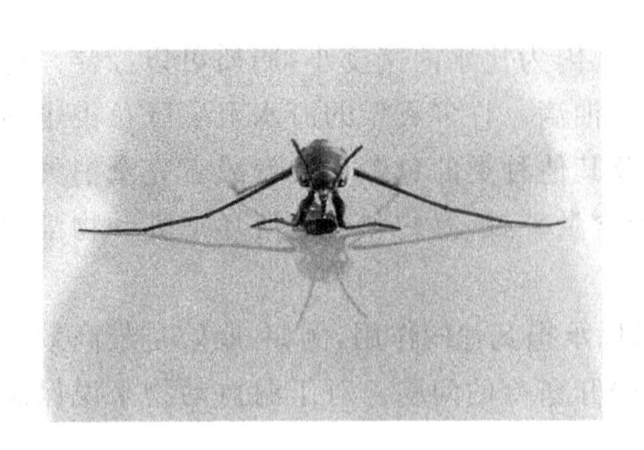

图 15.12　海水黾（*Halobates sericeus*）靠它们加长的腿和水的表面张力在水面滑行。

一些不寻常的表面栖息者没有充气囊，实际上它们并不是漂浮。水黾（*Halobates*）是大洋中仅有的昆虫，能够在海水表面滑行（图 15.12）。它同湖泊和池塘中的神行者有很近的亲缘关系。

严格地讲，神行者并不是海洋生物，因为它不会游泳，并且沉到水下就会溺死。但它们成功地生活在大洋的表面。

肉食动物和它们的猎物

对于许多海水上层区动物或者对于所有的动物而言，最要紧的适应性总是涉及对食物的需求和避免被捕食。

感觉器官　肉食者和它们的猎物进行着一个持续的捉迷藏游戏。捕食者想找到猎物并在它们逃走之前发起攻击，同时那些猎物们则尽可能地发现天敌迫近的信号，然后逃走。海水上层区中的绝大多数动物有高度发达的感觉器官来帮助它们侦查猎物和发现敌人。

海水上层区有充足的光线来发挥视觉的功用，至少是在白天，毫无疑问视觉对于海水上层区动物来说至关重要。许多浮游动物有高度进化的眼睛，大多数实际上不能看到物像，但它们可以区分运动、形状和阴影。桡足类和其他浮游动物用视觉对它们的猎物进行定位。也有证据表明视觉可以帮助它们躲避捕食者。

乌贼、鱼类和海洋哺乳动物都有非常好的视力。视力对于海水上层区的游泳动物尤为重要，海水上层区中没有固体的构造物来隐藏。在其他的环境中，动物可以藏在沉淀物中、岩石下面或者海藻后面，而在海水上层区则没有类似的地方来躲避。海水上层区的鱼类(图 15.13)和其他的游泳动物不仅用巨大而功能强大的眼睛来发现猎物和躲避捕杀，同时也用来发现同伴和作为鱼群待在一起(参见“群体性”，170 页)。

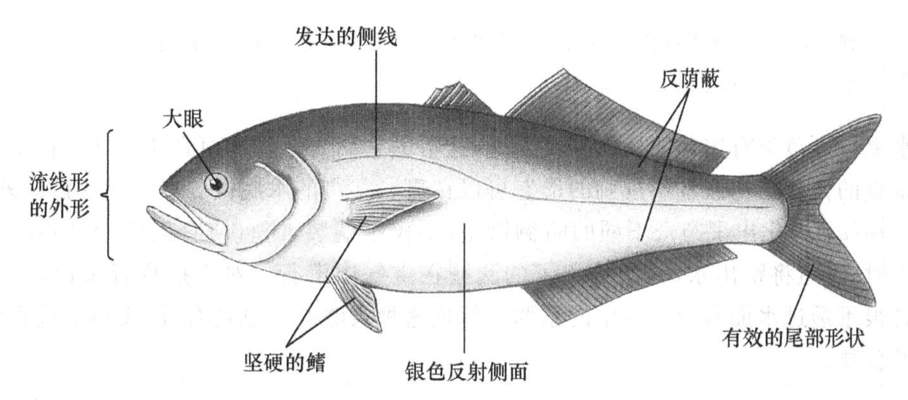

图 15.13　海水上层鱼类的典型适应性特征。

鱼类拥有另一套感觉系统，侧线。像大多数鱼类一样，那些生活在海水上层区的鱼类都对水的振动非常敏感。鱼类用它们的侧线保持与群体的联系、侦测天敌。即使盲鱼也可以和群体保持联系，应对捕食者的突然袭击。大多数捕食鱼类——包括鲨鱼、金枪鱼、喙鱼——都具有发达的听力，并且对水面的飞溅声和水中的不规则振动，即那些受伤鱼类发出的振动非常敏感。另一种远距离的感觉系统是回声定位，在海豚和其他一些鲸类中被发现。这种复杂的内置声呐使它们可以在一定的距离内对它们的猎物进行定位(参见“回声定位法”，202 页)。　337

海水上层区动物有高度发达的感觉器官，特别是鱼类的视力、侧线、听力和鲸类的回声定位。

变色和伪装　没有藏身之处并不代表海水上层区生物不能隐蔽自己。事实上，保护色或者伪装几乎普遍存在于所有海水上层区生物中，至少是那些大的足够看得见的动物。这在一个捕猎者用视觉寻找猎物，同时猎物利用视觉逃走的世界里并不奇怪。

一种使自身在广阔的海水上层区水域中不引起注意的方法是变得透明，在很多种浮游动物中都可以发现这种适应，在一些种类中十分明显。胶质状的浮游动物，如水母、乌贼、幼形类和栉水母大概是最善于隐身的种类。浮游动物中的许多其他种类是半透明的或者只有眼睛、一些色素斑点、内脏可见。一些近乎于透明的浮游动物着有一种模糊的浅蓝色，可以使它们混淆于周围的环境中。

另一种常见的形成保护色的方式，特别在游泳动物中的是反荫蔽，其背部是深色的，常是绿色、蓝色或黑色，腹面却是白色或银色。反荫蔽特别适用于海水上层区，上面的捕食者俯视，海洋呈现出深蓝色。从上面看，深色的背部很容易混淆于周围的环境；相反的，从下往上看，捕食者看到的是白光从上面的透射和银白的海面。在这样的白色背景下，一个黑色的物体像一个竖起大拇指一样突出，但是上层的游泳动物身体的下部反射了光并与光亮的表面相配。两侧扁平的身体也很常见，无论是从上还是从下看，它们的身体轮廓都减小了(图 15.14)。

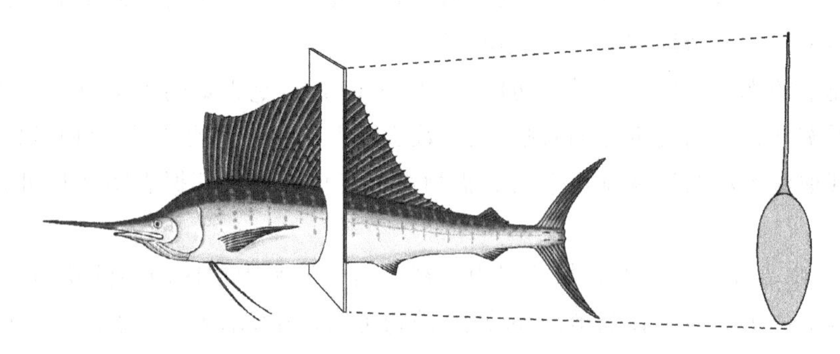

图 15.14　像很多海水上层区生物一样，旗鱼(*Istiophorus platypterus*)也有两侧扁平的身体。从剖面看，它又高又窄。

反荫蔽，其背部为深色，腹面银色或白色，在海水上层区中的游泳动物中是一种广泛的适应。反荫蔽的生物不论被从上面还是下面观察，都能混淆于背景中。

大多数海水上层区鱼类有银色的侧面来反射光，这帮助它们无论从侧面看还是从下往上看都可以混淆于背景。有垂直的棒状结构或者不规则的形态可以在斑驳陆离的水底世界里模糊它们的外形。

飞鱼(*Cypselurus*)进化出了与众不同的防御措施，不仅是伪装，简直使它们至少是临时地难于被看见。当遇到危险时，飞鱼将跳出水面，用扩大了的胸鳍在空气中滑行。对于捕食者来说，飞鱼已经消失了。因为捕食者很难透过水面看到空气中的东西。但是这种策略并不总是有效，飞鱼是很多海水上层区捕食者最喜欢的食物。

侧线　位于头部和侧面的管状系统，帮助它们探测水中的振动。　第 8 章，168 页。

338

游泳：对速度的要求　有或者没有保护色，海水上层区捕食者敏锐的感觉，使得它们可以发现猎物。一旦这样的事情发生，猎物唯一的希望就是逃走，因为这里已经没有藏身之处。是猎物逃走还是捕食者享用一顿美餐，这取决于谁的速度更快。重要的是转向的速度，与其机动性相反，或者能钻到底部的洞里以及藏在石缝中。所以，海水上层区中有世界上最强的游泳者并不是巧合(参见“游泳机器”，340 页)。

浮游动物界通常用增加阻力的适应来减慢下沉速率，而游泳动物，由于必须要在水中游动，所以往往有减少阻力的适应。事实上所有的海水上层区游泳动物都有流线型的身体，使游泳更容易且高效。很少有突起的眼睛、长刺或者其他增加阻力的结构。相反，它们的身体光滑而小巧。平滑的体表使它们更易在水中穿梭。海水上层区鱼类通常只有小的鳞或者干脆没有鳞，海豚和鲸几乎抛弃了所有的毛发。鱼类分泌黏液以润滑体表，使得在水中游曳更加容易。

海水上层区的游泳动物肌肉非常发达，这是对游泳的又一个适应。肌肉产生的力量几乎全部作用于尾部。海水上层区鱼类很少有用胸鳍游泳的。胸鳍通常用来转向和提供上升力。大多数上层区的鱼尾巴又高又窄，研究表明这是最适合高速游泳的形状。

其他栖息地的硬骨鱼，它们的鳍典型地由可移动的刺通过薄膜连接而成，使它们灵巧而有韧性。相反的，海水上层区的鱼鳍趋向于硬直，这使它们能够高速地上升和转向。这些直硬的鳍不适合盘旋、倒游、钻洞或者其他低速灵巧运动。海水上层区的鱼类也不会经常做这些动作。

海水上层区游泳动物，就像你想的一样，不仅有很多肌肉，而且它们的肌肉强壮而高效。鱼类有两种肌肉：红色和白色的——就像火鸡有浅色和深色的肉一样。红肌肉的颜色是因为有高含量的肌红蛋白，可以储存大量氧。它适合长期和持续的运动。相反的，白肌肉可以提供短暂的爆发力。海水上层区鱼类用它们的红肌进行持续的游泳，所以比滨海鱼类有更多的红肌肉，因为滨海鱼类不用经常持续性的游泳。海水上层区鱼类也有白肌肉，以便在它们需要获得突然的爆发性的速度时发生作用。

典型的海水上层区鱼类有着敏锐的视觉、反荫蔽、流线的体形、高效发达的肌肉和又高又窄的尾部。

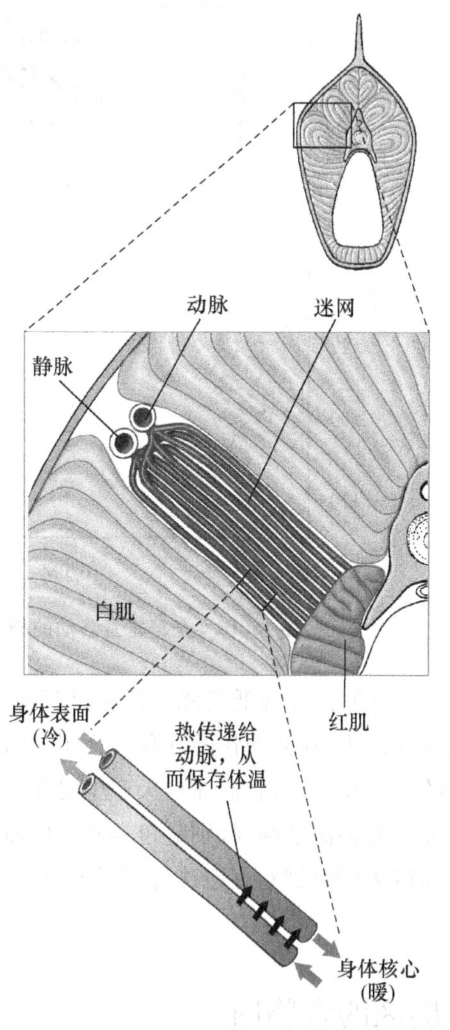

图 15.15　在“暖血”海洋上层鱼类中，小的静脉和动脉以这样一种方式排列，使得在身体核心区的肌肉运动所产生的热量通过血液回流又重新被带回到核心区域。静脉和动脉被编排成为一个复杂的网络，叫做迷网或者“绝妙的网络”。

在温和的温度中肌肉运作更加高效。海水上层区鲨鱼、金枪鱼和喙鱼进化出了一套系统来保存肌肉运动产生的热量，使它们的体温高于周围的水。这些鱼类可以被近似地看做“暖血动物”。大多数鱼类肌肉运动产生的热量被血液带到皮肤，然后消失在水中。“暖血性”鱼类的血管有着特殊的排列，称为迷网或者“绝妙的网络”(图 15.15)。在这样的排列中，血液向外运输携带的体热能够转移到向内运输的血液中。这种机制大大减少了热量的损失，这些鱼类核心的体温保持在高于周围水域的水平，但表面温度却几乎跟水一样。金枪鱼和鲨鱼还独立进化出了长的肌腱，这在其他鱼类中还未发现，它可以高效地把肌肉产生的力量向后传递到尾部。

垂直迁移　在远洋区，表层水域绝对是食物最丰富的水域，但同时这里又是最危险的：有狼吞虎咽的肉食者在四周窥伺而自己却无处藏身。一些浮游动物仅仅在生活中的一小段时间生活在表层，并且在不进食时会撤退到安全的领域。这些动物可以进行垂直迁移。白天，它们生活在相当深的地方，通常是 200 m 左右(图 15.16)。在这样的深度光线不足，所以浮游动物能躲避依靠视力的捕食者。晚上，浮游动物游到表面捕食浮游植物和浮游动物。在很深的水箱中进行的试验表明，只有在存在肉食鱼类时，它们才做垂直迁移。如果肉食鱼类被移走，它们就停止迁移。

垂直迁移的浮游动物白天躲在透光层以下，晚上游到表面来取食。　339

这些每天的周期运动需要很多能量。对于一个 2 mm 长的生物来说，200 m 的迁移相当于一个人游 200 km 的运动量！这是一段很长的逃避捕食者的路程，也有很多其他的浮游动物在没有迁移的情况下想方设法抵御捕食。除了躲避敌害以外，多种解释垂直迁移的理论也被提出。浮游动物也许可以通过在

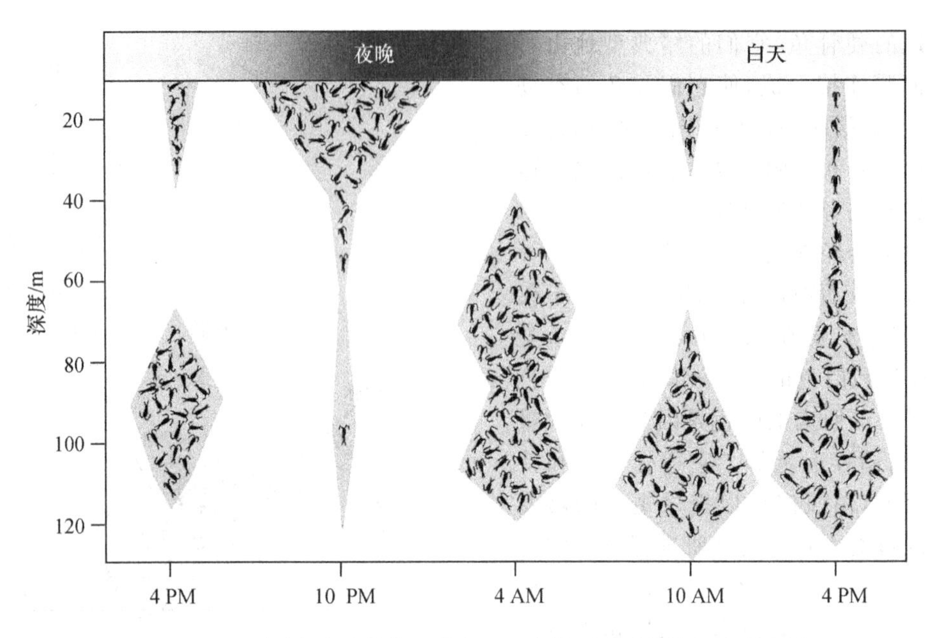

图 15.16　一群垂直移动的桡足类在一天中的不同时段的深度分布图。

深海区度过一些时间来降低新陈代谢和保存能量，因为深海区冷所以降低了体温。这有些类似于睡觉或休眠。也有人认为，浮游动物的迁移是为了躲避浮游植物在白天光合作用产生的毒素。当浮游植物进行更加活跃的光合作用时，它们在白天产生更多的毒素。

许多种类的游泳动物，特别是鱼类和一些较大的虾，也做垂直迁移。这些动物通常迁移的深度要比浮游动物深得多(参见“垂直迁移与深层散射区”，360 页)。

海水上层区的食物网

海水上层区的食物网蕴涵着巨大的利益，特别是渔业可以为成千上万的人口提供食物和工作(参见“从海洋里来的食物”，377 页)。我们只有先搞清楚食物网中各个成员之间的关系，才能了解被商业捕捞的种类。

营养等级和能量流动

海水上层区的营养结构是非常复杂的。大多数海水上层区物种的取食习惯大都鲜为人知。你无法描述一个群落的营养结构，因为你根本就不知道这些动物吃什么!

了解海水上层区食物网的另一个难点是，大多数动物都可以吃各种各样的捕获物，而且这些食物通常来自不同的食性层次。浮游动物，如桡足类既吃浮游植物又吃浮游动物，那么它们即是草食动物又是肉食动物。游泳动物同样也捕食不同营养层次的猎物。例如金枪鱼，当捕食磷虾的时候，它是二级消费者，当吃沙丁鱼的时候，就是三级消费者(沙丁鱼吃浮游动物)，当它吃鲭鱼的时候就变成了四级消费者(鲭鱼吃飞鱼，飞鱼吃浮游动物)。这使得确定很多动物具体属于哪个是营养层次变得很难。

另一项复杂的事情是许多海水上层区动物在它们生命不同时间消费不同食物。大多数幼体与成体的食物不同。即使是幼体也可能存在从吃浮游植物到吃浮游动物的转变。甚至是过了幼体时期，随着它们长大也会吃不同的食物。

游泳机器

金枪鱼、鲭鱼和喙鱼不停地游泳，进食、求爱、繁殖甚至“休息”都在运动中进行。结果，这些游泳机器身体形态和功能的每个方面实际上都是对加强游泳能力的适应。

340

金枪鱼和喙鱼的游泳技能是惊人的。它们每年都在固定路线上迁移很长的距离。一种北半球的金枪鱼(*Thunnus thynnus*)，在日本的东南海域被标记，却在 10 800 km 外的墨西哥下加利福尼亚的太平洋海岸被再次捕获。大多数其他的金枪鱼和喙鱼也进行长距离的洄游。

这些旅行通常是在很短的时间内完成。被标记的金枪鱼 119 天内穿越了大西洋，平均每天的直线距离是 65 km。实际上它们游的路程要远远大于直线距离，因为它们在不停地变换方向，冲到这里或那里来寻找食物。如果是采取径直的航线，一只金枪鱼可以以它们最慢的速度两个月之内穿越大西洋。

金枪鱼和喙鱼本来是耐力型的游泳者，能适应长期不停的游弋；但它们同时是有造诣的冲刺选手，可以突然爆发产生很快的速度。最快的鱼类是分布于印度洋—太平洋地区的旗鱼(*Istiophorus platypterus*)，它的速度可以在短时间内超过 110 km/h，没有鱼类能与之抗衡。但大多数金枪鱼和喙鱼同样是很快的游泳者，一些大型的种类可以达到 75 km/h。一些小一点个体相对于它们的体型来说也已经够快了。它们大多数速度非常快，能很容易超过所追捕的猎物。但它们非凡的速度不是因为要抓捕猎物而进化的(它们可以较慢的速度捕获猎物)，而是因为与群体中的其他成员竞争的结果。谁先抓到猎物谁就获得一顿美餐。

这些鱼类有很多适应来减小水的阻力，有趣的是，很多的水动力学适应与为提高高速飞机的空气动力学的特征性设计相似。尽管人类工程师对于这项工作来说还只是新手，金枪鱼和它们的同类很久以前就进化出这项高科技的设计了。

金枪鱼、鲭鱼和喙鱼创造了一种流线型的艺术形式。它们的身体光滑而紧凑，从机械学角度来讲，金枪鱼的体型是完美的：缺少了鳞片覆盖体表使得它们平整光滑；眼睛与身体持平而不突出，上面覆盖一层光滑和透明的眼睑以减少了阻力；鳍直硬、平滑且窄，也能减少阻力。当不用时，可以塞进特殊的凹槽或者收缩而与身体持平，不破坏其流线型轮廓。飞机航行时会收起降落装置也是基于同样的原理。

这些鱼类有更加复杂的适应来增加它们的动力。金枪鱼、旗鱼、箭鱼(*Xiphias gladius*)的长喙大概能够帮助它们在水中滑行，许多超音速飞机的头部也有类似的针状物。大多数金枪鱼和喙鱼在尾部有一

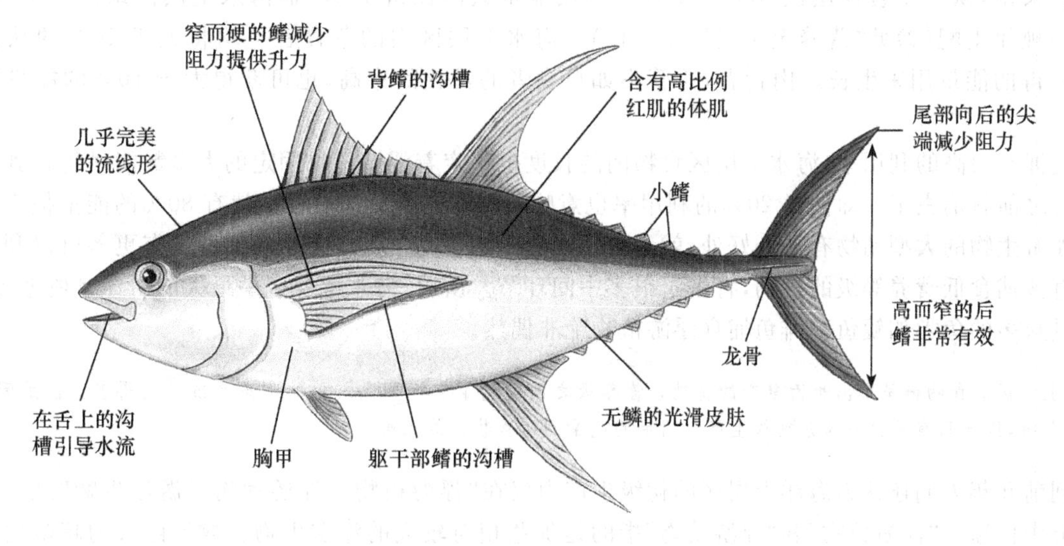

金枪鱼对于高速游泳的适应

系列的龙骨和小鳍，尽管大多数鳞片都已经退化，金枪鱼、鲭鱼在头部仍然保留了一块粗糙的鳞片，被称为胸甲。龙骨、小鳍和胸甲能够控制体表水的流向来减小水的阻力。同样，超音速飞机也有类似的特征。

因为它们不停的游泳，金枪鱼只要张开嘴巴，水就可以流过鳃。因此，它们几乎没有其他鱼类所有的把水吸入或排出鳃的肌肉。事实上，金枪鱼必须游泳才能呼吸。它们必须游泳来防止下沉，因为大部分的金枪鱼已经失去了很大一部分或完全没有鱼鳔。

潜在的问题是张嘴呼吸破坏了流线型的结构而使速度减慢。许多金枪鱼的舌头上有特殊的凹槽，能帮助把水引入口中，从鳃裂排出以减小阻力。

金枪鱼和喙鱼在减少阻力的同时也有增加推动力的适应。它们又是机械师们羡慕的对象。它们又高又窄的尾部带有后掠尾梢，几乎完全适应于用最少的力量进行推进作用。或许对于这些或者其他最快的游泳者而言，最重要的是对于水中的涡流和漩涡的感受和利用。它们能够滑过导致速度减慢的漩涡，然后再在被“甩出”涡旋的同时获得推力。赛车手利用“后向气流”，如被弹弓弹出一样超过前面的车，利用的就是这个原理，但是还不完全一样。科学家和机械师开始研究鱼的这项本领，希望能够设计出更高效的船只推进系统。

这些鱼的肌肉和保温机制也非常高效。绿鳍金枪鱼在7℃的环境中能使其核心体温保持在25℃以上。温暖的身体不仅能使肌肉而且使大脑和眼睛工作更高效。喙鱼则走得更远。它们进化出了经过改造过的肌肉组织所形成的特殊加热器，用以温暖大脑和眼睛，从而保持这些关键器官的巅峰状态（参见“长嘴鱼的视觉”，169页）。

肌红蛋白 在脊椎动物中，可贮存氧气的红色肌肉蛋白。 第8章，166页。

341 海水上层区中基本的能量流动可以描述为浮游植物→浮游动物→小的游泳动物→大的游泳动物→顶级捕食者。当然顶级捕食者也是游泳动物，这种描述被大大地简化了，并且每一个食物层次都包含一个小的食物网。例如浮游动物，有草食性的，也有处于肉食性层次的，就在它们之间形成了一个食物网。还有另一个被称为微生物环的侧支，将在下一节介绍。

海水上层区的食物链通常有很多环节，一般比其他生态系统中的要长。级数的多少也各不相同：热带海域中的食物网要比冷水中的有更多的层次。即使在冷水中，在初级生产者（浮游植物）和顶级捕食者之间也有5、6个级数。当然，也有例外。如“硅藻→磷虾→鲸”食物链（参见图10.9）是最短的食物链之一。

一般来说，从一个食性层次到下一个食性层次能量只能保留10%，而海水上层区却是一个例外，不受这一规律支配（参见“营养金字塔”，225页）。海水上层区中的草食者平均将大于20%的从浮游植物中获得的能量用来生长。肉食者，尽管不如草食者的转化效率高，也可获得大于10%的能量转化效率。

即使拥有很高的利用率，海水上层区食物网的长度也决定着浮游植物固定的大多数能量将在到达顶级肉食者之前就消失了。即使是20%的利用率也意味着仅在一步传递过程中就有80%的能量损失。直接捕食浮游生物的大型动物有一个好处，就是它们相比于捕食高营养级猎物的捕食者有更多可以利用的食物。直接捕食低营养等级的食物，省去了很多中间环节。所以，海水上层区中最大的游泳动物蓝鲸、鲸鲨和数量众多的鱼类如鳀鱼和鲱鱼捕食浮游植物绝非偶然。

342 *海洋上层区的食物链呈现出长而复杂的特性。营养级之间的能量交换要比其他的生态系统高效得多。但是因为有太多的营养级，因此只有较少一部分初级生产者固定的能量到达食物链的顶端。*

直到前几年人们还认为海洋上层区的初级生产力仅在“浮游植物→浮游动物→游泳生物”这一简单的食物链中传递。“浮游植物”和“浮游动物”指的是那些相对较大的浮游生物。数量巨大的超微型浮游生物和微型浮游生物的发现，彻底改变了我们对海洋上层区食物网的认识。

海洋中含有大量的可溶性有机物(DOM),即以溶解而不是微粒形式存在的有机物。一些 DOM 是从浮游植物细胞中泄露出来的。浮游动物在它们进食和作为废物排泄的时候也会溢出大量的 DOM。但是大量的 DOM 主要来源是由病毒的活动形成的。在每毫升海水中都有数以千万计的病毒,它们感染了大量的生物,特别是微生物。病毒使得细胞裂解,释放出细胞内容物。

按照常理来说,我们可能认为这些无法作为食物,但是它们的确蕴含着大量的能量。就像热量计算者喜欢在他们的咖啡里放大量的糖一样,这个事实很容易理解。只有极少的生物可以利用 DOM 作为能量来源。尽管一些浮游植物可以利用它们,但是人们认为 DOM 中的大量能量并未被利用。

微生物环

我们知道海洋中的 DOM 并非总是待在那儿,而是属于一种叫做微生物环的主要能量途径的一部分(图 15.17)。微生物环的开始是各种体积的浮游植物。约有半数以上的初级生产者生产的有机物通过这种方式成为 DOM。DOM 并没有从食物链中消失,而是被细菌或者很可能被古细菌所利用。这些生物太小而不能被其他生物取食,但是可以被一些微型浮游原生动物所捕食。当网采浮游动物捕食这些原生动物后,从 DOM 中获得的能量最终在食物链的其他环节中传递下去。

微生物环简单地说,涉及以下几个环节:浮游植物→DOM→细菌→原生生物→浮游动物。没有微生物环,DOM 中的大部分能量将不会被利用。超过半数以上的海洋上层区的初级生产力是通过微生物环进入食物链的。

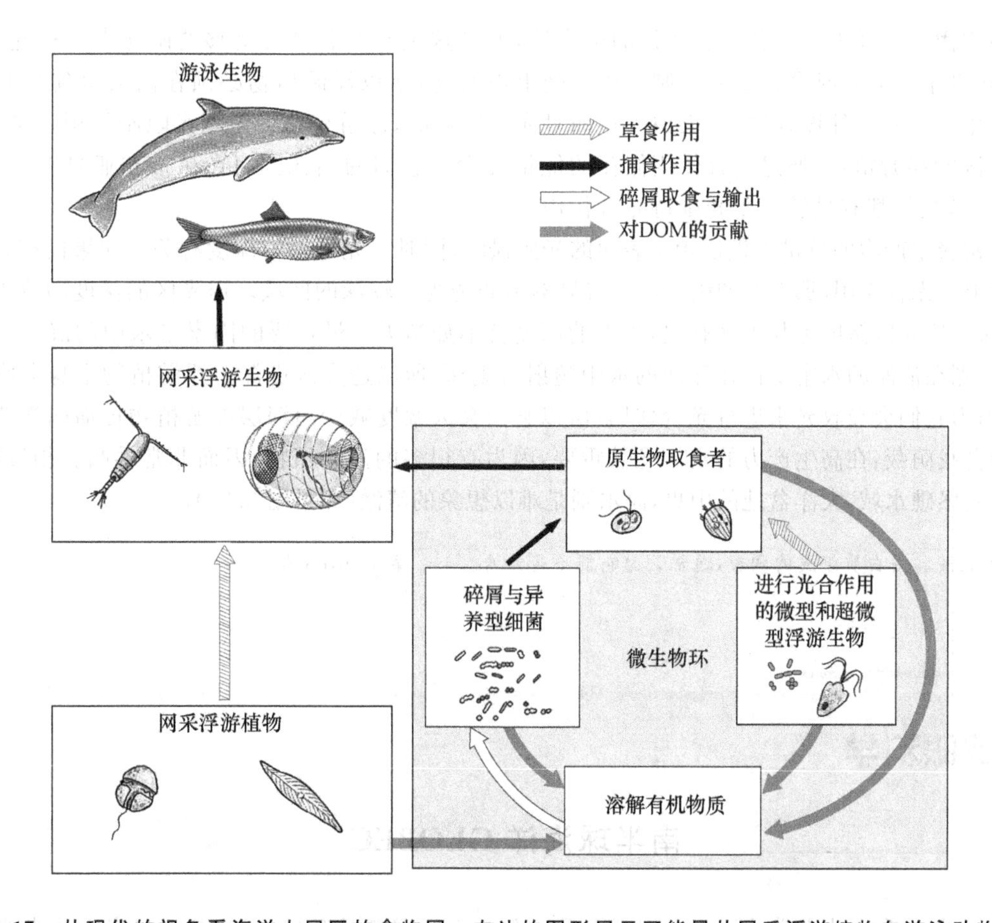

图 15.17　从现代的视角看海洋上层区的食物网。左边的图形显示了能量从网采浮游植物向游泳动物的转移。上层区食物网的这个部分几十年前就已熟悉了。图形的右边显示更多的是最近发现的食物环的内容。大多的从生物向溶解有机物质的流动(灰色箭头)是由病毒引起的。

原生动物捕食者的另一个重要角色是将微型浮游植物中的初级生产力引入食物链。然而，这些微型浮游生物对于大多数浮游动物来说还是太小而不能被捕食。

碎屑——比可溶性有机物更为特殊——在海洋上层区也与在其他食物网中同样重要。碎屑的两大主要来源前面已经提到过：排泄残渣和被废弃的幼形类的屋子。幼形类的屋子和其他黏液积聚物的含量可能非常丰富，并可以维持细菌的巨大的种群数量。它们常被称为“海雪”，因为它们看起来像水底的雪花。

许多浮游动物和小鱼取食这些“海雪”。但大多数碎屑在没有被利用之前就沉到了海洋上层区以下更深的水域。另外正如前面提到的那样，海洋上层区也很难从其他系统中获得更多的碎屑。

生产的模式

尽管海洋上层区的食物网非常复杂，但它们共有一简单的特征：浮游植物的初级生产力，其中超微型、微型和中型浮游生物是其基础。所用其他生物，从最小的浮游动物到最大的肉食动物都依赖于这种初级生产力。海洋上层区的一些区域是世界上生产力最高的区域（参见表10.1，203页）。也有一些较大的区域是世界上生产力最低的地区，海洋中的“荒漠”。动物的丰度，从浮游动物到鲸，都遵循初级生产力的模式。这就有必要了解控制由浮游植物产生的初级生产力数量的诸多因素。

343

浮游植物进行光合作用需要两个条件。首先，它们需要阳光，它是维持生态系统的终极能量。其次，它们需要必需的营养元素的供应。没有阳光和营养物质，浮游植物不能生长也不能生产食物为食物网提供能源。

光限制作用　海洋上层区代表着海洋的透光层，但是这里并不总是有足够的阳光来进行光合作用。换而言之，初级生产力有时会受到光限制作用。晚上没有光，所以浮游植物必须在白天得到足够的光以维持它们的生长。在高纬度地区，冬天白天短而且光线较弱时，浮游植物会受到光限制作用。冬天，位于这些纬度地区的浮游植物，通过光合作用储存的能量要少于它们的消耗。而在热带和亚热带海域，至少是在海洋表面，全年都有足够的阳光维持光合作用。

海域中初级生产力的总量不仅依赖于表面的光照强度，同时与光透射的深度有关。如果仅有表面一薄层的光可以维持光合作用，那么其初级生产力将显然不如透光区较深的区域。透光区的深度随着季节而变化，夏天最深。透光区深度也与天气有关，阴天的深度就不如晴天。最重要的因素是水中的沉淀物和其他等物质的量，光在清澈的水中要比在浑浊的水中透射得更深，所以透光区更深。浮游植物本身会影响透光区的深度，因为它们会吸收光来进行光合作用，所以它们会大幅度减少向深层浮游植物传播的光线。这种现象被称为自我荫蔽，在高生产力的水域尤其重要，因为有很多的浮游植物，因而非常昏暗。相反地，在贫瘠的中央回旋堡礁水域，大洋盆地的中央，海水则是难以想象的清澈（参见图3.20）。

病毒　由核酸和蛋白质组成的颗粒，通常认为它们不是活的。　第4章，88页。

放眼科学

南半球海洋 GLOBEC

全球海洋生态系统动力学计划（GLOBEC）是一组庞大的国际性研究计划，鼓励研究即将发生的全球环境变化，特别是气候的变化，如何对海洋生态系统产生影响。GLOBEC包括一系列的研究项目，包括南大洋全球海洋生态系统动力学计划（SO-GLOBEC）。SO-GLOBEC重点关注南极磷虾（*Euphausia superba*),因为它是南极生态系统主要捕食者的主要食物(参见图10.8)。首先SO-GLOBEC研究磷虾在整个生态系统背景下的作用,同时SO-GLOBEC收集磷虾周围环境中的物理信息,磷虾的浮游植物食物,与磷虾竞争的樽海梢和其他浮游动物,以及企鹅、海豹和鲸在内的磷虾捕食者。

始于2001的实地考察项目,包括许多不同的研究活动。某些初始步骤包括用声呐设备绘制海底图形和用固定的潮流计测定环流的类型。多达8艘勘探船巡航了一年,海洋学家测量了温度、盐度,取水样,统计海鸟、海豹和鲸的数量,并且进行了实验室内的实验。他们尤其关注磷虾和其他的浮游动物:用网捕获它们,用水下视频计数或者用特殊声呐系统绘制它们的分布情况。安装于船上或海底的水下话筒监听鲸鱼的叫声。在冰上或者陆地上的科学家用小型的发射机对企鹅和海豹进行标记,这样就可以用卫星跟踪它们的运动。潜水者甚至已经到冰层下面观测生物和它们的栖息地,并搜集样品。

在研究的起始阶段,SO-GLOBEC证实了在研究区域,小须鲸(*Balaenoptera acutorostrata*)的终年存在,并发现了意想不到的"热点":在那里磷虾、企鹅、海豹、海鸟和鲸的数目都非常多。通过不间断的数据收集,科学家们开始获得生态系统的连续画面,以及了解气候和磷虾渔业是怎样影响磷虾的。实地考察持续到2007年,数据的分析和处理进行到2009年。与此同时,在这一区域SO-GLOBEC和其他的研究项目显示南大洋对于世界上其他的海洋有着重要的影响,所以一个SO-GLOBEC的后继项目正在计划之中。

(更多信息参见《海洋生物学》在线学习中心。)

营养物质　营养物质,特别是氮、铁、磷,在控制初级生产力方面起主导作用。即使拥有足够的光照,如果没有足够的营养物质,浮游植物仍不能进行光合作用,也就是说初级生产力受到营养的限制作用。大多数海洋都缺少营养物质,限制性营养物质是氮。硝酸盐(NO_3^-)是最重要的氮源。海洋学家们注意到氮的排入量开始增加。人类的活动,特别是化石燃料的燃烧,形成大量的含氮化合物,经过大气运输并经过降雨而进入海洋(参见"富营养化",404页)。这些额外的氮可以增加初级生产力,并且也可以提高渔业产量,但与此同时也可能扰乱食物网,引起大范围的富营养作用。目前还没有很多的证据可以证明这些。但人们预测在未来几年排入大洋的氮量将会显著增加。　344

在广阔的大洋区,包括南部海域和赤道附近的太平洋,却受到铁元素的制约。大量实验证明这些地区在加入铁元素后浮游植物会爆发式生长,其数量如此巨大以至于把水变得像豌豆汤一样绿。有一个极具争论性的试图解决全球变暖的问题的提议:通过在这些海区添加铁的方法使浮游植物暴发以吸收大气中的CO_2(参见"生活在温室中:我们日益变暖的地球",406页)。用加铁元素的方式肥沃海洋比加氮更合实际,因为需要铁的量要少得多。尽管如此,到目前为止的实验还不能证明这种"地球工程"在减少CO_2方面是有效的。生态学后果仅可以猜测,而对这个星球的风险依然很大。　345

磷酸盐(PO_4^{3-})和其他不同的营养物质限制着某些地区浮游植物或者其他种类生物生长。例如,二氧化硅的供应量会限制硅藻的生长。

一些营养物质通过河流和大气进入海洋(图10.17与10.18)。一些生物还可以通过固氮作用向海洋上层区提供含氮营养物质。群集的蓝细菌*Tribodesmium*是它们中间最为重要的,特别是在热带海域,它们的固氮量占据了固氮总量的1/2以上(表15.1)。还有一些单细胞的蓝细菌含有可以固氮的酶,但是还没有证据表明它们可以固氮。大多数维持初级生产的营养物质并不是来源于外界,而是源自营养物质的循环。循环始于溶解性营养物质被活的浮游植物吸收,然后,当活物质死亡时,通过细菌的分解作用,这些营养物质就会再生、释放出来。

对于营养物质循环的依赖深刻影响着海洋上层区的生产力。大多数浮游植物生产的有机物以碎屑的形式结束:粪便颗粒、死亡的躯体、"海雪"和其他的有机颗粒。这些有机颗粒易于下沉,它们之中的大部分在腐烂之前下沉到海洋上层区以外更深的地方。在透光层以下释放它们所包含的营养物质(图15.18)。这一过程的最终结果是营养物质被从表面带走,运输到漆黑寒冷的下层水域。所以表面的水域营养物质经常匮乏,海洋上层区浮游植物的生长因此受到营养物质的限制。从另一方面说,深层的海水通常营养丰富,但是因为没有足够的阳光进行光合作用,这里的营养物质并不能在初级生产过程中被利用。

因为许多有机碎屑在它们所包含的营养物质再生以前就沉到海洋上层区以下，表面水层通常缺少营养，浮游植物的生长就受到营养物质的限制。因为海水表层中有机颗粒的不断下沉，所以深水区含有丰富的营养物质。

那么，维持海洋上层区的食物网的浮游植物面临一个问题：表面有光但缺少营养物质，深水区有着丰富的营养物质却没有足够的光线。浅海区的浮游植物可能比大洋区的类型更容易解决这一问题。浅海区相对较浅，所以其下沉的有机颗粒沉落底部，其中部分再生营养物质可以重新回到水体中。这就是为什么大陆架有如此高的生产力的原因之一。另一个原因是河流可以从陆上带来新的营养物质。即便如此，浅海带水域的氮、磷或其他营养物质的表面浓度还是比较低。

浅海区水域通常是高生产力的，因为浅海区的底部可以保持有机颗粒，使得它们含有的营养物质集中在透光层附近，同时也因为河流补充了新的营养物质。

为使大洋区能够有初级生产力的产生，深水层的营养物质必须通过某种方式到达表面。使之发生的唯一有效的方式是让底部的水运动到表面，与此同时把营养物质带上来。这听起来很简单，但只可能发生在特定的时间和地点。海水通常是分层的：即热的表面水层漂浮在下面密度高的水层之上(参见“分为三层的海洋”，58页)。温跃层作为一个过渡地带，位于表面的温暖且密度较小的水层与它下面较冷的密度较高的水层之间。就好比是把一个软木塞拉到表层以下的水域或者是把重物从底部举起需要能量一样，也需要能量把表面的水穿过温跃层推到下面密度较高的水层，与深层的水混合，或者把密度高、营养物质丰富的深层水带到表面。大多数时间这种现象是不会发生的，表面的生产力也常常受到营养限制。

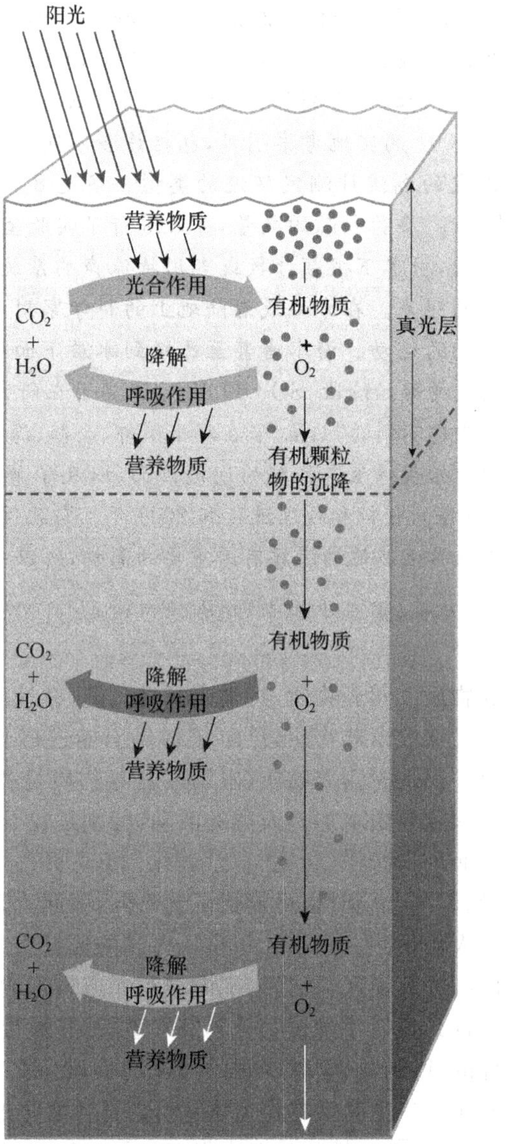

图 15.18　在不同深度，营养物质的量是由光合作用、呼吸作用和有机颗粒的下沉控制的。在初级生产过程中，溶解营养物质被从水中移除并合成为有机物质。呼吸作用，在这种情况下主要由于细菌的分解作用，把有机物质降解并再生为营养物质。营养物质的吸收只能发生在水体表面，那里有光照。因为有机颗粒的下沉，很多的营养再生作用发生在真光层以下。这个过程把营养物质从水体表面抽走并把它们带到了深水区。

346

季节模式　把深层水的营养物质带到表面的另一种方法是水层的混合。在大陆架上，强大的风浪可以把水层一直混合到底部。尽管如此，通常大风浪还不能混合足够深的水层而使得营养物质到达表面，在广阔的大洋区尤其如此。

如果表面的水变得密度较高，它就会失去浮在面上的趋势，这种现象发生在高纬度地区，冬季的寒风使表面温度降低的时候。如果表层水的密度变得比下层更高，对流就发生了(参见图 3.23)。温跃层就被破坏了，表层的海水下沉，营养丰富的深层水与它们混合并到达表层。这种对流需要非常寒冷的条件，并且除极地地区之外，通常不会在大范围的区域中发生。即使没有这种对流作用，表层水的变冷也能促进水的混合。变冷的表层水的密度变高了，它们与深层水混合所需要的能量减小。冬季的风暴带来强风巨浪促进了深层营养物质与表层的混合。因为冬季的对流和混合作用，极地和温带的水域具有很高的生产力。

因为冬季的对流和混合作用，把深层的营养物质带到表面，高纬度的大洋区水域有很高的生产力。

表 10.1(230 页)描述了全年的生产力水平。这显示着一年之中生产力会有很大的变化。在温暖的温带和热带水域，这样的季节性变化相对很小。水层在整年都很稳定，阻止了深层营养物质进入透光区。由于这个原因，大多数热带水域在一整年中的生产力都保持在低而稳定的水平(图 15.19a)。

在温带水域，季节性的影响是深远的。冬季的对流和混合作用，把大量的营养物质带到水体表面上。但由于浮游植物在冬天会受到光的限制作用，这些营养物质也不能被光合作用利用。所以温带纬度地区，冬季的初级生产力也较低(图 15.19b)。

春天来临时，白天变长，光照变强。阳光不再是限制性因素，并且之前冬季的对流和混合作用使表面的水层含有丰富的营养物质。充足的光照和营养物质为浮游植物的生长提供了理想的条件，形成了一个迅速生长的时期，被称为“春季藻华”(图 15.19b)。在许多温带地区，春季藻华现象代表了全年绝大部分的生产力。

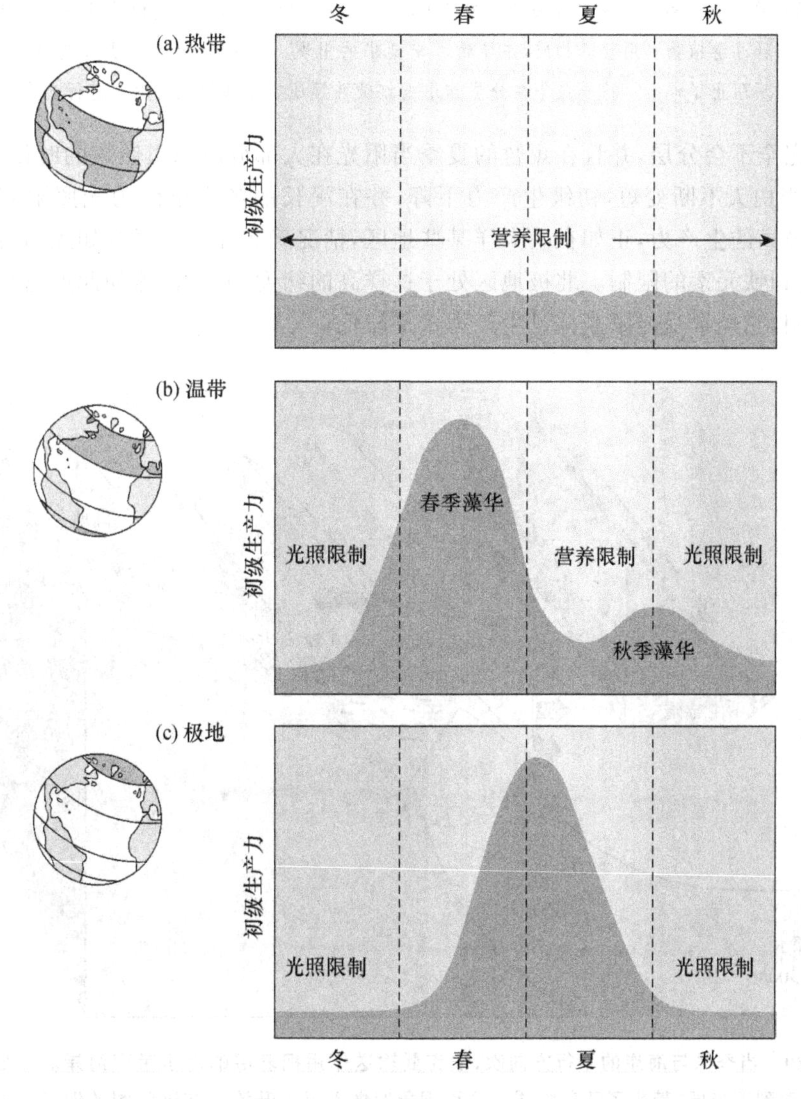

图 15.19　初级生产力($mg\ C \cdot m^{-2} \cdot d^{-1}$)的一般季节循环情况。

由于春季藻华的发展，两种不利于浮游植物生长的现象出现了。首先光照的增加使表层水升温，其密度减小。这样就增加了水层的稳定结构，消除了对流作用，大大减少了深层富含营养物质的海水与上层的混合。其次，由于光合作用和生长，浮游植物快速地消耗掉营养物质。在水中营养物质被用完的同时，它的供给路径却被阻断了。水中可利用的营养物质的量降低了，浮游植物的生长又受到了营养的限制。氮元素通常是最先被用光的营养物质。

在夏天的大多数时间，初级生产力都是受营养限制的。生产力水平由营养物质的循环和营养物质的补充来决定。如果水层结构永远不稳定，那么一些混合作用和初级生产力将会发生。如果表面的水显著升温，水层就会分层，由混合作用带来的营养物质就会降低，初级生产力就会下降。因为分层的原因，夏天的温带水域生产力水平较低。

秋天的生产力水平取决于哪一种影响因素先到来：短的白昼和弱的光照形成光限制作用，或者海洋表面温度降低和风暴使得营养物质的混合作用增强。例如，如果天气晴朗而凉爽，一阵强风就可以使营养物质混合，同时浮游植物仍然有足够的光线来生长。假如这样的话，还有一次初级生产力的暴发，称为秋季藻华(图 15.19b)。如果温暖适宜的情况一直坚持到秋天，浮游植物又在对流和混合作用开始之前变为光限制。在高纬度地区，虽然在冬季是光限制而在夏季是营养限制，但是仍然有足够的生产力在藻华期间产生，从而使这些水域处于一个高的年平均水平。

347

在高纬度地区，初级生产力显示着一个季节性循环。在冬季，生产力是光限制的，但对流和风混合作用把营养物质带到表面上。到了春天，增加的光照让浮游植物利用营养物质，并导致春季藻华的出现。在夏季，生产力是受营养限制的，因为浮游植物用尽营养物质，而且分层作用阻止了混合。秋季藻华在分层作用被打破并且还有足够的光线用来进行光合作用时发生。

冷的极地水域完全不会分层，并且在短暂的夏季当阳光在大部分时间里照耀的时候保持高的生产力水平(图 15.19c)。当白天不断变短，初级生产力下降，并在漫长的冬季里因为光照限制而大幅度减少。极地水域可以具有极高的生产力，正如在南大洋某些地区，情况确实如此。尽管如此，在南大洋的大部分区域，其生产力却受到铁元素的限制。北极地区处于这样高的纬度，并且被冰如此严密地覆盖着，虽然存在着对流和混合作用，它经常受光限制并且生产力水平较低。

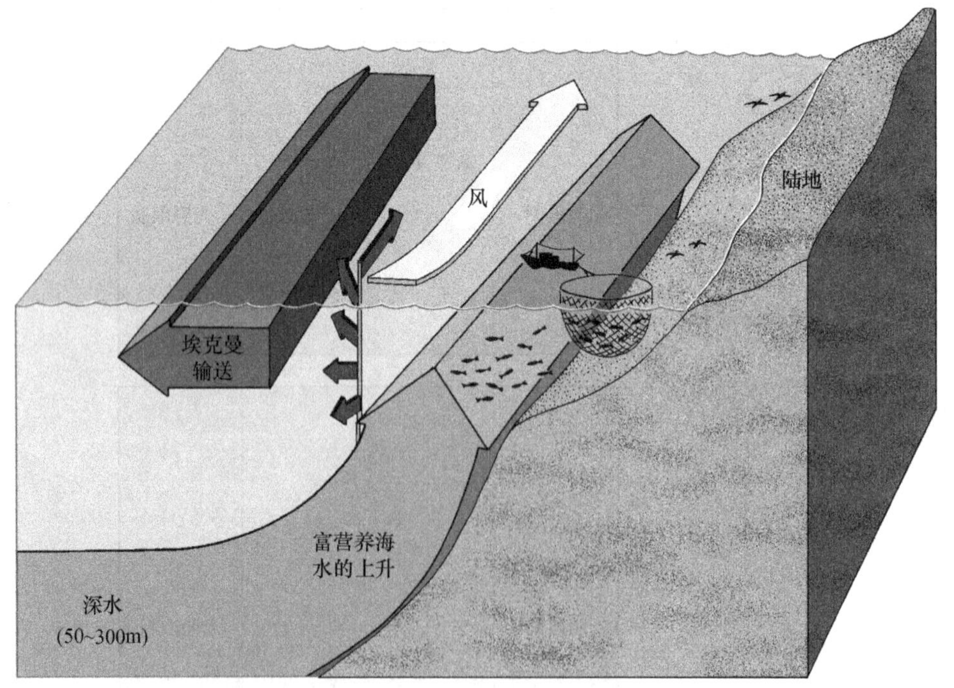

图 15.20　当季风与海岸的平行方向吹，埃克曼输送作用把表层的海水带离海岸。深层的海水涌动到真光层，带来了营养物质。这种现象叫做沿岸上升流。在这张图的例子是发生在北半球还是南半球？

上升流与生产力 由表面海水的冷却产生的对流和混合作用并不是把营养物质运输到真光层的唯一途径。在某些时间和地点，大量的富含营养物质的水体从底部运送到表面上。这种现象，叫做上升流，是由埃克曼输送作用引起的。

沿着某些海岸，主要是大洋盆地的东部边缘，季风与海岸平行的方向吹，它所导致的埃克曼输送作用把表层的海水带离海岸。在大陆架的边缘，深层的海水涌动到表面来替代流走的海水(图 15.20)，一般来说是 50～300 m 的深水区。当这股强劲的沿岸上升流深得足够连通表面以下冷的且营养丰富的水体时，它就把巨大量的营养物质带到了真光层。大部分的沿岸上升流地区(图 15.21)都位于上层区的高生产力水域。这些地区也因此成为海洋中最为富足的渔场(参见图 17.3)。

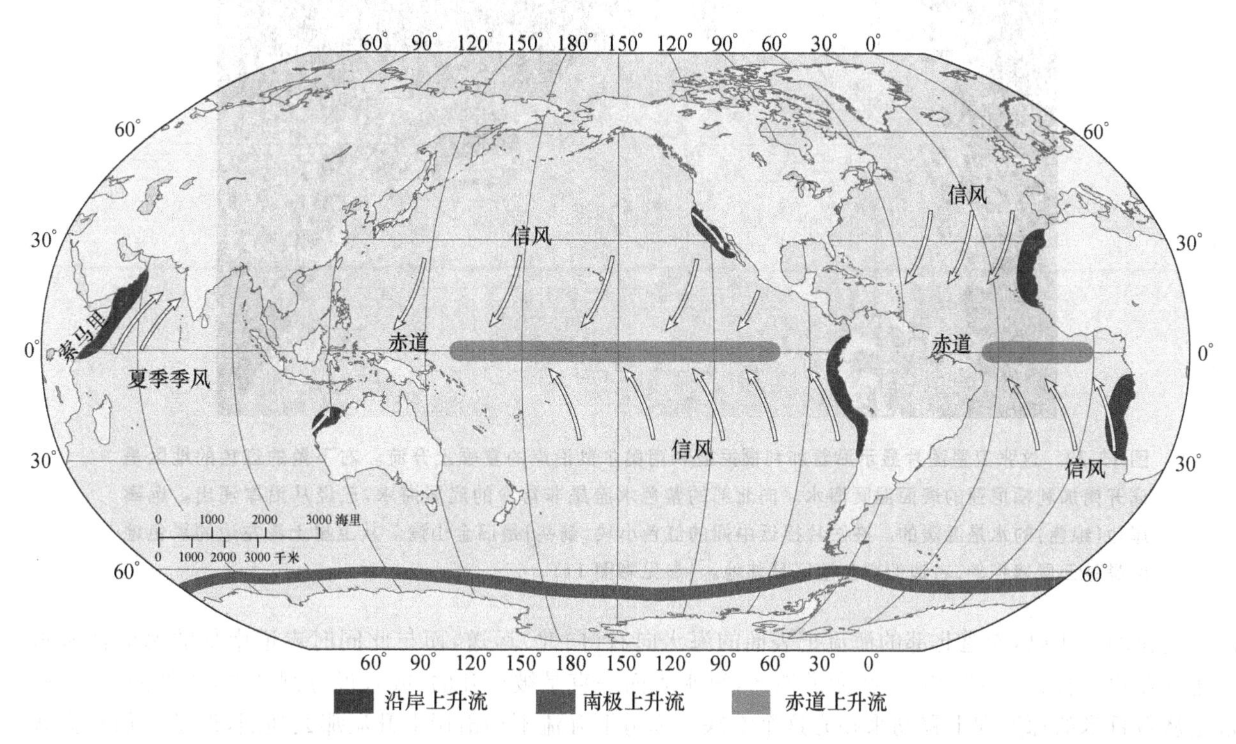

图 15.21 全球与季风有关的主要上升流地区。这些地区位于大洋最高生产力的地区。更小强度的或者零星发生的上升流在很多其他地方发生。

在某些海岸，比如南美的太平洋沿岸，上升流是相当稳定的，并且发生在广大的区域。而在其他海岸，比如加利福尼亚海岸，上升流倾向于在固定位置和以短期事件的形式发生(图 15.22)。如果风在数天之内一直很强烈，强烈的上升流就会出现，只有当风突然停转时才慢慢减弱，并在另外的某个地方重新生成。就是在南美的太平洋地区，上升流也是经常只在小的和固定的小块地区非常强烈。 348

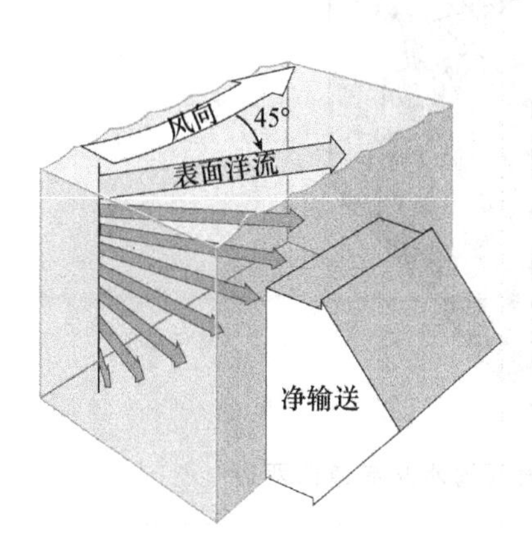

埃克曼输送 上层水体或埃克曼层的运动，它与风向呈 90°，在北半球向右，南半球向左。它是由科里奥效应所致。 第 3 章，55 页。

上升流也倾向于是季节性的，多半发生在一年中风很强烈并且与沿岸垂直的方向吹的时候。这样的季节性在东非的索马里沿岸带最为显著(图 15.21)。主导这些地区多是季风，夏季吹向北部而冬季吹向南部的风。夏季的季风导致非常强烈的沿岸上升流，其消失在风向改为冬季季风的时候。当上升流停止时，生产力显著下降。

沿岸的风不是产生上升流的唯一原因。科里奥效应也可以产生赤道上升流，特别是在太平洋地区。注意，科里奥效应的方向在赤道是右

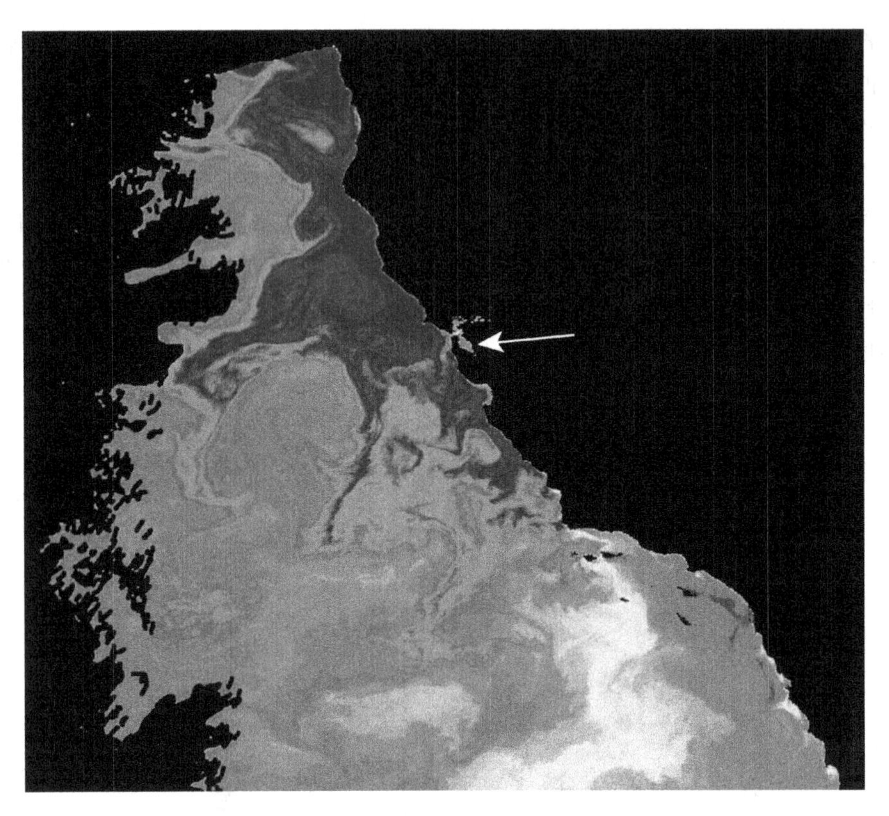

图 15.22 这张卫星图片显示沿着加利福尼亚和南奥尔良沿岸的夏季上升流。右下角的红色的地区是离开南加利福尼亚的表面温暖海水。向北部的紫色水流是非常冷的底层海水，已经从沿岸涌出。远离岸边(绿色)的水是温暖的。在图片接近中间的红色小块(箭头)是旧金山湾。从卫星上看左边的黑色地区是被云层遮挡的，右边的黑色地区是陆地。(参见彩图 11)

向左变化的。所以，赤道北部的海流把表面的海水向右(向北)运送，而与此同时赤道南部的海流把海水运送到左边(向南；图 15.23)。在赤道地区，海水表面一直是被扯开的，或者说分割开的，深处的海水，通常是从数百米的深度向上移动来补充这个空缺。赤道上升流不如沿岸上升流那么强烈，但是它仍然显著地提高了初级生产力，并且在更为广大的地区内发生。

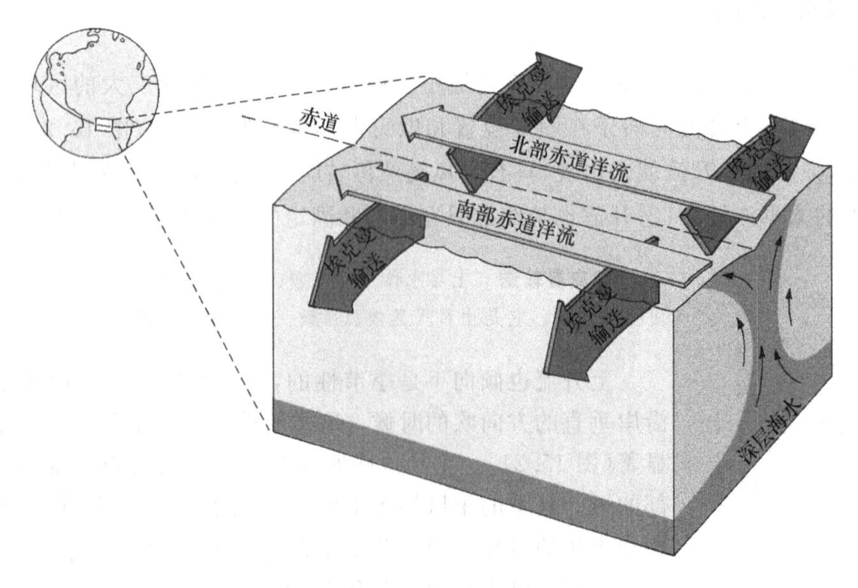

图 15.23 科里奥效应对赤道两边的赤道海流产生不同的影响。所以表面海水从赤道向两边分开。深层的海水上升到光照水层进行补充。这就叫做赤道上升流。

上升流也会在围绕南极的环形地区内发生，它是复杂的风与位于大陆架和南极环极地洋流共同作用的结果(参见图3.20)。沿海岸和赤道的上升流在大部分情况下来源于几百米的深水区，南极上升流则把深达4000 m的海水带到表面。这种上升流，与相对缺乏分层现象一起(参见“季节模式”，346页)，对南大洋的高的初级生产力作出了巨大的贡献。 349

上升流给表面带来营养物质，导致了高的初级生产力。沿岸上升流是很强烈的，它的发生是由于风引起表面海水因埃克曼输送而离开海岸。赤道上升流是赤道表面海流的分离引起的。南极上升流在围绕南极的环形地区形成，并把非常深的海水带到表面上。

地理模式 水深、温度、季风和表面流都影响着海洋的生产力，正像我们在上一节看到的那样。生产力的地理分布反映了这些特点。沿岸水体具有高的生产力，因为浅的水底阻止了营养物质下沉到真光层之外，还因为风和海浪混合了水体。经历上升流的沿岸地区尤其具有生产力。赤道水域也因为上升流而具有生产力，但是还不足以达到沿岸上升流地带的水平。极地和温带水域具有高的生产力，那是因为对流和上升流把营养物质带到阳光照耀的水层。

在广大的中间环流地区没有把营养物质带到表面的过程发生。这是由于相对温暖的纬度，使得表面的海水从来不会冷却到产生垂直对流和混合作用。它们离沿岸流和赤道流很远，中间环流地区从来也没有上升流。中间环流地区一直受营养物质的限制；除了受光限制的北冰洋之外，它们在远洋区具有最低的生产力。事实上，中间环流区是地球生态系统中生产力最低的地方(参见表10.1，230页)。

厄尔尼诺—南方涛动现象

风、海流和上升流的相互作用影响到的不止是海洋的初级生产力，还有渔业、气候，最终是人类的福祉。当正常的情况变化时，比如在厄尔尼诺—南方涛动(ENSO)现象发生时，这会带来最强烈的效果。最近几年，ENSO，通常简单称为厄尔尼诺，不止吸引了海洋学家的注意，而且因为其对人类的作用，也引起了经济学家、政治家和普通大众的注意。 350

厄尔尼诺这个名词原来是用来指示在斐济和智利沿岸表面海流和变化的。在每年的大部分时间里，沿岸的风从南吹向北，产生了强烈的上升流。上升流给表面带来了营养物质，使得这些水域成为世界上最为丰富的渔场之一。每年，一般是十二月份，季风减弱，上升流减少，水体变得温暖。当地人对于这种现象已经熟悉了好几个世纪，因为它标志着捕鱼高峰期的结束。由于洋流的这种变化发生在圣诞节左右，他们又把它称为厄尔尼诺，或称为“圣婴”。每隔数年，这种变化又比平常明显得多。表面的海水变得更加温暖，上升流完全停止。初级生产力下降到无，那些在这一水域盛产的鱼消失了。秘鲁和智利沿岸的渔业被摧毁，海鸟大规模死亡(参见“鱼类和海鸟，渔民与禽类”，387页)。

厄尔尼诺现象中的“南方涛动”部分已经被人类关注很长一段时间了。正如厄尔尼诺一样，它也是因为对人类产生的影响而被注意到的。印度人依赖于夏天的季风给他们的庄稼带来雨水。有时候季风不来，将导致饥荒和苦难。从1904起，一个叫做吉尔伯特·沃克(Gilbert Walker)的英国管理者，开始通过分析全球的天气记录来预测什么时候季风会不来。他从来没有达到他的目标，但是他确实发现了一个主要的大气现象，他把它称为南方涛动。

南方涛动指的是大气压的长距离联系。当太平洋上的气压高时，在印度洋上空就会低，反之亦然。在数月甚至数年的时间内，气压像一个巨大的跷跷板一样不断摇摆，波及半个世界。大气压的变化在风和降雨方面带来巨大的变化，包括夏季季风的不足。

到了20世纪50年代，事情变得很明显，厄尔尼诺与南方涛动是同一个硬币的两个面：不是被限定在一个区域，它们是连接整个星球的海洋与大气相互作用的一部分。厄尔尼诺南方涛动中巨大变化相一致。科学家用名词“ENSO”来表示厄尔尼诺和南方涛动是同一个全球现象的两个方面。

当1982和1983年发生了至少在一个世纪内最为强烈的厄尔尼诺现象时，很明显，它对全球的天气、野生动物和社会产生了深刻的影响。1982—1983年的厄尔尼诺现象给全球的大部分地区带来了极端的天气——在一些地方是风暴和洪水，在另一些地方则是干旱、森林火灾和热浪。这些极端的情况使科学家和公众的注意力集中在了解和应对厄尔尼诺现象上。

在随后的数年里，科学家仔细地分析1982—1983的厄尔尼诺现象的资料，以及1986—1987和1991—1995年的较为温和的厄尔尼诺现象。在所获得的研究成果基础上，他们开发了一个泛太平洋的海洋和大气监测仪器系统，希望能够对新的厄尔尼诺现象做好早期预警。这个系统很快被用于试验。在1996年底发现了早期的迹象，到了1997年初，正式预报：另一个厄尔尼诺现象正在到来的路上。

351

这个预测非常准确，有点儿复仇的味道。1997—1998年的厄尔尼诺现象是已知的厄尔尼诺现象中最为强烈的，甚至强于1982—1983年的。其严重性震惊了预测它的科学家，其破坏效应波及了全球的大部分地区(图15.24)。在秘鲁、智利和厄瓜多尔，厄尔尼诺现象不但造成了渔业的减产，而且还带来了暴雨和洪灾。南加利福尼亚、东非的部分地区和中国的南部也遭受了严重的洪水。在另外一个极端，印度尼西亚、新几内亚、澳大利亚、南非、中美洲和亚马孙盆地都遭受了干旱。在某些地方，洪灾和干旱的相反作用同时发生在很短的距离内。比如，玻利维亚，在高原地是干旱，而在低地则是水灾。墨西哥南部和中部墨西哥也遭受着干旱的困扰，但是其太平洋沿岸则暴风雨肆虐。加勒比海和美国的东南部，却享受着因为厄尔尼诺改变了高速气流后所带来的温和暴风雨季。无论如何，1997—1998的厄尔尼诺带来了如此巨大的天气变化，大量的致命龙卷风袭击了佛罗里达中部地区，那里的龙卷风通常已是不同寻常的。在世界范围内，至少有数千人死于洪水和暴风雨。

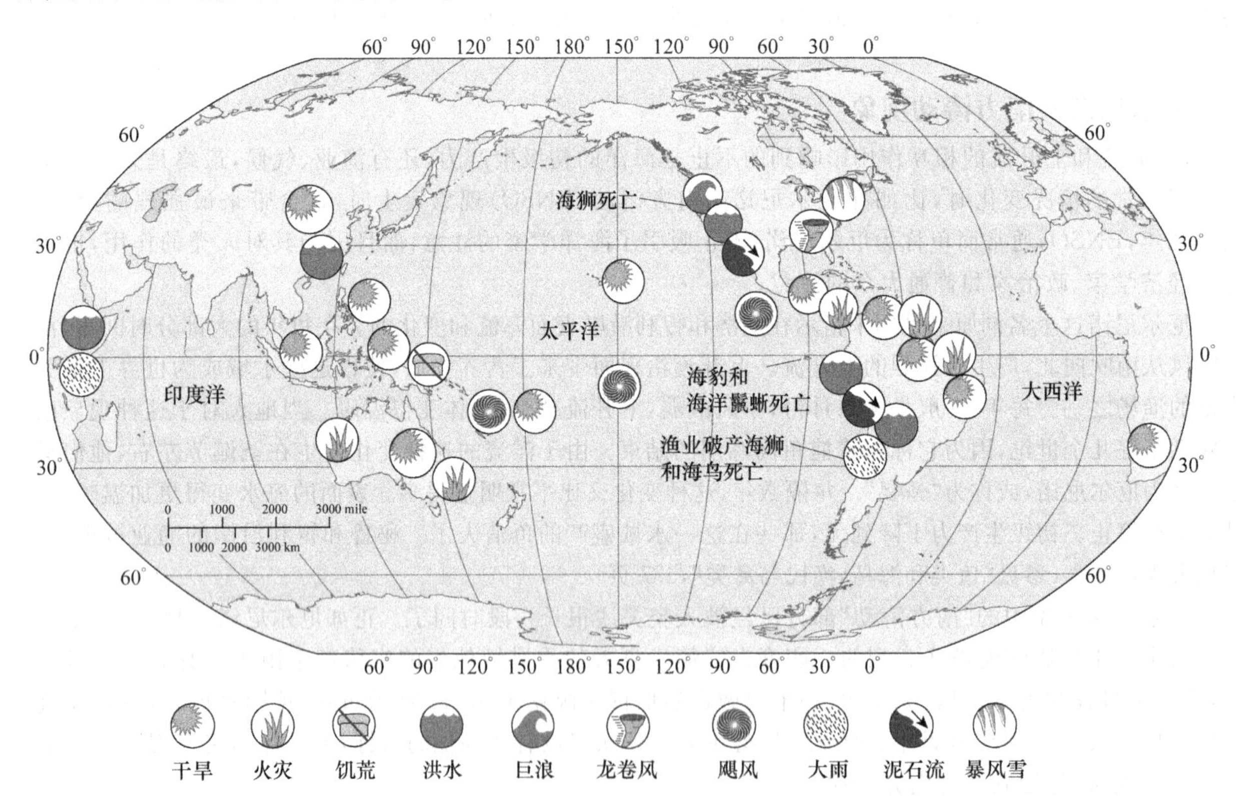

图15.24　世界范围内一些与1997—1998年厄尔尼诺相关的事件，这只是样例，其他很多地方也受到影响。

厄尔尼诺还有很多次生作用。庄稼和牲畜的损失也是巨大的，特别在一些贫困的国家里，使农民的生活产生巨大的困难，有些地方甚至造成饥荒。因为农业的减产所造成的经济损失达到数亿美元，因为供应的减少而导致的价格上涨，市场也遭受广泛的影响。在秘鲁和智利，渔业的崩溃有同样的效应：很多的捕获物被加工成为动物的饲料，远至爱尔兰的农场主则面临着高价饲料价格的问题。火，通常被农民用来清理土地，在遭受干旱打击的印度尼西亚和亚马孙盆地火失去了控制。几千平方英亩的热带雨林被摧毁。在印度尼西亚的大火如此严重，以至于大部分南亚地区都遭受了数月的烟雾和空气污染，和随之而来的呼吸道疾病。浓浓的烟雾甚至导致了几起严重的飞机坠毁事故。大面积的珊瑚礁白化也在全球的很多珊瑚礁发生(参见“光照和温度”,302页)。

有时伴随暴风雨与洪水而来的水污染引起疾病的暴发。温暖的气候会导致由蚊子滋生的疾病的增加,比如疟疾、脑炎和登革热。在北美洲,黑死病和汉坦病毒引起的致命呼吸道疾病是与严重的厄尔尼诺有关联的。这是因为大量降雨后的植物生长为老鼠提供了更多的食物,而它们传播了疾病。还有其他更不寻常的问题。比如在肯尼亚,洪灾过后,遭受了一种甲壳虫的灾害,当它撞击到地上时,释放一种毒物,可以受害者发热、瘙痒和失明。

352

厄尔尼诺现象的影响并非一无是处,或者说至少不全是坏处。在香港和菲律宾,飓风活动类似在加勒比海地区,农民很幸运地逃避了狂怒的厄尔尼诺,享受因为他们的粮食价格的上涨而带来的喜悦。在智利和美国西南部,强降雨填满了堤坝及水库,更新了水的供应。强降雪使滑雪者和度假地老板满怀欣喜。当雨水带来了大量的野花,沙漠生机盎然。确实,厄尔尼诺现象周期性的滋润可能成为沙漠生态系统的重要部分。厄尔尼诺现象给北美和欧洲的大部分地区带来了一个相对温和的冬天,在暖气支出上节约了数百万美元。当秘鲁和智利的渔业崩溃时,暖水性鱼类如海豚和金枪鱼的数量创下了历史新高。奥尔良捕捞鲑鱼的渔民甚至捕获了通常生活在亚热带的条纹金枪鱼。

ENSO的影响自身并不具有如此大的破坏力,因为它们只是在常规天气形式下的极端变化。在雨水很少的地方发生强降雨会引起洪灾,然而在通常依赖于强降雨的地方由于缺乏强降雨则引起了干旱和饥荒。实际上,科学家现在认识到厄尔尼诺现象并不是一个反常现象,而是常规天气循环的一个极端。拉尼娜,作为另一个极端,带来的天气情况大致与厄尔尼诺现象相反。例如,在厄尔尼诺现象期间经历干旱的地方有望在拉尼娜年份里盼来湿润的天气。在经历了1997—1998厄尔尼诺现象的一个温和的飓风季之后,中美洲和加勒比海在紧接而来的拉尼娜中遭受了毁灭性的飓风。另一个主要的循环,北大西洋涛动已经被发现其深远地影响着欧洲的天气。

从1997—1998的破纪录的厄尔尼诺现象来看,损失估计达200亿美元,但情况本来可能更为严重。因为科学家能够预测到厄尔尼诺现象,人们能够预警并有时间准备。许多国家政府加强他们的灾害准备,建立粮食储备。工业尤其是农业国家调整他们的计划。比如,澳大利亚的牧场主减少他们的牲畜,减少在随后而来的干旱中的损失。在非洲南部,农民减少它们的常规作物,种上了更耐旱的作物。然而每一次的厄尔尼诺现象都不同,在一个特定的地方,很难预测它的准确影响。比如在1997—1998,非洲东部国家通过以往的厄尔尼诺现象预测为干旱,而相反的是,他们经历了洪灾。尽管如此,厄尔尼诺现象来临前的预测能力还是对社会做出了巨大贡献。

尽管厄尔尼诺现象影响强烈,认识到并非每一个反常事件或恶劣天气由厄尔尼诺现象引起也很重要。在1997—1998的厄尔尼诺事件中,一些报道将从政治丑闻到美国超级橄榄球联赛(Super Bowl)得主都归咎于厄尔尼诺现象。天气模式自然多变,不管是否有厄尔尼诺现象,反常天气有时也会发生。

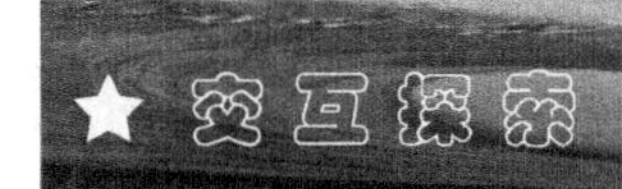

《海洋生物学》在线学习中心是一个十分有用的网络资源,读者可用其检验对本章内容的掌握情况。获取交互式的章节总结、关键词解释和进行小测验,请访问网址 www.mhhe.com/castrohuber6e。要获得更多的海洋生物学视频剪辑和网络资源来强化知识学习,请链接相关章节的材料。

评判思考

1. 浮游生物不能有效地游动,而随着水流漂移。你可能认为水流会将浮游生物分散到海洋的各个角落,但是许多种类受限于特定的区域。是什么机制可能使一个物种维持它特有的分布呢?

2. 在温暖的亚热带水域和较冷的区域，都发现了具刺的硅藻种类。由于温度高的水比温度低的水密度小，你能推断出在暖水中和冷水中的硅藻个体的刺有所不同吗？为什么？

拓展阅读

网络上可能找到部分推荐的阅读材料。可通过《海洋生物学》在线学习中心寻找可用的网络链接。

普遍关注

Amato, I., 2004. Plankton planet. *Discover*, vol. 25., no. 8, August, pp. 52—57. Descriptions and beautiful images of some of the phytoplankton that support the food web.

Falkowski, P. G., 2002. The ocean's invisible forest. *Scientific American*, vol. 287, no. 2, August, pp. 54—61. Phytoplankton help control the earth's climate. Should we risk tinkering with them?

Johnsen, S., 2000. Transparent animals. *Scientific American*, vol. 282, no. 2, February, pp. 80—89. Becoming invisible requires a bag of tricks.

Klimley, A. P., J. E. Richert and S. J. Jorgensen, 2005. The home of blue water fish. *American Scientist*, vol. 93, no. 1, January—February, pp. 42—49. A look at the habitat and spectacular migrations of epipelagic fishes.

Leslie, M., 2001. Tales of the sea. *New Scientist*, vol. 169, issue 2275, 27 January, pp. 32—35. Biological detectives deduce which unseen marine microbes live in the ocean, and how, from fragments of their genetic material.

Lippsett, L., 2000. Beyond El Niño. *Scientific American Presents*, vol. 11, no. 1, Spring, pp. 76—83. El Ni. o is just one of several regular oscillations in ocean circulation that influences our climate on land.

McClintock, J. 2002. The sea of life. *Discover*, vol. 23, no. 3, March, pp. 46—53. A new look at the Sargasso Sea reveals secrets about all the oceans.

Whynott, D., 2001. Something fishy about this robot. *Smithsonian*, vol. 31, no. 5, August, pp. 54—60. In the hope of designing more efficient vessels, scientists and engineers try to copy the bluefin tuna.

Wray, G. A., 2001. A world apart. *Natural History*, vol. 110, no. 2, March, pp. 52—63. The larvae of marine invertebrates have many adaptations for life in the plankton.

深度学习

Fonteneau, A., P. Pallares, J. Sibert and Z. Suzuki, 2002. The effect of tuna fisheries on tuna resources and offshore pelagic ecosystems. *Ocean Yearbook*, vol. 16, pp. 142—170.

Hofmann, E. E., P. H. Wiebe, D. P. Costa and J. J. Torres, 2004. An overview of the Southern Ocean Global Ocean Ecosystems Dynamics program. *Deep Sea Research Part II*, vol. 51, nos. 17—19, pp. 1921—1924.

Johnsen, S., 2001. Hidden in plain sight: The ecology and physiology of organismal transparency. *Biological Reviews*, vol. 201, pp. 301—318.

Katz, M. E., Z. V. Finkel, D. Grzebyk, A. H. Knoll and P. G. Falkowski, 2004. Evolutionary trajectories and biogeochemical impacts of marine eukaryotic phytoplankton. *Annual Review of Ecology, Evolution, and Systematics*, vol. 35, pp. 523—556.

Pearre, S., Jr., 2003. Eat and run? The hunger/satiation hypothesis in vertical migration: history, evidence and consequences. *Biological Reviews*, vol. 78, pp. 1—79.

Wiebe, P. H. and M. C. Benfield, 2003. From the Hensen net toward fourdimensional biological oceanography. *Progress in Oceanography*, vol. 56, no. 1, January, pp. 7—136.

Wilhelm, S. W. and C. A. Suttle, 1999. Viruses and nutrient cycles in the sea. *BioScience*, vol. 49, no. 10, October, pp. 781—788.

第 16 章

海洋深处

“内部空间”，黑暗、寒冷，住着一些奇形怪状的、可怕的生物。这让人联想到科幻电影中的外部空间。外部空间，是人们只能用精心设计的飞船来探询的神秘的世界。即使那样，还是存在着危险。而“内部空间”就在这，就在我们地球上。它由在阳光照耀的表层之下的海水构成。海洋深处是我们这整个星球环境中最不了解的地方。 354

海洋深处包括多种独特的环境。大洋表层之下就是中深海层，或海洋中层区（图 16.1）。表层就等同于真光层，它在表面向下 150～200 m 的部分，在那有足够的光照以支持进行光合作用的初级生产。在海洋中层区仍有微弱的光，但已不足以进行光合作用。在海洋中层区之下就根本没有阳光了。这漆黑的地方就是深海世界。“深海”有时也包括海洋中层区，但在这儿我们仅用来指中层区之下终年漆黑的海区。

大洋表层之下的海水分为海洋中层区（有微弱的光，但不足以满足初级生产的需要）和深海区（根本没有阳光）。

在这一章将介绍几种不同的栖息环境，每一种都支持一类独特的生物群体，这些群体都有着一个重要的特征：缺乏光合作用完成的食物的初级生产。没有初级生产者供给食物链的其他部分以食物，透光层下的大部分种群以海洋表层产生的有机物质为食。一些这种表层产物沉到下面的黑暗水层。没有从上面来的稳定的食物供应，海洋光照层的下面只能有很少的生物。这一原则也存在例外的情况，将在“热泉、冷泉和死体”中介绍（373 页）。 355

由于依赖表面产生的食物，真光层下的生物比被阳光照耀的表面要少得多。大部分食物微粒在沉入深海之前就被吃掉了。由于食物供应的短缺，在深海中的海洋生物变得越来越稀少。例如，在 500 m 深处的生物通常比表面的少 5 或 10 倍，4000 m 处的生物则再少 10 倍。

初级生产者 通过自养作用将 CO_2 合成有机物，也就是食物的生产。 第 4 章，72 页。

光合作用 CO_2+H_2O+光能$\longrightarrow$有机物（葡萄糖）$+O_2$。 第 2 章，72 页。

深海生物不仅在食物上，而且在 O_2 上依赖于表层。如果海洋不流动，表层以下的氧气很快被呼吸消耗殆尽，生物不可能生存。然而，幸运的是，温盐环流和大洋传运系统不断向深海补充氧气。在一些地方氧气虽然被消耗掉，但大体上大洋深处还是有充足的氧气来维持呼吸作用的。 356

昏暗的世界

海洋中层区是一个昏暗的世界。在海洋中层区的上部，在白天的模糊光线下能够看见，甚至可能阅读报纸。然而，光线不足以使浮游植物生长。当然，随着深度增加，海水变得越来越暗。最后，通常在约 1000 m 处，不再有光线。光线的缺乏是海洋中层区的底部的标志，海洋中层区是从约 200 m 的浅海层底部到约 1000 m 深的地方。

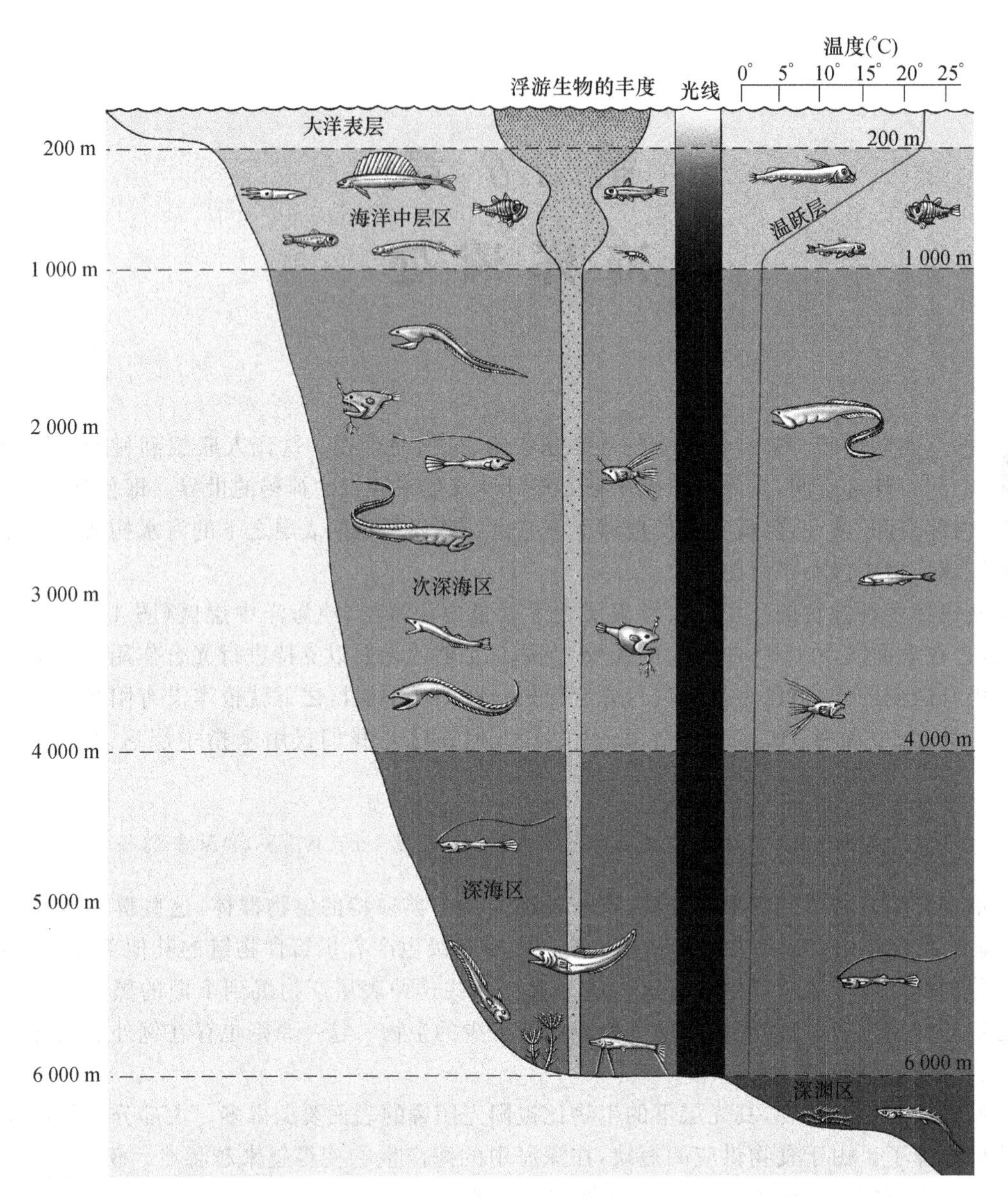

图 16.1　海洋中层区及深海的生物与水体中浮游生物的丰度和光强密切相关。

海洋中层区为 200～1000 m 深处。

在海洋中层区一个给定的深度，温度变化比表层要小得多。然而海洋中层区是主要温跃层出现的地方(参见图 16.1)，所以在水体中上下运动的生物将遭遇到温度的巨大变化，而停留在同一深度的中层生物则经历着更加稳定的温度。

海洋中层区的动物

尽管浮游植物和其他光合作用生物在弱光中不能生长，海洋中层区仍然拥有一个丰富而多样的动物群落，通常把它们叫做中水层动物。

浮游动物　海洋中层区的浮游动物种群与表层区的极为相似(参见“浮游动物”，327 页)。与表层水中一样，磷虾和桡足类占据统治地位。在海洋中层区，几种不同种类的虾类(图 16.2)要比表层更加普遍。磷虾和大多数海洋中层区的虾类都有着中水层动物的共同适应性：发光器或可以发光的特殊结构——发光器官。这一种“活的光”被称为生物发光，我们在后面将要介绍(参见“生物发光”，362 页)。

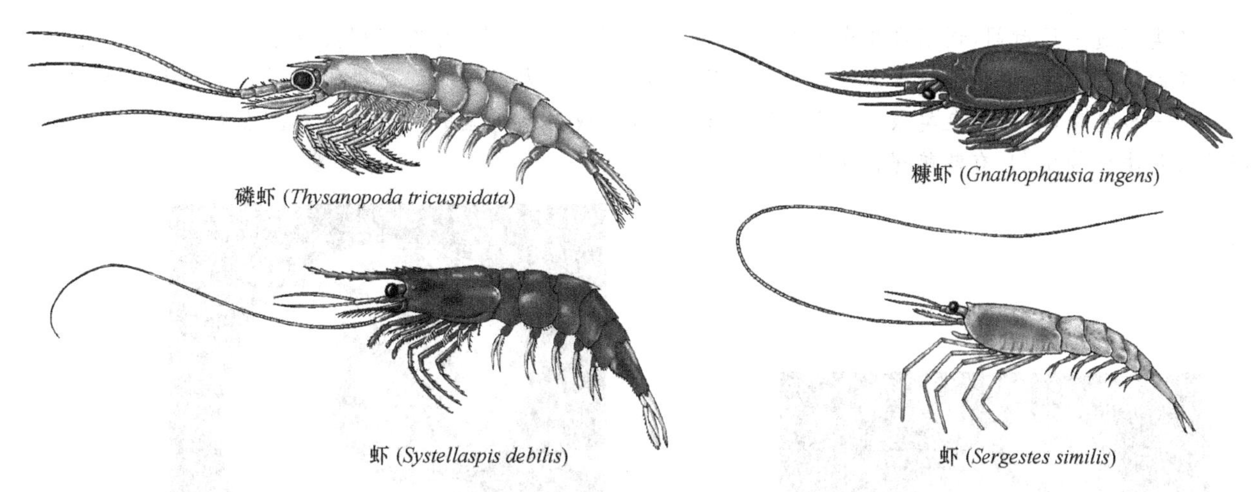

图 16.2　生活中海洋中层区的甲壳类动物，包括磷虾、糠虾和真正的虾（十足目），如 *Systellaspis debilis* 和 *Sergestes similis*。

在海洋中层区，介形类甲壳动物十分丰富，它们具有一个特征性的坚壳或背甲，使它们看起来像有腿的小蚌(图 16.3)。然而它们是与蚌无关的甲壳纲动物。同桡足类一样，大部分介形类甲壳动物很小，通常仅有几微米长。然而有一种群(*Gigantocypris*)可达 1 cm 长。端足类和其他的甲壳类也是中水层浮游生物的一部分。

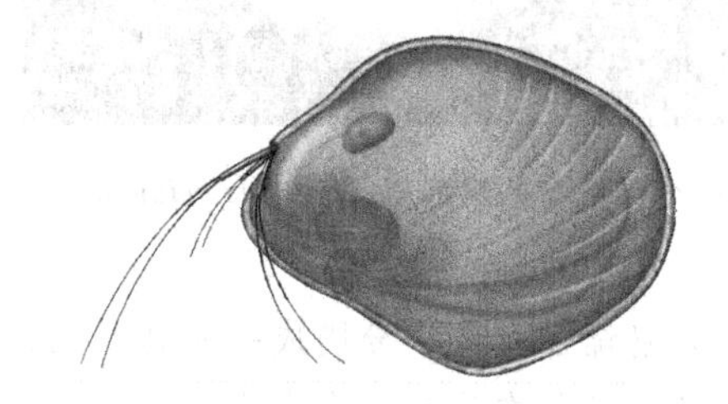

图 16.3　一种中水层介形类(*Gigantocypris*)，大约 1 cm 长。大部分的介形类是很小的。

呼吸作用　有机物(葡萄糖)＋O_2 ⟶ CO_2＋H_2O＋能量　第 2 章，73 页。

温盐环流　被不同密度的水体所驱动的海洋环流，环流的产生是由于水体的温度和盐度的差异，而不是由于风力或潮汐。

大洋传运系统　水经过洋盆循环的一个全球循环体系。　第 3 章，60 页。

主要温跃层　在 200～1000 m 之间，温度随深度增加快速降低的水层，这是温暖的表水层与冰冷的深水层间的过渡地带。　第 3 章，59 页；图 3.22。

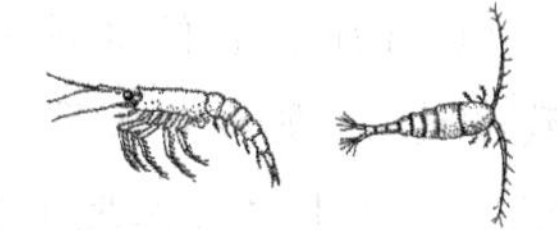

磷虾　浮游动物，类似虾的甲壳纲动物。　第 7 章，139 页。

桡足类　微小的甲壳纲动物，通常是浮游的。　第 7 章，138 页。

几乎所有的头足类软体动物——鱿鱼、章鱼和乌贼——至多通过坚硬贝壳的残余来区别于大多数其他的软体动物。只有几种鹦鹉螺，那些曾一度统治海洋的动物最后的近亲，保留着祖先的大而重的外壳。 357

大多数早期海洋动物生活在底部，以爬行和刮食来生存。大约 5 亿年前，一种形似今天的帽贝的软体动物进化出了一种新的技巧：用气体充满部分的贝壳。利用气体浮起，这些现代头足类软体动物的古老祖先叫做鹦鹉螺类，它们能够从底部浮起以逃避捕食者。不久以后，它们形成了通过喷射水流运动的能力——可能是喷气推进的最早形式。

这些创新获得了巨大的成功，鹦鹉螺类和它们的后代，尤其一种叫做菊石，具有螺旋贝壳的化石种类，统治了海洋 20 亿年。它们自身或多或少有些水体空间，使得它们能够从上面捕获猎物。

鱼类经过一段时间,逐渐进化出鱼鳔。这使它们保持中性浮力,与鹦鹉螺类竞争。鱼类也比带着笨重外壳的鹦鹉螺类,游得更快更高效。由于无法与鱼类竞争,大部分鹦鹉螺类灭绝了。一种头足类软体动物——枪乌贼,变得和鱼类很像。它们抛弃了贝壳,变成了流线型的灵活游泳者。在所有的有笨重外壳的头足类动物中,只有鹦鹉螺存活下来。

一个带空室的鹦鹉螺(*Nautilus belauensis*)

一个鹦鹉螺(*Nautilus pompilius*)外壳的纵切面,显示若干个气室

鹦鹉螺住在一个分隔成一系列小室的螺旋形的贝壳中。这些小室随着动物生长一个接一个地被隔开。动物只住在最后一个室中。其他室充满气体来提供浮力,如果没有它们,笨重的贝壳将把动物拖入水底。小室第一次分隔时充满海水,鹦鹉螺抽去水中的离子而不是泵入气体,这使得里面的水比动物血液的浓度更低,所以水通过渗透流入血液,气体扩散进小室中取代了水。之后小室几乎被封闭,不需要像鱼鳔一样反复充气。这使得鹦鹉螺在水体中可以快速地上下移动。

鹦鹉螺常发现于珊瑚礁附近,但并非真正的珊瑚礁动物,因为它大体上比珊瑚生活得更深,主要在100～500 m处。它偶尔到浅水区作短时间的冒险,通常所待的深度的上限取决于温度,水温高于25℃是致命的,它更喜欢低于20℃的水域。如果水温够低,鹦鹉螺可以生活在表层,其样本可以饲养在水族馆中。其生存的深度下限取决于压力。贝壳小室是密闭的,所以不能泵入气体以抵消深处的压力。相反,动物体依赖于它的贝壳强度,就像潜水艇依赖于它的外壳的强度。当压力变得很大,在约800 m处,贝壳被压碎。事实上,在较浅处,水就开始渗入小室,动物体也许甚至不能在500 m处停留太长时间。

对鹦鹉螺的了解还不多。它似乎是腐食性动物,通过气味能找到动物的残体和龙虾蜕掉的壳。当它在水体中上下游动寻找气味线索的时候,它的中性浮力减少了其能量的消耗。当觉察到食物的存在时,它通过喷射作用游向食物,水流从肌肉质的漏斗状中喷射出来。它可能也捕食寄居蟹和其他甲壳纲动物。当不进食时,它大部分时间在低温的深海中睡眠,以保存能量。一次简单的进食可使一只鹦鹉螺维持至少2个月。

有趣的是,鹦鹉螺可以忍受几乎无氧的环境。它能使用存储在贝壳小室中的氧,这是在人类发明潜水呼吸器气瓶很久之前就进化出来的一种生存策略。由于鹦鹉螺通常生活的地方含有大量氧气,该能力的好处还不得而知。

另一让人迷惑的地方是在陷阱中捕获的鹦鹉螺大部分为雄性,可能雌性很难捕获或者数量较少。这一古老种群的残存者至今拥有大量的秘密。

箭虫，又称为毛颚类，是重要的中层捕食动物。有时候它们是中水层，特别是在中水层的上层区域浮游生物最为丰富的部分。水母、管水母、界水母、幼形类和翼足目也是很常见的。很多在海洋表层区出现的浮游生物类群在中层区也存在，只是其独特的种类是有所不同的。

358

乌贼在中水层生态群落中也是较为突出的。有些种类的游泳能力很弱，属于浮游生活，而游泳能力强的乌贼是游泳生物的一部分。中层浮游区的乌贼一般都含有发光器官，在不同种中它们以不同的方式作典型的排列。幽灵蛸(*Vampyroteuthis*)看起来有些像章鱼，然而实际上既不是乌贼也不是章鱼，而是一个独立的门类。和真的乌贼一样，幽灵蛸也有发光器官。在中层区还有少量的章鱼。生物发光在中层区的章鱼身上没有在乌贼身上那么常见，但是有些种类还是有发光器官的，其中一个种类有发出光线的吸盘。

中水层的鱼类　几乎所有中水层的鱼类都很小，大约为2～10 cm，只是有少数种类会相当的大。圆罩鱼和灯笼鱼是目前海洋中层区最为丰富的鱼类(图16.4)。这两种鱼类占了中水层拖网渔获量的90%以上(图16.5)。圆罩鱼是所有种类中最为丰富的。*Cyclothone signata* 是地球上数量最多的鱼，当你想到生活在大洋表层像沙丁鱼和鲱鱼一样的巨大的鱼群时，它们一定会令你惊讶而又印象深刻的。圆罩鱼的得名是由于它们很多的尖利牙齿。在它们的下侧面或腹部，还有成排的发光器官。

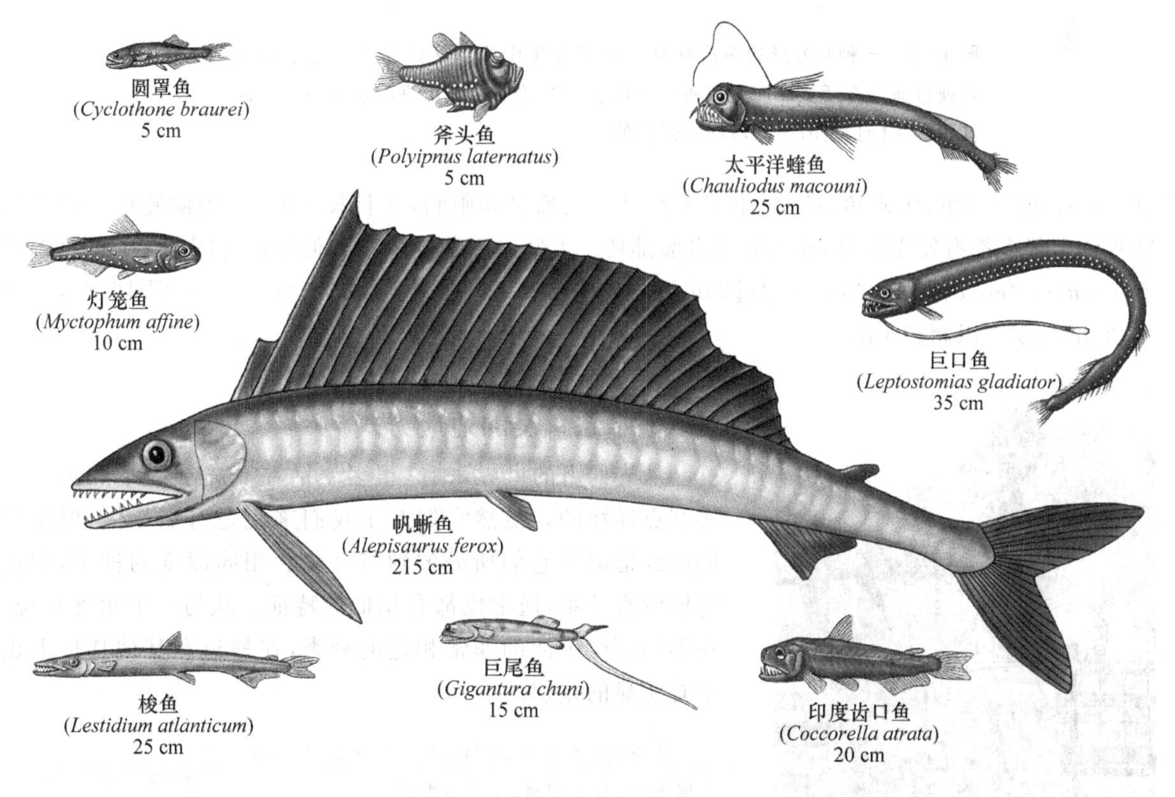

图16.4　一些典型的中层海区的鱼类和它们的大约最大长度。

灯笼鱼是因成排的装饰于其头部和身体的发光器官而得名的。和乌贼一样，每一个种类都拥有一个独特发光器官类型。灯笼鱼的头部是钝形的，嘴相对较大，大眼睛可能是有助于它们在微弱的光线下看到东西。在食物习惯上它们是比较一般化的，吃所有它们能够吞下的东西。

最常见的中层区或中水层的生物是磷虾、桡足类、虾和像圆罩鱼和灯笼鱼一样的小型鱼类。

圆罩鱼和灯笼鱼数量最多，不过还有许多其他的鱼类也生活在中层区。除了它们的大大的眼睛和嘴巴以及腹部的发光器官外，海水斧头鱼有些像在宠物商店里出售的无亲缘关系的淡水斧头鱼。蝰鱼、巨

(a)

(b)

图 16.5　一种长方形的中层拖网常用于收集中层海区的生物。这个网可以通过遥控在所要深度开或关。这防止了在放下和收上来时表层生物进入其中。在(a)和(b)中网口都是开着的。

口鱼、梭鱼、印度齿口鱼、帆蜥鱼、蛇鲭、小带鱼都是有大嘴巴和眼睛,并且长长的,长得像鳗鱼一样的鱼类。这些鱼类很多都有发光器官,通常沿着腹部排列。大部分不超过 30 cm,但是也有例外。有一种帆蜥鱼(*Alepisaurus ferox*,图 16.4)长得超过2 m 长。黑色的安哥拉带鱼(*Aphanopus carbo*,图 16.6),一种小带鱼,它的长度可以超过 1 m。

图 16.6　马德拉的渔民正在出售一种黑色的安哥拉带鱼。这种鱼当地称为 espada,在中层海区逮来当食物的鱼中较罕见的一类。由于浅海鱼类资源的枯竭,越来越多的中层海区的鱼类正在灭亡。(参见“最适产量与过度捕捞”,385 页)。

中水层鱼类的适应方式

从光照下的世界来看,很多生活在真光层之下的鱼类确实有点怪怪的。虽然它们对于我们来说是有点奇怪,但是它们已经适应了它们所处的独特环境。相同深度的种类,即使它们没有关系,通常也都有相似的特征。从另一个角度来说,在不同深度生活的非常相近的种类,在外形和其他特征上也会有明显的差别。

箭虫,或毛颚类,很小,是一种像蠕虫一样的捕食者,具有侧鳍,头上有刺毛。
第 7 章,143 页。

摄食与食物网　在海洋表层区生产的食物大部分都在那被用掉了;只有约 20%的表面初级生产力下沉到中层区。这意味着中层区是长期缺少食物的,这也是为什么在中层区比上层区生物少的原因。在特定地理区域的中层区的生物的丰度反映了其上面水层的生产力。高生产力表面水体比低生产力水体之下有更多的中层区生物。

很多的中水层动物的特征直接与中层区的食物缺乏有关。比如说，中水层鱼类的小个体，是对食物供应限制的一种适应方式。动物需要很多的食物来长大，所以限制生长和小的个体是一个进化的优势。

中水层的鱼类通常有巨大的嘴巴，很多还有铰链状的、可伸展的配有恐怖牙齿的颌(图 16.7)。因为在真光层之下食物是很稀少的，所以大部分鱼类不敢去对食物有所挑剔。它们通常有着广泛的食谱，吞下任何能塞到它们嘴里的东西。它们的巨大而且突出的嘴让它们能够吃下很大范围的捕食物。这样的优点是它们不会因为食物太大而错过一顿潜在的美餐。有些中层区的鱼类甚至可以吞下比它自身更大的猎物！那些长而尖利的牙齿帮助它们防止猎物逃跑。

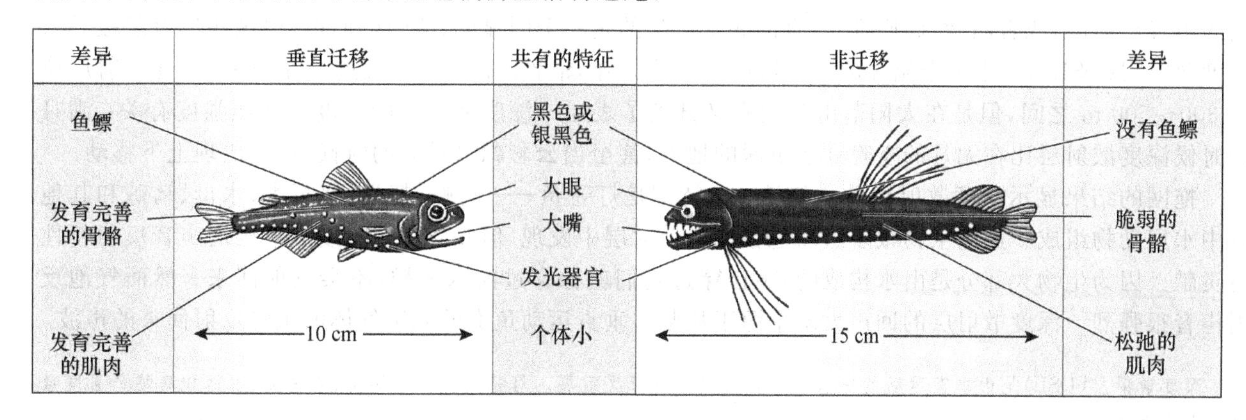

图 16.7　一些典型的中水层海区鱼类的适应性，包括像灯笼鱼一样进行垂直迁移的鱼类(左)和像巨口鱼一样不发生迁移的鱼类(右)的一些差异。将它们与图 15.13 中大洋表层的适应性相比较。

中水层鱼类的一般的适应性包括小的个体、巨大的嘴巴、铰链状可延展的颚、针状的牙齿和非特化的食谱。这些适应性是中层区的食物供应受到限制的结果。

中水层的动物分为两大类：停留在中水层的和在晚上迁移到表层的。不迁移的种类包括少部分小的浮游动物，大多是桡足类和磷虾，它们滤食碎屑和从真光层沉积下来的少量的浮游植物。上层区的桡足类和其他的表面捕食者的粪便颗粒组成了被中层滤食者所取食的碎屑的重要部分。这些颗粒比单个的浮游植物细胞下沉得更快，所以它们有更多的机会在被取食之前达到中层区。

尽管如此，大部分的非迁移的中水层动物是鱼类、虾类和乌贼而不是浮游动物。它们是潜伏在微弱光线下的坐享其成的捕食者，可以吞下它们能够得着的任何东西。因为身边食物太少，这些生物有自身的适应方式来减少能量需要。没有了耗能的肌肉，不迁移的中水层鱼类的肉是松弛和充满水分的。要充满鱼鳔，鱼类必须在鱼鳔中产生气压以便与外界的水压相平衡。因为中层的水压要比表层的大得多，在中层区充满鱼鳔需要更多的能量。结果，大部分不迁移的中水层鱼类已经失去了鱼鳔。为了弥补鱼鳔的缺失，它们进化出了软而脆弱的骨骼，失去了诸如刺和鳞片等保护结构。这些适应方式减少了重量，并使它们的浮力更加中性，这使得它们可以在特定的水层漂浮而不耗费能量游动。因为它们不用游得很多，所以它们也不必要拥有表层鱼类所特有的流线型。

垂直迁移和深层散射区　大部分中水层区的生物不是停在那儿，等着食物从上面掉下来，而是进行着垂直迁移。它们在晚上游到食物丰富的表层取食，而在白天下沉到数百米甚至更深的水层。在弱光下，它们可能远离捕食者而相对安全。有些垂直迁移者在昏睡麻木的状态下度过白天，节约能量直到下一次对表层水体的突袭。垂直迁移也出现在很多生活在表层区较深部分的浮游生物中(参见“垂直迁移”，338 页)。

垂直迁移的鱼类在几个重要的方面与停留在中水层区的种类有区别(图 16.7)。发达的肌肉和骨骼是进行每日垂直迁移所必需的。这些结构增加了鱼类的重量，所以它们保留了提供浮力的鱼鳔。当上下游动时，它们经历着压力的巨大变化。有些垂直迁移的鱼类能够快速调节鱼鳔里的气体的体积以防止在361其改变深度的时候发生塌瘪或爆裂。有很多种类的鱼，它的鱼鳔充满了脂肪而不是气体。脂肪与气体不同，不会随着压力的变化膨胀和伸缩，对于鱼类而言，更加容易调节它们的浮力。当它们穿过温跃层时，垂直迁移的鱼类也更能忍受所经历的温度变化。

垂直迁移的中水层的动物有着发达的骨骼和肌肉，宽泛的温度耐受能力和鱼鳔。非垂直迁移的中水层鱼类软骨，肌肉松弛，没有鱼鳔。

中水层区动物的垂直迁移是在二战时期被发现的，当时声呐刚刚投入使用。声呐探测经常显示一系列的声音反射层，或者叫做“假底部”。真的底部产生的是一个明显的、清晰的回声，但这些反射层被导入深度散射层(DSL)，产生一个温和的、发散的回声，在声呐图像上形成阴影痕迹。在白天，深度散射层位于300～500 m之间，但是在太阳落山时候它又升到了表层。深度散射层的深度与光照强度有关：满月的时候深度散射层比在无月的夜晚处于更深的地方，甚至当云彩飘过月亮的时候，也会出现上下移动。

拖网的结果显示深度散射层是由鱼类——特别是灯笼鱼——磷虾、虾类、桡足类、水母、乌贼和其他的中水层动物组成。这些生物很多虽然也在深度散射层中发现，但并没有对深度散射层的声音反射特性有贡献。因为生物大部分是由水构成的，声音穿过它们就像穿过海水一样，不会反射回来。然而气泡反射声音很强烈。深度散射层的回声大多来源于从某些垂直运动鱼类的充满气体的鱼鳔反射回来的声波。

深度散射层(DSL)是由垂直运动的中水层动物组成的声音反射层。灯笼鱼、磷虾、虾类、桡足类、水母和乌贼是深度散射层中的主要生物。

当灯笼鱼、磷虾和其他的动物饱餐一顿回到中层区，它们把表层生产产物带到了下面。所以，垂直迁移大大增加了在中层区的食物供应。很多非垂直迁移的中水层捕食者大量捕食垂直迁移的种类。因为垂直迁移者比非迁移者的肌肉更加发达，它们为非迁移者提供了一顿更加有营养价值的美餐。

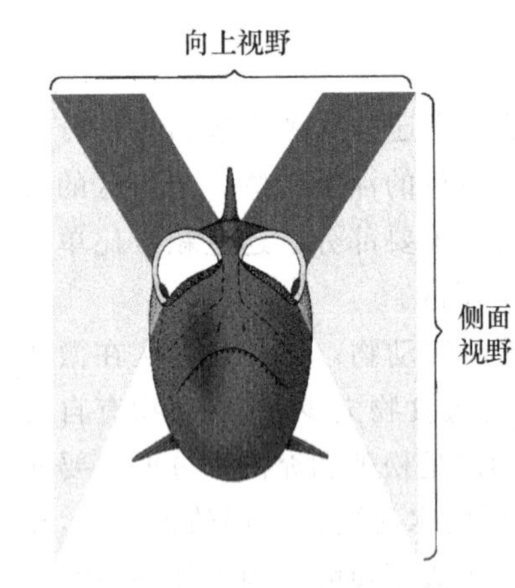

图16.8 一种中水层鱼类(*Scopelarchus*)的视野。这种鱼有两个主要的视觉区域。

感觉器官 为了帮助它们在弱光下看到东西，中水层的鱼类的眼不仅大而且异常敏锐。乌贼、虾类和其他种类的眼也是这样。有些中水层的鱼类已经发育出了管状的眼，这是一个复杂的视觉系统，几乎相当于有两双眼睛。管状眼使得眼睛的视点方向，无论是向上还是向前，都具有非常清晰的视觉，但是侧面的视觉就没有那么好了。为了弥补这一缺点，视网膜，也就是眼睛的敏感部分，向眼睛上方一侧突出。这让鱼类可以看到侧面和下方(图16.8)。在一般鱼类的眼睛里，视网膜则仅仅位于眼睛的后面。

至少在一种章鱼(*Amphitretus*)和某些磷虾(*Stylocheiron*)的二裂片的眼睛中也发现了与管状眼非常相近的适应方式。一种乌贼，*Histioteuthis*，采用了另外一种途径来达到相同的目的。这些乌贼的一只眼比另一只眼大。乌贼在水中漂浮的时候，大的一只眼看上方，而小的看下方。

很多中水层的动物进化出了大而且对光敏感的眼睛，为它们在暗淡的光线下提供了很好的视觉。其他的适应方式包括鱼类的管状眼和磷虾的二裂片眼睛。

着色与体形 与它们在上层区的对应者一样，中层区的捕食者严重依赖它的视觉。因为中水层的猎物不能够负担得起快速游泳的能力消耗和笨重的防护性的刺和鳞片，伪装也许比上层的种类更加重要。基本的策略是很相似的：反荫蔽，透明化，缩小轮廓。这种基本策略有很多变化，特别是与深度和光照强度有关联。

碎屑　死亡有机物质的颗粒。　第 10 章，226 页。

鱼鳔　大部分硬骨鱼类体腔内的一个充气囊，可帮助它们控制浮力。　第 8 章，160 页；图 8.10。

反荫蔽　在开阔水面的游泳动物中常见的着色形式，其背部为黑色或深蓝色，而下部为白色或银色。　第 15 章，337 页。

透明化在浅的和光照良好的中层区部分是非常常见的。桡足类、水母、虾类和圆罩鱼以及其他生活在中水层上部分的动物都倾向于变得透明，有些甚至于完全透明。在中水层的更深处，鱼类倾向于变得更加银灰色，而在最深最黑的部分，则是黑色和红色。较深中水层部分的浮游动物通常红色、橘黄色或紫色。在表面上这些颜色可能非常醒目，但是在水下颜色会改变(参见"透明度"，51 页)。我们的眼睛在表面上看到它们是红色，因为它们的皮肤吸收了阳光中大部分的颜色，而发射出红色。红色不会穿过中水层的深处，而红色的色素吸收了穿过水层的蓝色光线，所以生物在其周围水体的黑色背景下显示为黑色。 362

中水层的鱼类一般有黑色的背部和银灰色的侧面，令人想起来了上层动物的反荫蔽(参见"变色和伪装"，337 页)。尽管如此，在中水层没有足够的光线去反射出白色和银灰色的腹部，而这在海洋上层区的反荫蔽并遮蔽其轮廓是较为典型的。即使是一个白色的物体在微光下也会产生轮廓。对于所有从深水处向上窥视的犀利眼睛而言，一个轮廓使得动物变得显眼和易于受到攻击。为了减少它们的轮廓，有些中水层的鱼类，比如斧头鱼，身体变得侧扁。这样，无论这个动物被从上面看还是从下面看，身体外形大小都减小了。

生物发光　很多中水层的动物都进化出了更加有效的方法去遮蔽它们的轮廓。它们的生物发光器官，通常位于身体的下方，产生光以破坏轮廓，帮助动物与从上方漏下来的背景光混淆在一起(图 16.9)。这种适应方式，它的作用方式与反荫蔽是一样的，称为抵消照明。

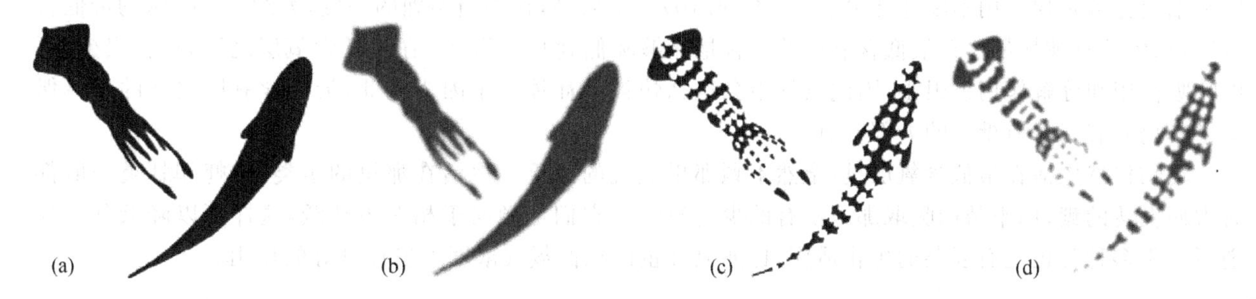

图 16.9　在中水层鱼类的下面或腹部有发光器的效果在这简单的演示中表现出来。(a 和 b)当两个中水层生物不带发光器出现的时候，它们的轮廓。(c 和 d)同样的动物带着与背景相匹配的白光发光器。发光器破坏了轮廓，使得动物更加不容易被看到。当穿过水体观察它们的时候，这种效果在动物位于焦距之外一些时尤为明显(b 和 d)。

由中水层的动物所产生的光与背景光密切相匹配。就像在这个深度的自然光一样，几乎所有中水层的生物发光都是蓝绿色的。不仅如此，很多中水层的动物能够控制它们所产生的光的强度，使得它与从上面来的光的强度相一致。这已经通过给虾和其他动物安置一个特殊的眼罩的实验来得以显示。这些眼罩使得试验者可以控制动物能够看到的光线的量。当动物暴露在明亮的光照下，它产生亮的生物发光；当光照变得暗淡时，动物的生物发光也是暗淡的。当不透明的眼罩罩着虾的身体上时，因为看不到光线，它将发光器完全关掉。这种对生物发光强度的控制是重要的。如果一个动物在夜间发光或者它所发出的光比周围背景还要亮，它就很容易被发现；另一方面，如果光线不够亮，动物也会产生一个轮廓。

中水层的生物已经进化出克服抵消照明的方法。大多数的中水层生物的生物发光与从上方下来的自然光的颜色相匹配，但还是更绿一点。有些鱼类含有的视觉色素，使得它们可以在蓝绿光的范围内区别颜色的细微变化，很多其他的种类有黄色过滤器，起着相同的作用。有些中水层的乌贼可以分辨生物发光和自然光，但是做到这一点是通过一种类似于偏振光太阳镜的东西，而不是颜色的鉴别——中水层的自然光与生物发光偏振的方式是不同的。

大部分中水层的动物是生物发光的，中水层的生物也进化出了很多种产生光的方式。正像我们所看到的那样，发光器是常见的。某些种类，光是由动物特化的组织发出的；另一些种类是由生活在发光器官内的共生细菌产生光。在这两种情况下，发光器都相当复杂。

364

生物发光并不总是由特化的发光器官产生的。很多的水母和其他的胶质状的动物的发光细胞遍布身体表面。有些桡足类、介形动物、虾和其他的动物分泌生物发光的液体，液体从特殊的腺体中分泌出来，是对发光器官的补充或者取代了发光器官。有些乌贼和八带鱼甚至产生发光的墨汁。

抵消照明是中水层生物发光的一种重要作用，但是不是唯一的作用。发光器官的形式在不同物种之间是不同的，甚至在不同性别之间也是不同的，这可能意味着生物发光是用来联络和吸引异性个体的。产生发光分泌物的生物可能是其防御机制，这与浅水区的乌贼和章鱼使用墨汁的方法是一样的。当受到扰动时，它们通常喷发出一团光，然后狂奔而去。这很可能可以分散捕食者的注意力，使猎物得以逃走。有些动物用生物发光去诱惑猎物。有些在它们的眼睛周围有发光器官，用来帮助它们观察。事实上，少数中水层鱼类眼睛下的发光器官产生红光。对于大部分的中水层生物来说，红光是不可见的，但是这些鱼类可以看见它，很可能用它去悄悄地侦查潜在的猎物。

大多的中水层动物是生物发光的。生物发光被用来进行抵消照明以遮蔽轮廓、逃离捕食者、吸引或者看到猎物，并可能用来联络和求爱。

最低含氧层　在大多数地区，中水层的生物都不得不面对水中氧的短缺。氧通过两种途径进入海洋：与大气的气体交换（参见“溶解气体”，50页）和光合作用的副产物。一旦水体离开表面并下降到中水层，就再也没有途径去得到氧了。它不能和大气接触，也没有足够的光进行光合作用。不仅如此，呼吸作用和细菌分解腐败作用不断地耗尽氧气（图16.10）。结果是，在相当明确的一层，大约500 m深的最低含氧层，水体的氧被耗尽。在最低含氧层的氧含量能够降低到几乎为0。在最低含氧层之下，食物很少，所以呼吸作用和分解作用也很小，因此氧气不会这么快被消耗掉。正因为如此，最低含氧层之下的水体保留了其离开表层时所携带的大部分氧。

动物仍然生活在最低含氧层里，全然不顾那里氧气的匮乏。生活在那里的鱼类、磷虾和虾类一般都有大而发达的鳃，用来帮助吸取那里仅有的少量氧气。它们也倾向于相对不活跃，这样可以降低其氧气消耗。很多种类也还有复杂的生化适应，比如血红蛋白在低氧气浓度下发挥良好的作用。

完全黑暗的世界

在中层区之下的是极少被人了解的深海，阳光永远不会照到。这个陌生的环境实在是太大了。它是地球上最大的栖息地，包含了这个星球上75%的液态水。深海可以被分为几个水层深度带。次深海区，深度为1000～4000 m，深海区，深度为4000～6000 m，深渊区，由海沟的水体组成，从6000 m直到深达11 000 m的海底。每一个深度带支撑着一个特定的动物群落，但是它们也有诸多相似之处。这里我们更加侧重于深海各深度带的相似之处，而不是其差异性。

在深海环境中的生活条件变化是很小的。那里不仅一直是黑暗，而且一直是冰冷的：温度基本保持恒定，一般在1～2℃之间。水体的盐度和其他化学特性也非常稳定。

深海也包含大陆架之外的海洋底部。底栖生物分开介绍（参见“深海海床”，368页）。

深海包括次深海区，深度为1000～4000 m；深海区位于4000～6000 m；深渊区，从6000 m到海沟底部。在这些水层的物理环境是非常稳定的。深海也包括深海海床。

在深海的黑暗中，没有必要反荫蔽。很多动物，特别是浮游生物，是一种单调的灰色或者白色。深海鱼类通常是黑色的。虾类一般是鲜艳的红色，红色在深海中有着和黑色一样的效果。很少的鱼类也是红色的。

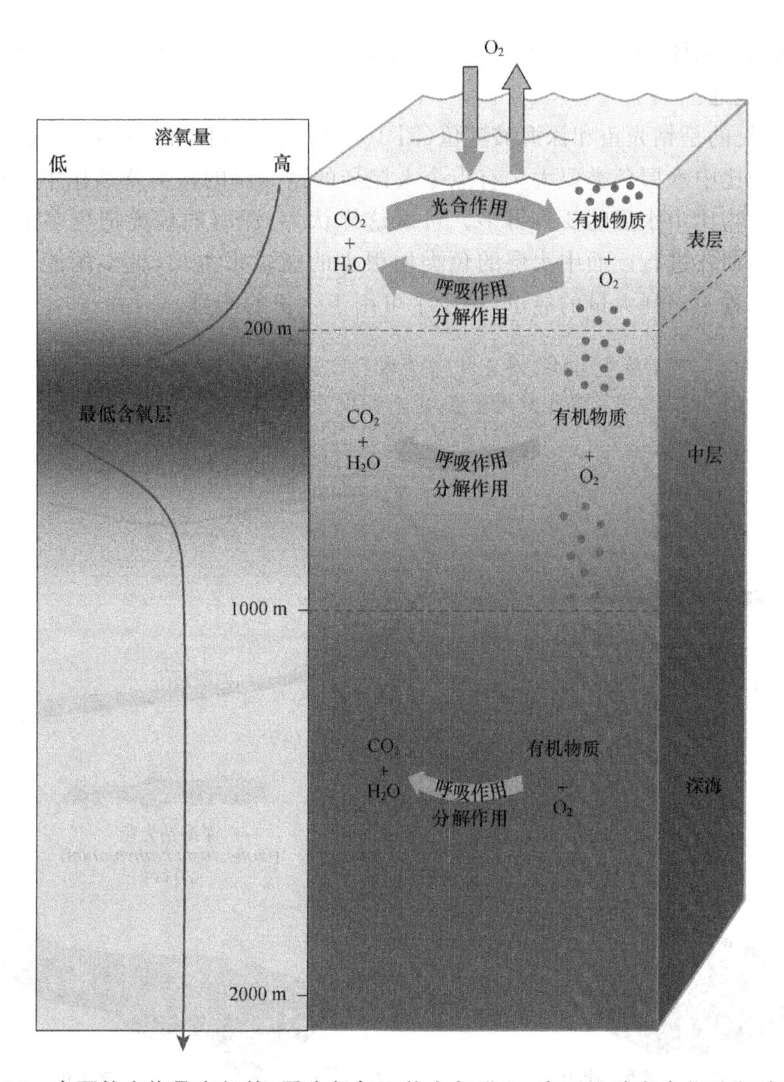

图 16.10 表面的水体是富氧的，因为氧气可从大气进入，也可通过光合作用释放得到。在中层区，大气和光合作用都不能够给水体补给氧气，但是却有着细菌对从上面下沉的有机物质的高强度的分解作用。这就把氧气消耗光，并产生最低含氧层。在最低含氧层之下，大部分的有机物质已经在沿途向下时被分解掉了，氧气仍然保持溶解在水体中。另外，氧还可通过深海温盐环流进入(参见图 3.24)。

和中层区的动物一样，生活在深海上层部分的动物中，生物发光是很常见的。不过，深海的动物不是用生物发光来抵抗照明的，因为这里压根儿没有阳光来产生轮廓。它们比中水层的种类的发光器官少，而且发光器官通常位于头部和身体的两侧，而不是在腹部。在深海，生物发光的首要用处可能是吸引猎物、联络和求偶。在更深的深海中，生物发光更不常见，其原因还不明了。

中水层动物大而且敏感的眼睛在深海就不需要了，因为那里甚至没有弱光透过。尽管如此，深海也不是全黑的，因为生物发光很常见。很多深海动物还有能发挥作用的眼睛，特别是在深海水层上部分的地方，但眼睛一般都很小。最深的地区的动物倾向于有更小的眼睛，甚至完全没有视觉了。没有视觉的深海鱼类是没有生物发光的，这显示着在深海中视觉的主要作用是用来看见生物发光。

食物的匮乏

深海的生物可能不需要适应物理环境的变化，但是它们面临持续的食物短缺问题。很少的，大约 5%的由真光层产生的食物，能够穿过上面水层的众多饥饿的嘴巴，达到深海区。深海动物不会进行垂直迁移到达营养丰富的表层水体，很可能因为表层太远了，压力的变化也很大。鉴于食物严重匮乏，深海动物很少，而且彼此相距很远。

深海鱼类，最为常见的是钻光鱼和深海鮟鱇鱼(图 16.11)，它们相对都很小，一般 50 cm 或者更小一些，但是平均而言，它们比中水层鱼类要大。有点令人诧异的是深海的鱼类竟然比中水层的鱼类要大，要知道深海能够得到的食物比中水层的要少得多。可以这样认为，深海的鱼类把更多的能量用来生长，繁殖缓慢而且在生命的后期才进行。而中水层的鱼类用很少的能量来生长，更多的能量来繁殖。另外，垂直迁移的鱼类在移动过程中消耗大量的能量，减少了可用于生长的能量。

血红蛋白　在很多动物中一种运输氧气的血液蛋白；在脊椎动物中它被包含在红细胞中。　第 8 章，166 页。

海沟　在海底的极深的下沉区，它是当两个板块相撞、一个板块下沉到另一个之下而形成的。　第 2 章，26 页；图 2.11 和 2.12。

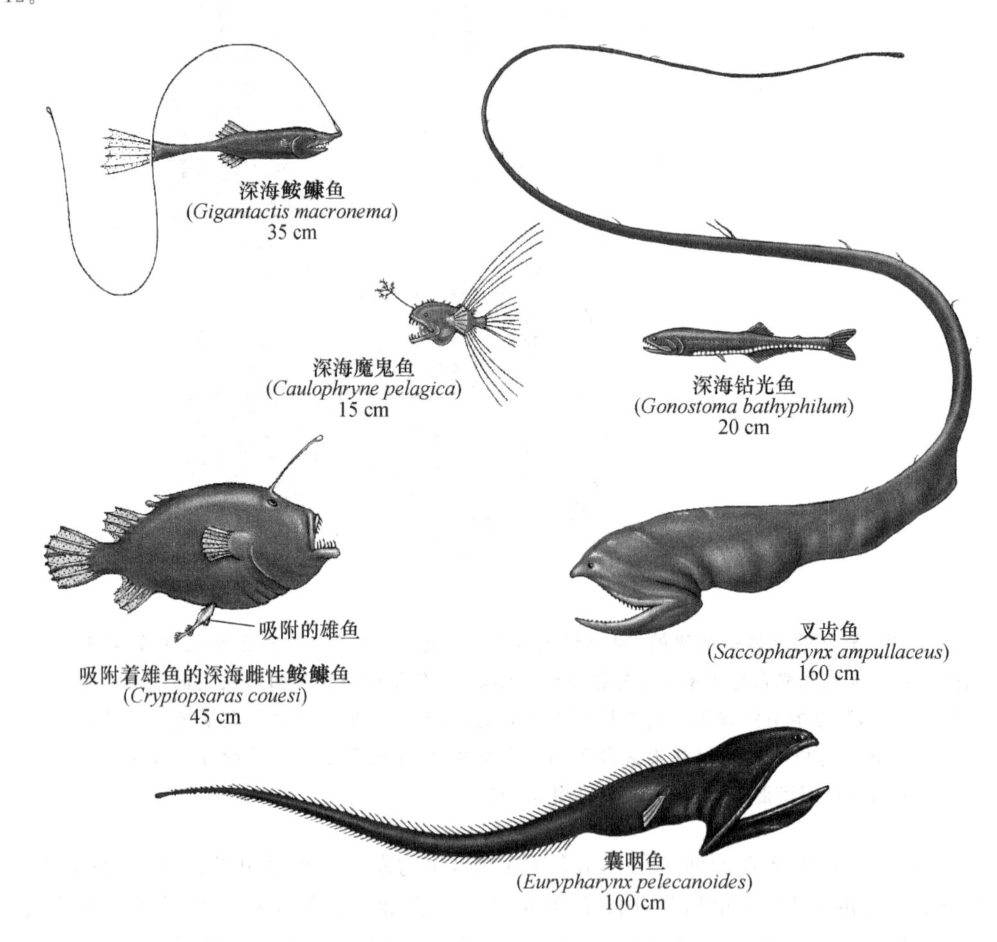

图 16.11　某些深海鱼类和它们大致的最大长度。

在中水层所看到的应对食物短缺的节约能量适应，在深海更加突出了。深海鱼类是行动迟缓和不善移动的，尤胜于中水层的鱼类。它们有松弛和水滋滋的肌肉，脆弱的骨骼，没有鳞片和发育不完善的呼吸、循环和神经系统。几乎所有的种类都缺乏有功能的鱼鳔。好像这些鱼类悬在水体中，尽可能花费非常少的精力，直到一顿美餐从天而降。大部分深海鱼类都有巨大的嘴巴，可以吃掉比它们自身还要大的猎物。这种趋势在叉齿鱼(*Saccopharyns*；图 16.11)和囊咽鱼(*Eurypharynx*，图 16.11)身上的表现到了极致，它们看起来像一张游泳的嘴巴。为了和它们的大嘴巴相一致，很多种类的胃都可以膨胀以适应被吞进来的猎物。

366

深海远洋鱼类一般来说都是小而黑的，有小眼睛，大嘴巴，可以扩张的胃，松弛的肌肉，脆弱的骨骼和不发达的鱼鳔。圆罩鱼和鮟鱇鱼是最常见的。

鮟鱇鱼进化出了一种不一般的捕食方法，它们也因此得名。它们背鳍的第一根刺特化为一个长的、可移动的杆，在它们的嘴前方挥动（图 16.11）。悬挂在杆的末端的是诱饵，一个看起来像一顿美味的肉乎乎组织块。在诱饵中生活着共生的发光细菌，所以诱饵在黑暗中发出诱惑的光亮。鮟鱇鱼狼吞虎咽地吞下所有靠近诱饵的无防备的受害者。在大部分深海鮟鱇鱼中，只有雌性的有一个杆和诱饵。很多其他的深海鱼类也用诱饵吸引猎物，通常位于连接在下巴上的触须上。

深海中的性

在深海中食物不是唯一稀少的东西。在这样一个广大的、种类稀少的世界里，发现一个配偶可能比找到食物更难。毕竟，大部分深海动物都适应于吃它们能够得到的任何东西，但是配偶则必须是同一种类，而且还得是不同性别。

很多的深海鱼类通过形成雌雄同体的方法解决了后面这个问题。总之，如果两个同一种类的相遇却是同一个性别，那么什么也得不到。如果每个个体可以同时产生精子和卵细胞，繁殖的能力就可以得到保证。

深海动物可能还进化出了吸引配偶的方法。比如说，生物发光可以发出吸引同种的其他个体的信号。如我们所看到的那样，很多种类都有其特殊形式的发光器官。个体可以通过光的形式来识别潜在的配偶。雌性鮟鱇鱼的诱饵在种类之间有差别，所以它有捕食和吸引配偶的双重作用。化学吸引可能也很重要。雌性的鮟鱇鱼还有非常强大的嗅觉，以此来确定位雄性个体的位置。雌性个体似乎可以释放一种特殊的化学物质，雄性可以感知和跟踪。这种化学物质称为外激素。

有些鮟鱇鱼（*Cryptopsaras*，*Ceratias*）已经进化出了一个寻找配偶的极端解决方案。当一个雄性找到了一个个体更大的雌性，它咬住雌鱼的侧面，附着在那里度过余生（图 16.11）。在某些种类里，雄性特化的颚与雌性的组织融合在一起。它们的循环系统融合，雌性个体负责营养雄性个体。这样的安排，有时候称为雄性寄生，保证雄性随时可以为雌性的卵受精。

367

雌雄同体与雄性寄生在深海无脊椎动物中都是不常见的。把雌雄个体带到一块来的机制尚不明了。有一些群体聚集在一起进行繁殖的证据显示，它们可能被生物发光所吸引。

发现配偶，是深海动物的一个难题，可以通过应用生物发光、化学信号或者发育出雌雄同体和雄性寄生的方法来缓解。

生活在高压下

在上面覆盖水体的压力下，深海的压力是巨大的。这也是对深海知之甚少的一个原因。用来研究深海的仪器、摄像机外壳和潜水艇都必须能承受压力而不会破碎，而且它们都非常的昂贵。只有很少的潜水艇能够冒险进入最深的海沟，那里的压力超过 1000 个大气压。从深海中把动物带到表面和我们下到它们所在的位置一样难。由于不能承受压力的巨大变化，它们通常在被带到水面时已经死亡。少数科学家用特殊的压力保护室从深海中采集到生物。大部分的知识都是从这样的工作中得出的，但是其困难程度是极大的。

很明显压力对深海生物有着重要的影响。比如说，在大多数深海鱼类中有效鱼鳔的缺乏，可能是由于在巨大的压力下给鱼鳔充气需要耗费很高的能量。和食物的可获得水平一起，压力似乎是给深海生物分带的主要因素之一，也就是说将深海分为次深海区、深海区和深渊区。

在浅水生物中，控制新陈代谢的酶受到压力的严重影响，在深海普遍的高压力下会停止发挥作用。深海生物无论如何会有一些更能抵御压力作用的酶。有些还有高浓度的化学物质用来帮助它们稳定酶结构。这些分子适应可以保证深海生物在足以杀死表层栖居生物的高压力下生存。

总之，压力可能限制了大部分生物的深度范围，随着深度加大，生物的种类下降。有鱼类记录的最深处为 8370 m。不过，已经在海洋最深处——马里亚纳海沟发现了无脊椎动物。

在深海中的水压是巨大的，部分控制了深海区生物的深度分布。深海生物有一些分子适应性，使得它们的酶可以在高压下起作用。

雌雄同体 拥有雄性和雌性生殖腺的个体。 第 7 章，122 页。
酶 在生物体中加速和控制化学反应的蛋白质。 第 4 章，71 页。
新陈代谢 各种维持生命的化学反应。 第 4 章，70 页。

深海的海床

368 深海的海床有很多与其上面的水体共同的性质：缺乏阳光，稳定的低温和巨大的水压。尽管如此，深海海床的生物群落与水层区有很多的不同，一个关键的因素是：海床的存在。

海洋生物学家对于深海的底栖生物，即底内生活的生物的了解比深海水层中的生物了解要多一点，但大部分的内容还不了解。在 270 000 000 km^2 的深海海床中，只有约 500 km^2，大约一座大房子的地板面积那么大的地方被定量地采集了标本。我们知道的东西是通过各种技术来获得的。称为底上雪橇的装置沿着海底拖曳，舀取生物，岩心取样器把大块的底质带到水面上来。深海相机用来拍摄像鱼这样快速运动的生物，很难用网将它们抓住。科学家甚至开发了微型发射装置隐藏在鱼饵中，用来追踪吞食它们的鱼类。像 *alvin* 这样的深水潜艇也是很有用的，尤其在水里更是这样。遥控机器人被用来收集样品、拍摄照片和执行实验任务。1995 年，一个像这样的装置第一次成功到达海洋的最深处。日本制造的 *kaiko* 下潜 10 991 m 到达马里亚纳海沟的"挑战者"深渊的底部。这打破了 *trieste* 潜艇长期保持的记录，同样也在马里亚纳海沟，它在 1960 年下潜到 10 919 m。

深海底栖生物的取食

食物短缺在深海海床的情况是很严峻的。只要非常少的表层产物一直沉到底部。不管怎么说，底栖生物与上层水体中生物相比还是有很大的优势。水体中，若食物颗粒没有很快被固定住或被吃掉，就下沉或散失了。而一旦食物落在底部，它待着那里直到被找到为止。所以说，虽然水层中的动物优先捕食从真光层下沉的食物，但是底栖动物有更多的时间去发现和吃掉食物。达到底部的食物颗粒一般是下沉相对较快的，使得其在途中被取食的机会最小化。比如说，粪便颗粒是深海底栖生物的重要的有机物质来源。

落向海底的有机物质更像是一场毛毛雨。很少的食物可以到达底栖群落。此外，大部分落到海底的物质，比如浮游甲壳动物的甲壳质残留物，是不能够立刻被消化的。不过在海底，细菌分解了甲壳质，使得它变成其他生物的食物。

大部分的海底覆盖着细的泥质的沉积物。较小型底栖生物，生活在沙粒中微小生物（参见"泥沙中的生命"，285 页），是海底最为丰富的生物，典型地占据大部分的生物数量（系数为 10）。底内生物取食细菌和从沙粒之间的水体中吸收的可溶的有机物质（DOM）。这样在细菌和 DOM 中的能量就可以提供给大型生物，或者大型底栖生物，它们捕食底内生物。

在深海底栖生物中，悬食生物在大型生物中是很少的。取而代之的是，食沉积者占大部分。很多是在沉积物中钻穴的底内生物。其他的是停留在沉积物的表面上的底上生物。

多毛类是海底最为丰富的大型底栖生物，随后是甲壳类和双壳软体动物，但是在不同地方有着明显的差异。比如说，海参有时候会占优势。从深海中得到的海参通常有奇怪的、高度特化的身体形式。有些有像腿一样的附肢，在有机质丰富的海底行走搜寻食物。从潜水艇上还观察到一些生物的群体。其他的种类通过波动来推动身体或通过喷射水流来游泳离开海底。深海的其他地区则被海蛇尾所占据，海星也可能很丰富。

深海的底栖生物由沉积物取食者占优势。占大多数的类群是小型底栖生物、多毛类、甲壳类、双壳软体动物、海参、海蛇尾和海星。

在深海底栖生物中有一些捕食者，但似乎非常稀少。食底泥动物的主要捕食者是海星、海蛇尾和蟹类。像鱼类和乌贼这样的游泳生物也是重要的捕食者。海蜘蛛，或者海蜘蛛类，通过吸食柔软的身体来捕食其他的无脊椎动物。在浅水中的海蜘蛛是很小的，但是深海的种类，其体宽可达80 cm。这种在深海生物常见小体积的趋势的逆转也在其他的无脊椎动物中发现，特别是甲壳类。这种称为深海大型化现象的原因还无从知晓。

甲壳素 在甲壳类骨骼和其他结构中高抗性的碳水化合物。 第4章，71页。
悬食动物 包括滤食动物在内的，以悬浮在水体中的颗粒为食的动物。
食底泥动物 取食沉积到底部的有机物质的动物。 第7章，图7.3。

放眼科学

什么是古网迹？

1976年，在位于大西洋洋中脊的深海海床的照片上，地质学家注意到在沉积物上的数以千计的六角形的孔，就像小小的中国棋盘一样。那些每个直径约5 cm的图案是由动物制造的，但是被咨询过的专家中没有人知道它是什么动物。地质学家们发表了一篇科学论文，描述和展示这些图案的照片，把这种动物简单地归为“未确定身份的无脊椎动物”。看到这篇论文的古生物学家很快认识到，这些图案与*Paleodictyon nodosum*相似，一种从4亿年前的蜂窝状化石中得知的动物。古生物学家已经推测，化石的六角形是某种蠕虫的洞穴系统，所以在照片上的孔可能连通着洞穴。没人知道什么动物制造了化石——或者在现代海底的六角形图案。 369

这件事在沉寂了10年之后，从1990年开始，地质学家们才有更多的机会在与大西洋洋中脊的相关的研究中去观察古网迹。他们第一次试图去采集时，发现没有活的动物而且沉积物中的图案崩塌了，但是最终他们收集到有完整图案的岩芯，它们浸在树脂里。保存的标本暗示，在沉积物表面的孔之下确实存在六角形的管道系统，但还不能完全确定。最后，2003年，从艾尔文号收集到新的完整岩芯中，该团队用一股水流轻轻地冲洗一个图案表面的沉积物，暴露出在下面与化石非常相似的六角形图案。无论怎样，古网迹竟然是活的！

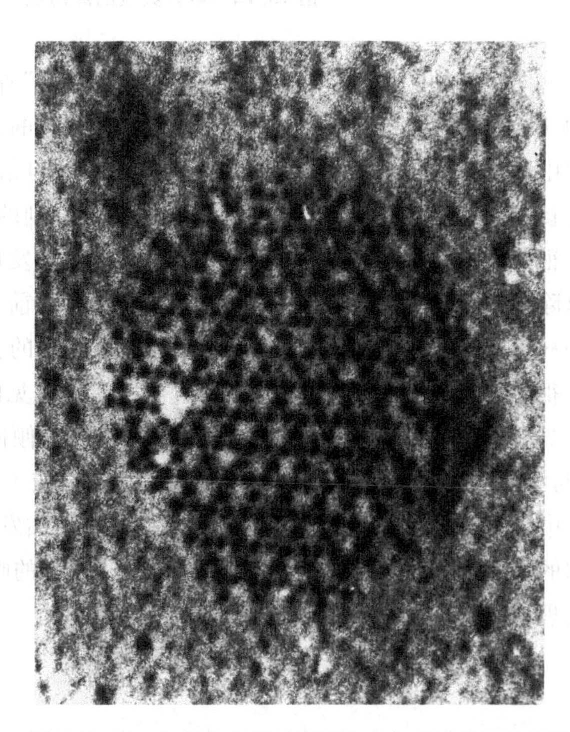

一张拍于1976年的由古网迹制造的六角形孔的原始照片

我们仍然不知道那些结构代表着什么。古生物学家可能一直是对的，那些图案可能一种未知蠕虫的洞穴系统。或者，图案可能反映生物本身的形状，比如该生物用沉积物覆盖自己形成一个外壳，如沙壳虫那样。或许是Xenophore，一种像有孔虫的原生动物，它的单细胞形成分支的洞穴，个体大到直径达到25 cm。研究者正在通过精确计算沉积物的组成来分析岩芯，试图通过生物染色的方法来检测组织，提取DNA来进行遗传分析，并鉴定相关的微生物。其他人则审查高分辨率的照片，甚至用数学方法分析图案，看看它们是否与挖掘洞穴行为一致，所有的工作都是希望最终知道古网迹真正是什么。

(更多信息参见《海洋生物学》在线学习中心。)

370 深海狗母鱼是深海底栖捕食者的另外一个有趣的生物类群。几乎是没有视觉的，这些鱼类用它们延长的鳍立在水底(图16.12)，正对着水流并捕食路过的浮游生物。

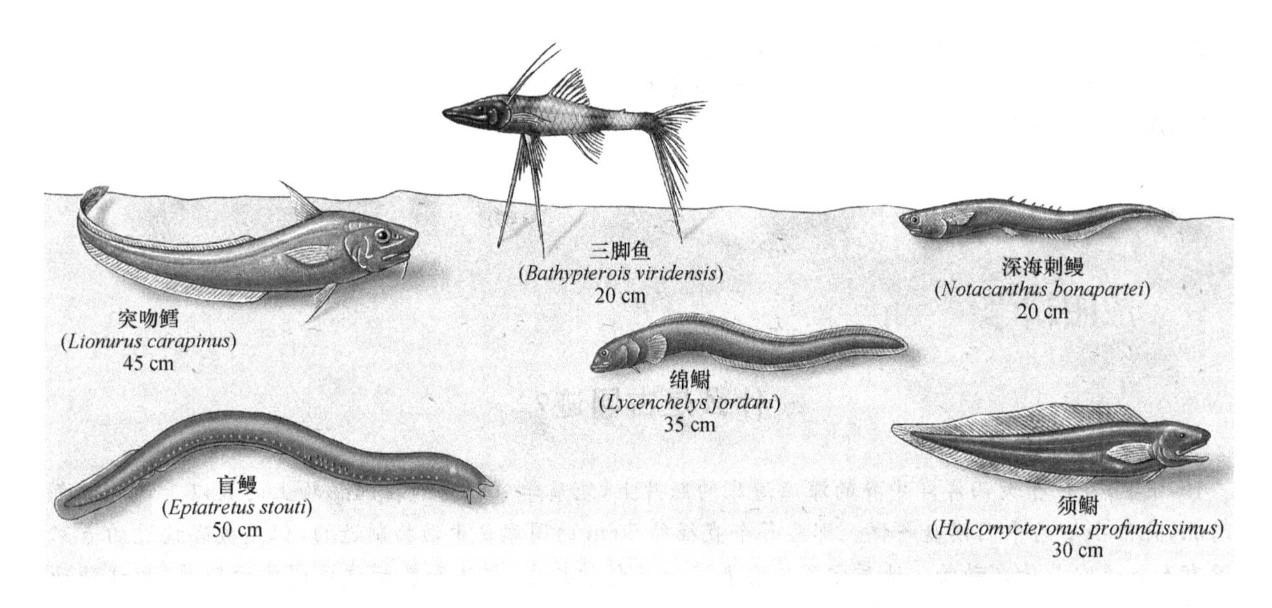

图16.12 某些典型的深海底上鱼类和它们大致的最大体长。

落向底部的缓慢的食物“雨”会被偶然的“风暴”所打断。下沉很快的大食物碎片，比如大型鱼类或鲸鱼的死亡个体，是底栖生物的重要食物来源。移动的深海生物迅速地聚集在这样的“饵料雨”周围。这些群体中最常见的是甲壳类，特别是端足类，饵料一旦落到底部，它们很快就达到。很多深海底栖端足类是广泛食性的，它们取食有机碎屑，如果什么也得不到的话，也可能捕食活的生物。有些似乎是专门的腐食者。很明显它们有非常发达的嗅觉，用以帮助它们发现新的“饵料雨”。当被落网抓住的时候，它们的肠道里除了饵料什么也没有，说明它们在一段时间之前就已经没有进食了。这一点，和它们有着膨大的肠道一样，可能意味着端足类适应于利用大而不常见的食物。

很多种鱼也很快发现了新出现的食物。最为常见的是突吻鳕、须鳚、蛇鳚、深海刺鳗、盲鳗(图16.12，图8.2)。这些底部腐食者与深海水层的鱼类相比，倾向于个体平均更大一些，肌肉相对发达，运动更积极些，与深海区的鱼类不同(图16.13)。它们似乎适应了沿着海底巡游，寻找偶然的牙祭。几个种类，与其生活在中层海区的近亲相比，负责嗅觉的大脑部分更加发达，而中层海区鱼类则是视觉占据优势。所以，深海底部的鱼类，和无脊椎动物一样，大部分依赖于它们的嗅觉。在超过2000 m的深度，鲨鱼也在深海“饵料雨”中出现，很快扫尽这些饵料。

	表层区	中层区(垂直迁移)	中层区(非垂直迁移)	深海浮游区	深海底部
外形		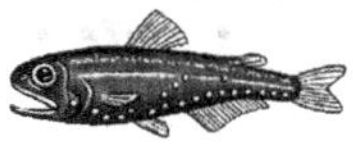	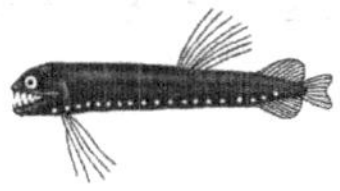		
大小	范围较宽,从小的到巨大的都有。	小	小	相对较小,比中水层的大	相对较大
形状	流线型	相对变长些,并且(或)侧扁	相对变长些,并且(或)侧扁	非流线型,通常呈球形	长很多
肌肉组织	肌肉发达,游泳快速	中等发达的肌肉	软弱、肌肉松弛	软弱、肌肉松弛	肌肉发达
眼睛的特征	眼睛大	眼睛非常大且敏锐	眼睛非常大且敏锐,有时是管状眼	眼睛小,有的种类眼睛消失	小眼睛
颜色	典型的反荫蔽,黑色的背部、腹面为银色	黑色,或者黑色并具有银色的侧面和腹面,抵消照明	黑色,或者黑色并具有银色的侧面和腹面,抵消照明	黑色,有时红色,在最深的地方通常失去颜色	暗棕色或者黑色
生物发光	生物发光不常见	生物发光常见,通常用于抵消照明	生物发光常见,通常用于抵消照明	生物发光常见,通常用来吸引猎物	只有很少的一部分生物发光

图 16.13 远洋区不同深度鱼类的典型特征比较

深海底的生命类型

人们逐渐意识到深海中的生物与在海洋表面的生物有着完全不同的生活节奏。大部分深海动物似乎长得很慢,可能是因为缺少食物。另一方面,它们又能活得很久。深海蛤蛎据估计能存活 50～60 年甚至 100 年,一些鱼类能存活得更久(“深海中的生物多样性”,372 页)。也许是在深海区的低温和高压减缓了它们生命的进程。 371

这也可能是因为深海动物需要存活很长时间来储存足够的能量以便于繁殖。在深海形成的幼虫不在富含营养物质的透光区度过,因为幼虫能够一路从深海达到海洋表面,然后再回到深海区的概率是很小的。相反的,深海动物倾向于产生较大的卵,富含卵黄使得幼虫不需要食物就能通过早期阶段。因为产生大的卵比产生小的卵需要消耗更多的能量,所以深海动物只产生为数不多的卵。在某些动物中,繁殖可能与取食紧密联系在一起,一些端足目的物种,在诱饵陷阱里捕获的个体全是那些未性成熟的个体。生物学家推测,那些个体直到能够成功找到适合的食物才会繁殖。

深海细菌

人们才刚刚开始了解到细菌在深海底栖生态系统中起着很重要的作用。1968 年,一个著名的意料之外的“实验”给出了一个早期的迹象,表明这里有很多东西值得去研究。当“阿尔文”号潜艇所有的船员都在为潜水做准备时,潜水艇却被一个海浪所吞没,艇上的支持缆绳被扯断,随后舱门开着下沉到 1540 m 的海底。船员们虽然逃了出来,但他们的午餐却留在了艇上,这成了海洋生物学中一顿最有名的午餐。

10 个月后,当“阿尔文”号潜艇打捞出水后,科学家们发现丢失已久的午餐保持惊人的良好状态,虽然食物已经浸水,但三明治看上去几乎是新鲜的,夹在中间的红肠仍然是粉红色的。其他食物——苹果和热水瓶中的汤——也好得可以吃。一旦拿到水面上,即使冰冻起来,食物也很快腐败变质了。

深海中的生物多样性

372

巨大的压力、几乎冻结的水、完全无光及长期没有食物，深海似乎是地球上最不适合生存的环境。事实上，早在19世纪，进行开创性工作的海洋学家William Forbes(参见"'挑战者'号探险"，5页)就发现随着深度增加，捕获的海洋生物也越来越少，他假定，在深海600 m以下完全没有生物的存在。当其他科学家从更深的海底采集到动物时，这个无生命的假说很快被证明是错误的。然而，生物的数量确实随着深度的增加而减少——在深海中生物是稀少的。

曾经有一种观点认为，在深海中除了生物的丰度少外，相对物种的量也很少。最近研究发现恰恰相反，深海也许是地球上生物最多样化的生态环境。生物学家们目前还不能搜集和辨认出所有存在于环境中的物种，所以他们永远不知道环境中存在的物种的精确数量。但是通过物种积累曲线，可以估算出物种的数目。这包括当他们采集越来越多的个体生物时，分析所发现新物种的频率。第一种被采集到的生物常被当做新物种来研究，第二个被采集到的生物可能来自于第一个物种，这样所有的被采集的物种数目为一种，或者第二个标本可能是个新种，新物种的数目增加为两个。如果在其栖息地的物种数量(生物多样性的一种指标)很小的话，那么随着越来越多的个体被采集，新物种的数目增加就相对缓慢，并不久将开始接近平台期，即达到该环境中物种总数的水平。在高度多样性的栖息地，标本中有更多的物种，当更多的生物个体被采集时，物种的数目增加得很快，同时要花费很长的时间达到平台期。

当这个方法被应用于深海海床时，种类曲线达到了顶峰，这使得研究者估计肯定有超过1 000 000个，甚至可能超过10 000 000个物种生活在深海海底，这里的生物多样性相当于或已经超过的热带雨林和珊瑚礁。这给人的惊讶一点都不少，因为直到那时大多数科学家还认为整个海洋中生活着不超过几十万个物种!

深海海底生活着1 000 000个物种的推测是有争议的，在某种程度上是因为这只是海底一小片样本中推断出来的。无论准确的数字是多少，但是很明显，深海海底是地球上物种最丰富的栖息地之一。

就像深海的其他部分一样，海山也很少被研究，但它也具有很高的生物多样性。最近，一些采集于西南太平洋澳大利亚附近的24座海山上的样品中，就发现了850种生物，并且物种积聚曲线还在上升，这表明更多的物种还将被采集到。另外，大约采集样本的1/3对学术界而言是新的，并且可能只限制于海洋小山脉甚至个别的海山上。海山就像深海中的小岛，每个都有其他地方没有的生物集合。

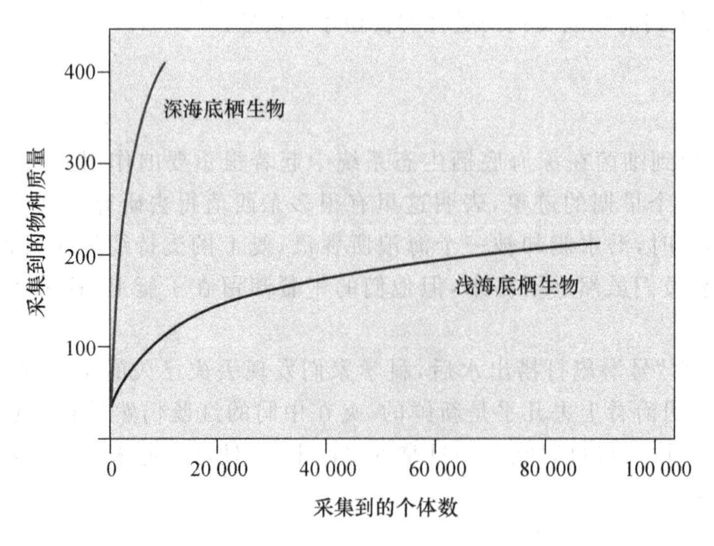

从深海和新英格兰沿岸浅海底栖生物所得到的物种累积曲线

在大海深处大约有 30 000 座未被勘察过的海山，在这里有大量未被发现的物种在等着我们，但是在发现它们之前也许有很多物种就灭绝了。海山是香橙鱼(*Hoplostethus atlanticus*)和其他几种有商业价值鱼类的栖息地，这些鱼都超过 100 年了，不过这些鱼经过数十年才达到繁殖年龄，而且繁殖得很慢，所以它们很容易受到过度捕捞的影响(参见“最适产量与过度捕捞”，385 页)。比如，在印度洋的海山上，大量最近发现的物种在它们被开发不到 3 年的时间内就被完全捕捞了。比被开发更糟糕的是，用捕捞鱼类的海底拖网把动物从海底“撕扯”下来，减少了 80%甚至更多的海底生物数量。由于很多海山位于公海中，这意味着它们超越了任何国家的管辖权限，保护这些海山上的丰富生物多样性，将要求各国的共同努力来制止由海山渔业捕捞所造成的伤害。

为什么食物可以在深海中保存？虽然深海是冷的，但是冰箱也是。难度深海中没有细菌吗？是否压力抑制了细菌性的腐败？还是有其他的解释吗？这些问题激起了研究的浪潮。

现在知道细菌生活在深海中，正如它们生活在地球的其他地方一样。压力和低温减慢了细菌的生长速度，大部分浅海中的细菌在深海的温度和压力下不能生长。所以当“阿尔文”号下沉后，原来午餐中的细菌可能已经死亡。

即使生活在表面的细菌已死亡，还有很多细菌生活在深海中。深海细菌不只是可以忍受普遍存在的冰冷和高压，它们中很多种类在这样的条件下生长得更好或者甚至只能在这些条件下生活。尽管这些嗜冷型和嗜压型细菌在深海条件下生长最好，它们仍然比浅水区的细菌生长缓慢，并且要花费 1000 倍的时间来分解有机物质。据推测，深海细菌更适应于取食那些低浓度的有机物质，像肉肠三明治这样营养丰富的食物对它们而言负担太重了。此外，午餐盒可能阻止很多细菌，比如生活在端足类动物和一些深海动物体表或体内的细菌，在第一时间得到食物。

373

在深海沉积物中生活着大量的化能合成原核生物，这些原核生物可能也是那些底栖食底泥生物的重要食物。它们可能与多金属结核和其他的金属类沉积物的形成有关(参见“海底矿产”，396 页)。科学家们同样也了解到正是这些化能自养型菌逐渐将“泰坦尼克”号的残骸消化了。

热泉，冷泉和死体

1997 年标志着生物学历史上的一个最令人兴奋的发现，而它不是由生物学家创造的！一群海洋地质学家和化学家使用“阿尔文”号在东太平洋的加纳帕戈斯群岛附近的洋中脊断面寻找热液出口。当“阿尔文”号上的科学家发现了热液出口时，他们也发现了完全意料之外的事情：一个丰富的、繁茂的群落，也与想象的任何群落都不相同(图 16.14)。在接下来的几天里，很多的热液口被发现，每一个都布满了动物。有长达 1 m 的蠕虫，30 cm 的贝类，成簇的贻贝，还有虾类、蟹类、鱼类和很多其他预想不到的生物。热液口就好像贫瘠的深海底部的生命绿洲。

探险队们很快开始探测这些全世界的热液口。看起来，每次的下潜探测都能有一些新发现。几乎在这些富含生物群落地热液口旁边所发现的所有生物，对于科学界来说都是新的，热液口附近的不同区域环境也各不相同。在东太平洋的洋中脊，像首次发现的地方一样，被发现最多的生物通常是管栖蠕虫、蛤、蟹和虾。在西太平洋，占主导地位的生物是不常见的蜗牛和藤壶。大西洋洋中脊的热液口则由一种虾(*Rimicaris*)主导。在洋中脊附近所发现的一些相对冷的热液口(参见“洋中脊与热液喷口”，39 页)则生活着海绵、深海珊瑚和其他的生物，但是这些动物在洋中脊的热液口则不丰富。在热液口有 400 种动物被发现，而且数量还在不断增加。

在热液口区发现的是不需要阳光支持光合作用的初级生产者——化能合成的古细菌和细菌。围绕洋中脊，海水滴流穿过地壳中的缝隙，并且裂缝附近的海水被加热到非常高的温度。因为含有丰富的硫化物矿物质，它出现在热液口时，形成了“黑烟”、“烟囱”和其他矿物沉积物。热水中还有大量的 H_2S，这些对大多数生物来说是有毒的，但确是能量丰富的分子。使用硫化氢和硫化物作为能源生产无机物的化

图 16.14　生活在热液口的种类丰富、色彩斑斓的动物。这个位于东太平洋海隆超过 2500 m 深度的群落，包括巨型管虫(*Riftia*)、黏鱼和蟹类。由 Richand A. Lutz 提供图片。(参见彩图 12)

能原核生物是食物链的基础。其中一些极端微生物可生活在超过 120℃的温度下，这是已知的生命可以承受的最高温度(参见“古细菌”，96 页)。化学合成细菌和古细菌形成的厚垫生长在远离洋脊的较凉爽地方，它们利用碳酸盐矿物而不是硫化矿作为主要的能量来源。

深海热液口孕育着丰富的生态群落。支撑着这些生态群落的初级生产力来自于微生物的化能合成作用，而不是光合作用。

热液口附近的水包含如此多的古细菌和细菌，以至于水变得浑浊。有些热液口的动物通过从这水中过滤菌体来捕食，但这不是它们捕食的主要方式。在东太平洋热液口动物群落中，占统治地位的动物中的一种——大型的管虫(*Riftia*)，它不用过滤取食。事实上，它甚至没有嘴或消化管。取而代之的是这类蠕虫有高度特化的器官，称为摄食体，里面包有共生细菌。细菌在蠕虫体内进行化能合成作用，并将它们制造的大部分有机物传给蠕虫。蠕虫以向细菌提供原料作为回报。鲜红的羽状结构扮演着类似腮的作用，不仅交换 CO_2 和 O_2，也交换 H_2S。管虫的血液有一种特殊的血红蛋白，它以化学键和 H_2S 结合，保护蠕虫免受毒性作用的影响，并且将 H_2S 传给摄食体中的细菌。其他大多数热液口动物通过化学加工处理 H_2S 以防止中毒。

374

化能合成原核生物　自养的细菌和古细菌，它们利用包含在无机化合物中的能量而不是太阳光来制造有机物质。第 5 章，98 页；表 5.1。

热液口　海底与洋中脊相连的热泉。　第 2 章，40 页。

一些其他热液口动物，包括贻贝(*Bathymodiolus*)和巨蛤(*Calyptogena*)，尽管它们也可进行滤食，但也含有共生菌。非共生菌也是一种重要的食物来源。例如，在大西洋中部洋中脊区域热液口生物群落中占优势的虾，它们刮下并取食在热液口处形成的被微生物覆盖的矿物质(图 2.23)。微生物被消化掉，剩下的矿物质就被排泄掉。

这些虾还有另一个不同寻常的地方，它们没有用以识别东西的眼睛，但在它们身体的上表面有两个光敏块。这些斑块能感受到人不能察觉到的更加微弱的光。在发现这些虾能察觉光之前，没有人料到在深海热液口会有光。一种特别的类似于用来研究遥远星星的弱光照相机显露出了这种微弱的光，这种在热液口附近的光肉眼是看不到的。这种光的来源还不确定，尽管一些可以用涌出水的热来解释。生物学家推测这些虾利用这种昏暗的光来找到活跃的热液口，同时避免由于离滚烫的水太近而被煮熟。

生物学家发现其他一些群落，它们是以化能合成作用而不是以光合作用为基础来生存的。这些地方称为冷泉，大多数是沿着大陆架的边际或者像墨西哥湾那种富含沉淀物的盆地，在那里 H_2S 和 CH_4 从海底渗漏出来。由化能合成原核生物利用一种或另一种能量丰富分子合成初级生产力来维持生物群落，这在很多方面与那些在热液口的群落类似，尽管这两种群落的种类有很大的不同。

以化能合成作用作为基础的群落已在深海"坟墓"中发现。如以前所提及的那样，偶尔的落下来的食物，如死去的鲸鱼，是深海腐食者主要的食物来源。当这些腐食者利用时，分解残留物产生的硫化氢和甲烷，维持着一个类似于在热液口和冷泉的群落。

不同于大多数深海生物，处在热泉、冷泉和动物尸体地方的生物能拥有能源丰富的环境，并且生长快速，个体较大。另一方面，它们的特化的栖息地是被一段很大的距离分隔开的小型绿洲。这些绿洲也不是稳定的，热泉和冷泉可被火山爆发、海底滑坡和其他侵扰活动所去除。只要能量丰富的分子流动继续存在，群落就能相当快地恢复，但有时流动被阻塞或者枯竭。在加拉帕戈斯群岛附近有一个热液口，被称为玫瑰园，它首先发现于1979年，科学家后来又重访了几次，在2002年再回到那里时，丰富的热液口生物群落已没有任何痕迹，只剩下流出来的新鲜的熔岩。为了避免被灭绝，热液口和冷泉口的物种必须能够散布到新的绿洲，事实上它们确实也是这么做的。在距离玫瑰园200 m的地方，科学家们发现了一个新的热液口，被称为玫瑰花蕾，已被幼体管虫、蛤、和贻贝所占据。

大型生物的尸体迅速烂掉，所以它们维持的物种也必须能够在绿洲之间"跳跃"。鲸鱼、海豹、鲨鱼和其他大型生物的尸体在广阔的大海中还是微小的栖息地，但相比较而言，热泉和冷泉的栖息地则更多。或者至少已经是这样。因为狩猎将海洋中的大型生物推向灭绝的边缘，我们可能已经搬走了这些垫脚石，并注定了我们才刚刚发现的整个生态系统的厄运。

《海洋生物学》在线学习中心是一个十分有用的网络资源，读者可用其检验对本章内容的掌握情况。获取交互式的章节总结、关键词解释和进行小测验，请访问网址 www.mhhe.com/castrohuber6e。要获得更多的海洋生物学视频剪辑和网络资源来强化知识学习，请链接相关章节的材料。

评判思考

1. 深海底被看做一个潜在的放置有毒废料和放射性废物的地方。在这个计划被核准通过之前，你认为应该从深海环境的生物学、地质学和化学方面回答哪些问题？
2. 不迁移的中层海区的鱼类，它们的肌肉松弛，却能够捕食肌肉发育良好的垂直迁移的鱼类，你是怎么看的呢？
3. 脂肪是一种富含高能量的分子，它的合成需要大量的能量，但在中层海区，食物缺乏，而许多鱼类的鱼鳔却充满了脂肪，这怎么解释呢？

拓展阅读

网络上可能找到部分推荐的阅读材料。可通过《海洋生物学》在线学习中心寻找可用的网络链接。

普遍关注

Dybas, C. L., 1999. Undertakers of the deep. *Natural History*, vol. 108, no. 9, November 1999, pp. 40—47. Whale carcasses on the sea floor support islands of diverse, recently discovered marine life. Check out this article's web page for video.

Dybas, C. L., 2004. Close encounters of the deep-sea kind. *BioScience*, vol. 54, no. 10, October, pp. 888—891. Deep-sea exploration from submersibles.

Kunzig, R., 2001. The physics of deepsea animals. They love the pressure. *Discover*, vol. 22, no. 12, December, pp. 40—47. A look at how the inhabitants of the deep sea cope with the enormous pressure.

Levin, L. A., 2002. Deep-ocean life where oxygen is scarce. *American Scientist*, vol. 90, no. 5, pp. 436—444. The distribution and causes of oxygen minimum zones, and the adaptations of the organisms that live in them.

Lutz, R. A., 2003. Dawn in the deep. *National Geographic*, vol. 203, no. 2, February, pp. 92—103. A scientific film project lights up the world of hydrothermal vent communities.

Lutz, R. A., T. M. Shank and R. Evans, 2001. Life after death in the deep sea. *American Scientist*, vol. 89, no. 5, September—October, pp. 422—431. A hydrothermal vent community recovers after a volcanic eruption.

Morell, V., 2004. Way down deep. *National Geographic*, vol. 205, no. 6, June, pp. 36—55. Great photos and maps.

Nicholls, H., 2004. Sink or swim. *Nature*, vol. 432, no. 7013, 4 November, pp. 12—14. Biodiversity on seamounts and in other open-ocean habitats is in trouble.

Robison, B. H., 1995. Light in the ocean's midwaters. *Scientific American*, vol. 273, no. 1, July, pp. 60—65. Fantastic glowing creatures, three-dimensional "spider webs," and high-tech craft float in the dimly lit world of the mesopelagic.

Rona, P. A., 2004. Secret survivor. *Natural History*, vol. 113, no. 7, September, pp. 50—55. The story of the search for *Paleodictyon*.

深度学习

Koslow, J. A., 1997. Seamounts and the ecology of deep-sea fisheries. *American Scientist*, vol. 85, no. 2, March/April, pp. 168—176.

Levin, L. A., 2003. Oxygen minimum zone benthos: Adaptation and community response to hypoxia. *Oceanography and Marine Biology Annual Review*, vol. 41, pp. 1—45.

Levin, L. A., R. J. Etter, M. A. Rex, A. J. Gooday, C. R. Smith, J. Pineda, C. T. Stuart, R. R. Hessler and D. Pawson, 2001. Environmental influences on regional deep-sea species diversity. *Annual Review of Ecology and Systematics*, vol. 32, pp. 51—93.

Smith, C. R. and A. R. Baco, 2003. Ecology of whale falls at the deep-sea floor. *Oceanography and Marine Biology Annual Review*, vol. 41, pp. 311—354.

Snelgrove, P. V. and C. R. Smith, 2002. A riot of species in an environmental calm: The paradox of the species-rich deep-sea floor. *Oceanography and Marine Biology: An Annual Review*, vol. 40, pp. 311—342.

Sokolova, M. N., 1997. Trophic structure of the abyssal benthos. *Advances in Marine Biology*, vol. 32, pp. 427—525.

Warrant, E. J. and N. A. Locket, 2004. Vision in the deep sea. *Biological Reviews*, vol. 79, pp. 671—712.

Part Four

第四篇

人类与海洋

第 17 章
海洋资源

自从人类第一次冒险来到海边，人们就开始利用大海所馈赠的许多资源。关于人类以海洋生物作为食物的证据最早可追溯到史前时代，包括鱼钩、贝壳饰品和软体动物空壳堆积的贝丘等。我们探索海洋资源的技术越来越先进。渔民们借助卫星跨海捕鱼，海洋化学家从海洋生物中提取奇妙的化学药物，遗传工程学家培育出快速生长的鱼类，海洋工程学家探索从海浪和潮汐中获得能源的更好方式。 377

第 17 章将探讨海洋资源以及人类对其应用。在论述中我们将回顾第一部分讨论过的海底，以及海洋化学和物理特性等知识，第二、三部分所讲述的海洋生命的类型及其分布等知识，还涉及从技术开发到新产品销售等各个方面。

海洋的生命资源

海洋覆盖了地球的绝大部分表面，是地球上最大的有机物质制造工厂。人类利用其生产力，获得了许多不同种类的海洋生物。这些海洋生物中，绝大部分作为食物，但也提供了许多其他的产品和原料。数以百万计的人还将海洋生命资源用做垂钓娱乐、潜水运动，甚至用做室内水族箱。

来自海洋的食物

海洋为数百万的人提供了食物和就业机会，正应了中国一句谚语"授人以鱼，不如授之以渔"。

从大海中能获得许多不同类型的海洋生物。在许多地方，海藻以及水母、海参、海龟、甚至多毛类的蠕虫等形形色色的海洋动物都是日常饮食的一部分。但渔获物中绝大部分是鱼类，水产专业术语称之为有鳍鱼类。有鳍鱼类渔获量占全世界渔获量的 84%。被统称为有壳动物的软体动物和甲壳动物是另一大类重要的渔获物，尽管其渔获量要小于有鳍鱼类，但其渔获价值却高于后者。 378

人类食物的大部分来自于陆地，来自海洋的食物只占食物总量的 1%。尽管如此，海产食品仍是人类重要的食物之一，其蛋白含量丰富，是人体正常生长必需的。有鳍鱼类提供了世界人口消耗的动物蛋白的 16%。在大多数沿海国家尤其贫穷国家，人们对来自海产食品的蛋白有很高的依赖。

海洋生物被作为食物的主要类群包括鱼类、软体动物、甲壳类动物。海产食品由于其丰富的蛋白对人类至关重要。

世界人口仍在继续增长(图 17.1)，而发展中国家更快速的人口增长造成了这些地区贫穷和拥挤的加剧。

海洋渔业提供了十分必要的就业机会并带来了收益。然而正如我们将了解的，世界上大多数重要的渔业资源已被过度打捞，一些资源已经枯竭。世界范围的渔获量自 20 世纪 50 年代以来提高了 5 倍，但从 80 年代后期开始尽管采取了许多提高渔获量的措施，但渔获量基本持平。不论是全世界的渔获量还是粮食产量也许都无法赶上全球人口的增长，人均对谷物和鱼类的占有量已经开始降低。据联合国粮农

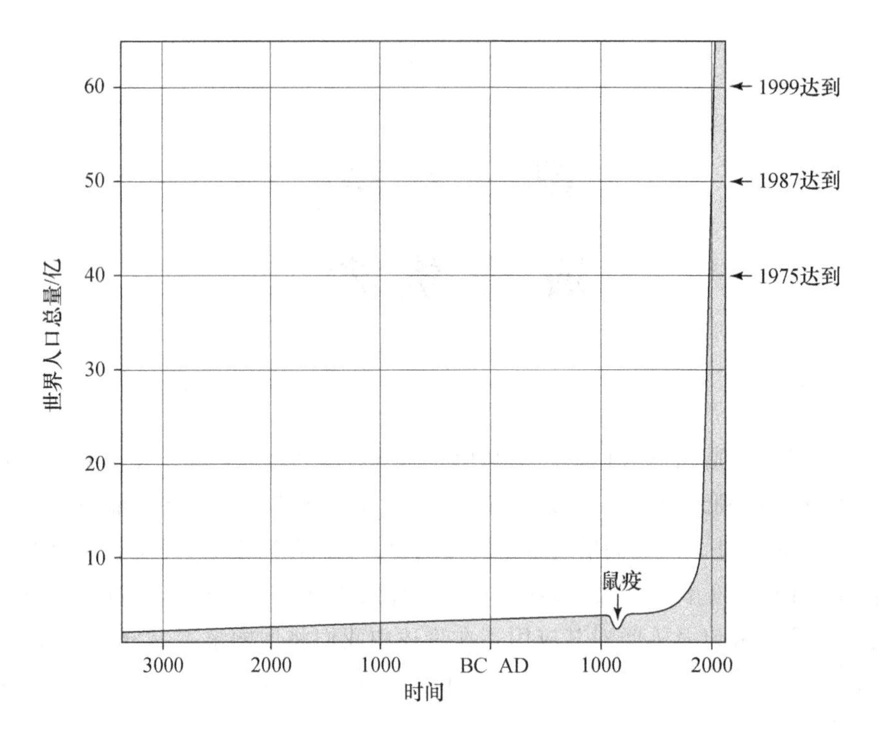

图 17.1　曲线代表了跨世纪以来世界人口的增长呈巨大的"J"形：由最初的非常低几乎不存在的人口增长速度到后来的快速的人口爆炸。这"J"形曲线表明人越多，人口增长越快；这种情况如同图 10.2 的甲藻。由于食物短缺和疾病，上千年来增长速度较慢。对动植物的驯化为人类提供了较多的食物，但周期性的饥荒和瘟疫，如 14 世纪欧洲的鼠疫，使人口数量控制在一定范围内。随着卫生设施和医疗条件的改进，以及农业效率的提高，最终降低了死亡率，在几个世纪内人口开始快速增长。然而许多国家出生率的下降，降低了全球人口的增长；此外，在许多国家艾滋病也显著增加了死亡率。2005 年联合国预计到 2050 年世界人口将达到 91 亿。

组织(FAO)估计，到 2010 年全世界对鱼类的需求量将超出其总产量达到 10 000 000～40 000 000 吨。事实上，世界海洋鱼类资源趋于枯竭的状况已持续一段时间了。

渔业是人类最古老的行业之一，目前，采用简单网具和方法的小规模水产业仍然在各国，尤其在一些发展中国家被采用。这些工作雇用了世界上大部分的渔民，也为饮食中缺少蛋白的人们提供了动物蛋白来源。

富裕国家对海产食品的需求和世界人口的持续膨胀已经给海洋资源带来了巨大压力(图 17.2)。从应用更先进的捕捞工具到利用卫星来发现鱼群等技术，大大提高了资源开发的效率。中国、日本、韩国、美国等国家建立了可以长时间停在远离码头的渔场的高技术的渔船队。工厂加工和储存小渔船运送来的捕捞物，被加工成鱼块和鱼粉以鲜货、冷冻、罐头、腌渍干制、熏制、醋渍的形式投入市场进行销售。打捞作业使一些公司经营多样化，发展出如游艇和渔具等新产品；一些甚至参与了渔业资源的管理以保护枯竭的资源。现代渔业公司不仅为渔民提供了就业机会，也为技术人员、海洋生物学家、市场专家、经济学家和其他专家提供了工作机会。在发展中国家，为了创造社会平等，妇女和年长者经常从事加工和市场销售等工作。在加拿大、爱尔兰，渔业在出口营业额中占相当大的比例，对于发展这些国家的经济起到了有益的促进。

379

由于消费者的口味、价格及方便性因素，不同地区对海产品的消费量不同，在日本，人均每年消费 72.1 kg 鱼，而美国人均每年消费 21.3 kg。美国、加拿大和其他发达国家人们为了丰富自己的口味和寻求健康、低脂肪的蛋白，对海洋食物的消费已在稳步增长。

主要鱼类产区　世界绝大多数渔业分布在沿海地区(图 17.3)。这些沿岸渔业开采的是大陆架上最富饶的水域。与海洋相比，陆架水体由于较浅，相对来说便于捕获底栖物种。沿岸渔业也包括对浮游动

381

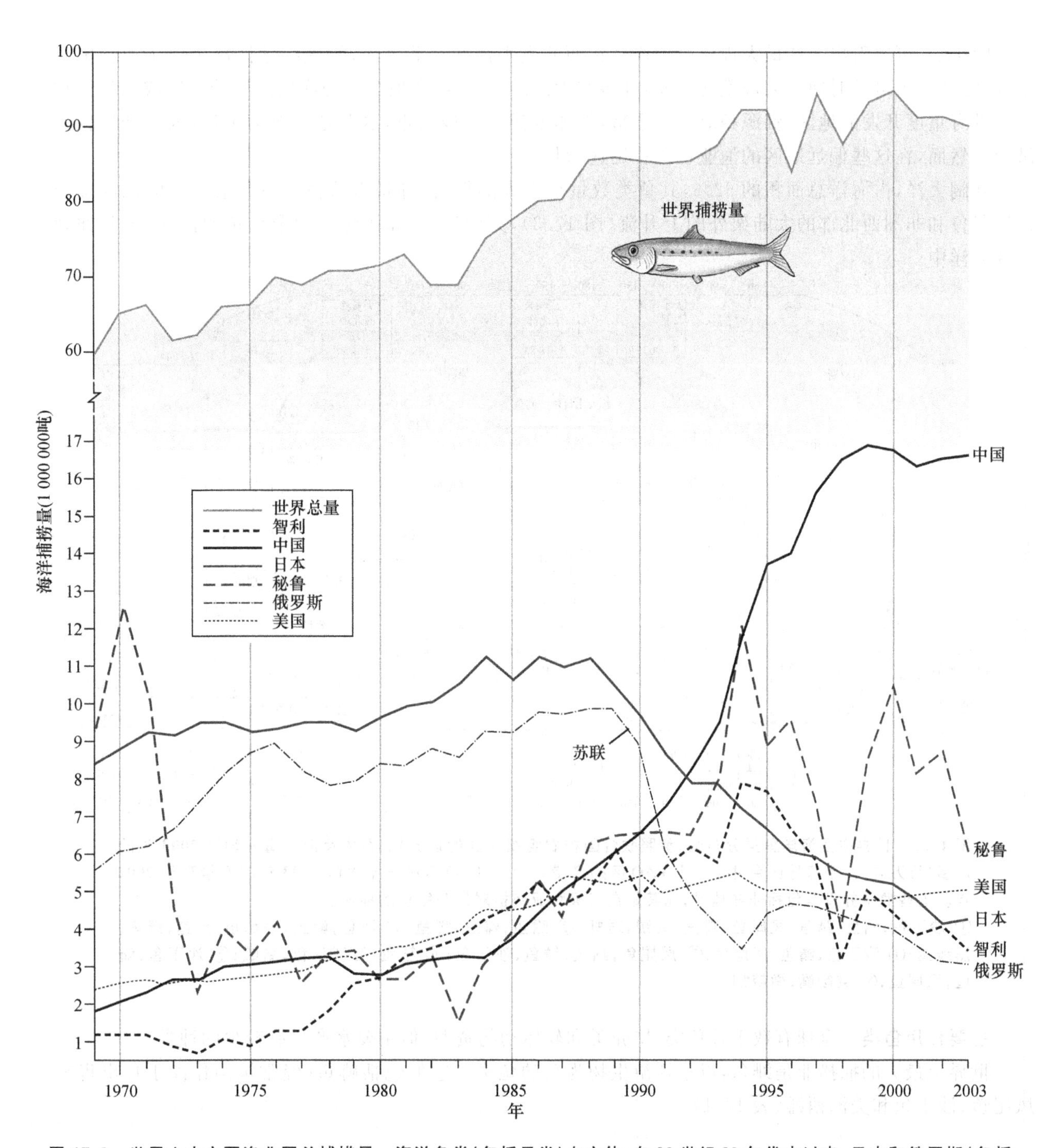

图 17.2　世界六大主要渔业国总捕捞量。海洋鱼类(包括贝类)占主体，自 20 世纪 80 年代末以来，日本和俄罗斯(包括 1990 年之前苏联的数据)的年产量开始下降。经济和政治动荡影响了俄罗斯的年产量；秘鲁的凤尾鱼业呈现出明显的波折(参见"鱼类和海鸟；渔民和禽类"，387 页)。

物的捕捞，如鱼、乌贼和其他水生动物。陆架水体的初级生产高于近海岸，与其含有更多的生物量相一致(参见表 10.1)。在大陆架宽广的海区，如纽芬兰大陆、北海和白令海，也发展了大量的近岸渔业。

大陆架　大陆边缘的浅海岸地带，自海岸线起，向海洋方面延伸，直到海底坡度显著增加的陆架坡折处为止。　第 2 章，37 页；图 2.17。

世界多数渔业为近岸渔业。近岸渔业包括底栖动物和浮游动物的捕捞。在远离近岸的公海也进行其他有价值的渔业。

图 17.3 可以看出一些最大规模的捕捞多在西北太平洋和东北大西洋，这些地区离主要工业化国家较近，已进行了最长时间的大规模的开发，许多在大西洋、太平洋和地中海的渔场已开始衰退或枯竭。在一些没有重度开发的地区，资源相对比较丰富，如印度洋和南极附近，这些地区较为偏远，因此开发较为昂贵。然而，在这些偏远地区的渔业也正在迅速增长。

开阔大洋，占海洋总面积的 92%，其鱼类数量少于大陆架，但却很有价值。鱼类最丰富的地区位于包括秘鲁和非洲西北部的大陆架外的上升流（图 17.3），其他渔业，如洄游物种金枪鱼的捕捞，可延伸到开阔大洋中。

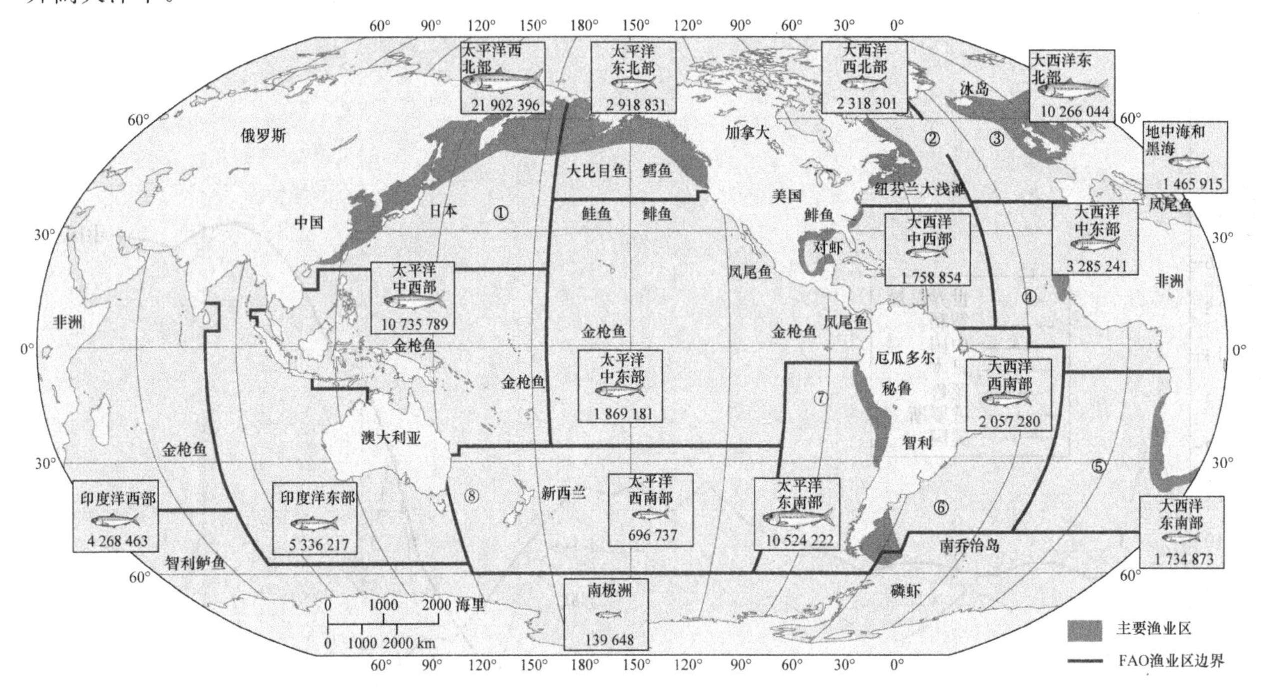

图 17.3　世界主要海洋鱼类分布区（参照联合国粮农组织建立的边界）。图中反应了每一地区 2003 年的产量（百万吨）。南极地区合并了 3 个 FAO 区的产量。18 个 FAO 区中一半地区 2003 年的产量高于 2002 年。这些数字并没有包括非法捕捞，尤其是在南极和亚南极对智利鲈鱼的捕捞。
① 沙丁鱼，鳕鱼，鲭鱼，凤尾鱼，鲱鱼，乌贼，对虾；② 鳕鱼，鲱鱼，鲽鱼；③ 鲱鱼，鳕鱼，毛鳞鱼，牙鳕，鲭鱼，黑线鳕；④ 沙丁鱼，鲭鱼，凤尾鱼；⑤ 凤尾鱼，鳕鱼，鲭鱼，沙丁鱼；⑥ 鳕鱼，智利鲈鱼，乌贼；⑦ 沙丁鱼，鲭鱼，凤尾鱼；⑧ 突吻鳕，橘棘鲷

主要食用鱼类　全球有数千种鱼类、甲壳类和软体动物资源，但主要水产只有较少的种类。

世界上最大的捕捞业是鲱鱼，以小浮游生物为食的鱼类。它们包括鲱鱼（经常被当作沙丁鱼出售）、凤尾鱼、沙丁鱼和美洲西鲱（表 17.1）。

初级生产力　自养生物将无机碳转化为有机碳的过程。　第 4 章，74 页。
上升流　富含营养的深层水向表层流动，使初级生产力大大提高。　第 5 章，347 页。
以浮游生物为食的鱼类利用鳃耙捕食水中的浮游生物。　第 8 章，163 页。

表 17.1　世界重要的商业鱼类

物种	分布和习性	物种	分布和习性
鲱鱼（*Clupea*）	北大西洋和太平洋；群居，以浮游生物为食；38 cm	无须鳕（*Merluccius*）	全球温带区；底栖，以底部无脊椎动物和鱼类为食；1 m

续表

物种	分布和习性	物种	分布和习性
沙丁鱼(*Sardinops*, *Sardinella*, *Sardina*)	大多在温和地带；群居，以浮游生物为食；30 cm	扁平鱼类：比目鱼，大比目鱼，鲽鱼及其他(*Platichthys*, *Hippoglossus*, etc.)	多数在全球温带区；底栖，以底部无脊椎动物和鱼类为食；一些大比目鱼可达2 m
凤尾鱼(*Engraulis*)	全球范围；群居；以浮游生物为食；20厘米(8英寸)	金枪鱼(*Thunnus*, *Katsuwonus*, etc.)	热带和温带，群居，肉食性；蓝旗金枪鱼可达4.3 m
鲱鱼(*Brevoortia*)	大西洋的温带和亚热带区；群居，以浮游生物为食；38 cm	鲭鱼(*Scomber*, *Scomberomorus*)	热带和温带；群居；肉食性；2.4 m
鳕鱼(*Gadus*)	北大西洋和太平洋；底栖，以底部无脊椎动物和鱼类为食；大西洋的鳕鱼1.5 m(最长)	鲑鱼(*Oncorhynchus*, *Salmo*)	北太平洋和大西洋；开放海域和河流中，肉食性；1 m
阿拉斯加狭鳕(*Theragra chalcogramma*)	太平洋北部和中部温带区，底栖，多以底部无脊椎动物和鱼类为食，90 cm		
黑线鳕(*Melanogrammus aeglefinus*)	太平洋北部，底栖，多在底部取食，90 cm		

注：鱼没有按比例画出，给出的数值为最大长度的近似值。

鲱鱼通常集中在大陆架附近，但在近海的上升流区也发现了一些种类。它们被设在鱼群附近的围网所诱捕(图17.4b,17.5b)。 382

鲱鱼、凤尾鱼和沙丁鱼可被鲜食、加工成罐头或腌渍。鱼类浓缩蛋白(FPC)或鱼粉，一种人类用来补充蛋白的无味粉末，就是由这些鱼或其他鱼加工而来的。捕捞的鲱鱼，尤其是油鲱和鲭鱼，被磨成鱼粉，作为便宜的蛋白添加成分被用于喂养禽类、家畜甚至其他养殖鱼类；也可以被压制提取鱼油用于人造黄油、化妆品和颜料的加工中；有些还被加工成肥料和宠物食品。上述用到的渔业捕捞量，不包括人类消费，约占世界总消费的1/3。

(a)

(b)

(c)

(d)

图 17.4　欧洲鳀(*Engraulis encrasicholus*)是一重要的鱼类。可以被加工成罐头、盐渍或直接烹调。(a) 西班牙北部比斯开湾 Bermeo 港口的巴斯克渔民,(b) 利用围网渔业获得了大量捕捞物;(c) 鱼被卸下;(d) 在市场上销售,女工在流水线作业中发挥了重要作用,她们负责搬运和销售。

鲱鱼、鲭鱼及其近缘种,占最大鱼类捕捞量。它们大多不是直接作为食用而是作为鱼粉和其他产品。

383

鳕鱼及其相关鱼类——狭鳕、黑线鳕、无须鳕(表 17.1),构成了全球另一重要的捕捞物种类。这些鱼生活在水底,属于冷水物种,需要用撒在水底的拖网捕获(图 17.5d)。阿拉斯加狭鳕(*Theragra chalcogramma*)是美国海域数量最大的资源,大西洋鳕鱼(*Gadus morhua*)也是几个世纪来非常重要的渔业。欧洲渔民在第一次殖民者到来前一个世纪(可能在哥伦布之前)已经在纽芬兰大陆捕捞它们,对世界许多地方来说它们也是廉价蛋白的重要来源。在有冷冻技术之前,鳕鱼被腌渍和风干保存,然后运往欧洲和加勒比海。干鱼在烹调之前需先浸泡,正像今天地中海和加勒比海地区的做法。然而,今天大多鳕鱼被鲜售或冷冻销售。

直到 1992 年纽芬兰大陆的鳕鱼产业才宣布了延期偿付方案,以保护资源,避免其濒临灭绝。在 20 世纪 60 年代末渔业达到高峰,即延期偿付期前约 25 年。新英格兰乔治海岸的捕捞业在 1994 年停止,纽芬兰和拉布拉多海在 2003 年停止。捕捞业的停止使得加拿大和美国渔民及相关产业的工人大量失业,同时也使物价上涨;停业也对传统的渔业文化造成威胁。然而糟糕的是,一些专家预测鳕鱼群体的数量将无法再恢复。由于经常被成体鳕鱼吃掉的鲱鱼和鲭鱼主要以幼鳕鱼为食,幼鳕鱼似乎很少有机会幸存。鳕鱼现在在纽芬兰被列为濒危物种,而这在几十年以前是难以想象的。

北大西洋其他地区鳕鱼也在减少,北海的捕捞量从 1971 年的 277 000 吨减少到 2000 年的 59 000 吨,由此导致 2001 年大量地区停止对鳕鱼的捕捞。同时,在挪威开始了商业化的鳕鱼养殖(表 17.2)。

鲑鱼、鲻鱼、岩鱼(包括海鲈,也称为鲑鱼)和鲭鱼也是世界上数以吨记的鱼类,来自日本、南美的鲭鱼罐头已成为世界上一些地区便宜蛋白的重要来源。比目鱼、大比目鱼是美国、加拿大和其他国家重要的捕捞物;鲑鱼,尽管数量比以前减少,但仍是有价值的捕捞物,按照捕捞以美元价值计算,鲑鱼产业在北太平洋地区仍然非常重要。鲑鱼既可以沿岸捕捞,也可以在公海捕捞。然而,由于过度捕捞和环境恶化,尤其是对鲑鱼育种场所的破坏,水产业受到严重影响。

最重要的远海渔业是几种金枪鱼物种(表 17.1),金枪鱼的迁徙路线呈十字形,主要在热带水域中(图 8.15)。飞鱼、黄鳍金枪鱼、长鳍金枪鱼、大眼鲷和蓝鳍金枪鱼控制了世界市场较高的价格,这些鱼多被发达国家食用,或者被加工成罐头或被做成生鱼片。现代化的船队采用先进的技术在大海中锁定鱼群,然后利用拖拉围网、多钩长线、刺网等方式捕鱼(图 17.5)。渔船同时配有冷库,使得鱼可在被捕捞后很长时间后运到港口。除了这些技术先进的船队外,一些地方小规模的渔业公司也在捕捞鲣鱼、飞鱼及其他金枪鱼。 384

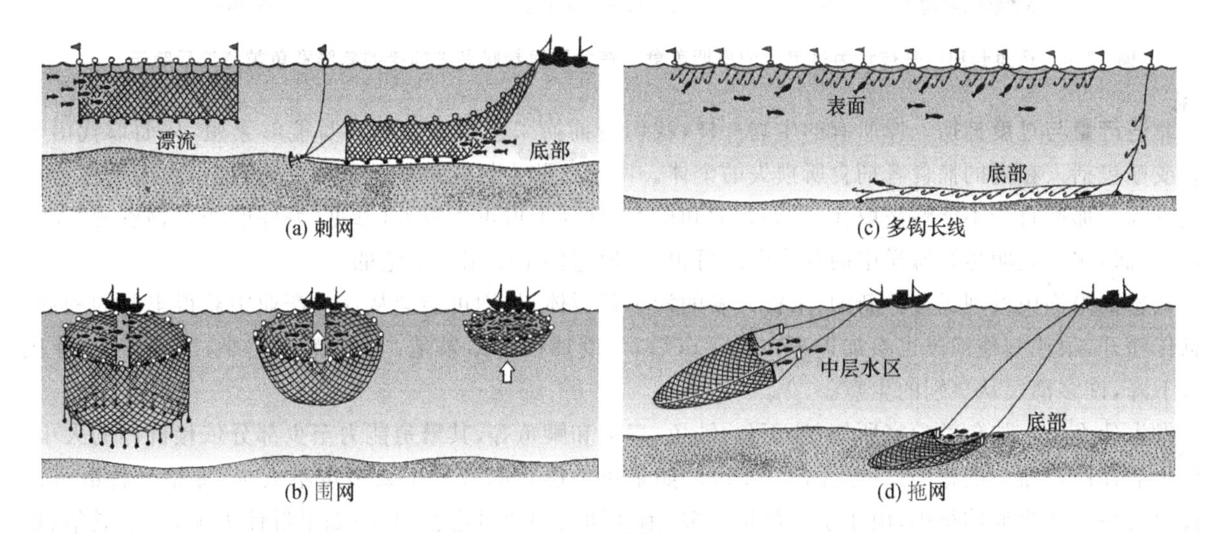

图 17.5　捕鱼方法

海洋食用物种中,软体动物是除了鱼以外的第二大经济种类,头足类动物是其中最多的。鱿鱼、乌贼和章鱼在远东地区和地中海国家尤受欢迎(图 17.6)。渔民在晚上用灯标船捕获鱿鱼。其他重要的食用软体动物有蛤、牡蛎、蚌、扇贝和鲍鱼。

甲壳类作为食物被全世界享用,大型渔业公司捕捞多种对虾和龙虾,这给他们带来了很高的经济回报。被捕获的还有蟹,如蓝蟹、松叶蟹、黄道蟹等。

许多其他海洋生物尽管对全球渔业生产没有太大影响,但也是可以食用的。例如,在许多国家,尤其是远东地区都食用海藻(参见"海藻美食",115 页)。海胆的生殖腺或卵是珍品,其价格,尤其是在日本几乎是天价。在加利福尼亚有红海胆的产业,大多数鱼卵被出口到日本或卖给日本饭店被生食。海参是另一种常见的海产,在东方可被风干、煮、熏制或生食。其他在东方被食用的无脊椎动物包括水母、西班牙的狗爪螺、南太平洋的多毛纲蠕虫。

海龟在其存在的每一个地方,甚至在官方保护的地方,仍然被捕杀,它们的卵仍被采集。海豹和鲸在一些地区也被食用,在北极、北大西洋、西印度洋和南太平洋都有捕杀海洋哺乳动物的传统产业(参见图 4.2)。但由于所涉及的物种多都濒临灭绝,也用到先进的技术如机动船,这些传统产业一直是争论的话题。这些产业应当被禁止还是完全放任不管?双方争论的焦点在于本土文化的权利、伦理维护和国际政治等问题。 385

图 17.6 章鱼长期以来被认为是宝贵的烹调美食。在爱琴海希腊岛被捕捞的新鲜章鱼被清洗后晾干。

最适产量与过度捕捞 像所有的生物一样,我们所捕捞来食用的物种自身能够繁殖,从而取代由于生病或被包括人在内的捕食者捕食所损失的个体。由于这些生物资源能够取代它们自身,因而被称为可再生资源。那些自身不能够被取代的,如石油和矿产,称为不可再生资源(参见"海底的非生物资源",395页)。然而,实践表明尽管海洋中的食物资源可再生,但它们不是用之不绝的。

试想如果渔民发现了一种新的、未曾开发的沙丁鱼群体,他们可能会从这一产业中获得丰厚的利润。消息传播开,很快其他渔民也参加进来。几年以后,过度捕捞的结果是:捕捞范围缩小,产量减少,渔民收入下降,许多渔民从事别的生意。

发生什么了?如鱼类学家所知,沙丁鱼、鲑鱼、扇贝和鲫鱼等,其繁殖能力至少部分依赖群体的大小。正如生活在广口瓶中的鞭毛虫(参见图 10.2)。如果鱼类群体的数量不太多也不太少,那整个种群可以生长得最快。如果群体很小,由于亲本数量不多,因此幼苗的数量也会很少;如果群体太大,由于竞争、拥挤从而降低生长速率。在中等密度的群体中,幼苗数量最多,即群体生长率最高(图 17.7)。

为了以最佳方式捕捞,人们必须考虑这种群体生长特征。很明显,一次性捕获整个种群是不明智的,因为没有留下个体繁衍后代,渔业资源将会遭到永远的破坏。如果要使鱼类资源可持续,捕获的鱼的数

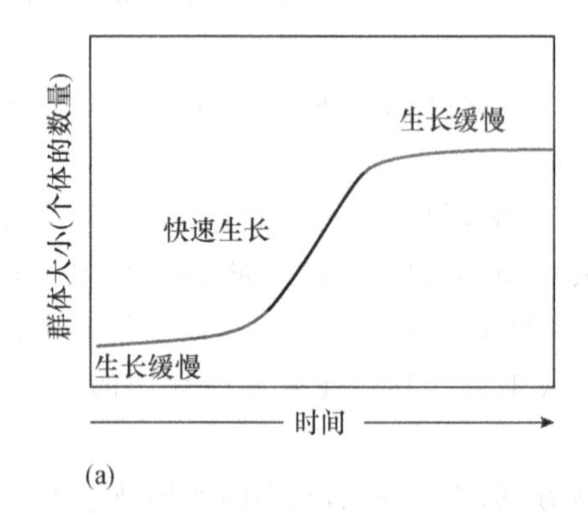

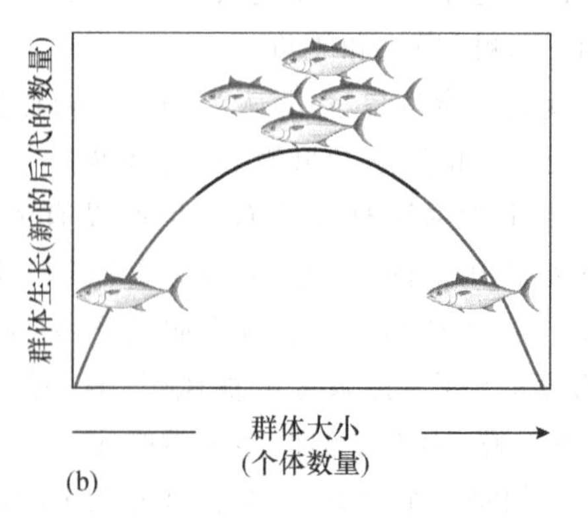

图 17.7 (a) 一个群体的理论生长仅由几个个体开始。最初少数的成体繁殖后代,群体数量增长缓慢(浅灰色部分)。随着群体数量的不断增长,幼苗的数量也增长,增长速率开始增长(黑色部分)。最终数量达到顶点,食物短缺和过分拥挤等限制因素阻止进一步增长(浅灰色部分)。(b) 生长速率与群体大小直接相关,在中间丰度时达到最大。

量就不能比通过繁殖增加的量多;若捕获多了,群体数量就会下降。一个群体的可持续产量是指能被捕获的数量和维持种群大小稳定的数量,换句话说,通过捕获维持群体数量不大量增长也不减少。

由于增长速率依赖于群体大小,可持续产量也是如此。当种群较大时,要通过自然死亡来控制种群的大小;即使小规模的捕获也会造成群体减少。群体数量越小,生长率也越低,这时,捕捞是很危险的,因为它可以威胁种质资源,使其面临灭绝的危险。

最大可持续产量是指没有威胁到种质的每年持续的最大捕捞量,这种现象存在于中等大小的群体中,这种群体有最高的自然生长率。从利润与产出的角度考虑,可称为最佳捕捞量。

捕捞量的大小,由此种质库的大小,与捕捞努力量直接相关:包括渔船的数量、渔民的数量、海上作业的时间等。投入成本较少,捕捞量也较少。如果由于捕捞只减少了小部分种质,群体将会正常生长,直到受到自然因素的影响,但整个渔业也只会带来少量的食品和利润。

头足类动物　用特化的触手捕食的软体动物,包括鱿鱼、章鱼及其他软体动物。　第7章,135页。

投入量大,使得捕捞量超过最大可持续产量,不久以后就会出现种质减少,无论用多大的努力,捕捞量都下降;过度捕捞就产生了。　386

以可持续产量和捕捞努力量作图得到一条捕捞—努力量曲线,它与群体生长率和种质曲线图很相似(图17.8)。以适当的投入得到最大持续产量,种群规模也会适度。

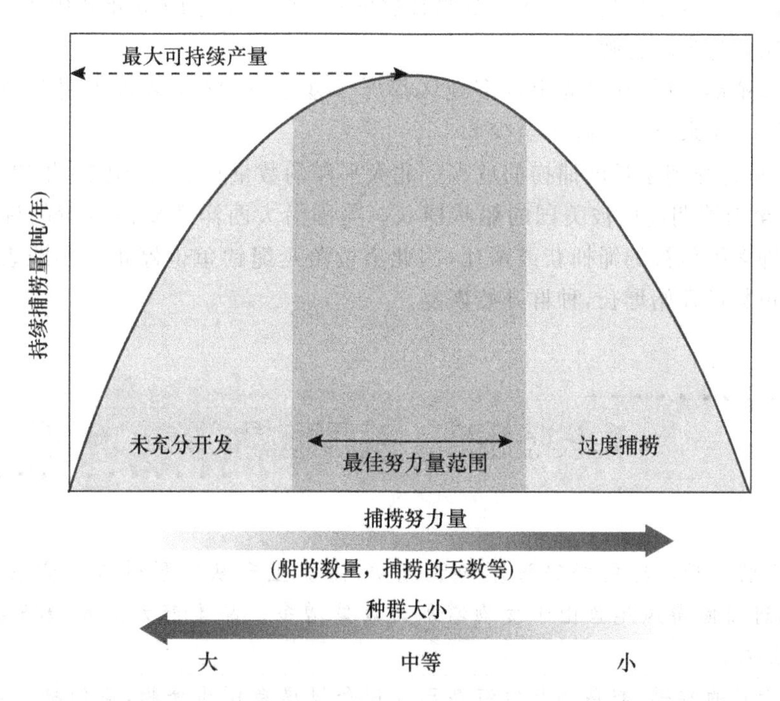

图17.8　广义的理论曲线图表明随着捕捞努力量的增加,捕捞量也会增加,但将达到一个极点即生物最佳捕捞量。超过这一点,尽管努力量增加,渔业资源的过度开发将导致产量和捕捞量下降。这一曲线被称为捕捞—努力量曲线。

不幸的是,多数渔业种质的生物学特性与经济原理不相符合。当在最佳捕捞量范围内时,多数渔业是有利可赚的。只要有利可图,就会有更多的渔民和渔船被吸引过来。在公海渔区,是完全没有人为干预的,市场力量的驱使导致过度捕捞。对部分渔民来说即使捕捞量低于最大持续产量仍然是赚钱的,但整个渔业利润就会下降。

当捕捞量超过最大可持续产量就会出现过度捕捞,如果有利可图的渔业被放任自流,市场力量也会导致过度捕捞。

过度捕捞不仅仅是理论问题。FAO 调查表明超过 70%的海洋渔业资源被完全开发或衰竭。典型的例子是北海、北大西洋和北太平洋的鳕鱼、黑线鳕、鲱鱼、大比目鱼、鲑鱼和其他鱼类的种质。和巨鲸一样(参见“鲸鱼,海豚和鼠海豚”,191 页),这些鱼类的捕捞努力量已远远超出了最佳捕捞量。过度捕捞对现有的濒危鱼种是最大的威胁。传统的主要渔区已经不仅仅是唯一的衰退区,热带区的一些小规模的地方渔区,由于人口众多,食物消费量大,渔业资源也正在迅速减少。

世界大多数渔区已经被充分开发,至少有四分之一被过度开发甚至衰竭。

过度捕捞对鲱鱼、凤尾鱼和其他鲱鱼等物种的危害尤其严重,这些物种经常经历巨大的周期性的群体波动,因此对捕捞的压力更加敏感。秘鲁的凤尾鱼(*Engraulis ringens*)就属于这种情况(参见“鱼类和海鸟,渔民和禽类”,387 页)。

过度捕捞也威胁到其他物种,尤其是大型鱼类如鲸、旗鱼和鲨鱼。近期的调查表明全球海洋中大约 90%的大型鱼类受到大型商业捕捞的影响,只有约 10%的种质被保存。这些现存的鱼类比起大规模捕捞前也小了很多,其中鲸只有 20 年前的一半大小。小的雌性产的卵小于大的雌性的卵,在一些种中,来源于小的雌性的幼苗个体小,其生长速度也慢。

20 世纪 50 年代,大目鲔(*Thunnus obesus*)的体重是现在的 2 倍,数量是现在的 8 倍。大西洋西部的北方蓝鳍金枪鱼(*Thunnus thynnus*),是多骨鱼中最大的和最昂贵的(在日本,爱吃生鱼片的人的花费是每千克 770 美元,每磅 350 美元),其数量下降至原有数量的 10%,直到 1995 年各国才同意将捕捞量减至一半,但许多渔业学家认为为时已晚。

鲨鱼,其生长和繁殖都缓慢,在世界上许多地区都严重衰退,2002 年调查表明美国东海岸的鲨鱼多数种的数量从过去的 15 年来已经下降了至少 50%。

另一贵重物种旗鱼也受到了过度捕捞的危害。北太平洋的数量从 20 世纪 60 年代至 90 年代减少了约 70%,多数鱼在长至繁殖期前已被美国的船队捕获。美国沿大西洋和墨西哥湾的许多海区的旗鱼捕捞业已经关闭;由于许多旗鱼被钓绳捕获或杀死,因此金枪鱼延绳钓鱼也停止。实践表明这些措施是有效的,北大西洋的旗鱼数量开始增长,种群开始恢复。

鱼类和海鸟,渔民和禽类

387

海洋对秘鲁一直很友好。冷的秘鲁海流向北流动,海流上升从深层带来大量营养成分。其结果使得浮游生物富集,进而使得凤尾鱼由于食物增加而数量增多。高生产力是复杂循环的关键,后者对秘鲁经济有着重大影响。

从远古时代起,大量的鸬鹚、鲣鸟和其他海鸟已经捕食凤尾鱼作为食物,它们栖息在沿海的小岛上。由于雨水很难将鸟粪冲走,它们慢慢地沉积下来,经过数千年,形成厚达 45 m 的沉积层,即为海鸟粪。由于含有丰富的氮、磷,它们是优质的肥料。

当这些有机物质从海面下沉到太平洋深层时,肥料绵延数千米。当有机物质分解时,氮、磷等浮游植物的主要养分溶解到水中。沉积到深层的养分不能被浮游植物利用,除非上升流将它们带到秘鲁沿岸的浅水层。硅藻和其他浮游植物利用这些营养,形成食物链的基础。浮游植物被凤尾鱼吃掉,海鸟又以凤尾鱼为食。这样,养分经过上升流、浮游植物、凤尾鱼和海鸟粪从太平洋深层到达秘鲁海岛。

然后人类加入进来,海鸟粪作为有价值的农业肥料,被挖掘和开采。鸟粪工厂为秘鲁带来大量的财富,到 19 世纪末数百万吨的肥料被开发,数千年的沉积物在大约几十年就可被用光。

其次是凤尾鱼。商业化的凤尾鱼行业在 20 世纪 50 年代早期成立,以空前的规模发展成为全球最大的渔业，也使得秘鲁成为最大的渔业国(图 17.2)。除非遇到厄尔尼诺、圣诞节期间的暖流等影响洋流上升，捕捞量一直在持续增长(参见“厄尔尼诺—南方涛动现象”，349 页)。

具有讽刺意味的是，凤尾鱼很小，通常并不用于人类的消费。大多数捕获的凤尾鱼都作为鱼粉和鸡饲料出口。来自秘鲁的鱼粉成为世界上蛋白粉的最大来源。大多数用于世界其他地方农场家畜的饲养，而很多秘鲁人的膳食却依然蛋白质不足。

到 20 世纪 60 年代末，年均捕捞量为 1000 万吨，超过了最大持续产量。到 1970 年为 1230 万吨，鱼类开始衰竭，海鸟也开始减少。1972 年的厄尔尼诺加速了这些灾难的发生。

灾难产生了广泛的影响，其他食物蛋白，尤其是豆制品的价格上涨。仅在巴西，几百万英亩的热带雨林被砍伐用于种植大豆。

秘鲁毕斯科市外的鸟岛

秘鲁鸟岛上的鸬鹚

渔业的另一巨大灾难是太平洋沙丁鱼(*Sardinops caerulea*)，它一直使得加利福尼亚的渔业处于繁荣的状态，直到 1940 年这个行业崩溃。崩溃的原因及与凤尾鱼的关系还不完全清楚，但过度捕捞不是唯一的原因。和沙丁鱼、凤尾鱼一样，鲱鱼也经历自然的群体波动，也许是沉重的捕捞压力和自然波动的组合将这些鱼类推向衰竭的边缘。厄尔尼诺现象也可能是其中的原因之一，自上世纪初以来的捕捞数据显示，当秘鲁凤尾鱼呈上升趋势时，太平洋沙丁鱼数量则减少；反之亦然。这两大东太平洋物种似乎有相反的群体波动，但原因仍不明确。有推测认为由于强厄尔尼诺现象使太平洋水温变暖，沙丁鱼捕捞量增加，凤尾鱼数量减少；当水温降低，强厄尔尼诺现象较弱，凤尾鱼数量增加，沙丁鱼数量减少。由此可见，渔业管理与鱼类的生物学特性相一致，在某些年份捕捞量增加，有些年份则迅速下降。

在灾难发生之后，秘鲁凤尾鱼的年均捕捞量从 1983 年的 93 654 吨增加到 1994 年的 980 万吨，成为世界上最大的海洋鱼类捕捞量，也使秘鲁成为世界第二大渔业国。1997～1998 年的厄尔尼诺现象使捕捞量下降了 78%，1998 年仅 170 万吨，然而很快又得到恢复，2000 年捕捞量又增加为 1130 万吨。尽管到 2003 年又下降为 620 万吨，但仍是世界上最大的渔业。那么凤尾鱼和海鸟的数量最终将会恢复到先前的水平吗？也许更重要的是从中可以得到哪些启示，在其他方面是否还会犯同样的错误？

对栖息地的破坏是渔业资源的另一威胁，河口、红树林、海草床及其他环境是至关重要的育苗场所，也是鱼类、龙虾、对虾、扇贝和其他经济物种的苗床。美国 3/4 的商业捕捞物种，它们的一生中有部分时间栖居在河口。底拖网破坏了海底，这是栖息环境的另一种破坏。海山，许多独特物种的栖息场所，尤其容易受到破坏(参见“深海中的生物多样性”，372 页)。 388

在捕获其他物种时无意获得的生物被称为副渔获，这也是一个问题。据估计，全世界捕捞量的 25%，约 250 万吨是副渔获物。金枪鱼延绳钓时捕杀旗鱼就是如此，延绳钓的副渔获还有海龟、海鸟、海豚和其他海洋生物。拖网作业也产生了大量的副渔获，在虾的捕捞时尤其如此，由于网口较小，副渔获占 95%。其中，有的被保留，但大部分被抛弃。即使在放生的时候是活着的，但大部分最终还是死去。拖网打捞时，相当大部分的副渔获是其他捕捞作业中有价值的物种的幼体。对水产业的另一大威胁是来自于原油泄漏、污水及有毒化学药品的污染。栖息地破坏和污染的影响将在第 18 章做进一步探讨。

过度捕捞对鲸类、海豹和其他以鱼类为食的海洋哺乳动物的潜在影响一直是争论的话题。保护学家认为过度捕捞对现在的濒危海洋哺乳动物是一大威胁，然而渔民认为被保护的海洋哺乳动物威胁着日益减少的种质资源。2004 年研究表明，在全球范围内，海洋哺乳动物和渔民极少捕杀同一种质鱼类。然而，海洋哺乳动物的喂养和捕捞之间明显存在重叠，如在阿留申群岛等一些地区，因此争议也持续几十年。

资源管理　考虑到过度捕捞的危害，多数人认为渔业资源应当以一定的方式保护起来，不能让其少到无法恢复的程度，换句话说，必须加强渔业管理以确保长远利益。但渔业种质的合理化管理并非看起来那么简单，首先，最大可持续捕捞量就难以估计；要做到这些，渔业学家需要渔业种质库的大小、物种生长和繁殖的速度、寿命的长短和它们的食物等详细信息（在不同的生活周期不同）。这些信息的获得绝非易事。生物学家也不得不依靠粗略的估计或推测使估计尽可能接近最佳值。

此外，实际情况比我们想象的要复杂得多，图 17.8 的渔获—努力量曲线没有考虑到许多实际因素，只是一个简化模型。例如，捕捞的物种同其他物种的竞争，捕捞压力也可能改变竞争平衡。捕捞的结果可能使鱼群变小，这不仅使得捕捞更加困难，也可能给它们的行为和繁殖带来负面影响。简单的模型也没有考虑到捕捞物的大小，是较大成熟的个体还是较小年幼的个体存在着明显差异，大的个体其排卵量要多于小的个体。简单地说捕获时的年龄可能很重要，也就是捕捞期是在繁殖期之前还是之后。这些自然的复杂性可能会有重要的结果，如果未考虑到可能会使渔业资源大量减少。

考虑到估计最佳捕捞量的不确定性和过度捕捞的潜在后果，捕捞应该被限定在低于最佳捕捞量。然而，对渔民来说既要养家又要支付渔船的费用，可能会有不同的想法；还有罐头厂和造船厂工人、机械批发商、银行家和其他直接或间接依赖渔业的行业。因此，渔业管理是一项复杂的事务，经常充满了争议，容易受到经济、政治和生物因素的影响。如果捕捞牵涉到多国之间，国际关系也需要考虑。

一旦期望捕捞水平被确定，渔业管理就有很多方法。对每一艘渔船、国际捕捞的每一国的捕捞都会有限制。对总捕捞量也有限制，一旦捕捞目标达到就封海。对渔船和渔民的数量、渔期的长度或开放的捕捞点也都有限制。也可以限制渔民捕捞一定大小的个体，如果能区分雌雄，则可限制捕捞雌性个体。政府也可以通过降低补贴或补偿渔民使其放弃捕捞。

渔业管理的形式很多，包括控制使用的设备的类型，如限制渔船的大小和功率；禁止某些捕捞的方法，如允许延绳钓，禁止底网捕鱼；规定网孔的大小可部分决定捕捞个体的大小和种类（图 17.9）；保留大的个体繁殖有助于恢复过度捕捞的种质。

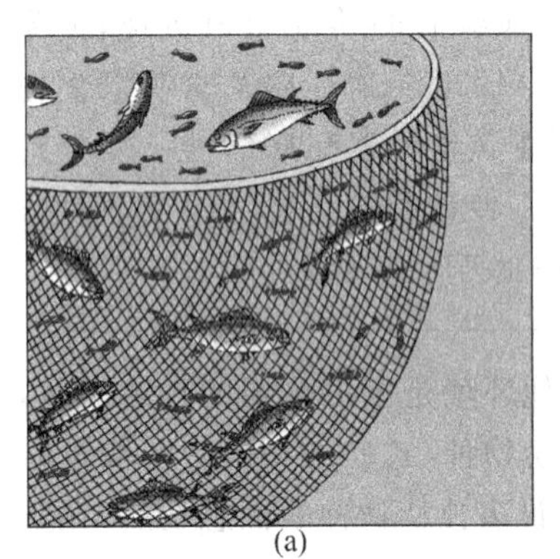
(a)

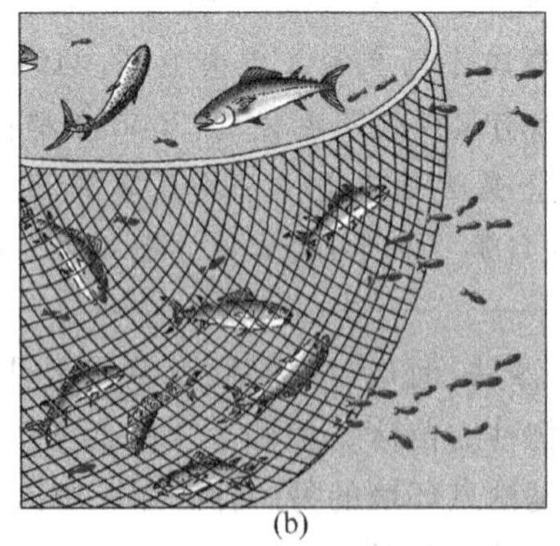
(b)

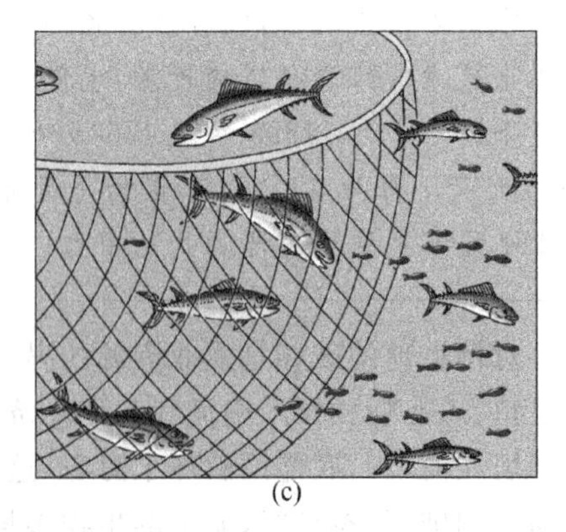
(c)

图 17.9　捕捞的鱼类的大小和种类可以通过网孔的大小来控制。(a) 细网可以捕捞沙丁鱼和金枪鱼，(b) 稍大网孔的网沙丁鱼可以逃走只有金枪鱼被捕获，(c) 更大网孔的网只有大的金枪鱼被捕获。

曾经繁荣的渔业的崩溃有时导致人们使用严厉的措施，然而完全禁止也只对全世界小于 1% 的渔场发挥作用。保证重要的种类存活的另一种可能的方法是为其设立保护区，维护重要生境，这样或许可允许捕捞在这个环境之外繁殖的种类。

除了禁止过度捕捞，采取管理措施有利于恢复已经濒危的种质。这些措施包括必要生境的改善和保

护或人工饲养幼苗的移植。 389

渔业管理防止过度捕捞包括定额的设置、渔业用具的限制及其他措施。

一个国家领海的捕捞权是资源管理中复杂的因素。传统上,一个国家的领海指包括离岸延伸3海里(5.5 km)的范围。然而一些国家通过延伸自己的领海范围来拒绝其他国家船队的进入。渔业纷争甚至引发了战争。在1982年各国最终达成了协议,签署了联合国海洋法公约(UNCLOS,参见"未来前景展望",431页),该公约规定允许在本国海岸线200海里(370 km)范围内设立专属经济区。在该区内所属国对渔业、石油和矿产等资源拥有完全的控制权;要求各国以可持续的方式利用这些资源;可以对外国船队销售渔业许可权。专属经济区不可能总有监察,外国渔民未经允许或利用非法渔具偷偷潜入进行捕捞,一旦被抓获,这些私人船队即被扣押。

专属经济区(EEZ)的设立允许所属国保护本国海岸线200海里内的渔业和其他资源。

在美国还没有签订联合国海洋公约时,1996年的《Magnuson-Stevens 可持续渔业法》(Magnuson-Stevens Sustainable Fisheries Act)要求联邦渔业管理者制订计划以防止过度捕捞、恢复濒危种质、减少副渔获,这是第一次将保护范围拓宽到非商业物种。与美国签订捕捞协议的国家,其船只只有在收到捕捞许可后方可在美国海域进行捕捞。2003年皮优海洋委员会(PEW Oceans Commission)则比可持续渔业法案更进一步,呼吁改革海洋法规和政策,从而保护海洋生态系统。这个独立的委员会推荐一项统一的政策调整渔业管理,不仅保证可持续性开发,也保证整个生态系统的保护。他强调有必要调整对海洋环境有害的渔业用具,监控副渔获、控制海洋生物养殖造成的污染。

然而,目前超过90%的渔业存在于各国家的专属经济区内,但公海仍然被认为是公有财产。大量潜在的新渔业位于领海范围外,对所有国家公开。

新渔业 对过度捕捞的恐惧使人类对海洋未来的提供食物的能力产生怀疑。有效管理、控制污染和保护环境可能有所帮助。然而日益增长的世界人口对海洋资源提出了更多的要求,几十年来渔业学家一直在关注开发新兴的或还未开发的渔业资源的可能性。

一种可能性是增加副渔获的利用,对多数副渔获的主要问题不是它们自身有什么问题,而是人类不买它们。消费者的口味是变化无常的,而且因地而异,在一个地区被认为是美食在另一地方被认为是垃圾。例如鳕鱼(表17.1)在欧洲价格昂贵,但在美国就不贵。白花鱼和魴鮄在美国是被扔掉的,而在其他地方却是食用鱼类。在加利福尼亚鱿鱼被大量捕捞,但大部分用于出口,主要是到日本。鱿鱼是精蛋白的丰富来源,尽管市场上以意大利 calamari 命名的鱿鱼已经极大吸引了美国消费者的兴趣,但他们对这种软体动物还是持怀疑态度。名字的改变也帮助消费者克服了对鲯鳅(*Coryphaena hippurus*)的排斥,这是一种鱼而不是海豚。较有吸引力的夏威夷名字"壮壮"则增加了它的可销售性。 390

竞争 一个物种以牺牲其他物种来利用稀少的资源的行为。 第10章,217页。

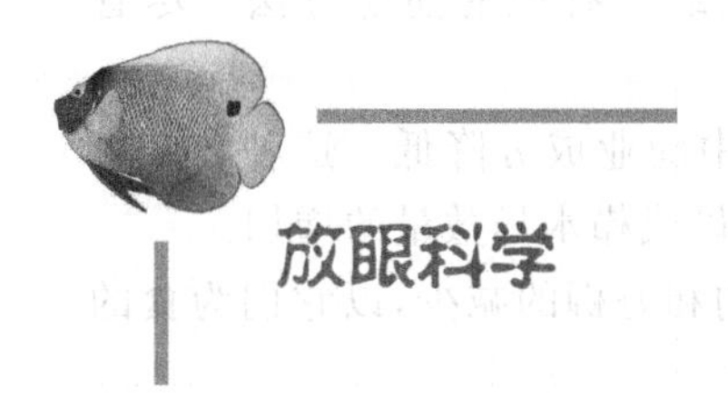

放眼科学

南极磷虾业

南极磷虾(*Euphausia superba*)以较大的群居形式生活在南部海域,这里是许多海洋动物的重要食物来源(图10.10)。磷虾是海洋中最为丰富的多细胞生物之一。

对南极磷虾业的兴趣开始于20世纪60年代初，在这很长时间以前，日本人建立了小规模的北太平洋磷虾产业。南极磷虾最初多被用于动物饵料。其强烈的芳香味挫败了使其进入市场成为人类食品的努力。20世纪80年代其捕捞量达到高峰，苏联、日本和其他国家的产量接近50万公吨。由于需要向南极派遣船只的耗费及苏联的解体，捕捞量迅速下降；在过去的10年中年捕捞量平均仅10万吨，远低于最初设想的15 000万吨。该数量多于目前所有的海洋捕捞的总量(包括鱼类和甲壳类)。然而，南极磷虾仍是南部海域最大的捕捞物。

南极磷虾业目前被国际机构南极海洋生物资源保护协会管理(CCAMLR)。总捕捞量的90%来自俄罗斯、乌克兰和日本。尽管目前的捕捞量较低，但在渔业中引起了新的兴趣。大部分捕捞物用于水产养殖，其需求量很大。除了作为养殖鱼类的无污染食物源外，磷虾还含有天然红色色素，使养殖的鲑鱼呈现深粉红色，因此也是合成色素的替代品，而合成色素被疑可能对人类的眼睛造成伤害。几种来自磷虾的药物产品正在研究中。

2000年声波定位仪调查表明，南极半岛的Scotia Sea北部的磷虾数量是以前调查的2.5倍。正在进行的计划之一(参见"放眼科学：南半球海洋GLOBEC"，343页)，对磷虾的长期监控表明它们的数量每年之间变化较大，这或许是自然循环的一部分。近年来南极半岛的南极磷虾的数量已开始下降，原因之一是冬季冰层的减少，因为生长在冰层下层的硅藻可为幼虾提供必需的冬季食物。目前的研究集中在这种循环变化的原因以及对磷虾丰度的影响方面，尤其是地球变暖是否是其原因之一(参见"生活在温室中：我们日益变暖的地球"，406页)。至关重要的是将南极生态系统作为一个整体来考虑，包括扩大的渔业在内的，对磷虾丰度变化的潜在影响的研究。

(更多信息参见《海洋生物学》在线学习中心。)

副渔获的潜在应用是将其加工成更有市场吸引力的产品。例如在鱼糜的加工过程中，低值鱼被清洗去除脂肪、切碎，然后与调味品和防腐剂混合。加工成一定的形状，作为人造蟹、人造龙虾、人造虾和人造扇贝等进行销售。现在阿拉斯加鳕鱼是其主要成分，但还有一些稍微不理想的鱼也用于其中。鱼类加工产品，如鱼块也在市场上受到一定的欢迎。多余的捕捞物也被加工成鱼粉，作为食品加工过程中蛋白的添加成分。

南极附近较高生产力的水体及其相关岛屿经常作为有潜力的高商业捕捞源被提到。南极的捕捞物包括不同的鱼类、鱿鱼、帝王蟹和磷虾等。即使在南极贫瘠的水体中，过度捕捞也存在，例如南乔治岛周围的水体，早已出现过度捕捞。非法捕捞已破坏了南极地区一些渔业资源。南极美露鳕，美国市场上称为"智利黑鲈海鱼"，已严重减少，非法延绳钓作业也影响了海鸟群体，尤其是信天翁(参见"受威胁与濒危物种"，414页)。

海洋食物还有其他潜在的来源，一些尚未被充分利用，其他的属于非传统物种，如鱿鱼、其他头足类飞鱼和远洋蟹类(*Pleuroncodes*，图17.10)。灯笼鱼(*Myctophum*，参见图16.4)代表了另一种有潜力的鱼类。它们存在于深水中，但经常在晚上游到深海散射层表面，在多数海洋中形成了密集鱼群。它们和其他种尚属于未被开发的物种，主要原因在于缺乏消费者的认可或缺少有效的捕捞方法。尽管可能作为鱼粉，而不是被人类所消费，一些最终成为重要的渔业项目。

391

有价值鱼类，在营养金字塔中占据较高的位置，它们的消失使金字塔中渔业成分降低。这种转变可能使整个生态系统发生未知的变化，如不可用浮游生物或不良掠食者像水母或栉水母数量的增加。

过度捕捞是阿拉斯加阿留申岛海胆破坏藻场的主要因素。食鱼的海豹和海狮的减少，以它们为食的逆戟鲸将目标转向海獭，后者是海胆的控制者(参见"巨藻群落"，290页)。

增加海洋中食物供给的措施包括增加未充分利用物种的开发和新兴渔业的发展。

海水养殖 与其过度捕捞持续减少的海洋自然食物来源，为什么不像畜牧养殖那样养殖海洋生物呢？这不是一个新的想法：中国养殖淡水鱼已有数千年了，罗马人养殖牡蛎，古老的夏威夷人在海边建

图 17.10 *Pleuroncodes*,是一种浮游蟹类,也被认为是人类可能的食品。在加利福尼亚和墨西哥的太平洋海岸,*P. planipes* 最大的长达 13 cm,其大量被冲到岸边,使海滩变成一片鲜红。该计划的最大问题是 *Pleuroncodes* 是金枪鱼的重要食物。

鱼池养殖鲻鱼(*Mugil*)和遮目鱼(*Chanos chanos*)。畜牧业技术在海洋生物养殖上的应用被称为海水养殖,更通俗地称为水产业,它包括淡水和海水生物的养殖。世界范围内仅鱼类和甲壳类的养殖 2003 年已达到 1710 万吨,是 1990 年的 3 倍,其价值估计约 3160 万美元,为 1990 年的 2 倍。这些数字表明海水养殖业的快速发展。若包含了海藻的养殖(1250 万吨的产量价值 630 万美元),2003 年的数字就更高了。2003 年淡水动物的养殖产量为 2940 万吨,价值约 2940 万美元。水产业增长较快,产量已是畜牧业的 3 倍,根据 FAO 的调查表明水产业是世界食物产量增长最快的行业。全世界消费的海洋食品约有 30% 是养殖的,尽管这些绝大部分是淡水鱼类。鱼类养殖自 1990 年以来平均每年增长 11%,预计到 2010 年将高于全世界的牛类养殖。对虾养殖也呈现了较快的增长,自 20 世纪 80 年代中期到 90 年代末产量增加了 3 倍。全世界每年消费 300 万吨的对虾中,养殖对虾占约 25%。尽管海水养殖最初主要养殖食用物种,也被用来养殖珍珠(参见“双壳类”,133 页)和观赏鱼类(参见“观赏鱼类”,395 页)。 392

深散射层 鱼类和虾的动物垂直游动的表层和上层之间的水层。 第 16 章,361 页。

传统的海水养殖仍然在世界及各地区,尤其是亚洲存在。在池中用盐水,也就是稀释了的海水养殖遮目鱼(图 17.11)。野生的幼鱼或鱼苗被捕获,放置于池中用副渔获制成的饲料喂养,这样,废弃物转化为比猪肉或牛肉还便宜的鱼肉。这些渔场不仅提供了高蛋白食物,也提供了就业。

海水养殖是对来自海洋中的食物和其他资源的养殖。水产养殖则还包括淡水生物的养殖。

通过各种改进,相似的方法在世界许多地区用来养殖其他鱼类、软体动物、虾和海藻等。鱼苗或贝卵(未成熟的双壳软体动物)被移植到小海湾、天然的池塘、河口(包括峡湾)和红树林中适宜的地方。这些地方用木栅栏、尼龙网、混凝土或其他材料围起来。鲑鱼和其他鱼类被饲养在大的浮动的围栏或笼内。在夏威夷岛马鲅被养在潜水的大的笼中。牡蛎、蚌类和其他软体动物被养在悬挂在筏上的架或篮中。这种类型的养殖或多或少置于自然条件下,人为控制相对较少,因而被称为开放的海水养殖,或称为半养殖。

然而,有时高价值食品物种的养殖又是另外一回事了。它最好被描述为对海洋生物的驯养,通过对生物和它们的环境的总体控制使生长被达到最大化。这种养殖成为封闭式的,或称为集约型海水养殖。

集约型海水养殖也呈现出许多问题,只有小部分海洋食物种类可以进行养殖(表 17.2)。很明显,像鲱鱼和金枪鱼这样需要大的、开放的空间的物种,就不适于集约型养殖。为了养殖成功,多数物种需要专 393

图 17.11　遮目鱼被从浮式网箱和海水池中捕捞出来。一些将被吃掉，其余的让其成熟、排卵，然后再补充到网箱和水池中。

门的场所和设备。被注入池、塘或其他设施中的水必须是无污染的，并且必须仔细控制温度、盐分和其他化学成分。来自生物自身的有毒废物必须被清除。食物也是一个问题，因为一个物种在不同的阶段对食物有不同的需求，尤其在浮游幼虫阶段更是问题，因为它们需要专门的食物。还需定期清除捕食者和病原微生物，在培养的拥挤环境下，寄生虫和病害都会带来毁灭性的灾害。例如，在对虾养殖中，病毒侵染是一个严重的问题，甚至鬼鬼祟祟的海鸟和海狮也已经学会自我帮助，捕食辛辛苦苦养殖起来的珍贵的鱼类。密集的环境也会造成鱼类和甲壳类的自相残杀。例如，幼年的美国龙虾就必须分开养殖，否则它们会吃掉对方。然而，行业化的海水养殖仍然是许多有事业心的、面向商业化的渔业科学家愿意接受的挑战。例如，目前冷冻虾的精子，确保整年繁殖已成为可能。已经学会诱导一种珍贵的软体动物，鲍鱼的浮游幼虫的定置。科学家甚至能培育出三倍体的牡蛎，正常的牡蛎为二倍体，前者为不育的。正常的牡蛎当它们的卵子成熟时会散发出浓烈的气味，而不产卵的不育个体则一直是鲜美的。

图 17.12　新西兰，旺格罗拉的牡蛎养殖。

表17.2 用于商业海水养殖的海水和淡海水物种

养殖种类	养殖的主要区域
鱼类	
遮目鱼(*Chanos chanos*)	东南亚
大西洋鲑鱼(*Salmo*)	美国,加拿大,智利,欧洲
太平洋鲑鱼(*Oncorhynchus*)	美国,加拿大,智利,日本
鲻鱼(*Mugil*)	东南亚,地中海
比目鱼(*Solea* 及其他)	美国,欧洲
黄鳍短须石首鱼(*Seriola*)	日本
红海鲷(*Pagrus major*)	日本
马鲭鱼(*Trachurus*)	日本
河豚(*Fugu*)	日本
鳕鱼(*Gadus*)	欧洲
软体动物类	
牡蛎(*Crassostrea*, *Ostrea*)	美国,欧洲,日本,中国台湾,澳大利亚,新西兰
鲍鱼(*Haliotis*)	美国,日本
贻贝(*Mytilus*, *Perna*)	美国,欧洲,新西兰
扇贝(*Pecten*, *Patinopecten*)	欧洲,日本
蛤,鸟蛤(*Anadara* 及其他)	东南亚
甲壳类	
虾(*Penaeus* 及其他)	美国,厄瓜多尔,墨西哥,日本,中国,东南亚,印度,孟加拉
海藻	
红藻(*Porphyra*, *Eucheuma*)和褐藻(*Laminaria*)	日本,中国,东南亚,南太平洋

一些种不是一直喂养直到收获,通常只生长短暂的时间,然后作为鱼苗或幼体被释放到大海中,以丰富自然群体,这一过程被称为育苗。鲑鱼的育苗是一个有趣的例子,在一些地方,尤其是欧洲,鲑鱼在整个生长期内,从孵化到捕获,都被封闭养殖。在其他地方,鲑鱼则在幼苗时被释放在海里生长。几年后它们作为发育完全的个体返回到当初被释放的地方,它们不仅被商业化的渔民和钓鱼者捕获,而且它们直接游回到孵化器中,在那儿不用来繁殖的个体就被捕捞起来。这种方式称为鲑鱼的农牧化,最早起源于北美洲的太平洋西北部,但很快流传到智利和新西兰等地。

多数海水养殖需要昂贵的设备和专业人员,这些要求进一步限制了养殖种类的数目:一些可以被养殖的种没有养殖是因为它们无利可图;被养殖的通常是那些能卖好价钱的种类。因此,海水养殖不是向贫困地区大量提供廉价蛋白质,而是趋于向富人提供各种各样的食物。

海水养殖的另一缺陷是污染。鱼类养殖中,成千上万的鱼类集中在沿着海岸线放置的池中或漂浮的围栏中,排放出大量的粪、尿和吃剩的食物,最终污染了水质。这些废物的分解消耗水中的氧气,释放养分,引起有害藻类暴发。养殖的鱼类也同时浓缩了有毒的化学物质。

一些渔场还使用化学剂如抗生素、杀虫剂和合成色素,这些对周围的海洋生物是有害的。另一威胁是对当地野生的海洋物种引入了寄生虫和病害。更加具有破坏力的是可导致自然环境的破坏。例如,对虾养殖场的清洁已导致热带、亚热带红树林、盐沼和其他沿岸群落的破坏(参见“人类对河口群落的冲击”,273页),这种破坏减少了当地利用红树林和盐沼的种质。尽管对虾是具有高利润的产业,但食品生产带来的实际效益要少于环境破坏带来的损失。引入的养殖物种对当地的物种和群落可能是有害的,通常采用的用捕获的野生鱼类到喂养养殖的鱼类的方法,也可能减少野生鱼类资源。逃出来的大西洋鲑与

394

野生群体杂交，野生群体的基因组被稀释，可能使其后代对病害和其他自然胁迫变得更敏感。

然而，一些渔业学家和经济学家还是乐观的，他们预计总有一天广泛的海水养殖将提供大量的相对廉价的蛋白。他们把希望寄托在提高技术和培育速生的品种上，甚至把肉食性鱼类转变成素食性鱼类，使得饲养更便宜。对一些发展中国家来说，对虾养殖已是外汇的重要来源。将基因工程和其他生物技术应用到海水养殖已成为可能。基因工程可使科学家改变物种的遗传信息，从而培育出速生、抗病和口感好的品系。然而需要关注逃逸出去的个体与野生群体杂交可能带来的影响。另一种可能是利用深海中营养丰富的水以改善养殖环境(图 17.13)，或者利用排放的污水来繁殖浮游藻类，以喂养鱼类和其他物种的幼虫。

图 17.13 在夏威夷海水养殖的日本比目鱼或牙鲆。这种养殖利用来自 600 m 深的营养丰富的冷水，不仅用来养鱼但更主要的是用来产生能量。比目鱼价格昂贵，它们主要被做成生鱼片。

作为商业和娱乐项目的海洋生物

海洋中的生命资源除了作为食物外，还可以多种方式被利用。从红树林可获得木材和木炭，珍珠、贝壳、黑珊瑚和贵珊瑚可被制成珠宝，鳄鱼(图 17.14)、海蛇、鲨鱼和其他鱼类可获得皮革。

海藻可提供食品加工中广泛应用的化学成分、化妆品、塑料和其他产品(参见“经济意义”，114 页)。然而这些资源中很多已被过度开采。丰富的红树林资源被用作木材或由于城市发展已被消除。黑珊瑚和贵珊瑚在许多地方已消失。许多濒危物种仍然在减少，如捕杀海狗为了获得它们的毛皮，捕杀玳瑁海龟是为了得到它们的龟甲。

395

海洋药物 从海洋生物中获得化合物或海洋天然产物在医学中有潜在的应用价值。中国人在海洋天然产物的医学应用方面可追溯到几千年前，但在西方的应用却有限。然而，近些年来对新材料的系统采集、分析和测试掀起了巨大的高潮。对海洋药物的探索已成为海洋科学最值得关注的分支之一，其结合了生物学、化学和药学等领域(参见“拿两块海绵在早晨叫醒我”，396 页)。

休闲渔业 海洋中的生命资源不仅为数百万人提供生计，也提供了休闲娱乐的方式(参见“海洋与休闲娱乐”，429 页)。休闲的垂钓者的捕获物从牡蛎到大的鱼类。在美国，海上休闲捕捞约占商业化的食用鱼类捕捞的 30%。海上游钓渔业是全世界数亿美元生意的基础。休闲的垂钓者购买游艇和垂钓设备，租船钓鱼，长途旅游追寻他们的爱好，支撑着旅游贸易。在休闲渔业团体中，保护伦理日益上升，这在许多地方是保护的强有力的政治呼声。然而，休闲渔业也给鱼类种质带来了巨大的压力，因此需要认真管理。在美国休闲渔业捕捞的鱼类占过度开采的海洋鱼类物种的 23%，对一些种类来说，休闲捕捞量甚至比商业捕捞量更大。大的掠食者是主要的目标，而它们的种质已大部分耗尽。

图 17.14　在巴布亚新几内亚，湾鳄（*Crocodylus porosus*）和淡水鳄（*C. novaeguineae*）在一起放养，以获得它们珍贵的皮。建立这种农场可处理养鸡场的鸡粪，在这一过程中获得很多利润。湾鳄比淡水鳄的皮更值钱，因为它们的鳞片小，当它们长到约 1 m 长时被捕获。

商业和娱乐也在日益兴旺的水族贸易中结合起来，尽管水族馆中主要是淡水鱼类，但海水水族馆正在迅速兴起。

多彩的海洋热带鱼，如蓑鲉、蝴蝶鱼和雀鲷的出口，是菲律宾和斐济等国家贸易的重要部分。水族贸易也扩增到其他热带海洋生物，如海葵、珊瑚、海胆等多彩的、价格昂贵的生物。甚至"活岩石"，即与海洋生命相结合的岩石也被出售。从天然环境中可获取大量的海洋生命，在珊瑚礁上尤其如此（参见"栖息地的改变和破坏"，402 页）。

水族贸易对海洋生命的无节制、不加选择的采集对自然环境具有巨大的破坏作用，在菲律宾和其他国家，水族鱼类经常被用毒药或炸药采集，这种方法每用一次会杀死成百或成千的鱼类。然而，在澳大利亚和其他地方对水族物种捕获的管理已经帮助降低了捕获的影响，珊瑚礁鱼类的捕获采用可持续发展的方式。

海洋中的渔业资源在全世界被上百万的人用作娱乐休闲。

海底的非生物资源

除了生命资源外，海洋中还包含许多不可再生资源，如石油、天然气和矿产，这些资源的定位和开采比陆地资源更难、花费更大。当陆地供给量充足的时候，海洋的不可更新资源大部分未被利用，这并不奇怪。然而，越来越多的陆地储备正在被耗尽，我们正在转向海底寻求新的资源。

石油和天然气

石油和天然气是海洋中的不可更新资源最先被商业化利用的。19 世纪末期，加利福尼亚一些油田被发现在海底向近海岸延伸的地方，将石油钻塔架在由岸边向外伸出木制平台上开采石油。

20 世纪 70 年代，当石油和天然气较高的价格使海底钻探获得极大的利润时，海上石油开采业经历了巨大的扩张。大陆架的石油和天然气生产集中在波斯湾、墨西哥海湾、北海和除南极之外的各大洲的其他地区。全世界大陆架的相当大一部分被认为是石油和天然气的潜在来源地，钻探目前正在向大陆架下的深水区延伸。这些储藏潜在的巨大的经济价值是促使专属经济区成立的原因之一，其目的在于保证各国的利益。

396

图 17.15 路易斯安娜海岸的墨西哥湾的石油钻井设备，被建成人工岛屿以应对不利的条件。它们结合了最先进的海底技术。

大陆架是石油和天然气的主要来源地。

开采海底石油和天然气难度大、耗资多，尤其是当沉积离海岸较远时，如北海就是这样。大的水流、巨浪和恶劣的天气都增加了难度。

克服这些困难一直是海洋工程的主要任务，勘探钻井利用海底钻探船或部分水下平台或高架平台，这些设备可到处移动，也可固定在海底某个位置。一旦石油或天然气被发现，巨大的钢或混凝土平台被支起、固定并深入到海底将其采取出来（图 17.15）。利用远程遥控潜艇在海底建起一些设施，包括将石油或天然气输送到陆地末端的管道等。浮动平台可以采取 3000 m 以下的石油或天然气。

基因组 物种的全部遗传信息。
DNA 带有细胞遗传信息的核酸。 第 4 章，72 页。

来自海底的另一种能源是甲烷。在全世界的深水中都发现大量的甲烷，或形成气泡，或以冷冻化合物——甲烷水合物的形式存在，但开采这种能源的技术尚未被开发出来。

然而，石油污染的危害不得不引起关注（参见“石油”，407 页）。钻井带来的污染影响到沿岸的渔业、游览业和娱乐业，结果在一些沿海地区，石油和天然气勘探已被禁止或严格管理。

拿两块海绵在早晨叫醒我

从海洋中获得药物并不是一件容易的事，这需要敏锐的目光、直觉、运气，也需要承受巨大的挫折。这意味着不仅要潜入漂亮而又可怕的珊瑚礁，而且要在化学实验室长时间地工作。

生活在珊瑚礁中的多彩的附着无脊椎动物——海绵、软珊瑚、裸鳃动物、海鞘，是生物医学研究的好的候选材料。尽管看起来毫无攻击力，但这些易见的、软的附着动物很少被鱼和蟹吃掉，这表明它们拥有某种防御机制。推测这些漂亮的无脊椎动物会产生独特的化学物质使它们有难闻的气味或摆脱敌意的邻居，这些化学物质可能对人类也是有益的。

可以作为药物的海洋生物被采集、冷冻后，送到实验室分析，利用乙醇和其他溶剂得到的粗提物，需要经过试验检测它们的杀死或抑制细菌、真菌或病毒的活性（也就是作为抗生素）；提取物也用来检测其对癌细胞的效果或作为抗炎剂的可能作用。实验动物和培养的细胞或组织被用在这些试验中。有利用前景的提取物被分离并进一步做化学成分分析。特别具有前途的化学成分被制药公司用于开发新的药物，这一过程又需要其他一系列测试，最终还包括对人类严格的临床试验。

已经从海洋生物中得到许多生物医药产品，一些红藻产生泻药或杀死病毒的化学成分；海绵和柳珊瑚是天然产物丰富的资源，一些可以作为抗生素，其他的有消炎或止痛的作用。多室草苔虫（*Bugula neritina*)是苔藓虫素的来源,后者是有应用前景的抗癌药物;来自加勒比海的海鞘(*Trididemnum*)中的 Didemnin B 也有同样的作用。鲨鱼的血液中的角鲨胺有抗细菌和真菌的作用,通过检测其阻断肿瘤的血液供应以饿死肿瘤的能力,然而已证明鲨鱼软骨并没有像一些人宣称的那样对抑制癌症有效。由生活在岩石上的细菌产生的一种胶合物在未来可能会被用来治愈人的皮肤和微组织上的伤口。鲎的血液用于检测疫苗、注射剂和空间监测器中的细菌污染。从珊瑚和一种藻类中获得了遮光剂。在许多海洋生物中存在的毒素可能也有医学利用价值。来自一些河豚和刺猬鱼的河豚毒素在日本被用于局部麻醉和癌症病人最后的止痛药(参见“共生细菌——必不可少的客人”,95 页)。

斐济岛珊瑚礁中的海绵(掌状棘冠海绵 *Acanthella cavernosa*)含有可以杀死蠕虫(包括一些人类的寄生虫)的有效成分,这种化学成分正在被检测其作为药物的可行性。这些海绵可以在系在塑料网的陶瓷盘上培养。

在东方医学中也利用海洋生物治疗。如传统中医利用红藻减肥和降低胆固醇。海马提取物被认为是可以使肾和循环系统强健,但结果全世界的海马正在迅速减少。许多其他海洋生物也用于研究它们作为药物的价值。深海细菌和古细菌、甲藻和海藻被培养来研究它们的抗肿瘤活性。深海热液喷口的微生物很快被用于遮光剂的研究。即使在虾卵和软体动物上的细菌也成为研究抗生素和抗菌药物的目标。来自海藻的凝胶被用于研究它们的抗艾滋病侵染的活性。鸡心螺中毒素,几种已知的芋螺毒素的一种,最近在美国被证实可以治疗慢性疼痛,其他芋螺毒素正在进行作为止痛药的临床试验。芋螺毒素也有望用于治疗癫痫症和抑郁症。

也许海洋天然产物将最终为我们提供期待已久的战胜癌症和艾滋病的神奇药物,它们可能存在遥远的某个珊瑚礁的海绵、海参或海葵组织中,但不幸的是这些希望只会进一步加速珊瑚礁的破坏。

海底矿产

海底是许多矿产的来源地,事实上有人认为海底是地球上最富饶的地方。尽管多数矿产目前还没有被开采,但随着新技术的诞生和陆地高级矿产的耗尽,开发海底矿产将更加可行。

建筑业在世界许多地方的海滩和海岸挖取需要的沙和沙砾,已超过了在陆地挖取的量。沙还被提取用于玻璃工业。陆地一些煤矿的通道在向海岸底部延伸,一些锡、甚至钻石和金在从由河流带到海底的滨外沉积中被开采出来。 397

海底矿产中最有前景的资源是被广泛作为肥料的磷矿;另一种有潜力的资源是多金属结核,这是分布在大陆架深海盆地的矿块。多金属结核含有锰、镍、铜、钴,这些对工业来说都是至关重要的。目前只有一些地区有多金属结核,其有较高的品位,使深海矿有较高的经济价值。在夏威夷的近赤道太平洋南部 5000 m 深处发现最丰富的矿藏。

在中洋脊部和热液喷口处发现了其他一些矿产丰富的沉积地。矿物质从地壳深处随着通过火山裂缝和火山口的热液涌出来。当热水上涌遇到冰冷的海水时,矿物质便沉积下来。这些沉积物中铁、铜和锌最丰富。

多金属结核和其他矿物质丰富的深海沉积是潜在的宝贵的矿产资源。

开发深海矿产有许多技术问题,费用高,主要是由于深度深。采矿对周围海域环境的有害影响也被提出来。位于专属经济区外的矿产资源的所属权也是尚未被解决的问题。然而,随着金属价格的提高,深海采矿也变得越来越有吸引力。几家代理和私人公司一直在调查深海采矿的前景(图 17.16)。未来的前景包括专门设计的悬挂在船上的挖泥机或抽水管道的应用。

热液喷口 与环绕地球的中洋脊部相关的海底温泉,在这里新的物质被带到地壳中。 第 2 章,40 页。

离子 当盐在水中溶解时形成的带电的原子或原子团。 第 3 章,46 页。

图 17.16 Jago 是一种潜水器,它用于在非洲西南部的纳米比亚海岸探索水中的矿藏。它可以在 80～130 m 的海底搜索。这种潜水装置可以装载两个人,一个驾驶员,一个观察者。这种装置也被用来记录海洋生命,评价采矿对环境的可能影响。

海水中的非生命资源

通常海水中含有许多不同的离子成分,是潜在的资源来源,对沿海国家来说它是相当丰富并且容易取得的。

淡水

通过脱盐作用将海水转变为淡水的工厂已经在淡水供应不足的沿海地区建立起来,主要是如阿拉伯半岛、以色列和北非的沙漠、半沙漠地区。脱盐作用也被用来增加人口密集地区如香港、新加坡和马耳他等地的水供应。

398

目前已经采用了一些脱盐系统。例如,反渗透利用了可使水分通过而离子不同通过的膜,从而去掉盐分。反渗透系统在小规模项目中非常普遍,如疗养地,在大的脱盐工厂也使用。然而,脱盐需要大量的能量,因此耗费很大。同时也会产生对环境不利的盐渣(参见“热污染”,414 页)。总有一天,会产生新的更加可行和经济的脱盐方法。

矿物质

海水中含有地球上的每一种成分,但大部分是非常少的。目前从海水中得到的主要产品是精制食盐,或氯化钠,这是海水中最丰富的两种离子:钠离子和氯离子。盐,是古代文明中珍贵的商品,几个世纪来都是通过蒸发海水获得。海水中的其他成分由于量很少很难被提取出来(表 3.1,48 页)。锰和溴也可以从海水中大量获得,珍贵的微量金属如铀总有一天会提取出来商业化的。

海水是淡水和矿物质潜在的丰富的资源,但目前是受限的资源。

能量

多数人还没有意识到海洋是人类可以应用的巨大的能量宝库,利用海洋能量是满足 21 世纪能量需求的主要框架的目标。

自从远古时代以来,水车就被用来利用潮汐能,正常的潮涨潮落中含有巨大的能量。现代计划提倡在潮汐带高至少 3 m 的峡湾和河口处设置屏障。高潮的水被屏障拦截,在低潮时打开水闸放水。水流驱动涡轮机发电,正像河坝上的水力发电站一样,潮汐中的机械能就这样被用来产生电能。这种发电站于 1966 年已经在法国西北部的布塔尼亚建成,其他一些设施也已建立起来,尚处于试验阶段。设想一下,在英国西部的塞文河、加拿大东部的芬地湾和其他合适的地区实行的大项目。

利用潮汐能无污染、相对效率较高,但潮汐方式的最终变化对附近的环境将带来极大的破坏,河口富饶的湿地和泥滩可能会被破坏;正常的汐流受到限制容易在上游积累其他来源的污染;河流也可能被改变,增加了内陆洪水暴发的可能。另一方面,上游建立的人工礁湖可以用于观光娱乐,法国电厂就是如此。

风浪和海流是能量的另一种潜在来源,尤其是在那些易受到强大的、有规律的海浪影响的地区。随着潮汐能的利用,利用涡轮发电机将水流转化为电能;利用波浪能给航标灯供能。有一些项目,主要在西欧,计划利用波浪能进行海水的脱盐处理或者将营养丰富的深层海水抽到表面以供海水养殖。

还有一种获取海洋中的能量的方式是利用表层和深层海水的温差,这就是海洋热能转换。海洋热能转换(图 17.17)是利用氨、丙烷或其他在低温下可以沸腾的液体在管道中传送时,被温暖的表面海水所

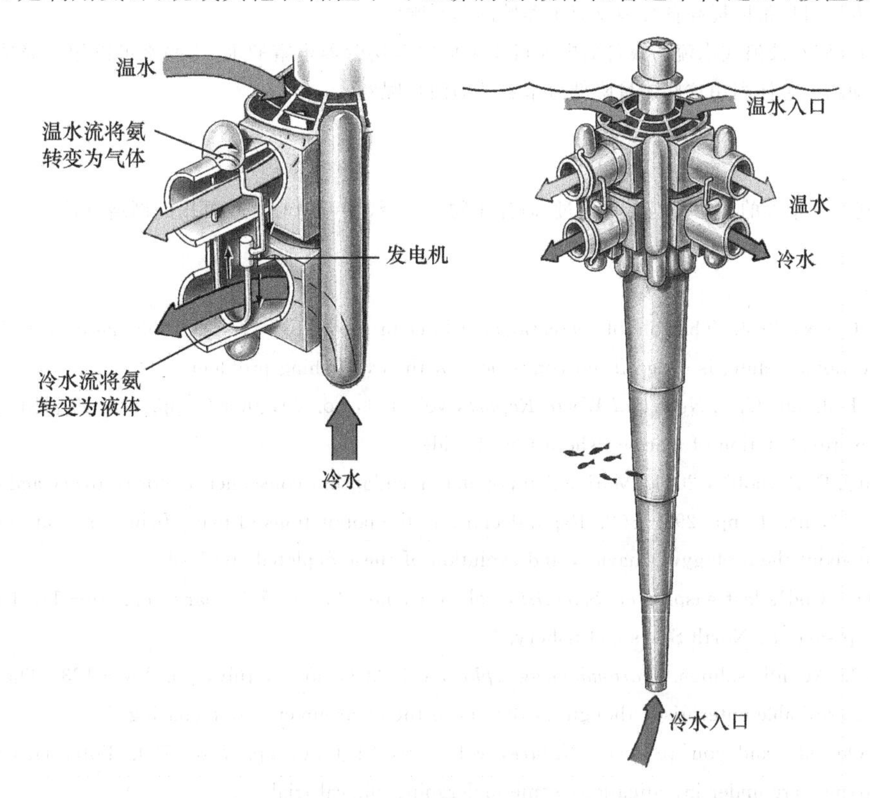

图 17.17　这一海洋热能转换站的试验模型包括配电室、住舱、发电机,外加一根用来采集冷水的几百米长的管道。

399 加热。液体受热蒸发，产生的气体通过涡轮发电机产生电能。然后，管道通过从大洋深处抽取的冷水，气体重新被压缩成液体，循环重复进行。利用温差产生能量的过程如同制冷机的逆作用，后者利用电能产生内外温差。在热带，表面和底层温差至少20℃。海洋温差发电产生的电通过输电线输送到岸边或被不同的工厂利用。从深层泵出的营养丰富的冷水也可以被用来进行海水养殖(图17.13)、养殖喂养动物和作植物肥料的藻类。

来自海洋的潜在的电能资源包括潮汐、波浪、洋流和表层水与深层水之间的温差。

潮汐带 连续的高潮和低潮之间的高度差。 第3章，67页。

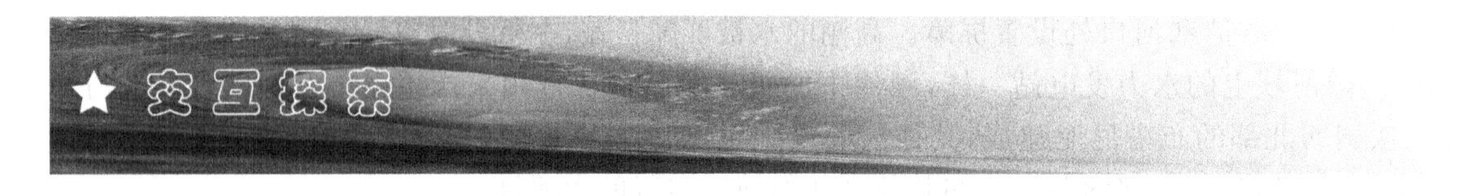

《海洋生物学》在线学习中心是一个十分有用的网络资源，读者可用其检验对本章内容的掌握情况。获取交互式的章节总结、关键词解释和进行小测验，请访问网址 www.mhhe.com/castrohuber6e。要获得更多的海洋生物学视频剪辑和网络资源来强化知识学习，请链接相关章节的材料。

评判思考

1. 已发现在过去的三年里重要的商业化捕鱼的年产量已经超过最大可持续产量。一种观点是通过减少渔民的数量降低捕捞努力量。然而，这样会造成在失业人数已经很高的地区失业进一步加剧。确保降低捕捞努力量还有其他方法吗？怎样做？
2. 许多食物种类的海水养殖费用高，经常只有价格高的种类才被养殖，这种养殖对最需要食品的贫穷国家毫无用处。哪些措施和方法可以帮助提高贫穷国家海水养殖的利益呢？
3. 已经表明来自潮汐、波浪或水流的廉价的电能可用来抽取深层营养丰富的水，这些水可以用来养殖喂养幼鱼的藻类和无脊椎动物。怎样利用这些能量降低海水养殖的消耗呢？

拓展阅读

网络上可能找到部分推荐的阅读材料。可通过《海洋生物学》在线学习中心寻找可用的网络链接。

普遍关注

Cook, S. J. and I. G. Cowx, 2004. The role of recreational fishing in global fish crises. *BioScience*, vol. 54, no. 9, pp. 857—859. Recreational fishing is a significant component of the overfishing problem.

Hayden, T., 2003. Fish out. *U. S. News and World Report*, vol. 134, no. 20, June 9, pp. 38—45. Hunger for healthier food has led to overexploitation of marine fisheries worldwide.

Hutchings, J. A. and J. D. Reynolds, 2004. Marine fish population collapses: consequences for recovery and extinction risk. *BioScience*, vol. 54, no. 4, pp. 297—309. Rapid declines in the populations of many fishes draw attention to the need of knowing more about the ecology, behavior, and evolution of these depleted species.

MacKenzie, D., 2001. Cod's last gasp. *New Scientist*, vol. 169, no. 2275, 27 January, pp. 16—17. Drastic measures were taken to help save the North Sea's cod fishery.

Montaigne, F., 2003. Atlantic salmon. *National Geographic*, vol. 204, no. 1, July, pp. 100—123. The farming of Atlantic salmon is a profitable enterprise, though its threats to the environment are menacing.

Nelson, L., 2004. One slip and you're dead. *Nature*, vol. 429, 24 June, pp. 798—799. Potential drugs from cone shells, or conotoxins, are under investigation, some undergoing clinical trials.

Pauly, D. and R. Watson, 2003. Counting the last fish. *Scientific American*, vol. 289, no. 1, pp. 42—47. Overfishing not only has decimated large fishes but it has also disrupted ecosystems.

Stix, G. , 2005. A toxin against pain. *Scientific American*, vol. 292, no. 4, April, pp. 88—93. One of the first marine pharmaceuticals is a synthetic version of a pain-killer produced by cone shells.

The promise of a blue revolution. *The Economist*, vol. 368, no. 8336, August 9—15, 2003. The environmental impact of fish farming casts a shadow on the continuous growth of mariculture.

Wolman, D. , 2004. Hydrates, hydrates everywhere. *Discover*, vol. 25, no. 10, October, pp. 62—68. A novel plan to convert seawater into fresh water.

Zabel, R. W. , C. J. Harvey, S. L. Katz, T. P. Goo and P. S. Levin, 2003. Ecologically sustainable yield. *American Scientist*, vol. 91, no. 2, March—April, pp. 150—157. In order to fish at the maximum sustainable yield or below it, fisheries management must take into account the whole ecosystem, not just the sustainable yield of individual species.

深度学习

Braithwaite, R. A. and L. A. McEvoy, 2004. Marine biofouling on fish farms and its remediation. *Advances in Marine Biology*, vol. 47, pp. 215—252.

Coleman, F. C. , W. F. Figueira, J. S. Ueland and L. B. Crowder, 2004. The impact of United States recreational fisheries on marine fish populations. *Science*, vol. 305, no. 5692, 24 September, pp. 1958—1960.

Donia, M. and M. T. Hamann, 2003. Marine natural products and their potential applications as anti-infective agents. *The Lancet Infectious Diseases*, vol. 3, no. 6, pp. 338—348.

Dulvy, N. K. , J. R. Ellis, N. B. Goodwin, A. Grant, J. D. Reynolds and S. Jennings, 2004. Methods of assessing extinction risk in marine fishes. *Fish and Fisheries*, vol. 5, no. 3, pp. 255—276.

Fei, X. , 2004. Solving the coastal eutrophication problem by large-scale seaweed cultivation. *Hydrobiologia*, vol. 512, no. 1, pp. 145—151.

Livett, B. G. , K. R. Gayler and Z. Khalil, 2004. Drugs from the sea: conopeptides as potential therapeutics. *Current Medicinal Chemistry*, vol. 11, no. 13, pp. 1715—1723.

Lüning, K. and S. Pang, 2003. Mass cultivation of seaweeds: current aspects and approaches. *Journal of Applied Phycology*, vol. 15, no. 2—3, pp. 115—119.

Molony, B. W. , R. Lenanton and G. Jackson, 2003. Stock enhancement as a fisheries management tool. *Reviews in Fish Biology and Fisheries*, vol. 13, no. 4, pp. 409—432.

Roberts, C. M. , 2002. Deep impact: The rising toll of fishing in the deep. *Ecology and Evolution*, vol. 17, pp. 242—245.

Rose, K. A. and J. H. Cowan, 2003. Data, models, and decisions in U. S. marine fisheries management: lessons for ecologists. *Annual Review of Ecology, Evolution, and Systematics*, vol. 34, pp. 127—151.

Salas, S. and D. Gaerter, 2004. The behavioural dynamics of fishers: management implications. *Fish and Fisheries*, vol. 5, no. 2, pp. 153—167.

Smit, A. J. , 2004. Medicinal and pharmaceutical uses of seaweed natural products: a review. *Journal of Applied Phycology*, vol. 16, no. 4, pp. 245—262.

Spinney, L. , 2003. Fishing for novel drugs. *Drug Discovery Today*, vol. 8, no. 17, pp. 770—771.

Troell, M. , C. Hailing, A. Neori, T. Chopin, A. H. Buschmann, N. Kautsky and C. Yarish, 2003. Integrated mariculture: asking the right questions. *Aquaculture*, vol. 226, no. 1, pp. 69—90.

Tziveleka, L. A. , C. Vagias and V. Roussis, 2003. Natural products with anti-HIV activity from marine organisms. *Current Topics in Medicinal Chemistry*, vol. 3, no. 13, pp. 1512—1535.

Utter, F. and J. Epifanio, 2002. Marine aquaculture: Genetic potentialities and pitfalls. *Reviews in Fish Biology and Fisheries*, vol. 12, no. 1, pp. 59—77.

第 18 章

人类对海洋环境的影响

关于海洋健康状况的新闻令人担忧，海洋污染、珊瑚礁白化、石油泄漏和海洋生物灭绝的报道已成老生常谈，然而这仅仅是人类活动对海洋环境影响的几个事例。现在，我们的星球上居住着 60 多亿人（参见图 17.2），住在离海边 100 km 以内的人比 20 世纪 50 年代整个地球上的人还多。不只是工业化地区，每一个地方，文明的压力正在改变着海洋世界：水质降低，渔业和海水养殖受损，游览区受到威胁，新的健康危害正在形成。

生境的改变和破坏

污染对海洋环境产生了严重的影响，但不幸的是这并不是唯一的有严重影响的人类活动方式。本章主要概括了由人类活动带来的问题，如挖泥作业、倾倒泥土、围海造田和使用炸药等，这些活动改变或破坏了生物的生境（图 18.1）。这些物理扰动的效应是直接和瞬间的，而与之相对的就是在某些地方排放污染物的影响则是间接的。但是，造成生境破坏的间接影响能辐射相当大的区域，例如可破坏鱼类孵育场。

图 18.1　由于岸滩开垦，南加利福尼亚和地球上许多其他地区的盐沼已被完全填埋消失。

多数被破坏的生境位于人类居住地附近的海岸，如河口和红树林（参见“人类对河口群落的冲击”，273 页），主要是由于毫无计划或无序的海岸开发造成的。由于人口增长、贫穷、缺乏有效管理等不利因素综合在一起，这一问题在发展中国家尤为尖锐。然而，海岸生境的破坏不仅局限于贫穷国家。在相对富裕的国家，城市的扩展、旅游业的兴旺、工业和休闲娱乐的发展也同样已经从根本上改变了海岸线。

珊瑚礁

整个热带地区的珊瑚礁正受到人类活动的严重威胁，全世界超过 1/4 的珊瑚礁已经消失或面临高度威胁。尽管珊瑚礁支撑了富饶多样的海洋生命，提供了大量十分必需的蛋白质和潜在的救命药物，但它们正遭受着人类活动的压力，包括由污水和农业径流造成的富营养化(参见“卡内奥赫湾的故事”，305 页)、海藻的过度生长(参见“植食”，319 页)和过度捕捞等。珊瑚礁是地球上最古老和最丰富的环境之一，陆地上与之相类似的热带雨林也正受到同样的威胁。具有讽刺意味的是，热带雨林的迅速消失也对珊瑚礁构成了威胁。农业、伐木业和城镇扩张导致森林砍伐，热带丰沛的雨量大大增加了向海洋里的土壤冲刷量。在一些地区，近岸挖沙造成的沉积物再悬浮也增加了沉积物的输送量。

珊瑚能承受中等程度的沉积影响，但由人类活动带来的大量沉积物能够使它们窒息，而且珊瑚幼虫不能附着在被沉积物覆盖的表面。另一不利的影响就是水中的沉积物使水体变浑浊，使到达珊瑚的光通量减少，而珊瑚在很大程度上依靠虫黄藻产生的食物。由于这各种各样的影响，沉积作用对世界上许多珊瑚礁构成了严重的威胁。

使用炸药捕鱼使珊瑚礁受到大范围的破坏或彻底的毁坏。尽管不合法，但炸鱼仍在许多地方被采用。被破坏的珊瑚礁需要数十年的时间才能恢复它们以前的光彩。此外，炸药也被用于开拓航海通道。

捕鱼时使用漂白剂和氰化物等有毒药品同样也会杀死珊瑚礁。尽管这些做法通常是被禁止的，但在东南亚和西太平洋一些地方这些有毒药物仍然被广泛使用。其他方面的威胁还包括，开采珊瑚礁用于建筑材料，以及不加选择用于如水族生意，以及作为纪念品和装饰品销售。贝壳收集者为了得到标本将珊瑚翻转或打碎，也对珊瑚产生了极大的破坏。锚、定置网、礁岩行走和潜水也都存在一定的破坏。

营养素　初级生产中初级生产者需要的二氧化碳和水以外的原材料。　第 4 章，74 页。
虫黄藻　在动物组织内生存的甲藻(单细胞的光合藻类)。　第 5 章，102 页。

珊瑚礁受到威胁的另一标志就是在世界范围内暴发的珊瑚白化现象。1998 年全世界超过一半的珊瑚礁的浅层部位出现白化现象。越来越多的生物学家认为全球变暖导致水温升高，越来越频繁的、大范围的、严重的白化事件发生(参见“生活在温室中，我们日益变暖的地球”，406 页)。当珊瑚排出共生的虫黄藻，白化现象发生，在群体上形成白色的斑块(图 18.2)。由于珊瑚有不同种的虫黄藻，当一种新的类型代替已经被排出的虫黄藻的时候，修复就发生了。白化了的珊瑚礁不会失去它们所有的共生体。即使濒临死亡的群体在它们组织内仍有大量的虫黄藻，当条件变好时，虽不足以产生颜色，但还可以恢复到正常的数量。然而，白化了的珊瑚不能生长，极易发生解体。

404

致死性病害的逐渐增加是珊瑚受到胁迫的另一证据。病害感染典型地表现出现一条无色的死亡组织带，暴露出下面白色的骨骼。不同侵染的描述按照侵染的颜色来命名(黑斑病，白斑病)。这些病害(参见图 14.13)似乎是由细菌和真菌造成的，这些细菌和真菌在受到过度养分所伤害的珊瑚上繁殖。

世界许多地区的珊瑚礁正在被破坏，这是人类干扰的直接结果，包括炸药的使用、不加选择的采集、抛锚和潜水带来的破坏。

图 18.2　加勒比海一个基本已变成白色的石珊瑚(*Meandrina meandrites*)群体，这是由于失去了它们的共生藻——虫黄藻，这种现象被称为白化。

拖网捕鱼

在海底拖网捕捞鱼虾是对潮下带生境的一个主要威胁。拖网在海底拖拉，在松软的沉积，尤其是淤泥质底部上留下伤痕，也导致了沉积的再悬浮，这会杀死悬食动物。在坚硬的底部，拖网也拖落了许多附着的动物，以及一些如海绵和管虫等为鱼和其他动物的幼体提供栖息地的动物。拖网也会移动或翻转石头，伤害或杀死表面的生物。反复地拖网使底部群落减少了恢复的机会。持续的干扰有利于那些生命期短、繁殖迅速的物种，例如小蠕虫，而生命期长、繁殖慢的动物如海绵、蛤、海星容易消失，物种的总体数量最终明显下降。深水拖网也会威胁到许多居住在深水海山上的敏感物种(参见“深海中的生物多样性”，372 页)。

污染

陆地上、空气中或水中，可见的、不可见的污染都是我们生活中讨厌的却又熟悉的。污染可以被描述为降低了环境质量的能量或物质的引入。这些物质，或污染物中的许多是人为物质，并非天然存在的。然而，一些污染物有天然来源，如自然的油泄露和火山爆发。这些天然来源的没有被看成污染源。相反，由人类释放的天然物质却被认为成污染，例如，开矿释放出岩石中的金属。

人类在降低海洋环境质量中的影响是巨大的，污染的不利后果直接或间接影响了海洋，从海滩到深海的各个方面。当我们食用了海洋生物或进行游泳、潜水或冲浪时，污染也对我们的健康带来了威胁。

海洋环境污染是由于某些物质或能量输入或释放到海洋中从而导致环境质量的降低。许多污染物对海洋生物是有毒有害的。

海洋污染物的种类、分布、来源和结果有相当大的差异，但大多数污染来自地面，也就是说来自陆地上人类的活动。主要的地面污染源包括城市发展、农业和森林业、交通、工业和发电站。最重要的海底来源是航船和海上石油钻探，这些还不到排入海中总污染的 20%。这里我们只简要讨论海洋污染物中最重要的类型和它们对海洋生命的影响。

富营养化

农业排放和污水中的肥料是海洋环境中氮、磷和其他养分主要的人为来源。化石燃料燃烧的大气排放是氮的另一主要来源，事实上对海洋来说也是最大的来源。现在人为排到海中的氮已经超过了自然排入量。因此，人类已经主宰着地球的氮循环，而且形势还在加剧，因为肥料的利用、化石燃料的燃烧以及其他人类活动增加了营养物质对海洋的排放，且这些都还在增加。

405

尽管海洋初级生产者需要养分，但过多的营养将促使藻类大量生长，这就是富营养化。目前富营养化是海水的主要问题，尤其是在浅的、部分封闭的区域更是这样。富营养化能够破坏重要的栖息地如海草床、珊瑚礁，因为它可使浮游植物长期大量增长、降低底部太阳光的吸收、加速海藻的过量生长(参见“卡内奥赫湾的故事”，305 页)；还可导致藻华，浮游植物短期暴发性增长。藻华有时是有毒的。

浮游植物暴发的残余和以浮游生物为食的浮游动物和鱼类的排泄物沉到底部，威胁到已经衰竭的水产业。降解细菌分解有机物，耗尽底部的氧气。季节性缺氧地带，主要是由于农田径流的影响，那里的水中缺少氧气。这在许多地区已很平常，包括墨西哥湾、切萨比克湾和波罗的海。1985 年以来墨西哥湾的缺氧地带已经增加了 1 倍，到 2002 年为 22 000 km^2。2003 年由于热带暴雨的影响减少到 8500 km^2，但到 2004 年又增加到 15 000 km^2。

沿岸污染也使赤潮和其他藻华频繁(参见“赤潮和有害藻类暴发”，330～331 页)，这些事件在许多沿海水体中经常发生。如日本和香港，它们威胁到有价值的海水养殖。浮游植物和其他藻类的暴发在波罗的海和亚得里亚海也成为经常性的问题，它们使水产业、海水养殖业和旅游业损失几百万美元。

农田径流、矿物燃料燃烧和其他增加海中营养输入的来源导致富营养化，浮游植物和海藻的过量生长。

具有讽刺意味的是，降低自然进入海中的养分也是有害的。为农业和其他用途分水的大坝和水库降低了进入海岸区营养物质的量，而这些营养物质是为了丰富沿岸区生产力的，结果影响了水产业。大坝的修建和河流的分流或开凿也降低了流入海中的沉积物的量，严重增加了邻近海岸的侵蚀。

污水

对持续增加的污水的处理是全世界城市面临的一个重要问题。家庭污水携带了来自家庭和城市建筑的各类废水，也携带了暴雨径流水。工业废水含有来自工厂和相近产业的不同废物。多数社会污水被排入大海或流入河流，最终也进入大海。进入海中的大量污水危害了海洋环境和人类健康。

污水的影响　排入海水中的污水对健康有着严重的威胁，比想象中的还要严重。污水中含有许多致病的病毒、细菌和其他寄生虫（参见"放眼科学：沿岸水域的病原体"，275 页）。例如，引起传染性肝炎的病毒就存在于人粪渣中。全世界传染性肝炎约 250 万例是由于食用了带有病毒的牡蛎、蛤和其他贝类动物引起的。在被污水污染的水中游泳也有危险，吞入了污染水会致病，或耳、喉和眼睛与污染水接触后发生感染都会导致人染病。由于未处理污水的涌入导致海岸封闭，这经常在暴雨后自下水道溢出时发生，现在在许多地区都变得很平常，尤其污水和暴雨在海岸附近排放的就更是如此。由于旅游业的损失和贝类场的关闭带来的经济影响也是相当大的。

在世界许多地区污水排入到海中。由于可传播病害，因此污水对人类健康是重要的危害。

污水处理和淤泥　通过污水处理可以降低污水的有害影响，许多国家法律规定污水在排放之前需进行一些处理。污水只是简单地在池子里静置一段时间，大量的固体物质可沉积下来。人们提出一种较先进、但费用较高的想法，通过降解细菌和其他生物分解污水中的有机物质。然后，用化学添加剂或其他方法进一步净化污水。处理后，经常用氯来杀死细菌或一些病毒，以进一步对污水消毒。臭氧处理和紫外线照射也是消毒的方法。含有工业废物的污水也含有杀虫剂、重金属和其他有毒化合物。然而先进的处理方法产生的水纯度高可以用于灌溉，甚至可以饮用。

浮游植物　个体微小、营漂浮生活的生物。由于基本上承担了海洋全部的光合作用，因此浮游植物是海洋中重要的部分。　第 15 章，326 页。

降解细菌　将非生命有机物质分解或降解为养分和其他简单化合物的细菌和古细菌。　第 5 章，94 页。

无氧环境　由于缺乏氧气导致沉积物中硫化氢（H_2S）积累，使沉积物变黑。　第 11 章，254 页。

图 18.3　加利福尼亚南部圣莫尼卡湾 60 m 深处的海底，一条长 8 km 排污管的管口正在排放经亥伯龙处理厂处理的污水，附近定着着大的细指海葵（*Metridium*）。事实上，圣莫尼卡湾正变得越来越干净，1987 年终止了另一个处理厂的污泥排放，而且该排污管排出的部分废水已进行再处理。为适应美国环境保护署制定的标准，亥伯龙污水处理的要求也被提升了。

406

污水处理大大降低了污水对海洋环境和人类健康的影响，但也不是没有弊端。随着先进技术的使用污水处理的费用明显增加，许多团体已不能负担或不愿意承担先进的处理方法的费用。消毒中用的氯残留在排放的处理后的废水中，它对海洋生命是有毒的。污水处理也带来了新的废物处理的问题：如何处理淤泥以及来自污水中废物。半流体材料比原污水更加聚集在一起，经常含有大量的重金属和其他有毒物质。如果淤泥被留在海里，将会使海底的自然群体窒息，使河口变成黑色的沙漠（图 18.3）。

要多数食碎屑动物处理淤泥中大量的有机物质是不可能的。有机物是被在这种环境下能旺盛繁殖的细菌所分解。降解细菌在这种缺氧条件下仍可利用氧气。随着天然栖息地的消失，物种的总数在减少。它们被一些顽强的生命形式所替代，例如某些多毛类蠕虫。聚集在淤泥处理区的底栖鱼类容易患皮肤肿瘤、鳍腐烂和其他畸形，显然是毒性物质和细菌浓度高的结果。

排入海中的大量淤泥将大大改变或破坏海底群落。

还可以采用其他方法来处理排入海中的污水。一些地方利用沼泽地的营养再生能力来进行污水处理。1972 年由美国《清洁水体法案》规定的其他改进措施在美国执行，污水中悬浮物的含量已经减少。但是为什么没有把污水作为一种资源转化为可用之物呢？理想的是我们能够重复使用大量宝贵的水和养分。淤泥有时也可以被循环利用变成填埋材料、建筑砌块和混合肥料；也可以在农场中当作肥料、燃烧产生电能和转化成燃油。

407

生活在温室中：我们日益变暖的地球

当阳光照耀在地球上，大约 70％的能量被地球吸收。在吸收的能量中，一些由于红外辐射被反射回去。CO_2，这种空气中的普通组分，部分捕获了这一热能，像温室的玻璃，使地球变暖。据估计，如果没有温室效应，地球将会降低 10℃。

无论海里还是陆地的生物，都影响到空气中 CO_2 的含量。海洋中的初级生产者，多数为浮游植物，通过光合作用消除空气中的 CO_2；初级生产者和消费者又通过呼吸作用产生 CO_2。地球上的生命消耗的 CO_2 与产生的一样多。然而，人类通过燃烧大量的化石燃料，一直在增加空气中的 CO_2。这些燃料，石油和煤炭，不是别的，正是古老森林的化石遗存。当我们开车和运行发电站时，这些燃料中的能量就释放出来，自身也变成 CO_2。我们也砍伐并烧毁消耗大量 CO_2 的热带雨林，在这一过程中甚至释放了更多的 CO_2。

自 1850 年以来，CO_2 的排放量增加了 25％，行星在变暖，这一效应称为全球变暖，变得多暖和结果会怎样一直备受争议。20 世纪增长了约 0.5℃。由联合国任命的专家小组预计到本世纪末会上升 1～5.8℃。变暖将会使海洋中蒸发掉更多的水分，增加了降水、飓风和其他与风暴有关的恶劣天气。由于全球变暖，大西洋飓风和太平洋台风的频率已经增加。一些地区将变得更加潮湿，另一些地区将更干旱。南极附近的南部海域变暖的速度比其他海域快 2 倍，科学家担心，南极和北极的极地冰盖的溶解将淹没海岛。对海平面会上升多少、升得多快，科学家尚未得出结论。计算机模拟表明，到 2030 年将会上升 0.3～1.5 m。这看起来变化很小，但一些国家已经开始为上升的海平面做准备。例如，佛罗里达州和荷兰的许多地区将被淹没，马尔代夫、图瓦卢和基里巴斯这些岛国将会消失。

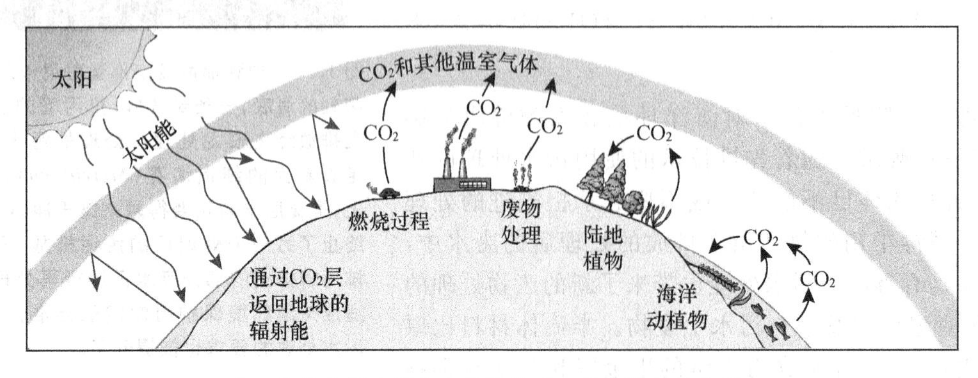

CO_2 和其他温室气体在保持地球大气热量中的作用。

全球变暖将会如何影响海洋环境？没有人知道，但已预测到一些可能的影响。一是一些主要海流的流向将发生改变，这将影响到许多海洋生态系统。本来已处于紧张状态的生态系统，如红树林和河口将被淹没；珊瑚礁生长的速度赶不上海平面上升的速度。在一些受洋流影响的地区，渔业也会变化。墨西哥湾流变化将使欧洲西北部变得非常冷。2001年分别发表的两个研究报告表明自20世纪50年代以来海洋中的热量在增长，变暖可能是由于增长的温室效应的影响。

世界有些地区，那些人口最密集和污染的区域，似乎在变冷，而并不像预测的那样在变暖，似乎是由于笼罩在这些地区的灰尘和污染物的微小的粒子所致。一些灰尘粒子来自于对热带雨林的无情燃烧，一些来自于天然，如火山爆发。这些粒子，称为浮质，散射阳光，促使冷云的形成。形成冷浮质的活动和发电站硫化物的释放也会导致全球变暖。

其他导致温室效应的气体，一是来自稻田和湿地的甲烷，另一个肇事者则是用在空调和发胶中的氟利昂。1987年的《蒙特利尔协定书》达成国际共识，逐步取消氟利昂的使用。

氟利昂也会带来与全球变暖不相关的其他可能的危害：逐步破坏大气中臭氧层。天然臭氧层保护生命免受紫外线的照射，紫外线的危害在于能造成基因突变和癌症。人们已在关注南极海洋表面的浮游生物受到逐渐增加的辐射的伤害。这可能改变了南极的生物，这些生物多数直接或间接依赖浮游生物存活。顺便提一下，臭氧层的破坏不可能使得热量离开大气层，无法阻止全球的变暖。南极上空每年都会出现臭氧空洞，2000年达到29 800 000 km^2，是美国面积的3倍。氟利昂的逐步禁用在逐渐减小臭氧洞的方面已显成效。然而，这种降低近来已变得缓慢。2004年臭氧洞的面积为19 000 000 km^2。

对全球变暖可采取哪些措施？到1997年一些工业国才召开会议解决这一问题。京都气候变化会议达成协议，到2012年CO_2和温室气体的排放量要比1990年减少5.2%。为完成这一任务，企业和消费者必须减少化石燃料的使用。2001年美国退出《东京议定书》成为实现这一目标的主要羁绊。2004年141个国家在俄罗斯签署协议，然而，美国和中国，世界上两个最大的能量使用者，却没有遵守这一协议(2004年中国人均排放量是发达国家(经济合作与发展组织成员国)人均水平的33%，中国政府为应对气候变化主动采取了一系列政策措施，并取得显著成效。因此，作者认为中国没有遵守协议是不恰当的。——译者注)。

除了减少温室气体排放，对海洋大面积的人工施肥以增加浮游植物的量也是一种可能。浮游植物的光合作用可增加对水中CO_2的吸收，后者大多来自空气中。离子施肥(参见“营养物质”，343页)被认为是一种潜在的方法。然而大量的人为干涉也会带来一些问题，只是我们还不知道将会发生什么。一些物种将会受益，但其他的，可能大多数则未必。

引用美国一位科学家的阐述，问题不是全球变暖是否确实发生，而是它将会如何迅速影响我们。

石油

原油或石油，是碳氢化合物的复杂的混合物，是由碳、氢组成的长链以及某些其他化学物质。原油是宝贵的商品，精炼后不仅可以产生燃料，而且还可以得到用于生产塑料、合成纤维、合成橡胶、化肥和数不清的产品的原材料。

污染源 石油也是海洋中最普遍的污染物之一。估计每年有68 200万吨石油和衍生物如燃料和润滑油排入海洋成为污染。全世界来自天然渗漏的非污染石油又有58 400万吨。天然渗漏是北美水体中最重要的石油来源，一年大约160 000吨，而不同来源的污染每年多于96 000吨(图18.4)。北美约85%的污染油来自河流径流、沿海城市、小船和水上摩托车的燃料以及飞机抛洒的燃料。剩下的15%来自油轮和管道溢出以及对海床石油的探勘和开采。1979年墨西哥湾的预探井发生井喷，在9个月的时间内至少喷出50万吨。

1吨原油=7.33桶或308加仑

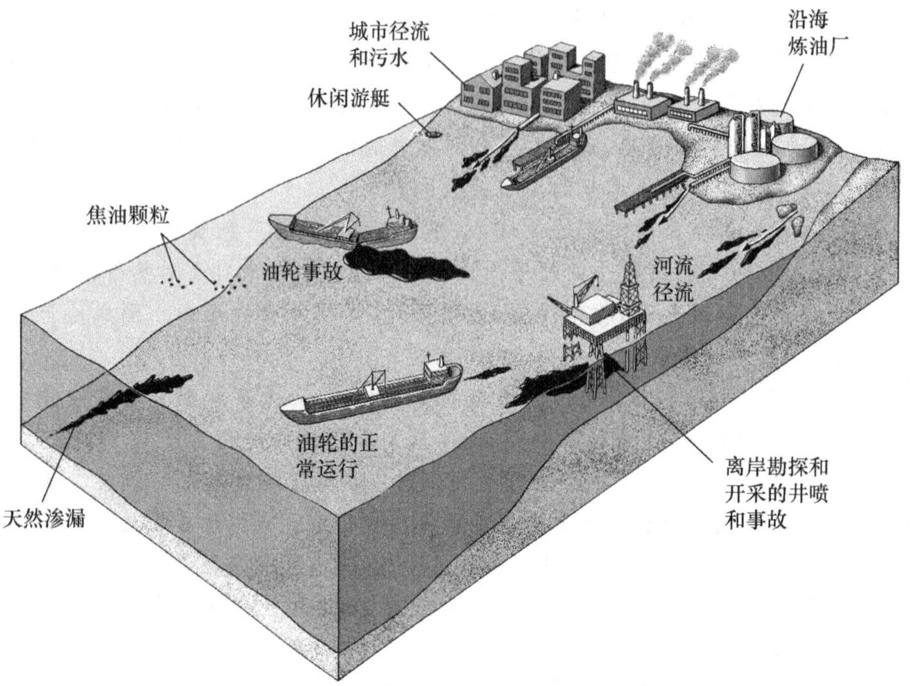

北美地区的石油污染源	估计数量	百分比
天然渗漏	160 000 吨	60%
陆基污染和休闲游艇	84 000 吨	28%
石油运输	9100 吨	9%
勘探与开采	3000 吨	3%

图 18.4　海洋环境中每年的石油污染源

然而，所有的灾祸中，由于超级油轮的下沉和爆炸导致大量油漏对海洋环境是最具有毁灭性的。1978 年一艘超级油轮“埃莫科·凯迪斯”号的触礁导致 230 000 吨原油漂浮在法国西北部海区。1989 年“埃克森·瓦尔迪兹”号溢出的超过 35 000 吨原油沿着阿拉斯加南部海岸扩散，而这里是鲸鱼、海獭、鲑鱼、秃鹰和其他野生动物的故乡。事故促使在油轮的建造和操作方面采取了严格的措施，如采用双壳船。但较老的油轮还不必用双壳船体。

石油中的大部分成分不溶于水，漂浮在表面。在海面它们看起来是一层薄薄的、有光泽的油膜，而在海岸线则成为黑色的沉积。你可以设想一下，随着年复一年的积累，大面积的海洋表面将被石油覆盖。但幸运的是，石油中密度较轻的成分会蒸发掉，而细菌最终会将油分解掉。油被细菌分解，是几乎完全可被生物降解的。降解率通常较低，但在不同的海洋群体也不同。例如，在盐沼和红树林中持续的时间比其他海洋群体长。已经知道油束在盐沼中可存在达 30 年以上。

原油中的一些成分下沉，形成沉淀，尤其是在较轻的成分蒸发后。其他的残留在水面形成焦油球，后者在纵横交错的油轮航道中很常见。它们在水中可以存留很多年，在远离航海交通的地方也可以发现。一些地方甚至有藤壶生活！大量的石油泄漏形成巨大的油层，被风和水流带动着，覆盖途中经过的任何东西。

然而石油和轮船工业在保护海洋环境方面取得了很大的进步。虽然非法倾倒仍是问题，但变得没那么严峻了。这些表明在许多海岸，油球的数量正在降低。

石油已成为一种广泛分布的污染物。进入海洋的石油可来自于陆地废物的排放，也可来自于海床开采和跨洋运输过程中的事故。

石油对海洋生命的影响　即使量很少，石油已经对海洋生物带来了各种各样的影响。生物从水、沉积物和食物中吸收石油的成分，其中很多是有毒的。例如，有证据表明石油中的混合物影响了许多生物的生长、繁殖、发育和行为。这些混合物是几十年来由石油释放出来的。石油导致鱼类易感染疾病，抑制了浮游植物的生长。原油的化学成分有很大变化，因此其毒性和存在的持久性也不同。精炼产物如燃油似乎比原油更有毒。

大量石油泄漏已经对海洋生命，尤其是沿海环境的生物带来了毁灭性的后果。海鸟和海洋哺乳动物，如海獭尤其敏感。许多动物会死去，就是因为它们的皮毛被石油包裹起来，无法保持一层薄的能够御寒的空气(图 18.5)。飞行捕食的鸟类也因不能够再捕食而死于饥饿。很难统计由于石油泄漏而死亡的鸟的数量，因为许多死去的鸟沉到了海底而没有冲到岸边。"艾莫科·凯迪斯"号油轮泄漏事故后大约有 3200 只海鸟死亡，一些属于稀有物种。"埃克森·瓦尔迪兹"号泄漏事故杀死了 100 000～300 000 只海鸟和 3500～5000 只海獭。据估计在石油泄漏地区野生生物完全恢复过来需要 70 年的时间。海獭和其他野生动物仍然受到影响，表现出低生育率和高死亡率。

图 18.5　"埃克森·瓦尔迪兹"号油轮在阿拉斯加泄漏后被油包裹的潜鸟(*Gavia*)。去垢剂可用来分散油污，避免出现图中的状况，而且在 1967 年"托利·卡尼翁"油轮泄漏后被广泛使用。但已经证明去垢剂具有毒性，实际上造成的损害比石油更严重。

石油泄漏对岩石海岸的影响破坏性要比刚出现时小一些。最初许多接触石油的动物出现死亡，但浪潮和潮汐有助于冲刷掉石油。岩石海岸群落得到恢复，它们的恢复取决于石油的数量、海浪的作用和温度等因素。细菌可以降解石油，但通常很缓慢，在冷水中尤其如此。如果将可溶于油的肥料加到水中或撒在岩石和沉积物上，泄漏的石油可以被细菌更快速地降解。实践表明，泄漏发生后，几个月内开始恢复，最早可以在一两年内恢复到接近正常水平。然而沉积物中和孤立的小区域中较高浓度的石油可以存留 15 年甚至更长。

当大量的泄漏漂到盐沼和红树林中会产生灾难性的影响。因为这些区域是典型的隐蔽性的海岸和河口，在这里石油不能被海浪冲散。优势植物会大量死亡，而恢复却很缓慢。石油被这一地区特有的细致的沉积吸收，可存留几十年。珊瑚礁和海草场也受到石油渗漏的影响。珊瑚群体表现出肿胀的组织、产生过量的黏液以及一些区域组织缺失。珊瑚虫的繁殖和取食也受到石油的影响。然而显著的长期影响尚未有证据。

石油对大多数海洋生物是有害的，特别是对典型的浅海、隐蔽海域的生物群落破坏力尤甚。　410

收集泄漏的石油、清除油污是一件令人十分头痛的事情。用漂浮的、防火浮栅将泄漏隔开可以防止泄油漂到岸边。装有U型水栅的游艇被用来撇去泄漏的油。然而这些方法在深海里无法使用。将化学分散剂加到溢油中将表面的油分解成可以分散到水里的微滴。不幸的是,分散剂对海洋生命是有毒的,分散的石油在水下仍然保留毒性。"埃克森·瓦尔迪兹"号泄漏后,用强力热水柱冲刷海岸的石油对许多类型的生物也是有害的,或许同油本身一样有害。

最近的一次石油泄漏是2002年在西班牙西北海岸"威望"号油轮发生断裂沉没。63 000吨燃油泄漏,形成一条直到西班牙海岸的30 km长的漂油带,对贝类产业带来了巨大损失,使10万人失业。泄漏引起了全面抗议,最终影响了西班牙的国家选举。与"威望"号一起下沉的另外40 000吨油未来是否会泄漏也未可知。

燃油泄漏对当地的经济造成的损失是巨大的。商业捕鱼首当其冲。受到燃油污染的鱼类和滤食的贝类如牡蛎、蛤等出现滞销。由于早期成熟个体和幼体的死亡或食物的减少,捕捞量尤其是底栖物种的产量下降。此外,被油浸泡过的海滩使依靠旅游业的度假村也受到损失。要求的索赔加上清理费用超过了5亿美元。因"埃克森·瓦尔迪兹"号油轮泄漏造成的损失埃克森公司被处以总计61亿美元的罚款。2002年50亿美元的罚金降到40亿美元。

持久的有毒物质

许多来自陆地的污染物被认为是持久性物质,因为它们可以残存许多年甚至几十年。持久性物质不容易被降解微生物(因此这些物质被称为非生物降解的)或环境中的物理、化学方法分解。

农药 氯代烃类是一类主要的化学合成污染物。它们包括一大批农药,这些化学品用于杀灭昆虫或控制杂草的生长,如DDT、狄氏剂、七氯、氯丹。自从20世纪40年代DDT首次亮相以来,数百万吨上述化合物和数千吨其他氯代烃类化合物被使用,多是在农业上。这些农药用于保护农作物免受虫害的侵染、控制传染疾病的昆虫。农药使数百万人免于疾病和饥饿,但无节制的使用也带来了不利,因为它们对许多非目的生物有损害作用。

这些农药还没有直接用于海洋。但它们被河流、径流和污水经过长距离运输带到海里,甚至到了公海、大气中(图18.6)。在海里它们被浮游植物和悬浮在水中的粒子吸收,然后进入食物链中。

氯代烃类杀虫剂溶于脂类物质中,不会被排泄掉,因此几乎可以在生物体内永久存留。动物吸收和积累了它们所吃的生物体内的农药,因此它们体内氯代烃类化合物的浓度高于它们的食物供给者。然后在食物链的每一级,氯代烃类的浓度得到积累,这种现象称为生物放大作用。在海洋动物中,肉食性鱼类的农药浓度较高,营养金字塔顶层的食鱼的鸟类和动物甚至更高(图18.6)。

氯代烃类,包括许多广泛使用的农药,它们是不可生物降解和持久性的,通过生物放大作用在食物链中积累。

20世纪60年代人们开始关注氯代烃类在世界范围广泛使用带来的令人担忧的影响。在美国,由于捕到的供人们消费的水产品中含有太多的农药,不得不将其销毁。农药含量在食物链顶层的肉食性动物体内比在海水中高出几千倍甚至几百万倍。

对陆地和海面上的鸟类的影响也是非常巨大的。实际上,鸟类不会中毒,但其体内脂肪中高浓度的氯代烃类影响了它的繁殖,尤其是蛋壳中钙的沉淀。蛋壳变薄以至于孵化时很容易破碎。

例如,在19世纪60年代末到70年代初,美国多数地区一度曾非常丰富的褐鹈鹕由于繁殖失败而变得稀少。雌鹈鹕坐在破碎的卵上,或单个成体找不到鸟巢。在南加利福尼亚的海峡群岛,墨西哥北部的太平洋海岸保留的最后的筑巢群落,1970年只剩1只幼雏,1971年是7只。从这些鸟以及这些地区的其他筑巢群落的鸟、其他海洋动物的组织内,从滤食性的沙居蟹、鰕鼠到肉食性动物海狮体内都发现了高含量的DDT和相关的化学成分。

到1972年美国和其他许多发达国家禁止使用DDT和其他氯代氢类化合物。残留在海洋动物和沉淀中的DDT开始下降,在美国几乎灭绝的褐鹈鹕开始恢复,繁殖也开始恢复到正常。然而DDT及其相

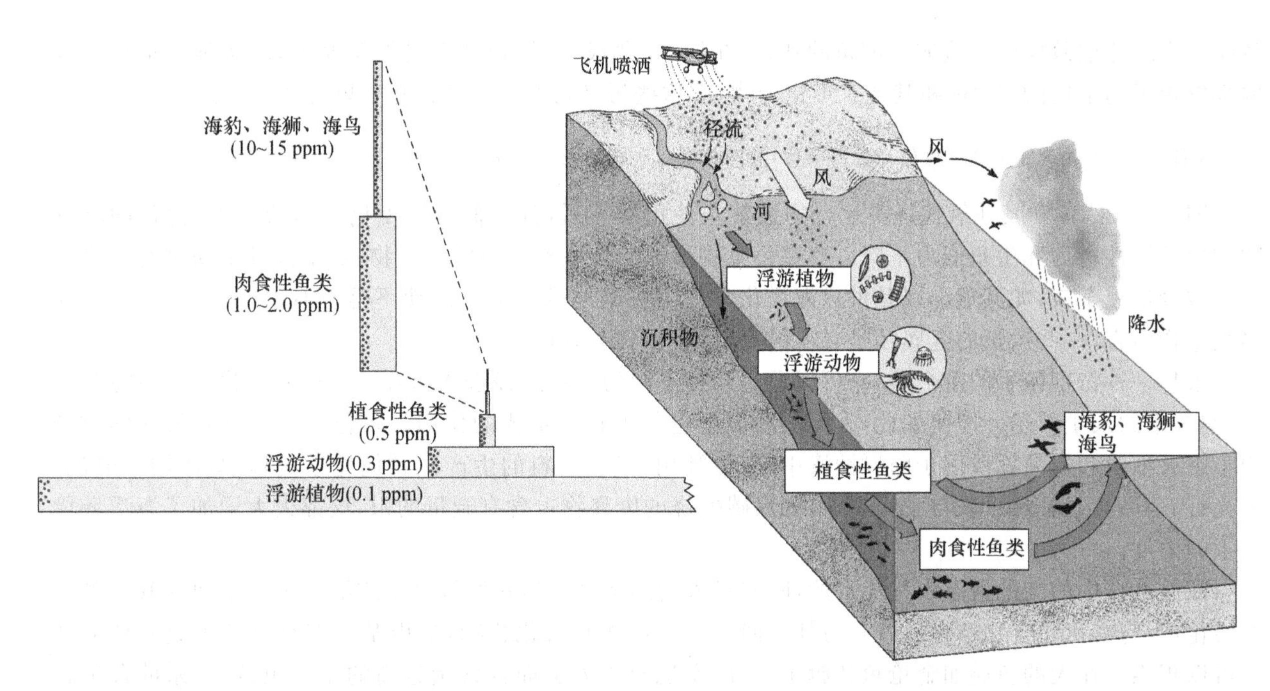

图 18.6　氯代烃类化合物的浓度随着生物在食物链中的相对位置而增加，显示出生物放大作用。在这一概括了食物链的营养金字塔中，杀虫剂的浓度单位是 ppm，即每百万份所占的份额。

关残留在底栖鱼类中仍可发现。其中一种残留 DDE 在实验室条件下可以被细菌降解。2000 年召开关于限制某些有毒物质的生产和使用的国际会议上允许继续使用 DDT，因为在发展中国家 DDT 是便宜的杀虫剂，尤其是它控制了蚊子对疟疾的传播。 411

PCBs 和其他有毒有机化合物　另一种有问题的有毒氯代烃类化合物是多氯联苯(PCBs)。PCBs 属于非生物降解的化合物，具有持久性，表现出生物放大作用。它们广泛用于变压器、电容器中以及塑料、油漆和其他产品的加工生产中。已证明它们具有很高的毒性，能导致癌症和出生畸形。1979 年，包括美国在内的许多国家逐渐控制或禁止 PCBs 的生产和使用。

然而禁止是在 PCBs 扩散到海洋后才开始的。PCBs 和其他氯代烃类化合物已在鲸和其他海洋哺乳动物的脂肪中检测到。游徙到湖泊和河流中的几千条鲑鱼在排卵后死去，这时贮存在它们组织中的 PCBs 释放出来。此外，在世界上的某些地方，PCBs 还在继续使用着，我们周围仍然存在含有 PCBs 的电器设备。这些设备要求保持密封状态，当用完后，PCBs 需要仔细处理。PCBs 总是存在于大量积累的、需要处理的危险废物中。PCBs 在垃圾和倾倒物中广泛存在。像其他氯代烃类化合物一样，几十年的使用和处理在海洋环境中也留下了大量的持续污染物，尤其是污水流出口和工业城市的港口的沉积物中。然而已知一些海洋细菌可以降解沉积物中的 PCBs，它们主要发现于 PCBs 含量高的地区，如哈得孙河的河口。

食物链　从生产者(藻类和植物)到消费者(动物)的能量传递的各个阶段。　第 10 章，223 页；图 10.9。
营养金字塔　食物链中能量、个体的数量和生物量之间呈现出金字塔形的关系。　第 10 章，225 页；图 10.12。

另外两种氯化烃类化合物是二恶英和呋喃，它们也从陆地进入到海洋环境中。纸浆厂和废物焚烧厂都是上述化合物的重要来源，也有自然来源的，如森林火灾。某些二恶英类是所有化学污染物中毒性最高的，它们能导致癌症、婴儿畸形，对许多脊椎动物和人类的免疫系统带来伤害。此外，它们也有生物放大作用。 412

PCBs、某些农药和其他毒性化合物蒸发进入空气中，在浓缩到上层冷空气之前，它们在风的作用下可扩散得很远。当它们浓缩后，可以通过雨或雪返回地面，又重新循环。由于风的作用和化学物质容易在较冷的两极浓缩，因此化合物汇集在极地。这种许多有毒物质的蒸发、浓缩的全球系统称为全球蒸馏效应。全球蒸馏效应已经造成了鲸鱼的死亡,在海豹、北极熊、鲸鱼甚至爱斯基摩人、北极地区的居民体内都发现了高浓度的PCBs和其他有毒化合物,而这些污染物的使用则在几千里之遥。

PCBs、二恶英和呋喃都是毒性较高的污染物,具有持久性和生物放大作用。

即使在PCBs和其他氯代烃类化合物被禁止使用数年后,其极低的浓度仍会造成海鸟、海洋哺乳动物和鱼类等性行为和生殖能力下降。这些污染物形成与性激素类似的化合物,似乎扰乱了动物的生殖。

重金属 金属,尤其重金属是世界海洋化学污染物新增的类群。即使不是所有的生物都需要,但对多数生物而言,一些微量的金属还是必需的,但量过多就会有毒。

汞是一种特别棘手的重金属,它可以通过几种不同的自然途径进入海洋:岩石的风化、火山作用、河流、空气中的灰尘粒子。即使如此,人类活动似乎也起了日益重要的作用。汞曾作为一种有效化学成分用于杀灭细菌和霉菌以及用于防腐油漆中;它也被用于氯、塑料的生产和其他化学过程中,还用于电池、荧光灯、药品甚至补牙。来自工厂、城市和煤碳燃烧的废弃物也含有微量的汞,这都大大增加了海洋环境中汞的浓度。

像温度计中的纯的液态汞是无毒的,除非吸入它的蒸气。当它们被水中或沉积中的细菌和其他微生物转化,汞与有机化合物结合后就是另外一回事了。这些有机化合物,如甲基汞在食物链中具有持久性并可以积累。在大的鱼类如金枪鱼和旗鱼中,已发现对于人类而言含量过高的汞。鱼越大,汞的含量越高。在海洋沉积物,尤其是废物倾倒的地方也发现了甲基汞。汞化合物也经历了全球蒸馏过程。它们难以消除,尤其对所有的生命形式都有很高的毒性,能导致人脑、肾、肝受损,产生婴儿畸形。

存在于海洋食品中的汞的危害在20世纪50年代和60年代日本南部城镇居民严重的神经紊乱中得到了证明。受害者由于食用了含有由海边的化工企业排放的浓缩汞的鱼类和贝类而中毒。最近,由于鱼类含较高浓度的汞,促使美国政府2004年提醒妇女和幼儿限食罐装的金枪鱼、旗鱼和其他鱼类。

413

其他重金属作为有毒污染物被带到海里。铅是最广泛分布的一种。和汞一样,有机铅化合物具有持久性,在生物的组织中累积。铅对人类是有毒的,容易导致神经紊乱和死亡。海洋环境中铅污染的主要来源是使用含铅燃料的交通工具排放的废气。铅通过雨和被风吹的灰尘带到水里;在许多产品里也发现铅的存在,如颜料和陶器,最终这些铅都汇聚到海里。

汽油中不使用铅,使得表层水尤其是北大西洋的含铅量降低,这说明了环境问题是可以成功解决的。

汞和铅化合物是剧毒的,具有持久性,可以在食物链中积累。

镉和铜是另一类有毒重金属,它们可在海洋生命中缓慢蓄积。采矿和冶炼是这些金属的主要来源。镉还存在于电池加工的废弃物和废弃的电池中。和铅、汞及其他有毒金属一样,镉也存在于旧电脑和其他电子产品中。这些有毒金属经常从处理场渗入河流和海洋中。铜来源于木材加工和其他工业生产过程。与铅、汞可在空气中扩散不同,镉、铜和许多其他重金属非正常的高浓度只存在于它们的起源地附近。

放射性废物 自从20世纪40年代早期第一颗原子弹爆炸以来,放射性物质一直在污染海洋世界。放射能是原子释放能量或特殊粒子的能力。对所有的生命形式而言,暴露在一些类型的辐射中都是有害的,可导致人类癌症、白血病和其他紊乱。辐射物质能穿透活的物质因而不必摄取即可产生影响。放射性物质也可以持续放射几千年。自然界中就存在一些放射性同位素但剂量较低,一些有害的射线来自太空。放射源之一是原子能使用中的副产物或废物。

放射性废料是危险的,必须在一定地方处置。一些储存在容器中,倾倒在指定海区。带有核武器的沉船和潜艇、掉下来的卫星、坠落的带核武器的飞机是放射性废物的其他来源。海边的核反应堆事故和工厂的排出物增加了危险。然而,放射性材料的使用都严格管理,因此对海洋环境通常不会产生大的危害。

固体废弃物

放眼许多海岸的上部区域会发现由高潮带来的惊人的各种垃圾。其中多数是塑料的：瓶子、袋子、泡沫杯子、包装、织网和数以千计的其他东西，再加上橡胶、玻璃和金属，你看到一大堆垃圾。即使 1972 年伦敦会议禁止固体废弃物和其他污染物的倾倒，来自陆地的固体废物仍以令人担忧的速度流向海洋。

塑料尤其令人担忧，因为它坚固、耐用、不被生物降解。泡沫聚苯乙烯和其他塑料最终降解成小颗粒，分布在海洋的每一个角落，还发现于许多误食了这些颗粒的动物内脏中。海鸟尤其敏感。大的塑料碎片也是海洋生命的一大威胁。海龟、海鸟、海豹和其他动物被渔线缠绕后也会受伤或死亡(图 18.7)。许多动物由于消化道被塑料袋及其碎片阻塞而死。

同位素 一种元素的不同原子形式。 第 2 章，36 页。

图 18.7 据估计每年约有两百万只海鸟和 10 万只海洋哺乳动物因塑料碎片而死。海龟将塑料袋当成水母吞下而死。六联包装塑料环很容易套住海鸟，使其不能摄食和飞翔，从而慢慢死去。图中的这头加利福尼亚海狮(*Zalophus californianus*)正在被尼龙渔线缓慢扼死。

热污染

海水经常用作发电厂、炼油厂和其他工厂的冷却剂；因此，这些工厂多建在海边。冷却过程中产生的热水被泵回海里，导致环境的改变，这称为热污染。在一些混合较差的海湾会产生局部温暖的区域。即使一些鱼类被吸引到这里，如此高的温度对一些生物也起到了不利的影响。较高的温度也会降低水中的溶解氧。热污染对海洋生命的影响在热带地区尤为显著。与生活在温带和极地的生物相反，珊瑚和一些其他热带物种通常生活在仅比最高耐热温度低一点的环境下。造礁珊瑚对热尤其敏感。

从海水中获得淡水的海水淡化厂的卤水是波斯湾和其他海区的主要污染。卤水比海水温度高，也含有较高的盐分。

当热水被排入大海就形成了热污染。

受威胁与濒危物种

人类对动物栖息地的改变或破坏还有其他灾害性影响：导致物种从地球表面最终消失或灭绝。自然选择使个体逐渐适应了环境的变化。如果他们不能适应，将会灭绝。灭绝也是进化的自然结果。为了区别，一些生物学家把人类引起的灭绝称为消灭。

面临灭绝的物种分为：当它们尚未马上消失，但面临危险被称为稀有物种；当物种数量在逐渐减少，称为受到威胁；面临着永远消失的危险则称为濒危。

海洋物种可使人类获得食品、毛皮和其他产品，因而过度开发使其面临威胁。许多鱼类、海龟和其他海洋动物被杀死或作为副渔获物被丢掉(参见“最适产量与过度捕捞”，385 页)。栖息地的破坏、污染、害虫和病害的引入(参见“生物入侵：不速之客”，416 页)也对物种产生了威胁。海洋动物中一个令人震惊的例子是，北海牛作为食物遭到无节制的猎杀而快速灭绝(图 18.8)。

图 18.8 以大型海藻为食物的北海牛(*Hydrodamalis gigas*),体重可达 10 吨以上。其栖息地是白令海西部的指挥官群岛的巨藻藻床,1741 年被科学界所了解。由于其肉质可媲美最佳部位的牛肉,在需求的推动下导致其灭绝于捕鲸人之手。北海牛从其被发现至被屠杀灭绝时间十分短暂,最后一次见到其存活的个体是在 1768 年。

415

当物种面临着灭绝的可能时,即被列入稀有、受威胁或濒危物种目录。

许多海洋物种的未来处于危险的状况(表 18.1),众所周知的例子是鲸(参见"鲸鱼、海豚和鼠海豚",191 页),还有许多其他例子。由于砗磲(*Tridacna*)大量的被食用,它们的贝壳也被大量利用,在热带太平洋的许多地区已变得稀少甚至局部地区已消失。为收集者所钟爱的贝形或螺形的海螺在许多地区也同样面临着消失。大量的商业捕捞以满足日益增长的市场对鲨鱼肉、鱼翅和娱乐的需求以及延绳钩的副渔获威胁到许多鲨鱼的种类。在未来的 10～20 年内恐怕许多鲨鱼种类将被推向灭绝的边缘。许多地区对海蛇皮的需求使海蛇也在消失。海龟成体及卵由于被作为食品和龟甲而大量开发(图 18.9;参见"濒危的海龟",183 页),它们的巢穴由于开发被大量占用,它们在渔网中被溺死,使海龟的 9 个种类正处于濒危状态。

海鸟也并不走运。过量捕捞导致了许多地区海鸟因食物锐减而使得数量下降。延绳钓每年仅南极洲水域就杀死约 10 万只信天翁(*Diomedea*)。21 种信天翁中的 9 种正处于濒危或极度濒危。

许多面临灭绝的海洋生物是繁殖率低的海洋哺乳动物。对海豹、海狮和海象的一些种类毛皮、肉、脂或珍贵的象牙的需求而使它们被大批杀死。僧海豹(*Monachus*)正处于灭绝的危险;加勒比海僧海豹大部分已经灭绝。太平洋西北部的北海狮(*Eumetopias jubatus*)已经明显减少。已经恢复的海獭(*Enhydra lutris*)近来其数量又在下降,仍然受到威胁(参见"巨藻群落",290 页)。海牛(*Trichechus*,图 9.12)和儒艮(*Dugong*),也就是灭绝的北海牛的较小的近亲,也处于灭绝的危险中。

自然选择 群体中遗传性状较好的个体适应环境从而大量繁衍后代的过程。 第 4 章,86 页。
海牛 一种被统称海牛的海洋哺乳动物,有一对前肢和桨状尾巴,无后肢。 第 9 章,190 页。

图 18.9 被美国渔业和野生动物局依法没收的众多类型龟甲制品中的一种。这些制品是贸易额达数百万美元的濒危物种非法贸易的一部分。

表 18.1　濒危和受到威胁的海洋物种

海洋动物类群	受威胁物种红色名录，2004 年[1]（极危、濒危和受到威胁物种）	CITES 受到灭绝威胁物种名录，2005 年[2]	CITES 受开发严重影响的物种名录，2005 年[3]
珊瑚与其他腔肠动物	3	0	所有石珊瑚、黑珊瑚、蓝珊瑚、管珊瑚和水螅珊瑚
海洋软体动物	93	0	11
海洋鱼类	477	2	47
海龟	6	9（全部）	0
海鸟	135	5	1
海牛	4（全部）	3	0
海豹、海狮	11	4	8
海獭	1	1	0
鲸类、海豚	65	24	1

1. 由国际自然及自然资源保护联盟编撰。
2. 附录 1，濒危野生动植物物种国际贸易公约。
3. 附录 2，濒危野生动植物物种国际贸易公约。

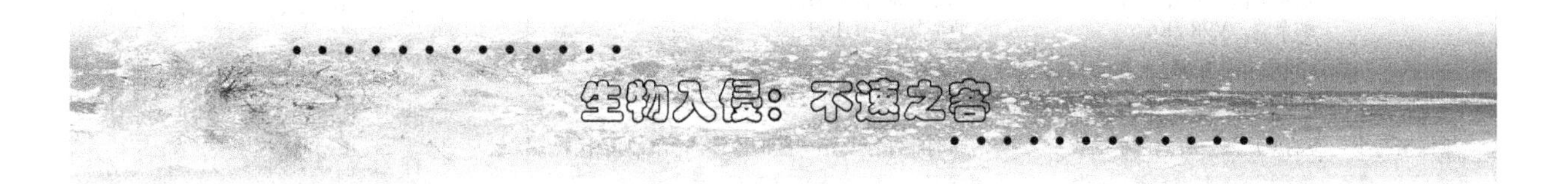

生物入侵：不速之客

外来物种有意或无意地被引入到本来不存在的地区，会对海洋环境带来破坏性的影响。这种影响之一是本地或当地物种数量的明显减少。引入物种是食物和物种的强有力的竞争者，它们也带来了会侵染本地物种的寄生虫。在过去的几十年中，有害海洋生物的引入频率增加，这是运输、养殖贝类和鱼类的引入和海洋水产贸易增加的结果。 416

海湾和河口，尤其是那些繁忙的港口，是尤其敏感的。在船上作为污垢生物存在的海藻和无脊椎动物如海绵、海鞘已在全世界定居。许多其他物种在浮游幼虫期随着压舱水带入（压舱水加入压载舱中，用于船舶的稳定），其他的因商业渔业生产而引入。一个很好的例子是被偶然引入加利福尼亚旧金山湾的亚洲蛤（*Potamocorbula amurensis*），显然是与中国开放贸易的直接后果。这些蛤在 1985 年还没有栖息在海湾，但到 1990 年它们覆盖了整个海湾泥底，部分海底每平方米多达 1 万多只蛤。

迄今为止旧金山湾约有 250 个外来物种，实际上现在在海湾的一些地方要找到一种原产物种已经很难。旧金山不仅仅是一个繁忙的港口，而且海湾非常混乱。当环境平衡遭到破坏，外来物种很容易生存。许多入侵者在这些不稳定的环境里可以生存得很好，因为它们比原产物种更能忍受盐度等因子显著波动的影响。

旧金山湾最近较多的入侵者之一是欧洲绿蟹或滨蟹（*Carcinus maenas*）（图 7.29），1989 年首次在海湾中发现，可能是幼虫期时随着压舱水引入的，很快沿太平洋海岸扩散开来。绿蟹也被带入，并成为美国东北海岸、澳大利亚和南非的有害物种。绿蟹能在宽范围的盐度中生存，它也是一种贪婪的掠夺者，以有商业价值的牡蛎和太平洋大蟹幼体为食。 417

另一种声名狼藉的客人是被偶然引入到黑海的栉水母（指瓣水母 *Mneiopsis leidyi*），它通常存在于北美和南美的海岸。1982 年在黑海被首次报道，现在它已成为一种永久的有害物种，并统治了整个黑海。它不仅与以浮游动物为食的鱼类竞争，而且贪婪地以鱼卵和幼仔为食。和过度捕捞一起，它对黑海渔业带来了毁灭性的影响，渔获量锐减，给当地经济造成巨大损失。在旧金山湾也发现了栉水母。

征寻

5个刺

后平足

蟹壳背部宽约3英寸，颜色多变，
黑色、斑点，常为绿色或橘红色

你见过这种螃蟹吗?

生物学家一直力图描绘出欧洲绿螃蟹—1989年引入旧金山的外来种—的分布情况。它正在向北扩散，1997年四月在俄勒冈州Coos Bay捕获到成熟的成年个体。它们也许是在向不列颠哥伦比亚迁移的路上，根据海洋学条件，我们认为这些物种将继续向北迁移至更远的地方。如果你认为见过绿螃蟹，请仔细采集它，冷冻、记录精确的数据和采集地，或联系我们。

或联系

Glen S. Jamieson	Jim Morrison
太平洋生物站	南海分站
加拿大渔业与海洋部	加拿大渔业与海洋部
纳奈莫，V9R 5K6	纳奈莫，V9T 1K3
(250)756—7000	(250)756—7233
(250)756—7138(传真)	(250)756—7162(传真)

雄绿蟹与小一些的原产澳蟹腹部大小比较

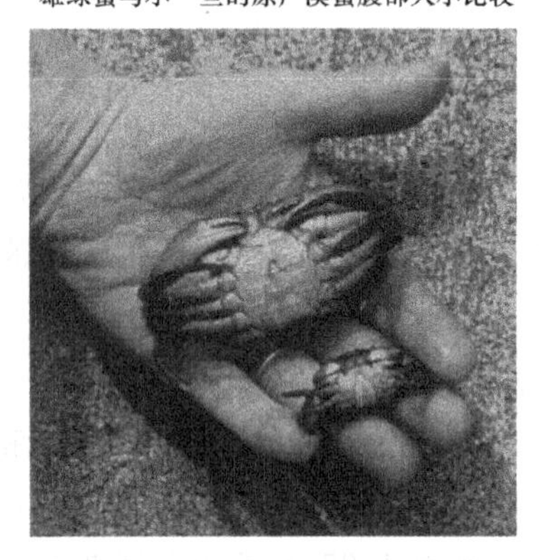

携卵的雌绿蟹与小一些的原产澳蟹的大小比较

加拿大

超过250种的无脊椎动物和鱼类从它们的起源地红海迁移到地中海。这些物种沿着苏伊士运河迁移。苏伊士运河1869年开通，为欧洲和印度洋之间提供了最近的航线。由于运河经过的湖水盐度已经下降，对以潮流携带的浮游幼虫不再是障碍，通过运河160 km的旅程变得很容易。高潮携带了幼虫从红海沿运河向上，多数迁移者已从红海迁到地中海。这些外来物种的迁入被以运河的建筑者的名字命名，称为雷塞布迁移。大西洋和太平洋之间通过巴拿马运河的迁移还没有发现(除了一种藤壶)，因为只有淡水流经运河，因而杀死了许多由潮流带入的海洋生命(参见图9.4)。

海藻也会被偶尔引入。一种由欧洲和太平洋海岸移植的牡蛎携带的绿藻——松藻(*Codium fragile*)已经成为一种有害物种，它在美国的东北海岸的岩石和牡蛎上大量生长。杉叶蕨藻(*Caulerpa taxifolia*)，一种长达3 m的单细胞绿藻，在1984年被偶然从加勒比海引入到地中海。这种快速生长的藻类扩散迅速，尤其在地中海西部，它们消耗了底部的氧气使海草和其他原产物种窒息。不幸的是，明绿色的海藻被广泛应用在海洋水族箱中。1999年美国就已禁止进口，但2000年在加利福尼亚南部的浅水中发现了该物种，可能是有人将鱼缸的水倾倒在泄洪沟中的结果。蛇叶蕨藻(*Caulerpa brachypus*)也被引入，使佛罗里达的珊瑚窒息而死；夏威夷被引入的红藻、耳突卡帕藻(*Kappaphycus striatum*)，也生长在珊瑚上。

陆地水域也没有逃脱不速之客的侵扰。小的淡水斑马贝(*Dreissena polymorpha*)可能从欧洲的压舱水被引入到北美五大湖。1988年首次发现但很快扩散开来，现在在所有五大湖、休斯敦河口、俄亥俄河流域中都有发现。蛤已经占满了许多地区的浅水底部。由于它们通过侵入到吸水管中破坏了水的供应，导致了巨大的损失。

具有商业目的的物种的有意引入或移植也能产生外来物种。日本牡蛎(*Crassostrea gigas*)的贝苗和幼体被引入到北美太平洋海岸，从商业价值角度讲这是一次成功的移植。不幸的是，生活在贝苗上的许多物种也被引入。一种讨厌的引入物种是海蜗牛，它捕食牡蛎和其他原产双贝类。海黍子马尾藻(*Sar-*

gassum muticum)，一种日本褐藻现在被从不列颠哥伦比亚引入到南加利福尼亚。或许是在日本牡蛎的移植过程中，相同的物种也被引入到英国。

大米草，如互花米草从北美大西洋海岸移植到太平洋海岸，在世界许多地区引起了问题。它们扩散到泥潭、牡蛎床、海草床。这些环境是原产物种重要的栖息地、苗床和聚食区，有的物种还有重要的商业价值。

其他外来物种的可能来源是海洋水族鱼类排放到海里的过程。水族馆所有者被怀疑排放了有毒的蓑鲉和其他太平洋水族鱼类到美国的大西洋海岸。没有证据表明这些鱼类会永久栖息在那，但表面上看无害引入却在制造可怕的故事。当地的鱼类和无脊椎动物不能识别这些侵略者，被引入的还有有害的寄生虫。

很难阻止不速之客的闯入。一种可能的选择是控制或管理压舱水的使用。人们已在探索使用过滤的或灭菌的压舱水以及在远离陆地的海洋中部交换压舱水。还有必须严格控制不同地理位置的物种的移植。在移植进行之前必须认真研究涉及物种被提议的新地点的物种的生物学特征。

污损生物　附着在船体和水下部件的生物，如藤壶和船蛆。　第 7 章，135 页。

由于无节制的开发和其他人为影响，许多海洋物种濒临灭绝的危险。鲸、海龟、海牛和其他海洋哺乳动物尤其处于危险中。　418

越来越多的证据表明栖息地的减少和退化使得物种消失，导致了生物多样性的降低(参见“生物多样性：所有的大的和小的生物”，219 页)。保护生物多样性旨在保护物种的数量、它们的栖息地和整个群体，而不仅仅是保护少数濒危物种的数量。

环境保护和改善

栖息地破坏、过度开发和污染的威胁表明海洋环境未来的前景不容乐观。人口的增长(图 17.2)和发达国家对生活需求的增加带来了更大的压力。我们自己的生存也受到威胁。有些生物当然可以在海洋中或其他星球幸存，但我们人类呢？是否已经很晚？还能做些什么？

环境保护

保护海洋生物，阻止人类的滥用是一种解决方法。保护海岸区免受开发浪潮的影响是非常重要的。尽管从表面上看经济发展和保护海岸资源之间的冲突在发展中国家尤为强烈，但它存在于每个地区。发展需要可持续性，也就是说满足今天的需要必须以不影响后代对资源的需要为前提。许多政府制定了法律，但仍有许多工作要做。海岸管理旨在促进对海洋的合理利用，确保后代对其可持续利用。海洋资源的大量利用和管理的必要性要求合理规划以调节开发者、渔民、冲浪者、发电站建造者、海滩游客和筑巢海鸟之间的冲突。海岸管理包括历史保护、海岸进出口、军事用途、旅游和水资源质量等的管理。

阻止海洋环境退化的努力包括海洋保护和有效海岸管理。

在环保者的议程中，南极具有特殊的意义。它的海岸有其他地区所不具有的独特的生命形式，它的冰盖容纳了地球上约 70%的淡水。但没有人拥有南极。潜在的丰富的石油、煤炭和矿产资源，唤醒了开发的“幽灵”，给南极带来了灾难性的后果。1991 年 31 个国家签订了一项禁止开矿和开采石油的 50 年的法令。

保护措施包括许多地方、国家和国际性的旨在保护物种和环境的项目和法律(图 18.10)。例如，石油钻探在加利福尼亚一些海岸已经被禁止。国家政府开始管理商业化的渔业产业，如建立专属经济区

419

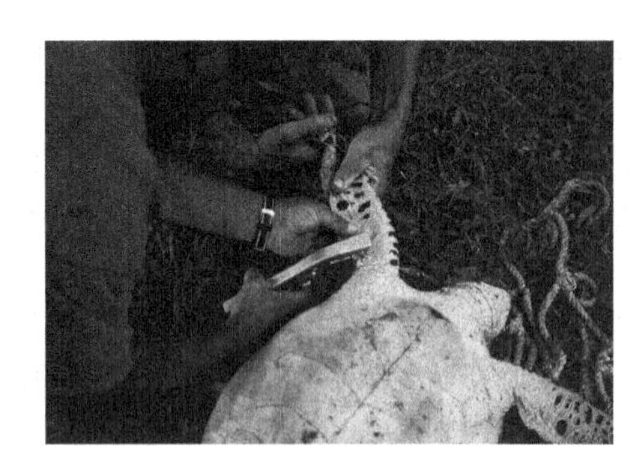

图 18.10　生物学家正在巴布亚新几内亚给一只玳瑁(*Eretmochelys imbricata*)戴标记以进一步了解其迁移和居住特性。巴布亚新几内亚是唯一有六种海龟繁育群体的地方。这张照片摄于 Wuvulu 岛,那里海龟很常见,由于宗教禁忌当地居民不吃龟肉和龟卵。

(EEZs)(参见“资源管理”,388 页)。不幸的是,许多资源仍然被超过最大持续产量的水平开发(参见图 17.8)。政府也建立了海洋保护区,加强对生态区的保护和管理。美国国家河口试验自然保护区在 14 个州和波多黎各设立了 17 个保护区,保护约 1200 km^2 的河口、盐沼和红树林。澳大利亚大堡礁、佛罗里达礁岛群、加利福尼亚蒙特里湾和世界其他地区被选定为海洋保护区。与附近的非保护区相比,保护区的物种类型和数量通常都要丰富得多,有证据表明保护区有利于周围的水体,一是可以通过育苗,即保护区内的个体繁殖的后代定植到其他地方;一是通过漂溢的方式,即幼体或成体移到保护区外。然而,海洋中只有很小的一部分,约 0.5%被保护。

世界自然基金会、联合国环境规划署和塞拉俱乐部等一些团体和组织通过培训、赞助计划和游说立法等方式在环境保护方面发挥了重要作用。

游走的沙滩，面对萎缩的沙滩我们该怎么办

海滩是珍贵的海洋资源之一,数百万人利用它来娱乐,它们吸引旅游业的重要性从大西洋城到怀基基海滩已表现得很明显。不幸的是海滩一直在减少和消失。

沙滩一直是所有海洋环境中最不平静的,沙滩在改变,暴风雨、飓风、风和潮流的破坏在周期性地改变海岸。美国的大西洋和海湾海岸受到屏障岛的保护,屏障岛是长而窄的与海岸平行的沙质岛。这一狭岛包含了世界上最丰富的沙滩海岸。屏障岛具有与大陆架接壤的海岸的特征,它们于 12 000～14 000 年前随着海平面开始升高时形成(参见“气候和海平面变化”,36 页)。海浪和风开始推动底部沉积,在大陆架底部形成了屏障。沙滩屏障最终形成了屏障岛,随着海平面的升高沿着海岸移动。

屏障岛的价值已不仅是能够吸收飓风和潮汐的压力,保护海岸线,耐盐植物和沙滩动物还可栖息在沙丘上,海鸟利用它们做巢。屏障岛包括盐沼、海草场、泥沼甚至森林。佛罗里达屏障岛以红树林为特征,然而未开发的屏障岛变得很稀少了。桥梁和道路的修建使得到屏障岛更容易了,结果导致了屏障岛过度开发。

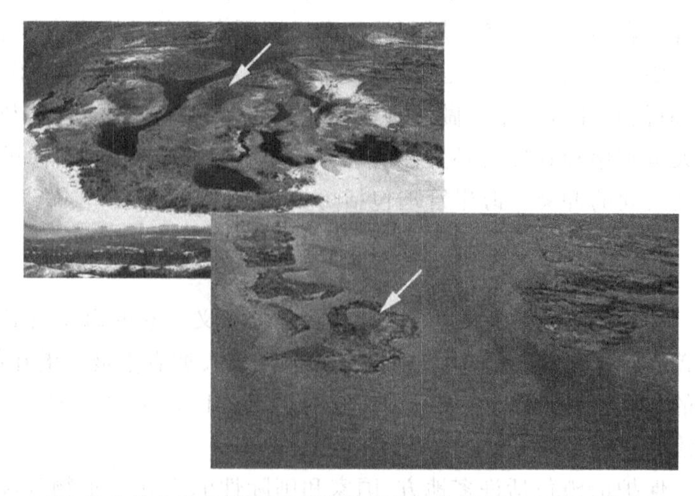

2005 年 8 月卡特里娜飓风对路易斯安娜海岸屏障岛的影响(下)

开发不是唯一的问题。它们的起源给我们一个启示,屏障岛不会和我们在一起很长时间,它们的大小和形状一直在变化。在美国东部,风和岸边流沿着朝海的一侧侵蚀着它们,持续不断地把沙子从一点到另一点、从美国东部的北边移到南边。岛之间的峡谷可能已经填满,碰到 2005 年的卡特里

娜飓风那样的情况，就会使以前已破坏的岛被侵蚀掉。

并非每一个人都意识到沙滩海岸和屏障岛将不能忍受持久的结构变化。可以建造海堤、防浪堤、防波堤和交叉拱进行保护，但通常会使问题变得更糟。腐蚀可以通过促进沙丘的天然形成或种植植被固沙来控制。通过周期性地从离岸补充沙对于保护海岸来说是耗资巨大而作用短暂的。这是高度都市化的南加利福尼亚所采取的措施，在这里曾经由河流带到海里的沙子被水坝挡住了，或变成了混凝土的水渠。然而管理海岸和屏障岛的努力只能中断迟早会战胜人类智慧的天然海岸化过程。

生境修复

改善环境质量的另一措施是使受到破坏和污染的生境得到恢复。生境恢复后通过重要物种的迁移、再造得以缓解压力。由于土地填埋、码头建造而导致宝贵的盐沼、红树林减少至少可以由创造或改善相近的其他生境而部分弥补。这些努力的作用是希望形成健康的生物群体所必需的物理环境（潮汐、盐分和底层）。

专属经济区　沿海岸 370 km 的区域，所属国对该区域的鱼类和其他资源拥有完全的权利。　17 章，389 页。

420

生境恢复的成功例子包括米草——一种重要的盐沼植物的移植和红树林的育苗。然而引进的米草占领了原种正常的生境（参见“生物入侵：不速之客”，416 页）。恢复盐沼有利于重新建立与海洋的联系以重建潮流。建起渠道，使被挖走的沉积物积累起来。潮流缓慢引进其他群落的幼虫。由于有假根可以紧紧地固定到岩石或浸没在海里的尼龙绳上，幼嫩的大型海藻已被用来帮助恢复海藻森林（图 18.11）。珊瑚和海草移植中用到的技术有望用于被损珊瑚礁和海草的再种植。利用绘制的诱饵和太阳能录音机播放的鸟叫声吸引海鸟回到到原来的巢穴。

然而生境恢复不是预防海洋环境退化的好方法。恢复很少能使生境回到原始状态，而且通常代价昂贵。

图 18.11　生境的重建包括将巨藻（*Macrocystis pyrifera*）幼体移植到大型海藻森林已消失或灭绝的地方。

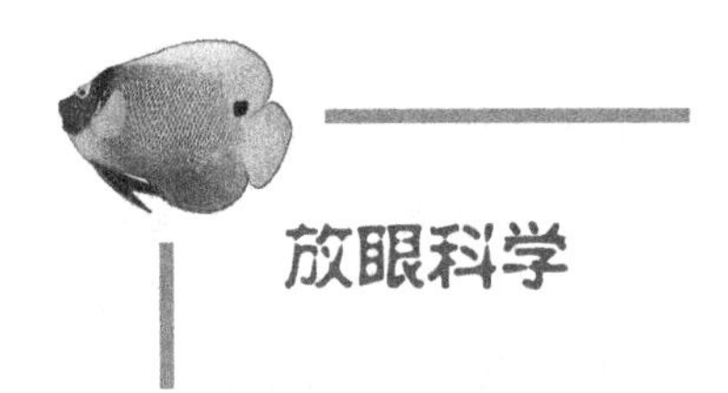

放眼科学

千年生态系统评估

2001年,来自95个国家大约1360位专家被联合国任命,承担一项被称为“千年生态系统评估(MA)”的工作,任务就是对地球生态系统进行全面清查,以评估人类影响所造成的结果。项目的重要目标是提出建议以减轻人类对全球环境施加的压力,同时提出建议如何评价生态系统的健康对我们生活质量的影响。2005年带有结论和建议的总结报告发表,这份报告被认为是关于地球自然环境的最为全面的报告。

尽管是在预料中,MA最主要的发现就是被调查的约2/3的系统正在退化或被以非持续性方式利用。在过去的50年里这些变化尤其迅速。专家推测20世纪后期生态系统的变化要快于历史上任何时期,他们把对世界海洋尤其是海岸生态系统的影响作为自然资源严重破坏的例子。大规模捕鱼满足日益增长的食品和动物食品的需求导致了多数世界海洋商业化物种总量减少90%(参见“最适产量与过度捕捞”,385页),过度捕捞也导致了副渔获产量的增加,导致了大量低价值、低营养的鱼类被捕捞。专家推测渔业已经超出了维持目前需求的水平。热带地区红树林和珊瑚的减少是全球最明显的变化,其他海洋生态系统发生变化的明显例子是海区的富营养化、生物多样性的减少和引种的后果。

(更多信息参见《海洋生物学》在线学习中心。)

人工鱼礁

建造人工鱼礁大大促进了捕捞业。鱼礁提供了不规则的表面和隐蔽所吸引了鱼类、龙虾和其他生物,也包括垂钓者和潜水者。贝类和巨藻等大型海藻可以在其表面定居生长。各种各样的材料被用于建造人工鱼礁,从水泥块、废弃轮胎、抽水马桶到被凿沉的轮船,从战斗用坦克、旧的727喷气式飞机到定制框架结构(图18.12)。在日本已建造了上百座鱼礁,这些礁石建筑已成功提高了鱼类、鲍鱼、海胆和海藻等的产量。然而,有人质疑人工鱼礁是否只是将鱼类和野生生物集中到一个地点,使其更容易被捕获从而导致它们的灭绝。

421

海洋环境的保护包括建立海洋保护区和恢复生境。

图18.12 可以用不同形状的预制混凝土块建造人工鱼礁。

拯救海洋，举手之劳5件事

我们人类对海洋健康的影响比我们想象的要严重得多。无论距离海岸有多远，所有人都影响了海洋。为保护海洋我们可以做很多事情。受美国地球工作小组的《为保护地球可以做的50件事》的启发，这里列举了为保护海洋可以做的5件事。

1. 参与和关注。关心并时刻关注环境问题。阅读、询问、倾听。许多组织、团体和协会立志于帮助保护我们的星球。听听他们说什么，支持他们，发表自己的见解。

2. 关心环境。如果你去海边或去潜水，不要以任何方式扰乱环境，尊重自然环境。把推翻的岩石回归到它们原来的位置，将各种各样的生命留在原处。如果你去钓鱼，一定要了解相关规定，只取用确实需要作为食物的，将小鱼放归大海。如果你去国外旅行，不要购买龟甲和海象牙制作的工艺品，因为它们来自于濒危或受威胁的物种。把珊瑚和贝类留在原处。让它们在故乡生活。务必告诉商家你反对他们销售贝类、珊瑚、海胆和其他海洋生物，因为它们中大多是在活着的时候被采集并被杀死销售的。如果为你的水族箱买鱼类、珊瑚和其他海洋生物，一定要先检查它们是否是以对环境负责、可持续的方式获得的。

3. 合理处理有害材料。我们所使用的有毒化合物的目录十分冗长。油漆、废弃电池、不褪色油墨彩笔、家用清洁机、曲轴油和许多其他含有有毒化合物的产品，从重金属到PCBs，再到含有氯氟烃的喷雾剂等等。把它们倒在下水道或泄洪沟中只是简单地把它们加入到污水中，最终可能随污水流入大海……未经任何处理！

4. 循环使用塑料、电动机润滑油、瓶子和其他垃圾。通过循环使用可以降低塑料被冲到大海的风险。不要忘记带走留在岸边的塑料。在处理之前要切开六联塑料包装环；你不知道它们的终点会在哪里。机油泼洒在地面上，会进入泄洪沟、下水道或垃圾污染河流，最终进入海洋。你们当地的再循环中心会告诉你如何再循环。

5. 节约能量。节约能量可以减少大气中的二氧化碳，二氧化碳是促使全球变暖的温室气体。通过节约汽油、取暖燃油、煤炭和电力可以减少对石油的需求，从而降低由于远海石油钻探和溢油对海洋环境的威胁。节约能量还可以减少对核电的需求，核电增加了放射性废物和热污染的可能性。

★ 交互探索

《海洋生物学》在线学习中心是一个十分有用的网络资源，读者可用其检验对本章内容的掌握情况。获取交互式的章节总结、关键词解释和进行小测验，请访问网址 www.mhhe.com/castrohuber6e。要获得更多的海洋生物学视频剪辑和网络资源来强化知识学习，请链接相关章节的材料。

评判思考

1. 在纽约长岛，养鸭场的废物过去被冲刷到长岛的两个浅水海湾中。富含氮、磷等营养元素的废物污染了水体。你认为污染物的直接影响是什么？你能推测一下对很有商业价值的贝类的可能影响吗？
2. 鲱鱼是一种摄食浮游生物的鱼类，研究发现鲱鱼组织内含有来自工厂排放的化学物质。通过什么观察和实验可以发现这种化合物是否可以生物降解？了解这种化合物是否可生物降解的重要意义是什么？
3. 旅游业和它的影响(例如宾馆污染和船只、游客对脆弱生境的影响)常常与保护措施发生冲突。然而有时候旅游业可起到帮助作用。在加拿大东部由于禁止捕杀格陵兰海豹造成的经济影响，部分已从为观看海豹蜂拥而至的游客身上得到了补偿。你还能想到其他例子吗？为最大限度降低旅游业对尚未破坏的海洋环境的影响，你有什么建议？

拓展阅读

网络上可能找到部分推荐的阅读材料。可通过《海洋生物学》在线学习中心寻找可用的网络链接。

普遍关注

Allen, I. , 2004. Will Tuvalu disappear beneath the sea? *Smithsonian*, vol. 35, no. 4, August, pp. 44—52. Rising seas and increasing storms that may be caused by global warming raise fears about the future of Tuvalu, a tiny island nation in the southwestern Pacific.

Alley, R. B. , 2004. Abrupt climate change. *Scientific American*, vol. 291, no. 5, November, pp. 62—69. Sudden shifts in climate, like one that may be brought about by a shift in the North Atlantic conveyor, may be a symptom of global warming.

Bourne, J. K. , 2004. The big uneasy. *National Geographic*, vol. 206, no. 4, October, pp. 88—105. The coast of Louisiana is rapidly being eroded away as the result of dredging and other factors.

Burdick, A. , 2005. The truth about invasive species. *Discover*, vol. 29, no. 5, May, pp. 34—41. Not all introduced species are as undesirable as they may seem to be.

Graham-Rowe, D. , 2004. Breaking up is a hard thing to do. *Nature*, vol. 429, 24 June, pp. 800—802. The good news is that old, single-hulled tankers are being scrapped, the bad news is that the recycling process spreads toxic chemicals.

Hansen, J. , 2004. Defusing the global warming time bomb. *Scientific American*, vol. 290, no. 3, March, pp. 68—77. Practical actions by governments and people may slow down or even stop global warming.

Krajick, K. , 2004. Medicine from the sea. *Smithsonian*, vol. 35, no. 2, May, pp. 50—59. Marine organisms from many habitats are being investigated as sources of new medications.

McGrath, S. , 2003. Color blindness. *Audubon*, vol. 105, no. 4, December, pp. 66—72. Bleaching and other stresses threaten coral reefs around the planet.

Moore, C. , 2003. Trashed. *Natural History*, vol. 112, no. 9, November, pp. 46—51. Plastic waste pollutes the open North Pacific.

Nicholls, H. , 2004. Sink or swim. *Nature*, vol. 432, no. 7013, 4 November, pp. 12—14. The establishment of marine protected areas on the high seas is seen as a way to conserve valuable biodiversity and fishing resources.

Stassny, M. L. J. , 2004. Saving Nemo. *Natural History*, vol. 113, no. 2, March, pp. 50—55. The economic impact of aquaria may ultimately help conserve some marine habitats.

Williams, C. , 2004. Battle of the bag. *New Scientist*, vol. 183, no. 2464, 11 September, pp. 30—33. Plastic bag fragments enter the marine environment in increasing amounts, something that has prompted many nations to take drastic control methods.

Wolanski, E. , R. Richmond, L. McCook and H. Sweatman, 2003. Mud, marine snow, and coral reefs. *American Scientist*, vol. 91, no. 1, January-February, pp. 44—51. Conservation and management of resources on sea and land are needed to help prevent the harmful effects of sedimentation on coral reefs.

Wright, K. , 2003. Watery grave. *Discover*, vol. 24, no. 10, October, pp. 46—51. Not all scientists agree that fertilization of the ocean may help decrease carbon dioxide in the atmosphere and hence decrease the effects of global warming.

Wright, K. , 2005. Our preferred poison. *Discover*, vol. 26, no. 3, March, pp. 58—65. Because of its many uses and great toxicity, mercury pollution is a major environmental problem.

深度学习

Burgen, L. K. and M. H. Carr, 2003. Establishing marine reserves. *Environment*, vol. 45, no. 2, pp. 8—19.

Cesar, H. S. J. and P. J. H. van Beukering, 2004. Economic valuation of the coral reefs of Hawai'i. *Pacific Science*, vol. 58, pp. 231—242.

Charlier, R. and P. Morand, 2005. Use, role, and nuisance aspects of algae in coastal and related ecosystems: The importance of controlling eutrophication. *Ocean Yearbook*, vol. 19, pp. 127—137.

Coles, S. L. and B. E. Brown, 2003. Coral bleaching—capacity for acclimatization and adaptation. *Advances in Marine Biology*, vol. 46, pp. 183—223.

Forde, S. E., 2002. Modelling the effects of an oil spill on open populations of intertidal invertebrates. *Journal of Applied Ecology*, vol. 39, no. 4, pp. 595—604.

Gray, J. S., 2002. Biomagnification in marine systems: The perspective of an ecologist. *Marine Pollution Bulletin*, vol. 45, no. 1, pp. 46—52.

Grosholz, E. D. and G. M. Ruiz, 2003. Biological invasions drive size increases in marine and estuarine invertebrates. *Ecology Letters*, vol. 6, no. 8, pp. 700—705.

Herborg L. M., S. P. Rushton, A. S. Clare and M. G. Bentley, 2003. Spread of the Chinese mitten crab (*Eriocheir sinensis* H. Milne Edwards) in Continental Europe: analysis of a historical data set. *Hydrobiologia*, vol. 503, no. 1—3, pp. 21—28.

Hooker, S. K. and L. R. Gerber, 2004. Marine reserves as a tool for ecosystembased management: The potential importance of megafauna. *BioScience*, vol. 54, no. 1, January, pp. 27—39.

Jones, W. R., 2002. Prospects for pollution reduction by bioremediation in the marine environment. *Ocean Yearbook*, vol. 16, pp. 463—471.

Kaiser, M. J., 2003. Detecting the effects of fishing on seabed community diversity: importance of scale and sample size. *Conservation Biology*, vol. 17, no. 2, pp. 512—520.

Lafferty, K. D., J. W. Porter and S. E. Ford 2004. Are diseases increasing in the ocean? *Annual Review of Ecology, Evolution, and Systematics*, vol. 35, pp. 31—54.

McConnell, M., 2003. Ballast and biosecurity: The legal, economic and safety implications of the developing international regime to prevent the spread of harmful aquatic organisms and pathogens in ship's ballast water. *Ocean Yearbook*, vol. 17, pp. 213—255.

Peterson, C. H., 2001. The *Exxon Valdez* oil spill in Alaska: Acute, indirect, and chronic effects on the ecosystem. *Advances in Marine Biology*, vol. 39, pp. 1—103.

Rabelais, N. N., R. E. Turner and W. J. Wiseman, 2002. Gulf of Mexico hypoxia, a. k. a. "The dead zone." *Annual Review of Ecology and Systematics*, vol. 33, pp. 235—263.

Secord, D., 2003. Biological control of marine invasive species: cautionary tales and land-based lessons. *Biological Invasions*, vol. 5, no. 1—2, pp. 117—131.

Shivji, M., S. Clarke, M. Pank, L. Natanson, N. Kohler and M. Stanhope, 2002. Genetic identification of pelagic shark body parts for conservation and trade monitoring. *Conservation Biology*, vol. 16, no. 4, 1036—1047.

Smith, J. E., C. L. Hunter, E. J. Conklin, R. Most, T. Sauvage, C. Squair and C. M. Smith, 2004. Ecology of the invasive red alga *Gracilaria salicornia* (Rhodophyta) on O'ahu, Hawai'i. *Pacific Science*, vol. 58, pp. 325—343.

Steneck, R. S. and J. T. Carlton, 2001. Human alterations of marine communities. Students beware! In: *Marine Community Ecology* (M. D. Bertness, S. D. Gaines and M. E. Hay, eds.), pp. 445—458. Sinauer, Sunderland, Mass.

Thrush, S. F. and P. K. Dayton, 2002. Disturbance to marine benthic habitats by trawling and dredging: implications for marine biodiversity. *Annual Review of Ecology and Systematics*, vol. 33, pp. 449—473.

第 19 章

海洋与人类活动

在最后一章，我们将概括地描述海洋如何塑造了人类文化，又如何显而易见和潜移默化地影响着人类文化，以此结束海洋生命之旅。第 17 章的着眼点是我们对海洋资源的利用，第 18 章则将重点放在了人类是如何影响海洋健康的。现在我们将视角转换一下，看一看海洋是如何影响我们人类的，这是一个具有广泛意义的全球性问题。

海洋——阻隔与纽带

人们曾经认为我们居住的星球是平的，驶离地平线那就意味着掉入大嘴海怪的嘴里(图 19.1)。世界各国的人们被不知名的大陆板块或海图上未标明的水体分割，海洋成为文化之间的屏障。即使分隔英国与欧洲大陆的海峡仅有几公里，但仍然产生了分离效果，英格兰文化的特色和独特性得益于此。爱尔兰、马达加斯加、日本和其他岛国的文化都受到类似的影响。

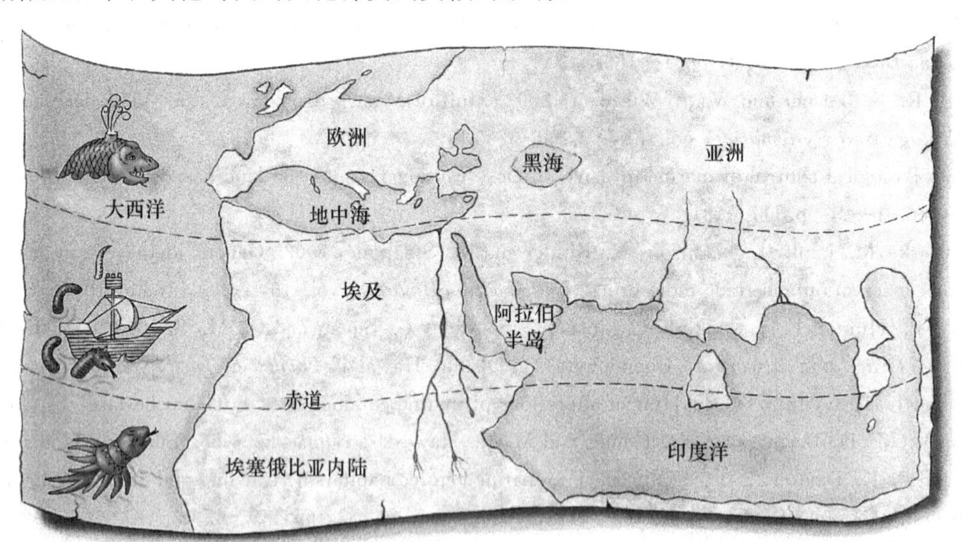

图 19.1　由于深受托勒密(Ptolemoaeus, 公元 2 世纪)地理学的影响，15 世纪的制图师认为地球是平的。请注意，根据这张地图印度洋被陆地所包围，因此绕过非洲到达印度是不可能的。

很少有人冒险穿越地平线。然而事事皆有例外，阿拉伯水手年复一年地在西印度洋穿越航行已有几个世纪，9～10 世纪北欧海盗曾横行北大西洋，之后不久巴斯克捕鲸者也穿越过北大西洋。波利尼西亚人依靠双体舟在辽阔的太平洋上航行，中国航海家还到过太平洋最东部的海岸。然而直到 15 世纪，欧洲人的航海发现才开始改变了地球是平的这一在古代和中世纪盛行的观点。

发现海外新大陆的探险之旅是由葡萄牙人率先开始的，15 世纪后期他们的航船绕过非洲最南部的好望角到达了印度，并从香料贸易中获得巨大收益(参见“高桅帆船和表层流”，54 页)。与此同时，克里斯多夫·哥伦布也在寻找到达东方的捷径,1492年他首次横渡大西洋。与数世纪前登陆美洲的维京海盗不同,哥伦布的发现很快被众人所知晓。许多航海者纷纷效仿,但他们的目的并不都是为了寻找香料(参见“海洋生物学发展历程”,4页)。从1480年到1780年,这些探险者开发了除极地外所有的大洋,未被探索的海岸所剩无几。至此,海洋成为文化、商业、战争、疾病蔓延和传播的途径。殖民主义开始跨海扩张,移民、奴隶、宗教、语言、商人、科学发现和思想紧随其后。 425

在发现与探索时代之前,难以逾越的海洋分隔了地球上的人们,但最终海洋却成为交流的通途。

今天,海洋已成为连接世界经济的重要通道,原材料和制成品通过海洋运来送往。海运仍然是长途运输大宗货物的最经济的手段,因此绝大多数国际贸易是通过海洋来进行的。经济全球化加速了海洋贸易的发展,二战后海运贸易急剧增长。在20世纪80年代,仅仅是由于原油运输量的减少就使海运贸易下降了约10%,但原油运输仍然占据海运贸易的最大份额。铁矿石、煤炭和谷物等货物的贸易也主要依赖于海运。由于运输货物的种类十分多样,人们制造了专门化的船只来运输特殊的货物(如液化气、牲畜和葡萄酒)。现在,大部分海运货物通过大型钢制集装箱运输。这些集装箱由卡车运到码头并由起重机吊装到大型集装箱船上(图19.2),然后货物在终点被卸载,整个过程中已不再需要人拉肩扛。

图19.2　图中巨大的集装箱船似乎是在陆地上航行,但实际上正在通过巴拿马运河从太平洋驶往印度洋。能够装载8000标准箱的新型集装箱船十分巨大,还不能从巴拿马运河穿行。

对于客运而言,除了沿岸短途航行,海洋已不再是主要的通道。现在人们乘飞机来往于大陆之间,但大型客船可以运载乘客到阳光明媚的海岸,使其焕发出新的生命力。

今天,海洋还被垃圾和污染物连为一体。来自中东的石油、来自纽芬兰的龙虾标志环、来自格陵兰岛的洗发液瓶和来自于巴西的冰激凌盒子都被冲到爱尔兰海岸的沙滩上,见证了这一可悲的现实。

海洋与文化

人类与海洋之间的联系可以追溯到人类最初的起源。有人推测,人类进化早期的一些阶段生活在水陆交界的海滨,而且我们沿岸定居的祖先常常涉水渔猎食物。证明这一结论的证据就是人类稀疏的毛发,呈相对流线型的身体,用于保温的脂肪层,这些形态特征在鲸类中均存在。当然,很多科学家不同意 426

这一假说。但不管怎样,从史前时代开始,海洋无疑就对沿海地区人类文化的形成产生了影响。

包括环境要素在内的文化是由人类创造的,其呈现形式多种多样,包含工具、饰品、住所,以及非物质形态的习惯、风俗和信仰等方方面面。在全世界范围内,许多文化的塑造与海洋密切相关,人类学家把这些文化称为海洋文化。

发掘史前遗留的废物堆和食用贝类后堆积成的贝丘,证明了海洋生物作为食物的重要性,以及生活在海边的好处。鱼钩是人类制作的最早的工具之一。在史前沉积物中,经常可以发现鱼类、海龟、海鸟和鳍足类海兽的遗骸。通过这些沉积物,古生物学家可以了解先人的饮食习惯、饮食变化,有时还能了解到古代文化所造成的食物资源过度利用的情况。

随后,人类开始学习利用捕捞网、定置网和其他更加先进的捕鱼技术;海盐的提炼和贸易变得至关重要,甚至影响到城市和国家的发展;随之而来的船只性能的提升使渔民和盐商可以驶向更远的地方。

渔业对许多沿海而居的美洲原住民非常重要,居住在美洲西北太平洋海岸的印第安人的生活就是最好的证明,他们生活的区域是从阿拉斯加南部到加利福尼亚北部。美洲原住民的生活很大程度上依赖于鲑鱼、海洋哺乳动物、贝类和其他海洋生物,他们对赖以为生的海洋生物的季节性数量变化和迁徙规律十分了解。一些部落甚至意识到赤潮能使贻贝带毒。海洋生命也为宗教信仰奠定了基础,例如,有些部落认为鲑鱼是具有鱼形态的神灵,它们每年牺牲自己来帮助人类。如果将它们的骨骼放回水中,灵魂就会回到海中的家园,然后再转变成鱼。人们举行仪式以防止鲑鱼被冒犯,使得它们不愿回归或溯河而上,断绝了人们的食物来源。海洋生命也为图腾柱等木雕艺术提供了灵感。鲍鱼和其他腹足动物的贝壳还被用来做成面具和装饰物。

因纽特和印努皮耶喀的爱斯基摩人,以及北极地区的其他原住民使用一种用海豹或海象的皮制作的,被称为 *kayaks* 的单人或双人皮艇捕获鲸类和其他海洋哺乳动物;还有一种较大的被称为 *umiaks* 的船也是用海兽皮制作的。当地的民间传说充满了渔猎的惊险故事,在这些故事中英雄得到了海神的帮助。尽管原住民文化已经发生了变化,但一些当地人仍保留了传统的渔猎方式。

在墨西哥西北部的赛里印第安人的日常生活中,加利福尼亚湾大叶藻(*Zostera*)种子是一种传统的食物,这是已知的唯一一种来自海洋的谷物。现在,赛里印第安人只是偶尔收获大叶藻,它的粉可做粥,添加蜂蜜、仙人掌种子和海龟油后具有独特的风味。在过去,大叶藻种子经烘焙后可用来治疗儿童腹泻,风干的大叶藻可以用来做屋顶和做成玩偶,用干大叶藻填塞鹿或盘羊的阴囊作成球可供孩子玩耍。

早期的波利尼西亚人、密克罗尼亚人和大洋洲的其他居民把整个太平洋作为他们的家园。由此,他们成为拥有超凡航海技术的航海家。与欧洲人不同,他们不畏惧海洋,从新西兰岛和马里亚纳岛到夏威夷岛和复活节岛,他们定居在太平洋最遥远的地方。他们依靠双体舟取得了非凡的成就,这些轻舟是用树木雕凿而成并用椰子纤维进行加固的(图 19.3)。

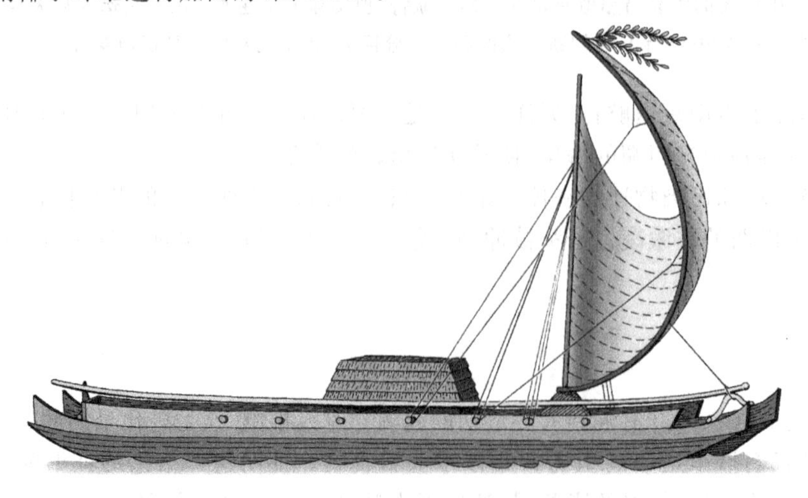

图 19.3　一种被称为 *Wa'a kaulua* 夏威夷双体舟。

海洋及其生灵还为大洋洲原住民的民俗和艺术提供了意象和符号(参见图 1.1)。根据传说,新西兰岛是波利尼西亚渔民在追捕一条偷窃诱饵的章鱼时发现的。在他们的创世神话和其他各种神话传说中,海洋一直扮演着主要角色。在一些文化中,天和地据说是由一只巨大的海蚌构成的;而另外一些文化则认为一只带斑点的大章鱼将天和地牢固地连接在一起。关于海洋生物的故事数不胜数,例如海豚姑娘、宠物鲸鱼、堕入爱河的鲨神等。

海洋帮助世界沿海地区塑造了多样的海洋文化。

古代航海文化在地中海和中东地区也逐渐浮现。埃及人、腓尼基人、希腊人、波斯人、罗马人和其他古代水手在海上捕鱼、贸易、相互征战。他们常常在大海的激励下迸发出万丈豪情(图 19.4)。许多被发现的沉船残骸就是他们勇气的见证(参见“海洋考古学”,428 页)。

图 19.4　古罗马人经常用带有海洋相关图形的马赛克来装饰地板和墙壁。

渔业和商业成为中世纪欧洲沿海地区经济的基础,例如波罗的海的鲱鱼产业成为汉萨同盟城邦的主要生计,使这一波罗的海和北海的港口城邦联盟兴盛一时。而到了 15 世纪,随着渔业经济崩溃,联盟也瓦解了。

427

英格兰、荷兰和葡萄牙在中世纪晚期和现代社会早期能逐渐成为世界强国主要归因于其海运贸易和强大的海军力量。在许多方面,他们以其竞争对手威尼斯和热那亚为学习榜样,威尼斯和热那亚是地中海贸易的重要海港。渔业、贸易,尤其是提升海军力量的需求开始在其他方面发挥重要作用。通过刺激造船业的发展,这些需求大大促进了科学、技术以及勘探的发展。

“谁统治了海洋,谁就统治了陆地”,这一格言很快成为新兴国家的座右铭。勒班陀海战、西班牙无敌舰队战败、特拉法尔加海战、纳瓦里诺海战和其他海战传奇至今仍英雄史诗般地萦绕在我们耳边。1890 年,美国海军军官、史学家阿尔弗雷德·马汉(Alfred T. Mahan)撰写了《海权对历史的影响》一书。在该书的影响下,当时世界上几大强权国家纷纷建造现代化的舰队,引发了第一次世界大战前夕世界范围内海军军备竞赛。马汉的预测很快得到证实,1905 年随着沙皇俄国的太平洋舰队被日本击沉,其帝国实力也随之被削弱。日德兰半岛战役、中途岛战役、珊瑚海战役和其他一战、二战中的海战进一步证明了现代战争中海洋的战略重要性。

随着“炮舰外交”政策的提出,世界各国开始用海军力量来施加影响,保护其在地区和全球的利益。今天,超级大国已经用导弹核潜艇、远程轰炸机和核导弹代替战舰作为其首要打击力量。但由于控制海上航线对世界经济至关重要,同时出于对石油、渔业和其他海上资源保护的需要,对许多国家来说保持强大的海军力量仍然十分必要。

与此同时,许多历经风雨保留下来的海洋文化已在很大程度上发生了变化,甚至彻底发生了改变,只有那些与海洋的周期性和食物获取相关的时代痕迹才被遗留下来。

赤潮　一些甲藻、蓝藻和其他生物过度繁殖,使水体变色,并产生毒素,毒素在贝类中积累,人类食用后将会导致贝类麻痹性中毒。　第 15 章,327 页。

海洋考古学是考古学中一个新兴的领域，其研究目的是为了发现、抢救和解释遗存在海底的人类文化遗产。使用水肺潜水和海下遥控机器人，海洋考古学家能够揭示我们无法触及的被深层沉积掩盖的秘密。

作为一门现代科学，海洋考古学诞生于20世纪60年代，当时考古学家在土耳其沿岸的地中海发掘出一艘3000年前的沉船。在此之前，沉没船骸的线索往往是偶然由采海绵的渔民，而不是训练有素的考古潜水者发现的。从此以后，在全世界进行了水下挖掘调查。迄今为止发现的最古老的一艘船是3500年前青铜时代沉没在土耳其西南海岸的，船上装载了大量令人着迷的工艺品。

这些水下挖掘为人们了解远古文化提供了无价的信息：船舶构造、船上生活、贸易和探索航线以及海战。工具、器皿、鞋子、武器、硬币和珠宝为我们了解贸易物品、饮食习惯和日常生活其他方面提供了启示。

从海底可能发掘出艺术珍宝、黄金和其他有价值的物品。一批价值连城的古希腊青铜雕塑已从地中海被发掘出水。在一些西班牙大型帆船残骸以及一些近现代沉船上埋藏黄金、钱币和珠宝等宝藏。为财宝而劫掠海底沉船已成为一个严重的问题，由此导致一些重要的考古地点受到破坏或散失。

通过查阅分析古代资料和航海图可以对沉船进行定位。被半埋的船体碎片、铁锚、盛装橄榄油或好年份葡萄酒的陶罐常常会引起潜水者的注意，一些在浅水区沉没的船只就是这样被发现的。调查沉船的方法包括潜水、水下摄影摄像、航空摄影、利用坐标网格系统对沉船地点制图等。所采用的技术也日益先进，侧扫声呐利用回声波可以探测海底的情况，而浅地层剖面仪则可以确定被沉积物覆盖的沉船位置轮廓。由计算机控制的高精密声呐测量定位系统(SHARPS)可以为考古学家提供沉船位置的三维地图。水下遥控设备将现场图像发送给水面的船只，船只再将数据经卫星中继传送给博物馆和研究所专家进行研究。这样数千千米之外的图像在数秒内就可由海底到水面、由水面到空中，在从空中到达目的地。

海洋考古学家还参与发掘被淹没的城市和港口，这有助于了解古代文明的经济和技术。这方面的工作包括发掘牙买加皇家港口，这个港口在1692年的地震中沉没。同样的还有发掘现已沉没的凯撒利亚海港(Caesarea Maritima)，这是一个巴勒斯坦海岸的古罗马港口城市。

沉没的船只有时仍然保存完整，1628年瑞典战船“瓦沙号”在处女航中整体沉没，此后一直静静地停栖在斯德哥尔摩港水下，直至1961年她被从深达33 m水下整体打捞出水。沉没的“瓦沙号”被冰冷的海水和厚厚的泥浆保护起来。幸运的是由于波罗的海盐度较低，蛀木船蛆稀少。另一个例子是1536年沉没的英国战船“玛丽·罗斯号”，1982年在出水了大量有价值的工艺品后，其仅存的右舷被打捞出水。此外，美国内战期间的铁甲战舰“监测”号的炮塔和大炮从哈特拉斯角水下67 m处捞起。沉没在海下大约4000 m的“泰坦尼克”号可能就是下一个打捞对象。

海洋考古学家采用的一些技术

一些海洋文化仍然留存，这些文化中传统的知识、风俗和制度成为保护当地渔业资源和生物多样性的宝贵手段。今天，在太平洋的孤岛上和南大西洋与世隔绝的拉布拉多半岛沿岸、法罗群岛和特里斯坦达库尼亚岛，仍然能够发现居住在渔村中，恪守独特的谋生手段并依赖海洋生存的海洋民族。但随着现代文明的传播，许多海岸已不再是孤立之地，一些海洋民族不得不设法维持其生计。巴夭族(Bajaus)生活在菲律宾南部和婆罗洲北部，被称为"海上吉普赛人"，至今仍与他们的祖先一样是船上人家，主要从事捕鱼、潜水寻找珍珠等生计。韩国的女性潜水者仍然通过潜水捕获可食用的海洋生物作为生活来源(参见"放眼科学：历史悠久的韩国女性潜水者"，430 页)。巴拿马加勒比海岸的库纳印第安人现在仍生活在几百个离岸小岛上，有些小岛是库纳人对珊瑚礁进行扩建填海而成。还有就是传统的海洋民族——荷兰人，他们通过筑造堤坝、开通河渠从北海海底开垦出土地，并在这片土地上繁衍生息。在荷兰这一人口密集的国家，其大部分国土实际上位于海平面以下。在许多现代社会中，仍然有一批与海洋密切相关的社会成员，被视为海洋亚文化群体，包括渔民、鱼贝类养殖者、海员、商业潜水者和其他依赖海洋生活的专业组织(图 19.5)。

428

429

图 19.5　图中正在修补渔网的马来西亚水手就属于一种遗留下来的海洋亚文化，这种文化与海洋的节律紧密相连。

海洋给人类留下的印记仍然存在于我们的日常生活中，其文化因素超越了食物、商业、政治和战争等。海洋及其蕴含的文化始终是康拉德、美尔维尔、海明威、聂鲁达、莫奈和德彪西等作家、画家和音乐家作品中永恒的主题。甚至，海洋还激发了许多建筑师的创作灵感(图 19.6)。

图 19.6　日本严岛(Itsukushima-jinja)神社，一座受到大海启示和影响的建筑。经过精心的设计，神殿及其非常著名的殿门在高潮时似乎是漂浮在水面上。

海洋与休闲娱乐

休闲娱乐是海洋的另一个遗产。随着人们生活水平的提高和休息时间的增加，海洋为人们提供了许多进行海洋娱乐的机会。

只要有足够的经济实力，任何人都可以飞赴遥远的海滩或乘游艇到偏远的天堂般的海岛游玩。加拉帕哥斯群岛和南极洲等景点的生态旅游为潜水者和自然爱好者提供了旅游的机会。大海的明媚阳光和尽情挥洒的快乐是人们所追求的，为了满足人们的需求，庞大的旅游产业应运而生，支撑着许多国家和地区的经济。赏鲸游雇佣了许多失业的渔民，当地人可能会选择对海洋生物进行保护，因为他们将其看成一种收入来源。然而，在许多地区，旅游业取代了渔业和传统的行业，甚至威胁到了海龟等一些物种的生存。由于开发产生的数百万加仑污水导致水体污染。旅店和其他设施的建设、潜水者和运输船只数量的增加对生境的破坏是另一类有害的负面效应。

430

许多人的休闲娱乐活动围绕着浮潜、水肺潜水、航海、滑水、冲浪等水上运动，个人冲浪对有些人来说是一种生活方式。与海上垂钓一起，海上运动为人们带来休闲，同时也支持了休闲产业的发展。

由海洋提供的娱乐机会影响到许多人娱乐的方式和那些依赖旅游产业生存的人们。

放眼科学

历史悠久的韩国女性潜水者

在韩国，被称为“海女”(韩国语 henyo 或 haenyo)的女性潜水者是海洋文化最独具特色的范例之一，这种文化在21世纪的今天仍得以保存。韩国最南部的济州岛，女性从事传统的潜水活动最早可以追溯到1500年前。在日本，尽管多数潜水者为男性，但在日本南部的一些地方仍然有女性潜水者(日本语 ama)存在。最初，韩国海女从事潜水主要是为了捕捞珍珠贝，现在则主要是捕捞鲍鱼和其他贝类，以及海胆、海藻和其他可食用的海洋生物。为了防止过度捕捞，呼吸器是禁止使用的。因此在深达10～20 m寒冷而汹涌的海水中，在没有任何重物的帮助下，海女们仅仅凭借黑色潜水服和脚蹼进行自由或屏气潜水。这些大多数年届中年，甚至有些年过60的海女们常常要反复潜水数个小时，每次持续的时间为2～4分钟。她们终年从事潜水，即使在温度低达10℃的冬天也不会停止。当浮出水面时，她们深深地呼出一口气常常伴随着一声长长的呼哨，在随后的间歇时间海女们进行深呼吸并将收获的海洋生物放入漂浮的网具中。这项工作的确收益可观，然而同时也充满了艰辛和危险。

韩国、日本和美国的研究人员一直试图揭示海女出色耐受能力的答案。深海屏吸潜水常常会造成潜水减压病、肺功能衰退、眩晕、心脏病发作，甚至死亡。尽管从理论上讲由于血液中形成氮气泡而引起减压疾病是完全可能的(参见“游水和潜水”，199页)，但在实际研究中尚未发现海女罹患减压症。潜水者血氮浓度较低是由于潜水工作的深度相对较浅。有证据表明，过去海女们具备的对低温的适应能力与她们在潜水时仅穿着棉质潜水衣密切相关。现在由于使用紧身潜水衣，已不必对低温做任何特殊的生理适应。然而，在冬天一个工作日结束后海女胸部皮肤温度仍下降了7℃。

研究者尤其感兴趣的是性别差异是否以某种方式影响着潜水忍耐力。有人提出海女比男人更能够忍耐压力，或者认为女性体内脂肪分布使她们比男人更能够长时间抵抗低温。然而，并没有存在显著差异的证据。也许正如海女们所强调的，她们的忍耐力是适当的呼吸控制训练的结果。“它来自于经验。我们学习在水中如何控制呼吸，并扩大我们的肺活量。”

(更多信息参见《海洋生物学》在线学习中心。)

431

未来前景展望

想要预测海洋未来的境况是不可能的。乐观主义者展望未来的城市将建在水下或建在漂浮的海岛上，通过海水养殖获得食物，从海水或海床中开发出无尽的能源，而且污染已不再是谈论的话题。然而，大多数人并不如此确信。他们指出随着世界人口规模的扩张，人类对海洋环境的影响将不断增强。现代化技术导致新的勘探方法，能发现以往不可想象的海洋资源。因此，海洋的前景并不十分乐观。如果不采取果断的措施，生境破坏、污染和物种灭绝将不可避免地持续加剧。也许更加令人们警觉的应是全球变暖导致海平面的上升(参见"在温室中生活：我们日益变暖的地球"，406 页)。

海洋是全人类的遗产，我们必须加强保护将其从过度开发和污染中拯救出来，这是 1992 年签署的《联合国海洋法公约》(UNCLOS)的目标之一。该法是许多代表国家商讨多年的结果。尽管许多国家已实施了《公约》中的一些条款，但仅有少数几个国家全面批准了这一《公约》。

专属经济区(EEZs)因《公约》而建立，专属经济区将一个国家经济利益延伸到海岸线外 200 海里(约 370 km)。这一协议对于海洋资源尤其是渔业资源的管理有重要意义(参见"资源管理"，388 页)。现在，一些拥有微小海岛和刚刚高出水面礁盘的国家可以声称拥有其周围大面积海底，而这些海底可能含有石油和矿产等无尽的财富。正是由于这一原因，中国南海周边的一些国家对西沙群岛和南沙群岛提出了权力要求。《公约》还规定距海岸线 12 海里以内为领海，航船可在领海外自由航行。同时，从海面或水下穿越位于一国或多国领海内的海峡也受到保护，这些具有重要的战略意义的海峡包括霍尔木兹海峡(位于波斯湾)、白令海峡和直布罗陀海峡。《公约》呼吁各国颁布法律和规章防止和控制污染，同时保护在公海从事科学研究的自由。

联合国第三届海洋法会议起草了一系列国际协定来规定所有国家对海洋的使用，包括设立专属经济区。

其他国际协议试图解决其他一些问题，1992 年在里约热内卢召开的联合国环境与发展会议(U.N. Conference on Environment and Development，被称为里约全球峰会)，最终签署了《保护地球生物多样性的协议》(参见"生物多样性：所有大的和小的生物"，219 页)，其中一项特别承诺就是要保护原住民传统的渔业利益。

从人类之初，海洋就影响着人类，为人类提供食物和商业、文化的交流通道。然而很明显，人类与海洋的关系被颠倒了。现在，人类对海洋正产生深刻的影响，例如生境破坏、污染、过度捕捞和全球变暖等。尽管人类在改善海洋生态上已取得了一定的进步，但总体而言，海洋的未来似乎并不十分光明。如果现在我们还说"让我们静观其变"的话，那就为时晚矣。

全球变暖　由于大气中 CO_2 和其他温室气体浓度增加，温室效应加剧，导致全球温度升高。　第 18 章，406 页。

《海洋生物学》在线学习中心是一个十分有用的网络资源，读者可用其检验对本章内容的掌握情况。获取交互式的章节总结、关键词解释和进行小测验，请访问网址 www.mhhe.com/castrohuber6e。要获得更多的海洋生物学视频剪辑和网络资源来强化知识学习，请链接相关章节的材料。

评判思考

1. 多数海洋文化已经消失或被其他文化彻底改变。你推测在快速改变的海洋文化中哪些元素将最先消失？哪些元素可能会长久不变地保存下来？
2. 第三届联合国大会海洋法会议没有制定南极的相关条款。南极大陆的一些区域可能含有石油等丰富的资源，因此对南极大陆的最终开发将不可避免。多个国家已经对南极提出了权力要求，而且有些要求相互重叠。你将如何处理这些权利要求？你更倾向于阿根廷和新西兰所提出的所有权应根据地缘接近的主张，还是倾向于挪威和英国等提出的所有权应根据首次发现的主张？如果最终确定南极大陆不属于任何国家，资源该如何开采？

拓展阅读

网络上可能找到部分推荐的阅读材料。可通过《海洋生物学》在线学习中心寻找可用的网络链接。

普遍关注

Ballard, R. D., 2004. *Titanic* revisited. *National Geographic*, vol. 206, no. 6, December, pp. 96—113. The *Titanic* wreck is revisited 19 years after its discovery.

Clarke, W. M., 2002. Pieces of history. *Smithsonian*, vol. 33, no. 8, November, pp. 62—70. The salvage of the turret of the USS *Monitor* reveals details about the lives of sailors who perished in the sinking of the Civil War's most famous ship.

De Jonge, P., 2004. Being Bob Ballard. *National Geographic*, vol. 205, no. 5, May, pp. 112—129. Many problems spoil an expedition to explore a shipwreck in the Mediterranean.

Gadsby, P., 2004. The Inuit paradox. *Discover*, vol. 25, no. 10, October, pp. 48—55. The Inuit people of the Arctic traditionally feed on fat-rich marine mammals and other seafood. Yet, they seem healthy.

Hall, C., 2005. Homage to the anchovy coast. *Smithsonian*, vol. 36, no. 2, May, pp. 98—104. Fishing (and eating) anchovies is a centuries-old tradition in Catalonia, Spain.

Stewart, D., 2004. Salem sets sail. *Smithsonian*, vol. 35, no. 2, June, pp. 50—59. Maritime trade with the Orient made Salem, Massachusetts, the wealthiest city per capita in the United States.

深度学习

Basuttil, O., 2004. Globalisation and the sea. *Ocean Yearbook*, vol. 18, pp. 117—122.

Castro, J. I., 2002. On the origins of the Spanish word "tiburón" and the English word "shark." *Environmental Biology of Fishes*, vol. 65, no. 3, pp. 249—253.

Dzidzornu, D. M. and S. B. Kaye, 2002. Conflicts over maritime boundaries: The 1982 United Nations Law of the Sea Convention provisions and peaceful settlement. *Ocean Yearbook*, vol. 16, pp. 541—607.

Rick, T. C., J. M. Erlandson, M. A. Glasgow and M. L. Moss, 2002. Evaluating the economic significance of sharks, skates, and rays (elasmobranchs) in prehistoric economics. *Journal of Archaeological Science*, vol. 29, no. 2, pp. 111—122.

Woodard, C., 2004. *The Lobster Coast: Rebels, Rusticators, and the Struggle for a Forgotten Frontier*. Viking, New York.

附录 A

测量单位

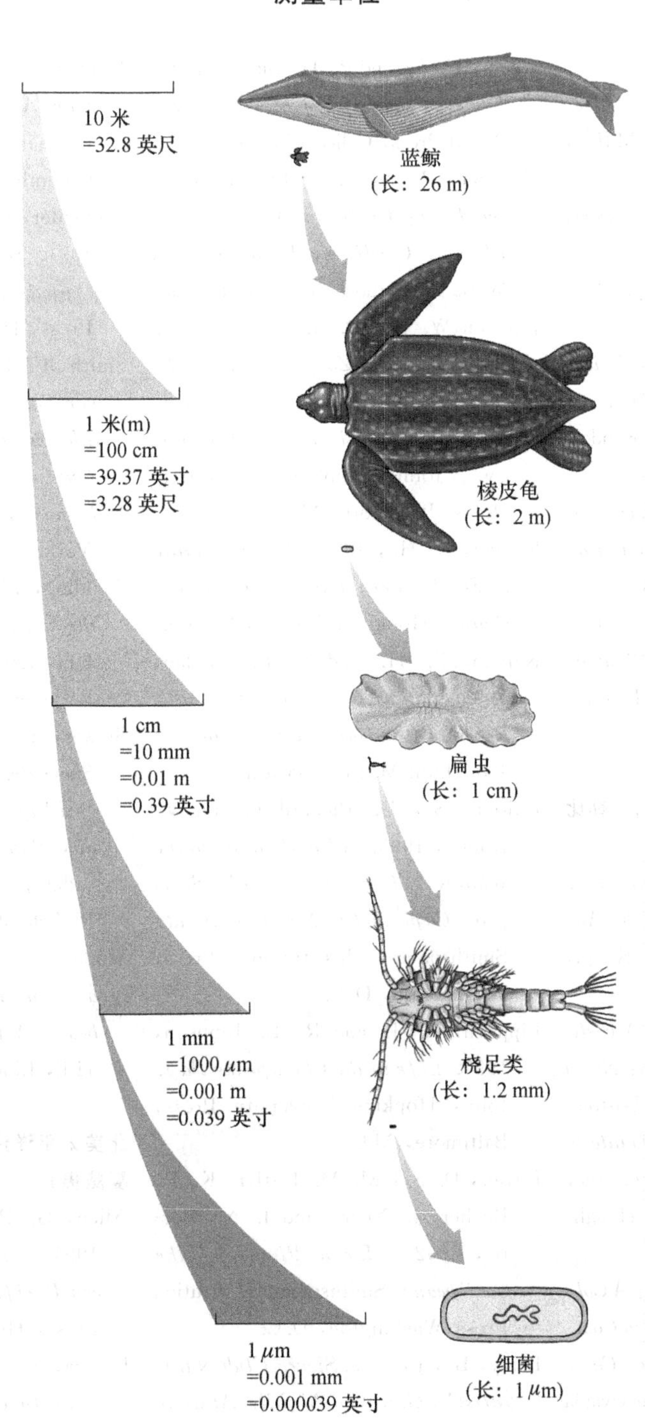

10 米
=32.8 英尺
蓝鲸
(长：26 m)
1 米(m)
=100 cm
=39.37 英寸
=3.28 英尺
棱皮龟
(长：2 m)
1 cm
=10 mm
=0.01 m
=0.39 英寸
扁虫
(长：1 cm)
1 mm
=1000 μm
=0.001 m
=0.039 英寸
桡足类
(长：1.2 mm)
1 μm
=0.001 mm
=0.000039 英寸
细菌
(长：1 μm)

附录B

地域选择指南和其他关于海洋生物鉴定的有用的文献。

通用的

Harrison, P., 1991. *Seabirds: An Identification Guide*. Houghton Mifflin, Boston.

Meinkoth, N. A., 1981. *The Audubon Society Field Guide to North American Seashore Creatures*. Knopf, New York.

Perkins, S., 1994. *The Audubon Society Pocket Guide to North American Birds of Sea and Shore*. Random House, New York.

Rehder, H. A., 1981. *The Audubon Society Field Guide to North American Seashells*. Knopf, New York.

Smith, D. L. and K. B. Johnson, 1996. *A Guide to Marine Coastal Plankton and Marine Invertebrate Larvae*. Kendall-Hunt, Dubuque, Iowa.

北美大西洋海岸(包括墨西哥湾,加勒比海和百慕大)

Amos, W. H. and S. H. Amos, 1985. *Atlantic and Gulf Coasts. The Audubon Society Nature Guides*. Knopf, New York.

Douglas, J. and C. Ray, 1999. *A Field Guide to Atlantic Coast Fishes: North America*. Houghton Mifflin, Boston.

Gosner, K. L., 1999. *A Field Guide to the Atlantic Seashore: From the Bay of Fundy to Cape Hatteras*. Houghton Mifflin, New York.

Hillson, C. J., 1977. *Seaweeds: A Color- Coded, Illustrated Guide to Common Marine Plants of the East Coast of the United States*. Pennsylvania State University Press, University Park.

Hoese, H. D. and R. H. Moore, 1998. *Fishes of the Gulf of Mexico*. Texas A&M Press, College Station.

Humann, P. and N. Deloach, 1995. *Snorkeling Guide to Marine Life: Florida, Caribbean, Bahamas*. New World Publications, Jacksonville, Fla.

Johnson, W. S., D. M. Allen and M. Fyling, 2005. *Zooplankton of the Atlantic and Gulf Coasts: A Guide to their Identification and Ecology*. John Hopkins University Press, Baltimore, Md.

Kaplan, E. H., 1999. *A Field Guide to Southeastern and Caribbean Seashores*. Houghton Mifflin, Boston.

Kaplan, E. H. and S. L. Kaplan, 1999. *A Field Guide to Coral Reefs: Caribbean and Florida*. Houghton Mifflin, Boston.

Katona, S., D. Richardson and V. Rough, 1993. *A Field Guide to the Whales, Porpoises, and Seals from Cape Cod to Newfoundland*. Smithsonian Institution Press, Washington, D. C.

Lippson, A. J. and R. L. Lippson, 1997. *Life in the Chesapeake Bay*. Johns Hopkins University Press, Baltimore, Md.

Littler, D. S., M. M. Littler, K. E. Bucher, J. Norris and J. N. Norris, 1992. *Marine Plants of the Caribbean*. Smithsonian Institution Press, Washington, D. C.

Perry, B., 1985. *A Sierra Club Naturalist's Guide to Middle Atlantic Coast*. Sierra Club Books, San Francisco.

Ruppert, E. and R. Fox, 1988. *Seashore Animals of the Southeast*. University of South Carolina Press, Columbia.

Schneider, C. W. and R. B. Searles, 1991. *Seaweeds of the Southeastern United States*. Duke University Press, Durham, N. C.

Smith, C. L., 1997. *National Audubon Society Field Guide to Tropical Marine Fishes of the Caribbean, Gulf of Mexico, Florida, the Bahamas, and Bermuda*. Knopf, New York.

Spalding, M. D., 2004. *A Guide to the Coral Reefs of the Caribbean*, University of California Press, Berkeley.

Stokes, F. J., 1985. *Diver's and Snorkeler's Guide to the Fishes and Sea Life of the Caribbean, Florida, Bahamas, and Bermuda*. Academy of Natural Sciences Press, Philadelphia.

Wood, E., 2000. *Reef Fishes, Corals, and Invertebrates of the Caribbean: A Diver's Guide*. McGraw-Hill, Lincolnwood, Ill.

北美太平洋海岸(包括加利福尼亚湾和夏威夷)

Allen, G. R. and D. R. Robertson, 1994. *Fishes of the Tropical Eastern Pacific*. University of Hawai'i Press, Honolulu.

Brusca, R. C., 1980. *Common Intertidal Invertebrates of the Gulf of California*. University of Arizona Press, Tucson.

Dawson, E. Y. and M. S. Foster, 1982. *Seashore Plants of California*. University of California Press, Berkeley.

Ebert, D. A., 2003. *Sharks, Rays, and Chimaeras of California*. University of California Press, Berkeley.

Eder, T. and I. Sheldon, 2002. *Whales and Other Marine Mammals of California and Baja*. Lone Pine, Renton, Wash.

Eschmeyer, W. N., E. S. Herald and H. E. Hammann, *A Field Guide to Pacific Coast Fishes*: Houghton Mifflin, Boston.

Goodson, G., 1988. *Fishes of the Pacific Coast*. Stanford University Press, Stanford, Calif.

Gosline, W. A. and V. E. Brock, 1976. *Handbook of Hawaiian Fishes*. University of Hawai'i Press, Honolulu.

Gotshall, D. W., 1994. *Guide to Marine Invertebrates—Alaska to Baja California*. Sea Challenges, Los Osos, Calif.

Gotshall, D. W., 1998. *Sea of Cortez Marine Animals*. Sea Challenges, Los Osos, Calif.

Gotshall, D. W., 2001. *Pacific Coast Inshore Fishes*. Sea Challenges, Los Osos, Calif.

Hinton, S., 1988. *Seashore Life of Southern California*. University of California Press, Berkeley.

Hoover, J. P., 1999. *Hawai'i's Sea Creatures. A Guide to Hawai'i's Marine Invertebrates*. Mutual Publishing, Honolulu.

Kozloff, E. N., 1983. *Seashore Life of the Northern Pacific Coast*. University of Washington Press, Seattle.

Kozloff, E. N., 1996. *Marine Invertebrates of the Pacific Northwest*. University of Washington Press, Seattle.

McConnaughey, B. H. and E. McConnaughey, 1985. *Pacific Coast. The Audubon Society Nature Guides*. Knopf, New York.

Mondragon, J. and J. Mondragon, 2003. *Seaweeds of the Pacific Coast*. Sea Challenges, Monterey, Calif.

Morris, R. H., 2002. *Intertidal Invertebrates of California*. Stanford University Press, Stanford.

Orr, R. T., R. Helm and J. Schoehnwald, 1989. *Marine Mammals of California*. University of California Press, Berkeley.

Ricketts, E. F., J. Calvin, J. W. Hedgpeth and D. W. Phillips, 1985. *Between Pacific Tides* (5th ed). Stanford University Press, Stanford, Calif.

专业术语表

ATP(adenosine triphosphate) 储存能量的分子，释放后为生物体化学反应提供能量。

CFCs 参见氯氟烃。

DNA 参见脱氧核糖核酸。

PCBs 参见多氯联苯。

A

埃克曼螺旋(Ekman spiral) 在风的推动下，水柱(water column) 中水运动方向的螺旋形变化(图 3.19)。埃克曼层(Ekman layer) 是指受到风影响的局部水柱；埃克曼输送(Ekman transport) 是指与风向垂直(90°) 的水净输送量。

氨基酸(amino acid) 组成蛋白质的 20 种含氮分子中的一种。

岸礁(fringing reef) 靠近海岸发育生长的狭带状珊瑚礁(图 14.15)。

B

白化(bleaching) 在环境胁迫下，珊瑚虫将虫黄藻排出体外的现象。

斑块分布(patchiness) 生物呈簇或呈块聚集的方式。

板块构造理论(plate tectonics) 有关地壳大板块运动过程的理论。

半日潮(semidiurnal tide) 每天两次高潮、两次低潮的潮汐形式(图 3.33a)。

半索动物(hemichordates) (半索动物门 phylum Hemichordata) 具有背神经索和鳃裂的无脊椎动物，包括柱头虫(acorn worms) 等肠鳃类(enteropneusts)。

胞内消化(intracellular digestion) 消化发生在细胞中，这些细胞覆盖肠道和消化道。

胞外消化(extracellular digestion) 发生在细胞外的消化，通常在肠道或消化腔内。

孢子(spore) 一些藻类的无性生殖细胞，有时是一种抵御不良环境的结构。另见游动孢子。

孢子体(sporophyte) 许多海藻生活史中的一个阶段，为二倍体、能够产生孢子的世代。比较配子体。

保护色(protective coloration) 生物个体的体色，可以通过色彩来隐藏自身，躲避捕食者。

堡礁(barrier reef) 距离海岸一段距离而形成的一种珊瑚礁(图 14.14)。

背部的(dorsal) 两侧对称动物的上表面或后表面，是动物的躯体成两面对称(图 7.9)。

背囊动物(tunicates) 尾索动物亚门(subphylum Urochordata) 仅在幼虫阶段具有三条基本脊索的脊索动物。

被子植物(angiosperms) 见有花植物。

本地种(native species) 自然生长于特定区域的物种。比较引进种。

鞭毛(flagellum) 一种通常与运动有关的长鞭状细胞器。

扁平细胞(pinacocyte) 覆盖于海绵动物体表的形态扁平的细胞。

扁形动物(flatworms) (扁形动物门 phylum Platyhelminthes) 背腹扁平的无脊椎动物，具不完全的消化道、真正的器官和器官系统。

变渗生物(osmoconformer) 体内盐浓度随着周围水体盐度的变化而变化的生物。

变态(metamorphosis) 胚胎发育过程中形态上的标志性变化。

变温动物(poikilotherm) 身体温度随所处环境变化的动物。比较恒温动物一词。

表层(surface layer) (混合层 mixed layer) 由海风、海浪、潮流共同影响而发生混合的上层水体(图 3.24)。

表面积与体积比，S/V 比值(surface-to-volume ratio) 一种生物体的表面积和其体积的比值(图 4.17)。

鳔(swim bladder) 硬骨鱼类体腔内参与浮力调节的气囊(图 8.10)。

滨海平原河口(coastal plain estuary) 见溺谷河口(drowned river valley estuary)。

濒危物种(endangered species) 处于十分紧迫灭绝危险状态的物种。

冰川间期(interglacial period) 冰川期之间的地质时期，这一时期的地球气候相对温暖，与目前相似。

冰川期(ice age) 大陆上形成大范围冰冻的时期，其结果是造成了海平面的下降。

柄(stipe) 海藻叶状体类似于“干”的部分(图 6.1)。

饼海胆(sand dollars) 具有扁圆形外壳和短棘的棘皮动物，身体部分埋入在松软底质中生活。

波峰(wave crest) 浪的最高部分(图 3.26)。

波谷(wave trough) 波浪的最低处(图 3.25)。

波浪(wave) 由沿水表面移动的扰动所造成的波动现象。波浪可以用波高(波峰到波谷间的垂直距离)、波长(相邻两波峰之间的水平距离)以及周期(波移动通过一给定点所用的时间)来表示。

波浪折射(refraction) 当波浪运动到浅水区,其方向发生改变的现象(图 11.8)。

玻璃海绵(glass sponges) 具有融合在一起的硅质骨针的深水海绵。

钵水母(scyphozoans) (钵水母纲 class Scyphozoa) 一类腔肠动物,其生活史由明显的水母体阶段和不发达(或完全退化) 的水螅体阶段组成。

补充(recruitment) 幼龄个体加入种群;在渔业生物学中,也指幼龄个体加入到可渔获资源种群中。

哺乳动物(mammals) (哺乳纲 mammalia) 具有毛发和乳腺的脊椎动物(vertebrates)。

捕食(predation) 动物(或捕食者) 摄食或捕食另一生物的行为;所谓顶层捕食者就是在食物链的顶层获取食物的生物。

步带沟(ambulacral groove) 棘皮动物着生腕足的辐射状沟槽。

不可生物降解的(nonbiodegradable) 不能被细菌或其他生物所降解的。

C

彩虹色素细胞(iridophore) 一种色素细胞,具有能反光的晶体。

侧线(lateral line) 位于鱼体两侧的感觉细胞和通路系统,帮助鱼类察觉水的振动。

层化(stratification) 密度大的水在底层,密度小的水在表层,形成的水体分层现象(图 3.22)。层化的水体是稳定的水体;而当表层水密度大于下层水时,水体就变得不稳定。

叉棘(pedicellaria) 某些棘皮动物所具有的一种小的类似螯的构造,可以帮助清理身体的表面。

产卵(spawning) 将配子或卵细胞释放于水中。

潮差(tidal range) 连续的高潮和低潮水平面的差距。

潮间带(intertidal zone,littoral zone) 位于高潮线和低潮线之间的区域(图 10.8)。

潮潭(tide pool) 低潮时蓄积海水的凹地。

潮汐(tide) 海平面周期性、有节律的涨落。

潮汐表(tide table) 用以预测海岸带某一特定地点潮汐时间和潮高的表。

潮汐海流(tidal current) 由潮汐产生的海流。

潮汐能(tidal energy) 由潮汐运动产生的能被利用的能量。

潮下带(subtidal zone,sublittoral zone) 位于大陆架上侧的海底(图 2.18)。

潮沼(tidal marsh) 参见盐沼。

沉积物(sediment) 沙、泥等沉淀于水底的松软物质。另见生源沉积物和岩源沉积物。

沉寂陆缘(passive continental margin) 位于大陆架后缘(“trailing edge”) 的大陆边缘,此区域地质活动很少(图 2.18)。请比较活动陆缘。

沉陷(subsidence) 大陆块下沉的现象。

成带现象(zonation) 有机体存在于某一特殊范围内,如在潮间带可以观察到的垂直分带现象。

承载能力(carrying capacity) 在特定的环境中可用资源能够维持的最大种群规模。

齿舌(radula) 软体动物带状的角质齿(图 7.14 和 7.15)。

赤潮(red tide) 浮游植物大面积过度繁殖导致水色发生改变的现象。

赤道洋流(equatorial currents) 与赤道平行流动的大洋流(图 3.20)。

虫黄藻(zooxanthellae) 一种生活于珊瑚礁与其海洋动物组织内的甲藻。

臭氧层(ozone layer) 大气中的臭氧(O_3),它能够反射对生物有害的紫外线。

初级生产(primary production) 自养生物将无机碳(通常为 CO_2 形式) 转化为有机化合物的过程。

初级生产力(primary productivity) 初级生产速率,即在一天或一年内每平方米海表面下水体中的生物固碳量(图 10.13)。

初级生产者(primary producer),或称生产者(producer) 一类自养生物,即一类能够进行初级生产的生物。

出水口(osculum) 很多海绵动物身体一端的大出水开口。

触角(antenna) 节肢动物头部的感受器官附属装置。

触手、触须、触角(tentacle) 一种灵活、可延伸的身体附属器官。

触手冠(lophophore) 由长有纤毛的触手所组成的摄食结构。

雌雄同体(hermaphrodite) 同时具有雄性和雌性生殖腺的生物体。同步型雌雄同体(simultaneous hermaphrodite) 的个体可以同时产生精子和卵子;而性反转或顺序雌雄同体(sequential hermaphrodite) 的个体其生命初始阶段为雄性但转变成了雌性(雄性先熟 protandry),或者最初为雌性但转变成了雄性(雌性先熟 protogyny)。

磁异常(magnetic anomalies) 走向与洋中脊平行的海底磁场条带(图 2.8)。

刺细胞(nematocyst) 腔肠动物的具有刺螫作用的构造。

存量(stock) 群体的数量。

D

大爆炸理论(big bang theory) 由宇宙大爆炸产生尘埃和气体,由此诞生地球和太阳系的学说。

大陆边缘(continental margin) 陆地的边缘,是大陆与深海洋底的过渡地带(图 2.17)。又见活动陆缘和沉寂陆缘。

大陆架(continental shelf) 大陆边缘水深较浅、坡度较缓的部分,从海岸线起向海洋方面延伸,直到海底坡度显著增加的陆架坡折处为止(图 2.17)。

大陆隆(continental rise) 大陆坡基部坡度较平缓的部分(图 2.17)。

大陆漂移(continental drift) 大陆板块在地球表面的移动。

大陆坡(continental slope) 大陆边缘向海一侧的陡峭斜坡(图 2.17)。

大型浮游生物(macroplankton) 由个体大小 2～20 cm 之间的生物组成的浮游生物类群(图 15.2)。

大型海藻(kelp) 常指个体较大、结构较复杂的褐藻。巨藻等褐藻能形成浓密的海藻藻床或海藻森林。

大型海藻(seaweeds)(水生大型植物 macrophytes) 大型的多细胞藻类。

大型鲸类(great whales) 身体巨大的鲸,指抹香鲸和须鲸类。

大洋区(oceanic zone) 大陆坡之外的远洋环境(图 10.8)。

大洋输送带(great ocean conveyor) 海水贯穿洋盆循环的全球环流模式。

玳瑁壳(tortoiseshell) 玳瑁的光滑外壳。

担轮幼虫(trochophore) 多毛类、部分软体动物及其他无脊椎动物的浮游幼虫(图 15.9d)。

单倍体细胞(haploid (n 或 $1n$) cell) 只含有二倍体细胞或体细胞正常数目一半染色体的细胞,如配子。

单糖(simple sugar) 类似于葡萄糖的一类糖,已不能再分解为更简单的糖类。

氮(nitrogen, N_2) 构成蛋白质的元素之一;氮气是由两个氮原子组成的。

蛋白质(protein) 一大类群的复杂含氮有机大分子,在生物机体中发挥着许多至关重要的作用。

氮循环(nitrogen cycle) 氮在不同氮化合物之间的循环(图 10.17)。

岛弧(island arc) 沿海沟形成的火山岛链弧。

等足类(isopods) 个体小、背腹扁平的甲壳动物,例如海虱。

底层(bottom layer) 见深层。

底内动物(infauna) 穴居于底质中的动物。比较底上动物。

底栖生物(benthos) 生活在底部的生物(图 10.7)。

底栖鱼类(demersal fish) 生活在底层的鱼类。

底上动物(epifauna) 生活在基底表面的动物,比较底内动物。

地核(core) 地球最核心的部分(图 2.3)。

地壳(crust) 地球的最外层(图 2.3)。

地幔(mantle) 地球地壳与地核之间半流质的区域(图 2.3)。

地衣(lichen) 真菌和自养生物(如绿藻)共生所形成的生物体。

地震海浪(seismic sea waves) 参见海啸。

淀粉(starch) 由单糖连接而成的一种碳水化合物。

叠层石(stromatolites) 源于蓝细菌的大量碳酸钙细胞骨架的堆积物。

顶级群落(climax community) 生态演替的最终阶段。

定比定律(constant proportions, rule of) 表明海水中的相对离子含量总是保持恒定的原理。

动物(animal) 动物界(kingdom Animalis) 成员,由异养、真核的多细胞生物组成。

端足类(amphipods) 小型、身体侧扁的甲壳动物类群,包括沙蚤(beach hopper) (图 7.24) 及其他一些生物。

断层(fault) 地壳裂缝,通常在两片地壳相互移过时形成。

对流(convection) 由于热传递导致流体的运动,如地幔内部的热能驱动产生的运动。

对流(overturn) 由于表层水比其下层水密度更高,出现的表面海水下沉的现象。

多板类(chitons)(多板纲 class Polyplacophora) 一类软体动物,外壳由八块覆瓦状排列的壳片构成。(图 7.20)

多金属结核(polymetallic nodules) 大陆架外海底部发现的金属矿块(包括锰、镍和其他贵重矿物)。

多氯联苯(polychlorinated biphenyls, PCBs) 氯代烃类(chlorinated hydrocarbon) 污染物。

多毛纲动物(polychaetes)(多毛纲 Polychaeta) 环节动物的一个类群,其典型特征是具疣足(图 7.11)。

多年生植物(perennial) 生长周期超过两年的植物。

多样性(diversity) 栖息于特定环境下物种的总量。

E

额隆(melon) 一些鲸类前额部位的脂肪结构,在回声定位时可用于对发射声波进行定向(图 9.18)。

厄尔尼诺-南方涛动(El Nino-Southern Oscillation,ENSO) 大气和海洋环流模式的大范围变化,现象之一就是与正常情况相比,太平洋的温暖表层水更加向东延伸。此外,还有其他众多现象。厄尔尼诺是特指东太平洋表层水变暖的现象。比较拉尼娜。

颚足(maxillipeds) 某些甲壳类动物拣取食物的附肢。

耳石(ear stone,otolith) 鱼类和其他脊椎动物耳内的钙质小体,用来维持平衡。又见平衡囊。

二倍体细胞(diploid ($2n$) cell) 含有两套相似染色体的细胞,每套来自于一个亲本,如体细胞。比较单倍体。

二恶英(dioxins) 一类有毒的氯代烃类污染物。

二氧化硅(silica, SiO_2) 类似玻璃的一种矿物质,是构成许多海洋生物细胞壁、外壳和骨骼的主要成分。

二氧化碳(carbon dioxide,CO_2) 一种无色气体,是光合作用过程所需要的。

F

发光器官(photophore /light organ) 产生生物荧光的器官。

繁殖对策(reproductive strategy) 某一特定物种所遵循的繁殖方式。

反口面(aboral surface) 腔肠动物、栉水母类和棘皮动物与口部(或口面) 相对的表面。

反荫蔽(countershading) 保护色的一种,动物背部颜色深于腹部,主要存在于上层鱼类(图 15.13)。

反向照明(counterillumination) 中水层动物发光以便与背景光相匹配(图 16.9)。

泛大陆(Pangaea) 或称超级大陆,远古时期单一的大块陆地,后分裂形成今天的大陆板块。

泛大洋(Panthalassa) 包围着超级大陆——泛大陆的大洋,是现代太平洋的祖先。

放射虫(radiolarians) (多囊虫门,phylum Polycystina) 具有硅质外壳和伪足的多囊虫门原生动物(图 5.10)

放射虫软泥(radiolarian ooze) 一种来源于生物体残骸的沉积物,其主要构成物是放射虫类的硅质壳。

放射性(radioactivity) 不稳定原子发射粒子或射线等放射性物质的现象。

非生物的(abiotic) 环境中的非生命(物理或化学) 组分。见生物的。

非再生资源(nonrenewable resource) 不能自然更新的资源。

分节(segmentation) 身体分隔为相似的小腔或体节。

分解者(decomposers) 能把有机物质分解为小分子的生物,例如腐败细菌和古菌。

分类单元(taxon,复数 taxa) 有共同祖先的一个类群的生物体。

分子(molecule) 两个或者更多原子的组合。

风浪(sea) 一种波峰尖锐而波谷相对平坦的波浪。在风大的开阔海能观察到风浪(图 3.28)。

风区,吹程(fetch) 风吹过海洋表面形成风浪的跨度区间(图 3.27)。

浮浪幼虫(planula) 腔肠动物带纤毛的幼虫。

辐射对称(radial symmetry) 围绕中心轴,相似的身体各部分呈规则排列(图 7.6 和 7.9)。比较两侧对称。

浮游动物(zooplankton) 浮游生物中营异养生活的动物与原生动物。比较浮游植物。

浮游生物(plankton) 漂浮在水中的生命有机体(图 10.7)。

浮游植物(phytoplankton) 浮游生物中能够进行光合作用的类群,主要包括单细胞藻类和细菌。比较浮游动物。

俯冲(subduction) 发生在海沟区域,板块向地幔下方移动的现象,也常被称为俯冲区。

复大孢子(auxospore) 硅藻抵抗环境胁迫的一个生长阶段,利用复大孢子可使物种恢复其个体的最大程度。

附生植物(epiphyte) 生活在藻类和植物上的光合生物。比较内生植物。

复眼(compound eye) 节肢动物的一种眼睛类型,由许多对光敏感的单位构成。

富营养化(eutrophication) 由于营养盐输入增加而导藻类生长加速的现象。

副渔获(by-catch) 捕捞某一种类时得到的非目标渔获物。

复制(replication) 细胞分裂前脱氧核糖核酸(DNA) 的复制过程。

腹面(ventral) 两侧对称动物的下侧或腹表面。

腹鳍(pelvic fin) 位于鱼类腹部的第二对鳍(图 8.8)。

腹足类(gastropods) (腹足纲 class Gastropoda) 具有一个螺旋形背壳和一个位于腹面的爬行足的螺类和其他软体动物。

G

钙质的(calcareous) 由碳酸钙组成的。

钙质绿藻(calcareous green algae) 在叶片中沉积碳酸钙的绿藻。

钙质软泥(calcareous ooze) 一种生源沉积物,其组成成分是海洋生物的碳酸钙外壳和骨骼。

刚毛(seta,复数 setae) 多毛纲环节动物的刺毛。

冈瓦纳古陆(Gondwana) 存在于大约1亿8千万年前，超级大陆泛大陆断裂成为两个大陆，其中靠南的那个大陆就是冈瓦那大陆。又见劳亚古陆(或北方大陆)。

高尔基体(Golgi apparatus) 许多真核细胞中排列在一起的囊状或膜状体，参与分子的收集和传输(图4.8)。

隔膜(septa) 珊瑚纲动物水螅体中薄的组织分隔。

隔膜丝(mesenterial filament) 珊瑚虫和其他腔肠动物体内参与消化和吸收的细长管子，与肠道相连。

个虫(zooid) 苔藓动物集落或其他集群生活无脊椎动物(invertebrates) 的每个个体成员。

根绝(extermination，extirpation) 由人类引起的物种灭绝。

更新世(pleistocene) 大约始于两百万年前的地质时代，其特征是具有一系列的冰川期。

工业废水(industrial sewage) 来自于工厂的废水。比较生活污水。

共栖(commensalism) 一种共生类型，其中一个物种得到了栖所、食物或其他利益，同时也不影响其他物种或宿主。

共生现象(symbiosis) 两种生物间的一种密切关系，包括共栖、互利共生和寄生。

构造型河口(tectonic estuary) 由于地壳运动、陆地下沉形成的河口。

古地中海(Tethys Sea) 曾将超级大陆——泛古陆的欧亚和非洲部分分割的浅海，最终导致形成了今天的地中海。

古细菌(archaea，单数 archaeum) 属于古细菌域的原核单细胞微生物。

骨针(spicule) 埋藏在海绵动物细胞间或其他无脊椎动物组织中的钙质或硅质微小结构。

固氮作用(nitrogen fixation) 将气态氮(N_2) 转化为可被自养生物(autotrophs) 所利用的氮化合物的转化过程。该过程是由固氮生物来完成的(表5.1)。

固碳(carbon fixiation) 将无机碳通过光合作用转化为富含能量的有机碳的过程。

固着器(holdfast) 海藻叶状体类似根的基部。

固着生物(sessile) 在海洋底部或物体表面附着生活的生物。

关键捕食者(keystone predator) 对群落的影响远远大于其丰度比例的捕食物种。

管水母(siphonophores) 营漂浮、群体生活的水螅纲水母。

管状蠕虫(vestimentiferans) 在海底热液喷口附近常见的须腕动物。

管状眼(tubular eyes) 许多中水层动物所具有的特化眼，可使其敏锐地观测上下方。

管足(tube foot) 棘皮动物的水管系统向外延伸的肌肉组织。

光合色素(photosynthetic pigment) 在光合作用过程中负责捕获光能的分子，如叶绿素A。

光合作用(photosynthesis) 将太阳能转化为贮藏于葡萄糖的化学能化学过程(图4.4)：

广盐性生物(euryhaline) 能耐受较宽盐度范围的生物。比较狭盐性生物。

硅鞭藻(silicoflagellates) 属于异鞭毛藻门(phylum Heterokontophyta)、金藻纲(class Chrysophyta)，一类单细胞真核浮游植物，具有星型的硅质骨骼。

归巢(homing) 动物寻找其家园的能力。

归纳法(induction) 由特殊现象得到一般结论的推理过程。

鲑鱼增殖放流(salmon ranching) 将养殖的幼龄鲑鱼放流到淡水，然后让其迁移到海洋中，在其成年洄游后进行捕获的渔业活动。

硅藻壳(frustule) 硅藻的硅质盒形细胞壁。

硅藻泥(diatomaceous ooze) 主要由硅藻的硅质细胞外壳构成的生源沉积物，在内陆发现的硅藻泥 常被称为硅藻土(diatomaceous earth)。

硅藻属(diatoms) (异鞭藻门 phylum Heterokontophyta，硅藻属 class *Bacillariophyta*) 单细胞真核自养生物，具硅质化的细胞膜，大部分是浮游的。(图5.4和15.3)

硅质(siliceous) 由二氧化硅构成的物质。

硅质软泥(siliceous ooze) 一种生源沉积物，主要由海洋生物的硅质外壳和骨骼组成。另见硅藻软泥和放射虫软泥。

国际捕鲸委员会(International Whaling Commission，IWC) 协调全球捕鲸事务的国际机构。

果孢子体(carposporophyte) 红藻的二倍世代，产生不动果孢子。

H

海山(seamount) 深海平原上的海底火山。

海岸带(littoral zone) 参见潮间带。

海岸带管理(coastal management) 以保护为目的的海岸带资源利用管理。

海百合(crinoid) (海百合纲 class Crinoidea) 身体短小呈杯状，具羽状臂的棘皮类动物，包括海百合和海羽星(feather stars)。

海百合(sea lilies) 见 crinoid 一词的解释。

海参(sea cucumbers) (海参纲 class Holothuroidea) 身体柔软、细长、无棘刺的棘皮动物。

海草(seagrasses) 能在海水中生长，类似草的有花植物，例如大叶藻(图6.9)。

海胆(sea urchins) (海胆纲 class Echinoidea) 具有圆形或扁平外壳和可运动棘刺的棘皮动物(echinoderms)。

海底扩张(sea-floor spreading) 海底从洋中脊的扩张中心向外移动形成新海底的过程。

海底峡谷(submarine canyon) 大陆架上窄而深的凹陷,是大陆架未沉没前由河流和冰川侵蚀作用产生的(图 2.18)。

海沟(trench) 海底狭长、深陷的陡峭凹地(图 2.11 和 2.12)。

海葵(sea anemones) 由单个大水螅体构成的珊瑚类生物。

海蛞蝓(sea slugs) 见裸鳃动物。

海绵动物(sponges) (海绵动物门 phylum Porifera) 由细胞集群复合构成的一类无脊椎动物,包括领细胞,具有纤维质和(或) 骨针构成的骨骼。

海绵硬朊(spongin) 海绵动物的支撑纤维。

海鸟粪(guano) 海鸟粪便的堆积。

海牛(sirenians, sea cows) (海牛目 order Sirenia) 一类海洋哺乳动物,具有鳍状前肢和桨状尾部,没有后肢。

海螵蛸(pen) 鱿鱼类体内退化的薄壳。

海鞘(sea squirts,ascidians) (海鞘纲 class Ascidiacea) 成体形态特征为囊状,营附着生活的被囊动物(图 7.40)。

海鞘类(ascidians) 见海鞘。

海蛇尾(brittle stars) (海蛇尾纲 class Ophiuroidea) 具典型的中央盘,向外放射状伸出五条腕臂和管足的棘皮动物,其腕臂和管足灵活用于觅食。

海水淡化(desalination) 将海水转变为淡水的过程。

海水养殖(mariculture) 养殖海洋生物。在开放式养殖(或半人工养殖) 中,生物是被培养在自然环境中;而在全密闭式海水养殖(或者集约化养殖) 中,生物是在可控条件下进行培育。

海啸(tsunami) (地震海浪) 由地震及其他海底板块扰动引起的长距离、快速运动波浪。

海星(sea stars/starfishes) (海星纲 class Asteroidea) 具有 5 条或 5 条以上具有运动功能的放射腕和管足的棘皮动物。

海雪(marine snow) 在水体中发现的大且蓬松的碎屑颗粒。

海羊齿(海羽星)(feather stars) 见海百合类。

海洋光合作用带(epipelagic zone) 从大洋表面至深度 100～200 m(350～650 ft) 的海洋环境(图 10.8)。

海洋考古学(marine archaeology) 对保存于海洋中的人类历史遗存进行发现、打捞和阐释的一门科学。

海洋天然产物(marine natural products) 来源于海洋生物的化合物。

海洋温差能(ocean thermal energy conversion,OTEC) 利用不同水深在温度上的差异获取能量的过程(图 17.17)。

海洋文化(maritime culture) 一类与海洋存在着紧密联系的人类文明。

海洋中层带(mesopelagic zone) 深度从 100～200 m(350～650 ft) 至 1000 m(3000 ft) 之间的大洋区(图 10.8)。

海蜘蛛(sea spiders) (海蛛纲 class Pycnogonida) 体躯退化、变小,具四对发达附肢的节肢动物(图 7.31)。

河口(estuary) 海水和淡水交汇、混合的半封闭地区。

核酸(nucleic acid) 能够储存和传递遗传信息的有机大分子。又见脱氧核糖核酸和核糖核酸。

核酸序列(sequence of nucleic acids) 核酸分子上的核苷酸排列顺序,决定了分子所携带的遗传信息。

核糖核酸(ribonucleic acid,RNA) 负责将脱氧核糖核酸(DNA) 携带的遗传信息翻译成各种蛋白质的核酸,同时在细胞中 RNA 还具有其他许多功能。

核糖体(ribosomes) 细胞中合成蛋白质的细胞器。

合子(zygote) 由受精作用产生的二倍体细胞,即受精卵。

褐藻(brown algae) (不等鞭毛门 phylum Heterokontophyta, 褐藻纲 class Phaeophyta) 主要含有黄色和褐色色素的海藻。

褐藻胶(algin) 从褐藻中提取的藻胶,被广泛应用于食品加工中。

黑珊瑚(black corals) (角珊瑚目 order Antipatharia) 分泌黑色蛋白骨架的珊瑚群体。

黑烟囱(black smoker) 在热液喷口矿物质沉积形成类似烟囱的堆积物(图 2.23 和 2.24)。

恒渗生物(osmoregulator) 可以调节体内盐浓度的生物。

恒温动物(homeotherm) 不论环境温度如何变化,能基本维持其体温恒定的生物体。比较变温动物。

红黏土(red clay) 一种细微的沉积物,是开放大洋底岩成沉积物中最常见的类型。

红珊瑚(precious corals) 由柳珊瑚所分泌产生的石灰质骨针融合在一起形成红色和粉红色的珊瑚骨骼。

红树林(mangroves) 生长在热带和亚热带海岸带,能够忍受海水淹没的灌木和树木(图 6.10)。

红血球(erythrocyte,red blood cell) 脊椎动物体内携带血红蛋白的特化类型的血细胞。

红藻(red algae) (红藻门 phylum Rhodophyta) 具有特征性的红色素的海藻(seaweeds)。

鲎(horseshoe crabs) (肢口纲 class Merostomata) 具有一个大的马蹄形头胸甲的节肢动物。

呼吸(respiration) 见需氧呼吸。本文中的“呼吸”指的是需氧呼吸。

呼吸根(pneumatophore) 一些红树植物向上延伸生长的支根(图 12.16)。

呼吸交换(respiratory exchange) 参见气体交换。

呼吸孔(spiracle) 软骨鱼类眼后的两个开口之一。

呼吸树(respiratory tree) 海参消化器官后肠末端的分支延伸,其功能是参与气体交换。

壶腹(ampulla,复数 ampullae) 棘皮动物体内与腕足反方向的,延伸的肌囊。

互花米草(cordgrasses) 网茅属(*Spartina*) 耐盐植物,生长在盐沼(图 12.7)。

互利共生(mutualism) 双方相互受益的共生类型。

花粉(pollen) 有花植物产生的雄配子结构。

花岗岩(granite) 构成大部分大陆地壳的淡色岩石。

化能合成(化能自养) 原核生物 (chemosynthetic (chemoautotrophic) prokaryotes) 能够利用特殊化合物(表 5.1) 所释放的能量的自养细菌(如硫细菌) 和古细菌。

环礁(atoll) 围绕着中央泻湖的珊瑚礁(图 14.18)。

环节动物(annelids) 参见环节动物。

环节动物(nematodes) (线虫 roundworms) (环节动物门 phylum Nematoda) 具有圆柱形身体,假体腔和一个完整的消化道的无脊椎动物。

环节动物(segmented worms/annelids) (环节动物门 phylum Annelida) 身体细长,具明显的分节,体腔内有消化管的无脊椎动物。

回声定位(echolocation) 某些动物具有对其发射的声波或声响的反射进行分析,从而感知其周围环境的能力。

混合半日潮(mixed semidiurnal tide) 每天具有两次高潮,但潮高不同的潮汐形式(图 3.33b)。

混合层(mixed layer) 参见表层。

混隐色(disruptive coloration) 用于破坏生物体轮廓的体色模式。

活动陆缘(active continental margin) 与另一大陆板块碰撞,地质活跃的大陆边缘(图 2.20)。比较沉寂大陆边缘。

J

肌红蛋白(myoglobin) 脊椎动物体内一种用于储存氧的肌蛋白。

肌节(myomre) 指位于鱼类身体两侧的每一条肌肉带。

基因工程(genetic engineering) 对生物个体遗传信息的人工改造。

基质(substrate) 生物生存的底面或材料。

激浪(surf) 一种海浪,当其接近海岸线时变得又高又陡以致破碎。

激素(hormone) 生物体中起化学信使作用的物质。

极地东风带(polar easterlies) 盛行于高纬度地区的多变风带(图 3.18)。

棘冠海星(crown-of-throns sea star,*Acanthaster planci*) 一种珊瑚虫的捕食者。

棘皮动物(echinoderms) (棘皮动物门 phylum Echinodermata) 身体呈五向辐射对称,具水管系统的无脊椎动物。

脊索(notochord) 脊索动物位于神经索之下的一条弹性棒状结构。

脊索动物(chordates) (脊索动物门 phylum Chordata) 具有一条中空的背神经索、鳃裂和一条脊索的动物类群,包括原索动物和脊椎动物。

脊椎动物(vertebrates) (脊椎动物亚门 subphylum Vertebrata) 具有脊椎骨的脊索动物。

季风(monsoon) 大范围区域冬、夏季盛行风向相反或接近相反的现象,例如在北印度洋夏天风从西南吹来,而冬天从东北吹来。

寄生(parasitism) 一种共生形式,这类关系中一方从另一方获益,前者被称为寄生者(parasite),后者被称为宿主(host)。

甲壳(carapace) 海龟(sea turtles) 的壳。

甲壳动物(crustaceans) (甲壳动物亚门 subphylum Crustacea) 长有两对触角和碳酸钙硬质外骨骼的节肢动物。

甲壳质(chitin) 一类成分复杂的碳水化合物衍生物,是许多动物骨骼的主要成分。

假说(hypothesis) 一种可能正确的表述。

甲藻(dinoflagellates) (甲藻门 phylum Dinoflagellata) 单细胞、真核、绝大多数是具有两条不等长的鞭毛的自养原生生物(图 5.6)。

间隙动物区系(interstitial fauna) 生活于沉积物颗粒之间的动物。又见小型底栖动物。

间隙水(interstitial water) 沉积物颗粒之间所含的水分。

剪切边界(shear boundary) 地球表面两板块交错移动形成的边界。另见断层。

减数分裂(meiosis) 形成配子的细胞分裂方式。

箭虫(arrow worms) (毛颚动物 chaetognaths;毛颚门 phylum Chaetognatha) 具有流线型、透明身体的浮游无脊椎动物(图 7.33)。

降海性鱼类(catadromous) 迁移到海洋中繁殖的淡水鱼类。比较溯河性鱼类。

交配(copulation) 传递配子的性活动。

礁后区(back reef) 堡礁(图 14.18) 或环礁的内部(图 14.18)。

礁前区(fore reef) 堡礁(图 14.18) 或环礁(图 14.18) 的外缘部分。

礁斜坡(reef slope) 珊瑚礁外侧的陡峭边缘(图 14.12),另见礁前区。

礁原(reef flat) 珊瑚礁宽阔的浅水上表面(图 14.12)

礁缘区(reef crest) 珊瑚礁的礁斜坡的浅水外缘(图 14.12)。

阶段性浮游生物(meroplankton) 仅在生活史的部分阶段营浮游生活的浮游生物。请比较终生浮游。

结构分子(structural molecule) 起支撑和保护作用的一类分子,如纤维素。

结壳(encrusting) 描述生物生长形成一层包被岩石和其他坚硬表面的外壳。

节肢动物(arthropods)(节肢动物门 phylum Arthropoda) 具有组合附肢和几丁质、分节外骨骼的无脊椎动物。

进化(evolution) 物种遗传组成发生变化,通常是由于自然选择赋予了某些个体优于其他个体性状的结果。

进化适应(evolutionary adaptation) 通过进化实现种群对环境的遗传适应。

晶杆(crystalline style) 双壳类胃中释放酶类的棒状结构(图 7.16b)。

精荚囊(spermatophore) 头足纲动物用以储存精液的囊状物。

鲸蜡器(spermaceti organ) 抹香鲸颅骨背方的结缔组织囊状物,内含鲸蜡油(spermaceti),曾广泛用于制作蜡烛。

鲸类(cetaceans)(鲸目 order Cetacea) 一类海洋哺乳动物,前肢呈鳍状,后肢完全退化,多数种类背上有背鳍,如鲸、海豚和江豚。

鲸类尾叶(fluke) 鲸类的鳍状尾。

鲸须(baleen) 须鲸上颌突出的过滤板。

鲸跃(breaching) 鲸鱼空中腾越(图 9.20)。

鲸脂(blubber) 许多海洋哺乳动物皮下的厚层脂肪。

警戒色(warming coloration) 表示有危害或口味不佳的体色,从而使生物体逃脱捕食者的摄食。

竞争(competition) 在资源短缺,且一个生物对资源的利用将损害另一个生物时,生物之间的相互作用。

竞争排斥(competitive exclusion) 由于竞争导致一个物种被另外一个物种取代。

巨型浮游生物(megaplankton) 由个体大小在 20cm 以上的生物组成的浮游生物类群(图 15.2)。

掘足类(scaphopods) 参见角贝。

掘足类(tusk shells,scaphopods) 掘足纲(class Scaphopoda) 贝壳伸长,两端具锥状开口的软体动物。

K

卡拉胶(carrageenan) 从红藻中提取的广泛应用于食品加工业的藻胶。

铠甲动物(loriciferans) 属于铠甲动物门(phylum Loricifera),是一类生活在砂粒中的小型无脊椎动物,身体被六块甲板所包被。

蝌蚪幼虫(tadpole larva) 被囊动物的幼虫。

科里奥效应(Coriolis effect) 地球上的物体在长距离运动时会发生偏转,在北半球向右偏转,而在南半球则是向左偏转(图 3.16)。

科学研究方法(scientific method) 科学家了解世界的一整套研究程序(图 1.13)。

壳(valve) 双壳类和腕足类两个壳中的任一个。

可再生资源(renewable resource) 可自然更替的资源。

克隆(clone) 源于一个单细胞或个体,具有遗传同质性的细胞或个体构成群体。

孔细胞(pore cell,porocyte) 海绵动物管状细胞形成的进水小口或孔隙(ostium,复数 ostia)。

昆虫(insects) 昆虫纲(class Insecta) 种类,是具有 3 对附肢和 1 对触角的节肢动物。海洋中昆虫数量很少,但水黾(water strider) 是个例外(图 15.12)。

扩散(diffusion) 分子从高浓度区向低浓度区运动的现象。

扩散(dispersal) 生物从一处向另一处转移、分散的方式。

L

拉尼娜(La Niña) 大气和海洋环流模式发生大范围改变,现象之一就是与正常情况相比,太平洋的温暖表层水比正常状态向西偏移。

蓝细菌(cyanobacteria) 一类常见的光合细菌,以前被称为蓝绿藻。

浪涌冲击(wave shock) 浪冲击的剧烈程度。

劳伦斯壶腹(ampulla of Lorenzini) 鲨鱼头部感觉器官之一,能感受弱的电场(图 8.3)。

劳亚古陆(Laurasia) 泛大陆在 1.8 亿年前断裂形成两个巨型板块,其中北侧的就是劳亚古大陆。亦见冈瓦纳古陆(Gondwana)。

类胡萝卜素(carotenoid) 黄色、橙色和红色植物的色素之一。

冷血动物(ectotherm) 生物体代谢热量散失到环境中,其散失会影响体温。比较温血动物。

离解(dissociation) 把盐放入水中或其他溶剂中,盐分子解离为离子的现象(图 3.5)。

离子(ion) 带电荷的一个原子或原子群。

理论(theory) 就是一个暂时被认为是"事实"的假说,因为其经过了反复测试而被大量证据所支持。

两侧对称(bilateral symmetry) 身体的构成方式只具有两个相同的半侧,前部(anterior) 和后部(posterior)、背面(dorsal) 和腹面(ventral) 都有差异(图 7.9)。比较辐射对称。

两栖动物(amphibians)(两栖纲 class Amphibia) 产卵于淡水中的脊椎动物,如青蛙、蜥蜴及其同类。

裂谷(rift) 由地壳断裂而形成的成片的地壳分裂带。

裂殖(fission) 一种由一个个体分裂成两个个体的无性繁殖方式。
磷(phosphorus,P) 一种生命必需的基本元素。
磷酸盐(phosphate,PO_4^{3-}) 一类海洋初级生产者重要的磷源。
磷虾(krill/euphausiids) 浮游甲壳动物,是鲸类和其他动物的重要食物。
磷循环(phosphate cycle) 磷元素在不同的磷化合物之间的循环。
领地(territory) 一个动物所护卫的栖居区域。
领细胞(collar cell,choanocyte) 海绵动物长有鞭毛的捕食细胞。
硫化氢(hydrogen sulfide,H_2S) 缺氧沉积物产生的气体。
硫化物(sulfide) 一种矿物质,在海底火山口渗漏热水中含量丰富。
流体骨骼(hydrostatic skeleton) 利用水压抵抗体壁以维持身体形态以及辅助运动的系统。
流网(drift net) 一种捕鱼网,起网前可在水中长时间漂流。
柳珊瑚(gorgonians) (柳珊瑚目 order Gorgonacea) 能分泌蛋白质骨骼的群体定植珊瑚。
龙涎香(ambergris) 抹香鲸小肠中累积的未消化的物质。
陆架坡折(shelf break) 大陆架坡度突然变陡的部分,通常深度位于 120～200 m(400～600 ft) (图 2.17 和 2.18)。
卵黄囊(yolk sac) 与鱼类或其他脊椎动物胚胎相连的一个充满卵黄的囊。
卵生(oviparous) 产卵繁殖的生物。
卵胎生(ovoviviparous) 出生之前卵一直在母体内孵化的动物。
螺旋瓣(spiral valve) 软骨鱼肠道内的螺旋结构。
裸鳃类(nudibranchs) 海蛞蝓缺少外壳、鳃暴露在外的腹足类。
氯代烃(chlorinated hydrocarbons) 一类不可生物降解的人工合成化合物,其中一些有毒性并成为污染物。
氯氟烃(chlorofluorocarbons,CFCs) 在喷雾剂、空调和其他产品中使用的一类化学物质,会对臭氧层产生影响。
滤食动物(planktivore) 以浮游生物为食物的动物。
滤食者(filter feeder) 主动过滤食物颗粒的食浮生物(图 7.3)。
绿藻(green algae) (绿藻门 phylum Chlorophyta) 叶绿素没有被其他色素遮盖的海藻。

M

麻痹性贝中毒(paralytic shellfish poisoning) 某些引起赤潮的甲藻含有毒素,当人吃了被其污染的贝类时会造成中毒的症状。
马尾藻海(Sargasso Sea) 位于大西洋西印度群岛北部海域,该海域生活着大量的漂浮马尾藻。
毛颚类动物(chaetognaths) 参见箭虫。
酶(enzyme) 能加速特定化学反应的蛋白质。
门(phylum) 描述某一生物界主要类别的分类阶元;在植物界中,division 与 phylum 均表示门,其含义是相同的。
迷网(rete mirabile) 血管网络,在某些鱼类中其功能是热量交换系统,以协助维持体内温度高于水温(图 15.15)。
密度(density) 某物质特定体积的重量(更确切地说是质量)。
泌氯细胞(chloride cells) 鱼类鳃中的细胞,参与排除多余盐分。
泌尿生殖孔(urogenital opening) 在硬骨鱼类和其他动物中,尿液和配子具有共同的排出口。
面盘幼虫(veliger) 腹足类和双壳类的浮游幼体。
灭绝(extinction) 一个物种消失。
墨角藻黄素(fucoxanthin) 褐藻的光合色素,呈黄色至金褐色。
墨囊(ink sac) 某些头足类能分泌黑色汁液的腺体,可用于吓阻捕食者。
牡蛎礁(oyster reef) 在某些河口和其他海洋环境中存在的密集的牡蛎床。

N

南方涛动(Southern Oscillation) 参见厄尔尼诺—南方涛动。
内耳(inner ear) 脊椎动物体内成对的感知声音的器官。
内骨骼(endoskeleton) 位于动物外表面之内的骨骼。比较外骨骼。
内生植物(endophyte) 生长在植物或藻类细胞或组织内的光合生物。比较附生植物。
内质网(endoplasmic reticulum) 在大多数真核生物细胞内都可以看到的,折叠膜层延展系统(图 4.8)。
能量(energy) 做功的能力。
能量金字塔(pyramid of energy) 随着食物链层级升高,能量逐级减少的现象。
溺谷河口/滨海平原河口(drowned river valley (coastal plain) estuary) 在上个冰川期末,由于海平面上升形成的河口。
逆向河口(negative estuaries) 蒸发作用失去的淡水量高于河流注入淡水量的河口区。

鸟类(birds)(鸟纲 class Aves)具有羽毛并在陆地上产卵的脊椎动物,卵具有钙质的壳。

尿素(urea)一些脊椎动物的有毒代谢废物。

纽虫(ribbon worms/nemertean)(纽虫门 phylum Nemertea)具有完整的消化器官、真正的循环系统和捕获猎物长吻 的无脊椎动物(图 7.10)。

纽形动物(nemerteans)参见纽虫。

P

爬行动物(reptiles)(爬行纲 class Reptilia)皮肤具鳞,革质卵产于陆地的脊椎动物,海洋爬行动物包括海龟、海蛇、海鬣蜥和湾鳄。

排卵(ovulation)卵从卵巢里排出的过程。

胚胎(embryo)发育的早期阶段,通过胚胎发育最终成为成体。

配子(gamete)单倍体生殖细胞,当其与另一配子结合后能够发育成一个新个体。

配子体(gametophyte)许多海藻能产生配子的单倍体世代。比较孢子体。

喷水(spout)(呼气 blow)鲸鱼浮出水面换气时喷出的水汽和海水。

喷水孔(blowhole)鲸类的鼻孔或鼻腔开口。

漂浮生物(neuston)生活于水面,身体浸没于水下的生物。请比较水漂生物。

平顶海山(guyot)顶部平坦的海山。

平衡囊(statocyst)动物定位的一种囊状结构,腔内充满液体,内含感觉纤毛和小的可移动的平衡石,依靠重力进行定位。

剖面图(profile)显示温度、盐度或其他参数随深度变化的曲线图(图 3.8)。

葡萄糖(glucose)在大多数生物新陈代谢过程中起重要作用的一种单糖。

Q

妻妾群(harem)一大群雌性鳍足类动物与一头大的雄性群居在一起,其目的是为了交配。某些鱼类也有此现象。

鳍脚(clasper)雄性的鲨鱼和其他软骨鱼类的腹鳍内侧边缘的一种交配器官(图 8.17)。

鳍脚类(pinnipeds)(鳍脚目 Pinnipedia)具有鳍状肢的鳍脚目哺乳动物,例如海豹类、海狗类(海狮、长毛海狗)和海象类。

鳍条(fin ray)硬骨鱼类的鳍的每根骨刺。

气囊(pneumatocyst)海藻所具有的一种充满气体的囊状构造(图 6.1)。

气体交换(gas exchange)氧气和其他气体在大气—海洋之间的交换,或者是在水体—生物和大气—生物之间的运动,后一种情况常称为呼吸交换。

器官(organ)由多种组织构成的能行使特定功能的结构。

迁徙(migration)一种生物从一个地方向另一个地方的有规律的运动。

浅海区(neritic zone)位于大陆架之上的海洋区域(图 10.8)。

腔肠动物(cnidarians)(腔肠动物门 phylum Cnidaria)长有刺丝囊、身体呈辐射对称的无脊椎动物。

腔棘鱼(coelacanths)一类叶鳍型化石鱼类。1952 年发现了第一条活的矛尾鱼(*Latimeria*)(见 182 页图)。

侵蚀(weathering)岩石的物理和化学分解。

氢(hydrogen)构成水、有机物和其他许多化合物的元素之一。氢气(H_2)是由 2 个氢原子构成。

清除共生体(cleaning associations)一种共生体,其中个体较小的成员会定期地将鱼类的寄生虫清除出去。

琼胶(agar)从红藻中提取的具有重要经济价值的藻胶。

求偶行为(courtship behavior)吸引异性并进行交配的行为。

球石藻(coccolithophorids)(不等鞭毛门 phylum Heterokontophyta,定鞭藻纲 class Haptophyta)单细胞真核浮游植物,具有钙质的纽扣状结构,也称为颗石(图 5.8)。

趋同进化(convergent evolution)两个不同的物种由于相似的生活方式在进化过程中形成相似结构的现象。

全球变暖(global warming)由于大气中二氧化碳和其他温室气体浓度升高而加剧温室效应的现象。

全球蒸馏效应(global distillation)由于全球尺度的物质蒸发和凝结,导致某些污染物向两极的净输送。

全日潮(diurnal tide)每天一次高潮和一次低潮的潮汐模式(图 3.33c)。

缺氧的(anoxic)氧气缺乏。

群集(swarming)为繁殖或其他目的而个体群聚的现象。

群落(community)在一个区域内栖息的各类生物种群,及其通过相互作用而构成的集合体。

群体(pod)特指一大群鲸目动物。

群体(school)由同一物种的鱼类或鲸类构成的集群。另见群体(pod)。

R

染色体(chromosome)携带 DNA 的细胞结构。

桡足类(copepods) 小型的浮游甲壳动物(图 7.22)。
热容量(heat capacity) 将一种物质的温度提升至特定温度所需要的热量,反映了该物质储存热量的能力。
热污染(thermal pollution) 由加热水体产生的污染。
热盐循环(thermohaline circulation) 由于海水密度差异而驱动的大洋循环,而非风或潮汐造成的。密度差异是由于温度和盐度的差异(图 3.8 和 3.22)。
热液喷口(hydrothermal vent) 被加热的海水从地壳中喷涌而出形成的深海热泉
人为影响(anthropogenic impact) 由于人类活动而对自然环境产生的扰动。
妊娠期(gestation) 哺乳动物从受精到出生之间的时期。
熔化潜热(latent heat of melting) 熔化某种物质(也就是从固态转变为液态) 所需要的热能的量。
溶解有机物(dissolved organic matter, DOM) 在水中呈溶解状态而非颗粒状态的有机物质。
溶质(solute) 溶解于溶剂的物质。
肉质植物(succulent) 一种能储存水分的肉质植物。
乳腺(mammary glands) 哺乳动物分泌乳汁的腺体。
软骨鱼类(cartilaginous fishes) (软骨鱼纲 Chondrichthyes) 骨骼由软骨构成的鱼类,包括鲨(sharks)、鳐(rays/skates) 和银鲛(ratfishes)。
软流圈(asthenosphere) 岩石圈之下,地幔的上层部分(图 2.3)
软珊瑚(soft coral) (软珊瑚目 order Alcyonacea) 没有硬骨骼的群居珊瑚虫。
软体动物(mollusks) (软体动物门 Mollusca) 具有柔软、不分节躯体,肌肉质足,钙质外壳(有例外) 的一类无脊椎动物。

S

鳃(gill) 身体中用于气体交换的壁薄组织延伸。
鳃盖(gill cover) 参见鳃盖(operculum)。
鳃盖(operculum) 覆盖硬骨鱼类鳃的骨片状活瓣。
鳃弓(gill arch) 鱼鳃的支撑结构。
鳃裂(gill slit) (咽裂 pharyngeal slit) 脊索动物沿着咽部排列的数对开孔之一(图 7.38b 和 7.39)。
鳃耙(gill raker) 鱼鳃内表面的根根突起(图 8.13b)。
鳃丝(gill filament) 鱼鳃上进行气体交换的细小突起 (图 8.13b)。
鳃小叶(lamella,复数 lamellae) 构成鱼鳃鳃丝的薄片状结构(图 8.13c)。
三磷酸腺苷(adenosine triphosphate) 见 ATP。
色素细胞(chromatophore) 含有色素的表皮细胞。
砂壳纤毛虫(tintinnids) 能分泌瓶装外壳(或称为兜甲 loricas) 的纤毛虫(ciliates)。
沙洲河口(bar-built estuary) 障壁岛或拦门沙将注入淡水的部分海岸分隔后形成的河口区域(图 12.1)。
筛板(madreporite) 棘皮动物体内连接水管系统和外界环境的多孔板状结构。
珊瑚(anthozoans) 珊瑚纲(class Anthozoa) 生活史包括复杂的水螅体阶段,但无水母体阶段的腔肠动物。
珊瑚海绵(coralline sponges) 参见硬海绵。
珊瑚礁(coral reef) 大规模的碳酸钙沉淀,来源于群体定植的石珊瑚和其他生物群体。
珊瑚砾石(coral rubble) 珊瑚碎片。
珊瑚丘(coral knoll,pinnacle) 环状珊瑚岛泻湖中的珊瑚柱(图 14.18)。
珊瑚藻(coralline algae) 在藻体叶片中沉积碳酸钙的红藻。
上升流(upwelling) 富含营养物质的深层冷水向上层运动的现象,包括沿岸上升流和赤道上升流。
扫帚触手(sweeper tentacle) 珊瑚用于攻击周围群体的一类触手。
深(底) 层(deep (bottom) layer) 海洋三大层中最深、最冷的水层(图 3.24)。
深层地带(bathyal zone) 从陆架坡折至深度大约 4000 m(13 000 ft) 的海底区域(图 10.8)。
深层海域(bathypelagic zone) 从 1000 m(3000 ft) 到 4000 m(13 000 ft) 之间的深海环境(图 10.8)。
深海(deep sea) 海洋中层以下的黑暗水层(图 10.8)。
深海平原(abyssal plain) 深海海底基本平坦的区域。
深海散射层(deep scattering layer,DSL) 由许多类型的生物构成的声波反射层,这些生物每日由海洋中层迁移至光合作用带。
深海扇(deep-sea fan) 海底峡谷边缘的扇形沉积地带。
深渊大洋区(hadopelagic (hadal pelagic) zone) 深度超过 6000 m(20 000 ft) 的深海海洋环境(图 10.8)。
深渊带(hadal zone) 深度超过 6000 m(20 000 ft) 的海底(图 10.8)。
深渊地带(abyssal zone) 大约深度 4000 m(13 000 ft) 到 6000 m(20 000 ft) 的海底区域(图 10.8)。
深渊海域(abyssopelagic zone) 大约深度 4000 m(13 000 ft) 到 6000 m(20 000 ft) 的深海水体环境(图 10.8)。

神经索(nerve cord) 一条长而紧密的神经细胞束,是中枢神经的组成部分。

神经网(nerve net) 腔肠动物和其他无脊椎动物体内由互相连接的神经细胞组成的网络。

神经细胞(nerve cell) 产生和传递神经冲动的特化细胞。

渗透作用(osmosis) 水分子穿越细胞膜等选择透过性膜的跨膜运动,它只允许特定的分子通过。

生活污水(domestic sewage) 来自家庭和非工业区的废水。比较工业废水。

生境(habitat) 生物体所生活的自然环境。

生境修复(habitat restoration) 恢复受胁迫或被毁坏的生境。

生理适应(physiological adaptation) 个体对环境的非遗传性适应。

声呐(sonar) (声波导航测距 *sound navigation ranging*) 一种通过回声检波来确定水下物体位置的技术或装备(图 1.4)。

生态位(ecological niche) 一个物种各方面的生态特征,例如其摄食习惯、特定的栖息地和繁殖策略。

生态位(niche) 参见生态位。

生态系统(ecosystem) 一个大的、相对独立的区域,是生物群落与物理环境之间的相互作用的自然系统。

生态学(ecology) 研究生物和环境相互作用的学科。

生态演替(ecological succession) 在一特定地区规律性的物种更替。

生物的(biotic) 环境中有生命的组分。见非生物性的。

生物发光(bioluminescence) 生物有机体的发光现象。

生物富集(biological magnification) 不可生物降解的化合物在较高等级食物链中浓度增加的现象。

生物降解(biodegradable) 可通过细菌或其他生物进行分解。

生物量(biomass) 生物的总量。

生物量金字塔(pyramid of biomass) 随着食物链层级升高,生物量逐级减少的现象。

生物扰动者(bioturbator) 在掘穴或摄食时移动沉积物的海底生物成员。

生物钟(biological clock) 一种与时间同步的重复节律。

生源沉积物(biogenous sediment) 由海洋生物骨骼和外壳构成的沉积物。另见石灰质和硅藻泥。

生殖隔离(reproductive isolation) 分离的种群间不能交配繁殖后代的现象。

生殖裂(gential slit) 鲸类的生殖孔。

湿地(wetlands) 可以被潮汐淹没或明显有积水的区域,如盐沼、红树林和淡水沼泽。

食底泥动物(deposit feeder) 以沉积在底部的有机物质为食的动物(图 7.3)。

食腐动物(scavenger) 以死亡生物的有机质为食物的动物。

石内藻(endolithic alga) 钻入钙质岩石或珊瑚内生长的藻类。

食肉动物(carnivore) 吃其他动物的动物。顶级食肉动物就是在食物链顶端的捕食者。另见捕食作用。该词还被用以指食肉目(order Carnivora) 的动物,即具牙齿适宜吃其他动物的哺乳动物。海洋生物中属于的该类群的动物有海獭和北极熊等。

食物链(food chain) 能量从初级生产者到消费者的传递步骤。

食物网(food web) 群落中所有互联的摄食关系。

实验(experiment) 一种人工设立的情形用以检验假设。在受控实验中,需要排除能影响实验的多余变量。

实用盐度单位(practical salinity units, PSU) 根据海水电导率测算的盐度,在数字上用千分率表示。

食植生物(grazer) 主要以植物为食的生物。

十足目动物(decapods) 具有五对步足和发育良好头胸甲的甲壳动物,该类群包括虾(shrimp)、龙虾(lobsters)、寄居蟹(hermit crabs) 和螃蟹(crab)。

世代交替(alternation of generations) 有性世代和无性世代交替的繁殖循环,例如配子体与孢子体交替的情况。

世界大洋(world ocean) 这一概念是用来表明地球上所有的大洋都是相互联系的。

嗜冷的(psychrophilic) 喜低温的。具有这种特性的生物或酶在低温下(或只有在低温下) 才生长得最好或功能最佳。

噬压的(barophilic) 喜欢压力的。用于生物或酶,是指只有在高压下才生长最佳或酶活性最高。

受精(fertilization) 配子的结合,可以是体外发生在水中,或是在体内。

受威胁物种(threatened species) 数量上异常稀少的物种。

输出(outwelling) 从河口向其他生态系统输送有机碎屑和其他有机物的现象。

属(genus) 一群类似的物种。

数量金字塔(pyramid of numbers) 随着食物链层级升高,生物个体的数量逐级减少的现象。

双壳类(bivalves) (双壳纲 class bivalvia) 具有两片壳、滤腮和铲状足的软体动物,如蛤(clam)、牡蛎(mussel) 等。

双名法(binomial nomenclature) 使用两个名字对物种进行的命名的体系,第一个名字是属名。

水层生物(pelagic organisms) 离开水底而生活在水体中的生物,包括浮游生物和游泳生物(图 10.7)。

水产养殖(aquaculture) 海洋和淡水生物培养。见海水养殖。

水管(siphon) 双壳类、头足类 及背囊类动物体内的管状结构，用于外套腔中水的进出。
水管系统(water vascular system) 棘皮动物用以运动和摄食的一套网状管道，其中充满了水。
水晶(crystal) 一类由分子规则排列构成的固体物质。
水流(current) 水的水平流动。
水母体(medusa) 腔肠动物的钟形自由游泳阶段。
水漂生物(pleuston) 生活在水表层，其身体部分突出于空气中。参见漂浮生物一词。
水团(water mass) 可通过温度和盐度而识别的一个水体。
水螅(hydrozoans)(水螅纲 class Hydrozoa) 一类腔肠动物，其典型的生活史包括群体定植的水螅体阶段和水母体阶段。
水螅体(polyp) 腔肠动物的一个生活阶段，身体呈圆筒状，通常营附着生活(图 7.6 和 14.1)。
水蛭(leeches) 属于蛭纲(class Hirudinea)，身体分节的蠕虫，是一类特化的捕食者和寄生者。
水柱(water column) 从表层延伸到底部的垂直海水水体。
瞬膜(nictitating membrane) 鲨鱼和其他一些脊椎动物 眼睛表面的一层薄膜组织，可以覆盖眼睛。
四足动物(Tetrapods) 有两对腿的脊椎动物，包括鲸目动物。
溯河性鱼类(anadromous) 迁移到淡水区域交配产卵的海水鱼类。比较降海性鱼类。
朔望大潮(spring tides) 发生在新月和满月，潮差较大的潮汐。比较小潮。
碎屑(detritus) 死亡有机体的颗粒。

T

胎盘(placenta) 联结哺乳动物胚胎与母体子宫的膜状器官，为胚胎提供营养。
胎生动物(viviparous) 卵在母体中发育，从母体吸收营养的动物。
苔藓虫(bryozoans)(外肛动物门或苔藓动物门 phylum Ectoprocta or Bryozoa) 个体小、集群定植生长的结壳无脊椎动物，具有精致的、花边状的骨架(图 7.32)。
碳(carbon，C) 所有有机化合物必需的组成元素。
碳定年法(carbon dating) 确定新发现化石年龄的程序。
碳水化合物(carbohydrate) 由附着了氢和氧的碳链或碳环构成的有机物。
碳酸钙(calcium carbonate，$CaCO_3$) 一种矿物质，是构成贝壳、骨架和许多生物其他部分的主要成分。
碳循环(carbon cycle) 在二氧化碳和不同有机物间的碳循环转化(图 10.16)。
绦虫(tapeworms) 寄生的扁形动物，其身体一般由重复的单位链接而成。
藤壶(barnacles) 附着在物体表面生活的甲壳动物，通常被厚重的石灰质甲板包被(图 7.23)。
体腔(coelom) 结构复杂的动物身体内部的空腔。
体腔液(coelomic fluid) 棘皮动物和其他无脊椎动物体腔内的液体。
条件作用(conditioning) 一种学习方式，其行为与奖励(如食物) 密切相关。
同位素(isotopes) 一种元素的不同原子形式。
头胸部(cephalothorax) 许多节肢动物身体的前部，其构成包括头部及与其相连的其他身体体节。
头胸甲(carapace) 覆盖在一些甲壳生物前部的类似盾甲的结构；
头足类(cephalopods)(头足纲 class Cephalopoda) 章鱼(octopuses)、乌贼(squids) 和其他软体动物等其足部已演化为环绕头部的臂腕。
吐脏现象(evisceration) 海参将内脏排出的现象。
蜕壳(molt) 在蜕变过程中被脱去的外骨骼。
臀鳍(anal fin) 鱼体最后端的腹鳍(图 8.8)。
脱氧核糖核酸(deoxyribonucleic acid，DNA) 含有可遗传的遗传密码子的核酸，编码生物体的结构和功能。
唾液腺(salivary gland) 在软体动物、脊椎动物或其他动物中，能向口中释放消化酶的腺体。

W

外肛苔藓虫(ectoprocts) 参见苔藓虫。
外骨骼(exoskeleton) 形成动物外表面的骨骼，如节肢动物。比较内骨骼(endoskeleton)。
外套膜(mantle) 软体动物分泌贝壳的外层组织(图 7.14)。
外套膜(tunic) 海鞘的外层体壁。
外套腔(mantle cavity) 软体动物外套膜所围成的空腔(图 7.14)。
腕足动物(Brachiopods) 参见腕足类。
腕足类(lamp shells/brachiopods) 属于腕足动物亚门(subphylum brachiopoda)，具有触手冠和由 2 个壳瓣构成的外壳。
微食物环(microbial loop) 浮游食物网的构成组分。海洋中的溶解有机物被微微型浮游生物和微型浮游生物摄取后重新进入食物网并形成微生物型次级生产量，进而被原生动物和桡足类所利用而形成的微型生物摄食关系（图 15.17）。

微体化石（microfossils）由海洋生物的微型外壳和其他残留物组成的生源沉积物。

微微型浮游生物（picoplankton）极其微小的浮游生物类群，其大小范围在 0.2～2 μm（0.0002～0.002 mm）（图 15.2）；由于个体微小，用标准的浮游生物网不能收集。

微型浮游生物（nanoplankton）个体大小在 2～20 μm(0.002～0.2 mm）之间的浮游生物类群（图 15.2）；由于个体太小以至于无法用标准浮游生物网采集。

尾海鞘（appendicularians）参见幼形动物。

尾鳍（caudal fin）鱼类后端的鳍或尾部。

伪足（pseudopodium）细胞质向四周延伸形成的细小或钝圆的结构。

味蕾（taste buds）位于鱼的嘴部和其他部位，能敏锐地感知化学刺激的结构。

温室效应（greenhouse effect）由于大气中二氧化碳和其他气体而导致地球温度升高的现象。

温血动物（endotherm）通过保持代谢热量提高体温的动物。比较冷温动物。

温跃层（thermocline）水体温度随水深迅速变化的区域。主温越层是温度发生改变的区域，是温暖的表层水转换为寒冷深层水的转变区域。

文昌鱼（lancelets）属于头索动物亚门（subphylum Cephalochordata），具有三条基本脊索，但缺少脊椎的脊索动物（图 7.39）。

吻（proboscis）某些无脊椎动物口附近的延长器官，其功能是协助捕食或收集食物。

涡虫（turbellarians）多数营自由生活的扁形动物。

涡流（gyre）一种巨大的、由风驱动的环形表面流系，其中心位置在两半球纬度 30°附近（图 3.20）。

污泥（sludge）污水处理过程中从污水中分离出来的浓缩污染物。

污染（pollution）人类向环境排放的有害物质或热能。

污损生物（fouling organisms）附着生活在船舶和桩柱水下表面上的生物。

无颌鱼类（jawless fishes，*Agnatha*）没有颌和偶鳍的鱼类，如盲鳗（hagfishes，slime eels）和七鳃鳗（lampreys）。

无脊椎动物（invertebrates）没有脊椎的动物。

无节幼体（nauplius）许多甲壳类动物行浮游生活的幼体（图 7.30）。

无性（营养）繁殖（asexual（vegetative）reproduction）无配子形成过程的生殖方式。比较有性生殖。

物种（species）同质个体的集合，不能与其他类型个体繁殖后代。

X

吸虫（flukes）一类寄生的扁形动物。

吸虫（trematodes）见吸虫。

西风带（westerlies）在中纬度地区风向由西向东的风带。

细胞骨架（cytoskeleton）由细胞内的蛋白质纤丝构成的复合结构。

细胞核（nucleus）真核细胞中含有染色体的细胞器（图 4.8）。

细胞器（organelle）细胞内被膜包被的特化结构（图 4.8）。

细菌（bacteria，单数 bacterium）属于细菌域的原核、单细胞微生物。

系统（system）（器官系统 organ system）具有某种特化功能的器官群。

系统演化（phylogeny）某一物种或其他分类阶元（如门、纲、目、科、属）的演化发展历史。

狭首型幼鱼（leptocephalous larva）淡水鳗鱼和其他鱼类的类似叶状的幼体。

狭湾（fjord）冰川消退产生的深谷中形成的河口海湾（图 12.2）。

狭盐生物（stenohaline）只能在狭窄的盐度范围内生存的生物。比较广盐动物。

下降流（downwelling）由于表层水密度大于下层水，使得上层水下沉的现象。

纤毛（cilium，复数 cilia）一种短的毛发状鞭毛，数量多，用于运动、推动食物颗粒及其他用途。

纤毛虫（ciliates）（纤毛虫门 phylum Ciliophore）长有纤毛的原生动物类群。

纤毛栉板（ciliary comb）栉水母八条基部愈合的纤毛（cilia）带之一。

纤维素（cellulose）种类和结构多样的一大类碳水化合物，是植物纤维及其支持结构的主要成分。

线虫（roundworms）参见线虫类。

现存量（standing stock/standing crop）特定时间某种生物的总数量或生物量。

线粒体（mitochondrion）真核生物中进行呼吸作用的细胞器。

限制性资源（limiting resource）如果缺乏将限制种群生长的一种基本因子。

消费者（consumer）异养生物初级消费者直接摄食初级生产者，而次级消费者则以初级消费者为食物。

消化腺（digestive gland）许多无脊椎动物类群中分泌消化酶的腺体，负责消化和吸收。

硝酸盐(nitrate,NO_3^-) 海洋中一种重要营养盐。
小潮(neap tides) 潮差较小的潮汐,一般发生于上弦或下弦月(月球周期的 1/4)时。比较大潮。
小型底栖动物(meiofauna) 生活于海底的微型动物,通常与间隙动物区系是同义词。
小型浮游生物(microplankton) 由个体大小 20～200 μm(0.02～0.2 mm) 之间的生物构成的浮游生物类群(图 15.2)。
协同进化(coevolution) 一种进化类型,其中一个物种的进化是对另一个物种做出的反应。
泻湖(lagoon) 一类与外海隔离,水深较浅、受遮蔽的水体,是被珊瑚礁、沙坝和(或) 障壁岛分隔而形成的(图 14.14 和 14.18)。
泄殖腔(cloaca) 软骨鱼和其他一些动物,其肠道、排泄系统和生殖系统拥有共同的开孔。
新陈代谢(metabolism) 生物体内发生的所有化学反应。
心形海胆 (heart urchins) 具扁平骨壳和较短棘刺的穴居海胆。
信风(trade winds) 从东向西吹向赤道,风向稳定的风,代替了赤道的上升热空气(图 3.18)。
信息素(pheromone) 生物用来和其他的同类进行交流的化学物质。
星虫(peanut worms/sipunculans) 属星虫动物门(phylum Sipuncula),穴居的无脊椎动物,具不分节的身体和可以缩进身体的头部。
星虫动物(sipunculans) 参见星虫。
性激素(sex hormone) 脊椎动物调控繁殖时间和性别特征的激素。
性腺(gonad) 含有生殖组织能产生配子的器官,如卵巢和精巢。
胸鳍(pectoral fin) 位于鱼头部正下方的一对鳍(图 8.8)。
雄性寄生(male parasitism) 某些深海鱼类其雄性终生附着于雌性身体上(图 16.11)。
嗅囊(olfactory sacs) 鱼头部两侧能感知化学刺激的构造。
须鲸(baleen whale) 滤食性鲸类。
须鲸类(rorquals) 蓝鲸、长须鲸及其他在腹部有长沟状皮肤褶皱的须鲸科鲸类(图 9.13 和 9.15)
须腕动物(beard worm/ pogonophorans) 缺乏消化系统的穴居环节动物(图 7.13)。
须腕动物(pogonophorans) 参见有须虫。
悬食动物(suspension feeder) 以水中悬浮颗粒为食的动物(图 7.3)。对比食积动物,滤食动物。
玄武岩(basalt) 形成海底或大洋底壳的深色岩石。
雪卡毒素(ciguatera) 由于食用某些热带鱼而导致的一类食物中毒,是由一种甲藻产生的毒素而致。
血红蛋白(hemoglobin) 许多动物体内血液中用于输送氧的蛋白质。

Y

压强(pressure) 对单位表面积施加的重量。海表面为 1 个大气压(每平方英寸 14.7 lb);深度每增加 10 m(33 ft),水柱所施加的压强就增加 1 个大气压。
芽殖(budding) 一种无性生殖方式。一个独立的新个体从小的分支,或芽部位生成。
亚里士多德提灯(Aristotle's lantern) 海胆类用于咬噬食物的下颌及其肌肉组织。
咽(pharynx) 许多动物消化管道的前端部分,正好位于口腔的后面。
盐(salt) 由具有相反电荷的离子组成的物质。
延迟着床(delayed implantation) 鳍脚类和其他一些哺乳动物,为了能够在最适合的条件下生产,早期胚胎延迟在子宫中着床的现象。
盐度(salinity) 溶解于海水中的盐的总量。通常用千分率表示(‰)。
盐生植物(halophyte) 耐盐的陆生植物。
岩石沉积物(lithogenous sediment) 由岩石的破碎或者风化而产生的沉积物。亦见红土。
岩石圈(lithospere) 覆盖地球表面的地壳和地幔的上层部分,它分裂为分离的岩石圈板块(图 2.10)。
盐腺(salt gland) 海鸟和海龟分泌多余盐分的腺体。
盐楔(salt wedge) 沿河口底部流动的一层较高密度、较高盐度的海水(图 12.3)。
岩藻(rockweeds/wracks) 墨角藻(*Fucus*) 等数种生长在温带地区岩石海岸褐藻的俗名。
盐沼(salt marsh) 沿温带和近极地地区的河口沿岸和遮蔽海岸分布的草地。
厣 (operculum) 腹足动物身体收缩时封闭外壳开口的硬质盖子
演替(succession) 参见生态演替。
演绎(deduction) 从普遍原理到特定结论的推理方法。
厌氧呼吸(anaerobic respiration) 在无氧条件下生物降解有机物质的过程。参见有氧呼吸。
厌氧细菌(anaerobic bacteria) 不需要氧气的细菌。
洋中脊(mid-ocean ridge) 环绕地球的海底火山链,它包括大西洋中脊(Mid-Atlantic Ridge) 和东太平洋海隆(East Pacific Rise) (图 2.5 和图 2.9)
氧(oxygen) 一种元素,它是水、有机物质和其他很多化合物的组分。由两个氧原子组成的氧气是呼吸作用必需的,通过光合作用产生。

叶绿素(chlorophyll) 绿色的光合色素。
叶绿体(chloroplast) 进行光合作用的细胞器。
叶片(blade) 海藻叶状体的类似叶片部分。
叶状体(thallus) 海藻的完整藻体。
遗传(heredity) 遗传特性由上一代向下一代传递。
移植(transplantation) 有目的地引入一个物种。
异养生物 (heterotroph) 从有机物质中获得能量的生物。
螠虫(echiurans) (螠虫门 phylum Echiura) 身体不分节,喙不可收缩的穴居无脊椎动物。
翼足类(pteropods) 行浮游生活的腹足纲软体动物,其腹足已特化以适应游泳,外壳变小或完全退化
隐蔽色(cryptic coloration) 生物体使其体色与环境相融合的一种色彩模式。
引进种(introduced species) 又称作外来种,是人为输入到新环境中的物种。比较本地种。
隐藻(Cryptophytes) (隐藻门 phylum Cryptophyta) 一类单细胞真核浮游植物,具有两条鞭毛,没有细胞壁。
印度-西太平洋区域(Indo-West Pacific region) 位于热带的印度洋和太平洋中西部。
营养繁殖(vegetative reproduction) 参见无性繁殖。
营养阶(trophic level) 食物链中的每一个层级。
营养金字塔(trophic pyramid) 食物链中生物量、能量、生物个体的数量构成类似金字塔(pyramids of biomass, energy, member, food chain) 的关系。
营养盐再生(nutrient regeneration) 由分解者从有机物中释放营养物质的过程。
营养元素(nutrient) 除了二氧化碳和水之外,自养生物制造有机物质需要的原料物质,比如硝酸盐和磷酸盐。
硬骨鱼(bony fishes) (硬骨鱼纲 class Osteichthyes) 其骨骼主要由硬骨质构成的鱼类,具有鳃盖和鳍条。
硬质海绵(sclerosponges) (珊瑚海绵 coralline sponges) 具有厚实的钙质骨骼的海绵。
涌(swell) 波峰和波谷比较平缓的浪,其发生的区域一般远离风浪区域(图 3.28)。
涌潮(tidal bore) 当外海的高潮移向某些河口和河流而产生的陡峭波涛。
幽门盲囊(pyloric caecum,复数 caeca) 许多硬骨鱼类肠道所具有的细长盲管。
游动孢子(zoospore) 具有一条或多条鞭毛的孢子。
游泳生物(nekton) 游泳能力强,能够逆流运动的生物(图 10.7)。
疣足(parapodium) 位于多毛纲动物身体每个体节两侧的扁平延伸物(图 7.11)。
有害藻华(harmful algal bloom) 浮游植物种群异常暴发,对人类产生危害。
有花植物(flowering plants) (被子植物 angiosperms;被子植物门 division Anthophyta) 有花、种子和真正叶、茎和根的植物。
有机化合物(organic compound) 含有碳、氢,通常还有氧的分子。
有孔虫(foraminiferans) (forams) (粒网虫门 phylum Granuloreticulosa) 具有钙质壳(或介壳) 以及伪足的原生动物。
有孔虫软泥(foraminiferan ooze) 主要由有孔虫钙质壳组成的生源沉积物。
有丝分裂(mitosis) 一个母细胞分裂为与其完全相同的两个子细胞的细胞分裂过程。
有性繁殖(sexual reproduction) 通过配子结合产生后代的繁殖方式。比较无性繁殖。
有氧呼吸(aerobic respiration) 从有机物质释放能量的化学过程(图 4.5):

$$\underset{\text{(葡萄糖)}}{\text{有机物质}}+O_2 \longrightarrow CO_2+H_2O + \text{能量}$$

幼虫(larva) 动物未发育成熟的阶段,其形态与成体有差别。
诱导防御(inducible defense) 生物只有在应对捕食者时才使用的防御机制。
幼形动物(larvaceans) 又称尾海鞘,属于幼形动物纲(class Larvacea),是一类终生身体呈蝌蚪幼虫形态的被囊动物。
淤泥滩(mudflat) 在低潮时暴露的淤泥底。
鱼粉(fish meal) 动物饲料中的鱼蛋白添加物。
鱼浓缩蛋白(fish protein concentrate) (FPC 或 鱼粉 fish flour) 供人类食用的鱼蛋白补品。
原核生物(prokaryote) 细菌等细胞类型为原核细胞的生物。
原核细胞(prokaryotic cell) 最简单的细胞形式,不具备细胞核及大部分类型的细胞器(图 4.7)。比较真核细胞。
原生动物(protozoans) 类似动物的原生生物,包括各种不同类群的单细胞、真核原生生物,大多行异养营养。
原生生物(protists) 结构较简单的真核生物集群,包括单细胞生物和多细胞的藻类等不同类群。过去该词是指原生生物界的成员,但现在用该词指代这些不同类群生物主要是为了方便。
元素(element) 由同类型原子构成的物质,使用普通的化学方法不能将其分解。
原索动物(protochordates) 没有脊椎的脊索动物。
原子(atom) 元素可分割并维持其原有性质的最小单位。

Z

再生(regeneration) 某些生物所具有的身体局部失去后能够再次生长的能力。

藻(alga,复数 algae) 缺乏植物结构特征(叶子、根和茎) 的真核、自养原生生物类群。

藻胆素(phycobilins) 一类光合色素,包括蓝细菌中呈蓝色的藻蓝蛋白和红藻中呈红色的藻红蛋白。

藻淀(algal turf) 通常由丝状藻类密集生长形成的藻类致密区域。

藻红蛋白(phycoerythrin) 参见藻胆素。

藻脊(algal ridge) 一些珊瑚礁外缘着生珊瑚藻形成的隆起带。

藻胶(phycocolloid) 海藻中类似淀粉的化学物质,具有十分重要的商业价值。另见琼脂(agar)、褐藻胶(algin)、卡拉胶(carrageenan)。

藻蓝蛋白(phycocyanin) 参见藻胆素。

藻华(bloom) 藻类或浮游生物的丰度在短期内的急剧增加。

造礁珊瑚 (hermatypic coral) 能够建造珊瑚礁的珊瑚。

造礁石珊瑚(scleractinian corals) 具有坚固钙质骨骼的珊瑚纲生物,是最重要的造礁珊瑚。

增殖(seeding) 在海水养殖中,投放人工培养的幼龄个体以充实自然群体的活动。

黏细胞(colloblast) 栉水母用于捕食小猎物的具有黏性的细胞。

障壁岛(barrier island) 在海浪作用下,沿海岸构筑的长而窄的海岛。

真光层(photic zone) 有充足的阳光能满足光合作用的海洋表层。另见海洋光合作用带。

真核生物(eukaryote) 由一个或多个真核细胞组成的生物。

真核细胞(eukaryotic cell) 含有一个细胞核和其他细胞器的细胞(图 4.8)。比较原核细胞。

真菌(fungi,单数为 fungus) 类似植物但不进行光合作用的生物,隶属真菌界(kingdom Fungi)。

蒸发冷却(evaporative cooling) 运动最快速的分子蒸发后,仍保持液相的分子其运动速度较慢因而温度较低。

蒸发潜热(latent heat of evaporation) 气化某种物质(也就是从液态转变为气态) 所需要的热能的量。

蒸发作用(evaporation) 分子由液体状态变为气体状态或蒸汽的过程。

脂类(lipid) 一类有机分子,通常被生物体用于长期的能量储存、防水、提供浮力和绝缘。

直肠腺(rectal gland) 软骨鱼类泄殖腔中负责排除多余盐分的腺体。

植食动物(herbivore) 摄食植物的动物。

植物(plants) 植物界(kingdom Plantae) 的成员,由能够进行光合作用的真核、多细胞生物体组成。

栉水母(comb jellies) (栉水母门 phylum Ctenophora) 身体为凝胶状、辐射对称并有八行纤毛栉板的无脊椎动物。

栉水母(ctenophores) 参见栉水母。

中间层(intermediate layer) 海洋三大水层之一,位于表层或混合层下侧。其中包括了主温跃层(图 3.24)。

中间水层(midwater) 指的是海洋中层带。

中胶层(mesoglea) 腔肠动物位于外胚层和内胚层之间的一层胶状物质(图 7.8)。

终生浮游生物(holoplankton) 整个生命周期营浮游生活的生物。比较阶段性浮游生物。

中枢神经系统(central nervous system) 大脑(或类似的神经细胞聚集) 及一个或多个神经索。

中型浮游生物(mesoplankton) 个体大小在 0.2～2 mm 之间生物所组成的浮游生物类群(图 15.2)。

中型浮游生物(net plankton) 可以用标准浮游生物捕获的浮游生物。

中央裂谷(central rift valley) 大洋中脊的凹陷区(图 2.25)。

种间竞争(interspecific competition) 不同物种成员之间的竞争。比较种内竞争。

种内竞争(intraspecific competition) 同一物种不同成员之间的竞争。比较种间竞争。

种群(population) 由生活于同一栖居地的同一物种构成的群体。

重金属 (heavy metals) 汞(mercury)、铅(lead) 等一大类群的有毒金属。

重组(recombination) 新遗传组合形成的过程,例如通过雌雄配子结合的受精过程(fertilization) 可进行遗传性状的重组。

帚虫(phoronids) 属于帚形动物门(Phoronida),管栖的不分节无脊椎动物,具有一个马蹄状或者环形的触手冠。

主动运输(active transport) 细胞逆浓度梯度的跨膜物质运输过程。

主温跃层(main thermocline) 参见温跃层(thermocline)。

柱头虫/肠腮动物(enteropneusts,acorn worms) 参见半索动物。

专属经济区(exclusive economic zone,EEZ) 海岸线 200 海里(370 km) 宽度范围的海域,国家对该区域内的所有资源具有专属权。联合国海洋法公约(the United Nations Convention on the Law of the Sea,UNCLOS) 对其进行了确定。

转换断层(transform fault) 洋中脊中的大的水平断层。

椎骨(vertebra,复数 vertebrae) 构成脊椎的每块骨骼。

资源分割(resource partitioning) 通过特化(分化) 来分配资源的方式。

子宫(uterus/womb) 雌性哺乳动物生殖管道的一部分,胚胎在其中发育。

自然选择(natural selection) 一种进化改变的机制，是指一些个体比其他个体能更好地适应环境的挑战，从而产生更多的后代。

自调节种群(self-regulating population) 种群增长率依赖于其自身数量的种群。

自我遮蔽(self-shading) 由于上层浮游植物的遮蔽，使生活在下层的其他浮游植物可获得的光量减少的现象。

自携式水下呼吸器(scuba，self-contained underwater breathing apparatus) 由压缩空气罐提供水下呼吸所需空气的装置。

自养生物(autotroph) 利用太阳或其他能源生产自身有机物质的生物。比较异养生物。

足(foot) 软体动物的肌肉运动构造。

足丝(byssal threads) 贻贝用于附着而分泌的强力纤维。

阻力(drag) 抵抗物体在水或其他介质中运动的力。

组织(tissue) 具有某种特化功能的细胞群。

组织化(程度) (organization，level of) 生物细胞特化和组织化的程度。组织化可以是细胞水平、组织水平或器官水平的。

钻孔海绵(boring sponges) 能在钙质骨骼和贝壳上钻孔的海绵。

最大持续渔获量(maximum sustainable yield) 某种资源的最大捕捞量，即可年复一年地收获而不会减少的资源量。

最低含氧层(oxygen minimum layer) 深度 500 m(1600 ft) 左右的水层，那里的氧气基本已被耗尽(图 16.10)。

樽海鞘(salps) (樽海鞘纲 class Thaliacea) 具有透明、圆筒状身体的浮游被囊动物，有时会形成长长的链状群体(图 15.8)。

索 引 表

说明：索引表中的页码为英文原著页码，即本书中的边码。

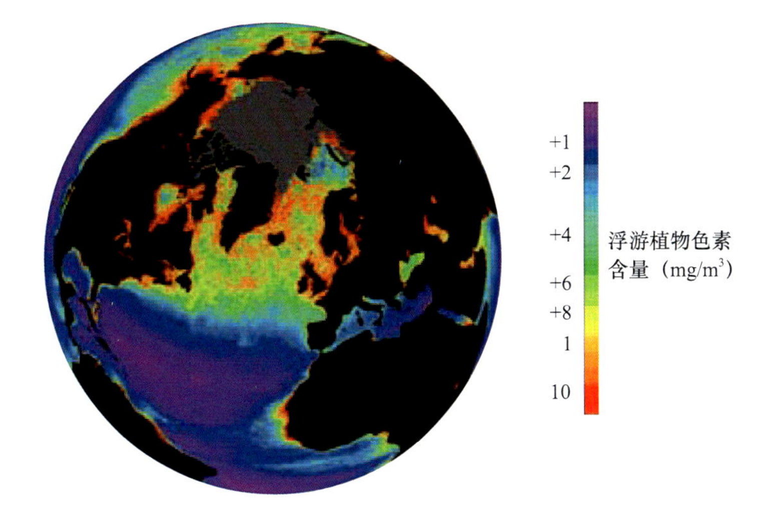

彩图1 用水中的色素含量指示光合生物丰度的卫星图像。照片是由安装在“雨云7号”气象卫星上的海岸带水色扫描仪（CZCS）拍摄。实际上该图像是跨度近8年的观测期所收集资料的整合。能获得这一图像依赖于计算机技术和空间技术的进展。

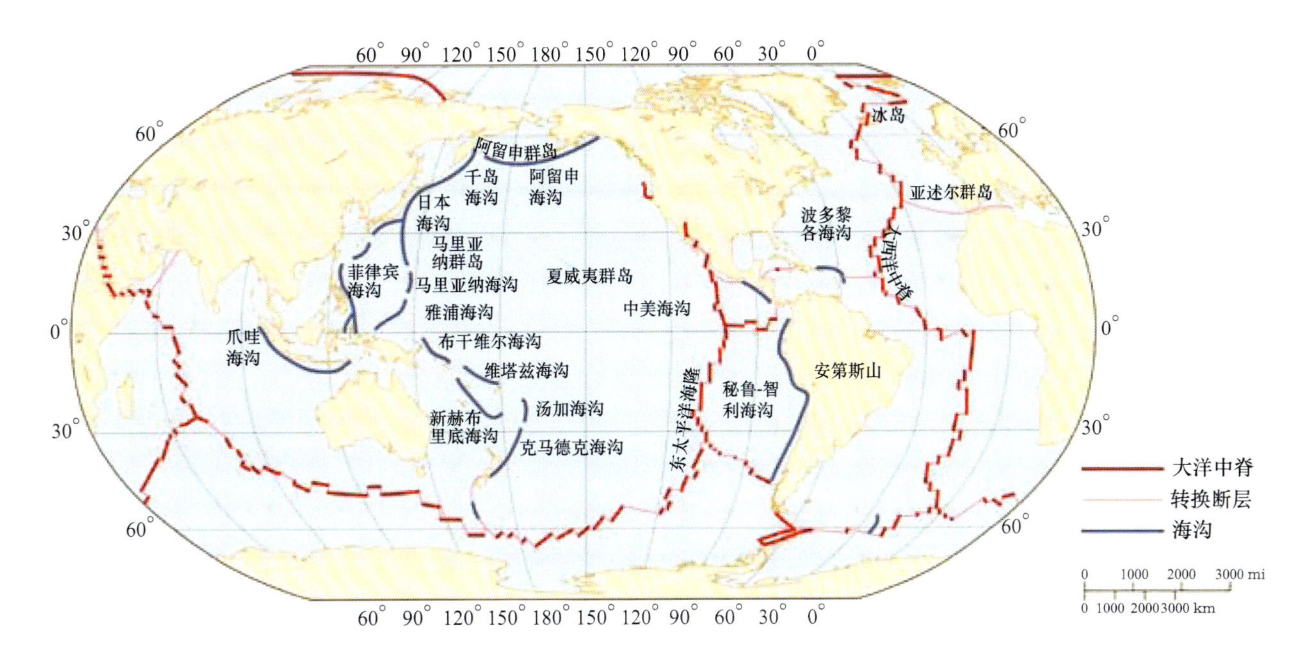

彩图2 海底几大主要特征。将此图与图2.6作比较。

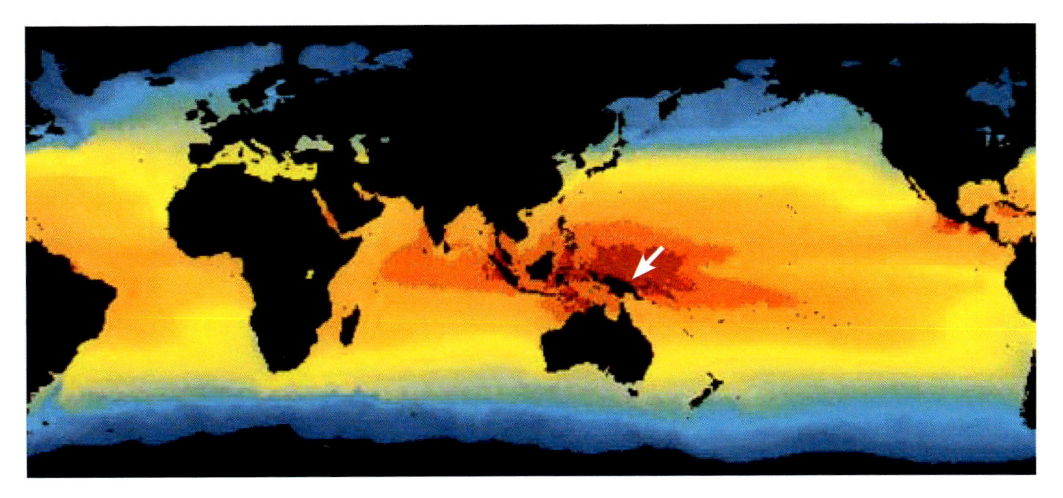

彩图3 卫星遥感图显示了海洋表面温度。蓝色表示最冷的水域，红色表示最热的水域。紧靠新几内亚岛北侧的大片高温（29.5℃）水域是海洋中最大的热库，对全球气候影响强烈。例如在厄尔尼诺发生的年份，暖水团会东移至太平洋中部（参见“厄尔尼诺—南方涛动现象”，349页）。

彩图4　30m深处的海洋仅剩下蓝光，在自然光下海星（*Thromidia catalai*）呈现亮蓝色，腕尖近乎黑色（a）。用闪光灯拍照显示海星的真实色彩（b）。

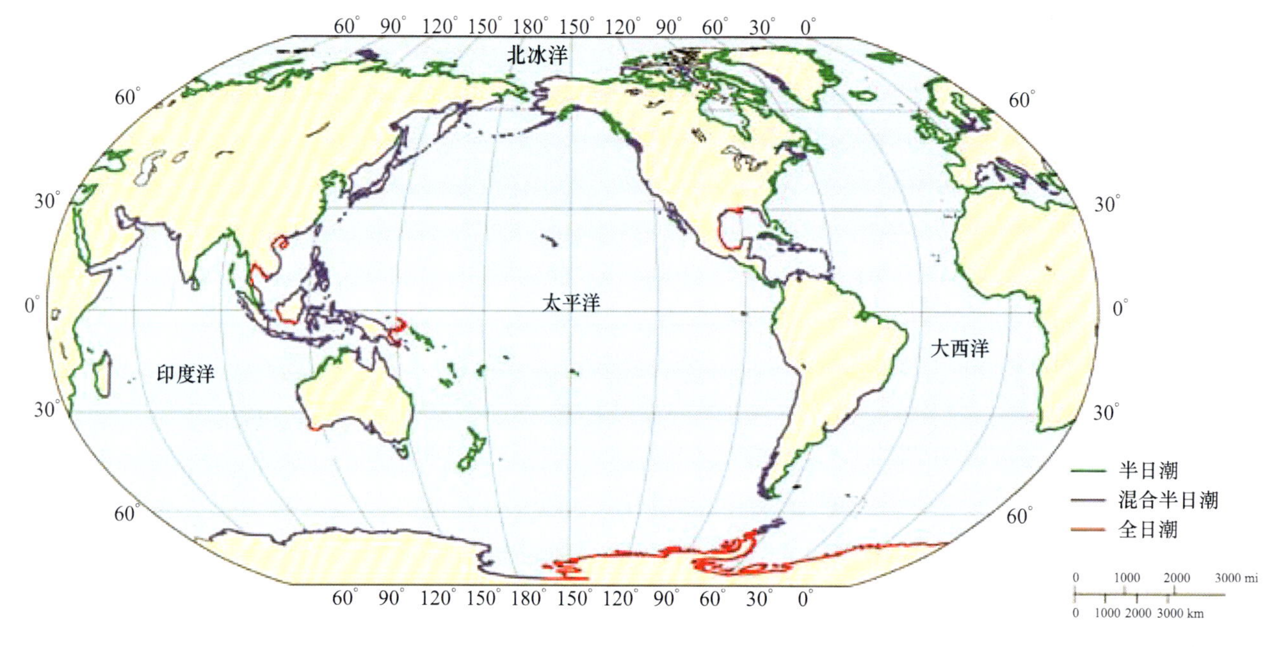

彩图5　世界范围内半日潮、混合半日潮和全日潮的分布情况。本图显示的是主要的潮汐类型。在大多数地区潮汐会有所变化，也就是说一个通常是混合半日潮的地方偶尔可能出现全日潮。

彩图6　与一种加利福尼亚的亮红色海绵（墨西哥海绵，*Axinella mexicana*）共生的古细菌（*Cenarchaeum symbiosium*），许多古细菌细胞染成绿色，正在分裂，大的橙色点是海绵细胞的核。

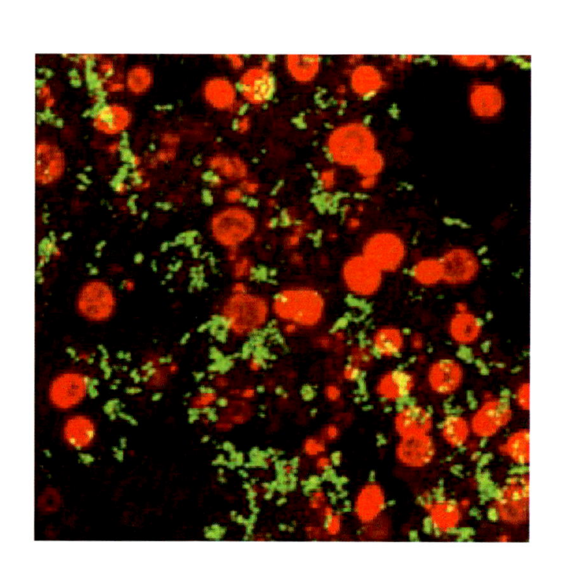

彩图7 多毛类大部分海洋底部常见的居民。（a）一种自由生活的多毛类肉棍刺虫（*Hermodice carunculata*）的前端，它以珊瑚为食，其中亮红色的结构为鳃。（b）*Sabella melanostigma*，是一种帚毛虫，栖居在皮质管中。

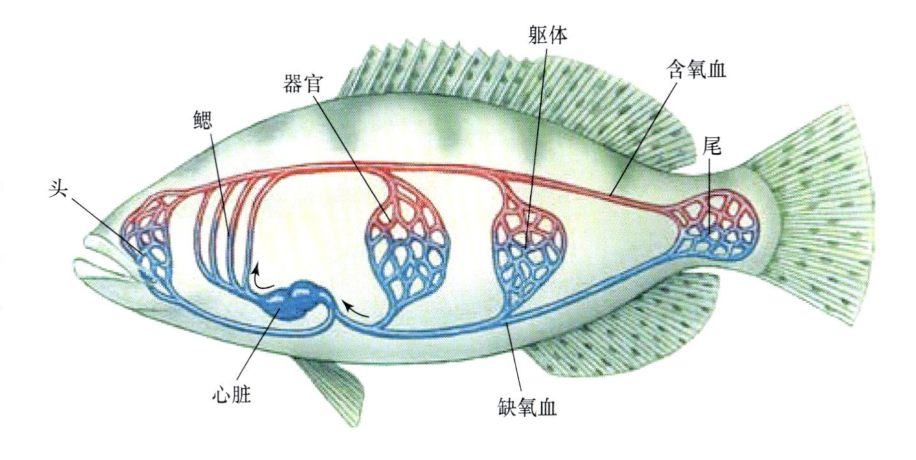

彩图8 鱼类的循环系统包括携带缺氧的静脉血（蓝色）的静脉血管，将血液泵到鳃部获取氧气的两个心室，和携带氧含量丰富的动脉血（红色）的动脉血管。

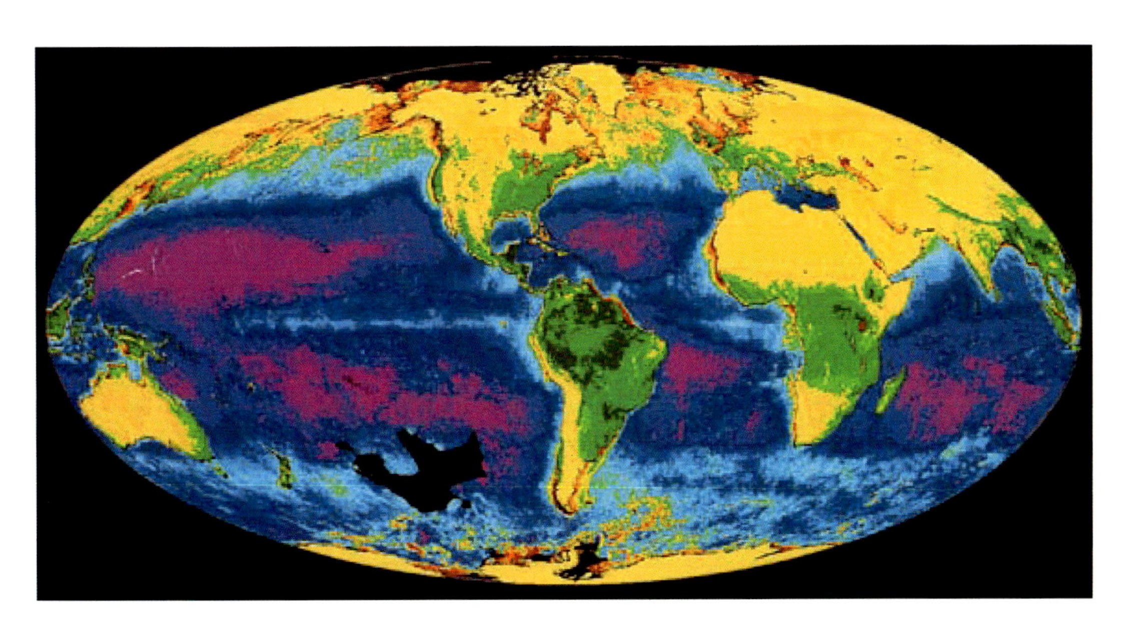

彩图9 地球初级生产者分布的全球观。浮游植物色素含量最高的海洋部分呈红色和黄色；深蓝和紫色代表浮游植物浓度低的海域。注意大部分海面浮游植物都很稀少。在陆地，荒漠和结冰地区呈现黄色，而最高产的森林为深绿色。

彩图10 当不同的珊瑚种类遇到一起，它们就会相互攻击。将棕色珊瑚（*Porites lutea*）和苍珊瑚（*Mycedium elephantotus*）分开的粉红条带是死亡地带，那里苍珊瑚虫过度生长将棕色的珊瑚虫杀死。粉红色条带的宽度与苍珊瑚虫的触角的长度相当。棕色珊瑚左上角是一种软珊瑚虫（*Sarcophyton*），它可能通过释放毒素正在攻击棕色的珊瑚。棕色的珊瑚似乎卡在岩石与一块软的物质之间。

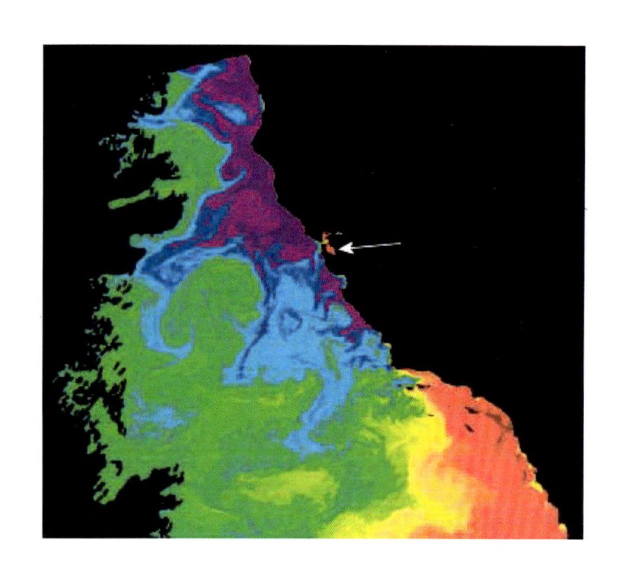

彩图11 这张卫星图片显示沿着加利福尼亚和南奥尔良沿岸的夏季上升流。右下角的红色的地区是离开南加利福尼亚的表面温暖海水。向北部的紫色水流是非常冷的底层海水，已经从沿岸涌出。远离岸边（绿色）的水是温暖的。在图片接近中间的红色小块（箭头）是旧金山湾。从卫星上看左边的黑色地区是被云层遮挡的，右边的黑色地区是陆地。

彩图12 生活在热液口的种类丰富、色彩斑斓的动物。这个位于东太平洋海隆超过2500m深度的群落，包括巨型管虫（*Riftia*）、黏鱼和蟹类。由Richand A.Lutz提供图片。